Die Hüttenwerksanlagen

Anleitung
zu deren Planung, Berechnung und Aufbau

Von

Hubert Hoff

In zwei Bänden

Erster Band

Anlagen zur Gewinnung
und Erzeugung der Werkstoffe

Springer-Verlag Berlin Heidelberg GmbH
1938

Anlagen zur Gewinnung und Erzeugung der Werkstoffe

Von

Hubert Hoff und **Heinrich Netz**

o. Professor em. der Technischen Hochschule Aachen

Dr.-Ing. habil., o. Professor der Technischen Hochschule München

Mit 668 Abbildungen und 92 Tabellen

Springer-Verlag Berlin Heidelberg GmbH

1938

Ursprünglich erschienen bei Verlag von Julius Springer, Berlin 1938
Softcover reprint of the hardcover 1st edition 1938

ISBN 978-3-642-50649-9 ISBN 978-3-642-50959-9 (eBook)
DOI 10.1007/978-3-642-50959-9

Vorwort.

Das Werk über Hüttenanlagen, von dem der erste Band jetzt vorliegt, sollte sich ursprünglich auf Eisen- und Metallhütten beschränken. Es ergab sich jedoch, daß es nur einer verhältnismäßig geringen Erweiterung des Umfanges bedurfte, wenn, wie geschehen, die Glashütten und die Anlagen der keramischen Industrie eingeschlossen wurden. Die meisten Aufgaben der damit erfaßten Industrien sind gleiche oder ähnliche. Insbesondere besteht weitgehende Übereinstimmung bei der Durchführung der Hauptaufgabe, nämlich die, aus den von der Natur gebotenen Rohstoffen unter Aufwendung großer Mengen von Wärmeenergie unsere wichtigsten Werkstoffe zu erzeugen. Hierzu werden Öfen in allen Größen und Arten verwendet. Als Folge dieser Erweiterung des behandelten Stoffes hat sich ergeben, daß eine fast lückenlose Darstellung der Industrieöfen entstand.

Im ersten Bande, den der Unterzeichnete mit Herrn Professor Dr.-Ing. habil. Heinrich Netz bearbeitete, sind vorwiegend die eigentlichen Erzeugungsanlagen behandelt.

Im zweiten Bande bearbeitet der Unterzeichnete mit Herrn Dozent Dr.-Ing. habil. Theodor Dahl die Anlagen zur Weiterverarbeitung der Metalle durch Walzen, Schmieden, Pressen und Ziehen.

Um den Umfang der beiden Bände in den für Lehrbücher gebotenen Grenzen zu halten, ist der Text knapp bemessen. Eine Erläuterung der in den Anlagen durchzuführenden Verfahren wurde in dem Umfange gebracht, wie es zur Begründung der Anlagengestaltung erforderlich ist. Aus dem gleichen Grunde wurde in den Abschnitt über allgemeine Ofen- und Feuerungskunde eine kurze Darstellung der Verbrennungslehre aufgenommen. Die wichtigen Stufen der Entwicklung des Hüttenwesens wurden an geeigneten Stellen gekennzeichnet, weil hierdurch die Einführung in das Gebiet erleichtert wird. Es wurden auch Einrichtungen, Konstruktionen und Verfahren, die wieder aufgegeben werden mußten, unter Angabe der Gründe für das Versagen in die Betrachtungen einbezogen. Es bestand nicht die Absicht, ein Sammelwerk von Musteranlagen zu bieten, aus dem im Bedarfsfalle eine geeignete Vorlage zu entnehmen ist. Wer von dem Werke Nutzen haben will, muß sich mit seinem Inhalt vertraut machen. Dann wird es sein, was die Verfasser bieten wollten: eine Anleitung zum Planen, Berechnen und Aufbauen von Hüttenwerksanlagen.

Das Werk ist bestimmt für Hütteningenieure und für Maschineningenieure, die sich der Hüttenwerkstechnik gewidmet haben. Darüber hinaus wird es allen Fachleuten, die sich unmittelbar oder mittelbar mit dem Entwerfen von Hüttenwerkseinrichtungen befassen, nützlich sein können.

Aachen, im Oktober 1938.

Hubert Hoff.

Inhaltsverzeichnis.

Erster Abschnitt.

Allgemeines über Hüttenwerksanlagen.

I. Einleitung und geschichtlicher Überblick.

Die Hüttenwerksanlagen umfassen die wichtigsten Erzeugungsstätten für Baustoffe und Werkstoffe; es sind einbegriffen die Eisenhütten und die Hütten zur Gewinnung der anderen Metalle, die Glashütten und die Anlagen der keramischen Industrie.

Hüttenmännische Verfahren waren schon in der vorgeschichtlichen Zeit bekannt; zu ihrer Ausübung war die Kenntnis des Feuers, der ersten Kulturerrungenschaft der Menschheit, Voraussetzung. Die ersten Anlagen waren einfach und vom heutigen Standpunkt aus gesehen unwirtschaftlich. Ihre Bedeutung für die Entwicklungsgeschichte des Menschengeschlechtes ergibt sich aber schon aus der Tatsache, daß man sie in ihren Anfängen unterteilte nach dem Stoff der Werkzeuge und Waffen in Stein-, Bronze- und Eisenzeit. In der Folgezeit wurde der Entwicklungsgang durch die Hüttentechnik offenbar am nachhaltigsten beeinflußt. In der Neuzeit ist sie eines der wichtigsten Gebiete der alles umfassenden Tätigkeit der Menschen, da sie wie kaum eine andere unsere Lebensformen beeinflußt und dem Zeitalter das Gepräge gibt. Die heutige Machtstellung eines Volkes wird ausschlaggebend von der Leistungsfähigkeit seiner Hüttenindustrie bestimmt

Von den Metallen lernte der Mensch zuerst das *Gold* kennen und schätzen. Zunächst hat er offenbar nur die größeren Goldkörner verwendet. Die ausgezeichnete Schmiedbarkeit dieses Edelmetalles erleichterte seine Verarbeitung zu gewünschten Formen mit einfachen Hilfsmitteln. Erst später befaßte er sich mit dem Zusammenschmelzen von Goldstaub und dem Vergießen in vorgerichtete Formen. Zur Gewinnung des Kupfers und Eisens aus ihren Verbindungen waren bereits besonders gestaltete und betriebene Feuer erforderlich. Die Gewinnung der Bronze durch Zusammenschmelzen von Kupfer und Zinn gelang erst später, und zwar zunächst an den wenigen Stellen der Erde, wo beide Metalle nebeneinander gefunden wurden.

Die Erfindung der *Bronze* fällt vermutlich in die Zeit um 3000 v. Chr. Sie schließt sich an die Entdeckung des *Kupfers* an, das bereits während des letzten Abschnittes der Jungsteinzeit für Waffen und Schmuckstücke Verwendung fand. Die ältesten bekannten Kupferbergwerke lagen in Spanien, am Sinai, in Ägypten, Palästina und in der Wüste östlich des Roten Meeres. Die Hauptmenge des verwendeten Kupfers kam jedoch während des ganzen Altertums aus Spanien. Aber auch im nördlichen Asien, in China und Japan ist die Gewinnung des Kupfers und die Herstellung seiner Legierungen uralt. Im beginnenden Mittelalter wurde die Kupfergewinnung in Schweden, in den Alpenländern und an der unteren Donau bekannt. In Deutschland beginnt sie 968 in Rammelsberg, 1100 in Kupferberg in Schlesien, 1199 in Hettstedt. Die industrielle Kupfergewinnung in Amerika setzte erst 1840 ein.

Das *Zinn* wird schon in den ältesten Aufzeichnungen erwähnt. Die Chinesen machten bereits einige Jahrtausende v. Chr. Gebrauch davon. Sie gewannen es im eigenen Lande und führten es auch aus Hinterindien ein. Die Mittelmeervölker des Altertums bezogen es von den britischen Zinninseln, den Kassiteriden. Der Handel mit Zinn ging von den Phöniziern auf die Römer über. Agricola bezeichnet mit „stannum“ silberhaltiges Blei. Neuerdings in Südafrika festgestellte umfangreiche Kupfer und Zinn enthaltende alte Schlackenhalden lassen den Schluß zu, daß ein Teil der früher in Europa verwendeten Bronze von dort stammte. Im Mittelalter wurde auch im Erzgebirge und in England Zinn gewonnen.

Die Kenntnis des *Bleies* ist mit der des Silbers verknüpft, das schon in frühen Zeiten aus den Bleierzen gewonnen wurde. Für das Blei selbst hatte man damals nur geringe Verwendung. Die ältesten bekannten Bleigruben lagen auf Cypern, Rhodos und bei Laurium. Die Römer bezogen das Blei hauptsächlich aus Spanien. Im Mittelalter entstanden Bleihütten an verschiedenen Stellen, 783 in Pribram (Ungarn), 968 im Harz, 1158 in Ems und Holzappel, 1163 in Freiberg, im 13. Jahrhundert in Mechernich, Stolberg und Bensberg.

Zink war den Chinesen und Indern schon als selbständiges Metall bekannt. Die Griechen und Römer kannten nur das aus Kupfer und oxydischen Zinkerzen hergestellte Messing. Die metallische Natur des Zinks wurde 1617 von Löhneyss in Goslar erkannt. Die erste Gewinnung erfolgte 1721 durch Henkel nach geheim gehaltenem Verfahren. Marggrap legte 1746 die chemischen und physikalischen Grundlagen der Zinkgewinnung aus Galmei fest. Im 18. Jahrhundert kam das meiste Zink noch aus Indien. Im Jahre 1830 wurde die erste größere Zinkhütte Europas in England errichtet. Es folgten Anlagen in Kärnten und Schlesien. Hier wurde schon im 16. Jahrhundert Galmei zur Messingherstellung gewonnen. Der Hüttenmeister Ruhberg von der Hüttenverwaltung des Fürsten Pleß erfand im Jahre 1798 das Muffelverfahren. In Belgien wurde schon im 15. Jahrhundert Galmei zur Messingherstellung benutzt, die hüttenmännische Darstellung von Zink begann jedoch erst um 1807 in kleinem Maßstabe. Von dort wurde es nach dem Rheinlande eingeführt. Schlesien mit seinen reichen Galmeilagern beherrschte den Weltmarkt bis 1870. In Nordamerika begann man erst 1838 mit der Zinkgewinnung.

Wismut wurde erstmals 1739 durch Pott als selbständiges Metall nachgewiesen. Die wichtigste Fund- und Gewinnungsstätte in Europa ist das Erzgebirge bei Schneeberg und Johanngeorgenstadt. Heute kommt jedoch die Hauptmenge aus Bolivien.

Antimon wurde in der Vorzeit mit Blei verwechselt. Die Alchimisten nannten es „Regulus". Diese Bezeichnung ist für hüttenmännisch gewonnenes metallisches Antimon beibehalten worden. Die Antimonerzvorkommen in Deutschland sind zur Ausbeutung nicht ergiebig genug. Die wichtigsten Vorkommen sind in China.

Nickel mit anderen Metallen legiert ist schon lange bekannt gewesen. Die Chinesen hatten eine Neusilberlegierung mit 32 % Nickel bereits in uralten Zeiten. Das erste Reinnickel wurde 1804 von Richter dargestellt. Fleitmann in Iserlohn stellte 1850 eine Kupfer-Nickellegierung für Münzen her, die in verschiedenen Ländern eingeführt wurde. Größere Bedeutung erhielt das Metall durch die Verwendungsmöglichkeit zum Galvanisieren eiserner Gebrauchsgegenstände und zum Veredeln von Stahl.

Das *Aluminium* ist erst seit 100 Jahren bekannt. Wöhler berichtet in Poggendorfs Annalen vom Jahre 1827 zum ersten Male über die Eigenschaften des von ihm durch Reduktion des Aluminiumchlorids mit Kalium in kleinen Flittern gewonnenen Metalls. Die erste industrielle Herstellung gelang Deville, der Aluminiumchlorid mit Natrium behandelte. Seine 1854 begonnenen Arbeiten waren 1863 soweit gediehen, daß er eine Jahreserzeugung von 2000 kg aufweisen konnte. Die Erfindung der Dynamomaschine gab Anregung, Aluminium durch Elektrolyse zu gewinnen. Den ersten Erfolg hatte P. Héroult, der, von Kiliani tatkräftig unterstützt, zuerst Aluminiumlegierungen und von 1888 an Reinaluminium herstellte.

Quecksilber und seine Herstellung aus Zinnober beschreibt bereits Plinius. Die Alchimisten nannten es Merkur, eine Bezeichnung, die in die meisten Sprachen übernommen wurde. Das älteste und bedeutendste Vorkommen befindet sich auf Amaldēn in Spanien.

Das *Eisen* war bei den Naturvölkern in verschiedenen Erdteilen mehr oder weniger bekannt. Man findet in allen Teilen Afrikas Völker, die der Eisengewinnung kundig sind und manche Anzeichen sprechen dafür, daß Eisen sogar schon vor Bronze und Kupfer bekannt war. Ethnologen verlegen die Wiege der Eisenherstellung nach Äthiopien. Im Süden dieses Landes erzeugen die Galla auch heute noch Eisen aus Roteisenstein in kleinen flaschenförmigen Schachtöfen mit Tondüsen und angeschlossenen Handgebläsen. Auf Sumatra schmilzt man Erz in 2 bis 2,5 m hohen Öfen mit Hilfe von hölzernen Kolbengebläsen. In den Psalmen der alten Inder, gedichtet 1500 v. Chr., wird außer Gold,

Silber und Kupfer auch Eisen genannt. In Zentralindien findet man noch die Einrichtungen für die Eisengewinnung, die aus Tonöfen von 1,25 m Höhe bestehen und eine Luppe von 15 kg Gewicht liefern. Im Tempelhof der Moschee bei Dili steht eine schmiedeeiserne Säule von 6000 kg Gewicht, die aus einzelnen Luppen zusammengeschweißt wurde. Im 16. und 17. Jahrhundert sind in Indien Geschütze von 30000 kg Gewicht geschmiedet worden. Gefundene indische Stahlwaffen stammen aus der Zeit um 600 v. Chr. Der Damaszener Stahl war indischer Herkunft. Die Ägypter kannten bereits im Anfang ihrer Geschichte die Metalle. In den Steinquadern der Cheopspyramide, die 3000 v. Chr. errichtet wurde, fand man 1831 ein Eisenmesser, das aus der Zeit der Errichtung stammt. Die Ägypter bezogen das Eisen aus Nubien und von der Halbinsel Sinai. Auch den Assyriern war das Eisen bekannt. Sie besaßen eiserne Streitwagen. Die Phönizier bezogen das Eisen vom Libanon und den Philistern. Die Juden erbeuteten beim Falle von Jericho eiserne Gefäße. Sie bezogen Stahl von den Chalybern. Als die Griechen in die Geschichte eintraten, lebten sie noch in der „Kupferzeit". Zu Homers Zeiten war aber das Eisen schon im allgemeinen Gebrauch. Die griechischen Schmiede benutzten vereinzelt bereits die Steinkohle. Die Etrusker waren Meister nicht nur in der Keramik, sondern auch in der Metalltechnik. Sie beuteten die Eisensteingruben der Insel Elba aus. Von den Etruskern übernahmen die Römer nach deren Unterjochung die Technik der Eisengewinnung und der Waffenherstellung, mit deren Hilfe sie den Erdkreis unterwarfen. In der späteren Zeit lieferten ihnen außer Elba ihre Provinzen Illyrien, Noricum (Steiermark), Pannonien, Gallien, Spanien und England die großen Eisenmengen, deren sie insbesondere zur Kriegführung für Wurfmaschinen, aber auch für Wasserhebemaschinen u. dgl. benötigten. Offenbar haben die Römer auch während ihrer Herrschaft am Rhein die Eisengewinnung in der Eifel und im Siegerland betreiben lassen. Die Technik wurde aber nicht weiter entwickelt, sie blieb auf der Stufe, wie sie bei den älteren Völkern Europas und Asiens bestanden hatte. Die Hüttenleute waren bei ihnen Sklaven, die ihre Arbeit handwerksmäßig mit kleinen Öfen und Feuern betrieben. Die Eisentechnik der Spanier wird auf die iberische Urbevölkerung zurückgeführt, die in ihren Pyrenäensitzen bis in die Neuzeit eine eigenartige Hüttentechnik besaß. Im heutigen Frankreich sind große Schlackenhalden gefunden worden, die aus der Römerzeit herrühren. Die Gallier kannten auch den Stahl und verstanden ihn mit Eisen zu verschweißen. Bei den germanischen Völkern liegt die erste Anwendung des Eisens in sagenhafter Urzeit. Schriftliche Aufzeichnungen liegen zwar nicht vor, doch beweisen dies Beigaben von Erz- und Eisenschlacken in vorgeschichtlichen Grabfeldern. Sprache und Sagen sind ebenfalls eine Bestätigung hierfür. So zeigt z. B. das hohe Alter des Wortes Stahl (Stachel), daß den Germanen auch der Unterschied zwischen Eisen und Stahl bekannt war.

Im Mittelalter ergab sich ein großer technischer Fortschritt durch die Einführung des Wasserrades zum Antrieb der Blasebälge und Hämmer. Das Eisengewerbe wanderte in die Flußtäler, wobei das Vorhandensein von Erzlagerstätten und den Brennstoff liefernden Wäldern Voraussetzung war. Die englischen Schmiede benutzten allerdings schon zur Römerzeit als Brennstoff die Steinkohle in ihren Schmiedefeuern. Auf dem Festland begann der Kohlenbergbau erst im 12. Jahrhundert. Von Lüttich breitete er sich über den Aachener Bezirk nach Westfalen und später in das Saarland aus. Für die Gewinnung des Eisens erschien lange Zeit nur die Holzkohle brauchbar, die in Gruben oder Meilern von den Köhlern hergestellt wurde. Über die Anlagen und Einrichtungen der mittelalterlichen Eisenhütten berichtet G. Agricola in seinen Büchern „de re metallica" mit erläuternden Abbildungen, die auch den Zusammenbau der Gebläse (Blasebälge), den Aufbau der Öfen und die Erzpochwerke zeigen. Das Werk wurde 1556 von der Druckerei Froben in Basel verlegt. Es blieb bis ins 18. Jahrhundert das bedeutendste Werk über Bergbau und Hüttenkunde. Über die Gewinnung des Eisens enthält es wenig, so ist z. B. der Hochofen noch nicht erwähnt.

Durch die Möglichkeit der Herstellung flüssigen, gießbaren Eisens ergab sich eine große Umwälzung im europäischen Eisenhüttenwesen. Den Chinesen war es seit langer Zeit geläufig, Gußeisen in kleinen kippbaren Öfen herzustellen. Auch in den europäischen Stücköfen wurde ein Teil des Eisens flüssig. Die Erzielung höherer Temperaturen, die zum Eisenschmelzen erforderlich sind, wurde hierbei durch die mit Wasserkraft getriebenen Gebläse erreicht. In der Folgezeit war dann die Entwicklung der Eisenindustrie ausschlaggebend von der Weiterentwicklung und Leistungssteigerung der Gebläsemaschinen abhängig.

In den Schmalkaldener Stücköfen wurde bereits eine Art Stahleisen erblasen, indem man die Blasform etwas tiefer legte und weiter in den Ofen einführte. Man gab kleinere Erzgichten und stach die Schlacke nur mit dem Eisen ab, um dieses vor der Frischwirkung des Windes zu schützen. Die erste planmäßige Roheisenerzeugung läßt sich im 14. Jahrhundert auch im Siegerland nachweisen. Die dort in Anwendung befindlichen Bla- oder Blauöfen (d. h. Blasöfen) von 3 bis 4 m Höhe lieferten 600 bis 700 kg Roheisen. Als man die Öfen auf 5 bis 7 m erhöhte, bezeichnete man sie als hohe Öfen und so entstand die Bezeichnung „Hochöfen". Um die Mitte des 15. Jahrhunderts wurden im Siegerland bereits 29 Hochöfen betrieben. Um diese Zeit wurde die Roheisenerzeugung auch in England eingeführt. Im 16. Jahrhundert entstand eine Eisenindustrie im Harz. Der erste amerikanische Hochofen wurde 1644 angeblasen. Die weitere Entwicklung sei durch folgende kurze Daten gekennzeichnet. Im Jahre 1735 führte ABRAHAM DARBY den Hochofenbetrieb erfolgreich mit Steinkohlenkoks durch. 1767 wurde ein Kokshochofen in Sulzbach (Saar), 1782 zu Creusot in Frankreich, 1796 auf der Eisenhütte zu Gleiwitz in Betrieb genommen. Im Jahre 1768 erbaute JOHN SMEATON das erste eiserne Zylindergebläse für die Carronhütte in Schottland. Damit wurde Gußeisen als Baustoff in den Maschinenbau eingeführt. 1769 erhielt J. WATT ein Patent auf seine Kondensationsdampfmaschine. Einige Jahre später wurden die ersten Hochofengebläse mit Dampfmaschinenantrieb erbaut.

Die Umwandlung des im Hochofen erzeugten Roheisens wurde zunächst in einem Herdfeuer, dem Frischfeuer vorgenommen. Im Jahre 1784 erhielt HENRY CORT ein Patent auf das von ihm erfundene Flammofenfrischen, das sog. Puddeln, 1820 führte COCKERILL dieses Verfahren in Belgien und 1824 REMY in Deutschland ein. Die Verbesserungen an Hochöfen sind gekennzeichnet durch die 1828 von NEILSON vorgeschlagene Winderhitzung, für die 1832 FABER DU FAUR in Wasseralfingen das Gichtgas benutzte und damit die Bedeutung des Gichtgases als Brennstoff nachwies. 1867 wurde die von LÜRMANN erfundene Schlackenform an einem Hochofen der Georgsmarienhütte bei Osnabrück eingebaut. 1895 wurde die erste Gichtgasmaschine auf dem Hörder Verein in Betrieb genommen. Weitere Umwälzungen in der Eisenindustrie wurden durch die Einführung neuer Frischverfahren und Verfahren zur Stahlerzeugung gemacht. 1855 erhielt BESSEMER Patente auf das Windfrischverfahren im sog. Konverter. 1856 erfand FRIEDRICH SIEMENS die Regenerativ-Gasfeuerung, die 1864 zur Einführung des Siemens-Martin-Verfahrens durch die Gebrüder MARTIN führte. 1878 schlug THOMAS das nach ihm benannte Entphosphorungsverfahren im Konverter vor. 1900 wurde von KJELLIN der erste Induktionsofen zum Schmelzen von Stahl zu Gysing in Schweden in Betrieb genommen. 1900 erhielt HÉROULT ein Patent auf seinen Lichtbogenofen zum Stahlschmelzen.

Die *Weiterverarbeitung der Metalle* zu Gebrauchsgegenständen, zu Schmuckstücken und Standbildern durch Gießen war schon im Altertum bekannt, besonders das Wachsausschmelzverfahren zur Herstellung verwickelter Gußstücke wurde frühzeitig entwickelt. Eine neue Aufgabe entstand den Gießern durch den im 5. Jahrhundert aufkommenden Glockenguß, der anfangs von Mönchen gepflegt, sich allmählich zu einem selbständigen Handwerk entwickelte. Im 14. Jahrhundert übernahmen die Glockengießer auch die Herstellung von Geschützen und schufen nebenher Kunstwerke, Figuren für Grabmäler und dergleichen. Zum Einschmelzen der Bronze wurden Schachtöfen bis zu 5 m Höhe verwendet. Die Seelen der Geschütze wurden mit Bohrwerken nachgedreht. Diese wurden bei großen Stücken mittels Wasserrad angetrieben. Der erste bemerkenswerte Eisenguß wurde gegen Ende des 14. Jahrhunderts durch den Büchsenmacher GAST ausgeführt, der auch eiserne Geschütze zu gießen beabsichtigte. Er schmolz Eisenschrott im Schachtofen oder in der Kelle. In der ersten Hälfte des 15. Jahrhunderts begann man schon unmittelbar aus dem Hochofen zu gießen. Im 16. Jahrhundert kannten die Eisengießer bereits geschlossene Sandformen in Kästen. Auch der Topfguß wurde vervollkommnet, den die Chinesen viel früher zu einer Meisterschaft entwickelt hatten. Im Siegerland und in der Eifel blühte die Herstellung von Ofen- und Grabplatten. Die Weiterverarbeitung der schmiedbaren Metalle mit dem Handhammer war ebenfalls im Altertum zu großer Kunstfertigkeit entwickelt worden. Sie stand im Mittelalter besonders in Deutschland bei den Zünften in hoher Blüte. In den Hüttenwerken wurden die Luppen- und Reckhämmer durch Wasserräder angetrieben. Die Entwicklung zum Großbetrieb wurde durch die Einführung der Walzwerke gefördert. Diese wurden zuerst in den Münzen zum Auswalzen der Platinen verwendet, dann kamen sie zum Auswalzen von Bleiplatten in Aufnahme. Die Einführung in die Eisenhütten wird Hans Lobsinger zugeschrieben. Zunächst begnügte man sich mit dem Walzen von Blechen, die durch Schneidscheiben in Stäbe zerschnitten wurden. Die Entwicklung der Walzwerke und ebenso auch der Gebläsemaschinen ging mit der Dampfmaschine voran. James Watt hatte Ende des 18. Jahrhunderts Newcomens atmosphärische Maschine zu einer doppeltwirkenden Kondensationsmaschine entwickelt und damit eine gebrauchsfähige und wirtschaftliche Dampfmaschine geschaffen. 1775 erbaute er ein Dampfgebläse für John Wilkinson in Willey. Im Jahre 1802 erhielt die Königshütte in Oberschlesien bereits für die neuerbauten Hochöfen eine Dampfgebläsemaschine. Inzwischen hatte Nasmyth die Idee Watts zur Ausführung eines Dampfhammers aufgegriffen und die Pläne dafür angefertigt. 1845 wurde zu Dowlais ein Luppenhammer von 6000 kg Bärgewicht und 2,15 m Hub aufgestellt. Die ersten Walzwerke wurden von Dampfmaschinen unter Zwischenschaltung eines Zahnradvorgeleges, das die Drehzahl der Walzen erhöhen sollte, angetrieben. Diese ersten Walzenstraßen zum Auswalzen der unter dem Hammer vorgeschmiedeten Luppen bestanden aus zwei Gerüsten; ebenso die Grobeisenstraßen zum Auswalzen der Pakete. Im Jahre 1830 wurden auf dem Rasselstein bei Neuwied die ersten Winkel- und Halbrundeisen, 1835 die ersten Eisenbahnschienen für die Bahn Nürnberg-Fürth gewalzt. 1838 wurde in Ütterlingen die erste Drahtstraße erbaut. 1848 erfand Reiner Daelen das Universalwalzwerk. Im gleichen Jahre entwickelte Zores das I-Eisen, das in Deutschland erstmalig im Jahre 1857 auf der „Phönix" in Eschweiler gewalzt wurde. 1853 erhielt Krupp in Essen ein Patent auf sein Verfahren zur Herstellung nahtloser Radreifen. 1861 erbaute Haswell in Wien die erste hydraulische Schmiedepresse. Im gleichen Jahre nahm Krupp in Essen den 1000 Zentner-Hammer „Fritz" in Betrieb. 1862 erhielt George Bedson ein britisches Patent auf ein kontinuierliches Drahtwalzwerk. Im gleichen Jahre erfand Lauth in Birmingham das nach ihm benannte Triowalzwerk. 1877 bildete William McCallip eine brauchbare Umführung für Drahtstraßen durch. 1879 wurden auf der Phönix in Ruhrort die ersten Rillenschienen gewalzt. Die Entwicklung machte nunmehr sprunghafte Fortschritte. 1885 erfanden Reinhard und Max Mannesmann das Schrägwalzverfahren zur Herstellung von nahtlosen Rohren. 1892 errichtete die Rudolfhütte in Teglitz die erste kontinuierliche Blechstraße. 1896 begann Henry Grey in Duluth mit dem Walzen breitflanschiger Träger, ein Verfahren, das von Max Meier in Differdingen entwickelt wurde. 1902 wurde bei der Bergischen Stahlindustrie in Remscheid eine Feinstraße mit einem Gleichstrommotor von 110 PS ausgerüstet. Ein Jahr später bestellte die Falvahütte für ihr Feinwalzwerk einen Schwungradumformer nach Ilgner. 1907 wurden die ersten regelbaren Drehstrommotore mit Hintermaschinen ausgeführt. Die elektrischen Antriebe für Hebezeuge und Arbeitsmaschinen hatten um diese Zeit bereits allgemeine Einführung gefunden.

Über die ersten *Glashütten* und ihre Einrichtungen ist ebensowenig bekannt geworden wie über ihre Heimat. Den mit Ton und Erz arbeitenden Völkern konnte das Bestehen und die Verwendbarkeit schmelzbarer Schlacken nicht verborgen bleiben. Es lag nahe, sie für Glasuren zu verwenden und sie in bestimmte Gebrauchsformen zu bringen. Der Ausgangspunkt für die industrielle Entwicklung ist offenbar die Glasmacherpfeife gewesen, jedoch steht nicht fest, wer sie erfunden und zuerst benutzt hat. Reliefs an den ägyptischen Königsgräbern der 18. Dynastie (1800 v. Chr.) zeigen neben anderen Handwerkern Glasbläser bei der Arbeit. Schriftliche Überlieferungen und Funde lassen darauf schließen, daß außer Ägypten Phönizien die älteste Glasindustrie besaß. In thebanischen

Gräbern fand man Glasscherben mit chinesischer Inschrift, woraus auf den Zusammenhang mit einer älteren Glasindustrie geschlossen werden muß. Die Glasindustrie von Alexandrien genoß zu Beginn der christlichen Zeitrechnung höchstes Ansehen. Dort wurden farbige Hohlgläser und Mosaiken hergestellt. PLINIUS berichtet über die Glasherstellung Roms, er gibt die Ausgangsstoffe und Färbemittel an. Aus der Zusammensetzung der antiken farbigen Gläser wird geschlossen, daß die Schmelzflüsse aus Schlacken zusammengesetzt waren, die bei metallurgischen Verfahren gewonnen waren. Die farblosen antiken Gläser haben eine Zusammensetzung, die von der heutigen nicht stark abweicht. Nach PLINIUS hatte auch das heutige Frankreich zu Anfang der christlichen Zeitrechnung bereits eigene Glashütten errichtet.

Zu Beginn des Mittelalters bestanden die bedeutendsten Glashütten in Venedig und Murano. Im 11. Jahrhundert entstanden in Europa Glashütten in Anlehnung an die Klöster. Sie lieferten insbesondere farbige Gläser für Kirchen aber auch für profane Prachtbauten. Im 16. Jahrhundert wurden bereits Hohlgläser und Spiegel hergestellt. Um diese Zeit widmete man auch bewußt dem Ofenbau und der Feuerungstechnik sowie der Vervollkommnung des Schmelzprozesses erhöhte Aufmerksamkeit. Von den Glasschmelzöfen Roms wissen wir nur, daß sie mit gedörrtem Holz geheizt wurden. Die erste Beschreibung eines Glasschmelzofens versuchte der deutsche Mönch THEOPHILUS im 11. Jahrhundert. AGRICOLA zeigt in seinem Werke die Innenansicht einer Glashütte mit Öfen und Geräten. Nach dem Rückgang der venezianischen Glasmacherkunst war in Böhmen eine blühende Glasindustrie erstanden. Ihre Erzeugung war so bedeutend, daß sie im 17. Jahrhundert in allen Hauptstädten Europas Niederlassungen unterhalten konnte. In Deutschland wurden von einigen Fürsten Glashütten angelegt. In England und Frankreich machte die Glasindustrie ebenfalls Fortschritte. In England wurden bleihaltige Gläser hergestellt und in Frankreich die Spiegelgießerei erfunden. Im Jahre 1689 erschien ein Buch über Glasherstellung von JOH. KUNCKEL, dem Direktor der churfürstlichen Glashütte bei Berlin, das aber nicht alle Erfahrungen dieses Fachmannes preisgab. In der Neuzeit wandte sich die Chemie wie allen hüttenmännischen Verfahren auch der Glasherstellung zu. Genaue analytische Methoden wurden ausgearbeitet. DÖBEREINER stellte Barium-Strontium-haltiges Glas her, FRAUNHOFER und HARCOURT brachten fast alle Elemente in den Glasfluß. O. SCHOTT schmolz neue technisch verwendbare Gläser in größerem Maßstab, wodurch das Jenaer Glaswerk Weltruf erlangte. Mechanische Einrichtungen für die Herstellung von Glaswaren und Spiegelscheiben kennzeichnen die Entwicklung der letzten 30 Jahre.

Die Herstellung von *Tonwaren* gehört neben der von Geweben offenbar zu der ältesten gewerbsmäßigen Betätigung der Menschen. Es ist aber nicht nachweisbar, wann und wo das erste Ornament aus Ton entstand und wer es unternahm, Tongegenstände durch Brennen widerstandsfähiger zu machen. Da aber die Urvölker ihre ersten Öfen aus Ton aufbauten, lag die Erkenntnis nahe. Die alten Ägypter haben ihre mathematischen und astronomischen Kenntnisse auf gebrannten Tontafeln der Nachwelt hinterlassen. Das Alter von Stücken, die aus dem Nilschlamm gefördert wurden, ist nach der Dicke des überlagernden Schlammes auf rund 13000 Jahre geschätzt worden. Die Uranfänge der Keramik liegen offenbar noch weiter zurück, wie aus anderen vorgeschichtlichen Funden hervorgeht. Den Ägyptern war schon das Aufbrennen farbiger Glasuren geläufig. Die Mosaikbilder der assyrischen Tempel weisen reichen Farbenschmuck auf. Die griechischen Künstler lieferten den Töpfern Entwürfe für ihre Vasen. Die römischen Legionen führten ihre eigenen Töpfer und Ziegler mit sich. Die Gallier und Germanen gaben ihren Helden Urnen und Vasen mit ins Grab. Die Italiener übernahmen die Emaillierkunst von den Mauren. Das Majolika wurde auf der Insel Majorka entwickelt. Die in Faënze hergestellten Töpfereien sind unter dem Namen *Fayence* bekannt geworden. Diese Bezeichnungen haben heute eine andere Bedeutung. Unter *Majolika* versteht man jetzt Tonwaren, deren Scherben von unreiner Farbe sind, denen mit weißlicher Zinnglasur Ansehen gegeben wird. Die deckende Glasur trägt die farbigen Malereien. Unter Fayence versteht man Tonwaren mit durchsichtigen, meist farbigen Glasuren, sie stehen dem Steingut nahe. In Deutschland entstanden im 11. Jahrhundert Steinzeugfabriken am Niederrhein, in Hessen, im Westerwald, in Thüringen und Franken. Steinzeug hat einen dichten Scherben, der am Stahl Funken gibt und eine Salzglasur besitzt. Das Salz wird am Ende des Brandes in die Feuerung eingesetzt und mit den Feuergasen auf die rotglühenden Stücke übertragen. In Delft in Holland entwickelte sich eine Töpferei, die schöne Stücke mit Zinnglasur und blauer Malerei liefert. In England entstand eine Tonwarenindustrie erst im 16. Jahrhundert. Das von den Chinesen schon lange hergestellte Porzellan wurde im Jahre 1709 zuerst von J. F. Böttger in Dresden hergestellt, nachdem er erkannt hatte, daß Kaolin der wichtigste Bestandteil ist. In der neueren Zeit wurde das Weichporzellan, das sog. Segerporzellan geschaffen. Der industrielle Aufschwung im 19. Jahrhundert brachte die Entwicklung der feuerfesten Baustoffe.

Literatur.

Vanuccio Biringuccio: Pyrotechnia Venedig 1540.
Georg Agricola: De re metallica. Basel: Verlag Druckerei Froben 1556. (Deutsche Übersetzung, herausgegeben vom Deutschen Museum München. Berlin: VDI-Verlag 1928.)
Bibra: Die Bronzen und Kupferlegierungen der alten und ältesten Völker, 1869.
Chantre: Age du bronze 1875.
Benrath: Die Glasfabrikation. Braunschweig 1875.
Beck: Geschichte des Eisens (in 5 Abteilungen). Braunschweig: F. Vieweg & Sohn 1891 — 1903.
Johannsen: Geschichte des Eisens. Düsseldorf: Verlag Stahleisen 1924.
Hecht: Lehrbuch der Keramik. Berlin-Wien 1930.

II. Wirtschaftliche Gesichtspunkte und Standortsfragen.

Die hüttenmännischen Verfahren sind wie kaum andere mit einer ausgedehnten und verwickelten Energie- und Stoffwirtschaft verbunden. Das hat auf ihren Standort maßgeblichen Einfluß. Im allgemeinen ist die Rohstoffbasis bestimmend. Die Frachtkosten spielen eine um so größere Rolle, je geringwertiger das zu verfrachtende Gut ist. Wasserfrachten sind niedriger als Eisenbahnfrachten, wodurch allein schon ein erhebliches Moment für die geographische Lage gegeben ist. In zweiter Linie ist die Beschaffung der Energie oder des Energieträgers von maßgeblichem Einfluß. Für 1 t Roheisen ist im Mittel 1 t Kohle aufzuwenden, bei weitgehender Weiterverarbeitung und Verfeinerung steigt der Verbrauch bis 1,5 t, für die Erzeugung von Glas im Wannenofen wird 0,7 bis 1 t benötigt, im Hafenofen 1 bis 4 t, für Porzelllan 1 bis 3,5 t, Sanitätssteingut 1 bis 3 t, für Steingutgeschirr 0,5 bis 1 t, für Schamottesteine 0,1 bis 0,4 t, für Steinzeugrohre 0,3 t, für 1 t Ziegel im Ringofen 0,05 bis 0,07 t, Zementklinker erfordern 0,25 bis 0,5 t Kohle. Schließlich kommt noch die Lage des Absatzgebietes als wesentlicher Faktor in Betracht. Bei den Metallhütten wirkt sich der Wert des zu verfrachtenden Rohstoffes besonders bei den Erzen aus, da ihre Lagerstätten sehr ungleichmäßig auf der Erdoberfläche verteilt sind. Wertvolle Erze werden auf dem Wasserwege um die halbe Erde befördert, während arme Eisenerze kaum einige 100 km Eisenbahnfracht zulassen. Andererseits können arme Erze im Abbaugebiet einen hohen Wert haben, wenn die anderen Bedingungen erfüllt sind.

Welche Bedeutung die Metallwirtschaft hat, ergibt sich aus den nachfolgenden Angaben über Erzförderung, Hüttenerzeugung und Metallverbrauch im Jahre 1936.

Eisen. Die Eisenerzförderung der Welt betrug 172 Mill. t, davon entfallen 105 Mill. t auf Europa, 52 Mill. t auf Amerika, 8,2 Mill. t auf Asien, 3,8 Mill. t auf Afrika und etwa 2 Mill. t auf Australien. Die europäische Förderung verteilt sich auf die Länder wie folgt: Frankreich 33 Mill. t, Rußland 29 Mill. t, Großbritannien 13 Mill. t, Schweden 11 Mill. t, Deutsches Reich 7,5 Mill. t, Luxemburg 4,8 Mill. t, die übrigen Länder zusammen etwa 7,6 Mill. t. Der Metallgehalt der Förderung kann nicht genau angegeben werden, da er in sehr weiten Grenzen schwankt.

Die Welterzeugung an *Roheisen* betrug 91,2 Mill. t mit einem Werte von etwa 6 Millrd. RM. Hiervon entfallen auf Europa 52,8 Mill. t (58%), auf Amerika 31,5 Mill. t (35%), auf Asien 4,4 Mill. t (5%). Die europäischen Länder sind wie folgt beteiligt: Deutsches Reich 15,3 Mill. t, Rußland 14,3 Mill. t, Großbritannien 7,8 Mill. t, Frankreich 6,2 Mill. t, Belgien 3,2 Mill. t, Luxemburg 1,98 Mill. t, Tschechoslowakei 1,13 Mill. t. Der Rest entfällt auf Italien, Österreich, Ungarn, Polen, Schweden und Spanien. Die Welterzeugung an *Flußstahl* einschließlich *Stahlformguß* betrug 124 Mill. t mit einem Werte von etwa 10 Millrd. RM. Hiervon entfallen auf Europa 66,3 Mill. t (53,5%), auf Amerika 49,6 Mill. t (40%), auf Asien 6,1 Mill. t (5%). Die europäischen Länder sind wie folgt beteiligt: Deutsches Reich 18,61 Mill. t, Rußland 16,34 Mill. t, Großbritannien 11,88 Mill. t, Frankreich 6,70 Mill. t, Belgien 3,17 Mill. t, Italien 2,02 Mill. t, Luxemburg 1,98 Mill. t, Polen 1,143 Mill. t, Tschechoslowakei 1,56 Mill. t, Schweden 0,97 Mill. t, Ungarn 0,55 Mill. t, Österreich 0,42 Mill. t, Spanien 0,39 Mill. t.

Den größten Vorrat an Eisenerzen besitzen die Vereinigten Staaten von Nordamerika. In Europa besitzt Frankreich die größten Eisenerzschätze. Seine wichtigsten Lagerstätten sind die an der Mosel und Maas, die sich bis in den südlichen Teil Luxemburgs erstrecken. Sie enthalten dichte Brauneisensteine, die als Minette bezeichnet werden. Ihr Eisengehalt schwankt zwischen 28 und 41%. Das Minettegebiet liegt frachtlich günstig zu den westeuropäischen Kohlenbezirken, zu den großen europäischen Märkten und zu den Seehäfen für den Versand nach Übersee. Die ostfranzösische, die belgische und die luxemburgische Eisenindustrie sind ganz auf die Verhüttung von Minette eingestellt. Auch die deutsche Eisenindustrie an der Saar verhüttet überwiegend dieses Eisenerz. Die übrigen westdeutschen Eisenhütten beziehen ebenfalls erhebliche Mengen vorwiegend kalkiger Minette. Die deutsche Einfuhr von Eisenerz ergab sich im Jahre 1936 wie folgt: 6,8 Mill. t aus Frankreich, 8,2 Mill. t aus Schweden, 0,5 Mill. t aus Norwegen, 1,0 Mill. t aus Spanien und insgesamt 2,0 Mill. t aus anderen Ländern. Von der deutschen Eisenerzförderung (6,6 Mill. t) entfielen 24% auf das Siegerland, 31% auf das Gebiet Peine-Salzgitter und der Rest auf die anderen Erzbezirke, insbesondere in Bayern, Württemberg und Baden. Zur Zeit befindet sich die deutsche Eisenerzförderung in einer lebhaften Aufwärtsentwicklung. In dem Bezirk von Peine-Salzgitter sind von der deutschen Regierung entscheidende Maßnahmen ergriffen worden, um die Erzförderung zu steigern. Die hier anstehenden Eisenerzmengen sind so erheblich, daß es schon in naher Zukunft möglich sein wird, das Mißverhältnis zwischen der Eisenerzeugung aus eigenen und fremden Erzen zu beseitigen.

Trotz der Abhängigkeit der deutschen Eisenindustrie von fremder Erzeinfuhr vermochte sie stets erhebliche Mengen von Stahlerzeugnissen auszuführen. Die Ausfuhr an Stahlwaren ergab sich im Jahre 1936 wie folgt: 629000 t Stabstahl (67,0 Mill. RM). 243000 t Eisenbahnoberbaustoffe (19,4 Mill. RM), 376000 t Röhren (63,5 Mill. RM), 225000 t Mittel- und Feinbleche (27,8 Mill. RM) 191000 t Halbzeug (11,8 Mill. RM), 186000 t Grobblech (19,3 Mill. RM), 153000 t Bandstahl (24,5 Mill. RM.), 165000 t Träger (12,3 Mill. RM), 122000 t Weißblech (28,7 Mill. RM), insgesamt Walzwerkserzeugnisse 2485687 t im Werte von 0,308 Millrd. RM. Die Ausfuhr an weiterverarbeiteten Stahlerzeugnissen wie Draht und Drahtwaren, Eisenkonstruktionen und sonstigen Eisenwaren belief sich auf 712000 t im Werte von 0,446 Millrd. RM. Außerdem wurden Roheisen im Werte von 9,9 Mill. RM und Gießereierzeugnisse im Werte von 49,2 Mill. RM ausgeführt. Von den Ausfuhrmengen gingen dem Werte nach 61,7% nach europäischen Ländern, 15% nach Südamerika, 14,6% nach Asien, 3,2% nach Afrika und 0,1% nach Australien. Dem Einfuhrüberschuß an Rohstoffen für die Eisenindustrie im Betrage von 190 Mill. RM steht ein Ausfuhrüberschuß bei Eisen- und Stahlerzeugnissen von 733 Mill. RM gegenüber. Maschinen aller Art brachten einen Ausfuhrüberschuß von 526 Mill. RM, elektrotechnische Erzeugnisse von 217 Mill. RM und Fahrzeuge von 171 Mill. RM. Auf diese entfallen erhebliche Anteile an verarbeitetem Eisen und Stahl. So ergibt sich das Bild einer hoch aktiven Bilanz der deutschen Eisenindustrie.

Kupfer, Blei, Zink und Zinn. Für diese wichtigen Metalle ist die Rohstoffbeschaffung nicht nur in Deutschland, sondern auch in allen anderen europäischen Ländern schwierig. Eine Übersicht über Erzförderung, Hüttenerzeugung und Rohmetallverbrauch für die wichtigen Metalle Blei, Kupfer, Zink und Zinn in den 5 Weltteilen gibt Tabelle 1. Um die Übersicht zu erleichtern, ist für die Bergwerksförderung ebenfalls der Metallgehalt angegeben. In Europa ist die Erzförderung im Vergleich mit der Hüttenerzeugung und insbesondere mit dem hohen Rohmetallverbrauch gering. Amerika führt Blei, Kupfer und

Zink nach Europa aus. Asien führt Bleierze und Zinkerze aus, muß aber Kupfer aus Amerika einführen. Es ist aber Zinnlieferant für Europa und Amerika. Europa muß außer Metallerzen erhebliche Mengen an Rohmetall einführen. Die Welterzeugung an *Rohkupfer* betrug 1698400 t, mit einem Werte von etwa 1 Millrd. RM. Die europäische Erzeugung von 227500 t steht einem Verbrauch von 955200 t gegenüber. Von dem deutschen Verbrauch von 183200 t werden nur 59600 t in deutschen Hütten erzeugt. Die Welterzeugung an *Rohblei* betrug 1467400 t mit einem Werte von etwa 0,5 Millrd. RM. Die europäische Erzeugung von 364300 t steht einem Verbrauch von 938100 t gegenüber. Von dem deutschen Verbrauch von 198700 t wurden 139000 t im Inlande erzeugt. Die Welterzeugung an *Rohzink* betrug 1472200 t mit einem Werte von etwa 0,4 Millrd. RM.

Tabelle 1. Erzförderung, Hüttenerzeugung und Rohmetallverbrauch von Blei, Kupfer, Zink und Zinn im Jahre 1936. (Zahlenangaben in 1000 t.)

		Europa	Amerika	Asien	Afrika	Australien
Blei	Bergwerksförderung	277,9	796,0	142,0	19,8	235,0
	Hüttenerzeugung	364,3	756,9	126,2	21,3	198,7
	Rohmetallverbrauch	938,1	486,0	124,5	6,0	24,5
Kupfer	Bergwerksförderung	216,2	1075,0	124,0	275,1	18,9
	Hüttenerzeugung	227,5	1079,9	100,4	274,8	15,8
	Rohmetallverbrauch	955,2	666,6	142,8	4,0	10,1
Zink	Bergwerksförderung	442,3	906,5	116,0	27,3	194,0
	Hüttenerzeugung	689,5	615,6	74,4	21,1	71,6
	Rohmetallverbrauch	847,0	525,9	103,8	3,0	30,0
Zinn	Bergwerksförderung	3,1	25,9	130,1	18,4	3,4
	Hüttenerzeugung	69,9	0,8	111,5	2,0	2,8
	Rohmetallverbrauch	78,2	78,2	13,1	1,5	2,0

Die europäische Erzeugung von 689500 t steht einem Verbrauche von 847000 t gegenüber. Von dem deutschen Verbrauch von 209000 t konnten 136400 t im Inlande erzeugt werden. Die Welterzeugung an *Rohzinn* betrug 187000 t mit einem Werte von etwa 0,5 Millrd. RM. Der europäische Verbrauch von 78200 t konnte mit 69900 t aus der eigenen Hüttenerzeugung gedeckt werden. Deutschland verbrauchte 15600 t, erzeugte in eigenen Hütten nur 7000 t.

Aluminium. Da etwa 15% der Erdrinde aus Aluminiumoxyd besteht, müßten die Rohstoffe für die Gewinnung dieses Leichtmetalls unerschöpflich sein. Zur Zeit werden jedoch noch fast ausschließlich Bauxite verwendet. Die Weltförderung an Bauxit belief sich im Jahre 1936 auf 2731000 t. Davon entfallen 1843000 t auf Europa, 731000 t auf Amerika, 156000 t auf Asien und 1000 t auf Australien. Deutschland hat fast keine Bauxitlager und ist deshalb auf den Bezug vom Auslande, insbesondere von Frankreich, Jugoslawien und Ungarn angewiesen. Seine Erzeugung belief sich auf 97400 t, sein Verbrauch auf 104200 t, so daß es auch noch Rohaluminium einführen mußte. Dieses bezog es vorwiegend von Norwegen und der Schweiz. Europa erzeugte 230000 t, Amerika 129000 t, Asien (Japan) 7500 t. Deutschland ist auf dem Wege, sich bei der Aluminiumerzeugung vom Auslande unabhängig zu machen und die Gewinnung aus deutschem Ton durchzuführen. Der Bedarf an Aluminium und seinen Legierungen ist so groß, daß die Erzeugung erheblich gesteigert werden muß.

Magnesium hat erst in den letzten 25 Jahren Bedeutung als Werkstoff bekommen. Es ist neben Aluminium das einzige Leichtmetall, das als Hauptbestandteil Legierungen aufbauen kann, die im Maschinenbau auf Grund ihrer chemischen uud physikalischen Eigenschaften Verwendung gefunden haben. Solche Legierungen werden von der I. G. Farbenindustrie unter der Bezeichnung Elektronmetall und Magnewin hergestellt. Die Erzeugung ist vorläufig noch gering. Die Welterzeugung wird auf 6000 t geschätzt. Als Ausgangsstoffe stehen Dolomit und Magnesit in reichlichen Mengen zur Verfügung. Insbesondere ist es in den deutschen Kalisalzlagerstollen in sulfatischer und chloridischer Form vorhanden. Magnesium hat einen Anteil von 2% an der Erdrinde.

Nickel. Welterzeugung 90700 t, davon 77200 t in Amerika, 4500 t in Europa, 7500 t in Australien, 1300 t in Asien, 200 t in Afrika. Die Hauptverbraucher sind Deutschland, Großbritannien, Frankreich und Nordamerika. Anwendung hauptsächlich als Legierungsmetall besonders bei der Herstellung von Sonderstählen.

Chrom. Welterzeugung etwa 120000 t. Chromerze hauptsächlich in Südafrika, Neukaledonien, Kleinasien und Rußland gewonnen. Verwendung wie Nickel hauptsächlich als Legierungsmetall. Die Hauptverbraucher Deutschland, Großbritannien, Frankreich und neuerdings Rußland.

Antimon. Haupterzeuger ist China, das mit 18000 t etwa 80% der Welterzeugung liefert. Der Rest wird in Frankreich, Mexiko und Bolivien hergestellt. Verwendung als Legierungsmetall insbesondere bei Antimonbleilegierungen, außerdem zur Herstellung von Farben und Beizen.

Kobalt. Welterzeugung etwa 400 t, Verwendung als Legierungsmetall und zur Herstellung von Farben.

Kadmium. Welterzeugung etwa 600 t, wird aus den Beimengungen der Zinkerze gewonnen. Dient zur Herstellung niedrig schmelzender Legierungen und als Lot für Zink und Aluminium.

Wismut. Welterzeugung etwa 500 t vorwiegend aus bolivianischen Erzen. Verwendet zur Herstellung vom Leichtflußlegierungen.

Quecksilber. Welterzeugung etwa 1600 t, hauptsächlich in Italien und Spanien, geringe Mengen in Nordamerika, Mexiko und Asien. Deutschland verbraucht ungefähr $^1/_3$ der Welterzeugung.

Silber. Welterzeugung 7715 t im Werte von etwa 0,3 Millrd. RM, die europäische 550 t, die amerikanische 5973 t, die asiatische 612 t, die afrikanische 155 t, die australische 425 t.

Mangan. Die Weltförderungen von Manganerzen mit etwa 50% Erz wird auf 180000 t geschätzt. Das Deutsche Reich hat 1935 etwa 296000 t aus Indien, Südrußland und Afrika eingeführt. Es besitzt selbst keine nennenswerten Manganerzvorkommen. Bedeutung haben aber die manganreichen Spateisensteine des Siegerlandes, die manganreichen Brauneisensteine aus der Gegend von Gießen und Bingen. Mangan hat große Bedeutung für die Eisen- und Stahlindustrie, findet auch Verwendung bei der Herstellung von Leichtmetallegierungen.

Wolfram, *Molybdän*, *Iridium* und *Beryllium* treten mengenmäßig und in ihrer technischen Bedeutung zurück. Wolfram und Molybdän werden vorwiegend zur Herstellung von Spezialstählen, Beryllium zur Herstellung von Leichtmetallegierungen verwendet.

Die Hüttenindustrie ist bei weitem der größte Brennstoffverbraucher. Es mögen deshalb einige Angaben über die Kohlengewinnung folgen. Die *Steinkohlenförderung* der Welt betrug im Jahre 1936 ungefähr 1210 Millrd. t, davon entfallen 11 Mill. t auf Australien, 14,5 Mill. t auf Afrika, 94,5 Mill. t auf Asien, 457,5 Mill. t auf Amerika, 633,5 Mill. t auf Europa. Die europäischen Länder sind wie folgt beteiligt: Großbritannien 232,2 Mill. t, Deutsches Reich 158,4 Mill. t, Rußland 105 Mill. t, Frankreich 45,2 Mill. t, Niederlande 12,8 Mill. t, Tschechoslowakei 12,3 Mill. t, Spanien 7 Mill. t, Ungarn 0,8 Mill. t, Italien, Jugoslawien und Schweden je 0,4 Mill. t, Österreich 0,24 Mill. t. Bemerkenswert ist noch die erhebliche Braunkohlenförderung im Deutschen Reiche, die sich auf 161,5 Mill. t belief.

Die *Kokserzeugung* der Welt betrug im Jahre 1936 ungefähr 122 Mill. t. Davon entfallen 0,9 Mill. t auf Australien, 4 Mill. t auf Asien, 44,4 Mill. t auf Amerika und 73 Mill. t auf Europa. Die europäische Erzeugung verteilt sich auf die Länder wie folgt: 35,8 Mill. t Deutschland, 17 Mill. t Rußland, 12,7 Mill. t Großbritannien, 7,2 Mill. t Frankreich, 5,1 Mill. t Belgien, 3,0 Mill. t Niederlande, 2,0 Mill. t Tschechoslowakei, 1,6 Mill. t Polen, 1,0 Mill. t Italien, 0,5 Mill. t Spanien.

Die volkswirtschaftliche Bedeutung der Hüttenindustrie ergibt sich noch aus folgenden Zahlen. Im Deutschen Reiche sind etwa 12 Mill. Menschen in den Industrien und Gewerben beschäftigt, die sich mit der Gewinnung, Verarbeitung und Veredlung gewerblicher Güter befassen. Für die Gewinnung und Weiterverarbeitung der Metalle sind etwa

$3^1/_2$ Mill. Menschen beschäftigt. Die Hüttenindustrie betreibt Kraftmaschinen mit einer Leistung von nahezu 5 Mill. PS und beschäftigt etwa 1,3 Mill. Personen[1].

Tabelle 2. Zahl der beschäftigten Personen und Nennleistung der aufgestellten Kraftmaschinen in den Hauptgruppen der deutschen Industrien und Gewerbe[2].

Gruppe	Zahl der beschäftigten Personen		Nennleistung der aufgestellten Kraftmaschinen	
	Zahl	%	PS	%
Bergbau	808600	6,4	3940000	21,2
Eisenhütten und Metallhütten	620800	4,9	3818000	20,5
Glashütten und keramische Industrie	684700	5,4	939000	5,1
Eisen- und Metallwarenindustrie	863100	6,8	543000	2,9
Maschinen, Apparate und Fahrzeugbau	1240500	9,8	1468000	8,0
Elektrotechnische Industrie und Feinmechanik	598800	4,8	457000	2,4
Chemische Industrie	313000	2,5	947000	5,1
Nahrungs- und Genußmittelgewerbe	1365500	10,7	1747000	9,4
Papierindustrie und Druckgewerbe	575800	4,5	995000	5,3
Textilindustrie	1212400	9,5	1297000	7,0
Die übrigen Industrien und Gewerbe	4420000	34,7	2449000	13,1
Insgesamt	12703200	100,0	18600000	100,0

III. Bautechnische Fragen.

Für die geographische Lage eines Hüttenwerkes sind, wie im vorhergehenden Abschnitt dargelegt, wirtschaftliche Gesichtspunkte maßgebend, bei der Entscheidung über den *Werksort* treten jedoch technische Gesichtspunkte in den Vordergrund. Die Beschaffenheit des Baugrundes ist festzustellen, indem das Gelände planmäßig mittels einer ausreichenden Anzahl von Bohrlöchern untersucht wird. Die Grundwasserhöhe ist zu bestimmen und die Versorgung des Werkes mit Verbrauchswasser und dessen Geeignetheit für die Kraftanlagen und die verschiedenen Kühlzwecke zu prüfen. Auch die Frage der Abwässerentfernung sowie der Lagerung und Beseitigung der Abfallstoffe bedarf einer Lösung. Förderhöhe und Förderlänge spielen hierbei eine ausschlaggebende Rolle. Der Bodenabtrag und Bodenauftrag ist in Rechnung zu stellen und eine Ausdehnungsmöglichkeit des Werkes in angemessenen Grenzen bei der Planung von vornherein ins Auge zu fassen. Schließlich darf nicht unbeachtet bleiben, ob die Nachbarschaft wegen Besitzstörung Einspruch erheben oder Ersatzansprüche stellen kann. Bezüglich der Genehmigungspflicht und des Genehmigungsverfahren für gewerbliche Anlagen in Deutschland sind die Bestimmungen in der Gewerbeordnung enthalten[3]. Über wasserrechtliche Fragen entscheiden die Länder, die besondere nicht ganz gleiche Regelungen getroffen haben[4].

Für die Inangriffnahme eines Neubauentwurfs ist die Kenntnis von Umfang und Art der in Aussicht genommenen Erzeugnisse Voraussetzung. Zunächst ist ein Vorentwurf durchzubilden, bei dem der Raumbedarf für die einzelnen Abteilungen bereits festgelegt wird. Unter Berücksichtigung von Erweiterungsmöglichkeiten und Ergänzungsbauten sind dann die Förderwege zu bestimmen. Hierbei ist anzustreben, daß diese nach Möglichkeit mit dem Gang der Fabrikation zusammenfallen. Dann werden die für Menge

[1] Die statistischen Angaben sind entnommen aus den Veröffentlichungen der Zeitschrift „Stahl u. Eisen", aus den statistischen Zusammenstellungen der Metallgesellschaft Akt.-Ges. Frankfurt, und dem Jahrbuch des Deutschen Reiches.

[2] Die Zahlen entsprechen der Zählung vom Jahre 1925. Die Zahl der beschäftigten Personen unterlag inzwischen starken Änderungen. Die Zahlen vom Jahre 1929 liegen etwa 3% höher und erreichten damit ihren Höchststand. Dann setzte die Krise ein, die Zahl der beschäftigten Personen sank und ergab im Jahre 1932 einen Tiefstand mit einem Beschäftigungsgrad von 43% der Aufnahmekapazität. Im Jahre 1933 setzte die Besserung ein und im Jahre 1937 ist die Gesamtzahl der Beschäftigten von 1925 wieder annähernd erreicht worden bei Verschiebungen zwischen den Industriegruppen.

[3] Hütte: Taschenbuch für Eisenhüttenleute 1930 S. 216.

[4] Hütte: Des Ingenieurs Taschenbuch Bd. 2 (1928) S. 545.

und Beschaffenheit der zu befördernden Stoffe, Halb- und Fertigerzeugnisse, geeigneten Fördermittel festgelegt (Eisenbahn, Hängebahn, Seilbahn, Laufkrane, Förderband, Rohrleitung, Kanäle usw.). Die Förderung soll im allgemeinen auf dem kürzesten geraden Wege erfolgen. Dabei ist auf die erforderlichen Zwischenlager Rücksicht zu nehmen. Durch möglichst große Schütthöhe, besonders durch zweckmäßige Anordnung von Bunkern, Erztaschen, Silos usw. ist Ersparnis an Raum und Förderkosten möglich. Die Lagerräume sind so zu bemessen, daß ein Ausgleich bei unregelmäßiger Zufuhr und Unterbrechung eines Teilbetriebes sichergestellt wird. Lagerräume müssen Bahnanschluß erhalten oder durch geeignete Fördermittel damit verbunden werden. Für Läger von Stücken, die von Hand verladen werden können, ist eine Höherlegung um 1 m über Schienenoberkante und eine Rampenanlage vorzusehen. Alle Födereinrichtungen sind so durchzubilden, daß sie sich organisch aneinander anschließen, gegenseitig ergänzen und nötigenfalls ersetzen können. Die Kraftanlagen, Gebläse und Pumpenhäuser, Umformerstationen usw. sind ohne den Fabrikationsgang zu behindern so einzugliedern, daß die Leitungen möglichst geringe Längen erhalten; hierfür ergeben befahrbare Kanäle geeignete Lösungen. Gasleitungen sollen möglichst oberirdisch außerhalb der Gebäude liegen, um bei auftretenden Undichtigkeiten Vergiftungsgefahr auszuschließen. Auch die Dienstzimmer der Betriebsbeamten, Arbeiteraufenthaltsräume, Waschräume, Verbandstuben und Aborte sind festzulegen. Nun wird die vollständige Durchbildung der einzelnen Betriebsstätten bis in die Einzelheiten vorgenommen und der Vorentwurf durch die hierdurch etwa notwendig werdenden Änderungen und Ergänzungen berichtigt. Dann kann der Gesamtplan in seiner endgültigen Gestalt in Angriff genommen werden.

Bei der Durchbildung der *Gleisanlage* ist eine Trennung der Rohstoffzufuhr und der Abfuhr der Fertigerzeugnisse und der Abfallstoffe anzustreben. Schmalspurgleise sind möglichst zu vermeiden und auf die Förderungen im inneren Betrieb zu beschränken. Die Vollgleise ordne man so an, daß alle Betriebsstätten und Läger angeschlossen sind. Der Werksbahnhof ist im Einvernehmen mit der Eisenbahnverwaltung durchzubilden. Bei größeren Werksanlagen kann getrennter Anschluß für Rohstoffe und Fertigerzeugnisse in Betracht gezogen werden, sofern sich dadurch Vorteile ergeben. Die Bahnanschlüsse bedürfen in Deutschland der Genehmigung durch die Regierung und die zuständige Reichsbahndirektion. Zustell- und Abholgleis müssen in einer Länge vorgesehen werden, daß die Höchstzahl der bei einer Bedienung in Betracht kommenden Wagen Platz findet. Hieran anschließend ist der Werksbahnhof mit den nötigen Verschiebe- und Aufstellgleisen anzuordnen. Hier ist ein Gleisabstand von mindestens 4 m vorzusehen. Drehscheiben und Schiebebühnen vermeide man, da sie betriebshemmend und verzögernd wirken.

Als guter *Baugrund* gelten Fels, festgelagerter lehmfreier Kies von etwa 3 m Schichtstärke, Sandschichten, Ton- und Lehmschichten mit geringem Wassergehalt bei 3 bis 4 m Mächtigkeit. Die zulässige Bodenbeanspruchung beträgt bei Fels 15 kg/cm², bei festgelagertem Kies und Sand 5 kg/cm², bei festem Ton 4 kg/cm², bei losem Sand 2,5 kg/cm². Bei schlechtem Baugrund sind besondere Maßnahmen erforderlich, über die von Fall zu Fall entschieden werden muß. Besondere Schwierigkeiten können entstehen, wenn bei schlechtem Baugrund tiefe Ausschachtungen mit Rücksicht auf vorhandene benachbarte Bauwerke, Gleisanlagen u. dgl. nicht möglich sind. In diesen Fällen ist die Ausführung von Pfahlgründungen notwendig, für die bei den hohen Lasten der Hüttenwerksanlagen Betonpfähle mit Eiseneinlagen in Betracht kommen. Eine bewährte Ausführung stammt von Frankignoul[1], bei der die Pfähle an ihrem endgültigen Platze im Boden hergestellt werden. Zuerst wird für den Pfahl ein Loch in den Baugrund getrieben. Hierzu dient ein Treibkopf mit Stahlspitze, der an einer Stange sitzt. Über diese Stange gleitet ein Fallgewicht, das den Treibkopf in den Boden hineintreibt. Beim Vordringen nach unten nimmt er ein teleskopartig gestaltetes Rohr mit, welches das Bohrloch ausfüllt und Nachrutschen von Erd- oder Steinmassen verhindert. Ist das Loch bis auf guten Baugrund vorgetrieben, werden Treibkopf und Fallgewicht hochgezogen, der Beton wird in das Rohr eingeführt und durch einen besonderen Stampfbär

[1] Stahl u. Eisen 1913 S. 1788.

festgestampft, wobei das Rohr mit dem Unterteil beginnend dauernd verkürzt wird. Der entstehende Pfahl preßt sich fest gegen den Boden an, füllt Unebenheiten aus und dringt gegen nachgiebige Stellen im Erdreich vor. Die senkrechte Eisenbewehrung wird durch Längsbohrungen im Stampfbär eingeführt, während die Querverbindungen in geeigneten Zwischenräumen von oben eingeschoben werden. Man kann die Pfähle so ausführen, daß an ihrem Fuße eine Verstärkung entsteht, indem man zu Anfang solange Betonmasse nachstampft, bis der Baugrund nicht mehr nachgibt.

Auf dem Werke Esch der „Arbed" ist das Fundament eines Hochofens unter besonders schwierigen Umständen auf diese Weise gegründet worden[1]. Ein Pfahl wurde einer Probebelastung von 130 t unterworfen, wobei er sich um 15 mm senkte, nach der Entlastung verblieb eine dauernde Senkung von 7 mm. Die Belastung durch das Bauwerk betrug 60 t, bei dieser Belastung fand eine Senkung nicht statt. Diese Art der Gründung ist auch mit bestem Erfolg bei Errichtung von Gebäuden auf Schlackenhalden zur Anwendung gekommen. An Stelle eines durchgehenden Fundamentes ordnet man tiefgehende durch Pfähle gebildete Stützpunkte an, die durch Eisenbetonträger oder Platten überbrückt werden.

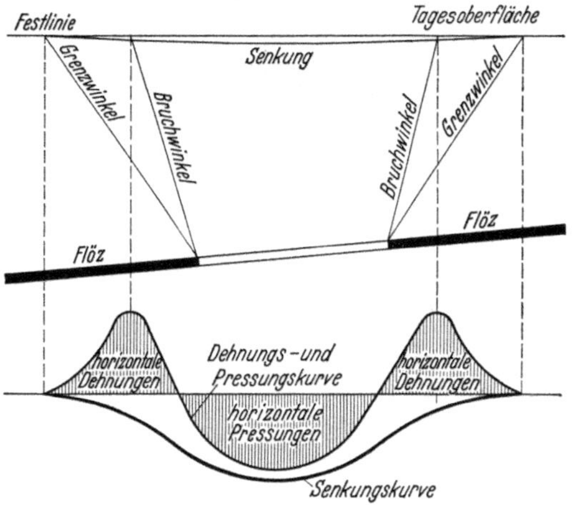

Bild 1.
Senkungs-, Zerrungs- und Pressungserscheinungen im Bergbau-Senkungsgebiet.

Bei Errichtung von Anlagen im Bergbau- und Senkungsgebiet muß durch besondere bauliche Maßnahmen den möglichen Änderungen der Geländeoberfläche Rechnung getragen werden. Ein Bild von den Senkungs-, Zerrungs- und Pressungserscheinungen im Bergbaugebiet gibt die von LEHMANN gewählte Darstellung[2]. Dieses Idealbild zeigt Bild 1. Beim Niedergehen der Bruchpyramide im Abbauraum findet eine Drehung ihrer Hälften um Stützpunkte statt, die an der Grenze des Abbaugebietes liegen. An den Bruchfugen findet ein Losreißen und in der Mitte ein Stauchen der Gebirgsmassen statt. Mit den lotrechten Bewegungen, die durch die Senkungskurve dargestellt sind, treten waagerechte Bewegungen auf, die waagerechte Kräfte auslösen. Die waagerechten Längenänderungen sind durch die Dehnungs- und Pressungskurve dargestellt. Es ergibt sich ein Gebiet der Zerrungen und ein Gebiet der Pressungen. Im unteren Teil des Bildes 1 ist das Gebiet der Dehnungen über der Achse, das Gebiet der Pressungen unter der Achse aufgetragen. Das Gebiet der größten Dehnungen liegt in der Nähe der Stelle, an der die Bruchlinie die Erdoberfläche schneidet, das Gebiet der größten Pressungen in der Mitte der Senkungsmulde. Im Gebiet der größten Dehnungen erfolgt ein Aufreißen. Die abgelöste Pyramide verliert den seitlichen Widerstand und bricht nach dem natürlichen Böschungswinkel an der Oberfläche ab. Befindet sich ein Bauwerk am Rande der Senkungsmulde, so kann ein Teil desselben seine Unterstützung verlieren, also überkragen. Im Bilde 2 ist dieser Fall dargestellt. Die vorher aufgetretene gleichmäßige Bodenpressung p geht über in das Bodenpressungsdreieck mit dem Höchstwert p_{max}. Für gewöhnliche Bodenbeanspruchungen wird eine Sicherheit $n = 4$ bis 6, im Mittel 5 genommen. Bei einer vorgesehenen gleichmäßigen Bodenbeanspruchung von 3 kg/cm²

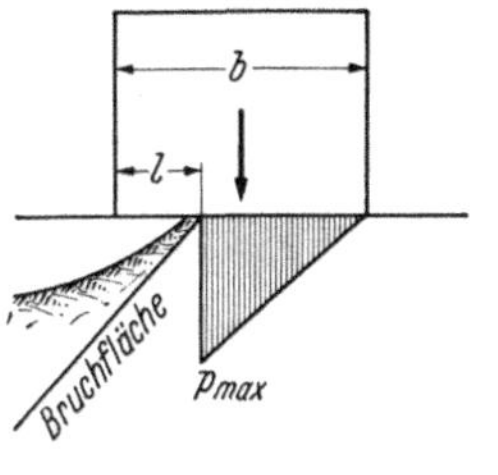

Bild 2. Bauwerk am Rande des Senkungsgebietes.

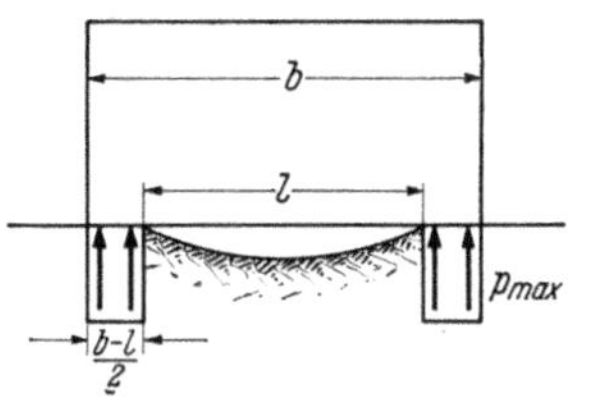

Bild 3. Bauwerk im Innern der Senkungsmulde.

---
[1] Stahl u. Eisen 1914 S. 1205f. [2] Glückauf 1929 Nr. 48.

wird bei 12 bis 18 kg/cm² das erste dauernde Nachgeben stattfinden. Die durch die äußeren Stabilitätsbedingungen des Bauwerks begrenzte mögliche Auskragung ist um so größer, je niedriger die ursprüngliche Bodenbelastung gewesen ist. Da das Biegungsmoment quadratisch und die Querkraft linear mit der Auskragung wachsen, ist es

Ansicht der Giebelwand
Bild 4.

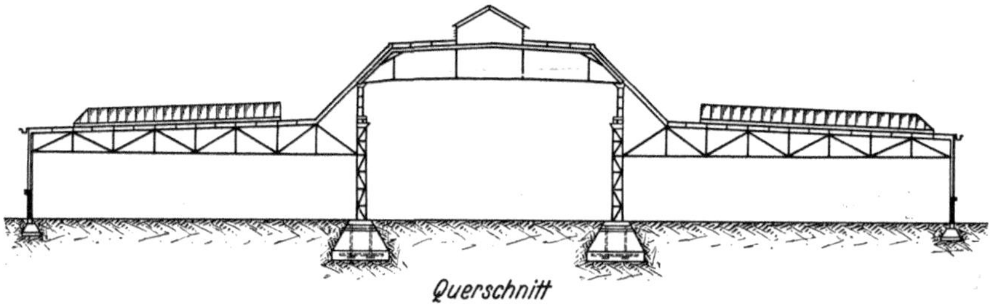

Querschnitt
Bild 5.

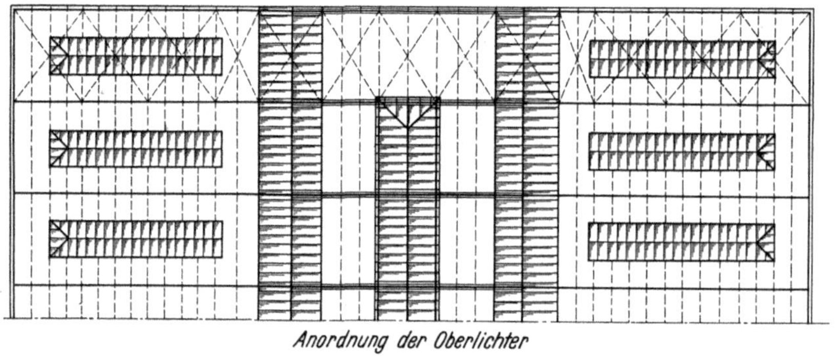

Anordnung der Oberlichter
Bild 6.

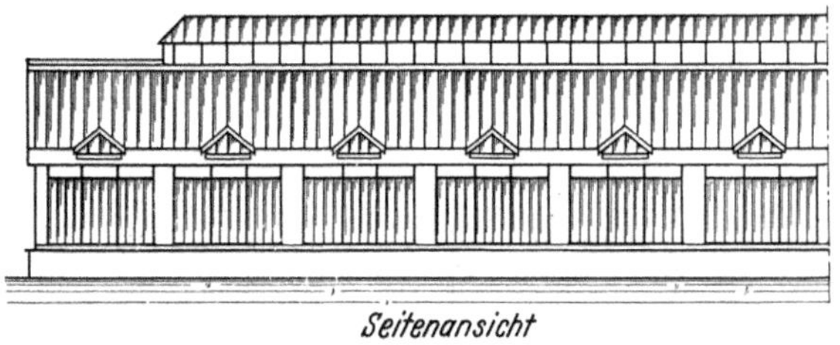

Seitenansicht
Bild 7.

Bilder 4, 5, 6 u. 7. Stahlbau zum Drahtwalzwerk der Gutehoffnungshütte, Abteilung Gelsenkirchen.

vorteilhaft, die Abmessung *b* klein zu halten und für Bauwerke großer Grundrißabmessungen möglichst viele für sich steife Teile zu schaffen, die aber den aus anderen Gründen bedingten nicht steifen Zusammenhang haben können. Tritt die maximale Auskragung ein, so wird der in sich steif durchgebildete Teil des Bauwerks nicht abreißen, sondern nur eine Drehung des ganzen Bauwerks eintreten. Das ist ein geringerer Nachteil als das Absinken von Stücken nach dem Abreißen und wird in den meisten Fällen keine besonderen Nachteile herbeiführen. Liegt ein Bauwerk im Inneren der Senkungsmulde, so kann der Fall eintreten, daß es an den Rändern aufliegt und in der Mitte freiliegt, wie im Bilde 3 dargestellt. Die Auflösung des Bauwerks in für sich steife, kleine Teile ergibt in diesem Falle einen genaueren Anschluß an die Senkungsfläche und somit kleinere Beanspruchungen[1].

Notwendig ist ferner die Beobachtung der waagerechten Bewegungen und die hieraus resultierenden Kräfte. Die Aufnahme der waagerechten Kräfte ist bei jedem Bauwerk möglich und besonders ins Auge zu fassen. Sie sind von der Größe der Bodenbewegung unabhängig, vielmehr allein bedingt durch die Reibungskraft. Zu berücksichtigen ist, daß die Verhältnisse beim Fortschreiten des Abbaues oder bei unvermeidlichen Änderungen des Abbaues in das Gegenteil umschlagen können. Die Fundamente der Bauwerke müssen mit Rücksicht auf den möglichen Wechsel zwischen Pressungen und Zerrungen und den dabei auftretenden Kräften sowohl auf Druckfestigkeit als auch auf Zugfestigkeit berechnet und durchgebildet werden. Das Bauwerk ist entweder auf einer einheitlichen Betonplatte oder auf einzelne unter den Hauptbelastungsstreifen angeordneten Eisenbetonbanketten zu gründen. Eine Plattengründung ist dann erforderlich, wenn zwischen benachbarten Streifen ein zu geringer Zwischenraum bleibt und wenn die Belastung benachbarter Streifen sehr ungleichmäßig wird und deshalb verschieden hohe Bodenbelastungen eintreten würden.

Trotz aller Vorsichtsmaßregeln und vorgenommenen Sicherungen können ungleichmäßige Senkungen und daraus sich ergebendes Schiefstellen bei Bauwerken eintreten. Soll die Schiefstellung aus betriebstechnischen Gründen alsbald beseitigt werden, wie beispielsweise bei hohen Gasbehältern[2], so muß von vornherein die Möglichkeit geschaffen werden, den Aufbau gegenüber dem Fundament durch Hebevorrichtungen wieder lotrecht zu stellen.

Die *Gebäude* kommen je nach Eigenart des Betriebes mit massiven Umfassungswänden, in Holzbau, in Eisenbeton oder Eisenbau zur Ausführung. Holzbauten kommen im allgemeinen nur bei Behelfsbauten in Betracht. Holzbinder werden den Stahlbindern vorgezogen, wenn in den betreffenden Gebäuden Säuredämpfe entstehen. Eisenbetonbauten sind wirtschaftlich, wenn der erforderliche Baustoff vorhanden oder billig bezogen werden kann. Eisenbeton sollte aber nur dort zur Anwendung kommen, wo Änderungen nicht in Frage kommen, denn diese sind schwierig und kostspielig. Schlackenbeton hat umfangreiche Anwendung gefunden für Maschinen- und Ofenfundamente, Silobauten, Hochbehälter, Schornsteine, Kühltürme, Stützmauern und Dacheindeckungen. Für die Bauten der Eisen- und Metallhütten, insbesondere der Ofen-, Maschinen- und Walzwerkshallen ist der Eisenbau zu bevorzugen, weil er die günstigste Raumausnutzung gestattet und große Stütz- und Spannweiten zuläßt. Nachträgliche Änderungen und Verstärkungen sind hierbei leicht durchzuführen. Eisenbau ermöglicht schnellste Ausführung unabhängig vom Wetter. Wesentlicher ist aber der Umstand, daß die Verbindung der einzelnen

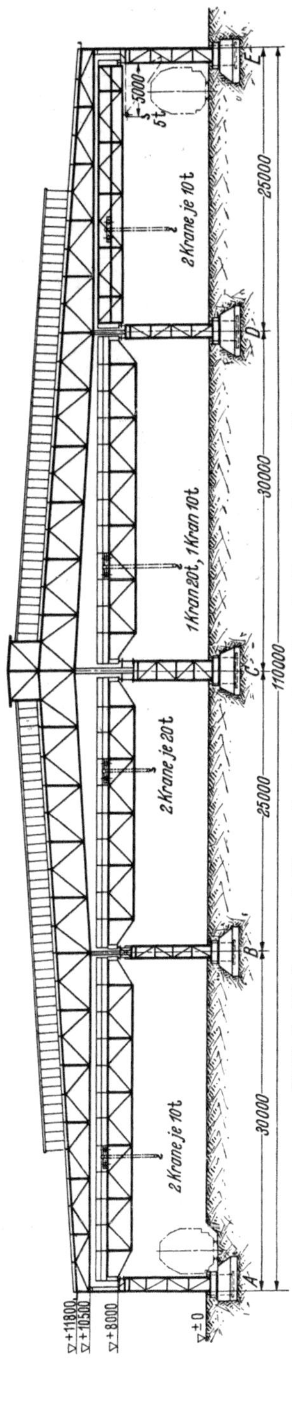

Bild 8. Walzwerkshallen erbaut von der Gutehoffnungshütte, Oberhausen.

[1] Mautner: Dtsch. Bauztg. 1922 Nr. 6, 7 u. 8.

[2] Neuzeitliche Betonbauweisen im Bergbau, bearbeitet von Riepert, Schlüter u. von Stegmann. Berlin: Zementverlag G.m.b.H. 1927.

Hallen miteinander, die Überbrückung großer Spannweiten, die Anordnung der Fahrbahnen für die Hebezeuge, die Übersichtlichkeit großer Betriebe insbesondere bei Stahlwerks- und Walzwerkshallen in befriedigender Weise nur durch den Eisenbau erreicht werden kann. Die Bilder 4 bis 10 geben einen Anhalt über die Ausmaße neuzeitlicher

Bild 9. Stahlbauten für das Stahl- und Walzwerk der Bergbau-Aktiengesellschaft Lothringen in Bochum. Ausführung: Gutehoffnungshütte Akt.-Ges. Oberhausen (Rhld.)

Industriebauten insbesondere von Stahl- und Walzwerkshallen. Die gleichmäßige natürliche Beleuchtung wird im Gegensatz zu früher durch Oberlichter und Seitenfenster sichergestellt. Seitenfenster sind wegen ihrer besseren Zugänglichkeit und Reinigungsmöglichkeit im allgemeinen vorzuziehen. Wegen der großen überdeckten Grundfläche sind aber

Bild 10. Stahlbauten für das Blockwalzwerk der Burbacher Hütte in Saarbrücken.

meistens Oberlichter nicht zu vermeiden. Für die Verglasung der Oberlichter wird Drahtglas verwendet, sonst sind unterhalb der Oberlichter Drahtschutznetze anzubringen. Die Verlegung der Scheiben erfolgt am besten kittlos auf elastischer Unterlage. Die Umfassungswände der Eisenbauten werden aus Fachwerk gebildet, das mit einer Ausmauerung in Halbsteinstärke versehen wird.

IV. Förderwege und Fördermittel.

Obschon für die Beförderung der Rohstoffe, der Halb- und Fertigerzeugnisse von der Entladestelle der Schiffe und Eisenbahnwagen bis zu den Verladehallen der

Fertigerzeugnisse Fördereinrichtungen aller Art, besonders Laufkrane, Motorlaufkatzen, Hängebahnen, Seilbahnen, Rollgänge u. dgl. in steigendem Maße angewendet werden, bleiben der Förderung auf Schienenwegen noch erhebliche Fördermengen und vielfach auch große Förderstrecken vorbehalten. Auf großen Werken ist der Eisenbahnbetrieb so umfangreich, daß er besonderer Leitung unterstellt wird. In kleineren Anlagen bewähren sich die elektrisch getriebenen Verschiebewinden für die Einordnung und Verschiebung der Eisenbahnwagen. Für größere Anlagen sind Lokomotiven, meist in der Ausführung als 2- oder 3achsige Tenderlokomotiven, erforderlich. Feuerlose Lokomotiven, die ihren Energievorrat an der Hauptdampfkesselanlage entnehmen, bewähren sich bei mittleren Entfernungen. Auf einigen Werken wird der gesamte Eisenbahnbetrieb mit elektrischen Lokomotiven durchgeführt. So sind auf einem rheinischen Eisenhüttenwerk für den inneren Betrieb 28 elektrische Lokomotiven in Benutzung. Zwei Einankerumformer von je 600 kW Drehstrom-Gleichstrom für 5000/600 V Spannung sind hierfür aufgestellt. Das Eisenbahnnetz der Hütte hat eine Länge von 53 km, die Fahrstrecken eine solche bis zu 12 km. Es kommen 4 Lokomotivbauarten zur Anwendung: mit 4 Motoren, 520 PS Leistung; mit 2 Motoren, 220 PS Leistung; Batterielokomotiven mit 100 PS Leistung; Batterielokomotiven mit 30 PS Leistung. Das Netz ist in 8 Bezirke eingeteilt, die vom Krafthaus einzeln und zusammen

Bild 11. Werkzug mit Kübelwagen für die Hochöfen der Rheinischen Stahlwerke Duisburg.

Bild 12. Werkzug mit Schlackenwagen für die Hochöfen der Rheinischen Stahlwerke in Duisburg.

Bild 13. Plattformwagen mit eingebauten Antriebsmotoren.

abgeschaltet werden können. Ein Schnellschalter ermöglicht bei Kurzschluß in 0,1 s abzuschalten. Wo keine Hindernisse bestehen, sind reine Oberleitungsstrecken vorgesehen, wo Verladeeinrichtungen, Abstichbühnen und andere Gleise überschneidende Bauten ein vollständiges Überspannen der Gleise unmöglich machen, wird mit gemischtem Oberleitungs- und Batteriesystem gefahren. Auf der Schlackenhalde sind

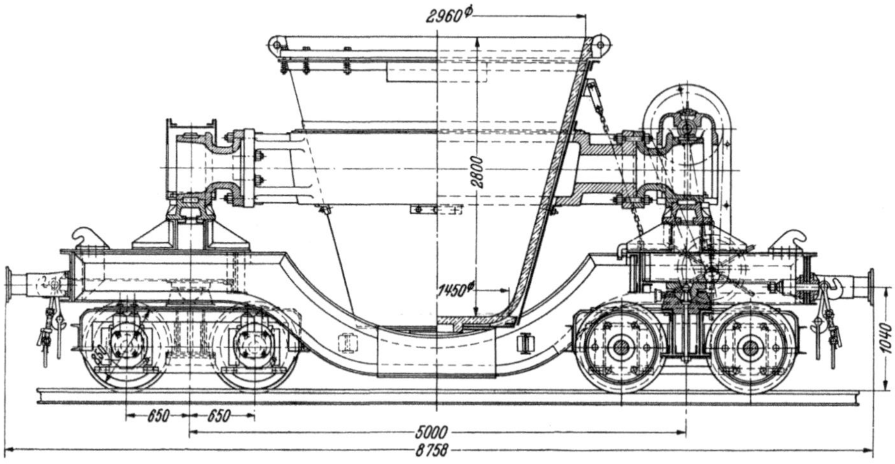

Bild 14. Schlackenkübelwagen von 11 m³ Inhalt, erbaut von der Jünkerather Gewerkschaft in Jünkerath (Rhld.).

zum Spannen des Oberleitungsnetzes Galgenmaste aufgestellt, die bei Bedarf mit dem Gleis zusammen verschoben werden. Bild 11 zeigt einen Zug mit Kübelwagen für die Hochöfen, Bild 12 einen solchen mit Schlackenwagen. Bild 13 stellt einen Plattformwagen von 100 t Ladegewicht dar, der mit eigenen Antriebsmotoren und eingebauter

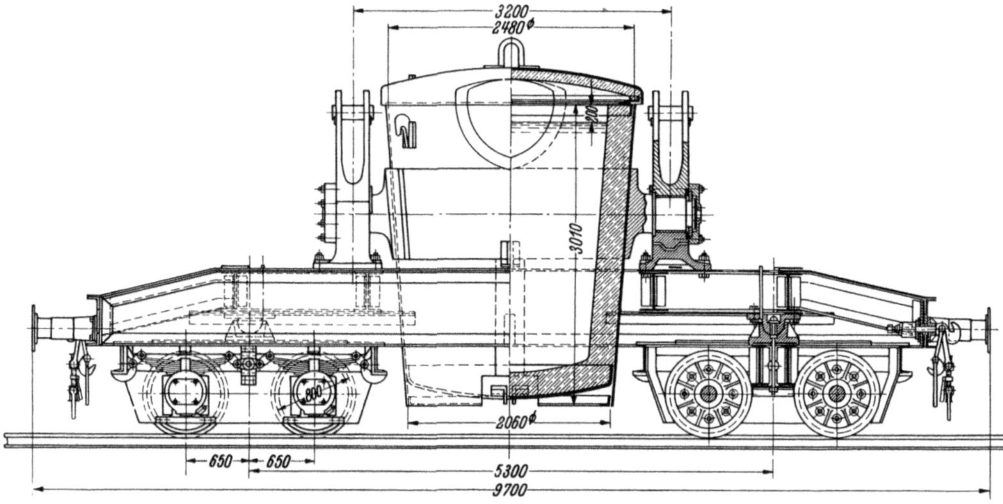

Bild 15. Pfannenwagen für 50 t Roheisen, erbaut von der Jünkerather Gewerkschaft.

Batterie ausgerüstet ist. Mit 28 Lokomotiven werden monatlich 1,15 Mill. tkm geleistet bei einem Stromverbrauch von 200 W/tkm. Die Ersparnisse im Vergleich zum Dampfbetrieb ergaben sich zu 50%, was in vorliegendem Falle durch die verhältnismäßig geringen Betriebsstunden zu erklären ist. Dampflokomotiven sind um so unwirtschaftlicher, je schwankender der Betrieb ist und je kürzer die zu durchfahrenden Strecken sind.

Der Eisenbahnbetrieb wird durch Anwendung großer Einheiten vereinfacht und verbilligt. Das gilt auch für die Beförderung flüssiger Stoffe wie Roheisen und Schlacke.

Bild 14 zeigt einen Schlackenkübelwagen von 11 m³ Inhalt für die Beförderung von Hochofenschlacke. Im Bilde 15 ist ein Roheisenpfannenwagen von 50 t Nutzinhalt, im Bilde 16 ein Rundgefäßwagen für 150 t flüssiges Roheisen dargestellt. Staubförmige Stoffe, z. B. Gichtstaub, Kohlenstaub, bieten beim Verladen und Befördern in Eisenbahnwagen Schwierigkeiten. Hier hat sich die pneumatische Förderung durch Rohrleitungen bewährt, ein Verfahren, das bei Schüttgütern, insbesondere bei Getreide,

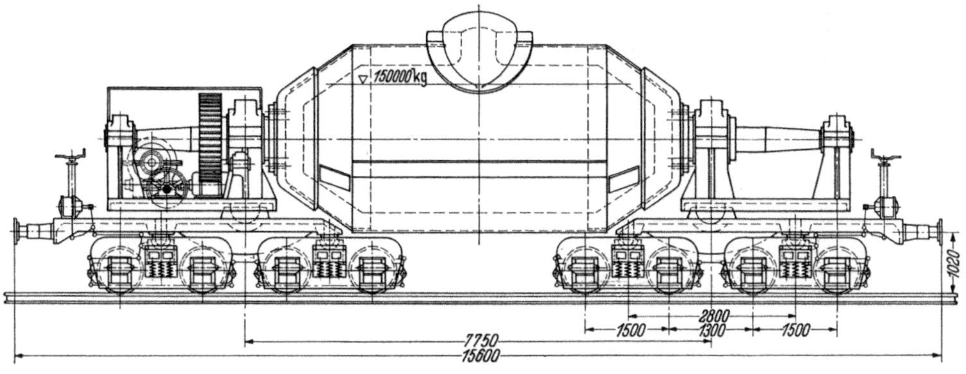

Bild 16. Rundgefäßwagen für 150 t Roheisen, Entwurf der Jünkerather Gewerkschaft.

umfangreiche Anwendung gefunden hat. Ebenfalls pneumatisch geschieht die Entfernung des Schlammes aus den Naßgasreinigungen. Der Schlamm wird aus den Klärbecken im ersten Arbeitsabschnitt in einen luftleer gemachten Behälter gesaugt und dessen Inhalt im zweiten Arbeitsabschnitt mittels Druckluft durch eine Rohrleitung auf die Lagerstelle gefördert. Erwähnt sei hier endlich noch die Fortleitung mittels Druckwasser, die z. B. bei Entaschungsanlagen angewandt wird. Um Kreuzungen der Förderwege zu vermeiden, ist es in manchen Fällen vorteilhaft, eine Förderstrecke tiefer zu legen und unter der anderen hindurchzuführen. Das kommt besonders für Blockbeförderung vom Gießstand zum Walzwerk in Betracht, wenn eine andere Lösung nicht möglich ist.

Zweiter Abschnitt.

Ofen- und Feuerungsanlagen.

I. Übersicht über die Entwicklung und die Bauarten der Industrieöfen.

Als Industrieöfen bezeichnet man Öfen für technische Zwecke, die zum Erwärmen von Körpern, des *Wärmegutes*, auf eine höhere Temperatur, der *Arbeitstemperatur*, dienen. Je nach dem Zweck des Erwärmens nennt man sie Schmelz-, Glüh-, Schweiß-, Brennöfen usw., welche die gemeinsame Bezeichnung Wärmöfen führen, zum Unterschied von den Kühlöfen, in die warme Gegenstände eingesetzt werden, um diese langsam auf Lufttemperatur abzukühlen. Wärmöfen haben eine sehr ausgedehnte und vielseitige Anwendung gefunden, während Kühlöfen seltener, hauptsächlich in Glashütten verwendet werden. Öfen sind Behälter aus feuerfestem, d. h. hitzebeständigem Material, die so gestaltet sind, daß sie die zu erwärmenden Gegenstände in ihrer jeweiligen Form und Beschaffenheit aufnehmen und in zweckdienlicher Weise erwärmen können. Vornehmlich aus diesem Grunde erhalten sie verschiedene Gestalt und Größe. Als Wärmequelle ist eine Feuerung oder elektrische Heizvorrichtung anzubringen.

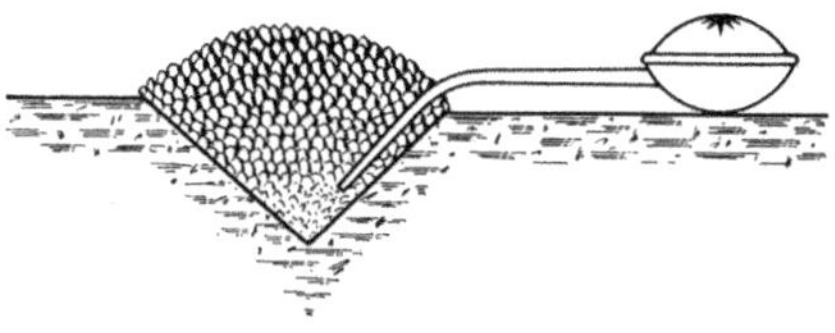

Bild 17. Rennfeuer in Kordofan (Sudan) mit Tondüse und Handblasebalg. (Nach Beck, Geschichte des Eisens.)

Die Öfen sind in planmäßiger Entwicklung aus dem Feuer (Bild 17) entstanden. Diese Entwicklung ging in zwei Richtungen vor sich: Durch Ausbau in senkrechter Richtung entstand der Schachtofen, durch Ausbau in vorwiegend waagerechter Richtung entstanden der Herdofen und der Kammerofen.

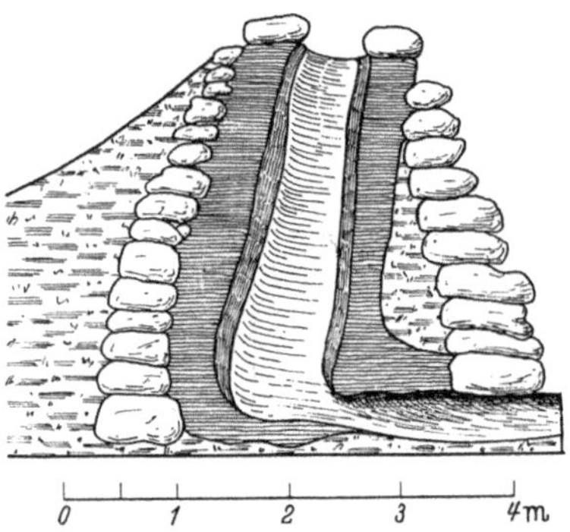

Bild 18. Schachtofen aus vorgeschichtlicher Zeit. (Nach Beck, Geschichte des Eisens.)

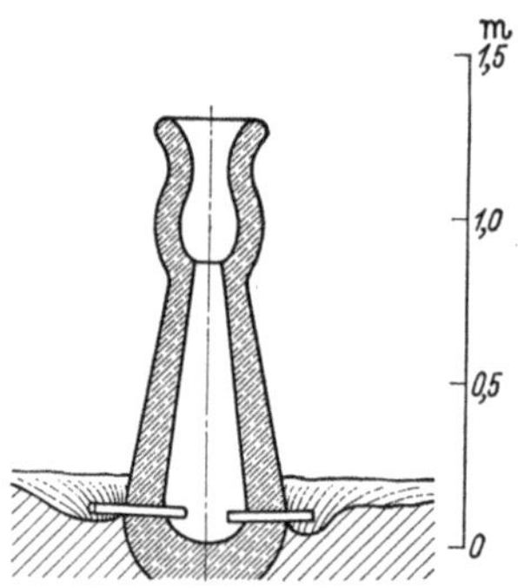

Bild 19. Schachtofen zur Eisengewinnung in Zentralafrika. (Nach Schweinfurth.)

Schachtöfen sind neben den Feuern schon in vorgeschichtlicher Zeit in verschiedenen Ländern nachzuweisen. Der im Bilde 18 wiedergegebene Ofen wurde von Quinquerez in mehreren Stücken in abgelegenen jetzt unbewohnten Waldtälern des Jura aufgefunden. Aus Funden unter 7 m tiefen Torfschichten hat er gefolgert, daß in dieser Gegend schon vor 4000 Jahren Meilerstätten für Holzkohlengewinnung gewesen sind. Da diese als Schmelzöfen gekennzeichneten Öfen nur mit Holzkohle betrieben werden konnten, liegt die von anderer Seite angefochtene Schlußfolgerung nahe, daß in jener fernen Zeit in diesen Öfen Metall erschmolzen wurde[1]. Bei den Negerstämmen in Zentralafrika wurden von Schweinfurth[2] Schachtöfen zur Eisengewinnung festgestellt, die offenbar unbeeinflußt von diesen Kulturvölkern durchgebildet waren. Der Ofen nach Bild 19

[1] Beck: Geschichte des Eisens, Bd. 1, S. 617.

[2] Schweinfurth: Artes Africanae. Leipzig 1875, Braunschweig: F. Vieweg & Sohn, 1884.

wurde beim Negerstamme der Djur im Betrieb beobachtet. Die am Fuße des Ofens eingeführten vier Tondüsen haben den Zweck, die Verbrennungsluft auf die Ofenmitte zu leiten. PLINIUS erwähnt die Eisenschmelzöfen und weist auf deren verschiedenartige Bauweise hin, allerdings ohne nähere Angaben zu machen. Die Feuer sind mit der Entwicklung der Schachtöfen nicht verschwunden. Die Rennfeuer blieben zur Eisengewinnung neben Schachtöfen bis ins 16. Jahrhundert in Benutzung und bestanden an einzelnen Stellen bei Gebirgsvölkern bis in die Neuzeit. Bekanntlich hat sich das Schmiedefeuer bis heute gehalten.

Die ersten ausführlichen Angaben über den Bau von Industrieöfen finden wir im 1540 in Venedig erschienenen 10bändigen Werke „Pyrotechnia“ von VANUCCIO BIRRINGUCCIO, der neben GEORG AGRICOLA als der bedeutendste technische Schriftsteller des 16. Jahrhunderts anzusehen ist. Er behandelt außer Schachtöfen zur Eisengewinnung Tiegelöfen, Muffelöfen, Töpferöfen, Glasöfen und Destillieröfen, auch Flammöfen mit vom Herde getrennter Rostfeuerung. Er behandelt den Bergbau, das Probieren der Erze, die Öfen und Blasebälge, die hüttenmännischen Verfahren, die Goldscheidung, die Legierungen, die Formerei, die Schmelzöfen, das Schmieden, Drahtziehen, die Töpferkunst und das Kalkbrennen. Von den Schachtöfen sagt er, daß sie zwischen zwei Pfeilern errichtet werden, die 4 Ellen hoch sind. Als Baumaterial dienen „Steine, die nicht schmelzen“, mit größter Wandstärke dort, wo sie am meisten vom Feuer zu leiden haben. Die Mündungen der Blasebälge enden in einer „Form“ von Kupfer. Werden zwei Blasformen verwendet, so müssen sie einander gegenüber liegen. Er schildert weiter die Herstellung des Ofenherdes aus Ton, Kohlenstaub und Asche, das Schließen der Ofenbrust und die Anlegung des Stichloches, des Vorherdes mit der gleichen Mischung wie beim Ofenherd. Er beschreibt auch einen Ofen, der dem nach Bild 18 ähnlich ist, den er manica (Ärmel) nennt. Schließlich erwähnt er, daß die Schachtöfen zur Eisengewinnung bis zu 8 Ellen hoch und 2 Ellen weit sind, die sich in halber Höhe auf $2^1/_2$ Ellen Durchmesser erweitern. Diese Öfen wurden zweckmäßig „grottenartig“ in einen Hügel eingebaut, um Erz und Kohle bequem aufgeben zu können. Besonders weist er darauf hin, daß diese großen Öfen, die 50 bis 60 Säcke Kohlen benötigen, kräftige Gebläse erfordern, um das Feuer lebendig zu erhalten. Bezüglich der Herdöfen sagt er, daß er vor deren Ausführung die Zeichnung auf der Erde angefertigt habe einschließlich der Mauerstärke. Er schildert das Anlegen der Feuerung, der Feuerbrücke, des Herdes mit Neigung zum Abstichloch, damit das geschmolzene Metall gut abfließen könne. Die Steine zum Herdbau ließ er scharfkantig behauen und sauber abschleifen. Die Seitenmauern erhielten Abschrägungen als Widerlage für das Gewölbe. Das Gewölbe über der Feuerung lag tiefer als das des Herdes. Der Herdraum selbst verjüngt sich nach dem Fuchs zu und das Gewölbe senkt sich, damit die Flamme auf das Metall niedergepreßt wird. Leider sind seine Abbildungen von den Öfen nicht geeignet, die wiedergegebene Beschreibung zu erläutern, weshalb sie hier fortgelassen sind. Die Schachtöfen für die Eisengewinnung wurden um diese Zeit als *Stücköfen* bezeichnet, weil das in ihnen erschmolzene Eisen, die Luppe, in einem Stück gewonnen, hervorgeholt, durch Schmieden und Pressen von seinem Schlackeninhalt befreit und weiterverarbeitet wurde. AGRICOLA beschreibt in seinem Werke „de re metallica“ den Stückofen. Es ist ein vierkantiger Schachtofen mit offener Gicht und geschlossener Brust. Er ist mit regelmäßig geformten Steinen erbaut. Als Baumaterial kommen sowohl gebrannte Tonziegel als auch behauene Sandsteine zur Verwendung. Letztere zieht er als widerstandsfähiger gegen chemische Einflüsse vor. Der Ofen, der ungefähr $3^1/_2$ m Höhe hatte, läßt sich an der Vorderseite durch Wegnehmen von Steinen öffnen, um das „Stück“ hervorzuholen. AGRICOLA hält es für wichtig, daß unter dem Herd ein Hohlraum aus Steinen gebildet werde, um die Erdfeuchtigkeit abzuhalten. Für die Herstellung des Gestübbes für den Herd macht er folgende Angaben. Es wird aus Holzkohlenstaub und Lehm bereitet, wobei die Holzkohle unter einem Pochwerk mit Holzstempeln gestampft und dann gesiebt wird. Der Lehm wird erst getrocknet, dann gesiebt und schließlich ein Teil Lehm mit zwei Teilen Kohlenstaub gemischt. Das angefeuchtete Gemisch lagert darauf eine Zeitlang in einer Grube. Der Herd selbst wird mit dem Gestübbe sorgfältig aufgestampft bzw. geschlagen und die Ofenwandung vor dem Anwärmen mit Ton bestrichen, teils um die Fugen zu schließen, teils um die Steine zu schützen.

Neben den von Agricola und Birringuccio beschriebenen Öfen hatten sich in anderen Ländern die Öfen auf andere Art entwickelt. Soedenborg beschreibt in seinem 1734 erschienenen Buche „de ferro" den schwedischen Bauernofen, der im Bild 20 wiedergegeben ist. Er läßt noch deutlich den Übergang vom Feuer erkennen und wird auf flachen Steinen in einer Grube errichtet. Die von Agricola als wichtig bezeichneten Maßnahmen sind noch nicht erfolgt. An diesen kleinen Öfen waren nur zwei Leute beschäftigt. Man erschmolz darin Stücke von 15 bis 20 kg. In Kärnten erhielt man im 16. Jahrhundert bereits Stücke von 400 bis 600 kg aus Öfen von 2 bis $2^1/_2$ m Höhe. In der Steiermark entstanden im 16. Jahrhundert Stücköfen von über 5 m Höhe, in denen Stücke von 700 kg erblasen wurden, wozu 15 h erforderlich waren. Bild 21 zeigt einen solchen steierischen Stückofen. Der Schmalkaldener Stückofen (Bild 22), dessen Entstehung in das 13. Jahrhundert verlegt wird, zeigt bereits den Übergang vom Stückofen zum *Hochofen*. Der Durchmesser am Boden betrug etwa 700 mm, an der weitesten Stelle etwa in halber Höhe 1300 mm und an der Gicht 450 mm. Die Höhe belief sich auf $3^1/_2$ m, die Form lag 350 mm über dem Bodenstein und ragte 75 mm in den Herd hinein. Der Bodenstein aus Kieselkonglomerat hatte 50 bis 75 mm Gefälle nach der Brustseite zu. In diesen Öfen wurde auch Roheisen erblasen, indem man die Form etwas tiefer legte, nicht in den Ofen hineinragen ließ und dann bei Verkleinerung der Erzgichten schärfer blies. Die Schlacke wurde nicht, oder nur so weit erforderlich, abgestochen, um das Eisen vor der Frischwirkung des Windes zu schützen. Die Erfahrungen am Stückofen hatten demnach ausgereicht, um von dem unterbrochenen Betrieb zum Dauerbetrieb überzugehen und von der Herstellung eines Stückes schmiedbaren Eisens zur Roheisenerzeugung zu gelangen. Um dauernd die zur Verflüssigung des Eisens erforderliche Temperatur zu sichern, machte man den Herd unter Beibehaltung der anderen Maße wieder enger. Hierdurch wurde das Eisen vollständiger reduziert, höher gekohlt und durch die schützende Schlackenschicht der Frischwirkung des Windes entzogen. Die weitere Folge war höheres Ausbringen und geringerer Brennstoffverbrauch.

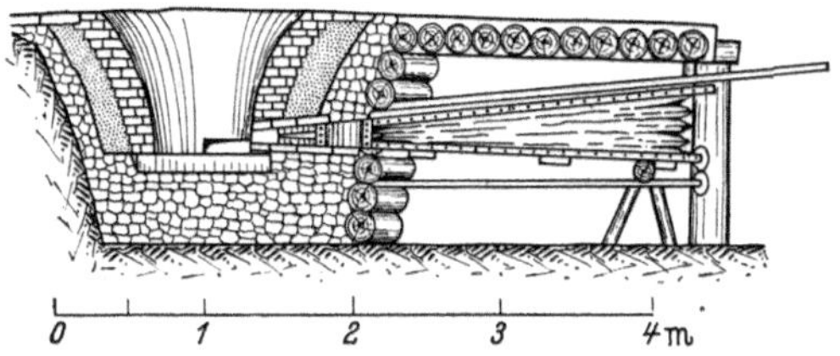

Bild 20. Schwedischer Bauernofen aus dem 14. Jahrhundert. (Nach Soedenborg.)

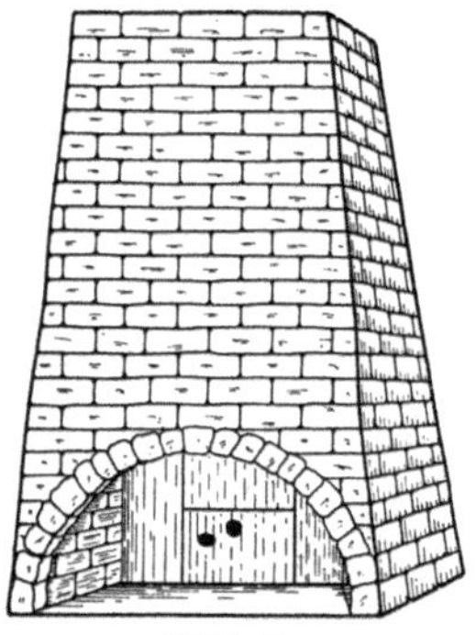

Bild 21. Steierischer Stückofen aus dem 16. Jahrhundert.

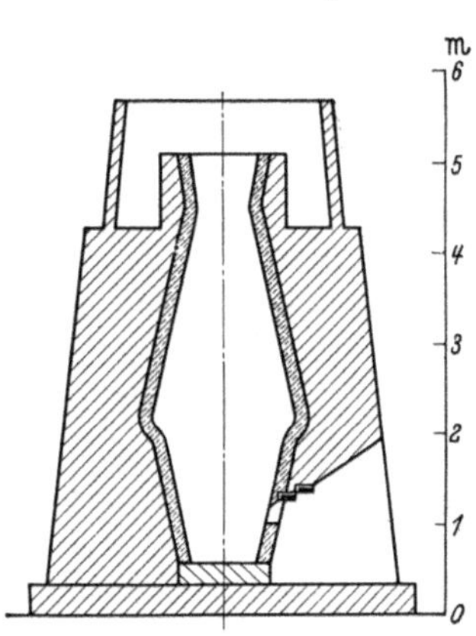

Bild 22. Schmalkaldener Stückofen.

Der Übergang zur Roheisenerzeugung, die im Rheingebiet wahrscheinlich schon in der ersten Hälfte des 15. Jahrhunderts erfolgte, brachte für die Gestaltung des Ofens neue Aufgaben. Durch Verengung des Herdes und der Tieferlegung der Blasform mangelte es an Raum für das flüssige Eisen und die flüssige Schlacke, wenn man nicht sehr häufig abstechen wollte. Ohne Unterbrechung des Ofenbetriebes war das jedoch nicht möglich. Wollte man die hierdurch bedingte Unwirtschaftlichkeit vermeiden, so mußte notgedrungen der Sammelraum für das flüssige Eisen vergrößert werden ohne jedoch den inneren Ofenraum zu ändern. Das war aber nur durch Erweiterung des Raumes unter der Blasform möglich. So entstand der Ofen mit „*offener Brust*" und einem Vorherd gemäß Bild 23, der bis zur Einführung der Schlackenform durch Lürmann im Jahre 1867 kennzeichnend für den Eisenhochofen war. Die weitere Entwicklung und fortlaufende

Vergrößerung dieses wichtigsten aller Schachtöfen wird im fünften Abschnitt noch eingehender besprochen werden.

Die Entwicklung anderer Schachtöfen zum Schmelzen und Brennen sei hier nur kurz gestreift, da sie sich in einfacher Weise vollzog. Die Öfen wurden in einfachen Formen mit viereckigem oder kreisförmigem Querschnitt ausgeführt und blieben in ihren Abmessungen hinter den Hochöfen zurück. Der Schachtofen zum Schmelzen von Roheisen für Gießereizwecke wurde zuerst in England verwendet, wo sich nach Erfindung der Dampfmaschine sehr schnell ein leistungsfähiger Maschinenbau entwickelt hatte. Die ersten Dampfmaschinen zum Antrieb von Pumpen und Gebläsen liefen mit geringer Drehzahl. Zylinderabmessungen von 2 m Durchmesser wurden aber schon während der ersten Entwicklungsstufe erreicht. Der Zylinderguß stellte hohe Anforderungen. Man benötigte ein für diesen Zweck geeignetes Eisen, das durch Mischen verschiedener Sorten erhalten wurde. Schwere Stücke erforderten mehr flüssiges Eisen als der Hochofen hergab, und schließlich wollte man die schweren Stücke nicht am Hochofen gießen, sondern dort, wo sie gebraucht wurden, um die schwierige Beförderung zu vermeiden. Man erbaute für diesen Zweck kleine zylindrische oder prismatische Schachtöfen, die sog. Kupolöfen, in denen Roheisen und Eisenschrott mit Holzkohle geschmolzen wurden. Zu Anfang des 18. Jahrhunderts hatten sich auch in Deutschland Gießereien entwickelt, so in Berlin, Gleiwitz, Lauchhammer, Königshütte, Wasseralfingen in Württemberg, die Nassauischen Hütten und die Friedrichshütte bei Laubach. Die Berliner Eisengießerei hatte 1806 bereits 2 Kupolöfen, 2 Flammöfen und 4 Tiegelöfen im Betrieb.

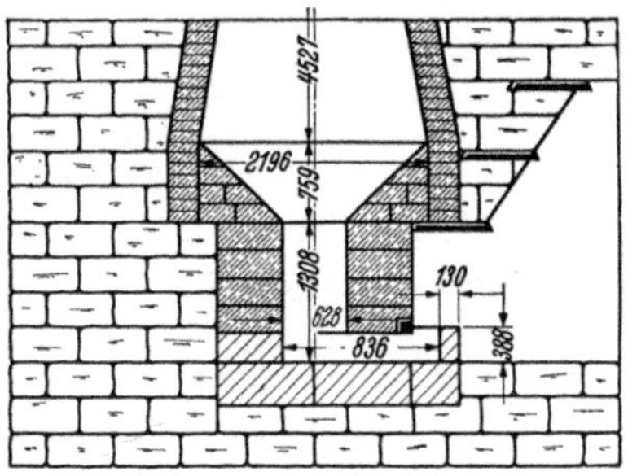

Bild 23. Unterteil eines Siegerländer Hochofens aus dem Jahre 1818. (Nach Albert Knaff.)

Die Kupolöfen in Gleiwitz bestanden aus einem zylindrischen gußeisernen Mantel, der mit feuerfesten Ziegeln ausgemauert war. Die lichte Weite betrug 0,38 m und die lichte Höhe 1,53 m. Man erzielte ein dünnflüssiges Eisen, das damals schon wie noch heute zu Plaketten und Medaillen vergossen werden konnte.

Über die weitere Entwicklung gibt der im Jahre 1853 von W. Ireland erbaute Kupolofen einen Anhalt. Die Betriebsergebnisse dieses Ofens waren sehr günstig, so daß John Fernie hierüber einen Vortrag im Ingenieurverein zu Birmingham hielt. Hierdurch und durch eine Veröffentlichung im „Civil Engineer and Architects Journal“ wurde der Ofen allgemein bekannt. Er ist im Bild 24 dargestellt. Seine Höhe von der Bodenplatte bis zur Gicht betrug 4 m, bis Oberkante Esse 8,6 m, der Durchmesser von etwa 1,2 m verjüngte sich in der Schmelzzone auf etwa 0,8 m. Er wurde bis zur Gicht mit Eisen und Koks gefüllt. Die Schmelzung ging schneller und mit geringerem Brennstoffaufwand vonstatten, als bei den bis dahin üblichen kleineren Öfen. Die Form lag 630 mm über der Sohle, so daß eine entsprechende Menge flüssiges Eisen bis zum Abstich im Ofen gehalten werden konnte. Die Leistung betrug 3000 kg je Stunde bei einem Koksverbrauch von 11,7 %. Bei der ersten Ausführung hatte Ireland nur eine Form von 190 mm lichte Weite. Später ordnete er mehrere Düsen in zwei Reihen übereinander an. Die gute Leistung des Ofens wird weniger durch seine Ausführung als durch ein leistungsfähiges Gebläse hervorgerufen worden sein. Es wurde hier ein von Nasmyth entwickeltes Schleudergebläse angewandt, das bei geringer Druckerhöhung des Windes große Mengen förderte.

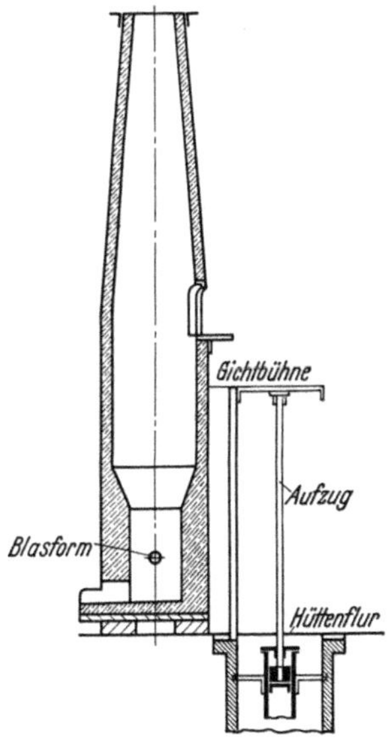

Bild 24. Kupolofen von Ireland im Jahre 1853.

Während man in Deutschland zu Anfang des 18. Jahrhunderts die meisten Eisengußwaren noch unmittelbar aus dem Hochofen goß, allenfalls für Feinguß kleine Mengen in kleinen Schachtöfen der zweiten Schmelzung unterwarf, hatte sich in England das Umschmelzen des Roheisens auch im *Herdofen* eingeführt. Das Bedürfnis zu diesem Verfahren ergab sich außer für Zylinderguß hauptsächlich durch den großen Bedarf an gegossenen Schiffskanonen. Der schädliche Einfluß des Schwefels bei Einführung der Steinkohle in den Eisenhüttenbetrieb drängte zu einer Lösung, bei der der Brennstoff dem Schmelzgut ferngehalten wurde. Die Bronze wurde zum Glockenguß schon seit Jahrhunderten im Herdofen geschmolzen. Hierfür hatte Holz als Brennstoff genügt. Beim Eisenguß war aber eine höhere Temperatur erforderlich, die nur mit geeigneter Steinkohle erreicht werden konnte. Der Deutsche Blauenstein hatte bereits 1677 ein englisches Patent erhalten, das das Schmelzen und Reduzieren von Metallen im Herdofen betraf. Das Verfahren führte sich in Kupferhütten und später auch für das Schmelzen von Roheisen ein. Die Bauart des Ofens ist aus Bild 25 ersichtlich. Der Herd war aus Fluß- oder Seesand hergestellt und hatte an der Abstichstelle eine Vertiefung. Die Arbeitstür bestand aus einem mit Tonziegeln ausgefüllten eisernen Rahmen. Die Öffnung vor der Feuerung wurde mit Kohlen geschlossen gehalten. Vor dem Einsetzen des Schmelzgutes war ein 3- bis 4stündiges Aufheizen nötig. Größte Ausführung für 2000 kg Einsatz bei 6stündiger Schmelzdauer. Außer Roheisen wurde auch Gußschrott in diesen Öfen eingeschmolzen. Der Kohlenverbrauch war sehr hoch, er belief sich auf 50% vom Einsatz.

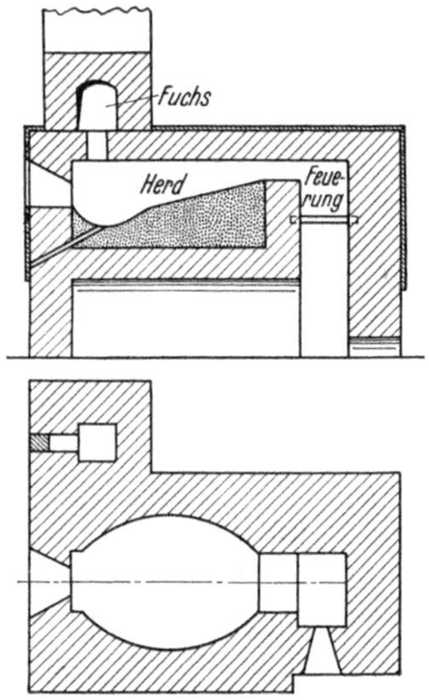

Bild 25. Erster Herdofen zum Schmelzen von Roheisen, 18. Jahrhundert.

Durch das von Henry Cort im Jahre 1783 eingeführte Verfahren zum Paketieren und Schweißen von Eisenstäben zwecks Auswalzen der Pakete in Kaliberwalzen und durch das ebenfalls von Cort erfundene Verfahren des Herdfrischens oder Puddelns ergab sich für den Herdofen ein neues Anwendungsgebiet. Das letztere Verfahren verdrängte die alte Schmiedeeisenherstellung im Frischfeuer, die nur mit Holzkohle unter verhältnismäßig sehr hohem Brennstoffverbrauch durchgeführt werden konnte. Bild 26 entspricht der ersten Darstellung eines *Puddelofens*, die im Journal des mines 1804 veröffentlicht wurde. Der Herd hatte eine Länge von rund 2 m und war 1,1 m breit; er war wie der ganze Ofen aus Tonziegeln hergestellt und mit einer Sandschicht abgedeckt. Der Rost der Feuerung hatte eine Breite von 600 mm, die Esse einen Querschnitt von 600 × 600 mm. Die Arbeitstür des Herdes und die Feuertür waren an den Schmalseiten des Ofens angeordnet. Die Türen hingen am Ende eines Hebels, mit dem sie geöffnet und geschlossen wurden. Der Sandherd des Puddelofens wurde im Jahre 1818 von S. B. Rogers durch einen eisernen ersetzt. Der Ofen erhielt in Deutschland die im Bild 27 wiedergegebene Form. Der Herdofen verlor auch seine Bedeutung nicht, als das Schweißeisen durch das Flußeisen verdrängt wurde. Besonders als Wärmofen für Metallblöcke in Walzwerken, Preßwerken und Hammerschmieden hat er sich bis heute bewährt.

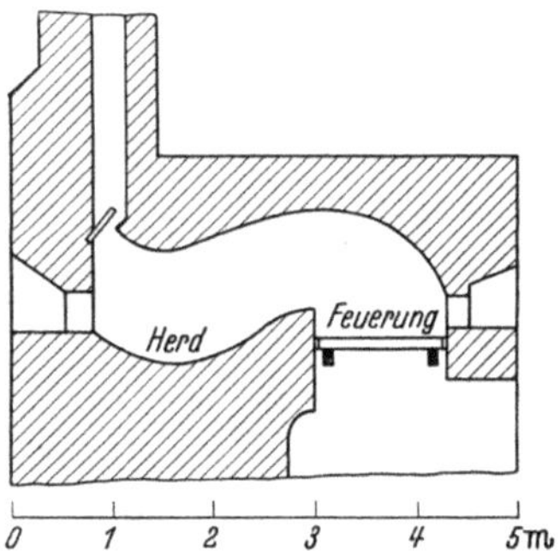

Bild 26. Erste Darstellung eines Puddelofens. (Journal des mines 1804.)

Um bei den Blockwärmöfen den Gegenstromgrundsatz anwenden zu können, wurde der Herd verlängert und die Zahl der Arbeitstüren entsprechend vermehrt. Das Wärmgut wird bei diesen Öfen an der Stoßtüre eingesetzt, mit Hilfe von Handhebeln allmählich bis zur ersten Arbeitstür, also bis in die heißeste Zone des Herdes vorgerollt, und hier nach vollendeter Erhitzung herausgezogen. Diese als *Rollöfen* bezeichneten Herdöfen eignen sich sehr gut für runde und scheibenförmige Blöcke, zumal wenn der Herd mit Neigung zur Feuerbrücke gemäß Bild 28 ausgeführt wird. Die Blöcke rollen dann selbsttätig auf dem Herd vor. Bei kantigen Blöcken von quadratischem oder rechteckigem Querschnitt erfordert das Vorrollen eine schwere körperliche Arbeit, die besonders deshalb anstrengend ist, weil sie bei zum Teil geöffneter Ofentür ausgeführt werden muß. Die Strahlungsverluste durch die offenen Türen verschlechtern den Wirkungsgrad solcher Öfen. Um diese Nachteile auszuschalten, wurden Öfen ausgebildet, bei denen die Vorwärtsbewegung der Blöcke durch eine mechanische Einrichtung bewirkt wird. Diese als *Stoßöfen* bezeichneten Herdöfen haben, wie aus Bild 29 ersichtlich, außer dem langen Stoßherd noch einen kurzen tieferliegenden Rollherd behalten. Beim Abrutschen des Blockes von den Gleitschienen auf den Roll- oder Schweißherd kann der Block so gekantet werden, daß die Seite, die vorher unten war, nach oben kommt. Auf diese Weise ist die für die Weiterverarbeitung notwendige gleichmäßige Erwärmung erreichbar. Wie aus der Abbildung ersichtlich, ist die Einsatztür ebenfalls an der Schmalseite des Ofens angeordnet und so breit, daß die Blöcke in der Lage eingeschoben werden können, wie sie im Ofen liegen. Das Vorschieben geschieht in Zwischenräumen, die dem Abziehen an der Ausziehtür entsprechen. Sobald ein Block das Ende des Stoßherdes erreicht hat, rutscht er über eine schiefe Ebene auf den Rollherd. Für schwere Blöcke kann der Herdofen auch als Unterflurofen, als sog. *Tiefofen*, ausgebildet

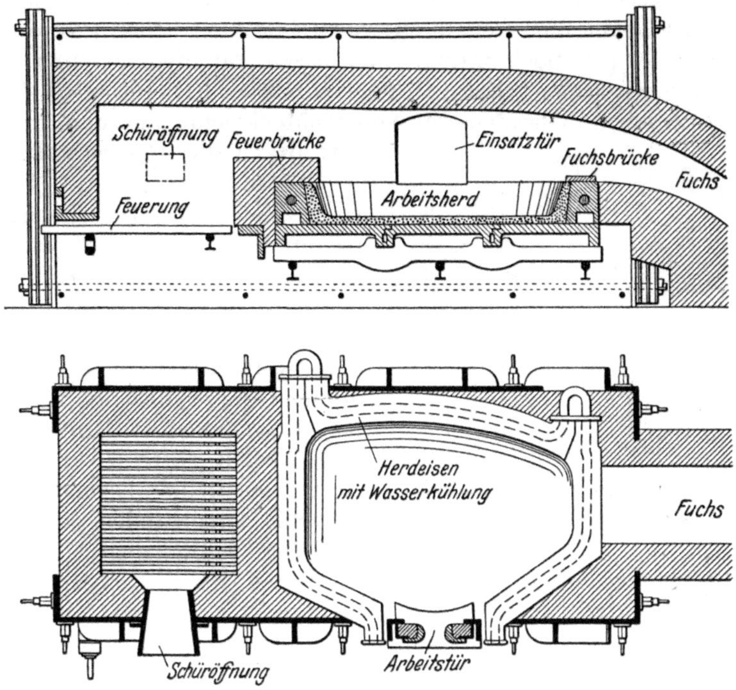

Bild 27. Deutscher Puddelofen.

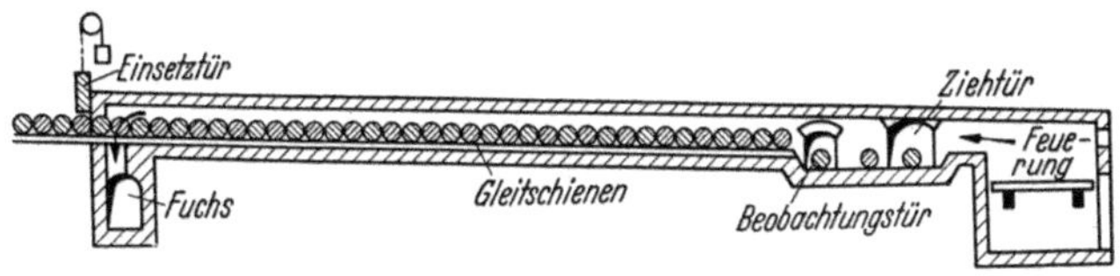

Bild 28. Rollofen zum Wärmen von Blöcken.

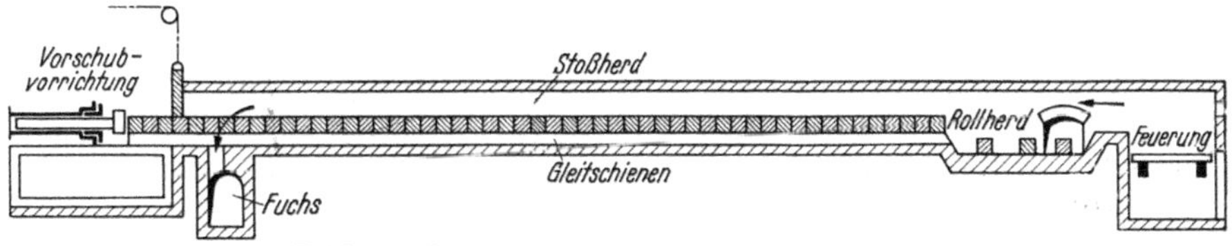

Bild 29. Stoßofen zum Wärmen von Blöcken.

werden. Diese Öfen werden gewöhnlich mit abnehmbarem oder verschiebbarem Gewölbe ausgestattet. Wie der Herdofen als Schmelzofen durchgebildet wurde, ist schon ausgeführt. Es bedarf keiner grundsätzlichen Änderung, wenn Metall in *Tiegeln* geschmolzen werden soll. Es müssen die Türen so angeordnet werden, daß das Einsetzen und Herausnehmen der Tiegel mit Zangen od. dgl. möglich ist. Auch die Tiegelöfen sind vielfach als Unterfluröfen zur Ausführung gekommen.

Die Entwicklung der Schmelzöfen in den *Glashütten* gestaltete sich in ähnlicher Weise. Hier hat sich der Herdofen offenbar viel früher entwickelt, weil für den Schachtofen keine Verwendung war. Die Römer haben ihre Kenntnis von der Glasherstellung und mit dieser den Ofenbau von den Ägyptern übernommen. Wir wissen aus den Schilderungen von PLINIUS nur, daß sie mit gedörrtem Holz geheizt wurden und daß zwei Öfen miteinander gekuppelt waren. Von diesen war offenbar einer der Frittofen und der andere der Schmelzofen. Der von dem Mönche THEOPHILUS im 11. Jahrhundert gebaute und beschriebene Glasofen war von rechteckigem Querschnitt, 5 m lang und 3 m breit. Er war durch eine Querwand unterteilt, die ihn in Fritt- und Schmelzofen trennte. Der Schmelzofen nahm $^2/_3$ der Grundfläche ein. Der Feuerraum hatte keinen Rost, er lag unter dem Ofenherd, mit dem er durch eine Öffnung in Verbindung stand. Der Schmelzofen hatte in den Seitenwänden die zum Einsetzen der Häfen erforderlichen Türen, der Frittofen hatte nur eine Tür. Die von AGRICOLA beschriebenen Glasöfen hatten auch noch die einfache Feuerung, bei der Holz auf flacher Sohle bei mangelndem Luftzutritt verbrannt wurde. Der runde Schmelzofen hatte 3,3 m Durchmesser, er bestand aus zwei übereinanderliegenden Kammern, die durch ein Gewölbe voneinander getrennt waren. In der unteren Kammer wurde das Holz verbrannt, in der oberen, durch ein Kuppelgewölbe überspannten Kammer, standen die Glashäfen auf ebenem Herd. AGRICOLA beschreibt auch dreistöckige Öfen, bei denen der untere Raum die Feuerung, der mittlere die Schmelzhäfen aufnahm und der obere als Kühlofen diente. Die Zwischengewölbe hatten in der Mitte Öffnungen zum Durchtritt der Verbrennungsgase. KUNKEL benutzte in der zweiten Hälfte des 17. Jahrhunderts in der Berliner Glashütte noch die gleichen Öfen. Erst gegen Ende des 18. Jahrhunderts wurden Öfen bekannt, die mit einer unter dem Herde liegenden Rostfeuerung ausgestattet waren. Der sog. deutsche Schmelzofen hatte einen rechteckigen Querschnitt. Bei ihm war der Feuerraum nicht mehr durch ein Gewölbe vom Schmelzraum getrennt. Er lag, wenn auch etwas versenkt, in diesem selbst. An der Feuerung entlang stehen die Häfen zu beiden Seiten auf den „Bänken". Der englische Ofen nach Bild 30 hatte die runde Form beibehalten. Auch bei Glasöfen wurden Steinkohlenfeuerungen zuerst in England aufgenommen. Die allgemeine Einführung ging wegen der dabei auftretenden neuen Schwierigkeiten nur langsam voran. Die Öfen mußten mit zweckentsprechenden Rosten und höheren Essen versehen werden, die bei Holzfeuerung nicht erforderlich waren. Im Bild 31 ist der HUTTERsche Fensterglasofen dargestellt. Er hat zwei Rostfeuerungen für Steinkohle, die von den Schmalseiten des Ofens aus beschickt werden. Die geneigten Roste sind aus Eisenknüppeln von 50 × 50 mm Querschnitt gebildet. Es entstanden noch eine Anzahl anderer Bauarten, deren Ziel vollständige Verbrennung und günstige Flammenführung war, ohne grundsätzliche Änderungen herbeizuführen.

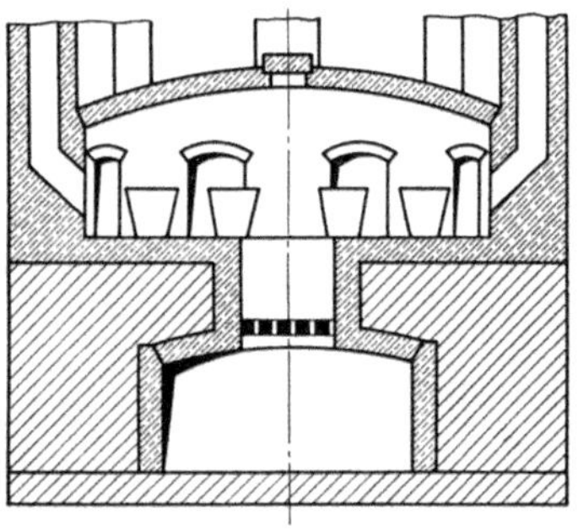

Bild 30. Runder Glasschmelzofen, englische Bauart.

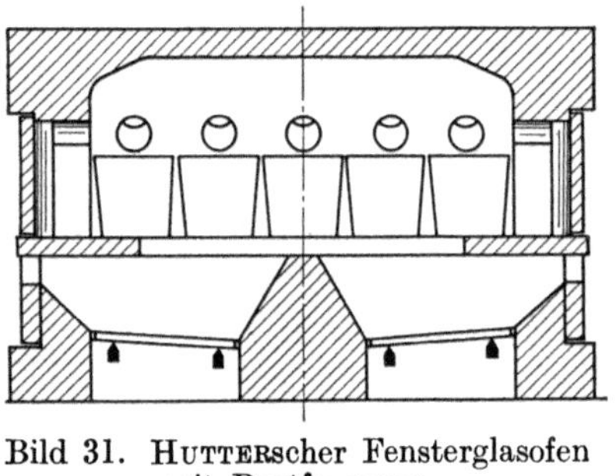

Bild 31. HUTTERscher Fensterglasofen mit Rostfeuerung.

Die Öfen der *keramischen Industrie* wurden zunächst für die verschiedenen Erzeugnisse verschieden durchgebildet. Die einfachste Art des Ziegelbrennens geschieht in *Feldbrandöfen* oder *Meileröfen* mit Streufeuerung. Bei den ersteren werden die Ziegel in Haufen mit zwischen gestreutem Kohlengries gestapelt und oben und an den Seiten mit einer Lehmschicht belegt. Im unteren Teil des Stapels sind Luftkanäle vorgesehen, in denen solange ein Holzfeuer unterhalten wird, bis die Kohle in Glut geraten ist. Die Meileröfen haben feste Umfassungsmauern, in denen Zuglöcher angebracht sind. Das Stapeln und Brennen geht in gleicher Weise vor sich wie bei den Feldbrandöfen. Die

Meileröfen werden heute noch in Nordamerika und in England zum Brennen von Ziegeln und Schieferton zu Schamotte vielfach benutzt.

Mit Rücksicht auf die Eigenschaften der Töpferwaren entwickelte sich im Gegensatz zu den Öfen der Metall- und Glashütten der *Kammerofen*, der gestattet, die Formlinge einzutragen oder einzufahren und sorgfältig zu stapeln. Je nach der Anordnung der Feuerungen und der Führung der Verbrennungsgase unterscheidet man Kammeröfen mit vorwiegend waagerechter Flammenführung, wie der im Bild 32 dargestellte *Meißener Töpferofen*, solche mit steigender Flamme, wie der im Bild 33 gezeigte Steingutofen, und solche mit auf- und absteigender Flamme, wie der im Bild 34 dargestellte *Steinzeugofen*. Beim Meißener Töpferofen befinden sich die Feuerungen an der Schmalseite der länglichen Brennkammer. Die Verbrennungsgase treten durch Öffnungen einer Zwischenwand verteilt in die untere Kammer ein, verlassen diese durch einen Kanal, der die Sohle der oberen Kammer beheizt. Sie durchziehen letztere in umgekehrter Richtung und ziehen dann zur Esse ab. Die Feuerungen sind mit Treppenrosten für Braunkohle durchgebildet, können natürlich auch für Steinkohle mit Planrost ausgestattet werden. Der Steingutofen nach Bild 35 ist als Rundofen durchgebildet, er hat eine untere Scharfbrandkammer und eine obere Glühkammer. Die acht Rostfeuer sind am Umfang gleichmäßig verteilt. Die Verbrennungsgase treten in verschiedener Entfernung von der Umfassungsmauer in die Kammer ein, um den ganzen Querschnitt gleichmäßig zu bestreichen. Der Steinzeugofen nach Bild 34 ist wie der Meißener Töpferofen von rechteckigem Querschnitt und mit einem Tonnengewölbe überspannt. Die Feuerungen sind an den beiden Längsseiten angeordnet und die Feuerbrücken so hochgezogen, daß die Flammen zum Gewölbe hochgeleitet werden. Hier kehren sie um und verteilen sich über das Brenngut, das sie abwärts strömend bestreichen. Sie gelangen dann durch die gelochten Abdeckplatten am Boden in eine Anzahl Kanäle, die in den Fuchs münden. Ist der Fuchs mit einem zweiten Ofen verbunden, so können die Abgase des ersten Ofens hier zur Vortrocknung und Vorwärmung des Einsatzgutes Verwendung finden, bevor sie in die Esse abziehen.

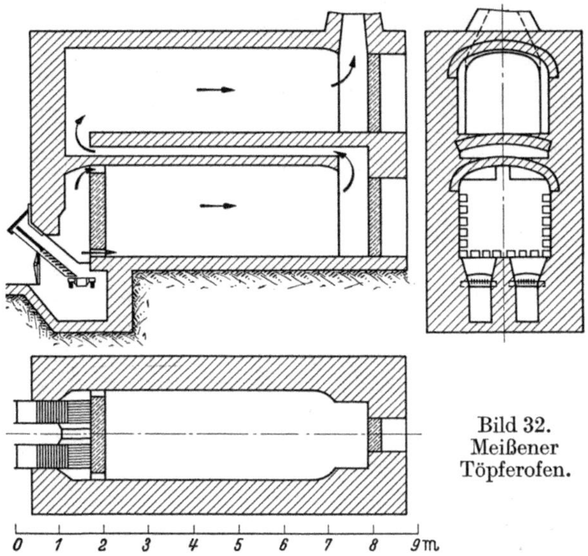

Bild 32. Meißener Töpferofen.

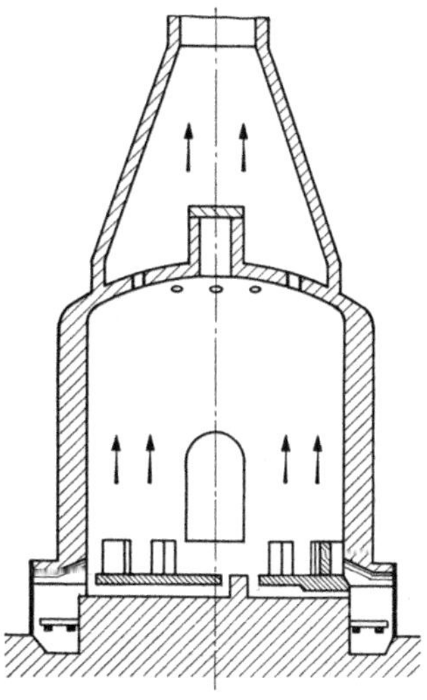

Bild 33. Rundofen zum Brennen von Steingut mit aufsteigender Flamme.

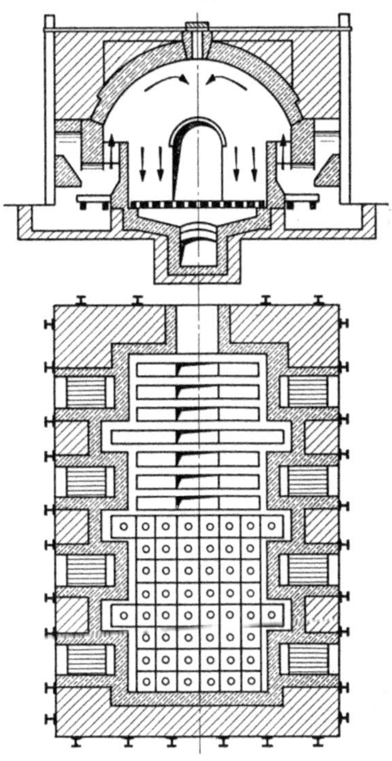

Bild 34. Steinzeugofen mit auf- und absteigender Flamme.

Für *Steingut* hat man ähnliche Öfen gebaut, bei denen die Feuerung einseitig angeordnet ist. Die Verbrennungsgase können durch das Gewölbe unmittelbar in die Oberkammer gelangen. Will man höhere Temperatur in der Unterkammer erreichen, so deckt man die Öffnungen mit Schamotteplatten ab. Die zuerst hochsteigenden Verbrennungsgase werden durch Öffnungen in der Herdsohle in darunter befindliche Kanäle und dann durch Seitenkanäle in die Oberkammer gezogen. Auf diese Weise ist in der Oberkammer eine geringere Temperatur erzielbar. Auch diese Öfen werden vielfach miteinander gekuppelt.

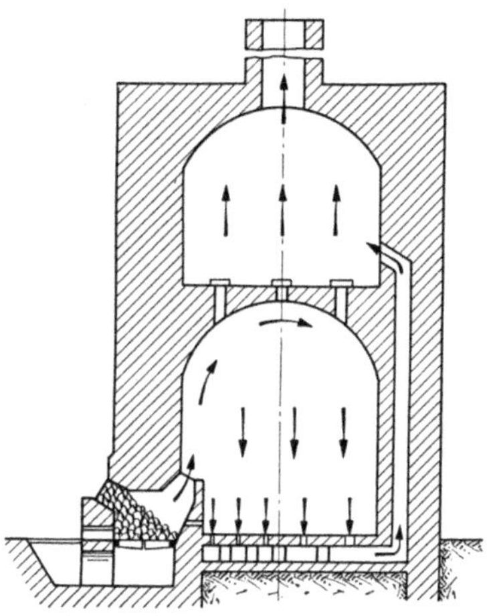

Bild 35. Zweistöckiger Steingutofen mit auf- und absteigender Flamme.

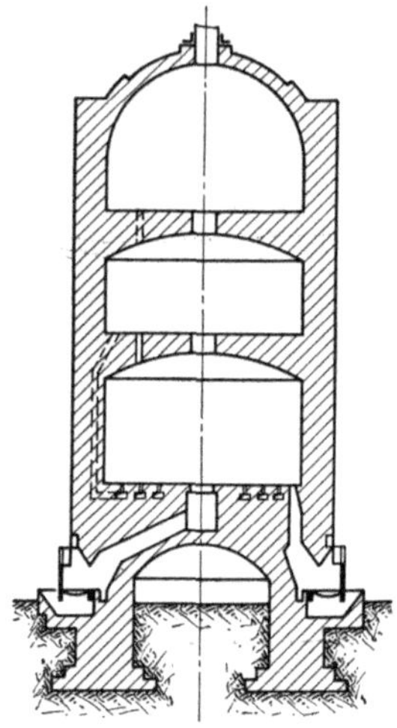

Bild 36. Dreistöckiger Porzellanbrennofen.

Der *Porzellanbrennofen* nach Bild 36 ist ein dreistöckiger Rundofen, der aus dem Steingutofen hervorgegangen ist. Die untere Kammer ist der Scharfbrandraum und dient zum Glattbrennen des Porzellans, die mittlere Kammer dient zum Vorglühen, die obere zum Ausglühen der Schamottekapseln.

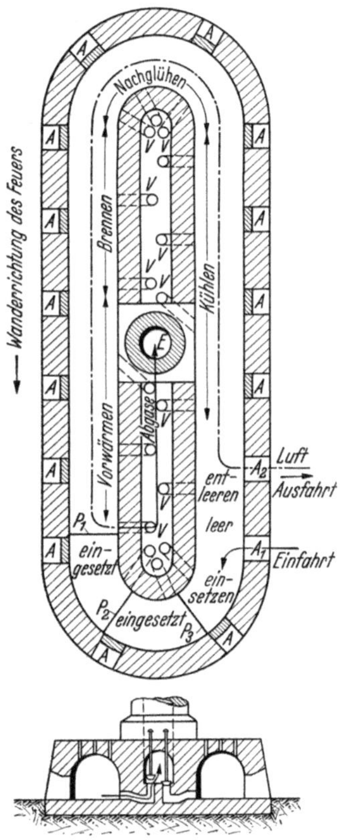

Bild 37. Ringofen.

Die bis jetzt behandelten keramischen Öfen können nur für zeitweiligen Betrieb Verwendung finden. Die Kammern werden mit dem zu erwärmenden Gut beschickt, dann die Einfahrtsöffnungen geschlossen, die Feuerung in Betrieb genommen und die Temperatur allmählich bis zur Brenntemperatur gesteigert. Die Brenntemperatur wird, solange es erforderlich ist, aufrechterhalten und darauf das Feuer außer Betrieb genommen. Nach der Abkühlung der Kammern erfolgt deren Entleerung. Diese Betriebsweise ist wärmewirtschaftlich nicht vollkommen, obschon sie sich für manche Zwecke bis heute erhalten hat und mit Rücksicht auf die Erzeugnisse (Herstellung der Glasur) erhalten werden muß.

Die Bestrebungen, keramische Öfen für ununterbrochenen Betrieb bei Einhaltung des Gegenstromgrundsatzes zu gestalten, wurden durch die Erfindung des Ringofens von Hoffmann im Jahre 1858 und des Kanalofens (Tunnelofens) von O. Bock im Jahre 1877 zum Erfolg geführt.

Der *Ringofen* hatte in seiner ursprünglichen Form kreisringförmigen Querschnitt, heute hat er meistens die Form nach Bild 37. Er besteht aus einem kreisringförmigen überwölbten Brennkanal. In der äußeren Ringmauer sind eine Anzahl Öffnungen A zum Ein- und Ausfahren des Brenngutes. Die innere Ringmauer hat die gleiche Zahl von Verbindungskanälen, die den Abgasen den Weg zu dem Hauptessenkanal vermitteln. Die Verbindungskanäle können durch Ventile V abgesperrt werden. Die Öffnungen in der äußeren Ringmauer werden entsprechend dem Betriebszustand durch eine Mauer verschlossen, bis auf diejenigen, die zum Befahren des Brennkanals und zum Lufteintritt offen gehalten werden. Um der Luft und den vorgelagerten Verbrennungsgasen den Weg vorzuschreiben, sind noch Trennwände P erforderlich, die ursprünglich aus Eisen, jetzt allgemein aus Papier hergestellt sind. Der der Abbildung entsprechende Betriebszustand ist folgender: Der Brennkanal ist von der Öffnung A_2 bis zur Trennwand P_3 mit Ziegeln besetzt. Die ersten Abteilungen sind schon gebrannt und kühlen ab, die folgenden glühen nach und in der nächsten geht das Brennen in den Kammern, die Vollfeuer haben, vor sich. Dahinter liegen Abteilungen, die von den Abgasen vorgewärmt werden. Die Verbrennungsluft tritt bei A_2 ein und erwärmt sich an den gebrannten Ziegeln, so daß sie mit ungefähr 1000° am Verbrennungsherd anlangt. Die Verbrennungsgase kühlen sich auf dem Wege bis zum Essenkanal auf ungefähr 120° ab. Die Feuerung war anfangs eine Streufeuerung

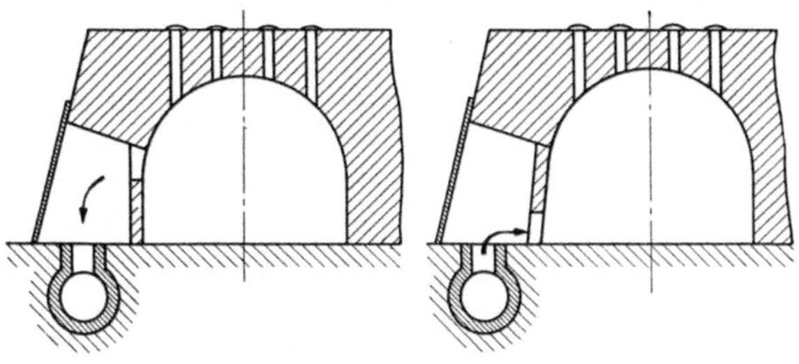

Bild 38. Anordnung eines untenliegenden Schmauchkanals.

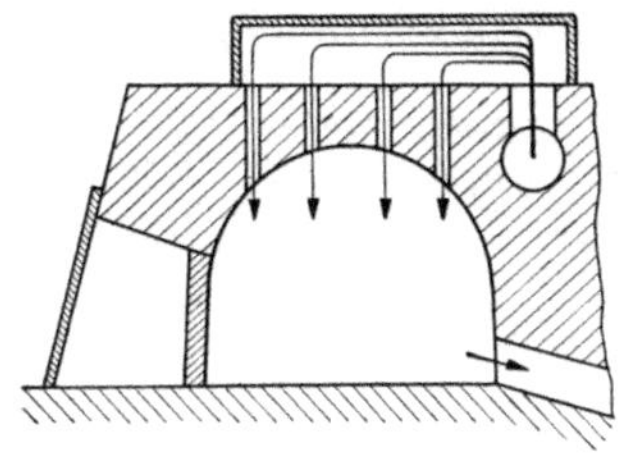

Bild 39. Anordnung eines obenliegenden Schmauchkanals.

wie bei den Feldbrand- und Meileröfen. Die vorgenommenen Änderungen und Verbesserungen werden später noch besprochen. Der Brennstoff wird durch Öffnungen im Gewölbe des Brennkanals eingeführt. Das Feuer wandert selbsttätig in der Richtung zum offenen Essenventil weiter. Ist die Abkühlung der Ziegel in der folgenden Abteilung der Kühlzone genügend, so wird die nächste Tür in der äußeren Ringmauer geöffnet. Die neu mit Ziegeln besetzte Abteilung wird wieder mit einem Papierschieber abgeschlossen und die Maueröffnung zugemauert. Bevor die Abgase durch Umschalten der Schieber V auf die folgende Abteilung geleitet werden, was durch Zerreißen bzw. Durchbrennen der Papierwand geschieht, wird diese Abteilung durch heiße trockene Luft vorgewärmt, um die letzte Feuchtigkeit aus den Ziegeln abzuführen. Dieses sog. Vorschmauchen geschieht mittels besonderer Schmauchkanäle, die entweder unten nach Bild 38 oder oben nach Bild 39 angeordnet werden.

Die Ringöfen bedeuteten einen großen Fortschritt. Die Brennstoffersparnis gegenüber Meileröfen und Kammeröfen ist sehr erheblich. Sie könnte noch größer sein, wenn nicht erhebliche Speicherverluste unvermeidlich wären. Das Feuer wandert, es müssen deshalb laufend abgekühlte Ofenteile auf den Betriebszustand erwärmt werden. Eine entsprechende Wärmemenge geht infolgedessen laufend verloren. Dieses dauernde Erwärmen und Abkühlen bewirkt auch eine starke Beanspruchung des Mauerwerks durch Dehnen und Zusammenziehen, was zur Zerstörung des Verbandes von Wänden und Decken führt.

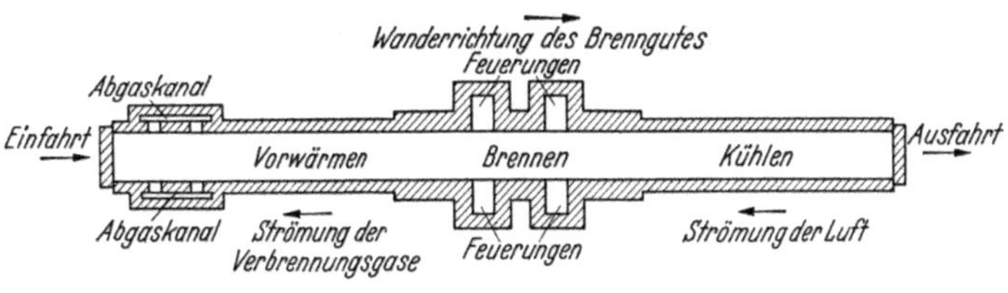

Bild 40. Grundform eines Tunnelofens.

Diese Mängel werden beim *Tunnelofen* vermieden. Bei ihm bleibt das Feuer immer an derselben Stelle und alle Ofenteile behalten während des Betriebes die gleiche Temperatur. Die Grundform des Ofens ist im Bild 40 dargestellt. Der Brennraum wird durch einen langen Kanal gebildet, der an den Enden Einfahrt- bzw. Ausfahrttüren hat. Die Feuerungen befinden sich in der Mitte zu beiden Seiten des Kanals. Hier liegt die heißeste Zone des Kanals, die Brennzone. Das Brenngut wird auf Wagen in den Kanal eingefahren. Der Kanal ist mit einem ununterbrochenen Wagenzug von einem bis zum anderen Ende besetzt. Wird ein Wagen am Ausfahrtende ausgezogen, so ergibt sich der erforderliche Raum für einen neuen Wagen am Einfahrtsende. Die einzelnen Wagen sind in geeigneter Weise etwa durch Nut und Feder und einen Lehmverstrich luftdicht zusammengefügt. Die Abdichtung an den Seiten gegen die Ofenwände erfolgt durch seitlich in eine Sandrinne tauchende Wangen. Die Plattform der Wagen erhält eine isolierende Steinschicht, um Wärmeabstrahlung an das Wagengestell, das Räderwerk und die Schienen zu verhindern. Diese werden außerdem noch durch einen Luftstrom gekühlt. Die Anordnung zeigt Bild 41. Bei diesen Öfen ergeben sich die den Ringofenbetrieb kennzeichnenden Zonen, die Vorwärm-, Brenn- und Kühlzone. Am Ausfahrtsende wird Frischluft in den Kanal eingesaugt, die das fertiggebrannte Gut durchströmt, dieses kühlt und mit erhöhter Temperatur zur Feuerung gelangt. Die Abgase strömen in der Richtung zur Einfahrttür und wärmen das Brenngut vor. Gegenüber dem Ringofen hat der Tunnelofen den Vorzug, daß die Brennzone mit ihren hohen Temperaturen feststeht. Nur dieser Teil des Ofens benötigt die bei hohen Temperaturen erforderliche Ausführung und Schutz gegen Wärmeausstrahlung, während die anderen Teile entsprechend leichter ausgeführt werden können. Das Brenngut bewegt sich langsam in der Richtung zur Brennzone, kommt gut vorgewärmt dort an und erhitzt sich schnell auf die Garbrandtemperatur. Das Brenngut braucht nicht mehr im engen Ofenraum bei hoher Temperatur aufgesetzt zu werden. Beladen und Entladen geschieht außerhalb des Ofens. Die Regelung des Ofens ist denkbar einfach. Es ist nur erforderlich, die Temperatur in der Brennzone zu beobachten und durch Führung des Feuers zu regeln. Die Erhitzungsgeschwindigkeit für das Brenngut kann durch die Geschwindigkeit des Wagenvorschubs in einfachster Weise geregelt werden. Die Wärmeausnutzung ist sehr günstig. Der Tunnelofen kann als der vollkommenste Brennofen bezeichnet werden. Seiner allgemeinen Anwendung stehen nur die hohen Anlagekosten entgegen.

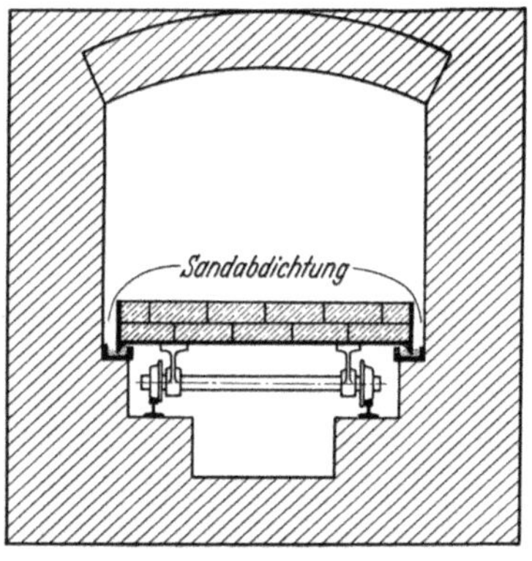

Bild 41. Querschnitt durch einen Tunnelofen.

Zum Einbrennen der Porzellanfarben und Emails sowie zum Aufbrennen von leichtflüssigen Glasuren werden Öfen benötigt, bei denen das Gut nicht mit den Feuergasen in Berührung kommt. Hierzu werden *Muffelöfen* verwendet, bei denen die das Brenngut aufnehmende Muffel nur an den Außenwänden von den Heizgasen bespült werden. Die bisher besprochenen Öfen lassen sich durch entsprechende Führung der Feuergase als Muffelöfen ausführen. Beispiele werden in einem späteren Abschnitt dargestellt und erläutert. Bei den bisher besprochenen Öfen handelt es sich um solche, die mit *festen Brennstoffen* beheizt wurden. Den nachhaltigsten Einfluß auf die weitere Entwicklung hatte die Einführung der *Gasfeuerung*, die in erster Linie für die Herdöfen in Betracht kommt.

Bei den Herdöfen mit *Rostfeuerungen* für feste Brennstoffe ist es schwierig, den ganzen Herdraum auf gleichmäßig hohe Temperatur zu bringen und zu halten, wie das beim Metallschmelzen erforderlich ist. Man war bemüht, sie so zu betreiben, daß der Herdraum von der Flamme ausgefüllt wurde, das führte zu der heute noch gebräuchlichen Bezeichnung Flammofen. Zu diesem Zwecke mußte die Rostgröße im Verhältnis zur Herdfläche genügend groß bemessen ($^1/_4$ bis $^1/_2$) und langflammige Kohle verwendet werden. Der Herdraum wurde nach dem Fuchs zu bis auf $^1/_{10}$ der Rostfläche verengt. Um den hierdurch entstehenden Widerstand für die Abgase zu überwinden, ging man dazu über, den Aschfall unter dem Rost zu schließen und die Luft mit Gebläsen einzupressen. Man arbeitete mit „Unterwind". Durch diese Maßnahme machte man sich unabhängig von der wechselnden Schütthöhe der Kohle auf dem Rost. Es war so auch möglich, eine oxydierende oder reduzierende Ofenatmosphäre einzuhalten, je nachdem die Schütthöhe hoch oder niedrig gehalten wurde. Mit dieser Feuerung wurden unter Vornahme geringfügiger Änderungen wie Höher- oder Tieferlegen des Rostes und der Feuerbrücke Puddelöfen, Schweißöfen, Blockwärmöfen, Glühöfen und Schmelzöfen betrieben. Man war auch bemüht, die Luft vorzuwärmen, besonders nach Einführen des „Oberwindes". Dieser wurde über der Feuerbrücke oder vorher zugeleitet, um die bei hoher Kohlenschüttung sich ergebende unvollständige Verbrennung zu vollenden. Man arbeitete mit Zweitluft, die im Gegensatz zur Erstluft für hohe Vorwärmung geeignet war. Hohe Vorwärmung der Erstluft hätte die Roststäbe zu sehr gefährdet. Man betrieb eine *Halbgasfeuerung*, die später planmäßig entwickelt und vervollkommnet wurde. Die Halbgasfeuerung wurde ähnlich wie bei den Gaserzeugern mit größerer Schütthöhe ausgebildet und entsprechend tiefer gelegt, wie aus Bild 42 ersichtlich, das einen Schweißofen mit der Halbgasfeuerung von BICHEROUX darstellt. In der Feuerung geht unvollständige Verbrennung vor sich, die Zweitluft nimmt ihren Weg, durch Platten geleitet, im Zickzack unter dem Herd entlang, tritt in Kanäle, die den heißen Brennschacht umgeben und gelangt durch Mauerschlitze in das Innere desselben, wo sie rechtwinklig auf die Feuergase stößt und hier deren vollständige Verbrennung herbeiführt. Diese und ähnliche Halbgasfeuerungen wurden in der Zeit von 1860 bis 1880 vielfach verwendet, um den Vorteil vorgewärmter Luft zu erreichen, ohne besondere Gaserzeuger zu benötigen und die teure Anlage einer Siemens-Feuerung zu vermeiden.

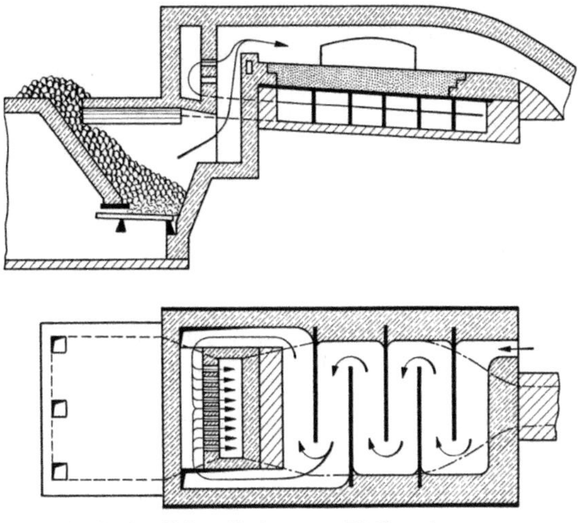

Bild 42. Schweißofen mit Halbgasfeuerung.

Merkwürdigerweise wurde die Erkenntnis von den Vorteilen der Luftvorwärmung zuerst beim Hochofen planmäßig zur Anwendung gebracht. Im Jahre 1828 erhielt NEILSON, ein englischer Gasfachmann[1], ein Patent auf die Vorwärmung des Gebläsewindes für Hochöfen. Er benutzte einen Röhrenapparat, den er mit einer Kohlenfeuerung beheizte. Der Erfolg war über Erwarten groß. Der württembergische Hüttenmann FABER DU FAUR legte im Jahre 1832 die Winderhitzer auf die Gichtbühne der Hochöfen in Wasseralfingen und beheizte sie mit der Gichtflamme. Da er erkannte, daß sich die Gichtflamme lediglich durch den Zutritt atmosphärischer Luft bildete, zog er das Hochofengas unterhalb der Gicht durch besonders angelegte Kanäle ab und leitete es durch eine Rohrleitung auch zu anderen Verwendungsstellen. Er beheizte unter anderem Flammöfen in der Eisengießerei. Über den Verlauf dieser ersten Versuche bei Herdöfen mit *Gasfeuerung* ist wenig bekannt geworden. Sie haben aber jedenfalls sehr anregend auf die Verwendung gasförmiger Brennstoffe für Hüttenwerksöfen gewirkt. In den 40er Jahren wurde bereits in Steiermark, im Harz und in Schweden Holz, Torf und Braunkohle nach vorherigem Dörren (Erhitzen auf 100°) vergast, um gasförmigen Brennstoff herzustellen. Das Erzeugnis wurde zur Beheizung von Flammöfen benutzt. Die Verbrennungsluft wurde vielfach in eisernen Rohren, die in den heißesten Ofenteilen verlegt waren, vorgewärmt. BISCHOF, Hüttenverwalter in Lauchhammer, erzeugte Heizgas in einem Torfgenerator und erzielte mit vorgewärmter Luft im Flammofen „Weißglut“. Er führte seinen Erfolg auf den hohen Gehalt an Kohlenwasserstoffen im Torfgas zurück. Um diese Zeit wandten sich auch die Wissenschaftler der Erforschung der Brennstoffe und des Verbrennungsvorganges in steigendem Umfang zu. Man erkannte, daß auch bei Verwendung von Steinkohle als Brennstoff dessen vorhergehende Vergasung gegenüber der Verbrennung auf dem Rost in manchen Fällen Vorteile bringen müsse. Das Ziel war, so hohe Temperaturen zu erreichen, daß auch schwer schmelzbare Stoffe, z. B. Stahl, geschmolzen werden konnte. Die Lösung wurde im Jahre 1857 durch die Gebrüder SIEMENS mit ihrem Wärmespeicherofen gebracht. Sie nannten ihre neue Gasfeuerung *Regenerativfeuerung*, weil die Abhitze des Ofens vorwiegend zur Vorwärmung von Brennstoff und Verbrennungsluft diente, also für die Zwecke des Ofens wiedergewonnen wurden. Das geschieht in zwei Paar Wärmespeichern den „Regeneratoren“,

[1] Die Leuchtgasherstellung und öffentliche Gasbeleuchtung wurde 1814 in England eingeführt.

die zwischen Ofen und Esse so eingeschaltet sind, daß sie von den Abgasen durchströmt und erwärmt werden. Der Ofen wird wechselweise betrieben. Die Gase strömen in einem Zeitabschnitt von links nach rechts, im anderen von rechts nach links. Zu diesem Zwecke sind Umsteuerorgane angeordnet, durch die die Strömungsrichtung von Heizgas und Verbrennungsluft geändert werden kann. Sie treffen jeweils am Ofenkopf, im einen Fall links, im anderen rechts zusammen, wobei die Verbrennung eingeleitet und im Herdraum vollendet wird. Im Bild 43 ist ein Schema dieser Feuerung dargestellt, wobei der besseren Übersicht halber alle Teile in eine Ebene verlegt sind. In der gezeichneten Lage der Umstellorgane strömen Heizgas und Luft durch das linke Kammerpaar, werden hier erwärmt und treffen am linken Ofenkopf zusammen. Die Abgase verlassen den Herdraum am rechten Ofenkopf, teilen sich und durchströmen das rechts liegende Kammerpaar, an dessen Gitterwerk sie einen Teil ihrer Wärme abgeben. Aus den Kammern gelangen sie durch Verbindungskanäle in die Umsteuerorgane und von dort zur Esse. Während das eine Kammerpaar aufgeheizt wird, gibt das andere von der gespeicherten Wärme an das Heizgas und die Verbrennungsluft ab. Die Umsteuerung erfolgt durch Umlegen der Klappen um 90°, worauf Gas, Luft und Verbrennungsgase die Strömungsrichtung umkehren. Als Umsteuerorgane sind an Stelle der von SIEMENS verwendeten Klappen auch andere in Trommel- und Ventilform sowie Schieber zur Anwendung gekommen, die weiter unten noch behandelt werden. Zur Regelung von Gas- und Luftmenge werden vor den Umsteuerorganen auch noch Regelklappen oder Regelventile eingebaut. Die Siemens-Feuerung hat eine ausgedehnte und vielseitige Anwendung besonders in Metall- und Glashütten gefunden, weil sie ermöglicht, auch mit geringwertigen Brennstoffen hohe Temperaturen zu erzielen.

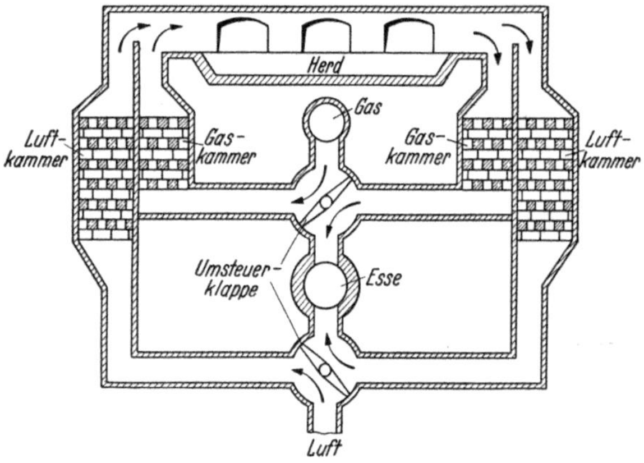

Bild 43. Schematische Darstellung der Siemens-Regenerativfeuerung.

Die Anordnung der Kammern zum Herd wird verschieden vorgenommen, meist aber legt man sie der Raumersparnis halber unter den Herd, wie im Bild 44 dargestellt ist. Die Umsteuerorgane liegen dann zweckmäßig unter Hüttenflur bzw. unter der Arbeitsbühne.

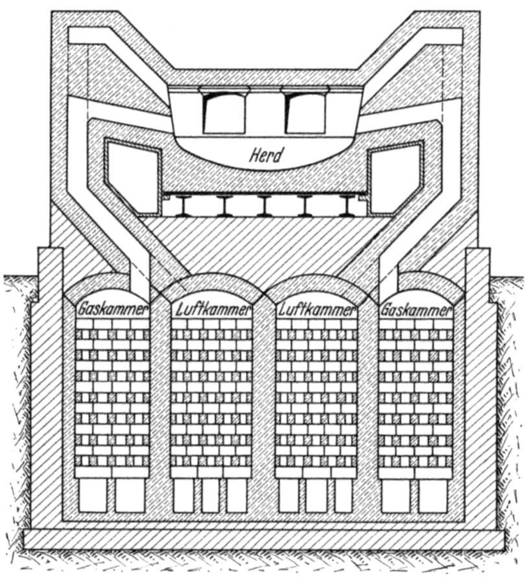

Bild 44.
Anordnung der Kammern bei einem Siemens-Ofen.

Die Siemens-Feuerung wurde auch für Blockwärmöfen angewendet, besonders zum Anwärmen schwerer Blöcke und Brammen in Blechwalzwerken. Diese Öfen werden dann in gleicher Weise betrieben wie Schmelzöfen. Die Blöcke bleiben an der Stelle, an der sie beim Einsetzen abgelegt wurden, bis sie vollständig erwärmt sind. Sofern es sich um Wärmöfen für leichte und mittlere Blöcke handelt, bei denen meist niedrigere Temperaturen als bei Schmelzöfen erforderlich sind, oder bei denen warmes Gichtgas verwendet wird, hat man auf die Gaskammern verzichtet und nur Kammern zur Vorwärmung der Luft vorgesehen. Schwierigkeiten ergaben sich bei den im Bild 28 und 29 dargestellten

Rollöfen und Stoßöfen, sofern sie nach dem Grundsatz von Siemens beheizt werden sollten. Hierfür entstand ein Bedürfnis bei Verwendung von Armgasen besonders des Gichtgases. Für den langen Stoßherd kommt eine Regenerativfeuerung nicht in Betracht, weil die Abgastemperatur am Ende des Stoßherdes für eine wechselweise Beheizung zu gering ist. Auch müßte mit der wechselweisen Beheizung der Gegenstromgrundsatz aufgegeben werden, der gerade die hohe Wirtschaftlichkeit dieser Öfen ergibt. Für den Rollherd ist eine Wechselfeuerung wohl möglich, weil hier eine hohe Temperatur erreicht werden muß. Dem steht aber entgegen, daß auf dem Rollherd nur geringe Wärmemengen zu übertragen sind. Eine getrennte Beheizung von Roll- und Stoßherd würde damit unwirtschaftlich sein. Die Lösung brachte die von Friedr. Siemens, Berlin, erfundene „neue Siemens-Feuerung", bei der die Verbrennungsgase auf dem Rollherd *geteilt* werden. Der eine Teil durchzieht den Stoßherd und wird an dessen Enden, weil hinreichend abgekühlt, unmittelbar zur Esse geleitet. Der andere Teil wird vom Rollherd zurückgeleitet und zur Aufheizung der Kammern benutzt. Es ergibt sich demnach für den Rollherd eine Wechselfeuerung nach dem Siemensschen Grundsatz, für den Stoßherd eine Beheizung nach dem Gegenstromgrundsatz. Das Schema dieses neuen Siemens-Ofens ist in Bild 45 dargestellt. Die Kammern liegen am heißen Ofenkopf. Zur Beheizung des Rollherdes dienen zwei nebeneinander liegende Brenner, vor denen sich eine halbkreisförmige Flamme bildet. Um den Stoßherd zu beheizen, wird von dieser Flamme ein Teil abgezweigt, der geradlinig den Stoßherdraum durchströmt.

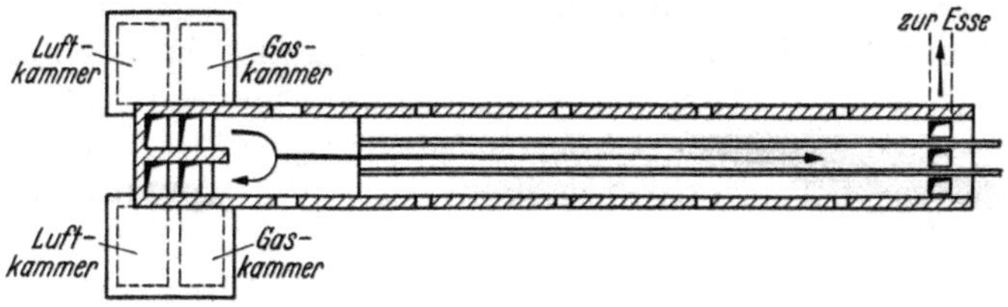

Bild 45. Siemens-Ofen mit Flammenteilung.

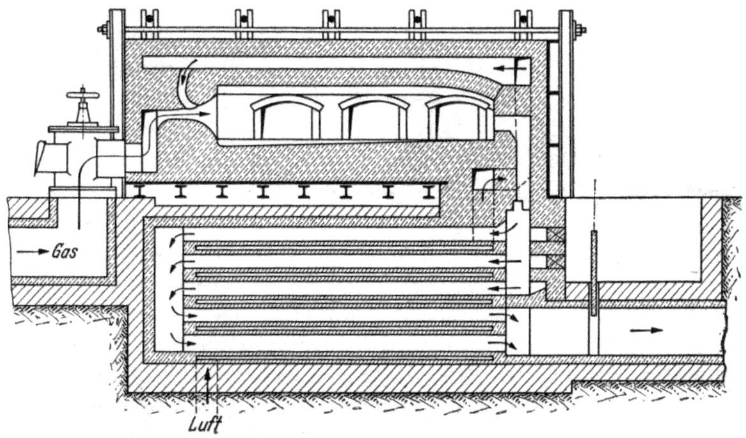

Bild 46. Herdofen zum Wärmen von Blöcken, mit Gasfeuerung, Vorwärmung der Luft in einem Rekuperator.

Die Siemens-Feuerung erzielte ihre ersten großen Erfolge bei Schmelzöfen, insbesondere bei Siemens-Martin-Öfen und Glasschmelzöfen, während für andere Wärmeöfen der hohen Anlagekosten wegen der Halbgasofen vorgezogen wurde.

Die Bestrebungen, die Abwärme der Öfen unter Vermeidung der Umschaltfeuerung und der Wärmespeicher nach Siemens für die Ofenfeuerung nutzbar zu machen, führte zur Anwendung der sog. *Rekuperatoren.* In diesen wird die Luft in einem Röhren- oder Kanalsystem vorgewärmt, das von den Ofenabgasen beheizt wird. Hierbei wird die Luft möglichst im Gegenstrom zu den Abgasen geführt, um eine weitgehende Wärmeausnutzung zu erzielen. Wegen der hohen Temperaturen mußte man bis vor kurzem auf die Verwendung von Metallrohren verzichten, da man nicht in der Lage war, Metallrohre aus hochhitzebeständigem Material herzustellen. Man verwendete deshalb Rohre oder Kanäle aus Schamotte. Bild 46 stellt einen Herdofen zum Wärmen von Schmiedeblöcken mit Gasfeuerung dar, bei dem die Luftvorwärmung in einem Rekuperator erfolgt, dessen Wandungen aus Schamottesteinen bestehen. Der Vorteil dieses Verfahrens besteht hauptsächlich in dem Fortfall der Umsteuerorgane und in der Einfachheit der Bedienung. Ein Nachteil ist die Gefahr des Undichtwerdens der Kanäle. Da in den Abgaskanälen infolge des Schornsteinzuges Unterdruck und in den Luftkanälen Überdruck herrscht, strömt die Luft durch die undichten Stellen zum Schornstein ab. Dieser Mangel läßt sich beseitigen durch Verwendung geeigneten Baustoffes und entsprechende Bauart. Geeignete Lösungen sind in letzter Zeit in Vorschlag gebracht worden (vgl. S. 116). Sind Regeneratoren oder Rekuperatoren unter Flur angeordnet, so ist besonders sorgfältig die Frage des Grundwassers zu prüfen. Auch ist zu beachten, ob nicht von oben durchsickerndes Wasser in den Abgaskanal gelangen kann. Derartige Fälle sind schon vorgekommen und haben unliebsame Störungen des Ofenbetriebes hervorgerufen.

Von dem Engländer COWPER ist im Jahre 1857 ein eigenartiger Ofen zur Vorwärmung der Verbrennungsluft für Eisenhochöfen eingeführt worden, der für die Hochofenwinderhitzung allgemeine Anwendung gefunden hat. NEILSON und FABER DU FAUR hatten für die Winderhitzung eiserne Röhrenapparate verwendet, die aber bei höheren Temperaturen versagten. COWPER führte Apparate ein, die einen Wärmespeicher aus feuerfestem Gitterwerk enthalten. Da diese Apparate im ersten Zeitabschnitt aufgeheizt und im zweiten entladen werden, sind zum Betriebe eines Hochofens mindestens zwei erforderlich. Jeder Apparat ist mit einer Gasfeuerung und den nötigen Absperrorganen versehen. Eine genauere Beschreibung wird im fünften Abschnitt folgen.

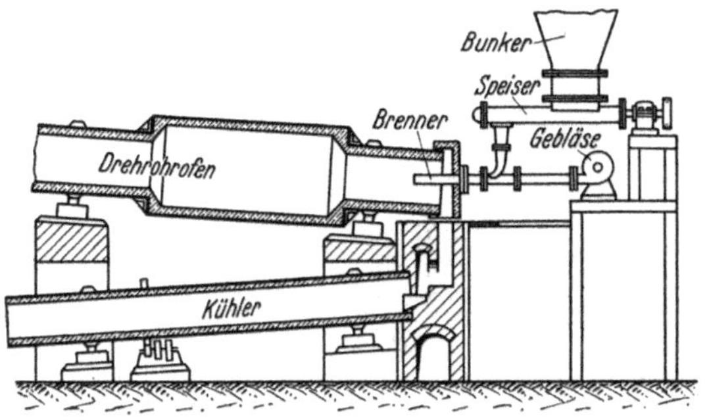

Bild. 47. Drehrohrofen mit Kohlenstaubfeuerung.

In den letzten Jahrzehnten ist für die Beheizung von Hüttenwerksöfen im steigenden Umfang *Koksofengas* eingeführt worden, während die Koksöfen selbst mit Armgas beheizt werden. Durch Anlegen von Ferngasleitungen ist die Möglichkeit geschaffen worden, auch die Erzeugungsstätten ferner liegender Industriewerke mit diesem hochwertigen Brennstoff zu beliefern. Die Vorzüge der Gasfeuerung, insbesondere die durch sie erreichten hohen Arbeitstemperaturen und ihre bequeme Regelbarkeit haben zu einer starken Verdrängung der Rostfeuerung für feste Brennstoffe geführt. Dabei darf aber nicht übersehen werden, daß die Gaserzeugung aus festen Brennstoffen kostspieliger Anlagen und besonderen Energieaufwandes bedarf sowie unvermeidliche Verluste mit sich bringt. Das führte zu dem Gedanken, *feste Brennstoffe in Staubform* zu verbrennen, um auf diese Weise die gleichen Vorteile wie bei Gasfeuerungen zu erreichen.

Im Jahre 1823 erhielt der Franzose JOHN COLLIER ein Patent auf eine Vorrichtung, mit der gemahlene Kohle durch einen Luftstrom in die Feuerung geblasen wurde. 1831 machte Bergrat HENSCHEL in Kassel die ersten Versuche mit Kohlenstaubfeuerungen. Auch in England wurden um diese Zeit Patente auf Kohlenstaubfeuerungen erteilt, die jedoch ebensowenig wie die in den folgenden Jahrzehnten gemachten Vorschläge praktischen Erfolg aufzuweisen hatten. Es fehlten die Erfahrungen und Einrichtungen zur Herstellung von Kohlenstaub mit dem erforderlichen Feinheitsgrad. Die erste Anwendung in größerem Umfange erfolgte in der amerikanischen Zementindustrie, in einer Industrie, bei der in der Hartmüllerei die nötige Erfahrung vorlag. Hier wurde die Kohlenstaubfeuerung, bei der staubförmiger Brennstoff mit einem Luftstrom in den Ofen geblasen wird, an *Drehrohröfen* angewandt. Die Anordnung eines solchen Ofens ist aus Bild 47 ersichtlich. Der Ofen besteht aus einem rohrförmigen, schwach geneigten Mantel mit feuerfestem Futter, der auf Rollen gelagert ist und während des Betriebes in drehende Bewegung um seine Achse versetzt wird. An dem hochliegenden Ende wird das Brenngut eingeführt und während der Drehbewegung in der Richtung zum tiefliegenden Ende vorwärts bewegt. Hier ist die Feuerung angeordnet. Die Verbrennungsgase ziehen im Gegenstrom zum Brenngut zum hochliegenden Ende ab. Die Drehrohröfen werden auch zum Sintern von Feinerz und als Schwelöfen verwendet. Inzwischen hat die Kohlenstaubfeuerung auch bei Dampfkesseln und anderen Industrieöfen Eingang gefunden.

Eine neuartige *Mischfeuerung* wird bei dem Verfahren von DWIGHT-LLOYD zum Rösten und Sintern von Feinerz verwendet. Das zu behandelnde Gut wird mit dem feinkörnigen Brennstoff (Koksgrus) gemischt in dünnen Schichten auf den Rost aufgetragen, der wie beim Wanderrost als endlose Kette ausgebildet ist (Bild 48). Der Rost besteht aus korbartigen Gliedern und bewegt sich mit einer Geschwindigkeit von 0,5 bis 2,0 m/min. Das Mischmaterial gelangt zuerst unter eine sehr heiße Stichflamme, die das Material auf helle Rotglut erhitzt. Unmittelbar hinter dieser Zündflamme schließt sich an die Unterseite des Rostes eine Saugkammer an, die mit einem Exhaustor in Verbindung steht. Infolge des Unterdruckes im Saugkasten wird die zur Verbrennung erforderliche Luft durch die Materialschicht hindurchgesaugt.

Zu den bisher besprochenen Öfen treten noch die mit *Feuerungen für flüssige Brennstoffe*. Sie sind besonders dort angebracht, wo flüssige Brennstoffe wohlfeil sind oder bei Öfen für Sonderzwecke, vielfach bei Öfen mit kleinen Abmessungen.

Als letzte Ofengruppe ist die der *elektrischen Öfen* zu nennen. Den ersten Versuch, die elektrische Energie für Heizzwecke zu verwenden, machte DESPRETZ im Jahre 1849. Er schmolz kleine Mengen Platin und andere Metalle im elektrischen Lichtbogen. Eine technische Verwendbarkeit des Verfahrens war wegen der Unzulänglichkeit der elektrischen Stromerzeugung zu jener Zeit noch nicht gegeben. In den Jahren 1878 und 1879 erhielt CH. W. SIEMENS in London zwei Patente, in welchen die Schmelzung von Metallen mittels des elektrischen Lichtbogens beschrieben war. Das war 10 Jahre nach der Erfindung der Dynamomaschine. Erst um die Jahrhundertwende setzte die technische Entwicklung der Elektrothermie auf verschiedenen Gebieten planmäßig ein. Die Vorteile, die sich durch die Anwendung der elektrischen Energie für Heizzwecke gegenüber der Heizung mit Feuerungen ergaben, sind folgende: Die Wärme kann an der Stelle erzeugt werden, an der sie gebraucht wird; in den meisten Fällen erfolgt die Wärmeentwicklung in dem Wärmgut selbst. Somit entfallen die besonderen Einrichtungen zur Wärmeerzeugung wie Roste, Brenner, Verbrennungsräume u. dgl.; die in diesen Einrichtungen entstehenden Verluste entfallen also ebenfalls. Da keine Abführung der Verbrennungsgase (Essen und Essenkanäle) notwendig ist, entfallen auch die Abgasverluste. Es sind höhere Temperaturen zu erzielen und die Erhitzungsgeschwindigkeit kann ohne besonderen Energieaufwand mit einfachen Mitteln erheblich gesteigert werden. Die Ofenanlagen werden einfacher und erfordern geringeren Platzaufwand.

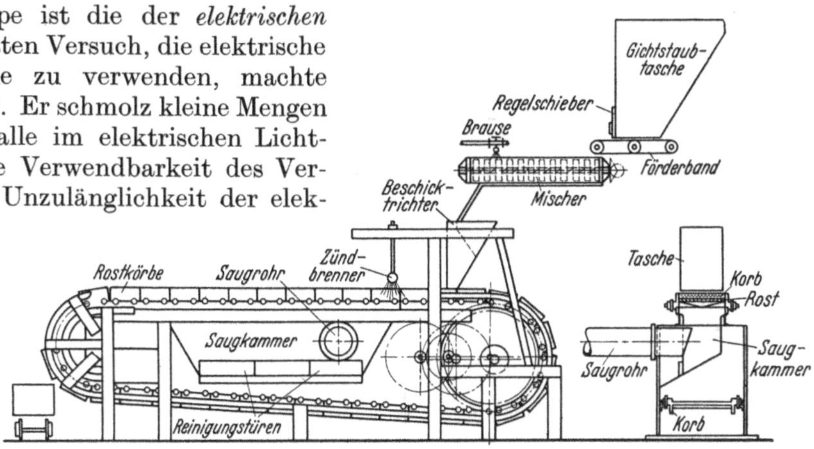

Bild 48. Dwight-Lloyd-Apparat.

Bei den Öfen mit elektrischer Beheizung kommen folgende Verfahren in Betracht:

1. Der Strom wird durch Elektroden zugeführt, die Wärme des entstehenden Lichtbogens wird auf das Wärmgut übertragen — *Lichtbogenheizung.*

2. Das Wärmgut wird selbst vom Strome durchflossen und verursacht die Erwärmung durch den eigenen Widerstand — unmittelbare *Widerstandsheizung.*

3. Der Strom wird durch besondere Heizelemente geleitet, die ihre Wärme auf das Wärmgut abstrahlen — mittelbare Widerstandsheizung oder *Widerstandsstrahlungsheizung.*

4. Das Wärmgut bildet den kurz geschlossenen Leiter für Induktionsströme — *Induktionsheizung.*

Elektrische Öfen finden vorwiegend in der Metallindustrie Anwendung als Schmelz-, Raffinier- und Glühöfen.

Tabelle 3. Unterteilung der mit Feuerungen ausgestatteten Öfen.

Gruppe	Art der Feuerung und der Brennstoffe	Wärmgut	Ofenart	Anwendungsgebiet
1	Streufeuerung für feste Brennstoffe	Feststehend	Feldbrandöfen, Meileröfen	*Brennen* von Ziegeln, Ton
2	Mischfeuerung für feste Brennstoffe	Wandernd in senkrechter Richtung	a) Schachtöfen	*Brennen* von Kalk, Dolomit, Magnesit, Zementklinkern, *Rösten* von Erzen, *Schmelzen* von Metallen, *Erzeugung* von Roheisen, Kupferstein und Blei
			b) Etagenöfen	*Rösten* von Erzen
		Wandernd in waagerechter Richtung	Vorrichtung von DWIGHT-LLOYD	*Rösten* von Erzen, *Sintern* von Feinerz und Gichtstaub
3	Feststehende Feuerung für flüssige und gasförmige Brennstoffe	Wandernd in senkrechter Richtung	Schachtöfen	*Brennen* von Kalk, Dolomit, Magnesit und Zementklinkern, *Schmelzen* von Metallen
4	Feststehende Feuerung für feste, flüssige und gasförmige Brennstoffe, einschließlich Kohlenstaubfeuerung	Feststehend	a) Kammeröfen	*Brennen* von Steinzeug, Steingut, Porzellan, feuerfeste Steine
			b) Herdöfen	*Wärmen*, *Glühen*, *Schmelzen*, *Raffinieren* und *Frischen* von Metallen
5	Feststehende Feuerung für feste, flüssige und gasförmige Brennstoffe, einschließlich Kohlenstaubfeuerung	Wandernd in waagerechter Richtung	a) Roll- und Stoßöfen	*Wärmen* von Metallblöcken, Knüppeln, Scheiben
			b) Drehrohröfen	*Brennen* von Zementklinkern, *Rösten* und *Sintern* von Erzen
			c) Tunnelöfen (Kanalöfen)	*Brennen* von Steingut und Porzellan, *Glühen* von Blechen und Drähten
6	Feststehende Feuerung für gasförmige Brennstoffe	Wärmgut gasförmig wandernd durch den Wärmespeicherofen nach Abstellung der Feuerung	Winderhitzer bei Hochöfen	*Erwärmung* des Gebläsewindes
7	Wandernde Feuerung für feste und gasförmige Brennstoffe	Feststehend	Ringöfen	*Brennen* von Ziegeln, Kalk Dolomit, Ton- und Schamottewaren
8	Umschaltfeuerung für gasförmige Brennstoffe (Siemens-Regenerativ-Feuerung)	Feststehend	a) Herdöfen	*Wärmen* von Metallblöcken, *Schmelzen*, *Frischen* und *Raffinieren* von Metallen, *Schmelzen* von Glas
			b) Muffelöfen	Zinkgewinnung
9	Umschaltfeuerung für gasförmige Brennstoffe (neue Siemens-Feuerung mit Flammenteilung)	Wandernd in waagerechter Richtung	Roll- und Stoßöfen	*Wärmen* von Metallblöcken, Knüppeln, Scheiben u. dgl.
10	Mischfeuerung für feste Brennstoffe	Wärmgut und Brennstoff in einem Tiegel	Tiegelblasöfen (Konverter)	*Rösten* und *Sintern* von Erzen
11	Mischfeuerung, Brennstoff in flüssigem Wärmgut	Wärmgut und Brennstoff in einem Tiegel	Tiegelblasöfen (Konverter)	*Frischen* von Roheisen, *Gewinnung* von Kupfer aus Kupferstein

Aus dieser in großen Zügen gebrachten Darstellung der Entwicklung der Hüttenwerksöfen, ihrer Bauarten und ihrer Beheizung ergibt sich wohl, daß für bestimmte Verwendungszwecke besondere Bauarten herausgebildet wurden. Man erkennt aber auch, daß verschiedene Bauarten für gleiche Zwecke Verwendung finden und daß für gleiche Bauarten verschiedene Beheizung in Betracht kommt. Besondere Bauarten sind entwickelt worden, lediglich um den Gegenstromgrundsatz anwenden zu können. Zu diesem Zwecke läßt man in einem Falle das Feuer, im anderen Falle das Wärmgut wandern. Eine übersichtliche Einteilung nach dem Verwendungszweck ist schwierig, aber ebenso schwierig ist eine Einteilung nur nach dem verwendeten Brennstoff, da alle Brennstoffe für die verschiedenartigsten Öfen zur Anwendung kommen. In der Tabelle 3 ist eine Unterteilung der Öfen mit Feuerungen durchgeführt worden, bei der unterschieden wird nach Art der Feuerung und nach Art der Bewegung des Wärmgutes. Es ergeben sich 11 verschiedene Gruppen, für die das Anwendungsgebiet in der letzten Spalte angegeben ist. Die Öfen mit elektrischer Beheizung sind nach Tabelle 4 in 7 Gruppen unterteilt.

Tabelle 4. Unterteilung der Öfen mit elektrischer Beheizung.

Gruppe	Art der Beheizung	Wärmgut	Ofenart	Anwendungsgebiet
1	Lichtbogen	Feststehend	Herdofen	Stahlerzeugung, Erschmelzen von Ferrolegierungen, Metallgewinnung durch Elektrolyse im Schmelzfluß
2	Lichtbogen	Wandernd in senkrechter Richtung	Hochofen	Gewinnung von Roheisen
3	Lichtbogen	Feststehend oder sich bewegend um eine senkrechte oder waagerechte Achse	Herdofen	Schmelzen von Metallen
4	Unmittelbare Widerstandsheizung	Feststehend	Herdofen	Schmelzen von Metallen
5	Mittelbare Widerstandsheizung	Feststehend	Tiegelofen, Muffelofen	Schmelzen von Metallen, Härten und Glühen von Metallen
6	Induktionsheizung (Niederfrequenz)	Feststehend	Herdofen	Stahlerzeugung
7	Induktionsheizung (Hochfrequenz)	Feststehend	Tiegel	Schmelzen von Metallen, Stahlerzeugung

II. Verbrennungslehre.

a) Der Verbrennungsvorgang.

Die Brennstoffe enthalten folgende *brennbare* Bestandteile:

feste Brennstoffe: Kohlenstoff, Wasserstoff und geringe Mengen Schwefel;

flüssige Brennstoffe: Kohlenstoff und Wasserstoff;

gasförmige Brennstoffe: Wasserstoff und Verbindungen des Kohlenstoffs mit Wasserstoff und Sauerstoff.

Für feste und flüssige Brennstoffe gilt als Mengeneinheit das Kilogramm, ihre Zusammensetzung wird in Gewichts-Hundertteilen angegeben. Die gasförmigen Brennstoffe und die gasförmigen Verbrennungserzeugnisse (Verbrennungsgase, Rauchgase, Abgase) werden in Normalkubikmeter ($1\ Nm^3 = 1\ m^3$ bei 0° C und 760 mm QS) gemessen. Ihre Zusammensetzung wird in Volumen-Hundertteilen angegeben. Die durch Verbrennung erzeugte Wärmemenge wird in kcal angegeben. 1 kcal entspricht einer Wärmemenge, die notwendig ist, um 1 kg Wasser von 14,5° C auf 15,5° C zu erwärmen, bzw. nach neuerer Definition der Wärmemenge, die von $^1/_{860}$ kWh (internationaler kWh) erzeugt wird.

Um die in technischen Feuerungen angestrebte lebhafte Verbrennung auszulösen, muß der Brennstoff an einer Stelle auf seine Entzündungstemperatur gebracht werden. Eine Zusammenstellung der Zündtemperaturen für die verschiedenen Brennstoffe findet sich in Tabelle 5.

Tabelle 5. Zündtemperaturen der Brennstoffe in Luft.

Feste Brennstoffe	°C	Flüssige Brennstoffe	°C	Gasförmige Brennstoffe	°C
Lufttrockener Torf.	225—280	Steinkohlenteeröl	580—650	Wasserstoff . . .	560—650
Braunkohle	250—450	Benzol	520	Kohlenoxyd . . .	650
Steinkohle	320—390	Benzin	415—460	Äthylen	540
Anthrazit	440	Gasöl	350—430	Azethylen	405—435
Kohlenstaub . . .	165	Schmieröl	~400	Methan	650—750
Holz	300			Äthan	520—630
Gaskoks	380—535				
Zechenkoks	600—700				

Um den Verbrennungsvorgang aufrechtzuerhalten, muß Luft zugeführt werden, auch darf die Verbrennungstemperatur nicht unter den Zündpunkt fallen. Ebenso muß die Wärmeleitfähigkeit des Brennstoffes hinreichend sein, um die Wärme auf die benachbarten Teile zu übertragen. Brennender Koks erlischt im freien Raum, weil er diese Bedingung nicht erfüllt. Für gasförmige Brennstoffe liegt die Entflammungstemperatur in Sauerstoff gar nicht oder nur wenig tiefer. Eine Verdünnung der brennbaren mit inerten Gasen bewirkt im allgemeinen eine Erhöhung des Flammpunktes. Trockenes CO ist schwerer zu entzünden, als wenn es geringe Mengen Wasserdampf oder andere wasserstoffhaltige Gase enthält. Hier kann eine katalytische Wirkung angenommen werden.

Bei der *vollständigen* Verbrennung verbrennt C zu CO_2, H_2 zu H_2O und S zu SO_2. Die Verbrennung ist *unvollständig*, wenn die Verbrennungserzeugnisse noch brennbare Stoffe enthalten, das ist CO, H_2, CH_4 und andere Kohlenwasserstoffe in den Verbrennungsgasen, C in der Asche, in der Schlacke und im Ruß. Unvollständige Verbrennung kann entstehen durch:

1. Unzureichende Mischung von Brennstoff und Luft, also Bildung von CO, H_2, CH_4 und anderen Kohlenwasserstoffen.

2. Unvollständig verlaufende chemische Reaktionen.

Bereits Lavoisier und Laplace haben das Gesetz gefunden, daß dieselbe Wärmemenge, die z. B. bei der Verbrennung von Wasserstoff zu Wasser frei wird, bei der Zerlegung (Dissoziation) der Verbindung H_2O in ihre Bestandteile Wasserstoff und Sauerstoff gebunden, also von außen aufgenommen wird (exothermische und endothermische Reaktion)[1]. Thermochemisch schreibt man diesen Vorgang:

$$H_{2\,\mathrm{Gas}} + \tfrac{1}{2}\,O_{2\,\mathrm{Gas}} \rightleftarrows H_2O_{\mathrm{Dampf}} \pm 58{,}2\ \mathrm{cal}.$$

Verbrennungstechnisch ist auch die vollständige Dissoziation ein Nachteil, der sich allerdings, wie wir später bei der Besprechung der Verbrennungstemperatur sehen werden, manchmal nicht vermeiden läßt. Die Reaktion braucht nicht immer in der reinen Form der vollständigen Trennung bzw. Vereinigung zu verlaufen. Es sind auch Zwischenlösungen einer unvollkommenen Umsetzung möglich. In dem Gasgemisch bestehen die auf beiden Seiten der Gleichung angegebenen Körper nebeneinander. Dieser Gleichgewichtszustand hängt von verschiedenen Faktoren, den Gleichgewichtsfaktoren (Temperatur, Druck, Massenwirkung) ab. Ändert sich einer der Gleichgewichtsfaktoren, so ändert sich auch das Gleichgewicht gemäß dem Gesetz von Le Chatelier, das aussagt, daß jede Änderung eines Gleichgewichtsfaktors eine Umwandlung des Systems nach derjenigen Richtung hin bewirkt, durch welche der Faktor eine Änderung im entgegengesetzten Sinne erfährt. Eine Temperaturerhöhung beispielsweise verschiebt das Gleichgewicht eines Systems derart, daß Vorgänge eingeleitet werden, bei denen Wärme gebunden, also wieder eine Temperaturerniedrigung herbeigeführt wird. Eine Temperaturerniedrigung wirkt umgekehrt, sie verschiebt das Gleichgewicht so, daß Vorgänge ausgelöst werden, bei denen Wärme frei und eine Temperaturerhöhung herbeigeführt wird. Bei der Reaktion $CO_2 \rightarrow CO + O - 68{,}2$ cal wird Wärme gebunden, sie wird daher durch Temperaturerhöhung begünstigt. Ebenso liegen die Verhältnisse bei der Reaktion $H_2O_{\mathrm{Dampf}} \rightarrow H_{2\,\mathrm{Gas}} + \frac{1}{2}\,O_{2\,\mathrm{Gas}} - 58{,}2$ cal. Dagegen bei der Reaktion $2\,CO \rightarrow C + CO_2 + 42$ cal wird Wärme frei, sie wird durch eine Temperaturerniedrigung begünstigt. Kohlenoxyd ist demnach bei hohen Temperaturen beständiger als bei niedrigen. Die Erhöhung des äußeren Druckes bewirkt ebenfalls eine Verschiebung des Gleichgewichtes, durch die eine Druckvermindung hervorgerufen wird. Bei den Dissoziationen $2\,CO_2 \rightarrow 2\,CO + O_2$ und $2\,H_2O \rightarrow 2\,H_2 + O_2$ entsteht bei konstantem Druck eine Volumenvergrößerung um 50% und bei konstantem Volumen erhöht sich der Druck um die Hälfte. Diese Reaktionen nehmen deshalb bei sinkendem Druck zu und bei wachsendem Druck ab.

[1] Zahlenwerte gibt an: Justi: Spezifische Wärme, Enthalpie, Entropie und Dissoziation technischer Gase. Berlin: Julius Springer 1938.

Vermehrt man die Menge eines der an der Reaktion beteiligten Stoffe, so verschiebt sich nach dem Massenwirkungsgesetz das Gleichgewicht nach derjenigen Seite der Reaktionsgleichung, auf welcher dieser Stoff verschwindet. Bei der Reaktion $2\,CO + O_2 = 2\,CO_2$ setzt sich eine von Druck und Temperatur abhängige Menge von CO und O_2 in CO_2 um. Wird die Menge des Sauerstoffs vergrößert, so erhöht sich die Neigung für sein Verschwinden, d. h. die CO_2-Bildung wird begünstigt. Wird hingegen nach Eintritt des Gleichgewichtszustandes die CO_2-Menge vergrößert, so tritt die umgekehrte Wirkung ein, d. h. ein Teil der CO_2-Menge zerfällt in CO und O_2. Die *Reaktionsgeschwindigkeit*, d. i. die Änderung, die ein an der Reaktion beteiligter Stoff in der Zeiteinheit erleidet, hängt nicht nur von der Natur der reagierenden Stoffe, sondern auch von der Konzentration ab. Die Reaktionsgeschwindigkeit ist um so größer, je öfter die reagierenden Moleküle in der Volumeneinheit vorhanden sind, d. h. je größer die Konzentration ist und je schneller sich die Moleküle bewegen, d. h. je höher die Temperatur bei der Reaktion ist. Die Verbrennungsgeschwindigkeit fester Brennstoffe ist nicht nur von der Konzentration sondern, auch von dem Verhältnis der luftberührten Oberfläche zum Gewicht der einzelnen Brennstoffteile abhängig. Kohlenstaub bietet in dieser Beziehung günstige Bedingungen, wenn er mit der Verbrennungsluft in den Verbrennungsraum eingeblasen wird, wie es bei Kohlenstaubfeuerungen geschieht. Die Verbrennungsgeschwindigkeit kann in anderen Fällen durch Mischen verschiedener Brennstoffe erhöht werden. In diesem Sinne wirkt der Teergehalt des Generatorgases. Die Ballaststoffe der gasförmigen Brennstoffe (Stickstoff, Wasserdampf) verzögern die Verbrennung. Die Verbrennungsgeschwindigkeit bei festen Brennstoffen ist weiter noch abhängig von der Dichte des Kohlenstoffs. Die Reaktionsgeschwindigkeit ist bei sonst gleichen Verhältnissen bei Holzkohle größer als bei Steinkohle und bei Flammkohle größer als bei Anthrazit und Koks, bei porösem lockeren Koks größer als bei festem dichten.

Die *äußeren Erscheinungsformen* der Verbrennung sind in den meisten Fällen die Flammen. Das sind die leuchtenden Berührungszonen brennbarer Gase und Dämpfe mit der Verbrennungsluft. Flüssige Brennstoffe werden hierbei in Dampfform überführt. Die Flammen fester Brennstoffe entstehen bei Verbrennung der aus ihnen entwickelten Gase oder Dämpfe. Reiner Kohlenstoff verbrennt ohne Flammenbildung unter Glühen. Entstehen über brennendem Kohlenstoff (glühendem Koks oder glühender Holzkohle) bläuliche Flammen, so handelt es sich um brennendes Kohlenoxyd, das sich in der glühenden Kohlenstoffschicht gebildet hat. Bei der Kohlenfeuerung ist zu unterscheiden zwischen der Verbrennung der Destillationsgase und Vergasungserzeugnisse der Kohle, die unter Flammenbildung vor sich geht und der des Kohlenstoffs, die unter Glühen erfolgt. Bei den Gasfeuerungen geht die Verbrennung unter verschiedenen Umständen vor sich, je nachdem die Mischung von Heizgas und Luft vor oder nach der Entzündung erfolgt. Treten Gas und Luft in getrennten Strömen in den Verbrennungsraum ein, so erfolgt die Mischung nach der Entzündung während des Verbrennungsvorganges. Hierzu ist eine gewisse Zeit erforderlich. Deshalb muß der Verbrennungsraum so groß sein und derart gestaltet werden, daß die Verbrennung vollendet und die Verbrennungswärme zur günstigen Ausnutzung gelangt ist, bevor die Verbrennungsgase den zu heizenden Raum verlassen haben. SIEMENS nannte diese Maßnahme das Prinzip der freien Flammentfaltung. Je inniger Gas und Luft durch Unterteilung in Einzelströme oder durch Wirbelströme gemischt werden, um so schneller verläuft die Verbrennung. Durch Mischen von Gas und Luft vor der Entzündung verläuft die Verbrennung so schnell, daß sie in ganz engen Räumen erfolgt. Hiervon wird bei der Oberflächenverbrennung nach SCHNABEL und BONE Gebrauch gemacht. Das Gasluftgemisch wird über hitzebeständige glühende Kontaktstoffe geleitet. Infolge der katalytischen Wirkung der Oberfläche des Kontaktmaterials erfolgt die Verbrennung ohne Flammenbildung. Neuerdings ist die flammenlose Verbrennung auch ohne besonderes Kontaktmaterial gelungen, indem das Gasluftgemisch in engen Kanälen, z. B. bei Muffelöfen, zur Verbrennung gebracht wird. Die glühenden Kanalwände haben dann die gleiche Wirkung wie das in den Verbrennungsraum eingelagerte Kontaktmaterial.

b) Heizverfahren und motorisches Verbrennungsverfahren.

In technischen Feuerungen wird die Verbrennung entweder zu Heizzwecken oder zur unmittelbaren Umwandlung der hierbei freiwerdenden Wärmeenergie in mechanische Energie durchgeführt. Demgemäß ist zwischen *Heizverfahren* und *motorischem* Verbrennungsverfahren zu unterscheiden. Bei ersterem wird Wärme durch Verbrennen von Brennstoff in offenen Feuerungen erzeugt, um sie von den Verbrennungsgasen auf andere Stoffe zu übertragen, wie beispielsweise in den Dampfkesselfeuerungen und in den Feuerungen der Industrieöfen. Bei motorischen Verbrennungsverfahren wird in geschlossenen Behältern, z. B. den Kraftzylindern der Verbrennungskraftmaschinen, ein Brennstoff-Luftgemisch entzündet und die bei der Verbrennung (Explosion) freiwerdende Wärme unmittelbar in mechanische Arbeit umgesetzt. Bei der motorischen Verbrennung werden an die Brennstoffe noch besondere Ansprüche bezüglich Ausscheidung der unverbrennbaren Beimengungen (Staub, Asche, Schlacke) gestellt, die bei gasförmigen und flüssigen Brennstoffen leichter, bei festen Brennstoffen schwerer erfüllt werden können. Versuche, Verbrennungskraftmaschinen für feste Brennstoffe (Kohlenstaubmotore) in die Industrie einzuführen, sind unternommen worden, haben aber bisher noch nicht zu größeren Erfolgen geführt.

c) Heizwert der Brennstoffe.

Unter Heizwert versteht man die bei der vollständigen und vollkommenen Verbrennung von 1 kg oder 1 m³ (1 Nm³) eines Brennstoffes freiwerdende Wärmemenge. Werden die dabei entstehenden Verbrennungsgase wieder bis auf den Ausgangszustand abgekühlt, wird also der bei der Verbrennung entstehende Wasserdampf verflüssigt, so ist der *obere* Heizwert H_o frei geworden. Entweicht dagegen H_2O in Dampfform, was bei Feuerungen der Fall ist, so ist nur der *untere* Heizwert H_u ausgenutzt worden. Die *Heizwertbestimmung* erfolgt kalorimetrisch für feste Brennstoffe in der BERTHELOT-MAHLER- und KRÖKER-„Bombe", für flüssige und gasförmige Brennstoffe in dem Kalorimeter von JUNKERS. Kalorimetrisch kann sowohl der obere als auch der untere Heizwert bestimmt werden. Es ist auch eine angenäherte rechnerische Heizwertbestimmung bei festen Brennstoffen möglich, doch ist diese an das Vorhandensein einer Analyse des betreffenden Brennstoffes gebunden. Nach dieser „Verbandsformel" gilt:

$$H_o \approx 8100\,c + 34400\left(h - \frac{o}{8}\right) + 2500\,s \qquad \text{kcal/kg}, \quad (1)$$

$$H_u \approx 8100\,c + 29000\left(h - \frac{o}{8}\right) + 2500\,s - 600\,w \qquad \text{kcal/kg}. \quad (2)$$

Hierbei bedeuten c, h, o, s und w die Gewichts-Hundertteile von C, H_2, S, O_2 und Wasser. Der nach der Verbandsformel berechnete Heizwert wird um so ungenauer, je mehr Sauerstoff im Brennstoff enthalten ist. Bei Braunkohle und Torf sind demnach die Ergebnisse ungenau. Vielfach bezieht man die Daten der Brennstoffe außer auf den lufttrockenen Zustand auch noch auf den Gehalt an brennbarer Substanz, die sog. Reinkohle, das ist die Gewichtseinheit vermindert um Asche und hygroskopisches Wasser. Die auf Reinkohle bezogenen Heizwerte sind größer als die der lufttrockenen Kohle.

Die Heizwerte von *Gasgemischen* lassen sich rechnerisch aus den Heizwerten der einzelnen Bestandteile bestimmen (Tabelle 6).

Tabelle 6. Heizwerte bezogen auf 1 kg bzw. 1 Nm³ der Reinsubstanz[1].

Verbindung	H_o kcal/kg	H_u kcal/kg	H_o kcal/Nm³	H_u kcal/Nm³
$H_2 + O = H_2O$	34400	28649	3053	2579
$C + O = CO$	2407	2407	—	—
$C + O_2 = CO_2$	8100	8100	—	—
$CO + O = CO_2$	2433	2433	3044	3044
$S + O_2 = SO_2$	2500	2500	—	—
$CH_4 + 2\,O_2 = CO_2 + 2\,H_2O$	13500	12200	9700	8700
$C_2H_4 + 3\,O_2 = 2\,CO_2 + 2\,H_2O$	12200	11450	14000	13100
C_nH_m Verbrennung	11100	10450	19200	18070

Beispiel 1. Wie groß ist der Heizwert von 1 Nm³ Hochofengas mit der Zusammensetzung: $H_2 = 3\%$, $CO = 27\%$, $CO_2 = 10\%$, $N_2 = 60\%$?

Lös.: Es ist
$$H_o = 0{,}03 \cdot 3053 + 0{,}27 \cdot 3044,$$
$$H_o = 913 \text{ kcal/Nm}^3,$$
$$H_u = 0{,}03 \cdot 2579 + 0{,}27 \cdot 3044,$$
$$H_u = 899 \text{ kcal/Nm}^3.$$

[1] Vgl. DIN 1872 und HENNING: Wärmetechnische Richtwerte. Berlin: VDI-Verlag 1938.

Beispiel 2. Wie groß ist der Heizwert von 1 kg Kohle folgender Zusammensetzung:

$C = 80\%$, $H_2 = 4\%$, $S = 1\%$,
$O_2 = 7\%$, $N_2 = 1\%$, Asche $= 7\%$,
Wassergehalt $w = 3\%$?

Lös.: Es ist

$$H_o = 8100 \cdot 0{,}80 + 34400 \left(0{,}04 - \frac{0{,}07}{8}\right) + 2500 \cdot 0{,}01 = 7580 \text{ kcal/kg}.$$

$$H_u = 8100 \cdot 0{,}80 + 29000 \left(0{,}04 - \frac{0{,}07}{8}\right) + 2500 \cdot 0{,}01 - 600 \cdot 0{,}03 = 7393 \text{ kcal/kg}.$$

d) Luftbedarf der Brennstoffe.

Die Mittel zur Erzielung einer *vollständigen* Verbrennung sind nach obigen Ausführungen folgende:

Hinreichende Luftzufuhr.

Erhaltung einer hohen Temperatur.

Gute Mischung von Luft und Brennstoff.

Jede unvollständige Verbrennung bedeutet einen Verlust von im Brennstoff gespeicherter Energie. Deshalb ist eine vollständige Verbrennung mit allen Mitteln anzustreben, sofern nicht mit der unvollständigen Verbrennung ein bestimmter Effekt erzielt werden soll, wie z. B. reduzierende Flamme oder Erzeugung von Heizgas aus festen Brennstoffen. Es ist deshalb notwendig, der Feuerung mindestens die theoretische Sauerstoff- bzw. Luftmenge zuzuführen, meist ist es jedoch notwendig, einen Luftüberschuß vorzusehen. Luftüberschuß begünstigt vollständige Verbrennung, weil ein Überschuß an Sauerstoff dem Zerfall von CO_2 und H_2O entgegenwirkt und weil eine nachträgliche Verbrennung von etwa gebildetem Ruß, Teer und brennbaren Gasen erleichtert wird. Das entspricht dem chemischen Grundsatz, daß bei jeder Reaktion, die schnell verlaufen soll, ein Überschuß an einem der beteiligten Stoffe vorhanden sein soll. Wo hinreichende Luftzufuhr beispielsweise bei einer Rostfeuerung nicht sichergestellt werden kann, ist eine Zweitluftzufuhr oberhalb des Rostes angebracht. Ist die Zweitluft nur zeitweise bei einem bestimmten Zustand der Feuerung erforderlich, muß sie möglichst selbsttätig geregelt und abgestellt werden. Die Regelung der Erstluft durch Regelung des Essenzuges ist bei manchen Feuerungen unbedingt erforderlich, insbesondere bei Feuerungen für stark flammende Brennstoffe. Nicht flammende Brennstoffe wie Holzkohle, Koks und Anthrazit können auch ohne Luftüberschuß vollständig verbrannt werden, weil bei ihnen die Verbrennungsgeschwindigkeit kleiner ist. Die Zufuhr der Verbrennungsluft kann durch die Esse (Schornstein) und durch die ebenfalls saugend wirkenden Exhaustoren oder durch pressend wirkende Gebläse erzielt werden. Die Erhaltung einer hohen Temperatur ist eine Voraussetzung für vollständige Verbrennung, weil die Reaktionsgeschwindigkeiten mit der Temperatur steigen, dann aber auch, weil die Entzündung bei den verschiedenen Brennstoffen eine bestimmte Temperatur, nämlich die Zündtemperatur zur Voraussetzung hat.

Der theoretische Luftbedarf.

Der *Luftbedarf* bei der Verbrennung und die *Zusammensetzung* der Verbrennungsgase ergeben sich in Gewichtsmengen unmittelbar aus den chemischen Gesetzmäßigkeiten. Raummengen erhält man unter Berücksichtigung der AVOGADROschen Regel. Aus dieser folgt: Das Kilogrammolekül (1 Mol) nimmt bei allen Gasen unter gleichem Druck und gleicher Temperatur denselben Raum ein. 1 Mol aller Gase hat ein Volumen von 22,4 m^3 bei 760 mm QS und 0° C bzw. 24,4 m^3 bei 15° 735,5 mm QS. Es haben also: 2 kg H_2, 32 kg O_2, 28 kg N_2, 28 kg CO, 28 kg C_2H_4, 16 kg CH_4, 44 kg CO_2, 18 kg H_2O und 64 kg SO_2 alle dasselbe Volumen, und zwar 22,4 Nm^3.

Das *spezifische Volumen* dieser Gase berechnet sich demnach aus

$$v = \frac{22{,}4}{\text{Molekulargewicht}} \quad \text{Nm}^3/\text{kg}.$$

Zahlenangaben enthält Tabelle 7.

Tabelle 7. Gastafel.

Gasart	Zeichen	Atomzahl	Molekulargewicht	Spezifisches Gewicht kg/Nm³	Spezifisches Gewicht kg/m³ bezogen auf 15°, 735,5 mm QS	Spezifisches Volumen Nm³/kg
Sauerstoff		16	32	1,429	1,312	0,71
Stickstoff	N_2	2	28	1,251	1,147	0,796
Wasserstoff	H_2	2	2	0,0898	0,083	11,2
Kohlenoxyd	CO	2	28	1,25	1,147	0,8
Kohlensäure	CO_2	3	44	1,977	1,814	0,509
Luft (trocken)	—	—	29	1,293	1,186	0,775
Schweflige Säure . . .	SO_2	3	64	2,9276	2,686	0,342
Schwere Kohlenwasserstoffe	C_nH_m	—	—	~ 1,252	~ 1,148	~ 0,798
Methan	CH_4	5	16	0,717	0,656	1,4
Azetylen	C_2H_2	4	26	1,1709	1,074	0,855
Äthylen	C_2H_4	6	28	1,261	1,156	0,8
Äthan	C_2H_6	8	30	1,356	1,244	0,738
Generatorgas	—	—	—	1,12—1,18	1,02—1,08	0,893—0,848
Gichtgas	—	—	—	1,277	1,17	0,785
Wassergas	—	—	—	0,6897	0,633	1,45
Wasserdampf	H_2O	3	18	0,804	—	1,244
Benzoldampf	C_6H_6	—	78	3,4824	3,193	0,287

Brennbare Bestandteile sind:
Kohlenstoff C, Atomgewicht 12,
Wasserstoff H, Atomgewicht 1,
Schwefel S, Atomgewicht 32.

Diese verbinden sich mit:
Sauerstoff O, Atomgewicht 16.

Kohlenstoff. Bei *vollständiger* Verbrennung von C verbindet sich immer

1 Vol. C mit 2 gleichen Vol. O zu CO_2

oder

$$C + O_2 \rightarrow CO_2$$

$$12\,\text{kg}\,C + 2 \cdot 16\,\text{kg}\,O_2 \rightarrow 44\,\text{kg}\,CO_2$$

bzw.

$$1\,\text{kg}\,C + \frac{2 \cdot 16}{12}\,\text{kg}\,O_2 \rightarrow \frac{44}{12}\,\text{kg}\,CO_2.$$

1 kg Kohlenstoff benötigt also zur vollständigen Verbrennung 2,67 kg Sauerstoff um 3,67 kg Kohlensäure zu ergeben. Hierbei werden rund 8100 kcal (Heizwert des Kohlenstoffes) frei.

Bei *unvollständiger* Verbrennung folgt:

$$2\,C + O_2 \rightarrow 2\,CO,$$

$$2 \cdot 12\,\text{kg}\,C + 2 \cdot 16\,\text{kg}\,O_2 \rightarrow 2 \cdot 28\,\text{kg}\,CO,$$

also

$$1\,\text{kg}\,C + \tfrac{16}{12}\,\text{kg}\,O_2 \rightarrow \tfrac{28}{12}\,\text{kg}\,CO.$$

1 kg Kohlenstoff unvollständig mit nur 1,335 kg Sauerstoff verbrannt, ergibt 2,33 kg CO. Hierbei werden nur rund 2407 kcal frei. Man erkennt hieraus die Wichtigkeit einer vollständigen Verbrennung.

In Raumteilen ergibt sich:
12 kg (1 Mol) C mit 22,4 Nm³ O_2 ergeben 22,4 Nm³ CO_2.
12 kg (1 Mol) C mit 11,2 Nm³ O_2 ergeben 22,4 Nm³ CO.
0,536 kg C verbrennt mit 1 Nm³ O_2 zu 1 Nm³ CO_2.
0,536 kg C verbrennt mit 0,5 Nm³ O_2 zu 1 Nm³ CO.
1 Nm³ CO braucht noch weitere 0,5 Nm³ O_2 zur vollständigen Verbrennung. Es ergibt sich beide Male dasselbe Volumen, gleichgültig ob Kohlenstoff zu CO_2 oder CO verbrannt wird.

Wasserstoff. Es ist

$$2\,H_2 + O_2 = 2\,H_2O,$$

$$2 \cdot 2 \cdot 1\,\text{kg}\,H_2 + 2 \cdot 16\,\text{kg}\,O_2 = 2 \cdot 18\,\text{kg}\,H_2O,$$

$$1\,\text{kg}\,H_2 + \tfrac{16}{2}\,\text{kg}\,O_2 = \tfrac{18}{2}\,\text{kg}\,H_2O.$$

Hierbei werden rund 34400 bzw. 29000 kcal frei, je nachdem ob der bei der Verbrennung entstandene Wasserdampf verflüssigt wird oder nicht.

Schwefel. Es ist

$$S + O_2 = SO_2,$$

$$32\,\text{kg}\,S + 2 \cdot 16\,\text{kg}\,O_2 = 64\,\text{kg}\,SO_2,$$

$$1\,\text{kg}\,S + \frac{2 \cdot 16}{32}\,\text{kg}\,O_2 = \frac{64}{32} = 2\,\text{kg}\,SO_2.$$

Hierbei werden rund 2500 kcal frei.

Für einige weitere brennbare Bestandteile sind die zur Verbrennung notwendigen theoretischen Sauerstoffmengen in Tabelle 8 enthalten.

Tabelle 8. Theoretischer Sauerstoff- und Luftbedarf.

Brennstoff	Endprodukt	Theoretischer Sauerstoffbedarf		Theoretischer Luftbedarf	
		kg/kg Brennstoff	Nm^3/Nm^3 Brennstoff	kg/kg Brennstoff	Nm^3/Nm^3 Brennstoff
Kohlenstoff C	CO_2	2,67	—	11,54	—
Kohlenstoff C	CO	1,33	—	5,77	—
Wasserstoff H_2	H_2O	8	0,5	34,6	2,39
Schwefel S	SO_2	1	—	4,33	—
Kohlenoxyd CO . . .	CO_2	0,57	0,5	2,47	2,39
Methan CH_4	$CO_2 + 2\,H_2O$	4	2	17,35	9,57
Äthylen C_2H_4	$2\,CO_2 + 2\,H_2O$	3,43	3	—	—
Azetylen C_2H_2	$2\,CO_2 + H_2O$	3,08	2,5	—	—
Benzol C_6H_6	$6\,CO_2 + 3\,H_2O$	3,08	7,5	—	—
Äthan C_2H_6	$2\,CO_2 + 3\,H_2O$	3,73	3,5	—	—

Zur Umrechnung der Sauerstoff- und Luftgewichte in m^3 bzw. Nm^3 sind die Tafelwerte durch das spez. Gewicht von Sauerstoff und Luft zu dividieren, entsprechend

$$V = \frac{G}{\gamma}.$$

Hierbei ist für

Sauerstoff $\gamma = 1{,}312\,\text{kg/m}^3$ (15°, 735,5 mm QS),

$\gamma = 1{,}429\,\text{kg/Nm}^3$,

Luft $\gamma = 1{,}188\,\text{kg/m}^3$ (15°, 735,5 mm QS),

$\gamma = 1{,}293\,\text{kg/Nm}^3$.

Bei festen und flüssigen Brennstoffen nimmt man an, daß ein Teil des in dem Brennstoff enthaltenen Sauerstoffes vollständig an einen Teil des Wasserstoffes gebunden ist. Da sich 8 kg Sauerstoff mit 1 kg Wasserstoff vereinigen, sind $\frac{o}{8}$ kg nicht mehr brennbar und von der gesamten Wasserstoffmenge abzuziehen. Brennbar sind nur noch $h - \frac{o}{8}$ kg Wasserstoff (freier Wasserstoff).

Für 1 kg eines *festen* oder *flüssigen* Brennstoffes ergibt sich aus den Elementarbestandteilen das zur Verbrennung notwendige *Sauerstoffgewicht* zu

$$\tfrac{8}{3}c + 8h - o + s \quad \text{kg/kg}.$$

Hierin bedeuten c, h, s, o die Gewichtsanteile C, H_2, S und O_2.

Die Sauerstoffmenge folgt aus der Gewichtsgleichung nach Division durch das spezifische Gewicht des Sauerstoffes. Da in 1 kg trockener Luft 0,231 kg Sauerstoff und in 1 m^3 Luft 0,209 m^3 Sauerstoff enthalten sind, ergeben sich folgende Gleichungen für die *theoretische Luftmenge*[1] bei festen und flüssigen Brennstoffen:

$$L_0 = \frac{\frac{8}{3}c + 8h - o + s}{0{,}231} \quad \text{kg/kg Brennstoff,} \tag{3}$$

$$L_0 = \frac{\frac{8}{3}c + 8h - o + s}{1{,}321 \cdot 0{,}209} \quad \text{m}^3\text{/kg Brennstoff (15°, 735,5 mm QS),} \tag{4}$$

$$L_0 = \frac{\frac{8}{3}c + 8h - o + s}{1{,}429 \cdot 0{,}209} \quad \text{Nm}^3\text{/kg Brennstoff.} \tag{5}$$

[1] Eine Zusammenstellung der Mittelwerte L_0 findet sich in der „Hütte", Taschenbuch für Eisenhüttenleute, 4. Aufl., S. 300 und 306.

Der Sauerstoffbedarf technischer *Gasgemische* läßt sich nach ihren Bestandteilen errechnen. Enthalten die Gasgemische selbst Sauerstoff, so verringert sich der Sauerstoffbedarf entsprechend.

Beim Verbrennen von Kohlenstoff mit der stöchiometrischen Luftmenge entsteht ein Gas mit 21 % CO_2 und 79 % N_2. (Angaben über maximale CO_2-Gehalte für verschiedene Brennstoffe siehe Eisenhütte, 4. Aufl., S. 306 u. 311.) Wird mit gleicher Luftmenge die doppelte Kohlenstoffmenge verbrannt, so entsteht ein $CO-N_2$-Gasgemisch, dessen Volumen das 1,21fache des ursprünglichen ist, es enthält 0,42 von 1,21, das ist 34,7 % Kohlendioxyd. Beim Verbrennen von Wasserstoff mit der theoretischen Luftmenge wächst das Volumen der Verbrennungsgase auf das 1,5fache der Luftmenge, sofern das entstehende Wasser (H_2O) in dampfförmigem Zustand verbleibt.

Die wirkliche Luftmenge.

Wie bereits dargelegt, ist vollständige Verbrennung mit der theoretischen Luftmenge nur unter den günstigsten Bedingungen zu erreichen, etwa wenn der Brennstoff in feinstverteiltem Zustande wie bei der Ölfeuerung oder der Kohlenstaubfeuerung nach vollkommener Mischung mit der Luft zur Verbrennung kommt. Auch gasförmige und dampfförmige Brennstoffe können nach inniger Mischung mit der theoretischen Luftmenge vollständig verbrennen. Im allgemeinen wird jedoch bei den technischen Verbrennungsverfahren mit einem bestimmten Luftüberschuß gearbeitet, der je nach der Art des Brennstoffes und der Bauart der Feuerung verschieden ist und auf Grund der Erfahrung festgelegt wird. Bezeichnet man den theoretischen Luftbedarf mit L_0 und die „Luftüberschußzahl" mit m, so ist die wirkliche Luftmenge

$$L = m\,L_0.$$

Man wählt etwa:

für feste Brennstoffe in Rostfeuerungen	1,3—1,4 (1,8),
für Halbgasfeuerungen	1,1—1,2,
für ungeregelte Gasfeuerungen	1,2—1,3,
für geregelte Gasfeuerungen	1,0—1,2.

Muß mit erheblichen Mengen Falschluft gerechnet werden, so ist es zweckmäßig, mit entsprechendem Gasüberschuß zu arbeiten.

Beispiel 3. Wieviel Nm^3 Luft sind notwendig, um 1 kg Steinkohle folgender Zusammensetzung: $C = 80\%$, $H_2 = 4\%$, $S = 2\%$, $O_2 = 6\%$ auf einem Planrost mit Handbeschickung zu verfeuern?

Lös.: Es ist

$$L = m\,L_0 \approx 1{,}75\,L_0,$$

$$L_0 = \frac{\frac{8}{3}c + 8h - o + s}{1{,}429 \cdot 0{,}209} = \frac{\frac{8}{3} \cdot 0{,}8 + 8 \cdot 0{,}04 - 0{,}06 + 0{,}02}{1{,}429 \cdot 0{,}209} = 8{,}03\ \mathrm{Nm^3/kg},$$

$$L = 1{,}75 \cdot 8{,}03 = 14\ \mathrm{Nm^3/kg}.$$

Beispiel 4. Wieviel Nm^3 Luft sind notwendig, um 1 Nm^3 Leuchtgas folgender Zusammensetzung

$$CO = 0{,}08, \quad H_2 = 0{,}49, \quad CH_4 = 0{,}34,$$
$$C_2H_4 = 0{,}04, \quad CO_2 = 0{,}025, \quad N_2 = 0{,}03$$

mit $m = 1{,}1$ zu verbrennen?

Lös.: Es ist $L_0 = m\,L_0 = 1{,}1\,L_0$.

L_0 folgt mit Benutzung der Werte aus Tabelle 8 zu

$$L_0 = \frac{0{,}5 \cdot 0{,}08 + 0{,}5 \cdot 0{,}49 + 2 \cdot 0{,}34 + 3 \cdot 0{,}04}{0{,}209},$$

$$L_0 = 5{,}19\ \mathrm{Nm^3/Nm^3},$$

$$L = 1{,}1 \cdot 5{,}19 = 5{,}71\ \mathrm{Nm^3/Nm^3}.$$

Der Luftüberschuß beeinflußt die Höhe des CO_2-Gehaltes, also die Güte der Verbrennung. Steigender CO_2-Gehalt bedeutet Verbesserung, fallender CO_2-Gehalt Verschlechterung der Verbrennung. Es ist deshalb eine fortlaufende Untersuchung der Abgase erforderlich, um die günstigste Betriebsweise der Feuerung sicherzustellen. Bei steigendem Luftüberschuß steigt der Sauerstoffgehalt im Abgas. Tabelle 9 enthält hierüber nähere Angaben. Der CO_2-Gehalt nimmt gemäß Tabelle 10 mit steigendem Luftüberschuß ab.

Tabelle 9. Sauerstoffgehalt in Prozent der Abgase in Abhängigkeit von der Luftüberschußzahl m.

Brennstoff	Luftüberschußzahl m					
	1,0	1,1	1,2	1,3	1,4	1,5
Feste und flüssige Brennstoffe und Reichgase	0	2,1	4,2	6,3	8,4	10,5
Armgase (Generator- und Gichtgas)	0	1,3	2,9	4,5	6,1	8

Tabelle 10. Kohlensäuregehalt der Abgase in Prozent in Abhängigkeit von der Luftüberschußzahl m.

Brennstoff	Luftüberschußzahl m					
	1,0	1,1	1,2	1,3	1,4	1,5
Kohlenstoff	21	19	17	15	13	11
Koks	20	18	16	14	12	10
Braunkohle	19—20	17—18	15—16	13—14	11—12	9—10
Steinkohle	18,5	16,5	14,5	12,5	10,5	8,5
Teeröl	17,5	15,5	13,5	11,5	9,5	7,5
Leuchtgas und Koksgas	10	9	8	7	6	5
Generator- und Gichtgas	18—25	17—24	15,5—22,5	13,5—20,5	12—19	10—17

Die Luftüberschußzahl für feste und flüssige Brennstoffe (also für Brennstoffe ohne eigenen N_2-Gehalt) läßt sich im praktischen Betrieb bestimmen aus[1]

$$m = \frac{21}{21 - 79\,\frac{O}{N}}. \tag{6}$$

Hierin sind O und N die aus der Rauchgasanalyse bestimmten Sauerstoff- und Stickstoffgehalte in Vol.-% Angenähert folgt die Luftüberschußzahl für feste und flüssige Brennstoffe (also für Brennstoffe ohne eigenen CO_2-Gehalt) auch aus

$$m = \frac{CO_{2\,\mathrm{max}}}{CO_{2\,\mathrm{wirkl}}}, \tag{7}$$

wobei der maximale Kohlensäuregehalt der Tabelle 10 entnommen (für den Luftüberschuß $m = 1$) oder aus

$$CO_{2\,\mathrm{max}} = \frac{21\,c}{c + 2{,}37\left(h - \frac{o}{8}\right)} \tag{8}$$

berechnet werden kann[2].

---

[1] Die Gleichung entsteht wie folgt: Zu dem vorhandenen überschüssigen Sauerstoff O der Rauchgase gehört eine Stickstoffmenge von

$$\tfrac{79}{21}\,O,$$

weil beide Gase im Verhältnis 79:21 in der Luft gemischt sind. Ist nun der vorhandene Stickstoffgehalt = N und der nach der Luftzusammensetzung notwendige

$$N - \tfrac{79}{21}\,O,$$

so folgt daraus der Luftüberschuß zu

$$m = \frac{N}{N - \frac{79}{21}\,O} \quad \text{bzw.} \quad m = \frac{21}{21 - 79\,\frac{O}{N}}.$$

[2] *Ableitung:* Nach Gl. (18) folgt die aus 1 kg Brennstoff entwickelte Rauchgasmenge zu

$$V = 22{,}4\left[\frac{m}{0{,}21}\left(\frac{c}{12} + \frac{h'}{4} + \frac{s}{32}\right) + \frac{n}{28} - \frac{h'}{4}\right] + 22{,}4\left(\frac{h}{2} + \frac{w}{18}\right) \quad \mathrm{Nm^3/kg}.$$

Vernachlässigen kann man hier s, n und das rechte Glied (Wasserdampf) der Gleichung.

Die aus 1 kg Brennstoff entwickelte Kohlensäuremenge ist

$$CO_2 = 22{,}4\,\frac{c}{12} \quad \mathrm{Nm^3/kg}.$$

Der Luftbedarf der verschiedenen Brennstoffe läßt sich angenähert auch aus dem Heizwert berechnen (S. 51).

Merke: Bei wärmetechnischen Berechnungen, z. B. Wärmebilanzen, sind stets die aus den obigen Gleichungen folgenden reduzierten Mengen einzusetzen. Bei *Querschnittsbemessungen* dagegen ist das vom Betriebszustand abhängige Volumen maßgebend. Es berechnet sich aus

$$V = V_0 \frac{(0{,}804 + f)\,T}{0{,}29\,P} \qquad \text{m}^3 \text{ feucht.} \qquad (9)$$

Hierin ist

V_0 = Volumen in Nm^3 trocken,
f = Feuchtigkeitsgehalt im Betriebszustand kg/Nm^3 trocken,
T = absolute Temperatur im Betriebszustand °K,
P = absoluter Luftdruck im Betriebszustand mm QS,
0,804 = spezifisches Gewicht des Wasserdampfes kg/Nm^3,
$0{,}29 = \frac{1}{R}$.

Die Gleichung gilt sinngemäß auch für die Umrechnung von Rauchgasmengen. Angenähert folgt das wahre Volumen auch aus

$$V = V_r \frac{273 + t}{273 + t_r} \qquad \text{m}^3, \qquad (10)$$

wobei V_r und t_r auf einen reduzierten Zustand, V und t auf den Betriebszustand bezogen sind.

e) Die Verbrennungsgase.

Spezifisches Gewicht der Gasgemische.

Das spezifische Gewicht der trockenen Gasgemische berechnet sich aus den anteiligen spezifischen Gewichten der Gasbestandteile (Tabelle 7). Bei stark wasserdampfhaltigen Gasen ist noch das Gewicht des Wasserdampfes mitzuberücksichtigen und das gesamte spezifische Gewicht ist kleiner als das Gewicht des trockenen Gases; es folgt aus der Gleichung:

$$\gamma_f = \frac{(\gamma + f)\,0{,}804}{0{,}804 + f} \qquad \text{kg/Nm}^3 \text{ feucht.} \qquad (11)$$

Hierin ist

γ = spezifisches Gewicht kg/Nm^3 trocken,
f = Feuchtigkeitsgehalt kg/Nm^3 trocken,
p = absoluter Gasdruck mm QS,
0,804 = Gewicht von 1 m^3 Wasserdampf bei 0° 760 mm QS kg/Nm^3.

Beispiel 5. Wie groß ist das spezifische Gewicht γ eines trockenen Rauchgases mit der Zusammensetzung

$$CO_2 = 11\,\%, \quad O_2 = 8\,\%, \quad N_2 = 81\,\%\,?$$

Lös.: Es ist

$$\gamma = \frac{CO_2\,\gamma_1 + O_2\,\gamma_2 + N_2\,\gamma_3}{100} = \frac{11 \cdot 1{,}814 + 8 \cdot 1{,}312 + 81 \cdot 1{,}147}{100},$$

$$\gamma = 1{,}23 \text{ kg/m}^3 \ (15° \ 735{,}5 \text{ mm QS})$$

Es folgt also die beim Luftüberschuß $m = 1$ in 1 Nm^3 Rauchgas enthaltene höchstmögliche Kohlensäuremenge aus

$$CO_{2\,\max} = \frac{22{,}4\,\frac{c}{12}}{22{,}4\left[\frac{1}{0{,}21}\left(\frac{c}{12} + \frac{h'}{4}\right) - \frac{h'}{4}\right]} \quad \text{Nm}^3/\text{Nm}^3 \qquad \text{oder, da } h' = h - \frac{o}{8},$$

$$CO_{2\,\max} = \frac{\frac{c}{12}}{\frac{1}{0{,}21}\left(\frac{c}{12} + \frac{h - \frac{o}{8}}{4}\right) - \frac{h - \frac{o}{8}}{4}}, \quad \text{bzw. in \%} \quad CO_{2\,\max} = \frac{100\,\frac{c}{12}}{\frac{1}{0{,}21}\left(\frac{c}{12} + \frac{h - \frac{o}{8}}{4}\right) - \frac{h - \frac{o}{8}}{4}} \ \%$$

und daraus die obige Gleichung.

und bezogen auf Nm^3 ist

$$\gamma = \frac{11 \cdot 1{,}977 + 8 \cdot 1{,}429 + 81 \cdot 1{,}251}{100}$$

$$\gamma = 1{,}345 \text{ kg/Nm}^3.$$

Beispiel 6. Wie groß ist das spezifische Gewicht eines Gases folgender Zusammensetzung:

$CO_2 = 3{,}2\%$, $C_2H_4 = 2{,}8\%$, $C_6H_6 = 0{,}7\%$,
$O_2 = 0{,}5\%$, $CO = 9{,}3\%$, $H_2 = 48{,}8\%$,
$CH_4 = 27{,}3\%$, $N_2 = 7{,}4\%$

Lös.: Es ist

$$\gamma = \frac{3{,}2 \cdot 1{,}977 + 2{,}8 \cdot 1{,}261 + 0{,}7 \cdot 3{,}4824 + 0{,}5 \cdot 1{,}429 + 9{,}3 \cdot 1{,}25 + 48{,}8 \cdot 0{,}0898 \div}{}$$

$$\frac{+ 27{,}3 \cdot 0{,}717 + 7{,}4 \cdot 1{,}251}{100} = 0{,}5785 \quad \text{kg/Nm}^3.$$

Spezifische Wärme des Rauchgasgemisches.

Die *mittlere spezifische Wärme* eines Gasgemisches ist abhängig von der Zusammensetzung und der Gastemperatur. Sie wird aus der spezifischen Wärme der einzelnen Gasbestandteile berechnet, wobei zu beachten ist, ob die Tabellenwerte auf kg oder Nm^3 bezogen sind. Es ist mit ausreichender Genauigkeit

$$c_{p_m} = \frac{c_{p\,(CO_2)}\, CO_2 + c_{p\,(O_2)}\, O_2 + c_{p\,(\text{Rest})}\, \text{Rest}}{100} \quad \text{kcal/kg °C} \qquad (12)$$

bzw.

$$C_{p_m} = \frac{C_{p\,(CO_2)}\, CO_2 + C_{p\,(\text{Rest})}\, \text{Rest}}{100} \quad \text{kcal/Nm}^3 \text{ °C}. \qquad (13)$$

Hierin ist

$c_p\,(CO_2)$; $C_p\,(CO_2)$ = spezifische Wärme der Kohlensäure kcal/kg °C bzw. kcal/Nm^3 °C,
$c_p(O_2)$ = spezifische Wärme des Sauerstoffs kcal/kg °C,
c_p (Rest); C_p (Rest) = spezifische Wärme des Restes kcal/kg °C bzw. kcal/Nm^3 °C,
O_2 = Sauerstoffgehalt des Verbrennungsgases %,
CO_2 = Kohlensäuregehalt des Verbrennungsgases %,
Rest = $CO + N_2$ bzw. $CO + O_2 + N_2$ = Restbestandteile der Verbrennungsgase %.

Zahlenwerte der spezifischen Wärme finden sich in Tabelle 11. Als Mittelwert kann man etwa setzen bei

	Abgas (200—300°)	Verbrennungsgas (hohe Temperatur)
Steinkohle (fast wasserfrei)	$c_p = 0{,}248$ kcal/kg °C $C_p = 0{,}33$ kcal/Nm^3 °C	$c_p = 0{,}27$ kcal/kg °C $C_p = 0{,}36$ kcal/Nm^3 °C
Braunkohle (stark wasserhaltig) . .	$c_p = 0{,}275$ kcal/kg °C $C_p = 0{,}345$ kcal/Nm^3 °C	$c_p = 0{,}3$ kcal/kg °C $C_p = 0{,}38$ kcal/Nm^3 °C

Wasserdampfhaltige Gase haben eine höhere spezifische Wärme (1 bis 2%) als trockene Gase.

Beispiel 7. Wie groß ist die mittlere spezifische Wärme von Rauchgas bei 1000° C und der Zusammensetzung

$CO_2 = 10\%$, $CO = 1\%$, $O_2 = 8\%$, $N_2 = 81\%$?

Lös.: Aus Tabelle 11 folgt bei 1000 °C

	c_p	C_p
CO_2	0,26	0,511
O_2	0,232	0,332
$N_2 + CO$	0,265	0,332

damit wird

$$c_p = \frac{0{,}26 \cdot 10 + 0{,}232 \cdot 8 + 0{,}265 \cdot 82}{100} = 0{,}262 \quad \text{kcal/kg °C}$$

und

$$C_p = \frac{0{,}511 \cdot 10 + 0{,}332 \cdot 90}{100} = 0{,}349 \quad \text{kcal/Nm}^3 \text{ °C}.$$

Tabelle 11. Mittlere spezifische Wärme für Gase[1].

Temperatur °C	C_p kcal/Nm³ °C: 2atomige Gase: Luft, H_2, O_2, CO, N_2	Methan CH_4	Äthylen C_2H_4	Wasserdampf H_2O	Kohlensäure, Schwefelsäure CO_2, SO_2	c_p kcal/kg °C: Sauerstoff O_2	trockene Luft	Stickstoff, Kohlenoxyd N_2, CO	Schwefelsäure SO_2	Kohlensäure CO_2	Wasserstoff H_2	Wasserdampf	Rauchgas mit der Zusammensetzung 12% CO_2, 8% O_2: C_p kcal/Nm³ °C	c_p kcal/kg °C
0	0,312	0,343	0,420	0,372	0,397	0,218	0,241	0,249	0,139	0,202	3,445	0,462	0,3216	0,2408
100	0,314	0,379	0,469	0,373	0,410	0,219	0,242	0,251	0,144	0,209	3,467	0,464	0,3244	0,2434
200	0,316	0,414	0,518	0,375	0,426	0,221	0,244	0,252	0,149	0,217	3,490	0,466	0,3292	0,2453
300	0,318	0,450	0,567	0,376	0,442	0,222	0,246	0,254	0,155	0,225	3,512	0,468	0,3334	0,2479
400	0,320	0,486	0,616	0,378	0,456	0,224	0,247	0,255	0,159	0,232	3,534	0,470	0,3353	0,2498
500	0,322	0,522	0,666	0,380	0,467	0,225	0,249	0,257	0,164	0,238	3,556	0,473	0,3386	0,2522
600	0,324	0,557	0,715	0,383	0,477	0,226	0,250	0,259	0,167	0,243	3,579	0,476	0,3424	0,2544
700	0,326	0,593	0,764	0,385	0,487	0,228	0,252	0,260	0,170	0,248	3,601	0,479	0,3453	0,2560
800	0,328	0,629	0,813	0,389	0,497	0,229	0,253	0,262	0,174	0,253	3,624	0,484	0,3476	0,2583
900	0,330	0,664	0,862	0,394	0,505	0,230	0,255	0,264	0,177	0,257	3,646	0,490	0,3510	0,2604
1000	0,332	0,700	0,911	0,398	0,511	0,232	0,256	0,265	0,179	0,260	3,668	0,495	0,3537	0,2618
1100	0,334	0,736	0,960	0,402	0,517	0,233	0,258	0,267	0,181	0,263	3,690	0,500	0,3542	0,2638
1200	0,336	0,771	1,009	0,407	0,521	0,235	0,260	0,269	0,182	0,265	3,713	0,506	0,3582	0,2658
1300	0,338	0,807	1,058	0,413	0,526	0,236	0,261	0,270	0,184	0,268	3,735	0,513	0,3596	0,2670
1400	0,340	0,843	1,107	0,418	0,530	0,238	0,263	0,272	0,186	0,270	3,758	0,520	0,3628	0,2690
1500	0,342	0,879	1,157	0,424	0,536	0,239	0,264	0,274	0,188	0,273	3,780	0,527	0,3653	0,2711
1600	0,344			0,430	0,541	0,240	0,266	0,275	0,189	0,275	3,802	0,535		
1700	0,346			0,438	0,546	0,242	0,267	0,277	0,191	0,278	3,824	0,544		
1800	0,348			0,445	0,550	0,243	0,269	0,279	0,192	0,280	3,841	0,554	0,3724	0,2762
1900	0,350			0,455	0,554	0,245	0,270	0,280	0,193	0,282	3,869	0,566		
2000	0,352			0,465	0,556	0,246	0,272	0,282	0,194	0,283	3,891	0,578		
2500	0,362			0,516	0,570	0,253	0,280	0,290	0,200	0,290	4,003	0,642	0,3850	0,2870
3000	0,372			0,573	0,581	0,260	0,288	0,299	0,204	0,296	4,115	0,713		

Die Rauchgasmenge.

Das *Rauchgasgewicht* in kg/kg Brennstoff folgt aus

$$G = 1 + m\, L_0 - a \quad \text{kg/kg},$$

hierin ist a der Aschegehalt des Brennstoffes in kg/kg Brennstoff. Aus dem Rauchgasgewicht folgt die *Rauchgasmenge*

$$V = \frac{G}{\gamma_R}. \tag{14}$$

γ_R = spezifisches Gewicht des Rauchgasgemisches.

Man kann das Rauchgasgewicht auch wie folgt berechnen:

α) *Berechnung aus der Brennstoff- und Abgaszusammensetzung.* Es entwickelt 1 kg C bei der vollständigen Verbrennung 3,67 kg CO_2 und bei der unvollständigen Verbrennung 2,33 kg CO. Durch Einsetzen der spezifischen Gewichte von Kohlensäure und Kohlenoxyd erhält man die aus 1 kg C entwickelte Rauchgasmenge zu

$$\frac{3{,}67}{1{,}977} = \frac{2{,}33}{1{,}25} = 1{,}86 \quad \text{Nm}^3/\text{kg}$$

bzw.

$$\frac{3{,}67}{1{,}804} = \frac{2{,}33}{1{,}148} = 2{,}03 \quad \text{m}^3/\text{kg} \quad (15° \; 735{,}5 \text{ mm QS}).$$

Für *feste* und *flüssige* Brennstoffe mit bekanntem Kohlenstoffgehalt ist dann die entwickelte Rauchgasmenge

$$V = \underbrace{1{,}86 \frac{100 \cdot c}{CO_2 + CO + CH_4 + 2\,C_n H_m}}_{\text{trockene Gase}} + \underbrace{22{,}4\left(\frac{h}{2} + \frac{w}{18}\right)}_{\text{Wasserdampf}} \quad \text{Nm}^3/\text{kg}. \tag{15}$$

[1] Tabelle nach Mitteilung 60 der Wärmestelle Düsseldorf. Zur Umrechnung der C_p-Werte auf 15° 735,5 mm QS sind die Tafelwerte mit $\frac{273}{273+15} \cdot \frac{735{,}5}{760} = 0{,}916$ zu multiplizieren. Die Angaben der C_p und c_p-Werte sind nicht immer einheitlich. (Vgl. auch die Zusammenstellung im Ruhrkohlen-Handbuch, 3. Aufl. 1937 S. 52 und 53, ferner HENNING: zit. S. 40.)

Hierin bedeuten

c, h, w in das Rauchgas übergegangener Kohlenstoff-, Wasserstoff-, Wassergehalt des Brennstoffes in Gewichts-Hundertteilen,

CO_2, CO, CH_4, $2\,C_n H_m$ Rauchgaszusammensetzung in Raumteilen.

Für praktische Zwecke genügt meist die einfachere Gleichung der „trockenen" Rauchgasmenge:

$$V = 1{,}86 \frac{100\,c}{CO_2 + CO} \qquad \text{Nm}^3/\text{kg}. \qquad (16)$$

Soll die Rauchgasmenge in m³, bezogen auf 15°, 735,5 mm QS, berechnet werden, so ist statt 1,86 der Wert 2,03 einzusetzen.

Für *gasförmige Brennstoffe* gilt

$$V = \underbrace{100 \frac{co + co_2 + ch_4 + 2\,c_n h_m}{CO_2 + CO}}_{\text{trockene Gase}} + \underbrace{h + 2\,ch_4 + 2\,c_n h_m}_{\text{Wasserdampf}} \qquad (17)$$

m³/m³ bezogen auf Betriebszustand.

Hierbei sind zu entnehmen CO_2 und CO im Nenner der Rauchgasanalyse, die übrigen Bestandteile der Frischgasanalyse. Sämtliche Bestandteile in Raumteilen.

β) Berechnung aus der Brennstoffzusammensetzung und der Luftüberschußzahl. Es ist für *feste* und *flüssige* Brennstoffe die aus 1 kg Brennstoff entwickelte Rauchgasmenge

$$V = 22{,}4 \left[\frac{m}{0{,}21}\left(\frac{c}{12} + \frac{h'}{4} + \frac{s}{32}\right) + \frac{n}{28} - \frac{h'}{4}\right] + 22{,}4\left(\frac{h}{2} + \frac{w}{18}\right) \quad \text{Nm}^3/\text{kg}. \qquad (18)$$

Hierin ist

$h' = h - \frac{o}{8}$ disponibler Wasserstoff,

c, s, n, h, w Bestandteile des Brennstoffes in Gewichtsteilen.

Für *gasförmige Brennstoffe* ist

$$\left.\begin{aligned} V = 1 + \frac{m}{0{,}21}\left[\frac{co + h}{8} + 2\,c\,h_4 + 3\,c_2 h_4 + 2{,}5\,c_2 h_2 + 7{,}5\,c_6 h_6 - o\right] \\ - \frac{1}{2}\left[h + c\,o + c_2 h_2 - c_6 h_6\right] \text{ m}^3/\text{m}^3 \text{ bezogen auf Betriebszustand.} \end{aligned}\right\} \qquad (19)$$

Der Wärmeinhalt der Verbrennungsgase.

Der Wärmeinhalt eines Verbrennungsgases mit der Temperatur t ist gegeben durch:

$$Q = G\,c_{pm}\,t \quad \text{bzw.} \quad Q = V\,C_{pm}\,t \qquad \text{kcal.} \qquad (20)$$

Hierin ist

G	= Rauchgasgewicht	kg,
V	= Rauchgasmenge	Nm³,
c_{pm}	= mittlere spezifische Wärme des Rauchgases	kcal/kg °C,
C_{pm}	= mittlere spezifische Wärme des Rauchgases	kcal/Nm³ °C.

Eine von den Verbrennungsgasen abgegebene Wärmemenge folgt also aus:

$$Q = G\,(c_{pm1}\,t_1 - c_{pm2}\,t_2)$$
$$Q = V\,(C_{pm1}\,t_1 - C_{pm2}\,t_2) \qquad \text{kcal.}$$

Hierbei sind mit 1 und 2 die beiden Grenzzustände bezeichnet.

Beispiel 8. Steinkohle mit 75% C, 6% H_2, 8% O_2, 4% Feuchtigkeit und 7% Asche wird verbrannt. Wie groß ist der Wärmeinhalt des aus 1 kg dieser Kohle entstandenen Verbrennungsgases bei $t = 350°$, wenn hier der Gehalt der trockenen Abgase gemessen wurde zu

$$CO_2 = 12\,\%, \qquad CO = 1\,\%, \qquad O_2 = 6{,}5\,\%\,?$$

Der Wasserdampfgehalt bezogen auf 1 Nm³ trockenes Gas ist $w = 7\,\%$.

Lös.: Es ist nach Gl. (15) die Abgasmenge

$$V = 1{,}86 \frac{100 \cdot 0{,}75}{12 + 1} + 22{,}4\left(\frac{0{,}06}{2} + \frac{0{,}04}{18}\right) = 11{,}42 \qquad \text{Nm}^3/\text{kg}.$$

Nach Tabelle 11 sind bei 350° C die spezifischen Wärmen

$$C_p \text{ für } CO_2 = 0{,}449,$$
$$\text{für } H_2O = 0{,}377,$$
$$\text{für Rest} = 0{,}319.$$

Damit wird $$C_{pm} = \frac{12 \cdot 0{,}449 + 7 \cdot 0{,}377 + 81 \cdot 0{,}319}{100} = 0{,}339 \quad \text{kcal/Nm}^3\,{}^\circ\text{C}$$

und $$Q = V\, C_{pm}\, t = 11{,}42 \cdot 0{,}339 \cdot 350 = 1350 \quad \text{kcal/kg}.$$

Der Wärmeinhalt der Verbrennungsgase läßt sich nach ROSIN als Funktion des Heizwertes und der Luftüberschußzahl darstellen[1]. Schließlich kann man noch den

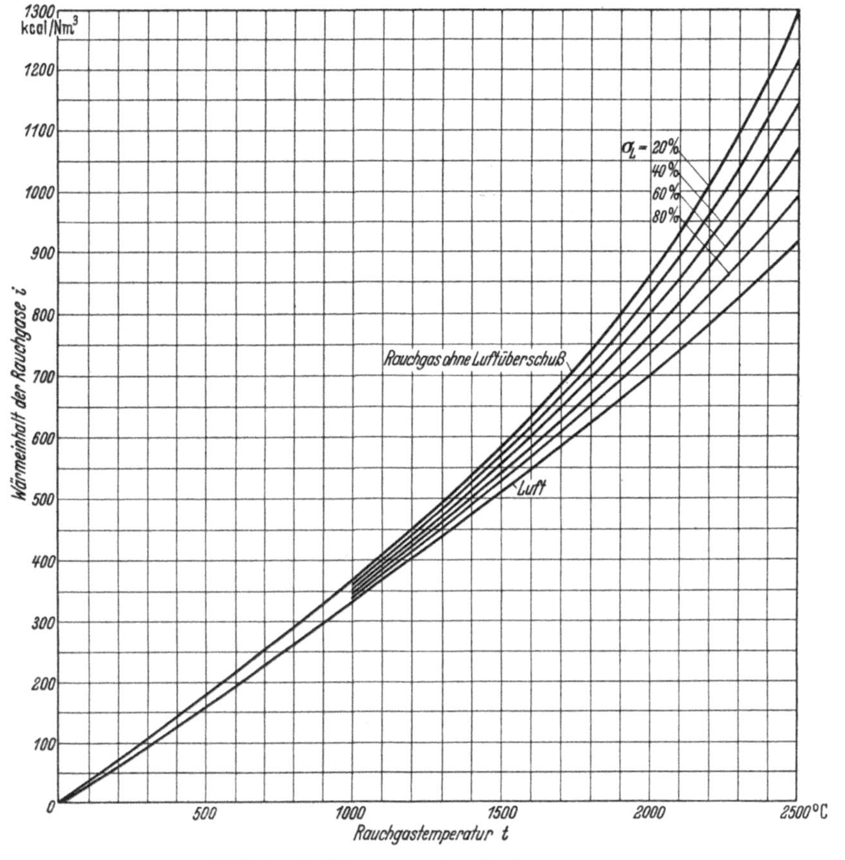

Bild 49. *It*-Diagramm der Verbrennungsgase.

Wärmeinhalt abhängig von der Temperatur darstellen, wie es im Bilde 49 gezeigt ist und erhält so ein außerordentlich praktisches Diagramm zur Berechnung von Feuerungsanlagen[1].

f) Die Beziehungen zwischen Heizwert, Luftbedarf und Abgasmenge.

Schon vor 100 Jahren sind die ersten Versuche gemacht worden, feuerungstechnische Rechnungen durch Aufstellung formelmäßiger Zusammenhänge zwischen Heizwert und Luftbedarf sowie zwischen Heizwert und Abgasmenge zu erleichtern. KARL D'HUART[2] hat hierüber eine Übersicht gegeben und unter anderem auf die Arbeiten von WELTER[3], die Stellungnahme von BERZELIUS[4], die Veröffentlichungen von DESPRETZ[5] und BERTHIER[6] hingewiesen. Die Versuche wurden in den beiden letzten Jahrzehnten wieder

[1] ROSIN: a. a. O. [2] D'HUART, K.: Zbl. Hütten- u. Walzwerke 1928 S. 177.
[3] WELTER: Ann. Chim. Phys. 1821 S. 425. [4] BERZELIUS: Jahresbericht, S. 45. Tübingen: Laupp 1826. [5] DESPRETZ: Ann. Chim. Phys. 1824 S. 337.
[6] BERTHIER, P.: S. 207. Hamburg u. Leipzig: Voß 1835.

aufgenommen. LANYI[1] gibt eine Formel zur angenäherten Bestimmung der zur Verbrennung von Kohle erforderlichen Luft aus dem Heizwert an. HERBERG[2] verwendet eine Formel zur Errechnung der Abgasmenge aus dem Heizwert. SCHULTE[3] hat Schaubilder veröffentlicht, die gestatten, Luftbedarf und Abgasmenge in Abhängigkeit vom Heizwert abzulesen. Eingehende Untersuchungen hat ROSIN[4] über die Beziehungen zwischen Brennstoff und Heizwert, Luftbedarf und Abgasmenge angestellt. Er fand für diese Größen bei allen Brennstoffarten lineare Gesetzmäßigkeiten. Für Gase zeigt der ebenfalls lineare Funktionsverlauf einen deutlichen Unterschied der Steigung zwischen Armgasen und Reichgasen. Die auf Grund dieser Untersuchungen aufgestellten Formeln wurden von anderen Forschern überprüft. D'HUART kommt zu einer guten Übereinstimmung mit den ROSINschen Formeln, die auch für Kohlenstaubfeuerungen mit Vorteil Anwendung finden können, ermittelt aber für feste Brennstoffe mit Heizwerten unter 5000 kcal/kg etwas geänderte Formeln[5]. Tabelle 12 enthält die Formeln zur Errechnung des theoretischen Luftbedarfs und der Abgasmengen nach ROSIN[6].

Tabelle 12. Beziehungen zwischen Heizwert, Luftbedarf und Abgasmenge.

Brennstoff	Rauchgasmenge bei theoretischem Luftbedarf Nm³/kg bzw. Nm³/Nm³	Theoretischer Luftbedarf L_0 Nm³/kg bzw. Nm³/Nm³	Rauchgasmenge bei dem Luftüberschuß m Nm³/kg bzw. Nm³/Nm³
Feste Brennstoffe über $H_u = 5000$ kcal/kg	$\frac{0,915}{1000} H_u + 1,5$	$\frac{1,01}{1000} H_u + 0,5$	$\frac{H_u}{1000} (1,01\,m - 0,095) + 0,5\,(m + 2)$
Feste Brennstoffe unter $H_u = 5000$ kcal/kg	$\frac{1,1}{1000} H_u + 0,4$	$\frac{1,1}{1000} H_u$	$\frac{H_u}{1000}\, 1,1\,(m + 0,4)$
Öl	$\frac{1,11}{1000} H_u$	$\frac{0,85}{1000} H_u + 2$	$\frac{H_u}{1000} (0,85\,m + 0,23) + 2\,(m - 1)$
Armgase	$\frac{0,725}{1000} H_u + 1$	$\frac{0,875}{1000} H_u$	$\frac{H_u}{1000} (0,875\,m - 0,15) + 1$
Reichgase	$\frac{1,14}{1000} H_u + 0,25$	$\frac{1,09}{1000} H_u - 0,25$	$\frac{H_u}{1000} (1,09\,m + 0,05) + 0,25\,m$

g) Die Temperatur im Feuerraum.

Die *Feuerraumtemperatur* ist abhängig vom Heizwert des Brennstoffes, vom Luftüberschuß, von der Vorwärmung des Brennstoffes und der Verbrennungsluft, sowie von der Abstrahlung der bei der Verbrennung entwickelten Wärme. Diese Feuerraumtemperatur ist stets geringer als die eigentliche *Verbrennungstemperatur*, die nur bei Verbrennung mit theoretischer Luftmenge und bei vollständiger und vollkommener Wärmeisolierung des Verbrennungsraumes zu erzielen ist. Je kleiner der Verbrennungsraum und je geringer Verbrennungszeit, Wärmeabstrahlung und Luftüberschuß sind, desto höher wird die Feuerraumtemperatur. Eine Herabsetzung der Feuerraumtemperatur darf nie durch vergrößerten Luftüberschuß, sondern nur durch Auskleidung des Feuerraumes mit „Heizfläche" vorgenommen werden.

Aus der Beziehung, daß die vorher im Brennstoff vorhandene Wärmemenge sich in den Verbrennungsgasen wieder finden muß, erhält man nach Abzug der Wärmeverluste und unter Berücksichtigung der durch Strahlung übergehenden Wärme folgende Gleichung der *Feuerraumtemperatur:*

$$t_f = \frac{\eta_1 B H_u - F_s Q_{Str}}{B V C_p} + t_a \quad {}^\circ\text{C}. \tag{21}$$

[1] LANYI, C.: Berechnung der Dampfkessel, 5. Aufl. Leipzig: J. A. Barth 1928.
[2] HERBERG, G.: Handbuch der Feuerungstechnik. Berlin: Julius Springer 1922.
[3] SCHULTE: Z. VDI 1925 S. 942. [4] ROSIN: Metall u. Erz 1927 S. 73.
[5] D'HUART, K.: Zbl. Hütten- u. Walzwerke 1928 S. 177, 242. — KÖNIG, O.: Wärme 1928 H. 19/21. [6] ROSIN u. FEHLING: Das I—t-Diagramm der Verbrennung. Berlin: VDI-Verlag 1929.

Hierin ist

η_1 = Wirkungsgrad der Feuerung, das ist der Bruchteil der von dem brennbaren Gehalt in der Feuerung umgesetzten Wärme (bei festen Brennstoffen 0,85 bis 0,98; bei Gasen = 1).
B = Brennstoffmenge kg/h bzw. Nm³/h.
H_u = Brennstoffheizwert kcal/kg bzw. kcal/Nm³.
F_s = bestrahlte Heizfläche m².
Q_{str} = durch Strahlung abgegebene Wärmemenge kcal/m² h.
V = Verbrennungsgasmenge Nm³/kg bzw. Nm³/Nm³.
C_p = spezifische Wärme des Verbrennungsgases kcal/Nm³ °C.
t_a = Temperatur der Außenluft °C.

Die praktisch nicht erreichbare *Verbrennungstemperatur* folgt entsprechend aus

$$t_v = \frac{H_u}{V C_p} + t_a \quad {}^\circ\mathrm{C}. \qquad (22)$$

und bei Vorwärmung der Verbrennungsluft lauten die Gleichungen

$$t_f = \frac{\eta_1 B H_u + B L C_{pl} (t_l - t_a) - F_s Q_{str}}{B V C_p} \quad {}^\circ\mathrm{C}, \qquad (23)$$

$$t_v = \frac{H_u + L C_{pl} t_l}{V C_p} + t_a \quad {}^\circ\mathrm{C}. \qquad (24)$$

Hierin ist

L = Luftmenge Nm³/kg bzw. Nm³/Nm³.
C_{pl} = spezifische Wärme der Luft kcal/Nm³ °C.
t_l = Temperatur der vorgewärmten Luft °C.

Ist außer der Verbrennungsluft auch der Brennstoff vorgewärmt, so kommt diese Erhöhung dem Brennstoffheizwerte zugute.

Zur Erzielung hoher Temperaturen kommen in erster Linie Wassergas, kohlenwasserstoffreiche Gase, Heizöle und hochwertige Kohle sowie Koks in Betracht. Besonders hohe Temperaturen sind durch Verbrennung in reinem Sauerstoff möglich. Luftüberschuß wirkt, wie der Stickstoff der Luft als Ballast. Dieser muß miterwärmt werden und vermindert daher die erreichbare Temperatur. Wegen der Möglichkeit weitgehender Durchmischung von Brennstoff und Luft bei geringem Luftüberschuß erzielen Gasfeuerungen, Kohlenstaubfeuerungen und Oberflächenfeuerungen einen günstigen pyrometrischen Effekt. Trotz hoher Vorwärmung von Brennstoff und Verbrennungsluft ist jedoch eine Steigerung über eine bestimmte Verbrennungstemperatur nicht möglich, da Dissoziationsvorgänge die Höhe der Temperatur begrenzen.

Tabelle 13. Dissoziation von CO_2 und H_2O in % nach W. NERNST.

Temperatur °C		1000°	1500°	2000°	2500°	3000°
CO_2	0,1 ata	0,1	4,35	33,5	77,1	93,7
	1,0 ,,	0,05	2,05	17,6	54,8	82,2
H_2O	0,1 ,,	0,04	1,25	8,84	28,4	53,1
	1,0 ,,	0,02	0,58	4,21	14,4	30,9

Die Einflußfaktoren der Dissoziation sind sehr zahlreich, sie wirken aber teilweise gegeneinander und heben sich dadurch auf. Dissoziationsvorgänge erhalten erst über 1500° C merkbaren Einfluß auf die Temperatur der Verbrennungsvorgänge. Auch dann wird die Erniedrigung der Verbrennungstemperatur nicht unbedingt zu einer Verminderung der nutzbaren Wärme führen, denn nach Abkühlung der Gase unter 1500° wird die Reaktion wieder rückläufig. Durch Verwandlung latenter Wärme in fühlbare wird die thermische Wirkung der Dissoziation wieder aufgehoben, so daß sie sich nur als eine Verschleppung des Verbrennungsvorganges auswirkt.

CO_2 und H_2O dissoziieren mit zunehmender Temperatur in steigendem Maße. Einen Anhalt von dem Umfang der Dissoziation gibt Tabelle 13.

Das Verhältnis

$$\eta_{t1} = \frac{\text{Feuerraumtemperatur}}{\text{Verbrennungstemperatur}}$$

bezeichnet man auch als Temperaturfaktor der Flamme, während man das Verhältnis

$$\eta_{t2} = \frac{\text{Wandungstemperatur}}{\text{Feuerraumtemperatur}}$$

als Temperaturfaktor des Feuerraumes oder Ofenraumes bezeichnet. Der sog. *pyrometrische Wirkungsgrad* folgt aus dem Verhältnis

$$\eta_t = \eta_{t1}\,\eta_{t2} = \frac{\text{Wandungstemperatur}}{\text{Verbrennungstemperatur}}.$$

Bansen gibt folgende Werte für $\eta_{t\,1,2}$ und η_t an[1]:

$\eta_{t_1} = \eta_{t_2} =$ 0,95—0,97 bei guter Zündfähigkeit, guter Durchmischung und hoher Vorwärmung und geringer Abstrahlung an Ofenwand und Heizfläche.
$\eta_{t_1} = \eta_{t_2} =$ 0,80—0,85 bei träger Verbrennung und starker Abstrahlung.
$\eta_t =$ 0,9—0,94 bei Wirbelbrennern mit Zündflächen und an Winderhitzern in der Kuppel.
$\eta_t =$ 0,7—0,8 bei Stoßöfen.
$\eta_t =$ 0,64—0,7 bei Wärmöfen mit satzweiser Beschickung.

Durch zweckmäßige Gestaltung von Feuerungen, Brennern und Öfen kann man den pyrometrischen Wirkungsgrad weitgehend beeinflussen. Bei Gasfeuerungen ist die Flammentemperatur auch abhängig von der Flammenlänge und diese wird bestimmt von der Durchmischung von Gas und Luft, vom Verhältnis von Gas und Luft, von der Ausströmungsgeschwindigkeit der Mittel, von der Zusammensetzung des Heizgases, von der Zündgeschwindigkeit und dem Zündpunkt der einzelnen Bestandteile, von der Diffusionsgeschwindigkeit und der Belastung der Feuerung. Je inniger die Mischung, desto kürzer die Flamme. Bis zu normalen Grenzen wirkt Luftüberschuß im gleichen Sinne. Die Ofenwandtemperatur ist an sich ohne Einfluß auf die Flammenlänge[2].

Zur Vorausberechnung der Verbrennungstemperatur t_v hat Schack Gleichungen entwickelt, die ohne Versuchsrechnungen ein hinreichend genaues Ergebnis liefern[3]. Es ist hierfür nur die Kenntnis des Heizwertes und der Abgasanalyse notwendig. Diese Gleichungen lauten für drei verschiedene Temperaturbereiche

$$\text{für 800 bis 1800°}\quad t_a = \frac{H_u + Q + 32\,A + 80\,B + 75\,C}{0{,}364\,A + 0{,}591\,B + 0{,}477\,C}\ {}^\circ\text{C},$$

$$\text{für 1100 bis 2400°}\quad t_a = \frac{H_u + Q + 50{,}4\,A + 103\,B + 190\,C}{0{,}378\,A + 0{,}607\,B + 0{,}565\,C}\ {}^\circ\text{C},$$

$$\text{für 1700 bis 2800°}\quad t_a = \frac{H_u + Q + 93{,}5\,A + 128\,B + 448\,C}{0{,}4\,A + 0{,}621\,B + 0{,}695\,C}\ {}^\circ\text{C}.$$

Hierin bedeuten

H_u = unterer Heizwert des Brennstoffes kcal/kg bzw. kcal/Nm^3.
$Q = G\,c_g\,t_g + L\,c_l\,t_l$ kcal/kg bzw. kcal/Nm^3 die durch Vorwärmung von Brennstoff und Luft zugeführte Wärme.
A = aus 1 Nm^3 bzw. 1 kg Brennstoff entstehende Stickstoff- und Sauerstoffmenge Nm^3.
B = aus 1 Nm^3 bzw. 1 kg Brennstoff entstehende Kohlensäuremenge Nm^3.
C = aus 1 Nm^3 bzw. 1 kg Brennstoff entstehende Wasserdampfmenge Nm^3.

Für überschlägliche Berechnungen hat Bansen noch ein Verfahren zur Ermittlung der Verbrennungstemperatur t_v' bei *Gas-* und *Luftvorwärmung* angegeben[4].

Bezeichnet t_m die Temperatur von Brennstoff und Verbrennungsluft, so müßte die Verbrennungstemperatur bei gleichbleibender spezifischer Wärme um t_m steigen. Da aber c_p mit der Temperatur steigt, steigt die Verbrennungstemperatur nur um $m\,t_m$ ($m < 1$). Bezeichnet man die infolge Vorwärmung erhöhte Verbrennungstemperatur mit t_v', so ergibt sich

$t_v' = t_v + 0{,}8\,t_m$ für gleiche Brennstoff- und Lufttemperatur t_m,
$t_v' = t_v + 0{,}6\,t_m$ für festen Brennstoff und Lufttemperatur t_m,
$t_v' = t_v + 0{,}4\,t_m$ für kaltes Gas und Lufttemperatur t_m,
$t_v' = t_v + 0{,}4\,t_m$ für kalte Luft und Gastemperatur t_m,
$t_v' = t_v + 0{,}4\,t_g + 0{,}4\,t_l$, wenn Gas auf t_g^0 und Luft auf t_l^0 vorgewärmt wird.

---

[1] Hütte: Taschenbuch für Eisenhüttenleute 1930 S. 326.
[2] Dissertation Pistor T. H. Aachen 1931. [3] Mitt. d. Wärmestelle d. V. d. Eisenhüttenl. Nr. 87.
[4] Hütte: Taschenbuch für Eisenhüttenleute 1930 S. 323.

III. Brennstoffe.

a) Feste Brennstoffe.

Holz, gewonnen von den Stämmen, Ästen und Wurzeln von Bäumen und Sträuchern, besteht vorwiegend aus Zellstoff (Zellulose), einem Kohlehydrat der Formel $(C_6H_{10}O_5)_n$ und dem in den Zellwänden abgelagerten Lignin. Wassergehalt im lufttrockenen Zustand 10 bis 20%, Asche 1 bis 3%, Raumgewicht trocken 0,4 bis 0,9 kg/dm³; mittlere Zusammensetzung 49% C, 6% H_2, 43% O_2, 1% N_2, 1% Asche. H_u = 3350 bis 3550 kcal/kg.

Holzkohle, das Verkohlungserzeugnis des Holzes durch trockene Destillation in Meilern und Retorten. Bei Erhitzung über 350° entsteht Schwarzkohle, die von blauschwarzer Farbe und muscheligem Bruch ist; brennt ohne Flamme, Raumgewicht ~1,5 kg/dm³, Asche 2 bis 4%, H_u = 6500 bis 7500 kcal/kg.

Torf, das Zersetzungserzeugnis abgestorbener Land- und Sumpfpflanzen unter stehendem Wasser, findet sich vorwiegend in den Landstrichen nahe den Ufern der Nord- und Ostsee. Er wird von Hand oder mit Maschinen ausgehoben (gestochen). Maschinentorf durch Baggermaschinen gehoben, in Mischmaschinen zu einem Brei verarbeitet, durch eine Strangpresse gedrückt, aus dem Strange die „Soden" geschnitten und dann getrocknet. Torfsoden enthalten noch bis 25% Wasser, Heizwert je nach Wasser- und Aschegehalt sehr verschieden. H_u von Torf mit 30% Wasser und 15% Asche = 2800 kcal/kg; mittlere Zusammensetzung 49% C, 5% H_2, 1% S, 28% O_2, 2% N_2, 15% Asche.

Kohlen, die mineralischen Brennstoffe, entstanden aus Pflanzen älterer Erdperioden durch einen Vorgang, dessen Anfangsstadium sich heute noch in der Torfbildung vollzieht. Sie finden sich in Anhäufungen in geringerer oder größerer Tiefe unter der Erdoberfläche. Sie stellen ein Gemenge von Verbindungen des C mit H, O, N und S dar, mechanisch beigemengt mineralische Bestandteile (die Asche) und Wasser. Elementarer C ist in ihnen nicht enthalten. Die chemischen und physikalischen Verschiedenheiten von Braun- und Steinkohlen sind vorwiegend auf die Verschiedenheit ihres Alters zurückzuführen.

Braunkohlen finden sich in der Tertiärformation. Man unterscheidet die jüngere am meisten verbreitete lignitische und die ältere dichte Braunkohle. Erstere ist in Deutschland in großen Vorkommen vorhanden im sächsisch-thüringischen und im niederrheinischen Becken, letztere in der Tschechoslowakei. *Die jüngere Braunkohle* zeigt meistens erkennbare faserige, seltener mulmige oder erdige Struktur, enthält 40 bis 55% Wasser, 3 bis 8% Asche, die brennbare Substanz 60 bis 65% C, 5,5 bis 6,5% H_2, 25 bis 35% O_2, 0,5 bis 3,0% S, H_u = 1700 bis 4200 kcal/kg. Die Verwendung der Rohkohle beschränkt sich auf die Gruben und deren nähere Umgebung, hat aber dort für Überlandzentralen große Bedeutung. *Die ältere Braunkohle* läßt eine pflanzliche Struktur nicht mehr erkennen, sie ist dicht und fest, von muscheligem Bruch, nähert sich in ihren Eigenschaften der jüngeren Steinkohle, enthält 20 bis 30% Wasser, 65 bis 75% C, H_u = 4200 bis 6000 kcal/kg.

Braunkohlenbriketts (Preßkohle, Preßlinge) werden aus lignitischer Rohbraunkohle hergestellt. Diese wird nach geeigneter Zerkleinerung bis auf einen bestimmten Wassergehalt vorgetrocknet und ohne Bindemittel zu erfordern auf Strangpressen verdichtet und geformt. Kann auf dem Rost wie Steinkohle verbrannt werden und ist für die Vergasung im Generator sehr geeignet.

Tabelle 14. Untersuchungsergebnisse von Braunkohlenbriketts.

Art	Heizwert kcal/kg	Wassergehalt %	Aschegehalt %	Brennbare Substanz %	Verkokung	
					Koksrückstand %	Flüchtige Bestandteile %
Provinz Sachsen . .	4800—5200	11—15	6—10	75—83	38—46	43—47
Niederlausitz . . .	4700—4900	12—15	6—8	77—82	43—46	39—45
Rheinland	4700—4800	11—14	5—8	78—84	40—46	43—36

Steinkohlen finden sich in den Erdschichten, die geologisch älter sind als das Tertiär, sind deshalb aus anders gearteten Pflanzen entstanden, Laubholzarten fehlen. Sie finden sich über der ganzen Erde verbreitet, in Deutschland im Ruhrgebiet, in Oberschlesien, in Niederschlesien, im Saarbecken, im Aachener Becken, im Plauenschen Grund, in den Vorkommen von Wettin, Lobejün, Osnabrück u. a. Infolge des verschiedenen geologischen Alters, der verschiedenen Tiefenlage und der Verschiedenheit des Urmaterials entstanden Kohlenarten von verschiedener Beschaffenheit, die nach verschiedenen Gesichtspunkten unterteilt werden. Im allgemeinen ist eine Kohle um so ärmer an O_2 und H_2 je älter sie ist, entsprechend höher ist der C-Gehalt. Alle Arten enthalten Wasser und Asche. Wasser und Asche zusammen bestimmen mittelbar den Gehalt an brennbarer Substanz (Reinkohle). Der Wassergehalt nimmt mit zunehmendem Alter ab, die jüngsten haben 12 bis 15%, die ältesten 0,5 bis 1% Wasser. Der Aschengehalt ist von Einflüssen bei der Kohlenbildung abhängig, für die es keine Regel gibt. In der Technik ist es üblich, die Steinkohle auf Grund der Verkokungseigenschaft zu bezeichnen, da hierdurch die Vorgänge bei der Verbrennung (langflammig, kurzflammig, backend, nichtbackend, fett, mager) gekennzeichnet werden. Die Steinkohlen zersetzen sich beim Erwärmen in flüchtige Bestandteile und den Koksrückstand. Die flüchtigen Bestandteile nehmen mit dem Alter der Kohle ab, während der Koksrückstand zunimmt. Backfähigkeit besitzen vorwiegend die mittelalten Sorten, die als backende oder fette Kohlen bezeichnet werden. Nach diesen Gesichtspunkten erfolgte die Einteilung der Steinkohlen von Schondorff gemäß Tabelle 15. Die Feuerungen sind den Eigenschaften der Kohlen in Anordnung und Betriebsweise anzupassen. Das gleiche gilt auch für die Korngröße. Bezüglich des Aschegehaltes gilt als ungefähre Norm: bis 8% beste Sorten,

Tabelle 15. Einteilung der Steinkohlen nach Schondorff mit Ergänzungen von Aufhäuser.
Zahlenwerte auf wasser- und aschefreie Kohle bezogen.

Art der Steinkohle		Menge und Beschaffenheit		Beispiel des Vorkommens
		Koksrückstand	Flüchtige Bestandteile	
Trockene, nicht backende	Sinterkohlen	50—60%	50—40%	Niederschlesien, Schottland
Fette, backende	Gasflammkohlen	64—68% fest und gebläht	36—32% lange, stark leuchtende Flamme	Westfalen und Durham
	Schmiedekohlen	68—74% fest, geschmolzen	32—26% verhalten, langflammig	Westfalen und Durham
	Kokskohlen (Fettkohlen)	74—82% kompakt, geschmolzen	26—18% kurze, stark leuchtende Flamme	Westfalen
Magere, nicht backende	Magerkohlen	82—90% schwach gefrittet	18—10% kurze, schwach leuchtende Flamme	Westfalen und Südwales
	Anthrazit	90—95% pulverig	10—5% sehr kurze blaue Flamme	Westfalen und Südwales

Tabelle 16. Untersuchungsergebnisse von Steinkohlen (stückige Sorten) und Steinkohlenbriketts.

Arten	Heizwert kcal/kg	Rohzusammensetzung			Flüchtige Bestandteile %
		Wasser %	Asche %	Brennbare Substanz %	
Trockene schlesische	6000—6700	6 —12	5— 8	80—89	33—37
Langflammige Fettkohlen (Westfälische Gasflammkohlen)	7100—7600	1 — 2	5— 9	89—94	28—33
Kurzflammige Fettkohlen (Westfälische Kokskohlen)	7200—7800	1 — 1,5	6—10	89—93	22—28
Westfälische Magerkohlen	7500—7900	0,5— 1	4— 8	91—95	15—20
Anthrazit	7600—8000	0,5— 1	5— 9	90—95	6—10
Westfälische Stückbriketts aus vorwiegend mageren Feinkohlen	7400—7600	1 — 1,5	8—10	88—91	15—18
Das Bindemittel zu den Briketts (Mittelhartes Steinkohlenteerpech)	8500—8600	0 — 0,5	0— 0,3	100	55—65

8 bis 15% mittlere Sorten, Kohlen mit mehr als 15% Asche gelten als minderwertig. Die Schlackenbildung (Schmelzen und Fließen) hängt nicht von der Menge der Asche, sondern von ihrer Zusammensetzung und von der Temperatur der Feuerung ab. Zusammensetzung für Steinkohlen im Mittel 76 bis 80% C, 4% H_2, 1% S, 7 bis 10% O_2, 1% N_2, Anthrazit 84 bis 93% C, 3% H_2, 1% S, 2% O_2.

Steinkohlenbriketts (Preßkohlen, Preßlinge) werden vorwiegend aus Magerkohlen, und zwar aus gewaschenen Feinkohlen unter Zusatz von 5% Steinkohlenteerpech auf Kniehebelpressen u. dgl. hergestellt. Ihre Lagerung im Freien erfolgt ohne Verlust an Festigkeit und Heizwert. Die Gefahr der Selbstentzündung besteht bei ihnen nicht.

Steinkohlen kommen als Förderkohlen (nach Auslesen der Steine) und aufbereitet in den Handel. Die aufbereiteten Sorten sind einer Wäsche unterzogen, wobei die Trennung von Kohle und „Bergen" und eine Siebung nach Korngröße erfolgt. Tabelle 17 enthält ein Verzeichnis nach Sorten.

Tabelle 17. Handelssorten von Steinkohlen.

Korngröße in mm	Bezeichnung			
	Ruhrkohle	Oberschlesische Kohle	Aachener Kohle	
			Fettkohle	Halbfette Kohle
unbestimmt	Förderkohle	Förderkohle	Förderkohle	Förderkohle
über 60	Stückkohle I und II	Stückkohle und Würfel	Stückkohle	Stückkohle
40—80	Nußkohle I	Nußkohle I und Ia	Nußkohle I	Würfel A
25—45	Nußkohle II	Nußkohle Ib	Nußkohle II	Würfel B
15—30	Nußkohle III	Nußkohle IIb	Nußkohle III	Würfel C
10—20	Nußkohle IV	Erbs	—	—
5—15	Nußkohle V	Grieß	Nußkohle IV	Nußkohle IV
unter 10	Nußgrus, Feinkohle	Staubkohle	Feinkohle	Feinkohle

Koks entsteht durch trockene Destillation der Kohle, das ist Erhitzen auf 800 bis 1000°. Verfahren wurde zuerst in Meileröfen durchgeführt, später in Bienenkorböfen, jetzt allgemein in horizontalen, schmalen, langgestreckten Kammern, den „Koksöfen", die mit ihren Längsseiten nebeneinander liegen. Die einzelnen Kammern werden von außen durch Gasfeuerungen beheizt. Das als „Hüttenkoks" bezeichnete Erzeugnis hat ein gleichmäßiges Gefüge von hoher Festigkeit. Als Ausgangsmaterial dienen backende Kohlen mit 15 bis 35% flüchtigen Bestandteilen. Die geeignete Zusammensetzung kann durch Mischen verschiedener Sorten erreicht werden. Der Großkoks wird in dem Zustande, wie er den Ofen verläßt, zum weitaus größten Teil für metallurgische Zwecke insbesondere für den Hochofenprozeß verwendet. Kleinkoks oder Brechkoks wird nach Korngröße unterteilt wie folgt: Brechkoks I 60 bis 100 mm, II 40 bis 60 mm, III 10 bis 20 mm, Koksgrus unter 10 mm. Westfälischer Hüttenkoks hat im Mittel 96 bis 97 C, 0,6 H_2, 0,4 bis 1,0 O_2, 1 bis 1,3 N_2, $H_u = 6450$ bis 7150 kcal/kg. Der Feuchtigkeitsgehalt ist abhängig vom Löschverfahren, beim Löschen von Hand 5 bis 10%, im Löschturm 1,5 bis 5,0%, in der trockenen Kühlanlage bleibt er wasserfrei. Der bei der Leuchtgasfabrikation entfallende Koks hat für die Hüttenindustrie untergeordnete Bedeutung.

b) Flüssige Brennstoffe.

Erdöl, natürlicher flüssiger Brennstoff, auch Steinöl, Bergöl, Naphtha oder Rohpetroleum genannt, wahrscheinlich aus organischen pflanzlichen oder tierischen Stoffen unter hohem Druck entstanden, könnte demnach in allen geologischen Schichten vorkommen, in denen früher pflanzliches oder tierisches Leben vorhanden war. Deutsche Erdölvorkommen sind unbedeutend, Haupterzeugungsländer sind die Vereinigten Staaten, Mexiko, Rußland, Persien, Niederländisch-Indien, Rumänien, Britisch-Indien, Peru, Galizien. Es besteht fast nur aus Kohlenwasserstoffen, enthält 83 bis 86% C, 11 bis 13% H_2, bis 3% O_2, 4% S und N_2. Durch Destillation wird es zerlegt in *Benzin,* mit einem Siedepunkt 40 bis 150°, spezifisches Gewicht 0,64 bis 0,81 kg/dm³, *Brennpetroleum,* mit einem Siedepunkt von 150 bis 300°, spezifisches Gewicht 0,73 bis 0,825 kg/dm³ und *Rückstände* (Masut, Schmieröl, Heizöl, Paraffinöl, Vaselin). Die drei Fraktionen haben einen Heizwert von 10500 bis 11500 kcal/kg.

Teer, Braunkohlenteer eine dunkle Masse, wird bei 25 bis 35° flüssig, entfällt bei der Braunkohlenschwelung, spezifisches Gewicht 0,85 bis 0,91 kg/dm^3, siedet zwischen 80 und 400°, wird selten als Brennstoff in Betracht gezogen, bildet Ausgangsmaterial für Teeröl und Paraffinfabrikate. Steinkohlenteer zerfällt nach der Entstehungstemperatur in Hochtemperatur- und Tieftemperaturteer. Ersterer entfällt bei der Trockendestillation der Steinkohlen in Kokereien und Leuchtgaswerken, letzterer bei Drehrohröfen und Gasgeneratoren. Auch Steinkohlenteer wird nur in beschränktem Maße als Brennstoff verwendet, wenn eine andere Verwertung nicht lohnend ist. Spezifisches Gewicht 1,1 bis 1,26 kg/dm^3, $H_u = 8500$ kcal/kg.

Teeröl, Destillationserzeugnis des Teeres, mit 90% C, 7,0% H_2, 3% N_2 und S, $H_o = 9350$ kcal/kg, spezifisches Gewicht 1,05 bis 1,1 kg/dm^3.

Benzol, Nebenerzeugnis des Koksofenbetriebes von der Formel C_6H_6, $H_o = 9860$ kcal/kg, $H_u = 9470$ kcal/kg, spezifisches Gewicht 0,879, Flammpunkt $= -15°$.

c) Gasförmige Brennstoffe.

Erdgas, natürlicher gasförmiger Brennstoff, besteht vorwiegend aus Kohlenwasserstoffen, findet sich in Zusammenhang mit Erdölquellen, hauptsächlich in den Vereinigten Staaten von Nordamerika, in Europa, in geringem Umfang in Rumänien, Galizien und Rußland. Die Erdgasquelle bei Hamburg ist erschöpft. $H_o = 26000$ bis 60000 kcal/m^3.

Die übrigen gasförmigen Brennstoffe entstehen entweder durch Zersetzung (trockene Destillation) oder durch Vergasung fester Brennstoffe. Sie setzen sich zusammen aus brennbaren und nichtbrennbaren Gasen und Dämpfen in verschiedenen Mengenverhältnissen, wodurch ihr Wert und ihre Anwendung bestimmt werden. Zu den brennbaren Bestandteilen gehören: CO, H_2, CH_4, C_2H_4, C_6H_6; unvermeidliche Begleiter: CO_2, N_2 und evtl. SO_2, die den pyrometrischen Effekt vermindern. Die schweren Kohlenwasserstoffe C_2H_4 und C_6H_6 treten gewöhnlich in den ersten Stadien der Zersetzung auf, bei hohen Temperaturen zerfallen sie unter Bildung von H_4 freiem H_2 und C; CO und CO_2 als Zersetzungsprodukte sind ihrer Menge nach von der Höhe des Sauerstoffgehaltes abhängig, das Dioxyd entsteht vorwiegend bei den niederen Temperaturen, das Monoxyd bei höheren Temperaturen.

Bei den Vergasungsvorgängen ist eine Temperatur über 1000° der Bildung von CO günstig. Wasserstoff (H_2) als Zersetzungserzeugnis fester und gasförmiger Kohlenstoffverbindungen spaltet sich bei zunehmender Temperatur in steigendem Maße ab. Bei Vergasung von Koks und Anthrazit fehlt er, bei Wasserdampfvergasung ist er Haupterzeugnis.

Leuchtgas wird aus Kohlen, Holz und Öl in Retortenöfen hergestellt. Das wichtigste ist Steinkohlenleuchtgas, dessen mittlere Zusammensetzung ist folgende: 48 bis 52% H_2, 29 bis 34% CH_4, 7,7 bis 9,2% CO, 1,8 bis 2% CO_2, 3,6 bis 4,8% C_nH_m, 0,3 bis 0,5% O_2, 2 bis 4% N_2; $H_u = 4500$ bis 5000 kcal/Nm^3, spezifisches Gewicht $=$ 0,4 bis 0,47 kg/Nm^3.

Koksofengas, das Nebenerzeugnis der Koksöfen hat folgende mittlere Zusammensetzung: 47 bis 50% H_2, 23 bis 29% CH_4, 6,3 bis 6,6% CO, 2,4 bis 3,2% C_nH_m, 2 bis 3% CO_2, 9 bis 16% N_2. $H_u = 3850$ bis 4440 kcal/Nm^3, spezifisches Gewicht $=$ 0,54 bis 0,6 kg/Nm^3.

Hochofengas (Gichtgas), das Nebenerzeugnis des Eisenhochofens hat folgende mittlere Zusammensetzung: 27 bis 30% CO, 7 bis 13% CO_2, 55 bis 60% N_2, 2,8% H_2, 0,5% CH_4, $H_u = 870$ bis 1000 kcal/Nm^3, spezifisches Gewicht $\sim$ 1,29 kg/Nm^3. Hochofengas mit 30% CO, 9,3% CO_2, 58% N_2, 2% H_2, $H_o = 976$ kcal/Nm^3, $H_u = 967$ kcal/Nm^3, spezifisches Gewicht $=$ 1,295 kg/Nm^3.

Generatorgas entsteht durch unvollkommene Verbrennung von Koks, Kohle, Kohlenbriketts oder sonstigen kohlenstoffhaltigen Stoffen nach der Gleichung $2\,C + O_2 = 2\,CO$ oder indirekt nach der Gleichung $CO_2 + C = 2\,CO$. Es besteht neben CO und N_2 der Verbrennungsluft aus wechselnden Mengen CO_2, H_2, CH_4 und C_nH_m. Wird neben Luft noch Wasserdampf in das Generatorbett eingeblasen, wird dieser reduziert nach der Gleichung $C + H_2O = CO + H_2$, es entsteht neben Luftgas das Wassergas $CO + H_2$.

Wird der Generator mit Kohle beschickt, so geht der Vergasung eine Entgasung (trockene Destillation) voraus, die die Gaszusammensetzung beeinflußt. Als Beispiele von Steinkohlen- und Braunkohlenbrikett-Generatorgasen seien folgende angeführt: *Steinkohlen-Generatorgas* mit 23% CO, 13% H_2, 4% CH_4, 0,2% C_nH_m, 4% CO_2, 56% N_2, 0,16 kg/m³ C, $H_u = 1420$ kcal/Nm³, spezifisches Gewicht = 1,11 kg/Nm³, theoretische Verbrennungstemperatur 1740°; *Braunkohlenbrikett-Generatorgas* mit 31% CO, 7,5% H_2, 2% CH_4, 0,4% C_nH_m, 3,5% CO_2, 55% N_2, 0,2 kg/m³ C, $H_u = 1390$ kcal/Nm³, spezifisches Gewicht = 1,18 kg/Nm³, theoretische Verbrennungstemperatur 1780°.

Wassergas entsteht durch Überleiten von Wasserdampf über glühende Kohle nach der Gleichung $C + H_2O = CO + H_2$. Nach dem Verfahren von Dellwick-Fleischer wird abwechselnd durch Luft heiß geblasen (unter Verbrennung von C zu CO_2) und Wasserdampf zwecks Wassergasbildung eingeleitet. Wassergas bei Verwendung von Hüttenkoks hat eine mittlere Zusammensetzung: 50% H_2, 40% CO, 4% CO_2, 6% N_2, $H_u = 2300$ kcal/Nm³.

IV. Feuerungsanlagen.

a) Feuerungen für feste Brennstoffe.

Feldbrandziegelöfen haben keinen ausgebildeten Raum, in dem die Verbrennung durchgeführt wird. Der Brennstoff wird in engen Kanälen und Schächten so gestreut, daß seine Verbrennung allmählich fortschreitend den ganzen Stapel der geschichteten Ziegel erhitzt. Man nennt diese Art *Streufeuerung*. Auch bei Ringöfen ist ein derartiges Verfahren noch üblich. Bei *Schachtöfen* für feste Brennstoffe wird Brenngut oder Schmelzgut mit den Brennstoffen in Schichten getrennt oder gemischt an der Gicht aufgegeben. Es entsteht zwar eine Verbrennungszone im Arbeitsraum des Ofens selbst, aber man kann nicht von einer eigentlichen Feuerung sprechen, für die bestimmte bauliche Maßnahmen erforderlich sind. Es handelt sich um eine *Mischfeuerung*, weil Brennstoff und Wärmgut gemischt in den Ofen eingeführt werden.

Eine Feuerung hat die Aufgabe, die Verbrennung des Brennstoffes unter den günstigsten Bedingungen zu ermöglichen. Ihre Ausführungsform wird in erster Linie durch den zur Verwendung kommenden Brennstoff bestimmt. Während bei Steinkohle hauptsächlich der *Planrost* angewandt wird, sind für geringwertige Brennstoffe, wie Braunkohle, feststehende oder mechanisch bewegte *Treppen-* und *Muldenroste* am besten geeignet; doch lassen sich allgemeingültige Richtlinien, welche Feuerung für einen bestimmten Brennstoff in Frage kommt, schwer aufstellen. Heizwert, Wasser- und Aschegehalt, Körnung, flüchtige Bestandteile, Beschaffenheit des Koksrückstandes und Eigenschaften der Schlacke, spielen bei der konstruktiven Ausgestaltung der Feuerung eine Rolle. Wichtig ist das Verhalten des Brennstoffes im Feuer. Genügende Luftzufuhr, frühzeitige Zündung der entstehenden Teernebel, hohe Wärmeübertragung und ausreichende Brennzeit sind Voraussetzungen einer guten Verbrennung. Treffen noch nicht vollständig ausgebrannte Verbrennungsgase auf kalte Wandungen, so wird die weitere Verbrennung gehemmt und die Folge ist ein Qualmen der Feuerung. Steigerung der Brennleistung ist durch Einblasen von „Unterwind" oder durch „Saugzug", ferner durch mechanische Beschickung der Feuerung und Auflockerung der Brennstoffschicht mittels besonders durchgebildeter Roste möglich.

Der einfachste Rost ist der *Planrost*. Er besteht aus den Roststäben und den Roststabträgern. Sie werden aus Gußeisen, Stahlguß oder Walzstahl hergestellt. Die Stäbe werden auf den Rostträgern so gelagert, daß zwischen je zwei Stäben ein Luftspalt für den Durchgang der Verbrennungsluft entsteht. Die Breite des Luftspaltes, 3 bis 10 mm, richtet sich nach der Korngröße des Brennstoffes. Bei Dampfkesseln werden meistens glatte Roststäbe mit Köpfen verwendet, deren Stärke die Breite des Luftspaltes bestimmt. Es kommen jedoch auch Roststäbe in Wellenform und anderer Gestalt zur Anwendung. Bei Hüttenwerksöfen werden meistens gewalzte Vierkantstäbe (Knüppel) als Roststäbe verwendet. Der *Planrost für Handbeschickung* (Bild 50) ergibt die einfachste Bauart, die Wartung verlangt aber vom Heizer Gewissenhaftigkeit und Geschicklichkeit. Er kann für beliebige feste Brennstoffe verwendet werden. Die Anpassung an Betriebsschwankungen ist leicht möglich. Beim Planrost mit mechanischer *Wurfschaufel* (Bild 51) fällt die Handarbeit des Heizers fort, es kann jedoch nur Brennstoff von gleichmäßiger Stückgröße, z. B. Nußkohle, Verwendung finden. Die Kohle wird durch eine Schleuse mit drehender Schaufel dem Wurfapparat zugeführt. Die Wurfschaufel macht in bestimmten Zeitabschnitten eine halbe Umdrehung mit großer Geschwindigkeit und streut die Kohle auf den Rost. Die Wurfweite wird dabei durch eine verstellbare Prellklappe geregelt. Der Antrieb kann durch Transmission oder Elektromotor erfolgen.

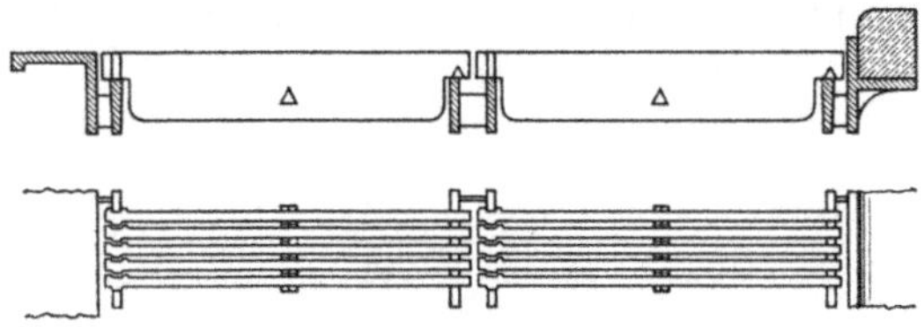

Bild 50. Planrost.

Bei größeren Dampfkesselanlagen genügen einfache Hand- oder mechanisch bediente Planroste nicht mehr. Es entstand die *Wanderrostfeuerung* (Bild 52). Sie besitzt einen Rost, der als endlose Kette durchgebildet ist, wodurch die Kohle allmählich zum Austragende hin befördert wird. Der vordere Teil des Rostes ist durch ein kurzes Gewölbe überspannt. Die Kohle wird hier entgast und an den heißen Wandungen des Gewölbes und der Feuerung entzündet. Am Ende ist der Wanderrost durch einen Schlackenstauer begrenzt, der durch seine Stauwirkung Löcher im Brennstoffbett verhüten und einen besseren Ausbrand der Schlacke bewirken soll. Gewöhnlich wird der Wanderrost auf Rollen gelagert, um ihn zwecks Ausbesserung herausfahren zu können. Ist die Zuführung von Unterwind bei Wanderrostfeuerungen notwendig, so wird diese heute meist als „Zonenwind" zugeführt. Eine solche Zonenwindzuführung trägt dem Umstande Rechnung, daß die Brennstoffschicht gegen Ende der Verbrennung dünner wird und eine geringere Luftmenge zur weiteren Verbrennung benötigt

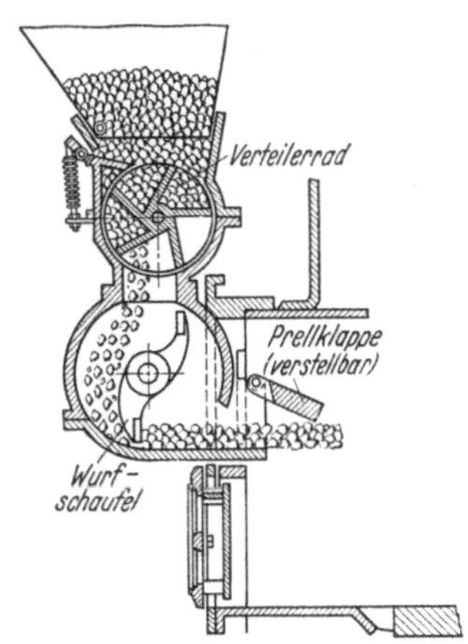

Bild 51. Mechanische Wurfschaufel für Planrostfeuerung.

Bei den *Überschubrostfeuerungen* wandert der Brennstoff ebenfalls durch die Feuerung hindurch. Er wird dabei durch Vorschubkolben auf den Rost gedrückt oder durch beweg-

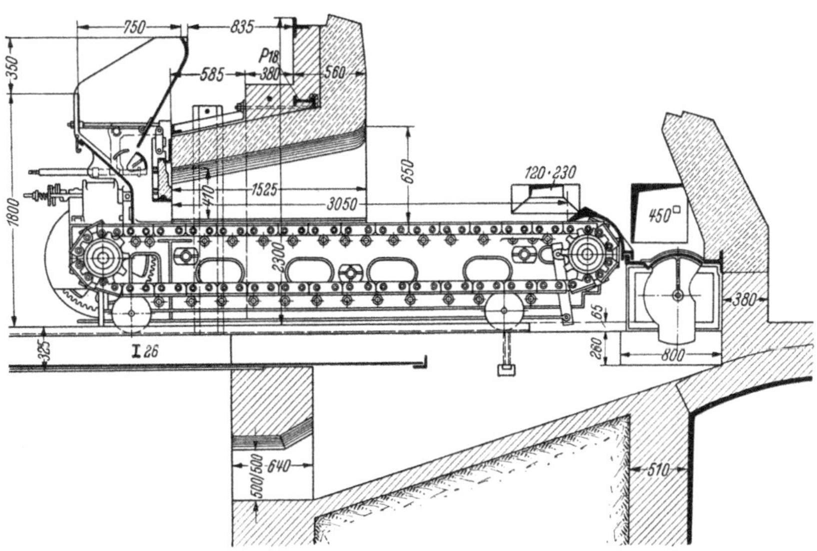

Bild 52. Wanderrostfeuerung für Dampfkessel.

liche Platten weiter befördert. Der Vorteil derartiger Feuerungen ist ein „Umpflügen" des Brennstoffes, so daß selbst geringwertige Brennstoffe mit gutem Wirkungsgrad verfeuert werden können. Je nach der Arbeitsweise der Roste werden diese Überschubroste auch als *Vorschubroste* oder *Rückschubroste* bezeichnet, deren gemeinsames Kennzeichen die Auflockerung der Brennstoffschicht ist. Die Feuerungen sind vor allem für große Einheiten und für die Verbrennung von Braunkohle, Torf usw. geeignet. Sie verdrängen hier die einfachen *Treppenroste* (Bild 55) mehr und mehr. Diese bestehen aus 400 bis

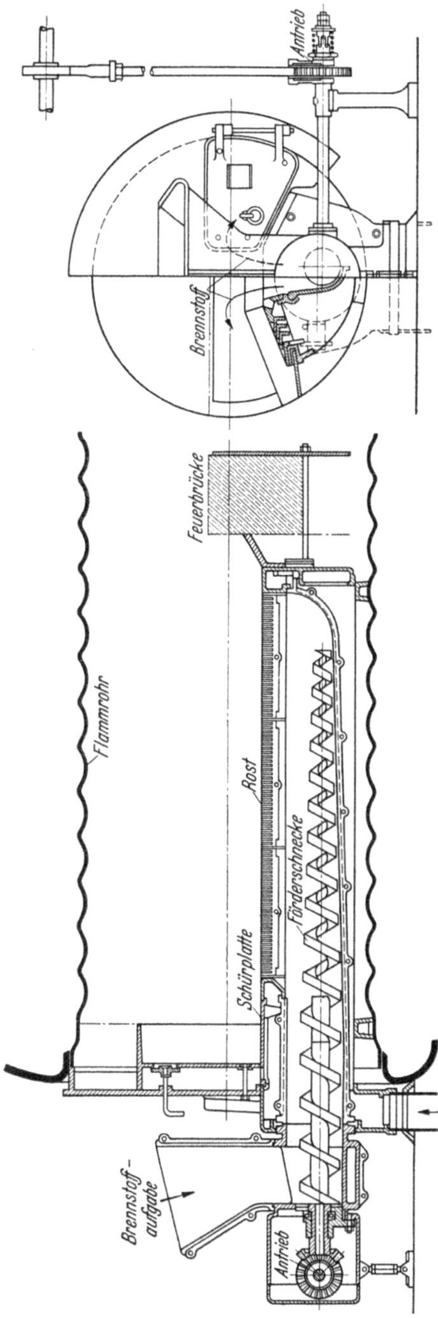

Bild 53. Unterschubfeuerung für Flammrohrkessel (Bamag).

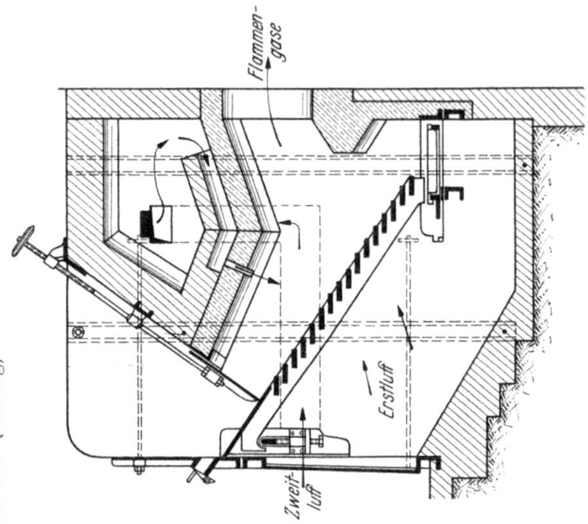

Bild 55. Einfache Treppenrostfeuerung.

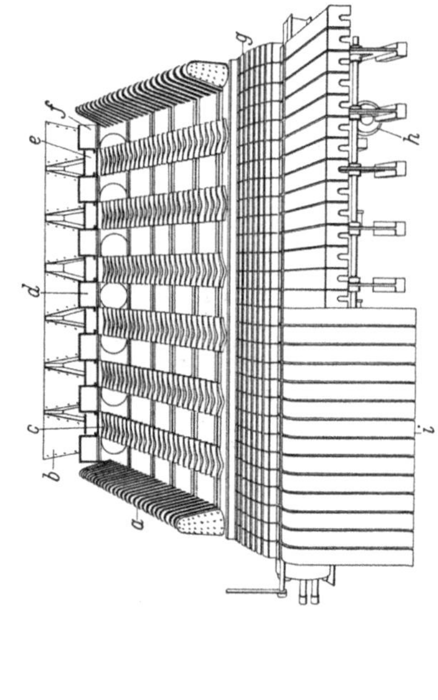

Bild 54. Taylor-Stoker (Ansicht) (7 Retorten, 25 Düsen, Aschenabführung durch Schwingplatten). *a* Seitenwandluftkühlung, *b* Kohlentrichter, *c* Luftdüsen, *d* Kohlenzuführungskolben, *e* Retortenschieber, *f* Kolbengehäuse, *g* beweglicher Rost, *h* Kolben für die Schwingplattenbewegung, *i* Schwingplatten.

500 mm langen Platten, die auf seitlichen Wangen ruhen. Neigungswinkel der Treppenwangen bei Braunkohle 32 bis 34°. Bei *Halbgastreppenrostfeuerungen* ist der obere Teil des Rostes mit stärkerer Neigung ausgeführt. Beide Rostteile sind durch eine verstellbare Wand aus feuerfesten Steinen voneinander getrennt. Auf dem Vorrost entwickeln sich die Schwelgase, die durch die Gittertrennwand ziehen und sich mit Zweitluft gemischt an der nachfolgenden hoch erhitzten Querwand entzünden. Die Verbrennung ist rauchfrei.

Für feinkörnige Steinkohle mit 15 bis 30% flüchtigen Bestandteilen eignen sich *Unterschubroste* am besten. Der Brennstoff wird hier von unten durch das Brennstoffbett zugeführt. Die Schwelgase müssen also stets durch eine hocherhitzte Brennstoffschicht hindurch, wodurch eine schnelle Entzündung gewährleistet ist. Ein Ausführungsbeispiel einer kleineren Feuerung gibt Bild 53, ein Beispiel einer größeren „Stoker"-Feuerung Bild 54. Der Rost besteht hier aus einer Anzahl einzelner Elemente, die jedes für sich aus einer Mulde (Retorte) und aus seitlich darüber angeordneten Düsen bestehen, die beide in Richtung der Brennstoffbewegung geneigt sind. Der Brennstoff wird jeder Retorte durch einen Kolben zugedrückt.

Bei der Verbrennung von *Kohlenstaub* entfällt der Rost. Der Kohlenstaub wird durch einen *Brenner* mit dem Strome der Verbrennungsluft in die Feuerung eingeführt. Da die reaktionsfähige Oberfläche im Vergleich zum Volumen des Staubteilchens groß ist, wird die Brennzeit kurz und nähert sich der von Gas und Ölfeuerungen. Durch den Kohlenstaubbrenner wird der Kohlenstaub mit der Verbrennungsluft innig gemischt und in den Verbrennungsraum eingeführt. Das muß mit einer Geschwindigkeit und in einer Richtung geschehen, die dem Zweck der Feuerung und des Ofens entspricht. Man unterscheidet Brenner, bei denen der Kohlenstaub mit der gesamten Verbrennungsluft gemischt in den Feuerraum eintritt und solche, bei denen er nur mit einem Teile der Verbrennungsluft (Erstluft) gemischt wird, während der Rest als Zweitluft durch besondere Öffnungen oder Düsen dem Flammenstrom zugeführt wird. Während man die Erstluft höchstens bis auf 150° mit Rücksicht auf die bei höherer Temperatur sich bildenden Koksansätze vorwärmen darf, gestattet die Zweitluft Vorwärmtemperaturen bis 400°.

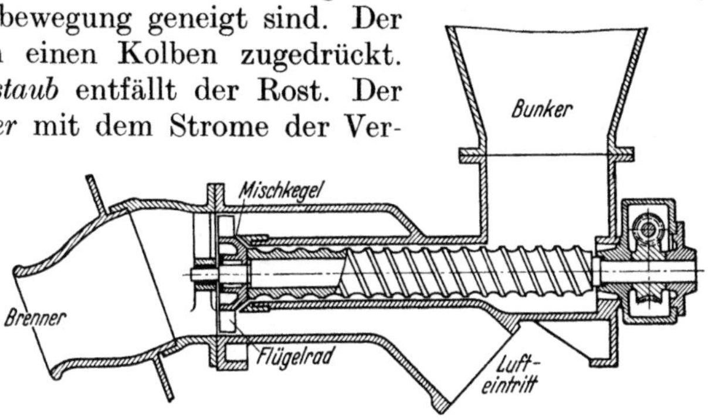

Bild 56. Schneckenspeiser für Kohlenstaubfeuerung.

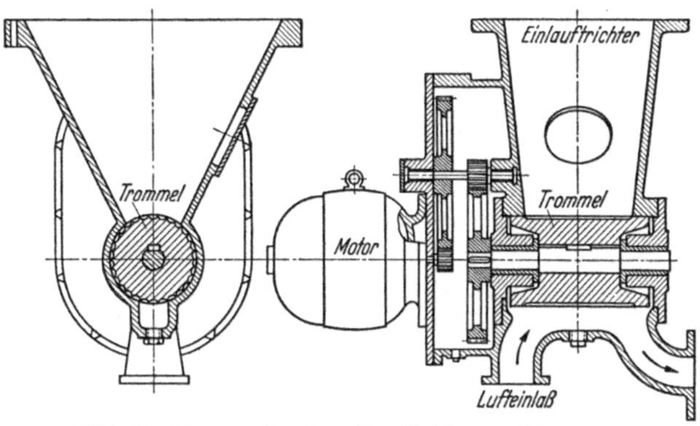

Bild 57. Trommelspeiser für Kohlenstaubfeuerung.

Der Kohlenstaub wird entweder kleineren Vorratsbunkern in unmittelbarer Nähe der Feuerungen entnommen und durch besondere „*Speiser*" dem Brenner zugeleitet, oder auch von der Kohlenstaubmühle aus unmittelbar durch den Luftstrom des Windsichters dem Brenner zugeführt. Im Bild 56 ist als Beispiel ein *Schneckenspeiser* und im Bild 57 ein *Trommelspeiser* dargestellt. Wird eine hohe Brenngeschwindigkeit bei großer Belastung des Verbrennungsraumes angestrebt, so ist hierzu das wichtigste Mittel die Turbulenz, wodurch eine dauernde Relativbewegung zwischen Staubteilchen und Luft und dadurch innige Mischung möglich wird. Dies kann man auf verschiedenen Wegen erreichen:

1. Durch zentrale Einführung der Zweitluft, die das Staubluftgemisch durchdringt.
2. Durch außen konzentrisch zum Gemisch herangeführte Zweitluft, die durch Drallflächen in Turbulenz versetzt wird.
3. Durch flache Gestaltung des Brenners. Die Turbulenz entsteht hier durch die verschiedene Austrittsgeschwindigkeit von Gemisch und Luft.

b) Feuerungen für flüssige Brennstoffe.

Das Heizöl wird in dem Brenner fein zerstäubt, mit Luft gemischt und bei Austritt aus dem Brenner zur Entzündung gebracht. Brennstoff und Luft müssen genauestens regelbar sein, um wirtschaftlichen Betrieb von der kleinsten bis zur größten Leistung sicherzustellen. Der Brennstoff kann auf zwei Arten verbrannt werden:

Verbrennung nach Vergasung oder Verdampfung,

Verbrennung nach Zerstäubung.

Bei der ersten Ausführung wird das Öl durch die Stauhitze der Verbrennungsschale verdampft und mit der Verbrennungsluft gemischt. Einfachheit der Regelung und gute Mischung von Luft und Öldampf sind die Vorteile einer derartigen Verbrennung. Nachteilig sind die Koksansätze, die durch die Verdampfung des Teeröls entstehen.

Größere Verbreitung haben die *Zerstäuberbrenner* gefunden. Es werden hier zwei Verfahren angewandt. Bei dem einen wird das auf 55 bis 70° in einem Röhrenvorwärmer vorgewärmte Öl mit einem Druck von 4 bis 10 at dem Brenner zugeleitet, wo es zerstäubt und winklig zur Bewegung des Luftstromes in diesen hineingeschleudert wird. Mit dem Luftstrom gelangt das feinverteilte Öl in den Brennraum und wird hier entzündet. Mit derartigen Ölbrennern sind Temperaturen von 1500 bis 1600° erreichbar. Bei der anderen Ausführung wird die Zerstäubung durch einen Dampf- oder Preßluftstrahl bewirkt (Bild 58). Derartige Zerstäuber sind auch für dickflüssige Brennstoffe geeignet. Der Brennstoff tritt aus feinen Düsen aus und wird vom Dampf- oder Luftstrahl mitgerissen und zerstäubt. Luft- bzw. Dampfstrahlzerstäuber ermöglichen Flammentemperaturen bis 2000°.

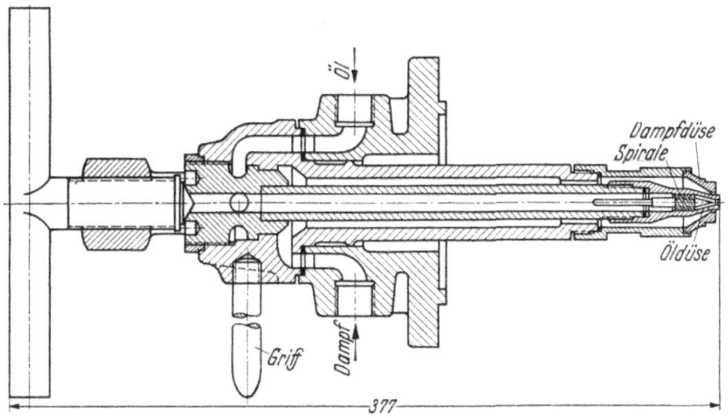

Bild 58. Ölbrenner (Körting).

Die Ölfeuerung muß zum Unterschied von einer Kohlenrostfeuerung so betrieben werden, daß das zerstäubte und in den Verbrennungsraum gelangte Öl auch sofort verbrennt. Die erforderliche Verbrennungsluft muß also ununterbrochen zugeführt werden, da sonst Knallgasentwicklung und Explosionen entstehen können. Soll die Leistung der Feuerung vermindert werden, muß zunächst die Ölmenge vermindert werden. Vollständige Verbrennung ohne Luftüberschuß kann bei der Ölfeuerung durch genaue Regelung allerdings leichter erzielt werden als bei Kohlenfeuerung, doch ist sorgsame Überwachung Voraussetzung. Bei Inbetriebsetzung ist zuerst Luft bzw. Dampf zuzuführen und dann erst die Ölzufuhr frei zu geben. Beim Abstellen wird zuerst das Öl und dann die Luft bzw. der Dampf abgestellt. Beim Betrieb der Ölfeuerung wird eine kurzflammige Verbrennung mit höchster Temperatur erstrebt, so daß eine Nachverbrennung nicht in Betracht kommt, weil diese nicht mit Erfolg durchzuführen ist.

c) Feuerungen für gasförmige Brennstoffe.

Die zur Verbrennung von Gasen angewandten „Brenner" werden in mannigfacher Bauart ausgeführt und haben seit Einführung der Gasfeuerung immer wieder die Ofenbauer und Hüttenleute zu lebhaftem Meinungsaustausch über ihre zweckmäßige Gestaltung veranlaßt. Ihre Bauart und ihre Abmessungen werden naturgemäß vom Heizwert, von der Spannung und Temperatur des Brennstoffes sowie von der Spannung und Temperatur der Verbrennungsluft beeinflußt. Einen gewissen Einfluß hat auch die Arbeitstemperatur, die Gestalt des Ofens und die Art des Wärmgutes. Bei den ersten Siemens-Öfen ist im allgemeinen nur Generatorgas, in späterer Zeit auch Reichgas und von diesen in neuerer Zeit besonders Koksofengas zur Anwendung gekommen.

Es sind zwei Gruppen von Gasbrennern zu unterscheiden:

Gasbrenner für Öfen, bei denen das Gas oder die Verbrennungsluft oder beide erhebliche Mengen fühlbarer Wärme mitführen. Sie werden durch zweckentsprechende Anordnung der Mündungen der Gas- und Luftkanäle gebildet.

Gasbrenner für Öfen, bei denen weder das Gas noch die Verbrennungsluft erhebliche Mengen fühlbarer Wärme mitführen. Sie werden so gestaltet, daß eine schnelle und vollständige Mischung von Gas und Luft erreicht wird.

Gasbrenner für Siemens-Martin-Öfen.

Die Brenner des ersten Siemens-Martin-Ofens, der in Sireuil in Frankreich errichtet wurde, hatte die im Bild 59 wiedergegebene Form[1]. Der über der Mündung der senkrechten Gas- und Luftkanäle sich ergebende Raum ist vielfach als Mischraum angesprochen worden. Eine Mischung ist im vorliegenden Falle zur Einleitung der Verbrennung an

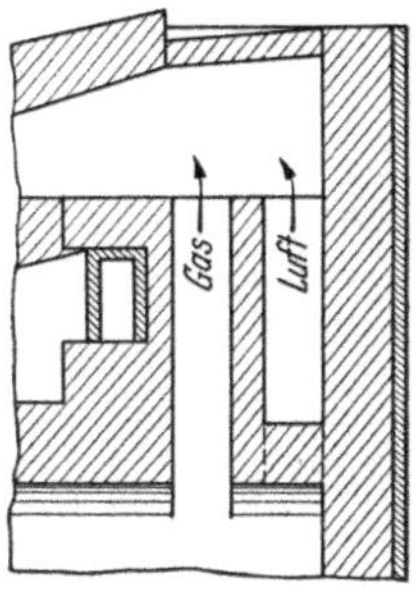

Bild 59. Gasbrenner am ersten Siemens-Martin-Ofen.

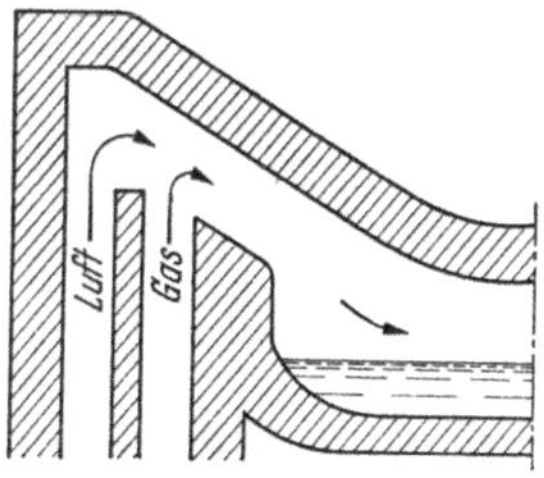

Bild. 60. Gasbrenner mit Neigung zum Bad.

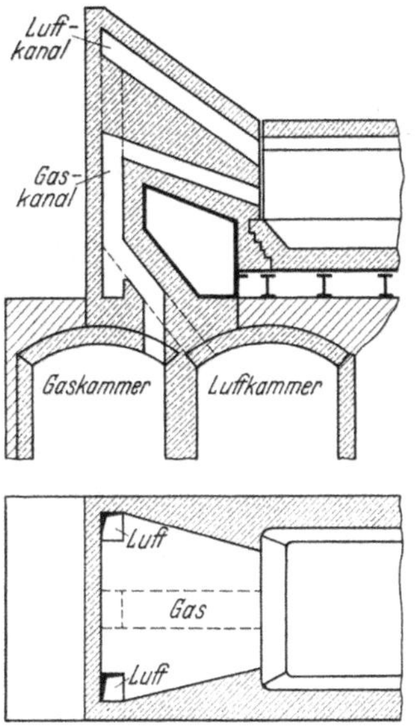

Bild 61. Gasbrenner mit übereinander liegenden Gas- und Luftkanälen.

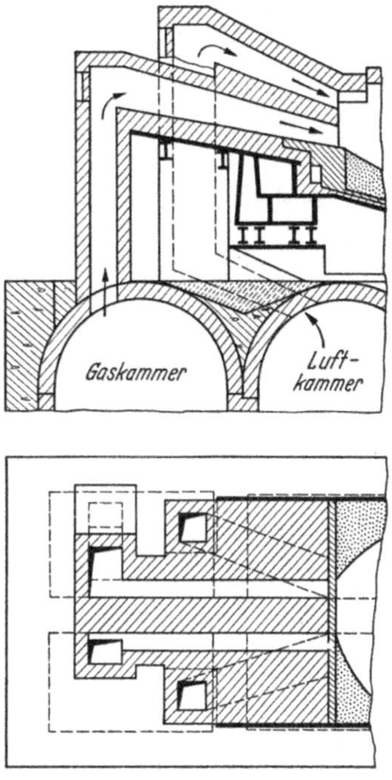

Bild 62. Gasbrenner von SCHÖNWÄLDER.

sich jedoch nicht erforderlich, da auf Entzündungstemperatur vorgewärmte Gas- und Luftströme sich beim Zusammentreffen ohnedies sofort entzünden. Es ist aber zu berücksichtigen, daß eine Durchwirbelung der beiden Mittel die Verbrennung beschleunigt und die Wärmeübertragung durch Konvektion auf das Wärmgut begünstigt. Bei der weiteren Gestaltung der Siemens-Brenner tritt bald in Erscheinung, daß es für zweckmäßig gehalten wurde, die vor dem Brenner sich bildende Flamme *auf das Bad zu lenken.* Das geschah durch die Ausführung nach Bild 60. Für diese ist auch FRIEDR. SIEMENS eine Zeitlang eingetreten. Um das Gewölbe gegen den Einfluß der Flamme zu schützen, entstand dann der im Bild 61 dargestellte Brenner. Der Luftstrom liegt über dem Gasstrom, beide sind schräg nach unten auf das Bad gerichtet. Zwischen beiden liegt eine Zunge, die so durchgebildet ist, daß Gas- und Luftstrom im spitzen Winkel zusammentreffen. Man bezweckte mit dieser Bauart eine Senkung der Flamme auf das Bad und eine Verbesserung der Wärmeübertragung durch Berührung. Dieser Brenner hat sich bis in die jüngste Zeit erhalten. Gewöhnlich nimmt das Mauerwerk des Brenners die volle Breite des Herdes ein. Nachteilig ist die starke Häufung von Steinmaterial, das schlecht gekühlt ist und deshalb schnell wegschmilzt, dazu für Ausbesserungsarbeiten nicht zugängig ist. Ist aber von der Zunge ein erheblicher Teil abgeschmolzen, so hört auch der Vorteil guter Flammenführung auf; Gewölbe und Seitenwände werden stärker

[1] BECK: Geschichte des Eisens, Bd. 5, S. 175.

angegriffen, das Schmelzen nimmt mehr Zeit in Anspruch, der Ofen arbeitet unwirtschaftlicher. Den ersten Versuch zu einer Verbesserung machte SCHÖNWÄLDER auf der Friedenshütte (O.S.). Er sah zwei Gaszüge und zwei Luftzüge vor und teilte jede Gas- und Luftkammer durch eine Zwischenwand in zwei Teile, so daß an jeder Seite zwei Gas- und zwei Luftkammern vorhanden waren. In jedem Verbindungskanal von den Kammern zu den Umsteuerorganen waren Regelschieber angeordnet. Die Verbindungskanäle zwischen den Kammern und den Brennern waren nach Möglichkeit freigelegt, so daß sie von der Luft umspült und somit gekühlt wurden. In Bild 62 ist die Brenneranordnung dargestellt[1]. Hierbei ergeben sich zwei Zungen, eine senkrechte und eine waagerechte. Als Hauptzweck dieser Änderung wurde vom Erfinder gleichmäßigere

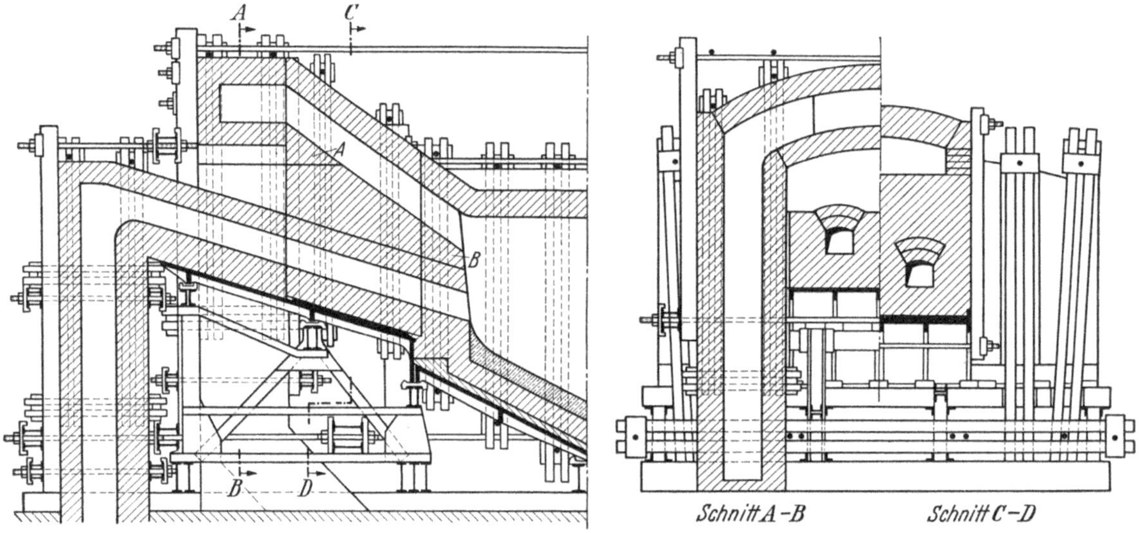

Bild 63. Gasbrenner mit auswechselbaren Kanälen von O. FRIEDRICH. (Nach Stahl u. Eisen.)

Beanspruchung der Kammern und günstigere durch die Regelschieber zu beeinflussende Flammenführung und hierdurch bessere Haltbarkeit der am stärksten beanspruchten Ofenteile angegeben. Diese Bauart hat jedoch wenig Anwendung gefunden, offenbar weil der Ofen wesentlich verwickelter wurde und der angestrebte Vorteil mit einfacheren Mitteln erreichbar ist.

Eine wesentliche Verbesserung wurde von O. FRIEDRICH an den Siemens-Martin-Öfen der Julienhütte (O.S.) erprobt, sie ist aus Bild 63 ersichtlich[2]. Die Verbindungskanäle zwischen Kammern und Herdraum liegen nicht mehr im vollen Ofenknopf, sondern sind so gegeneinander versetzt, daß sie wie beim Schönwälder-Ofen frei liegen. Das der Zerstörung zuerst anheimfallende Stück des Brenners ist auswechselbar, es ruht auf einer Platte oder in einem Rahmen, so daß es mit einem Kran ausgehoben und das bereitstehende Ersatzstück ebenso eingesetzt werden kann. Eine Betriebsunterbrechung ist für das Auswechseln nicht erforderlich. In dem Bild ist auch zu erkennen, daß die schlanken Anschlußkanäle eine besonders sorgfältig durchgebildete Verankerung erhalten.

Die amerikanischen Stahlwerker haben zwecks Erhöhung der Haltbarkeit der Brenner und anderer stark beanspruchter Ofenteile *Wasserkühlung* eingeführt. Diese Kühlung erfolgt durch Rohre, die von Wasser durchflossen sind. Bei großen Ofeneinheiten hat die Wasserkühlung inzwischen vielfach Anwendung gefunden.

Eine grundsätzliche Änderung des Brenners hat BERNHARDT an den Siemens-Martin-Öfen in Königshütte vorgenommen[3]. Er führt Gas und Luft ebenfalls durch freiliegende Kanäle von den Kammern zum Ofenkopf, die Luft tritt jedoch sehr steil von oben auf

[1] Stahl u. Eisen 1891 S. 386, 1892 S. 989. [2] Stahl u. Eisen 1910 S. 67.
[3] Stahl u. Eisen 1913 S. 311.

den fast waagerecht geführten Gasstrom. Diese Anordnung nach Bild 64 vermeidet die bei den früheren Bauarten vorhandene Zunge zwischen Gas- und Luftkanal. Die Luft tritt aus aufsteigenden Kanälen zunächst in einen Sammelraum und von hier durch einen Schlitz im Gewölbe in den Ofen ein.

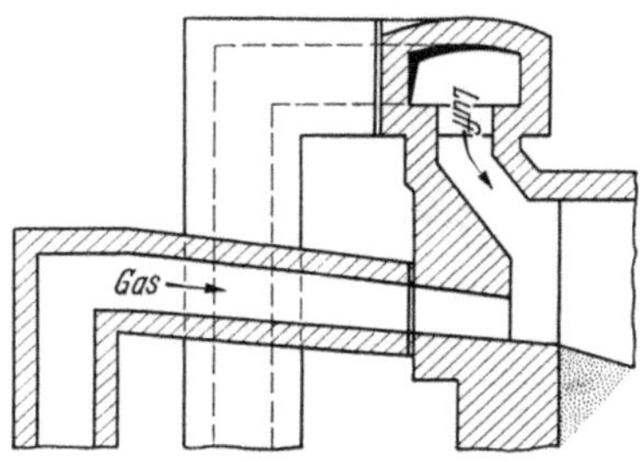

Bild 64. Gasbrenner von BERNHARDT.

Für die Konstruktion der Brenner ist aber nicht allein der Gesichtspunkt maßgebend, daß eine günstige Verbrennung und Flammenentwicklung erreicht werden muß, die Brenner haben auch noch die Aufgabe, jeweils an der Abzugseite die Abgase zu den aufzuheizenden Kammern leiten zu müssen. Mithin hat ihre Lage Einfluß auf den Strom der Verbrennungsgase im Herdraum. Bei den Brennern nach den Bildern 61, 62 und 63 liegen die Luftkanäle über den Gaskanälen, mithin entsprechend hoch über dem Herde, so daß eine frühzeitige (nachteilige) Ablenkung der Ofenflamme vom Bade nach oben die Folge sein kann. Das veranlaßte MAERZ zu einer Bauart gemäß Bild 65, bei der die Luft zu beiden Seiten des Gaszuges senkrecht durch die Sohle aufsteigend in den Ofen eintritt. Der Luftstrom erfährt beim Anstoßen an das Ofengewölbe eine Umlenkung, so daß der Gasstrom von der Luft eingehüllt in den Ofen strömt. Die Flamme soll durch diese Anordnung auch am abziehenden Kopf tief gehalten und auf das Bad gedrückt werden. Der Brenner und der Ofenkopf erfahren eine bemerkenswerte Vereinfachung. Der Brenner von MOLL, der in Bild 66 dargestellt ist, läßt Gas und Luft in einem kleinen Vorraum am Ofenkopf fast rechtwinklig aufeinanderstoßen. Das über die Flammenführung im Maerz-Brenner Gesagte gilt auch hier. MOLL bezweckt eine starke Durchwirbelung und Verbrennung auf kleinstem Raum. Der Gasstrom durchbricht in ununterbrochenem Richtungsverlauf den senkrecht von unten kommenden Luftstrom. Um zu verhindern, daß die Luft unterhalb des Gasstromes abfließt, liegen die Sohle des Gaszuges und die des in seiner Verlängerung angeordneten Führungskanals in einer Ebene. Der Luftzug ist an dem Treffpunkt von Gas und Luft so breit gehalten und so hoch geführt, daß der Luftstrom den Gasstrom umhüllt[1]. Bezüglich Einfachheit der Gas- und Luftführung und der dadurch erreichten günstigen Gestaltung des Ofenkopfes sind die Brenner von MAERZ und MOLL als ein Fortschritt zu bezeichnen.

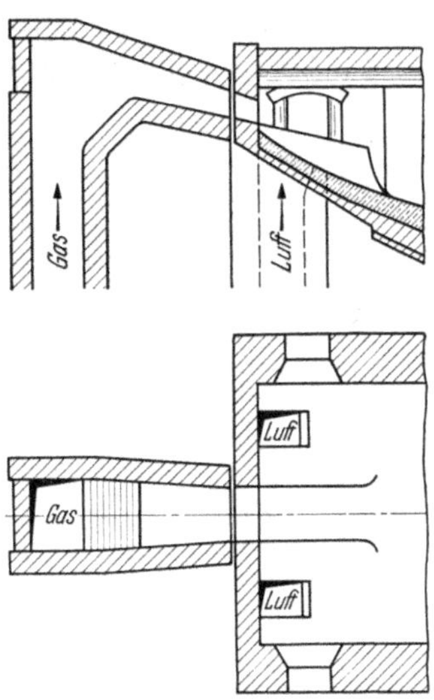

Bild 65. Gasbrenner von MAERZ.

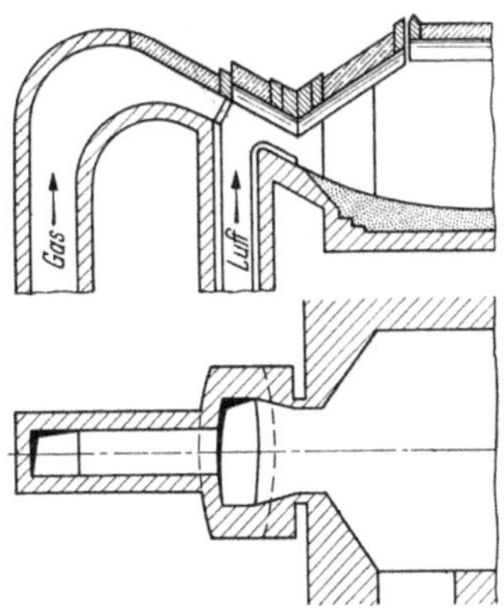

Bild 66. Gasbrenner von MOLL.

Es wird neuerdings wieder mit Nachdruck darauf hingewiesen, daß es gar keinen Zweck habe, die Flamme auf das Bad niederzudrücken, daß es durch die schräge Anordnung auch gar nicht erreicht werden könne. Dieser Hinweis wird unterstützt durch die Tatsache, daß die Wärmeübertragung vorwiegend durch Strahlung erfolgt[2]. In gleichem Sinne hat sich FRIEDRICH SIEMENS schon 1885 in mehreren Vorträgen unter anderem im Iron and Steel-Institute und im Niederrheinischen Bezirksverein deutscher Ingenieure geäußert. In einer ausführlichen Abhandlung[3] tritt er für ein Heizverfahren ein, „bei dem die Flamme

[1] Ber. des Stahlwerks-Ausschusses Nr. 76. [2] BANSEN: Ber. des Stahlwerks-Ausschusses Nr. 82.
[3] SIEMENS: Heizverfahren mit freier Flammentfaltung. Berlin: Julius Springer 1885.

sich frei entfalten kann, daß sie nirgends anschlägt, weder an die Ofenwände noch an das Wärmgut, daß hierbei die Wärmeübertragung vorwiegend durch Strahlung erfolge". Er schlug einen Brenner nach Bild 67 vor. Dieser Brenner hat den schon besprochenen Nachteil, daß die Gaszugsohle durch den Luftkanal unzugängig wird. Um diesen Fehler zu beseitigen, schlägt BANSEN verschränkte Züge nach Bild 68 vor. SCHACK und RUMMEL[1] haben eingehende Untersuchungen über die Gasstrahlung angestellt und sind zu dem Ergebnis gekommen, daß im Siemens-Martin-Ofen rund $^2/_3$ des Wärmeüberganges zum Bad durch Eigenstrahlung der Gase und $^1/_3$ durch Konvektion erfolgt. Sie stellen aber noch besonders fest, daß die Brenner so zu gestalten sind, daß sie außer einer guten Verbrennung zur Erhöhung des Wärmeüberganges durch Konvektion eine lebhafte Wirbelung hervorrufen.

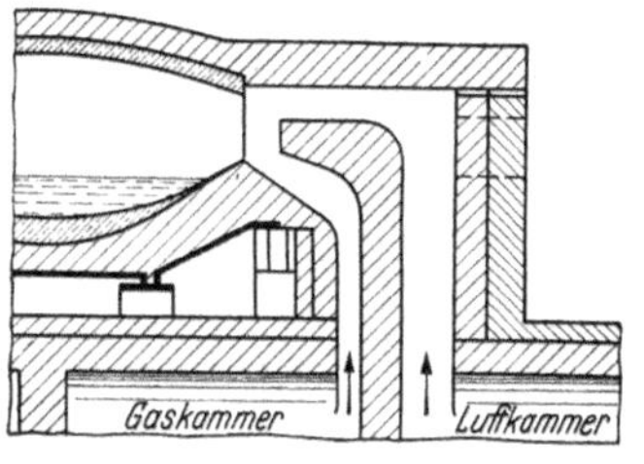

Bild 67. Gasbrenner nach Vorschlag von FR. SIEMENS vom Jahre 1885.

Bei den bisher betrachteten Brennern hat man sich bis auf den von SCHÖNWÄLDER mit einem Gaszug und einem Luftzug begnügt, dabei besondere Lösungen gesucht, um die Flamme günstig zu gestalten und zu führen und die Verbrennung rechtzeitig, d. h. vor dem abziehenden Ofenkopf, zu vollenden. Es liegt nahe, diese Aufgabe durch Unterteilung der Gas- und Luftzüge in eine Anzahl *Teilströme* bzw. durch Erhöhung der Zahl der Brenner zu lösen. Das ist auch früher in vielen Fällen so gemacht worden. Im Bild 69 ist ein Brenner mit 4 Luftzügen und 3 Gaszügen dargestellt, die alle nebeneinander liegen. Die im Jahre 1879 in Betrieb genommenen 11 Siemens-Öfen der Alexandrowsky-Stahlwerke in Petersburg hatten 3 Gas- und 2 Luftzüge, die ebenfalls nebeneinander angeordnet waren. Wenn diese Brenner bei kleinen Öfen eine gleichmäßige Temperatur im Herdraum erreicht haben mögen, so wurde das mit Vergrößerung der Einheiten schwieriger. Diese Brenner haben sich aber offenbar bei Schmelzöfen deshalb nicht bewährt, weil die einzelnen Teile der Brenner zu schlecht zugängig und deshalb Ausbesserungsarbeiten sehr erschwert sind. Man ist bemüht, den Ofenkopf und den Brenner so einfach wie möglich zu gestalten und an den gefährdeten Stellen Wasserkühlung vorzusehen, damit sich die Querschnitte und die einmal als richtig erkannte Flammenbildung und Führung während einer Ofenreise möglichst wenig ändern. Das tritt besonders bei den Ausführungen der amerikanischen Siemens-Martin-Öfen in Erscheinung, bei denen eine selbsttätige Regelung der Gas- und Luftzufuhr vorgesehen ist. Sie wirkt in der Weise, daß bei jeder Änderung der eingeführten Gasmenge auch die Luftmenge sich im entsprechenden Verhältnis ändert. Diese Regelung wird bei Einführung der Verbrennungsluft mittels Kreiselgebläse erreicht. Der Herdraumdruck muß dabei durch Zugregler konstant gehalten werden. Dies geschieht durch eine Glockenregelung, die vom statischen Druck mit Hilfe von Preßluft als Verstellkraft gesteuert wird. Man

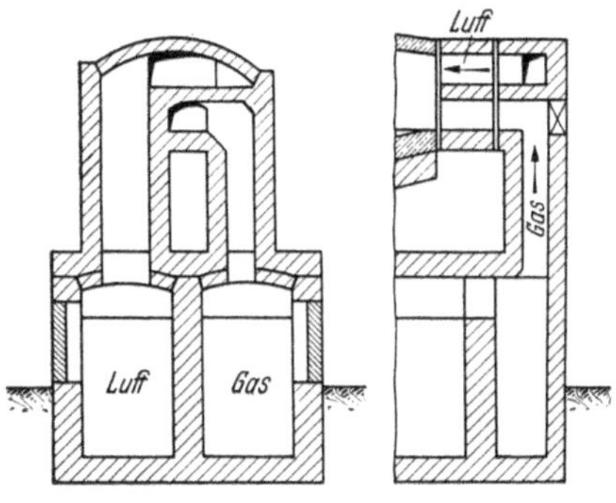

Bild 68. Gasbrenner nach Vorschlag von BANSEN.

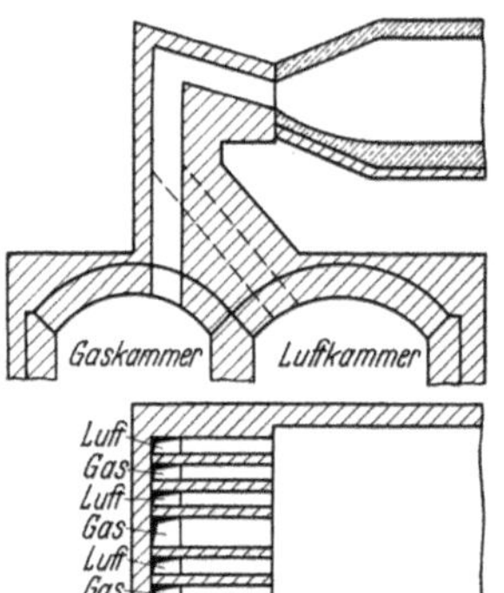

Bild 69. Gasbrenner mit 3 Gaszügen und 4 Luftzügen.

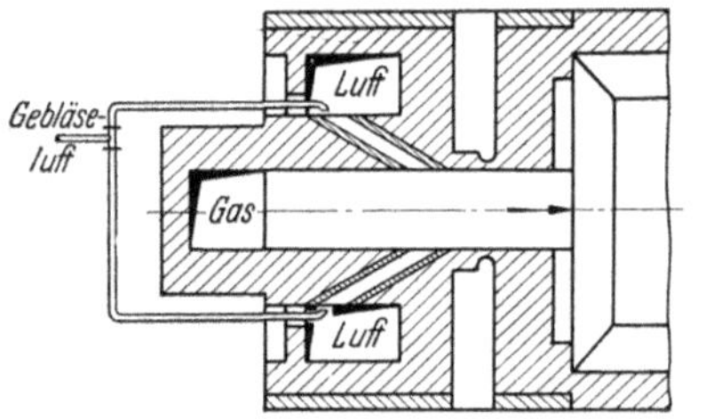

Bild 70. Gasbrenner von TRINKS.

[1] Mitt. d. Wärmest. Düsseldorf 1923 Nr. 51.

ist ferner bemüht, die Verbrennung durch eine teilweise Vorverbrennung im Gaskanal zu verbessern. Beim Brenner von TRINKS (Bild 70) wird heiße Luft mittels Gebläse in den Gasstrom schräg von beiden Seiten eingeführt, beim *Loftusbrenner* (Bild 71) wird die Luft von der Kopfseite her eingeführt. DANFORTH schnürt zu dem gleichen Zweck den Raum vor dem Brenner ein, wobei diese Stelle (Bild 72) ausgiebig mit Wasser gekühlt wird.

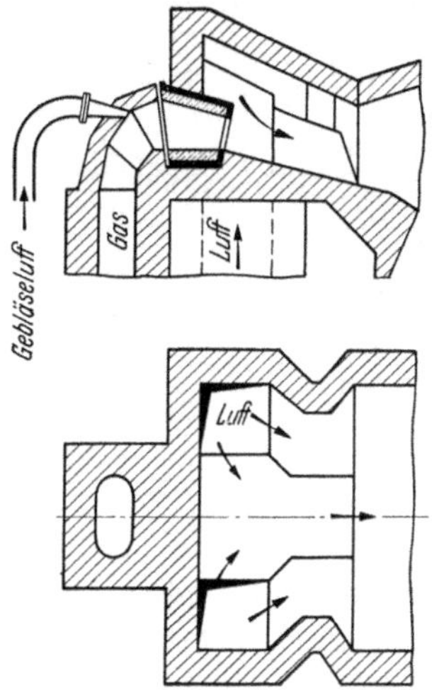

Bild 71. Loftus-Gasbrenner.

Aus Vorstehendem ergibt sich, daß die Durchbildung der Brenner für Siemens-Martin-Öfen fortlaufend Ofenbauer und Hüttenleute beschäftigt hat, ohne indes eine allgemein als einzig richtig anerkannte Lösung zu bringen. Die unbefriedigenden Ergebnisse werden zum Teil durch den großen Rauminhalt von Gas, Luft und Verbrennungserzeugnissen, zum Teil aber auch durch die hohen Ofentemperaturen hervorgerufen.

Bei Verwendung von *Generatorgas* mit einem Heizwert von rund 1100 kcal/m³ und Vorwärmung von Gas und Luft auf 1200° ergibt sich eine theoretische Verbrennungstemperatur von 2300°, in Wirklichkeit werden aber höchstens 1800° erreicht. Das liegt am Luftüberschuß und an der Art, in der die Verbrennung auf großem Raume erfolgt sowie am

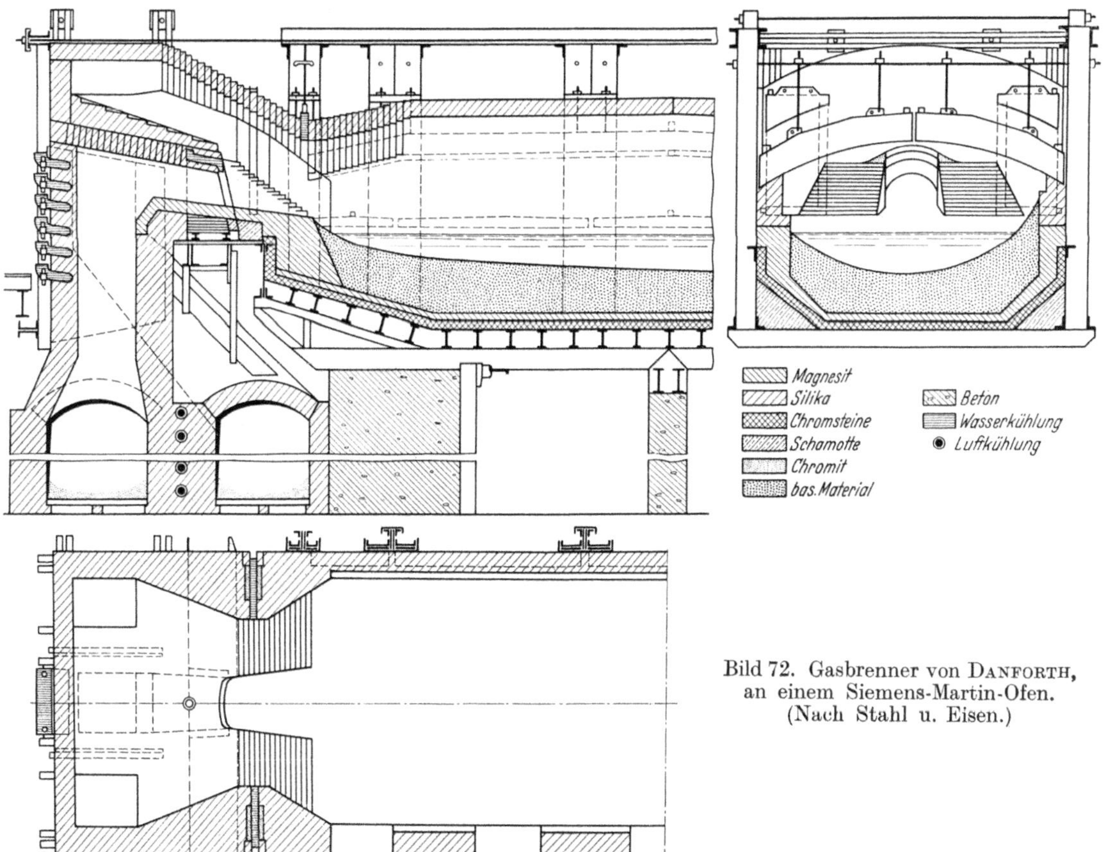

Bild 72. Gasbrenner von DANFORTH, an einem Siemens-Martin-Ofen. (Nach Stahl u. Eisen.)

Einfluß der Dissoziation. Bei Verwendung von *Preßgas* ergeben sich günstigere Verhältnisse, was beim Bunsen-Brenner leicht festgestellt werden kann. Im Kleinbetriebe ist mit Erfolg hiervon Gebrauch gemacht worden. DONNER[1] hat Untersuchungen

[1] Stahl u. Eisen 1923 S. 558.

angestellt, ob für die Beheizung von großen Öfen nicht gleich günstige Verhältnisse erreicht werden können, wenn kaltes Gas mit einer Pressung von 2000 mm WS zur Verwendung kommt und die Luft in der üblichen Weise auf etwa 1200° vorgewärmt wird. Die Ergebnisse der theoretischen Untersuchungen waren die Veranlassung zu

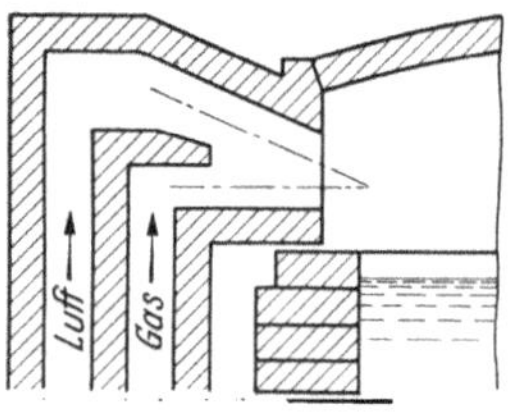

Bild 73. Gasbrenner mit waagerechter Zunge für Glasschmelzöfen.

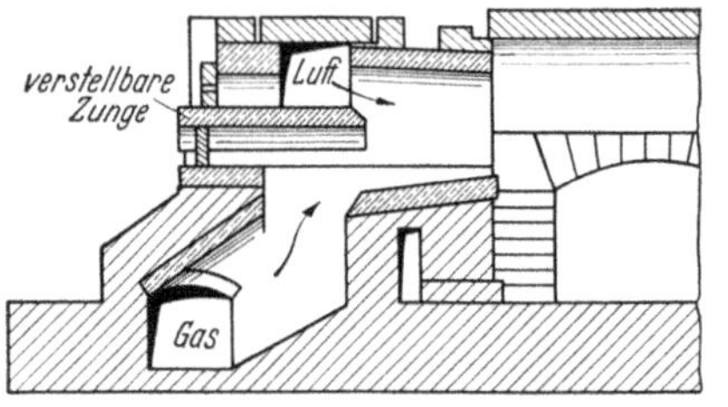

Bild 74. Gasbrenner mit verstellbarer Zunge für Glasschmelzöfen.

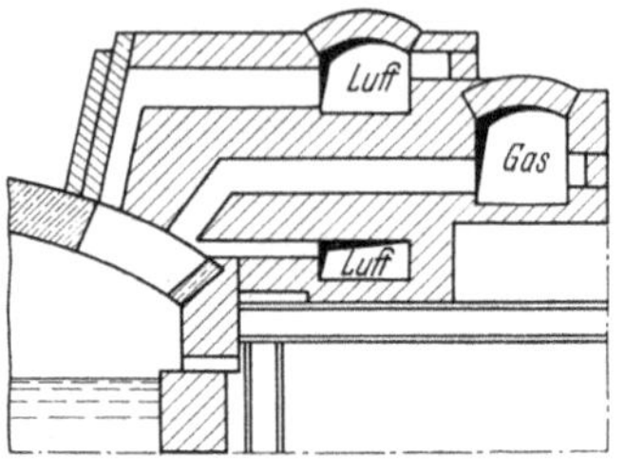

Bild 75. Steilbrenner mit Ober- und Unterluft nach GOBBE.

einem praktischen Versuch an einem Ofen von 3 t Fassungsraum. Mit kaltem Generatorgas von 1000 bis 1330 kcal/m³ Heizwert, einer Pressung von 2000 mm WS und Vorwärmung der Luft wurde Stahl hergestellt und vergossen. Bei dem verwendeten Brenner wird das Gas in eine Anzahl Teilströme zerlegt und in den Heißluftstrom eingeblasen. Bei dem Versuchsofen war der Brenner schräg eingebaut, um die Verbrennungsgase auf die Badoberfläche zu lenken.

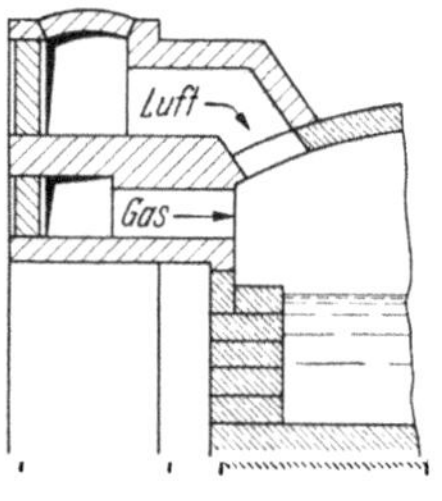

Bild 76. Steilbrenner für Glasschmelzöfen. (Nach KLATTENHOFF.)

Bei Verwendung von *hochwertigem Gas*, hauptsächlich *Koksofengas*, ändern sich die Verhältnisse für die Brenner ebenfalls grundlegend. Wegen des hohen Heizwertes (4000 kcal gegen 1200 kcal je Nm³) ist die erforderliche bzw. die zulässige Verbrennungstemperatur ohne Vorwärmung des Gases zu erreichen. Die Gaskammern entfallen und der Ofenkopf hat nur einen Zuführungskanal für die vorgewärmte Luft aufzunehmen. Das Gas wird durch wassergekühlte Düsen in den horizontalen Teil des Luftkanals eingeführt [1].

Gasbrenner für Glasschmelzöfen mit Siemens-Feuerung.

Auch bei den Glasschmelzöfen haben die Brenner verschiedene Wandlungen erfahren, in der Absicht, die Länge der Flamme, die Verbrennungstemperatur und den Temperaturverlauf im Ofen zu beeinflussen. Der einfachste Brenner ist der bereits beim ersten Siemens-Ofen benutzte und im Bild 59 dargestellte. Er kommt außer bei Wannenöfen auch bei Hafenöfen zur Anwendung, weil er bei äußerster Einfachheit den Anforderungen durchaus entspricht. Er wird als zungenloser Brenner bezeichnet. Daneben werden Brenner mit waagerechter Trennwand zwischen Gas- und Luftzug verwendet, bei denen die Länge dieser Trennwand der sog. Zunge verschieden ist (Bild 73). Im allgemeinen ist die Zunge so gestaltet, daß das Gas waagerecht strömt, während der Luftstrom so geleitet wird, daß er in einem spitzen Winkel (5 bis 15°) auf den Gasstrom stößt. Der Treffpunkt von Gas und Luft liegt je nach der Länge der Zunge im Brenner selbst oder davor im Ofenraum. Brenner mit verstellbarer Zunge nach Bild 74 werden ausgeführt, um die günstigste Flammenführung im Betriebe ermitteln zu können. In der Absicht, die Flamme zwecks besserer Wärmeübertragung auf den Glasspiegel zu leiten, wurden die Steilbrenner (Bilder 75 und 76) eingeführt. Diese kommen bei den sog. Galeriebrennern (Bild 77) vielfach zur Anwendung besonders bei schmalen Wannenöfen für Tafelglas, weil bei diesen Brennern eine kurze Flamme entsteht.

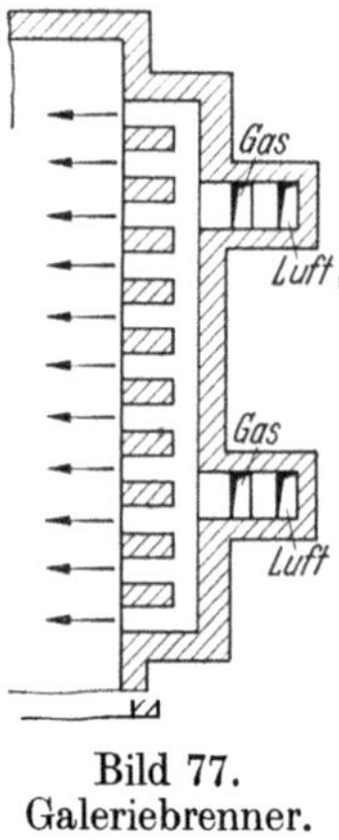

Bild 77. Galeriebrenner.

Bei Hafenöfen findet man auch eine Bauart, bei der die Brenner im Herdboden angeordnet sind. Sie werden als *Vertikalbrenner* bezeichnet, weil die Flamme vertikal

[1] SCHWEITZER: Stahl u. Eisen 1923 S. 649.

aus dem Herdboden in den Ofenraum eintritt. Sie steigt wie im Bild 78 angedeutet, in dem Herdraum hoch und streicht dann erst horizontal weiter bis zum zweiten Brenner, so daß die Gase auch hier wieder senkrecht abziehen. Die Vertikalbrenner kommen als Büttenbrenner und Schlitzbrenner zur Ausführung. Bei den *Büttenbrennern* (Bild 79) treten Gas und Luft schon im Verbrennungsschacht zusammen, so daß hier die Verbrennung bereits beginnt und eine mehr oder minder ausgebildete Flamme in den Herdraum eintritt. Bei den *Schlitzbrennern* sind Gas und Luft in dem Brennerschacht durch Mauerzungen getrennt (Bild 80), so daß die Verbrennung erst beim Eintritt in den Herdraum beginnt und die Stelle höchster Temperatur weiter von der Brennermündung abgerückt wird. Die Büttenbrenner werden entweder nach Bild 81 mit einander gegenüberliegenden Einströmschlitzen für Gas und Luft oder mit versetzten Einströmschlitzen ausgeführt.

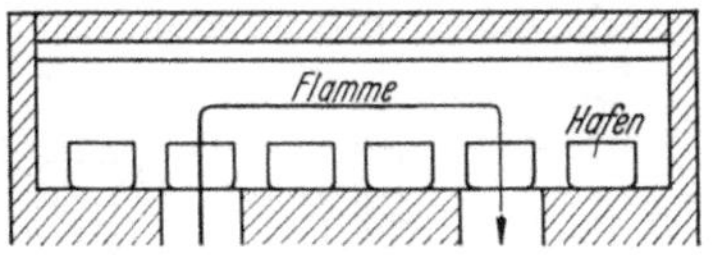

Bild 78. Vertikalbrenner für Hafenöfen.

Gasbrenner für Öfen ohne Gas- und Luftvorwärmung.

Bei den bisher besprochenen Gasbrennern erkennt man das Bestreben, bei einfacher Bauart und geringen Betriebs- sowie Instandhaltungskosten gleichbleibende Verbrennungsgüte bei verschiedener Belastung und günstige Wärmeübertragung auf das Wärmgut sicherzustellen. Es sind hierbei nur Brenner in Erscheinung getreten, bei denen die Mischung von Gas und Luft im Ofen erfolgt, bei einigen erkennt man die Absicht, die Mischung schon in einem Vorraum zum Ofen (Verbrennungsschacht oder Verbrennungskammer) zu bewirken und die Verbrennung wenn nicht zu vollenden so zum mindesten aber einzuleiten, wie z. B. beim Moll-Brenner und Büttenbrenner. Bei anderen Ausführungen, z. B. den Brennern von Bernhardt und Maerz, werden Gas und Luft so zusammengeführt, daß eine schnelle Mischung durch Wirbelung und entsprechende Beschleunigung der Verbrennung erzielt wird. Bei dem Preßgasbrenner nach Donner wird durch die hohe Geschwindigkeit und die feine Verteilung des Gasstromes eine starke Wirbelung (Turbulenz) und entsprechend schnellere Verbrennung und höhere Verbrennungstemperatur erreicht. Bei *Reichgas* entfällt in den meisten Fällen die Luftvorwärmung und es genügt, das Gas mit erhöhter Geschwindigkeit in den heißen Luftstrom einzuleiten.

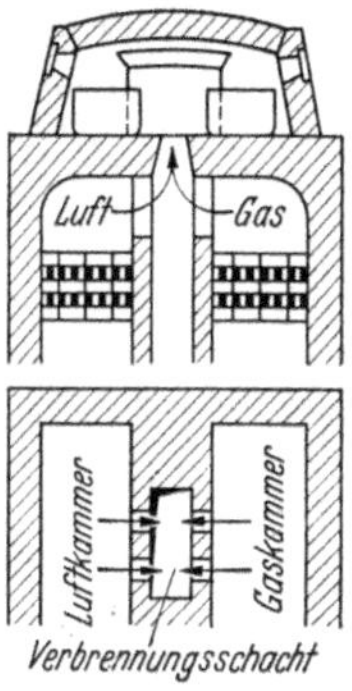

Bild 79. Büttenbrenner.

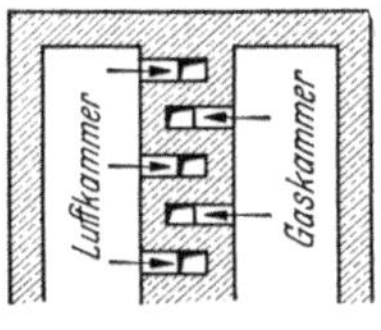

Bild 80. Schlitzbrenner.

Es liegt nun nahe, Brenner nach dem Vorbild des Bunsenbrenners zu gestalten, die hohe Verbrennungstemperaturen ohne Vorwärmung, zum mindesten ohne hohe Vorwärmung, erreichen, da sich hierdurch eine wesentliche Vereinfachung der Anlage ergibt. Dieses Bestreben führt bei Reichgasen natürlich leichter zum Ziel als bei Schwachgasen. Jedoch wird bei niedrigen Arbeitstemperaturen auch mit letzteren Erfolg erzielt. Diese Brenner, bei denen im allgemeinen weder Gas noch Luft vorgewärmt werden, sind so zu gestalten, daß eine schnelle und vollständige Mischung und somit Verbrennung auf kleinem Raum (Verbrennung mit kurzer Flamme) sicher gestellt wird. Sie zerfallen in drei Gruppen:

1. Brenner, bei denen Gas und Luft im Verbrennungsraum gemischt werden (Gas-Luftbrenner),
2. Brenner, bei denen Gas und Luft im Brenner gemischt werden (Mischbrenner),
3. Brenner, bei denen Gas und Luft vor dem Brenner gemischt werden (Gemischbrenner).

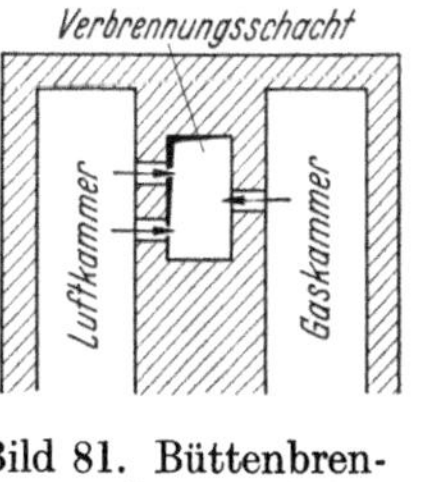

Bild 81. Büttenbrenner mit versetzten Einströmschlitzen.

Gas-Luftbrenner.

Die Brenner dieser Gruppe haben Prallflächen, Gas und Luft strömen mit geringem Überdruck nebeneinander in den Brenner ein und werden in Wirbelbewegung versetzt.

Hierdurch wird eine Durchmischung vor der Brennermündung und entsprechend schnelle Verbrennung im Verbrennungsraum angestrebt. Bild 82 gibt eine Ausführungsform eines solchen Brenners wieder.

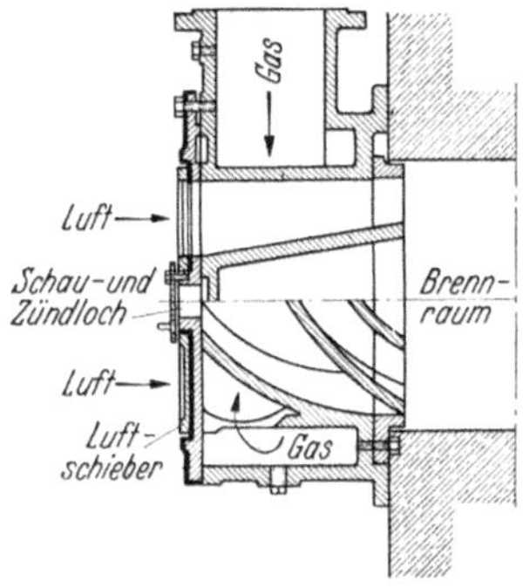

Bild 82. Gas-Luftbrenner. (RODBERG.)

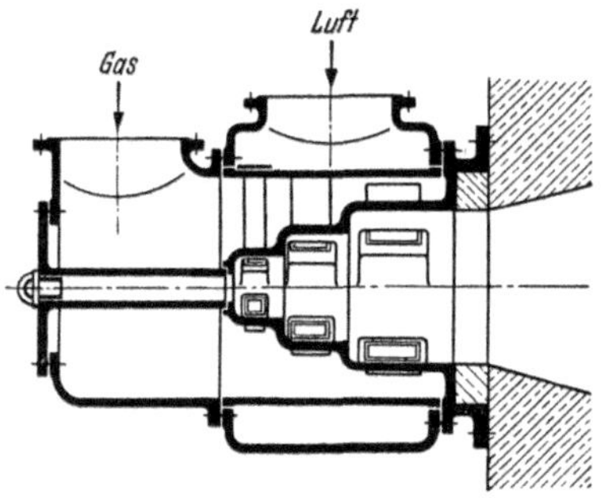

Bild 83. Mischbrenner mit stufenweiser Mischung von Gas und Luft.

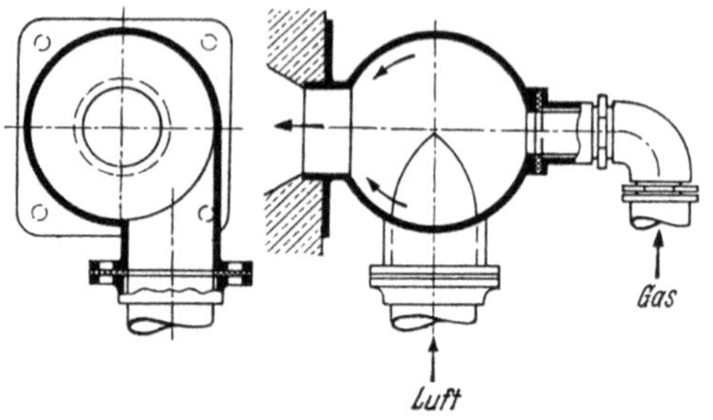

Bild 84. Mischbrenner (Kugelbrenner) mit axialem Gaseintritt und tangentialem Lufteintritt.

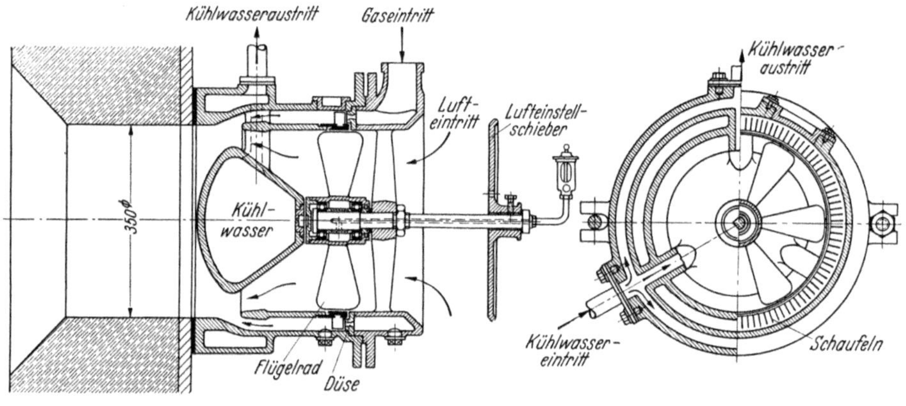

Bild 85. Mischbrenner mit Turbinenrad und Propeller. (Bauart EICKWORTH.)

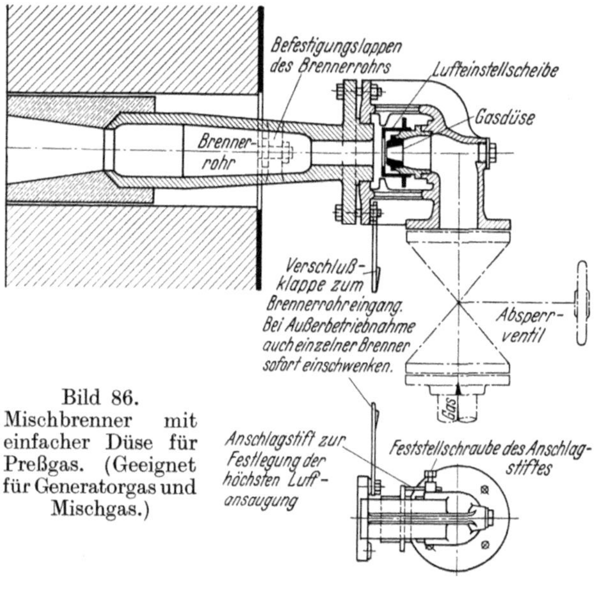

Bild 86. Mischbrenner mit einfacher Düse für Preßgas. (Geeignet für Generatorgas und Mischgas.)

Mischbrenner.

Diese sind in drei Ausführungsarten gebräuchlich:

Mischbrenner, bei denen Gas und Luft unter Druck oder Zug in den Mischraum des Brenners eintreten. Bild 83 zeigt einen Brenner dieser Art, bei dem Gas und Luft stufenweise gemischt werden. Bild 84 den sog. Kugelbrenner, bei dem das Gas axial und die Luft tangential in den kugelig gestalteten Mischraum eintritt.

Mischbrenner, bei denen Preßgas die Luft ansaugt, bei denen also das Gas als Kraftflüssigkeit und die Luft als Förderflüssigkeit auftritt. Bei der Ausführung nach Abb. 85 wird durch das durch Düsen ausströmende Gas ein Turbinenrad in Drehung versetzt, das gleichzeitig einen Luft ansaugenden Propeller bewegt. Bei anderen Ausführungen fehlen derartige Propeller; das Ansaugen der Luft erfolgt durch injektorartig wirkende Gasdüsen (Bilder 86 und 87).

Mischbrenner, bei denen Preßluft das Gas ansaugt, bei denen die Luft als Kraftflüssigkeit und das Gas als Förderflüssigkeit auftritt. Ein solcher Brenner ist im Bild 88 dargestellt. Vor dem Brennerstein sind hintereinander die Luft und die Gasverteilungskammern angeordnet. Die Preßluft strömt durch Düsen ein, die schraubenförmige Windungen besitzen. Das durch die Injektorwirkung angesaugte Gas wird ebenfalls durch

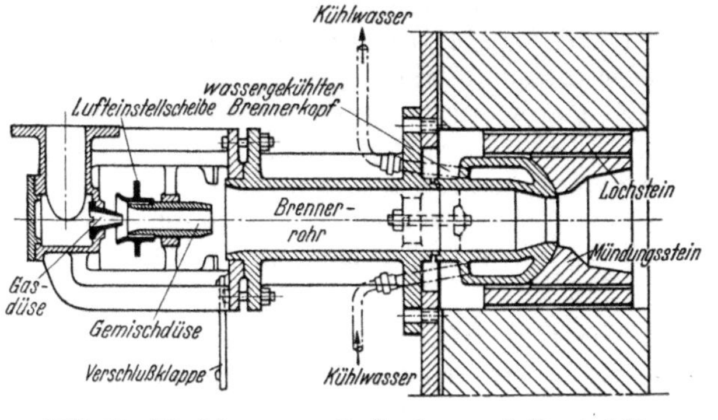

Bild 87. Mischbrenner mit Gasdüse und Gemischdüse. (Geeignet für Koksofengas von 3000 mm WS.)

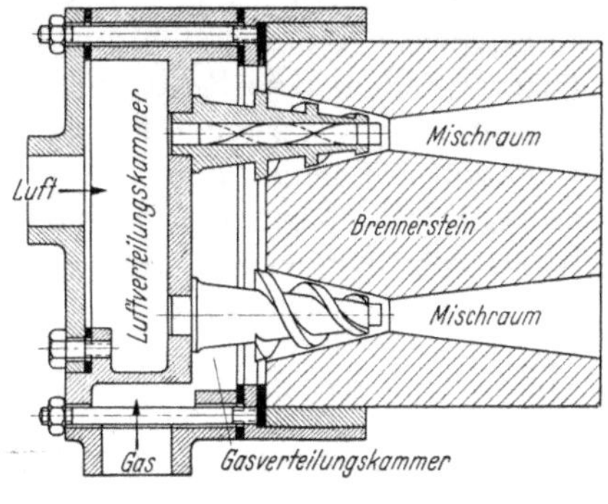

Bild 88. Mischbrenner für Preßluftbetrieb (Wirbelstrahlbrenner).

Schraubengewinde, die den inneren gegenläufig angeordnet sind, in kreisende Bewegung versetzt. Hierdurch wird im Mischraum eine lebhafte Wirbelbewegung und gute Durchmischung erzielt.

Gemischbrenner.

Diese werden ebenfalls in drei Ausführungsarten gebaut:

Gemischbrenner, bei denen Gas und Luft in *Mischmaschinen* verdichtet werden. Gas und Luft werden von einem Schleuderradmischer angesaugt, gemischt und das Gemisch einem oder mehreren Brennern zugeleitet.

Gemischbrenner, bei denen Preßgas die Luft ansaugt (Bild 89).

Gemischbrenner, bei denen Preßluft das Gas ansaugt (Bild 90).

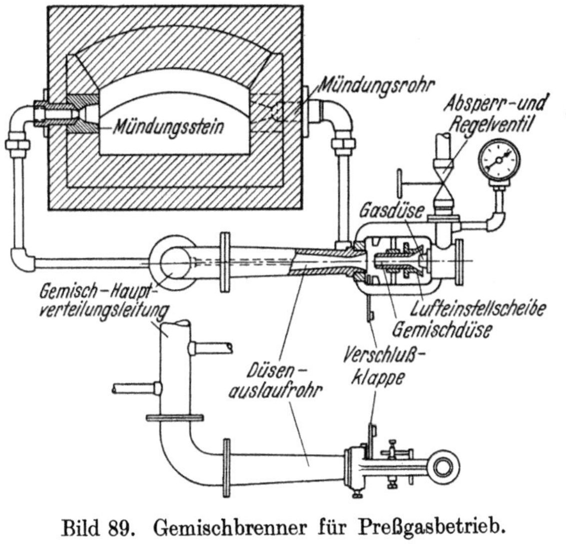

Bild 89. Gemischbrenner für Preßgasbetrieb.

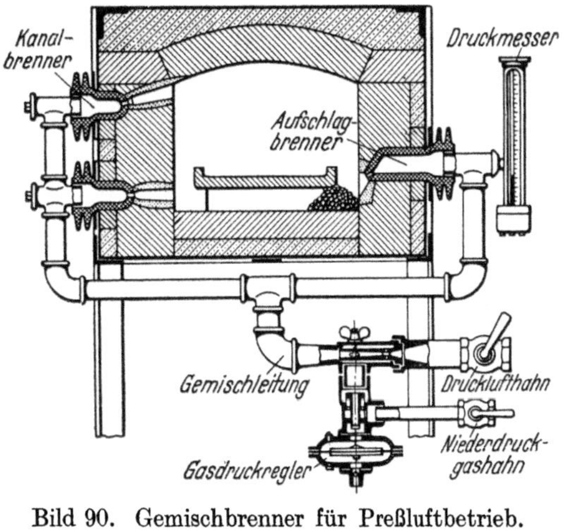

Bild 90. Gemischbrenner für Preßluftbetrieb.

Von diesen verschiedenen Bauarten kommt den Brennern mit Saugwirkung, den *Düsenbrennern*, wegen ihrer Einfachheit besondere Bedeutung zu, und zwar dem Hochdruckbrenner, bei dem Preßgas mit einem Druck von mindestens 1000 mm WS die Luft ansaugt und dem Niederdruckbrenner, bei dem Preßluft von weniger als 1000 mm WS das Gas ansaugt.

Die *Hochdruckbrenner für Preßgas* zeichnen sich durch ihre besondere Einfachheit aus und erfordern geringe Betriebskosten. Sie sind besonders geeignet für kleine Öfen und Öfen, die nur zeitweise betrieben werden. Die Einstellung erfolgt durch eine Drossel in der Gasleitung. An jedem Ofen ist nur eine Gasleitung erforderlich. Es ist jedoch zu beachten, daß die untere Grenze der Regelbarkeit bei 1000 WS liegt. Soll der Ofenbetrieb weiter eingeschränkt werden, müssen Brenner abgeschaltet werden. Ein Nachteil ist, daß diese Brenner gegen Änderung des Ofendrucks sehr empfindlich sind[1]. Bei den Niederdruckbrennern mit Ansaugung des Gases durch Preßluft kommt man mit einem Luftdruck von unter 1000 mm WS aus, da z. B. bei Koksofengas auf 1 m³ Gas 5 bis 6 m³ Luft entfallen. Die Regelung ist deshalb bei diesen Brennern genauer und nicht so eng begrenzt. Die Kosten für die Preßluft sind gering, sie betragen bei einem Druck von 1000 mm WS noch nicht 3 % der Gaskosten. Die bessere Regelbarkeit der Niederdruckbrenner mit Gasansaugung kann sich zu bemerkenswerten Gasersparnissen auswirken. Sie werden bevorzugt, wenn eine gleichmäßige Wärmeverteilung über größere Flächen erstrebt wird. Die Brenner werden in solchen Fällen weitgehend unterteilt.

Oberflächenverbrennung.

Bei der *flammenlosen Oberflächenverbrennung* wird eine gleichmäßige Mischung von Gas und Luft in dem für eine vollständige Verbrennung erforderlichen Mengenverhältnis oder mit geringem Luftüberschuß in Berührung mit festen körnigen Stoffen verbrannt, wobei ein großer Teil der frei werdenden Wärme durch Strahlung übertragen wird. Die Verbrennung erfolgt mit großer Geschwindigkeit in den engen Zwischenräumen zwischen den körnigen Stücken. Wenn wir die körnige Füllmasse als Brenner ansehen, so erfolgt die Verbrennung im Brenner selbst im Gegensatz zu allen bisher besprochenen Feuerungsarten und zwar infolge der Kontaktwirkung mit der großen Oberfläche der körnigen Füllmasse. Es handelt sich um einen Vorgang, der schon im Anfang des vorigen Jahrhunderts von H. Davy beobachtet, aber nicht zur praktischen Verwertung geführt wurde. Ähnliche Vorgänge spielen sich beim Döbereinerschen Feuerzeug ab, bei dem Wasserstoff über einen Platinschwamm entzündet wird. Gasanzünder aus feinem Platindraht beruhen ebenfalls auf der gleichen Kontaktwirkung. In der Neuzeit gab Boncourt die Anregung, die von Bone in Leeds im Jahre 1902 und gleichzeitig von Schnabel in Berlin aufgegriffen wurde[2], dieses Verbrennungsverfahren praktisch in industriellen Feuerungen anzuwenden. Es wurden in Tiegelöfen mit Generatorgas Temperaturen von 1500° C erreicht. Bild 91 zeigt einen Tiegelofen, Bild 92 einen Muffelofen mit Oberflächenverbrennung nach Bone. Obschon zur Einführung dieses Verfahrens englische, amerikanische und deutsche Verwertungsgesellschaften gegründet wurden, die miteinander eine Interessengemeinschaft eingingen, ist das Verfahren im letzten Jahrzehnt wenigstens in Deutschland fast ganz verschwunden.

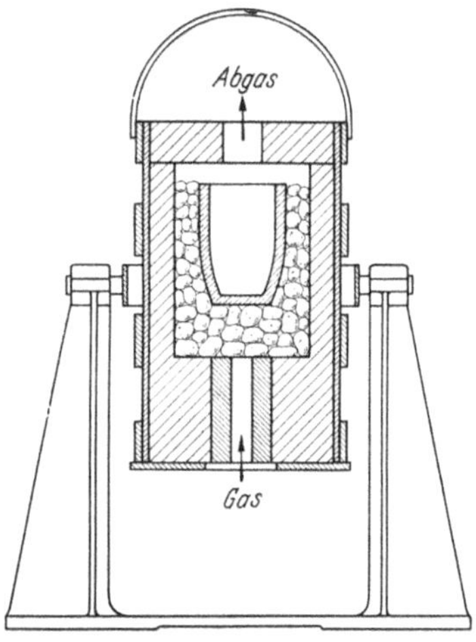

Bild 91. Tiegelofen mit Oberflächenverbrennung.

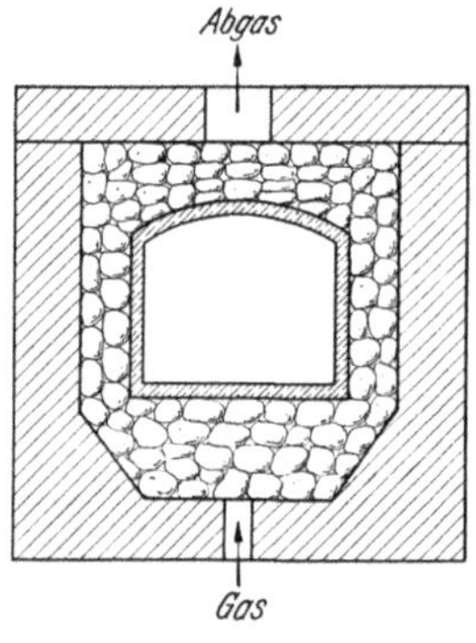

Bild 92. Muffelofen mit Oberflächenverbrennung.

Über die Theorie der flammenlosen Verbrennung sind verschiedene Veröffentlichungen erfolgt. Durch Dulong und Thenard, besonders aber durch die Untersuchungen Döbereiners, wurde festgestellt. daß feste Körper bei Erhitzung die Fähigkeit besitzen, die Verbrennung von Gasen unter ihrer Entzündungstemperatur, wenn auch mit geringer Geschwindigkeit, einzuleiten. Davy versuchte eine elektrochemische Erklärung, Döbereiner hielt Metall für einen Sauerstoffüberträger, Fusinieri nahm eine Aktivierung des brennbaren Gases bei der Berührung mit Metallen an. Faraday nahm

[1] Rheinländer: Mitt. d. Wärmest. Düsseldorf Nr. 150. — Neumann, G.: Stahl u. Eisen Bd. 56 (1936) S. 941—952. [2] Stahl u. Eisen 1912 S. 1095.

an, daß feste Körper die Gase an ihrer Oberfläche verdichten. De la Rive ist der Ansicht, daß die festen Körper rein katalytisch wirken. Bone glaubt, daß die reagierenden Gase durch Ionisation „aktiv" gemacht werden. Er stellte fest, daß die katalysierende Kraft der heißen Oberfläche bis zu einem konstanten Höchstwert wächst und daß sie bei allen Substanzen stark erhöht wird, wenn die Oberfläche erst dem brennbaren Gas ausgesetzt wird, die auf diese Weise aktiv gemacht wird. *Heiße feste Körper beschleunigen die Verbrennung von Gasen bei Temperaturen, die dem Entzündungspunkt nahe liegen. Bei höheren Temperaturen, wenn die Oberfläche der festen Körper glühend wird, erhöht sich der beschleunigende Einfluß. Die durch die intensive Verbrennung hervorgebrachte Wärme hält die Oberfläche ohne irgendeine Flammenbildung glühend.* Mache[1], Leatter[2] und Lucke[3] geben eine physikalische Erklärung der Vorgänge. Mache hält die Bezeichnung flammenlose Verbrennung nicht für richtig, weil das Kennzeichen einer Flamme nicht ihre Sichtbarkeit sei. Von Jüptner[4] verweist auf schnelle Wärmeübertragung durch Strahlung, in den engen Räumen gehe die Verbrennung unter Umständen vor sich, die denen bei konstantem Volumen ähnlich sind und deshalb höhere Verbrennungstemperaturen ergebe.

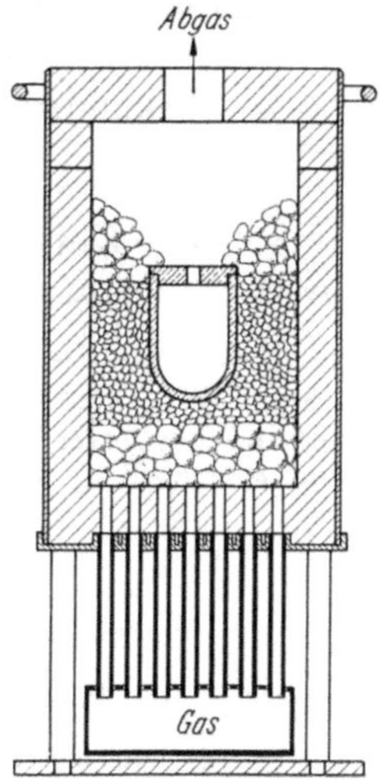

Bild 93. Tiegelofen für keramische Brände mit Oberflächenverbrennung.

Im Bild 93 ist ein Versuchsofen dargestellt, der von Salmang und Brors zwecks Ausführung keramischer Brände durchgebildet wurde[5]. In diesem Ofen wurde bei Verwendung von Leuchtgas und Luft und oxydierender Atmosphäre in 20 bis 25 min 2000°, nach weiteren 20 min 2200° erreicht. Bei den von Bone und Schnabel in Vorschlag gebrachten Feuerungen für Oberflächenverbrennung ist stets eine Füllmasse vorgesehen, die aus etwa nußgroßen Schamottekörnern besteht, die zunächst auf Rotglut erhitzt werden. Dann wird die Gaszufuhr kurze Zeit unterbrochen. Nach Wiedereintritt des Gasluftgemisches entzündet sich dieses an den glühenden Schamottestücken und die Verbrennung geht ohne Flammenbildung weiter. Neuere Versuche haben ergeben, daß die flammenlose Oberflächenverbrennung auch ohne irgendwelche Füllmasse erreicht werden kann, wenn in andere Weise Verhältnisse geschaffen werden, die die Kontaktwirkung an hinreichend großer heißer Oberfläche sicherstellen. Das ist beim Effixofen der Westdeutschen Industrie-Ofenbaugesellschaft in Bonn geschehen. Er ist nach Bild 94 als Muffelofen ausgeführt. Der Ofen wird durch einen Brenner, der in der Vorwärmkammer mündet, angeheizt. Sobald hier eine Temperatur von 900° erreicht ist, verschwindet die bis dahin vorhanden gewesene Flamme und die Verbrennung geht ohne Flammenbildung weiter. Von diesem Zeitpunkt an dient der Brenner nur noch zum Mischen von Gas und Erstluft. Die Zweitluft tritt konzentrisch zum Brenner in die in hoher Rotglut befindliche Vorwärmkammer ein. Die Verbrennung spielt sich in dem engen Zwischenraum zwischen Außen- und Innenmuffel ab. Das hat zur Folge, daß die Innenmuffel gleichmäßig erhitzt und das eingebrachte Wärmgut von allen Seiten gleichmäßig bestrahlt wird. Es ist anzunehmen, daß auf dem hier gezeigten Wege für die fast aufgegebene Oberflächenverbrennung auch an anderen Industrieöfen ein Anwendungsgebiet erschlossen wird.

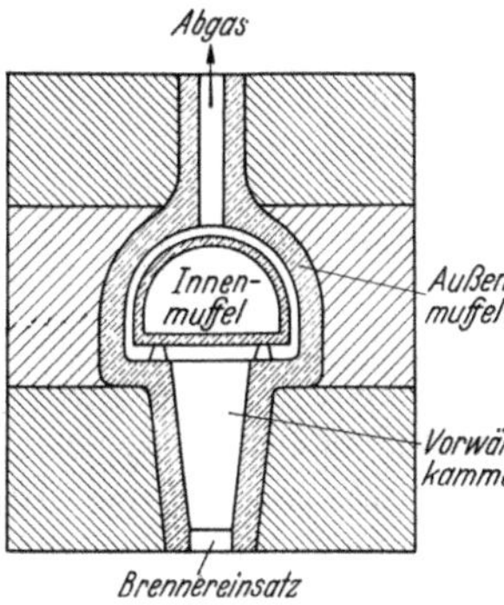

Bild 94. Muffelofen mit Oberflächenverbrennung.

V. Elektrische Heizung.

Die elektrische Heizung beruht auf dem physikalischen Gesetz, daß die einen Leiter durchströmende elektrische Energie sich in Wärme umwandelt, sofern sie nicht auf ihrem Wege andere Arbeit (Magnetisierung, Induktion, Elektrolyse u. a.) verrichtet. Bezeichnet U die Spannung in Volt und J die Stromstärke in Ampere, so ist die in der Zeiteinheit verrichtete Leistung

$$N = U\,J \tag{25}$$

und da nach dem Ohmschen Gesetz

$$U = J\,R$$

ist, so folgt auch

$$N = J^2\,R. \tag{26}$$

[1] Z. angew. Chem. 1913 S. 167. [2] Feuerungstechn. 1912 S. 64.
[3] Feuerungstechn. 1912 S. 66. [4] Feuerungstechn. 1912 S. 39.
[5] Über die Verdichtung hochfeuerfester Oxyde und Hochtemperaturöfen mit oxydierender Flamme. Dissertation Brors Aachen 1929.

In Worten: Die vom Strom in der Zeiteinheit geleistete Arbeit ist gleich dem Quadrate seiner Stromstärke multipliziert mit dem Widerstande des von ihm durchflossenen Leiters (JOULEsches Gesetz).

Wird die vom elektrischen Strom geleistete Arbeit in Wärme umgewandelt, so beträgt die in t Sekunden erzeugte Wärmemenge, da 1 Ws = 0,239 cal ist,

$$Q = 0{,}239\, J^2 R\, t \qquad \text{cal.} \tag{27}$$

Soll ein Körper durch elektrischen Strom geschmolzen werden, so ergibt sich aus diesen Beziehungen, welche Aufnahmefähigkeit der Schmelztiegel haben muß.

Beispiel 9. Es sollen 20 kg Blei geschmolzen werden. Die Schmelztemperatur dieses Metalls beträgt 327°, seine spezifische Wärme = 0,035, seine Schmelzwärme = 5,5 kcal. Zur Schmelzung sind mithin erforderlich 20 (0,035 · 327 + 5,5) = 338,9 kcal. Zur Erzeugung dieser Wärmemenge sind erforderlich, da 1 kcal = 1,16 Wh

$$\frac{338{,}9}{1{,}16} = 292\ \text{Wh} = 0{,}292\ \text{kWh}.$$

Soll die Schmelzung in 30 min durchgeführt sein, so muß der Elektroschmelztiegel eine Aufnahmefähigkeit von $0{,}292\ \frac{60}{30} = 0{,}584$ kW besitzen.

Das ist die Elektrizitätsmenge für einen verlustlosen Apparat. Bei jedem Schmelzofen treten aber insbesondere durch Strahlung Verluste auf. Der Gesamtverbrauch berechnet sich demnach aus

$$Q = \frac{Q_{\text{theor}}}{\eta},$$

worin Q_{theor} die Elektrizitätsmenge für den verlustlosen Apparat und η der Wirkungsgrad ist.

Aus den obigen Beziehungen ergibt sich die Größe des *Widerstandes* bei einem Elektrowärmegerät in Abhängigkeit von der Spannung aus

$$R = \frac{U}{I}$$

oder da

$$U = \frac{N}{I}$$

ist, auch aus

$$R = \frac{U^2}{N}. \tag{28}$$

Beispiel 10. Ein Elektrowärmegerät soll N = 10 kW (= 10000 W) aufnehmen. Wie groß ist der Widerstand zu bemessen, wenn das Gerät an eine

a) Lichtleitung von 110 V,
b) Kraftleitung von 500 V,
c) Hochspannungsleitung von 10000 V

angeschlossen wird?

Lös.: Aus Gl. (28) folgt

$$R = \frac{110^2}{10000} = 1{,}21\ \Omega,$$

$$R = \frac{500^2}{10000} = 25\ \Omega,$$

$$R = \frac{10000^2}{10000} = 10000\ \Omega.$$

Der Widerstand eines induktionsfreien Leiters ist

$$R = \frac{l\varrho}{F} \qquad \Omega.$$

Hierin ist

l = Länge m,
F = Querschnitt mm²,
ϱ = spezifischer Widerstand Ω mm²/m.

Um geringe Querschnitte für den Widerstand zu erhalten, müssen Stoffe von hohem spezifischen Widerstand verwendet werden. Die elektrische Heizung erfordert demnach *hohe Stromstärken,* während die Spannung niedrig sein kann. Man entnimmt deshalb den Heizstrom in den meisten Fällen nicht dem Stromerzeuger selbst, sondern führt ihn dem Ofen über einen Umformer zu, der Heizstrom von hoher Spannung auf die für Heizzwecke geeignete niedrige Spannung vermindert. Für elektrisch beheizte Öfen wird Gleichstrom wegen der möglichen elektrolytischen Begleiterscheinungen vermieden, weil dieser insbesondere bei metallurgischen Verfahren störende Wirkungen hervorrufen kann. Es werden deshalb meist Wechselstromtransformatoren angewandt oder bei induktiver Beheizung rotierende Umformer. In den Wicklungen der Transformatoren findet infolge der hohen Stromstärken eine starke Erwärmung statt, so daß eine wirksame Kühlung notwendig ist. Diese Kühlung wird zunächst durch Vergrößerung der Oberfläche des Transformatorenmantels mittels Rippen erreicht, bei größeren Einheiten wird jedoch eine Luft- oder Wasserkühlung notwendig. Die Zuleitung der hohen Stromstärken vom Transformator zur Heizstelle erfordert besondere Maßnahmen, um Verluste, die vorwiegend durch Induktion veranlaßt werden, zu vermeiden[1]. Von den zahlreichen Ausführungsformen sind zwei Gruppen wesentlich, von denen die eine durch den heizenden Lichtbogen gekennzeichnet ist, während bei der anderen Gruppe die Heizung durch die in einem festen Leiter entwickelte Wärme geschieht; diese wird als Widerstandsheizung bezeichnet. In Wirklichkeit ist auch die Lichtbogenheizung eine Widerstandsheizung, bei der der eingeschaltete Widerstand ein gasförmiger ist. Nun ist es aber allgemein üblich geworden, als Widerstandsheizung nur eine solche zu bezeichnen, bei der der Widerstand aus Metall oder einem anderen leitenden Körper besteht. Es handelt sich ebenfalls um eine Widerstandsheizung, wenn das Wärmgut den kurz geschlossenen Leiter für Induktionsströme bildet. Da es sich aber hier wieder um die Durchbildung besonderer Bauarten handelt, bezeichnet man diese allgemein als Induktionsöfen und ihre Beheizung als Induktionsheizung. Diese in der Praxis üblichen Bezeichnungen sollen auch der folgenden Einteilung zugrunde gelegt werden.

a) Lichtbogenheizung.

Unmittelbare Lichtbogenheizung.

Die unmittelbare (direkte) Lichtbogenheizung ist besonders in der Stahlindustrie sehr verbreitet. Ungefähr 90% sämtlicher Elektrostahlwerke arbeiten mit unmittelbarer Lichtbogenheizung. Bei dieser Beheizungsart geht der Strom unmittelbar durch das Arbeitsgut und die Elektroden treten durch das den Herd überdeckende Gewölbe senkrecht in das Ofeninnere ein. Sie werden so dicht an das Bad herangeführt, daß der Strom von der einen Elektrode unter Bildung eines Lichtbogens auf den Einsatz übertritt und durch Schlacke und Metallbad strömend in gleicher Weise den Weg zur zweiten Elektrode nimmt und somit den Stromkreis schließt. Neben der strahlenden Wärme des Lichtbogens wird auch noch die Widerstandswärme (rund 15% der Gesamtwärme) ausgenutzt. Bei dieser Beheizungsart wird ebenfalls eine heiße, reaktionsfähige Schlacke erzielt und gleichzeitig eine gewisse Tiefenwirkung im Metallbad erreicht. Bild 95 stellt das Schema eines Ofens dar, wie er von Héroult zuerst gebaut wurde. Der erste in Deutschland im Jahre 1906 in Betrieb gekommene Héroult-Ofen hatte äußerlich die Form eines kleinen Martin-Ofens. Heute bevorzugt man die runde Form.

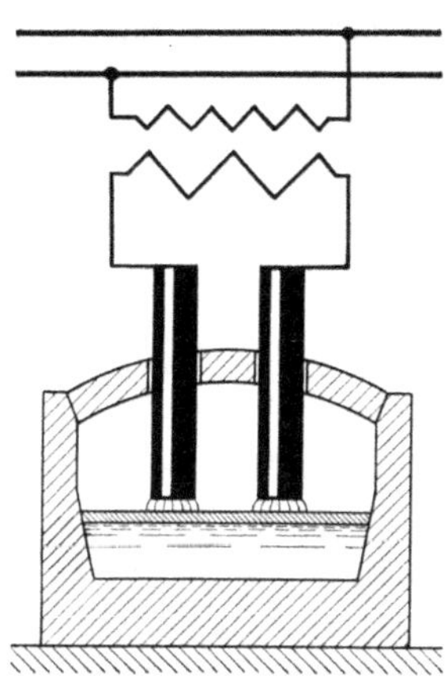

Bild 95. Unmittelbare Lichtbogenheizung (Héroult-Ofen).

Öfen mit *Bodenelektroden* sind von verschiedenen Ofenbauern ausgeführt worden. Girod, Chaplet und Snyder ordnen die Bodenelektroden so an, daß sie mit dem Bade in Berührung stehen, wie im Bild 96 veranschaulicht ist. Girod sieht für die Stahlelektroden Wasserkühlung vor. Keller hat bei dem von ihm entwickelten Ofen den Boden durch eine größere Zahl Elektroden von 25 bis 30 mm Durchmesser durchsetzt

[1] Wotschke: Die Leistung des Drehstromofens. Berlin: Julius Springer 1925.

(Ofen mit armiertem Boden). NATHUSIUS sieht Metall- und Kohleelektroden vor, die bei der Zustellung des Ofens eingestampft werden. Die Bodenbeheizung kann verstärkt werden, wenn die Bodenelektrode durch einen Leiter zweiter Klasse (Dolomit oder Magnesit) vom Bade getrennt wird (Bild 97).

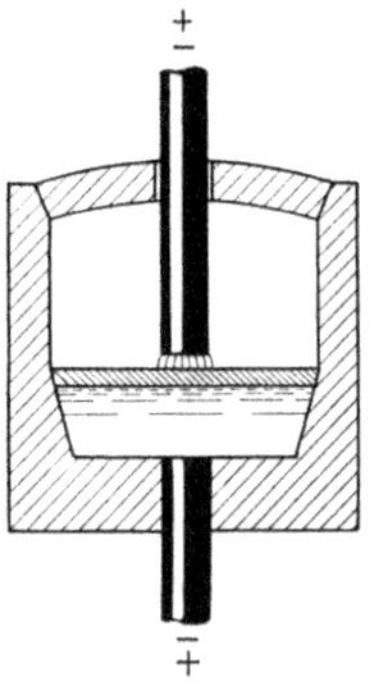

Bild 96.

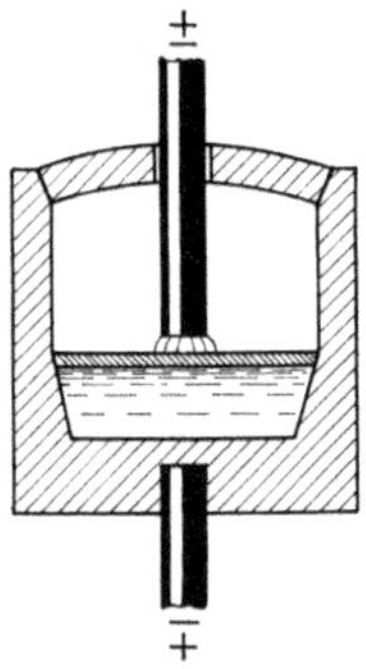

Bild 97.

Bild 96. Lichtbogenofen mit Bodenelektrode (Girod-Ofen).

Bild 97. Lichtbogenofen mit Bodenelektrode durch Leiter zweiter Klasse vom Bade getrennt.

Im allgemeinen ist die Bodenbeheizung im Betriebe unbequem, auch ist der Vorteil des unmittelbaren Durchgangs durch das Schmelzbad für die Umsetzung des Stromes in Wärme nicht so wesentlich. Die Verbreitung dieser Öfen ist gering.

Mittelbare Lichtbogenheizung.

Bei der mittelbaren (indirekten) Lichtbogenheizung, z. B. bei den Öfen von STASSANO und RENNERFELT (Bild 98) bilden sich die Lichtbögen zwischen den Elektrodenspitzen und die Wärme wird auf die Badoberfläche abgestrahlt. Die Wärmeübertragung zum Metallbad geht über die Schlackenschicht. Zur Schonung des Ofengewölbes wird dabei der Lichtbogen möglichst dicht über die Badoberfläche gelegt (Abstand 6 bis 10 cm). Hierdurch ist die Gefahr örtlicher Überhitzung möglich. Um dies und auch die ungleichmäßige Temperatur innerhalb der verschiedenen Badschichten zu vermeiden, werden die Öfen um eine senkrechte oder waagerechte Achse *drehend* oder *schaukelnd* ausgeführt. Hierdurch wird erreicht, daß fortlaufend andere Schmelzmassen in den Strahlungsbereich des Lichtbogens gewälzt werden, so daß eine gleichmäßige Erwärmung des Bades gesichert ist. Die mittelbare Lichtbogenheizung wird vorwiegend bei kleineren und mittleren Öfen zum Schmelzen von Nichteisenmetallen angewandt.

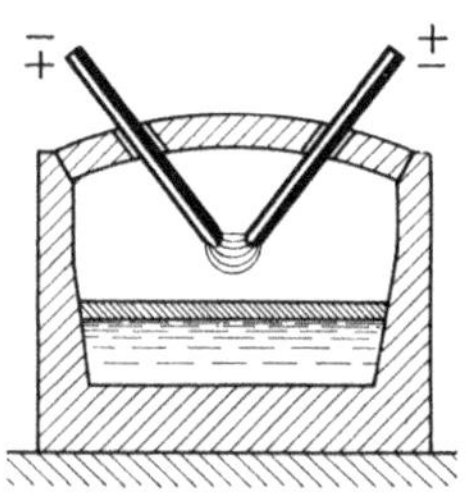

Bild 98. Mittelbare Lichtbogenheizung.

Vorteile der Strahlungsöfen sind: gleichmäßige Beanspruchung des Stromnetzes, Fortfall eines Elektrodenreglers, verringerte Anlagekosten gegenüber unmittelbar beheizten Öfen und leichtes Schmelzen von Metallen bei festem Einsatz, da eine Verstellung der Elektroden kaum notwendig wird.

Lichtbogen-Widerstandsheizung.

Für die Herstellung von Ferrolegierungen, für Karbid- und Korunderzeugung wird auch eine Lichtbogenheizung verwendet, die mit Widerstandsheizung verbunden ist. Hierbei ragen die Elektroden in das Schmelzmaterial hinein. Unterhalb der Elektrode bildet sich eine Schmelz- und Reaktionszone, durch die der Strom den Weg zur zweiten Elektrode (Bild 99) oder zur Bodenelektrode (Bild 100) nimmt.

Die für die Lichtbogenbeheizung erforderlichen *Kohlenelektroden* werden in drei verschiedenen Arten verwendet. Die *amorphe* Kohlenelektrode wird aus Anthrazit, Retortengraphit, Petrolkoks, Schmelzkoks, Ruß mit Teer oder Pech als Bindemittel hergestellt. Die Rohstoffe werden nach Entgasung und Trocknung zu Pulver vermahlen, bei bestimmten Temperaturen mit dem Bindemittel gemischt, durch Stampfen oder Pressen in die endgültige Form gebracht und dann bei 1200 bis 1400° ungefähr 3 Wochen gebrannt. *Graphitierte* Elektroden entstehen durch längeres Erhitzen auf 3000° in elektrischen Widerstandsöfen. Die Leitfähigkeit der graphitierten Elektrode ist 4 bis 5mal so groß als die der amorphen. Die *selbstbrennende Söderbergelektrode* besteht aus einem Blechmantel, in den Masse eingestampft wird. Sie kommt ohne vorheriges Brennen in den Ofen. Für die Edelstahlerzeugung kommen vorwiegend die graphitierten Elektroden wegen ihrer größeren Leitfähigkeit zur Verwendung.

Die *Elektroden* sind im Gewölbe nicht abgedichtet. Das Gewölbe erhält vielmehr an den Eintrittsstellen einen einfachen wassergekühlten Metallring, durch den eine zu starke

Erhitzung der Elektroden an der Eintrittsstelle und daraus sich ergebender Luftabbrand verhindert wird. Die gleiche Bauart wird von KELLER und HARMET ausgeführt. *Siemens & Halske* und *Fiat* kapseln jetzt die Elektroden luftdicht ab, um den Abbrand zu verhindern und die Ausstrahlungsverluste zu vermindern.

Die Elektrodenabdichtung von Siemens & Halske ist im Bild 101 dargestellt. Sie besteht aus einer auf dem Ofengewölbe ruhenden, in ihrem Unterteile durch Wasser gekühlten Sandtasse, in die der ringförmige Ansatz eines wassergekühlten Metallzylinders hineinragt. Am oberen Ende des Metallzylinders erfolgt die Abdichtung durch eine Stopfbüchse. Bei der Nachgiebigkeit der Sandtasse kann diese den Bewegungen des Gewölbes folgen, ohne die Elektroden auf Biegung oder Abscheren zu beanspruchen. Bei weniger nachgiebigen Bauarten ist vielfach Elektrodenbruch eingetreten.

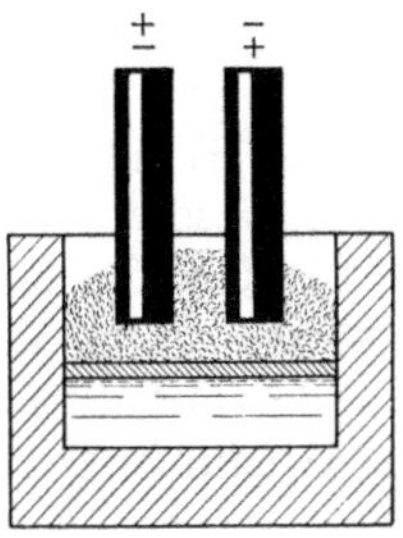

Bild 99. Lichtbogenofen mit Widerstandsheizung im Schmelzgut.

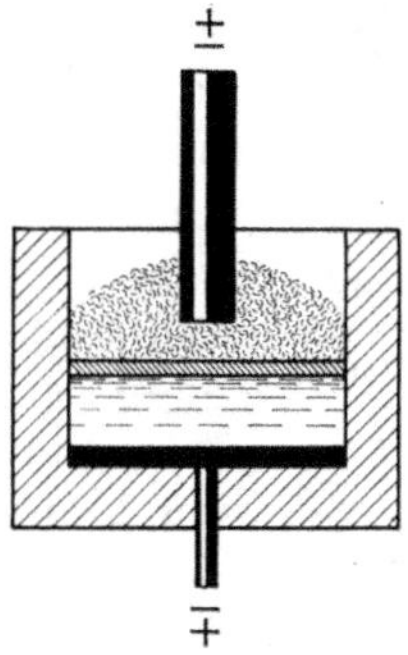

Bild 100. Lichtbogenofen mit Bodenelektrode mit Widerstandsheizung im Bade und im Schmelzgut.

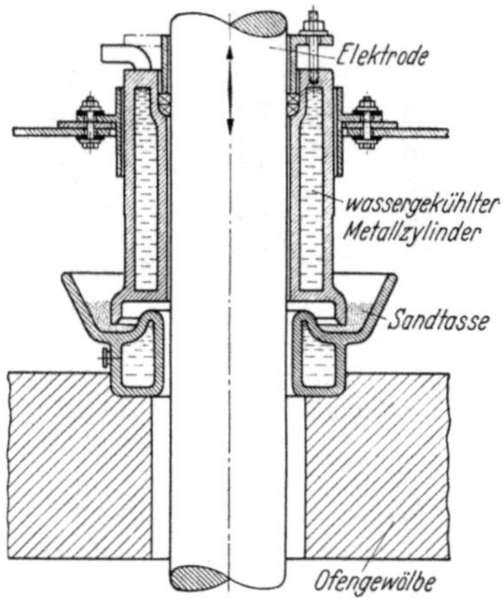

Bild 101. Elektrodenabdichtung von Siemens & Halske.

b) Widerstandsheizung.

Unmittelbare Widerstandsheizung.

Die unmittelbare Widerstandsheizung kommt bei Öfen seltener zur Anwendung. Im Bild 102 ist eine Ausführung nach GUI und im Bild 103 eine solche nach HERING wiedergegeben. Bei letzterer wird der Strom durch zwei unter dem Bade liegenden Kanäle eingeführt, die so bemessen sind, daß der durch zwei am Boden liegende Elektroden eingeleitete Strom den *Pintscheffekt* auslöst. Das ist eine Erscheinung, die bei flüssigen Stromleitern auftritt. Der flüssige stromdurchflossene Leiter wirkt wie eine Vielzahl dünner Leiter, die sich beim Durchströmen gleichgerichteter Ströme anziehen; infolgedessen wird der Querschnitt in den hier zu betrachtenden senkrechten Kanälen verengt. Das erhitzte Metall strömt aus der Mitte, wo höherer Druck herrscht, nach oben und seitlich strömt kälteres Metall aus dem Herdraum zu. Eine gründliche Durchmischung des Bades ist die gewünschte Folge.

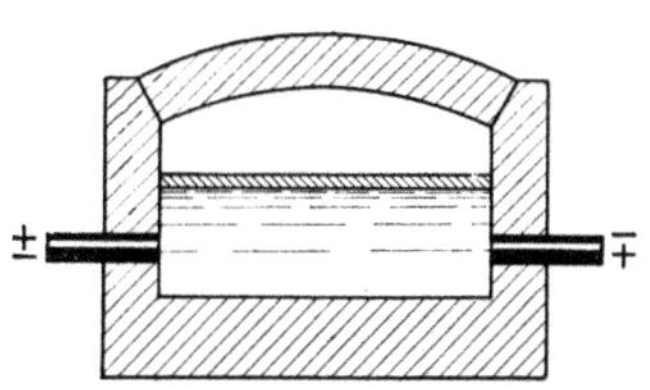

Bild 102. Ofen mit unmittelbarer Widerstandsheizung.

Bild 103. Ofen mit unmittelbarer Widerstandsheizung. (Nach HERING.)

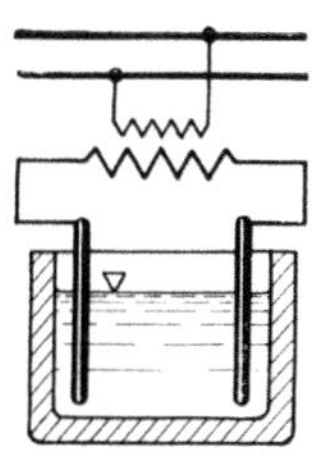
Bild 104. Elektroden-Salzbadofen.

Weitere Anwendungsgebiete der unmittelbaren Widerstandsheizung sind die Erwärmung von Nieten auf Weißglut zwischen wassergekühlten Kupferelektroden oder die Widerstandsschweißung, bei der das Arbeitsgut zwischen Strom durchflossenen Leitern zusammengepreßt wird. Ferner gehören hierhin Elektroden-Salzbäder, bei denen der Strom durch eiserne Elektroden unmittelbar durch das Salzbad hindurch geleitet wird, so daß eine schnelle und gleichmäßige Erwärmung möglich ist (Bild 104). Auch beim Elektrodampfkessel wird von der unmittelbaren Widerstandsheizung Gebrauch gemacht.

Mittelbare Widerstandsheizung.

Die mittelbare Widerstandsheizung findet in der Technik und auch bei Öfen mannigfache Anwendung, besonders bei kleinen Schmelzöfen, Härteöfen, Blankglühöfen, Salzbad- und Metallöfen. Ausführungsformen sind in den Bildern 105 bis 115 dargestellt. Die Wärme wird hierbei in den vom Arbeitsgut unabhängigen Heizleitern erzeugt und durch Strahlung, Strömung oder Leitung auf das Wärmgut übertragen. Bei dem Ofen nach Bild 105 befindet sich dieses in einem Tiegel, der von einer Kryptolschüttung oder Elektrodenkohle umgeben ist. Durch diese wird der Strom geleitet. Bei der Einrichtung nach Bild 106 sind die Heizkörper durch eine Luftschicht vom Tiegel getrennt. Der Heizkörper kann auch oberhalb des Metallbades angeordnet werden, wie im Bild 107 dargestellt. Bild 108 zeigt eine Ausführung, bei der die Elektrodenkohle ringförmig um den Herd eingestampft ist. Die Strahlung auf das Bad erfolgt mittelbar über das Gewölbe. Diese Widerstandsstrahlungsöfen können bis zu Spannungen von 500 V unmittelbar an das Leitungsnetz angeschlossen werden. Bei höheren Netzspannungen muß ein Transformator zwischengeschaltet werden. Statt der Kohlenelektroden können auch Metallheizkörper oder Silitstäbe Verwendung finden. Die Bilder 109 bis 115 zeigen verschiedene Ausführungsformen.

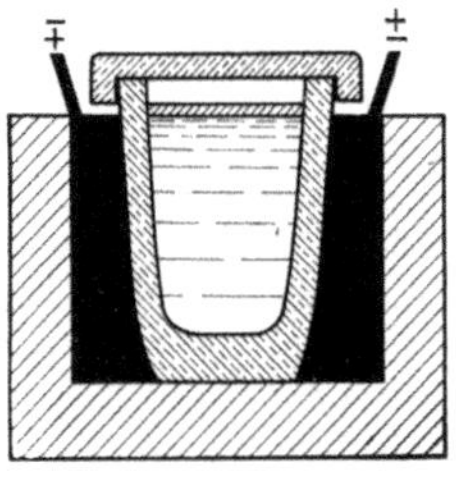

Bild 105. Tiegelofen mit Widerstandsstrahlungsheizung.

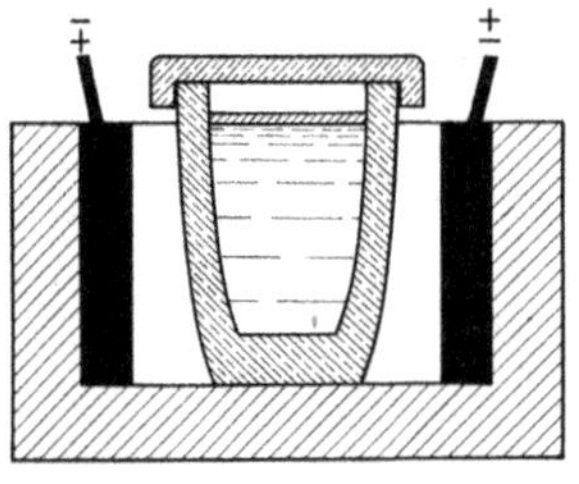

Bild 106. Tiegelofen mit Widerstandsstrahlungsheizung. Luftschicht zwischen Tiegel und Heizkörper.

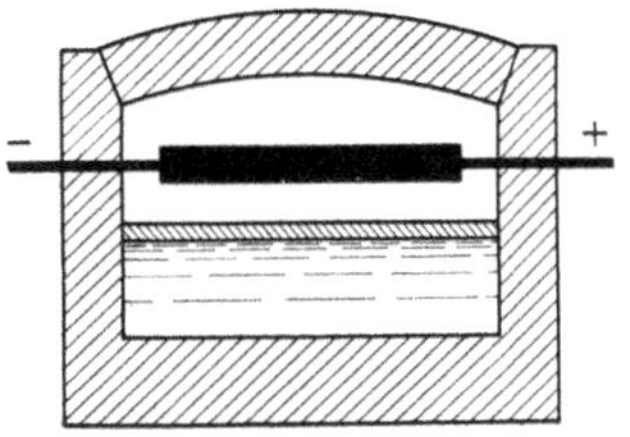

Bild 107. Ofen mit Heizkörper über dem Bade (Widerstandsstrahlungsheizung).

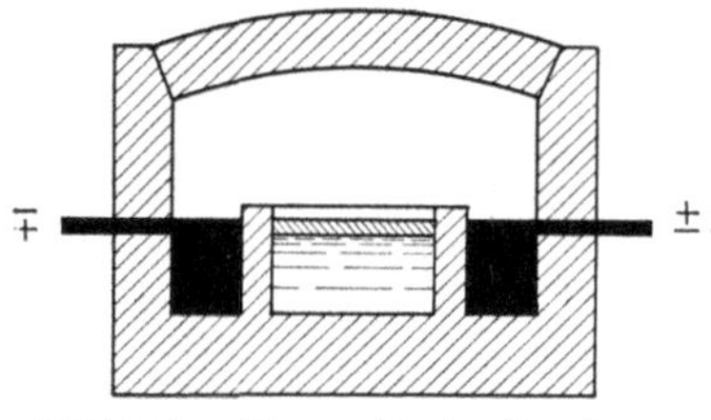

Bild 108. Ofen mit ringförmigem Heizkörper aus Elektrodenkohle.

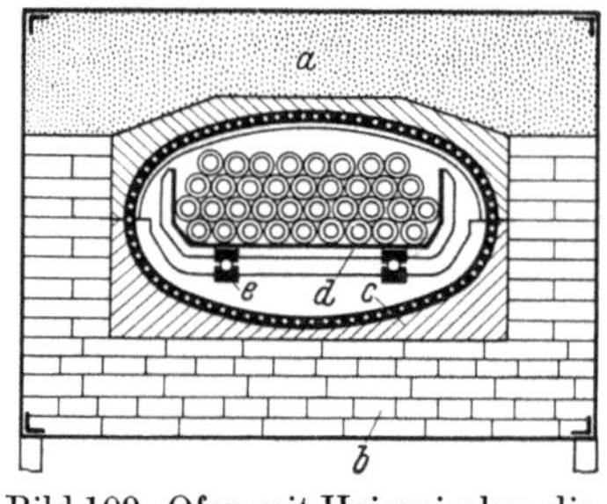

Bild 109. Ofen mit Heizspiralen, die in die Ofenwand eingebettet sind. (Bauart JUNKER-LAMMERSDORF.)

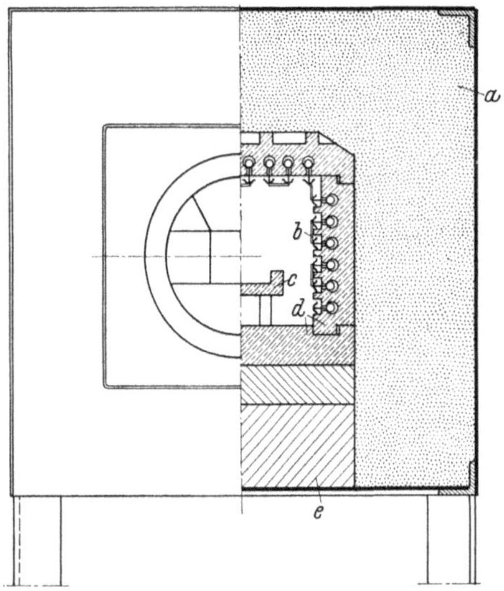

Bild 110. Ofen mit auswechselbaren Felgen für Temperaturen bis 1250°. *a* Isolierstoff, *b* Heizfelgen, *c* Platte zum Lagern des Wärmgutes, *d* Feuerfeste Formsteine bester Qualität, *e* Steine mit niedriger Wärmeleitzahl.

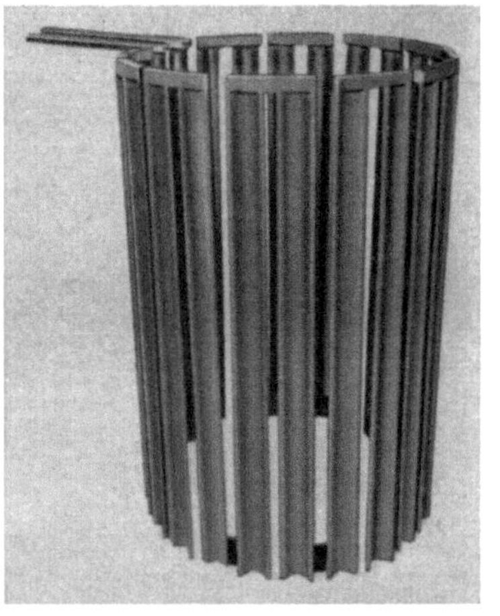

Bild 111. Felgen-Heizkorb für einen Schachtofen. (JUNKER.)

Bild 112. Muffelofen mit eingebetteter Heizspirale. (Bauart JUNKER.)

Bild 113. Heizbänder aus freitragenden Felgen. (JUNKER.)

Bild 114. Ofen mit Heizbändern unter der Bodenplatte. (Bauart RUSS.)

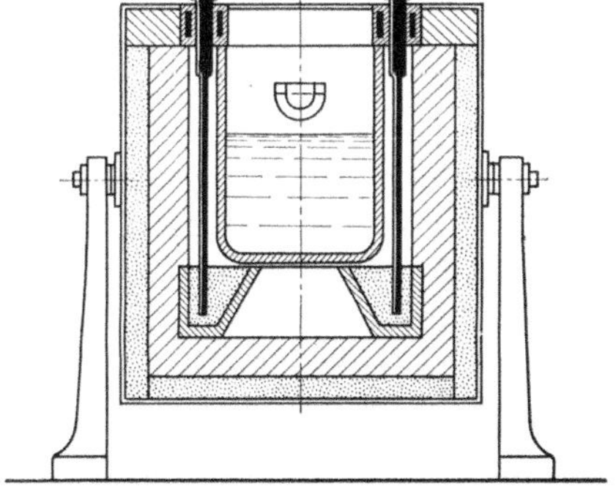

Bild 115. Ofen mit stabförmigen Heizkörpern. (RUSS.)

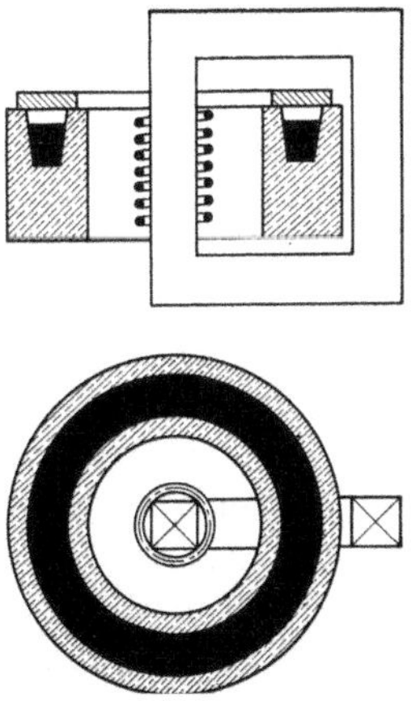

Bild 116. Induktionsofen von KJELLIN.

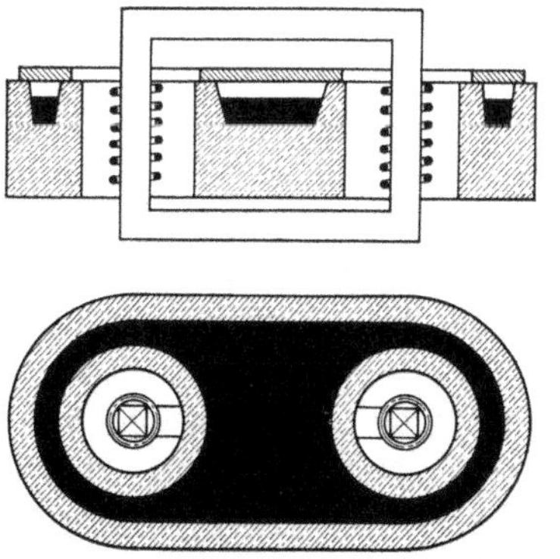

Bild 117. Induktionsofen RÖCHLING-RODENHAUSER.

Die Vorteile dieser Öfen sind vor allem: leichte Bedienung, geringer Abbrand, gleichmäßige Erwärmung und gute Temperaturregelung.

c) Induktionsheizung.

Niederfrequenzöfen.

Die Induktionsheizung wird ebenfalls zur Erzeugung hoher Temperaturen und besonders bei Schmelzöfen angewandt. Wie bei einem elektrischen Transformator treten hier ein primärer und ein sekundärer Stromkreis auf, wobei die Sekundärwicklung durch das Metallbad gebildet wird. Das Übersetzungsverhältnis: Windungen der Primärspule zu der einen Windung des Sekundärkreises, sowie dessen Widerstand ermöglichen jede gewünschte Stromdichte und Temperatur im Arbeitsgut (Bilder 116 und 117).

Ein Transformator wird gebildet, indem um einen Eisenkern zwei Windungen gelegt werden. Der durch die eine, die sog. Primärwicklung geleitete Wechselstrom kann seine gesamte Energie durch die induzierende Wirkung seines magnetischen Feldes auf die zweite, die sog. Sekundärwicklung, übertragen. Die Spannung des erzeugenden Stromes steht zu dem des erzeugten im gleichen Verhältnis wie die Windungszahlen der beiden Wicklungen, während die Stromstärken demgemäß im umgekehrten Verhältnis stehen.

Hochfrequenzöfen.

Von diesen Niederfrequenzöfen mit *geschlossenem* Eisenkern unterscheiden sich die *eisenlosen* Hochfrequenzöfen. Diese Bauart wurde 1916 von dem Amerikaner NORTHRUP geschaffen. Bei den ersten Ausführungen arbeitete man mit Frequenzzahlen von 100000 Hertz[1], heute sind 500 bis 2000 (10000) Hz gebräuchlich. Man sucht die Frequenzzahlen möglichst niedrig zu halten. Während bei den ursprünglichen Bauarten das äußere Gehäuse aus nichtmagnetischen Werkstoffen (Holz, Zementschiefer, Beton, nichtmagnetische Legierungen) hergestellt war, geht die heutige Entwicklung dahin, das Gestell aus Eisen zu bauen. Abgesehen von einer höheren Widerstandsfähigkeit des Ofens scheinen auch auf der elektrischen Seite des Ofens Vorteile zu liegen. Die Wirkungsweise der Hochfrequenzöfen beruht auf folgender Erscheinung. Befindet sich ein elektrischer Leiter in einem Wechselfeld, so werden in dem Leiter Wirbelströme erzeugt, die eine Erwärmung hervorrufen. Die übertragene Energie ist der Stärke des Wechselfeldes und der Frequenz proportional. Bei höheren Frequenzen kann demnach auf die Verkettung der Primär- und Sekundärspule verzichtet werden. Es entsteht dann ein eisenloser Lufttransformator. Wird diese Anordnung auf einen Induktionsofen übertragen, so entfällt die Notwendigkeit, den Herd als ringförmige Rinne auszubilden, er kann die bezüglich Herstellung sowie nach wärmetechnischen und betriebstechnischen Gesichtspunkten günstigste Form eines Tiegels gemäß Bild 118 erhalten. Dieser Tiegel ist mit einer zylindrischen Spule, der Primärspule, umgeben, der Wechselstrom hoher Frequenz zugeführt wird. Die Sekundärspule wird durch die in sich kurz geschlossenen Ringströme im Schmelzgut gebildet. Die Stärke des Wechselfeldes im Inneren der Spule ist dem Strom in der Spule und der Dichte der Spulenwindungen proportional. Da die Frequenzen höher sind als in normalen Kraftnetzen muß der Hochfrequenzstrom durch Funkenerregung oder durch Maschinen besonders erzeugt werden. Der Vorteil dieses Heizungsverfahrens besteht insbesondere darin, daß der Ofen mit Material von beliebiger Stückgröße beschickt werden und nach jeder Schmelzung ganz entleert werden kann. In der Schmelze entsteht eine elektromechanische Badbewegung, die eine gleichmäßige Durchmischung bewirkt. Bei Raffinieröfen kommt jedes Teilchen des Bades mit der Reaktionsschlackendecke in Berührung.

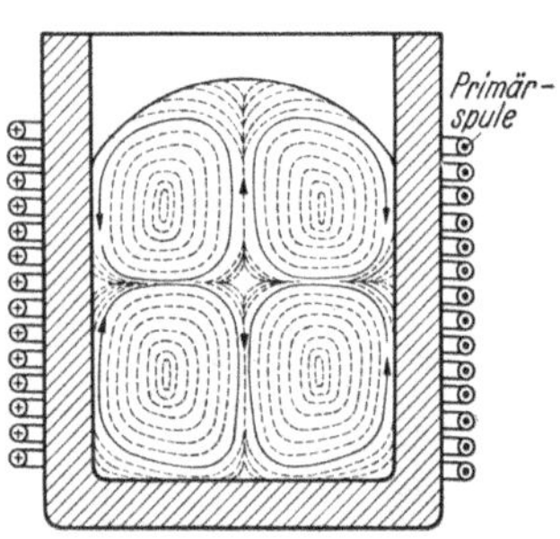

Bild 118. Schema eines Hochfrequenztiegelofens.

[1] 1 Hertz = 1 Hz = 1 Periode je Sekunde.

Sollen in einem solchen Ofen Stoffe erwärmt werden, die praktisch nicht leitend sind, würden die durch das Wechselfeld induzierten Spannungen keine Ströme, folglich auch keine Wärme erzeugen können. In einem solchen Falle müßten leitende Tiegel verwendet werden.

Hochfrequenzöfen werden besonders zum Schmelzen von Edelstählen und Nickellegierungen angewandt, sie lassen sich jedoch nur dann wirtschaftlich betreiben, wenn die Phasenverschiebung durch gekühlte Kondensatoren ausgeglichen wird. Dies bedingt eine Erhöhung der Anlagekosten. Die Größe der aus einer Anzahl von Blöcken aus dünnen voneinander isolierten Metallblättern bestehenden Kondensatoren richtet sich nach der Art des zu schmelzenden Metalles.

Die in der Spule entstehende JOULEsche Wärme muß durch Wasser- oder Luftkühlung abgeführt werden. Vorteile der Induktionsöfen sind: keine Verunreinigung des Schmelzbades, da abfallende Kohlenelektroden nicht vorhanden sind, gleichmäßige Netzbelastung und Vermeidung örtlicher Überhitzung.

Die reinen Induktionsöfen haben ringförmige Schmelzringe und unterscheiden sich untereinander durch die Lage und Ausbildung der Primärwicklung gegenüber dem Schmelzraum. Rinnenquerschnitt und Rinnenlänge bestimmen bei Induktionsöfen die Stromdichte und den elektrischen Widerstand. Die Rinnenform beeinflußt ferner den hydrostatischen Druck und die Reibung. Die Badbewegung erfolgt durch elektrische, thermische und mechanische Wirkungen. Günstige Querschnittsformen sind rund und oval. Man hat Öfen mit offenen und solche mit geschlossenen Rinnen. Hierbei können die Schmelzrinnen waagerecht oder senkrecht stehen.

Bei den *Niederfrequenzöfen*, welche an das Netz mit normaler Frequenz von 50 Per. angeschlossen werden, wird stets ein Eisenkern zur Verstärkung der magnetischen Kraftlinien verwendet, und es muß eine geschlossene Sekundärrinne vorhanden sein, so daß z. B. bei Schmelzöfen zum Warmhalten stets ein flüssiger Rest in der Rinne verbleiben muß.

Im Bild 116 ist ein Induktionsofen in der Form dargestellt, wie er von KJELLIN zuerst ausgeführt wurde. Das ringförmige Metallbad ist für die metallurgische Behandlung sehr ungünstig, und die Instandhaltung des Herdes schwierig. Eine Verbesserung in dieser Beziehung wurde durch den Doppelrinnenofen von RÖCHLING RODENHAUSER erreicht, der im Bild 117 dargestellt ist. Hierbei sind zwei Primärwicklungen mit zwei Primärstromkreisen und zwei Sekundärstromkreise vorhanden. Die beiden Rinnen stoßen in der Mitte zusammen und sind hier zu einem Arbeitsherd erweitert. Niederfrequenzöfen werden überwiegend zum Schmelzen von Kupferlegierungen verwandt.

VI. Der Wärmeübergang in Industrieöfen.

a) Allgemeines über Wärmefluß und Arbeitstemperaturen.

Die Wärme fließt vom wärmeren zum kälteren Körper. Damit ein Wärmeübergang erfolgen kann, muß demnach eine *Temperaturspannung* vorhanden sein. In den Verbrennungsöfen erfolgt die Wärmeübertragung von den Verbrennungsgasen an die Ofenwand und an die Heizfläche (Badoberfläche, Oberfläche des Wärmgutes) und von der Ofenwand ebenfalls an die Heizfläche. Es muß also eine Temperaturspannung zwischen Gas und Wand und zwischen Wand und Heizfläche aufrechterhalten werden. Bei hohen Arbeitstemperaturen, wie beispielsweise bei Schmelzöfen ist die Temperaturspannung gering, zwischen 20 und 100°, bei Brennöfen 100 bis 150°, bei Öfen zum Wärmen von Metallblöcken 150 bis 250°. Mit sinkender Gastemperatur muß die Temperaturspannung höher werden, sofern man auf große Ofenleistung Wert legt. Es ist deshalb in vielen Fällen richtig, höhere Abgastemperaturen zuzulassen und die Abhitze zur Vorwärmung von Gas und Luft zu verwenden, was höhere Verbrennungstemperaturen und damit höheres Nutzgefälle im ganzen Ofen zur Folge hat. Der Zweck der Wärmeübertragung in Öfen ist die Erreichung bestimmter Temperaturen, bei denen Verdampfung, Sinterung, Erweichung, Schmelzung usw. vor sich geht. Die wirkliche Arbeitstemperatur hält man aber erheblich höher, damit das Verfahren schnell verläuft und bei den unvermeidlichen Abkühlungsverlusten die Mindesttemperatur nicht unterschritten wird. Bei der Warmverformung der Metalle wird die Arbeitstemperatur möglichst hochgetrieben, weil der Arbeitsaufwand um so geringer ist, je höher die Temperatur des Werkstückes ist. Tabelle 18 enthält die üblichen Arbeitstemperaturen für verschiedene Stoffe und verschiedene Verfahren.

Tabelle 18. Arbeitstemperaturen in Öfen.

Arbeitsvorgang	Temperatur des Wärmgutes ° C
Trocknen von Lack	150— 170
Trocknen von Gießformen	200— 300
Lackieren von Stahlgegenständen	300— 400
Härten von Werkzeugen	700— 850
Emaillieren von Stahl und Eisen	750— 850
Feuer-Emaillieren	950— 980
Ausglühen von Aluminium	400
Ausglühen von Messing und Kupfer	500
Ausglühen von Neusilber	650
Ausglühen von Bandeisen	800— 900
Ausglühen von Nickelblech	800
Ausglühen von Grobblech und Stahlguß	800—1000
Erwärmen zum Schmieden und Pressen von hartem Stahl	900—1000
Erwärmen zum Schmieden und Pressen von weichem Stahl	1000—1100
Erwärmen zum Schmieden und Pressen von Kupfer	750— 850
Erwärmen zum Schmieden und Pressen von Gesenkschmiedestücken	1250—1300
Erwärmen zum Schmieden und Pressen von Preßmuttereisen	1250—1300
Erwärmen zum Walzen von Kupfer	800— 850
Erwärmen zum Walzen von Sonderstahl	900—1000
Erwärmen zum Walzen von hartem Stahl	1000—1100
Erwärmen zum Walzen von weichem Stahl	1200—1300
Erwärmen zum Schweißen von Stahl	1400
Erwärmen zum Tempern	950—1050
Erwärmen zum Zementieren	950—1050
Rösten von Erzen	500— 700
Sintern von Erz und Gichtstaub	800— 900
Schmelzen von Roheisen	1350—1500
Schmelzen von Eisenschlacken	1350—1600
Schmelzen von Glas	1350—1450
Brennen von Schamottesteinen	1200—1350
Brennen von Silikasteinen	1400—1440
Brennen von Steingut und Steinzeug	1200—1300
Brennen von Porzellan	1400
Brennen von Kalkstein	1000—1200
Brennen von Dolomit	1000—1300
Brennen von Magnesit	1350—1500
Brennen von Teerdolomitsteinen	600— 700
Glasieren von Porzellan	850—1000

Der Wärmeübergang geschieht durch Mischung, Leitung, Strahlung und Berührung (Konvektion). Schon während des Verbrennungsvorganges erfolgt ein Wärmeübergang von den aktiven auf die inaktiven Bestandteile, z. B. auf den Luftstickstoff; ein Teil der frei gewordenen Wärme wird schon im Augenblick der Verbrennung auf die Ofenwände und Heizflächen abgestrahlt. Bei der Bewegung durch den Ofen geben die Verbrennungsgase weitere Wärmemengen durch Leitung, Strahlung und Berührung an die Ofenwände und die Heizflächen ab. Die an die Ofenwände übertragene Wärme wird zum Teil an die Heizflächen zurückgestrahlt. Die als Heizfläche wirkende Ofenfläche des Wärmgutes leitet die Wärme in dessen Inneres weiter. Bei der Wärmeübertragung durch *Mischung* ist der Wärmeinhalt des Gemisches gleich den Wärmeinhalten der Einzelbestandteile, vorausgesetzt, daß bei dem Mischvorgang weder Wärme abgegeben noch neue Wärme etwa durch chemische oder physikalische Vorgänge zugeführt wird.

b) Der Wärmeübergang durch Leitung.

Der Wärmeübergang durch Leitung ist abhängig von dem Temperaturgefälle in der Richtung des Wärmestromes, von den Abmessungen des leitenden Körpers und seiner *Wärmeleitzahl.* Die Wärmeleitzahl gibt an, welche Wärmemenge zwischen zwei parallelen 1 m voneinander entfernt liegenden Flächen eines Körpers bei 1° C Temperaturunterschied stündlich durchströmt. Die Wärmeleitzahl ist für die meisten in Betracht kommenden Körper durch Versuche bestimmt worden. Sie ist abhängig von den Eigenschaften des Stoffes und der Temperatur. Zahlenangaben sind in den einschlägigen Taschenbüchern, „Hütte“ u. a., enthalten.

Infolge der Abhängigkeit der Wärmeleitzahl von der Temperatur müßte man den Wärmefluß innerhalb eines Körpers mit verschiedenen Wärmeleitzahlen rechnen. Praktisch vereinfacht man jedoch den Vorgang, indem man eine mittlere Wärmeleitzahl einsetzt. Mit dieser zulässigen Annäherung erhält man dann die durch eine senkrecht zum Temperaturgefälle liegende Fläche durchfließende Wärmemenge aus

$$Q = F \frac{\lambda}{s} (t_1 - t_2) z \qquad \text{kcal.} \qquad (29)$$

Hierin ist

F =	Fläche	m²,
λ =	Wärmeleitzahl	kcal/m h° C,
s =	Wandstärke	m,
t_1, t_2 =	Temperaturen	° C,
z =	Zeit	h.

Bei größeren Wandstärken (über 100 mm) und größeren Temperaturunterschieden können durch Einsetzen des gesamten Temperaturgefälles $t_1 - t_2$ Fehler entstehen, die eine genaue Anwendung der Fourierschen Gleichung

$$Q = F \lambda \frac{dt}{ds} z \qquad \text{kcal} \qquad (30)$$

notwendig machen.

Der Wärmefluß durch eine aus *Schichten verschiedener Leitfähigkeit* zusammengesetzten Wand folgt aus

$$Q = \frac{1}{\frac{s_1}{\lambda_1} + \frac{s_2}{\lambda_2} + \frac{s_3}{\lambda_3} + \cdots} (t_1 - t_2) F z \qquad \text{kcal.} \qquad (31)$$

Hierin sind

$s_1, s_2, s_3, \ldots$ =	Stärke der einzelnen Schichten	m,
$\lambda_1, \lambda_2, \lambda_3, \ldots$ =	Wärmeleitzahlen der einzelnen Schichten	kcal/m h° C,
t_1, t_2 =	Temperaturen der beiden Oberflächen	° C.

Die Gleichungen für ebene Platten können mit genügender Genauigkeit auch auf solche Rohre angewandt werden, deren Durchmesser im Verhältnis zur Wandstärke sehr groß ist, z. B. Dampfkesselwandungen. Die Fläche ist in diesem Falle aus dem mittleren Rohrdurchmesser zu berechnen.

Bei *Rohren* mit geringerem Rohrdurchmesser ist die durch die Rohrwandung geleitete Wärme

$$Q = 2 \pi l z (t_1 - t_2) \frac{\lambda}{\ln \frac{d_a}{d_i}} \qquad \text{kcal.} \qquad (32)$$

Hierin haben z, t_1, t_2 und λ die frühere Bedeutung, außerdem ist

l =	Rohrlänge	m,
d_a, d_i =	Außen-, Innendurchmesser	cm.

In dieser Gleichung ist die längs des Radius verlaufende Temperatur nicht mehr geradlinig, sondern dem wahren Verlauf entsprechend logarithmisch angenommen. Bei Rohren, die aus mehreren Schichten verschiedener Wärmeleitfähigkeit zusammengesetzt sind, folgt die durchgehende Wärmemenge aus

$$Q = 2 \pi l z (t_1 - t_2) \frac{\lambda_m}{\ln \frac{d_a}{d_i}} \qquad \text{kcal.} \qquad (33)$$

Die mittlere Wärmeleitzahl λ_m folgt aus den Wärmeleitzahlen der einzelnen Stoffe zu

$$\lambda_m = \frac{\ln \frac{d_a}{d_i}}{\sum \frac{\ln D}{\lambda}}.$$

Hierin ist

D = Durchmesserverhältnis, z. B. $\frac{d_1}{d_i} = D_1$; $\frac{d_2}{d_1} = D_2$; $\frac{d_3}{d_2} = D_3$ usw.
d_a = Außendurchmesser cm,
d_i = Innendurchmesser cm,
$d_1, d_2, d_3, \ldots$ = Schichtdurchmesser cm,
$\lambda_1, \lambda_2, \lambda_3, \ldots$ = Wärmeleitzahlen der einzelnen Schichten kcal/m h° C.

Für manche wärmetechnische Rechnungen ist die Kenntnis der *Temperaturleitfähigkeit a* wichtig. Die Größe ist vom Stoffzustand abhängig und gekennzeichnet durch die Gleichung

$$a = \frac{\lambda}{c\gamma} = \frac{\lambda}{c g \varrho} \qquad \text{m}^2/\text{h}. \qquad (34)$$

Hierin ist

λ = Wärmeleitzahl kcal/m h° C,
c = spezifische Wärme kcal/kg ° C,
γ = spezifisches Gewicht kg/m³,
ϱ = Massendichte kg s²/m⁴,
g = Erdbeschleunigung m/s².

c) Der Wärmeübergang durch Strahlung.

1. Strahlung zwischen festen und flüssigen Körpern.

Wenn ein absolut schwarzer Körper sich mit ihn vollständig umgebenden Wänden im Strahlungsaustausch befindet, gilt das Gesetz von STEPHAN-BOLTZMANN, das durch folgende Gleichung ausgedrückt wird

$$Q = C\left[\left(\frac{T_1}{100}\right)^4 - \left(\frac{T_2}{100}\right)^4\right] F z \qquad \text{kcal}. \qquad (35)$$

Hierin ist

T_1, T_2 = Oberflächentemperaturen des strahlenden und der bestrahlten Fläche Grad,
F = Oberfläche des empfangenden Körpers m²,
z = Zeit h,
$C = C_s = 4{,}96$ kcal/m² h Grad⁴.

Bei den Ofenanlagen liegen meist keine vollkommen schwarzen Körper vor; die Strahlungszahl ist kleiner als 4,96. Sie berechnet sich aus

$$C = \varepsilon C_s \qquad \text{kcal/m}^2\,\text{h Grad}^4. \qquad (36)$$

Das Absorptionsverhältnis ε ist von den Eigenschaften des Stoffes abhängig[1]. Sind die Strahlungszahlen kleiner als die des schwarzen Körpers, so ist bei Strahlung im *geschlossenen Hohlraum*

$$C = \frac{1}{\frac{1}{C_1} + \frac{F_1}{F_2}\left(\frac{1}{C_2} - \frac{1}{C_s}\right)} \qquad \text{kcal/m}^2\,\text{h Grad}^4. \qquad (37)$$

Hierin gelten

C_1 und F_1 für die innere Fläche,
C_2 und F_2 für die umgebende Fläche.

Für den Sonderfall, daß F_2 sehr groß ist gegenüber F_1, z. B. eine Rohrleitung im Freien, folgt

$$C \approx C_1 \qquad \text{kcal/m}^2\,\text{h Grad}^4. \qquad (38)$$

Bei der Strahlung zwischen *zwei parallelen Flächen*, wobei angenähert sämtliche Strahlen der einen Fläche die andere treffen, ist

$$C = \frac{1}{\frac{1}{C_1} + \frac{1}{C_2} - \frac{1}{C_s}} \qquad \text{kcal/m}^2\,\text{h Grad}^4. \qquad (39)$$

[1] Zahlenwerte siehe „Hütte", des Ingenieurs Taschenbuch, Band 1.

Bei der Strahlung *entfernt liegender Flächen* beliebiger Stellung kann man angenähert setzen

$$C = \frac{C_1 C_2}{C_s} \qquad \text{kcal/m}^2\,\text{h Grad}^4. \qquad (40)$$

Beispiel 11. Wie groß ist die Wärmemenge, die beim Öffnen einer 0,25 m² großen Feuerraumtür aus einem Feuerraum an die Außenluft abgestrahlt wird? Die Temperatur des Feuerraumes beträgt 1600° C.

Es ist

$$Q = C\,F\left[\left(\frac{T_1}{100}\right)^4 - \left(\frac{T_2}{100}\right)^4\right] \text{ kcal/h},$$
$$Q = 4{,}5 \cdot 0{,}25\,(18{,}73^4 - 2{,}93^4),$$
$$Q = 139\,000 \text{ kcal/h}.$$

Tabelle 19. Gesamtstrahlung des optisch schwarzen Körpers.

$$Q = C_s\left(\frac{T}{100}\right)^4 \text{ kcal/m}^2\,\text{h}.$$

Temperatur °C	Abstrahlung Q kcal/m² h	Temperatur °C	Abstrahlung Q kcal/m² h	Temperatur °C	Abstrahlung Q kcal/m² h	Temperatur °C	Abstrahlung Q kcal/m² h
100	970	600	28800	1100	176000	1600	610000
200	2500	700	44500	1200	234000	1700	752000
300	5400	800	65700	1300	304000	1800	916000
400	10200	900	93900	1400	389000	1900	1106000
500	17700	1000	130000	1500	490000	2000	1324000

Vielfach ist die Einführung einer *Wärmeübergangszahl* zweckmäßig. Sie folgt aus der Gleichung

$$\alpha = \frac{Q}{t_1 - t_2} \qquad \text{kcal/m}^2\,\text{h °C}. \qquad (41)$$

Hierin ist

Q = übergehende Wärmemenge kcal/m²h,
t_1, t_2 = Temperatur der wärmeabgebenden bzw. wärmeaufnehmenden Fläche °C.
α = Wärmeübergangszahl kcal/m²h°C.

Für den vorliegenden Fall der Strahlung einer Wand Q_w auf eine andere Wand folgt

$$\alpha_s = \frac{Q_w}{t_{w1} - t_{w2}} \qquad \text{kcal/m}^2\,\text{h °C}. \qquad (42)$$

2. Strahlung zwischen Gasen und Wänden.

Die Gase sind am Wärmeaustausch durch Strahlung beteiligt. Die Strahlungsstärke der Gase ist abhängig von der Schichtstärke, der Gasdichte, der Gasart, der Temperatur und der Strahlungszahl des festen Körpers. Kohlensäure, Kohlenoxyd, Wasserdampf und Kohlenwasserstoffe sind strahlende Gase. Im Gegensatz zu den festen Körpern sind die Gase Selektivstrahler, d. h. sie emittieren und absorbieren nur Strahlen in bestimmten Wellenbereichen. In den Industrieöfen kommen hauptsächlich Wasserdampf und Kohlensäure als Strahler in Betracht; die Luft ist strahlendurchlässig (diatherman). SCHACK hat die Strahlung von H_2O und CO_2 untersucht und durch Rechnung in Abhängigkeit von Temperatur und dem Produkt $p \cdot s$ (Teildruck × Schichtstärke) dargelegt[1]. Die Auswertung dieser Gleichungen ist in den Bildern 119—122 enthalten[2].

Die *Wärmeübergangszahl* für Gasstrahlung ist

$$\alpha_g = \frac{Q_g}{t_g - t_w} \qquad \text{kcal/m}^2\,\text{h °C}. \qquad (43)$$

Hierdurch ist die Möglichkeit gegeben die Wärmeübergangszahlen für Strahlung und Konvektion zu addieren, t_g ist hierbei die Gastemperatur und t_w die Temperatur der bestrahlten Wand.

---

[1] SCHACK: Der industrielle Wärmeübergang. Düsseldorf: Stahleisen 1929.
[2] Vgl. auch Arch. Wärmew. 1938 S. 48.

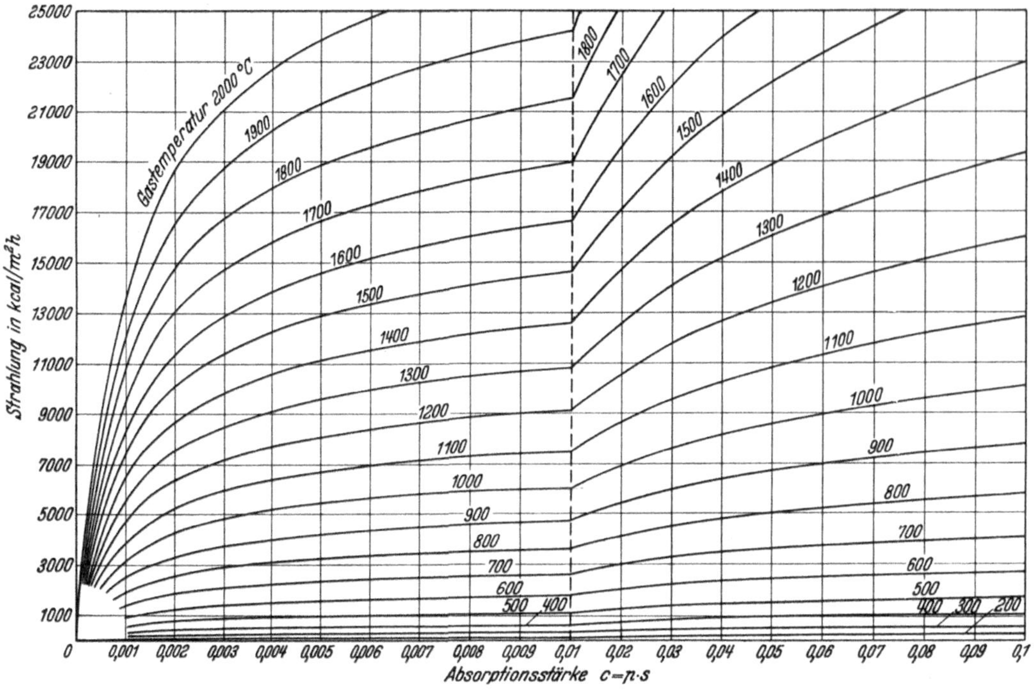

Bild 119. Strahlung der Kohlensäure (kleine Schichtstärke).

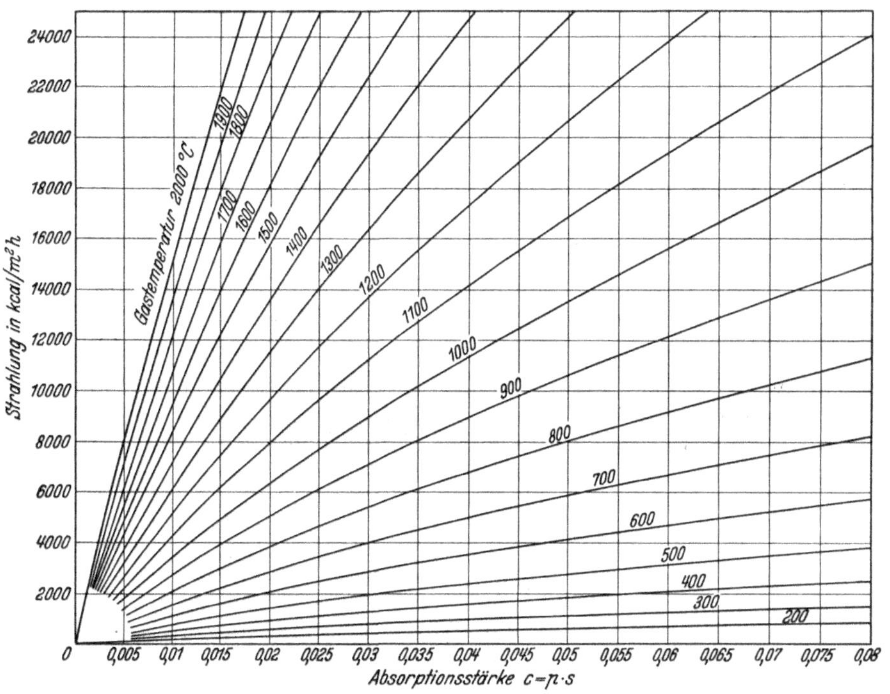

Bild 120. Strahlung des Wasserdampfes (kleine Schichtstärke).

Beispiel 12. Wie groß ist die auf eine Fläche von 1 m² und einer Temperatur $t_1 = 500°$ C ausgestrahlte Wärmemenge einer Rauchgasschicht von 1,5 m Dicke, die aus 15 % Kohlensäure und 6 % Wasserdampf besteht? Die Gastemperatur ist $t = 1000°$ C.

Es ist

$$\text{für } CO_2 \quad s = 1{,}5 \quad p = 0{,}15; \quad p \cdot s = 0{,}225,$$
$$\text{für } H_2O \quad s = 1{,}5; \quad p = 0{,}06; \quad p \cdot s = 0{,}09.$$

Aus den Kurventafeln folgt für die Kohlensäurestrahlung bei

$$t = 1000°\,C; \quad Q_1 = 12000\,\text{kcal}; \quad t_1 = 500°\,C; \quad Q_2 = 2000\,\text{kcal},$$

für die Wasserdampfstrahlung folgt bei

$$t = 1000°\,C; \quad Q_1 = 21000\,\text{kcal}; \quad t_1 = 500°\,C; \quad Q_2 = 4000\,\text{kcal}.$$

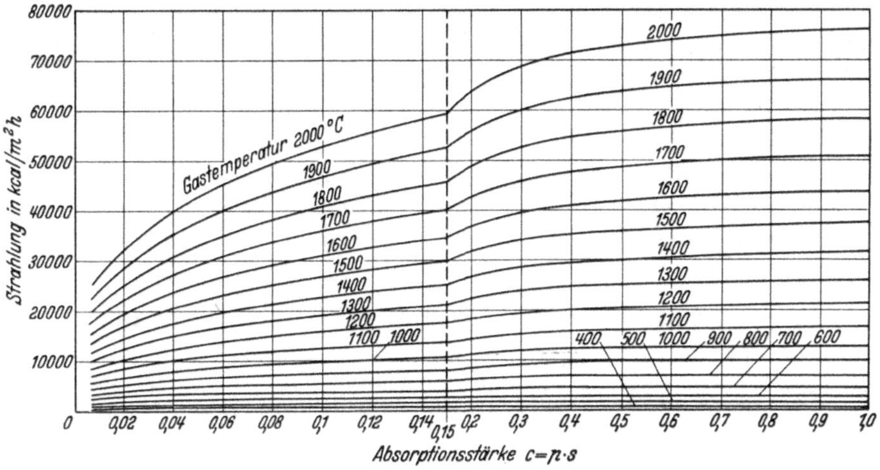

Bild 121. Strahlung der Kohlensäure (große Schichtstärke).

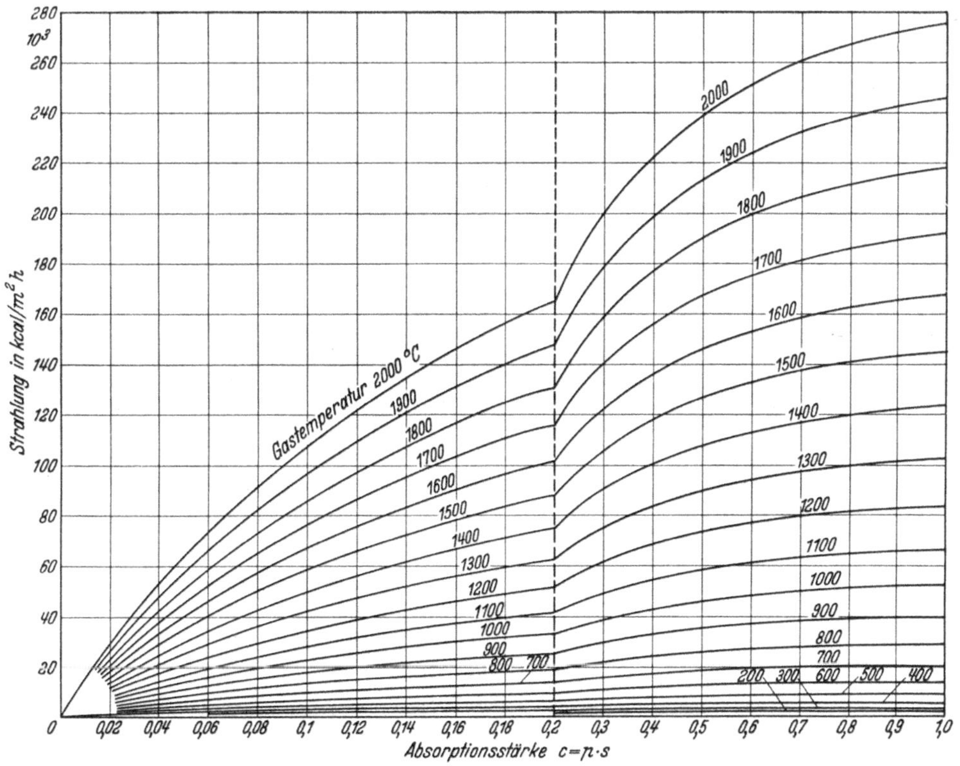

Bild 122. Strahlung des Wasserdampfes (große Schichtstärke).

3. Strahlung zwischen Flammen und Wänden.

Das Leuchten der Flamme wird durch feinverteilte Rußteilchen hervorgerufen, die sich weder wie feste Körper noch wie Gase verhalten. Schack kommt auf Grund seiner Untersuchung zu der Endformel

$$Q = F\,C_2\,\varphi\,p\left[\left(\frac{T_1}{100}\right)^4 - \left(\frac{T_2}{100}\right)^4\right] \quad \text{kcal/h}. \tag{44}$$

Hierbei ist

C_2 Strahlungszahl des bestrahlten Körpers,
φ Beiwert (in der Nähe von 1 liegend),
p sog. Schwärzegrad, der eine Funktion der Absorptionszahl, der Schichtstärke und der Temperatur ist.

Die Flammenstrahlung kann bei hohen Temperaturen Gasstrahlung und Berührungsübertragung übertreffen. Im Bereich der leuchtenden Flamme treten Flammenstrahlungen und Gasstrahlungen gemeinsam auf. Die Wärmeübergangszahl durch Flammenstrahlung ist

$$\alpha_{fl} = \frac{Q_{fl}}{t_{fl} - t_w} \quad \text{kcal/m}^2\,\text{h}\,{}^\circ\text{C}. \qquad (45)$$

Die Wärmeübergangszahlen $\alpha_g + \alpha_{fl} = \alpha_s$ geben die durch Strahlung insgesamt übertragene Wärmemenge in kcal/m² h °C an. Sie sind innerhalb der Ofen- oder Feuerungsanlage verschieden. Praktisch ermittelte Zahlenwerte α_s liegen zwischen 2,5 und 4,0 kcal/m² h °C.

d) Der Wärmeübergang durch Berührung (Konvektion).

Er geht so vor sich, daß fortlaufend neue Teilchen des Gases an die Heizflächen gelangen und ihre Wärme an diese abgeben. Die Wärme wird also durch die Bewegung des Gases mechanisch an die Heizfläche herangebracht und die übertragene Wärmemenge ist infolgedessen um so größer, je größer der Bewegungszustand des Gases ist. Man spricht von *erzwungener* Konvektion, wenn der Bewegungszustand mit einem Hilfsmittel, z. B. durch ein Druckgefälle aufrechterhalten wird. Wenn dagegen die Bewegung durch innere Ursache wie die Wärmeausdehnung und die dadurch hervorgerufenen Auftriebserscheinungen entsteht, so bezeichnet man das als *freie* Konvektion. Die durch Berührung (Konvektion) übertragene Wärmemenge folgt aus

$$Q = \alpha_k (t_1 - t_2) \quad \text{kcal/m}^2\,\text{h}. \qquad (46)$$

Hierin ist

α_k = Wärmeübergangszahl kcal/m²h°C,
t_1, t_2 = Temperatur des Heizmittels bzw. der Heizfläche °C.

Die Wärmeübergangszahl α ist keine Eigenschaft der beteiligten Stoffe und nicht von einfachen Gesetzen abhängig, sie muß durch Messung für Einzelfälle bestimmt werden. Sie wird beeinflußt von der Geschwindigkeit des Gasstromes, der Temperatur von Gas und Wand, den thermischen Eigenschaften des Gases, der räumlichen Anordnung und dem Querschnitt.

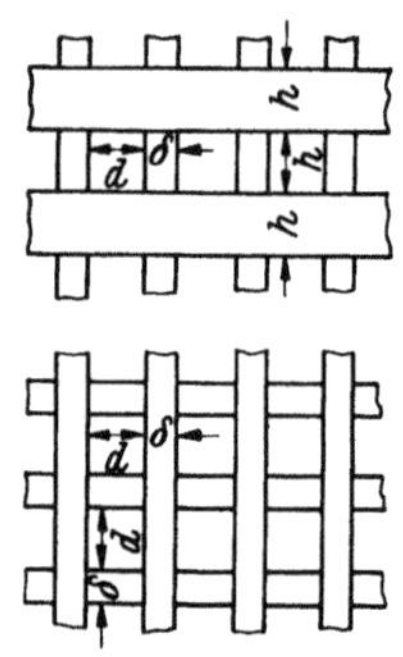

Bild 123. Rostgitter, unversetzt, freizügig.

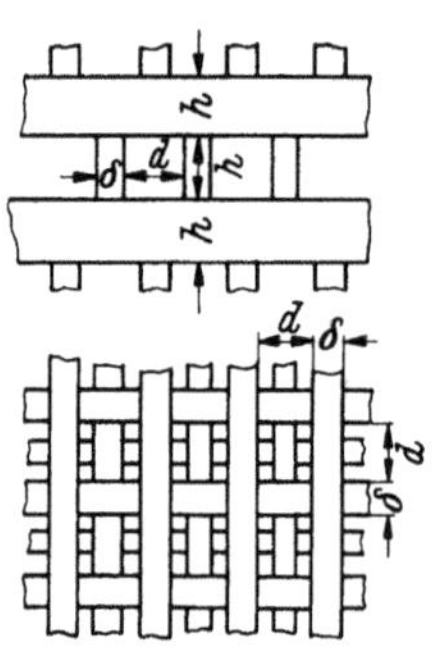

Bild 124. Rostgitter, doppelt versetzt.

In Tabelle 20 sind einige der aus Versuchen gefundenen Hauptgleichungen zu Berechnung der Wärmeübergangszahl α_k aufgeführt.

Die mathematische Behandlung des Problems des Berührungswärmeüberganges ist bis heute trotz der grundlegenden Arbeiten von Newton, Reynolds, Gröber, Nusselt u. a. noch nicht restlos gelungen. Der Ingenieur hilft sich damit, auf Grund von Versuchen Gesetzmäßigkeiten abzuleiten, über die eine umfangreiche Literatur vorliegt.

Der *Wärmeübergang durch Berührung (Konvektion) im Rostgitter*, wie es in Regeneratoren verwendet wird, ist von H. Kistner[1] untersucht worden. Die Gittersteine waren 80 mm dick und 150 mm hoch. Sie wurden mit 95 mm und 57 mm Abstand, nichtversetzt nach Bild 123 und versetzt nach Bild 124 eingebaut. Es wurde α_k wie folgt festgelegt:

für nichtversetztes Gitter $\alpha_k = 7{,}5\,\frac{w_0^{0,5}}{d^{0,333}}$,

für doppelt versetztes Gitter $\alpha_k = 8{,}7\,\frac{w_0^{0,5}}{d^{0,333}}$.

[1] Arch. Eisenhüttenw. Bd. 3 (1929/30) S. 751.

Tabelle 20. Gleichungen der Wärmeübergangszahlen α_k kcal/m²h °C.
(Nach einer Zusammenstellung aus SCHACK: Der industrielle Wärmeübergang. Düsseldorf: Stahleisen 1929.)

Art des Wärmeüberganges	α_k kcal/m h ° C
Wärmeabgabe von Drähten unter 1 mm Durchmesser	$17{,}5 + \frac{0{,}011}{d}$
Rauchgas und Luft bei beliebigem Druck und beliebiger Temperatur in langen glatten Rohren (turbulente Strömung)	$\frac{3\, w_0^{0,8}}{\sqrt[4]{d}}$
Hydraulischer Durchmesser bei nicht kreisrunden Rohren	$d = \frac{4\, f}{U}$
Entlangströmen von Luft an Flächen	
Geschwindigkeit: $w \leqq 5$ m/s	α glatt $= 4{,}8 + 3{,}4\, w$ α Walzh. $= 5{,}0 + 3{,}4\, w$ α gerauht $= 5{,}3 + 3{,}6\, w$
Geschwindigkeit: $w > 5$ m/s	α glatt $= 6{,}12\, w^{0,78}$ α Walzh. $= 6{,}14\, w^{0,78}$ α gerauht $= 6{,}47\, w^{0,78}$
Querstrom von Rauchgas oder Luft beliebiger Temperatur gegen ein einzelnes Rohr bei nicht stark durchwirbelter Strömung	$4\, \frac{w_0^{0,56}}{d^{0,44}}$
Strömung von Rauchgas oder Luft beliebiger Temperatur quer durch ein nicht versetztes Rohrbündel	Mit $c = \frac{w_0^{0\,654}}{d^{0.346}}$ ist α_k
2 Rohrreihen	$4{,}2\, c$
3 Rohrreihen	$4{,}4\, c$
4 Rohrreihen	$4{,}5\, c$
5 Rohrreihen	$4{,}55\, c$
Dasselbe, aber Strömung quer durch ein versetztes Rohrbündel	Mit $c = \frac{w_0^{0,69}}{d^{0,31}}$ ist α_k
2 Rohrreihen	$5{,}3\, c$
3 Rohrreihen	$6{,}1\, c$
4 Rohrreihen	$6{,}6\, c$
5 Rohrreihen	$7\, c$
Heißdampf an ein Rohr mit über Sättigungstemperatur liegender Temperatur t	$\left(4{,}28 + 2{,}66\, \frac{t}{1000}\right) \frac{w_0^{0,79}}{d^{0,16}\, L^{0,05}}$
Wasser mit der Temperatur t_{fl} °C in den Rohren	$2900\, w^{0,85}\, (1 + 0{,}014\, t_{fl})$
Kondensierender Sattdampf Faustwert:	10000
Mindestwerte: senkrechtes Rohr	$\frac{5800 + 23\,(t_d + t_w)}{\sqrt[4]{h\,(t_d - t_w)}}$
waagerechtes Rohr	$\frac{4460 + 17{,}7\,(t_d - t_w)}{\sqrt[4]{d\,(t_d - t_w)}}$

Bedeutung der Bezeichnungen:

d =	Rohrdurchmesser	m
w_0 =	Geschwindigkeit	Nm/s
f =	Querschnittsfläche	m²
U =	Umfang	m
t_d =	Dampftemperatur	° C
t_w =	Wassertemperatur	° C
h =	Zylinderhöhe	m
L =	Rohrlänge	m

In der Tabelle 21 sind die Wärmeübergangszahlen für nichtversetztes Gitter mit verschiedenen Abständen der Steinlagen und für verschiedene Gasgeschwindigkeiten w_0 angegeben, für doppelt versetztes Gitter sind die Werte mit 1,16 zu multiplizieren.

Tabelle 21. Wärmeübertragungszahlen für nichtversetztes Gitter.

Gasgeschwindigkeit bei 0° 760 QS w_0 Nm/s	Steinlagenabstand in mm					
	25	50	75	100	150	200
0,2	12,0	9,4	8,3	7,4	6,6	5,9
0,4	16,2	12,8	11,2	10,1	8,9	8,0
0,6	19,9	15,7	13,7	12,5	10,9	9,9
0,8	22,9	18,2	15,9	14,4	12,7	11,4
1,0	25,7	20,4	17,7	16,2	14,2	12,7
1,2	28,2	22,3	19,5	17,7	15,5	14,0
1,4	30,4	24,0	21,1	19,2	16,8	15,1

Der *Wärmeübergang durch Berührung (Konvektion) in Kanälen*, die im Gitterwerk der Winderhitzer, in Steinrekuperatoren, vereinzelt auch in Regeneratoren vorliegen, wurde von Böhm und Scheffels untersucht [1]. Es ergab sich

$$\alpha_k = C \frac{w_0^{0,8} T^{0,25}}{d^{0,333}}.$$

Hierin ist C ein Beiwert, der von der Rauhigkeit der Oberfläche abhängig ist. Sie stellten auch den Einfluß der Temperatur auf den Wärmeübergang durch Berührung zum erstenmal fest.

In der Tabelle 22 sind die Wärmeübergangszahlen für 0° C angegeben. Sie sind mit dem Temperatureinflußwert e_ϑ zu multiplizieren.

Tabelle 22. Wärmeübergangszahlen in Steinkanälen für 0 ° C.

Gasgeschwindigkeit bei 0° 760 QS w_0 Nm/s	Kanaldurchmesser in mm					
	25	50	75	100	150	200
0,2	5,5	5,0	4,7	4,6	4,5	4,4
0,4	7,0	6,0	5,5	5,2	5,0	4,8
0,6	8,5	7,0	6,3	6,0	5,5	5,2
0,8	10,0	8,1	7,2	6,7	6,1	5,6
1,0	11,5	9,1	8,0	7,4	6,6	6,1
1,5	15,0	11,6	10,0	9,3	8,2	7,4
2,0	18,4	14,3	12,4	11,2	10,0	8,9
2,5	21,7	17,0	14,8	13,5	11,8	10,6
3,0	25,0	19,6	17,2	15,6	13,7	12,5
4,0	31,4	24,9	21,7	19,7	17,2	15,6
5,0	37,5	29,8	26,0	23,5	20,6	18,7

Einflußwert der Temperatur.

Gastemperatur °C	0	250	500	750	1000
Einflußwert e_ϑ	1,00	1,17	1,30	1,39	1,47

Der Einfluß der Wandrauhigkeit ist ebenfalls erheblich. Die Werte der Tabelle gelten für ein normal gesetztes Gitter. Ein mit besonderer Sorgfalt glatt gesetztes Gitter vermindert die Werte um rund 20%.

Da auch ein Einfluß der Kanallänge vorhanden ist, gelten die angegebenen Werte als Mindestwerte. Für kurze Kanallängen ergeben sich höhere Werte.

Häufig liegt bei der Wärmeübertragung der Fall vor, daß die Wärme durch eine Wand hindurch übertragen werden muß; es sind dann die Temperaturen t_1 und t_2 der beiden Stoffe, nicht aber die Temperaturen der Wand bekannt. Diese hängen von den Wärmeübergangsverhältnissen ab und sind meist für den Wärmeaustauschvorgang belanglos. Zur Berechnung der Wärmeaustauscher geht man deshalb von den Temperaturen t_1 und t_2 aus und setzt die durchgehende bzw. die übertragene Wärmemenge, dem Temperaturgefälle proportional, d. h.

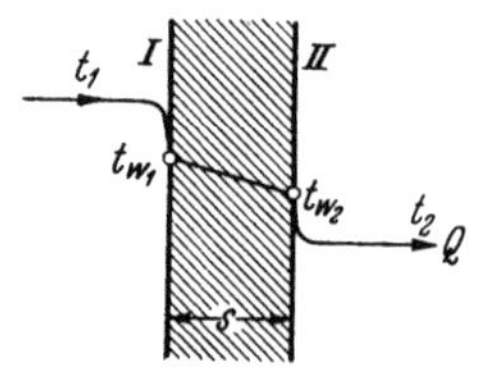

Bild 125. Wärmedurchgang durch eine ebene Wand.

$$Q = k\,(t_1 - t_2) \qquad \text{kcal/m}^2\text{h}. \qquad (47)$$

k ist dabei die *Wärmedurchgangszahl* kcal/m²h°C.

Die Wärmedurchgangszahl ist die rechnerische Zusammenfassung der Wärmeübertragungsvorgänge und von den einzelnen Wärmeübergangszahlen, den Wandstärken und den Wärmeleitzahlen der Wandungen abhängig.

So folgt z. B. für die ebene Wand (Bild 125):

1. Wärmeübergang an Wand I: $Q = \alpha_1 (t_1 - t_{w1})$.
2. Wärmeleitung in der Wand: $Q = \frac{\lambda}{s} (t_{w1} - t_{w2})$.
3. Wärmeübergang von Wand II: $Q = \alpha_2 (t_{w2} - t_2)$.

[1] Arch. Eisenhüttenw. Bd. 6 (1932/33) S. 432 u. 477.

Hierbei sind mit α_1 und α_2 die Gesamtwärmeübergangszahlen (Konvektion + Strahlung) bezeichnet. Eliminiert man die unbekannten Wandtemperaturen, so erhält man für die durchgehende Wärmemenge:

$$Q = \frac{1}{\frac{1}{\alpha_1} + \frac{1}{\alpha_2} + \frac{s}{\lambda}} (t_1 - t_2) = k\,(t_1 - t_2) \qquad \text{kcal/m}^2\text{h}.$$

Die *Wärmedurchgangszahl* für die *ebene Wand* ist demnach:

$$k = \frac{1}{\frac{1}{\alpha_1} + \frac{1}{\alpha_2} + \frac{s}{\lambda}} \qquad \text{kcal/m}^2\text{h}^\circ\text{C}. \tag{48}$$

Für eine *ebene Wand aus mehreren Schichten* mit den Stärken s_1, s_2 und den Wärmeleitzahlen λ_1, λ_2 folgt entsprechend:

$$k = \frac{1}{\frac{1}{\alpha_1} + \frac{1}{\alpha_2} + \frac{s_1}{\lambda_1} + \frac{s_2}{\lambda_2}} \qquad \text{kcal/m}^2\text{h}^\circ\text{C}. \tag{49}$$

Bei Rohren und zylindrischen Wänden sind die beiden Oberflächen, an denen der Wärmeübergang vor sich geht, nicht gleich groß. Die Innenwand ist kleiner als die Außenwand. Berechnet man in gleicher Weise wie bei der ebenen Wand die Wärmedurchgangszahl, so folgt für ein Rohr von 1 m Länge

$$k = \frac{\pi}{\frac{1}{d_i \alpha_i} + \frac{1}{d_a \alpha_a} + \frac{1{,}15}{\lambda} \log \frac{d_a}{d_i}} \qquad \text{kcal/m h}^\circ\text{C} \tag{50}$$

bzw. für die Rohrwand aus mehreren, z. B. zwei, Schichten:

$$k = \frac{\pi}{\frac{1}{d_i \alpha_1} + \frac{1}{d_a \alpha_a} + \frac{1{,}15}{\lambda_1} \log \frac{d_a}{d_i'} + \frac{1{,}15}{\lambda_2} \log \frac{d_i'}{d_i}} \qquad \text{kcal/m h}^\circ\text{C}. \tag{51}$$

Hierin sind α wieder die Gesamtwärmeübergangszahlen und d die verschiedenen Rohrdurchmesser.

Zur Durchführung von Überschlagsrechnungen ist häufig die ungefähre Kenntnis der Wärmedurchgangszahlen k zweckmäßig. NETZ gibt eine Zusammenstellung für verschiedenartige Wärmeübergangsvorgänge[1]. Für den Wärmeübergang Luft — Schamottestein — Luft kann man mit ~ 5 kcal/m²h°C rechnen.

Das mittlere Temperaturgefälle.

Da sich bei der Wärmeübertragung die Temperaturen längs der Heizfläche ständig ändern, muß aus der Temperaturabnahme des Heizmittels und aus der Temperaturzunahme des zu beheizenden Stoffes eine mittlere Temperaturdifferenz berechnet werden. Die durchgehende Wärmemenge folgt dann aus

$$Q = k\,\Delta t_m \quad \text{kcal/m}^2\text{h}. \tag{52}$$

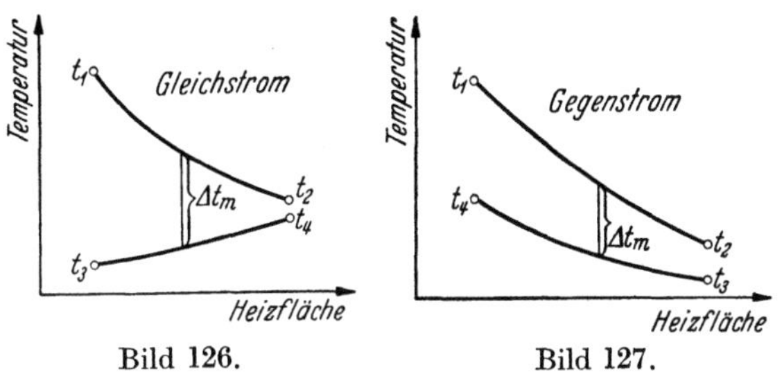

Bild 126. Bild 127.
Temperaturverlauf längs der Heizfläche.

Bei der Berechnung von Δt_m sind die Richtungen des Heizstromes und des zu heizenden Mittels von großem Einfluß auf den Wärmedurchgang. Man spricht von *Gegenstrom*, wenn die Strömung beider Mittel parallel gegeneinander, von *Gleichstrom*, wenn die Strömung parallel und gleich gerichtet ist. Bei *Kreuzstrom* und *Querstrom* bewegen sich beide Mittel senkrecht zueinander. Formelmäßig ausgedrückt ist (vgl. Bilder 126 und 127) bei[2]

Gleichstrom
$$\Delta t_m = \frac{(t_1 - t_3) - (t_2 - t_4)}{2{,}303 \log \frac{t_1 - t_3}{t_2 - t_4}}, \tag{53}$$

[1] NETZ: Messungen und Untersuchungen an wärmetechnischen Anlagen und Maschinen. Berlin: Julius Springer 1933. [2] Zeichnerische Lösung siehe: Arbeitsblatt 13 des Arch. Wärmew. 1932.

Gegenstrom

$$\Delta t_m = \frac{(t_1 - t_4) - (t_2 - t_3)}{2{,}303 \log \dfrac{t_1 - t_4}{t_2 - t_3}}, \tag{54}$$

Kreuzstrom und Querstrom

$$\Delta t_m \approx \frac{t_1 + t_2}{2} - \frac{t_3 + t_4}{2}. \tag{55}$$

Hierin sind

t_1 und t_3 die Eintrittstemperaturen,
t_2 und t_4 die Austrittstemperaturen.

Angenähert läßt sich Δt_m auch für Gegenstrom aus Gl. (55) berechnen; bei Gleichstrom ergibt die angenäherte Berechnung jedoch häufig merkliche Fehler.

VII. Die Wärmeausnutzung und der Wirkungsgrad der Industrieöfen.

Für Industrieöfen gilt bei *ununterbrochenem* Betrieb die allgemeine Gleichung

zugeführte Wärme	= Nutzwärme	+ Wandverluste	+ Strahlungsverlust durch Öffnungen	+ Undichtigkeitsverlust	+ Kühlwasserverlust	+ Brennstoffverlust	+ Abgasverlust
Q	$= Q_N$	$+ Q_W$	$+ Q_{Oe}$	$+ Q_U$	$+ Q_K$	$+ Q_B$	$+ Q_A$

$$Q = Q_N + \underbrace{Q_W + Q_{Oe} + Q_U + Q_K + Q_B + Q_A}_{Q_{\text{Verluste}}} \tag{56}$$

Bei zeitweilig unterbrochenem Betrieb kühlen sich die Ofenwände ab, so daß nach jeder Unterbrechung noch die Wärmemenge zuzuführen ist, die den Ofen wieder auf den Betriebszustand bringt. Mit Einsetzung dieser „Speicherwärme" Q_{Sp} folgt dann entsprechend

$$Q = Q_N + \underbrace{Q_W + Q_{Oe} + Q_U + Q_K + Q_B + Q_{Sp} + Q_A}_{Q_{\text{Verluste}}}. \tag{57}$$

Der *Wirkungsgrad* eines Ofens berechnet sich jetzt aus

$$\eta = \frac{Q_N}{Q} = \frac{Q - Q_{\text{Verl}}}{Q} = 1 - \frac{Q_{\text{Verl}}}{Q}. \tag{58}$$

Man erkennt aus der Gleichung, daß jede Verbesserung des Wirkungsgrades auf eine Verringerung der Verluste hinzielen muß.

Für erste Berechnungen kann man etwa folgende Wirkungsgrade annehmen:

Nietwärme- und Bolzenöfen	2—5%	kleinere Stoßöfen	15—30%
kleinere Schmiedeöfen	5—10%	große Stoßöfen	25—55%
kleinere Glühöfen	7—20%	Siemens-Martin-Öfen	20—35%
Blechwärmeöfen	10—20%		

a) Die Nutzwärme.

Die Nutzwärme eines Ofens besteht, je nach dem durchgeführten Verfahren aus der fühlbaren Wärme des Wärmgutes, der physikalischen Umwandlungswärme oder der chemischen Reaktionswärme. Meistens sind mehrere Vorgänge miteinander verbunden, so daß die entsprechenden Wärmeaufwendungen zu addieren sind. Die Summe der Wärmemengen für den Hauptvorgang (Ertrag und Verbrauch) bezeichnet man als *Nutzwärme.*

Beispiel 13. Beim Eisenhochofen setzt sich die Nutzwärme wie folgt zusammen:

1. Die Wärme zur Reduktion der Fe-, Mn-, Si-, P- und S-Verbindungen.
2. Wärmewert des im Roheisen gelösten Kohlenstoffs 8080 kcal/kg.
3. Wärmeinhalt des flüssigen Roheisen 250 bis 290 kcal/kg.
4. Wärmeinhalt der flüssigen Schlacke 450 bis 550 kcal/kg.
5. Wärme zur Vorbereitung der Beschickung,
   a) zum Austreiben des Hydratwassers aus dem Möller,
   b) zum Austreiben der Möllerkohlensäure,
   c) zum Verdampfen der Möllerfeuchtigkeit.
6. Die Verschlackungswärme (120 bis 140 kcal/kg) ist von der Summe des Verbrauchs 1 bis 5 in Abzug zu bringen.

b) Die Wärmeverluste.

1. Wandverluste.

Zur Berechnung kann man Gl. (29)

$$Q = F \frac{\lambda}{s} (t_i - t_a) z \qquad \text{kcal}$$

oder auch Gl. (41)

$$Q = F \alpha (t_a - t_l) z \qquad \text{kcal}$$

heranziehen. Außer den früheren Bezeichnungen ist hier t_i, t_a, t_l = Temperatur der inneren, äußeren Wandoberfläche und der umgebenden Luft.

α = Gesamtwärmeübergangszahl. Näherungsformel:

$$\alpha = 6{,}8 + 0{,}046\, t_a \qquad \text{kcal/m}^2\text{h}^\circ\text{C}.$$

Beide Gleichungen kann man auch, was häufig Vorteile bietet, zusammenfassen zu der Gleichung

$$Q = F \frac{t_i - t_l}{\frac{1}{\alpha} + \frac{s}{\lambda}} z \qquad \text{kcal}. \qquad (59)$$

Für eine Wand aus *mehreren Schichten* verschiedener Baustoffe gilt entsprechend

$$Q = F \frac{t_i - t_l}{\frac{1}{\alpha} + \frac{s_1}{\lambda_1} + \frac{s_2}{\lambda_2} + \cdots} \qquad \text{kcal}. \qquad (60)$$

Der *Wärmewert* der Wandverluste, ähnliches gilt sinngemäß auch für die übrigen Verluste, ist nicht etwa gleich dem Heizwert des Brennstoffes, da praktisch nur ein Bruchteil dieses Heizwertes (rund 50%) nutzbar ist. Der Rest wird durch die Abgase fortgeführt. Um also 1000 kcal Wandverluste auszugleichen, müssen demnach mindestens 2000 kcal an Brennstoffwärme aufgewandt werden. Der Wärmeverlust der Wand ist also aus diesem Grunde schon doppelt so hoch zu bewerten, was bei der Berechnung der Wirtschaftlichkeit von Aufwendungen für Isolierung zu beachten ist.

Die Wärmeverluste der Wand bringen aber noch weitere Nachteile, und zwar durch Verminderung der Wärmeübertragung. Zur Deckung der Wandverluste ist ein höheres Temperaturgefälle notwendig als dieses bei vollkommen wärmedichtem Ofen der Fall wäre. Durch die dann eintretende erhöhte Abgastemperatur steigt der Abgaswärmeverlust. Überschläglich kann man insgesamt bei Schmiedeöfen (Stoß- und Rollöfen, die im Gegenstrom arbeiten) den 2fachen Wert vom gleichen Nennbetrag der Brennstoffwärme annehmen.

Aus den Gl. (47) und (52) geht hervor, daß den Wandverlusten eine um so höhere Bedeutung zukommt, je höher die Ofentemperatur liegt. Sehr wichtig ist darum ein wirksamer Wärmeschutz. Die erforderliche Stärke und Wirksamkeit ist aus Gl. (47 u. f.) zu berechnen (vgl. Beispiel S. 95).

Bei Ofenräumen mit sehr hoher Temperatur, z. B. Kohlenstaubbrennkammern, hat man vielfach beobachtet, daß das dicke Wandmauerwerk innen zuerst sehr schnell, dann allmählich langsamer abschmolz und zuletzt bei einer Mindestwandstärke (100 bis 125 mm) unverändert blieb. Das ist aus der Veränderung des Temperaturgefälles zu erklären. Ist das Temperaturgefälle flach, z. B. bei einer dicken Wand, so reicht die Zone hoher Temperatur weit in den Stein hinein. Ist das Temperaturgefälle steil, z. B. bei einer dünnen Wand, so hat die Zone hoher Temperatur nur geringe Tiefe.

Ist nun der Stein bei hoher Temperatur etwa oberhalb 1350° zähflüssig, so wird die zähflüssige Schicht bei der dicken Wand dicker sein und leichter und schneller ablaufen.

Das Temperaturgefälle ist bezogen auf 1 m Wandstärke

$$\frac{\Delta t}{s} \qquad ^\circ\text{C/m}.$$

Hierin ist

Δt = Temperaturunterschied $t_1 - t_2$ der beiden Wandflächen °C,
s = Wandstärke m.

Mit Benutzung der Gl. (30) berechnet sich dann der Temperaturunterschied aus

$$\Delta t = \frac{s\,Q}{\lambda} \qquad {}^\circ\mathrm{C}.$$

Der Temperaturunterschied ändert sich also verhältnisgleich der durch die Wand hindurch geleiteten Wärmemenge. Im Bild 128 ist der Temperaturverlauf für drei verschiedene Ofenwände dargestellt. Die Berechnung erfolgte nach Gl. (29). Unter der Annahme, daß die Schamottesteine oberhalb 1350° zähflüssig werden, ergibt sich die zähflüssige Schicht bei der

unisolierten Wand von 100 mm Stärke zu 0,5 mm,
unisolierten Wand von 250 mm Stärke zu 1,2 mm,
isolierten Wand von 250/200 mm Stärke zu 5,5 mm.

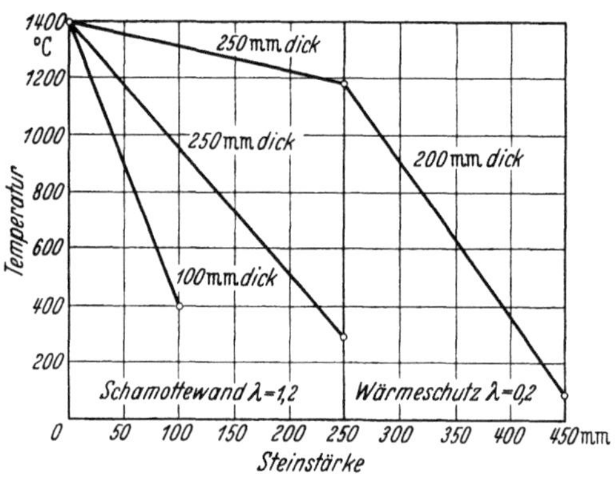

Bild 128. Temperaturverlauf in einer Ofenwand. (Nach SCHACK.)

Mit anderen Worten: bei solchen Wänden ist die Haltbarkeit mit großen Wandverlusten verbunden. Auch wird bei den hier angenommenen Ofentemperaturen eine Isolierung der Gewölbe nicht in Betracht zu ziehen sein, wenn nicht Baustoffe zur Verfügung stehen, deren Dauerdruckerweichungspunkt höher liegt. Es darf dabei nicht übersehen werden, daß sich die Steine im Ofen anders verhalten als bei der Untersuchung im Laboratorium. Es braucht beispielsweise bei dem Gewölbe der letzten Ausführung der Dauerdruckweichungspunkt nur um 50° zu sinken, um die zähflüssige Zone bis in die Mitte des Gewölbes fortschreiten zu lassen und das Gewölbe zum Einsturz zu bringen.

Tabelle 23. Wärmeleitzahlen für feuerfeste Baustoffe[1].

Mittlere Temperatur °C		200	300	400	500	600	700	800	900	1000	1100	1200	1300	1400
Wärme-	Silika	0,56	0,64	0,72	0,80	0,88	0,96	1,03	1,11	1,19	1,27	1,35	1,43	1,51
leitzahl λ	Dinas	0,74	0,78	0,84	0,88	0,93	0,98	1,03	1,08	1,13	1,18	1,23	1,28	1,33
$\frac{\text{kcal}}{\text{m h °C}}$	Schamotte	0,51	0,55	0,59	0,62	0,66	0,70	0,74	0,78	0,82	0,86	0,90	0,94	0,98
	Magnesit	1,15	1,18	1,22	1,25	1,29	1,32	1,36	1,40	1,43	1,47	1,50	1,54	1,58

2. Öffnungsverluste.

Die Ausstrahlungsverluste durch offene Türen und Spalten sind infolge des großen Temperaturunterschiedes sehr hoch. Die Türen sind deshalb möglichst geschlossen zu halten und die Mauerspalten zu dichten. Da bei den hohen Ofentemperaturen die Lufttemperatur vernachlässigt werden kann, läßt sich der Ausstrahlungsverlust aus der etwas vereinfachten Gl. (35) berechnen zu

$$Q_{\ddot{O}} = 4{,}5\,F\left(\frac{T_i}{100}\right)^4 z \qquad \text{kcal.} \qquad (61)$$

Die Ausstrahlungsverluste durch Türöffnungen vermindern sich durch den Einfluß der Wandstärke gegenüber voller Ausstrahlung, wobei das Verhältnis

$$\frac{\text{Durchmesser der Öffnung}}{\text{Mauerdicke}}$$

maßgebend ist.

Quadratische Öffnungen haben die gleichen Verluste wie runde Öffnungen vom Durchmesser des eingeschriebenen Kreises. Tabelle 22 gibt an, auf welchen Bruchteil der vollen Ausstrahlung sich die Ausstrahlung durch Türöffnungen vermindert.

[1] KOPPERS Handbuch der Brennstofftechnik. Essen: Girardet 1929.

Tabelle 24. Ausstrahlung durch Türöffnungen.

Verhältnis $\frac{\text{Durchmesser der Öffnung}}{\text{Mauerdicke}}$	5	4	3	2	1	0,5	0,2
Verminderung der Ausstrahlung	0,8	0,78	0,72	0,64	0,50	0,38	0,2

Beispiel 14. Gegeben ist ein Wärmofen mit Halbgasfeuerung zum Erwärmen von 1000 kg Stahlblöcken auf 1200° C.

Mittlere spezifische Wärme des Stahles . . . . . $c = 0{,}166$ kcal/kg °C,
Temperatur der Innenwand . . . . $t_i = 1200°$ C,
Temperatur der Außenluft . . . . $t_l = 20°$ C,
Wärmeübergangszahl . . . . $\alpha = 17$ kcal/m²h °C,
Wärmeleitzahl der Schamottewand . . . . $\lambda = 1{,}2$ kcal/m h °C,
Gewölbestärke . . . . $s = 0{,}25$ m,
Gewölbefläche . . . . $F = 5$ m²,
Seitenwandstärke . . . . $s = 0{,}38$ m,
Seitenwandfläche . . . . $F = 10$ m²,
Fundamentfläche . . . . $F = 5$ m²,
Öffnungsquerschnitt der Ziehtür . . . . $F = 0{,}25$ m²,
Öffnungszeit der Ziehtür . . . . $z = 0{,}5$ h/h,
Spaltquerschnitt . . . . $F = 0{,}05$ m².

Gesucht sind die Nutzwärme und die Verluste durch Strahlung und Leitung:
a) bei dem nichtisolierten Ofen,
b) bei einem Ofen, der mit einer Schicht Isoliersteine von der Stärke $s_2 = 0{,}1$ m und der Wärmeleitzahl $\lambda = 0{,}25$ kcal/m h °C abgedeckt ist.

Lös.: Die *Nutzwärme* beträgt

$$Q_N = G\,c\,\Delta t = 1000 \cdot 0{,}166\,(1200 - 20) = 199\,200 \quad \text{kcal/h.}$$

Die *Wandverluste* berechnen sich nach Gl. (59).

Gewölbe:

$$Q_{w\,1} = 5\,\frac{1180}{\frac{1}{17} + \frac{0{,}25}{1{,}2}} = 22\,000 \quad \text{kcal/h.}$$

Seitenwände:

$$Q_{w\,2} = 10\,\frac{1180}{\frac{1}{17} + \frac{0{,}38}{1{,}2}} = 31\,300 \quad \text{kcal/h.}$$

Fundamente: Hier kann man etwa 2000 kcal/m²h als Leitungsverlust annehmen. Das ergibt

$$Q_{w\,3} = 5 \cdot 2000 = 10\,000 \quad \text{kcal/h.}$$

Summe der Wandverluste:

$$Q_w = 63\,300 \quad \text{kcal/h.}$$

Die Öffnungsverluste berechnen sich aus Gl. (61).

Ziehtür:

$$Q_{Ö\,1} = 4{,}5 \cdot 0{,}25 \cdot 14{,}73^4 \cdot 0{,}5 = 26\,500 \quad \text{kcal/h.}$$

Spalten:

$$Q_{Ö\,2} = 4{,}5 \cdot 0{,}05 \cdot 14{,}73^4 = 10\,500 \quad \text{kcal/h.}$$

Summe der Öffnungsverluste:

$$Q_Ö = 37\,000 \quad \text{kcal/h.}$$

Einer Nutzwärme von 199 200 kcal/h stehen demnach an Leitungs- und Strahlungsverlusten rund 100 300 kcal/h gegenüber, das sind rund 52% der Nutzwärme.

Nach *Isolierung* der Gewölbe- und Seitenwandungen folgen die *Wandverluste.*

Gewölbe:

$$Q_{w\,1} = 5\,\frac{1180}{\frac{1}{17} + \frac{0{,}25}{1{,}2} + \frac{0{,}1}{0{,}25}} = 8950 \quad \text{kcal/h.}$$

Dünnere Isolierschichten haben in vorliegendem Fall eine zu geringe Leistung und können sogar zu einer Verschlechterung führen, wenn man gleichzeitig etwa die Schamottewand dünner macht. Da wo geringe Temperatur in Betracht kommt, kann man mit einer dünnen Isolierschicht von Stoffen geringer Wärmeleitzahl, z. B. Kieselgur mit $\lambda = 0{,}056$, sehr gute Wirkungen erzielen.

Seitenwände:

$$Q_{w\,2} = 10\,\frac{1180}{\frac{1}{17} + \frac{0{,}38}{1{,}2} + \frac{0{,}1}{0{,}25}} = 15\,200 \quad \text{kcal/h.}$$

Die übrigen Verluste bleiben dieselben. Es zeigt sich aber, daß jetzt bei dem isolierten Ofen einer Nutzwärme von 199000 kcal/h nur ein Verlust von 71150 kcal/h durch Strahlung und Leitung gegenüber steht, d. h. nur knapp 36% der Nutzwärme.

3. Undichtigkeitsverluste.

Diese „Ausflammverluste" entstehen durch ausschlagende Flammen und durch Undichtheiten des Mauerwerkes. Ausschlagende Flammen sind nicht ganz zu vermeiden, weil bei $\pm$ 0 mm WS Druck auf dem Herde in 1 m Höhe schon ein Überdruck von 1 mm WS herrscht. Den Wärmeverlust durch ausschlagende Flammen kann man berechnen aus der Gleichung

$$Q = V\,C_{pg}\,(t_g - t_l)\,z \quad \text{kcal.} \tag{62}$$

Hierin ist

V = ausflammendes Gasvolumen Nm^3/h,
C_{pg} = spezifische Wärme des ausflammenden Gases kcal Nm^3 °C,
t_g = Temperatur des ausflammenden Gases °C,
t_l = Lufttemperatur °C,
z = Zeitdauer des Ausflammens h.

Die ausflammende Gasmenge V läßt sich dabei angenähert bestimmen aus

$$V = 210000\,F\,\sqrt{\frac{p}{T_g}} \quad Nm^3/h. \tag{63}$$

Hierin ist

F = Ausflammquerschnitt m^2,
p = Überdruck mm WS,
T_g = Gastemperatur Grad.

Dringt *Falschluft* in den Ofen ein, so ist ihre Menge angenähert

$$V = 9500\,F\,\sqrt{p} \quad Nm^3/h. \tag{64}$$

In der Wärmebilanz tritt diese Falschluft im Luftüberschuß des Gases auf. Ihr Einfluß ist schädlich.

Die *Gasdurchlässigkeit* der Ofenwände hängt von der Beschaffenheit der Steine, der Mauerfugen und der etwa vorhandenen Risse ab. Nach BANSEN bezeichnet man als *Gasdurchlaßzahl* die Gasmenge, die durch eine Wand von 1 m^2 Querschnitt bei 1 cm Dicke und 1 mm WS Druckunterschied je h hindurchgeht.

Sie ist für

Steine 0,1—0,27 m^3/m^2h mm WS,
Mörtelfugen 10 m^3/m^2h mm WS,
Mauerwerk (durch Haarrisse) 17,5 m^3/m^2h mm WS (bis auf das 10fache bei altem Mauerwerk und Kammerzwischenwänden steigend).

4. Kühlwasserverlust.

Dieser ist nur durch Messung genau zu bestimmen und folgt aus

$$Q = W\,c\,(t_{wa} - t_{we}) \quad \text{kcal.} \tag{65}$$

Hierin ist

Q = Wärmemenge kcal,
W = Wassermenge kg,
c = spezifische Wärme des Wassers kcal/kg°C,
t_{we} = Temperatur Wassereintritt °C,
t_{wa} = Temperatur Wasseraustritt °C.

Anhaltszahlen über den Kühlwasserbedarf bei verschiedenen Öfen gibt die Arbeit von HEILIGENSTAEDT[1].

5. Brennstoffverlust.

Dieser Verlust ist bei Rostfeuerungen leicht durch Messung zu erfassen. Bei Gasfeuerungen kann an der Verbindung zwischen Brenner und Ofenwandung, in den Gaszuführungskanälen, an den Ventilen und Umstellvorrichtungen Gas entweichen, das nur

[1] HEILIGENSTAEDT: Wärmetechnische Rechnungen für Bau und Betrieb von Öfen. Düsseldorf: Stahleisen 1935.

annähernd geschätzt oder errechnet werden kann. Der Verlust beträgt etwa 1 bis 3% der zugeführten Brennstoffwärme.

6. Verluste durch Speicherwärme.

Der Wärmebedarf für ein einmaliges Aufheizen eines Ofens (ohne Berücksichtigung der Wärmeabstrahlung der Wandung usw.) folgt aus der Gleichung

$$Q_{Sp} = V_M \gamma c \Delta t \quad \text{kcal.} \qquad (66)$$

Hierin ist

$V_M \gamma$ = Gewicht des Ofens kg,
c = spezifische Wärme des Mauerwerkes kcal/kg °C,
Δt = Temperaturunterschied der Wandung zwischen Anfang und Ende der Aufheizung °C.

Aus der Gl. (66) ist zu entnehmen, daß eine Verminderung der Speicherverluste nur durch Verminderung des Mauerwerksvolumens und des Raumgewichtes möglich ist.

Während man die Speicherverluste für kurze Unterbrechungen gemäß den Ausführungen über Wärmeaustauscher berechnen kann, ist eine Berechnung für längere Betriebsunterbrechungen von 8 oder 16 h, schwieriger. Hier bringen nur Anhaltszahlen einigen Aufschluß.

Die Wertigkeit der Speicherwärme liegt etwas tiefer als die Wertigkeit der Wandverluste, weil der Ofen während der Anheizzeit geringere Temperaturen hat und die Arbeitstemperatur erst zum Schluß erreicht wird. Immerhin ist bei Betriebsunterbrechung die Speicherwärme die Hauptursache sehr schlechter Wirkungsgrade.

7. Die Abgasverluste.

Verlust durch fühlbare Wärme. Die Berechnung erfolgt entsprechend aus

$$Q_{\text{fühlb.}} = V C_p t \quad \text{kcal/h}$$

und man erkennt, daß eine Verminderung der Abgasverluste durch fühlbare Wärme nur erreicht werden kann durch

Verringerung des Abgasvolumens,

Verringerung der Abgastemperatur, womit gleichzeitig auch eine ebenfalls günstige Verminderung der spezifischen Wärme verbunden wird.

Das Abgasvolumen läßt sich durch Verminderung des Luftüberschusses (Vermeidung von Falschluft, dichte Ofentüren usw.) verringern, während zur Verringerung der Abgastemperatur schon besondere Maßnahmen ergriffen werden müssen. Eine Senkung der Temperatur etwa durch Verlängerung (Vergrößerung) des Ofens erstreben zu wollen, ist nur bis zu einem gewissen Grade möglich, da die erhöhten Anlagekosten und auch die mit der Ofengröße steigenden Wandverluste eine wirtschaftliche Grenze setzen. Als wesentlicher Faktor kommt also nur eine Steigerung der Wärmeübergangszahl in Betracht. Gemäß den Überlegungen S. 66 wird der Wärmeübergang in überwiegendem Maße von der Gasstrahlung bestritten, während die Wärmeabgabe durch Konvektion nicht sehr wesentlich ist. Sie beträgt meist nur 10 bis 20% der gesamten Wärmeübertragung[1]. Da die Gasstrahlung außer von der Gaszusammensetzung auch von der Schichtstärke abhängig ist, läßt sich durch ein hochgezogenes Gewölbe eine Steigerung erreichen. Manchmal liegt hierbei jedoch die Gefahr einer Bildung kühler Gasschichten vor, weshalb gute Durchwirbelung der Ofengase notwendig ist. Die kühlen Gasschichten, die z. B. durch Falschlufteintritt durch die Ofentüren entstehen können, bilden eine ruhende schlecht wärmeleitende Schicht und stören den Wärmeübergang erheblich. Die gewünschte Durchwirbelung der Ofengase läßt sich durch rauhe Ofengewölbe erreichen; auch im Gewölbe vorstehende Steinschichten sind günstig. Hierdurch wird gleichzeitig die strahlende Gewölbeheizfläche vergrößert (sekundäre Heizfläche).

Eine weitere sehr wirksame Maßnahme zur Verhinderung der Bildung kühler Gasschichten ist durch Anbringung von Hilfsbrennern gegeben. Die Hilfsbrenner können dabei manchmal sogar auch auf der Unterseite des Ofens angebracht werden.

[1] Netz: Der Wärmeübergang im Stoßofen. Mitt. d. Wärmest. Düsseldorf, Stahleisen, Nr. 81.

Verlust durch Unverbranntes. Verluste durch Unverbranntes entstehen bei schlechter Durchmischung zumal bei geringem Luftüberschuß und kurzen Flammenwegen. Bei Kohlenfeuerungen und bei Gasfeuerungen mit schwankendem Gasdruck können durch ungeregelte Luftzufuhr und schlechte Feuerung bis zu 5% CO im Abgas vorkommen. Je nach dem Luftüberschuß beträgt bei 1% CO im Abgas der Verlust 5 bis 12% bezogen auf den Brennstoffverbrauch.

Die Verluste durch unverbrannte Gase lassen sich bei guter Betriebsführung vermeiden. Wichtig ist gute, am besten selbsttätige Regelung von Brennstoffen und Luft, um jederzeit das gewünschte Mischungsverhältnis aufrechterhalten zu können. Diese Regelung ist besonders leicht bei Gasfeuerungen durchzuführen.

Einfluß der Vorwärmung. Die Wertigkeiten der mit der Verbrennungsluft zugeführten Wärme kann nahezu derjenigen der Wandverluste und Speicherverluste gleichgesetzt werden. Sie hat das 2- bis 3fache des Wertes der Brennstoffwärme. Das erklärt sich physikalisch daraus, daß die mit der Verbrennungsluft eingebrachte Wärme für sich keinen Abgasverlust verursacht; sie steigert die Verbrennungstemperatur ohne Substanzvermehrung.

VIII. Die Bewegung der Gase.

Zur Erreichung einer guten Wärmeübertragung der Heizgase und sicheren Ableitung der Abgase ist die Führung der Gase notwendig. Um diese Gasbewegung innerhalb des Ofens aufrechtzuerhalten, muß genügend „Zug" vorhanden sein. Sieht man von der künstlichen Zugerzeugung ab, so entsteht der Zug durch den natürlichen *Auftrieb* der Gase. Der Zug ist positiv, wenn die heißen Gase nach *oben* ziehen, negativ, wenn die Gase nach *unten* geführt werden. In diesem Falle vermindert der Auftrieb die Zugwirkung. Dem Strom der Gase setzen sich Widerstände durch *Reibung und Stoßverluste* bei Querschnitts- und Richtungsänderungen, sowie beim Einsaugen der Luft durch Roststäbe entgegen. Auch durch die konvektive Wärmeübertragung der heißen Gase an Wandungen und Heizgut entsteht ein Druckabfall und daher ein Zugverlust, wie NUSSELT nachgewiesen hat[1]. Durch entsprechende Gasführung lassen sich die Widerstände in mäßigen Grenzen halten, so durch genügende Querschnitte und Abrundungen bei Richtungswechsel und Einhaltung einer günstigen Strömungsgeschwindigkeit. Zahlenangaben über die zu wählenden günstigen Gasgeschwindigkeiten finden sich in der Eisenhütte, 4. Aufl. 1930, S. 348.

Auf Grund umfangreicher Versuche haben BRABBÉE und FRITZSCHE für den *Reibungsverlust* in mm WS je m *glattes Metallrohr* die Gleichung aufgestellt:

$$R = \frac{b\,\gamma^{0,852}\,v^{1,924}}{d^{1,281}} \quad \text{mm WS/m.} \tag{67}$$

Hierin bedeuten:

b = Festwert = 5,66,
γ = spezifisches Gewicht des Gases in kg/m³, bezogen auf den vorhandenen Zustand.
v = Gasgeschwindigkeit in m/s, bezogen auf den vorhandenen Zustand,
d = lichter Rohrdurchmesser in mm.

In *gemauerten* Kanälen und in Leitungen, die staubhaltige und feuchte Gase führen, ist bis zu einer Gasgeschwindigkeit von 3 m/s der Reibungswert der Gl. (67) zu verdoppeln, über 3 m/s Gasgeschwindigkeit mit 1,5 zu multiplizieren. Starker Staub- und Schmutzansatz erhöht R auf das Dreifache. Bei allmählich sich änderndem Querschnitt rechne man mit mittleren Querschnitten, bei Rechteckquerschnitten mit dem gleichwertigen Durchmesser $d = \frac{2ab}{a+b}$. Die Geschwindigkeit wird auf den ursprünglichen Querschnitt bezogen.

Beispiel 15. Gemauerter Heizkanal mit Querschnitt 1500 × 1800 mm, Gasgeschwindigkeit v_0 = 2 Nm/s, mittlere Gastemperatur t = 600° C, spezifisches Gewicht γ_0 = 1,293 kg/Nm³. absoluter Gasdruck im Kanal p_1 = 750 mm QS.

[1] Stahl u. Eisen Bd. 43 (1923) S. 456 bis 635.

Es ist:

$$\gamma = \frac{\gamma_0}{1+\alpha t}\,\frac{p_1}{p_0} = \frac{1{,}293}{1+\frac{1}{273}\,600}\,\frac{750}{760} = 0{,}401\ \mathrm{kg/m^3},$$

$$v = v_0\,(1+\alpha t)\,\frac{p_0}{p_1} = 2\left(1+\frac{1}{273}\,600\right)\frac{750}{760} = 6{,}29\ \mathrm{m/s},$$

$$d = \frac{2\,a\,b}{a+b} = \frac{2\cdot 1500\cdot 1800}{1500+1800} = 1636\ \mathrm{mm},$$

$$R = \frac{2^{5{,}66}\cdot 0{,}401^{0{,}852}\cdot 6{,}29^{1{,}924}}{1636^{1{,}281}} = 0{,}0136\ \mathrm{mm\,WS\ je\ m\ Kanal.}$$

Die *Stoßverluste* werden durch die empirische Gleichung

$$Z = \xi\,\frac{v^2\gamma}{2g} \qquad \mathrm{mm\,WS} \qquad (68)$$

zum Ausdruck gebracht, wobei ξ ein Reibungsbeiwert ist, der in den Grenzen 0 bis 3 liegt und von der Art des Widerstandes abhängt[1]. Bei mehreren Widerständen an derselben Stelle ist die Summe der Widerstandswerte einzusetzen. Sind die Geschwindigkeiten *vor* dem Widerstande, z. B. Gitterwerk im Kanal, gering im Vergleich zu der Geschwindigkeit im engsten Querschnitt, so kann die Vorgeschwindigkeit vernachlässigt und die Geschwindigkeit im engsten Querschnitt eingesetzt werden. Sind beide Geschwindigkeiten nicht wesentlich voneinander verschieden, so wird

$$Z = \xi\,\frac{(v_2^2 - v_1^2)\,\gamma}{2g} \qquad \mathrm{mm\,WS.} \qquad (69)$$

Beispiel 16. Gaskanal des vorhergehenden Beispiels mit Steingitter. Verhältnis der freien Gitterflächen zu den Kanalflächen 0,3; Öffnungen quadratisch. Hierfür folgt ein Reibungsbeiwert $\xi = 1{,}9$. Geschwindigkeit im engsten Querschnitt $v_2 = 20{,}9$ m/s; $v_1 = 6{,}29$ m/s (vgl. Beispiel 15).

Es ist:

$$Z = 1{,}9\,\frac{(20{,}9^2 - 6{,}29^2)\;0{,}401}{2\cdot 9{,}81} = 18{,}42 \qquad \mathrm{mm\,WS.}$$

Bei einer Kanallänge von z. B. 15 m wird der Gesamtdruckverlust unter Benutzung des ersten Ergebnisses also

$$p = 15\,R + Z = 15\cdot 0{,}0136 + 18{,}42 = 18{,}6\ \mathrm{mm\,WS}.$$

Die Reibungswiderstände sind im allgemeinen geringer als die Widerstände durch Wirbelung und Richtungsänderung.

Der zur Überwindung der Widerstände notwendige Zug muß durch den natürlichen *Auftrieb* erzielt werden; dieser wird gegebenenfalls durch Saug- oder Druckgebläse gesteigert. Bei hohen Feuerräumen, z. B. bei Dampfkesseln, kann ein zu starker Auftrieb manchmal störend wirken und einen Überdruck im Feuerraum und Austritt der Rauchgase aus den Fugen der Hängedecke hervorrufen.

Zieht man von der Summe der Zugverluste die nutzbaren Auftriebe ab, so erhält man die erforderliche Zugstärke. Durch Vermeidung abfallender Gaszüge läßt sich der natürliche Gasauftrieb innerhalb des Ofens weitgehend zur Überwindung der Widerstände ausnutzen. Es könnte im günstigen Falle die Zugstärke am Ende der Ofen- oder Feuerungsanlage gleich 0 sein, ohne daß eine schlechte Leistung damit verbunden sein müßte. Sieht man von den rechnerisch schwer erfaßbaren Einflüssen des Windes ab, so wird der Auftrieb durch den Gewichtsunterschied der vorhandenen Gassäule und einer gedachten Luftsäule gleicher Abmessungen unter den durch Druck und Temperatur gegebenen Bedingungen erzielt. Die Rauchgassäule hat ein geringeres spezifisches Gewicht als die Vergleichsluftsäule und durch diesen Druckunterschied entsteht eine Strömung. Ist für die Querschnittseinheit der Druck der Luftsäule $H\,\gamma_l$ kg und der Druck der Gassäule $H\,\gamma_g$ kg, so folgt der *Auftriebsdruck* aus:

$$\left.\begin{aligned} A &= H\,(\gamma_l - \gamma_g) \qquad \mathrm{kg/m^2\ bzw.\ mm\,WS} \\ A &= 273\,H\left(\frac{\gamma_{0l}}{275+t_l}\,\frac{p_1}{p_0} - \frac{\gamma_{0g}}{273+t_g}\,\frac{p_1}{p_0}\right) \qquad \mathrm{mm\,WS.} \end{aligned}\right\} \qquad (70)$$

[1] Zahlenwerte siehe Hütte: Taschenbuch f. Eisenhüttenleute.

Hierbei ist:

H = Höhe der ansteigenden Gassäule m,
γ_{0l}, γ_{0g} = spezifisches Gewicht der Luft-, Gassäule kg/Nm³,
t_l, t_g = Luft-, Gastemperatur °C,
p_1 = Luft-, Gasdruck mm QS,
p_0 = 760 mm QS.

Man erkennt aus der Gl. (70), daß der Auftrieb im wesentlichen abhängig ist von der Gastemperatur und der Höhe der Gassäule. Je höher die heiße Gassäule und je höher die Gastemperatur, desto größer ist der Auftrieb oder Zug. Höhere Temperatur der *Außenluft* verringert den Auftrieb.

Durch das Druckgefälle A wird eine Strömung erzeugt, die die statische Höhe h mm WS, die Geschwindigkeitshöhe, die Reibungs- und Stoßwiderstände, sowie die entgegengesetzt wirkenden Auftriebskräfte überwinden muß. Es ist also:

$$\left.\begin{aligned} &273\,H\left(\frac{\gamma_{0l}}{273+t_l}\,\frac{p_1}{p_0}-\frac{\gamma_{0g}}{273+t_g}\,\frac{p_1}{p_0}\right)=\\ &=h+\frac{\gamma_{0g}\,273}{273+t_g}\,\frac{v_0^2}{2g}+\sum R+\sum Z+\sum \text{Gegenauftriebe} \quad \text{mm WS.}\end{aligned}\right\} \quad (71)$$

Hierbei ist h der mit Wassermanometer gemessene Zug in mm WS.

Da die Auftriebskräfte der heißen Gase innerhalb des Ofens oder der Feuerung zur Überwindung der Widerstände meist nicht ausreichen, muß ein Kamin zur Erhöhung des Zuges vorhanden sein. Zur Ermittlung der *Kaminhöhe* wird häufig unter Umgehung der genauen Rechnung der Zugbedarf h am Kaminfuß angenommen. Man rechnet mit 5 bis 10 mm WS bei Öfen ohne Vorwärmkammer, 15 bis 30 mm WS bei Rekuperativöfen, 30 bis 50 mm WS bei Regenerativöfen und Winderhitzern, 10 bis 55 mm WS bei Dampfkesseln je nach Größe und Ausführung.

Es ist dann:

$$h \doteq 273\,H\left(\frac{\gamma_{0l}}{273+t_l}\,\frac{p_1}{p_0}-\frac{\gamma_{0g}}{273+t_g}\,\frac{p_1}{p_0}\right)-\frac{\gamma_{0g}\,273}{273+t_g}\,\frac{v_0^2}{2g}-H\,R \qquad \text{mm WS.}$$

Stoßverluste und Gegenauftriebe sind nicht vorhanden. Mit H ist jetzt die Kaminhöhe in m und mit t_g die *mittlere* Rauchgastemperatur im Kamin bezeichnet. Da $p_1 \approx p_0$, und Geschwindigkeitshöhe und Reibungsverluste im Kamin gering sind, setzt man häufig

$$h = 273\,H\left(\frac{\gamma_{0l}}{273+t_l}-\frac{\gamma_{0g}}{273+t_g}\right) \qquad \text{mm WS.} \qquad (72)$$

Beispiel 17. Notwendige Zugkraft am Schornsteinfuß = 20 mm WS, $t_l = 10°$ C, $t_g = 250°$ C in Schornsteinmitte. Mit $\gamma_{0l} = 1{,}29$ kg/Nm³ für mittelschwere feuchte Luft und $\gamma_{0g} = 1{,}33$ kg/Nm³ für Abgase mit 10% CO_2 aus Steinkohle wird die Schornsteinhöhe

$$H = \frac{20}{273\left(\frac{1{,}29}{273+10}-\frac{1{,}33}{273+250}\right)} = 36{,}6 \text{ m}.$$

Die *Querschnitte* der Gaszüge müssen den wirtschaftlichen Gasgeschwindigkeiten angepaßt sein. Auf etwa später eintretende Verschmutzung der Gaskanäle und die damit verbundene Verengung des freien Querschnittes ist beim Entwurf zu achten. Für die Bemessung der Querschnitte gilt die Gleichung

$$V = F\,c_m \qquad \text{m}^3/\text{s}. \qquad (73)$$

Hierin bezeichnet

V = tatsächliches (nicht reduziertes) Gasvolumen m³/s,
F = freier Durchflußquerschnitt m²,
c_m = mittlere (nicht reduzierte) Gasgeschwindigkeit m/s.

Infolge des Einflusses der Wandreibung ist in keinem gasführenden Kanal eine gleichmäßige Geschwindigkeit im Querschnitt vorhanden. Gegen die Wandungen hin ist die Geschwindigkeit kleiner als in der Kanalmitte. Unmittelbar an der Wand ist die Strömungsgeschwindigkeit gleich Null. Das Geschwindigkeitsdiagramm hat die im Bild 129 dargestellte Form. Der einzelne Stromfaden hat eine Geschwindigkeit c m/s und die durch den Querschnitt strömende Gasmenge ist $c\,dF$. Will man die durchströmende Menge für eine vorhandene Anlage aus der Strömungsgeschwindigkeit berechnen, so muß die Geschwindigkeit an mehreren Stellen des Kanals mit Hilfe eines Staurohres (Pitotrohr) gemessen werden. Für kreisrunde Querschnitte erhält man die mittlere Geschwindigkeit c_m bei *axialer* Messung der Geschwindigkeit (c_{max}) nach Versuchen von Ackeret aus der empirischen Gleichung

$$c_m = 0{,}84\, c_{max} \qquad \text{m/s}.$$

Durch Vergrößerung der Kaminhöhe läßt sich eine proportional höhere Zugstärke erreichen. Das hindurchgesaugte Gasvolumen wächst jedoch nicht proportional, sondern im Wurzelverhältnis. Schon im völlig reibungslosen Kanal wäre durch $c = \sqrt{2gH}$ bei Vergrößerung von H um ΔH nur eine Steigerung der Menge entsprechend $\sqrt{\Delta H}$ möglich. Würde man zur Steigerung des Zuges die Temperatur der Gase im Kamin erhöhen, was wärmewirtschaftlich ein Nachteil wäre, so wäre damit nicht immer gleichzeitig eine vermehrte Gasförderung verbunden. Die heißeren Gase nehmen einen größeren Raum ein, so daß sich trotz höherer Gasgeschwindigkeit das in der Zeiteinheit durchgesaugte Gasgewicht nicht wesentlich ändert. Die vermehrten Reibungswiderstände drücken vielmehr den Wirkungsgrad herab. Wirtschaftliche Gasgeschwindigkeiten für Kamine sind 2 bis 5 Nm/s.

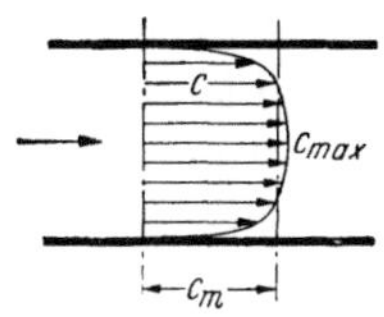

Bild 129. Geschwindigkeitsverteilung.

Ist zur Erhöhung des Zuges ein *Ventilator* notwendig, so berechnet sich der wirkliche Kraftbedarf zu

$$N_e = \frac{P\,V}{3600 \cdot 75\,\eta_w} = \frac{h_{ü}\,V}{3600 \cdot 75\,\eta_w} \qquad \text{PS.} \qquad (74)$$

Hierin bedeuten:

$h_{ü}$ mm WS $= P$ kg/m² zu erzeugender wirklicher Nutzüberdruck bzw. gewünschter Unterdruck.
V = tatsächliche Fördermenge m³/h.
η_w = Gesamtwirkungsgrad des Ventilators = 0,25 bis 0,35.

Die Regelung der Zugstärke bei Anwendung eines Ventilators erfolgt am wirtschaftlichsten durch Änderung der Drehzahl, nicht durch Drosselung.

IX. Ofenbaustoffe, Ofenbauelemente und Aufbau der Öfen.

a) Die feuerfesten Baustoffe.

Die dem Einfluß höherer Temperaturen ausgesetzten Teile der Öfen werden aus sog. feuerfesten Baustoffen hergestellt. Es sind meistens künstliche Erzeugnisse, seltener natürliche Gesteine. An diese Baustoffe wird die Forderung gestellt, daß sie erst bei sehr hohen Temperaturen erweichen oder schmelzen. Das Wort „feuerfest" bezeichnet einen technisch genau bestimmten Begriff, und zwar einen bestimmten Grad von Schwerschmelzbarkeit. Nach einem allgemein gültigen Übereinkommen gilt als untere Grenze der Feuerfestigkeit ein Schmelzpunkt von ≈ 1580° C, der dem Schmelzpunkt von Segerkegel 26 entspricht. Die *Segerkegel*, nach ihrem Erfinder benannt, sind 50 bzw. 30 mm hohe dreieckige spitze Pyramiden aus keramischer Masse von bestimmter Zusammensetzung. Als Schmelzpunkt gilt die Temperatur, bei der die Spitze des erweichenden Kegels seine Unterlage erreicht. Tabelle 25 enthält ein Verzeichnis der Segerkegel mit den zugehörigen Schmelzpunkten.

Tabelle 25. Segerkegel.

Segerkegel .	26	27	28	29	30	31	32	33	34	35	36	37	38	39	40	41	42
Schmelzpunkt °C	1580	1610	1630	1650	1670	1690	1710	1730	1750	1770	1790	1825	1850	1880	1920	1960	2000
Kennzeichnung . .	gering feuerfest				gut feuerfest				hoch feuerfest								

Die Segerkegel dienen insbesondere dazu, einen Vergleichsmaßstab zu erhalten, der einen Anhalt gibt über die Dauer des Brandes und die hierbei erreichte Temperatur.

Der in der Keramik übliche Ausdruck „Kegelschmelzpunkt“ ist von der wirklichen Schmelztemperatur eines Stoffes zu unterscheiden, er gibt nur an, bei welcher Temperatur der betreffende Segerkegel soweit erweicht, daß er sich in der beschriebenen Weise umlegt. Der Segerkegelschmelzpunkt und die Schmelztemperatur fallen nur bei Stoffen mit großer Kristallisationsgeschwindigkeit zusammen.

Als *basische feuerfeste Stoffe* bezeichnet man solche, bei denen die Schwerschmelzbarkeit auf ihrem Gehalt an Metalloxyden oder Erdalkalien (Al_2O_3, MgO, CaO) beruht. Außer für Bauxit, Magnesit, Dolomit wird die Bezeichnung auch für Material aus Ton und Schamotte mit hohem Tonerdegehalt angewendet.

Als *saure feuerfeste Stoffe* bezeichnet man im Gegensatz zu basischen solche, deren Schwerschmelzbarkeit von ihrem Gehalte an SiO_2 abhängig ist.

Bildsam ist ein Stoff, wenn er in dem mit Wasserzusatz erreichten „formgerechten“ Zustand leicht und ohne Rißbildung formbar ist. Die *Bindefähigkeit* bezeichnet die Fähigkeit Magerungsmittel (unplastische Füllstoffe wie Sand und Schamotte) ohne Verlust der Plastizität aufzunehmen. *Bindemittel* sind die Träger der zur Verformung notwendigen Bildsamkeit, in erster Linie Ton, dann einige Flußmittel, die ursprünglich vorhanden oder zugesetzt, beim Brennen schmelzen und die körnigen Bestandteile der Hauptmasse zusammenkitten wie Kalk, Wasserglas u. a. Ton wirkt in gleicher Weise gegenüber Schamotte und Quarzkörnern.

Dichtbrennen besagt, daß durch den Brand ein solcher Grad von Sinterung erreicht wird, daß der Scherben keine erhebliche durch Wasseraufnahme nachweisbare Porigkeit besitzt.

Als *temperaturwechselbeständig* bezeichnet man Steine und Gefäße (Tiegel, Muffeln, Häfen), die die Erhitzung in der Flamme und darauf folgende Abkühlung ertragen, ohne zu springen.

Fett und *mager* sind Bezeichnungen, die den Grad der Bildsamkeit angeben, fett kennzeichnet die Eigenschaft hoher Bildsamkeit, mager den Mangel an Bildsamkeit.

Sintern ist die Bezeichnung für die bei dicht brennenden Massen starken pyrochemischen und physikalischen Veränderungen, durch die aber noch keine erhebliche Formveränderung und kein Niederschmelzen erfolgt.

Schwinden und *Wachsen.* Schwinden tritt ein beim Trocknen der geformten Stücke durch Entweichen eines Teiles des zum Formen zugegebenen Anmachewassers, ferner beim Brennen in Abhängigkeit von der Brenntemperatur. Die Gesamtschwindung ist die nach beendigtem Brand festgestellte lineare Abnahme, bezogen auf die Abmessungen im nassen Zustand. Wachsen ist ein der Feuerschwindung entgegengesetzter Vorgang, der eine durch den Gehalt der Masse an Quarz veranlaßte Ausdehnung ergibt.

Außer der Feuerfestigkeit und Temperaturwechselbeständigkeit werden noch folgende Eigenschaften von den feuerfesten Baustoffen verlangt, denen je nach dem Verwendungszweck besondere Bedeutung zukommt.

1. Mechanische Festigkeit, besonders Druckfestigkeit, die bei schwer belasteten Ofenteilen von Wichtigkeit ist. Die Druckfestigkeit bei höheren Temperaturen ist erforderlich bei Gewölben, Tragpfeilern, Winderhitzern und Kammergitterwerken.

2. Widerstandsfähigkeit gegen Abrieb, die besonders wichtig bei Schachtöfen, insbesondere Hochöfen ist.

3. Raumbeständigkeit bei der Erhitzung; ist von Bedeutung bei allen Verwendungsarten.

4. Widerstandsfähigkeit gegen chemische Einflüsse bei hoher Temperatur, insbesondere gegen die Einwirkungen von Schlacke und Flugstaub bei metallurgischen Öfen. Silikasteine werden durch basische Schlacke stark angegriffen. Die Wirkung der Schlacke auf feuerfeste Steine ist Gegenstand neuerer Forschungsarbeiten[1]. Die Verschlackung der Schamotte ist vom Basengehalt und der Dünnflüssigkeit des verschlackenden Stoffes abhängig. Die chemische Zusammensetzung der Schlacke hat auf die Größe der Korrosion einen Einfluß, der formelmäßig ausgedrückt werden kann. Die Struktur des Steines

[1] Stahl u. Eisen 1927 S. 1816. — Arch. Eisenhüttenw. 1928/29 S. 439. — Feuerfest-Ofenbau 1931.

ist bei der Verschlackung von ausschlaggebender Bedeutung. HIRSCH fand, daß bei der Verschlackung die Porosität von größerer Bedeutung ist als der Tonerdegehalt und die Feuerfestigkeit[1]. SALMANG und HEBERSTREIT stellten fest, daß die Verschlackung nicht der Porosität proportional ist. Auch vom Grobporengehalt hängt die Verschlackung nicht ab. Der Schlackenangriff nimmt nur dann mit steigender Porosität zu, wenn es sich um ganz gleichartige Steine handelt. Dagegen ist die Ausbildung der Poren und besonders ihrer Verbindungskanäle von ausschlaggebender Bedeutung[2]. Außer der Dichtigkeit haben das spezifische Gewicht, das Volumengewicht und die Gasdurchlässigkeit je nach Verwendungszweck eine besondere Bedeutung. Es ist bemerkenswert, daß die Gasdurchlässigkeit bei hohen Temperaturen viel geringer ist als bei niedrigen[3]. Stoffe, welche allen Anforderungen in hohem Grade genügen, gibt es nicht. Manche der vorgenannten Eigenschaften sind nicht miteinander zu vereinbaren. Um einen wirtschaftlichen Betrieb sicherzustellen, müssen für den jeweiligen Verwendungszweck die geeignetsten Stoffe ausgewählt werden.

Geht man von den benutzten Rohstoffen aus, so kann man folgende *Einteilung der feuerfesten Baustoffe* treffen:

1. Silikasteine, quarzhaltige Steine mit Kalk als Bindemittel (Quarzkalksteine). Werden in Deutschland vorwiegend aus Findlingsquarzit hergestellt, der sich besser eignet als Felsquarzit. Sie enthalten mindestens 93%, bei hohen Anforderungen 96 bis 97% SiO_2, 1 bis 3% CaO, 1 bis 3% Al_2O_3, 1 bis 2% Fe_2O_3. Der Quarz wandelt sich beim Brennen in Trydimit und Cristobalit um, wobei eine Volumenvermehrung vor sich geht. Diese Umwandlung vermeidet starkes Nachwachsen bei der Erhitzung an der Verwendungsstelle, durch die das Ofenmauerwerk gefährdet würde. Ein mäßiges Nachwachsen kann in manchen Fällen zur Schließung der Fugen bei Gewölben erwünscht sein, unerwünscht ist es bei Koksöfen, weil dort Reißen der Wände eintritt. Silikasteine finden Verwendung zum Bau der Herdwände, Brenner und Gewölbe der Siemens-Martin-Öfen, der Gasschmelzöfen, der Decken von Elektrostahlöfen und überall dort, wo Ofenwände höchsten Temperaturen ausgesetzt sind und nur mit der Flamme in Berührung kommen, z. B. bei Regeneratorkammern von Siemens-Öfen und neuerdings bei Koksöfen. Bei diesen wird ihre Wärmeleitfähigkeit ausgenutzt, die größer ist als die der Schamottesteine.

2. Tonerdehaltige Steine. Sie werden unterteilt wie folgt:

a) Tonsteine, werden nur aus nichtvorgebranntem Ton hergestellt.

b) Schamottesteine, werden aus vorgebranntem feuerfestem Ton (Schamotte) und feuerfestem Ton als Bindemittel hergestellt. Ihre Verwendung ist eine sehr vielseitige und dementsprechend auch ihre Zusammensetzung mit 20 bis 45% Al_2O_3, 50 bis 75% SiO_2, wobei im allgemeinen für die höheren Beanspruchungen die höheren Tonerdegehalte bevorzugt werden. Von größtem Einfluß ist das Verformungsverfahren und die Menge und Korngröße der verwendeten Schamotte. Sie kommen mit Ausnahmen überall dort zur Verwendung, wo die Silikasteine nicht geboten sind. Sie neigen zum Schwinden, sind aber widerstandsfähig gegen Temperaturwechsel. Sie werden insbesondere angewandt bei Hochöfen, Roheisen- und Stahlpfannen, bei den Brennöfen der keramischen, der Kalk-, Zement- und Glasindustrie, bei Generatoren, bei Zink-, Blei- und Kupferöfen, bei den Öfen zum Schmelzen von Metallen und ihren Legierungen. Schamottemasse findet Verwendung zur Herstellung von Schmelztiegeln, Zinkmuffeln und Gasretorten.

c) Quarz-Schamottesteine enthalten mineralische Kieselsäure in Form von Quarzsand oder gebrochenem Quarzkiesel. Sie werden dort verwendet, wo die Anforderungen nicht so hoch sind, daß der teure Silikastein geboten ist und wo sie starken Temperaturschwankungen ausgesetzt sind, z. B. in Kesselfeuerungen, Blockwärmöfen, Schweiß- und Glühöfen. Durch das Wachsen des umwandelnden Quarzes wird die Nachschwindung des tonigen Anteils ausgeglichen.

d) Tonerdesteine werden aus freier Tonerde hergestellt, z. B. aus Bauxit oder Korund. Ihre Verwendung ist auf die Fälle beschränkt, wo es darauf ankommt, bei sehr hohen Temperaturen einen sehr reinen Baustoff mit hohem Tonerdegehalt und entsprechend

[1] Tonind.-Ztg. 1923 S. 152. [2] Feuerfest-Ofenbau Bd. 7 Heft 1.
[3] MIEHR, W.: Ber. dtsch. keram. Ges. Bd. 12 (1931) S. 29.

hohem Schmelzpunkt zu benutzen. Das Vorkommen von reinem, von Eisenoxyd freiem Rohstoff, ist beschränkt. Der Preis ist daher sehr hoch.

3. *Magnesitsteine* sind gegen chemische Einflüsse basischer Schlacken besonders widerstandsfähig, dagegen empfindlich gegen Temperaturwechsel. Sie werden wegen ihres hohen Preises gewöhnlich nur an besonders gefährdeten Stellen bei Siemens-Martin-Öfen, Elektrostahlöfen und Tieföfen verwendet.

4. *Dolomitsteine* werden im basischen Stahlwerksbetriebe als Futter für Konverter und Dolomitbrennöfen verwendet. Zum Aufstampfen der Herde der Siemens-Martin-Öfen und Elektrostahlöfen findet eine mit entwässertem Steinkohlenteer zubereitete Dolomitmasse Verwendung, die auch zur Herstellung der Konverter dient. Bei den Herden der Siemens-Martin-Öfen wird auch eine Dolomitmasse verwendet, der etwa $^1/_4$ Martin-Schlacke zugesetzt ist.

5. *Kohlenstoffsteine* werden für die Herstellung von Rost, Gestell und Bodenstein von Hochöfen, sowie für die Zustellung der Elektroöfen zur Aluminiumerzeugung verwendet. Graphittiegel dienen zum Schmelzen von Metallen und Spezialstahlsorten.

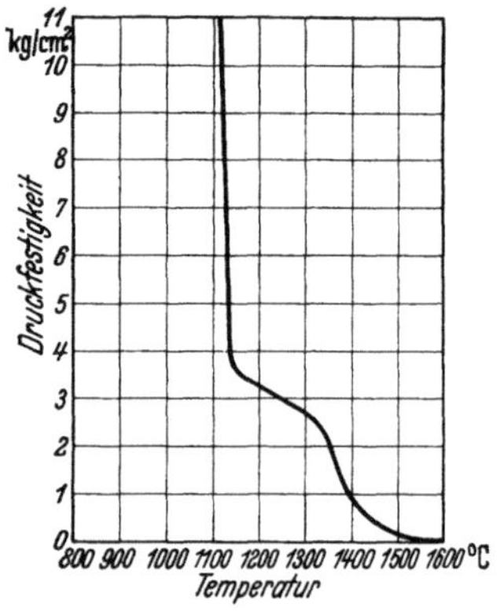

Bild 130. Beziehung zwischen Druckfestigkeit und Temperatur bei Schamottesteinen. (Nach BLEININGER: Bur. of Standards.)

6. *Seltener verwendete feuerfeste Stoffe* sind Silicium-Karbid (Karborund), Chromit, Zirkon, Sillimanit.

7. *Natürliche feuerfeste Stoffe* wie Quarzschiefer, Klebsand bedürfen zu ihrer Verwendung keiner besonderen Vorbereitung. Zur Herstellung eines bestimmten Formats bei Quarzschiefer ist nur eine mechanische Bearbeitung erforderlich.

8. *Neuartige feuerfeste Baustoffe* sind in den letzten Jahren entwickelt und im Betriebe erprobt worden. Sie sind in bezug auf den Erweichungspunkt, Temperaturwechselbeständigkeit, Wärmeverlust und Verschleiß günstiger als Silikasteine.

a) Magnesitsteine, mit fast 100% MgO, die einem besonderen Herstellungsverfahren unterworfen werden und unter den Bezeichnungen Emgeo, Magnesidon und Radex A auf den Markt kommen.

b) Chromodur, ein Chromerzstein mit 42 bis 45% Cr_2O_3.

c) Radex E und *Rubinit*, die aus einer Mischung von Chromerz und Magnesit hergestellt werden.

d) Siemensit aus Chromit, Bauxit und Magnesit durch reduzierendes Schmelzen im offenen Lichtbogenofen gewonnen. Die geschmolzene Masse hat folgende Zusammensetzung: 20 bis 40% Cr_2O_3, 25 bis 40% Al_2O_3, 18 bis 30% MgO und 8 bis 14% Restbestandteile. Die feuerflüssige Masse wird in Kokillen gegossen. Die so geformten Gußsteine werden zum Ausgleich vorhandener Spannungen einem Glühverfahren unterworfen.

In den Vereinigten Staaten werden ebenfalls neuartige feuerfeste Steine erprobt, von denen folgende genannt seien:

Forsterit, ein Stein auf der Grundlage Kieselsäure-Magnesia im Verhältnis 1 : 2.

Ritex-Steine werden aus ungebranntem Dolomit hergestellt.

Kromag-Steine, wahrscheinlich aus einem Gemisch von Chromerz und Magnesit hergestellt.

Die *Prüfung der feuerfesten Baustoffe* erstreckt sich zunächst auf die chemische Zusammensetzung. Es wird für Silikasteine ein Mindestkieselsäuregehalt und für Schamottesteine ein Mindesttonerdegehalt vorgeschrieben. Außerdem wird ein bestimmter Segerkegel verlangt. Über die anzuwendenden Prüfverfahren sind Normblätter herausgegeben (DIN 1061 bis 1069).

Die *Festigkeit* der feuerfesten Steine hat vorwiegend Bedeutung in Beziehung zu höheren Temperaturen, und zwar besonders die Druckfestigkeit. Die Feststellung genauerer Werte ist durch den Umstand erschwert, daß insbesondere Schamottesteine allmählich weich und zähflüssig werden. Das in Deutschland übliche Druckprüfungsverfahren wird in elektrisch geheizten Probeöfen ausgeführt. Der Probestein wird unter Belastung von 2 kg/cm² erhitzt und die Temperatur des beginnenden Zusammensinkens, die Größe der Stauchung und die haltlose Erweichung festgestellt. Beste Silikasteine beginnen bei 1630° zu erweichen, während die haltlose Erweichung bei einer um 30 bis 50° höheren Temperatur eintritt. Bei besten Schamottesteinen beginnt die Erweichung bei 1400°, bei niederen Qualitäten schon bei 1200°, die haltlose Erweichung liegt bei 1550 bis 1650[1]. Bleininger hat für die Beziehung der Druckfestigkeit von Schamottesteinen zur Temperatur das Schaubild nach Bild 130 aufgestellt[2]. Silikamaterial ist so zähflüssig, daß seine Erweichungstemperatur nicht genau bestimmt werden kann. Bild 131 gibt ein Schaubild von Trinks wieder, das den Verlauf der Festigkeit mit steigender Temperatur für fünf verschiedene Silikasorten zeigt. Silikaziegel geben unter Druck leicht

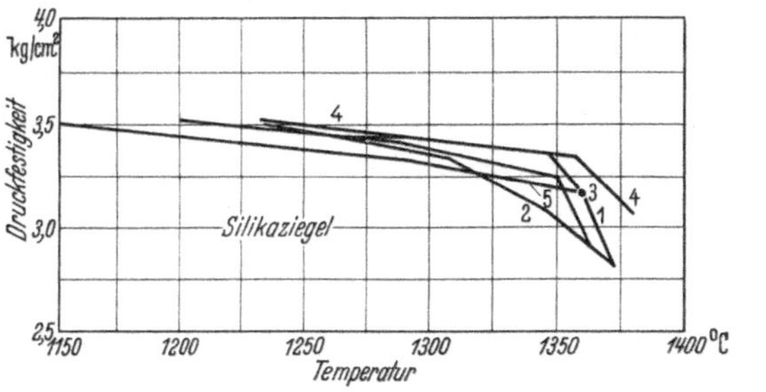

Bild 131. Beziehung zwischen Druckfestigkeit und Temperatur bei Silikasteinen.

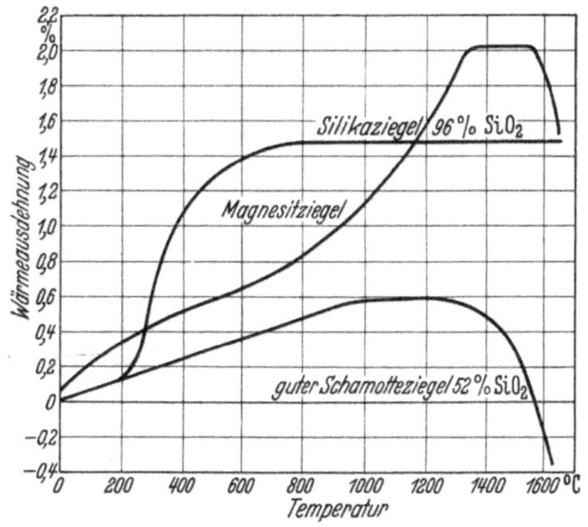

Bild 132. Wärmeausdehnung von Schamotte-, Magnesit- und Silikasteinen.

durch Abscheren nach, ein Verhalten, das in erhöhtem Maße auf Magnesit- und Chromsteine zutrifft. Der Wärmeausdehnungskoeffizient ist für Silika-, Schamotte- und Magnesitsteine verschieden (Bild 132), weshalb es nicht ratsam ist, Silika- und Schamottesteine in gleichem Verband zu verlegen. Die Lage des Erweichungspunktes unter Druck bei hoher Temperatur ist außer von der chemischen Zusammensetzung der Bestandteile des Steines abhängig von der Körnung, Porigkeit und dem Brenngrad[3]. Die Feststellung der Druckfestigkeit bei gewöhnlicher Temperatur kann als Anhalt für den Abrieb und die Widerstandsfähigkeit gegen Abscheren dienen. Tabelle 26 (S. 106) gibt eine Übersicht über chemische und physikalische Eigenschaften von feuerfesten Baustoffen.

b) Metalle als Ofenbaustoffe.

Die Metalle werden als Ofenbaustoff in den Öfen und besonders an deren Außenseite als Gleitschienen, Kühlkasten, Blasformen, Schlackenformen, Herdplatten, Türrahmen, Türschwellen, zur Ofenverkleidung und Bewehrung benutzt. Die ausgedehnteste Anwendung finden Gußeisen, Stahlformguß und Flußstahl, wo immer sie sich eignen, schon mit Rücksicht auf den Preis. Ihr Anwendungsbereich findet eine Grenze durch die Abnahme der Festigkeit bei höheren Temperaturen und durch die schnelle Oxydation und Verbrennung bei höherer Temperatur. Die Festigkeit von Kohlenstoffstählen nimmt bei Erreichung einer Temperatur von 500° schnell ab. Ein Kohlenstoffstahl mit 0,1% C, der bei 500° noch eine Zugfestigkeit von 2600 kg/cm² hatte, widersteht bei 800° nur noch einem Zug von 900 kg/cm². Die Festigkeit der Stähle mit höherem Kohlenstoffgehalt sinkt beim gleichen Temperaturanstieg verhältnismäßig noch schneller. Die Zugfestigkeit des Gußeisens bleibt von 0 bis 500° praktisch unverändert, nimmt dann aber schnell ab, über 900° etwa 125 kg je cm² für je 100° Temperaturzunahme. Für Gleitschienen und Herdplatten im Inneren der Öfen ist Gußeisen besser geeignet als Flußstahl, weil es nicht so leicht oxydiert. Bei Temperaturen über 900° können Gußeisen und gewöhnlicher Stahl nur dann im Ofen Verwendung finden, wenn sie durch Wasserumlauf gekühlt werden. Chrom und Nickel und viele ihrer Legierungen sind sehr widerstandsfähig gegen hohe

[1] Hütte: Taschenbuch f. Eisenhüttenleute 1930 S. 368.
[2] Trinks: Industrieöfen Bd. 1 S. 190. Berlin: VDI-Verlag 1928.
[3] Ber. dtsch. keram. Ges. 1922 Nr. 3.

Temperaturen. Sie besitzen bei hoher Zugfestigkeit eine große Widerstandsfähigkeit gegen Oxydation (Zunderbeständigkeit) bis zu Temperaturen von 1200°. Sogenannte hitzebeständige Legierungen werden von den Edelstahlwerken unter verschiedenen Handelsbezeichnungen geliefert.

c) Formen von feuerfesten Steinen.

Die Normung von Steinformen beschränkt sich vorläufig auf *rechtwinklige Steine* zur Herstellung von Mauerwerk, das durch parallele ebene Flächen begrenzt wird. Es sind vier Grundformen von rechtwinkligen Steinen vorgesehen: Form A mit 230 mm Länge und 115 mm Breite, Form B mit 250 mm Länge und 123 mm Breite, Form C mit 250 mm Länge und 125 mm Breite, Form D mit 300 mm Länge und 150 mm Breite. Bei der Form B ist die Bedingung ,,Breite gleich halber Länge" nicht eingehalten, um eine Mauer von einem Stein Stärke an beiden Seiten mit glatter Fläche herstellen zu können. Hierbei ist eine Mittelfuge von 4 mm vorgesehen. Die genaue Einhaltung der Steinabmessungen ist für die Ausführung eines guten feuerfesten Mauerwerkes sehr wichtig, stellt aber hohe Anforderungen an das Herstellungsverfahren und erstreckt sich auf die Auswahl der Rohstoffe, den Vorbrand der Rohstoffe, die Aufbereitung der Masse und den Fertigbrand.

Zwecks Einhaltung der Maße werden die Formlinge maschinell gepreßt, wozu Formkästen aus Gußeisen oder Stahl Verwendung finden. *Keilsteine* für Gewölbe werden jetzt noch in den mannigfachsten Formen angewendet. Das ist erstens durch die wechselnde Breite der zu überwölbenden Öfen und Kanäle, zweitens durch die gewählte oder durch bestimmte Verhältnisse notwendige Stichhöhe des Gewölbebogens bedingt. Der Gewölbebogen wird so eingeteilt, daß sich ganze Stückzahlen für die Steine eines Bogens ergeben und ein Nacharbeiten des Schlußsteins vermieden wird. Unter diesen Umständen entsteht eine Vielzahl von Wölbsteinen, die für die maschinelle Herstellung eine Erschwerung bedeuten. Das ist aber weder betriebstechnisch noch wirtschaftlich tragbar. Die Fabriken feuerfester Erzeugnisse treten deshalb mit Rücksicht auf die Hebung der Qualität und der Maßgenauigkeit für eine Normung der Wölbsteine ein und fordern eine Beschränkung der Zahl der Grundformen. ACKERMANN hat diesbezüglich praktische Vorschläge gemacht[1], die dahin zielen, die Keilwinkel für jede Steinart zu normen, dagegen die Steindicken nicht festzulegen, sondern nur zu begrenzen. Es ergeben sich dann für jede Steinart Serien von Steinen verschiedener Dicke, die innerhalb jeder Serie gleichen Keilwinkel haben.

Bei *Schachtöfen* werden Steine mit größeren Abmessungen, sog. Radialsteine, verwendet, die einen einfachen und schnellen Aufbau des Schachtes ermöglichen und die Zahl der Fugen vermindern. Bei *Eisenhochöfen* werden Steine verwendet, deren Dicke 130 bis

Tabelle 26. Chemische und physikalische Eigenschaften ver-

Bezeichnung	Silika	Gewöhnliche Magnesitsteine	Emgeo F	Emgeo T
Raumgewicht	1,6—1,9	2,80	2,95	2,90
Kaltdruckfestigkeit kg/cm²	> 100	1000	800	500
Erweichung bei 2 kg/cm² in °C t_a	1630	1500	über	1500
t_e	1660	1600	1700	1600
Anwendung bis	1700°	bis zu	höchsten	technischen
Linearer Ausdehnungskoeffizient für 20 bis 1500°	$1{,}2$—$1{,}3 \cdot 10^{-5}$	$11{,}9 \cdot 10^{-6}$	$12 \cdot 10^{-6}$	$12 \cdot 10^{-6}$
Temperaturwechselbeständigkeit 950° Luftabschreckungen	1×	1×	25×	80×
Widerstandsfähigkeit gegen chemische Einflüsse basisch	schlecht	beständig	beständig	beständig
sauer	gut	ziemlich beständig	noch	nicht ge-

[1] Tonind.-Ztg. 1926 Nr. 31, 34, 35. [2] Vgl. SITTARD: Stahl u. Eisen 1932 S. 1014. — HEGER,

200 mm, deren Breite ungefähr das $1^1/_2$fache der Dicke beträgt. Die Länge wird gleich der Stärke des Mauerwerkes, also bis zu 1000 mm, ausgeführt. Auch bei *Glasschmelzöfen* werden große Formate bevorzugt. Bei großen Steinen besteht die Gefahr des Verziehens beim Brennen. Es ist neuerdings durch ein besonderes Formverfahren gelungen, auch große Steine beim Brennen gerade zu halten. Haben große Steine sich verzogen, so ist vor dem Einbauen eine Nacharbeit durch Behauen und Scharieren erforderlich, insbesondere an den Flächen, die mit den Nachbarsteinen zusammenstoßen, von denen also die Stärke der Fugen abhängt. Die Fugen können nicht eng genug ausgeführt werden, da von ihnen aus vielfach der Stein angegriffen und zerstört wird. Tiegel, Muffeln und Häfen müssen aus einem Stück hergestellt werden. In einzelnen Werken der Glasindustrie werden die Türen zum Verschließen auch großer Arbeitsöffnungen bis zu 2,3 m Breite aus einer Schamotteplatte gebildet.

d) Ofengewölbe.

Zur Abdeckung von Ofenräumen und heißen Kanälen kommen nur solche Bauarten in Betracht, bei denen die Baustoffe (feuerfeste Steine) hauptsächlich einer Druckbeanspruchung ausgesetzt werden, da sie nur geringe Zugspannungen aufnehmen können. Gewölbe sind in statischer Hinsicht eingespannte Bogenträger ohne Gelenke und dreifach statisch unbestimmt. Die Verhältnisse bei Ofengewölben werden noch durch den Umstand verwickelt, daß sie einseitig hohen Temperaturen ausgesetzt sind. Die verschiedenen Temperaturen im Ofengewölbe haben eine ungleichmäßige Wärmeausdehnung zur Folge. Die Innenseite dehnt sich erheblich stärker als die Außenseite. Hierdurch wird ein Druck auf die Widerlager ausgeübt, der bei zu schwacher Verankerung des Ofens eine Verschiebung der Seitenwände hervorrufen kann. Widersteht die Ofenverankerung, so kann der Bogen in der Mitte steigen. Haben die Gewölbesteine unter dem Einfluß der hohen Temperatur von der Innenseite den Erweichungspunkt erreicht, wird eine gewisse Stauchung eintreten. Die Einflüsse der zeitlich und örtlich verschieden verlaufenden Temperaturgrade machen es notwendig, in die Ofenverankerungen ein elastisches Glied, etwa eine Feder, einzuschalten (Bild 133). Die Feder ist so zu bemessen, daß sie bei Auftreten eines durch die Wärmeausdehnung veranlaßten zusätzlichen Horizontalschubes nachgibt,

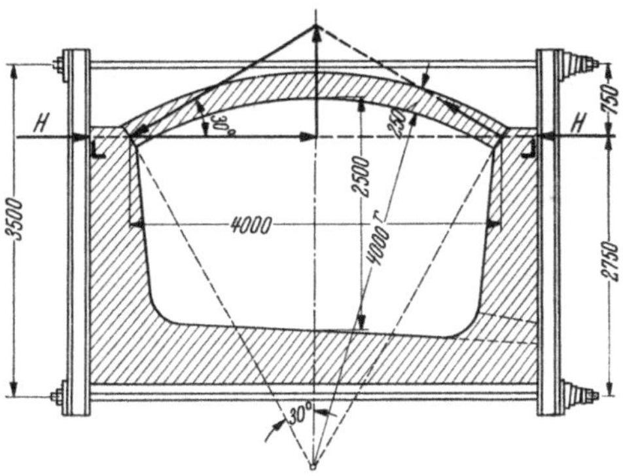

Bild 133. Verankerung eines Oberofens.

schiedener feuerfester Baustoffe nach Laboratoriumsangaben[2].

Emgeo S	Magnesidon	Radex A	Radex E	Chromerzsteine 42—45% Cr_2O_3	Rubinit	Siemensit
2,90	2,7—2,8	2,90	2,95	3,15	3,00	3,2—3,4
500	350	200—300	150—250	600—800	200—300	800?
1650	1600	1600	1550—1600	1450—1500	1550—1600	über
1700	> 1680	1600	1650—1700	1500—1550	1650—1700	1800
Temperaturen	2000°	1800°	1800°	1960°	1800°	2000°
$12 \cdot 10^{-6}$	$12{,}3 \cdot 10^{-6}$	$12{,}3 \cdot 10^{-6}$	$9{,}6 \cdot 10^{-6}$	$10{,}7 \cdot 10^{-6}$	$1{,}2—1{,}3 \cdot 10^{-5}$	$1{,}2—1{,}4 \cdot 10^{-5}$
120×	60×	70×	70×	gering	30×	—
beständig	beständig	beständig	schwacher Angriff	—	beständig	beständig
prüft	über 1500° nicht beständig	über 1500° nicht beständig	beständig	—	beständig	beständig

SONNTAG, LEINEWEBER: Stahl u. Eisen 1935 S. 265.

bei Verminderung der Spannungen aber, z. B. beim Abkühlen des Ofens, wieder in die Anfangslage zurückgeht. Hierdurch werden schädliche Bewegungen des Gewölbes, zu starkes Steigen und Klaffen der Fugen an der Außenseite, also Vorgänge, die zum Einsturz des Gewölbes führen können, verhindert. Aber auch die Anordnung einer Feder entbindet nicht von der Notwendigkeit beim In- und Außerbetriebsetzen eines Ofens die Verankerung und die Bewegungen im Gewölbe zu beobachten und wenn erforderlich eine Ausgleichung von Hand durch Nachstellen der Schraubenmutter vorzunehmen. Die Verankerung besteht aus den senkrecht oder geneigt angeordneten Trägern, die entweder aus [-Eisen oder I-Eisen, am besten Breitflanschträgern gebildet werden. Um die Ankerstange bei letzterem in der Mitte anordnen zu können, muß der Steg in entsprechender Breite ausgebrannt werden, die Flanschen werden dann genau in der Mitte mit den Bohrungen zum Durchstecken der Ankerstange versehen. Da die Träger gleichzeitig die Seitenwände zu halten haben, werden bei größerer Entfernung der Träger voneinander, etwa veranlaßt durch große Arbeitstüren, die Seitenwände durch starke Platten bewehrt. Statt der Walzträger werden auch Träger aus Stahlguß mit entsprechenden Abmessungen und geeigneten Querschnitten verwendet. Zur Aufnahme des Horizontalschubes ist das Widerlager nur dann geeignet, wenn es aus einem kastenartigen Balken gebildet wird. Andernfalls müssen die als Ofenbewehrung angeordneten Platten den Horizontalschub aufnehmen und zu diesem Zweck mit horizontalen Rippen versehen sein, oder etwa durch an geeigneter Stelle angeordnete Winkeleisen verstärkt werden. Es empfiehlt sich bei der Berechnung von Ofenankern und Bewehrungen mit Rücksicht auf die zusätzlichen Spannungen durch Wärmeausdehnung mit einem Sicherheitsbeiwert zu rechnen. TRINKS rechnet mit einem Sicherheitsbeiwert von 2,5.

Beispiel 18. Für einen Siemens-Martin-Ofen nach Bild 133 ist die Verankerung des Oberofens zu berechnen. Die Spannweite des Gewölbes beträgt 4 m, der Bogenradius 4 m, die Gewölbestärke 25 cm, Entfernung von Queranker und Träger 1,5 m, Lage der oberen Queranker über dem Angriffspunkt des Horizontalschubs 0,75 m. Entfernung zwischen oberen und unteren Queranker 3,5 m.

Das Gewicht eines Gewölbeteils zwischen zwei Querankern beträgt

$$G = 15 \cdot 2{,}5 \cdot \left(412{,}5 \cdot 2 \cdot \pi \frac{60}{360}\right) 2{,}32 = 5700\,\text{kg}.$$

Bei Annahme eines Sicherheitsbeiwertes von 2,5 sind 14250 kg in Rechnung zu stellen.

Der Zentriwinkel des Gewölbebogens beträgt 60°, mithin $\sphericalangle\, \alpha = 30°$ und hieraus ergibt sich der Horizontalschub $= 1{,}732 \dfrac{14250}{2} = 12300$ kg. Wird für die Bewehrung eine Materialbeanspruchung von 900 kg/cm² zugelassen, so erfordern die Ankerstangen einen Querschnitt von

$$F = \frac{12300\,(350 - 75)}{350 \cdot 900} = 10{,}2\,\text{cm}^2.$$

Dieser Querschnitt entspricht einem Durchmesser von 3,7 cm. Der Kern des Gewindes muß den gleichen Durchmesser haben, was bei $1^3/_4''$ Gewinde zutrifft.

Die Träger erfordern ein Widerstandsmoment von

$$W = \frac{12300 \cdot 75 \cdot 275}{350 \cdot 900} = 805\,\text{cm}^3.$$

Es kommt hierfür ein Breitflanschträger PN 24 in Betracht, der ein Widerstandsmoment von 974 cm³ hat. Bei Verwendung von [-Eisen werden 2 Stück zu einem Träger verbunden. Es sind 2 [-Eisen NP 28 erforderlich, die je ein Widerstandsmoment von 448 cm³ aufweisen, so daß 2 Stück 896 cm³ ergeben.

Die Bewehrung zwischen den Trägern hat den Horizontalschub zwischen je zwei Trägern als gleichmäßig belasteter Balken aufzunehmen. Hierfür ergibt sich ein Widerstandsmoment von

$$W = \frac{12300 \cdot 150}{8 \cdot 900} = 256\,\text{cm}^3.$$

Zwei Winkeleisen 160 · 160 · 22, die je ein Widerstandsmoment von 134 cm³ haben, würden hinreichen. Bei feststehenden Öfen werden gewöhnlich Stahlgußplatten von entsprechendem Querschnitt genommen, bei kippbaren Öfen wird der Ofenmantel mit Winkeleisen ausgesteift.

Bei Spannweiten von mehr als 4,5 m wird der Ofenraum meistens nicht von einem einzigen Bogen, sondern von mehreren Bögen überdeckt. Dann ist es notwendig, die mittleren Widerlager in geeigneter Weise aufzuhängen. Eine Ausführungsform, die sich bei Wärmöfen für lange Knüppel bewährt hat, ist im Bild 134 veranschaulicht. Die Widerlagesteine sind mit Aussparungen versehen, so daß sie auf einem Trageisen gelagert werden können. Dieses wird mit kleinen Stützweiten von Hängeeisen getragen. Die Hängeeisen sind mit einer Vorrichtung zum Nachstellen an Querträgern aufgehängt, die auf den Seitenwänden oder auf besonderen Stützen ruhen. Die durch die Gewölbe hervorgerufenen Horizontalkräfte werden in der besprochenen und aus dem Bild ersichtlichen Weise durch eine Verankerung aufgenommen.

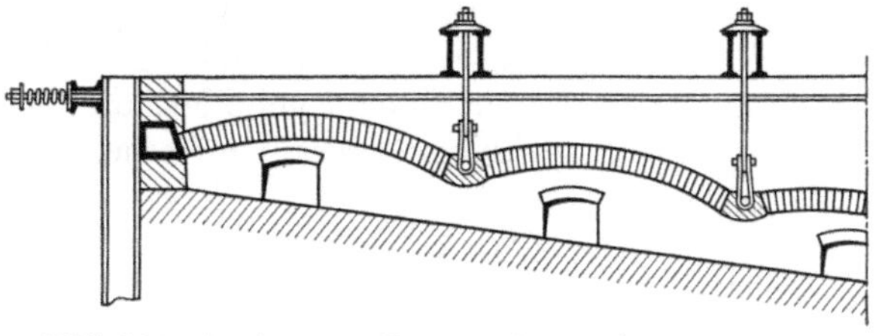

Bild 134. Deckengewölbe für einen Wärmofen von großer Breite.

Eine andere Möglichkeit, breitere Herdräume zu überdecken, bieten die Hängedecken, die als Gewölbe und flache Decken ausgeführt werden können. Bild 135 betrifft eine Ausführung der *American Arch. Co.* Die Steine haben keine Bohrungen und keine Schlitze. Das Gewölbe setzt sich zusammen aus Wölbsteinen größerer Breite, von denen eine Reihe die Form *a*, die andere die Form *b* hat. Die Reihe *a* hat einen T-förmigen Ansatz, der von den Enden der Hängeeisen *c* umklammert und von gebogenen Stäben in ihrer Lage gesichert werden. Die Hängeeisen sind an einer Tragkonstruktion aufgehängt und mit einer Nachstellvorrichtung versehen. Die Steine der Reihe *b* haben zu beiden Seiten eine Rippe, mit der sie auf den aufgehängten Nachbarsteinen gelagert sind. Der Horizontalschub auf das Widerlager wird durch Federn aufgenommen. Flache Hängedecken werden beispielsweise mit einer Steinform nach Bild 136 ausgeführt. Jeder Stein

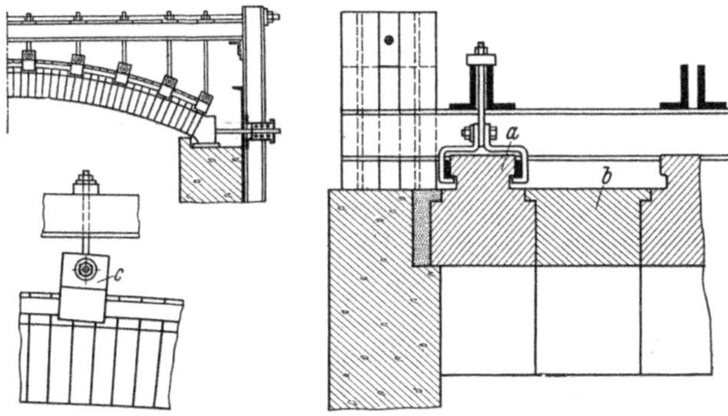

Bild 135. Aufgehängtes Gewölbe der American Arch. Comp.

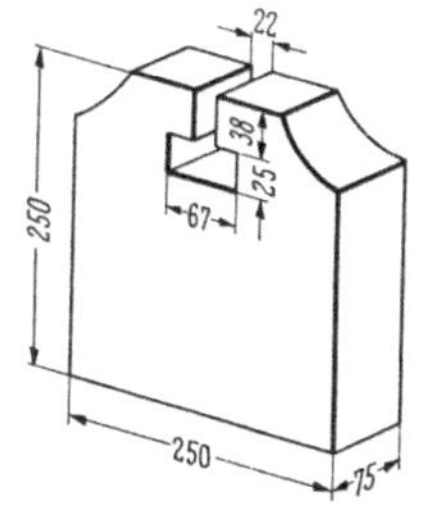

Bild 136. Steinform für eine flache Hängedecke.

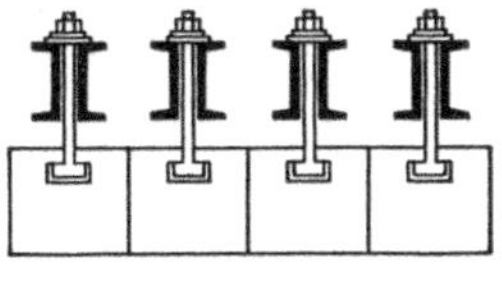

Bild 137. Flache Hängedecke.

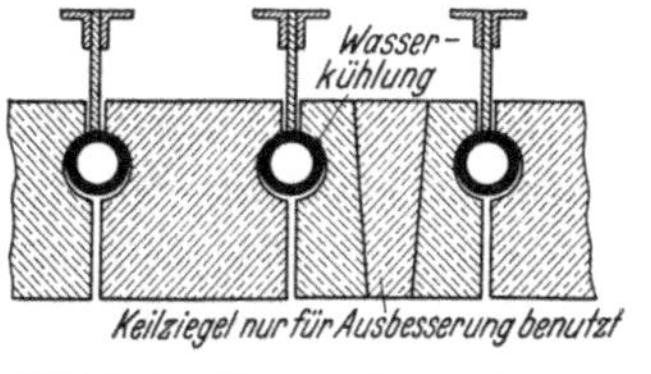

Bild 138. Flache Hängedecke von Slicks.

hängt in einem Hängeeisen, das auf einem Träger seinen Stützpunkt hat (Bild 137). Bei der Hängedecke von Slicks sind wassergekühlte Rohre mit den Trägern verbunden. Die Steine haben halbrunde Längsnuten, so daß sie, wie aus dem Bild 138 ersichtlich, beiderseitig auf den gekühlten Rohren aufliegen. Um bei notwendig werdenden Ausbesserungen nicht die Träger ausbauen zu müssen, werden an diesen Stellen dreigeteilte Steine mit Keilstück verwendet. Bei der Hängedecke Bauart „Jürges" (Bild 139) ist jeder Stein einzeln aufgehängt, indem gußeiserne Hammerkopfbolzen in entsprechende Vertiefungen im Kopf der Steine eingreifen. Das andere Ende dieses Bolzens ist zu einem Auge ausgebildet, in das der Haken einer Hängeschraube eingreift, die nachstellbar auf der Tragkonstruktion gelagert ist. Die Steine sind so ausgebildet, daß an der Feuerseite bis zu einer gewissen

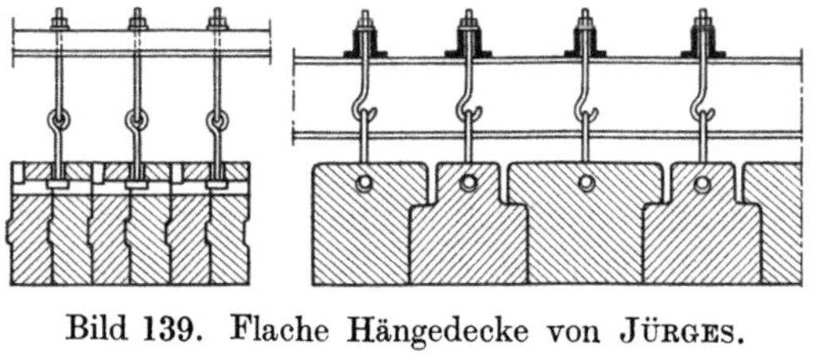

Bild 139. Flache Hängedecke von Jürges.

Tiefe Fugen bestehen, solange die Steine kalt sind. Beim Erwärmen der Steine schließen sich die Fugen infolge der Wärmeausdehnung. Um einen dichten Abschluß der Ofendecke zu erreichen, werden die Steine in der einen Richtung mit Ansätzen und Aussparungen versehen und in der anderen Richtung mit Nut und Feder. Die Wio-Hängedecke von SCHEIDHAUER und GIESSING wird von Steinen gebildet, die sich dem Normalstein angleichen. Je zwei Steine werden von einem aus Rundeisen gebildeten Bügel (Bild 140) gehalten, der am oberen Ende mit einem Haken zum Aufhängen an der Tragkonstruktion versehen ist. Die *Reintges Co.*, Kansas City, baut scheitrechte Gewölbe nach Bild 141 ohne Tragkonstruktion und Eiseneinlagen, für die nur zwei Steinformen, Vollsteine und Halbsteine, erforderlich sind. Die Halbsteine kommen als Schlußsteine und in umgekehrter Lage als Widerlagsteine zur Verwendung.

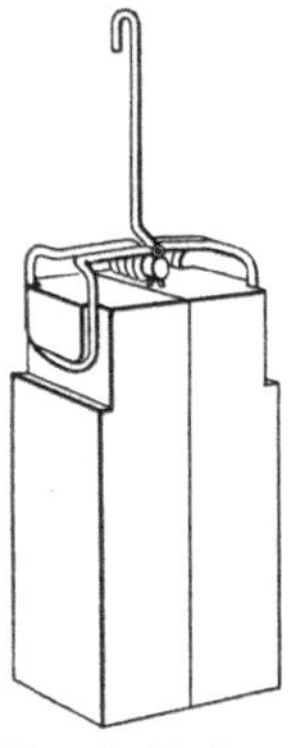
Bild 140. Steine für Wio-Hängedecke.

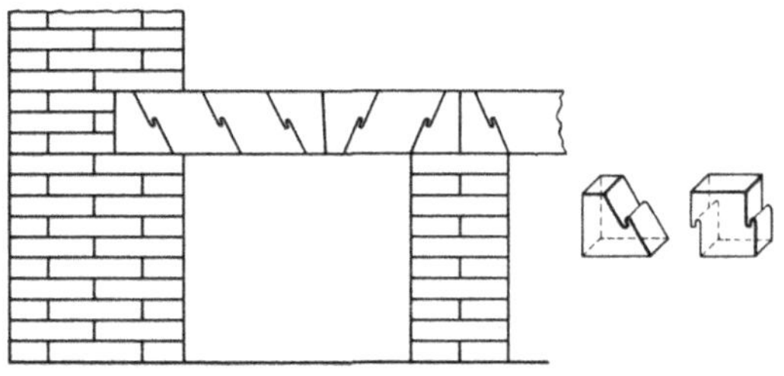
Bild 141. Scheitrechtes Gewölbe von REINTGES.

e) Ofenherd.

Bei Herdöfen mit Temperaturen von 750 bis 900° ist der Schamottestein ein guter Baustoff für den Herd. Bei höheren Temperaturen bis 1200° ist der Schamottestein auch noch anwendbar, sofern er nicht zerstörenden chemischen Einflüssen, z. B. Eisenoxyd, ausgesetzt ist. Ab 1200° verschlackt der Stein und wird weich. Nur durch starke Luftkühlung von unten könnte dieser Vorgang verhindert werden. Herde zum Anwärmen von Eisenblöcken werden deshalb, soweit Temperaturen von 1200° und darüber in Betracht kommen, aus Sand hergestellt. Der Herd wird dann mit einer Neigung ausgeführt, um das Abfließen der Schlacke zum Schlackenstich zu erleichtern. Ein sehr gutes Herdmaterial für Öfen mit hoher Temperatur ist Magnesit, dessen allgemeiner Anwendung nur sein hoher Preis im Wege steht. Da Magnesit auf Schamottesteine chemisch einwirkt, müssen die Schichten durch neutrales Material wie Chromit getrennt werden. Bei Öfen mit hohen Temperaturen ist eine Kühlung des Herdes geboten. Er wird dann auf einem Plattenbelag ausgeführt, der auf Trägern ruht (Bild 142), die den Luftzutritt gestatten. Unter dem Herd liegende Anker müssen ebenfalls so angeordnet werden, daß sie von der Kühlluft bestrichen werden. Andernfalls können sie leicht zu heiß werden und sich strecken.

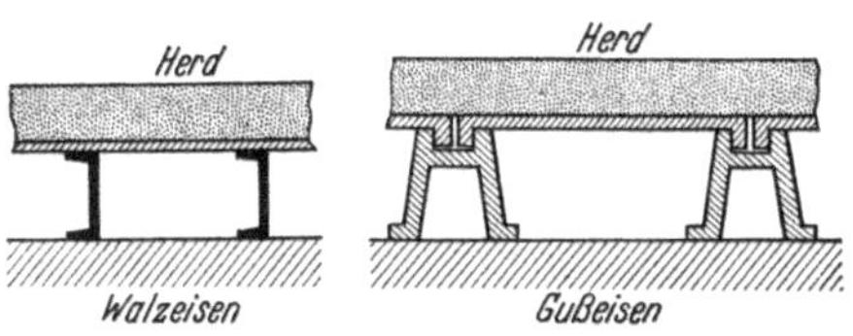

Bild 142. Ofenherd auf Platten und Trägern.

Der Herd kleinerer Öfen wird vielfach unmittelbar auf dem Fundament errichtet. Es ist dann darauf zu achten, daß die Steinschicht des Herdes nicht zu dünn ausgeführt wird. Es tritt sonst eine zu hohe Erwärmung des Fundaments ein, was bei Betonfundamenten zu deren Zerstörung führen kann. TRINKS hat Ermittlungen über den Wärmefluß durch den ungekühlten Herd angestellt und fordert für einen Herd aus Schamotte oder Sand von der Breite D eine Herddicke von $D/6$, wenn die Ofentemperatur 1200° nicht übersteigt, und von $D/8$, wenn sie 870° nicht übersteigt.

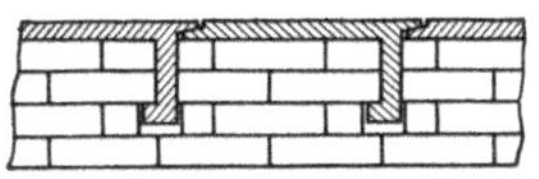
Bild 143. Herdplatten mit der Herdsohle verankert.

Sollen schwere Stücke, z. B. Metallblöcke auf der Herdoberfläche verschoben werden, so würde ein Herd aus Sand oder Schamotte beschädigt werden; auch würden sich Unebenheiten bilden, die das Gleiten des Wärmgutes verhindern. Es werden deshalb in solchen Fällen Herdplatten (Bild 143) oder Gleitschienen (Bild 144) eingebaut. Bei Glühöfen und anderen Öfen mit Temperaturen bis 900° kann Gußeisen hierfür Verwendung finden.

Bei Schweiß- und Wärmöfen mit höheren Temperaturen werden auch vielfach im kühleren Teil des Ofens gußeiserne Schienen oder gewalzte Brammen als Gleitschienen verwendet, die in eingemauertem Zustande bis 1200° brauchbar sind. Für schwerere Blöcke und durchgehende Gleitschienen sind wassergekühlte Führungen vorzuziehen. Man benutzt hierfür dickwandige Rohre (Bild 145), die unmittelbar als Gleitschiene dienen oder Hohlschienen (Bild 146), in deren Innenraum Kühlrohre angeordnet sind. Durch die Wasserkühlung wird die Herdtemperatur um rund 100° erniedrigt. Der Wärmeverlust beträgt 20000 bis 30000 kcal/m²h.

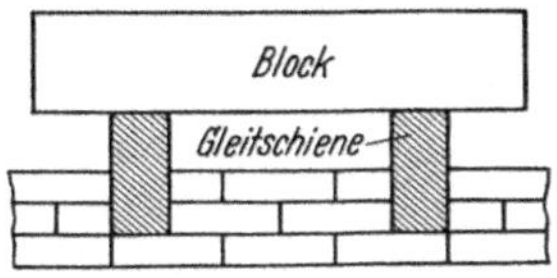

Bild 144. Gleitschienen für Block-Wärmöfen.

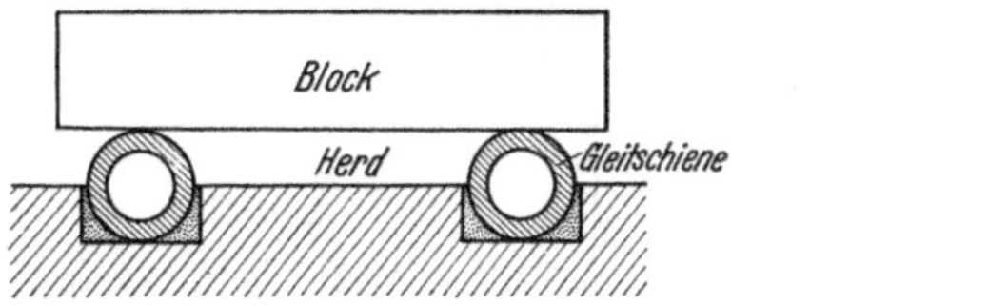

Bild 145. Gleitschienen aus dickwandigen wassergekühlten Rohren.

Bei *Stoßöfen* ist es für eine gleichmäßige Beheizung der Blöcke wichtig, daß ein Teil der Verbrennungsgase unterhalb der Blockreihe durchströmt. Dann erfordern die Gleitschienen hohe Stützen, die bei Ausführung aus Mauerwerk einen großen Teil des Ofenquerschnittes in Anspruch nehmen und bezüglich ihrer Haltbarkeit zu wünschen übrig lassen. Eine neuere Ausführung der Firma *F. Siemens*, Berlin, sieht Gleitschienen mit Stützen aus einem fortlaufenden Rohr nach Bild 147 vor. Die Bauart hat den Vorteil geringen Stützenquerschnittes und bewirkt eine Verlagerung der Kühlflächen nach jedem Stützpunkt, wodurch die kühlen Streifen an der Unterkante der Blöcke vermieden werden.

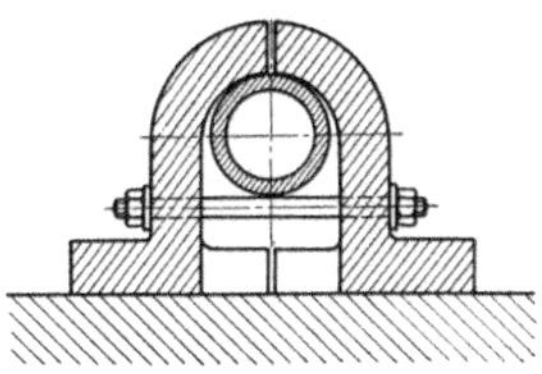

Bild 146. Hohlschienen mit Innenkühlung durch ein Wasserrohr.

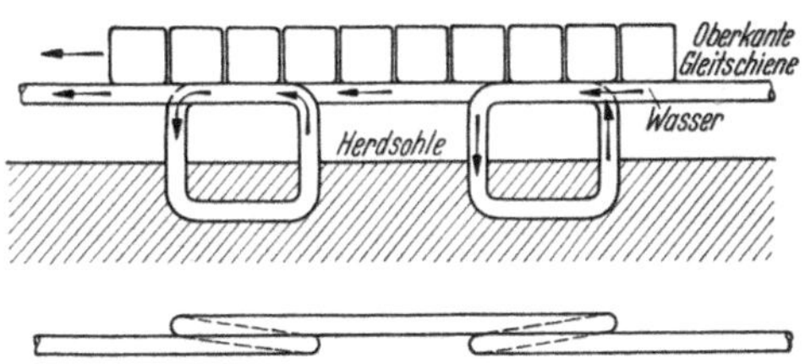

Bild 147. Gleitschienen mit hohen Stützen aus Stahlrohr für Stoßöfen nach SIEMENS.

Beim Schmelzofenherd sind in Abhängigkeit von den Vorgängen und besonderen Verhältnissen Sonderausführungen erforderlich. Beim Herd (Gestell) des Hochofens ist der Auftrieb, den die Steine durch das flüssige Roheisen erfahren, zu berücksichtigen. Man bildet deshalb die Sohle des Herdes, den sog. Bodenstein als Bodengewölbe aus. Der Herd des Siemens-Martin-Ofens wird aus Dolomit hergestellt. Der gemahlene Dolomit wird mit entwässertem Steinkohlenteer gemischt, um ihn plastisch zu machen. Diese Masse wird schichtenweise aufgetragen und mit heißen Stahlstampfern festgestoßen, so daß der ganze Herd einen Block bildet.

f) Ofenwände.

Infolge der einseitigen Einwirkung der Verbrennungsgase auf die Außenwände der Öfen entstehen verschiedene Wärmeausdehnungen. Gibt die Verankerung der größeren Ausdehnung der inneren Lagen nach, so werden die äußeren Steinlagen klaffende Fugen oder Risse bekommen. Gibt die Verankerung nicht oder nur sehr wenig nach, können die inneren Lagen sich infolge der großen Spannungen ausbauchen, sofern sie nicht in gutem Verband mit den Außenschichten stehen. Bei großen Seitenwänden werden vielfach für die Außenseite gewöhnliche Ziegelsteine verwendet, die nicht mit den feuerfesten Steinen der Innenwand im Verband vermauert werden. Dann können Eisenhaken zur Verhinderung des Ausbauchens nach Bild 148 eingelegt werden. Die Wandstärke richtet sich nach der Höhe H der Wand. Sie soll mindestens $H/10$ betragen. Mit Rücksicht auf die Wärmeverluste macht man auch die Wände von geringer Höhe meistens nicht unter 25 cm stark. Bei den Seitenwänden sind die schwächsten Stellen die Pfeiler

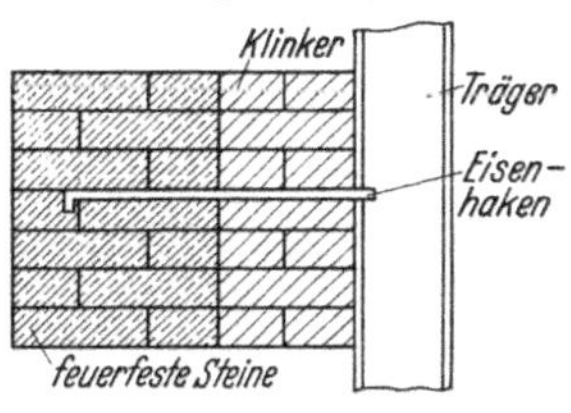

Bild 148. Bewehrung der Innenwand durch Stahlhaken.

zwischen Türöffnungen und die Bögen über den Türöffnungen. Hier ist die Verwendung bestgeeigneten Materials besonders wichtig. Die Pfeiler sind von drei Seiten hohen Temperaturen ausgesetzt und durch das Gewicht der Bögen und Gewölbe belastet. Ihre Breite sollte mindestens 50 cm, besser 65 cm betragen. Zu empfehlen ist, den Pfeiler am Fuße zu verstärken, weil hierdurch die tragenden Schichten durch die vorstehenden gegen die Einwirkung der Hitze geschützt sind. Man hat auch vielfach die Pfeiler mit Kühlrohren versehen, um sie von innen zu kühlen. Wichtig für die Haltbarkeit der Seitenwände wie für jedes Ofenmauerwerk ist die Einhaltung engster Fugen. Innenwände, die allseitig hohen Temperaturen ausgesetzt sind, wie Feuerbrücken, erhalten innere Luftkühlung durch einen eingebauten Kühlkasten (Bild 149) oder Wasserkühlung durch eingelegte Rohre. Bei Halbgasfeuerungen wird vielfach die Zweitluft durch die Feuerbrücke eingeführt. Hierdurch wird die abgeführte Wärme wieder nutzbar gemacht.

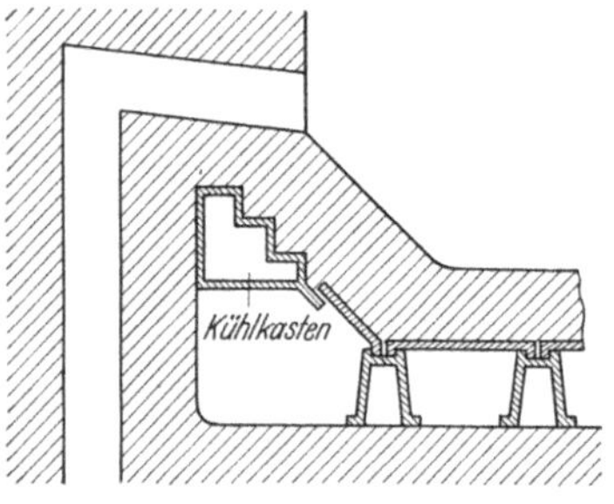

Bild 149. Luft-Kühlkasten bei einem Siemens-Ofen.

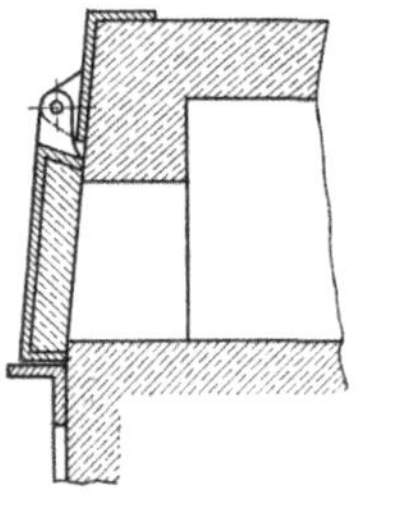

Bild 150. Klapptür für kleine Öfen.

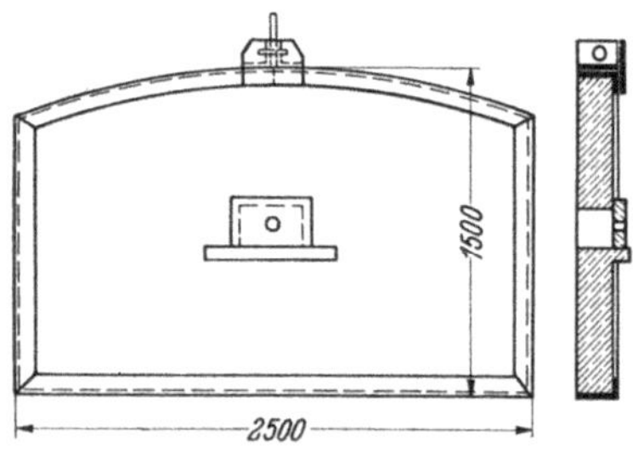

Bild 151. Ofentür aus einer Schamotteplatte mit Winkeleisenrahmen für Gasschmelzöfen.

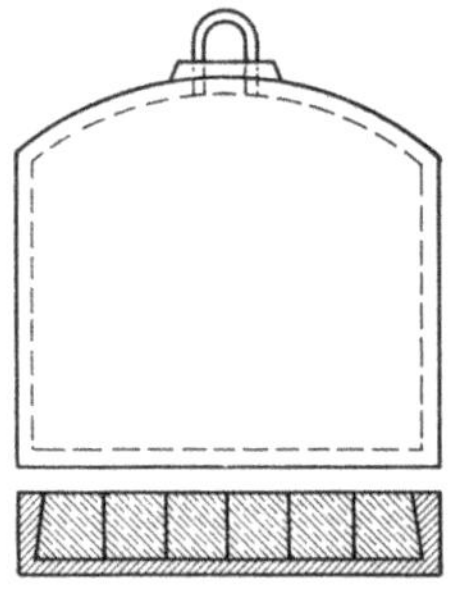

Bild 152. Ofentür mit vollem gußeisernen Rahmen, mit Schamottesteinen ausgemauert.

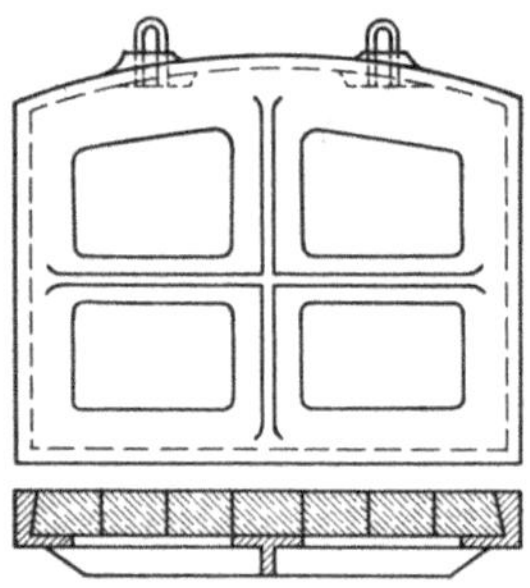

Bild 153. Ofentür mit durchbrochenem Rahmen aus Gußeisen mit Schamottesteinen ausgemauert.

g) Ofentüren.

Kleine Türen können als Klapptüren nach Bild 150 ausgeführt oder in Angeln aufgehängt werden. Größere Türen werden allgemein als Schiebetüren ausgeführt, an Ketten, Seilen oder Stangen aufgehängt und zum Öffnen oder Schließen mittels zweiarmigen Hebels durch einen Preßluft- oder Preßwasserzylinder gehoben und gesenkt. Neuerdings erfolgt bei größeren Öfen das Heben und Senken vielfach auch durch eine elektrisch angetriebene Winde. Die Türen können nach Bild 151 als Schamotteplatte aus einem Stück hergestellt werden. Bei metallurgischen Öfen wird der volle oder durchbrochene Rahmen meistens mit Schamottesteinen ausgemauert oder mit einer feuerfesten Masse ausgestampft. Ausführungsformen sind in den Bildern 152 und 153 dargestellt. Da die Türen und Türrahmen den Einwirkungen der Feuergase in gleichem Maße wie die Ofenwände ausgesetzt sind, außerdem beim Heben und Senken sowie beim Einsetzen und Ausziehen des Wärmgutes noch besonderen Beanspruchungen

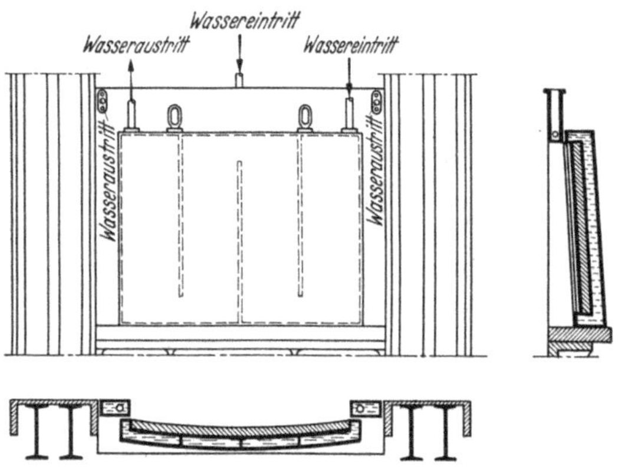

Bild 154. Wassergekühlte Ofentür und wassergekühlter Türrahmen.

unterliegen, werden bei heißgehenden Öfen, besonders Siemens-Martin-Öfen, Türen und Rahmen mit Wasserkühlung versehen. Im Bild 154 ist eine wassergekühlte Einsatztür mit wassergekühltem Türrahmen dargestellt. Bei Schmiedeöfen großer Abmessungen werden die Türen auch mehrteilig ausgeführt.

h) Essenschieber.

Der Essenschieber zur Regelung des Zuges besteht gewöhnlich aus einer gußeisernen Platte, die in seitlichen Führungen gleitet und senkrecht durch Kette oder Seil mit

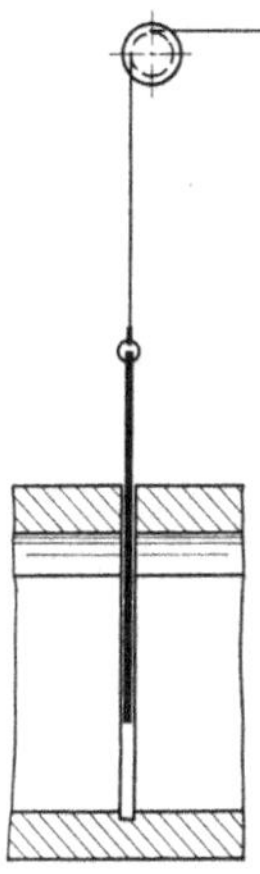

Bild 155. Essenschieber in einem Mauerschlitz geführt.

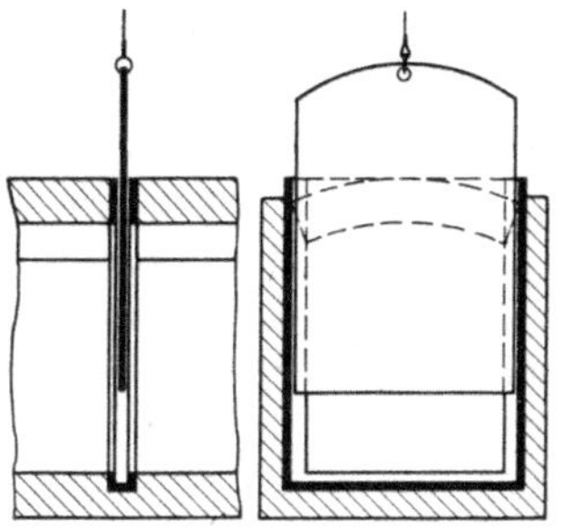

Bild 156. Essenschieber in einem gußeisernen Rahmen geführt.

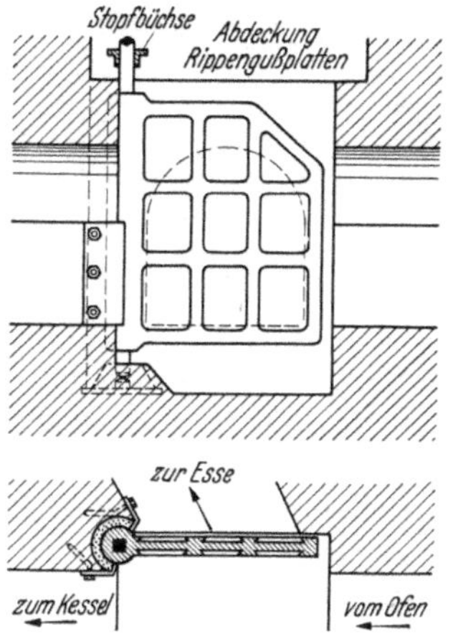

Bild 157. Drosselklappe im Essenkanal eines Siemens-Martin-Ofens.

Gegengewicht verstellt wird. Die seitlichen Führungen bestehen manchmal nur in einem Mauerschlitz mit erheblichem Spielraum (Bild 155), so daß große Mengen Falschluft in den Essenkanal einströmen. Das bewirkt eine starke Abkühlung der Abgase und entsprechende Verminderung des Essenzuges. Der Spielraum in den Führungen und im Gewölbeschlitz kann bei gußeisernen Rahmen nach Bild 156 vermindert werden. Völlig befriedigen würde nur eine Ausführung mit geschlossenem Führungsgehäuse. Bei hohen Abgastemperaturen besteht die Gefahr, daß der Schieber sich wirft und sich in der Führung festklemmt. Wo Schieber zur Regelung und Absperrung heißer Gase, wie z. B. bei Siemens-Öfen verwendet werden, kommen sie als wassergekühlte Schieber in Gehäusen mit Wasserkühlung zur Anwendung. Statt der Schieber werden auch vielfach Drehklappen zur Änderung des Durchgangsquerschnittes oder zur Umlenkung der Gase benutzt. Im Bild 157 ist eine Drehklappe im Essenkanal eines Siemens-Martin-Ofens mit Abhitzekessel dargestellt. Bei Regenerativfeuerungen sind besondere Umsteuerorgane zur Umlenkung der Abgase,

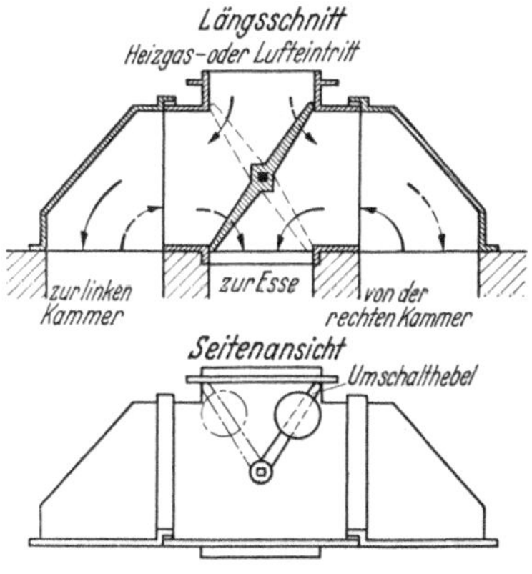

Bild 158. Umsteuerklappe für einen Regenerativgasofen (Siemens-Klappe).

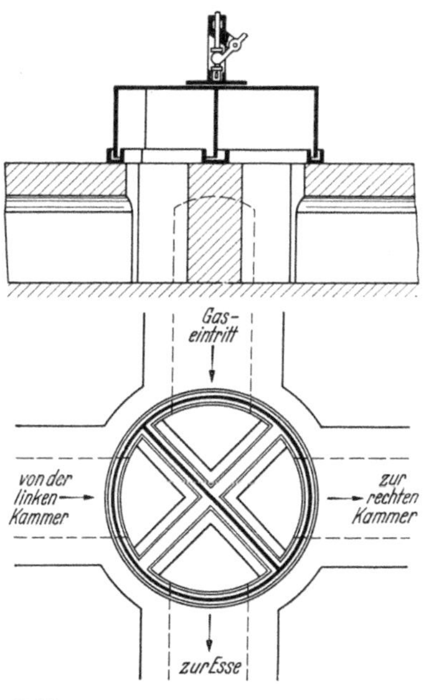

Bild 159. Umsteuerglocke für einen Regenerativgasofen.

des Frischgases und der Luft erforderlich. An den ersten Siemens-Öfen kam die einfache Wechselklappe nach Bild 158, die sog. *Siemens-Klappe* zur Anwendung, die als Luftumsteuerorgan für die Luft noch vielfach angewendet wird. Für die Umsteuerung des Gases wurde wegen der hohen Temperatur des Generatorgases an Stelle der Siemens-Klappe die Tauchglocke nach Bild 159 eingeführt. Bei großen Öfen hat das Umstellventil von FORTER nach Bild 160 eine ausgedehnte Anwendung insbesondere bei Siemens-Martin-Öfen gefunden. Es besteht aus einem gußeisernen Untersatz mit drei Öffnungen, von denen die äußeren mit der linken und rechten Gaskammer, die mittlere mit dem Essenkanal in Verbindung steht. Auf dem Untersatz ruht das aus dicken Blechen zusammengebaute Gehäuse, das bei großen Modellen mit feuerfesten Steinen ausgemauert wird. Im Gehäuse befindet sich eine an Hebeln aufgehängte Haube, die in ihren Endstellungen in die Wassertasse des Untersatzes eintaucht und den Wasserverschluß herstellt. Die Verstellung der Haube erfolgt durch eine Hebelbewegung um rund 90°. Bei großen Ausführungen geschieht die Umstellung durch einen Preßluft- oder Preßwasserzylinder oder auch durch Elektromotor. In der gezeichneten Stellung tritt das Frischgas durch den oberen Stutzen ein und gelangt durch die linke Öffnung in den Kanal zur linken Kammer, während die rechte Kammer mit dem Essenkanal in Verbindung steht. Alle diese Umstellorgane haben den gemeinsamen Nachteil, daß die Gase mehrfache starke Umlenkung erfahren, die meistens mit einer Querschnittverminderung zusammenfällt. Die Folge sind erhebliche Widerstände, die Druckverluste zur Folge haben. Aus diesem Grund hat sich die *Blaw-Knox*-Umsteuerung mit wassergekühlten, maschinell gesteuerten Schiebern eingeführt, die eine einfache glatte Kanalführung und daher geringsten Druckverlust ergeben[1]. Diese Anordnung gestattet auch die Einzelregelung der Kammern und Verteilung der Abgase auf Gas- und Luftkammer in dem für den Ofengang günstigsten Verhältnis.

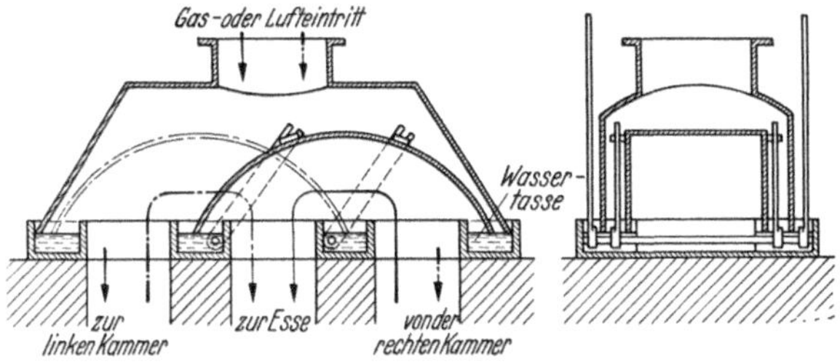

Bild 160. Umsteuerventil für einen Regenerativgasofen nach FORTER.

X. Wärmeaustauscher.

Wärmeaustauscher (Rekuperatoren und Regeneratoren) dienen zur Vorwärmung der Verbrennungsluft oder des Brennstoffes oder beider durch die Abgase des Ofens. Bezüglich des Wärmeüberganges besteht zwischen Rekuperatoren und Regeneratoren kein grundsätzlicher Unterschied. Die Wärme wird vom Abgas an die Heizfläche übertragen und fließt durch sie an die zu erwärmende Luft oder an das zu erwärmende Gas. Bei den Rekuperatoren verläuft dieser Vorgang ununterbrochen über die Trennwände; bei den Regeneratoren, die als Wärmespeicher ausgebildet werden, zeitlich nacheinander. Die Regeneratoren werden in Wechselkammern untergebracht, die in dem einen Zeitabschnitt Wärme aufnehmen und im anderen abgeben. Die Regeneratoren erfordern ein Speichergewicht, das um so größer sein muß, je länger die Speicherzeit und um so träger der Wärmefluß in der Speicherwand ist. Je kürzer die Umstellzeit ist, um so kleiner wird die Stärke der Speicherwand (die Steindicke) gewählt. Beim Rekuperator ist es günstig, geringe Wandstärke zu nehmen, daher geht das Bestreben dahin, Wärmeaustauscher

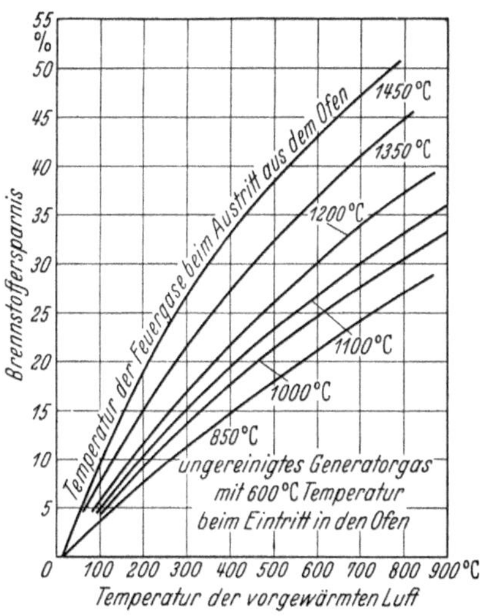

Bild 161. Schaubild über Brennstoffersparnis durch Luftvorwärmung bei Generatorgasfeuerungen.

[1] ALBERTS: Stahl u. Eisen 1929 S. 979.

aus Metall zu verwenden. Je geringer die Wandstärke ist, um so mehr Heizfläche ist je m³ Einbauraum unterzubringen, je kleiner der Kanal ist, um so günstiger wird die Wärmeübergangszahl (vgl. S. 88). TRINKS hat die durch Vorwärmung der Verbrennungsluft erreichbare Brennstoffersparnis bei einer Generatorgasfeuerung in einem Schaubild dargestellt[1] (Bild 161). Es zeigt übersichtlich, mit welchen Brennstoffersparnissen durch Vorwärmung der Verbrennungsluft bei verschiedenen Temperaturen der Verbrennungsgase gerechnet werden kann. Die Vorteile, die durch schnellere und vollständigere Verbrennung durch Verminderung des Luftüberschusses, durch Erzielung höherer Temperaturen und höherer Ofenleistung oder durch Entlastung des Schornsteins erreicht werden können, sind hierbei unberücksichtigt, sie sind von den besonderen Verhältnissen und dem Betrieb des Ofens abhängig. In welchem Maße diese Zahlen verwirklicht werden können, hängt allerdings wiederum von der Ausführung der Wärmeaustauscher und von den Betriebsbedingungen ab.

a) Wärmeaustauscher ohne Speicherung (Rekuperatoren).

Rekuperatoren können in Gegenstrom-, Gleichstrom- und Kreuzstromanordnung nach den Bildern 162, 163, 164 durchgebildet werden. Der Temperaturverlauf ist in den Bildern 165, 166, 167 veranschaulicht. Der Gegenstrom sichert die höchste Vorwärmtemperatur, der Gleichstrom die niedrigste Wandtemperatur. Aus diesem Grunde wird der Gleichstrom bei Rekuperatoren mit Metallwänden manchmal bevorzugt.

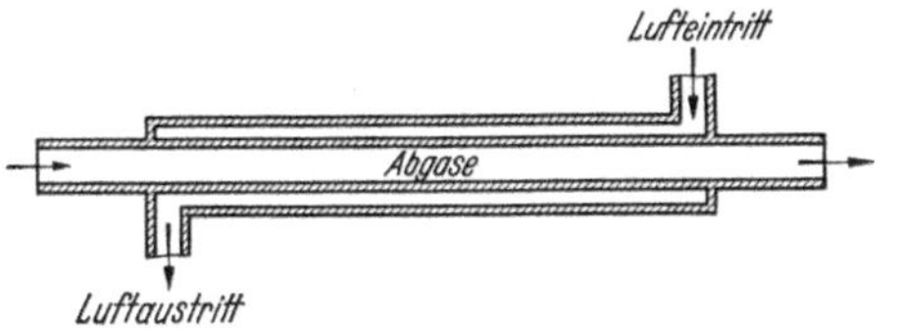

Bild 162. Gegenstromanordnung eines Rekuperators.

Bild 163. Gleichstromanordnung eines Rekuperators.

Steinerne Rekuperatoren erhalten Wandstärken von 30 bis 50 mm, Kanalbreiten von 70 bis 100 mm. Die Gasgeschwindigkeit wird mit Rücksicht auf die Reibungsverluste und in Abhängigkeit vom Essenzug in den Grenzen von 1,0 bis 2,5 m/s gehalten. Der

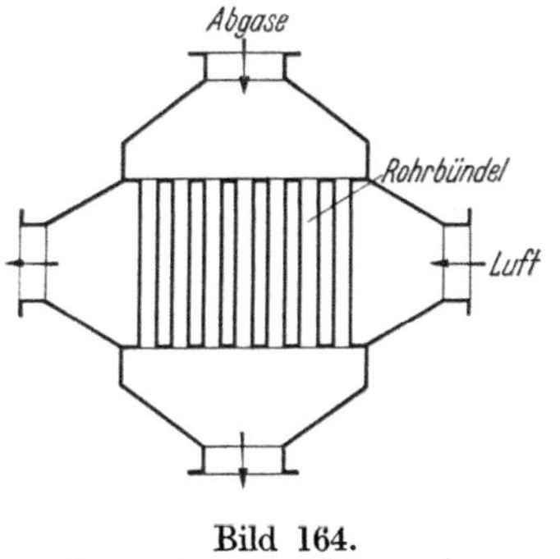

Bild 164. Kreuzstromanordnung eines Rekuperators.

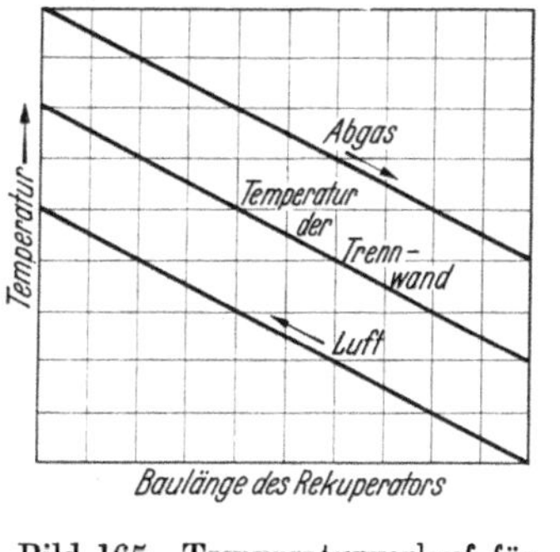

Bild 165. Temperaturverlauf für Abgase, Trennwand und Luft bei einem Gegenstromrekuperator.

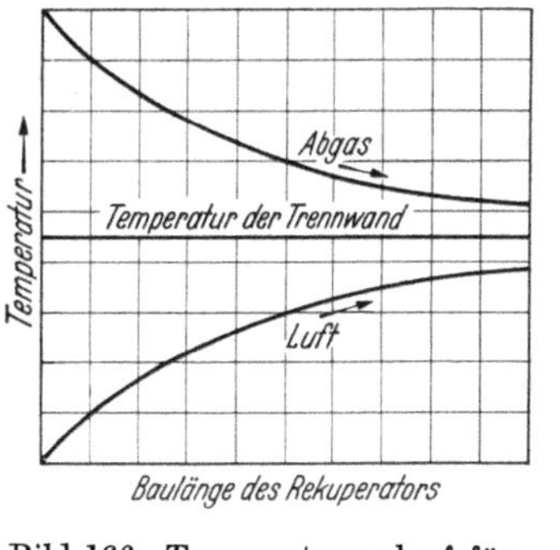

Bild 166. Temperaturverlauf für Abgase, Trennwand und Luft bei einem Gleichstromrekuperator.

Aufbau erfolgt am einfachsten mit Steinen in Rohrform für Gas- und Luftkanäle. Die rechteckigen Rohre sind mit Nut und Feder zu versehen. Sie werden so verlegt, daß die Fugen gegeneinander versetzt sind. Es ist wichtig, sie mit feinstem Mörtel möglichst dicht herzustellen, da hiervon die Durchlässigkeit abhängig ist. Infolge des Unterdruckes in den Gaskanälen ist mit einem Windverlust von 5 bis 30% zu rechnen. Eine übliche Anordnung von Rekuperatoren ist im Bild 168 dargestellt. Die Heizfläche und das Steingewicht sind aus den Abmessungen wie folgt zu ermitteln:

[1] TRINKS: Industrieöfen Bd. 1 S. 142. Zit. S. 105.

Die Teilung $d_1 = b + b_1 + 2\,\delta$, Teilung $d_2 = a + \delta$.

Die Kanalzahl je m² Bauquerschnitt $z = \frac{1}{d_1 d_2}$.

Der Durchgangsquerschnitt je m² Bauquerschnitt für Gas $= a\,b\,z$.

Der Durchgangsquerschnitt je m² Bauquerschnitt für Luft $= a\,b_1\,z$.

Die mittlere Heizfläche je m³ Einbauraum $= 2\,a\,z$ m².

Das Steingewicht der Heizfläche je m³ Einbauraum $= [1 - (b + b_1)\,a\,z]\,1850$ kg.

Die Länge der Heizkanäle L_H vermehrt um die Länge der Schluß- und Kopfsteine an beiden Enden ergibt die Baulänge des Rekuperators $\approx L_H + 0{,}8$ m. Das gesamte Steingewicht ist rund 20% größer als das Gewicht der Kanäle. Die Ausführung des Rekuperators in einem Zuge gestattet höhere Gasgeschwindigkeit, erfordert aber große Baulänge. Wo diese nicht vorhanden ist, wird Umlenkung in einen zweiten Zug erforderlich. An den Umlenkstellen sollen zur Verkleinerung der Zugverluste geringe Gasgeschwindigkeiten gewählt werden. Um eine Reinigung der Kanäle zu ermöglichen, ist an den Kopfseiten der erforderliche Raum vorzusehen.

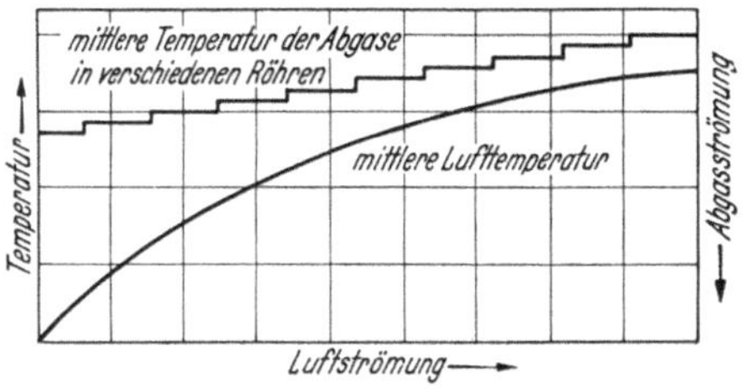

Bild 167. Temperaturverlauf für Abgase und Luft bei einem Kreuzstromrekuperator.

Die Rekuperatoren wären wegen ihres einfachen Aufbaues im Vergleich mit den Regeneratoren, die Wechselkammern und Umstellorgane und deshalb fortlaufend Wartung und Bedienung erfordern, die einfachste und wirtschaftlichste Einrichtung zur Luftvorwärmung, wenn ein geeigneter Baustoff gefunden und eine Bauart durchgebildet würde, die bestehende Mängel beseitigen könnte. Die Mängel der steinernen Rekuperatoren bestehen hauptsächlich in der Unmöglichkeit, sie dauernd dicht zu halten. Sie dehnen sich bei der Erwärmung aus und ziehen sich bei der Abkühlung wieder zusammen. Bei mittleren Betriebstemperaturen kann mit einer Längenausdehnung von 0,5% gerechnet werden. Da die Steinlagen die hierdurch bedingte Bewegung nur teilweise mitmachen, werden die Stoßfugen nach mehrmaliger Erwärmung und Abkühlung undicht und es entstehen Risse, die sich unter dem Einfluß der Temperaturdifferenzen im Stein selbst allmählich erweitern. Das hat naturgemäß zur Folge, daß ein Teil der Luft auf dem kürzesten Wege zur Esse abzieht und die Feuerung unter Luftmangel leidet. Es ist vorgeschlagen worden, diese Verluste zu vermindern, indem in den Gas- und Luftkanälen gleicher Druck aufrechterhalten wird. Das würde zur Anwendung geringer Geschwindigkeiten und entsprechender Vergrößerung der Heizflächen führen und den Vorzug geringer Anlagekosten preisgeben. Die Einhaltung geringen Druckes von ungefähr atmosphärischer Spannung würde auch genaue Einstellung von Regelvorrichtungen voraussetzen, wodurch auch der Vorteil der Einfachheit beseitigt würde. Es hat nicht an Bemühungen gefehlt, Bauarten zu entwickeln, bei denen ein geringes Klaffen der Stoßfugen keine Undichtigkeit von schädlicher Wirkung herbeiführt. Bild 169 zeigt den Chapman-Stein, bei dem von dem Grundsatz der Labyrinthdichtung Gebrauch gemacht wird. Die Fuge kann nur einen Z-förmigen Spalt hervorrufen, der einen großen Widerstand gegen Durchströmen von Luft bietet. Wenn

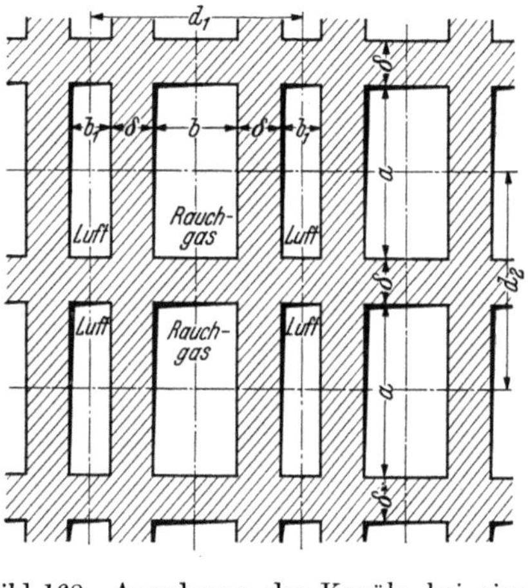

Bild 168. Anordnung der Kanäle bei einem Steinrekuperator.

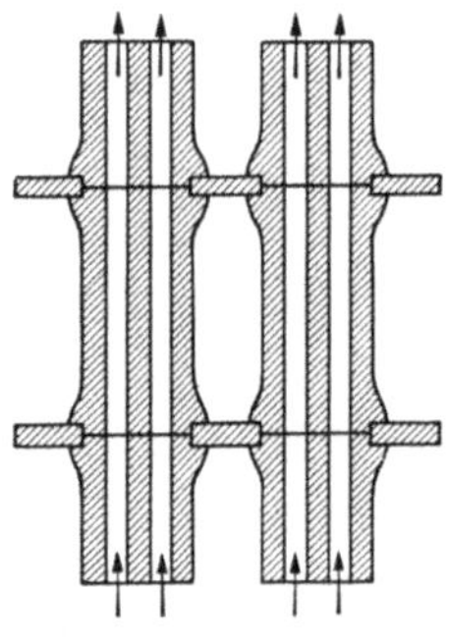

Bild 169. Chapman-Steine für Rekuperatoren.

hierdurch auch eine gewisse Sicherheit gegen Durchlässigkeit erreicht wird, so ist eine Gewähr für dauernde vollständige Dichtheit dadurch nicht gegeben. Es ist offenbar aus diesem Grunde von den Steinrekuperatoren nur eine beschränkte Anwendung vorwiegend für geringe Luftvorwärmung gemacht worden.

Metallrekuperatoren. Die ersten Winderhitzer von FABER DU FAUR waren aus gußeisernen Rohren hergestellt. Gußeisen bietet einen größeren Widerstand gegen Oxydation bei erhöhter Temperatur als gewöhnlicher Stahl, es ist auch geeignet zur Herstellung beliebiger Formstücke, doch ist sein Mangel die Sprödigkeit. Bei der Anwendung von Gußeisen muß diesem Umstand weitgehendst Rechnung getragen werden durch Ausführung der Rekuperatorrohre in Schleifenform mit großer Schenkellänge. Bild 170 zeigt eine Ausführung, die auf den Gary-Werken der Illinois Stahlgesellschaft Anwendung gefunden hat. Um schädliche Spannungen in den Rohren mit Sicherheit zu verhindern, sind die Muffenverbindungen gelenkig gemacht und mit Asbest abgedichtet. Eine andere Bauart von Röhrenrekuperatoren besteht aus zwei Sammelrohren, das eine für die kalte, das andere für die heiße Luft dienend. In diese Sammelrohre münden eine große Zahl hufeisenförmig gebogener Stahlrohre, die von den heißen Feuergasen im Kreuzstrom bestrichen werden (Bild 171). Derartige Röhrenvorwärmer sind auch für höhere Temperaturen unter Anwendung von Chromnickelstahl in den heißen Rohrschlangen ausgeführt worden. Die Deutschen Babcock- und Wilcox-Dampfkesselwerke, Oberhausen, führen Röhrenluftvorwärmer aus, die aus konzentrischen Rohren von 78 und 108 mm Durchmesser gebildet werden. Die Luft strömt durch den Ringspalt zwischen den beiden Rohren. Die heißen Gase strömen zum Teil durch die inneren Rohre im Gegenstrom, zum Teil bespülen sie die Außenrohre im Kreuzstrom, so daß die Heizfläche beider Rohre möglichst gleichmäßig beansprucht wird. FÖGE in Hannover verwendet Rohre von tropfenförmigem Querschnitt, um für die im Kreuzstrom geführten Gase geringsten Druckverlust zu erreichen.

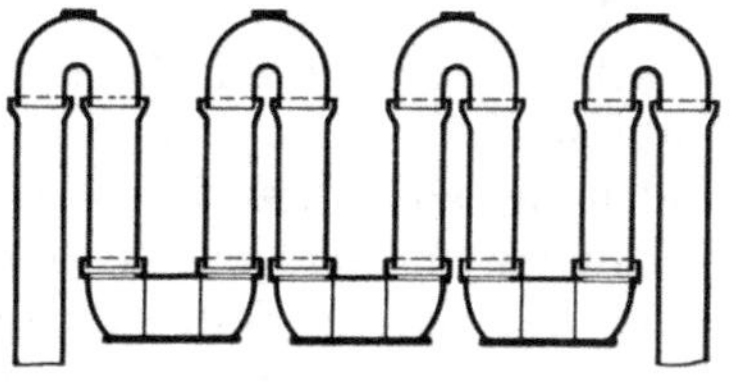

Bild 170. Rekuperator der Gary-Werke aus gußeisernen Rohren.

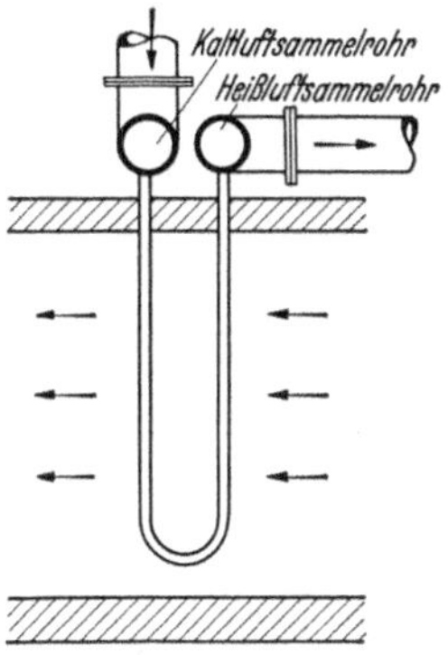

Bild 171. Kreuzstromrekuperator aus Stahlrohren.

Plattenrekuperatoren werden aus Blechen von etwa 3 mm Stärke gebildet, die in 10 bis 20 mm Abstand angeordnet, flache Kanäle bilden. Zwischen je zwei Gaskanälen liegt ein Luftkanal mit etwas engerem Querschnitt. Es werden demnach Gas- und Luftstrom in dünne Schichten aufgeteilt, um günstigen Wärmeübergang zu erzielen und auf kleinem Raum große Heizflächen unterzubringen. Für den Gasweg benutzt man den geraden Durchgang. Soll für den Luftweg auch gerader Durchgang bestehen, ergibt sich die Kreuzstromanordnung. Soll der Gegenstrom angewendet werden, muß die Luft beim Eintritt und Austritt einen Richtungswechsel erfahren. Hierdurch ergeben sich viele Möglichkeiten für den Einbau dieser Rekuperatoren. Im Bild 172 ist eine schematische Darstellung des Luftvorwärmers der Underfeed Stocker Comp. London wiedergegeben. Er besitzt vollkommen verschweißte Taschen, deren Ein- und Austrittskanten düsenartig ausgebildet sind, um einen geringen Verlust an den Stellen der Querschnittsänderung beim Ein- und Austritt von Gas und Luft sicherzustellen. Die Verbindung durch Nieten ist aufgegeben worden, weil das Dichthalten der Nietnähte unmöglich ist. Zur Erhöhung der Stabilität und Sicherung der Blechentfernung werden bei größeren

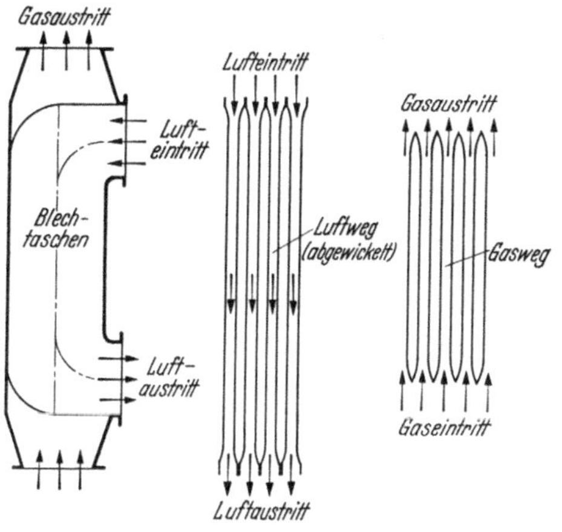

Bild 172. Plattenrekuperator der Underfeed Stoker Co.

Abmessungen Bolzen- und Distanzstücke verschiedener Form angewendet. Diese werden als Blechstreifen und Winkeleisen auch so eingebaut, daß sie zur Gas- und Luftführung dienen. Der Luftvorwärmer nach HABER hat wellenförmige Zwischenbleche zur Erhöhung der Turbulenz.

Alle besprochenen Metallrekuperatoren können bei Lufttemperaturen bis 450° aus Gußeisen oder gewöhnlichem Stahl hergestellt werden. Für Temperaturen von 500° und höher sind diese Baustoffe nicht mehr geeignet. Das ist offenbar der Grund dafür, warum sie für Industrieöfen noch keine ausgedehnte Anwendung gefunden haben. Neuerdings hat sich A. SCHACK, Düsseldorf, dem Bau von Metallrekuperatoren zugewendet. Er stützt sich bei der Durchbildung seiner Wärmeaustauscher auf seine grundlegenden Arbeiten über den Wärmeübergang in technischen Feuerungen. Seine Untersuchungen[1] haben gezeigt, daß die Wärmeübergangszahl der Feuergase wegen der Gasstrahlung mit der Temperatur so stark wächst, daß sie bei 1200° den Wert von 275 kcal/m²h°C annehmen kann. Wirken Feuergase mit dieser hohen Wärmeübergangszahl auf einen Rekuperator üblicher Bauart, so stellt sich eine Wandtemperatur ein, die nur wenig tiefer als die Gastemperatur ist, und zwar auch dann, wenn die Lufttemperatur auf der anderen Seite der Heizfläche sehr niedrig liegt. Eine zu hohe Wandtemperatur ist aber selbst bei den hitzebeständigen Sonderstählen zu vermeiden, weil die mechanische Dauerfestigkeit dieses Baustoffes bei hohen Temperaturen gering ist und starke Formänderungen eintreten können. Diese können den Apparat unbrauchbar machen. Hinzu kommt, daß die Feuergase Bestandteile enthalten können, die bei hohen Temperaturen den hitzebeständigen Stahl stark angreifen. Zu diesen Bestandteilen gehören Kohlenoxyd und Wasserstoff und besonders reduzierende Schwefelverbindungen. Überdies ist darauf Rücksicht zu nehmen, daß bei Industrieöfen Betriebsverhältnisse eintreten können, die Temperatursteigerungen in den Feuergasen herbeiführen, mit denen im normalen Betrieb nicht zu rechnen ist.

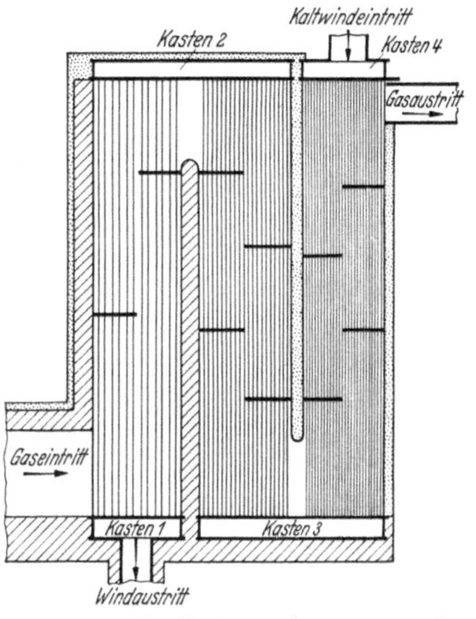

Bild 173. Stahlröhrenrekuperator mit 3 Zügen von SCHACK.

Bei den hohen Wärmeübergangszahlen des heizenden Gasstromes bietet eine niedrige Lufttemperatur keinen Schutz gegen zu hohe Erwärmung der Wand. Eine Erniedrigung der Wandtemperatur ist nur zu erzielen durch starke Steigerung der Wärmeübergangszahl Wand an Luft. Das wurde von SCHACK durch Anwendung der Theorie der „sekundären Heizflächen" erreicht. In die Rekuperatorrohre werden dünne glatte Bleche von bestimmter Form eingebaut, die ohne wesentliche Steigerung der Luftgeschwindigkeit und ohne wesentliche Wirbelerzeugung eine Erhöhung der Wärmeübergangszahl auf das 2,6fache des ursprünglichen Wertes ergeben. Bei den hohen Wärmeübergangszahlen der Luft erlangt die Lufttemperatur Einfluß auf die Temperatur der Wand. Die Wandtemperatur nähert sich der Lufttemperatur ohne Beeinflussung durch die Gastemperatur. Im Bild 173 ist ein SCHACKscher Stahlröhrenrekuperator mit 3 Zügen schematisch dargestellt. Der Kaltwind tritt durch den Verteilungskasten in das 3. Röhrenbündel, durch den Kasten 3 in das 2. Röhrenbündel und durch den Kasten *2* in das 1. Röhrenbündel und durch den Heißwindsammler in die Heißwindleitung. Die Feuergase strömen im Gegenstrom durch die *3* Röhrenbündel, werden jedoch durch eingebaute Zwischenwände gelenkt, so daß zwischen diesen eine Strömung geneigt zu den Rohrachsen und eine Wirbelung entsteht. Bei den SCHACKschen Rekuperatoren werden die Rohrreihen, die von den heißen Feuergasen zuerst getroffen werden und durch die starke Schicht des Gases und das glühende Mauerwerk am meisten bestrahlt werden, also am meisten gefährdet sind, durch ein besonderes Verfahren vor Überhitzung geschützt, indem der

[1] Arch. Eisenhüttenw. 1930/31 S. 334.

Strömungswiderstand in den gefährdeten Rohrreihen gegenüber den nichtgefährdeten Rohrreihen des gleichen Bündels verringert wird. Dies geschieht dadurch, daß entweder der Durchmesser der gefährdeten Rohre größer als der der übrigen gehalten, oder die oben angeführten Einbauten verkürzt werden. Infolge des geringeren Strömungswiderstandes strömt nun mehr Wind durch die gefährdeten Rohre. Die Folge ist eine Senkung der Windtemperatur und eine Steigerung der Wärmeübergangszahl. Da aber die Temperatur des durch die anderen Rohre des Bündels strömenden Hauptteils der Luft unverändert hoch ist, wird ein wirksamer Schutz der gefährdeten Rohre erreicht, ohne daß eine erhebliche Verminderung der Lufttemperatur eintritt.

Sollen die Apparate für sehr hohe Gastemperaturen oberhalb von 1200° verwendet werden, so würden die vorstehend besprochenen Verfahren nicht zum Ziele führen oder zu unwirtschaftlichen Druckverlusten auf der Luftseite führen. In diesem Falle kommt ein Verfahren zur Anwendung, das eine Verringerung der Wärmeübergangszahl des Gases herbeiführt. Bei technischen Feuerungen ruft die Strahlung des Mauerwerkes, das als sekundäre Heizfläche wirkt, eine erhebliche Erhöhung des Wärmeübergangs des eigentlich heizenden Gasstromes hervor. Das Verfahren sieht vor, daß das Umfassungsmauerwerk des Gasstromes durch Wärme aufnehmende Flächen ersetzt oder in seiner Strahlung gegen das Rohrbündel abgeschirmt wird. Auf diese Weise wird erstens die Gesamtwärmeübergangszahl des Feuerraumes gegen das Rohrbündel und zweitens die Temperatur des Gasstromes herabgesetzt, bevor er in das Rohrbündel eintritt.

Die SCHACKschen Rekuperatoren werden auch für Luft- und Gasvorwärmung ausgeführt. In diesem Falle wird der dritte Zug zur Gasvorwärmung benutzt. Ein solcher Apparat wurde an einem mit Gichtgas geheizten Roheisenmischer eingebaut. Es wurde eine Lufttemperatur von 700° und eine Gastemperatur von 300° erreicht. Wenn man den Wärmeinhalt des Gases dem der Luft zuzählt, entspricht das einer Lufttemperatur von 1100°. Daraus ergibt sich, daß man auf diese Weise mit Gichtgas Temperaturen erreichen kann, die für die meisten metallurgischen Öfen ausreichen.

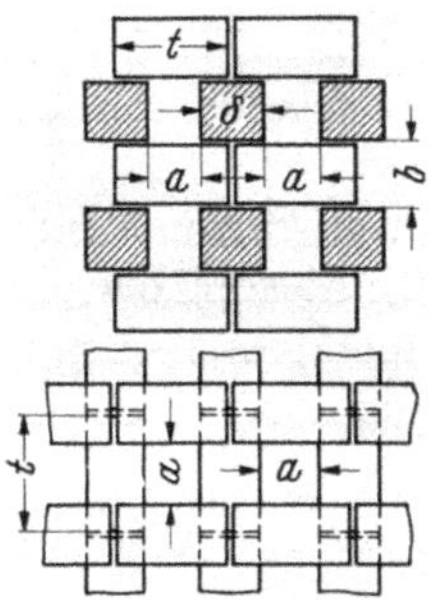

Bild 174. Rostpackung für Regeneratoren.

b) Wärmeaustauscher mit Speicherung (Regeneratoren).

Regeneratoren werden meistens unter den Öfen in Kammern angeordnet oder, wenn die Kammern vorgezogen werden, unter den Arbeitsbühnen so tief gelegt, daß sie zum erheblichen Teil unter Hüttenflur liegen. Sie ruhen auf einer Betonplatte von 500 bis 600 mm Stärke, die im Bergbausenkungsgebiet mit Stahleinlagen ausgestattet wird, die nach den auf S. 13 besprochenen Gesichtspunkten zu berechnen sind. Auf die Platte wird eine Schicht hartgebrannte Ziegel und dann eine Schicht Schamottesteine verlegt. Zur Aufnahme des Speichergitterwerks werden in den Kammern 250 mm starke und etwa 800 mm hohe Stützmauern in einer Entfernung von 800 bis 1000 mm voneinander errichtet. Auf diesen ruhen die Gittertragsteine. Die Wände der Kammern werden in einer Stärke von 380 mm in Silika- oder besten Schamottesteinen ausgeführt. Die feuerfesten Kammern werden mit einem Schutzmauerwerk aus hartgebrannten Ziegelsteinen von 380 bis 520 mm Stärke umgeben. Das Gitterwerk wird meistens in Rostpackung nach Bild 174 verlegt. Die Heizfläche und das Steingewicht ist aus den Abmessungen wie folgt zu ermitteln:

Die Teilung $t = a + \delta$ m.

Die Kanalzahl je m² Bauquerschnitt $z = \frac{1}{t^2}$.

Der Durchgangsquerschnitt je m² Bauquerschnitt $= a^2 z$ m².

Die Heizfläche je m³ Einbauraum,

für die senkrechten Flächen $= \frac{2}{a+\delta}$ m²,

für die waagerechten Flächen $= \frac{2a\delta}{b(a+\delta)^2}$ m².

Das Steingewicht der Heizfläche je m³ Einbauraum $= \frac{\delta}{a+\delta} 1850$ kg.

Bei Knüppelpackung wird $a = b = \delta$.

Die Heizfläche je m³ Einbauraum,

für die senkrechten Flächen $= \frac{1}{a}$ m²,

für die waagerechten Flächen $= \frac{1}{2a}$ m².

Das Steingewicht je m³ Einbauraum $= \frac{1}{2} \cdot 1850 = 925$ kg.

Die Größe der Regeneratoren, die Abmessungen der Steine und die Art ihrer Verlegung wird meistens auf Grund der Erfahrungen für die verschiedenen Regenerativöfen verschieden ausgeführt. Bei heißgehenden Öfen findet man $\delta = 60$ bis 100 mm, $a = 80$ bis 120 mm. Die Rostpackung ist für Ausnützung des Steingewichtes nicht so günstig wie die Ausführung mit glatten Schächten nach Bild 175, sie wird aber bevorzugt mit Rücksicht auf mögliche Verschlackung und Verstopfungen, die bei Rostpackung das Weiterarbeiten eines Teiles des Gitterwerkes zuläßt. Das Steingewicht wird je nach den Verhältnissen zu 15 bis 30 t für 10^6 kcal/h gewählt. Die Kammern werden mit einer kräftigen Verankerung ausgerüstet unter Verwendung von I-Trägern N.P. 30 bis 40 je nach den Abmessungen der Kammern. Jede Kammergruppe bestehend aus Luft- und Gaskammer wird meistens als ein Block für sich verankert. Das Kammergewölbe wird mit verschiedener Stichhöhe ausgeführt, bei halbkreisförmigen Bögen entfällt der Seitenschub auf die Querwände. Die Gewölbe werden zweckmäßig als Doppelgewölbe ausgeführt. Die Zwischenwand zwischen Gas- und Luftkammer ist so stark (650 bis 800 mm) auszuführen und so sorgfältig zu vermauern, daß Gasdurchlässigkeit verhindert wird. Zu diesem Zweck wird die Zwischenwand auch hohl ausgeführt und mit Hohlkörpern aus Blechkonstruktion oder Gußplatten mit Auftriebschächten zwecks Luftdurchspülung ausgestattet. BANSEN[1] macht über die Kammerverhältnisse nähere Angaben (Tabelle 27).

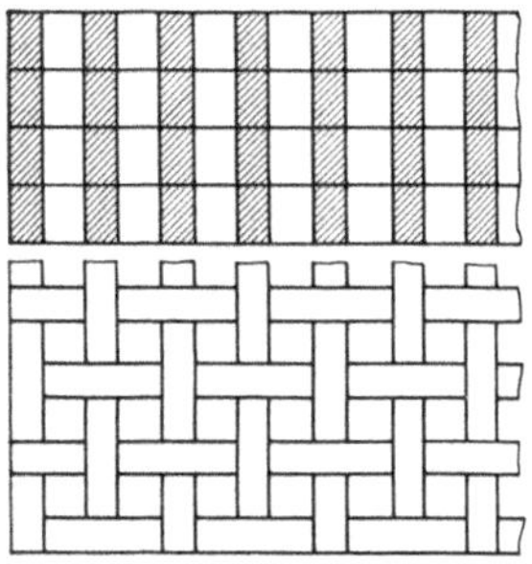

Bild 175. Regeneratorpackung mit glatten Kanälen.

Regeneratoren mit Speicherwänden aus Stahl werden vielfach bei Dampfkesseln und vereinzelt auch bei Öfen verwendet. Der Regenerator von LJUNGSTRÖM, der im Bild 176 schematisch dargestellt ist, besteht aus einem feststehenden zylindrischen Gehäuse, in dem eine Blechtrommel umläuft. Letztere ist durch Blechwände ausgesteift und mit dem Speichermaterial ausgefüllt. Als solches sind Stahlbleche von 0,6 mm Dicke verwendet. Um für Gas und Luft den Durchströmquerschnitt zu bilden, ist zwischen je zwei geraden Blechen ein gewelltes Blech angeordnet. Die

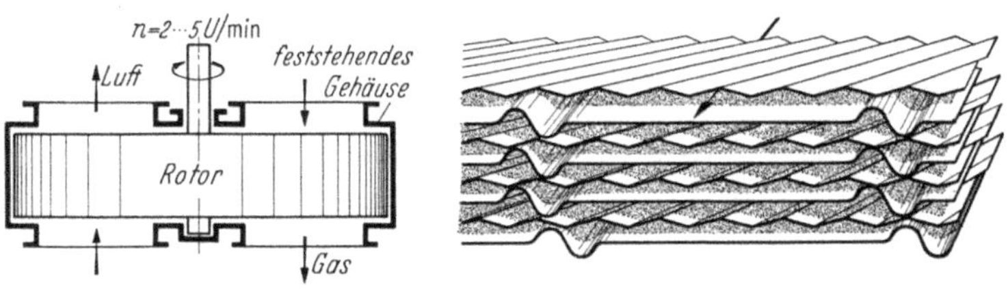

Bild 176. Ljungström-Regenerator.

Tabelle 27. Die Verhältnisse der Regeneratorkammern.

Gas	kcal/Nm³	Gas Nm³ / Luft Nm³	Gas-temperatur °C	Temperaturerhöhung Gas °C	Temperaturerhöhung Luft °C	Luftwärme / Gaswärme	Gesamtheizfläche m²/10⁶ kcal Gas h: Gaskammern	Gesamtheizfläche m²/10⁶ kcal Gas h: Luftkammern	Rauchgas auf Gaskammern %	Rauchgas auf Luftkammern %
Gichtgas .	1000	1:1	0	700	700	1:1	100—150	100—150	50	50
Gener.-Gas	1400	1:1,24	600	450	1200	5:2	120—150	50— 70	25—30	75—70
Mischgas .	2000	1:2	0	1250	1250	4:3	130—150	125—100	40—45	60—55

[1] Hütte: Taschenbuch f. Eisenhüttenleute 1930 S. 357.

Gas- und Luftgeschwindigkeit kann durch die Stärke der Wellung beliebig festgelegt werden. Gewöhnlich wird mit einer mittleren Gas- und Luftgeschwindigkeit von 4,5 bis 5 m/s gearbeitet. Der den Speicher bildende Läufer macht 2 bis 5 Umdrehungen in der Minute. Das Gehäuse ist durch eine Trennwand in zwei Teile geteilt, von denen der eine im Gasstrom, der andere im Luftstrom liegt. Die wärmespeichernden Blechpakete kommen durch Drehung des Läufers abwechselnd in den Gas- und Luftstrom. Der *Blaw Knox*-Regenerator enthält die wärmespeichernden Blechpakete aus Chromstahl in drei Kammern gemäß Bild 177. Jede Kammer ist mit vier Ventilen für Gaseintritt, Gasaustritt, Lufteintritt und Luftaustritt ausgerüstet. Ein- und Auslaßventile sitzen auf gemeinsamer Spindel. Die Steuerung der Ventile erfolgt selbsttätig durch die Nocken einer Steuerwelle. Es wird abwechselnd Abgas und Luft durch die Kammern geschickt, so daß sich eine Betriebsweise wie bei den COWPERschen Winderhitzern ergibt. Die Ausführung ist für Öfen bis $12 \cdot 10^6$ kcal/h Wärmeverbrauch und für Luftvorwärmung bis 800° zur Anwendung gekommen.

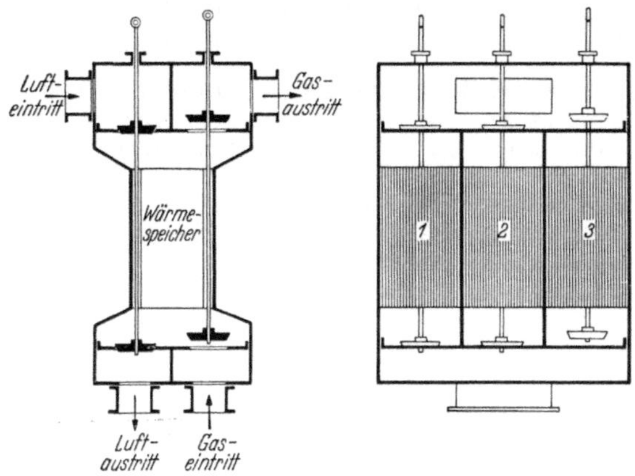

Bild 177. Blaw-Knox-Regenerator.

c) Berechnung der Wärmeaustauscher.

Die allgemeine Gleichung zur Berechnung der *Heizfläche* eines Wärmeaustauschers lautet

$$F = \frac{Q}{k\,\Delta t} \qquad \text{m}^3. \qquad (75)$$

Hierin ist

F = Heizfläche = Wärmedurchgangsfläche, bei Regeneratoren die Oberfläche des Gitters m²,
Q = abgegebene Wärmemenge kcal/Zeiteinheit,
k = Wärmedurchgangszahl kcal/m²h°C bzw. bei Regeneratoren ε in kcal/m²Per°C,
Δt = mittlerer Temperaturunterschied zwischen heizendem und beheiztem Stoff.

Als *Zeiteinheit* gilt für Rekuperatoren die Stunde, bei Regeneratoren die Dauer eines Umstellabschnittes, das ist die Summe aus Heizzeit und Entheizzeit.

Die Formel gibt bei Regeneratoren die Heizfläche *eines* Gitters. Bei fortlaufendem Betrieb sind also zwei Regeneratoren der berechneten Heizfläche notwendig, falls die Heizzeit gleich der Entheizzeit ist, bzw. drei Regeneratoren, falls die Heizzeit doppelt so lang wie die Entheizzeit ist.

Die Wärmedurchgangszahl k für *Rekuperatoren* ist von den einzelnen Wärmeübergangszahlen, den Wandstärken und der Wärmeleitfähigkeit der Wand abhängig. Sie beträgt bei

Stahlrekuperatoren $k = 2 - 25$ kcal/m² h° C,
Steinrekuperatoren $k = 2 - 10$ kcal/m² h° C.

Die Werte[1] von ε liegen für Steinregeneratoren bei

1/2 h Umstellzeit zwischen	1,06— 5,56 kcal/m² Per°C,
1 h Umstellzeit zwischen	1,85— 9,63 kcal/m² Per°C,
2 h Umstellzeit zwischen	2,37—13,53 kcal/m² Per°C,
2 h Heizzeit, 1 h Entheizzeit zwischen	2,07— 9,75 kcal/m² Per°C,
4 h Heizzeit, 2 h Entheizzeit zwischen	2,4 —13,30 kcal/m² Per°C.

Der Querschnitt F_1 der Gas- bzw. Luftkanäle folgt aus der allgemeinen Gleichung

$$F_1 = \frac{V}{v} \qquad \text{m}^2. \qquad (76)$$

[1] Werte für die Wärmedurchgangszahl ε für verschiedene Betriebsverhältnisse befinden sich in dem Handbuch von HEILIGENSTÄDT: Wärmetechnische Rechnungen für Bau und Betrieb von Öfen. Düsseldorf: Stahleisen 1935.

Hierin ist

V = durchströmendes Volumen m³/s,
v = Geschwindigkeit, Luft 2 bis 20 m/s, Rauchgas 3 bis 10 m/s.

Hohe Geschwindigkeiten bewirken Reinhalten der Kanäle, erfordern aber höheren Zug. Bei nachträglichem Einbau eines Luftvorwärmers ist auch die Veränderung der Zugverhältnisse durch die fallende Gasaustrittstemperatur zu berücksichtigen.

Beispiel 19. Berechnung eines Luftvorwärmers für niedrige Temperaturen. Gegenstromanordnung. Rauchgasgewicht $G = 1000$ kg/h, Luftgewicht $L = 950$ kg/h, Rauchgastemperaturen: Eintritt $t_{ge} = 500°$, Austritt $t_{ga} = 200°$ C. Lufttemperatur beim Eintritt in den Vorwärmer $t_{le} = 10°$ C. Spezifische Wärme: Rauchgas $c_{pg} = 0{,}255$ kcal/kg° C, Luft $c_{pl} = 0{,}243$ kcal/kg° C. Strahlungsverlust des Vorwärmers 5% angenommen d. h. $\sigma = 95\%$.

Die Temperatur der austretenden Luft ermittelt sich dann aus der Gleichung:

$$G\,c_{pg}\,(t_{ge} - t_{ga})\,\sigma = L\,c_{pl}\,(t_{la} - t_{le}),$$

$$t_{la} - t_{le} = \frac{G\,c_{pg}\,(t_{ge} - t_{ga})\,\sigma}{L\,c_{pl}} = \frac{1000 \cdot 0{,}255\,(500 - 200)\,0{,}95}{950 \cdot 0{,}243} = 315°\ \text{C}.$$

$$t_{la} = 315 + 10 = 325°\ \text{C}.$$

Die *mittlere Temperaturdifferenz* Δt zwischen Rauchgas und Luft folgt angenähert aus der Differenz der arithmetischen Mittel von Gas- und Lufttemperaturen zu:

$$\Delta t \approx \frac{500 + 200}{2} - \frac{10 + 325}{2} = 182{,}5°\ \text{C}.$$

Genauer aus der Gleichung:

$$\Delta t = \frac{(t_{ge} - t_{la}) - (t_{ga} - t_{le})}{2{,}303 \log \dfrac{t_{ge} - t_{la}}{t_{ga} - t_{le}}}.$$

Nachdem die Temperaturen festliegen, wäre nachzuprüfen, ob die angenommenen c_p-Werte richtig waren, andernfalls muß die Rechnung wiederholt werden.

Die Heizfläche folgt aus der Gleichung:

Durch die Heizfläche hindurchgegangene Wärme = von der Luft aufgenommene Wärme, oder

$$H\,k\,\Delta t = L\,c_{pl}\,(t_{la} - t_{le})$$

$$H = \frac{L\,c_{pl}\,(t_{la} - t_{le})}{k\,\Delta t} \qquad \text{m}^2.$$

Mit $k = 17$ kcal/m²h° C (angenommen), folgt

$$H = \frac{950 \cdot 0{,}243 \cdot 315}{17 \cdot 182{,}5} = 23{,}4 \qquad \text{m}^2.$$

Beispiel 20. Wie groß ist die Heizfläche der Luftkammer eines Siemens-Martin-Ofen? Gegeben: Abgasmenge $V_g = 8200$ Nm³/h, Windmenge $V_w = 8600$ Nm³/h. Abgastemperatur: Gittereintritt $t_{ge} = 1400°$ C, Windtemperatur: Gittereintritt $t_{we} = 50°$ C, Gitteraustritt $t_{wa} = 1150°$ C. Mittlere spezifische Wärme: Abgas $C_{pg} = 0{,}39$ kcal/Nm³ °C, Wind $C_{pw} = 0{,}33$ kcal/Nm³ °C. Umstellung halbstündlich. Wärmeaustauschzahl $\varepsilon = 3$ kcal/m² Per °C. Strahlungsverlust 10%.

Lös.: Die Abgasaustrittstemperatur folgt aus

$$t_{ga} = t_{ge} - \frac{V_w\,C_{pw}\,(t_{wa} - t_{we})}{\eta\,V_g\,C_{pg}}$$

$$= 1400 - \frac{8600 \cdot 0{,}336\,(1150 - 50)}{0{,}9 \cdot 8200 \cdot 0{,}39} = 1400 - 1100 = 300°.$$

Die Heizfläche folgt aus

$$H = \frac{Q}{\varepsilon\,\Delta t} = \frac{1}{2}\,\frac{V_w\,C_{pw}\,(t_{wa} - t_{we})}{\varepsilon\,\Delta t} = \frac{1}{2}\,\frac{8600 \cdot 0{,}336\,(1150 - 50)}{3 \cdot 250} = 2120 \quad \text{m}^2.$$

Es sind demnach zwei Kammern mit je 2120 m² Heizfläche notwendig.

Dritter Abschnitt.

Anlagen zur Umwandlung und Veredelung von Brennstoffen.

Zur Umwandlung und Veredelung von Brennstoffen kommen folgende Verfahren zur Anwendung: Aufbereitung, Trocknung, Brikettierung, Destillation, Vergasung, Extraktion, Verflüssigung.

Aufbereitung, Trocknung und Brikettierung gehören zu den bergmännischen Gewinnungsverfahren. Sie sollen nur soweit behandelt werden, wie zur Beurteilung der Destillations- und Vergasungsvorgänge erforderlich ist. Extraktion und Verflüssigung gehören in den Bereich der chemischen Industrie und müssen hier unberücksichtigt bleiben. Destillation und Vergasung sind Umwandlungsverfahren, bei denen die für die Durchführung wichtiger hüttenmännischer Verfahren unentbehrlichen Brennstoffe Koks, Koksofengas, Generatorgas und Wassergas entfallen.

I. Aufbereitung, Trocknung und Brikettierung.

Die *Aufbereitung* der Brennstoffe besteht in der Trennung der Rohkohle nach Korngröße und der Ausscheidung des Begleitgesteins, der „Berge" nach vorhergehendem Zerkleinern der großen Stücke und Sieben durch das *Setz-* oder *Waschverfahren.* Hierbei werden die reinen Kohlen mit geringerem spezifischen Gewicht durch einen mittels Kolben hervorgerufenen Wasserstoß aus dem Rohgut herausgehoben. Sie fließen mit einer gewissen Wassermenge durch einen Überlauf ab. Durch Aneinanderreihen mehrerer „Setzkästen" wird erreicht, daß gewaschene Kohle von verschiedener Korngröße und ein Abfallerzeugnis, die „Waschberge" entfallen. Da Kohlen und Berge beim Zerkleinern nicht völlig geschieden werden können, ergibt sich noch ein Zwischenerzeugnis, das als Brennstoff mit erheblichem Aschegehalt einen geringen Wert hat, aber im Grubenbetrieb selbst oder in dessen unmittelbarer Nachbarschaft noch nutzbringend Verwendung finden kann.

Die Kokskohlenaufbereitung nimmt infolge der höheren Anforderungen und Schwierigkeiten eine besondere Stellung ein. Es handelt sich hierbei auch um die Entfernung solcher Bestandteile, die den Verkokungsvorgang stören wie Wasser und Salz, oder die Güte der Kokse beeinträchtigen, wie z. B. Schwefel und Faserkohle. Das feinste Korn unter 0,5 mm wird durch Entschlämmung, Entstaubung und Enttonung ausgeschieden und besonderen Verfahren unterworfen. Wo es sich um besonders lettige und salzhaltige Kohlen handelt wird die Wasserhaltung der Setzwäsche unabhängig vom übrigen Wasserumlauf gehalten. Für die Aufbereitung des feinen Materials von 2 bis 0 mm ist die *Flotation* eingeführt worden, durch die der Aschegehalt weitgehend herabgsetzt wird. Die für die Verkokung unerwünschte Faserkohle wird, wenn sie reichlich vorhanden, durch ein Schwemmverfahren entfernt. Als Flotationsmittel werden verschiedene Steinkohlenteerfraktionen verwendet[1]. Faserkohle wird durch Stärke schwimmfähig gemacht. Zur Trockenaufbereitung der Kokskohle dienen vorwiegend die Luftherde[2]. Hierbei wird die Schichtung der Kohle nach dem spezifischen Gewicht durch Einblasen von Unterwind und durch Schüttelbewegung des Herdes erreicht; die Berge wandern zwischen Riffeln geführt zwangläufig zur Austragstelle, während die Reinkohle der Bewegung und der Neigung des Herdes folgt. Die *Entwässerung* der Kohle erfolgt meistens in *Entwässerungstürmen,*

[1] Koppers-Mitt. 1923 S. 179. [2] Glückauf 1928 S. 1, 41.

denen Schüttelsiebe und Entwässerungsbänder vorgeschaltet sind. Zur Verminderung der Standzeit in den Türmen wird die Kohle feucht abgezogen und mit trocken aufbereiteter Kohle gemischt. Eine vollkommene Entwässerung ist mit *Schleudermaschinen* möglich, die in jüngster Zeit eingeführt wurden.

Der *Feuchtigkeitsgehalt* von *Braunkohlen* und *Torf* ist im grubenfeuchten Zustande so erheblich, daß eine Trocknung vor ihrer Verwendung oder Weiterverarbeitung geboten ist. Durch den hohen Wassergehalt tritt eine Wertminderung ein, die durch die Verminderung des Brennbaren und durch die bei der Verbrennung aufzuwendende Verdampfungswärme hervorgerufen wird. Die *Trocknung* kann an der Luft vorgenommen oder künstlich durch Feuergase oder Dampf bewirkt werden. Bei Holz geht der Feuchtigkeitsgehalt durch Lagerung an der Luft in 2 bis 3 Monaten auf 20 bis 25% zurück. Bei Torf und Braunkohle muß der Lufttrocknung eine Formgebung vorausgehen. Die Formlinge erhalten die Gestalt von Ziegeln und werden mit Zwischenräumen gestapelt, um den Luftzutritt zu erleichtern. Die Lufttrocknung erfordert viel Raum und Zeit. Bei der Brikettherstellung aus Braunkohle muß die Trocknung bis auf einen Wassergehalt von 12 bis 15% durchgeführt werden. Die Trocknung mit Dampf ist heute die übliche, wobei Dampftelleröfen und Röhrentrockner zur Anwendung kommen.

Als *Brikettierung* bezeichnet man die Herstellung von Preßlingen aus Brennstoffen, die in feinkörnigem oder staubförmigem Zustand für Feuerungszwecke nicht geeignet sind. Das Verfahren kann mit nassem, plastischem Brennstoff bei Drücken von 5 bis 10 at ausgeführt werden. Bei trockenen Brennstoffen ist ein erheblich höherer Druck erforderlich, bei rheinischer und mitteldeutscher Braunkohle 1200 bis 1500 at. Das Brikettieren von trockenen Brennstoffen wird mit und ohne Bindemittel ausgeführt. Bei Braunkohle ist ein Bindemittel nicht erforderlich. Bindemittel für magere Steinkohle und Koksabfall sind Zellpech aus der Zelluloseherstellung und Hartpech des Steinkohlenteers. Hierbei kommen für die Brikettierung Drücke von 250 bis 500 at zur Anwendung.

II. Die Koksofenanlagen.

a) Allgemeines über Koksofenanlagen. Bauarten.

Zur Verkokung der Steinkohlen wurden zuerst *Meiler* verwendet, wie sie für die Holzverkohlung seit langem bekannt waren. Zu Anfang des 19. Jahrhunderts wurde die Verkokung in *Haufen* eingeführt, wobei das Verfahren grundsätzlich das gleiche wie in

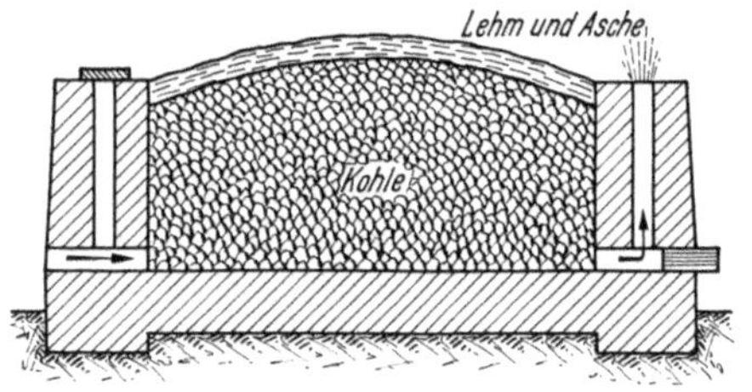

Bild 178. Bienenkorbofen zum Verkoken von Steinkohlen.

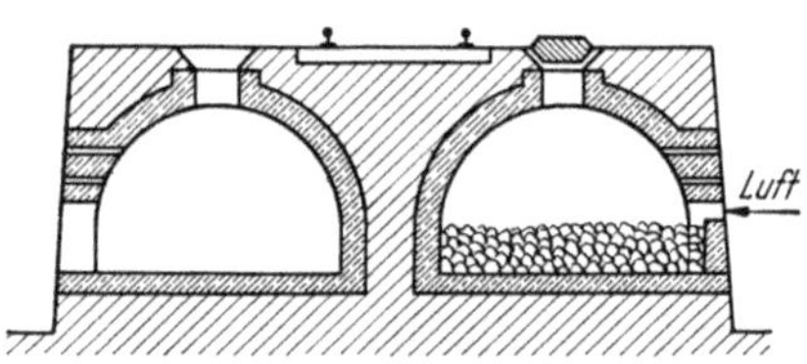

Bild 179. Schamburger Stadel.

Meilern war. Es konnte nur Stückkohle benutzt werden. Da sich Schachtöfen nicht bewährten, weil zu viel Kohle verbrannte, wurde ein Ofen in Gestalt eines Bienenkorbes nach Bild 178 eingeführt, der die Verkokung von Feinkohle gestattete und bei Verwendung geeigneter Kohle einen vorzüglichen Koks ergab. Diese Öfen, die in England entwickelt wurden, haben auch in Deutschland kurze Zeit Anwendung gefunden. In Amerika haben sie sich mit einigen Änderungen und Verbesserungen lange erhalten können[1], weil dort die Meinung verbreitet war, daß sie den besten Hüttenkoks ergäben. In Deutschland fand der Schaumburger *Stadel* nach Bild 179 große Verbreitung. Er kann als Übergang vom *Meiler* zum Ofen bezeichnet werden, der auch bei der Durchführung des Röstens von Erzen zu beobachten ist. Auch hierbei ging man vom Rösten in Haufen über den

[1] Stahl u. Eisen 1913 S. 954.

Stadel zum Rösten in Öfen über. Beim Stadel erfolgte die Verkokung zwischen zwei parallelen Mauern. Die beiden Öffnungen an den Enden wurden vermauert. Die Stadel eigneten sich zur Verkokung von Feinkohlen, die zwischen den Mauern eingestampft wurden. Die Decke wurde mit einer starken Lehmschicht luftdicht abgeschlossen. In den Seitenmauern waren Kanäle angeordnet, die den Gasen als Abzug dienten.

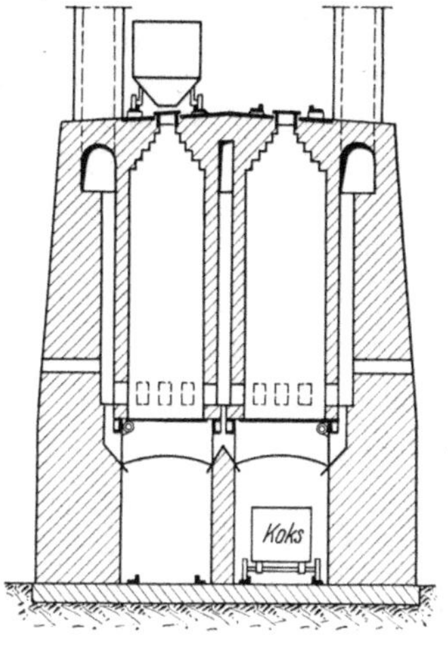

Bild 180. Koksofen von APPOLD.

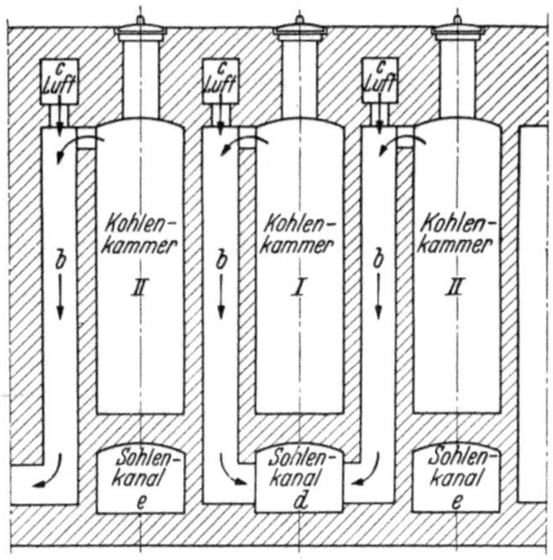

Bild 181. Koksofen von COPPÉE.

Durch besondere Öffnungen konnte auch der Teer abgezogen werden. Bei den Meilern und Stadeln wurde ein Teil der Kohle verbrannt, um die zur Durchführung des Verfahrens erforderliche Wärme zu erzeugen. Der *Bienenkorbofen* war wärmewirtschaftlich günstiger. Nach Einfüllen der Kohle waren die Ofenwände und das Ofengewölbe noch heiß genug, um die Entgasung einzuleiten. Die eintretende Luft reichte hin, diese Gase unter dem Gewölbe zu verbrennen und die Wärme zu entwickeln, die zur Durchführung des Verfahrens erforderlich war. In Abweichung vom Bienenkorbofen entstand in Deutschland ein Ofen mit senkrechter Kammer (Bild 180), der von APPOLD durchgebildet und an vielen Stellen besonders in Schlesien Eingang fand. Die Gase entweichen am Boden der Kammer durch Schlitze, die in senkrechte Kanäle münden, in die von außen die Verbrennungsluft zuströmt. Die Kammern werden auf diese Weise allseitig beheizt. Die vorgesehene Füllung und Entleerung der Kammern, von denen 20 zu einer Gruppe vereinigt waren, bedeuteten einen beachtenswerten betriebstechnischen Fortschritt. Die weitere Entwicklung zeigte jedoch bald die Bevorzugung der waagerechten Kammeranordnung, die in den 60er Jahren eingeführt, nach und nach in allen Industrieländern angenommen wurde. Diese Koksofenanlagen bestehen aus einer größeren Zahl nebeneinanderliegender enger waagerechter Kammern, die von außen wie eine Retorte beheizt werden. Zu diesem Zwecke liegt neben jeder Kohlenkammer eine Heizkammer. Die Wärmeübertragung erfolgt durch die Zwischenwand. Zunächst waren die Öfen meistens nicht für Gewinnung der Nebenerzeugnisse eingerichtet. Sie unterschieden sich vornehmlich durch die Art der Heizgasführung in den Heizkammern. Es wurden Öfen mit waagerechter und senkrechter Heizgasführung gebaut. Die Öfen mit senkrechter Heizgasführung fanden die weiteste Verbreitung insbesondere in der Ausführung von COPPEÉ, nach Bild 181. Die Destillationsgase ziehen durch eine große Zahl von Mauerschlitzen am oberen Ende der linken Kammerwand in die Heizkammer *b*, wo sie mit der aus dem Kanal *c* eintretenden Luft zusammentreffen und verbrennen. Die Verbrennungsgase von je zwei Kammern strömen in den Sohlenkanal *d*, heizen die Sohle der Kammer I, gelangen dann in den Sohlenkanal *e*, um die Sohle der Kammer II zu beheizen und ziehen dann in den Hauptabhitzekanal ab.

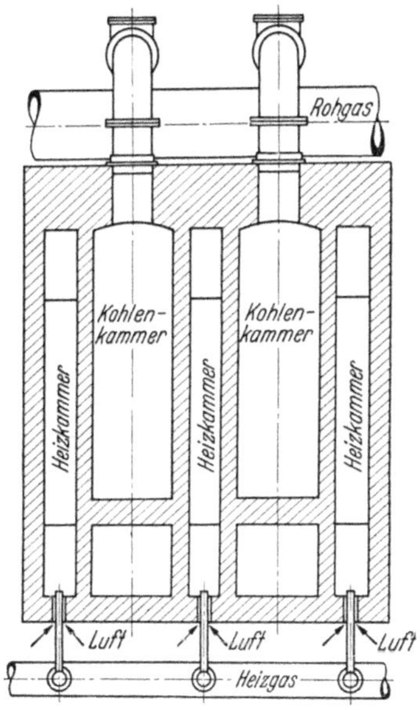

Bild 182. Koksofen zur Gewinnung der Nebenerzeugnisse (Destillationsofen).

Die Bestrebungen, die wertvollen Nebenerzeugnisse der Destillationsgase zu gewinnen, führten im Jahre 1882 zur Einführung von Koksöfen, die hierfür geeignet waren und als *Destillationsöfen* bezeichnet wurden. Bei diesen wurde größte Sorgfalt auf völligen Luftabschluß gelegt. Wie aus Bild 182 ersichtlich, gelangen die Destillationsgase durch das Steigrohr in die gemeinsame Rohgasleitung, in der sich bereits Teer und Wasser abscheiden, und durchströmen dann Waschapparate zur Gewinnung des Ammoniaks und Benzols. Die gereinigten Gase werden in eine Sammelleitung für Heizgas geführt. Das für die Beheizung der Kammern erforderliche Gas gelangt zu den in der Sohle der Heizkammern angeordneten Brennern. Die erforderliche Verbrennungsluft wird von diesen angesaugt. Den größten Fortschritt bedeutet die Einführung der *Otto-Hoffmann*-Öfen, bei denen das SIEMENSsche Regenerativverfahren zur Anwendung kommt. Die Abgase werden zur Beheizung der Regeneratoren benutzt und dadurch ein erheblicher Teil des wertvollen Koksgases zu anderweitiger Verwendung frei. Diese Beheizungsart ist heute im allgemeinen Gebrauch.

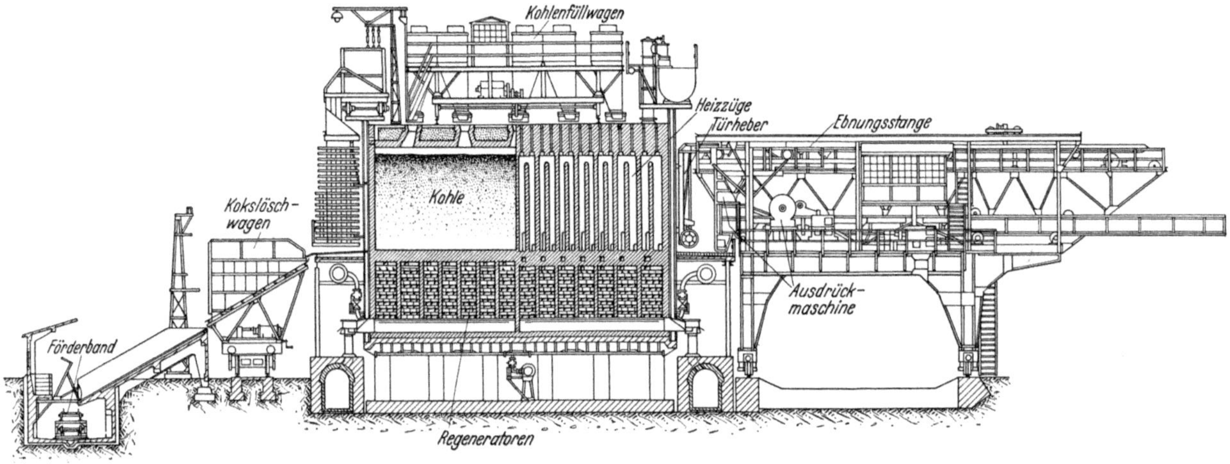

Bild 183. Querschnitt durch eine Kokereianlage. Der Inhalt des Koksofens besteht aus Feinkohle und wird dann ein einziger Kuchen. Die Kokstücke entstehen erst beim Ausstoßen.

Neuzeitliche Öfen haben eine Kammerhöhe von 3,5 bis 6 m, eine Breite von 0,35 bis 0,45 m und eine Länge von 10 bis 14 m. Eine Gruppe besteht aus 60 bis 130 Öfen.

Bei den erhöhten Kammerabmessungen ist deren gleichmäßige Beheizung von größter Wichtigkeit, da sonst eine zur Zerstörung wertvoller Bestandteile der Destillationsgase führende Gasverkrackung eintreten kann. Zudem ist gleichmäßige Temperatur in der Kammer zur Erlangung guter gleichmäßig garer Kokssorten erforderlich. Zur Lösung dieser Aufgabe sind verschiedene Wege eingeschlagen worden, die weiter unten besprochen werden.

Nur bestimmte Kohlensorten sind zur Verkokung geeignet. Die Verwendbarkeit einer Kohle ist abhängig von der Fähigkeit beim Erhitzen in einen teigartigen Zustand überzugehen. Diese als Backfähigkeit bezeichnete Eigenschaft wird bedingt durch das Vorhandensein von Kohlenwasserstoffverbindungen, die bei erhöhter Temperatur flüchtig werden und als Zersetzungserzeugnis graphitartigen Kohlenstoff abscheiden. Dieser durchsetzt die Substanz und backt sie wie ein Kitt zusammen. Die glasartige Härte des Kokses wird auf flüssige Silikate zurückgeführt, die am Ende des Garungsabschnittes aus den mineralischen Bestandteilen der Kohle entstehen. Durch die Erhitzung der Kohle findet ein stufenweiser Abbau der die Kohle bildenden Kohlenwasserstoffverbindungen statt[1]. Es entstehen zuerst die Kohlenwasserstoffe der Methanreihe, dann diejenigen der Äthylenreihe und bei zunehmender Temperatur die kohlenstoffreichen Verbindungen der aromatischen Reihe. Das praktische Ausbringen von Koks schwankt nach dem Gehalt der Kohle zwischen 68 und 85%, das Ausbringen an Teer beträgt 1,8 bis 4%, an Ammoniak 0,15 bis 0,35% und an Benzol 0,5 bis 1,2%.

Die Anordnung einer neuzeitlichen Kokereianlage ist aus den Bildern 183, 184 und 185 ersichtlich. Die Kokskohle mit einer Körnung von 0 bis 3 mm gelangt über ein

[1] GRAEFE: Einführung in die chemische Technologie der Brennstoffe. Dresden: Theodor Steinkopf 1927.

Förderband zum Kohlenturm. Am Fuße des Kohlenturms wird sie in den Kohlenfüllwagen abgezogen, der auf Gleisen über der Decke der Ofengruppe verfahrbar angeordnet ist. Das Füllen der Kammern erfolgt durch die Füllöcher im Ofengewölbe. Unebenheiten der Füllung werden durch eine von der Ausdrückmaschine betätigte Ebnungsstange beseitigt. Die Enden der Kohlenkammern sind durch senkrecht bewegliche Schiebetüren verschlossen, die sorgfältig abgedichtet werden. Nach Beendigung des Destillationsverfahrens und Ausgarung des Kokses befindet sich in der Kammer eine zusammengesinterte Masse der sog. Kokskuchen. Das Ausschieben erfolgt nach Heben der beiden Türen durch elektrische Winden durch die Ausdrückmaschine. Bei älteren Anlagen wurde der Koks auf einen waagerechten Koksplatz geschoben, hier durch Wasserkühlung mit einem Schlauch „abgelöscht" und dann von Hand verladen. Neuerdings befindet sich längs der Öfen nur ein schmaler Laufsteg. Parallel zu diesem liegt ein normalspuriges Gleis für den Kokslöschwagen (Bild 185), der durch eine elektrische Lokomotive verfahren wird. Der Löschwagen hat einen mit gußeisernen Platten belegten geneigten Boden. Zum Entleeren dienen seitlich angeordnete Klappen, die durch Druckluftzylinder betätigt und vom Führerstande der Lokomotive aus gesteuert werden. Die Koksausdrückmaschine schiebt den glühenden Koks aus dem Ofen in den Löschwagen, der hierbei langsam vorfährt, so daß der Ofeninhalt gleichmäßig im Wagen verteilt wird. Der Wagen wird dann sofort zu der am Ende der Ofengruppe angeordneten Löschanlage gefahren. Hier findet eine so ausgiebige Berieselung statt, daß der Koks innerhalb einer Minute abgelöscht ist. Die hierbei entstehenden Schwaden werden durch einen Schlot abgezogen. Der

Bild 184. Abwurframpe, Kokslöschwagen und Förderband einer Kokereianlage.

Bild 185. Kokslösch- und Verladeeinrichtung.

gelöschte Koks gleitet durch die seitliche Klapptür des Wagens auf eine schräge Rampe (Bild 184) und wird auf ein waagerechtes Gurtförderband abgezogen. Von diesem gelangt er auf ein ansteigendes Förderband, das zur Kokssieberei führt. Statt der Gurtförderanlage kann auch ein Doppelaufzug zur Anwendung kommen. Der Koks wird mit dem Kokslöschwagen vor die Föderschale gefahren, in die er nach Öffnen der Klappe hineinrutscht. Hat die Föderschale die Höchststellung erreicht, öffnen sich selbsttätig Verschlußklappen und der Koks rutscht von dem schrägen Boden der Föderschale auf eine schräge Rampe und nach Öffnen von Staugattern in den Bunker, unter dem sich die Sieberei und Verladeeinrichtung befindet. Ein Nachteil des Wasserlöschverfahrens ist großer Wasserverbrauch und Verlust der fühlbaren Kokswärme. Durch die weiter unten besprochene trockene Kokskühlung kann dieser Nachteil vermieden werden.

b) Beheizung der Koksöfen.

Es war bereits darauf hingewiesen worden, daß eine gleichmäßige Beheizung der Ofenkammern mit Rücksicht auf gute Koksbeschaffenheit und Vermeidung der Gasverkrackung unbedingt wichtig ist. Da die Heizgase an der Ofensohle eintreten und die verbrannten Gase an der Kammerdecke abziehen, entsteht ein Temperaturabfall zwischen Ofensohle und Decke, der zu einer Beschränkung der Kammerhöhe zwingt. Die Notwendigkeit der Leistungssteigerung drängte jedoch neben der Vermehrung der Kammerzahl auch zu einer Erhöhung der Kammer selbst. Diese Erhöhung war erst möglich als Beheizungsverfahren gefunden wurden, die eine gleichmäßige Temperatur innerhalb der Kokskammer sichern konnten.

Zur Beheizung dient ausschließlich Gas, und zwar unterscheidet man

Starkgasbeheizung. Bei dieser wird eine bestimmte Menge des aus der Kohle gewonnenen Destillationsgases zur Beheizung benutzt.

Schwachgasbeheizung, für Hüttenwerke, bei denen billiges Schwachgas (Gichtgas) zur Verfügung steht und durch Verkauf des hochwertigen Koksofengases eine lohnende Verwendung gegeben ist. Bisweilen kann auch die Aufstellung besonderer Generatoren, in denen Koksabfälle vergast werden, in Frage kommen.

Bei der Schwachgasbeheizung sind die Verbrennungsgasmengen erheblich größer, als beim starkgasbeheizten Ofen. Um ohne Zuhilfenahme von künstlichem Zug auf hohe Leistungen zu kommen, ist die Beseitigung der größeren Druckunterschiede in den Heizkanälen durch besondere konstruktive Maßnahmen notwendig.

Verbundheizung. Für Zechenkokereien, die kein Schwachgas zur Verfügung haben, aber zeitweise mit in Generatoren erzeugtem Schwachgas heizen wollen.

Abhitzeöfen. Die bei den vorhergehenden Bauformen vorhandenen Generatoren fehlen hier. Beheizung der Öfen erfolgt durch Koksgas. Ausnutzung der Abwärme zur Dampferzeugung in Abhitzekesseln.

Allen Bauarten gemeinsam ist die senkrechte Anordnung der Heizzüge, die im Wechselzug betrieben werden. Die Beheizung kann dabei in *zweigeteilter Kammer* und in Gruppen- bzw. Zwillingszügen erfolgen. Bei der ersteren wird nur jeweils die eine Hälfte der Kammer beheizt und die Heizgase ziehen durch den oberen waagerechten Überführungskanal zur anderen Kammerhälfte und von dort in die unter dem Ofen liegenden Generatoren. Bei der *Gruppenbeheizung* ist die Kammer in mehrere Gruppenzüge aufgeteilt, innerhalb derer die Heizgase durch die eine Hälfte der Züge aufwärts und durch die andere Hälfte abwärts ziehen. Der Vorteil dieser Beheizungsart liegt in der Verkleinerung des Scheitelkanals, dessen Querschnitt jeweils nur für die geringe Gasmenge einer Gruppe bemessen wird. Der Scheitelkanal verschwindet schließlich vollständig bei der reinen *Zwillingszugbeheizung.* Hier wechseln auf- und absteigende Gaszüge miteinander ab. Je zwei benachbarte Heizzüge bilden ein Heizungspaar. Ferner ist noch eine *wechselseitige Beheizung* möglich, bei der die Heizgase abwechselnd von der Kammersohle und von der Kammerdecke aus in den Ofen gelangen. Endlich sei noch eine Bauart erwähnt, die im Ausland verschiedentlich zur Anwendung gekommen ist. Es sind dies Öfen mit horizontalen Heizzügen, gewöhnlich fünf in einer Heizkammer. Die Gase treten in den untersten Zug ein und werden zickzackförmig durch die Kammer geleitet. Der Nachteil dieser Semet-Solvay-Öfen ist die erforderliche hohe Windpressung, da die horizontalen Heizzüge der Luft erheblichen Widerstand bieten.

Auf die übrigen Sonderbeheizungen sei in diesem Zusammenhange nicht näher eingegangen, da sie im Vergleich zu den genannten von untergeordneter Bedeutung sind.

Mit Ausnahme der Abhitzeöfen sind sämtliche Koksöfen mit Regeneratoren für die Luftvorwärmung und bei Schwachgasbeheizung auch für die Gasvorwärmung ausgerüstet. Je nach Ausführung können sämtliche Heizkanäle der „Koksofenbatterie" gemeinsame *Längsregeneratoren* erhalten, oder auch *Querregeneratoren*, wobei dann jeder Heizkammer eine parallel zur Heizkammer liegende Wärmespeicherkammer zugeteilt ist. Diese einzelnen quergestellten Wärmespeicherkammern können in sich, je nach Ofenbauart, wiederum unterteilt sein. Die Hauptvorteile der Querregeneratoren gegenüber den Längsregeneratoren sind:

1. Möglichkeit der Abschaltung einzelner Heizkammern, da jeder Heizkammer ein besonderer Wärmespeicher zugeordnet ist.

2. Günstiger Ofenaufbau, da die Kammerwandungen von den Regeneratortrennwänden getragen werden. Verringerung der durch Wärmespannungen hervorgerufenen Rißbildung.

3. Gute Regulierung von Gas und Luft für jede einzelne Heizkammer.

Andererseits hat auch der Längsregenerator Vorteile, die entscheidend ins Gewicht fallen. So ist vor allem eine größere Speicherfähigkeit und höhere Ausgleichsmöglichkeit bei örtlicher Überhitzung oder Unterkühlung vorhanden. Geht ein Ofen zu heiß, so wird beim Einzelregenerator die jetzt zu hoch vorgewärmte Luft nachteilig sein. Beim Sammelregenerator verteilen sich jedoch die heißen Abgase auf eine größere Fläche des Gitterwerkes, so daß ein natürlicher Ausgleich vorhanden ist. Ebenso wird bei einzelnen zu kalt gehenden Kammern die Wärme der Nachbarspeicher mit herangezogen, was bei den Einzelregeneratoren nicht möglich ist. In neuerer Zeit sind Einzelregeneratoren mehr in Gebrauch gekommen.

Wesentlich für die Gleichmäßigkeit der Garungstemperatur ist jedoch nicht die Gruppenbeheizung und die Anordnung der Regeneratoren, sondern die Entfaltung der Flamme und die Flammenführung innerhalb des Heizzuges.

Zur Erreichung dieses Zieles sind verschiedene Wege eingeschlagen worden, und zwar:

1. Anordnung der Brennstellen in verschiedenen Höhenlagen (Otto, Hinselmann),
2. Kreisstrombeheizung (Koppers),
3. beiderseitige Zugbeheizung (Collin),
4. Stufenverbrennung (Still),
5. Verjüngung der Heizkammern nach oben (Kogag).

Als Beispiel der ersten Bauart ist im Bilde 186 ein Otto-Zwillingszug-Ofen wiedergegeben, bei dem die Wärmespeicher für jede Brennstelle getrennt sind. Der Beheizungsvorgang ist folgender. Aus der Leitung *a* tritt das Gas durch den Dreiwegehahn *b* in den Düsenstrang *c*, aus dem es durch die Düsen- und Gaszuführungsrohre zu den Heizzügen emporsteigt. Durch den beim Umstellen der Beheizung sich selbsttätig öffnenden Deckel des Krümmers *d* gelangt die Verbrennungsluft in den Sohlkanal und von da aus in die Regeneratorkammer. Das Absperrventil innerhalb des Krümmers *d* ist geschlossen. Die Luft erwärmt sich am Gitterwerk des Regenerators und trifft an den Gasdüsen mit dem dort ausströmenden Gas zusammen. Die sich bildende Flamme wird durch den daneben liegenden Heizzug in die Regeneratorkammer des Nachbarofens geführt und von dort aus gelangen die Abgase durch den Sohlkanal in den Fuchs. Nach ungefähr 30 min wird die Beheizung umgestellt, und zwar in der Weise, daß zunächst die gesamte Gaszufuhr abgestellt und dann die Umstellung der Luftklappe bzw. des Abgasventils vorgenommen wird. Danach wird die Gaszufuhr für die Leitung *e* frei gegeben, so daß der Vorgang sich in umgekehrter Reihenfolge abspielen kann. Die Umstellung ist in 1 min beendet. In dem Bilde 186 erkennt man deutlich die verschiedene Höhenlage der Brennstellen. Da diese abwechselnd im Betrieb sind, ist eine gleichmäßige Heizwandtemperatur und somit auch eine gleichmäßige Garungstemperatur in praktischen Grenzen erreichbar.

Als Besonderheit ist bei dem dargestellten Otto-Ofen noch die Teilung der Wärmespeicher zu erwähnen. Zu je zwei Heizzügen gehört ein gemeinsamer Regenerator. Dieser ist in drei Teile unterteilt. Der mittlere dient zur Schwachgasvorwärmung und die beiden seitlichen zur Vorwärmung der Frischluft.

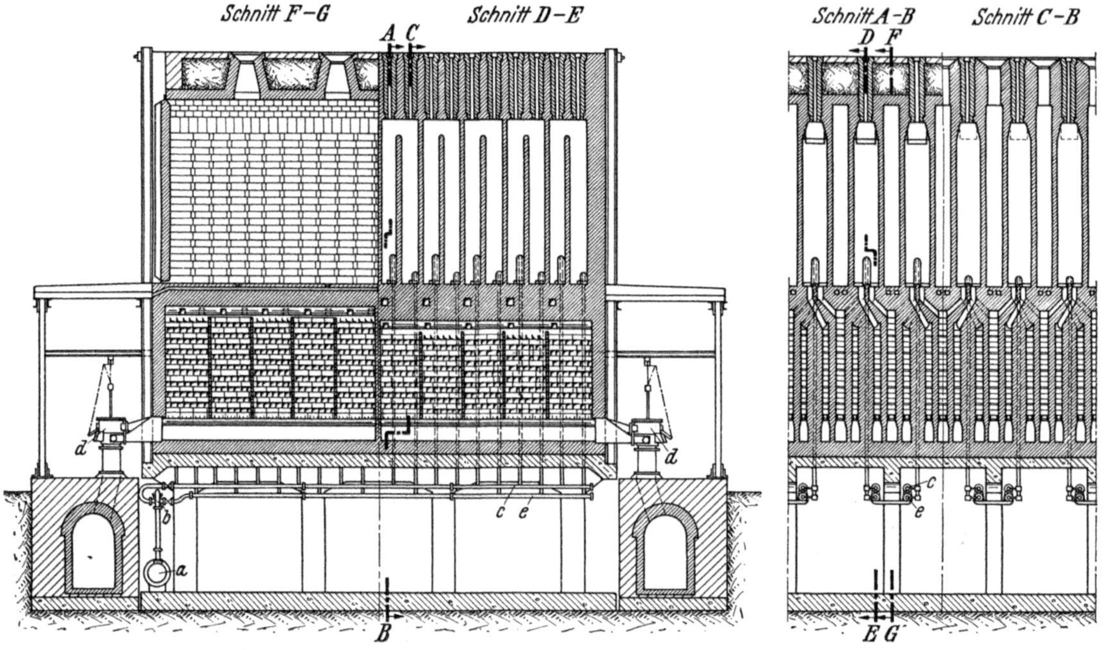

Bild 186. Koksofen mit Zwillingszugbeheizung. Bauart OTTO. Anordnung der Brennstellen in verschiedenen Höhenlagen.

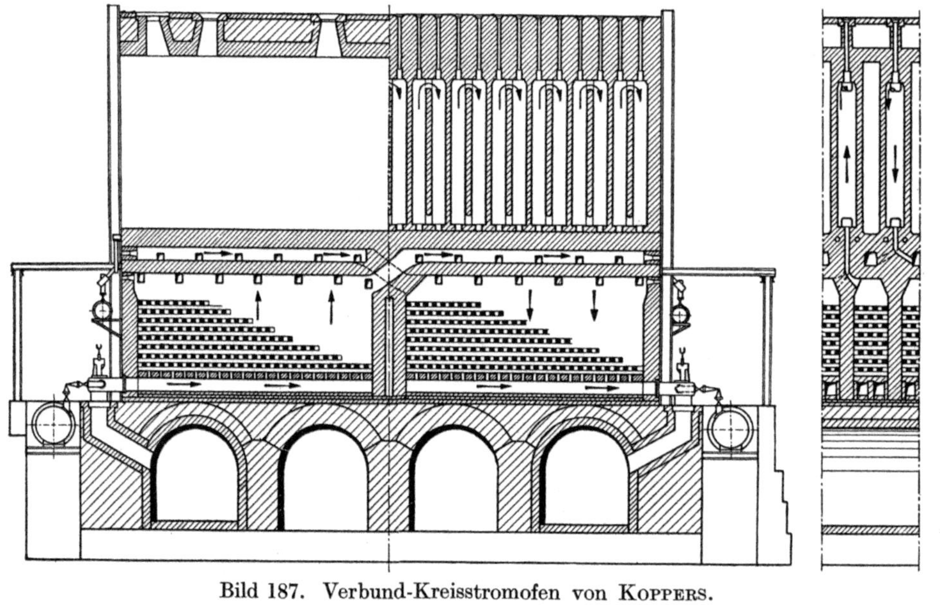

Bild 187. Verbund-Kreisstromofen von KOPPERS.

Die Abgasverwertung und die hierdurch bedingte Abgas- und Luftführung ist, wenn auch für jede Bauart verschieden, grundsätzlich doch allen Regenerativ-Koksöfen gemeinsam. Da sie auf die Gleichmäßigkeit der Heizkammertemperatur nur geringen Einfluß ausüben kann, so seien bei der Beschreibung der nun folgenden Bauarten lediglich diejenigen Merkmale hervorgehoben, die einen Temperaturausgleich innerhalb der Heizkammer bewirken sollen.

Koppers sucht die gleichmäßige Abgarung durch eine *Kreisstrombeheizung* zu erreichen. Um dabei gleichzeitig zu vermeiden, daß auf Vorwärmung stehende Regeneratoren Wand an Wand neben auf Abhitze stehenden Regeneratoren liegen und durch etwaige Risse in der Wand Gasverluste eintreten, ist die zweigeteilte Kammerausführung beibehalten worden. Der Nachteil des jetzt notwendigen Scheitelkanals wird mit Rücksicht auf größere Einfachheit in Gasführung und Aufbau in Kauf genommen.

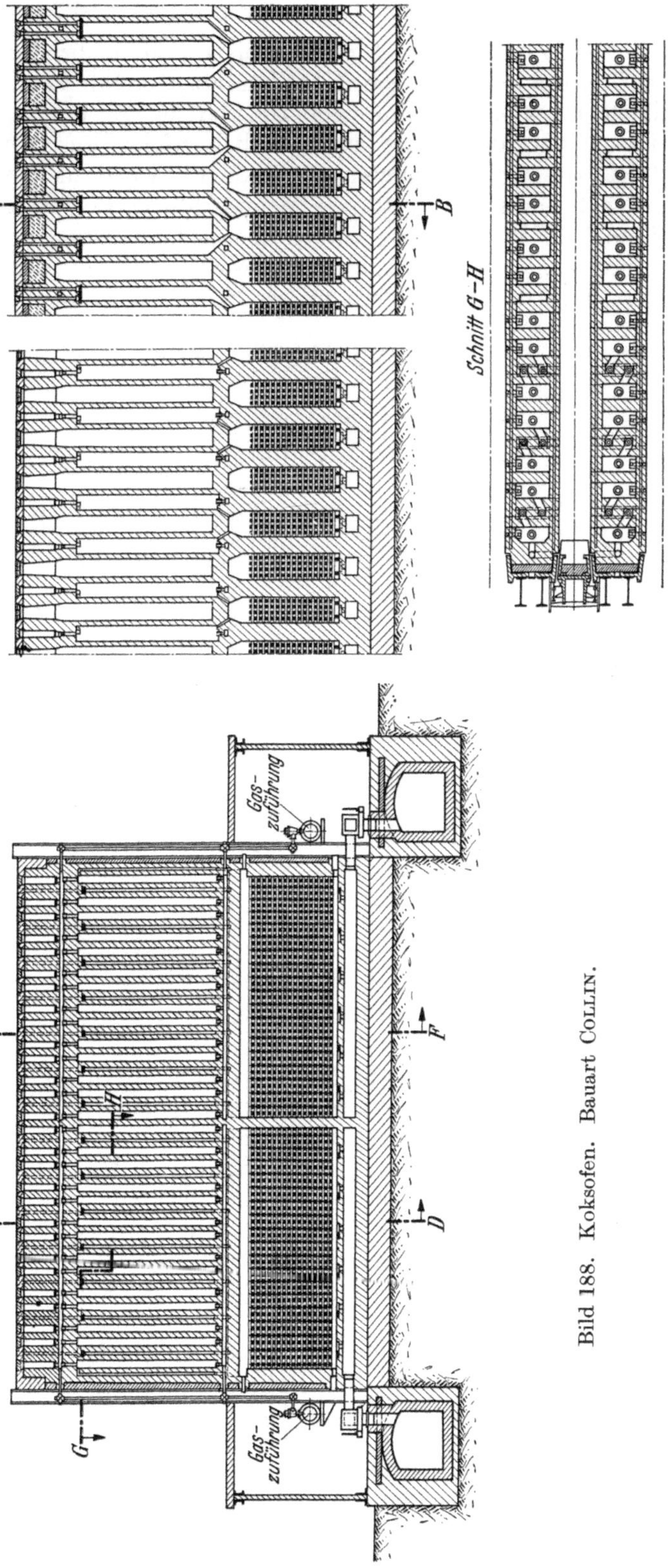

Bild 188. Koksofen. Bauart Collin.

Bei dem im Bilde 187 dargestellten Verbund-Kreisstromofen liegen die Regeneratoren mit Druckunterschieden hintereinander. Das Kennzeichnende des Kreisstromes ist dabei die selbsttätige Beimischung eines Teiles der Abgase unmittelbar in den beflammten Heizzügen (DRP. 419358). Versuche haben gezeigt, daß das Übertreten von Abgasen in die beflammten Heizzüge als Folge der Gasstauungen und Wirbelungen eintritt, denen der nach abwärts gerichtete Abgasstrom durch die plötzliche Kontraktion vor Eintritt in die Regeneratoren unterworfen ist. Durch die Beimischung der Abgase wird eine schleppende Verbrennung erreicht und eine Überhitzung an der Entstehungsstelle der Flamme vermieden. Die Beheizung der Kammer erfolgt wechselseitig.

Es sei hier noch erwähnt, daß der ursprünglich ohne Kreisstrombeheizung ausgeführte einfache Koppers-Ofen in einer Abart als Becker-Ofen vertreten ist. Bei diesem Becker-Ofen wird der gesamte Heizzug gleichmäßig beaufschlagt. Die Heizgase steigen in den Zügen hoch und schlagen *über* die

Kokskammer in den Nachbarzug, wo sie abfallen. Nachteilig ist dieser Beheizungsart die umständliche Führung der Gase und die Schwächung der Ofendecke durch die Überführungskanäle.

Erhalten die Züge Brennstellen sowohl in der Kammersohle als auch im Scheitel, so läßt sich eine *wechselseitige Beheizung* durchführen, bei der stets die ganze Kammerlänge beaufschlagt wird. Die Heizflammen treten aus den Bodendüsen aus und nach Umstellung, die wieder halbstündlich erfolgt, aus den Düsen im Kammerscheitel. Im Gegensatz zu den anderen Bauarten ist der Rauchgasweg erheblich kürzer. Die Folge ist ein höheres Temperaturgefälle innerhalb des Regenerators, also bessere Luftvorwärmung. Findet die Verbrennung an den oberen Düsen statt, so muß die Verbrennungsluft durch kleine Kanäle innerhalb des Mauerwerkes bis an die oberen Brennstellen herangeführt werden. Ein Ofen mit wechselseitiger Beheizung, Bauart COLLIN, ist in Abb. 188 dargestellt.

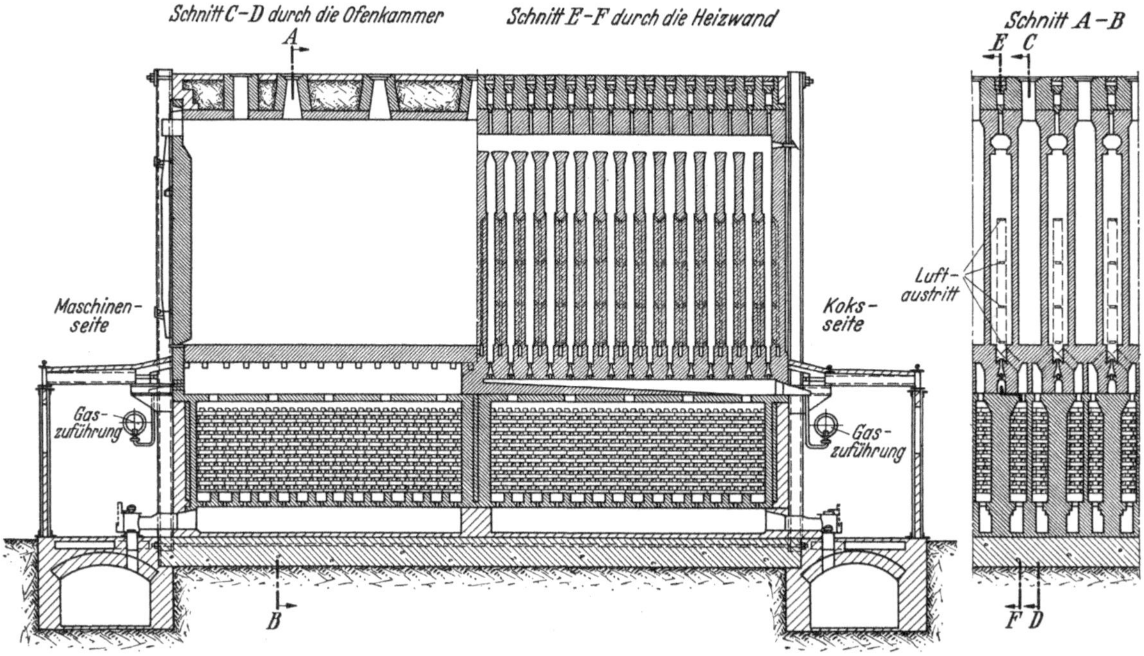

Bild. 189. Verbund-Koksofen von STILL mit mehrstufiger Beheizung.

Führt man die gesamte Verbrennungsluft nicht an der Austrittsstelle der Gase zu, sondern verteilt in Abhängigkeit von der Kammerhöhe, so erhält man die sog. *Mehrstufenbeheizung* von STILL (Bild 189).

Bei dieser wird die Verbrennungsluft an mehreren Teilstellen über die Heizzughöhe verteilt eingeführt. Das Heizgas tritt ungeteilt durch die Düsen in der Heizzugsohle ein. Die Luft wird durch kleine Zuleitungskanäle innerhalb des Binderwerks nach oben geführt und tritt durch mehrere übereinanderliegende Luftauslaßschlitze in die Heizzüge ein. Da nur jeweils eine Teilmenge an Luft eingeführt wird, kann auch nur eine Teilmenge an Gas mit höchstem Nutzeffekt, also mit höchster Temperatur, verbrannt werden. Dieser Vorgang wiederholt sich nun während der ganzen Verbrennung. Das Heizgas ist *vollständig* erst nach Zumischen der letzten Teilluftmenge verbrannt. Temperaturmessungen an ausgeführten Anlagen haben die Brauchbarkeit des Verfahrens bestätigt[1]. Koksöfen, Bauart STILL, sind bis zu einer Höhe von 6 m ausgeführt worden.

Gegner der mehrstufigen Beheizung behaupten, daß eine gleichmäßige Temperatur, über die Kammerhöhe gemessen, keine Vorteile bringt, da sich Dickteer in der Vorlage und Graphit im Gassammelraum abscheiden; im Gegenteil sei ein Temperaturabfall nach oben hin durchaus erwünscht, um die Destillationsprodukte vor der Zersetzung

[1] Z. VDI Bd. 72 (1928) Nr. 23. — Feuerungstechn. Bd. 14 (1926) Nr. 12—14. — Gas- u. Wasserfach 1926 Nr. 1.

zu bewahren. Auch wird mit Rücksicht auf Treiben der Kohle und dadurch hervorgerufene Kammerzerstörung vor einer allzu hohen Kohlenschicht im Ofen gewarnt. Wie groß die schädlichen Wirkungen durch Treiben der Kohle sein können, ergaben Versuche der Koppers A.G.[1]. So zeigten sich schon bei einer seitlichen Belastung von nur 0,1 kg/cm² Risse in den Wänden der Kammern. Kräftige möglichst einfache Bauart der Kammern neben betrieblichen Maßnahmen, wie zweckmäßige Vorbereitung der Kohle, richtiges Schüttgewicht u. a., ist deshalb notwendig.

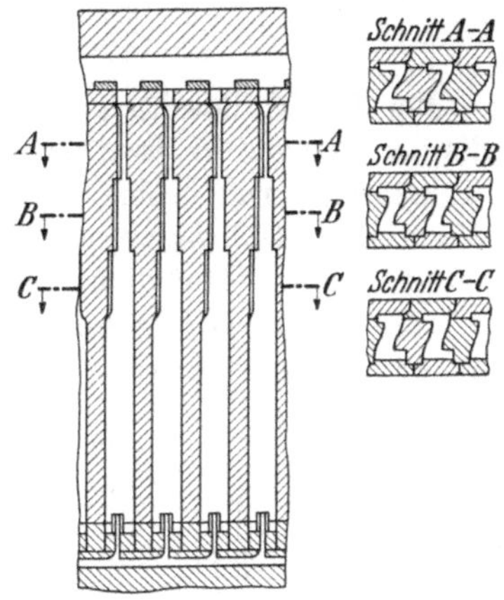

Bild 190. Nach oben verjüngte Heizkammer der Koksöfen „Bauart Kogag".

Um den Wärmeausgleich in senkrechter Richtung zu ermöglichen, werden bei den von der Kogag, Essen, ausgeführten Öfen mit nach oben sich *verjüngenden Heizzügen*, die sog. Binder im oberen Teile der Heizwand ausgebaucht (Bild 190). Hierdurch wird der Zugquerschnitt der Heizgase verkleinert. Die Folge ist eine erhöhte Gasgeschwindigkeit und damit vergrößerter Wärmeübergang durch Leitung und Konvektion im oberen Teile des Ofens. Hierdurch und auch durch den erhöhten Strahlungsaustausch der Binder und Läufer ist eine gleichmäßige Temperatur erreicht worden[2].

Einige *Betriebszahlen* ausgeführter Anlagen mögen hier noch folgen.

Mit zunehmender Kammerhöhe erhöht sich das *Schüttgewicht* der Kohle, doch wird dieses Schüttgewicht wesentlich nur durch den Charakter der Kohle beeinflußt; hohes Schüttgewicht bei körniger Kohle, geringeres bei feinerer Körnung. Als Anhalt rechne man mit Schüttgewichten von 750 bis 800 kg/m³ bezogen auf Trockenkohle, entsprechend 835 bis 890 kg/m³ bei Rohkohle mit 10% Wasser.

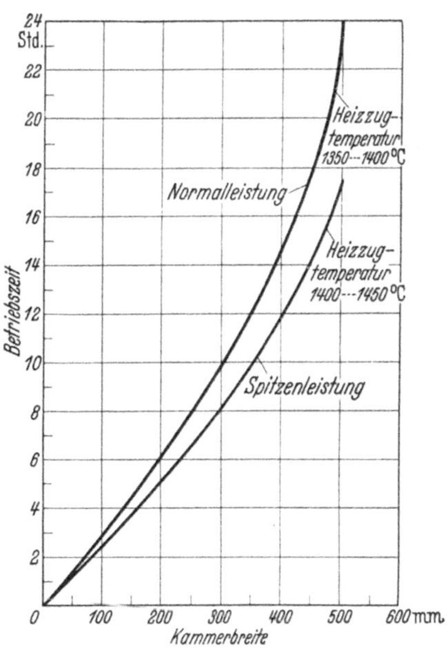

Bild 191. Betriebszeit in Abhängigkeit von der Kammerbreite.

Die *Ofenleistung* wird durch die Betriebszeit bei den verschiedenen Kammerbreiten und durch die angewandte Heizzugtemperatur beeinflußt (Bild 191).

Aus den Kammerabmessungen läßt sich unter Benutzung des Bildes 191 für jede Kammerbreite und Heizzugtemperatur die *Betriebszeit* und damit die *Ofenleistung* je 24 h in t Trockenkohle oder Rohkohle errechnen. Für neuzeitliche Öfen beträgt diese sog. *Garungszeit* rund 18 h.

Das *Koksausbringen* beträgt rund 75 bis 78%. Der *Bedienungsaufwand* ist stark abhängig von der Größe der Anlage, sowie von der mehr oder weniger durchgeführten Mechanisierung des Betriebes. In Heft 2, Jahrgang 1929 der Koppers-Mitt. findet sich eine Zusammenstellung der erforderlichen Bedienungsmannschaften.

Der *Wärmeverbrauch* eines neuzeitlichen Koksofens wird beeinflußt durch die Heizwandtemperatur bzw. durch die sich hieraus ergebende Ofenleistung. So nimmt mit steigender Heizwandtemperatur der Wärmeverbrauch zu. Vergleichsversuche (Koppers) ergaben die in Tabelle 28 aufgeführten Werte.

Tabelle 28. Wärmeverbrauch eines Koksofens.

Belastungsgrad bezogen auf die erreichte Höchstleistung in %	100	78,8	54,6
Betriebszeit h/min	17/27	22/00	32/00
Mittlere Heizzugtemperatur °C	1450	1300	1175
Wärmeverbrauch bezogen auf Rohkohle kcal/kg	541	499	428

[1] Koppers-Mitt. 1930 Nr. 1. [2] Z. VDI Bd. 72 (1929) Nr. 3. — Feuerfest-Ofenbau Bd. 5 Heft 2.

Die niedrigsten Zahlen liegen heute bei etwa 380 kcal/kg Trockenkohle.

Die *Heizkammertemperatur* beträgt 1100 bis 1350° C. Die *Garungstemperatur* 850 bis 950 bis (1100)° C. Der *Heizgasverbrauch* schwankt zwischen 38 und 45% des Gesamtgases.

c) Trockene Kokslöschung.

Bei der Naßlöschung ist mit einem Wasserverbrauch von 1,2 m³/t Koks zu rechnen. Bis zu 50% der Wassermenge kann wiedergewonnen werden, doch bleibt der Verlust der fühlbaren Wärme bestehen, zumal bisher die Ausnutzung der beim Ablöschen entstehenden Wasserdampfschwaden noch nicht restlos gelungen ist. Eine Rückgewinnung der fühlbaren Wärme ermöglicht die Trockenlöschung.

Das Verfahren der *trockenen Kokskühlung* wurde 1908 von dem Amerikaner ARNOLD erfunden, doch ist erst im Jahre 1917 erstmalig eine derartige Anlage erstellt worden.

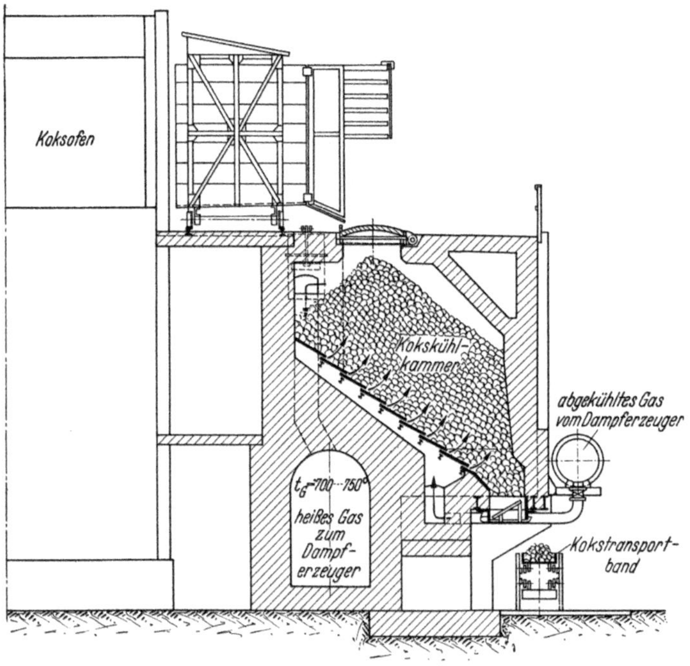

Bild 192. Schema einer Anlage zur trocknen Kokskühlung von COLLIN.

Bei der trockenen Kokskühlung geschieht die Abkühlung durch Gasumwälzung in folgender Weise (vgl. Bild 192).

Der glühende Koks wird in den geschlossenen Kühlbehälter gedrückt und mittels eines Ventilators die in der Apparatur bzw. zwischen den Koksstücken befindliche Luft in Umlauf gebracht. Bei der erstmaligen Inbetriebnahme verbrennt eine geringe Menge Koks, bis der Sauerstoff der eingeschlossenen Luft verbraucht ist. Danach befinden sich nur *nicht* brennbare Gase in dem Kühlbehälter. Diese Gase nehmen beim Durchstreichen der glühenden Koksschicht deren Wärme auf und geben diese an einen Dampferzeuger ab. Die abgekühlten Gase werden von dem Ventilator angesaugt und wieder durch den Koks gedrückt usw. In dem Maße wie unten gekühlter Koks abgezogen wird, wird oben glühender Koks nachgefüllt. Auf diese Weise ist ein kontinuierlicher Betrieb möglich, was ja mit Rücksicht auf die Dampferzeugung notwendig ist. Der Koksverlust durch Abbrand ist gering[1]. Die Abkühlzeit beträgt rund 4 h.

Trotz der wärmewirtschaftlich günstigen Ausnutzung der fühlbaren Kokswärme hat die Trockenlöschung verhältnismäßig wenig Anwendung gefunden. Der bei der trockenen Kokskühlung im Koks verbleibende Schwefelgehalt, der bei Naßlöschung als Schwefelwasserstoff entweicht, kann nicht als Nachteil für das Trockenkühlverfahren angesehen werden. Nach Untersuchungen von MÜLLER[2] betrug der Schwefelgehalt bei naß gelöschtem Koks 0,857% und bei trocken gelöschtem Koks 0,914%. Dieser geringe Mehrgehalt würde im Hüttenbetrieb nicht nachteilig sein.

Die durch das Trockenkühlverfahren rückgewinnbare Wärme berechnet sich aus der Gleichung:

$$Q = c_{p_{m\,1}} t_1 - c_{p_{m\,2}} t_2 \qquad \text{kcal/kg Koks}.$$

[1] EITNER: Gas- u. Wasserfach 1922 S. 733. — CANTIENY: Glückauf 1923 Nr. 14/15.

[2] Glückauf 1926 S. 1, 128.

Hierbei bedeuten

$c_{p_{m1}}, c_{p_{m2}}$ = spezifische Wärme von glühendem und gelöschtem Koks kcal/kg ° C,

t_1, t_2 = Temperatur von glühendem und gelöschtem Koks.

Die spezifische Wärme von glühendem und gelöschtem Koks ist nicht konstant, sondern abhängig vom Kohlenstoff- und Aschegehalt, sowie vom Gehalt an flüchtigen Bestandteilen. Im Mittel kann man setzen

$$c_{p_m} = 0{,}35 \text{ kcal/kg}\,^\circ\text{C} \text{ bei } t = 1000^\circ$$

und

$$c_{p_m} = 0{,}23 \text{ kcal/kg}\,^\circ\text{C} \text{ bei } t = 250^\circ.$$

Mit diesen Temperaturen folgt dann die gewinnbare Wärmemenge zu

$$Q = 0{,}35 \cdot 1000 - 0{,}23 \cdot 250 \approx 290 \quad \text{kcal/kg,}$$

$$\text{oder rund } 290\,000 \quad \text{kcal/t.}$$

Rechnet man mit einem Dampfkesselwirkungsgrad von $\eta = 0{,}83$, so lassen sich rund 350 kg Dampf von 12 atü und 300° C bei 40° Speisewassertemperatur aus der fühlbaren Wärme von 1 t Koks gewinnen.

Bei der Kokslöschung Bauart HELLER-BAMAG wird die fühlbare Wärme dadurch nutzbar gemacht, daß der glühende Koks in *geschlossenen Kammern* mit 140 bis 150° heißem Wasser abgelöscht wird. Je t Koks werden 300 bis 320 kg Dampf von 12 bis 14 atü und etwa 20 m³ Wassergas vom Heizwert 2400 bis 2600 kcal/m³ entwickelt. Außerdem entstehen noch geringe Mengen Ammoniak, Schwefelwasserstoff und schweflige Säure.

Eine Zusammenstellung der zahlreichen die Nutzbarmachung der fühlbaren Kokswärme betreffenden Patente findet sich in einer Arbeit von SCHNEIDER[1].

III. Gasgeneratoren.

a) Allgemeines über Vergasung und Gaserzeuger.

Als *Gasgeneratoren* oder *Gaserzeuger* bezeichnet man Apparate mit Innenfeuerung zur Erzeugung von gasförmigen aus festen Brennstoffen. Die Gasbildung erfolgt unter Einwirkung von Luft oder einem Gemisch von Luft und Wasserdampf bei höheren Temperaturen. Das Erzeugnis bezeichnet man als *Luftgas* bzw. *Halbgas* oder *Mischgas* (Generatorgas). Die Umwandlung fester Brennstoffe in gasförmige beruht auf der Fähigkeit des Kohlenstoffs, sich mit Sauerstoff zu dem brennbaren Kohlenoxyd zu verbinden. Dieser Vorgang spielt sich in jeder Feuerung für feste Brennstoffe bei unzureichender Luftzufuhr ab und wird dann als unvollständige Verbrennung bezeichnet. Beim Vorhandensein von Wasserdampf tritt durch dessen Spaltung an der glühenden Kohle noch Wasserstoff als brennbarer Bestandteil zum Kohlenoxyd hinzu. Wird in einem Generator vorwiegend durch Zersetzung von Wasserdampf an glühender Kohle gasförmiger Brennstoff erzeugt, so nennt man ihn *Wassergasgenerator* und das Erzeugnis *Wassergas*. Die im Generator sich abspielenden Vorgänge bezeichnet man als Vergasung zum Unterschied von der Entgasung, die in einem luftabgeschlossenen Raume unter Wärmezufuhr von außen erfolgt. Sie bezweckt eine Zersetzung der Brennstoffe, bei der aber nur ein Teil der Ausgangssubstanz gas- und dampfförmig entweicht, während der größte Teil als fester brennbarer Rückstand verbleibt. *Das Ziel der Vergasung ist die Umwandlung der gesamten brennbaren Substanz in den gas- oder dampfförmigen Zustand.* Besteht der feste Brennstoff aus reinem Kohlenstoff, so erschöpft sich der Vorgang auf dessen Überführung in Kohlenoxyd. Werden jedoch rohe Brennstoffe wie Steinkohle, Braunkohle und Torf verwendet, so tritt noch eine Entgasung, und da diese Brennstoffe wasserhaltig sind, eine Austreibung des hygroskopischen Wassers hinzu. Je nachdem ein schon der Entgasung unterworfen gewesener Brennstoff (Koks, Holzkohle) oder roher Brennstoff (Kohle, Torf, Holz) angewandt wird, gestaltet sich die Beschaffenheit des Gases und die zur Anwendung kommende Einrichtung. An einen Gaserzeuger ist die Anforderung zu

[1] Brennst.-Chemie 1929 S. 28.

stellen, daß die Durchführung des Verfahrens unter möglichst vollkommener Ausnutzung der Brennstoffwärme erfolgen kann und das Erzeugnis von gleichmäßig guter Beschaffenheit ist.

Die einfachste und naheliegendste Form für den Generator ist die eines Schachtofens von zylindrischer Gestalt, bei dem der Brennstoff oben aufgegeben und die entfallende Asche unten abgezogen wird. SIEMENS wich bei dem von ihm durchgebildeten und früher sehr verbreiteten Gaserzeugern bewußt von dieser Form ab, weil er bei einfacher Luftzuführung und möglichster Zugänglichkeit aller Teile verhindern wollte, daß die Luft bei dem damals noch üblichen Betrieb mit Schornsteinzug hauptsächlich an den Schachtwänden hochstieg, was eine mangelhafte Vergasung und schlechte Gasbeschaffenheit zur Folge haben mußte. Beim Siemens-Generator nach Bild 193 strömt die Luft quer durch die Brennstoffschüttung. Der oben aufgegebene Brennstoff rutscht über eine schräge Wand in den unteren Teil des Vergasungsraumes, der als Treppenrost ausgebildet ist. Das Abziehen der Asche konnte nach Bedarf ohne Störung des Betriebes erfolgen. Der Mangel dieses Apparates bestand hauptsächlich in dem schlechten Ausbrennen der Asche, weil im unteren Teil die Luftzufuhr fehlte. Als man zur Erhöhung der Leistung zum Betriebe mit Gebläsewind überging, versuchte man diesen Nachteil durch Ergänzung des Rostes durch einen waagerechten Planrost am Fuße der Beschickung zu beseitigen. Im allgemeinen wurde jedoch der Schachtgenerator bevorzugt, dessen Grundform Bild 194 darstellt. Er besteht aus einem zylindrischen Schacht aus feuerfesten Steinen, der oben durch ein Gewölbe abgedeckt ist. In der Mitte des Gewölbes ist eine Öffnung, an die sich die Beschickvorrichtung anschließt. Unterhalb des Rostes befindet sich eine Tür, die zur Austragung der Asche dient und die Mündung der Windleitung. Der Gasabzug ist möglichst hoch in der Schachtwand angeordnet. Der ganze Apparat ist mit einem Mantel aus Stahlblech bewehrt, an dem die angeführten Einrichtungen befestigt sind. Zur Durchführung einer vollkommenen Vergasung ist die Brennstoffschüttung dauernd auf gleichmäßiger Höhe zu halten. In ihr bilden sich nun fünf Zonen, die naturgemäß je nach der Betriebsweise eine gewisse Verschiebung erleiden können, die auch Übergänge aufweisen, in denen sich aber bei geregeltem Betriebe verschiedene Vorgänge abspielen, wie nachstehend angegeben:

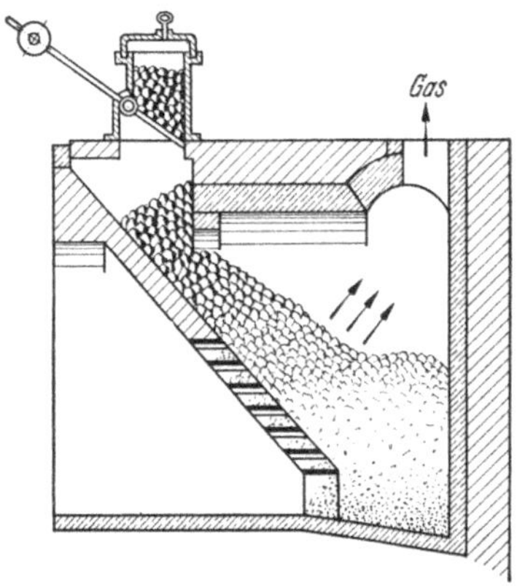

Bild 193. Siemens-Generator.

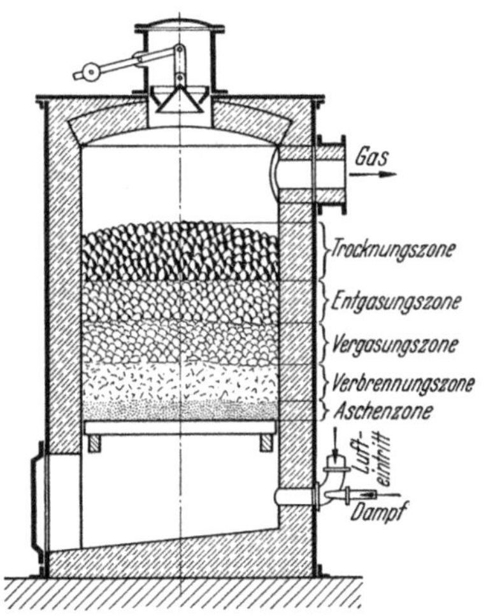

Bild 194.
Grundform des Schachtgenerators.

1. Die *Aschenzone* enthält die Verbrennungsrückstände, in denen sich bei fehlerhafter Bauart oder mangelhafter Betriebsweise unverbrannter Kohlenstoff befinden kann. Diese Rückstände werden von der durchströmenden Luft abgekühlt und geben ihre Wärme an die Luft ab.

2. Die *Verbrennungszone* umfaßt die Schichten, in denen die Verbrennung des C zu CO_2 vor sich geht und die zur Durchführung der Vergasung erforderliche Wärme erzeugt wird. Als Rückstand soll nur die Asche bleiben, die in die Aschenzone nachsinkt.

3. Die *Vergasungszone.* Die aus der Verbrennungszone aufsteigende Kohlensäure wird in Berührung mit glühendem Kohlenstoff umgesetzt: $CO_2 + C = 2\,CO$. Eingeführter Wasserdampf wird in der glühenden Kohlenschicht zerlegt: $H_2O + C = CO + H_2$ bzw. $2\,H_2O + C = CO_2 + 2\,H_2$. Daneben verlaufen noch andere Reaktionen, insbesondere eine Oxydation des Kohlenstoffes durch Wasserdampf: $H_2O + CO = CO_2 + H_2$.

4. Die *Entgasungszone*, in der eine Zersetzung der Brennstoffe vor sich geht. Flüchtige Bestandteile treten als Gase und Dämpfe aus, während der feste Rückstand aus festem Kohlenstoff niedergehend in die Vergasungszone gelangt. Die Entgasungszone tritt in ihrer Bedeutung zurück, wenn gasarme oder bereits entgaste Brennstoffe zur Verwendung kommen.

5. Die *Trocknungszone*, in der das hygroskopische Wasser verdampft wird. Der durch die Beschickvorrichtung eingeführte Brennstoff durchwandert diese Zonen im Gegenstrom zu den Gasen, von denen er einen Teil der fühlbaren Wärme aufnimmt. Um einen ununterbrochenen gleichmäßigen Betrieb, also ununterbrochene Gaserzeugung sicherzustellen, muß die Brennstoffzufuhr und die Aschenaustragung gleichmäßig vor sich gehen. Die Vergasungsmittel Luft und Wasserdampf müssen ununterbrochen, auf den Querschnitt gleichmäßig verteilt, zugeführt werden. Den aufsteigenden Gasen dürfen keine zu großen Widerstände entstehen, sie müssen ebenfalls den ganzen Querschnitt gleichmäßig beaufschlagen, damit die Schichten der oben gekennzeichneten Zonen erhalten bleiben.

b) Chemische Vorgänge bei der Vergasung.

Die Vorgänge im Generator besitzen teils positive teils negative Wärmetönung und lassen sich durch folgende Gleichungen ausdrücken, wobei zunächst die reine *Luftgaserzeugung* betrachtet sei.

$$\begin{aligned} C + O_2 &= CO_2 + 97{,}64\ \text{kcal} \\ C + \tfrac{1}{2} O_2 &= CO + 29{,}44\ \text{kcal} \\ CO + \tfrac{1}{2} O_2 &= CO_2 + 68{,}2\ \text{kcal} \\ C + CO_2 &= 2\,CO - 38{,}76\ \text{kcal}. \end{aligned}$$

Zwischen Vergasung und Verbrennung besteht also zunächst kein grundsätzlicher Unterschied. Nur der letzte Vorgang der Reduktion des CO_2 zu CO tritt zu der Verbrennung hinzu. Eine möglichst hohe Kohlenschicht und eine reichlich bemessene Kohlenoberfläche ist hier notwendig, um die Reduktion möglichst vollständig zu machen.

Die Einstellung des Gleichgewichtes geht bei dieser Luftgaserzeugung sehr langsam vor sich. Setzt man aber außer Luft noch *Wasserdampf* zu, so verläuft die Reaktion erheblich schneller. Es bildet sich nämlich Wasserstoff entsprechend den Gleichungen

$$\begin{aligned} C + 2\,H_2O &= CO_2 + 2\,H_2 - 17{,}8\ (38{,}52)\ \text{kcal} \\ C + H_2O &= CO + H_2 - 27{,}9\ (38{,}64)\ \text{kcal} \\ H_2 + O &= H_2O + 57{,}36\ \text{kcal}. \end{aligned}$$

Das Gleichgewicht stellt sich bei dieser Gaserzeugung rasch ein und ist gekennzeichnet durch die Gleichung

$$CO + H_2O = CO_2 + H_2 + 10{,}84\ \text{kcal}.$$

Man arbeitet deshalb bei allen Gaserzeugern mit einer wenn auch beschränkten Dampfzufuhr, weil sich dann wesentlich leichter eine gute Gaszusammensetzung und ein hoher Wirkungsgrad erreichen läßt.

Die volumetrische Zusammensetzung der Gase ist bei Verbrennung zu CO_2: 21% CO_2 + 79% N_2, bei Verbrennung zu CO: 34,7% CO + 65,3% N_2. Erfolgt die Verbrennung unter vollständigem Verbrauch des Luftsauerstoffes unter gleichzeitiger Bildung von CO_2 und CO, so wird sich die Zusammensetzung zwischen diesen Grenzen bewegen.

Die Summe von CO_2 + CO kann nur zwischen 21,0 und 34,7%, der Gehalt an CO_2 nur zwischen 0 und 21%, der an CO zwischen 0 und 34,7%, der an N zwischen 79 und 65,3% schwanken. In Berührung mit glühendem Kohlenstoff sind CO und CO_2 in bestimmten Mengenverhältnissen beständig, die von der Temperatur und dem Druck abhängig sind.

c) Erzeugung von Mischgas.

Wird in einem Gaserzeuger außer Luft noch Wasserdampf eingeführt, was zur Vermeidung starker Schlackenbildung bei Koks und Steinkohlen notwendig ist und kühleren Gang des Generators herbeiführt, so hat das auch noch eine erheblich schnellere Gasbildung zur Folge, wie oben bereits erwähnt wurde. Es bildet sich ein Gemisch von Luftgas und Wassergas, das als Mischgas oder wegen seiner ausgedehnten Verwendung kurz als *Generatorgas* bezeichnet wird. Hierbei ist das Verhältnis von Luft und Dampf so zu wählen, daß die exothermisch verlaufende Luftgaserzeugung die für die Zersetzung des Wasserdampfes nötige Wärmemenge liefert. Für Steinkohle ist ein Dampfzusatz von 0,25 bis 0,30 kg für 1 kg Kohle hinreichend, um die Schlackenbildung zu verhindern[1]. Praktisch führt man häufig rund 1 kg Dampf je kg Kohle zu. Aus 1 kg Steinkohle kann man 3 bis 4 m^3, aus 1 kg Braunkohle 2 bis 2,5 m^3 Mischgas gewinnen.

d) Bauarten von Gasgeneratoren.

Für die Temperaturen im Generator ist zunächst die zugeführte Luftmenge und die Auswirkung der wärmeverbrauchenden Vorgänge maßgebend. Damit in den verschiedenen Schichten der Beschickungssäule eine gleichmäßige Temperatur erhalten bleibt, ist eine gleichmäßige Beaufschlagung durch den Wind und die vorgelagerten Gase über den ganzen Querschnitt erforderlich. Das ist aber bei einfachem Planrost nach Bild 194 nur unvollkommen zu erreichen. Gleichmäßige Schichtung des Brennstoffes kann durch eine gute Beschickeinrichtung erreicht werden. Aber auch dann liegt der Brennstoff an den Wänden lockerer als in der Mitte. Die Gase strömen deshalb in den Randzonen schneller durch. Das tritt bei kleinem Durchmesser des Schachtes stärker auf als bei großem. Die Körnung des Brennstoffes hat ebenfalls Einfluß auf die Vorgänge im Generator. Großstückiger Brennstoff bietet eine verhältnismäßig kleinere Oberfläche als kleinkörniger. Ersterer ergibt auch größere Hohlräume. Deshalb müssen Generatoren für grobstückigen Koks, Torfsoden und Holz eine größere Schütthöhe erhalten. Feinkörniger Brennstoff bietet dem Luft- und Gasstrome einen größeren Widerstand, was geringere Schütthöhe bedingt. Um hierbei die Bildung kleiner Kanäle, durch welche die Gase schneller abströmen, zu vermeiden, ist es zweckmäßig, bei geringer Schütthöhe größeren Durchmesser des Schachtes zu wählen, damit mit geringem Winddruck und entsprechend geringerer Gasgeschwindigkeit gearbeitet werden kann. Es muß jedoch auf die Art des Brennstoffes Rücksicht genommen werden. Mulmige Braunkohle mit hohem Wassergehalt erfordert hohen Wärmeverbrauch für die Wasserverdampfung. Hierbei bringt zu geringe Belastung die Gefahr zu geringer Wärmeentwicklung in der Verbrennungszone. Die Folge kann sein, daß der Wärmebedarf zur Durchführung des Verfahrens nicht vollkommen gedeckt werden kann und schlechtes Gas erzeugt wird. Stark backende Kohle bildet große Koksbrücken, die durch Schürarbeit beseitigt werden müssen, um gleichmäßige Gasströmung zu erhalten. Die bei der Verbrennung entfallende Asche bietet schon durch die Notwendigkeit ihrer Entfernung Schwierigkeiten. Sie kann aber auch durch Schlackenbildung die richtige Windverteilung erschweren oder unmöglich machen. Die an den Schachtwänden sich ansetzende Schlacke verengt den Schachtquerschnitt, verhindert das gleichmäßige Niedergehen der Schichten und ebenso das gleichmäßige Aufsteigen der Gase. Der Schmelzpunkt der Aschen liegt gewöhnlich zwischen 1200 und 1300°. Man ist deshalb bemüht, die Temperatur niedriger zu halten, was, wie schon oben ausgeführt, durch die Einführung von Wasserdampf erreicht wird. Auch durch äußere Kühlung des Schachtes wird auf die Erniedrigung der Temperatur im Generator hingearbeitet, wobei nicht unbeachtet bleiben darf, daß die durch Kühlwasser abgeführte Wärme (2 bis 3%) verloren geht. Die Schäden der Schlackenbildung werden durch dauerndes zweckmäßiges Schüren ausgeschaltet. Man hat deshalb die Generatoren mit mechanischen Schürvorrichtungen ausgestattet, um die Bedienungsmannschaft von dieser schweren Arbeit weitgehend zu entlasten. Ein anderes Mittel zur Beseitigung der Schlacke ist durch die Abstichgeneratoren (S. 142) gegeben. Bei diesen Generatoren wird auf möglichst hohe Temperaturen hingearbeitet, die für die CO-Bildung günstig sind.

Die hier kurz angedeuteten Anforderungen an den Bau und Betrieb von Generatoren haben zu einer größeren Zahl von Bauarten geführt, von denen typische Beispiele nachstehend besprochen werden sollen. Dabei soll von der im Bild 194 dargestellten Grundform ausgegangen werden. Der hier vorgesehene Rost ist das einfachste Mittel zur

[1] Hütte, Taschenbuch für Eisenhüttenleute 1930 S. 371.

Abstützung der Brennstoffschicht. Er hat aber den Mangel, daß die Asche nicht selbsttätig dauernd durchfällt, es wird also eine Schürarbeit erforderlich, die zur Unterbrechung des Betriebes führt und mit Verlusten an „Brennbarem" verbunden ist. Es bestand demnach die Aufgabe, einen Generator durchzubilden, bei dem die Austragung der Asche ununterbrochen ohne Schädigung der Gaserzeugung, demnach auch ohne Änderung der Brennstoffschichtung und deren Zonen, vor sich geht. Die ersten Abweichungen vom Siemens-Generator mit Treppen-, Polygon- und Korbrost[1] konnten diese Lösung nicht bringen.

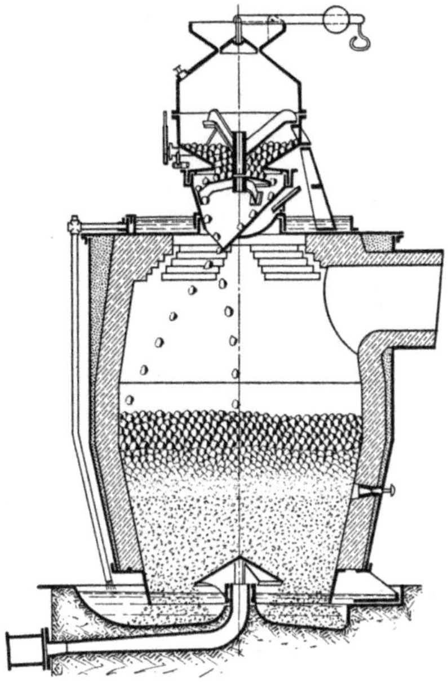

Bild 195. Generator von MORGAN.

e) Rostlose Generatoren für ununterbrochenen Betrieb.

Die erste Ausführung dieser Art war die von MORGAN eingeführte nach Bild 195. Die Beschickungssäule ruht in einer Wassertasse, die im Durchmesser soviel größer ist als der Generatormantel, daß das Abziehen der Asche gemäß dem Fortgang der Verbrennung von außen vorgenommen werden kann. Der Wind wird durch ein in der Mitte senkrecht hochgeführtes und durch eine Haube abgedecktes Rohr eingeleitet. Diese Bauart sollte zwei einander widerstrebenden Forderungen gerecht werden. Die erste verlangt unbehindertes gleichmäßiges Niedergehen der Asche, die zweite eine gleichmäßige Windverteilung über den Schachtquerschnitt und Vermeidung von Randzonen. Die erste Forderung ist offenbar erfüllt, denn die kleine Windhaube behindert das Niedergehen der Asche nur wenig. Die zweite Forderung ist unvollkommen erfüllt. Randzonen sind zwar vermieden, aber eine gleichmäßige Windverteilung über den ganzen Querschnitt ist nicht erreicht. Bei größeren Schachtdurchmessern gelangt zu wenig Wind

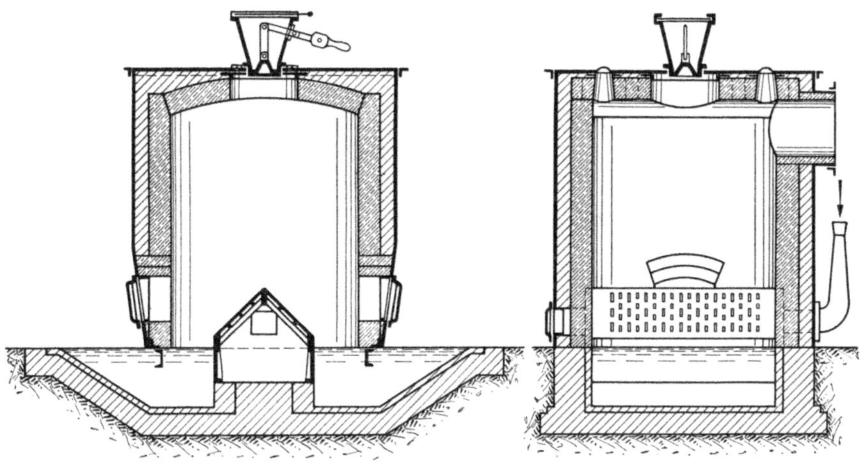

Bild 196. Generator von DUFF.

nach dem äußeren Teil des Schachtes. Die Verbrennungs- und Vergasungsvorgänge spielen sich hauptsächlich im mittleren Querschnitt ab. Wird der Durchmesser der Haube vergrößert, so wird zwar die Windverteilung verbessert, aber die Gefahr von Schlackenbildung über der Haube entsteht und das gleichmäßige Niedergehen der Asche wird gestört. Es entstanden in Anlehnung an die Bauart „Morgan" Generatoren, die auch am Umfang Luft einführten, wodurch wieder die Gefahr der Randzonenbildung gegeben war. DUFF führte einen Generator mit unterem Wasserverschluß gemäß Bild 196

[1] Vgl. Stahl u. Eisen 1907 S. 702.

aus. Der Schacht hat rechteckigen Querschnitt. Der Wind wird von der einen Seite eingeführt und unter einen sattelförmigen Rost geleitet. Die Luft tritt durch Schlitze im Rost in den Schacht ein. Die Asche sinkt zu beiden Seiten des Rostes in die Aschentasse nieder. Andere bauten Generatoren mit Wasserverschluß in Anlehnung an den

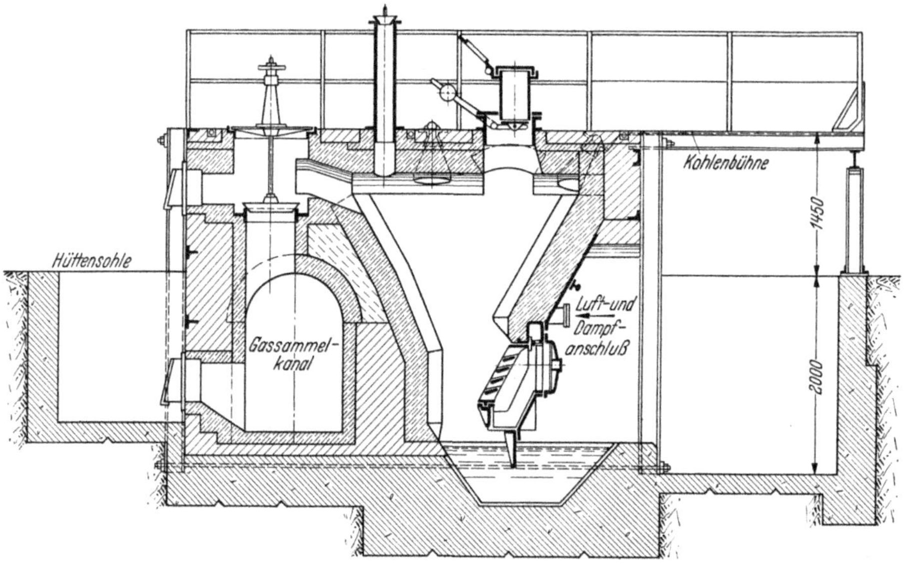

Bild 197. Schrägrost-Generator mit Wasserverschluß.

Siemens-Generator nach Bild 197, bei denen der einseitige Treppenrost beibehalten ist. Sie können unmittelbar an den Gassammelkanal in einer Reihe angeordnet werden. Schachtgeneratoren dieser Art besitzen über dem Wasserverschluß einen Rundrost oder Korbrost. Wird bei Gaserzeugern mit unterem Wasserverschluß Braunkohle vergast, die stark hygroskopische Schlacke ergibt, so saugt diese das Wasser aus der Tasse bis in den Bereich der Verbrennungszone, wo es verdampft. Das führt zu einer starken Abkühlung und zum Übertritt von unzersetztem Wasserdampf in das Gas. Dies konnte vermieden werden durch eine Trennung der Beschickungssäule von der Wassertasse.

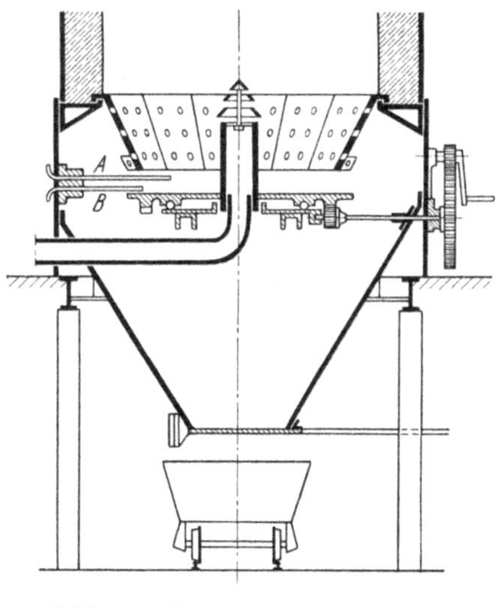

Bild 198. Generator von Taylor.

f) Drehrostgeneratoren mit selbsttätiger Austragung der Asche.

Um mit dem ununterbrochenen Betrieb auch eine selbsttätige dauernde Austragung der Asche zu verbinden, ist ein besonderer Mechanismus erforderlich. Die erste Ausführung dieser Art wurde von Taylor nach Bild 198 ausgeführt. Die Brennstoffsäule ruht auf einem drehbaren flachen Teller, durch dessen Mitte die Windleitung senkrecht hochgeführt und durch eine Haube abgedeckt wird. Die Asche wird durch Abstreifer in den untenliegenden Sammelbehälter abgeschoben. Aus diesem kann sie unmittelbar durch einen Bodenverschluß in Wagen abgezogen werden. In Deutschland fanden Generatoren mit selbsttätiger Ascheaustragung Eingang durch den *Drehrostgenerator* von Kerpely nach Bild 199. Er ist mit einer drehbaren Aschenschüssel ausgestattet, die mit Wasser gefüllt als Wasserverschluß dient. Auf dem Boden der Schüssel ruht der haubenförmig gestaltete Rost. Er dient zur Verteilung der von unten zugeführten Luft und bewirkt bei seiner Drehbewegung eine Schürung der unteren Brennstoffschichten und die Austragung der Asche. Diese wird durch eine schräg in die äußere Schüssel eingeschobene Stauschaufel und durch die Drehgeschwindigkeit der Schüssel geregelt. Auf diese Weise wird ununterbrochen eine bestimmte Aschenmenge aus dem Generator abgeführt. Hierdurch wird die für eine gleichmäßige Vergasung und Entgasung vorauszusetzende

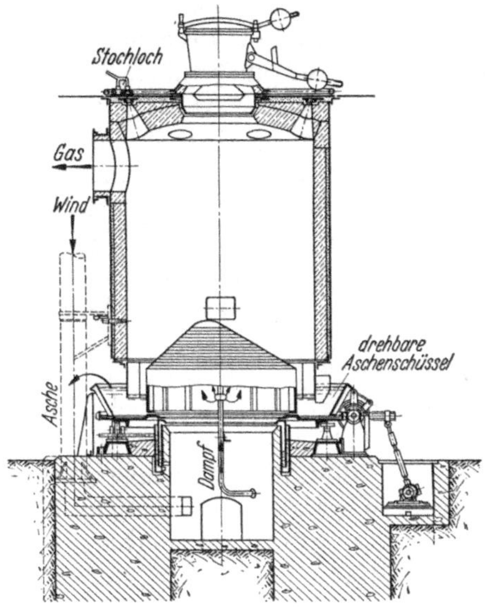

Bild 199.
Drehrost-Generator von Kerpely.

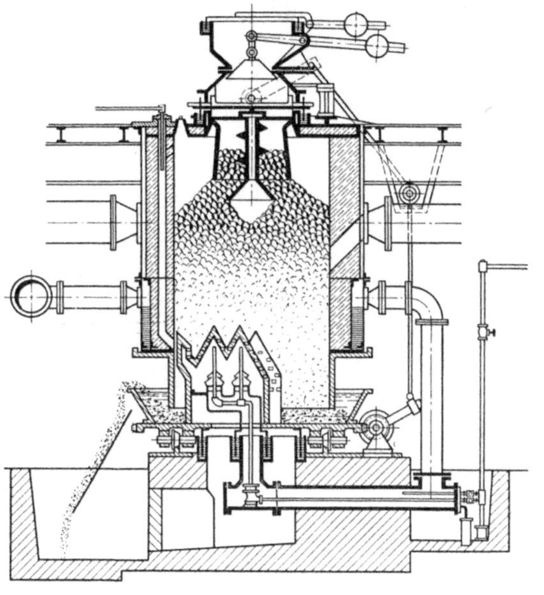

Bild 200.
Drehrostgenerator von Rehmann.

Bedingung erfüllt, daß die Verbrennungszone in unveränderter Lage erhalten bleibt. Der Rost ist so gestaltet, daß die Luft durch waagerechte Schlitze austretend sich über den Schachtquerschnitt gleichmäßig verteilt. Die Randzonenbildung wird vermieden. Wichtig ist, daß die Windaustrittsöffnungen nicht durch Asche verstopft werden können. Dies ist z. B. durch genügende Überdachung zu erreichen. Ist der Drehrost zentrisch im Schacht angeordnet, so wird er am unteren Rand mit Wulsten ausgestattet. Diese schieben die Asche zum Schüsselrande. Bei einigen Bauarten wird der Rost exzentrisch angeordnet (Bild 199). Dann ergibt sich hierdurch die Verschiebung der Asche zum Schüsselrand. Gleichzeitig wird auch noch eine zusätzliche Schürarbeit verrichtet. Schlackenstücke werden zwischen Rost und Mantel zerdrückt und ihr Niedergehen erleichtert. Bei stark backender Kohle wird der Rost beim Generator von Rehmann (Bild 200) mit vorspringenden Spitzen ausgestattet, die die Schürarbeit verstärken. Die vom Drehrostgenerator ausgetragene Aschenmenge wird bestimmt durch die Drehgeschwindigkeit der Schüssel und die Eintauchtiefe der Stauschaufel. Durch erhöhte Umlaufgeschwindigkeit bei verminderter Eintauchtiefe der Stauschaufel kann man bei gesteigerter Schürwirkung den Aschenaustrag unverändert erhalten oder auch vermindern. Drehrostgeneratoren werden vorzugsweise in drei Größen, mit 2,2 m, 2,6 m und 3,0 m Durchmesser ausgeführt. Die Leistung für verschiedene Kohlensorten ist aus Tabelle 29 zu ersehen.

Tabelle 29. Höchstleistung von Drehrostgeneratoren t/24 h (Pintsch).

Schachtdurchmesser	24stündiger Durchsatz an					
	Koks	Anthrazit	Braunkohlenbriketts und Böhmische Braunkohle	Deutsche Braunkohle	Steinkohle Förderkohle	Steinkohle Nußkohle
mm	t	t	t	t	t	t
1500	6	6	7,5	4— 6	4,5	6
1600	7	7	8,5	5— 7	5	7
1900	10	10	12	7—10	7	10
2150	12	12	15	8—12	9	12
2600	18	18	22,5	12—18	13,5	18
3000	24	24	30	16—24	18	24

g) Generatoren mit Austragung der Asche als flüssige Schlacke (Abstichgeneratoren).

Die Vorgänge im Hochofen, der als ein großer Gaserzeuger bezeichnet werden kann, mußte den Gedanken nahe legen, Generatoren durchzubilden, bei denen die Schlacke flüssig abgeführt werden kann. Dies verwirklichte EBELMEN im Jahre 1841 in Audincourt. Er führte einen Gaserzeuger nach Bild 201 aus, der in seiner Form an den Hochofen angelehnt war. Der Wind wurde durch Düsen eingeblasen und die Schlacke über der Sohle durch einen Schlackenstich abgezogen. In Witkowitz wurden 1879 Schachtgeneratoren nach Bild 202 ausgeführt, bei denen Kalkstein zugeschlagen wurde, um einen Teil der Schlacke flüssig abziehen zu können. Im Jahre 1907 führten DICHET und HEURTEY, Paris, zusammen mit SEPULCHRE einen Abstichgenerator ein, um minderwertige Kohle von hohem Aschengehalt zu vergasen. Ausgeführte Anlagen ergaben bei Vergasung von Braunkohlen mit über 40 % Asche ein Gas mit 2,55 % CO_2, 29,47 % CO, 6,66 % H_2, 3,22 % CH_2. Es wurden je m² Schachtquerschnitt 800 bis 1000 kg Brennstoff vergast. Zur Erzielung dünnflüssiger Schlacke wurde Kalkstein und gekörnte Hochofenschlacke zugesetzt. PAUL WÜRTH, Luxemburg, führte Abstichgeneratoren aus, bei denen der Schacht in ungefähr halber Höhe auf ein Drittel des Querschnittes verjüngt wurde.

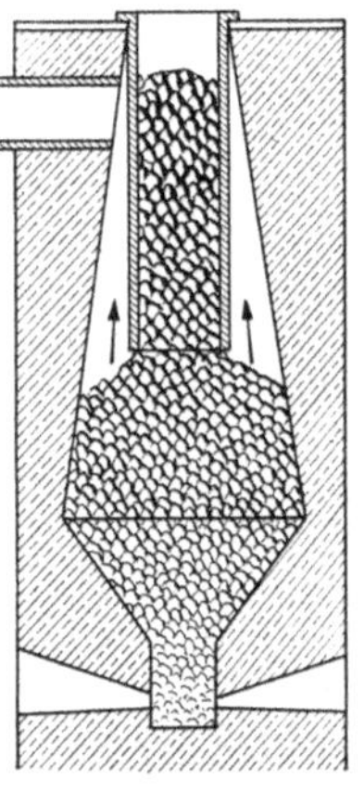

Bild 201. Abstichgenerator von EBELMEN.

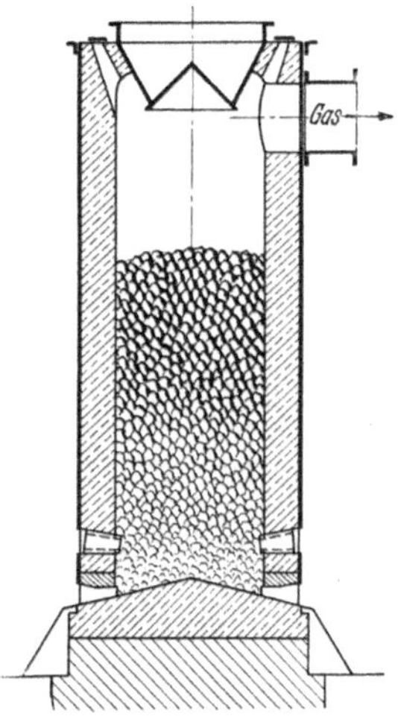

Bild 202. Abstichgenerator von Witkowitz.

Zur Verhinderung von Schlackenbrücken führt er oberhalb der Winddüsen Wasserdampf ein. Es entsteht eine untere heiße Zone für Luftgasbildung und eine obere für Wassergasbildung. Bei Vergasung von Koks ergab sich aus 1 kg Brennstoff 4,42 m³ Gas von folgender Zusammensetzung: 2 % CO_2, 32 % CO, 7,5 % H_2, 0,5 % CH_4, 58 % N_2. Der Heizwert des Gases betrug 1210 kcal/Nm³, die Gastemperatur 700°, der Gasdruck 50 mm WS. Der Abstichgenerator der *Georgs-Marienhütte*[1] wird ebenfalls mit Koks betrieben. Zur Verflüssigung der Koksasche dient Mischerschlacke, basische Martin-Schlacke und andere eisenhaltige Schlacke. Es wird kein Wasserdampf zugesetzt. Es wird als Nebenerzeugnis Roheisen mit hohem Mangan- und Phosphorgehalt gewonnen. Die Ausscheidung der Metalle aus den Silikaten geschieht durch festen Kohlenstoff und erfolgt außerordentlich schnell. Der Generator hat die Form eines runden Schachtofens mit einer Gewölbeabdeckung gemäß Bild 203. Die Schachthöhe beträgt ungefähr 6,5 m, der Gestelldurchmesser je nach der Durchsatzmenge 1,1 bis 3,0 m. Der Gestellmantel wird zur Kühlung mit Wasser berieselt. Der Wind hat eine Pressung von 400 mm WS und eine Temperatur von 55 bis 70°. Der Eisenabstich liegt an der Sohle des Gestells, der Schlackenabstich etwa 200 mm höher. Die Schlacke wird alle 4, das Eisen alle 8 bis 10 h abgestochen. Die mittlere Gaszusammensetzung beträgt: 0,3 bis 0,7 % CO_2, 33 bis 33,5 % CO, 1,2 bis 1,3 % CH_4, 0,1 % H_2, der mittlere Heizwert 1133 kcal/m³. Das erzeugte Luftgas zeichnet sich durch einen geringen Gehalt an Feuchtigkeit aus, da es nur den aus dem Koks stammenden Wasserdampf enthält. Aus 1 kg Koks werden 4,65 m³ Gas erzeugt. Der Kühlwasserverbrauch beträgt 7,7 kg je kg Koks. Die gebundene Gaswärme beträgt 72 % der Brennstoffwärme. Das Gas

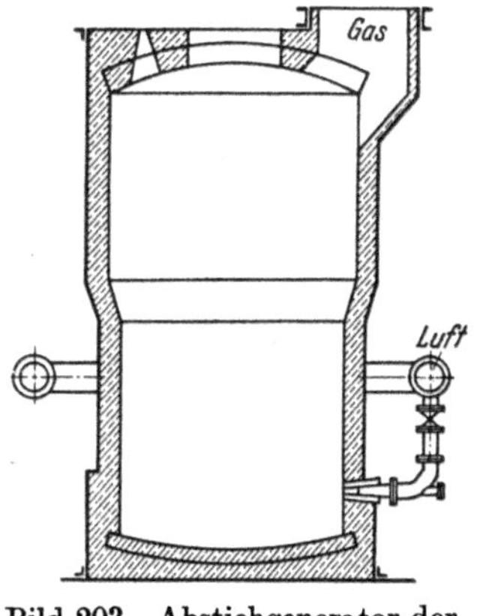

Bild 203. Abstichgenerator der Georgs-Marienhütte.

[1] Stahl u. Eisen 1918 S. 186, 649, 703, 725.

tritt mit einer Temperatur von 800° aus dem Generator und besitzt einen Überdruck von 70 mm WS, bei einem Winddruck von 400 mm WS. Zur Abscheidung des Flugstaubes sind Staubabscheider erforderlich. Die Vorzüge des Abstichgenerators sind:

1. Hohe Durchsatzleistung.
2. Geringer Platzbedarf.
3. Fortfall der mechanischen Ascheaustragung und der Schürarbeit.
4. Die Möglichkeit der Ausnutzung eisenhaltiger Abfallerzeugnisse.

h) Gasgeneratoren mit Dampferzeugung.

Bei den Drehrostgeneratoren war ursprünglich der untere Teil des Schachtes durch einen Wassermantel gebildet. Hiervon kam man aber wieder ab, teils wegen der erhöhten Kosten, teils wegen des damit verbundenen Wärmeverlustes. Die Firma Koppers

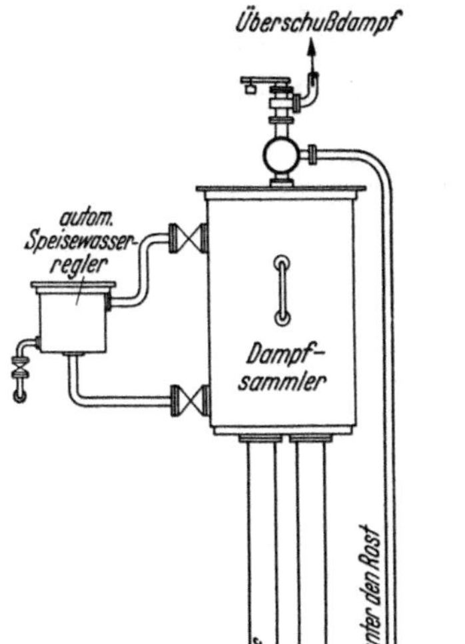

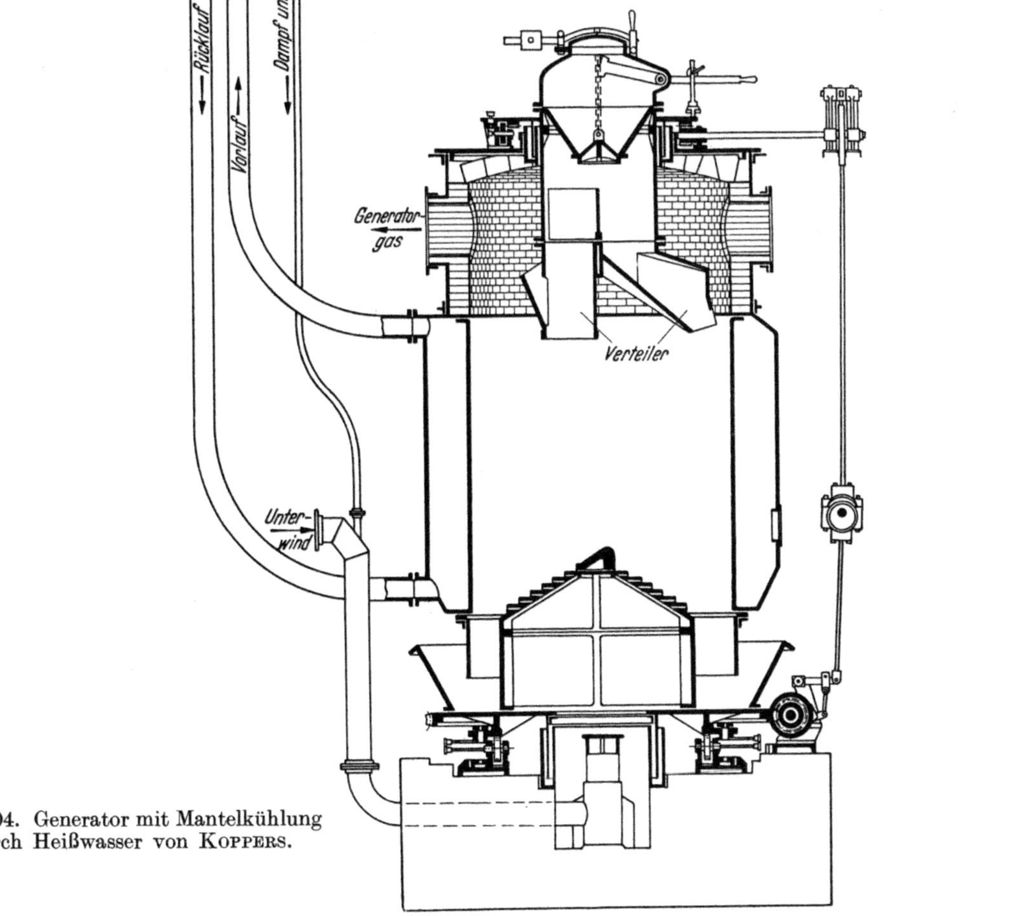

Bild 204. Generator mit Mantelkühlung durch Heißwasser von Koppers.

hat nun für die besonderen Bedürfnisse der Kokereien und Gaswerke Generatoren durchgebildet, bei denen die Kühlung des Generatormantels durch Heißwasser erfolgt. Hierbei wird ein Teil der Generatorwärme zur Dampferzeugung nutzbar gemacht. Es wird hierbei der Eigenbedarf an Dampf für den Generator gedeckt und darüber hinaus Überschußdampf erzielt. Aus Bild 204 ist die Bauart des Generators ersichtlich. Der Wasserraum des Generatormantels steht mit einem einige Meter über Generatoroberkante liegenden Behälter in Verbindung, der als Dampfsammler bezeichnet wird. Er ist bis zur halben Höhe mit Wasser gefüllt und durch Rohrleitungen mit dem Wassermantel verbunden. Infolge der Erwärmung des Wassers im Mantel entsteht ein Umlauf und Dampfentwicklung im Dampfsammler. Ein selbsttätiger Speisewasserregler ersetzt das verdampfte Wasser. Koppers führt auch den Generator mit Hochdruckdampferzeuger, Bauart

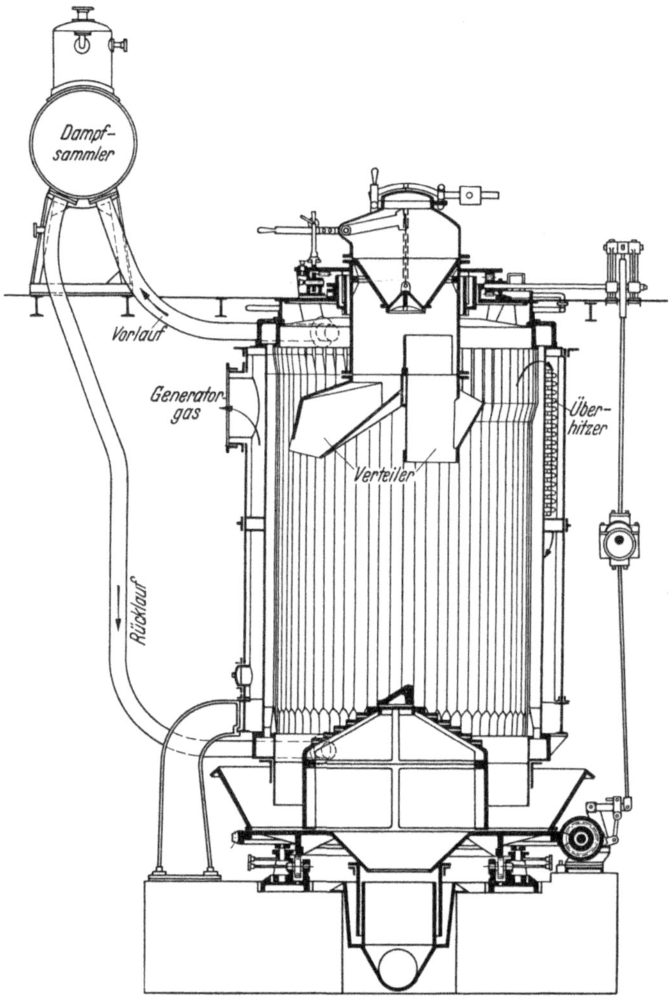

Bild 205. Generator mit Hochdruck-Dampferzeuger. Bauart Marischka.

Marischka, nach Bild 205 aus. Der Generatorschacht besteht bei diesem aus aneinandergereihten senkrecht stehenden Wasserrohren, die unten und oben in je eine ringförmige Wasserkammer münden. Die Wasserkammern sind durch Vorlauf- und Rücklaufrohr mit dem Dampfsammler verbunden. Das Generatorgas steigt zunächst aus dem Brennstoffbett senkrecht auf, tritt am oberen Ende durch Zwischenräume zwischen den Rohren durch, umspült diese noch von außen und beheizt einen Überhitzer, bevor es in die Gasleitung eintritt. Außerdem erfolgt eine Wärmeübertragung an die Wasserrohre vom Brennstoffbett aus. Es wird je kg Reinkoks etwa 1,5 kg Dampf bis zu 30 at erzeugt. Der Selbstverbrauch des Generators beträgt 0,4 kg je kg Koks. Der Rest wird für den Betrieb der Wind- und Gasgebläse der Anlage verwendet. Der Generator von Koller ist ebenfalls als Röhrenkessel durchgebildet, er wird von der Vergasungsgesellschaft m. b. H. für Dampfdrücke bis 30 at ausgeführt.

i) Einzelteile der Generatoren.

Die *Beschickeinrichtungen* sollen die gleichmäßige Verteilung des aufgegebenen Brennstoffes im Generatorschacht bewirken. Sie sollen leicht bedienbar sein und Gasverluste ausschließen. Bei *Handbeschickung* ist ein Doppelverschluß erforderlich. Als Abschlußorgane kommen Klappen und Glocken zur Verwendung. Als inneres Abschlußorgan ist die Glocke am besten geeignet, da durch sie auch eine gleichmäßige Streuung erreicht werden kann und die Möglichkeit gegeben ist, den Brennstoff nach bestimmten Stellen des Schachtes zu lenken. Im Bilde 206 ist veranschaulicht, wie diese Wirkung durch Gestaltung des Aufgabetrichters und der inneren Verschlußglocke sowie durch ihre Höheneinstellung bewirkt wird. *Mechanische Beschickvorrichtungen* sind in vielen Bauarten vorgeschlagen und gebaut worden. Im allgemeinen wird die Handbeschickung wegen ihrer Einfachheit bevorzugt. Im Bilde 207 ist die von EHRHARDT und SEHMER ausgeführte mechanische Beschickvorrichtung dargestellt. Unter der inneren Verschlußglocke befindet sich ein Verteiler, der als Hohlkörper für Wasserkühlung ausgebildet ist. Er wird mit dem Unterteil des Beschicktrichters in Drehung versetzt, um eine gleichmäßige Verteilung des Brennstoffes zu bewirken. Die selbsttätige Beschickung von POETTER ist aus dem Bild 208 ersichtlich. Die Beschickung wird durch eine sich drehende Rinne geregelt, die sich bei ihrer Drehbewegung gleichzeitig pendelnd auf und ab bewegt. Beim POETTER-Generator nach Bild 209 ist mit der Beschickvorrichtung ein besonderes Rührwerk verbunden, das den Brennstoff einebnet und eine Auflockerung der oberen Schichten des Brennstoffes vornimmt. Derartige Rührwerke, die von CHAPMAN eingeführt wurden, werden bei backenden Steinkohlen auch von anderen Firmen ausgeführt. Es werden auch mechanische Beschickvorrichtungen gebaut, die mit einem Brechwerk für grobstückige Kohle verbunden sind.

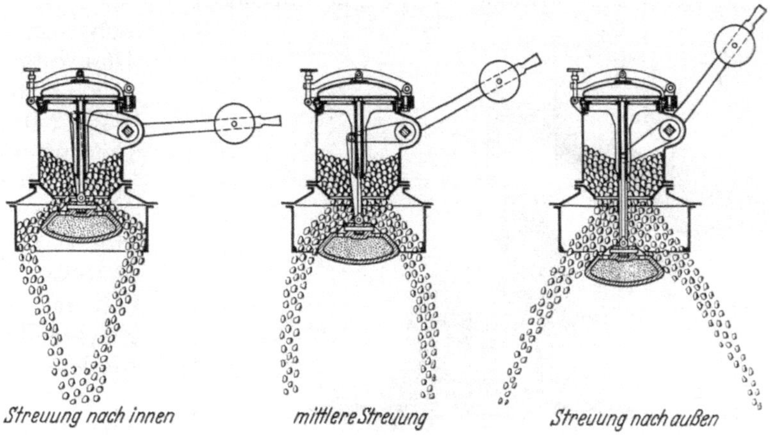

Bild 206. Wirkungsweise von Glockenverschlüssen.

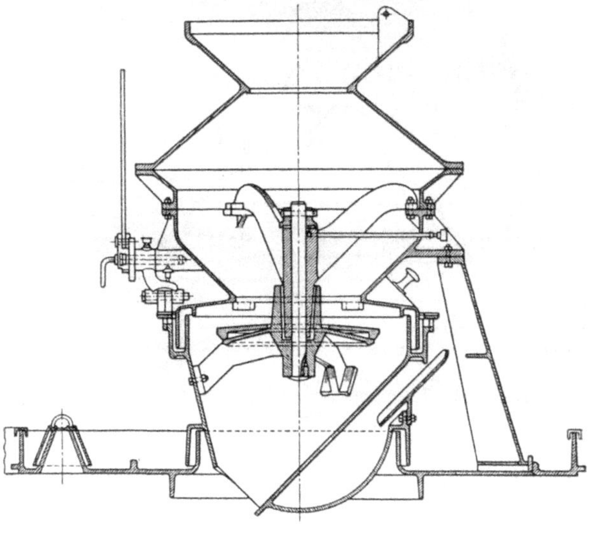

Bild 207. Beschickvorrichtung für Generatoren von EHRHARDT und SEHMER.

Der *Schacht* wird bei gemauerten Generatoren aus Schamotteradialsteinen gemäß Bild 210 in einer Stärke von 300 bis 350 mm ausgeführt. Im Unterteil werden Steine mit SK 32 bis 34, im Oberteil mit SK 30 bis 31 verwendet. Da die unteren Schichten stärker beansprucht werden, ist die Abstützung der oberen Schichten durch Winkeleisen zweckmäßig, damit die unteren Schichten unabhängig von den oberen ausgewechselt werden können. Wassergekühlte Hohlmäntel werden nur bei stark backender Kohle und Vergasung von Koks angewendet. Für die Ausbildung des Mantels als Dampferzeuger gelten die Vorschriften für Dampfkesselbau. Bei Abstichgeneratoren wird der Schacht zylindrisch mit möglichst großem Durchmesser bis zu 4 m ausgeführt, um den Staubentfall klein zu halten. Seine Höhe beträgt bis zu 4 m. An den Schacht schließt sich die Rast in einer Höhe von 0,5 bis 0,7 m. Der Gestelldurchmesser beträgt bis zu 3 m je nach der Leistung. Je t Tagesdurchsatz ist 0,05 m² Gestellquerschnitt erforderlich. Die Mauerstärke wird wie bei Drehrostgeneratoren zu 300 bis 350 mm genommen. Die Gewölbestärke beträgt 250 mm. Der Blechmantel der Generatoren wird je nach Durchmesser zu 8 bis 12 mm gewählt. Bei Abstichgeneratoren werden wassergekühlte Windformen von 50 bis 100 mm Dmr. aus Stahl oder Bronze verwendet, die in einer Anzahl von 4 bis 8 gleichmäßig auf den Umfang verteilt werden.

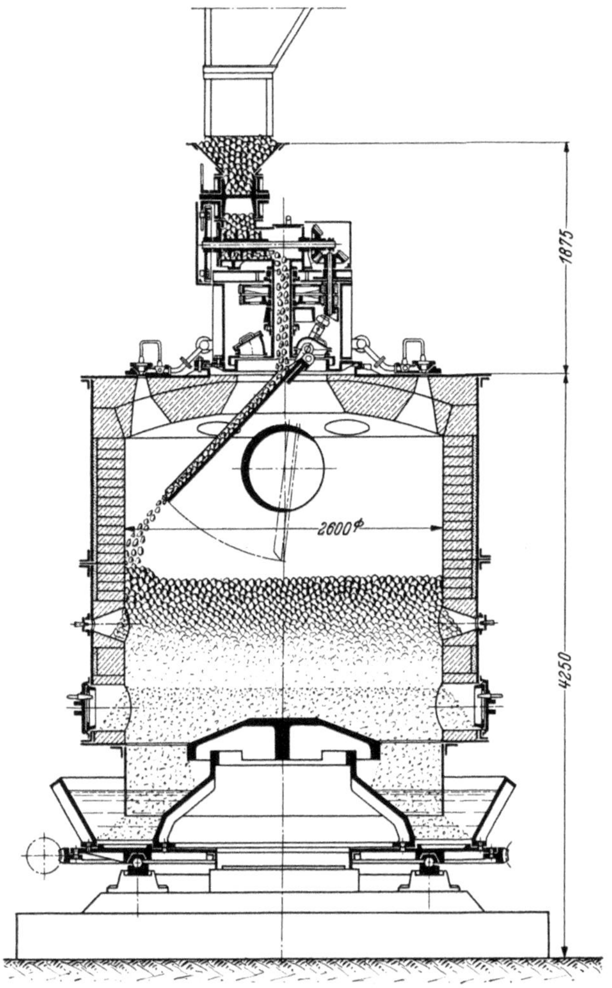

Bild 208. Beschickvorrichtung für Generatoren von POETTER.

Der *Drehrost* ruht auf Stahlkugeln oder Rollen, seine Drehzahl schwankt zwischen 1 und 5 je h. Die durch den Rost hervorgerufenen Seitenkräfte müssen durch Schräglagerung der Kugeln oder durch besondere Führungsrollen aufgenommen werden. Der Antrieb erfolgt durch Zahnrad- oder Schneckengetriebe gewöhnlich von einer Transmission aus. Zum Antrieb ist $^1/_4$ bis $^1/_2$ PS erforderlich. Bei Einzelantrieb werden jedoch mit Rücksicht auf außergewöhnliche Widerstände durch Schlacke Motore von 1,5 bis 5 PS gewählt. Bezüglich der verschiedenen Gestaltung der Rostformen und ihrer Anordnung im Schachtunterteil hat TRENKLER eingehende Untersuchungen angestellt[1], deren Ergebnisse ihn zu nachstehenden Folgerungen veranlaßten.

1. Der drehbare Teller bewegt die unterste Schicht des Schachtinhalts ihrem ganzen Querschnitte nach, vermag jedoch eine Austragung nur in Verbindung mit Ascheräumern (Stauschaufeln) durchzuführen.

2. Die Mitbewegung der Windhauben ist gegenüber feststehenden Windhauben zu bevorzugen, weil sich die mitnehmende Wirkung bei drehenden Hauben in wesentlich höhere Schichten erstreckt und geneigte Trennflächen die Rückstände besser abwandern lassen.

3. Der Drehrost bewirkt eine Bewegung der Brennstoffsäule im ganzen Querschnitt bis zu 0,5 m über dem Rost. Auch ohne Exzentrizität des Rostaufbaues bewegt sich die Beschickung abwärts. In gleicher Weise wird die Asche unter dem unteren Rande des Mantels hinweg auf Grund der Rostbewegung entfernt. Erst zum Hochheben der Asche über den Schüsselrand hinweg ist die Anbringung von Räumern (Stauschaufeln) notwendig.

Stochlöcher werden bei allen Generatoren vorgesehen und gewöhnlich in der Decke des Generators angeordnet. Sie geben die Möglichkeit, durch eiserne Stangen von oben

[1] Z. VDI 1925 S. 1549.

zu schüren, um den zusammengebackenen Brennstoff zu lokkern. Diese Stochlöcher müssen mit einem Verschluß versehen werden, da sonst austretende Gase das Bedienungspersonal behindern und gefährden. Neuzeitliche *Stochlochverschlüsse* sind so durchgebildet, daß beim Öffnen der Schürlöcher Dampf oder Preßluft in die Öffnung geleitet und dadurch Gasaustritt verhindert wird. Bei einer anderen Anordnung ist seitlich an der Öffnung die Mündung einer Vakuumleitung angeordnet, in die das Gas abgesaugt wird. Bei den Einrichtungen der ersten Art wird Luft oder Dampf in den Gasraum eingeblasen, was eine Verschlechterung der Gasqualität zur Folge hat. Die zweite Art erfordert eine besondere Exhaustoranlage. Bei der Einrichtung nach Bild 211 von RUPPMANN wird Gebläsewind von geringer Spannung verwendet. Der Pfropfen *a* verschließt das Stochloch. Soll geschürt werden, wird er mittels Handgriff *b* herausgehoben und gleichzeitig um 90° zur Seite geschwenkt. Dadurch wird das Hahnküken *c* mitgedreht und der Durchgang für Gebläseluft aus Leitung *d* freigegeben. Die Luft tritt in den ringförmigen Raum *e* und strömt radial in der Richtung zum Stochloch. Das Gas kann so nicht nach außen austreten. Durch einen in die Windzuleitung eingeschalteten Drosselhahn wird der Luftdruck so geregelt, daß weder aus dem Stochloch Gas austritt noch Luft in den Generator eintritt.

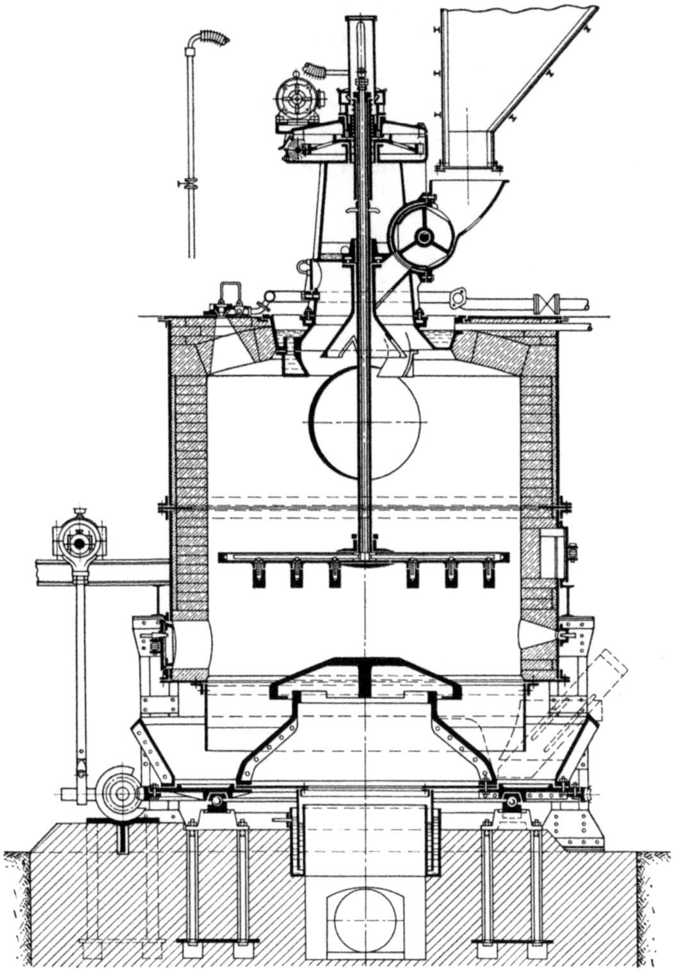

Bild 209. POETTER-Generator mit Beschickvorrichtung und Rührwerk.

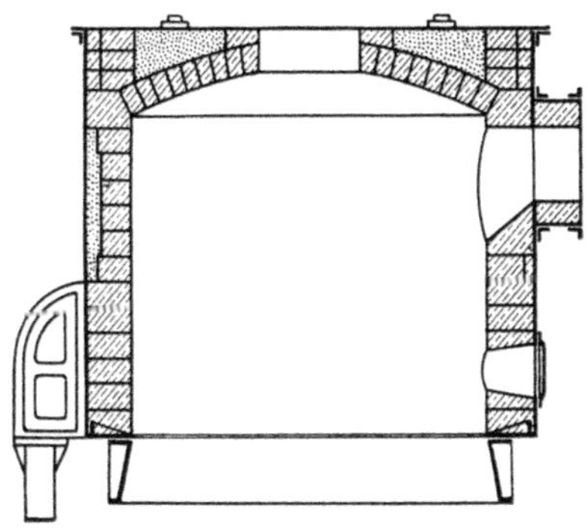

Bild 210. Ausmauerung eines Generatorschachtes.

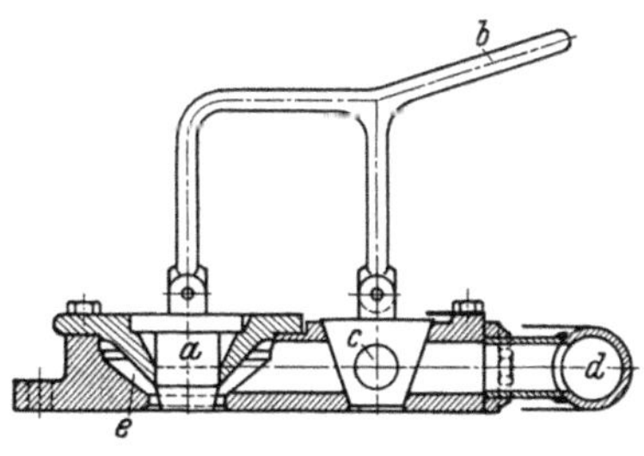

Bild 211. Stochlochverschluß von RUPPMANN.

k) Nebeneinrichtungen der Generatoranlagen.

Generatoren werden in seltenen Fällen als Einzelgeneratoren bei den Öfen aufgestellt oder mit der Ofenanlage verbunden. Meistens werden sie zu einer einheitlichen

Generatorenanlage zusammengefaßt, die dann aber mit Rücksicht auf kurze Gaswege in möglichster Nähe der Verwendungsstelle des Gases errichtet wird. Die Zusammenlegung möglichst aller Generatoren eines Betriebes in einer Anlage erleichtert die Beaufsichtigung, die Materialanfuhr und Lagerung und gestattet die Verwendung bester Fördermittel und Lagerung des Brennstoffes in tiefliegenden Bunkern oder hochgelegenen Silos. Das gleiche gilt für die Abfuhr der Asche. Als Beispiel dient Bild 212, das den Querschnitt durch eine Generatorenanlage zeigt.

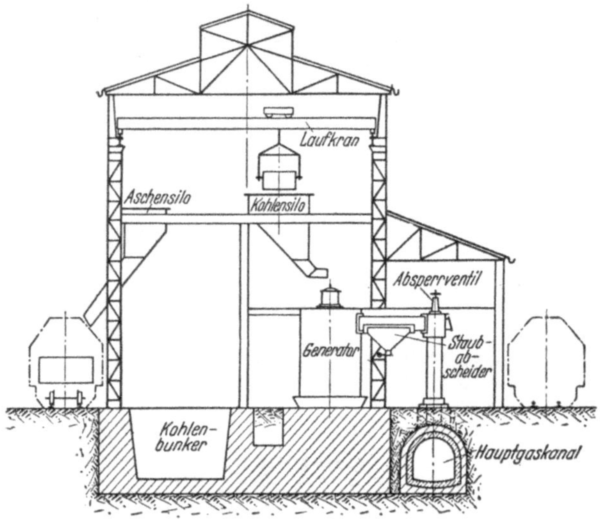

Bild 212. Generatoranlage.

Als *Gebläse* für Generatorbetrieb werden Schleudergebläse (Ventilatoren) mit unmittelbarem Antrieb durch Elektromotore am meisten verwendet. Dampfstrahlgebläse werden aushilfsweise verwendet. Je nach der Dichte und Höhe der Schüttung ist ein *Winddruck* von 30 bis 300 mm WS, bei Abstichgeneratoren bis 1500 mm WS erforderlich. Der Luftbedarf beträgt 3,25 bis 3,5 m^3/kg zu vergasender Kohlenstoff. Die *Luftgeschwindigkeit* in der Windleitung soll 20 m/s nicht übersteigen. Generatoranlagen mit Gewinnung von Nebenerzeugnissen, z. B. Urteer und Ammoniak, kommen auf Hüttenwerken nicht mehr in Betracht. Das Gas wird mit der Erzeugungstemperatur von im Mittel 600° unmittelbar den Öfen zugeleitet. Kühleinrichtungen zur anderweitigen Ausnutzung der fühlbaren Wärme kommen deshalb auf Hüttenwerken ebenfalls nur in Sonderfällen zur Anwendung.

Für einige Verwendungszwecke in der keramischen und Glasindustrie sowie in Emaillierwerken ist völlige Staubfreiheit des Gases erforderlich. Dann sind Gasreinigungsanlagen vorzusehen, die bei Anwendung der Naßreinigung mit einer Abkühlung und somit mit einem Verlust an fühlbarer Gaswärme verbunden sind.

Soll in Glüh- und Wärmöfen empfindliches Gut mit Generatorgas beheizt werden, so kann eine Entschweflung notwendig werden. Genannt sei hier der *Roffloer* Entschwefler, der neben hoher Entschweflungsleistung geringen Durchgangswiderstand besitzt[1].

[1] Ruhrkohlen-Handbuch. Berlin: Julius Springer 1937.

Vierter Abschnitt.

Anlagen zur Aufbereitung und Vorbereitung von Erzen für die Verhüttung.

I. Aufbereitungsanlagen für Erze.

Das Roherzeugnis des Bergbaues das „*Haufwerk*", bedarf meistens noch einer *Aufbereitung.* Sie bezweckt, den Metallgehalt durch Entfernung des Unhaltigen (Tauben) zu erhöhen oder Erze verschiedener Metalle voneinander zu trennen. Es handelt sich demnach um eine *Anreicherung* (Konzentration) oder *Trennung* (Separation). In manchen Fällen können beide Verfahren miteinander durchgeführt werden. Sie gründen sich auf verschiedene physikalische und chemische Eigenschaften wie Farbe, Glanz, spezifisches Gewicht, Härte und magnetisches Verhalten. Nach den verwendeten Mitteln unterscheidet man: trockene, naßmechanische, magnetische und Schwimmaufbereitung.

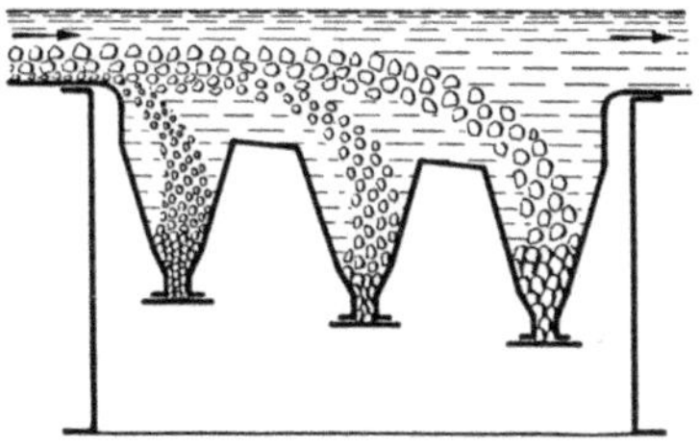

Bild 213. Schema eines Stromapparates zum Trennen (Klassieren) von Sanden.

Die trockene Aufbereitung umfaßt vorwiegend Handarbeit. Ihr können deshalb nur die wertvolleren Massen von hinreichender Stückigkeit zugewiesen werden. Die kennzeichnenden Arbeiten sind das *Scheiden* (Trennen) mit dem Hammer von Hand und das *Klauben* (Auslesen) mit der Hand. Die hierbei ausgeschiedenen Stücke bestehen hauptsächlich aus *Durchwachsenem.* Dieses wird auf Pochwerken, Kollergängen, Kreiselbrechern oder Kugelmühlen zerkleinert und der nassen Aufbereitung zugeführt.

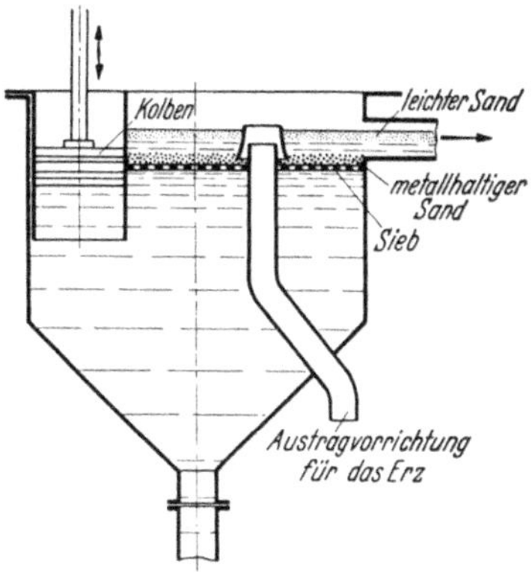

Bild 214. Schema einer Setzmaschine zum Sortieren von Sanden.

Die naßmechanische Aufbereitung beruht wie die nasse Kohlenaufbereitung auf der Verschiedenheit der spezifischen Gewichte der einzelnen Bestandteile. Es werden zwei Verfahren nacheinander durchgeführt: 1. Das *Trennen* (Klassieren) nach Korngröße, 2. das *Absondern* (Sortieren) in Wertvolles und Wertloses. Bei größeren Stücken muß das *Aufschließen* (Zerkleinern) vorausgehen.

Die *Grobkornaufbereitung* erfaßt die Stufen (60 bis 16 mm) und Graupen (16 bis 2 mm) und besteht aus dem Klassieren auf Siebvorrichtungen und dem Sortieren nach dem spezifischen Gewicht auf Setzmaschinen.

Die *Feinkornaufbereitung* erfaßt die Sonde (2 bis $^1/_2$ mm). Sie geschieht durch Klassieren nach der Gleichfälligkeit im tiefen Wasserstrome und durch Sortieren in Bettsetzmaschinen. Dic Gleichfälligkeit beruht auf der Tatsache, daß in einem waagerechten oder aufsteigenden Wasserstrome kleinere Körner schneller fallen als größere. In einem Stromapparat nach Bild 213 erfolgt demnach eine Trennung der Körner nach ihrer Größe. Die Trennung nach Erz und Gangart wird in Bettsetzmaschinen nach Bild 214 durchgeführt. In diesen wirkt als trennendes Mittel ein auf und ab pendelnder Wasserstrom, der durch einen hin- und hergehenden Kolben hervorgerufen wird. Das Gut liegt auf einem Sieb und wird beim Aufschwingen des Wasserstromes gehoben. Die spezifisch leichteren Körner werden höher gehoben und durch den Überlauf abgeschwemmt. Die schweren metallhaltigen Körner bleiben auf dem Sieb zurück.

Die *Aufbereitung der feinsten Teile* (Mehle und Schlämme unter $^1/_2$ mm) wird auf Schüttelherden durchgeführt. Über den schwach geneigten Herd wird die Erztrübe in einem schwachen Strom geleitet. Der Herd wird in eine Schüttelbewegung versetzt und hierdurch die feinen Körnchen vorgeschleudert. Die spezifisch schwereren legen den größeren Weg zurück und werden auf diese Art von den leichteren getrennt.

Die magnetische Aufbereitung beruht darauf, daß einige Erze wie Eisen-, Kobalt-, Nickel-, Wolframerze vom Elektromagneten angezogen werden, andere wie Blei-, Silber-, Kupfer-, Wismuterze und Zinkblenden dagegen nicht. Das Verfahren ist also geeignet, solche Mineralien zu trennen, die verschiedene Metalle enthalten aber nahezu gleiches spezifisches Gewicht haben, wie z. B. Zinkblende und Spateisenstein; hier würden die anderen Verfahren nicht zum Ziele führen. Sodann ist das magnetische Verfahren geeignet, magnetische Erze zu trennen, da die Anziehungskraft auf die verschiedenen Mineralien verschieden ist. Der Vorgang bei der magnetischen Scheidung ist aus Bild 215 ersichtlich. Hierbei wird das Erz auf eine umlaufende Trommel geleitet. Die Magnete *M* sitzen im Inneren der Trommel einseitig angeordnet. Magnetische Stücke werden ungefähr eine halbe Umdrehung mitgenommen, fallen aber ab, sobald sie den Einwirkungsbereich der Magnete verlassen haben. Die unmagnetischen Stücke werden in ihrer Abwärtsbewegung nicht behindert und infolgedessen von den magnetischen abgesondert. Der magnetische *Bandseparator* ist so eingerichtet, daß das aufzubereitende Gut auf einem Transportband zwischen Elektromagneten verschiedener Stärke durchgeführt, nach den magnetischen Eigenschaften seiner Bestandteile sortiert und auf Querbändern ausgetragen wird. Die unmagnetischen Bestandteile gehen auf dem geraden Wege mit dem Transportband weiter und verlassen auf diese Weise getrennt den Separator.

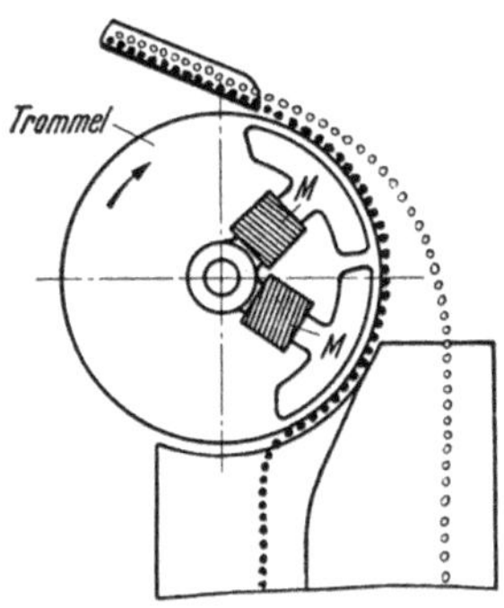

Bild 215. Schema eines Magnetscheiders.

Die Schwimmaufbereitung oder **Flotation** beruht auf der Erscheinung, daß gewisse Öle Mineralien wie Kiese, Glanze, Blenden und Metalloxyde in Gegenwart von Wasser benetzen, die Gangarten jedoch freilassen. Wird nun in eine solche Trübe Luft eingeführt, so daß Gasblasen entstehen, so setzen sich diese an die mit Öl benetzten Erzteilchen und tragen sie zur Oberfläche. Auf diese Weise können wertvolle Stoffe in feinster Staubform gewonnen werden, die bei anderen Verfahren verloren gingen.

Das Aufbereiten von *Eisenerzen* ist nur in besonderen Fällen lohnend. Es kommen dann die nasse und die magnetische Aufbereitung in Betracht. Tonige Brauneisenerze werden in Waschtrommeln aufbereitet. In den umlaufenden Trommeln befinden sich Siebe in der Form abgestumpfter Kegel. Die tonigen Bestandteile werden durch eingebaute Messer gelockert und durch einen Wasserstrahl fortgespült. Enthält der ausgespülte Schlamm Feinerz, so wird dieser auf Setzmaschinen weiter aufbereitet. Die magnetische Aufbereitung findet Anwendung, um Magneteisenstein von der Gangart zu trennen. Im Siegerland wird gerösteter Spateisenstein magnetisch aufbereitet.

II. Röstanlagen.

Als *Rösten* bezeichnet man die Verfahren, bei denen das Erz auf eine Temperatur erwärmt wird, die unterhalb der Schmelztemperatur liegt, aber genügt, um gewisse physikalische oder chemische Veränderungen herbeizuführen, die für die Verhüttung notwendig oder vorteilhaft sind. Solche Auswirkungen des Röstens sind Auflockerung, Austreiben der Feuchtigkeit, des Hydratwassers, der Kohlensäure und des Schwefels.

Brauneisenstein verliert beim Rösten die Feuchtigkeit und das Hydratwasser; er geht in Roteisenstein über. Spateisenstein scheidet in Gegenwart von Luft die Kohlensäure aus:

$$4\,FeCO_3 + O_2 = 2\,Fe_2O_3 + 4\,CO_2.$$

Durch die Oxydation $4\,FeO + O_2 = 2\,Fe_2O_3$ ergibt sich ein Wärmeüberschuß.

Das Rösten von Schwefelmetallen erfolgt ebenfalls unter dauernder Luftzufuhr. Bei einer Temperatur, die für die einzelnen Metalle verschieden ist, beginnt deren Oxydierung bei gleichzeitiger Verbrennung des Schwefels zu SO_2, das entweicht.

Die Reaktion $2\,MeS + 3\,O_2 = 2\,MeO + 2\,SO_2$ kann man sich in Teilreaktionen zerlegt vorstellen

$$2\,MeS + 2\,O_2 = 2\,Me + 2\,SO_2$$
$$2\,Me + O_2 = 2\,MeO.$$

Es handelt sich demnach um mehr oder weniger gleichzeitigen Ablauf von exothermen Reaktionen. Wenn die erzeugte Wärmemenge groß genug ist, um die Temperatur bei Röstbeginn aufrechtzuerhalten, geht der Vorgang ohne besondere Wärmezufuhr von außen selbsttätig weiter. Im anderen Falle ist Wärmezufuhr durch besondere Heizung erforderlich. Die Reaktionsgeschwindigkeit hängt außer von der Temperatur von der Innigkeit der Berührung ab, also von der Korngröße des Röstgutes, von der gleichmäßigen ungehinderten Luftzufuhr und der Geschwindigkeit, mit der die gasförmigen Erzeugnisse abgeführt werden. Beim Bau der Röstapparate ist darauf Rücksicht zu nehmen, daß die entstehenden Röstgase in den meisten Fällen wegen des hohen Schwefelgehaltes der Rohstoffe unschädlich gemacht werden müssen. Das geschieht am vollkommensten und wirtschaftlichsten durch Verarbeitung auf Schwefelsäure. Die Schwefelsäureherstellung gestaltet sich um so günstiger, je reicher die Gase sind. Man ist bestrebt, den SO_2-Gehalt nicht unter 5% des Volumens der Röstgase sinken zu lassen. Um dies zu erreichen, muß eine Vermischung der Röstgase mit den Feuerungsgasen vermieden werden. Röstöfen mit Zusatzfeuerung müssen deshalb als Muffelöfen gebaut werden. Hierfür scheiden Schachtöfen und Trommelöfen aus, weil bei ihnen eine Trennung von Röstgasen und Heizgasen zu schwer durchführbar ist.

Seitdem die Eisenerze hauptsächlich in Kokshochöfen verhüttet werden, hat das Rösten von Eisenerzen an Umfang und Bedeutung verloren. Roteisenerze, Brauneisenerze und Magneteisenerze werden meistens ungeröstet verhüttet. Beim Rösten von Eisenschwefelverbindungen entweicht bei der üblichen Rösttemperatur von 650 bis 750° nur ein Teil des Schwefels als SO_2 und in geringen Mengen SO_3, der Rest bildet $FeSO_4$. Wird die Temperatur auf helle Rotglut gesteigert, tritt eine Zersetzung von $FeSO_4$ unter Bildung von SO_3 und Fe_2O_3 ein. Bei 1200° kann der Schwefelgehalt des Erzes bis auf 0,05% vermindert werden. In Deutschland kommt das Rösten von Eisenerzen hauptsächlich für die Siegerländer und Westerwälder Spateisensteine in Betracht. Mit der Austreibung der Kohlensäure ist die Entfernung der Feuchtigkeit verbunden. Dabei ergibt sich eine Gewichtsverminderung auf etwa 70% des rohen Erzes, was für die Frachtkosten eine entsprechende Ersparnis bedeutet. Brennstoffaufwand ist erforderlich zur Einleitung der Reaktion und zum Ausgleich der Wärmeverluste. Das Verfahren wird in *Schachtöfen* ausgeführt. Ebenso sind in Steiermark, in Schweden und in Amerika die Schachtöfen bevorzugt. Im Kanadischen Erzbezirk verwendet man zum Rösten der schwefelhaltigen Magpieerze *Drehrohröfen.* Die Öfen zum Rösten der sulfidischen Metallerze haben vielfache Wandlungen durchgemacht. Zum Rösten von stückigen Erzen wurden die Schachtöfen bevorzugt. Infolge der fortgeschrittenen Aufbereitungstechnik wird seit den 90er Jahren des vorigen Jahrhunderts fast nur noch feinkörniges Erz verarbeitet. Hierfür ist der Schachtofen ungeeignet, weil die Luftzuführung und Gasabführung bei hoher Schüttung unmöglich wird. Versuche durch Einbauten den Schachtofen für Feinerz brauchbar zu machen, schlugen fehl. Es wurden die Herdöfen eingeführt, die für Hand- und mechanischen Betrieb durchgebildet wurden. Durch Unterteilung des Herdes und Anordnung der Einzelherde übereinander entstand der mehrstöckige Tellerofen. Die Einführung der Sinterröstung oder Verblaseröstung führte zu neuen Einrichtungen, die sich von den alten Röstöfen im Aufbau und Betrieb grundsätzlich unterscheiden.

a) Schachtöfen zum Rösten von Erzen.

Die Schachtöfen werden in der Form einfacher Zylinder, Prismen oder abgestumpfter Kegel ausgeführt oder von aus diesen Formen zusammengesetzten gemauerten Schächten

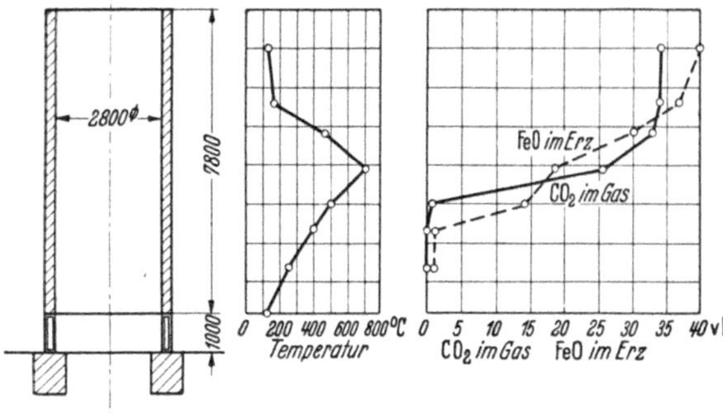

Bild 216. Siegerländer Röstofen mit zylindrischem Schacht.

gebildet. Das Röstgut gelangt nacheinander in eine Vorwärmzone (Trockenzone), Röstzone und neutrale Zone. Der Schacht wird entweder mit eisernen Bändern bewehrt oder mit einem vollständigen Blechmantel umgeben. Die einfachsten Formen haben an der Gicht keinerlei Abdeckung. Durch Abdeckung des Schachtes und Anbringen eines Gichtverschlusses sowie Anschließen an eine Esse wird Zugverstärkung und Erhöhung der Leistung sowie Verminderung der Rauchbelästigung erreicht.

Die *Siegerländer* Röstöfen haben die Form eines Zylinders, eines abgestumpften Kegels oder doppelkonische Form. Auch Profile, die aus Zylinder und abgestumpftem

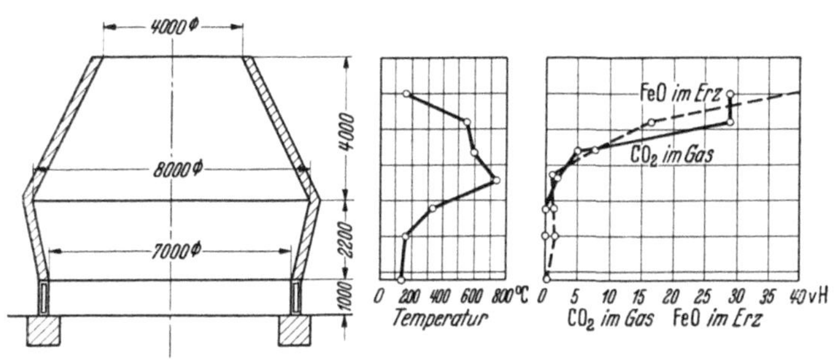

Bild 217. Siegerländer Röstofen mit Schachtverengung zur Gicht.

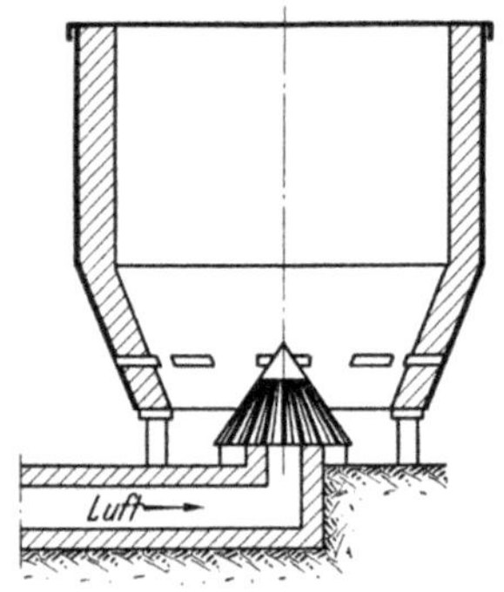

Bild 218. Gjeerscher Röstofen.

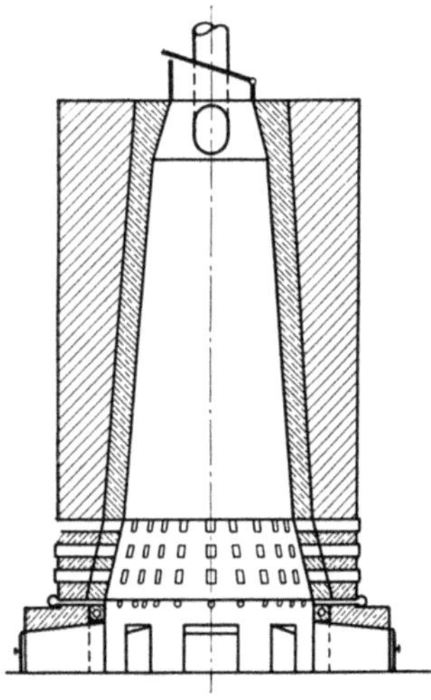

Bild 219. Westmanscher Röstofen.

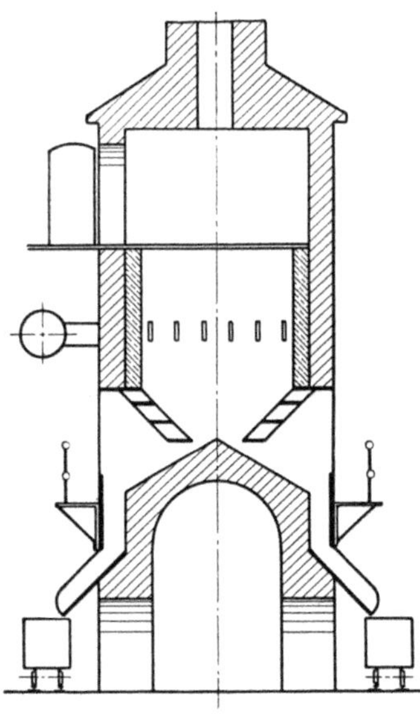

Bild 220. Fillaferscher Röstofen.

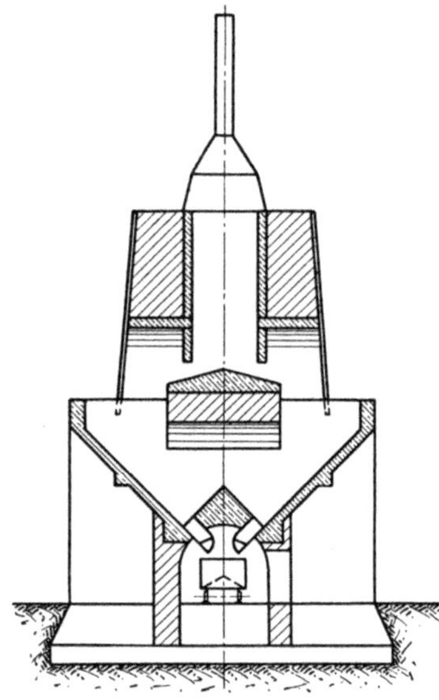

Bild 221. Röstofen der Friedrichshütte in Herdorf.

Kegel zusammengesetzt sind, wurden versucht. Röstöfen, wie in den Bildern 216 und 217 dargestellt, wurden untersucht und ergaben die in Tabelle 30 angeführten Leistungen[1].

Das Röstgut wird bei diesen Öfen täglich einmal gezogen und im Anschluß daran frisches Erz aufgegeben. Als Brennstoff dient Kleinkoks, der mit Schaufeln auf die

[1] Stahl u. Eisen 1922 S. 1673.

Erzschicht verteilt wird. Die im Ofen herrschenden Temperaturen in einer Entfernung von 2200 mm von der Achse des Ofens sind durch eine Schaulinie dargestellt, ebenso der Kohlensäuregehalt des Ofengases. Das Rösterzeugnis ist annähernd Fe_2O_3. Die Wärmebilanz der beiden Öfen ergibt eine Überlegenheit des zylindrischen Ofens (Tabelle 31).

Die GJEERschen Röstöfen nach Bild 218 sind in Cleveland im Gebrauch. Sie verarbeiten bei Betrieb mit Gebläsewind 160 t/24 h bei 4% Kohlenverbrauch. Der Wind wird durch einen kegelförmigen Rost in den Ofen eingeführt. Sie werden neuerdings mit einer Höhe von 14 m ausgeführt[1].

Tabelle 30. Leistung Siegerländer Röstöfen.

Ofen nach Abbildung	Fassungsvermögen t	Leistung Rohspat t/24 h	Leistung je m³ nutzbaren Ofeninhalt kg/24 h	Durchsatz Zeit Tage	Brennstoffverbrauch bezogen auf Rohspat %
216	73,5	14	380	5,5	4,35
217	378	30	175	12	7,0

Die WESTMANschen Röstöfen nach Bild 219 werden in Schweden verwendet. Sie werden zwecks weitgehender Entschwefelung mit hoher Temperatur betrieben. Als Brennstoff dient Gichtgas, das durch eine größere Anzahl von Düsen eingeführt wird. Zur Erhöhung der Leistung wird mit Gebläsewind gearbeitet, der unmittelbar unter den Gasdüsen eintritt. Damit die bis zur Sinterung erhitzten Erze gut niedergehen, erweitert sich der Schacht nach unten, der untere Teil des Schachtes noch etwas stärker als der obere. Um bei Hängen der Beschickung von außen nachhelfen zu können, sind besondere Schürlöcher angeordnet. Unterhalb des Gichtverschlusses ist ein Gasabzugskanal vorgesehen, der die Gase zu einer Esse abführt.

Tabelle 31. Wärmebilanzen von Siegerländer Röstöfen.

	Ofen nach Bild 216 %	Ofen nach Bild 217 %
Einnahmen:		
A. Brennstoffwärme	68,5	78,0
B. Oxydationswärme durch Verbrennung von FeO und MnO	31,5	22,0
	100,0	100,0
Ausgaben:		
C. Wärme zur Erhitzung des Gutes[2]	21,2	16,7
D. Wärmeaufwand zur Zersetzung der Karbonate	39,2	30,5
S_1 Wärme im Rostspat	3,3	2,3
S_2 Abgaswärme	10,8	10,5
S_3 Verluste durch Strahlung und Leitung	25,5	40,0
	100,0	100,0
Wirkungsgrad des Ofens $\eta = \frac{C+D}{A+B}$	0,61	0,478

Die FILLAFERschen Röstöfen nach Bild 220 wurden früher in Donawitz betrieben. Sie haben einen rechteckigen Querschnitt von 2,61 × 1,18 m und werden ebenfalls mit Gichtgas beheizt, das durch Schlitze im Schachtmauerwerk eintritt. Sie verarbeiteten bis 24 t Rohspat täglich bei einem Gichtgasverbrauch von 600 m³/t Rostspat.

Die Röstöfen der *Friedrichshütte in Herdorf* nach Bild 221 haben ein prismatisches Profil von 3 × 4 m Querschnitt, eine Nutzhöhe von 7 m, einen Inhalt von 84 m³ und ein Fassungsvermögen von 180 bis 200 t Rohspat. Die Sohle des Ofens ist sattelförmig gestaltet, um das Austragen des Röstgutes zu erleichtern. Die Gicht ist durch einen Aufbau aus Eisenblechen geschlossen, an die sich die Esse unmittelbar anschließt. Der Gichtaufbau ist mit zwei Beschicktüren versehen. Die Ziehöffnungen liegen einander gegenüber auf der Breitseite des Ofens. Das Röstgut wird unmittelbar in die unter dem Ofen angeordneten Bunker abgezogen. Bemerkenswert ist die Ausführung des Schachtes, der aus Bruchsteinen in 2 m Stärke besteht und innen durch Klinker ausgefüttert ist. Diese erhebliche Wandstärke vermindert die Wandverluste auf ein Minimum. Die Leistung eines Ofens beträgt 58 bis 60 t/24 h bei einem Brennstoffverbrauch von 2,25%

[1] Stahl u. Eisen 1908 S. 1353.

[2] Es dürfte richtiger sein, die Wärme zur Erhitzung des Gutes nicht als Nutzwärme in Rechnung zu setzen, da das Röstgut abgekühlt entfällt. Dann wird $\eta = 0{,}393$ bzw. 0,305.

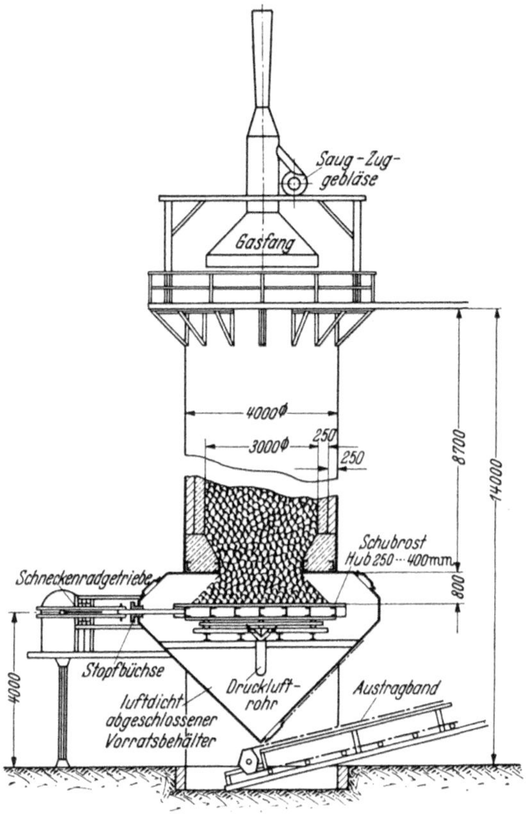

Bild 222. Röstofen mit Druckluft- und Saugzug-Betrieb der Grube Neue Haardt. (Nach Stahl u. Eisen.)

Kleinkoks, bezogen auf Rohspat. Wenn die Öfen nur mit Gut von über 22 mm Durchmesser beschickt werden, erhöht sich die Leistung auf 70 t und der Kokssatz vermindert sich auf 1,75% je t Rohspat oder 2,28% je t Röstgut (160000 kcal). Durch Einbau einer Saugzuganlage wäre die Leistung noch weiter zu erhöhen[1]. Die Röstöfen von Apold-Fleissner sind auf ein besonderes Verfahren eingestellt, das auf Grund von Forschungsarbeiten von Fleissner entwickelt wurde[2]. Das Ergebnis dieser Arbeiten ist die Erkenntnis, daß zur Zerlegung des Eisenkarbonats verhältnismäßig niedrige Temperaturen und kurze Röstzeiten genügen, wenn der Teildruck des Kohlendioxyds in den Röstgasen erniedrigt wird. Hierdurch können die Durchsatzzeiten der Röstöfen und der Brennstoffaufwand erniedrigt werden. Bei diesem Verfahren wird die zum Rösten erforderliche Wärme durch heißen Wind oder kohlendioxydarme Abgase dem Ofen zugeführt. In den letzten Jahren haben wissenschaftliche und praktische Untersuchungen ergeben, daß nur der ununterbrochene Betrieb mit künstlicher Luftzufuhr und mechanischem Rostaustrag eine Erhöhung der Ofenleistungen sowie die Verminderung des Brennstoffverbrauchs und der Löhne und damit einen wirtschaftlichen Betrieb ergeben kann[3]. Bild 222 zeigt einen mit Druckluft und Saugzug betriebenen Röstofen mit mechanischem Austragband. Im Bilde 223 ist eine Siegerländer Röstofenanlage dargestellt, die ebenfalls mit Saugzuggebläsen ausgestattet ist.

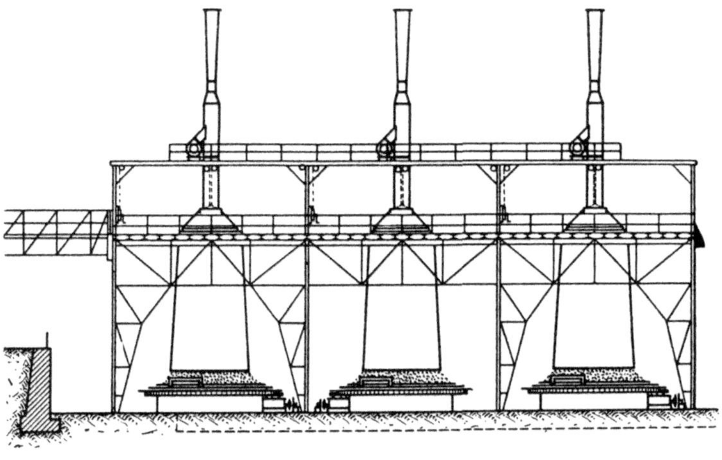

Bild 223. Siegerländer Röstofenanlage.

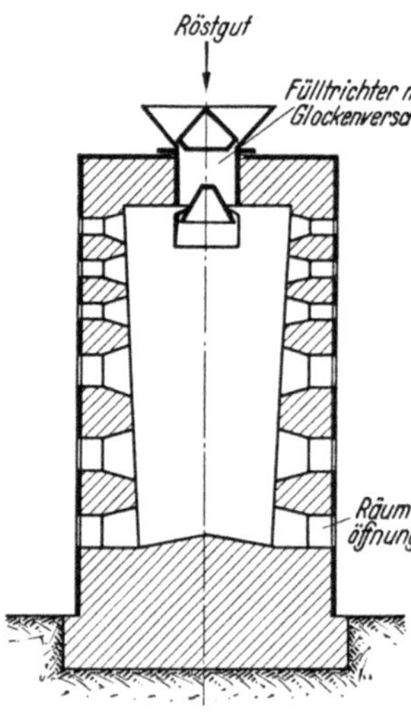

Bild 224. Mansfelder Kiln. (Nach Borchers.)

---

[1] Stahl u. Eisen Bd. 48 (1928) S. 15. [2] Stahl u. Eisen Bd. 47 (1927) S. 2061.
[3] Stahl u. Eisen Bd. 45 (1925) S. 2117; Bd. 52 (1932) S. 582; Bd. 55 (1935) S. 1164; Bd. 57 (1937) S. 289.

Die Schachtröstöfen für Kupfererze kommen in zwei Bauarten als sog. Kiesbrenner und als Kilns zur Anwendung. Die Kiesbrenner sind niedrige Öfen von rechteckigem Querschnitt, von denen gewöhnlich 3 Stück zu einer Gruppe vereinigt werden. Sie werden zum Rösten von kupferhaltigen Schwefelkiesen zum Zwecke der Schwefelsäuregewinnung benutzt. Die Beschickung aus walnußgroßen Stücken ruht auf einem Rost aus drehbaren Vierkantstäben. Sie werden täglich 2- bis 3mal beschickt. Der Durchsatz beträgt 175 bis 300 kg/m² je 24 h. Die *Kilns* nach Bild 224 werden in größerer Zahl zu einer Gruppe vereinigt. Das Beschicken geschieht durch Fülltrichter, die in der Ofendecke angeordnet sind. Sie werden zum Abrösten schwefelreicher Kupfererze und -armer Steine benutzt. Die Beschickung ruht auf der sattelförmigen Sohle. In den Seitenwänden befinden sich regelbare Öffnungen für den Lufteintritt.

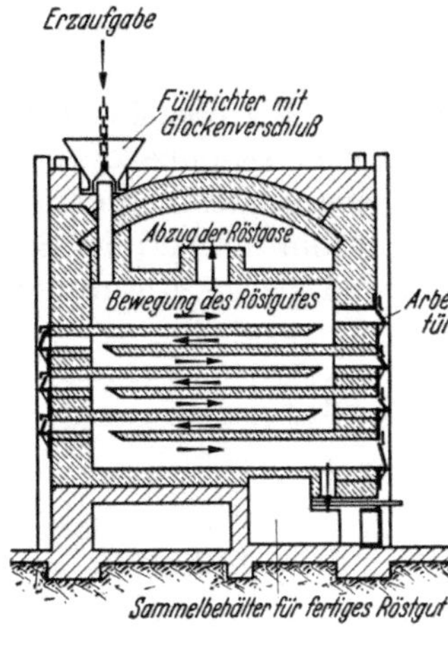

Bild 225. Malétra-Ofen.

Die *Schachtöfen* zum Brennen (Kalzinieren) des Galmeis kommen nur für Stückerz bis zu 15 cm Seitenlänge in Betracht, wobei 20% Feinerz zugefügt werden kann.

b) Herdöfen zum Rösten von Erzen.

Die ersten Herdöfen wurden allgemein mit festem Herd ausgeführt. Das Röstgut wurde von Hand der Bewegungsrichtung der Gase entgegengesetzt fortbewegt. Zur Erhöhung der Leistung wurde der Herd mehr und mehr verlängert, so daß bei Überschreitung eines bestimmten Maßes ein zusätzlicher Aufwand von Brennstoff erforderlich wurde. Ein besonderer Nachteil dieser Öfen ist die schwere und gesundheitsschädliche Handarbeit und die Unmöglichkeit der Verarbeitung der Röstgase auf Schwefelsäure, weil beim Öffnen der Arbeitstüren regelmäßig große Luftmengen in den Ofen einströmen. Eine Verbesserung brachte der mehrstöckige Malétra-Ofen (Bild 225), der als „Feinkiesbrenner" Aufnahme fand. Er hat wärmewirtschaftliche Vorteile gebracht, jedoch war die Handarbeit nicht ganz ausgeschaltet. Das wurde erreicht durch die *mechanischen Fortschaufelungsöfen*, die in zwei Ausführungsformen vorkommen. Die eine hat *festen* Herd und bewegte Schaufeln, die *Krähle*, die mittels Stange oder Kette in der Längsrichtung über den Herd bewegt werden, um das Röstgut umzurühren und zum Austragende vorwärts zu bewegen. Die andere Bauart ist mit beweglichem Herd ausgerüstet. Der Herd wird in der Längsrichtung fortbewegt, während die Krählen feststehen. Eine für alle Zwecke geeignete Lösung haben diese Öfen auch nicht gebracht. Diese bieten die mehrstöckigen runden Herdöfen mit um eine Achse kreisenden Krählen.

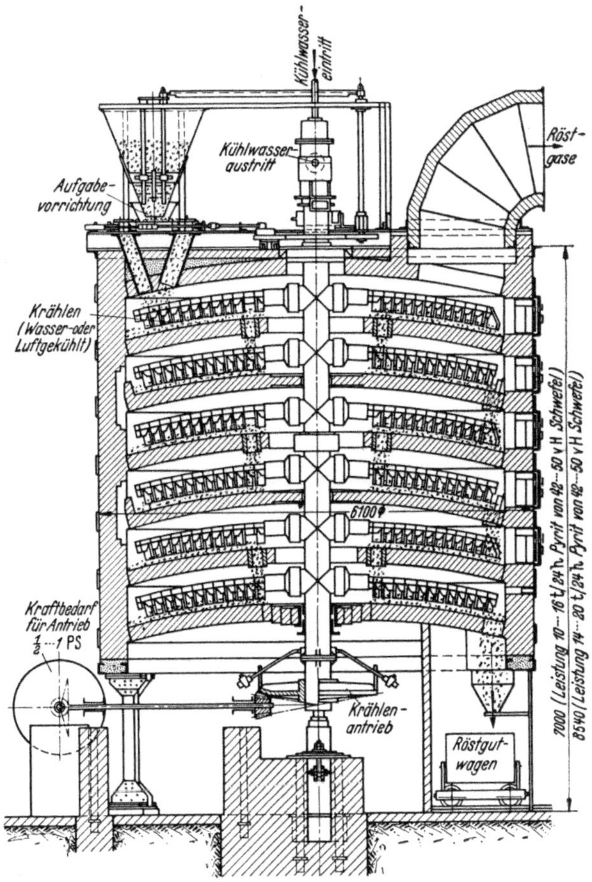

Bild 226. Tellerofen mit 6 Herden von LÜTJENS und LUDEWIG.

c) Mehrstöckige Telleröfen.

Hierbei ist die alte Form des Fortschauflers verlassen. Die Herde sind gemäß Bild 226 tellerförmig um eine hohle senkrechte Welle angeordnet. Diese trägt die hohlen Krählarme mit den Krählen. Jeder Teller ist als Herd ausgebildet. Ein Ofen besitzt bis zu 9 Herden. Der oberste ist der Trockenherd, er hat besondere Abführung für den Wasserdampf oder ist ohne obere Abdeckung ausgeführt. Das Erz wird am äußeren Umfang des obersten Röstherdes aufgegeben. Infolge der hierbei herrschenden hohen Temperatur beginnt alsbald die Schwefelverbrennung. Das Gut wird durch die Krählen umgerührt und gleichzeitig in der Richtung zur Mitte fortbewegt, bis es die konzentrisch zur

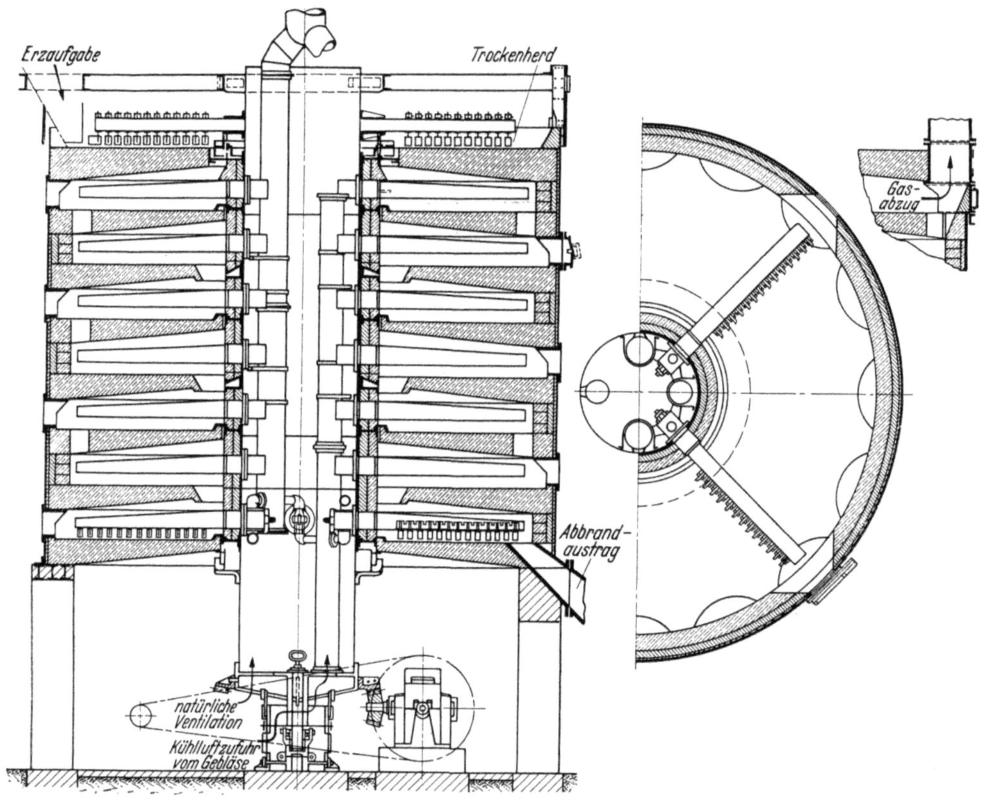

Bild 227. Mehrstöckiger Röstofen nach WEDGE.

Welle angeordnete Öffnung erreicht, durch die es austritt und auf den nächsten Herd fällt. Hier wandert das Gut in umgekehrter Richtung zu der am Umfang angeordneten Austragöffnung. Auf diese einfache Art wird es bis zum unteren Herd und in einen Silo oder Röstgutwagen gefördert. Die Bewegungsrichtung wird durch Stellung der Krählen bedingt. Hierbei ist auf den Umstand Rücksicht zu nehmen, daß die zu bewegende Erzmenge bezogen auf die Flächeneinheit von außen nach innen zu- und in umgekehrter Richtung abnimmt. Das geschieht durch den Winkel, den die Krählen mit der Tangente ihrer Kreisbahn bilden. Dieser Krählwinkel nimmt von der Mitte nach außen ab. Die Regelung der Leistung erfolgt durch die Schütthöhe und die Umdrehungsgeschwindigkeit. Die Zahl der Herde hat naturgemäß Einfluß auf die Vollkommenheit der Entschwefelung. Der für die Durchführung des Verfahrens bei Kupfererzen erforderliche Mindestschwefelgehalt liegt bei 28 bis 30 %. Bei geringerem Schwefelgehalt wird in die unteren Herde Feinkohle oder Roherz zugeführt, oder es wird eine Zusatzfeuerung angeordnet. Die Durchlaßöffnungen in den Herden sind so zu bemessen, daß die Gasgeschwindigkeit 3 m/s nicht überschreitet, um Staubbildung zu vermeiden. Zum gleichen Zweck werden die Herde nahe beieinander gelegt, um die Fallhöhe klein zu halten. Überhitzungen, die zur Sinterung und Bildung von Ansätzen führen, sind durch einen Überschuß von Kaltluft zu verhindern. Die Welle, die Krählarme und Krählen werden durch Wasser oder Luft gekühlt. Die Vorröstung von Zinkerzen erfolgt ohne besondere Heizung auf 7 bis 11 % S, so daß eine Verarbeitung auf Schwefelsäure möglich ist. Als Baustoffe für die Ausmauerung werden Schamottesteine oder eine Mischung aus 1 Teil Portlandzement, 2 Teilen Sand und 4 Teilen zerkleinerter Schlacke verwendet. Für die Rührarme und Krählen kommen hitzebeständige Legierungen in Betracht. Gewöhnlich erhalten die Öfen eine vollständige Ummantelung aus Eisenblech.

Bild 228. Mehrstöckiger Tellerröstofen. Blick auf Trockenherd und Aufgabevorrichtung (Humboldt-Deutzmotoren Akt.-Ges., Köln-Kalk).

Der erste mehrstökkige Tellerofen wurde von MacDongall durchgebildet, weshalb dieser Name mit der Ofenart als Artbezeichnung vielfach verbunden wird. Bei den ersten Ausführungen waren die Krählarme fest mit der Welle verbunden, was die Auswechselung schadhafter Teile erschwerte. Welle und Krählarme wurden durch Wasser gekühlt. Der Ofen von Herreshoff ist mit Luftkühlung versehen, die in den untersten Herdraum abströmt. Die Krählarme sind in Schlitzen der Welle gehalten. Ihre Auswechslung kann während des Betriebes vorgenommen werden. Als Nachteil der Befestigungsweise wird die Beweglichkeit in senkrechter Richtung angesehen. Der Ofen der *Maschinenbauanstalt Humboldt* hat eine verbesserte Ausführung der Krählarme, die ein Ausweichen nach oben nicht zulassen. Das Röstgut wird am Umfang durch Nischen im Schachtmauerwerk über schiefe Ebenen geleitet. Hierdurch wird Staubbildung vermieden. Der Ofen der *Erzröstgesellschaft* Köln hat durchgehende Krählarme, die in eine Spalte der Welle eingeschoben werden. Die Befestigung erfolgt durch Vorsprünge an der Welle, die in Aussparungen der Kühlarme eingeschoben werden. Der Ofen besitzt Staubschurren, die den freien Fall des Röstgutes verhindern und die Staubbildung vermindern.

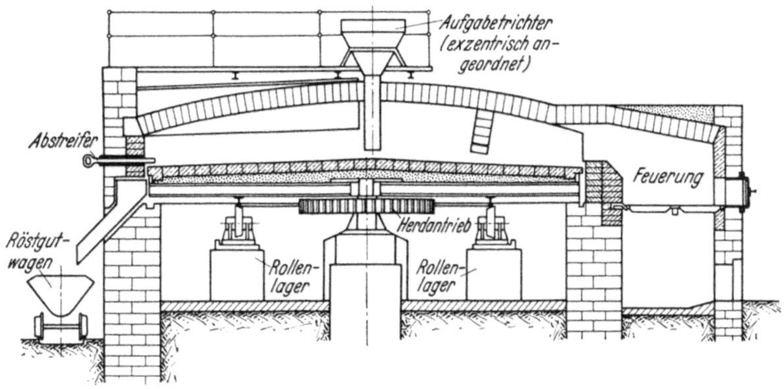

Bild 229. Huntington-Heberlein-Rundofen (Maschinenfabrik Humboldt-Deutzmotoren Akt.-Ges., Köln-Kalk).

Der Ofen von Wedge nach den Bildern 227 und 228 ist besonders für die Verarbeitung großer Mengen geeignet. Er besitzt eine hohle Welle von 1500 mm Durchmesser, die auch während des Betriebes befahrbar ist. Die mit Wasser gekühlten Krählarme sind durch eine einfache Vorrichtung an der Welle befestigt. Der Ofen wird bis zu 7 m

Durchmesser mit 7 Herden ausgeführt. Er erreicht dann eine Tagesleistung bis zu 100 t bei schwefelreichem Gut. Das entspricht einer Herdflächenbelastung von 370 kg/m² h.

d) Rundöfen mit beweglichem Herd und feststehenden Krählen.

Diese Öfen wurden von HUNTINGTON und HEBERLEIN durchgebildet und sind gewöhnlich nach ihnen benannt. Wie aus Bild 229 ersichtlich, besitzen sie einen drehbaren Herd und Krähle, die an einem im Gewölbe eingemauerten Rahmen befestigt sind. Das Erz wird durch einen in der Nähe des Mittelpunktes angeordneten Aufgabetrichter in den Ofen eingeführt. Die Schütthöhe wird durch senkrechte Verstellung des Einlaufrohres geregelt. Das Röstgut wird durch entsprechende Schrägstellung der Krähle bei jeder Umdrehung um eine Teilung weitergeschoben. Die äußerste Krähle schiebt es über den Rand des Herdes in eine Rinne und in den Wagen. Die Feuerung ist seitlich an die Ringmauer angeschlossen. Bei einem Ofen von 8 m Durchmesser wird eine Leistung bis zu 80 t, das ist 1600 kg/m² erreicht. Diese Ofenart wird besonders zum vorbereitenden Rösten von Bleierzen verwendet. Der Brennstoffverbrauch beträgt je nach S-Gehalt 3 bis 7 % des Eintrages.

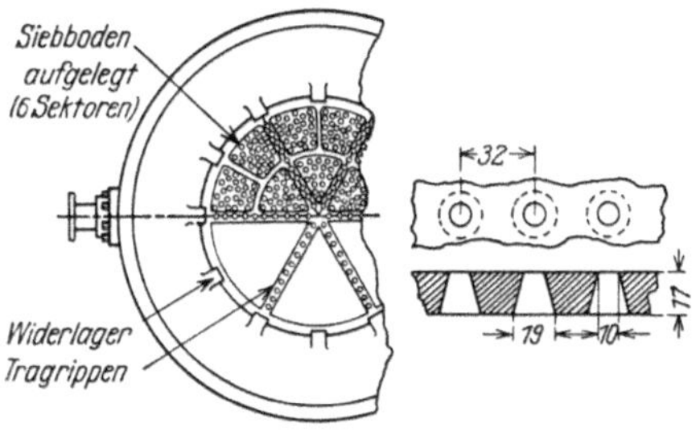

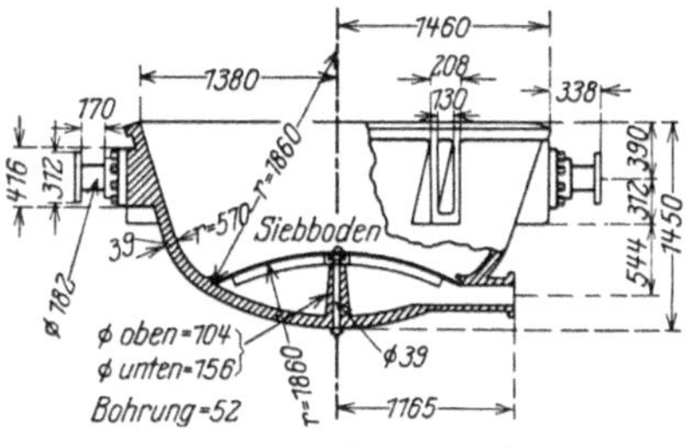

Bild 230. Sintertopf.

e) Anlagen zur Sinterröstung oder Verblaseröstung.

Das Verfahren wurde von HEBERLEIN und HUNTINGTON erfunden, die ihre ersten Versuche in der Bleihütte Pertuzola bei Specia machten. Sie wollten ein gut entschwefeltes, *stückiges* und möglichst *poröses* Röstgut herstellen, das zum Verschmelzen im Schachtofen geeignet war und legten zu diesem Zweck in einen Entsilberungskessel einen zweiten durchlöcherten Boden. Auf diesen wurde eine glühende Schicht teilweise abgerösteten Erzes gebracht und dann Luft hindurchgeblasen. Auf die glühende Schicht wurde abgelöschtes halbfertiges Röstgut aufgetragen und das Blasen fortgesetzt. Es trat Entzündung der noch unveränderten Sulfide und vollständige Verbrennung des Schwefels ein. Die erhebliche Temperatursteigerung bewirkte eine Zusammensinterung der ganzen Masse. Das Verfahren wurde unter der Bezeichnung HUNTINGTON-HEBERLEIN-Verfahren auch für andere Erze einschließlich Eisenerze eingeführt.

Bild 231. Dwight-Lloyd-Apparat (geradlinige Bauart).

Man benutzt gußeiserne Kessel mit doppeltem Siebboden, kippbare Konverter oder niedrige Schachtöfen mit Planrost. Voraussetzung für das Verfahren ist geringe gleichmäßige Korngröße des Erzes und ein Gehalt an Brennstoff, der gerade ausreicht, das Röstgut zum Sintern, nicht aber zum Schmelzen zu bringen. Wenn der erforderliche

Brennstoff im Ausgangsmaterial nicht als Schwefel vorhanden ist, kann er durch Zugabe von Koks und Braunkohlenabrieb zugemischt werden. Das Bild 230 zeigt einen Sintertopf (Konverter), der in Bleihütten zum Fertigrösten Verwendung findet[1]. Diese Sintertöpfe haben eine kegelförmige oder kugelige Gestalt von 1 bis 3 m Durchmesser. Sie werden auch als flache Kasten ausgebildet und aus Gußeisen oder Stahlblech hergestellt. Die Drehzapfen sind so anzuordnen, daß ihre Mittellinie nur wenig über dem Schwerpunkt des gefüllten Konverters liegt, damit das Kippen geringe Kraft erfordert. Das Fassungsvermögen schwankt zwischen 1,5 und 12 t. Die kleineren Apparate werden auf ein Fahrgestell gesetzt, während die größeren auf festen Ständern gelagert sind. Letztere werden durch einen Laufkran abgehoben und befördert. Die Windzuführung erfolgt durch einen seitlichen Stutzen am Boden oder durch einen der Drehzapfen, der Anschluß an die Windleitung durch biegsamen Metallschlauch oder Stopfbuchse. Bei der Am. Smelting and Refining Co. bei St. Louis sind Konverter ausgeführt, deren Windkasten fest mit dem Fundament und der Windleitung verbunden sind. Nur der eigentliche Konverter mit dem Siebboden ist abhebbar, um ihn durch einen Laufkran mit dem Röstgut zum Lagerplatz befördern zu können.

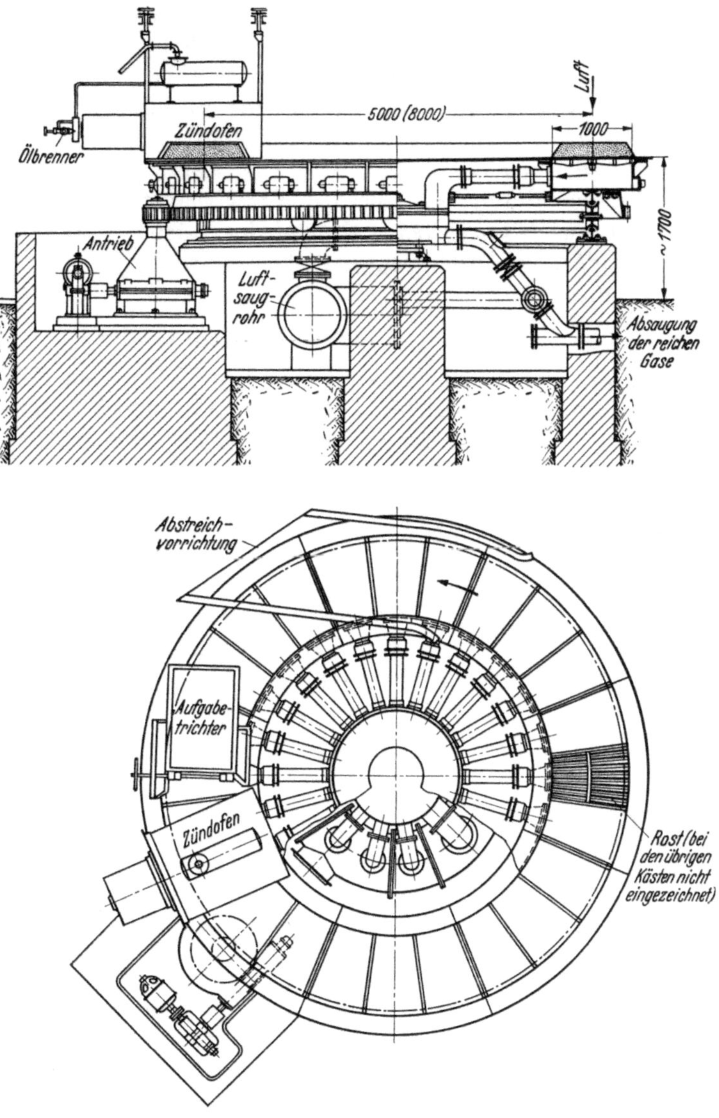

Bild 232. Dwight-Lloyd-Apparat (runde Bauart).

Die *Dwight-Lloyd-Apparate* nach Bild 231 zur Sinterröstung haben den großen Vorteil, daß sie einen ununterbrochenen Betrieb ermöglichen. Bei den Verfahren nach Huntington-Heberlein wird die Luft durch den Siebboden geblasen. Es wird solange frisches Gut aufgegeben, bis das Gefäß oder der Ofen gefüllt ist. Dann wird der Betrieb unterbrochen, um das fertige Röstgut auszukippen. Bei den Dwight-Lloyd-Apparaten wird die Luft durch die Beschickung gesaugt. Die schädlichen Röstgase können mithin nicht aus dem Apparat austreten und die Bedienungsleute belästigen. Das Agglomerat bildet nicht einen großen Klotz, der erst zerkleinert werden muß, sondern flache Kuchen, die leicht auseinanderbrechen. Bild 232 zeigt einen von Schlippenbach abgeänderten Apparat von ringförmiger Gestalt. Die *geradlinige* Bauart oder Bandmaschine besteht

[1] Tafel: Lehrbuch für Metallhüttenkunde. Leipzig: S. Hirzel 1929.

aus einem endlosen Band, das von gußeisernen Kästen gebildet wird. Die Böden dieser Kästen sind mit Schlitzlöchern versehen, um der Luft das Durchströmen zu ermöglichen. Das Band wird über eine dicht anschließende Luftkammer bewegt, die an ein Schleudergebläse (Exhaustor) angeschlossen ist. Die Beschickung wird durch einen Fülltrichter auf das Band geleitet und gleichmäßig geschichtet. Unmittelbar hinter dem Fülltrichter befindet sich eine Zündflamme, die auf das Gut gelenkt ist und die Entzündung von der Oberfläche her einleitet. Die weitere Verbrennung geht infolge des Luftstromes ununterbrochen bis zum Siebrost des Bodens weiter. In gleicher Weise schreitet die Abkühlung vorwärts. Die *runde Bauart* oder Tischmaschine hat einen ringförmigen Rost aus Kästen, die starr miteinander verbunden sind. Jeder Kasten ist durch ein Saugrohr mit einem Zentralrohr verbunden. Der Anschluß des Zentralrohres an die Hauptsaugleitung des Exhaustors wird durch eine Stopfbuchse gebildet. Die reichen Gase werden durch einen besonderen Exhaustor abgesaugt. Während bei der Bandmaschine das Röstgut beim Kippen der Kästen herausfällt, ist bei der Tischmaschine eine pflugförmige Platte erforderlich, die das Agglomerat vom Kasten abhebt und nach außen führt.

f) Drehrohröfen

werden angewandt zum Rösten von schwefelhaltigen Eisenerzen auf der Magpiegrube im Kanadischen Erzbezirk[1]. Der Schwefelgehalt wird hier von 4,3% auf 0,05% vermindert, der Eisengehalt von 42 auf 52% erhöht. Jedes Aggregat besteht aus drei Trommeln in verschiedener Höhenlage. Die obere Trommel wird mit den Abgasen der beiden unteren geheizt, sie dient zur Austreibung der CO_2 bei rund 800°. In den beiden tiefer liegenden Trommeln, die mit Generatorgas beheizt werden, findet die Entschwefelung statt. Um diese möglichst vollständig zu erreichen, wird die Temperatur auf 1100 bis 1200° getrieben. Der Brennstoffverbrauch beträgt 19 kg Generatorkohle je 100 kg Erz. Die obere Trommel ist 38 m lang bei 2,45 m Durchmesser. Die unteren Rösttrommeln haben bei 18,2 m Länge 1,52 m Durchmesser. Bild 233 gibt eine Übersicht über die Gesamtanlage.

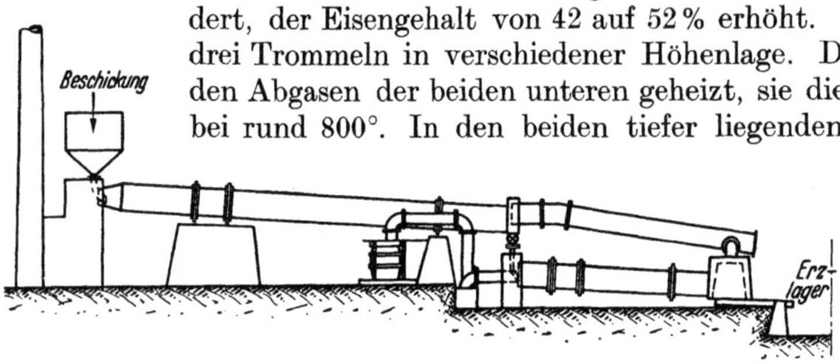

Bild 233. Röstanlage der Magpie-Grube.

g) Anlagen zum Stückigmachen von Eisenerzen.

Feinerze, Abbrände, Walzsinter und Hochofengichtstaub werden in steigendem Umfang stückig gemacht, wodurch für die Verhüttung Vorteile erreicht werden. Solche Vorteile sind leichterer Ofengang, höhere Erzeugung, verminderter Koksverbrauch und Entfernung von schädlichen Bestandteilen. Die vorgeschlagenen Verfahren erfordern verschiedenartige Einrichtungen. Sie können in drei Gruppen unterteilt werden: 1. Brikettieren ohne Anwenden von Hitze, 2. Brikettieren mit nachfolgendem Behandeln in erhöhter Temperatur, 3. Sintern (Agglomerieren) des feinkörnigen Gutes bei hoher Temperatur ohne Vorbehandlung.

Das Brikettieren ohne Anwenden von Hitze geschieht in Schlagpressen oder hydraulisch-pneumatischen Pressen (Drehtischpressen) bei Drücken von 200 bis 600 kg/cm². Das Brikettieren beruht in erster Linie auf den bei starken Druck entstehenden Oberflächenkräften, die sich in Oberflächenanziehung auswirken[2]. Ein gewisser Feuchtigkeitsgehalt in dem zu brikettierenden Staub ist erforderlich, damit unter dem Druck des Preßstempels vorübergehend eine Bildsamkeit der Masse eintritt. Zu hoher Wassergehalt wirkt nachteilig, weil dadurch die Molekularanziehung der Staubteilchen aufgehoben und das Festwerden des Preßlings verhindert wird. Beim Erzbrikettieren werden in den

[1] Stahl u. Eisen 1912 S. 867. [2] KEGEL: Braunkohle 1926 S. 389.

meisten Anlagen Bindemittel (Chlormagnesiumlauge, Zellpech, Gips, Zellstofflauge, Kalk u. a. m.) zugesetzt. Diese Bindemittel sind im Möller unerwünscht, weil sie mehr oder weniger den Eisengehalt des Preßlings herabsetzen[1].

Das *Brikettieren mit nachfolgendem Behandeln in erhöhter Temperatur* ist durch zwei Verfahren vertreten. Bei dem Verfahren nach GRÖNDAL-RAMÉN werden die Preßlinge auf Wagen verladen durch einen Kanalofen gemäß Bild 234 geführt. Der Ofen ist mit

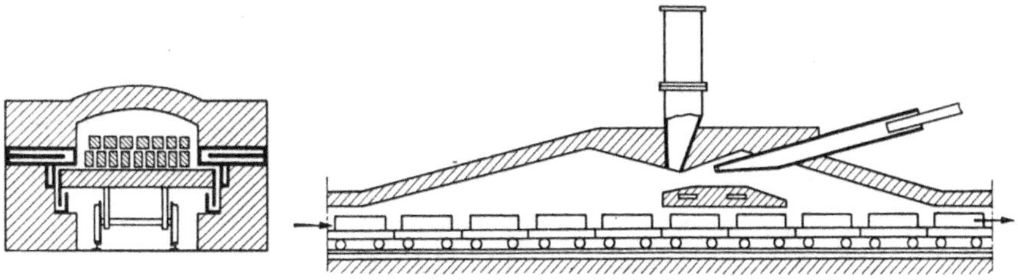

Bild 234. Sinterofen für Preßlinge nach GRÖNDAL-RAMÉN.

einer Kohlenstaubfeuerung ausgerüstet und wird durch Schieber in drei Räume unterteilt: Vorwärmraum, Sinterraum und Abkühlungsraum. Der letztgenannte dient in der bei Kanalöfen üblichen Weise zur Luftvorwärmung. Das Mauerwerk ist an der Feuerbrücke und in der Sinterzone durch wassergekühlte Kästen geschützt. Durch einen Ventilator werden aus dem ersten Teil des Ofens Verbrennungsgase abgesaugt und in den Sinterraum eingeführt. Hierdurch wird eine Temperaturreglung erreicht, ohne die Ofenatmosphäre zu ändern. Bei dem Verfahren nach GIESECKE werden die Preßlinge in einem Schachtofen nachbehandelt. Als Brennstoff dient Feinkoks, der mit den

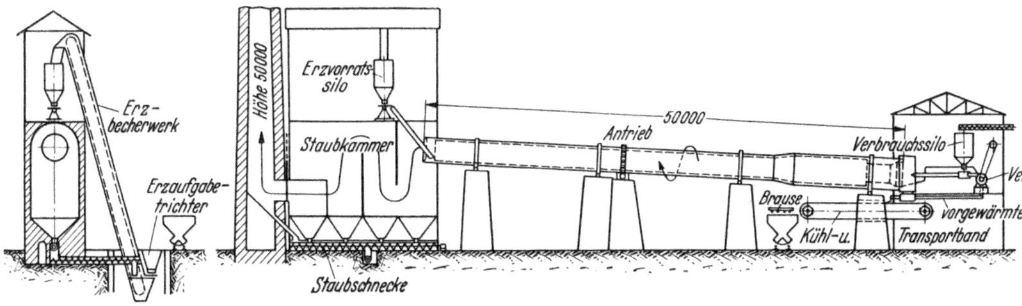

Bild 235. Drehrohrofen zum Agglomerieren von Feinerzen.

Preßlingen aufgegeben wird. Die Verbrennungsluft wird mit einem Druck von 600 mm WS durch Düsen in verschiedener Höhenlage zugeführt. Die Abgase werden durch eine Saugzuganlage aus dem in die Schüttung eintauchenden Zentralrohr abgesaugt.

Zum *Sintern des feinkörnigen Erzes* dienen der Konverter nach HUNTINGTON-HEBERLEIN, der Drehrohrofen und der Dwight-Lloyd-Apparat. Das staubförmige Gut wird in diesen Apparaten so hoch erhitzt, daß es zusammenbackt und Stücke von großer Porigkeit und Gasdurchlässigkeit bildet, die für die Verhüttung im Hochofen sehr geeignet sind. Schädliche Bestandteile wie Schwefel, Arsen und Zink werden vermindert. Der *Konverter* besteht aus einem birnenförmigen Gefäß, das in zwei seitlichen Zapfen drehbar gelagert ist. Der Boden besteht aus einem durchlochten Blech, er ist nach unten durch einen Windkasten abgeschlossen, durch den die Gebläseluft eingeführt wird. Dem Erz wird als Brennstoff Kleinkoks beigemischt. Das Erzeugnis ist nicht gleichmäßig in seiner Beschaffenheit, weil es schwierig ist, Brennstoff und Verbrennungsluft den Verhältnissen entsprechend zu bemessen. Der *Drehrohrofen* eignet sich besonders zur alleinigen Behandlung von Gichtstaub. Bild 235 zeigt eine Agglomerieranlage mit Drehrohrofen

[1] Stahl u. Eisen Bd. 30 (1910) S. 1060; Bd. 33 (1933) S. 139, 276, 319, 1236, 1310, 1355; Bd. 34 (1914) S. 41, 100.

mit einer Leistungsfähigkeit von 450 t/24 h, Bild 236 eine solche mit *Dwight-Lloyd-Apparat.* Der Apparat ist als endloses Band ausgeführt. Sie erhalten eine Länge bis zu 25 m und eine Breite bis zu 2 m. Die Leistungsfähigkeit ist damit auf 1000 t/24 h gesteigert worden. Für kleine Leistungen eignet sich auch die Sinterpfanne von GREENAWALT,

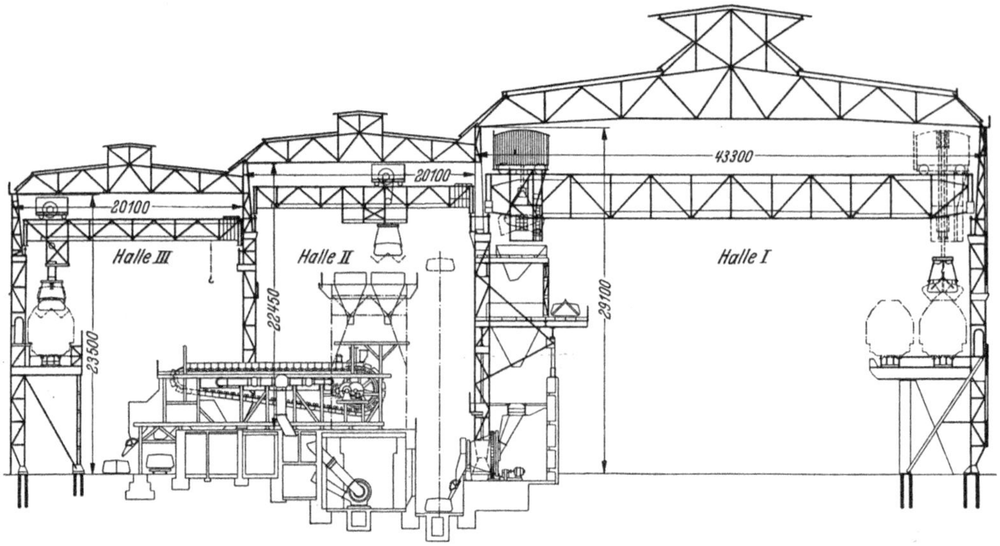

Bild 236. Agglomerieranlage für Eisenerze mit Dwight-Lloyd-Bandapparat.

die in der Anlage erheblich billiger ist. Der Vorgang ist der gleiche wie im Dwight-Lloyd-Apparat, er kann jedoch nicht ununterbrochen durchgeführt werden.

Einen Anhalt über die Bedeutung der besprochenen Verfahren und den Umfang ihrer Anwendung in Deutschland geben nachstehende Zahlen. Im Jahre 1910 wurden rund 700000 t Eisenerze stückig gemacht, im Jahre 1927 betrug die Erzeugung bereits 3,2 Mill. t und im Jahre 1929 über 4,2 Mill. t. Hiervon entfielen 2,9 Mill. t auf Anlagen mit Dwight-Lloyd-Apparaten, 0,7 Mill. auf solche mit Drehrohröfen und sonstigen Sintergeräten, der Rest von 0,6 Mill. t auf Brikettieranlagen.

Fünfter Abschnitt.

Anlagen zur Erzeugung von Roheisen.

I. Allgemeines über Eisengewinnung.

Man findet das Eisen nur selten gediegen. Für die Eisengewinnung kommen nur die Eisenerze in Betracht. Sie enthalten das Eisen als Eisensauerstoffverbindungen, und zwar als Eisenoxyduloxyd, Eisenoxyd, Eisenhydroxyd oder Eisenkarbonat. Hiernach unterscheidet man die in der Tabelle 32 verzeichneten vier Gruppen von Eisenerzen. Diese Verbindungen werden durch Reduktionsvorgänge getrennt. Als Reduktionsmittel dienen Kohlenstoff und Kohlenoxyd, die bei erhöhter Temperatur wirksam werden. Je nach den Arbeitsbedingungen fällt das Eisen in flüssiger oder teigiger Form an und je nach Höhe der Kohlenstoffaufnahme ist das Erzeugnis Roheisen oder schmiedbares Eisen.

Tabelle 32. Die vier Gruppen der Eisenerze.

Fe in der Verbindung	%	Eisengehalt des Erzes %	Bezeichnung des Erzes
Eisenoxyduloxyd Fe_3O_4	72,4	50—65	Magneteisenstein oder Magnetit
Eisenoxyd Fe_2O_3	70,0	30—60	Roteisenstein oder Hämatit
Eisenhydroxyd $2\,Fe_2O_3 \cdot 3\,H_2O$	59,0	25—45	Brauneisenstein oder Limonit
Eisenkarbonat $FeCO_3$	48,3	30—40	Spateisenstein oder Siderit

Durch die Höhe des Kohlenstoffgehaltes werden wichtige Eigenschaften des Eisens, so die Gießbarkeit, Schmiedbarkeit, Härtbarkeit u. a. stark beeinflußt. Bei der Einteilung der technischen Eisensorten wurde deshalb der Kohlenstoffgehalt als Maßstab benutzt. Eisen mit mehr als 1,8 bis 2% C wird als Roheisen bezeichnet, Eisen mit geringerem C-Gehalt heißt schmiedbares Eisen. Das schmiedbare Eisen wurde früher nach der Höhe des Kohlenstoffgehaltes in Schmiedeeisen und Stahl unterschieden. Da sich jedoch zwischen Schmiedeeisen und Stahl keine klare eindeutige Unterscheidung ziehen läßt, hat der Normenausschuß der deutschen Industrie in Übereinstimmung mit den Festsetzungen in den anderen Industrieländern bestimmt, daß alle ohne Nachbehandlung schmiedbaren Eisengattungen als Stahl bezeichnet werden sollen.

Der im teigigen Zustand gewonnene Stahl wird als *Schweiß-* oder *Puddelstahl*, der im flüssigen Zustand gewonnene Stahl als *Flußstahl* bezeichnet. Die Verfahren zur Gewinnung von technischen Eisengattungen können in zwei Gruppen unterteilt werden: Die erste Gruppe umfaßt die Verfahren, bei denen das reduzierende Verschmelzen bei höheren Temperaturen durchgeführt wird. Es entfällt ein Erzeugnis, das als Roheisen bezeichnet wird. Hierbei unterscheidet man je nach der Höhe und Art der Eisenbegleiter *Gießerei-Roheisen* zur Herstellung von Gußstücken und *Roheisen zur Umwandlung in Stahl*. Bei letzterem ist die Zusammensetzung je nach dem beabsichtigten Frischverfahren verschieden. Man unterscheidet *Puddel-*, *Bessemer-*, *Thomas-* und *Stahleisen*.

II. Der Hochofen zur Erzeugung von Roheisen.

a) Aufgaben und Betrieb des Hochofens.

Der Hochofen ist ein Schachtofen. In ihm werden Eisenerze und andere eisenhaltige Verbindungen, die als Abfallerzeugnisse aus anderen hüttenmännischen Verfahren gewonnen werden, verhüttet. Die Eisenerze enthalten mineralische Beimegnungen in verschiedener Menge und Zusammensetzung. Für die Wirtschaftlichkeit des Verfahrens ist ein Mindestgehalt an Eisen Voraussetzung. Die übrigen Bestandteile müssen eine schmelzbare Schlacke ergeben. Da die meisten Rohstoffe dieser Bedingung nicht genügen, ist ein Mischen (Möllern) der Rohstoffe erforderlich. Wenn auch durch Mischen diese Bedingung nicht erfüllt werden kann, müssen zweckdienliche Zuschläge aus eisenarmen oder eisenfreien Stoffen gemacht werden. Bei vorwiegend saurer Gangart wird Kalkstein oder Dolomit, bei vorwiegend kalkiger Gangart werden kieselige Rohstoffe zugeschlagen. Naturgemäß wird hierdurch der Eisengehalt des Möllers vermindert.

Die Hochöfen wurden bisher allgemein mit *basischer* Schlacke (stark kalkhaltiger Schlacke) betrieben. Das geschieht deshalb, weil bei einer derartigen Schlackenführung die Zusammensetzung des Roheisens insbesondere die Höhe des Siliziumgehaltes gut eingehalten werden kann und eine weitgehende Entschwefelung erreicht wird. Will man ärmere Erze mit kieseliger Gangart wirtschaftlich verhütten, so ist diese Arbeitsweise nicht mehr möglich. Man muß vielmehr mit einer *sauren* (vorwiegend kieseligen) Schlacke arbeiten und einen etwas höheren Siliziumgehalt des Roheisens hinnehmen. Die *Entschwefelung* muß dann durch ein besonderes Verfahren, z. B. durch Behandlung mit Soda vorgenommen werden. Ein solches Verfahren ist bereits erprobt worden, seine technische Brauchbarkeit für den Großbetrieb ist erwiesen. In Deutschland kommen hierfür besonders die badischen *Doggererze* und die *Salzgitter-Erze* in Betracht. Aber auch bei der Verhüttung von Minette kann das Verfahren Bedeutung erlangen.

Das *Hochofenverfahren* umfaßt *zwei Hauptvorgänge:* Die Trennung des Eisens vom Sauerstoff durch geeignete Reduktionsmittel und die Trennung des Eisens von der Gangart der Erze.

Die *Reduktionsmittel* liefert der Brennstoff. Die Trennung des Eisens von der Gangart erfolgt im *Schmelzfluß* infolge der erheblichen Unterschiede der spezifischen Gewichte des Metalls und der mineralischen Bestandteile. Die erforderliche Wärmemenge wird durch Verbrennung von festen Brennstoffen oder durch Umsetzung elektrischer Energie erzeugt. Bis zur Mitte des 18. Jahrhunderts wurde als Brennstoff Holzkohle verwendet. Seitdem ist die Holzkohle nach und nach fast allgemein durch den *Koks* ersetzt worden. Wie bei allen Schachtöfen werden auch beim Hochofen die Rohstoffe, also die Schmelzstoffe und festen Brennstoffe abwechselnd in möglichst gleichmäßigen Schichten am oberen Ende (der Gicht) aufgegeben. Die Verbrennungsluft wird durch Gebläsemaschinen in den Unterofen eingepreßt. Der Kohlenstoff des Brennstoffes liefert bei der Verbrennung nicht nur die erforderliche Wärmemenge, sondern auch das als Reduktionsmittel dienende Kohlenoxyd. Die direkte Reduktion bewirkt bei hoher Temperatur der Kohlenstoff.

An den Hochofenkoks werden im allgemeinen folgende Forderungen gestellt: Aschengehalt 9 bis 10%, Wassergehalt nicht über 4%, Schwefelgehalt nicht über 1%, Stückgröße 40 bis 120 mm Durchmesser, gleichmäßig gute Garung, genügende Druckfestigkeit und geringe Zerreiblichkeit, leichte Verbrennlichkeit und Reaktionsfähigkeit.

Um einen Koks herzustellen, der diesen Anforderungen entspricht, bedarf es nicht nur geeigneter Koksöfen und deren zweckentsprechender Führung, sondern auch einer Rohkohle von bestimmten Eigenschaften. Vielfach ist eine besondere Aufbereitung und das Mischen verschiedener Arten erforderlich. Insbesondere begegnet es Schwierigkeiten, ein Erzeugnis herzustellen, das bei hoher Druckfestigkeit leichte Verbrennlichkeit aufweist, da diese beiden Eigenschaften entgegenstrebende Maßnahmen bedingen. Die Forderung nach guten Festigkeitseigenschaften steht aber an erster Stelle, gegenüber der der Wunsch nach hoher Reaktionsfähigkeit zurücktritt. Holzkohle ist leicht verbrennlich, hat aber geringe Druckfestigkeit; sie ist deshalb in den neuzeitlichen Hochöfen mit großer Bauhöhe nicht verwendbar. Ähnlich verhält es sich mit Anthrazitkohle, die auch nur in Ausnahmefällen im Hochofen benutzt wird. Beim Elektro-Hochofen wird der größte Teil des Wärmebedarfs durch Umsetzung elektrischer Energie gedeckt, der dem Ofen zugeführte Kohlenstoff dient vorwiegend zur Reduktion und Kohlung des Eisens.

Beim Eintritt in den Hochofen trifft der Wind mit glühendem Koks zusammen. Bei der im Unterofen herrschenden hohen Temperatur verläuft die Verbrennung über Kohlensäure zu Kohlenoxyd. Die sich bildende Kohlensäure wird sofort zerlegt nach der Formel

$$CO_2 + C \rightleftarrows 2\,CO.$$

Bei der im Verbrennungsraum herrschenden Temperatur von 1600 bis 1700° ist CO_2 nicht mehr beständig.

Das Kohlenoxyd nimmt auf seinem Wege zur Gicht aus den Eisensauerstoffverbindungen deren Sauerstoff auf. Ein Teil des Kohlenoxyds wird hierbei wieder in Kohlensäure übergeführt nach den folgenden Formeln:

$$3\,Fe_2O_3 + CO = 2\,Fe_3O_4 + CO_2$$
$$Fe_3O_4 + CO = 3\,FeO + CO_2$$
$$FeO + CO = Fe + CO_2.$$

Nun wirkt die Kohlensäure wieder auf den Kohlenstoff des niedergehenden Brennstoffes und es bildet sich aufs neue Kohlenoxyd. Die Gichtgase enthalten:

6 bis 12 % CO_2
29 bis 33 % CO
1 bis 4 % H_2

neben dem Stickstoff der Verbrennungsluft und geringe Mengen CH_4.

Die reduzierende Wirkung des Kohlenoxyds auf die Erze beginnt bei etwa 400°. Sie wird aber durch die Gegenwart von Kohlensäure vermindert, da diese auf Eisen oxydierend wirkt. Diese sog. indirekte Reduktion durch Kohlenoxyd ist infolgedessen keine vollkommene. Die vollständige Reduktion geht erst bei höherer Temperatur durch die direkte Reduktionswirkung des Kohlenstoffes vor sich. Auch die Reduktion von Mangan, Phosphor, Silizium und anderer Bestandteile des Roheisens vollzieht sich erst in den unteren heißen Zonen des Hochofens.

Hieraus ergibt sich, wie wichtig es ist, den Hochofen dauernd in einem Zustande der Ausgeglichenheit und im Unterofen die erforderliche Temperatur dauernd aufrechtzuerhalten. Die erzeugten Wärmemengen müssen den Energiebedarf mit Sicherheit decken, da sonst die erstrebten Reaktionen nicht rechtzeitig beendet sind. Es treten Störungen in dem oben gekennzeichneten Verfahren auf, die als Rohgang bezeichnet werden. Das Erzeugnis ist minderwertig.

Der Betrieb des Hochofens wird so geführt, daß die Rohstoffe an der Gicht in gleichem Ausmaße aufgegeben werden, wie die flüssigen Erzeugnisse (Roheisen und Schlacke) aus dem Herd des Unterofens abgeführt werden. Der Hochofen ist demnach, abgesehen von Ausnahmezuständen, dauernd gefüllt. In jedem Zeitpunkt sind alle Stufen der Umwandlung vom Rohstoff bis zum Fertigerzeugnis im Ofen vorhanden.

Die den Verbrennungsgasen zufallenden Aufgaben werden um so vollständiger erfüllt, je gleichmäßiger sie die Beschickungssäule durchströmen. Die Beaufschlagung des Ofeninhalts durch den Gebläsewind sollte von vornherein über den ganzen Ofenquerschnitt eine möglichst gleichmäßige sein. Das wird durch Anordnung einer Anzahl gleichmäßig auf den Ofenumfang verteilter Düsen, der sog. Blasformen, angestrebt.

Die Rohstoffe sollen in möglichst gleichmäßigen Schichten von möglichst gleicher Stückgröße aufgegeben werden. Grobstückiges Erz wird gebrochen, Feinerze und andere feinkörnige Schmelzstoffe werden durch Agglomerieren oder Brikettieren stückig gemacht. Beim Koks wird übermäßige Stückgröße durch die Kammerabmessungen der Koksöfen verhindert. Wenn erforderlich, wird auch zu grobstückiger Koks gebrochen. Feinkoks und Koksstaub, wenn in zu großen Mengen vorhanden, werden ausgesiebt. Die innere Form des Hochofens, das *Hochofenprofil* muß das gleichmäßige Niedergehen der Beschickung und das gleichmäßige Aufsteigen der Gase begünstigen.

b) Die Entwicklung des Hochofens nach Form und Größe.

Die Bilder 237 bis 242 zeigen, wie man den oben gekennzeichneten Anforderungen im Verlaufe eines Jahrhunderts gerecht zu werden suchte. Das *Hochofenprofil* weicht von der einfachsten Form eines Schachtofens, der Zylinderform, ab. Diese Änderung ist aus den nachfolgenden Erwägungen alsbald nach dem Übergang vom Stückofen zum Roheisenofen vorgenommen worden. Die Beschickung erfährt beim Niedergehen einen

Reibungswiderstand an der Ofenwand. Bei einer zylindrischen Form würde dieser Widerstand am Umfang eine Verlangsamung und in der Mitte eine Voreilung des Ofeninhalts bewirken. Außen träte eine Lockerung, innen eine Verdichtung der Beschickungssäule ein. Die Gase würden am Umfang geringeren Widerstand finden und dort voreilen, es träte „*Randgängigkeit*" ein. Die Hauptforderung für die Gleichmäßigkeit des Ofenganges und

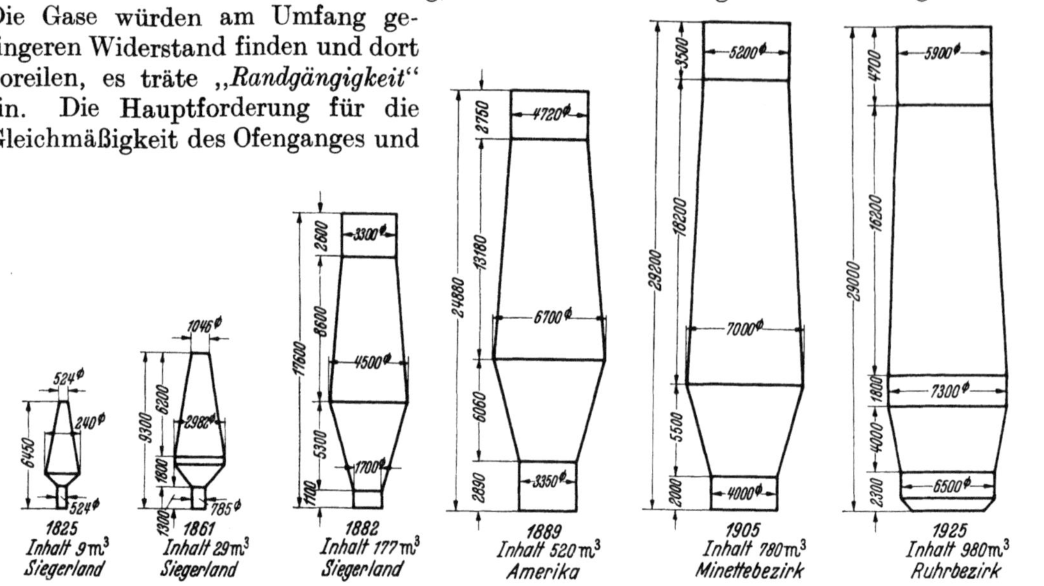

Bilder 237—242. Entwicklung des Hochofens nach Profil und Größe im Verlaufe eines Jahrhunderts.

der Ausgeglichenheit aller Vorgänge wäre nicht erfüllt. Der Schacht des Ofens erhielt deshalb zunächst die Form einer abgestumpften Pyramide und später die eines abgestumpften Kegels. Für diese Form spricht auch der Umstand, daß sich die Stoffe im Hochofen beim Niedergehen erwärmen und an Rauminhalt zunehmen. Es wäre folgerichtig gewesen, die Erweiterung bis zur Sohle durchgehen zu lassen. Das war aber bei den Verhältnissen, die im 13. Jahrhundert bei der Einführung der Roheisenherstellung im Schachtofen vorlagen, noch nicht angängig. Die damals als Bla- oder Blauöfen (Blasöfen) bezeichneten kleinen Hochöfen wurden mit Blasebälgen von geringer Leistungsfähigkeit betrieben. Die Öfen hatten nur eine Blasform. Um im Unterofen die erforderliche Schmelztemperatur zu erreichen und aufrechtzuerhalten, mußte er in Abweichung vom Stückofen vor der Blasform eine erhebliche Verengung erfahren. Der Übergang von dem nach unten sich erweiternden Schacht zu dem engen Gestell konnte nur erreicht werden, indem ein Raum zwischengeschaltet wurde, der sich von oben nach unten verjüngte. So entstand das Hochofenprofil, das sich gemäß den Bildern 237 bis 242 in seinen Grundformen bis heute erhalten hat. Der obere nach unten sich erweiternde Teil wird *Schacht* genannt (Bild 243). Die Neigung des Schachtes wird durch den *Schachtwinkel* festgelegt, dessen Größe je nach der Art der Rohstoffe zwischen 84° und 86° schwankt, im Mittel 85° beträgt. Der nach unten sich verjüngende und bis zum *Gestell* reichende Teil wird *Rast* genannt. Der weiteste Teil des Ofens, dort wo Schacht und Rast zusammenstoßen, wird als *Kohlensack* bezeichnet. An dieser Stelle wird vielfach ein kurzer zylindrischer Teil eingefügt, um an Höhe und Inhalt für den Ofen zu gewinnen. Zum gleichen Zweck wird auf den abgestumpft kegelförmigen Schacht noch ein zylindrischer Teil aufgesetzt. Der *Rastwinkel* soll 78° nicht unterschreiten. Seine Größe ergibt sich aus der Höhe der Rast und der Differenz der Durchmesser vom Kohlensack und vom Gestell. Das Vorgehen bei der Festlegung eines Hochofenprofils wird weiter unten an einem

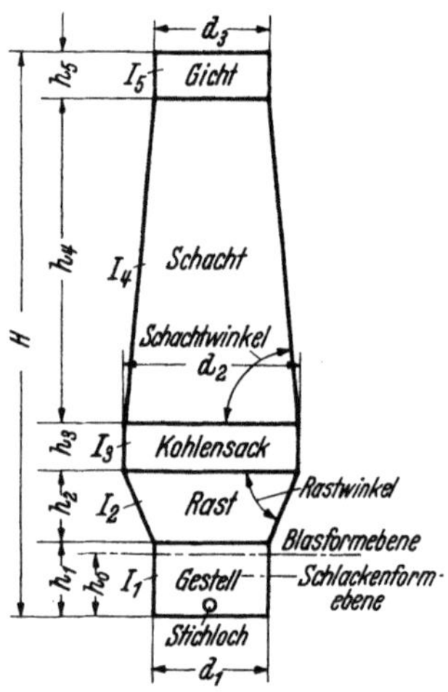

Bild 243. Profil eines neuzeitlichen Hochofens.

Beispiel erläutert werden. Betrachtet man die Entwicklung des Hochofenprofils an Hand der Bilder 237 bis 242, so ist kennzeichnend, daß der Durchmesser des Gestells verhältnismäßig mehr vergrößert wurde als die anderen Abmessungen der Hochöfen. Diese grundlegende Änderung wurde eingeleitet durch die Einführung der LÜRMANNschen *Schlackenform* im Jahre 1867. Bis dahin hatten die Hochöfen „*offene Brust*". Es waren infolgedessen nur geringe Windpressungen zulässig gewesen. Mit der Schlackenform wurde der Hochofen geschlossen und die Windpressung konnte beliebig gesteigert werden. Die Blasebälge und Kastengebläse waren inzwischen durch Zylindergebläse mit Dampfmaschinenantrieb ersetzt worden. Die Gebläseleistung konnte ebenso gesteigert werden wie die Ofenabmessungen und die Ofenleistungen. Für größere Ofenleistungen waren auch mehr Blasformen erforderlich und es entstanden Schwierigkeiten, die erforderliche Zahl von Blasformen im Gestell unterzubringen. An sich stand nichts mehr im Wege, den Gestelldurchmesser bis auf den Schachtdurchmesser zu vergrößern. Tatsächlich hat FRITZ LÜRMANN, der Erfinder der Schlackenform, einen solchen Vorschlag gemacht und im Jahre 1885 einen solchen rastlosen Ofen in Müsen im Siegerland erbaut[1]. Der im Bilde 244 dargestellte Ofen wurde mit Holzkohle betrieben. Er hatte etwa 10 m³ Nutzinhalt und erzeugte täglich 6 t Roheisen bei einem Brennstoffverbrauch von 1113 kg/t. Er benötigte für eine Tonne Roheisenerzeugung täglich nur 1,67 m³ Ofeninhalt, während Öfen mit dem üblichen Profil 3 m³/t erforderten. Diese günstigen Ergebnisse zeigten, welche Bedeutung dem Raum vor den Blasformen zukommt. Das kühne Vorgehen LÜRMANNs hat kaum Einfluß auf die Entwicklung gehabt. Es sind zwar einige kleine rastlose Öfen im Ural[2] erbaut worden, man wagte aber nicht, dieses Profil bei großen Öfen einzuführen. Man war auch wohl der Meinung, daß die Beschickungssäule nicht mit ihrer ganzen Last auf dem flüssigen Inhalt des Gestells ruhen dürfe. Mit der Vergrößerung des Gestelldurchmessers ging man infolgedessen vorsichtig schrittweise weiter. Die Erfahrungen mit rastlosen Öfen hatten sich ja auch nur über kurze Zeit erstreckt und bei dem entstehenden Meinungsstreit wurden viele Gründe gegen den rastlosen Ofen geltend gemacht. Nun liegen die Dinge keineswegs so, daß jede Verengerung des Ofens nach dem Gestell zu als fehlerhaft bezeichnet werden kann und unbedingt zu Störungen durch „Hängen" der Beschickung führen muß. Wenn schon eine Ausdehnung des Ofeninhalts infolge Temperaturerhöhung im Oberofen eintreten muß, so führen doch verschiedene physikalische und chemische Vorgänge sehr bald eine Schwindung herbei, die sich nach unten fortlaufend steigert. Eine allmähliche Verminderung des Ofenquerschnittes in den tieferliegenden Zonen kann also dem gleichmäßigen Niedergehen der Beschickungssäule nicht hinderlich sein, zumal die Stoffe bei höherer Temperatur nachgiebiger werden.

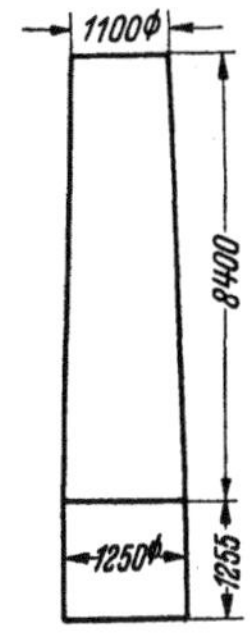

Bild 244. Profil des rastlosen Hochofens von LÜRMANN.

c) Wichtige Vorgänge im Hochofen.

Um die Berechnung und Gestaltung eines Hochofens erfolgreich durchführen zu können, ist es erforderlich, die wichtigsten Vorgänge in dessen Inneren zu kennen und zu berücksichtigen. Eingehende Untersuchungen haben befriedigende Aufklärung hierüber gebracht[3]. Vor den Formen breitet sich der Heißwindstrom kugelförmig aus. In diesem Raum, der *Verbrennungszone*, von 1 m Durchmesser wird der Kohlenstoff des Kokses über Kohlensäure zu Kohlenoxyd verbrannt. Der untere Teil der Rast und das Gestell über dem Sumpf sind mit Koks verschiedener Stückgröße angefüllt. In den Zwischenräumen befinden sich Erzbestandteile, die teilweise noch nicht vollständig reduziert sind, außerdem flüssiges Eisen, das infolge seiner Schwere zum Boden des Gestells absinkt. Auch im Verbrennungsraum befindet sich Koks, aber in sehr lockerer

[1] Stahl u. Eisen Bd. 7 (1887) S. 167. [2] Stahl u. Eisen Bd. 10 (1890) S. 853.

[3] VLOTEN, W. VAN: Stahl u. Eisen Bd. 13 (1893) S. 26—29. — Blast Furn. Bd. 13 (1925) S. 243 bis 247. — Stahl u. Eisen Bd. 44 (1924) S. 104—106; Bd. 46 (1926) S. 1213—1221; Bd. 47 (1927) S. 1005—1010. — Techn. Pap. Bur. Min., Wash. 1916 Nr. 137; 1927 Nr. 391; 1926 Nr. 397. — BULLE u. W. LENNINGS: Arch. Eisenhüttenw. Bd. 1 (1927) S. 549—564.

Lagerung, da seine Verbrennung im heißen Windstrom schnell verläuft. Innerhalb der Verbrennungsräume vor den Blasformen befindet sich ein glühender Kern von größerer Dichte, der zur Kohlung des Eisens und zur direkten Reduktion von Metalloxyden verbraucht wird. Diese Oxyde stammen zum Teil aus unreduziert nach unten gelangtem Erz, zum Teil aus Roheisenbestandteilen, die in der Oxydationszone vor den Formen wieder verbrannt wurden. LENNINGS stellte bei dem von ihm untersuchten Ofen fest, daß 90 % des in den Unterofen gelangenden Kokses vor den Blasformen verbrannt werden. Hier wird die größte Wärmemenge erzeugt und hier herrscht die höchste Temperatur. Oberhalb der Verbrennungszone befindet sich die *Schmelzzone*, wie im Bilde 245 schematisch dargestellt ist. In dem glühenden Kern findet keine Koksverbrennung mehr statt. Das wurde durch die Anwesenheit von reinem Kohlenoxyd neben Stickstoff und geringen Wasserstoffmengen erwiesen. Der Kern sinkt infolgedessen langsamer nieder als die ihn umgebenden Teile der Beschickungssäule. Die Hauptmasse der Ofenbeschickung geht dort nieder, wo die größte Verbrennungs- und Schmelzarbeit geleistet wird.

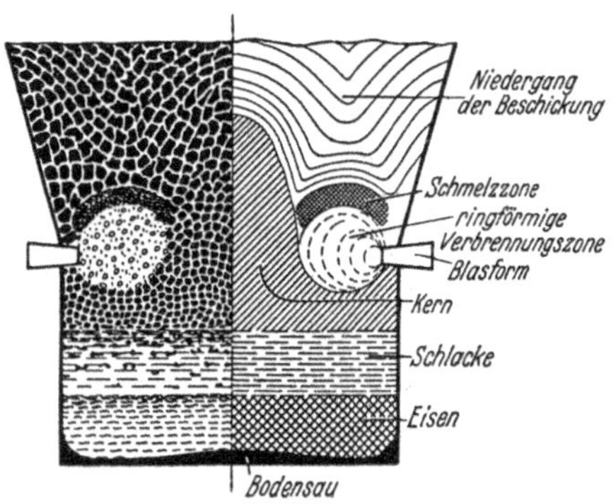

Bild 245. Schematische Darstellung der Vorgänge im Unterofen nach LENNINGS. (Aus Stahl u. Eisen.)

Der Heißwindstrom tritt aus den waagerecht liegenden Blasformen in waagerechter Richtung in den Verbrennungsraum ein, wird dann durch den Anprall gegen die schwebenden oder locker gelagerten Koksstücke mit zunehmender Entfernung von dem Rüssel der Blasform mehr und mehr nach oben abgelenkt. Nur ein kleiner Teil der Windgase dringt in den Kern bis zur Mitte ein.

Die aus dem Gestell aufsteigenden Gase erfahren fortlaufend eine Temperatur- und Druckabnahme sowie eine chemische Veränderung. Der Gehalt des an Kohlenstoff gebundenen Sauerstoffes wächst zunächst durch Aufnahme von Erzsauerstoff und Zersetzung von Möllerkarbonaten an. Der Kohlenoxydgehalt steigt bis etwa 5 m über der Blasformebene an und fällt dann wieder durch indirekte Reduktion unter Bildung von Kohlensäure. Der Wasserstoffgehalt, der vor den Blasformen durch Zersetzung der Windfeuchtigkeit frei wurde, wird auf seinem Wege nach oben vermehrt durch Wasserstoffabgabe des Kokses und durch Zersetzung von Wasser aus den anderen Beschickungsstoffen. Die Stickstoffmenge bleibt wegen ihres indifferenten Verhaltens bei der Verbrennung im aufsteigenden Gasstrom gleich, anteilig fällt der Stickstoffgehalt infolge der wachsenden Volumenzunahme durch Reduktion von Kohlensäure und Aufnahme von Sauerstoff aus dem Erz oder Wasser sowie durch ausgetriebene Möllerkohlensäure. Die in den Unterofen eintretenden Stoffe haben bereits den größten Teil ihres Sauerstoffes verloren, aber es bleibt noch ein Teil der Reduktionsarbeit zu leisten. Außerdem ist die gesamte Schmelzarbeit hier durchzuführen.

Mit der Kohlenstoffverbrennung in der Oxydationszone geht auch eine Oxydation von Bestandteilen des Roheisens vor sich nach der Formel

$$Fe + \tfrac{1}{2}\,O_2 = FeO.$$

Diese Oxyde werden unterhalb der Oxydationszone durch Kohlenstoff wieder reduziert

$$FeO + C = CO + Fe.$$

Es gehen im Gestell also auch wärmeverzehrende Reaktionen vor sich. Sie bedingen ein Absinken der Temperatur unterhalb der Verbrennungszone.

d) Die Temperaturen im Hochofen.

Die *Schmelztemperatur* des Roheisens liegt je nach seiner Zusammensetzung zwischen 1200 und 1300°, die der Hochofenschlacke zwischen 1300 und 1400°. Diese Temperaturen müssen für die abfließenden Schmelzstoffe sichergestellt werden. Da aber von der Zone höchster Temperatur bis zu den Abstichöffnungen ein Temperaturabfall eintritt, der durch die wärmeverbrauchenden Reaktionen und durch die Wärmeverluste durch die Gestellwand bedingt ist, so müssen die *Temperaturen vor den Formen* höher, auf etwa 1650 bis 1800° gehalten werden. Diese Höchsttemperatur wird nach metallurgischen oder nach wirtschaftlichen Gesichtspunkten beeinflußt. Das kann durch das Verhältnis von Brennstoffmenge zur Schmelzstoffmenge und durch die Windtemperatur geschehen. Die zur Einleitung der indirekten Reduktion erforderliche Temperatur von 400° liegt bei den meisten Hochöfen in geringer Tiefe unter der Oberkante der Beschickungssäule. Der mittlere *Temperaturverlauf* in Hochöfen ist in verschiedenen Untersuchungen festgelegt worden. Im Bilde 246 ist der Temperaturverlauf nach Untersuchungen[1] von LEVIN und NIEDT, DEMUTH und MOOTZ und N. METZ dargestellt. Die Temperaturen sind nun über den Ofenquerschnitt keineswegs gleich. Das tritt besonders deutlich in der Veröffentlichung von S. P. KINNEY[2] in Erscheinung. Die Untersuchungen wurden an einem Ofen von 6 m Gestelldurchmesser vorgenommen. KINNEY nahm an, daß die Reaktionen und Temperaturen symmetrisch zur Ofenachse verlaufen. Deshalb führte er die Messungen nur an einer Ofenseite bis zur Mitte durch. Er stellte Zonen gleicher Temperaturen fest und trug sie gemäß Bild 247 über das Ofenprofil durch Linienzüge auf. Wie ersichtlich, sind im unteren Teil des Schachtes die Temperaturen in der Mitte erheblich höher als am Rande. In der mittleren Höhe des Schachtes sind die Temperaturen ebenfalls in der Mitte am höchsten, fallen nach außen ab und steigen am Schachtmauerwerk wieder an. Dieser Temperaturverlauf entspricht den Gasgeschwindigkeiten. Im unteren Teil des Schachtes etwa 7,3 m über der Blasformebene beträgt die Gasgeschwindigkeit in der Ofenmitte 48 m/s, fällt ziemlich gleichmäßig bis in die Nähe der Ofenwand auf 15 m/s und erreicht unmittelbar an der Ofenwand wieder 40 m/s. In der mittleren Höhe des Schachtes, etwa 14,2 m über der Blasformebene, beträgt die Gasgeschwindigkeit fast über den ganzen Ofenquerschnitt etwa 30 m/s, nur in der Nähe der Ofenwand steigt sie auf 60 m/s. Im obersten Teil des Schachtes ist die Gasgeschwindigkeit wieder in der Ofenmitte am größten. Sie steigt hier bis auf 120 m/s. Diese Geschwindigkeitsverhältnisse entsprechen dem Bild über die Ofentemperaturen. Wo die größere Geschwindigkeit herrscht, also die größte Gasmenge durchströmt, ist die höhere Temperatur.

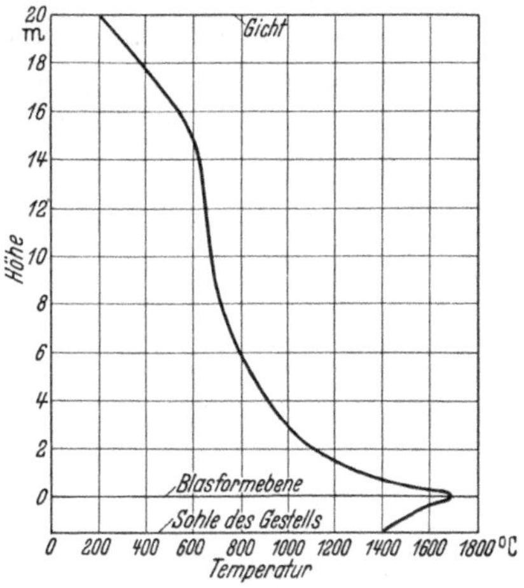

Bild 246. Mittlerer Temperaturverlauf in Hochöfen.

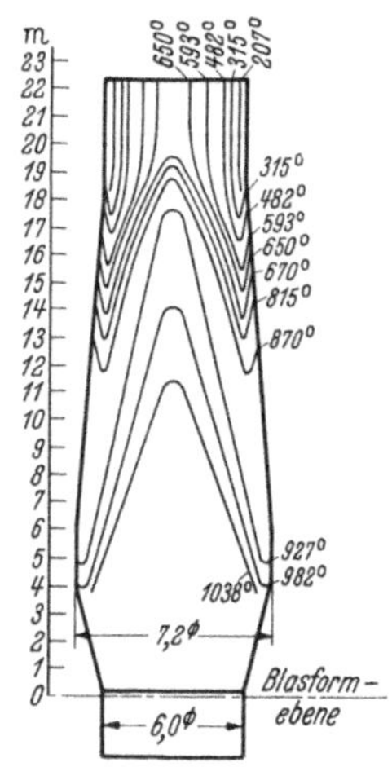

Bild 247. Zonen gleicher Temperatur in °C nach KINNEY.

e) Größe und Lage der Verbrennungszone.

Die Tiefe der Verbrennungszone vor der Blasform ist unabhängig von der Windbelastung. Untersuchungen des Bureau of Mines[3] ergaben, daß keine Änderung eintrat, wenn die Windpressung stufenweise von 0,985 atü bis 0,07 atü geändert wurde. Diese wichtige Feststellung kann mit der außerordentlich großen Reaktionsgeschwindigkeit zwischen Heißwind und glühendem Koks erklärt werden.

Es bildet sich demnach *vor jeder Blasform ein Verbrennungsraum* in der Gestalt einer Kugel mit dem unveränderlichen Durchmesser von etwa 1 m und dem unveränderlichen Inhalt von 0,523 m³. Die Gesamtgröße des Verbrennungsraumes beträgt demnach bei z Blasformen 0,523 z m³. Man kann nun die Zahl der Blasformen nicht beliebig steigern

[1] Metallurgie 1911 S. 515—539, 555—581. — Stahl u. Eisen Bd. 33 (1913) S. 93.
[2] Techn. Pap. Bur. Min., Wash. 1929 Nr. 442. — Stahl u. Eisen Bd. 49 (1929) S. 1728.
[3] Techn. Pap. Bur. Min., Wash. 1927 Nr. 391.

in der Absicht, einen leistungsfähigeren Hochofen zu erhalten. Die Entfernung der Blasformen voneinander darf ein bestimmtes Mindestmaß nicht unterschreiten, damit das Gestellmauerwerk nicht zu sehr geschwächt wird. Andererseits wird man die Formen so anordnen, daß die vor ihrem Rüssel entstehenden kugelförmigen Oxydationszonen einander berühren, so daß sich ein ununterbrochener Ring in der Blasformebene bildet, der die *Verbrennungszone* bildet (Bild 248).

Die Blasformen werden zwecks Schonung des Gestellmauerwerkes so gelagert, daß sie 200 bis 400 mm in das Innere des Gestells hineinragen. Meistens beträgt dieses Maß etwa 250 mm.

Der mittlere Durchmesser des ringförmigen Verbrennungsraumes ergibt sich demnach gemäß Bild 249 zu $D_1 = D - 1{,}5$ m, worin D = Gestelldurchmesser in m. Hieraus ergibt sich als zweckmäßige Zahl der Formen

$$z = \frac{(D - 1{,}5)\,\pi}{1}.$$

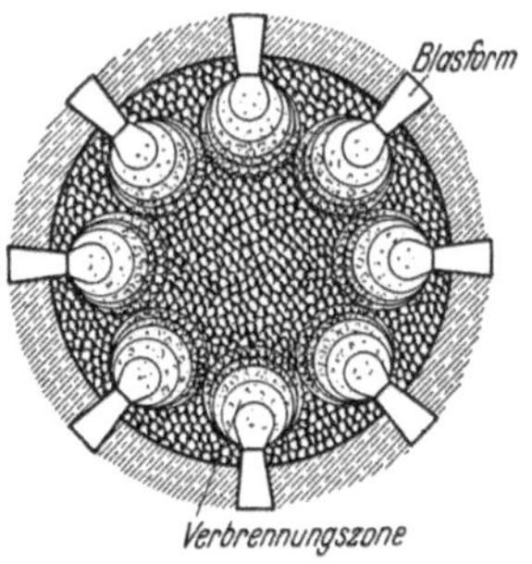

Bild 248. Lage der Verbrennungszone im Hochofen.

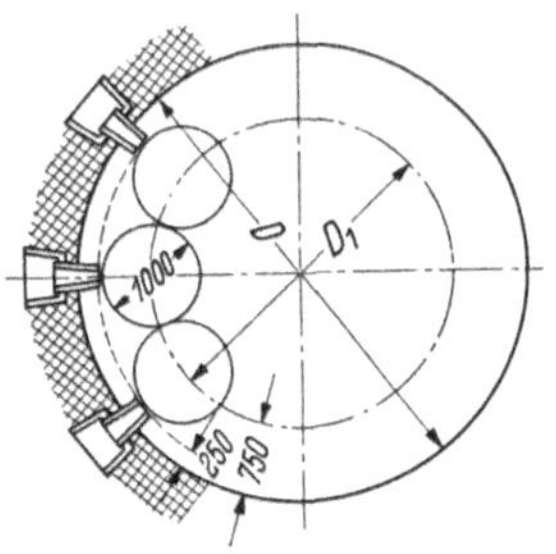

Bild 249. Anordnung der Blasformen.

Tabelle 33 enthält für verschiedene Gestelldurchmesser die sich als brauchbar ergebende Zahl der Blasformen und den daraus ermittelten Inhalt des Verbrennungsraumes vor den Blasformen. Die Formenzahl ist so gewählt, daß zwischen den beiden dem Stichloch zunächst liegenden Formen die Mittenentfernung etwas größer sein kann, was zwecks Schonung des Gestellmauerwerkes über dem Stichloch vielfach üblich ist. Die Schlackenform wird gegen das Stichloch um ungefähr 90° versetzt in der Mitte zwischen zwei Blasformen angeordnet.

Tabelle 33. Formenzahl und Inhalt des Verbrennungsraumes (Anhaltszahlen).

Gestelldurchmesser . . m	2,5	3,0	3,3	3,6	3,9	4,25	4,6	4,9	5,25	5,5	5,85	6,5
D_1 m	1,0	1,5	1,8	2,1	2,4	2,75	3,1	3,4	3,75	4,0	4,35	5,0
$D_1 \pi$ m	3,14	4,71	5,65	6,59	7,54	8,64	9,74	10,68	11,78	12,57	13,67	15,71
Formenzahl . . . . . . z	3	4	5	6	7	8	9	10	11	12	13	14
Inhalt des Verbrennungsraumes . . . . m³	1,57	2,10	2,61	3,14	3,66	4,18	4,70	5,23	5,75	6,30	6,82	7,32

f) Erzeugung, Schmelzleistung und Brennstoffverbrauch.

Als Maßstab für die *Leistung* eines Hochofens gilt im allgemeinen seine Erzeugung in t je 24 h; kennzeichnend für die auf seine Größe bezogene Leistung ist die Erzeugung in t je m³ Nutzinhalt in 24 h. Hierbei ist die je nach dem Mölleraushringen verschieden große Leistung für das Schmelzen der Schlacke nicht berücksichtigt. Es ist deshalb vorgeschlagen worden, die im Roheisen und in der Schlacke ausgebrachte Wärmemenge als Vergleichsmaßstab zu benutzen. Einfacher ist es, die vor den Formen in der Verbrennungszone verbrannte Kohlenstoffmenge, also die *Verbrennungsleistung* als Vergleichsmaßstab zu benutzen.

Zur Beurteilung der *Hochofenleistung* und seines Gütegrades werden vielfach noch folgende Beziehungen aufgestellt:

der Koksverbrauch naß und trocken je t Roheisen,
der Koksverbrauch in 24 h je m³ Ofeninhalt,
der Koksverbrauch in 24 h je m² Gestellquerschnitt.

Aus den obigen Ausführungen über Größe und Lage der Verbrennungszone ergibt sich, daß ein sehr guter Vergleichsmaßstab über die Anstrengung der Hochöfen gewonnen wird, wenn der Brennstoffverbrauch auf die Größe des Verbrennungsraumes bezogen wird. Wieviel Kohlenstoff in diesem in allen Fällen festliegenden Raum verbrannt wird, hängt von dem Willen des Betriebsleiters bzw. von der Leistungsfähigkeit der Gebläseanlage ab. Unberührt bleibt hierbei die Frage, ob in allen Fällen die höchste Leistung erreicht werden soll oder mit Rücksicht auf Beschaffenheit und Güte des Roheisens erreicht werden darf. Bei der großen Reaktionsgeschwindigkeit zwischen heißem Wind und glühendem Koks darf angenommen werden, daß die im Verbrennungsraum verbrennbare Kohlenstoffmenge in weiten Grenzen nur von der zugeführten Luftmenge abhängig ist, daß also die Kohlenstoffverbrennung noch über die bis jetzt erzielten Spitzenleistungen gesteigert werden kann.

In der Tabelle 34 (S. 172 und 173) sind die Hauptabmessungen, die Erzeugung, der Brennstoffverbrauch und die wichtigsten Betriebsverhältnisse von 13 Hochöfen zusammengestellt. Die Öfen weichen in ihren Abmessungen, in der Art des erzeugten Roheisens sowie bezüglich der Betriebsweise erheblich voneinander ab. Aber gerade deshalb bietet die Aufstellung die Möglichkeit zu Vergleichen bezüglich der Ausnutzung der verschiedenen Öfen in Abhängigkeit von der Betriebsweise.

Bezüglich der Erzeugung je m^3 Nutzinhalt können naturgemäß nur die Öfen miteinander in Vergleich gestellt werden, die auf gleiche oder ähnliche Roheisengattungen gehen.

Bei den drei Öfen, die auf Gießereieisen gehen, haben die großen Öfen Nr. 7 und 11 erheblich größere bezogene Erzeugung als der kleine Nr. 1. Der Ofen Nr. 4 geht auf Ferrosilizium. Er kann deshalb bezüglich seiner Erzeugung mit den anderen nicht verglichen werden.

Die Öfen, in denen Stahleisen und Thomaseisen erblasen werden, können sehr wohl einer gemeinsamen Betrachtung unterzogen werden. Höchstleistungen in der Erzeugung ergeben der kleinste Nr. 2 und die beiden größten Nr. 12 und 13. Dabei geht der kleinste mit Koks von nur 75,8% C, während die beiden größten Öfen guten bzw. sehr guten Koks verbrennen. Der Ofen Nr. 3 ist ungefähr doppelt so groß wie der Ofen Nr. 2. Er hat aber nur 38% der Erzeugung je m^3 Nutzinhalt. Ofen 3 verhüttet hauptsächlich Minette und hat deshalb schlechteres Ausbringen. Er wird mit geringerer Windpressung betrieben als die anderen gleich großen Öfen.

Die *Anstrengung* der Öfen ergibt sich aus der Kohlenstoffverbrennung je m^3 Verbrennungsraum. Die größten Öfen Nr. 12 und 13 werden am schärfsten betrieben, sie arbeiten mit dem höchsten Winddruck, haben aber den günstigsten Brennstoffverbrauch.

Tabelle 35. Anhaltszahlen über den Koksverbrauch (naß) in kg für die Tonne Roheisen bei verschiedenem Ausbringen.

Möllerausbringen %	28	29	30	32	34	36	38	40	42	44	46	48	50
Stahleisen	—	—	—	—	—	—	—	1050	1020	980	940	900	860
Thomaseisen . . .	1240	1220	1200	1180	1140	1090	1050	1010	990	950	910	870	830
Gießereieisen Nr. 3	1340	1320	1300	1280	1240	1200	1150	1100	1050	—	—	—	—
Gießereieisen Nr. 1	—	—	—	—	—	—	1200	1150	1100	—	—	—	—

Beim *Entwerfen eines neuen Hochofens* kann man sich der in Tabelle 35 angeführten Anhaltszahlen über den Koksverbrauch je t Roheisen in Abhängigkeit vom Möllerausbringen bedienen. Die Zahlen gelten für das Erschmelzen von Roheisen mit basischer Schlackenführung. Bei saurer Schlackenführung treten andere Verhältnisse ein, die zur Zeit untersucht werden (vgl. S. 164 und 207).

g) Die Windführung beim Hochofen.

Zur *Windführung* rechnen wir den Weg der Gebläseluft von den Gebläsemaschinen bis in den Ofen, die Windmenge und die Windpressung. Im engen Zusammenhang damit steht der dem Windstrom vorgelagerte Gasstrom im Hochofen und in der Gichtgasleitung.

Tabelle 34. Abmessungen und

Hochofen Nr.		1	2	3	4
Ofenabmessungen					
Durchmesser des Gestells	m	3,3	4,1	5,0	3,2
Durchmesser des Kohlensackes	m	6,5	5,4	6,7	6,02
Durchmesser der Gicht	m	4,3	3,8	5,0	4,2
Höhe über dem Bodenstein bis Oberkante Beschickungssäule	m	21,2	17,7	18,8	20,2
Nutzinhalt	m³	442	240	552	390
Roheisenerzeugung					
Gattung		Gießerei	Stahleisen	Thomas	Ferrosil
Gesamterzeugung	t/24 h	220	306	280	113
Erzeugung je m³ Nutzinhalt	t/24 h	0,452	1,260	0,507	0,290
Schlackenentfall					
Menge je t Roheisen	kg	548	700	1000	667
Gichtgasmenge					
An der Gicht je t Naßkoks	Nm³	4000	3850	4000	4100
Temperatur des Gichtgases	° C	250	225	100	475
Möllerausbringen	%	43,3	40,5	34,5	38,7
Durchsatzzeit	h	15	8	10	15
Staubmenge je t Eisen	kg	59	—	150	—
Kühlwassermenge	m³/h	—	720	196	—
Brennstoffverhältnisse					
C-Gehalt des Kokses	%	83,5	75,8	85,1	84,0
Wassergehalt des Kokses	%	4,7	7,0	0,8	4,6
Aschegehalt des Kokses	%	9,3	13,1	10,8	9,0
Koksverbrauch (naß) je t Roheisen	kg	1162	1020	1170	2157
Gesamtkoksverbrauch (naß)	t/24 h	256	312	328	244
C-Verbrauch	t/24 h	215	236	280	205
Vor den Formen verbrannter C	t/h	6,75	7,40	8,76	6,04
Windführung					
Zahl der Blasformen		6	8	8	6
Durchmesser der Blasformen	mm	4 je 180 2 je 150	170	220	4 je 170 2 je 150
Blasquerschnitt	m²	0,1370	0,1814	0,3040	0,1263
Windtemperatur	° C	700	750	725	750
Winddruck	atü	0,61	0,70	0,52	0,54
Windmenge	kg/s	10,65	11,70	13,83	9,60
Rauminhalt der Luft beim Eintritt in der Form	m³/s	19,20	20,07	27,20	18,60
Windgeschwindigkeit beim Eintritt in der Form	m/s	140	114	90	146
Inhalt des Verbrennungsraumes	m³	3,14	4,18	4,18	3,14
Kohlenstoffverbrennung je m³ Verbrennungsraum	kg/h	2150	1770	2100	1924
Kohlenstoffverbrennung je m² Gestellquerschnitt	kg/h	790	560	446	753

Von der in den Ofen eingeführten *Windmenge* ist die Verbrennungsleistung und somit die Erzeugung an Roheisen abhängig. Sie muß deshalb in einem ununterbrochenen möglichst gleichmäßigem Strome dem Verbrennungsraum durch die Blasformen zugeführt werden. Hiervon ist die Gleichmäßigkeit aller übrigen Vorgänge im Ofen abhängig.

Die in der Sekunde eingeführte Luftmenge beträgt:

$$V = F w = z f w \qquad \text{m}^3/\text{s}.$$

Hierin ist:

F = der gesamte Blasquerschnitt m²,
f = der Querschnitt einer Blasform m²,
z = die Zahl der Blasformen,
w = die Windgeschwindigkeit im Formenrüssel m/s.

Betriebszahlen von Hochöfen.

5	6	7	8	9	10	11	12	13
4,8	5,0	4,5	6,5	5,5	5,5	5,5	5,8	6,5
6,8	6,85	7,0	7,4	6,7	7,3	7,0	7,3	7,3
4,4	4,8	4,4	6,0	5,18	4,6	4,8	4,8	5,0
23,8	21,9	21,6	24,4	23,8	26,1	24,9	26,8	26,9
571	545	531	822	650	700	645	768	829
Stahleisen	Stahleisen	Hämatit	Thomas	Thomas	Thomas	Gießerei	Thomas	Thomas
792	710	456	638	700	825	527	1029	1092
1,387	1,243	0,858	0,776	1,077	1,178	0,817	1,340	1,317
595	400	550	637	550	990	620	600	433
3700	3680	4000	3920	3970	3995	3870	3660	3850
250	295	280	300	250	280	250	280	220
44,1	50,2	47,7	44,0	48,5	38,9	44,5	44,3	45,0
7,1	10	10	12	10	8	10	8	8
227	56	77	115	70	115	148	181	209
435	488	—	—	900	660	421	—	1500
81,8	83,4	83,0	85,0	89,0	84,3	83,3	82,8	87,0
6,2	5,3	7,0	2,5	0,6	5,4	6,2	5,6	2,2
9,7	7,8	9,0	9,6	8,2	8,3	9,2	9,8	9,2
908	779	1127	992	800	985	1118	827	770
719	553	514	633	560	812	579	851	841
585	462	428	538	495	685	480	703	735
18,30	14,50	13,40	16,80	15,50	21,40	15,00	22,00	23,00
14	9	8	10	9	12	8	10	10
8 je 210	220	210	275	200	200	6 je 225	220	280
6 je 120						2 je 180		
0,2400	0,3420	0,2420	0,5950	0,3141	0,3773	0,2892	0,3805	0,6154
775	540	575	745	650	675	760	666	627
0,78	0,78	0,67	0,71	0,85	0,85	0,97	1,05	0,95
29,0	23,00	21,30	26,60	25,60	33,90	23,70	35,0	36,60
50,00	31,30	31,60	46,50	37,40	51,00	37,40	46,50	49,50
210	91,5	132	78	118	135	128	122	81
7,32	4,70	4,18	5,23	4,71	6,30	4,18	5,23	5,23
2500	3080	3206	3212	3290	3414	3590	4206	4318
1012	730	845	508	640	902	633	836	695

Der zur Erzeugung einer Gasgeschwindigkeit w erforderliche Druck in m Gassäule beträgt

$$h = \frac{w^2}{2g}.$$

Die Widerstände an den den Gasstrom einschließenden Wandungen wachsen ebenfalls dem Quadrate der Gasgeschwindigkeit verhältnisgleich.

Die zur Überwindung der Widerstände erforderliche Druckhöhe kann also ebenfalls in Beziehung zur Geschwindigkeit gesetzt werden. Sie betrage

$$h_x = \xi\, h = \xi \frac{w^2}{2g}.$$

Die gesamte für die Gasbewegung erforderliche Druckhöhe ist demnach

$$h_s = h + h_x = \frac{w^2}{2g}(1 + \xi).$$

Betrachten wir den Gasstrom im Inneren des Ofens, d. h. in der Beschickungssäule, so steht fest, daß er aus einer großen Zahl von Teilströmen mit vielen Richtungs- und Querschnittsänderungen besteht, daß also die zur Überwindung der Widerstände erforderliche Druckhöhe verhältnismäßig sehr groß sein wird. Es entspricht h_s dem vor den Blasformen erforderlichen Druck p in kg/cm²

$$h_s = \frac{10000\,p}{\gamma}\text{, hierin ist } \gamma = \text{spez. Gew. kg/m}^3$$

mithin

$$p = \frac{h_s\,\gamma}{10000} \quad \text{kg/cm}^2.$$

Der Luftdruck vor den Blasformen muß so groß sein, daß er dem Gasstrom die Geschwindigkeit w erteilt, die in der Beschickungssäule entstehenden Reibungswiderstände und den Gegendruck in der an den Ofen angeschlossenen Gichtgasleitung überwinden kann.

Der Überdruck in der Gichtgasleitung wird zwecks Vermeidung von Gasverlusten und zur Vereinfachung der Anlage niedrig gehalten. Er soll gerade hinreichen, um die Gasbewegung bis zu den Verwendungsstellen mit geringer Geschwindigkeit aufrechtzuerhalten.

Die Widerstände in der Beschickungssäule rechnerisch zu erfassen, ist unmöglich, da die Beschaffenheit und die Lagerungsverhältnisse der Beschickungsstoffe beim Niedergehen erheblichen Änderungen unterliegen.

Die in den Hochofen eingeführte Luftmenge kann bei im Betriebe befindlichen Anlagen aus der Gichtgasanalyse über den Stickstoffgehalt des Gichtgases berechnet werden.

1 Nm³ Gichtgas (trocken) mit x% Stickstoffgehalt entspricht

$$\frac{x}{100}\,\frac{100}{79} = \frac{1{,}26\,x}{100}\text{ Nm}^3\text{ Gebläseluft.}$$

Bei Neuanlagen muß die erforderliche Gebläseluft aus dem voraussichtlichen Koksverbrauch überschlägig zu 3050 Nm³ je t Koks angesetzt werden.

Aus den vorstehenden Darlegungen ergibt sich, daß es wichtig ist, die Wind- und Gasgeschwindigkeiten möglichst niedrig zu halten. Für den Windstrom ist der geringste Querschnitt und somit die größte Geschwindigkeit in den Blasformen.

Die *Zahl der Blasformen* wählt man nach dem Gestelldurchmesser gemäß Tabelle 33, sofern man nicht Formen in zwei Ebenen übereinander anordnet, also sog. Notformen vorsieht. Diese Maßnahme kann nicht empfohlen werden, da sie der früher aufgestellten Forderung nach Gleichmäßigkeit und Ausgeglichenheit aller Vorgänge im Ofen nicht entspricht; sie kommt einer Verringerung der Ofenhöhe gleich. Der Koksverbrauch wird erhöht, weil die Oxydation bereits reduzierten Eisens erhöht wird. Trotzdem wird die Verwendung von Notformen manchmal notwendig, um Ansätze in der Rast abzuschmelzen bzw. deren Bildung zu verhindern.

Bei Ermittlung der *Windgeschwindigkeit* in den Blasformen ist der Zustand der Luft an dieser Stelle zu berücksichtigen. Aus der Zustandsgleichung für Gase ergibt sich der bezogene Rauminhalt für 1 kg Luft zu

$$v = \frac{R\,T}{P}.$$

In Tabelle 36 sind die Werte von v für im Hochofenbetrieb in Betracht kommende Drücke und Temperaturen angegeben.

Die *Durchmesser der Blasformen* betragen 100 bis 300 mm. Die kleineren Durchmesser werden nur bei kleinen Öfen und die größeren mit 200 mm und größeren Durchmessern nur bei den großen Öfen verwendet. Als Notformen werden gewöhnlich nur solche mit kleinen Durchmessern verwendet. Mitunter werden neben großen Formen zu beiden Seiten des Stichlochs kleinere angeordnet.

Wenn wir berücksichtigen, daß sich vor jeder Form eine kugelförmige Verbrennungszone von 1 m Durchmesser und 0,523 m³ Inhalt unabhängig von deren Lichtweite bildet, so muß auch vor jeder Form die gleiche Kohlenstoffmenge verbrannt werden können, sofern die erforderliche Luftmenge durchgeblasen wird. Die Windgeschwindigkeit in der Blasform wird naturgemäß um so größer, je kleiner deren lichter Durchmesser ist. Hohe Windgeschwindigkeit bedingt hohe Windpressung und entsprechend hohe Gebläsearbeit. Eine gewisse Windgeschwindigkeit wird für die Förderung des Verbrennungsvorganges notwendig sein, man muß sie auch schon deshalb zulassen, damit die Blasformen nicht zu schwer werden.

Nach Tabelle 34 schwankt die Windgeschwindigkeit in den Formen bei den betrachteten Öfen im allgemeinen zwischen 80 und 140 m/s, jedoch kommen auch höhere Geschwindigkeiten vor. Der Ofen Nr. 5 weist eine Geschwindigkeit von 210 m/s auf. Die nachteiligen Auswirkungen dieser hohen Geschwindigkeit treten durch sehr hohen Staubentfall, nämlich 227 kg Staub je t Roheisen, in Erscheinung. Die Vorgänge bei der *Staubbildung* und *Staubabscheidung* werden weiter unten noch besprochen werden. Es

Tabelle 36. Der bezogene Rauminhalt der Luft m³/kg bei den im Hochofenbetrieb in Betracht kommenden Drücken und Temperaturen.

Temperatur °C	Überdruck in kg/cm² (atü)														
	0,4	0,45	0,5	0,55	0,60	0,65	0,70	0,75	0,80	0,85	0,90	0,95	1,00	1,05	1,10
500	1,66	1,58	1,53	1,48	1,43	1,40	1,35	1,31	1,27	1,24	1,21	1,18	1,15	1,12	1,10
550	1,74	1,66	1,60	1,55	1,51	1,46	1,42	1,38	1,34	1,30	1,27	1,24	1,20	1,17	1,14
600	1,83	1,77	1,71	1,65	1,60	1,56	1,52	1,46	1,42	1,37	1,35	1,31	1,28	1,25	1,22
650	1,93	1,87	1,80	1,74	1,68	1,64	1,60	1,54	1,50	1,46	1,42	1,38	1,35	1,32	1,28
700	2,04	1,97	1,92	1,84	1,78	1,73	1,68	1,63	1,59	1,54	1,50	1,46	1,43	1,39	1,36
750	2,15	2,07	2,01	1,94	1,87	1,82	1,77	1,72	1,67	1,62	1,58	1,54	1,50	1,46	1,43
800	2,25	2,18	2,10	2,03	1,97	1,91	1,85	1,80	1,75	1,70	1,66	1,62	1,58	1,54	1,50
850	2,36	2,28	2,20	2,14	2,06	2,00	1,94	1,88	1,84	1,79	1,74	1,69	1,65	1,61	1,57

sei aber schon hier darauf hingewiesen, daß die Staubmenge von der Größe der Gasgeschwindigkeit am Orte der Staubentstehung abhängig ist. Im Hochofen beginnt die Staubbildung unmittelbar vor den Blasformen, wenn die kinetische Energie des Windstromes groß genug ist, die Eisentropfen, die hier durchfallen, zu zerstäuben. Erwiesen ist dieser Vorgang durch den hohen Eisengehalt des Gichtstaubes bei Hochöfen mit zu engen Blasformen.

Um zu verhindern, daß vor den Blasformen die Staubbildung bereits beginnt, ist es erforderlich, die Windgeschwindigkeit unter 100 m/s zu halten. Das ist in allen Fällen möglich durch die Schaffung eines entsprechenden Blasquerschnittes.

Aus Tabelle 33 ist die zulässige Zahl der Blasformen ersichtlich. Wenn nun der Durchmesser entsprechend gewählt wird, ergibt sich auch bei dem schärfsten Betrieb des Ofens eine Windgeschwindigkeit, die unter 100 m liegt. Der Ofen 13 der Tabelle 34 ist ein Beispiel dafür.

Gegen die Anwendung von Blasformen mit großem Durchmesser wird vielfach ihr höheres Gewicht angeführt, wodurch das Wechseln der Formen erschwert werde. Dieser Schwierigkeit muß durch zweckentsprechende Maßnahmen begegnet werden. Die Länge der Blasformen kann erheblich verkürzt werden, wenn die Kühlkästen als Schutzformen ausgebildet und entsprechend verlängert werden. Außerdem müssen zweckdienliche Hebezeuge vorgesehen werden. Um die Windgeschwindigkeit vor den Blasformen zu erniedrigen, wird auch eine Blasform (Venturi-Blasform) verwendet, deren innerer Durchmesser sich zunächst verkleinert und dann bis zur Mündung wieder vergrößert. Hierbei wird der dynamische Druck vor den Formen vermindert und der statische erhöht. Es darf aber nicht außer acht gelassen werden, daß zu geringe Windgeschwindigkeiten sich ebenfalls nachteilig auswirken können, indem das Gestell in Höhe der Blasformen stark angegriffen wird. Eine Erklärung hierfür dürfte sein, daß bei zu geringer kinetischer Energie des Windstromes der Verbrennungsraum sich nicht vor dem Blasformrüssel gemäß Bild 249a bildet, sondern sich konzentrisch zur Form nach der Gestellwand hin verschiebt, wie im Bild 249b dargestellt ist.

In der *Beschickungssäule* beträgt die mittlere *Gasgeschwindigkeit* 30 bis 50 m/s. Sie kann allerdings bei ungleichmäßigem Niedergang der Beschickung an einzelnen Stellen erheblich höher steigen[1]. Die im Hochofen aufsteigende Gasmenge steht in einem bestimmten Verhältnis zu der Menge des vergasten Kohlenstoffes. Vielfach wird die Menge des verbrannten Kohlenstoffes auf den Gestellquerschnitt bezogen. Sie schwankt zwischen 500 und 1000 kg/m² stündlich. Da die Verbrennung nicht auf einer Fläche, sondern in einem Raum, und zwar in dem kugelförmigen Raum vor den Blasformen vor sich geht, ist es richtiger ihn hierzu in Beziehung zu setzen. Dann wird die Abhängigkeit der *Verbrennungsleistung* von der *Windpressung* offensichtlich. Bei den in Tabelle 34 angeführten Hochöfen schwankt die Belastung des Verbrennungsraumes zwischen 1770 und 4398 kg/m³. Die Windpressung liegt zwischen 0,52 und 1,10 atü. Bei den großen Hochöfen mit 5,0 bis 6,5 m Gestelldurchmesser und 24 bis 27 m Höhe der Beschickungssäule liegen die Windpressungen zwischen 0,8 und 1,1 atü und die Kohlenstoffverbrennung je m³ Verbrennungsraum zwischen 3000 und 4400 kg/h. Die höheren Pressungen entsprechen den höheren Belastungen. Bei den Hochöfen mittlerer Größe von 3,5 bis 4,5 m Gestelldurchmesser wird mit Überdrücken von 0,5 bis 0,75 at geblasen. Bei den kleineren Öfen genügen noch geringere Drücke.

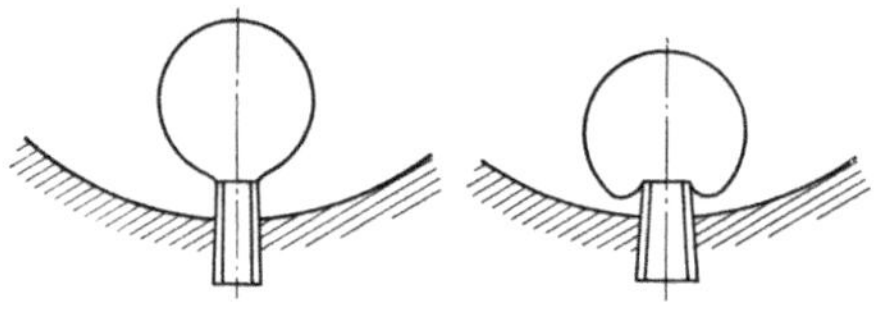

Bild 249a. Ausreichende   Bild 249b. Zu geringe
Windgeschwindigkeit.
Einfluß der Windgeschwindigkeit auf die Gestaltung und Lage des Verbrennungsraumes.

Einige Anhaltszahlen für die übliche Windpressung bei verschiedenen Ofenabmessungen sind in Tabelle 37 angegeben.

Tabelle 37. Anhaltszahlen für die Windpressung bei Hochöfen.

Brennstoff	Holzkohle		Koks aus Oberschlesien und Südrußland			Koks des Saarbezirkes, aus Niederschlesien und bester aus Südrußland		
Höhe der Beschickungssäule . . . . m	15—16	16—18	18—20			20—23		
Gestelldurchmesser . . . m	1,5—2,0	1,8—2,5	2,0—3,0	3,0—3,5	3,5—4,0	3,0—3,5	3,5—4,0	4,0—4,5
Nutzinhalt . . m³	100—130	120—160	150—220	200—300	260—360	250—320	300—400	360—550
Windpressung atü	0,2—0,3	0,25—0,35	0,3—0,4	0,35—0,45	0,4—0,5	0,4—0,5	0,45—0,6	0,55—0,70
Brennstoff	Koks aus dem Ruhr- und Wurmbezirk, englischer, belgischer, nordamerikanischer Koks							
Höhe der Beschickungssäule . . . . m	18—20			20—24				
Gestelldurchmesser . . . m	2,0—3,0	3,0—3,5	3,5—4,0	2,5—3,0	3,0—3,5	3,5—4,0	4,0—4,5	4,5—5,0
Nutzinhalt . . m³	150—220	200—300	280—360	230—280	250—320	300—400	360—520	500—650
Windpressung atü	0,35—0,45	0,4—0,5	0,45—0,55	0,5—0,6	0,55—0,65	0,60—0,70	0,65—0,75	0,70—0,80
Brennstoff . . .	Koks aus dem Ruhr- und Wurmbezirk, englischer, belgischer, nordamerikanischer Koks							
Höhe der Beschickungssäule . . . . m	24—27							
Gestelldurchmesser . . . m	3,5—4,0	4,0—4,5	4,5—5,0	5,0—5,5	5,5—6,0	6,0—6,5		
Nutzinhalt . . m³	400—500	460—560	530—630	600—700	680—780	750—850		
Windpressung atü	0,65—0,75	0,7—0,8	0,75—0,85	0,8—0,9	0,85—1,05	1,0—1,1		

[1] Stahl u. Eisen Bd. 49 (1929) S. 1728.

Es kann die Frage gestellt werden, ob nicht bei den Öfen mittlerer und kleinerer Größe durch Erhöhung der Windpressung und hierdurch der Windmenge größere Verbrennungsleistung und dadurch höhere Erzeugung erreicht werden könnte. Diese Frage kann bejaht werden, wenn es sich um leicht reduzierbare Erze handelt, die eine kurze Durchsatzzeit zulassen. Ein Beispiel dafür ist der Ofen Nr. 2 der Tabelle 34. Er hat nur 240 m³ Nutzinhalt, wird aber mit einer Windpressung von 0,7 atü betrieben. Seine Erzeugung beträgt 1,26 t/24 h je m³ Nutzinhalt, also soviel wie die des doppelt so großen Ofens Nr. 5, der mit 0,78 atü betrieben wird, dessen Durchsatzzeit aber nur 7,1 h beträgt. Die Gichtgastemperaturen sind bei beiden Öfen ungefähr gleich hoch. Es sind auch Fälle zu verzeichnen, in denen die Ofenleistung ohne Änderung des Winddruckes durch Erhöhung der Formenzahl auch über die in Tabelle 33 angegebene Regelzahl hinaus wesentlich gesteigert werden konnte.

Auf dem Wege von den Gebläsemaschinen bis zu den Blasformen erleidet der Gebläsewind einen Energieverlust infolge der Reibungswiderstände. Dieser Verlust tritt als *Druckverlust* in Erscheinung. Die zur Überwindung der Widerstände in den Leitungen erforderliche Druckhöhe ist der Länge der Leitung und dem Quadrate der Geschwindigkeit des Windstromes verhältnisgleich. Er ist auch abhängig von der Beschaffenheit der Leitung, und zwar von der Rauhigkeit der Wand und dem Leitungsdurchmesser.

Nach Brabbée ist der Druckverlust in geraden Leitungen

$$h_w = \frac{l\,w^2}{d^{1.281}}\,b \qquad \text{mm WS},$$

hierin bedeuten

l = Länge m,
w = Geschwindigkeit m/s,
d = Leitungsdurchmesser mm,
b = Beiwert, $b = 6{,}6$ für Metallrohre, $b = 9{,}9$ für gemauerte Rohre.

Beispiel 21. Eine Windleitung von 1000 mm Durchmesser und 10 m Länge, hergestellt aus Stahlblech, wird von einer Windmenge von 80000 Nm³/h durchströmt, die eine Temperatur von 50° C und einen Überdruck von 78 cm QS hat. Der Barometerstand beträgt 76 cm QS.

Das spezifische Gewicht der Luft beträgt

$$\gamma = \frac{\gamma_0 T_0 p}{T p_0} = \frac{1{,}293 \cdot 273 \cdot 1540}{323 \cdot 760} = 2{,}22 \text{ kg/m}^3.$$

Das Luftvolumen beträgt

$$V = \frac{V_0 \gamma_0}{\gamma} = \frac{80\,000 \cdot 1{,}293}{2{,}22} = 46\,600 \text{ m}^3/\text{h}.$$

Die Luftgeschwindigkeit beträgt

$$w = \frac{V}{3600\,\dfrac{d^2\pi}{4}} = \frac{46\,600}{3600 \cdot 0{,}785} = 16{,}5 \text{ m/s}.$$

Der Druckverlust ergibt sich hieraus zu

$$h_w = \frac{10 \cdot 16{,}5^2}{1000^{1.281}}\,6{,}6 = 2{,}56 \text{ mm WS}.$$

Die zugehörige Heißwindleitung aus Stahlblech mit feuerfesten Steinen ausgemauert, habe einen Durchmesser von 950 mm, der Wind eine Temperatur von 550° C.

Hierfür ergibt sich das Luftvolumen zu 104000 m³/h und die Geschwindigkeit w zu 40,7 m/s, mithin beträgt der Druckverlust

$$h_w = \frac{10 \cdot 40{,}7^2}{950^{1.281}}\,9{,}9 = 25 \text{ mm WS}.$$

Der Druckverlust in der Kaltwindleitung von 10 m Länge beträgt demnach $\frac{2{,}56}{10000} = 0{,}000256$ at, in der Heißwindleitung von gleicher Länge

$$\frac{25}{10\,000} = 0{,}0025 \text{ at}.$$

Wir können somit feststellen, daß bei den üblichen Windgeschwindigkeiten

15 bis 20 m/s in den Kaltwindleitungen,
35 bis 45 m/s in den Heißwindleitungen

der Druckverlust in geraden Leitungen so gering bleibt, daß er praktisch ohne Bedeutung ist.

Zu den Druckverlusten infolge Reibung in den geraden Leitungen kommen die Verluste durch *Richtungsänderung* und *Querschnittsänderung* in den Leitungen, *Abzweigungen* und *Abschlußorganen*, die bei unsachgemäßer Ausführung erhebliche Werte erreichen können.

Diese Verluste sind ebenfalls dem Quadrate der Geschwindigkeit verhältnisgleich. Sie können deshalb auch in Beziehung zur Geschwindigkeitshöhe gebracht werden und werden ausgedrückt durch den Verlustfaktor ξ.

Für einen gut abgerundeten Krümmer von 90° ist

$$\xi = 1,$$

für einen gut abgerundeten Krümmer von 120° ist

$$\xi = 0{,}6,$$

für eine rechtwinklige Umlenkung ist

$$\xi = 1{,}5.$$

Für das oben behandelte Beispiel mit 16,5 m/s Geschwindigkeit in der Kaltwindleitung ergibt sich die Geschwindigkeitshöhe zu

$$h_w = \frac{w^2}{2g}\gamma = \frac{16{,}5^2}{19{,}62}\,2{,}22 = 30{,}1\text{ m Luftsäule} = \frac{30{,}1\cdot 2{,}2\cdot 1000}{1000} = 66{,}2\text{ mm WS}.$$

Mithin beträgt der Stoßverlust

bei einem Krümmer von $90° = 1\cdot 66{,}2 = 66{,}2$ mm WS,
bei einem Krümmer von $120° = 0{,}6\cdot 66{,}2 = 39{,}6$ mm WS,
bei einer rechtwinkligen Ablenkung $= 1{,}5\cdot 66{,}2 = 99{,}3$ mm WS.

Eine Querschnittsverminderung in gerader Leitung bewirkt infolge Änderung der Geschwindigkeit eine Umsetzung von statischem Druck in dynamischen Druck. Das ist mit einem Verlustfaktor von $\xi = 0{,}1$ verbunden. Der Verlust an statischem Druck ist gleich der Differenz der beiden Geschwindigkeitshöhen. Mithin ist der Gesamtdruckverlust

$$(1+\xi)\left(\frac{w_2^2}{2g}\gamma - \frac{w_1^2}{2g}\gamma\right) = \frac{1{,}1\,\gamma}{2g}\left(w_2^2 - w_1^2\right).$$

Beispiel 22. In einer Windleitung von 1000 mm Durchmesser ströme Luft mit einer Temperatur von 50° und einem Überdruck von 780 mm QS, also mit einem spezifischen Gewicht von 2,22 kg/m³. Die Geschwindigkeit betrage wie im vorigen Beispiel 16,5 m/s. Der Durchmesser wird an einer Stelle auf 800 mm vermindert, dadurch erhöht sich die Geschwindigkeit auf 22,1 m/s.

Hierbei ergibt sich der Gesamtdruckverlust zu

$$\frac{1{,}1\cdot 2{,}22}{19{,}62}(488{,}1 - 272{,}2) = 27\text{ m Luftsäule},$$

das entspricht

$$\frac{27\cdot 2{,}22\cdot 1000}{1000} = 60\text{ mm WS}.$$

Bei einem Hochofenwerk wurden die Druckverluste von der Hauptsammelleitung der Gebläsemaschinen bis zu den Düsenstöcken eines Hochofens ermittelt.

Die Druckverluste ergaben sich wie folgt:

1. im geraden Teil der Kaltwindleitung	15 mm WS
2. in den Abzweigungen, Krümmern und Querschnittsänderungen	282 mm WS
3. im Winderhitzer	100 mm WS
4. im geraden Teil der Heißwindleitung	76 mm WS
5. in den Krümmern, Abschlußorganen und Übergängen der Heißwindleitung bis zur Ringwindleitung am Hochofen	244 mm WS
insgesamt	717 mm WS

Das entspricht einem Druckverlust von 0,072 at.

Die Verluste in den Umlenkstellen betragen vielfach 10% und mehr von dem in den Gebläsemaschinen erzeugten Druck. Sie können erheblich vermindert werden, wenn alle rechtwinkligen Ablenkungen und kurzen Krümmer durch allmähliche Übergänge ersetzt werden.

Bei einfachen Krümmern soll der Radius des Krümmers gleich dem 5fachen Rohrdurchmesser und bei Doppelkrümmern gleich dem 10fachen Rohrdurchmesser betragen. Dann sind die Druckverluste praktisch gleich Null.

Die in den *Gebläsemaschinen geleistete Arbeit* setzt sich zusammen aus den Druckverlusten in den Kalt- und Heißwindleitungen einschließlich der Winderhitzer, aus dem Ofenwiderstand und dem Gegendruck in der Gichtgasleitung.

Bei einem Hochofen des Ruhrbezirkes wurden die Anteile an der Gebläsearbeit ermittelt und wie folgt festgestellt:

1. Druckverluste in Leitungen und Winderhitzer	9 cm QS
2. Druckverluste in den Düsenstöcken	6 cm QS
3. Ofenwiderstand	62 cm QS
4. Gegendruck der Gichtgasleitung	5 cm QS
Gebläsedruck	82 cm QS

Der engste Querschnitt für den Luftstrom befindet sich in den Düsenstöcken und in den Blasformen. Der Querschnitt der Düsenstöcke muß sich dem der Blasformen anpassen (Bild 256). Deshalb sollten die Durchmesser der Blasformen nicht zu klein gewählt werden. Bei neuzeitlichen Öfen ist man bis auf 300 mm Lichtweite gegangen. Der Düsenstock soll zwischen Ringwindleitung und Blasform die kürzeste Verbindung herstellen, unnötige Querschnittsänderungen und Umlenkungen müssen vermieden werden.

Die von den Gebläsemaschinen zu liefernde Windmenge. Wenn man nicht in der Lage ist, aus den Betriebszahlen einer gleichartigen Anlage die theoretische Windmenge zu berechnen, ist man auf eine Überschlagsrechnung angewiesen. Für 1 t Naßkoks kann ein Windbedarf von $\sim$3050 Nm^3 angesetzt werden.

Das vom Gebläse anzusaugende Luftvolumen muß größer sein, weil es infolge der Temperaturerhöhung eine größere Feuchtigkeitsmenge aufnimmt und ein geringeres bezogenes Gewicht hat und weil auf dem Wege vom Gebläse bis in das Innere des Ofens Luftverluste infolge Undichtigkeiten eintreten. Das vom Gebläse anzusaugende Luftvolumen muß deshalb um 25% höher, auf etwa 3800 m^3 je t Naßkoks angesetzt werden.

h) Hauptabmessungen und Profil des Hochofens.

Die *Höhe des Ofens* ist begrenzt durch die Festigkeit des Brennstoffes. Die *Nutzhöhe* (Höhe vom Bodenstein bis Oberkante Beschickung) kann betragen

für Holzkohle	15—18 m
für oberschlesischen Koks	18—20 m
für Saarkoks und niederschlesischen Koks	20—23 m
für Koks aus dem Ruhr- und Wurmbezirk sowie für besten belgischen, englischen und amerikanischen Koks	23—27 m.

Der *Nutzinhalt* (Inhalt vom Bodenstein bis Oberkante Beschickung) richtet sich nach der angestrebten Erzeugung und der Durchsatzzeit.

Die *Durchsatzzeit* wird bestimmt nach der Art des zu erblasenen Roheisens. Roheisengattungen, die verhältnismäßig kalt erblasen werden, wie Stahleisen, Thomaseisen und Puddeleisen gestatten eine geringe Durchsatzzeit bis zu 7 h, Gießereieisen und Hämatit, die warm erblasen werden, bedingen eine Durchsatzzeit von mindestens 8 h. Ferner ist bei Bemessung der Durchsatzzeit auf die Brennstoffbeschaffenheit und die Eigenschaften der Erze (Reduzierbarkeit) Rücksicht zu nehmen. Bei der Verwendung von schlesischem und saarländischem Koks geht man mit der Durchsatzzeit nicht unter 8 h, auch bei den Minettehochöfen wird diese Zeit nicht unterschritten, sie beträgt bei diesen gewöhnlich mindestens 10 h.

Nach Durchführung der Möllerberechnung[1] ermittelt man mit Hilfe der Raummetergewichte[2] den *Raumbedarf* des Möllers für 1 t Roheisen, ebenso den Raumbedarf des Kokses für 1 t Roheisen nach Festlegung des Koksbedarfes bei dem sich ergebenden Möllerausbringen. Der Rauminhalt des Gesamtmöllers vermindert sich im Hochofen

[1] Hütte: Taschenbuch f. Eisenhüttenleute, 4. Aufl. S. 473.
[2] Hütte: Taschenbuch f. Eisenhüttenleute, 4. Aufl. S. 904.

infolge der chemischen und physikalischen Vorgänge. Deshalb ist mit einem *Schwindungsbeiwert* zu rechnen, der je nach der Natur des Erzes verschieden ist. Als Mittelwerte gelten: für Minette 0,65, für Peiner Erze 0,67, für andere Erzzusammenstellungen mit 40% Möllerausbringen 0,80, mit 48% Möllerausbringen etwa 0,85.

Der erforderliche Nutzinhalt J des Ofens ergibt sich aus nachstehender Formel

$$J = \frac{T}{24} \varphi V Q . \qquad \text{m}^3.$$

Hierin ist:

T = die Durchsatzzeit t/24 h,
Q = die verlangte Roheisenmenge t/24 h,
V = der Rauminhalt der Beschickung (Erz, Zuschläge, Koks) je t Roheisen m³,
φ = der Schwindungsbeiwert.

Der *Gestelldurchmesser* richtet sich nach der für die angestrebte Roheisenerzeugung erforderlichen Brennstoffmenge (Tabelle 35). Aus der Brennstoffmenge ergibt sich der erforderliche Verbrennungsraum. Die je m² Gestellquerschnitt verbrannte Kohlenstoffmenge beträgt nach Tabelle 34 im Mittel 700 bis 800 kg/h entsprechend einer Koksmenge von 1000 bis 1200 kg/h. Wenn man den Gestelldurchmesser mit dieser Zahl ermittelt hat, wird die Zahl der Formen festgelegt. Die Größe des Verbrennungsraumes ergibt sich zu 0,523 z m³. Alsdann ist eine Prüfung der Anstrengung des Ofens und die erforderliche Windpressung gemäß Tabelle 37 möglich. Je nach den vorhandenen oder angestrebten Verhältnissen ist gegebenenfalls eine Änderung vorzunehmen.

Der *Gichtdurchmesser* muß möglichst groß sein, damit die Gasgeschwindigkeit und die davon abhängige Staubentwicklung klein werden. Die Grenze für den Gichtdurchmesser ergibt sich aus dem Inhalt des Ofens und der Gestalt des Schachtes. Dieser soll sich nach unten erweitern. In erster Annäherung kann man den Gichtdurchmesser gleich dem Gestelldurchmesser machen und dann nach Festlegung der anderen Ofenabmessungen eine etwa erforderliche Änderung vornehmen. Bei großer Ofenhöhe macht man den oberen Teil des Schachtes zylindrisch, damit der Gichtdurchmesser bei gegebenen Durchmessern des Unterofens und einen Schachtwinkel von 85° an der Gicht nicht zu eng wird.

Die *Rasthöhe* beträgt bei den neuzeitlichen Öfen 2,5 bis 3,5 m. Der *Rastwinkel* kann beliebig zwischen 75 und 85° gewählt werden. Er richtet sich nach dem Ofendurchmesser im Kohlensack. Dieser ist abhängig vom Gichtdurchmesser und der Ofenhöhe. Zum Ausgleich wird vielfach zwischen Schacht und Rast ein zylindrischer Teil eingefügt, der bis 2 m Höhe haben kann, ohne das Niedergehen der Beschickung ungünstig zu beeinflussen.

Beispiel 23. Es soll das Profil für einen Hochofen festgelegt werden. Gegeben ist der Erzmöller, bestehend aus Kiruna-Erz, Agglomerat, Briketts, Schrott, rumänische Manganerze, Walzensinter, Martinschlacke, Mischerschlacke, aus dem sich ein Möllerausbringen von 42% errechnet, sowie der Brennstoff als Ruhrkoks mit 85% C. Das mittlere Raummetergewicht des Erzmöllers ist 2 t/m³, das des Kokses 0,45 t/m³, der Schwindungswert $\varphi = 0{,}81$. Verlangt wird eine Erzeugung von 900 t Thomaseisen in 24 h. Die Durchsatzzeit soll mit 7,5 h bemessen werden. Ferner wird angenommen: der Schachtwinkel $\alpha = 86°$, der Rastwinkel $\beta = 80°$, die Rasthöhe = 3 m, der Gichtdurchmesser = 5,5 m, die Zahl der Abstiche in 24 h = 8.

Je t Roheisen sind $\frac{1000 \cdot 100}{42} = 2382$ kg Erz erforderlich. Der Koksverbrauch kann nach Tabelle 35 zu 990 kg/t angenommen werden. Der erforderliche Rauminhalt des Gesamtmöllers je t Roheisen ergibt sich demnach wie folgt:

$$\frac{2{,}382}{2} = 1{,}191 \text{ m}^3 \text{ für Erz,}$$

$$\frac{0{,}990}{0{,}450} = 2{,}200 \text{ m}^3 \text{ für Koks, zusammen } 3{,}391 \text{ m}^3.$$

Der *Nutzinhalt* des Ofens ist mithin

$$J = \frac{T}{24} \varphi V Q = \frac{7{,}5}{24} \cdot 0{,}81 \cdot 3{,}391 \cdot 900 = 770 \text{ m}^3.$$

Der *Gestelldurchmesser* ergibt sich aus dem voraussichtlichen Koksverbrauch, der je m² bis zu 1200 kg/h betragen kann. Von dem Gesamtkoksverbrauch gelangen etwa 80% bis in die Blasformebene, das sind $\frac{900 \cdot 990 \cdot 80}{100} = 713$ t. Der Gestellquerschnitt muß sein $\frac{713000}{1200 \cdot 24} = 24{,}75$ m². Dem entspricht ein Gestelldurchmesser von 5,6 m. Das Gestell bildet den Sammelraum für das flüssige Roheisen und die Schlacke. Das bezogene Gewicht des Roheisens ist 7,5, bei täglich 8 Abstichen ist der Raumbedarf $\frac{900}{7,5} : 8 = 15\ \text{m}^3$. Die Höhe des *Eisenraumes* $= \frac{15}{24,75} = 0,6$ m. Die Höhe des *Schlackenraumes* wird gleich der des Eisenraumes genommen. Damit ist die Lage der Schlackenform 1,2 m über Bodenstein festgelegt. Die *Blasformebene* wird 0,5 bis 0,7 m höher gelegt, damit bei vorübergehendem Versagen der Schlackenform nicht alsbald die Gefahr des Schlackeneintritts in die Blasformen entsteht. Die Höhe der Blasformen über dem Bodenstein werde festgelegt zu $1,2 + 0,6 = 1,8$ m. Wenn wir nun noch 0,3 m zuschlagen bis zur Unterkante Rast, so beträgt die *Gestellhöhe* $1,8 + 0,3 = 2,1$ m.

Aus der Rasthöhe von 3 m und dem Rastwinkel von 80° ergibt sich der *Durchmesser* im *Kohlensack* zu 6,7 m.

Da der Schachtwinkel mit 86° und der Gichtdurchmesser mit 5,5 m festliegen, ergibt sich die Höhe des konischen Teiles vom Schacht zu 15,7 m. Nach Bild 243 sind jetzt bestimmt $h_1 = 2,1$ m, $h_2 = 3$ m, wir wählen $h_3 = 2$ m, $h_4 = 15,7$ m, $d_1 = 5,6$ m, $d_2 = 6,7$ m, $d_3 = 5,5$ m. Die Rauminhalte der einzelnen Teile ergeben sich demnach wie folgt:

$$J_1 = 24,63 \cdot 2,1 = 51,72\ \text{m}^3,$$

$$J_2 = \frac{h\,\pi}{3}(R^2 + r^2 + R\,r) = \frac{3\,\pi}{3}(3,35^2 + 2,8^2 + 3,35 \cdot 2,8) = 96\ \text{m}^3,$$

$$J_3 = 35,25 \cdot 2,0 = 70,50\ \text{m}^3,$$

$$J_4 = \frac{15,7\,\pi}{3}(3,35^2 + 2,75^2 + 3,35 \cdot 2,75) = 460\ \text{m}^3,$$

$$J_1 + J_2 + J_3 + J_4 = 678,22\ \text{m}^3. \text{ Es muß werden}$$

$$J_5 = 770 - 678 = 92\ \text{m}^3.$$

$$h_5 = \frac{92}{23,75} = 3,8\ \text{m}.$$

Die Zahl der Blasformen wird bei 5,6 m Gestelldurchmesser nach Tabelle 33 zu 12 und der Inhalt des Verbrennungsraumes zu 6,3 m³ angesetzt. Vor den Formen werden in 24 h $713 \cdot 0,85 = 603$ t Kohlenstoff verbrannt. Die Anstrengung des Ofens ergibt sich aus der stündlich je m³ Verbrennungsraum vergasten Menge Kohlenstoff. Das sind $\frac{603\,000}{24 \cdot 6,3} = 3990$ kg.

Beispiel 24. Es ist das Profil für einen Minette-Hochofen festzulegen. Gegeben ist der Erzmöller mit 29% Ausbringen, als Brennstoff Ruhrkoks mit 85% C, das mittlere Raummetergewicht des Möllers mit 1,5 t/m³ und des Kokses mit 0,45 t/m³, der Schwindungswert $\varphi = 0,65$. Verlangt wird eine Tageserzeugung von 500 t Thomaseisen. Die Durchsatzzeit soll mit 11 h bemessen werden. Der Schachtwinkel α soll 86°, der Rastwinkel β 75° betragen, die Rasthöhe wird mit 3,5 m festgelegt und für den Gichtdurchmesser 5,0 m angenommen. Die Zahl der Abstiche in 24 h betrage 6.

Je t Roheisen sind $\frac{1000 \cdot 100}{29} = 3450$ kg Erz und nach Tabelle 35 etwa 1220 kg Koks erforderlich. Der erforderliche Rauminhalt je t Roheisen ist

$$\frac{3,450}{1,5} = 2,30\ \text{m}^3 \text{ und } \frac{1,220}{0,45} = 2,71 \text{ zusammen } 5,1\ \text{m}^3.$$

Der *Nutzinhalt* des Ofens ist demnach

$$J = \frac{11}{24} \cdot 0,65 \cdot 5,1 \cdot 500 = 750\ \text{m}^3.$$

Der *Gestelldurchmesser* wird ermittelt wie im Beispiel 23. Es sollen je m² Gestellquerschnitt jedoch nur 1000 kg Koks je h verbrannt werden. Der Gestellquerschnitt muß also betragen $= \frac{500 \cdot 1220 \cdot 80}{100 \cdot 1000 \cdot 24} = 20,4\ \text{m}^2$. Dem entspricht ein Gestelldurchmesser von 5,1 m. Der Raumbedarf für Roheisen $= \frac{500}{7,5} : 6 = 11,1\ \text{m}^3$. Die Höhe des Eisenraumes ist $\frac{11,1}{20,4} = 0,51$. Die Höhe des Schlackenraumes sei etwas größer zu 0,59 gewählt, gibt 1,1 m für die Lage der Schlackenform über dem Bodenstein. Die Blasformebene liegt $1,1 + 0,6 = 1,7$ m über dem Bodenstein. Die Höhe des Gestells wird 2,0 m.

Der Durchmesser des Kohlensackes wird durch die Festlegungen der Rasthöhe und des Rastwinkels gleich 6,9 m, der zylindrische Teil im Kohlensack sei 2 m hoch. Die Höhe des konischen Teiles vom Schacht ergibt sich aus dem Schachtwinkel und den Durchmessern d_2 und d_3, die bereits festgelegt sind, zu 13,6 m. Es liegen jetzt fest: $h_1 = 2$ m, $h_2 = 3,5$ m, $h_3 = 2$ m, $h_4 = 13,6$ m, $d_1 = 5,1$ m, $d_2 = 6,9$ m, $d_3 = 5,0$ m, die Rauminhalte: $J_1 = 40,86\ \text{m}^3$, $J_2 = 99\ \text{m}^3$, $J_3 = 74,8\ \text{m}^3$, $J_4 = 382\ \text{m}^3$. $J_1 + J_2 + J_3 + J_4 = 40,86 + 99,0 + 74,80 + 382,00 = 596,66\ \text{m}^3$. Es muß also werden $J_5 = 750 - 596 = 154$.

h_5 müßte $\frac{154}{20,42} = 7,5$ m sein. Das ist für den oberen zylindrischen Teil zu viel. Begnügen wir uns mit 4 m, so würde der Nutzinhalt des Ofens 677 m³. Bei diesem Inhalt würde der Ofen die verlangte Erzeugung nur bringen, wenn die Durchsatzzeit verkürzt werden könnte auf 9,75 h. Die

Nutzhöhe des Ofens ergäbe sich bei diesem Inhalt zu 25,1 m. Es ist aber richtiger, alle Durchmesser um 0,25 m zu vergrößern, dann würde sich bei gleicher Höhe ein Nutzinhalt von 730,3 m³ ergeben. Erhöht man nun den oberen zylindrischen Teil (h_5) auf 5 m, so ergibt sich der Gesamtinhalt zu $\sim$ 752 m³.

i) Das Mauerwerk des Hochofens.

Die ersten Hochöfen bestanden aus dem feuerbeständigen Kernmauerwerk und dem äußeren Rauhgemäuer, das aus Bruchsteinen oder Ziegelsteinen ausgeführt wurde. Erst im Jahre 1874 wurde im Siegerland der erste Hochofen ohne das äußere Rauhgemäuer erbaut. Um die Steinschichten in ihrer Lage zu sichern, wurden sie mit Eisenbändern umgeben. Im Jahre 1882 wurde im Siegerland ein Hochofen ausgeführt, der nicht durch einzelne Bänder, sondern durch einen vollständigen Mantel aus Eisenblech geschützt war. Diese Ausführungsart wurde in Deutschland wieder verlassen, weil sie Ausbesserungen am Mauerwerk erschwert. In Nordamerika ist sie heute allgemein üblich, auch in anderen Ländern wird diese Bauweise angetroffen.

Bei den *neuzeitlichen Öfen* beträgt die Stärke des Mauerwerkes am Schacht 700 bis 800 mm, in der Rast 500 bis 700 mm, im Gestell 800 bis 1000 mm, im Bodenstein 1000 bis 2500 mm je nach Größe der Öfen. Versuche, das Mauerwerk für die heiße Zone dicker auszuführen, haben sich als zwecklos erwiesen, da dann die Wand durch Abschmelzen sehr schnell an Stärke abnahm, bis sich zwischen Abschmelzwirkung und Kühlwirkung ein Gleichgewichtszustand ergab. Die Anforderungen an Hochofensteine sind folgende: für Bodensteine und Gestell mindestens 38% Al_2O_3 höchstens 2,5% Fe_2O_3, höchstens 1,5% Flußmittel, mindestens Segerkegel 32, mindestens eine Druckfestigkeit von 250 kg/cm², höchstens 25% Porenraum; für Rast, Kohlensack und das untere Drittel des Schachtes mindestens 36% Al_2O_3, Segerkegel 33, Druckfestigkeit 250 kg/cm², höchstens 2,5% Fe_2O_3, 1,5% Flußmittel, 22% Porenraum; für die beiden oberen Drittel des Schachtes: mindestens 33% Al_2O_3, Segerkegel 30, Druckfestigkeit 250 kg/cm², 25% Porenraum, große Widerstandsfähigkeit gegen Abrieb, höchstens 2,5% Fe_2O_3 und 2,5% Flußmittel.

Für den Bodenstein, das Gestell und die Rast werden auch Kohlenstoffsteine verwendet. Diese sind vor der Berührung mit Gebläsewind und Kühlwasser zu schützen. Das Stichloch wird deshalb aus Schamottesteinen hergestellt. Vor dem Anblasen des Ofens sind die Kohlenstoffsteine durch eine Schamotteschicht vor dem Verbrennen zu schützen.

Bei feuerfestem Mauerwerk sind die Fugen die schwachen Stellen. Sie werden durch eindringendes Metall oder eindringende Schlacke leicht angegriffen. Wie schon früher bei anderen Öfen ist man neuerdings auch beim Hochofen dazu übergegangen, Gestell und Rast durch Ausstampfen mit einer feuerbeständigen Masse fugenlos herzustellen[1]. Die Stampfmasse wird aus trockenem, aschearmen Koks und wasserfreiem Teer hergestellt. Die erwärmte Masse wird mit erhitzten Stampfern schichtenweise aufgestampft, so daß der Unterofen aus einem einzigen fugenlosen Behälter besteht (Bild 250). Zwischen diesem und dem Panzer wird durch Einlegen einer Holzschablone während des Aufstampfens ein Zwischenraum geschaffen, der später mit lockerer Masse ausgefüllt wird. Als Schutz beim Anblasen wird der Bodenstein mit zwei Flachschichten Schamottemauerwerk abgedeckt. Der Schutz der Gestellwand erfolgt durch einen 25 cm starken Schamottering, der vor dem Aufstampfen ausgeführt wird und somit als Schablone dient. Der Schlackenkanal wird durch Einstampfen eines mit trockenem Schamottemehle gefüllten Rohres gebildet. Die Formen und Formenschutzkästen sowie die Rastkühlkästen werden während der Ausführung eingebaut und eingestampft. Gestampfte Unteröfen haben sich besonders bei Stillständen gut bewährt, da sie auch bei längeren Betriebsunterbrechungen keine Risse und Spalten

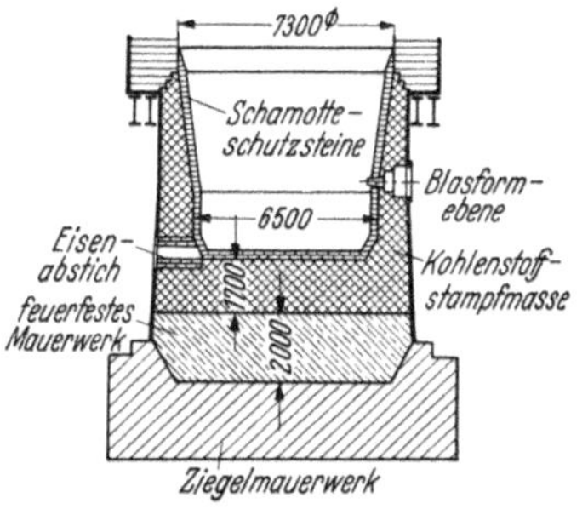

Bild 250. Bodenstein, Gestell und Rast aus Kohlenstoffstampfmasse.

[1] Stahl u. Eisen Bd. 56 (1936) S. 845—847.

bekommen. Die Kohlenstoffmasse erhält unter dem Einfluß der hohen Temperatur gute Festigkeitseigenschaften, die auch während großer Stillstände erhalten bleiben. Durchbrüche sind bei solchen Öfen nicht eingetreten.

Die *Steinformen* sind in den verschiedenen Bezirken und auch auf den Werken verschieden. In Deutschland werden große Steine bevorzugt. Große Steine haben die Länge der Wanddicke, sie sind 130 bis 200 mm dick, kleine Steine haben die Länge der halben Wanddicke und sind dann 75 bis 130 mm dick. Die Steinbreite wird ungefähr gleich der $1^1/_2$fachen Dicke gewählt. In Nordamerika werden kleine Steinformen von etwa $2^1/_2$ Zoll Dicke bevorzugt. Kleine Steine sind besser durchgebrannt, bröckeln aber an den Kanten leichter ab. Große Steine müssen vielfach nachbearbeitet werden, weil sie sich beim Brennen verziehen. Neuerdings können aber auch große Steinformen nach besonderem Verfahren[1] hergestellt werden, die ein Verziehen beim Brennen ausschließen.

Der Bodenstein wird, sofern er nicht aus Kohlenstoffmasse gestampft wird, als Gewölbe ausgeführt, um dem Auftrieb durch die flüssige Roheisensäule entgegenzuwirken. Es ist zweckmäßig, möglichst große Steine zu verwenden, um die Zahl der Fugen zu vermindern. In Deutschland wird der Bodenstein gewöhnlich als scheitrechtes Gewölbe ausgeführt. Die Steine sind in 3 oder 4 Schichten von 350 bis 1850 mm Stärke gelagert, sie sind 250 bis 400 mm breit und etwa 200 mm dick. Der Gewölbemittelpunkt liegt etwa 6 m über der Sohle des Herdes. Bei dem Bodenstein ist es besonders wichtig, sorgfältig bearbeitete Steine mit kleinsten Fugen zu vermauern. Die Fugen der verschiedenen Lagen dürfen nicht zusammenfallen, weil sonst die Gefahr eines Durchbruches besteht. Bild 250a zeigt die Ausführung eines Bodensteins als scheitrechtes Gewölbe.

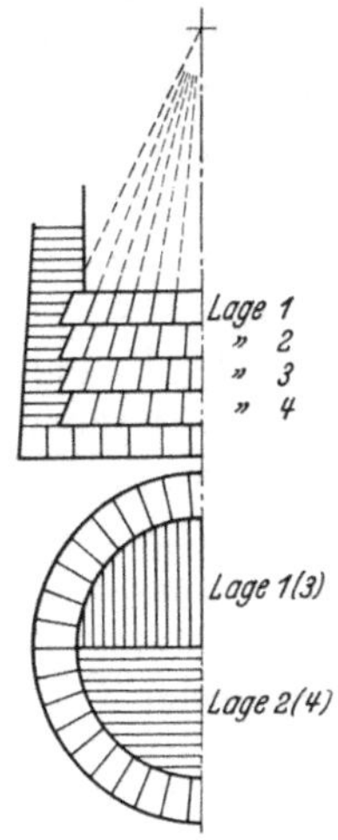

Bild 250a. Ausführung des Bodensteins als scheitrechtes Gewölbe.

k) Die Bewehrung des Hochofenmauerwerkes.

Bei den alten Hochöfen mit Rauhgemäuer ruhte das Schachtmauerwerk gemäß Bild 23 (S. 23) derart auf dem Außenmauerwerk, daß Gestell und Rast nicht belastet waren. Durch diese Bauweise wurde erreicht, daß die den höheren Temperaturen ausgesetzten Teile sich frei ausdehnen und wenn erforderlich erneuert werden konnten, während der Schacht erhalten blieb. Diese Bauart blieb nach Fortfall des Rauhgemäuers bestehen. Der Schacht ruht hierbei auf einem *Tragring* aus Gußeisen oder Stahlguß, der bei den neuzeitlichen großen Öfen auf Trägern nach Bild 251 gelagert ist. Die Träger werden von besonderen Stützen aus Gußeisen oder Eisenkonstruktion oder von Konsolen des Hochofengerüstes getragen. Die *Außenbewehrung des Schachtes* besteht, wie bereits ausgeführt, aus einem Blechmantel von 15 bis 20 mm Dicke oder aus einzelnen Bändern von Flacheisen 18×150 bis 20×200 mm. Die Bänder können durch Verbindung mit U-förmigen Balken zu einer korbartigen Schachtverankerung ausgebildet werden (Bild 252). Hinter dem Schraubenkopf der Schlösser wird ein Bleiring eingeschoben, um Überlastungen der Schrauben zu verhindern. Die Bänder werden zweckmäßig so verlegt, daß jede Steinschicht gefaßt wird. Am oberen Teil des Schachtes unterhalb des Gichtverschlusses wird eine innere Bewehrung der sog. *Schlagpanzer* angeordnet (Bild 253), um Beschädigungen des Schachtes durch die hier abstürzenden Beschickungsstoffe zu verhindern. Die *Bewehrung der Rast* geschieht am besten durch einen Blechmantel von 20 bis 40 mm Stärke, der mit dem Schachttragring verbunden ist oder auf diesem mit

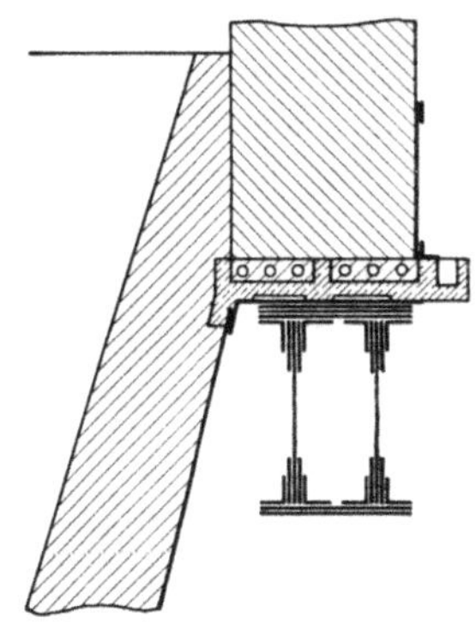

Bild 251. Tragring und Anschluß des Rastpanzers.

[1] SCHEIDBAUER und GIESSING-CONSTANT-Verfahren der Didier-Werke A.G.

einem angenieteten Winkelring aufgelagert wird. Bei den amerikanischen Öfen wird die Verankerung der Rast durch Stahlbänder bevorzugt, weil sie den Einbau und die Instandhaltung der im Rastmauerwerk angeordneten geschlossenen Kühlkästen erleichtert. Bei einem Rastpanzer aus Blech wird gewöhnlich nur Wasserkühlung durch Berieselung angewendet. Das *Gestell* wurde früher an vielen Stellen ebenfalls durch besonders kräftige Bänder verankert. Jetzt bevorzugt man eine Gestellverankerung aus einem Blechmantel von 30 bis 60 mm Stärke oder einen Panzer aus Stahlguß oder Hämatitguß von 60 bis 100 mm Stärke. Die letztgenannte Ausführung besteht aus Segmenten, die zwecks Zusammenschrauben mit Rippen versehen sind. Bei den Blechpanzern werden für die Formöffnungen die Löcher ausgeschnitten. Bei den aus Gußstücken bestehenden *Gestellpanzern* wird der Formengürtel aus einzelnen Schildern zusammengeschraubt, von denen jedes zweite die Öffnung für eine Form hat. Die Kühlung des Gestells geschieht vorwiegend durch Wasserberieselung. Jedoch werden auch halboffene runde Kühlkästen besonders in Höhe der Schlackenform verwendet. An amerikanischen Öfen sind am Gestell oberhalb der Schlackenzone eine größere Anzahl geschlossener Kühlkästen angeordnet.

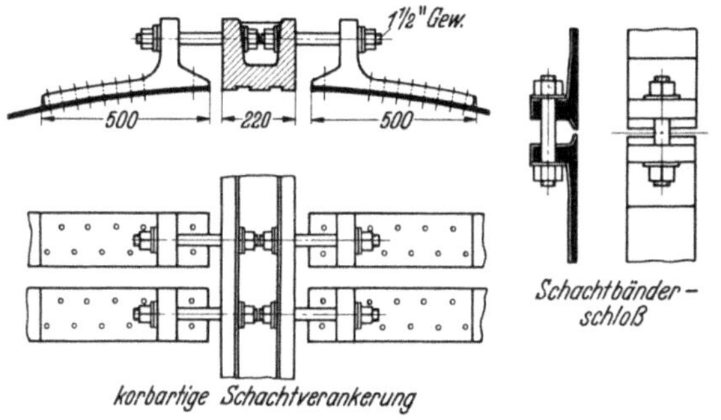

Bild 252. Stahlbänder zur Verankerung des Hochofenschachtes.

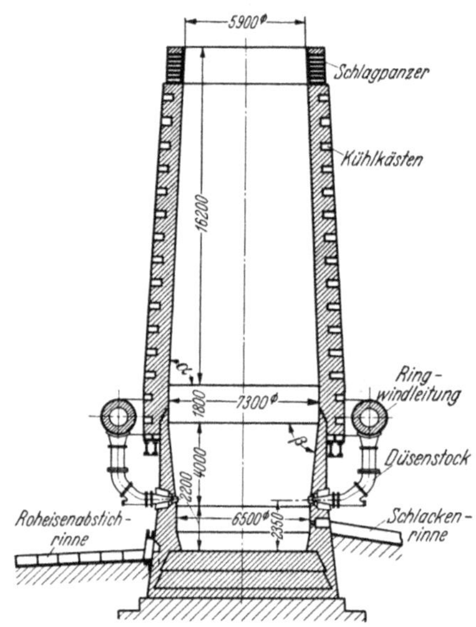

Bild 253. Neuzeitlicher Hochofen des Ruhrbezirkes (845 m³).

Der *Bodenstein* bedarf einer besonders kräftigen Verankerung, die nicht nachgeben darf, da sich sonst die Steinfugen öffnen, was zu Durchbrüchen führen muß. Man verwendet wie beim Gestell Blechpanzer bis zu 60 mm Stärke oder Stahlgußpanzer bis zu 120 mm Stärke. Um die Stahlgußpanzer werden Bänder gelegt, die bis zu 300 × 40 mm Querschnitt haben. Der Bodensteinpanzer wird als Mantel eines abgestumpften Kegels ausgeführt, damit das Kühlwasser gut haftet und langsam niederrieselt. Bei amerikanischen Öfen sind die Stahlgußpanzer vielfach mit eingegossenen Kühlrohren ausgestattet.

l) Die Ofenausrüstungsteile des Hochofens.

Die Ausrüstungsteile (Armaturen) des Hochofens bestehen aus dem Stichlochrahmen, den Schlacken- und Windformen (Blasformen), den zugehörigen Schutzformen und Kühlkästen, den Düsenstöcken und der Stichlochstopfmaschine.

Der *Stichlochrahmen* hat den Zweck, die Steinausmauerung an dieser Stelle zu schützen, er wird als kurzes Rohrstück von ovalem oder länglich rundem Querschnitt 600 × 350 bis 800 × 500 mm ausgeführt und ist zum Anschrauben an den Panzer mit einem Flansch versehen. Als Baustoff soll Hämatit verwendet werden. Bei der Zustellung des Hochofens wird die Öffnung für das Stichloch unter Einlegen eines Holzknüppels mit feuerfester Masse ausgefüllt.

Die *Schlackenformen* haben eine lichte Weite von 25 bis 60 mm je nach der Schlackenmenge, die Länge beträgt 150 bis 250 mm und die Wandstärke 12 bis 15 mm. Ein Ofen erhält 1 bis 3 Schlackenformen. Bei Anwendung mehrerer Formen werden sie so angeordnet, daß beim Versagen der einen die zweite oder dritte als Ersatz dienen kann, deshalb werden sie auch zuweilen in verschiedener Höhenlage eingebaut. Dann ist die untere im Regelbetrieb.

Die *Windformen* haben einen lichten Durchmesser von 100 bis 300 mm und eine Länge von 250 bis 800 mm. Die Zahl der Blasformen richtet sich nach dem Durchmesser des Gestells und der beabsichtigten Ofenleistung, worüber schon oben die Rede war. Über die Lichtweite gehen die Ansichten noch auseinander. Mit Rücksicht auf günstige Windführung sollten Windformen von möglichst großem Durchmesser genommen werden. Hiervon wird jedoch mit Rücksicht auf die Betriebsverhältnisse, z. B. Koksbeschaffenheit und Roheisenart, manchmal abgewichen. Die Blasformen werden so eingebaut, daß sie 50 bis 250 mm in den Innenraum des Ofens hineinragen. Da sich unmittelbar vor den Blasformen die höchsten Temperaturen einstellen, sollten sie zur Schonung des Gestellmauerwerkes möglichst weit eingeschoben werden. Das kann unter Umständen zu einer Verkleinerung des Verbrennungsraumes führen, was sich bei der Leistung des Ofens auswirkt. Deshalb wird die günstigste Lage der Formen vielfach nach diesem Gesichtspunkte erprobt.

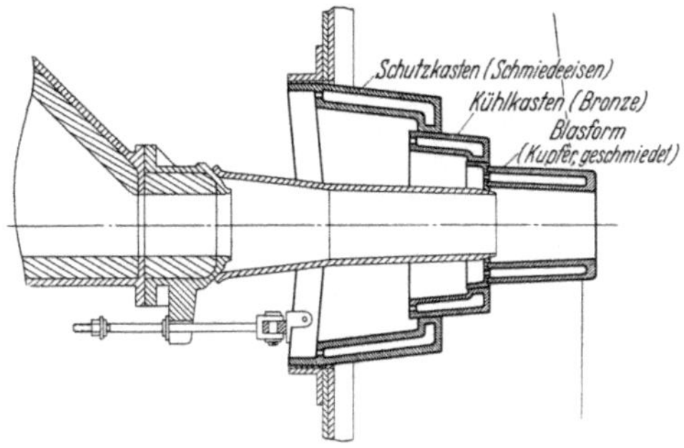

Bild 254. Blasform mit Kühlkasten und Schutzkasten.

Die *Formen* sitzen in *Kühlkästen*, die mit schwach konischen Öffnungen zur Lagerung der ebenfalls konischen Formen versehen sind (Bild 254 u. 255). Die Kühlkästen mit kreisrundem Querschnitt, die sog. *Schutzformen*, haben sich am besten bewährt, da sie am saubersten in das Gestellmauerwerk eingebaut werden können und deshalb bei den Schlackenformen die beste Gewähr gegen Durchbrüche bieten.

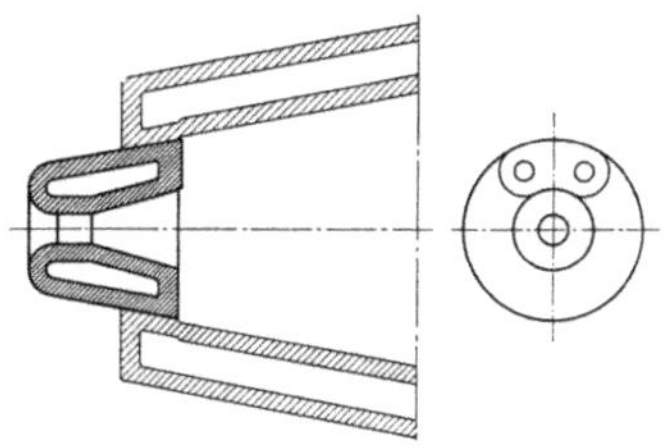

Bild 255. Schlackenform mit Kühlkasten.

Als *Baustoff für die Formen* kommen Bronze und Kupferguß in Betracht. Das ist bei den Schlackenformen mit Rücksicht auf die Abmessungen auch heute noch so geblieben. Bei den Blasformen hat sich ergeben, daß Elektrolytkupfer den hohen Beanspruchungen am besten entspricht. Bei diesen wird zunächst der am stärksten beanspruchte Rüssel aus Elektrolytkupfer gepreßt oder geschmiedet, während der Innen- und Außenmantel aus Kupferblechen hergestellt und die Nähte durch Hartlötung gebildet werden. Die Rhein-Emscher-Armaturenfabrik in Baerl a. Rh. stellt seit einigen Jahren Blasformen her, die aus einem massiven Block von Elektrolytkupfer durch ein besonderes Walzverfahren als nahtloses Stück von ganz gleichmäßiger Wandstärke geformt werden. Runde Kühlkästen nach gleichen Verfahren hergestellt ermöglichen die Verwendung kurzer Windformen bei entsprechender Verlängerung der Kühlkästen. Das wirkt sich naturgemäß beim Formenwechsel günstig aus. Im allgemeinen werden die Formen am hinteren Ende durch einen Bronzedeckel geschlossen und an eine Druckwasserleitung angeschlossen. Bei schlechtem Wasser ist Abfilterung des Schlammes, unter Umständen chemische Reinigung erforderlich. Die *Wassereinführung* erfolgt bei Formen und Kühlkästen unten, die Ausführung oben, damit bei plötzlicher Unterbrechung des Wasserzuflusses die Kühlräume mit Wasser gefüllt bleiben. Das *Abflußrohr* wird frei ausgeführt, damit Wassermenge und Temperatur dauernd geprüft werden können. Auf einigen Werken findet man noch offene Formen und Kühlkästen, die mit Spritzwasser gekühlt werden. Als Vorteile für diese werden angeführt: Unmöglichkeit des Eindringens von Wasser in den Ofen bei beschädigten Formen. Einfachheit der dauernden Überwachung der Kühlflächen und deren Reinhaltung. Zur Vermeidung von Kesselstein ist bei geschlossenen Formen und Kühlkästen eine hohe Wassergeschwindigkeit zu empfehlen. Der *Wasserverbrauch* stellt sich hierbei je Form oder Kühlkasten auf 3 bis 5 m^3/h. Zur Kühlung des Schacht- und Rastmauerwerkes werden eingebaute *Kühlkästen* und *Kühlplatten* verwendet. Es kommen diese in offener und geschlossener Bauweise zur Anwendung. Die offenen Kästen haben vielfach den Nachteil, daß die obere Decke vom Kühlwasser nicht berührt wird. Durch Anbringen einer Mulde an der Vorderwand kann der Wasserstand erhöht werden, jedoch ist dann das Reinigen des Innenraumes erschwert und in der offenen Mulde sammelt sich der Flugstaub. Geschlossene Kühlkästen haben den Vorteil, daß hohe Durchflußgeschwindigkeiten des Wassers möglich sind und mehrere Kühlkästen hintereinander geschaltet werden können. Wenn nicht ganz reines Kühlwasser zur Verfügung steht, müssen geschlossene Kästen mit einer abnehmbaren Vorderwand versehen sein, um eine Reinigung zu ermöglichen.

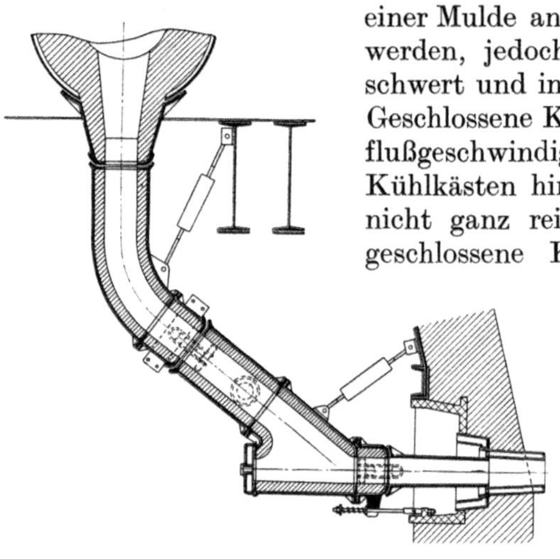

Bild 256. Der Düsenstock eines Hochofens.

Die *Düsenstöcke* bilden die Verbindung zwischen der Ringwindleitung und den Blasformen. Da sie beim Auswechseln der Formen schnell und bequem abgebaut werden müssen, werden sie möglichst leicht und mehrteilig ausgeführt. Der lichte Durchmesser ist gewöhnlich nur 50 bis 80 mm größer als der der Blasformmündung. Abgesehen von den Blasformen bilden demnach die Düsenstöcke den engsten Durchgang für den Gebläsewind. Das sollte besondere Veranlassung sein, plötzliche Richtungswechsel und kurze Krümmer hierbei zu vermeiden. Bild 256 zeigt einen Düsenstock, der dieser Forderung entspricht. Die Hauptteile sind die Düse, ein 600 bis 1200 mm langes Rohr aus Hämatit oder Stahlguß mit kugelig gedrehter Spitze, die an eine entsprechende Dichtungsfläche des Formendeckels oder in den Formenkonus gepreßt wird. Hierzu kommen zwei Krümmer und Zwischenstücke aus Hämatit oder Stahlguß, die mit einer Ausmauerung von 40 bis 80 mm Stärke ausgerüstet werden. Auch alle übrigen Dichtungsflächen sind kugelig gestaltet, damit bei veränderter Lage die Abdichtung gesichert ist. Schraubenverbindungen sind vollständig vermieden. Statt dieser werden leicht und schnell zu handhabende Verbindungen mit Schnalle und Keil verwendet. Das Anpressen an die Blasformen geschieht durch federnde Gehänge. Gegenüber der Blasform ist im Krümmer ein abklappbarer Deckel mit Schauloch vorgesehen.

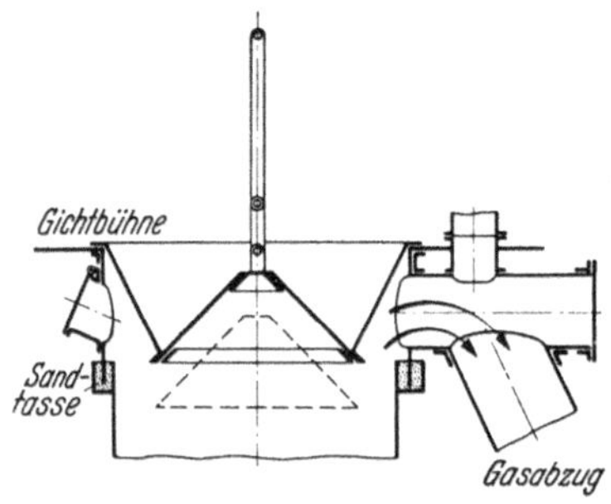

Bild 257. Gichtverschluß mit senkbarem Kegel von Parry (Parry-Trichter).

Stichlochstopfmaschinen werden in zwei Ausführungen verwendet. Bei der älteren Bauart wird die Stichlochmasse durch einen Preßluftzylinder eingepreßt, bei der neueren geschieht dies durch eine Transportschnecke.

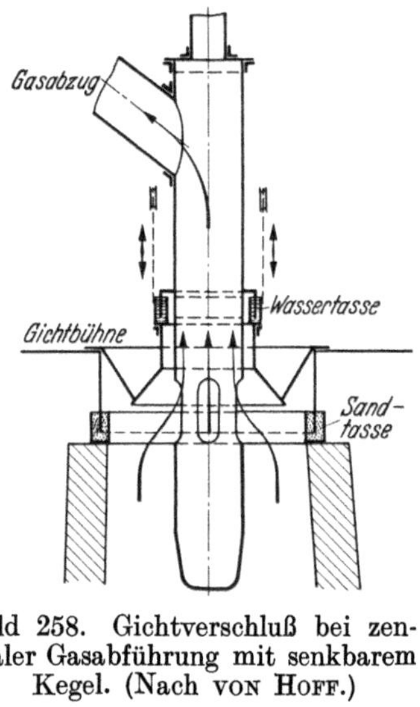

Bild 258. Gichtverschluß bei zentraler Gasabführung mit senkbarem Kegel. (Nach von Hoff.)

m) Gichtverschlüsse von Hochöfen.

Die mannigfachen Ausführungsformen der Gichtverschlüsse sind auf drei Grundformen zurückzuführen:

1. der Gichtverschluß mit senkbarem Kegel bei seitlicher Gasabführung von Parry nach Bild 257,
2. der Gichtverschluß mit senkbarem Kegel bei zentraler Gasabführung nach von Hoff nach Bild 258,
3. der Gichtverschluß mit hebbarer Glocke bei zentraler Gasabführung von Langen nach Bild 259.

Die zunächst als einfache Gichtverschlüsse eingeführten Ausführungen erfuhren Änderungen erst nach Einführung der Großgasmaschine auf den Eisenhüttenwerken. Sie wurden nämlich zur Vermeidung von Gasverlusten als Doppelverschlüsse ausgestattet, wobei die vorstehend als Grundformen gekennzeichneten Bauarten Verwendung fanden.

Der „*Parrytrichter*" wurde von Anfang an in England und Amerika bevorzugt, während in Deutschland die *Langen*sche Glocke am verbreitetsten war. Das hat sich nach Einführung der Beschickanlagen mit Kübeln geändert, da hierbei nur der Kegelverschluß

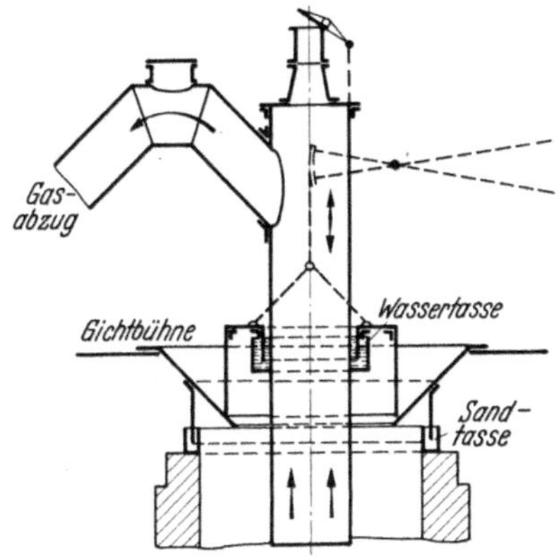

Bild 259. Gichtverschluß mit hebbarer Glocke bei zentraler Gasabführung von LANGEN.

Bild 260. Gichtverschluß bei Beschickanlagen mit Trichterkübeln.

von PARRY Verwendung findet. Derartige Anlagen werden in Verbindung mit den Hochofenaufzügen besprochen werden. Das Bild 260 zeigt die Außenansicht eines Gichtverschlusses bei Beschickanlagen mit Trichterkübeln.

n) Hochofengerüste.

Die europäischen Hochöfen sind meistens von einem Gerüst aus Eisenkonstruktion umgeben, das möglichst unabhängig vom Ofen und Ofensockel aufgestellt wird. Das Gerüst trägt eine Anzahl von Bühnen in etwa 3 m Abstand voneinander. Die unterste Bühne, die Hauptbühne oder Arbeitsbühne liegt je nach der Größe der Anlage bis zu 7 m über Hüttenflur. Sie trägt die Abstich-, Schlacken- und Wasserabflußrinnen. Sie ist mit Rücksicht auf ihre Aufgaben sehr kräftig und geräumig ausgebildet und mit Beton oder Ziegelmauerwerk abgedeckt. Sie überspannt die Roheisen- und Schlackenabfuhrgeleise und ist durch Brücken mit benachbarten Hochöfen, Gießhallen u. dgl. Nebenanlagen verbunden. Die Zwischenbühnen sind durch Treppen oder Leitern zugängig gemacht und so eingerichtet, daß der Ofen überall besichtigt und gegebenenfalls ausgebessert werden kann. Die oberste Bühne ist die Gichtbühne. Sie trägt den Gichtverschluß, der in eine Sandtasse eintaucht, so daß er durch das Wachsen des Mauerwerkes nicht beeinflußt wird. Bei den amerikanischen Hochöfen ist auf ein solches Gerüst verzichtet. Gichtverschluß und Gichtbühne und meistens auch die Aufzuggerüste werden vom Blechpanzer des Hochofens getragen.

o) Die Windleitungen der Hochöfen.

Die *Kaltwindleitung* wird aus genieteten oder geschweißten Blechrohren von etwa 10 mm Wanddicke hergestellt. Der Durchmesser wird für etwa 15 m/s Windgeschwindigkeit berechnet. Man legt entweder eine Sammelleitung für mehrere Hochöfen an oder bildet die Einzelleitungen so durch, daß man mit jeder Maschine auf jeden Ofen blasen kann. Die *Heißwindleitung* besteht ebenfalls aus Blechrohren, die mit porösen feuerfesten Steinen in einer Dicke von 250 bis 500 mm ausgemauert wird. Mit Rücksicht auf die Wärmeverluste durch die Wand wird der Durchmesser möglichst niedrig gehalten und man läßt Windgeschwindigkeiten von 50 bis 60 m/s, also höheren Druckabfall zu. Der Temperaturabfall in der Heißwindleitung beträgt je nach der Wärmeleitzahl der isolierenden Ausmauerung 0,8 bis 2° je m Leitungslänge.

III. Die Hochofenbeschickanlagen.

Die älteren Hochofenanlagen haben meistens Senkrechtaufzüge gehabt, die durch Dampfwinden oder durch Dampfkolben mit Rollenzügen betätigt wurden. Die Dampfantriebe sind in den letzten Jahrzehnten fast überall durch elektrische Antriebe ersetzt worden. Die Senkrechtaufzüge hatten lediglich die Aufgabe, die von Menschenhand in der Möllerhalle und auf der Gichtbühne zu verschiebenden Möllerwagen von Hüttenflur auf die Höhe der Gichtbühne zu heben. Durch Erhöhung der Hubgeschwindigkeit konnte die Leistungsfähigkeit dieser Aufzüge in vielen Fällen so gesteigert werden, daß sie auch für die dauernd erhöhte Ofenleistung genügten. Mit ihrer Leistungssteigerung war jedoch jeweils eine entsprechende Erhöhung der Arbeiterzahl, vornehmlich der Erz- und Koksfahrer verbunden.

Wie schon früher dargelegt, wurde die Leistungssteigerung der Hochofenanlagen seit der Jahrhundertwende selten durch Erhöhung der Ofenzahl, meistens durch Erhöhung der Leistung der Einheiten angestrebt. Man war deshalb bemüht, neue Bauarten durchzubilden, die neben großer Leistungsfähigkeit eine erhebliche Verminderung der Bedienungsmannschaften ergaben. Die Aufgabe bestand darin, Beschickanlagen durchzubilden, die die Bedienungsmannschaften auf der Gichtbühne entbehrlich machten und die Erz- und Koksfahrer in der Möllerhalle durch maschinelle Fördermittel ersetzten. Die erste Bedingung führte im allgemeinen zur Umgestaltung der Gichtverschlüsse, die zweite zur Ausgestaltung von Bunkeranlagen mit zweckentsprechenden Entleerungseinrichtungen, den Bunkerverschlüssen. Da die Bunkeranlagen aus betriebstechnischen Gründen nicht unmittelbar an die Hochöfen herangerückt werden können, ergaben sich als nächstliegende Lösung Beschickanlagen mit schräger Förderbahn, die die kürzeste und einfachste Verbindung zwischen Bunkeranlage und Gichtverschluß ermöglichen. Schräge Förderbahnen eignen sich sowohl als Hubförderer (Aufzüge) als auch für Dauerförderer (Hänge- und Seilbahnen).

Hänge- und Drahtseilbahnen sind besonders bei kleinen und mittleren Öfen in deutschen Anlagen verwendet worden, wenn es sich darum handelte, vorhandene Öfen ohne Umbau und Änderung der Gichtverschlüsse mit einer neuen Beschickanlage auszurüsten. Besondere Vorteile versprechen derartige Förderanlagen, wenn es sich darum handelt, von der nahe gelegenen Kokerei oder Erzgrube ohne Umladung unmittelbar auf die Gicht zu fördern. Drahtseilbahnen haben den Nachteil, daß auf der Gicht Leute zum Schieben und Kippen der Hängewagen benötigt werden. Auch an den Beladestellen müssen die Wagen streckenweise von Hand verschoben werden. Eine wesentliche Verbesserung bedeutet die Elektrohängebahn. Jeder Wagen ist mit einem elektrischen Antrieb ausgerüstet, so daß die Förderung in waagerechter Richtung selbsttätig erfolgt. Das Antriebsseil wird nur bei Überwindung der Steigung auf der Schrägbahn eingekuppelt, während die Stromzuleitung selbsttätig abgeschaltet wird. Auf der Gichtbühne kuppeln sich die Elektrohängewagen ebenso selbsttätig vom Zugseil ab und der Schleifbügel des Fahrmotors legt sich an die Stromleitung an. Bei der Abwärtsfahrt erfolgt die Umkuppelung in gleicher Weise. Derartige Anlagen haben die auf sie gesetzten Erwartungen aber nicht erfüllt. Die Vielzahl der Fördergefäße, deren begrenzter Fassungsraum und die begrenzte Fördergeschwindigkeit bedingen hohe Anlage- und Betriebskosten[1].

Die *Schrägaufzüge* werden mit Trichterkübeln und Kippkübeln ausgeführt. Der Fassungsraum der Kübel kann beliebig gesteigert und eine angemessene Förder-

[1] Hoff, H.: Die Beschickanlagen der Hochöfen und ihr Einfluß auf die Betriebsführung. Stahl u. Eisen 1929 S. 613—627.

geschwindigkeit zugelassen werden. Nach den ersten Entwicklungsjahren ergab sich, daß in Amerika die Kippkübel, in Europa die Trichterkübel mit Senkboden bevorzugt wurden. Die Entscheidung für Trichterkübel wurde mit der Tatsache begründet, daß hierbei der Koks nicht so oft gestürzt wird und daher der Koksabrieb geringer ausfällt. Die Trichterkübel werden vom Huborgan des Schrägaufzuges gelöst und auf Zubringerwagen an die Beladestellen unter den Bunkern befördert; sie können natürlich auch zur Rampe der Kokerei gefahren und dort mit der Gabel beladen werden. In gleicher Weise können sie aus Eisenbahnwagen an beliebiger Stelle gefüllt werden. Der Schrägaufzug hebt die Kübel von den Zubringerwagen ab, führt sie über den Gichtverschluß und durch Senken des Trichterbodens vollzieht sich die Entleerung unmittelbar in den Ofen. Der

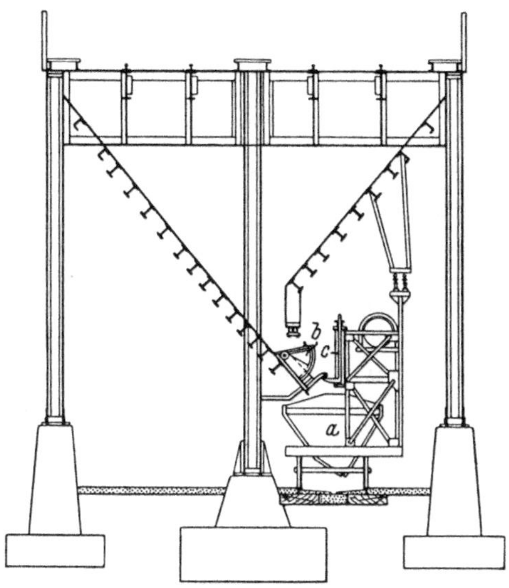

Bild 261. Einreihige Bunkeranlage.
a Zubringerwagen, *b* Verschlußklappe, *c* Druckluftzylinder zum Öffnen der Verschlußklappe.

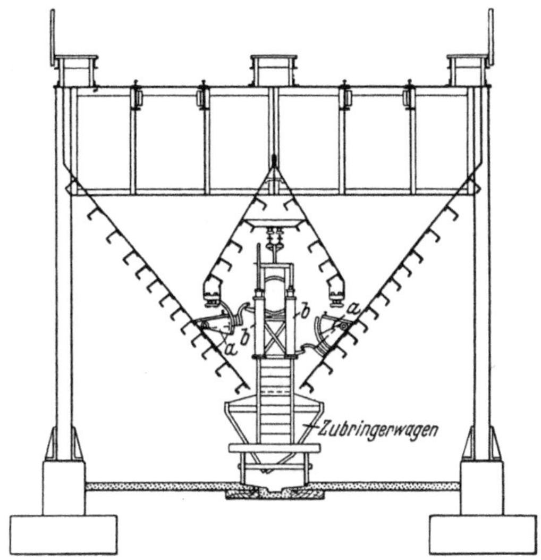

Bild 262. Zweireihige Bunkeranlage.
a Verschlußklappe, *b* Druckluftzylinder zum Öffnen der Verschlußklappen.

Koks wird also nur einmal gestürzt. Beim Beschicken mit Kippkübeln muß der Koks zunächst in die Bunker entladen werden; er erleidet hierbei den ersten Sturz. Beim Niedergehen im Bunker erfährt er ebenfalls einen, wenn auch geringen Abrieb. Bis er in den Ofen gelangt ist, erfolgen noch vier weitere Stürze: vom Bunker in den Kübel, vom Kübel auf den äußeren Verschlußkegel, vom inneren Verschlußkegel in den Ofen. Bei den Trichterkübeln ergibt sich eine gesamte Sturzhöhe von etwa 4 m, bei den Kippkübeln eine solche von etwa 12 m. Angesichts dieser Sachlage muß die Frage gestellt werden, ob der Koks auf dem Wege in den Hochofen möglichst schonend behandelt werden muß oder ob ein mehrmaliges Stürzen verbunden mit Staub- und Feinkoksbildung hingenommen werden kann oder gar Vorteile bietet. Dem Koks fällt außer der Hauptaufgabe, bei der Verbrennung die erforderliche Wärme und die Reduktionsmittel zu liefern, noch die Nebenaufgabe zu, als Lockerungsmittel in der Beschickungssäule des Ofens zu wirken. Es steht fest, daß der Abrieb die aschenreicheren Teile enthält; man kann demnach fordern, daß er aus diesem Grunde und wegen der verstopfenden Wirkung in den in der Beschickungssäule sich bildenden Kanälen nicht in den Ofen gelangen soll. Dieser Forderung wird bei den Anlagen mit Kippkübeln durch Einschalten von Siebvorrichtungen Rechnung getragen.

Der Umfang der Bildung von Kleinkoks und Koksstaub wurde durch Versuche festgestellt. Eine Reihe von Kokswagen wurde mit der Gabel in einen tiefer liegenden Bunker entleert und der Stückkoks wieder mit der Gabel aufgenommen. Der zurückbleibende Abrieb wurde getrennt nach Stücken von 2 cm Durchmesser und nach Koksstaub verwogen. Es ergab sich ein Entfall von 0,89 % Koksstaub und 0,49 % Kleinkoks als insgesamt 1,38% Feinkoks. Der vom Abrieb befreite Koks wurde dann weiteren Stürzen unterworfen, indem er in Trichterkübel geladen und nacheinander 5mal durch Öffnen des Senkbodens aus 2 m Höhe gestürzt wurde. Der in gleicher Weise festgestellte

Tabelle 38. Einfluß der Beschickart auf die in den Ofen gelangende Koksabriebmenge.

Art der Beschickanlage	Art der Beförderung in die Kübel	Anzahl der Stürze des Kokses	Entfall an Abrieb %	Von dem entfallenden Abrieb wird abgesiebt %	Von dem entfallenden Abrieb gelangt in den Ofen %
Schrägaufzug mit Trichterkübel	Mit der Gabel in die Kübel verladen	1	1,38	nichts	1,38
Schrägaufzug mit Trichterkübel	In Bunker gestürzt, Abrieb am Fuße des Bunkers abgesiebt	3	3,6	1,38	2,22
Schrägaufzug mit Kippkübel	In Bunker gestürzt, Abrieb am Fuße des Bunkers abgesiebt	5	5,27	1,38	3,89
Schrägaufzug mit Kippkübel	In Bunker gestürzt, Abrieb auf der Gicht abgesiebt	5	5,27	2,57	2,70

Abrieb ergab sich nach dem zweiten Sturz zu 1,19%, nach dem dritten zu 1,03%, nach dem vierten zu 0,89%, nach dem fünften zu 0,78% und nach dem sechsten zu 0,69%. Der Abrieb wird also nach jedem Sturz geringer. Mit den Ergebnissen dieser Versuche ist es möglich, mit einiger Annäherung zu ermitteln, welche Mengen Abrieb bei den verschiedenen Beschickarten entstehen, wieviel Abrieb abgeschieden und wieviel in den Ofen gelangt. Tabelle 38 gibt hierüber eine Übersicht.

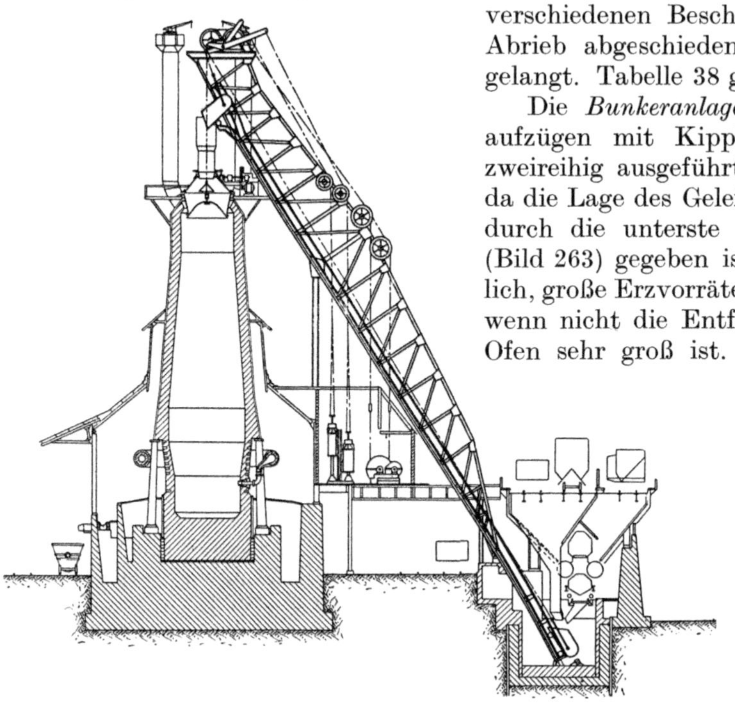

Bild 263. Schrägaufzug mit Kippkübeln.

Die *Bunkeranlagen* können bei den Schrägaufzügen mit Kippkübeln nur einreihig oder zweireihig ausgeführt werden (Bild 261 u. 262), da die Lage des Geleises für den Zubringerwagen durch die unterste Stellung des Fördergefäßes (Bild 263) gegeben ist. Es ist hierbei nicht möglich, große Erzvorräte in den Bunkern zu stapeln, wenn nicht die Entfernung von Mitte zu Mitte Ofen sehr groß ist. Man muß sich deshalb im allgemeinen mit einem Vorrat von 24 bis 36 h begnügen. Wo nur wenig Erzsorten verhüttet werden, entstehen hierdurch keine Schwierigkeiten. Anders liegen die Verhältnisse, wo eine Vielzahl von Erzen verhüttet wird, zumal wenn die Entfernung vom Hafen und den Erzlagerplätzen erheblich ist. Dann müssen mehrreihige Bunkeranlagen und eine entsprechende Anzahl von Zubringergeleisen vorgesehen werden. Will man hierbei nicht besondere Fördereinrichtungen für die Querbeförderung zwischen den Zubringerwagen und dem Schrägaufzug einschalten, so bietet sich die Lösung durch Schrägaufzug mit Trichterkübeln, der für mehrere Abnahmestellen eingerichtet werden kann (Bild 264).

In allen Fällen ist darauf zu achten, daß die Bunkerverschlüsse nicht in zu großer Entfernung voneinander angeordnet werden. Dann können die Bunker nicht vollständig entleert werden, es wird der Bunkerinhalt nicht ganz ausgenutzt.

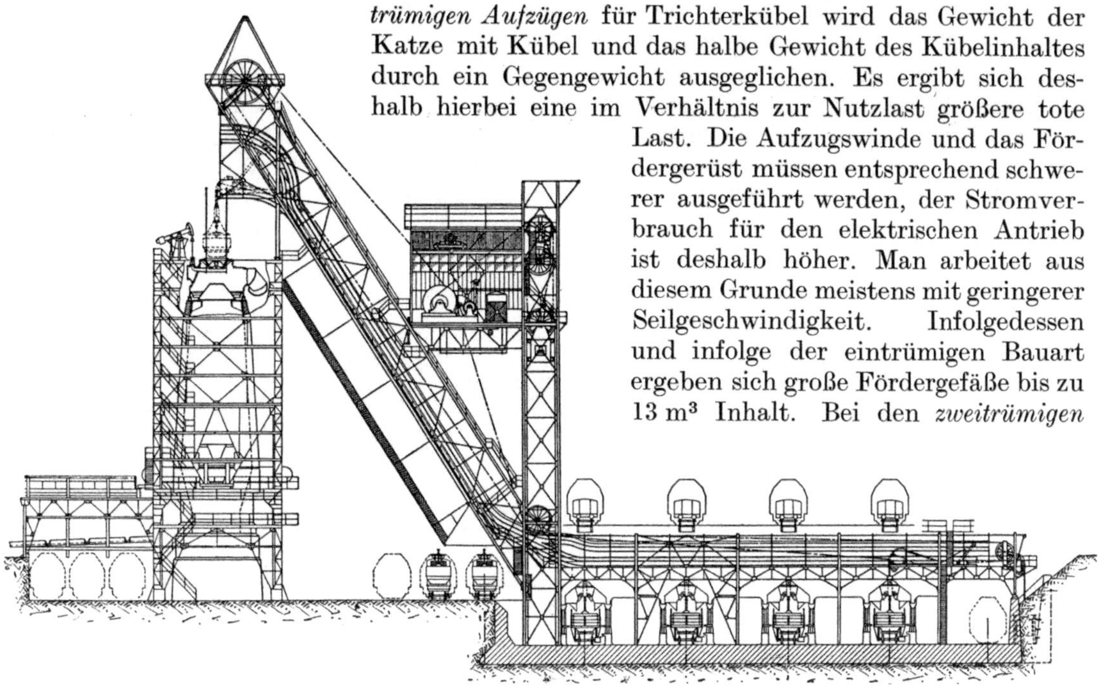

Bild 264. Schrägaufzug mit Trichterkübeln (Eisen- u. Stahlwerk Hösch in Dortmund).

Die *Schrägaufzüge* bestehen aus dem Fördergerüst mit den Geleisen und Führungen für das Fördergefäß, den Seilen, Seilrollen und der Aufzugswinde. Die Aufzugswinde wird für beide Bauarten nach den gleichen Gesichtspunkten ausgeführt. Bei den *eintrümigen Aufzügen* für Trichterkübel wird das Gewicht der Katze mit Kübel und das halbe Gewicht des Kübelinhaltes durch ein Gegengewicht ausgeglichen. Es ergibt sich deshalb hierbei eine im Verhältnis zur Nutzlast größere tote Last. Die Aufzugswinde und das Fördergerüst müssen entsprechend schwerer ausgeführt werden, der Stromverbrauch für den elektrischen Antrieb ist deshalb höher. Man arbeitet aus diesem Grunde meistens mit geringerer Seilgeschwindigkeit. Infolgedessen und infolge der eintrümigen Bauart ergeben sich große Fördergefäße bis zu 13 m³ Inhalt. Bei den *zweitrümigen* Schrägaufzügen geht man mit der Seilgeschwindigkeit erheblich höher und kann mit kleineren Fördergefäßen auskommen. Die Anlage wird leichter und deshalb billiger. Sie ist auch in ihrem ganzen Aufbau einfacher und verlangt weniger Wartung und Instandhaltungskosten. Die Überlegenheit des Kippkübelaufzuges wird noch dadurch gesteigert, daß das Füllen und Entleeren des Kübels in einigen Sekunden beendet ist. Bei mittleren Geschwindigkeiten von 1,2 bis 1,5 m/s erfordert eine Fahrt des Kippkübels 70 bis 80 s, die des Trichterkübels 200 bis 280 s, je nach der Entfernung der Abnahmestelle unter dem Bunker. In dieser Zeit werden beim Kippkübel zwei Entladungen an der Gicht erzielt, beim Trichterkübel nur eine. Bei den größten Hochöfen genügt bei Kippkübeln ein Gefäßinhalt von 5,5 m³, während bei Trichterkübeln 13 m³ erforderlich sind. Einen Vorteil bringen Trichterkübel für den Hochofen: der Gichtverschluß (Bild 265) wird denkbar einfach. Er besteht aus einem einfachen Verschlußkegel wie beim PARRY-Verschluß. Er hat aber keinerlei Antrieb; er wird durch Gegengewichte geschlossen gehalten, öffnet sich aber beim Aufsetzen des Kübels infolge der Belastung durch den Kübelinhalt und den Senkboden des Kübels. Sobald die Entleerung erfolgt ist, schließt er sich beim Heben des Kübels durch den Aufzug wieder selbsttätig infolge Einwirkung der Gegengewichte. Der äußere Gichtverschluß wird durch einen Deckel bewirkt, der an der Aufzugkatze hängt und ebenfalls selbsttätig zur Wirkung kommt (Bild 266). Die Beschickung tritt aus dem gleichmäßig gefüllten Fördergefäß konzentrisch in den Ofen ein. Zur gleichmäßigen Schüttung über den ganzen Ofenquerschnitt bedarf es nur eines einfachen kegelförmigen Einbaues unterhalb des Gichtverschlusses. Der Gichtverschluß für Kippkübel bedarf einer besonderen Durchbildung wegen der einseitigen Entleerung des Fördergefäßes. Es wird durch zwei Verschlußkegel, einen kleinen äußeren

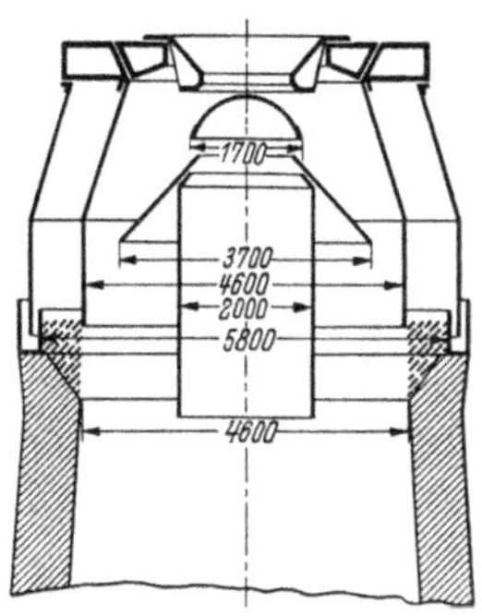

Bild 265. Gichtverschluß für Trichterkübel.

und einen großen inneren gebildet. Beide müssen mit maschinellem Antrieb zum Öffnen und Schließen ausgerüstet werden. In den meisten Fällen ist noch eine besondere Drehvorrichtung (Bild 267) vorgesehen, die ermöglicht, das einseitig in den Aufgabetrichter gekippte Gichtgut gleichmäßig auf den inneren Verschlußkegel zu verteilen und eine nach Menge und Korngröße ungleiche Schüttung zu verhindern.

Die *Zubringerwagen* sind ihrer verschiedenen Aufgabe entsprechend verschieden gestaltet. Die Anlagen mit Kippkübeln benötigen für jeden Ofen nur einen Zubringer für den Erzmöller. Der Koks wird aus den zu beiden Seiten des Aufzuges angeordneten Koksbunkern unmittelbar über die Siebvorrichtung in das Fördergefäß abgezogen. Der Erzzubringerwagen (Bild 263) hat eine oder zwei Taschen mit Entleerungsklappen am Boden, in die das Erz aus den Bunkern abgefüllt wird. Jede Tasche enthält eine Füllung

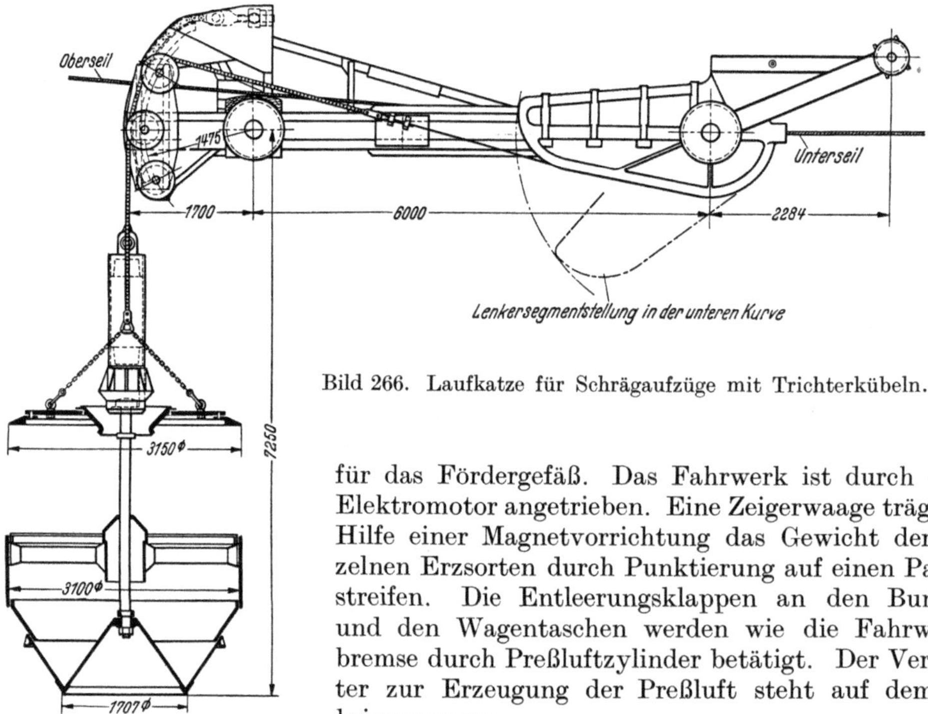

Bild 266. Laufkatze für Schrägaufzüge mit Trichterkübeln.

für das Fördergefäß. Das Fahrwerk ist durch einen Elektromotor angetrieben. Eine Zeigerwaage trägt mit Hilfe einer Magnetvorrichtung das Gewicht der einzelnen Erzsorten durch Punktierung auf einen Papierstreifen. Die Entleerungsklappen an den Bunkern und den Wagentaschen werden wie die Fahrwerksbremse durch Preßluftzylinder betätigt. Der Verdichter zur Erzeugung der Preßluft steht auf dem Zubringerwagen.

Der *Zubringer für Trichterkübel* ist zur Aufnahme von zwei Kübeln eingerichtet, weil am Aufzug das von der Gicht kommende leere Gefäß abgesetzt werden muß, bevor das gefüllte abgehoben werden kann. Die Kübel stehen auf Drehscheiben, die beim Füllen kreisen. Alle Antriebe sind elektromotorisch eingerichtet. Als Wägevorrichtung dient eine Laufgewichtswaage, die mit verschiedenen Wägebalken versehen ist, so daß jede Erzsorte mit einem besonderen auf das betreffende Gewicht eingestellten Wägebalken verwogen werden kann. Für jede Bunkerreihe ist ein Zubringer erforderlich. Je nach der Anordnung der Kokszufuhr und Kokslagerung sind besondere Zubringerwagen für Koks erforderlich.

An *Bedienungsmannschaften* sind erforderlich: für Anlagen mit Kippkübeln je Ofen 2 Leute, und zwar 1 Mann für die Bedienung des Aufzuges der Gichtglocken und der Kokstaschenverschlüsse und 1 Mann für den Erzzubringer; für Anlagen mit Trichterkübeln je Ofen 6 bis 8 Leute, und zwar 1 Mann für den Aufzug, 2 bis 3 Leute für die Erzzubringer, 1 Mann für den Kokszubringer und 2 bis 3 Leute zum Koksladen. Die *Anlagekosten* sind bei Kippkübelanlagen kleiner wegen des geringeren Gewichts des Schrägaufzuges, der leichteren Aufzugswinde, der einfacheren Bunkeranlage, wegen der geringeren Zahl von Zubringerwagen und wegen des Fortfalls der größeren Zahl von Förderkübeln. Die *Betriebs-* und *Unterhaltungskosten* sind bei Kippkübelanlagen geringer wegen der kleineren Zahl von Einzelgeräten.

Bei allen Vorzügen der Schrägaufzüge gibt es Fälle, in denen man auf ihre Anwendung verzichten muß, weil die örtlichen Verhältnisse es nicht zulassen, dann wird man wieder Senkrechtaufzüge anwenden müssen. Um die Vorzüge der Kübelbeschickung hierbei zu erreichen, bedarf es einer anderen Bauart als sie bei dem Betrieb mit Karren üblich war. Die Hochöfen sind von einer Hochbahn überspannt, auf der eine oder mehrere Laufkatzen angeordnet sind. Die Kübel mit Senkboden werden von den Bunkern auf Zubringerwagen unter die Kranbahn gebracht, von einer Laufkatze innerhalb einer als Schacht ausgebildeten Hochbahnstütze hochgehoben, waagerecht bis über Mitte Hochofen verfahren und dann auf den Gichtverschluß herabgelassen. Derartige Beschickanlagen werden mit ortsfester Winde oder so ausgeführt, daß jede Laufkatze ihr eigenes Fahrwerk und eigene Aufzugswinde besitzt.

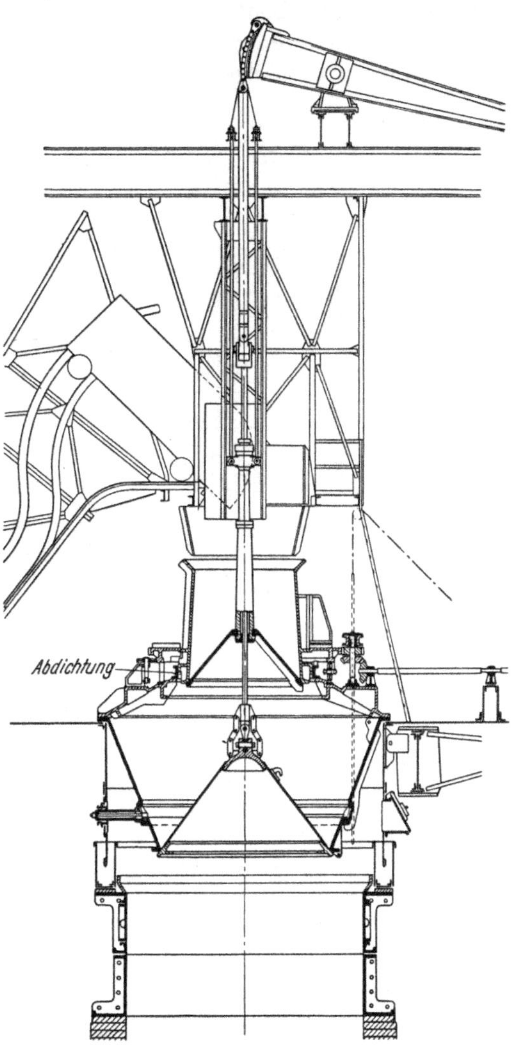

Bild 267. Gichtverschluß für einen Schrägaufzug mit Kippkübeln (Bauart McKee).

Die *maschinellen und elektrischen Einrichtungen* der Hochofenbeschickanlagen werden bei neuzeitlichen Anlagen entsprechend ihrer Bedeutung für die Sicherheit des Betriebes und ihrer gesteigerten Leistung mit größter Sorgfalt durchgebildet. Um einen Überblick zu geben, sollen nachstehend die Einrichtungen eines Schrägaufzuges mit Trichterkübeln beschrieben werden. Die Triebwerke mit Antriebsmotoren sind zweifach vorhanden. Sie sind so angeordnet, daß jeweils nur eines in Betrieb ist. Mittels Motorwählers kann man den einen oder anderen oder auch beide einschalten. Jedes Triebwerk hat eine Manövrierbremse, die durch Elektromagneten und von Hand betätigt werden kann. Außerdem ist eine Notbremse vorhanden, die selbsttätig durch den Teufenanzeiger am Hubende oder willkürlich durch den Maschinisten zum Einfallen gebracht wird. Der Stand der Zubringerwagen zum Schrägaufzug wird durch Signallampen angezeigt, und ebenso ist ersichtlich, ob die Gichtglocke geschlossen oder geöffnet ist. Zur weiteren Sicherheit ist die Aufzugwinde mit einem Fahrtbegrenzer ausgestattet. Das ist eine Steuerwalze, die von der Winde angetrieben wird; sie nimmt während des Hubes alle Schaltungen selbsttätig vor und setzt die Maschine am Hubende still. Mit dem Fahrtbegrenzer ist ein Fahrtwähler verbunden, durch den die Aufzugswinde auf die verschiedenen Zubringergeleise eingestellt werden kann. Als besondere Sicherungen sind elektrische Blockierungen vorgesehen. Die Winde wird stillgesetzt, sobald bei Abwärtsfahrt die Gicht nicht geschlossen ist oder der Zubringer in einer falschen Stellung unter dem Aufzug steht. Andererseits besteht für die Zubringer eine Sperrung, die das Fahrwerk des Wagens stillsetzt, sobald er sich dem Bereich der Laufkatze nähert, während die Rückfahrt des Wagens unbehindert ist.

IV. Hochofenwinderhitzer.

Öfen zur Erhitzung des Gebläsewindes wurden zuerst im Jahre 1828 von dem englischen Gasfachmann J. B. Neilson vorgeschlagen. Er baute gußeiserne Röhrenapparate, die mit einer Kohlenfeuerung ausgestattet waren. FABER DU FAUR in Wasseralfingen übernahm 1832 diese Röhren-Winderhitzer, setzt sie auf die Gicht des Hochofens und beheizte sie mit einer Gichtgasfeuerung. Er erzielte eine Erhöhung der Erzeugung um 33% und eine Brennstoffersparnis von 25%. In der Folgezeit wurden die Windtemperaturen auf 550 bis 600° gesteigert, ohne daß Schwierigkeiten mit diesen Apparaten entstanden. Im Jahre 1858 erbaute der Engländer COWPER die ersten Winderhitzer mit einem Gitterwerk aus feuerfesten Steinen, in dem die Wärme während einer Heizperiode aufgespeichert und während der folgenden Blasperiode an den durchgeleiteten Gebläsewind abgegeben wird. Es müssen also für jeden Hochofen mindestens zwei solcher Wärmespeicher aufgestellt werden, von denen jeweils einer beheizt und der andere durch den Gebläsewind entladen wird. Die Windtemperatur konnte in diesen Winderhitzern erheblich gesteigert werden. VAN VLOTEN berichtete im Jahre 1895[1] über die Winderhitzung und nennt Windtemperaturen von 700 bis 800° bei den nach dem Erfinder benannten COWPER-*Apparaten*. COWPER empfiehlt bereits zur Erzielung hoher Temperaturen und guter Ausnutzung des Speichermauerwerkes Steinstärken von 2″ bis 2¼″, ein Maß, das auf Grund eingehender Untersuchungen in neuerer Zeit noch weiter vermindert werden konnte.

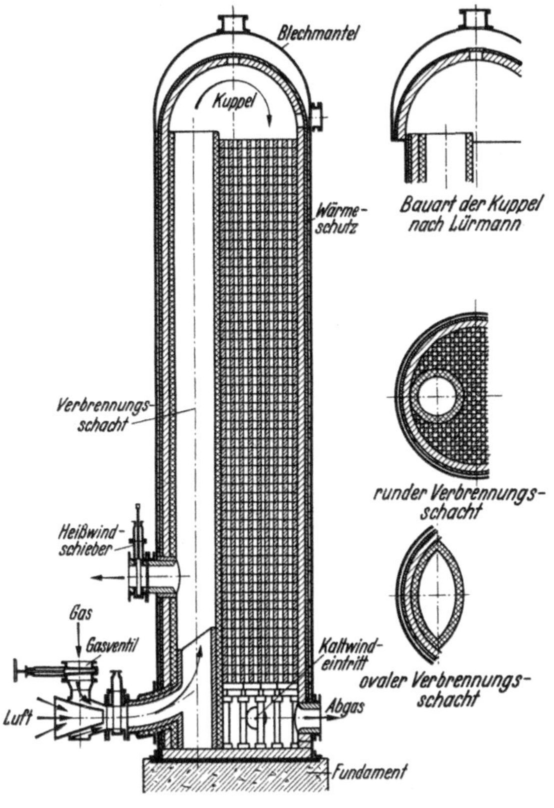

Bild 268. Winderhitzer nach COWPER.

Der *Blechmantel* ist an allen Nähten dicht zu stemmen. Die Bodenplatte erhält eine Stärke von 12 bis 15 mm, der untere Teil des Mantels, an dem die Ein- und Auslaßorgane befestigt werden, ist 10 bis 12 mm, der obere Teil und die Kuppel 8 bis 10 mm dick. Die Mantelringe sind so zu überlappen, daß das Mauerwerk beim Wachsen nicht unter den Stoß fassen kann. Zwischen Mantel und Mantelmauerwerk wird ein Spielraum von etwa 50 mm gelassen, der mit Sand ausgefüllt wird, um dem Wachsen des Mauerwerkes Rechnung zu tragen. Aus dem gleichen Grunde erhält das Mauerwerk eine um etwa 400 mm geringere Höhe als der Blechmantel. Das Mantelmauerwerk hat eine Stärke von 500 bis 600 mm. Um die Wandverluste niedrig zu halten, empfiehlt es sich, in das Mantelmauerwerk eine Schutzschicht aus Sterchamol, Diatonit oder anderen Steinen von geringer Wärmeleitfähigkeit einzubauen. Es genügt, die Teile am Verbrennungsschacht und das obere Drittel des Mantelmauerwerks in dieser Weise zu schützen, weil an den anderen Stellen die Temperatur niedrig ist und eine solche Schutzschicht hier nicht wirtschaftlich wäre. Bild 268 zeigt den Aufbau eines Winderhitzers. Am unteren Ende des Verbrennungsschachtes ist ein Gasbrenner für Hochofengas angeordnet, etwa 4 bis 5 m höher sitzt der Stutzen für den Heißwindschieber. Der Verbrennungsschacht kann kreisrunden oder ovalen Querschnitt haben. Das Kuppelmauerwerk ruht unmittelbar auf dem Mantelmauerwerk oder der Winderhitzer erhält in der Kuppel einen größeren Durchmesser. Dann ruht das Kuppelmauerwerk auf einen Ring, so daß das Mantelmauerwerk unbelastet durch die Kuppel wachsen kann. Das Gittermauerwerk ruht auf Gewölbebögen oder auf einem gußeisernen Rost, der von gußeisernen Stützen getragen wird.

[1] Stahl u. Eisen Bd. 15 (1895) S. 119.

Als *feuerfeste Baustoffe* kommen zur Verwendung: 1. für den Verbrennungsschacht, für die Kuppel und für das obere Drittel des Mantelmauerwerkes und des Gitterwerkes Schamottesteine mit mindestens 38% Al_2O_3, Segerkegel 33 und einer Druckfestigkeit von 180 kg/cm², dabei höchstens 2,5% Fe_2O_3, 1,5% Flußmittel und 28% Gesamtporenraum.

2. Für das mittlere Drittel des Mantelmauerwerkes und des Gitterwerkes Schamottesteine mit mindestens 33% Al_2O_3, Segerkegel 30 und einer Druckfestigkeit von 180 kg/cm², dabei höchstens 2,5% Fe_2O_3, 2,5% Flußmittel und 28% Gesamtporenraum.

3. Für das untere Drittel des Mantelmauerwerkes und des Gitterwerkes Schamottesteine mit mindestens 25% Al_2O_3, Segerkegel 30 und einer Druckfestigkeit von 180 kg/cm², dabei höchstens 2,5% Fe_2O_3 und 30% Gesamtporenraum.

Das *Gitterwerk* der Winderhitzer wird aus Besatzsteinen gebildet, die in verschiedenen Formen ausgeführt werden. Da die Steine bei zweckmäßiger Betriebsweise nur bis zu 25 mm Tiefe an dem Wärmeaustausch teilnehmen, sollte als größte Steinstärke 50 mm nicht überschritten werden. Vielfach werden zur Bildung des Gitterwerkes noch Flachziegel verwendet, die so eingebaut werden, daß sie durchgehende Kanäle bilden. Da im oberen Teil des Gitterwerkes die Temperaturen bis über 1300° steigen können, werden die Steindicken vielfach größer angenommen, als für eine gute Speicherausnutzung zweckdienlich ist und zwar, um den Steinen die erforderliche Widerstandsfähigkeit gegen Formänderung zu geben. Das wird bei geringerer Wandstärke besser durch Formsteine (Mehrlochsteine) erreicht. Im allgemeinen sollten Temperaturen über 1250° im Gitterwerk vermieden werden, um dessen Erweichen und dadurch bedingte Verformung zu vermeiden.

Die für die Gestaltung des Gitterwerkes maßgebenden Gesichtspunkte sind im zweiten Abschnitt S. 119f. behandelt. Zu der im Gitterwerk sich ergebenden Heizfläche kommen noch die Oberflächen des Brennschachtes, der Kuppel und des Raumes unter dem Tragrost. Es ist aber zweckmäßig, diese Flächen bei der Berechnung außer Betracht zu lassen. Sie können als ein Sicherheitszuschlag betrachtet werden.

Da für die Erreichung eines guten *Wärmeaustausches* die Strömungsgeschwindigkeit von Gas und Luft eine ausschlaggebende Rolle spielt, ist außer richtiger Bemessung und Gestaltung des Gitterwerkes eine entsprechende Verbrennungsleistung sicherzustellen. Hierfür ist außer reichlichem Essenzug der Einbau eines guten *Brenners* erforderlich, bei dem die Verbrennung am Ende des Verbrennungsschachtes mit Sicherheit vollendet ist. Die Widerstände für Gas und Luft müssen niedrig gehalten werden, indem alle plötzlichen Richtungswechsel und Querschnittsänderungen vermieden werden. Als Heizgas darf nur praktisch staubfreies Gas Verwendung finden. Die Umstellzeit ist durch Vorrichtungen zur maschinellen Betätigung der Umsteuergeräte so kurz wie möglich zu halten. Als Brenner hat sich der beim Winderhitzer nach Bild 268 verwendete mit Schraubengebläse für die Luftzufuhr — System Stöcker — Rein — bewährt. Zur Regelung der Luftmenge muß die Drehzahl des Antriebsmotors regelbar sein. Zweckmäßig ist der Einbau von sog. Stabilisierungsrosten, die verhindern, daß die Verbrennungsflamme abreißt, eine Erscheinung, die bei Verbrennung von kaltem Gichtgas leicht eintritt, da bei Hochleistungsbrennern die Strömungsgeschwindigkeit vielfach größer wird als die Zündgeschwindigkeit.

Der *Durchmesser* des Winderhitzers schwankt zwischen 6 und 8 m, die Höhe richtet sich nach der Größe der unterzubringenden Heizfläche und der Art des Gitterwerkes. Die *Höhe* von 33 m wird selten überschritten.

Der *Wärmebedarf* für die Winderhitzung beträgt

$$Q = \frac{V\, c_{p_m} (\vartheta_e - \vartheta_a)}{\eta} \qquad \text{kcal.}$$

Hierin ist:

V =	Windmenge,	Nm³.
ϑ_a =	Anfangstemperatur des Windes beim Eintritt in den Winderhitzer (im allgemeinen $\sim 50°$ C),	°C,
ϑ_e =	Endtemperatur des Windes beim Austritt aus dem Winderhitzer,	°C,
c_{p_m} =	mittlere spezifische Wärme zwischen ϑ_a und ϑ_e	kcal/Nm³ °C.

Der Wärmebedarf für die Winderhitzung für verschiedene Vorwärmtemperaturen bei Wirkungsgraden (η_s) von 0,6 bis 0,9 ist in Tabelle 39 angegeben. Der Wärmeaustausch spielt sich so ab, daß während der Heizperiode Wärme von den Verbrennungsgasen an die Oberfläche des Gitters abgegeben sowie unter Temperaturerhöhung des Gittersteins in diesem gespeichert wird und daß diese Wärme während der Blasperiode durch die Oberfläche an die Luft wieder abgegeben wird, wobei sich die Temperatur des Gittersteins wieder auf die ursprüngliche Höhe erniedrigt. Im Bilde 269 ist der Temperaturverlauf längs der Heizfläche im Gitterwerk eines Winderhitzers dargestellt. Die am Austausch beteiligte Wärmemenge ist durch die Fläche zwischen den Linien *a—b* und *c—d* gekennzeichnet. Die Fläche links von der Linie *a—b* kennzeichnet die Speicherwärme, die am Austausch nicht teilnimmt, die also nur bei Inbetriebsetzung des Winderhitzers aufzuwenden ist. Die Leistungsfähigkeit des Speichers ist abhängig von dem Wärmefluß Heizgas—Wand, Wand—Luft und innerhalb des Steins, also von dem Zusammenarbeiten von Heizfläche und Steingewicht. Das eingebaute Steingewicht ist um so vollkommener ausgenutzt, je mehr sich die mittlere Temperatur des Steins der Oberflächentemperatur angleicht. Hierzu ist eine genügend große Oberfläche (Heizfläche) erforderlich, durch die die Wärme eindringen kann. Der Ausnutzungsgrad des Gitters ist

Tabelle 39. Wärmebedarf für die Winterhitzung kcal/Nm³.

Wirkungsgrad	Windtemperatur								
	500	550	600	650	700	750	800	850	900
0,60	243	270	298	326	355	382	411	439	468
0,65	230	254	280	307	334	361	386	414	441
0,70	215	238	263	287	313	339	362	388	413
0,75	200	222	245	268	292	316	338	362	385
0,80	185	206	228	249	271	293	314	336	358
0,85	170	190	210	230	250	270	290	310	330
0,90	162	182	202	220	241	260	280	300	320

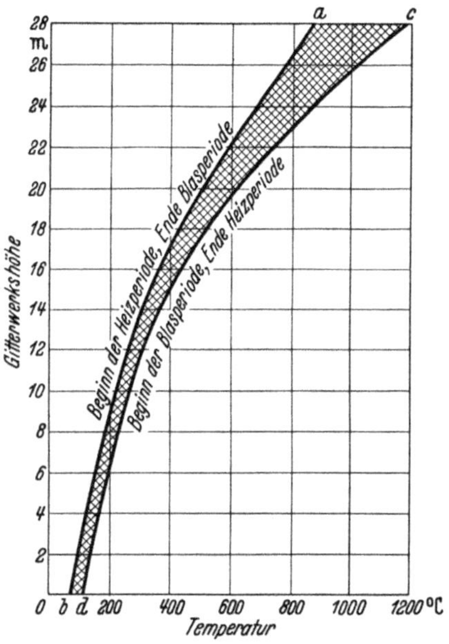

Bild 269. Temperaturverlauf längs der Heizfläche im Gitterwerk eines Winderhitzers.

$$\eta_g = \frac{t_m - t'_m}{t_w - t'_w}.$$

Hierin ist:

t_m = mittlere Temperatur des Steins am Ende der Heizzeit,
t'_m = mittlere Temperatur des Steins am Ende der Entheizzeit,
t_w = Oberflächentemperatur am Ende der Heizzeit,
t'_w = Oberflächentemperatur am Ende der Entheizzeit.

Der Ausnutzungsgrad des Gitters ist vorwiegend von der Wärmeleitzahl des Gittersteins, aber in geringem Umfang auch von der Wärmeübergangszahl Gas—Wand abhängig. Er nimmt mit zunehmender Steinstärke ab. Um das Gittergewicht günstig ausnutzen zu können, ist eine möglichst geringe Steinstärke anzustreben. In Tabelle 40 ist die Abhängigkeit des Ausnutzungsgrades von der Steinstärke für ein Gitter aus Schamottesteinen angegeben.

Tabelle 40. Ausnutzungsgrad in Abhängigkeit von der Steinstärke bei einer Wärmeübergangszahl $\alpha = \alpha' = 15$ kcal/m² h° C.

Steinstärke mm	10	20	30	40	50	60	70	80	90	100
Ausnutzungsgrad . . . . . . η_g	0,98	0,96	0,9	0,8	0,7	0,6	0,55	0,48	0,4	0,35

Für die Steinstärke gibt es eine praktische untere Grenze, die mit Rücksicht auf die Haltbarkeit des Gitters und zum Teil auch mit Rücksicht auf die Herstellungskosten nicht unterschritten werden kann. Steinstärken von 10 mm kommen deshalb kaum in Betracht.

Der Ausnutzungsgrad des Steins ist allein kein Maßstab für die Güte eines Wärmespeichers. Wenn man ihn zunächst außer Betracht läßt, so ist für die Gestaltung des Gitters entscheidend, daß je m² Oberfläche eine möglichst große Wärmemenge ausgetauscht wird.

Die je m² ausgetauschte Wärmemenge ist

$$q = (t_m - t'_m)\frac{\delta}{2}\gamma c. \qquad \text{kcal/m}^2.$$

Hierin ist:

δ = Steinstärke m,
γ = Raumgewicht des Steins (1900) kg/m³,
c = spezifische Wärme des Steins (0,26) kcal/kg° C.

Es hat sich ergeben, daß für den Wärmeaustausch alle Größen, die das Ergebnis beeinflussen können wie Wärmeleitfähigkeit, Raumgewicht und die spezifische Wärme des Steins zurücktreten gegenüber dem Einfluß, den die *Wärmeübergangszahlen* α (Heizgas—Wand) und α' (Wand—Luft) sowie die entsprechenden Temperaturunterschiede haben. Von Einfluß ist natürlich noch die Dauer der Umstellzeit.

Für die Berechnung ergibt sich eine wesentliche Vereinfachung, indem man alle Einflüsse in einer Zahl zusammenfaßt. Diese Zahl wird als *Wärmeaustauschzahl* ε bezeichnet.

Die je m² ausgetauschte Wärmemenge ist

$$q = \varepsilon(\vartheta_m - \vartheta'_m) \qquad \text{kcal/m}^2\text{h}.$$

Hierin ist:

ϑ_m = mittlere Temperatur des Heizgases,
ϑ'_m = mittlere Temperatur der Luft.

Die von einem Wärmespeicher mit der Heizfläche F ausgetauschte Wärmemenge beträgt

$$Q = F\,\varepsilon(\vartheta_m - \vartheta'_m) \qquad \text{kcal/h}.$$

Um die Baukosten des Winderhitzers niedrig zu halten, besteht nun die Aufgabe, je m³ Gitterwerk eine möglichst große Heizfläche unterzubringen. Bei Winderhitzern hat sich die Glattschachtpackung nach Bild 175 am besten bewährt. Bei einer Seitenlänge des Kanals a und einer Steinstärke δ ergibt sich die Heizfläche

$$f = \frac{4a}{(a+\delta)^2} \qquad \text{m}^2/\text{m}^3.$$

Tabelle 41. Heizfläche m²/m³ Gitterraum bei Kanälen von quadratischem Querschnitt (Glattschachtpackung).

Kanalweite mm	Steinstärke mm											
	30	35	40	45	50	55	60	65	70	80	90	100
50 × 50	31,2	27,6	24,6	22	20	18,1	16,5	15,1	13,9	11,8	10,2	9,8
60 × 60	29,5	26,6	24,0	21,8	19,8	18,5	16,7	15,4	14,2	12,3	10,7	9,8
70 × 70	28	25,5	23,2	21,2	19,4	18,0	16,6	15,3	14,3	12,4	10,0	9,9
80 × 80	26,4	24,2	22,3	20,5	18,9	17,5	16,3	15,3	14,3	12,5	11,1	9,9
90 × 90	25,0	23,0	21,2	19,8	18,2	17,1	16,0	15,1	14,1	12,5	11,2	10,0
100 × 100	23,6	22,0	20,4	19,0	17,8	16,8	15,6	14,7	13,9	12,4	11,0	9,9

In Tabelle 41 sind die Werte für f für Kanalweiten 50 × 50 mm bis 100 × 100 mm und Steinstärken von 30 bis 100 mm angegeben. Es ergibt sich ein Höchstwert für f, wenn $a = \delta$ gewählt wird. Mit Rücksicht auf einen großen freien Durchströmquerschnitt wählt man jedoch zweckmäßig $\delta = 0{,}5\,a$. Um noch größere Werte für f zu erhalten, kann man mit der Steinstärke und der Kanalweite noch weiter herunter gehen. Damit ist aber die Ausführung mit Mehrlochsteinen geboten, die von den einschlägigen Werken in verschiedener Ausführung geliefert werden. Es seien nachstehende Ausführungen als Beispiele angeführt.

Schiffer-Strack-Steine haben 6eckigen Querschnitt mit Kanälen von kreisrundem Querschnitt; werden unter anderen als 7-Loch-Steine und 19-Loch-Steine ausgeführt. Je m³ Gitterwerk sind 52,3 Steine erforderlich. Steine mit 19 Kanälen von 52 mm Durchmesser nach Bild 270 haben je m³ 40 m² Heizfläche, ein Gewicht von 990 kg. Der freie Durchströmquerschnitt beträgt 47,7%.

Die *Mehrlochsteine* von BROHLTAL haben nahezu Würfelform, 13 Kanäle von quadratischem Querschnitt 40 × 40 mm nach Bild 271. Sie haben je m³ Gitterwerk ein Gewicht von 1055 kg und eine Heizfläche von 36 m². Der freie Durchgangsquerschnitt beträgt etwa 47 %. Die oberste Steinlage und die Übergänge von einer Zone zur anderen werden durch Düsensteine gebildet.

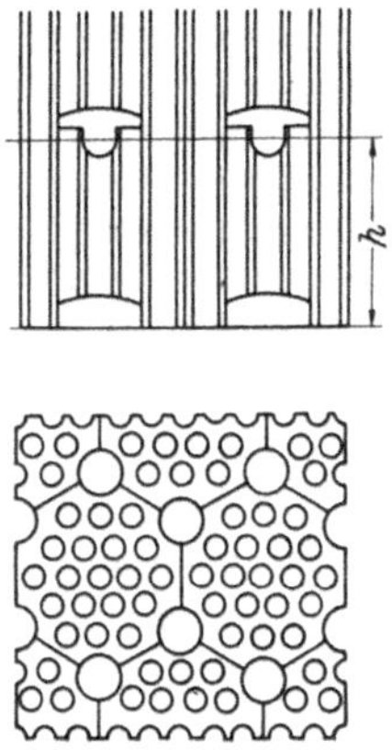

Bild 270.

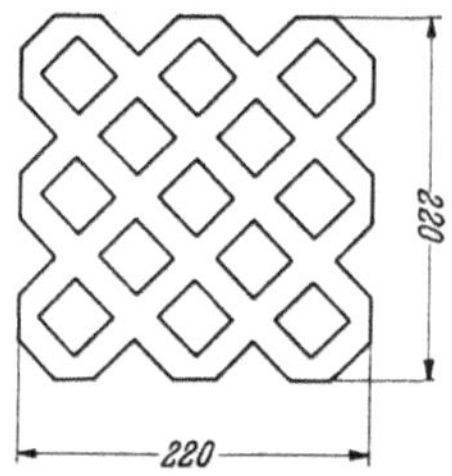

Bild 271.

Bild 270. Mehrlochsteine von SCHIFFER-STRACK mit 19 Kanälen von 52 mm Durchmesser. Bauhöhe 200 mm.

Bild 271. Mehrlochstein von BROHLTAL mit 13 quadratischen Kanälen. Bauhöhe 200 mm.

Das Produkt aus der Wärmeaustauschzahl ε und der Heizfläche je m³ Gitterwerk wird als die *Speicherzahl* σ bezeichnet:

$$\sigma = f\,\varepsilon\,.$$

Die Speicherzahl σ umfaßt somit sämtliche Einflüsse des Wärmeüberganges und der Gitterausführung. Sie gestattet den Vergleich von Winderhitzern verschiedener Ausführung ohne Rücksicht auf ihre Abmessungen (Durchmesser und Höhe). Die Leistung je m³ Gitterwerk ist gekennzeichnet durch das Produkt $q = \sigma\,(\vartheta_m - \vartheta_m')$ kcal/m³.

Für die Beurteilung des Speichers ist auch noch von Bedeutung, in welchen Grenzen die Windtemperatur schwankt. Diese Schwankung ist offenbar proportional der Schwankung der Heizflächentemperatur $t_w - t_w'$. Die je m² ausgetauschte Wärmemenge ist ermittelt zu

$$q = (t_m - t_m')\,\frac{\delta}{2}\,\gamma\,c = \varepsilon\,(\vartheta_m - \vartheta_m')\,.$$

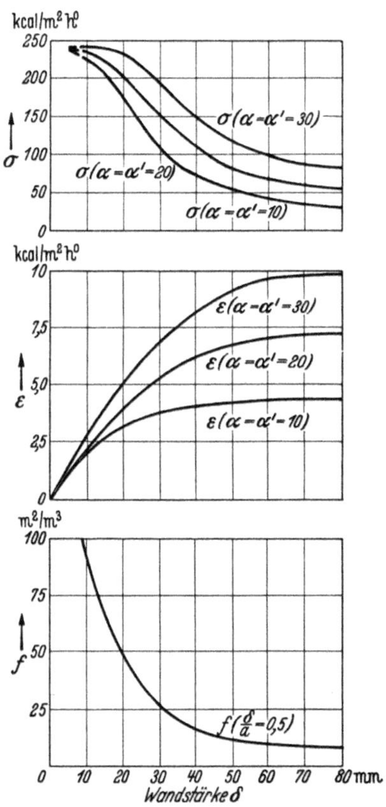

Bild 272. Abhängigkeit der Wärmeaustauschzahl und der Speicherzahl von der Wandstärke und den Wärmeübergangszahlen (Umstellzeit 1 h).

Der Temperaturabfall der Heizfläche $\Delta t = t_w - t_w'$, der Temperaturabfall der Luft läßt sich darstellen in der Form

$$\Delta t = b\,(\vartheta_m - \vartheta_m')\,,$$

der Ausnutzungsgrad des Gitters war ermittelt zu

$$\eta_g = \frac{t_m - t_m'}{t_w - t_w'}\,,$$

also ist

$$t_m - t_m' = \eta_g\,(t_w - t_w')\,.$$

Mithin ist

$$q = b\,(\vartheta_m - \vartheta_m')\,\eta_g\,\frac{\delta}{2}\,\gamma\,c = \varepsilon\,(\vartheta_m - \vartheta_m')\,,$$

hieraus

$$b = \frac{\varepsilon}{\eta_g\,\frac{\delta}{2}\,\gamma\,c}\,.$$

Die *Wärmeaustauschzahl* ε ist um so größer, je größer die Wärmeübergangszahlen α und α' sind. Sie steigt in Abhängigkeit von der Wandstärke δ zunächst schnell, dann langsam an. Die Speicherzahl σ als Produkt von f und ε sinkt wegen der mit zunehmender Steinstärke fallenden Heizfläche je m³ Gitterraum von einem Höchstwert ab (Bild 272). Die Temperaturabfallzahl b ist um so größer, je größer die Wärmeübergangszahlen α und α' sind; sie nimmt mit zunehmender Steinstärke ab (Bild 273).

Die Wärmeübergangszahl $\alpha = \alpha_k + \alpha_s$.

Die Wärmeübergangszahl α_k für Berührung ist abhängig von der Gasgeschwindigkeit, vom Kanaldurchmesser r und von der Temperatur des Gases. Diese Abhängigkeit ist im Bild 274 veranschaulicht. Die Wärmeübergangszahl α_s für Strahlung bei strahlenden Gasen (vgl. 2. Abschnitt, S. 85) ist abhängig von der Schichtstärke. In Tabelle 42 ist angegeben, welche Wärmemenge von Rauchgas aus Verbrennung von Gichtgas auf eine Heizfläche von 1 m² und 0° C stündlich bei verschiedenen Kanaldurchmessern abgestrahlt wird. In Tabelle 43 ist die Abhängigkeit der Wärmeübergangszahlen von der Temperatur und der Kanalweite aufgezeigt. Der Anteil von α_s steigt mit der Temperatur und der Kanalweite und übertrifft bei großen Kanalweiten (100 mm) und hohen Temperaturen den Anteil von α_k[1].

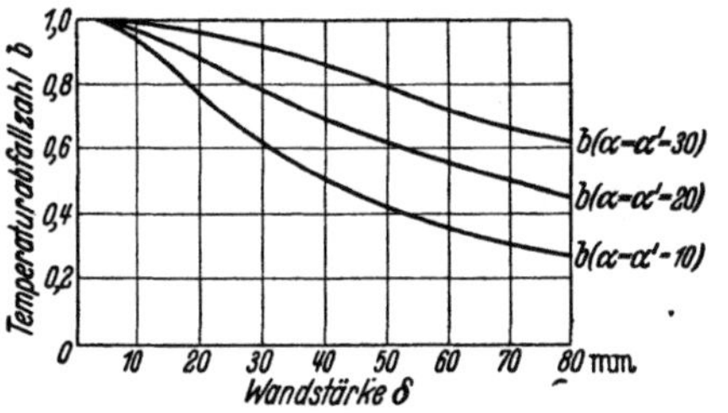

Bild 273. Abhängigkeit der Temperaturabfallzahl von der Wandstärke und den Wärmeübergangszahlen (Umstellzeit 1 h).

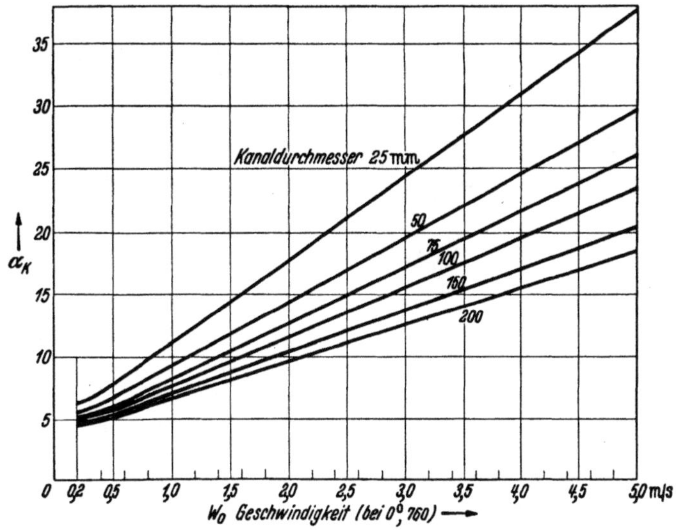

Bild 274. Abhängigkeit der Wärmeübergangszahl für Berührung α_k von der Gasgeschwindigkeit und dem Kanaldurchmesser. (Nach Böhm und Scheffels.)

Einfluß der Gastemperatur.

Gastemperatur ° C	1	200	400	600	800	1000	1200
Einflußwert . . .	0	1,15	1,25	1,35	1,41	1,47	1,60

In Auswertung der Erkenntnisse über den Wärmeübergang ist man in letzter Zeit zum *Mehrzonengitter* übergegangen. Bei diesem nehmen Steinstärke und Kanalweite von oben nach unten stufenweise ab, um in allen Teilen des Gitters günstigste Wärmeübergangsverhältnisse und dadurch hohe Heizflächenleistung und günstigsten Wirkungsgrad zu erreichen. Die Richtigkeit dieser Ansicht ist durch Betriebsergebnisse bestätigt worden. Es hat sich ferner ergeben, daß bereits mit zwei Zonen bei geeigneter Gestaltung

Tabelle 42. Die aus einem Gasstrom (Rauchgas aus Verbrennung von Gichtgas) auf eine Heizfläche von 0 ° C abgestrahlte Wärmemenge in kcal/m²h. (Nach Heiligenstaedt.)

Temperatur des Rauchgases ° C	Durchmesser des Kanals in mm (Schichtstärke des Gases)			
	25	50	75	100
200	100	140	180	220
400	490	600	710	800
600	1370	1670	1900	2120
800	2480	3430	3830	4320
1000	4770	5750	6590	7310
1200	7190	8780	10000	11310

Tabelle 43. Abhängigkeit der Wärmeübergangszahlen von der Temperatur und der Kanalweite für Rauchgas aus Verbrennung von Gichtgas bei einer Temperaturdifferenz Rauchgas-Heizfläche von 100° C, Rauchgasgeschwindigkeit 1 m/s, Strahlungskonstante des Gitters $C = 4{,}0$. (Nach Heiligenstaedt.)

Rauchgastemperatur in ° C	Kanalweite 25 mm			Kanalweite 50 mm			Kanalweite 100 mm		
	α_k	α_s	α	α_k	α_s	α	α_k	α_s	α
200	12,75	1,10	13,85	10,40	1,90	12,30	9,38	2,40	11,78
400	13,90	2,10	16,00	11,25	2,90	14,15	10,00	3,60	13,60
600	14,90	3,80	18,70	12,20	5,90	18,10	10,80	7,20	18,00
800	15,60	7,10	22,70	12,70	9,50	22,20	11,25	10,60	21,85
1000	16,30	9,10	25,40	13,30	12,80	26,10	11,75	15,30	27,05
1200	16,60	9,50	26,10	13,60	14,70	28,30	12,00	18,00	30,00

[1] Tafeln über Wärmeaustauschzahlen und Temperaturabfallzahlen findet man in „Wärmetechnische Rechnungen für Bau und Betrieb von Öfen von W. Heiligenstaedt“. Düsseldorf: Verlag Stahleisen m. b. H. 1935.

des Gitters die günstigsten Ergebnisse erreicht werden können[1]. Beim Dreizonenwinderhitzer hat man die Kanalweite in der oberen Zone vielfach zu groß genommen. Das hatte zwar eine Verbesserung der Wärmeübergangszahl α für die Heizperiode, aber eine Verschlechterung der Wärmeübergangszahl α' für die Entheizperiode zur Folge. Das bewirkte bei den gegebenen Verhältnissen eine Verschlechterung des Wärmeaustausches, der durch die Wärmeaustauschzahl ε gekennzeichnet ist. Beim Zweizonenwinderhitzer wird deshalb die Kanalweite in der oberen Zone erheblich vermindert. In manchen Fällen könnte auch die Steinstärke etwas verringert werden, um die günstigste Wärmeaustauschzahl ε zu erreichen.

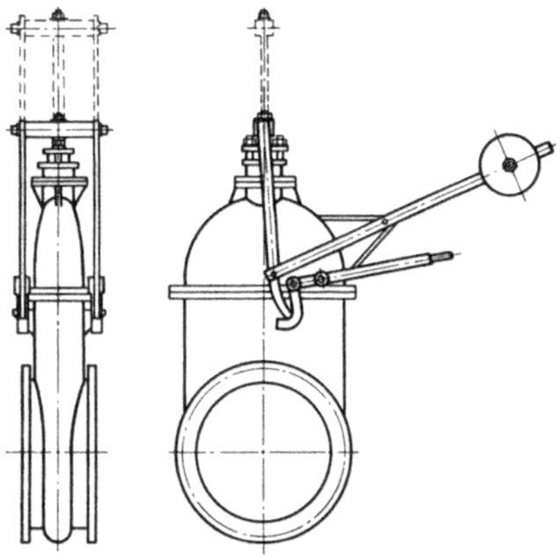

Bild 275. Kaltwindschieber mit Haupthebel und Hilfshebel (Schnellschlußschieber).

Außer dem Brenner sind an Ausrüstungsteilen noch die Absperrgeräte für Kaltwind, Heißwind, Heizgas und Abgas, die Verschlüsse der Reinigungs-, Einsteig- und Entlüftungsöffnungen, sowie eine Sicherheitsklappe vorzusehen.

Die *Absperrgeräte* der Winderhitzer müssen zum Teil unter ungünstigen Bedingungen hohen Anforderungen genügen. Undichte Absperrgeräte bringen Stoff- und Energieverluste, die man nicht immer wahrnehmen und noch weniger messen kann, zumal wenn die zu Verlust gehenden Stoffe zum Essenkanal abströmen. Die Geräte zum Umstellen von „Gas" auf „Wind" und umgekehrt müssen nicht nur dicht halten, sondern auch *schnell* und *zuverlässig* betätigt werden können. Der Zeitaufwand zum Umstellen geht zu Lasten der Heizperiode, da die Windzufuhr zum Hochofen nicht unterbrochen werden darf. Das ist besonders schwerwiegend bei Zweiwinderhitzerbetrieb, d. h. wenn nur zwei Winderhitzer betrieben werden. Zum Absperren von Kaltwind und Heißwind wurden schon immer vorwiegend Schieber verwendet. Wird hierbei die Schieberplatte durch eine Schraubenspindel bewegt, so erfordert das Umschalten zuviel Zeit. Deshalb sind Schieber geboten, bei denen an die glatte Spindel der Schieberplatte außen ein zweiarmiger Hebel angreift und das Gewicht der Platte durch ein Gegengewicht ausgeglichen ist. Sehr zweckmäßig sind Schieber nach den Bildern 275 und 276, bei denen ein Hilfshebel mit großer Übersetzung angeordnet ist. Zur Einleitung der Hubbewegung dient der Hilfshebel. Nach Druckausgleich wird zum schnellen Öffnen der Haupthebel benutzt. Der Heißwindschieber ist dauernd hohen Temperaturen ausgesetzt. Während der Blasperiode wird er von dem heißen Wind durchströmt, während der Heizperiode wird er von der einen Seite durch das heiße Mauerwerk des Verbrennungsschachtes bestrahlt, während er auf der anderen Seite in Berührung mit ruhender aber heißer Luft steht. Es ist zweckmäßig, zwischen Heißwindschieber und dem Stutzen am Winderhitzer ein Bogenstück einzuschalten, damit der Schieber der unmittelbaren Bestrahlung entzogen ist. In allen Fällen ist zu empfehlen, daß die Sitzringe und Schieberplatten der Heißwindschieber durch umlaufendes Wasser gekühlt werden. Solche Schieber erhalten Gehäuse aus Stahlguß oder Hämatit, Sitzringe und Schieberplatten aus Bronze. Zur sicheren Vermeidung von Heißwindverlusten werden meistens zwei solcher Schieber hintereinander angeordnet.

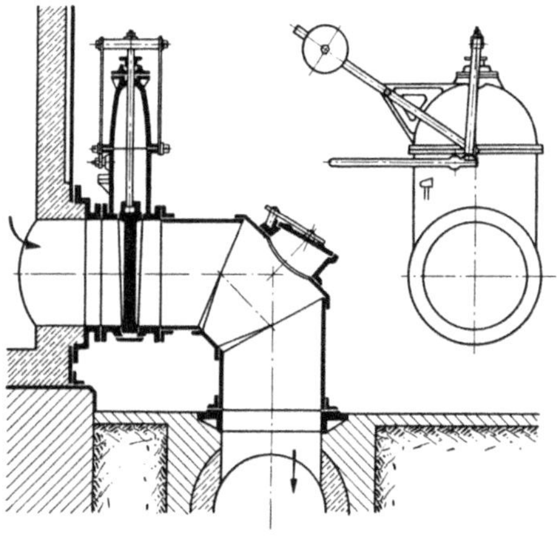

Bild 276. Abgasschieber mit Haupthebel und Hilfshebel (Schnellschlußschieber).

[1] Stahl u. Eisen 1933 S. 393. — Rev. techn. luxemb. 1934 Nr. 2.

Beim Umstellen der Winderhitzer vom Heizen auf Entheizen (von Gas auf Wind) und umgekehrt müssen die Bedienungsleute von einem Schieber zum anderen und von einem Winderhitzer zum anderen gehen. Das erfordert Zeit, auch wenn die Schieber als Schnellschlußgeräte in kurzer Zeit verstellt werden können. Um das Umstellen in kürzester Zeit durchführen zu können und jede unrichtige Schaltung auszuschließen, ist von der Maschinenfabrik Zimmermann & Jansen in Düren eine Ausrüstung für Winderhitzer durchgebildet worden, bei der alle Abschlußgeräte von einer Stelle aus in der richtigen Reihenfolge und in kürzester Zeit durch maschinelle Antriebe betätigt werden. Als Antriebe kommen Preßluftzylinder oder Preßwasserzylinder oder Elektromotore in Betracht. Im Bild 277 ist das Schema einer Umschalteinrichtung mit Betätigung der Absperrschieber durch Preßluftzylinder dargestellt. Die Schieber für Heizgas, Verbrennungsluft und Rauchgas sind offen. Der Winderhitzer steht also in der Heizperiode. Soll nun auf Wind umgestellt werden, so wird die Preßluft durch den Vierwegehahn *b* und die Leitung *1 g* über den Kolben *1 e* im Zylinder *1 d* geleitet. Der Kolben senkt sich bis in die punktiert angedeutete Lage und schließt den Gaseintrittsschieber *1*. Der Raum unter dem Kolben *1 e* ist durch Leitung *1 h* mit der Mittelkammer des Schaltzylinders *1 a* verbunden und dieser hat Verbindung mit der Abströmleitung *k*. Gleichzeitig ist der Weg für die Preßluft durch die Leitung *1 f* zur hinteren Kammer des Schaltzylinders *1 a* frei und von hier strömt sie durch die Leitung *2 g* zum zweiten Betätigungszylinder *2 d* über den Kolben *2 e*. Dieser senkt sich und schließt den Lufteintrittsschieber *2*. Der Weg für die Preßluft ist hierdurch über Leitung *2 f*, den Schaltzylinder *2 a* und die Leitung *3 g* frei zum Betätigungszylinder *3 d*, so daß ohne Zwischenschaltung auch der Schieber *3* geschlossen wird.

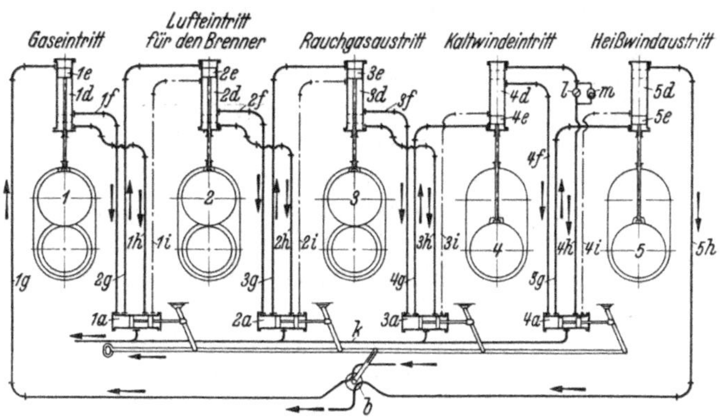

Bild 277. Schema einer Umschalteinrichtung für Winderhitzer mit Betätigung der Schieber durch Preßluftzylinder. (Ausführung von Zimmermann & Jansen in Düren.)

Jetzt muß die Preßluft zum Öffnen des Kaltwindschiebers *4* geleitet werden. Sie tritt in der gleichen selbsttätigen Weise durch Leitung *3 f* den Schaltzylinder *3 a*, die Leitung *4 g* unter den Kolben *4 e*, der beim Hochgehen den Schieber *4* öffnet. Der Vorgang zum Öffnen des Heißwindaustritts verläuft in der gleichen Weise.

Der Kaltwindschieber soll bei kleinen Anlagen nicht schnell geöffnet werden, damit ein starker Druckabfall in der Kaltwindleitung mit Rücksicht auf die Gebläsemaschinen vermieden wird. Zu diesem Zwecke ist in der Leitung *4 h* eine Drosselvorrichtung *l* eingebaut. Die Leitung *4 h* dient aber bei der folgenden Umschaltung von Wind auf Gas als Zuleitung für die Preßluft beim Schließen des Kaltwindschiebers. Damit dieser Vorgang mit der gewünschten Schnelligkeit verläuft, ist eine Umgehungsleitung mit einem Rückschlagventil *m* vorgesehen, das sich selbsttätig öffnet, sobald Preßluft darunter tritt.

Zum Umschalten von Wind auf Gas verlaufen die Vorgänge in gleicher Weise. Um sie einzuleiten, muß der Vierwegehahn umgestellt werden, damit Preßluft und verbrauchte Luft im umgekehrten Sinne strömen und die Druckkolben in umgekehrter Richtung verstellen.

Wie bereits weiter oben ausgeführt, waren die ersten Winderhitzer *Röhrenapparate* aus Gußeisen, die an einzelnen Hochöfen des Siegerlandes noch bis vor etwa 10 Jahren benutzt wurden. Veranlaßt durch die günstigen Erfahrungen, die A. Schack mit seinen Stahlrekuperatoren für hohe Luftvorwärmung machte, wurde im Jahre 1937 auf den Röchlingschen Eisen- und Stahlwerken in Völklingen (Saar) ein *Stahlröhrenwinderhitzer* der Schackschen Bauart in Betrieb genommen. Der Winderhitzer gehört zu einem

Hochofen, der täglich 450 bis 500 t Thomaseisen aus Minette und Sintergut erzeugt. Er besteht aus sechs Bündeln senkrecht angeordneter Stahlrohre. Die nahtlos gewalzten Rohre haben eine Länge von 13500 mm. Sie sind aus Teilen von verschiedenen Werkstoffen zusammengesetzt entsprechend den verschiedenen Temperaturbeanspruchungen. Im kältesten Teil sind es Flußstahlrohre. An diese angeschweißt folgen niedrig legierte Chromstahlrohre, dann hochlegierte Chromstahlrohre und zuletzt im heißesten Teil Rohre aus Chrom-Nickel-Stahl. Die Rohre sind am heißen unten liegenden Ende in die drei Heißwindsammler aus Chrom-Nickel-Stahl eingeschweißt. Die oberen Enden der Rohre münden in sechs kastenförmige Kaltwindsammler, mit denen sie ebenfalls durch Schweißung verbunden sind. Diese Kaltwindsammler sind an einem Hebelgestänge mit Gegengewichten aufgehängt, die so bemessen sind, daß das Gewicht der Kästen und der Rohrbündel ausgeglichen ist und außerdem noch ein geringer Zug auf die Rohre ausgeübt wird. Auf diese Weise wird ein Verziehen der Rohre verhindert. Die Rohrbündel sind von einem viereckigen Kasten mit feuerfestem Futter und einer Isolierschicht umgeben. Am Fuße dieses turmartigen Ofens befinden sich zwei Brennkammern, mit je zwei Niederdruck-Gasbrennern. Die Flammengase werden durch Schamottegitter gleichmäßig verteilt. Hinter den Schamottegittern befinden sich die sog. Hilfsheizflächen, die durch 32 U-förmige Rohre aus Chrom-Nickel-Stahl gebildet werden. Diese Hilfsheizflächen sind so bemessen, daß sie 8% der Gesamtwindmenge von 40° auf 800° erwärmen. Dabei werden die Verbrennungsgase um 80° abgekühlt und den Rohrbündeln der Hauptheizfläche wird Wärme durch Abstrahlung entzogen. Auf diese Weise wird erreicht, daß die Flammentemperatur die Hauptheizfläche nicht gefährdet. Die Rohre der gefährdeten Hilfsheizfläche können leicht ausgewechselt werden. Die Verbrennungsgase ziehen gelenkt durch eingebaute Gitter im Zickzackwege nach oben und verlassen den Winderhitzer durch Blechkamine.

Die Größe der Gesamtheizfläche ist 1800 m². Die erforderliche Grundfläche des Winderhitzers beträgt etwa 50 m², ist also nicht größer als die eines einzigen Cowper-Apparates. Zur Beheizung wird gereinigtes Hochofengas verwendet. Die Regelung der Windmenge und der Windtemperatur geschieht vom Hochofen aus. Ein Elektromotor mit Fernsteuerung verstellt den Kaltwindschieber und der Geber des Windtemperaturreglers arbeitet in Verbindung mit einem Thermoelement auf eine Drosselklappe in der Heizgasleitung.

V. Die Gesamtanordnung eines Hochofenwerkes.

Der *Lageplan eines Hochofenwerkes* ist nach folgenden Gesichtspunkten aufzustellen. Die Zufuhr der Rohstoffe ist von der Abfuhr der Fertig- und Nebenerzeugnisse vollständig

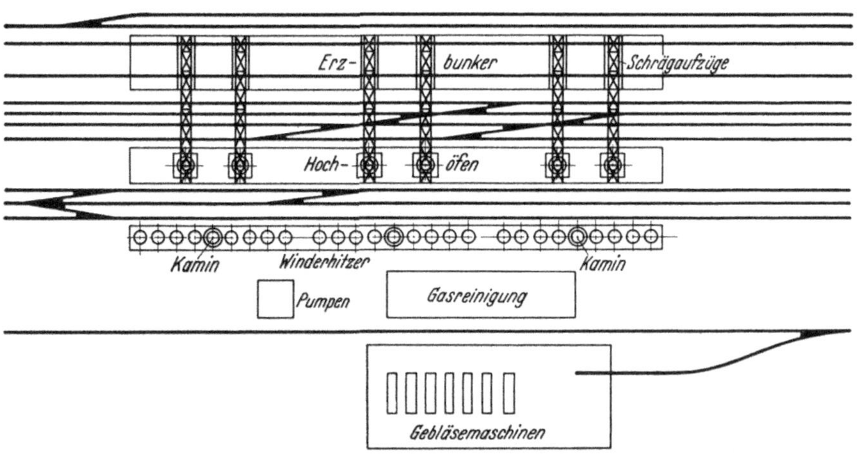

Bild 278. Lageplan des Hochofenwerkes der Adolf-Emil-Hütte in Esch a. d. Alzette.

zu trennen. Wenn es möglich ist, sollen auch getrennte Wege für Koks und Erz, für Roheisen und Schlacke angestrebt werden. Die Gasleitungen sind oberirdisch, Wasserleitungen und elektrische Leitungen unterirdisch, am besten in befahrbaren Kanälen, zu verlegen. Die Beförderung des Gichtstaubes wird zweckmäßig pneumatisch durch Rohrleitungen vorgenommen. Die Lage der Erz- und Koksbunker zu den Hochöfen ist durch die Beschickanlage bedingt. Die Winderhitzer sind möglichst nahe an die Hochöfen heranzurücken. Von den verschiedenen möglichen Lösungen hat sich am besten die Anordnung in einer Linie parallel zur Hochofenachse bewährt, da hierbei die Windleitungen einfach und übersichtlich werden. Für die Gebläse- und Gasreinigungsanlage ist natürlich eine zentrale Lage erwünscht, meistens wird man sich bei der Entscheidung über deren Lage nach den örtlichen Verhältnissen richten müssen. Die Lagepläne nach den Bildern 278, 279, 280 und 281 mögen als Beispiele dienen. Die Hochöfen der *Adolf-Emil-Hütte* (Bild 278) sind in drei Gruppen zu je zwei Öfen in einer Reihe angeordnet. Parallel dazu liegen auf der einen Seite die Erzbunker und auf der anderen Seite die Winderhitzer und die zugehörigen Kamine in einer Reihe. Die Entfernung der

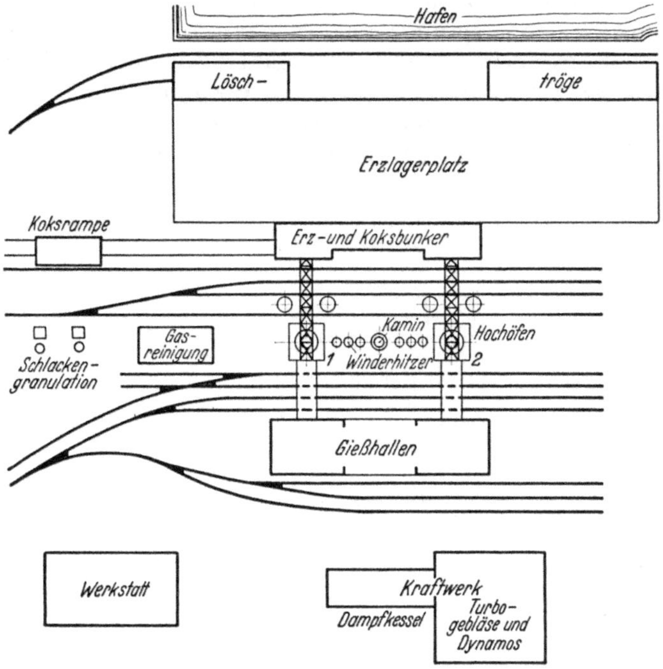

Bild 279. Lageplan des Hochofenwerkes von Friedr. Krupp Akt.-Ges. in Essen-Borbeck.

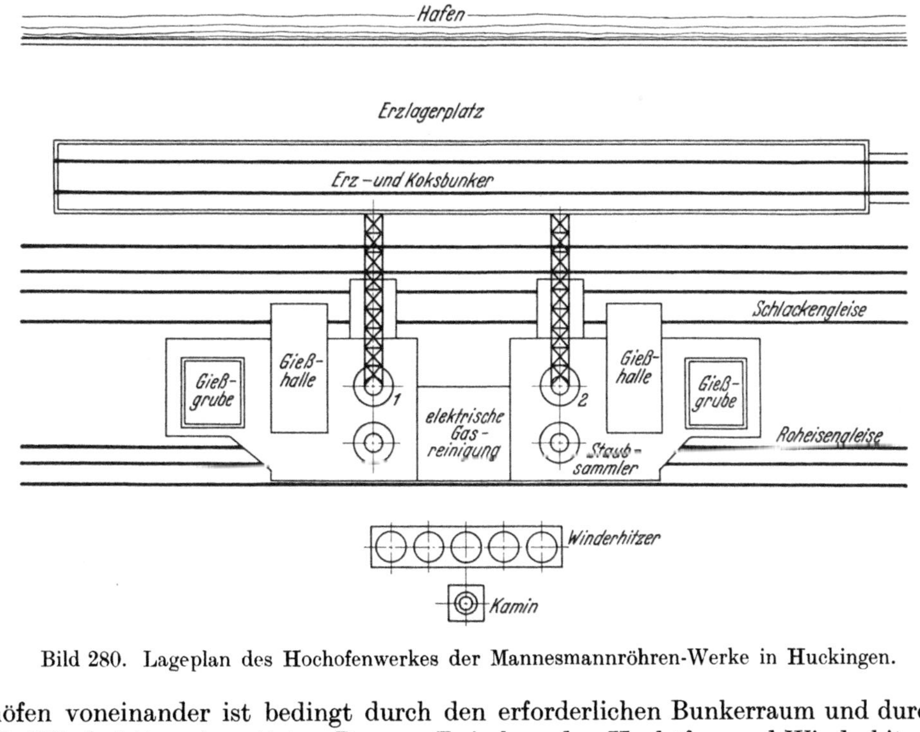

Bild 280. Lageplan des Hochofenwerkes der Mannesmannröhren-Werke in Huckingen.

Hochöfen voneinander ist bedingt durch den erforderlichen Bunkerraum und durch den für die Winderhitzer benötigten Raum. Zwischen den Hochöfen und Winderhitzern ist soviel Platz gelassen, daß drei Geleise für die Abbeförderung des flüssigen Roheisens angeordnet werden konnten. Zwischen Erzbunkern und Hochöfen sind vier Geleise vorgesehen, die für die Schlackenabfuhr, für die Koksanfuhr und für durchgehende Züge dienen. Die aus den benachbarten Gruben ankommenden Erze werden in der Regel über eine Schrägrampe unmittelbar auf die Bunker gefahren. Die Beschickung der Hochöfen geschieht mittels Schrägaufzügen mit Aufsetzkübeln. Das Hochofenwerk der *Friedr. Krupp Akt.-Ges.* in Essen-Borbeck (Bild 279) besteht aus zwei Öfen, die an einem Hafen des Rhein-Herne-Kanals errichtet sind. Die Erze kommen vorwiegend in Schiffsladungen an. Mit Rücksicht auf den nicht immer gleichmäßigen Schiffsverkehr ist parallel zum Hafen ein großer Erzlagerplatz angeordnet. Daran schließen sich die Erz- und Koksbunker an. Aus diesen wird Erz und Koks für das Beschicken der Hochöfen entnommen. Die Schrägaufzüge sind zweitrümig mit Kippkübeln ausgebildet. Hochofen, Winderhitzer und zugehöriger Kamin liegen in einer Achse. Zum Entladen der Erzschiffe dient eine Verladebrücke. Der Koks wird mit einem Förderband in die Bunker befördert. Die Hochofenlage der *Mannesmann-Röhrenwerke* in Huckingen (Bild 280) umfaßt ebenfalls zwei Hochöfen, die parallel zu dem Werkshafen am Rhein liegen. Zwischen den Öfen liegt die elektrische Gasreinigung, während die Winderhitzer für beide Öfen eine Gruppe bilden, die parallel zur Ofenachse in einer Linie liegen. Zum Beschicken der Hochöfen dienen auch hier Schrägaufzüge mit Kippkübeln. Das Hochofenwerk der *Duisburger Kupferhütte* (Bild 281) erzeugt vorwiegend Gießerei-Roheisen aus Kiesabbränden. Zwischen den Erz- und Koksbunkern ist deshalb eine geräumige Gießhalle angeordnet. Das Beschicken der Hochöfen geschieht hier mit Laufkatzen, die auf einer Hochbahn angeordnet sind. Die Zubringerwagen von den Bunkern zu den Aufzugschächten laufen in zwei unterirdischen Kanälen.

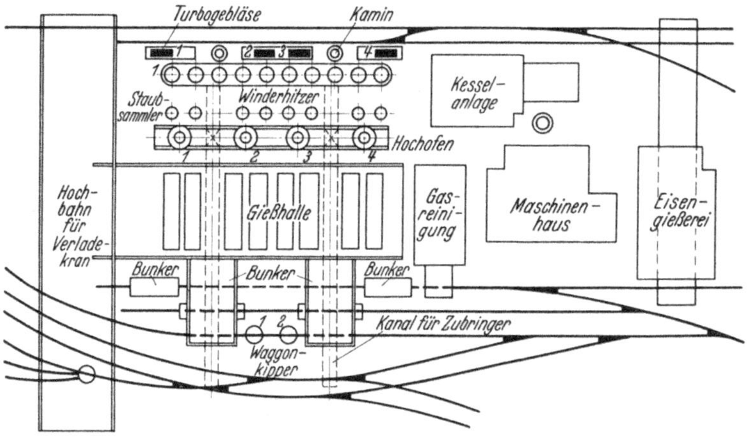

Bild 281. Lageplan des Hochofenwerkes der Duisburger Kupferhütte in Duisburg. Beschickanlage mit Laufkatzen auf Hochbahn.

VI. Elektrische Hochöfen.

In Ländern, die nicht über geeignete Kohle verfügen, denen aber elektrische Energie billig zur Verfügung steht, hat man sich seit dem Anfang dieses Jahrhunderts mit der Errichtung elektrischer Hochöfen befaßt. Der Italiener STASSANO suchte die Aufgabe zu lösen, indem er bei einem Hochofen vom Profil eines Blashochofens Elektroden an der Stelle der Windformen anordnete. Die etwas nach unten geneigten Elektroden ragten ein beträchtliches Stück in das Gestell hinein. Die Ausführung bewährte sich nicht, da die Elektroden unter dem Druck der Beschickungssäule abbrachen. Als zum Schutze der Elektroden Schutzgewölbe eingebaut wurden, wurde das Niedergehen der Beschickung behindert. Im Jahre 1906 erstellte HÉROULT einen Versuchsofen von etwa 2 m Höhe und 0,8 m Lichtweite. Der Ofen hatte eine senkrecht in den Ofenraum gehängte Kohleelektrode und eine Bodenelektrode. Der Ofen konnte für große Leistungen nicht in Betracht kommen, da die Gichtelektrode das Beschicken behinderte und die Anordnung eines Verschlusses erschwerte. HÉROULT entwickelte eine neue Bauart, bei der der Schacht senkrecht geteilt war, so daß zwei Schachthälften von halbkreisförmigem Querschnitt entstanden. Zwischen diesen ordnete er einen gemeinsamen Herd an, der durch ein Gewölbe abgedeckt war. Der Herd wurde durch eine obere Elektrode und eine Bodenelektrode beheizt. Die Unterteilung des Schachtes und die ungünstige Form des

Doppelschachtes ergaben sich als ungeeignet für einen Ofen mit ununterbrochenem Betrieb. Im Jahre 1909 wurde in Schweden der Bau von Elektrohochöfen aufgenommen. Nach Erprobung eines Versuchsofens in Domnarfvet wurde im Anschluß an die Trollhättan-Kraftwerke ein Ofen nach Bild 282 errichtet. In Abweichung von den bisher besprochenen Öfen wurde die Lösung durch eine erhebliche Erweiterung des Gestells gefunden. Der Ofen besteht aus zwei baulich voneinander unabhängigen Teilen, dem weiten Herd und dem engen Schacht. Der Schacht erhielt am unteren Ende eine Verengung, so daß sich wie bei den Blashochöfen eine Rast ergab. Bei späteren Ausführungen wurde hierauf verzichtet. Der Schacht erhielt eine zylindrische Form oder die Form eines abgestumpften Kegels mit schwacher Neigung (Bild 282a). Die Höchsttemperatur im Herd des Elektrohochofens liegt wesentlich höher als beim Blashochofen. Diese hohen Temperaturen sind infolge der Eigenart der Lichtbogenbeheizung örtlich beschränkt. Die Durchschnittstemperatur liegt niedriger als beim Blashochofen. Das Gewölbe des Herdes ist den hohen Temperaturen der Lichtbögen am stärksten ausgesetzt. Zu dessen Kühlung wird ein Teil des Gichtgases nach Reinigung und Abkühlung durch diesen in den Herdraum geleitet und möglichst unmittelbar auf das Gewölbe gelenkt. Die im Gase enthaltene Kohlensäure wird bei der Berührung mit der Ofenkohle zu Kohlenoxyd reduziert. Das Ofengas setzt sich zusammen aus dem eingeblasenen Kühlgas und dem durch Reduktion der Eisenoxyde durch den mit dem Möller aufgegebenen festen Kohlenstoff gebildeten. Die Gasmenge beträgt etwa 2400 m³ je t Roheisen bestehend aus 800 m³ Frischgas und 1600 m³ Umlaufgas. Sie beträgt also etwas mehr als die Hälfte von der beim Blashochofen. Die Schachttemperatur liegt deshalb erheblich niedriger und die indirekte Reduktion ist entsprechend gering[1]. Die Zahl der Elektroden beträgt je nach der Größe des Ofens 6 bis 8. Der Elektrodenverbrauch schwankt zwischen 6 und 8 kg, der Reduktionskohlenstoff (Koks oder Holzkohle) beträgt etwa 400 bis 500 kg je t Roheisen. Der Heizwert des Gichtgases liegt im Mittel bei 2300 kcal/m³.

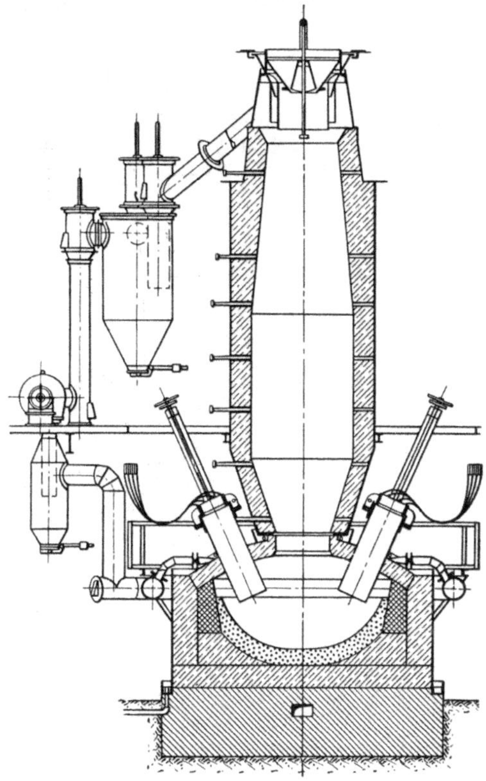

Bild 282. Elektrischer Hochofen (Schweden).

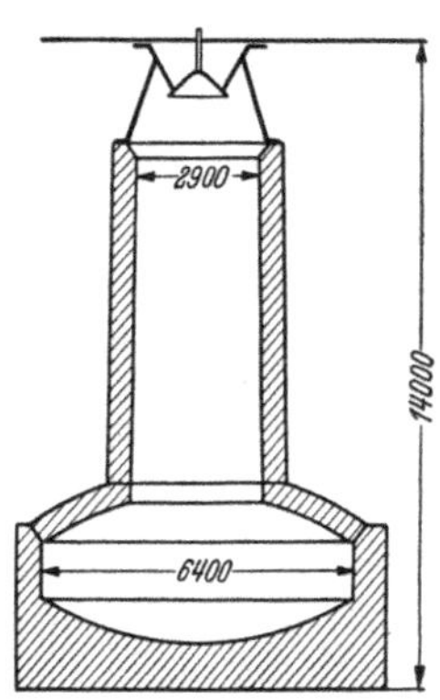

Bild 282a. Neues Profil des elektrischen Hochofens (Schweden).

Im Schacht des Elektrohochofens wird nur geringe Arbeit geleistet. Es wurde aus diesem Grunde in Erwägung gezogen, die Höhe des Schachtes wesentlich zu vermindern. Der Elektrohochofen muß im wesentlichen mit Holzkohle betrieben werden. Das ist ein wirtschaftlicher Nachteil, da Holzkohle erheblich teurer als Koks ist. In Schweden erfordert heute die Holzkohle bereits den dreifachen Preis von dem für Koks. Deshalb wird voraussichtlich der Elektrohochofen durch den elektrischen Niederschachtofen verdrängt werden[2]. Für Domnarfvet ist bereits ein solcher Ofen für eine elektrische Leistung von 6000 kW vorgesehen. In Norwegen arbeiten bereits zwei solcher Öfen mit einer Aufnahmefähigkeit von 5000 bzw. 7000 kW, in Italien sechs Öfen mit etwa 5500 kW und in Finnland einer mit 10000 kW

[1] Stahl u. Eisen Bd. 44 (1924) S. 748. [2] Stahl u. Eisen 1937 S. 638; 1938 S. 413.

elektrischer Leistung. Die Firma Siemens & Halske hat im Jahre 1937 für die Gesellschaft Cogne in Aosta (Italien) einen Niederschachtofen aufgestellt, der eine Leistungsaufnahme von 12000 kVA besitzt[1]. Das Bild 283 zeigt einen Querschnitt durch diese Anlage. Um den Herd läuft eine Ringleitung mit mehreren Gasabsaugstutzen, durch die das Gas abgesaugt wird. Der Ofendeckel bewirkt vollkommene Abdichtung des Reduktionsraumes, sichert aber freie Beweglichkeit der Elektroden. Der Ofen wird mittels geschlossener Kübel durch in den Herdraum mündende Rohre beschickt. Bei einem Erz von 50% Fe und guter Reduktionskohle beträgt der Stromverbrauch 2000 bis 2600 kWh/t Roheisen. Die noch vorhandenen Blashochöfen sollen durch elektrische Niederschachtöfen ersetzt werden. Der elektrische Niederschachtofen soll dem Blashochofen wirtschaftlich gleichwertig sein, wo 1 kg Koks etwa viermal soviel kostet wie eine 1 kWh.

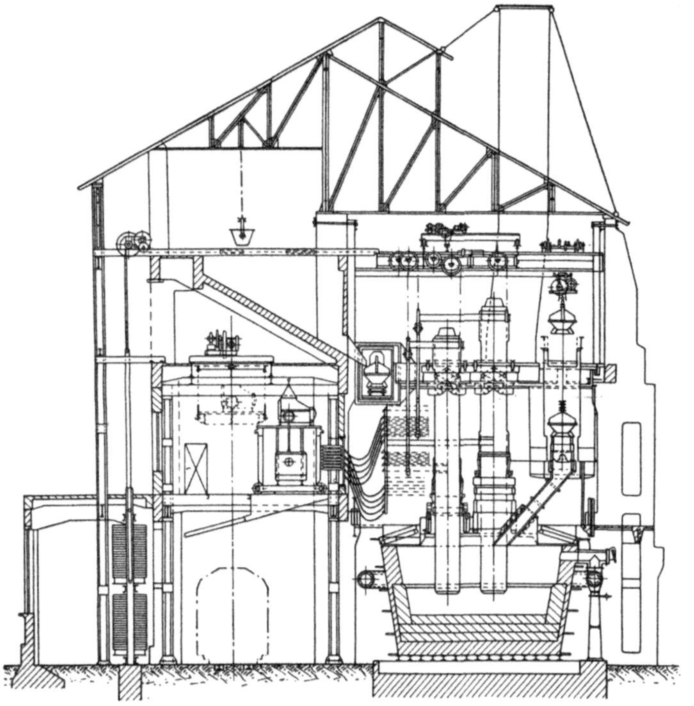

Bild 283. Elektrischer Niederschachtofen zur Erzeugung von Roheisen. (Nach Siemens-Z. 1937, Heft 6.)

VII. Der Trommelofen zur Erzeugung von Roheisen.

Trommelöfen werden von der *Sachtleben Akt.-Ges.* für Bergbau und chemische Industrie zur Erzeugung von Roheisen aus Meggener Kiesabbränden auf ihrem Werke in Stürzelberg bei Neuß mit Erfolg verwendet[2]. Außer dem Eisen wird auch der Zinkgehalt des Erzes vollständig gewonnen. Der Meggener Schwefelkies enthält 35% Eisen, 7% Zink und 42% Schwefel; die Gangart besteht überwiegend aus SiO_2. Der Kies wird auf einem Dwight-Lloyd-Band totgeröstet. Der gewonnene Sinter enthält 48% Fe, 15% SiO_2, 8 bis 9% Zn, 0,1% S und 2 bis 3% CaO + MgO. Er wird mit Reduktionskohle und Kalk gemischt vorgewärmt in den heißen Ofen eingesetzt.

Der Ofen hat bei einer Länge von 10,5 m einen größten Durchmesser im Eisenmantel von 3,8 m. Der mittlere Teil ist zylindrisch, während die Enden sich kegelförmig verjüngen. An dem einen Ende ist der Brenner für die Beheizung angeordnet, auf der anderen Seite schließt sich ein Krümmer an, durch den die Abgase zum Rohgutvorwärmer und anschließend zum Luftvorwärmer abströmen (Bild 284). Um den Ofen bei Vermeidung einer Umschaltfeuerung von beiden Seiten beheizen zu können, ist er auf einer drehbaren Plattform angeordnet. Hierdurch wird der Vorteil erreicht, daß der Ofen nach Herausschwenken aus der Feuerstellung beschickt werden kann. Er ist außerdem um die waagerechte Achse kippbar eingerichtet.

Zum Einbringen eines neuen Futters wird das Ofengefäß durch eine Laufkatze aus den Lagern gehoben und auf einfache Stützböcke abgestellt. Die Auskleidung wird aus einer Teer-Dolomitmasse, deren Gewicht etwa 100 t beträgt, eingestampft. Das Einbringen geschieht auf folgende Weise: Zunächst wird in das waagerecht liegende Gefäß zwischen Schalung ein Längsstreifen in voller Stärke des Futters eingestampft. Auf diesem Damm werden dann in Abständen von etwa 1,5 m Ringe aus U-Stahl ein-

[1] Siemens-Z. 1937 S. 275—285. [2] Stahl u. Eisen Bd. 57 (1937) S. 6—12.

gesetzt und gegen den Mantel abgestützt. Hinter diese Ringe wird eine Schalung aus Blechstreifen eingebaut und dann der Zwischenraum in einzelnen Abschnitten ausgestampft. Nur der Abschluß am Ende wird durch gepreßte Formlinge aus der gleichen Masse ausgeführt. Nach Fertigstellung des Futters werden die Stahlringe durch gemauerte Schamotteringe ersetzt. Nachdem das Futter bei Temperaturen bis 900° 36 bis 40 h gebrannt ist, werden auch die Schamotteringe und die Blechschalung entfernt. Dann wird noch etwa 16 h scharf nachgebrannt, bevor der Ofen beschickt wird. Das Futter hält bis zu 36 Schmelzen.

Der Ofen hat einen Füllraum von 15 m³. Er wird nach Schrägstellung mit Hilfe der erwähnten Laufkatze durch die Öffnungen an den Ofenenden mittels einer Beschickmaschine gefüllt. Zur Beheizung diente zuerst eine Kohlenstaubfeuerung, neuerdings ist diese durch einen Koksgasbrenner ersetzt. Als Reduktionsmittel wird Koksgrus, Anthrazit oder Magerfeinkohle verwendet. Die Wärme der Abgase wird nach Durchströmen der beiden Vorwärmer noch in einem Abhitzekessel nutzbar gemacht. Von diesem gelangen sie in ein Elektrofilter, in dem das Zinkoxyd niedergeschlagen wird.

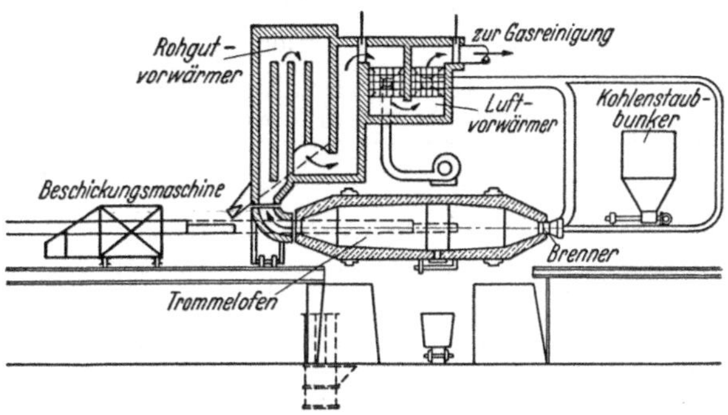

Bild 284. Schema der Stürzelberger Trommelofenanlage zur Erzeugung von Roheisen vom Jahre 1936. (Nach Stahl u. Eisen.)

Der zeitliche Verlauf des Verfahrens gliedert sich wie folgt: Einsetzen 20 min, Aufheizen $1^1/_2$ h, Entzinken und teilweise Eisenreduktion 4 h, restliche Eisenreduktion $^1/_2$ h, Abstich von Eisen und Schlacke 1 h, zusammen etwa $7^1/_2$ h. Durch geplante Verbesserungen hofft die Betriebsleitung, eine wesentliche Verkürzung zu erzielen.

Als Vorteile des Verfahrens werden angesehen: die Möglichkeit, Erze von verschiedener Körnung bis zu Feinerz verhütten zu können und mit geringwertigen Brennstoffen wie Koksgrus, Grudekoks, Torfkoks und Feinkohle als Reduktionsmittel und Heizmittel auszukommen, ferner die außerordentliche Reinheit des erzeugten Roheisens und die Möglichkeit, den Kohlenstoffgehalt beliebig hoch einzustellen und das Erzeugnis auf die spätere Verwendung in Elektroöfen, Stahlgießereien oder Eisengießereien abzustimmen.

VIII. Das Erschmelzen von Roheisen mit saurer Schlackenführung und der Einfluß dieses Verfahrens auf die Gestaltung der Eisenhütten.

Die Aufbereitung eisenarmer Erze zu einem hochwertigen Konzentrat, das zum Stückigmachen noch einer weiteren Behandlung bedarf, hat sich als zu teuer erwiesen. Dazu kommt noch, daß die Anreicherung mit erheblichen Eisenverlusten verbunden ist. Die Schmelzaufbereitung mit saurer Schlackenführung nach dem Verfahren von Paschke und Peetz[1] wird infolgedessen in verschiedenen Ländern, besonders aber in Deutschland große Bedeutung erlangen. Auf deutschen Hüttenwerken ist das Verfahren bereits im praktischen Betriebe eingehend erprobt worden.

Beim sauren Schmelzverfahren wird auf die Entschwefelung im Hochofen verzichtet. Es wird eine leicht schmelzende saure Schlacke geführt, bei der der Gehalt an SiO_2 höher als der vom CaO ist. Es ist nur zu berücksichtigen, daß der Kieselsäuregehalt nicht zu hoch wird, da sonst die Schlacke glasartig wird. Jedenfalls wird die anfallende Schlackenmenge auf ein Mindestmaß beschränkt. Hierdurch wird der Koksverbrauch für Schlackenschmelzen vermindert und die Roheisenerzeugung entsprechend gesteigert.

Damit die Schlacke genügend dünnflüssig wird, ist ein bestimmter CaO-Gehalt notwendig[2]. Als wichtige Kennziffer für die Eignung eines Erzes gilt der Basengrad

[1] Stahl u. Eisen 1937 S. 1114—1117.
[2] Stahl u. Eisen 1938 S. 25—34, 52—58.

$p = \frac{CaO}{SiO_2}$. Die Hochöfen von den Röchlingschen Eisen- und Stahlwerken in Völklingen und der Gutehoffnungshütte in Oberhausen werden mit einem Basengrad von $p = 0,67$ betrieben. Für die Hochöfen in Corby (England) ergibt sich ein Basengrad von 0,88.

Die Entschwefelung des Roheisens wird nach dem Abstich mit Natriumoxyd in der Form von Soda (Na_2CO_3) durchgeführt. Die Soda wird fest oder flüssig in die Pfanne eingeführt. In Völklingen wird die Soda in einem Trommelofen geschmolzen und flüssig in die Roheisenpfanne gegeben. In Oberhausen verwendet man ein Gemisch von kalter körniger kalzinierter Soda und Kalksteinsplitt von 15 bis 25 mm Korngröße. Das Gemisch entschwefelt $1^1/_2$mal so stark als reine Soda. Es wird zur Hälfte vor dem Abstich, der Rest dann in die Pfanne eingeführt, wenn diese zu $^1/_4$ bis $^1/_3$ gefüllt ist. Es tritt sofort eine starke Reaktion ein. Der Sodaverbrauch stellt sich auf 19 kg, der Kalkverbrauch auf 15 kg je t Roheisen. Hierbei beträgt die Schwefelabnahme 69%.

Tabelle 44. Zusammenstellung der Erzsorten, die bei den Versuchen auf der Gutehoffnungshütte verhüttet wurden.

Nr.	Sorte	Fe %	SiO_2 %	CaO %	MgO %	Al_2O_3 %	Schlacke (SiO_2+CaO + MgO + Al_2O_3) %	CO_2 %	Basengrad $p = \frac{CaO}{SiO_2}$	Kalksteinbedarf je 100 kg Fe bei $p = 0,8$ kg
1	Wasseralfinger Erze	27,7	27,0	4,7	1,4	6,2	39,3	5,0	0,17	123
2	Kohleneisenstein	22,0	19,0	2,0	1,9	9,0	31,9	18,7	0,11	120
3	Geislinger Erz	28,5	23,0	9,5	0,6	5,5	38,6	5,0	0,41	63
4	Roteisenstein (Lahn-Dill)	42,0	25,0	4,5	0,5	1,8	31,8	5,0	0,18	74
5	Nora (Schweden)	48,0	34,5	0,3	0,7	3,3	38,8	—	0,09	115
6	Wabana	51,0	11,5	3,3	0,4	4,5	19,7	2,0	0,29	24
7	Blötberg-Magnetit	56,0	10,0	2,2	1,8	1,7	15,7	—	0,22	21
8	Gellivara	61,0	5,5	3,2	1,2	0,6	10,5	—	0,58	4
9	Luxemburger Minette	28,5	7,0	19,0	1,3	4,4	31,7	17,2	2,70	+95
10	Gutmadinger Roherz (Doggererz)	20,0	19,6	11,5	1,9	7,5	40,5	11,5	0,59	42

Die Auswirkung der sauren Schlackenführung ist auf der Gutehoffnungshütte an einem Hochofen eingehend untersucht worden. Der Ofen hat einen Nutzinhalt von 697 m³, einen Gestelldurchmesser von 5600 mm und ist mit 10 Blasformen ausgestattet. Die verhütteten Erze sind in der Tabelle 44 angeführt.

Tabelle 45. Vergleichende Zusammenstellung der Betriebsergebnisse an einem Hochofen der Gutehoffnungshütte bei verschiedener Betriebsweise.

		Fall			
		I	II	III	IV
		Betriebsweise			
		Basisch, $p = 1,25$ ohne Zusatz deutscher Erze	Basisch, $p = 1,25$ mit 11,5 Eisenprozenten deutscher Erze	Sauer, $p = 0,80$ mit 48,1 Eisenprozenten deutscher Erze	Sauer, $p = 0,83$ mit 100 Eisenprozenten deutscher Erze
1	Möllerausbringen . . . . %	49,5	42,8	30,0	19,0
2	Kalksteinsatz je t Roheisen . . kg	105	221	398	718
3	Möllerkohlensäure je t Roheisen kg	80	158,5	357	685
4	Schlackenmenge je t Roheisen (ohne met. Fe) . . . . kg	500	690	1300	2630
5	Koksverbrauch je t Roheisen (naß) kg	890	973	1165	1765
6	Windtemperatur . . . . °C	650	650	750—800	825
7	Gichttemperatur . . . . °C	300	275	150—200	230—270
8	Gichten je Tag bei 7,6 t Koks je Gicht, bei 55 cm³ QS Winddruck . in der Ringleitung	75	65	73	72
9	Koksdurchsatz t je Tag . . . . . . (in % bezogen auf den Fall I)	570 (100%)	494 (87%)	555 (97%)	546 (96%)
10	Roheisenerzeugung je Tag . . . . t (in % bezogen auf den Fall I)	640 (100%)	507 (79%)	475 (74%)	309 (48,3%)

In der Tabelle 45 sind die Betriebsergebnisse zusammengestellt. Hieraus ergibt sich folgendes:

Für die Verarbeitung armer Erze ist das bisher übliche Betriebsverfahren ungeeignet, weil bei basischer Schlackenführung mit abnehmendem Eisengehalt des Möllers der Koksdurchsatz und die Roheisenerzeugung sehr stark abnehmen. Das ist die Folge der erhöhten Menge dickflüssiger basischer Schlacke, die dem Durchgang der Ofengase durch die Beschickung und der Windannahme großen Widerstand entgegensetzt. Beim sauren Verfahren bleibt der Koksdurchsatz fast unverändert, weil die dünnflüssige saure Schlacke nur einen geringen Widerstand hervorruft. Im Bilde 285 ist das veranschaulicht. Es wurde durch die Versuche ferner festgestellt, daß der Koksverbrauch zum Schmelzen der sauren und basischen Schlacke ungefähr gleich ist. Die Temperatur der Schmelzerzeugnisse ist beim sauren Verfahren niedriger als beim basischen. Das kann durch die geringere Durchsatzzeit beim sauren Verfahren erklärt werden. Das ist noch deshalb unangenehm, weil durch die Sodaentschwefelung ein weiterer Temperaturabfall unvermeidlich ist. Es ist deshalb die Verwendung von Deckelpfannen zu empfehlen, die auch beim Füllen geschlossen bleiben (Bauart Gutehoffnungshütte-Lennings). Das Füllen dieser Pfannen geschieht durch einen Trichter, was noch den besonderen Vorteil hat, daß das Eisen beim Durchlaufen des Trichters mit der in die Rinne geworfenen Soda gut gemischt wird.

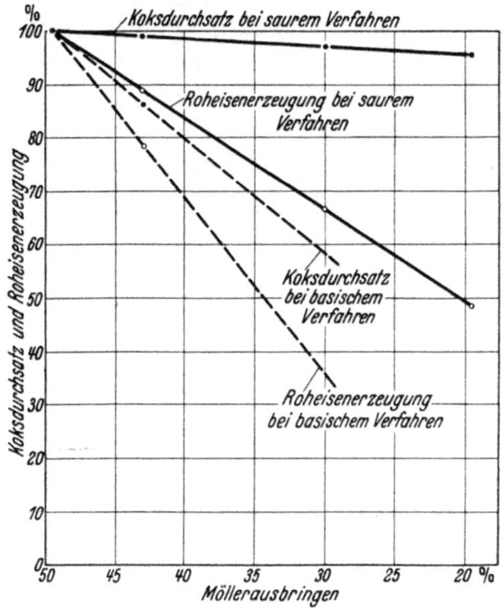

Bild 285.
Koksdurchsatz und Roheisenerzeugung in Abhängigkeit vom Möllerausbringen bei basischer und saurer Führung der Hochofenschlacke.

Bei den *Röchlingschen Eisen- und Stahlwerken* in Völklingen ist die Sodaentschwefelung in den Dauerbetrieb eingeführt[1]. Zur Verminderung der Temperatur- und Sodaverluste sowie zur Verbesserung der Entschwefelung wird die Soda flüssig zugesetzt. Die hierfür erstellte Anlage besteht aus einer Bunkeranlage, einem Trommelofen zum Schmelzen der Soda und einer elektrischen Lauf katze für die Sodapfanne (Bild 286). Die Soda wird durch eine pneumatische Förderanlage aus den Eisenbahnwagen in den Bunker befördert. Sie gelangt durch eine schräg geführte Rohrleitung in ein Sammelgefäß und einem Nachabscheider. Von hier wird sie durch Zellenräder in den Bunker eingeschleust. Vor der Luftpumpe befindet sich ein Baumwollfilter,

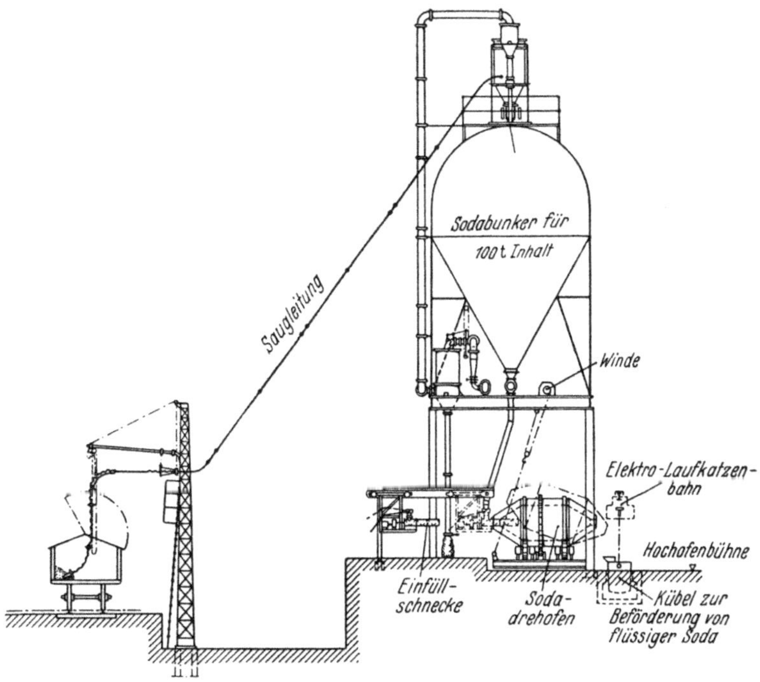

Bild 286. Anlage zum Verladen und Schmelzen von Soda auf dem Röchlingschen Hochofenwerk in Völklingen. (Nach Stahl u. Eisen 1938, S. 134.)

[1] HOLSCHUH: Stahl u. Eisen 1938 S. 133.

in dem die letzten Sodateilchen abgeschieden werden. Aus dem Abfallrohr vom Bunker gelangt die Soda mittels einer Förderschnecke in den Ofen. Die flüssige Soda wird durch Kippen des Ofens in eine Stahlblechpfanne von 1200 kg Fassungsraum gegossen und durch die Laufkatze zur Abstichbühne des Hochofens befördert.

Der *Soda-Schmelzofen* hat einen lichten Durchmesser von 1490 mm und eine Länge von 4280 mm. Er ruht mit der Drehvorrichtung auf einem Rahmen, der zum Ausgießen der flüssigen Soda mittels einer Winde gekippt wird. Der Ofen faßt etwa 2,5 t flüssiger Soda, die Schmelzleistung beträgt 15 t in 24 h. Er wird nie vollständig entleert, so daß die neu eingefüllte Soda zunächst auf dem Bade schwimmt. Hierdurch wird Staubentwicklung vermieden und das Schmelzen geht schneller. Da sich eine Magnesitausmauerung des Ofens nicht bewährte, wird jetzt das Futter durch Ausstampfen mit Teerdolomit hergestellt. Die Sodapfanne wird zur Verminderung der Temperaturverluste von außen isoliert. Von innen wird sie durch einen Deckelbrenner geheizt, um die sich bildenden Sodakrusten abzuschmelzen und die Restsoda nach dem Abstich flüssig zu halten.

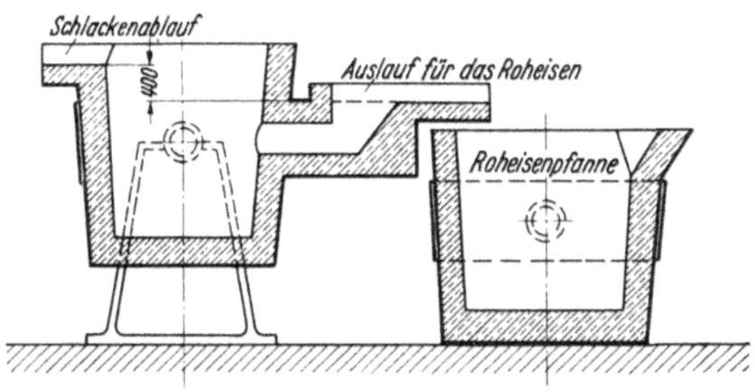

Bild 287. Entschlackungsvorrichtung der Röchlingschen Eisen- und Stahlwerke Völklingen.

Um die Sodaschlacke sauber vom Roheisen abziehen zu können, ist eine Abschlackvorrichtung nach dem Bilde 287 in Benutzung. Es wird peinlich darauf geachtet, daß keine Sodaschlacke in den Mischer gelangt, da sie zur vorzeitigen Zerstörung der Mischerausmauerung führen könnte.

Sechster Abschnitt.

Anlagen zur Erzeugung von Stahl.

I. Allgemeines über Stahlgewinnung und Überblick über die geschichtliche Entwicklung.

Stahl kann unmittelbar aus dem Erz gewonnen werden. Das war das ursprüngliche Verfahren, das im *Rennfeuer* und später im *Stückofen* durchgeführt wurde. Hierbei werden Erz und Holzkohle schichtenweise auf ein Feuer gebracht. Die Holzkohle bewirkt die Reduktion der Eisensauerstoffverbindungen wie bei der Roheisengewinnung. Die Temperatur steigt aber infolge der Gestaltung des Feuers bzw. Ofens und der Durchführung des Verfahrens nicht hoch genug, um eine hohe Aufkohlung des Eisens zu bewirken. Das Erzeugnis wird auch nicht flüssig, es befindet sich am Ende des Verfahrens in einem teigigen Zustand. Es bildet das „*Stück*" die sog. *Luppe*. Die Luppe wird aus dem Feuer oder Ofen herausgeholt und unter einem Hammer, dem Luppenhammer, verarbeitet. Hierbei werden die eingeschlossenen Schlacken ausgequetscht und die Luppe zu einem Block verdichtet. Rennfeuer- und Stückofenbetrieb sind in den Industrieländern längst als unwirtschaftlich aufgegeben worden. Stahl wird in den Großbetrieben im allgemeinen nur noch aus Roheisen durch ein *Frischverfahren* hergestellt, bei dem es sich im wesentlichen darum handelt, die Begleitelemente des Eisens insbesondere den zu hohen Kohlenstoffgehalt durch Oxydation zu beseitigen oder erheblich zu vermindern. Allerdings ist in den letzten Jahrzehnten vielfach vorgeschlagen worden, Stahl wieder unmittelbar aus den Erzen zu gewinnen und Verfahren für den Großbetrieb durchzubilden. Hierbei kann als Reduktionsmittel Kohle oder Gas (CO, H_2) in Betracht kommen. Bei Frischverfahren steigt mit Abnahme des Kohlenstoffes der Schmelzpunkt. Das Erzeugnis kann infolgedessen nur dann in flüssigem Zustand anfallen, wenn die Arbeitstemperatur entsprechend gesteigert bzw. hochgehalten wird. Das älteste Frischverfahren ist das *Herdfrischen*, das im *Frischfeuer* oder *Frischherd* durchgeführt wurde. Es besteht in wiederholtem Niederschmelzen von Roheisen in dem auf dem Frischherd unterhaltenen Holzkohlenfeuer. Hierbei tropft das abschmelzende Metall durch den für die Verbrennung notwendigen Windstrom. Die Leistung solcher Frischherde war naturgemäß sehr gering und das Verfahren unwirtschaftlich. Um an Stelle der teueren Holzkohle die wohlfeile Steinkohle setzen zu können, mußte die Einrichtung und das Verfahren geändert werden. Das führte im Jahre 1784 zur Erfindung des *Puddelofens*. Dieses ist ein Flammofen, der in dem Bilde 27, S. 25, dargestellt ist. Der Herd ist ein pfannenähnlicher Raum von etwa 2 m Länge und 1,7 m Breite. Er besteht aus einer gußeisernen Sohlplatte und einem hohen gußeisernen Rahmen, der durch Wasserumlauf gekühlt wird. Zur Auskleidung des Herdes dient eine strengflüssige Schlacke, wie sie beim Puddelverfahren anfallt. Sie besteht vorwiegend aus Eisenoxyduloxyd. Das Aufbringen auf den Herd erfolgt durch Einschmelzen bei scharf getriebener Feuerung. Beim Frischen im Herdfeuer und im Puddelofen liegt die Arbeitstemperatur unter dem Schmelzpunkt des erzeugten Stahls. Er fällt in teigigem Zustande an und wird als *Schweißstahl* oder *Puddelstahl* bezeichnet. Beim Puddelverfahren werden etwa 250 bis 300 kg Roheisen auf den Herd gebracht und unter scharfer Führung des Feuers niedergeschmolzen. Schon während des Niederschmelzens wirkt der Luftüberschuß der Verbrennungsgase oxydierend auf den Einsatz. Silizium, Mangan und Phosphor oxydieren zu SiO_2, MnO und P_2O_5, auch das Eisen wird in nicht unerheblicher Menge oxydiert. Zuletzt verbrennt der Kohlenstoff. Die vorhandene und neu entstehende Schlacke bedeckt alsbald das Eisen und entzieht es der Einwirkung der Verbrennungsgase. Deshalb muß der Puddler mit der Kratze dauernd Furchen ziehen, damit die oxydierenden Gase mit dem Eisen in Berührung kommen. Es tritt Temperaturerhöhung ein, die Gasentwicklung wird so lebhaft, daß das ganze Bad aufkocht. Mit fortschreitender Entkohlung wird das Bad wieder strengflüssig und schließlich liegt die Schmelztemperatur des entkohlten Eisens oberhalb der Arbeitstemperatur des Ofens. Das Metall beginnt zu erstarren. Durch mehrmaliges Wenden der einzelnen Klumpen mit Brechstangen wird die Entkohlung gleichmäßiger auf alle Teile ausgedehnt und dann werden die Klumpen zu einem einzigen Eisenballen aufgehäuft. Der Frischvorgang ist beendet. Der Eisenballen wird in 5 bis 6 Luppen unterteilt, aus dem Ofen geholt und unter dem Luppenhammer verdichtet, wobei die eingeschlossene Schlacke ausgetrieben wird. Die vorverdichteten Luppen werden auf einem Luppenwalzwerk zu Rohschienen ausgewalzt, aus denen durch Schmieden oder Walzen die Fertigerzeugnisse entstehen. Der Abbrand beim Puddelverfahren beträgt je nach dem verarbeiteten Roheisen und dem erzeugten Stahl 6 bis 15%. Der Brennstoffaufwand schwankt zwischen 750 und 1600 kg bezogen auf 1000 kg Rohschienen. Die Erzeugung eines Puddelofens ergibt 2000 bis 4000 kg Rohschienen in 24 h. Die Puddelschlacke enthält etwa 55% Eisen und wird im Hochofen wieder verhüttet. Man hat zur Erhöhung der Erzeugung auch Doppel- und Vierfachpuddelöfen erbaut, bei denen Tagesleistungen bis zu 20000 kg erreicht wurden. Bei Anwendung von Gasfeuerungen konnte bei solchen Anlagen der Brennstoffverbrauch auf 450 kg je t Rohschienen ermäßigt werden. In Amerika hat man die schwere Arbeit des Puddlers durch maschinelle Einrichtungen ersetzt. Aber alle diese Maßnahmen haben die Verdrängung des Verfahrens nicht aufhalten können. Die Schweißstahlerzeugung dürfte heute kaum 1% der Gesamtstahlerzeugung betragen.

Wird bei der Stahlherstellung die Arbeitstemperatur bis oberhalb des Schmelzpunktes des Stahls gesteigert, so entsteht ein Erzeugnis, das als *Flußstahl* bezeichnet wird. Dieses Verfahren wurde bereits 1740 von dem Engländer HUNTSMAN eingeführt, aber auf dem Festlande erst erheblich später zu beherrschen gelernt. Infolge der hohen Arbeitstemperatur ergibt sich eine weitgehende Trennung von Stahl und Schlacke. Es kann ein Erzeugnis gewonnen werden, das frei von Schlackeneinschlüssen ist. Zur Erzeugung hochwertiger Stähle wurde zuerst das *Tiegelstahlverfahren* angewendet. Bei diesem wird durch ein Frischverfahren gewonnener Stahl durch Umschmelzen in Tiegeln in ein Erzeugnis gleichmäßiger Zusammensetzung überführt. Die zum Umschmelzen benutzten Tiegel sind aus feuerfestem Ton mit Graphitzusatz hergestellt. Sie werden mit Stahlblöckchen gefüllt in den Tiegelofen eingesetzt und auf Schmelztemperatur erhitzt. Die Tiegelöfen werden in verschiedener Größe als Überflur-Herdöfen und Tieföfen ausgeführt. Nach Einführung der Siemens-Feuerung wurden sie allgemein mit dieser Feuerung beheizt. Die größten Öfen können bis zu 120 Tiegel aufnehmen, die auf einem ebenen Herd Platz finden. Zwischen Tiegelwand und Tiegelinhalt findet eine lebhafte Wechselwirkung statt, auch die im Stahl enthaltenen Fremdkörper wirken aufeinander ein. Die im Stahl eingeschlossenen Gase werden bei der erreichten hohen Temperatur ausgeschieden. Aus der Tiegelwand wird Si und bei Graphittiegeln C aufgenommen. Da der Tiegelinhalt flüssig wird, können andere Metalle wie Chrom, Nickel, Molybdän, Vanadin, Wolfram, Kobalt zugesetzt werden. Trotz der Güte der Tiegelstähle, die als Gußstähle bezeichnet werden, ist das Tiegelverfahren wegen der hohen Kosten fast ganz aufgegeben worden. Die hiernach früher hergestellten Sonderstähle werden heute im Siemens-Martin-Ofen oder Elektroofen erschmolzen.

Beim Herdfrischverfahren fallen die Tropfen des geschmolzenen Roheisens durch den Gebläsewind des Frischfeuers. Beim Puddelverfahren wird die Feuerung mit reichlichem Luftüberschuß betrieben und durch Rühren mit der Kratze der Zutritt der oxydierenden Ofenatmosphäre zum geschmolzenen Roheisen herbeigeführt. Es ist somit bei den Frischverfahren im wesentlichen der Luftsauerstoff, der die Verbrennung der Eisenbegleiter bewirkt. Diese Erkenntnis brachte im Jahre 1855 den Engländer HENRY BESSEMER auf den Gedanken, durch *Einblasen von Luft in flüssiges Roheisen* Stahl herzustellen. Er benutzte für die ersten Versuche einen Tiegel von 10 kg Fassungsraum, der in einem Schachtofen beheizt wurde. Der Wind wurde durch ein durch den Deckel eingeführtes Rohr eingeblasen. Der Versuch gelang und da eine Temperaturzunahme des Bades festgestellt wurde, benutzte er zur Fortführung der Versuche einen zylindrischen Behälter mit größeren Abmessungen ohne äußere Beheizung. Das Gefäß war am Boden mit einem Stichloch versehen. Zur Einführung des Windes waren unterhalb der Badoberfläche Düsen angeordnet, die an eine Ringwindleitung angeschlossen waren. Die Abgase konnten durch eine Öffnung im Deckel des Ofens entweichen. Um das Verfahren für den laufenden Betrieb geeignet zu machen, entwarf er ein kippbares Gefäß von der Gestalt einer Kugel, das mit einem Einguß für das flüssige Roheisen und Entleerungsschnauze für das gefrischte Metall versehen war. Die Luft sollte von oben in den Behälter eingeblasen werden. Bei diesem Stand der Entwicklung drohte die Gefahr eines völligen Aufgebens der wichtigen Erfindung. BESSEMER hatte den Luftbedarf zur Durchführung des Verfahrens nicht richtig ermittelt und es ergaben sich überall Mißerfolge, wo das Verfahren nach seinen Angaben mit größerem Einsatz durchgeführt werden sollte. So ging es auch dem schwedischen Hüttenmann GÖRANSSON. Dieser änderte seine Anlage nach eigenen Gedanken und erhöhte die eingeblasene Windmenge bei Verminderung der Windpressung. Er erblies am 18. Juli 1858 die erste Schmelze als brauchbaren Stahl, der sich für Werkzeuge als geeignet erwies. Nun wandte sich BESSEMER mit größtem Eifer und glänzendem Erfolg der Durchbildung der Windfrischhütte zu. Er gab dem Kippgefäß die kennzeichnende Form einer *Birne* und bezeichnete es als *Konverter*[1]. Es besteht aus einem Blechmantel, dessen mittlerer Teil eine zylindrische Form hat. Der Querschnitt verjüngt sich nach unten und nach oben. Am unteren Ende ist ein flacher zylindrischer Kasten, der *Windkasten* angeschraubt. Nach oben wird der Zylinder durch eine Kugelkalotte begrenzt, der sich die Mündung von der Gestalt eines abgestumpften Kegels anschließt. Der Behälter wird mit einem feuerfesten Futter versehen, das am Boden die für den Lufteintritt notwendigen Öffnungen hat. Diese Öffnungen stellen die Verbindung zwischen dem Windkasten und dem Inneren des Gefäßes her. Die *Mündungsöffnung* ist so bemessen und so angeordnet, daß die Abgase bei aufrechter Stellung der Birne in schräger Richtung austreten können, die Birne bei Überführung in die waagerechte Lage zum Eingießen des flüssigen Roheisens geeignet ist. Bei weiterer Schwenkung kann zunächst die Schlacke und dann die Stahlschmelze ausfließen. Zwecks Durchführung der Drehbewegung ist das Blechgefäß in einen *Tragring* gehängt, der mit zwei seitlichen Zapfen auf Böcken drehbar gelagert ist. Der eine der beiden Lagerzapfen ist hohl und an seinem äußeren Ende mittels Stopfbüchse an die Windleitung angeschlossen. Die Bohrung des Zapfens endet in einem Hohlraum, der durch ein Rohr mit dem Windkasten verbunden ist. Der zweite Zapfen des Konverterringes trägt ein fest aufgezogenes Zahnrad, das mit einer Zahnstange im Eingriff steht. Die prismatisch geführte Zahnstange ist mit dem Kolben eines Druckwasserzylinders verbunden, Zahnstange und Zylinder sind so bemessen, daß die Birne um etwa 300° gedreht werden kann. BESSEMER ordnete zwei Konverter im Bereiche einer halbkreisförmigen *Gießgrube* an, die durch Drehkrane mit hydraulischem Hubwerk bedient wurden. Die *Gießpfannen* mit *Stopfenstangenverschluß* wurden ebenso von ihm eingeführt wie die konischen Blockformen (Kokillen). Da der mit den Düsen ausgestattete Boden eine geringere Haltbarkeit als das übrige Futter hat, schlug HOLBEY im Jahre 1868 vor, den Boden auswechselbar auszuführen. Seitdem ist der *auswechselbare Boden* allgemein üblich.

Zur Durchführung des BESSEMER-Verfahrens ist die Bedingung zu erfüllen, daß die aus dem Roheisen zu entfernenden Bestandteile Silizium, Mangan und Kohlenstoff in so großer Menge vorhanden sind, daß die bei ihrer Verbrennung erzeugte Wärmemenge ausreicht, um den Frischvorgang zu Ende zu führen, bevor die Schmelze erstarrt und die fertige Stahlschmelze trotz des höheren Schmelzpunktes einige Zeit flüssig zu erhalten. Sie muß genügend hohe Temperatur behalten, bis sie in Formen vergossen ist. Das wichtigste Heizmittel ist Silizium, das unter allen Umständen in genügender Menge (1 bis 2%) vorhanden sein muß. Ferner muß das zu verblasende Roheisen etwa 1% Mn

[1] BECK: Geschichte des Eisens, Bd. 5.

und 3,5 bis 4% C enthalten. Es verbrennt auch ein gewisser Teil des Eisens. Dagegen ist es nicht möglich, Phosphor und Schwefel zu entfernen, wenn, wie von Bessemer geschehen, saures Futter zur Auskleidung benutzt wird. Zur Abscheidung des Schwefels ist eine halbbasische Schlacke erforderlich, die Entphosphorung kann nur mit beträchtlichem Kalküberschuß erreicht werden. In der Bessemer-Birne kann aber die Schlacke keine basische Natur behalten, da sie gegebenenfalls sofort Kieselsäure aus dem Futter aufnehmen würde. Dabei würde das Futter zerstört. Das Windfrischverfahren ist deshalb bei saurer Zustellung der Birne auf phosphor- und schwefelarmes Roheisen beschränkt. Solches Roheisen kann nur verblasen werden, wenn die zur Verhüttung gelangenden Rohstoffe von Phosphor und Schwefel frei sind. Derartige Erze sind aber nur in geringer Menge vorhanden.

Wenn das neue Verfahren auf phosphorhaltiges Roheisen ausgedehnt werden sollte, mußte ein geeigneter Baustoff für das Futter der Birne gefunden werden. Das gelang S. G. Thomas in Zusammenarbeit mit P. C. Gilchrist im Jahre 1878. Sie benutzten scharf gebrannten magnesiahaltigen Kalk (Dolomit), der zerkleinert und durch Mischen mit wasserfreiem Steinkohlenteer bildsam gemacht wurde.

Auf dem Kontinent entstand die erste Windfrischhütte im Jahre 1862 bei Krupp in Essen, im Jahre 1863 folgte Schneider in Creusot, 1864 der Bochumer Verein, die Königshütte in Oberschlesien, Gemünd in der Eifel und Turrach in Steiermark. Im gleichen Jahre wurde das Verfahren in Amerika eingeführt. Die *Erfindung von* Thomas fand besonders in Deutschland lebhaften Widerhall. Bereits im Jahre 1879 wurden die ersten Schmelzen nach dem basischen Verfahren erblasen, und zwar gleichzeitig beim *Hörder Verein* und bei den *Rheinischen Stahlwerken* in Meiderich. Für das Thomas-Verfahren ist ein Roheisen besonderer Zusammensetzung erforderlich. Es enthält 0,2 bis 0,5% Si, 3 bis 3,5% C, 1 bis 2% Mn und 1,8 bis 2,5% P. Der Phosphor spielt beim Verblasen die gleiche wichtige Rolle als wirksamster Brennstoff wie das Silizium beim sauren Verfahren. Vor dem Einlassen des Roheisens wird zunächst der erforderliche gebrannte Kalk (12 bis 18% des Einsatzes) in die Birne eingebracht. Es verbrennt Silizium, Mangan und Kohlenstoff in ähnlicher Weise wie beim sauren Verfahren, der größte Teil des Phosphors erst nach dem Kohlenstoff. Diesen Zeitabschnitt nennt man das Nachblasen. Die Beendigung der Phosphorverbrennung wird vom Betriebsmann an der Mündungsflamme erkannt. Eine Schöpfprobe, die verschmiedet wird, genügt vollends, um die Vollendung des Frischverfahrens zu erweisen.

Die *Herstellung von Tiegelgußstahl* erforderte zu Anfang des 19. Jahrhunderts noch sehr große Erfahrungen, die damals nur die englischen Gußstahlfabrikanten besaßen. Diese Erfahrungen bezogen sich auf die Auswahl des Einsatzes, das Zementieren zur Erhöhung des Kohlenstoffgehaltes, die Herstellung der Tiegel und die Erzeugung der erforderlichen Arbeitstemperatur im Tiegelofen. Auf dem Festlande bestand ein starkes Bestreben, von dem englischen Erzeugnis unabhängig zu werden, besonders als durch die Kontinentalsperre das Festland vollständig von England abgesperrt wurde. Naturgemäß war das Nächstliegende der Versuch, den Tiegelgußstahl selbst herzustellen, was bekanntlich zur Gründung der *Gußstahlfabrik* von *Fried. Krupp* in *Essen* führte. Der Versuch gelang hier nach mühevollen Arbeiten. Außerdem wurden aber auch Versuche unternommen, das Herstellungsverfahren zu verbilligen und unter Umgehung der Zementstahlherstellung zu verkürzen. Die Möglichkeit hierzu erblickte man in dem früher von Biringuccio und Réaumur vorgeschlagenen Verfahren, Gußstahl durch Zusammenschmelzen von weichem Schmiedeeisen und Roheisen zu erzeugen. Der Österreicher Uchatius führte im Jahre 1855 ein Verfahren ein, bei dem gekörntes weißes Roheisen, Spateisensteinpulver, Braunstein und kleine Stücke von Stabeisen vermengt in Tiegeln eingeschmolzen wurden. Die größten Schwierigkeiten entstanden offenbar in der Erreichung der erforderlichen hohen Arbeitstemperaturen[1]. Die Voraussetzungen hierfür waren gegeben durch eine Reihe von Erfindungen auf wärmetechnischem Gebiete, von denen die folgenden genannt seien: Vorwärmung des Gebläsewindes durch Neilson

[1] Stahl u. Eisen 1930 S. 477.

(1828), die Einführung der Gasfeuerung durch FABER DU FAUR (1836), die Erfindung des Gaserzeugers durch den Lauchhammer Hüttenmeister BISCHOF (1842), das Vorwärmen des Heizgases durch EBELMEN (1844). Der Engländer HEATH erbaute 1845 einen *Flammofen zur Herstellung von Gußstahl*, bei dem diese wärmetechnischen Verbesserungen zur Anwendung gebracht waren (Bild 288). Dieser Schmelzofen hatte einen runden Herd, in dessen Seitenwände Düsen zur Einführung von Heizgas und Verbrennungsluft zum Bade geneigt eingebaut waren. An der tiefsten Stelle des muldenförmigen Herdes befand sich das Stichloch. Das flüssige Roheisen wurde aus dem angebauten Kuppelofen durch eine Rinne über einen Zwischenherd dem Schmelzherd zugeführt. Der Zwischenherd diente zur Vorwärmung des Schmiedeeisens. Das Heizgas wurde nach dem Patentbericht in einem besonderen Apparat, also einem Gasgenerator erzeugt. Die Verbrennungsluft wurde vorgewärmt oder mit Sauerstoff angereichert. Der Ofen von HEATH kann als der erste Herdofen zur Stahlerzeugung gekennzeichnet werden. Etwas später setzten auch in Frankreich die Versuche ein, in Herdöfen Stahl zu erzeugen, die aber zunächst keinen Fortschritt brachten.

Den dahingehenden Bestrebungen wurde ein vorläufiges Ziel gesetzt durch die Erfindung des Windfrischverfahrens durch BESSEMER (1855). Im Jahre 1869, als die SIEMENSschen Patente bekannt wurden, waren die Aussichten für die Herdofen-Stahlerzeugung gering, zumal die Ofenbaustoffe vielfach den hohen Anforderungen noch nicht gewachsen waren. FRIEDRICH SIEMENS befaßte sich auf Veranlassung des Londoner Vertreters von UCHATIUS mit der Frage der Erzeugung hoher Temperaturen. Das führte zur Erfindung der *Regenerativgasfeuerung*[1], die von SIEMENS im Jahre 1856 in England zum Patent angemeldet wurde. Verschiedene Versuche, den Herdofen zur Stahlerzeugung mit der Regenerativgasfeuerung zu betreiben, mißlangen, bis der französische Hüttenmann P. MARTIN in seinem Hüttenwerk in Sireuil zu einem vollen Erfolg gelangte. Der Herd des Ofens war ein kurzes Oval und bestand aus tonhaltigem Quarzsand, der in einer geringen Stärke von etwa 10 cm aufgestampft war; er ruhte auf einer starken Platte aus Stahlblech, die von unten durch Luft gekühlt wurde. MARTIN nahm in den folgenden Jahren einige bauliche Änderungen vor. Er ordnete vor den ausgegitterten Kammern besondere Schlackenkammern an und legte zwischen Gas- und Luftkanal einen Kühlkasten. Beim ersten Ofen mußten nach jeder Schmelzung der Herd und an jedem Wochenende die Seitenwände ausgebessert werden. Nach 25 bis 30 Schmelzungen mußte auch das Gewölbe erneuert werden. Der Ofen hatte ein Fassungsvermögen von 1500 bis 2000 kg. Im Jahre 1867 wurde in Firminy bereits ein Ofen von ungefähr dem doppelten Fassungsvermögen erbaut. Es wurden in 24 h zwei Schmelzen fertiggestellt. Vom BESSEMER-Verfahren waren bereits die zwei Möglichkeiten bekannt, ein Frischverfahren zu führen: Unterbrechung des Verfahrens bei Erreichung des gewünschten Kohlenstoffgehaltes oder Frischen bis zu sehr geringen Kohlenstoffgehalten und Rückkohlung durch Roheisen. Das letzte Verfahren wurde von MARTIN angewendet. Zunächst wurden etwa 350 kg kleinstückiges Roheisen und nachdem dieses geschmolzen war, nach und nach 100 kg vorgewärmter Puddelstahl eingesetzt. Nach etwa 20 min war dieser Zusatz gelöst und die weiteren Zusätze von Stahl erfolgten in Mengen von jeweils etwa 100 kg. Nachdem etwa 30% des Einsatzes im Ofen war, zog man die schwarze oxydierende Schlacke ab und ersetzte sie durch helle Holzkohlen-Hochofenschlacke, die mit Quarz gemischt war. Der Abbrand betrug 12 bis 13%. Später wurde von MARTIN auch ein Roheisen-Erzverfahren versucht, aber wieder aufgegeben. In Deutschland wird der Ofen nach den hauptsächlich beteiligten Erfindern *Siemens-Martin-Ofen* genannt.

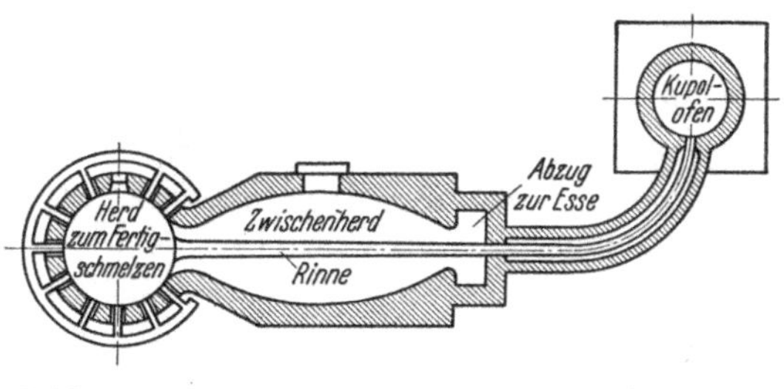

Bild 288. Flammofen zur Herstellung von Gußstahl von HEATH aus dem Jahre 1845.

---

[1] Nach neuerlichen Feststellungen war ein Regenerativofen bereits im Jahre 1816 von dem englischen Pfarrer STIRLING zum Patent angemeldet, aber nicht aufgelegt worden (MAURER u. BISCHOF: Stahl u. Eisen 1930 S. 477). Jedenfalls handelte es sich dabei aber nicht um eine Gasfeuerung.

Im Gegensatz zum Windfrischen wird beim *Frischen im Herdofen* die Wärme vorwiegend durch die Verbrennungsgase auf das Bad übertragen. Die Oxydation der Eisenbegleiter wird im wesentlichen durch oxydische Schlacke, in geringem Umfang durch die Ofengase bewirkt. Wie das Windfrischen erhielt auch das Frischen im Herdofen erst durch Verwendung basischer Zustellung der Öfen (1879) seine heutige Bedeutung, weil man hierdurch von der Zusammensetzung des eingesetzten Roheisens unabhängig wurde. Das saure Herdfrischen verlangt nämlich wie das saure Windfrischen einen phosphor- und schwefelarmen Einsatz. Aus diesem Grunde findet es eine verhältnismäßig geringe Anwendung. Zur Durchführung im basischen Herdofen haben sich verschiedene Verfahren entwickelt.

Das *Schrottkohlungsverfahren* wird dort ausgeübt, wo viel Schrott anfällt und das Roheisen teuer ist. Hierbei wird der für den Kochvorgang im Bade erforderliche Kohlenstoff (Koks, Anthrazit oder Holzkohle) sowie der Kalk mit dem Schrott eingesetzt. Erzzuschläge sind hierbei nur in geringer Menge erforderlich.

Das *Schrottroheisenverfahren* wird mit wechselndem Verhältnis von Schrott und Roheisen durchgeführt, wobei die Schrott- und Roheisenpreise maßgeblichen Einfluß haben. Im allgemeinen beträgt der Roheisenanteil etwa 30% des Einsatzes. Die frischende Wirkung der Schlacke und der Ofengase wird durch Zusatz von Erz erhöht. Zur Entschwefelung und Entphosphorung ist die Zugabe von 3 bis 6% Kalk erforderlich. Wird bei diesem Verfahren das Roheisen flüssig zugegeben, so verkürzt sich die Schmelzdauer, die Ofenleistung wird erhöht und der Brennstoffverbrauch vermindert.

Das *Roheisenerzverfahren* bedingt zur Verstärkung der Frischwirkung einen höheren Zusatz von Erz. Das Roheisen wird hierbei meist flüssig eingesetzt. Durch die Oxydation der Eisenbegleiter wird das Erz reduziert, führt also eine unmittelbare Stahlgewinnung aus dem Erz herbei.

Das BERTRAUD-THIEL-*Verfahren* ist ein Roheisenerzverfahren, bei dem die Frischarbeit unterteilt und jede Teilarbeit in einem besonderen Ofen durchgeführt wird. Im ersten Ofen wird die Hauptfrischarbeit geleistet und eine phosphorreiche Schlacke gebildet, im zweiten Ofen wird die Schmelze mit einer neuen eisenoxydulreichen Schlacke fertiggefrischt.

Das HÖSCH-*Verfahren* ist ein Roheisenerzverfahren, das in *einem* Ofen durchgeführt wird. Auch hierbei wird die Frischarbeit unterteilt. Nach dem ersten Abschnitt wird die Schmelze in eine Pfanne abgestochen und dabei die Schlacke abgelassen. Dann wird der Ofen mit Schrott und neuen Zuschlägen beschickt und die Schmelze wieder in den Ofen eingesetzt und fertiggefrischt. Die Vorofenschlacke hat etwa 24% P_2O_5 und kann wie die Thomasschlacke als Düngemittel Verwendung finden.

Das TALBOT-*Verfahren* wird in großen kippbaren Herdöfen durchgeführt (200 bis 300 t Fassungsvermögen). Von der gefrischten Schmelze wird nur ein Teil — etwa ein Drittel — in eine Pfanne abgestochen und in dieser fertig gemacht. Dem eigentlichen Stahlofen ist ein Flachherdmischer vorgeschaltet, in dem in beschränktem Umfang vorgefrischt wird. Das Verfahren ist auf einigen Werken dahin geändert worden, daß in einem kippbaren Ofen vorgefrischt und in einem feststehenden Ofen fertiggefrischt wird.

Das *Duplexverfahren* sieht eine Verbindung vom Windfrischen und Herdfrischen vor. Je nach der Zusammensetzung des Roheisens, insbesondere des Phosphorgehaltes, wird im sauren oder basischen Konverter vorgefrischt und im basischen Herdofen fertiggefrischt.

Bei *allen Frischverfahren* wird auch ein Teil des Eisens oxydiert. Wenn der Frischvorgang weitgehend getrieben wird, kann der Sauerstoff in der fertigen Flußstahlschmelze zu hoch ansteigen, wodurch Rotbruch entsteht. In diesem Falle ist eine Desoxydation erforderlich. Diese besteht darin, daß der Sauerstoff aus der Eisenphase entfernt und in das Schlackenbad überführt wird. Als Desoxydationsmittel werden Silizium, Mangan, Aluminium, Silikospiegel und Titan verwendet. Zu Anfang dieses Jahrhunderts wurde die Stahlerzeugung im *Elektroofen* eingeführt. Hierbei wird die zur Durchführung des Verfahrens erforderliche Wärme aus elektrischer Energie gewonnen. Die gute Regelbarkeit elektrischer Geräte erleichtert die Entwicklung der erforderlichen Wärmemenge und die Erzielung bestimmter Temperaturen. Da die Wärmeentwicklung am Orte des Verbrauches vor sich geht, kann der Ofenraum gut von der Außenatmosphäre abgeschlossen und nach Belieben eine oxydierende oder reduzierende Ofenatmosphäre herbeigeführt werden. Der Elektroofen ist demnach zur Durchführung metallurgischer Verfahren sehr geeignet. Seine Anwendungsmöglichkeit ist nur begrenzt durch die Stromkosten. Für die Stahlgewinnung kommt er in den meisten Ländern nur bei hochwertigen Erzeugnissen, und zwar hauptsächlich dort in Betracht, wo früher das Tiegelstahlverfahren vorherrschte; dieses hat er heute weitgehend verdrängt. In besonderen Fällen wird die Stahlherstellung so durchgeführt, daß die Schmelze in Konverter gefrischt und im Elektroofen fertig gemacht wird. Dieses verbundene Verfahren wird in Zukunft größere Bedeutung erlangen.

II. Windfrischhütten.

a) Die Raumverhältnisse der Birne und ihre Gestaltung.

Die Gestalt des Kippgefäßes, das beim Windfrischen Verwendung findet, hat durch die fortgesetzte Erhöhung des *Fassungsvermögens* und die verschiedene Art der feuerfesten Auskleidung keine wesentliche Änderung erfahren. Die Form der Birne, nach der es benannt wurde, ist erhalten geblieben. Das wird durch die Bilder 289, 290 und 291 ersichtlich. Die Steigerung des Fassungsvermögens ging etwa wie folgt vor sich: 1863 bis 3 t, 1868 bis 10 t, 1884 bis 14 t, 1894 bis 17 t, 1900 bis 20 t, 1904 bis 25 t, 1911 bis 30 t, 1925 bis 40 t und 1930 bis 45 t. Die Höchstwerte waren zu der angegebenen Zeit natürlich nur bei einzelnen Werken anzutreffen, die in dem betreffenden Jahre neu gebaut oder umgebaut hatten. Als Fassungsvermögen gilt der für das Roheisen zur Verfügung stehende Raum. Dieser ergibt sich aus dem lichten Durchmesser oberhalb des Bodens und der Badhöhe. Da die Badhöhe in gewissen Grenzen von der Betriebsleitung beliebig bestimmt und geändert werden kann, sind Angaben über das Fassungsvermögen einer Birne nur als Mittelwerte für übliche Badhöhen zu betrachten. Unter Berücksichtigung dieses Umstandes mögen die Hauptabmessungen von Thomas-Birnen der Tabelle 46 als Mittelwerte oder Anhaltszahlen betrachtet werden. 1 t Roheisen erfordert einen Raum von etwa 0,14 m³. Die Badhöhe schwankt zwischen 0,6 und 0,8 m für die neu zugestellten Birnen. Die Badhöhe nimmt mit dem Verschleiß des Futters und der entsprechenden Vergrößerung des Durchmessers auf 0,3 bis 0,5 m ab. Der Gesamtinhalt der Birne soll zum Fassungsvermögen bzw. Badinhalt in einem bestimmten Verhältnis stehen. Für 1 t Einsatz soll möglichst 1,2 m³ lichter Rauminhalt in der neu zugestellten Birne vorgesehen werden, da sonst der Auswurf zu groß wird. Die Amerikaner nehmen bei den sauren Konvertern 1,4 bis 1,8 m³/t. Großen Einfluß auf die Größe des Auswurfs hat offenbar die Höhe der Birne bis zur Mündung. Es konnte im allgemeinen beobachtet werden, daß mit Erhöhung der Konvertergröße auch der Auswurf vermindert wurde, zum Teil weil die Bauhöhe im gleichen Verhältnis größer wurde, auch wenn der Rauminhalt je t Roheisen der gleiche blieb.

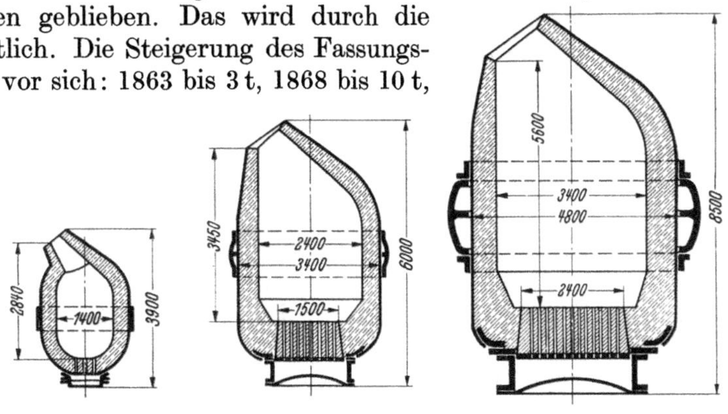

Bild 289. 1865: Fassungsraum 3 t. Bild 290. 1900: Fassungsraum 20 t. Bild 291. 1930: Fassungsraum 45 t.
Entwicklung der Konverter nach Form und Größe von 1865 bis 1930.

Die *saure Zustellung* bestand in den deutschen Anlagen aus einem Gemenge von Quarzsand und Ton oder Quarzit. Die Düsen aus Schamotte wurden in den Boden eingestampft und nach Einführung der Losböden mit diesen in Trockenkammern getrocknet. In Amerika werden für die Ausmauerung Steine aus Glimmerschiefer verwendet. Der Dolomit

Tabelle 46. Hauptabmessungen von Thomas-Birnen.

Fassungsvermögen bei Neuzustellung	t	10	12,5	15	17,5	20	25	30	45
Raumbedarf für den Einsatz	m^3	1,40	1,75	2,10	2,45	2,80	3,50	4,20	6,30
Innerer Durchmesser in der unteren Hälfte	m	1,80	2,00	2,15	2,30	2,40	2,70	3,00	3,40
Mittlerer Querschnitt des Bades	m^2	2,20	2,70	3,20	3,60	4,10	5,10	6,40	8,30
Badhöhe	m	0,64	0,65	0,66	0,68	0,68	0,69	0,69	0,76
Stärke des Futters in der unteren Hälfte	m	0,45	0,45	0,50	0,50	0,55	0,55	0,60	0,70
Höhe des Bodens	m	0,70	0,70	0,80	0,80	0,90	0,90	1,00	1,00
Durchmesser des Bodens mm	oben	1230	1425	1520	1620	1700	1800	1900	2350
	unten	1300	1500	1600	1700	1800	1900	2000	2450
Innerer Durchmesser des Blechmantels	m	2,70	2,90	3,15	3,30	3,50	3,80	4,20	4,80
Bauhöhe der Birne ohne Windkasten	m	4,70	5,00	5,40	5,75	6,00	6,55	7,10	7,55
Höhe des Windkastens	m	0,55	0,60	0,65	0,70	0,75	0,80	0,85	0,95
Erforderlicher Blasquerschnitt	cm^2	160	200	240	280	320	400	480	680

für die *basische Zustellung* wird in Schachtöfen bis zur Sinterung gebrannt, in Backenbrechern vorgebrochen, in Glockenmühlen zerkleinert, in Mischmühlen mit Teer vermengt und auf Kollergängen mit Teerzusatz fertig verarbeitet. Kollergänge und Mischer sind mit Doppelwänden versehen, um sie mit Dampf beheizen zu können. Die Auskleidung der Birne mit Dolomitmasse wird an einigen Stellen durch Einstampfen hinter Blechringen durchgeführt. Es werden wie beim Stampfen von Dolomitherden *Handstampfer* aus Stahl verwendet. Diese werden laufend erwärmt, die Wärme der Stampfer überträgt sich auf die Masse und erhöht deren Bildsamkeit. Seit 1883 wird das Futter auf den meisten Werken aus *gepreßten Formsteinen* hergestellt. Diese Herstellungsart ist billiger und läßt sich schneller durchführen. Die Formlinge werden auf Druckwasserpressen hergestellt. Beim Warmblasen der neu zugestellten Konverter geht das „Brennen“ des Futters mit vonstatten. Die *Böden* haben eine geringere Haltbarkeit als die übrige Auskleidung. Das war die Veranlassung, sie getrennt als sog. *Losböden* herzustellen. Die Böden der sauren Konverter sind auch heute noch mit Düsensteinen ausgestattet, die bei ihrer Herstellung mit eingestampft werden. Die Böden der basischen Konverter wurden nur an wenigen Stellen versuchsweise mit Düsensteinen ausgeführt. Hierfür wurde Magnesit als Baustoff verwendet. Düsensteine hatten 7 bis 11 Blaslöcher und wurden gleichmäßig auf den Bodenquerschnitt verteilt. Die meisten Werke, die nach dem basischen Verfahren arbeiten, verwenden den *Nadelboden*. Er wird so genannt, weil beim Aufstampfen Stahlnadeln in die Stampfmasse eindringen und die Blaslöcher bilden. Diese Böden werden in Kammer- oder Tunnelöfen gebrannt, bevor sie mit einer besonderen Einsetzvorrichtung (Bodeneinsetzwagen) in die Birne eingeführt werden. Die Blaslöcher der Böden stellen die Verbindung zwischen Windkasten und dem Innenraum der Birne her. Ihr Gesamtquerschnitt bildet den Blasquerschnitt, der für die Umsetzung der Druckenergie des Windes in Bewegungsenergie maßgebend ist. Bei der *Bemessung des Bodens* der Größe und Anzahl der *Blaslöcher* ist besonders auf folgende Punkte Rücksicht zu nehmen:

1. Die *äußeren* Blaslöcher müssen so liegen, daß bei der umgelegten Birne der Roheiseneinsatz Platz findet ohne bis an sie heranzureichen, da sie sonst durch einlaufendes Metall verstopft würden.

2. Die Blaslöcher müssen möglichst gleichmäßig auf den Boden und somit den Badquerschnitt verteilt werden, damit der Frischvorgang im ganzen Bade gleichmäßig verläuft.

3. Die Blaslöcher müssen so angeordnet werden, daß die Herstellung des Bodens nicht erschwert und die Haltbarkeit des Bodens nicht beeinträchtigt wird.

Die unter 1. genannte Bedingung wird dadurch erfüllt, daß der Bodendurchmesser erheblich geringer gehalten wird als der lichte Durchmesser (vgl. Tabelle 47), und daß die äußere Lochreihe immer in erheblicher Entfernung von der Außenkante des Bodens angeordnet wird. Die unter 2. und 3. dargelegten Gesichtspunkte haben bei den Nadelböden zu einer Anordnung der Blaslöcher geführt, die durch Bild 292 und Tabelle 47 gekennzeichnet ist. Die Löcher sind auf konzentrischen Kreisen angeordnet, deren Radius um 100 bis 140 mm zunimmt, auf diesen Kreisen sind die Löcher mit einer Teilung von 90 bis 100 mm gleichmäßig verteilt. Bei dieser Anordnung ergibt sich die in Tabelle 47 angegebene Lochzahl für die Böden von 1,2 bis 2,4 m Durchmesser. Der Durchmesser der Blaslöcher schwankt auf den verschiedenen Werken zwischen 1,3 und 1,6 cm. Der Gesamtblasquerschnitt für die verschiedenen Böden für die üblichen Lochdurchmesser ist in der Tabelle ebenfalls angegeben. Die Dolomitböden werden auf der Bodenplatte mit Hilfe einer Bodenschablone schichtweise aufgestampft. Die Bodenplatte hat Bohrungen, die der gewählten Anordnung der Blaslöcher entsprechen. Durch diese werden die Nadeln entsprechend der wachsenden Dicke des Bodens hochgeführt. Zu diesem Zwecke sitzen die Nadeln auf einer Nadelplatte, die mechanisch gehoben wird. Nach Einführung der VERSENschen *Bodenstampfmaschine* ist das Handstampfen allgemein durch das Maschinenstampfen ersetzt worden. In den letzten Jahren hat sich auf einigen Werken die Herstellung der Böden mit *Rüttelformmaschinen* eingeführt. Der *Birnenmantel* wird aus Stahlblech mit den im Behälterbau üblichen Überlappungs- und Laschen-Nietnähten ausgeführt. Die Blechstärke beträgt bei den Birnen bis 20 t Fassungsvermögen 22 bis 30 mm, bei den größeren 30 bis 35 mm. Der kugelige Ring, der die Verbindung zwischen Mantel und Windkasten herstellt, ist bei kleinen Konvertern ebenfalls aus Blech von 32 bis 35 mm Dicke, bei den größeren aus Stahlformguß hergestellt. Die *Bodenplatte*, auf der der Boden ruht, der *Windkasten* und der *Tragring* sind ebenfalls aus Stahlguß. Der Tragring wurde bei den ersten Ausführungen mit dem Blechgefäß fest vernietet. Bei den Ausführungen von 3 m Manteldurchmesser an erfolgt die Verbindung durch paarweise oberhalb und unterhalb des Ringes angeordnete mit dem Gefäß durch Nietung fest verbundene Konsolen aus Stahlguß. Die parallel liegenden bearbeiteten Flächen dieser Konsolen passen zwischen ebenfalls bearbeiteten Leisten des Tragringes. Zwischen Gefäß und Tragring ist ein Spielraum gelassen, so daß sich der Blechmantel unter dem Einfluß der Belastung und der Temperaturerhöhung frei ausdehnen kann. Eine Verschiebung der Gefäßlage zum Ring ist infolge des nach allen Richtungen vorgesehenen Anliegens in den Führungsleisten nicht möglich. Der Tragring wird möglichst aus einem Stück hergestellt. Die Lagerzapfen werden mittels Flanschen durch eingeschliffene Schrauben mit dem Ring verbunden. Die *Drehvorrichtung* besteht seit BESSEMERs Zeiten aus einem Preßwasserzylinder mit Zahnstangengetriebe. Bei den ersten Ausführungen war der Preßwasserzylinder waagerecht angeordnet. Diese Bauweise wurde

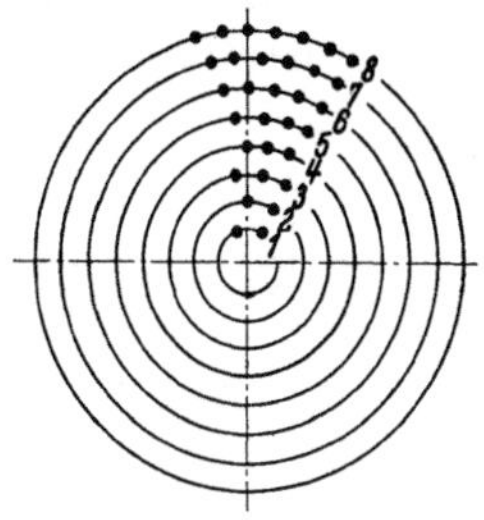

Bild 292. Anordnung der Blaslöcher bei Nadelböden.

Tabelle 47. Blasquerschnitt bei Nadelböden.

Bodendurchmesser		Anordnung der Löcher in Ringform		Gesamtblasquerschnitt cm^2			
				bei Lochdurchmessern von			
oben mm	unten mm	Zahl der Ringe	Lochzahl	1,3 cm	1,4 cm	1,5 cm	1,6 cm
1230	1300	5	109	144	167	192	218
1425	1500	6	123	162	188	216	246
1520	1600	6	149	196	228	262	299
1620	1700	7	173	228	264	305	347
1700	1800	7	196	254	300	345	392
1800	1900	8	220	290	336	397	440
1900	2000	8	240	317	367	422	480
2350	2450	9	340	445	518	595	680

wegen des großen Bedarfes an Bodenfläche aufgegeben und der Zylinder am Fuße des einen Ständers senkrecht eingehängt, so daß er in einer Aussparung des Fundamentes Platz findet (Bild 293). Es ist mehrfach vorgeschlagen worden, die Drehvorrichtung durch einen Elektromotor anzutreiben. Das ist jedoch bis jetzt an keiner Stelle ausgeführt worden, weil im Stahlwerksbetrieb einfache maschinelle Einrichtungen bevorzugt werden, die gegen Staub und Hitze in allen Teilen unempfindlich sind. Hierbei spielte auch die Forderung eine Rolle, daß die Birne sich beim Versagen der Kippvorrichtung selbsttätig in die aufrechte Lage einstellen soll. Würde diese Forderung nicht erfüllt, der Konverter also eintretenden Falles sich umlegen, so würde der flüssige Inhalt in kurzer Zeit in die

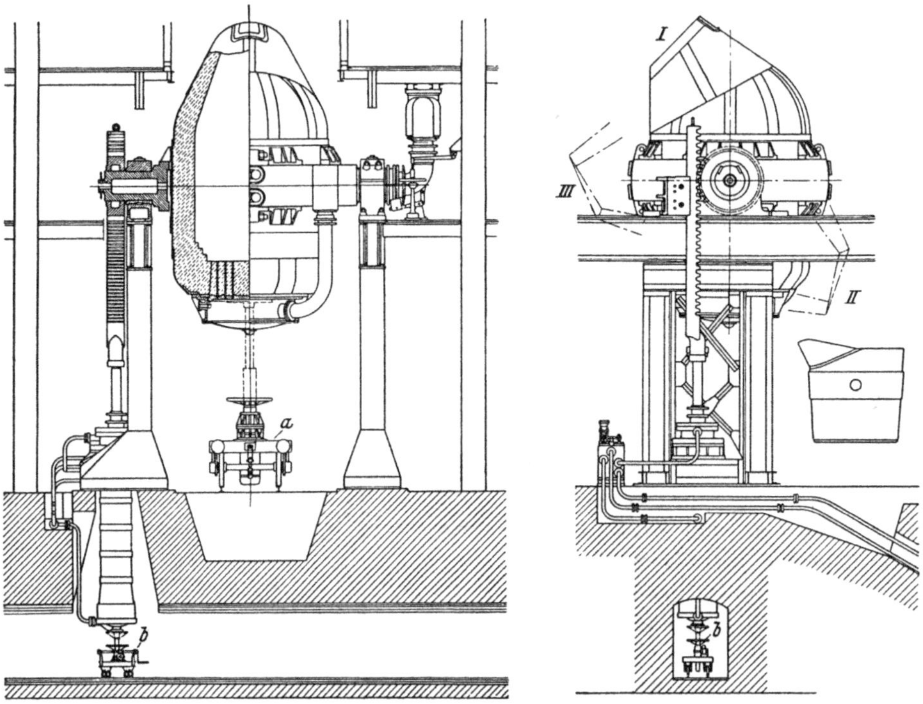

Bild 293. Thomas-Birne von 25 t Fassungsraum.

Halle fließen und die Mannschaft in größte Gefahr bringen. Um diese Forderung zu erfüllen, muß bei der Durchbildung der Anlage zweierlei berücksichtigt werden: 1. die Achse der Drehzapfen muß höher liegen als der Schwerpunkt des Gefäßes, der sich bei irgendeinem Betriebszustand ergeben kann, 2. in den Getrieben dürfen keine Hemmungen entstehen, die das Aufrichten der Birne verhindern. Die einfachsten Getriebe sind also auch aus diesem Grunde zu bevorzugen. Um sicher zu gehen, hat man die Drehachse vielfach reichlich hoch gelegt. Dann ist natürlich die zum Drehen der Birne erforderliche Kraft größer als notwendig. Die Betriebskosten werden unnötig erhöht. Die günstigste Lage der Drehachse ist dadurch gekennzeichnet, daß das Moment zum Aufrichten der Birne für alle Lagen, d. h. für alle Kippwinkel möglichst klein aber nie negativ wird. Das Kippmoment wird bestimmt als das Produkt aus dem Gewicht der Birne und dem waagerechten Abstand zwischen ihrem Schwerpunkt und ihrer Drehachse[1]. Zuerst ermittelt man die Lage des Schwerpunktes der leeren Birne, der für alle Kippwinkel seine Lage beibehält. Zu diesem Zwecke zerlegt man die Form der Birne in einfache geometrische Körper aus Zylindern, Kugelteilen und Kegeln unter Vernachlässigung aller kleinen Einzelheiten. Die Lage des Schwerpunktes der Birne findet man dann durch Benutzung bekannter Formeln für die Schwerpunkte der einzelnen Teilkörper. Der Schwerpunkt des flüssigen Eisen- und Schlackenkörpers ergibt sich dadurch, daß man durch den Körper eine Reihe von waagerechten Schnitten legt und die statischen Momente aller dieser

[1] König, H.: Arch. Eisenhüttenw. 1930/31 S. 177—184.

Schnitte um gewisse Achsen ermittelt. Die Lösung ergibt sich durch Benutzung eines Momentenplanimeters. In der Arbeit von König wurden die waagerechten Schnitte für Kippwinkel von 10 zu 10° und Höhenunterschiede von dm zu dm gelegt. Die statischen Momente der einzelnen Schnittfiguren müssen aufgetragen und noch einmal integriert werden. Unter Berücksichtigung der verschiedenen spezifischen Gewichte des flüssigen Eisen- und Schlackenkörpers erhält man das Kippmoment. Die Rechnung wurde für einen neu zugestellten Konverter durchgeführt. Der Verfasser ist der Meinung, daß sich bei Durchführung der Rechnung an einem völlig abgenutzten Konverter an dem Ergebnis nichts ändert.

b) Einfluß der Birnenform und der Windführung auf die Vorgänge beim Windfrischen.

Der schnelle Verlauf des Windfrischens und die Gestalt der Birne erschweren eine Untersuchung der Vorgänge, die sich in ihr abspielen. Wüst und Laval[1] haben durch ihre grundlegenden Arbeiten den *chemisch-metallurgischen Verlauf* des Thomas-Verfahrens geklärt. Sie bestimmten die Veränderung des Eisens- und Schlackenbades sowie der

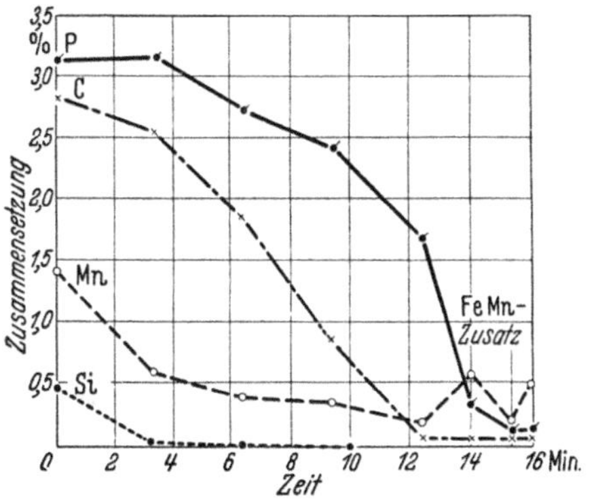

Bild 294. Verlauf des Frischvorganges in der Thomas-Birne.

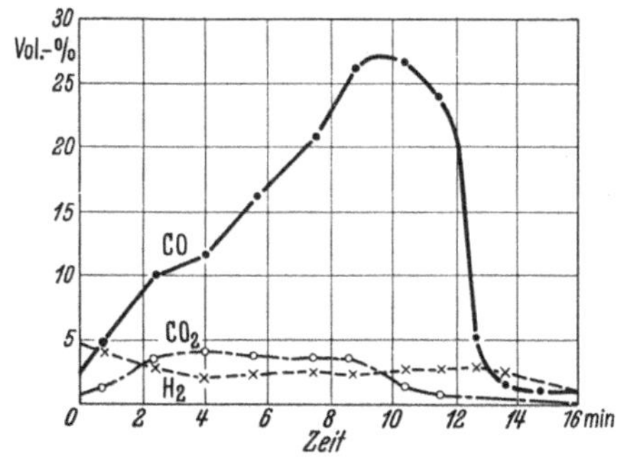

Bild 295. Änderung der Abgaszusammensetzung während des Frischvorganges.

Abgase während des Blasvorganges und die Ergebnisse ermöglichten die Aufstellung von Stoff- und Wärmebilanzen. R. von Seth[2] hat ähnliche Untersuchungen durchgeführt. Er nahm die Eisen- und Schlackenproben jeweils nach Umlegen der Birne und die Abgasprobe mittels eines wassergekühlten gekrümmten Kupferrohres, das in die Mündung der Birne gehängt war. Die *Temperaturmessungen* wurden teils mit optischen Meßgeräten, teils mit Thermoelementen durchgeführt. Bild 294 zeigt den Verlauf des Frischvorganges, Bild 295 die Änderungen der Abgaszusammensetzung, Bild 296 den Verlauf der Abgastemperaturen. Um die *mechanischen Vorgänge* im Konverter zu erforschen, machte W. Trinks[3] Versuche an einem Gefäß aus Glas. Als Metallbad wurde Quecksilber benutzt, durch das wechselnde Mengen Luft mit verschiedenen Drücken geblasen wurden. Bei Drücken zwischen 0,35 und 0,5 atü stiegen die Luftblasen durch das Quecksilber hoch, so daß das Metall das Aussehen einer kochenden Flüssigkeit erhielt. Bei Drücken von 0,8 bis 1,0 atü stiegen dicke Kugeln aus Quecksilber bis zu 1 m über das Bad. Bei weiterer Steigerung des Druckes wurden die Metallkugeln kleiner, stiegen aber im Gefäß entsprechend höher. Bei 2 atü war der ganze Versuchskonverter mit Metall in feinstverteilter Form angefüllt, das an der Mündung in Nebelform austrat. Es kann mit Trinks gefolgert werden, daß sich in

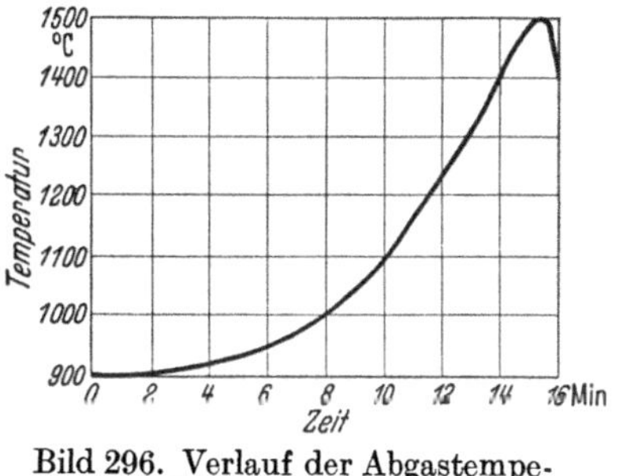

Bild 296. Verlauf der Abgastemperaturen beim Thomas-Verfahren.

[1] Stahl u. Eisen 1909 S. 121. [2] Stahl u. Eisen 1926 S. 1121.
[3] Iron Coal Tr. Rev. 1917 S. 414. — Stahl u. Eisen 1920 S. 113.

der Birne beim BESSEMER- und THOMAS-Verfahren ähnliche Vorgänge abspielen. Der Ablauf des Windfrischverfahrens wird noch beeinflußt durch die Viskosität des Eisens. Heißes Eisen ist dünnflüssiger als kaltes. Auch die Zusammensetzung des Einsatzes, die Umwandlung der Fremdkörper und die Temperaturänderung des Bades auf die Viskosität des Metalles spielen eine Rolle. Der Einfluß der physikalischen und chemischen Beschaffenheit des Roheisens auf seine *Verblasbarkeit* wurde von HOLZ eingehend untersucht [1].

Die *bauliche Gestaltung* der Birne wurde von B. VERSEN [2] behandelt. Er kommt zu dem Ergebnis, daß der Fassungsraum der Birne meistens zu klein, und daß mit zu hohen Drücken geblasen wird. Damit der Blasvorgang ruhig verlaufe und der Auswurf vermindert werde, müsse die Birne so gestaltet sein, daß das *Metall eine kreisende Bewegung* ausführen könne (Bild 297). Um das zu erreichen, müsse ein bestimmtes Verhältnis zwischen Birnenquerschnitt F und der geblasenen Fläche f des Bodens eingehalten werden. Er fordert, daß das Verhältnis F/f mindestens 3,5 ergebe, die Gasaustrittsgeschwindigkeit an der Mündung solle 280 m/s nicht überschreiten. FOLKERTS [3] untersuchte die Strömungsvorgänge rechnerisch. Er verlangt wie VERSEN für den Badumlauf einen angemessenen Durchgangsquerschnitt zwischen „Gasstrahlfeld" und der inneren Konverterwand.

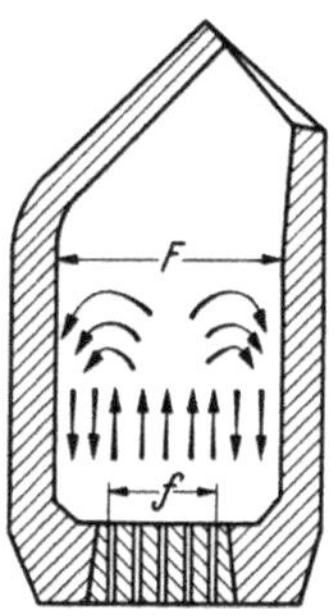

Bild 297. Schematische Darstellung des Badumlaufs in der Birne. (Nach VERSEN.)

K. THOMAS führte umfangreiche Versuche an einem Konverter im laufenden Betriebe durch, um festzustellen, in welchem Ausmaße durch Änderungen in den Abmessungen oder in den Blasbedingungen die Frischgeschwindigkeit, der Auswurf und der Abbrand beeinflußt werden [4]. Die Untersuchungen erstreckten sich auf 50 Schmelzen in einem Konverter für 16 t. Hierbei wurden die Badhöhe, der Innenraum und der Blasquerschnitt bezogen auf 1 t Einsatz und die verschiedenen lichten Durchmesser berücksichtigt. Durch Wahl verschieden großer Einsatzgewichte konnte bis auf den Blasquerschnitt den verschiedenen Verhältnissen Rechnung getragen werden. Dem Einfluß, den eine verschiedene Bodenstärke haben kann, wurde dadurch begegnet, daß alle Versuche auf die 10. bis 20. Schmelze nach Einbau eines neuen Bodens beschränkt wurden. Die *Windmengen* wurden durch *Staurand* gemessen und durch Meßgeräte mit großem Vorschub aufgezeichnet. Die *Blasedauer* ist auf die Menge der verbrannten Eisenbegleiter bezogen, zwischen den einzelnen Eisenbegleitern aber kein Unterschied gemacht. Entsprechend der Abnutzung des Futters wurde das Einsatzgewicht geändert, um gleiche Verhältnisse hinsichtlich Badhöhe, Innenraum je t Einsatz usw. zu erhalten. Die *Roheisentemperatur* schwankte zwischen 1190 und 1280°, die *Stahltemperatur* im Mittel zwischen 1560 und 1610°. Die Blasedauer betrug 500 bis 800 s und ergab 62 bis 92 s je 100 kg Eisenbegleiter. Die Windmenge schwankte zwischen 350 und 500 m³ je min, was 4 bis 5 m³/kg Eisenbegleiter ergibt. Zusammenfassend kann über die Versuchsergebnisse folgendes gesagt werden: Einen *überragenden* Einfluß auf den schnellen Ablauf des Frischvorganges also auf kurze Blaszeit hat die physikalische Beschaffenheit des Roheisens insbesondere seine Temperatur. Bei etwa 1250° ergaben sich die kürzesten Blaszeiten. Liegen die Temperaturen des Einsatzes höher oder tiefer, so ergeben sich große Unregelmäßigkeiten.

Einen *maßgeblichen* Einfluß auf die Verkürzung der Blaszeit hat die Größe des Umlaufquerschnittes ($F—f$). Dieser Umlaufquerschnitt ergibt sich, wie schon von VERSEN dargelegt, aus der Differenz zwischen Badquerschnitt (bzw. lichtem Birnenquerschnitt) und der geblasenen Fläche, die durch den Luftstrahl aus dem äußersten Düsenkranz begrenzt wird (Bild 297). Der Badumlauf gestaltet sich offenbar um so ungestörter, je größer die vom Luftstrom nicht beaufschlagte Fläche des Badquerschnittes ist. Aus diesem Grunde nennt THOMAS diese Fläche den Umlaufquerschnitt und setzt diesen Querschnitt

[1] Stahl u. Eisen 1921 S. 1285. [2] Stahl u. Eisen 1922 S. 1125.
[3] FOLKERTS: Windführung beim Konverterfrischprozeß. Berlin: Julius Springer 1924. Stahlwerksausschuß Ber. 1924 Nr. 84.
[4] Stahlwerksausschuß Ber. Nr. 196. — Stahl u. Eisen 1930 S. 1665 u. 1708.

in Beziehung zum Einsatz. Im Bilde 298 ist dargestellt, wie sich die Blaszeit durch Vergrößerung des Umlaufquerschnittes verkürzt. Diese Auswirkung ist offenbar nicht auf eine Vergrößerung der reaktionsfähigen Oberfläche, sondern auf die Verminderung der Stoß-, Reibungs- und Wirbelungsverluste zurückzuführen. Es ist eine größere Windmenge bei höherer Pressung zulässig ohne eine Erhöhung des Auswurfes herbeizuführen (Bild 299). Die allgemein gemachte Feststellung, daß sich die Blasdauer gegen Ende der Konverterreise verkürzt, ist auf die Vergrößerung des Umlaufquerschnittes zurückzuführen. Die Größe des Konverterraumes an sich tritt gegenüber der Größe des Umlaufquerschnittes an Bedeutung zurück. In der Größe des *Umlaufquerschnittes je t Einsatz* hat man demnach ein *Maß* für die *Windaufnahmefähigkeit* der Birne, die ohne Erhöhung des Auswurfes möglich ist. Es ergab sich auch, daß eine Verringerung der *Badhöhe* eine Verkürzung der Blasdauer herbeiführt. Bei der Versuchsbirne wurde ein Bestwert bei etwa 450 bis 500 mm Badhöhe festgestellt.

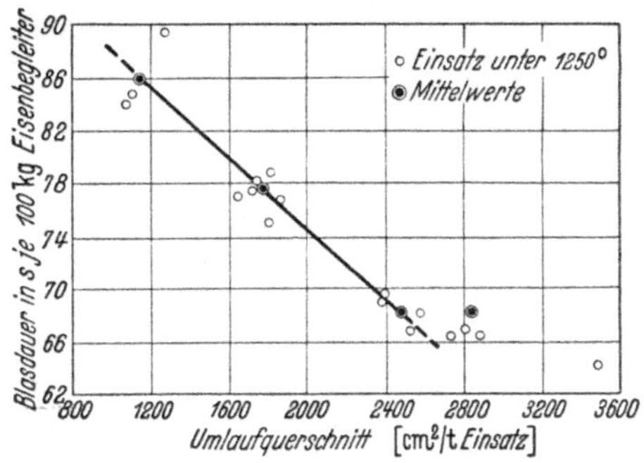

Bild 298. Blasdauer in Abhängigkeit vom Umlaufquerschnitt.

In einigen Fällen ist man bei Umbauten von Thomasstahlwerken von dem runden Querschnitt der Birne zum ovalen Querschnitt übergegangen um unter Benutzung der vorhandenen Ständer und unter Beibehaltung der Ständerentfernung zu größerem Fassungsraum zu gelangen. TH. HEYDEN[1] berichtet von einer solchen Änderung, bei der das Fassungsvermögen von 18 t auf 28 t erhöht wurde. Die Bodenabmessungen wurden beibehalten. Es entstand infolgedessen ein erheblich größerer Umlaufquerschnitt, der beim ausgeschlissenen Konverter bis auf 4500 cm² je t Roheisen stieg. Die Blasezeit nimmt bei einer Vergrößerung des Umlaufquerschnittes von 2000 cm² auf 4500 cm² je t Roheisen von 70 s auf 36 s je t Roheisen ab. Hierdurch erhalten die früheren Feststellungen von K. THOMAS eine weitere Bestätigung.

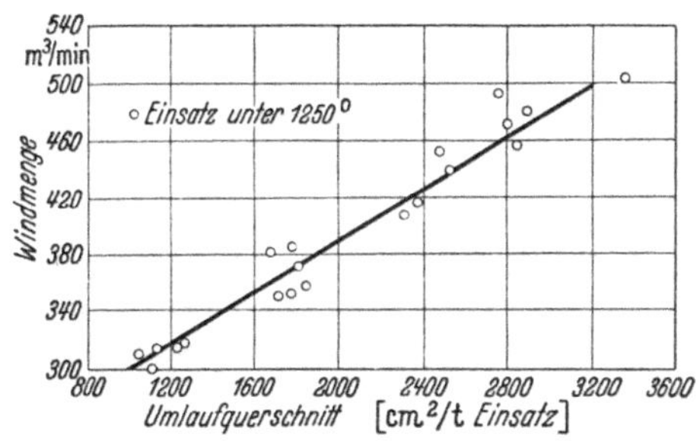

Bild 299. Windzufuhr in Abhängigkeit vom Umlaufquerschnitt.

Für den Windfrischbetrieb werden allgemein *Winddrücke* von 2,5 bis 2,6 atü benötigt. Die dem Winde innewohnende Energie wird zu einem erheblichen Teil zur Überwindung der Reibungswiderstände in der Windzuleitung bis zum Windkasten verbraucht, so daß auf diesem Wege bereits ein entsprechender Druckabfall eintritt. Der im Windkasten herrschende statische Druck wird beim Durchströmen der Düsen im Boden in Geschwindigkeit umgesetzt, die notwendig ist, um die erforderliche Luftmenge durch das Bad zu befördern und die Badwiderstände zu überwinden. Diese Umsetzung im Düsenboden ist wieder mit großen Verlusten verbunden, da beim Eintritt der Luft in die engen Kanäle der Bodenplatte und des Bodens erhebliche Kontraktionsverluste und in den rauhen Dolomitdüsen besonders große Reibungsverluste auftreten. Diese Verhältnisse wurden durch H. BANSEN und B. VON SOTHEN in einem Thomasstahlwerk untersucht und nach dem Umbau der Anlage wiederholt[2]. Die Hauptwindleitung hatte einen Durchmesser von 0,70 m und eine Länge von 155 m, die Einzelwiderstände wurden hervorgerufen durch 5 Krümmer von 90°, durch 8 Krümmer von 135° und 2 Stauränder von 0,425 bzw. 0,342 m Durchmesser. Die Abzweigleitungen zur Birne hatten 0,45 m Durchmesser bei 45 m Länge, deren Einzelwiderstände wurden verursacht durch 6 Krümmer von 90°, einen Staurand von 0,293 m Durchmesser, ein Steuerventil von 0,1268 m² Durchgangsquerschnitt, einen Übergangsstutzen von 0,70 auf 0,45 m Durchmesser und den Drehzapfen mit Anschlußrohr

[1] Stahl u. Eisen 1934 S. 1225. [2] Stahl u. Eisen 1927 S. 385.

zum Windkasten. Da sich der Druckabfall im Drehzapfen und Anschlußrohr als besonders hoch ergab, wurden beim Umbau der Birne hier Änderungen vorgenommen, die in der Vergrößerung des lichten Querschnittes in guten Abrundungen und allmählichen Übergängen bestanden. Die Verteilung des Druckabfalles vor und nach dem Umbau ist in der Tabelle 48 angegeben.

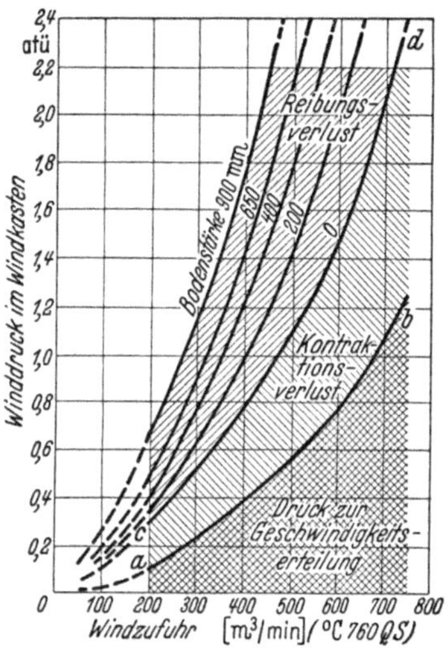

Bild 300. Druck zur Geschwindigkeitserhöhung, Kontraktionsverlust und Bodenwiderstände in Abhängigkeit von der Bodenstärke und der Windzufuhr. (Nach BANSEN u. VON SOTHEN.)

Tabelle 48. Verteilung des Druckabfalles in den Leitungen bei einer Windmenge von 500 m³/min.

Bezeichnung der Leitung	Druckabfall in kg/cm²	
	vor dem Umbau	nach dem Umbau
Hauptwindleitung	0,045	0,045
Abzweigleitung durch Richtungswechsel und Rohrreibung	0,094	0,094
Übergang von der Hauptleitung in die Abzweigleitung	0,028	0,028
Windsteuerventil	0,170	0,170
Drehzapfen und Anschluß zum Windkasten	0,178	0,043
Zusammen	0,515	0,380

Durch die beim Umbau vorgenommenen Änderungen wurde der Druckverlust erheblich vermindert und der statische Druck im Windkasten entsprechend erhöht. Bei gleichem Gebläsedruck wurde die Windfördermenge um 100 m³/min erhöht.

Zur Ermittlung der *Boden-* und *Badwiderstände* wurden bei verschiedener Bodenstärke verschiedene Windmengen, und zwar bei gefüllter und leerer Birne geblasen. Die Ergebnisse sind im Bilde 300 dargestellt. Der untere Teil des Bildes bis zur Linie *a* bis *b* gibt an, welche Druckhöhe rechnerisch zur Geschwindigkeitserteilung erforderlich ist. Diese Druckhöhen werden also nutzbar gemacht. Die Druckhöhen, die durch Kontraktionsverluste aufgezehrt werden, sind zwischen den Linien *a* bis *b* und *c* bis *d* abzumessen. Die Reibungswiderstände im Boden sind je nach der Bodenstärke verschieden und die entsprechenden Druckverluste ergeben sich durch den senkrechten Abstand der Linien für die verschiedenen Bodenstärken über der Linie *c* bis *d*. Bei einem Boden von 900 mm Dicke wird von dem Überdruck im Windkasten nur etwa 20% zur Geschwindigkeitserteilung nutzbar gemacht. Mit Abnahme der Bodenstärke nehmen die Reibungsverluste ab, die Kontraktionsverluste bleiben unverändert.

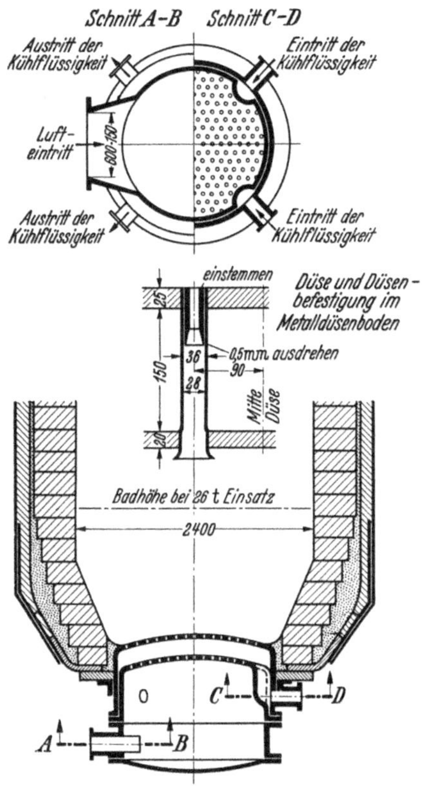

Bild 301. Metalldüsenboden mit Wasserkühlung von H. FOLKERTS.

Die hohen Widerstände der Nadelböden haben verschiedene Vorschläge zur besseren Gestaltung der Böden und Bodenlöcher veranlaßt. Am weitesten geht hierbei FOLKERTS mit seinem wassergekühlten Metalldüsenboden nach Bild 301. Dieser besteht aus zwei kugelig gepreßten und gebördelten Stahlplatten, die miteinander durch Nieten so verbunden sind, daß ein Zwischenraum von etwa 150 mm Höhe entsteht, der vom Kühlwasser durchströmt wird. Die Düsenrohre sind in den beiden Stahlplatten in geeigneter

Weise eingewalzt und befestigt. Der Wasserinhalt des Bodenraumes beträgt je nach dem Bodendurchmesser 200 bis 400 l. Nach Versuchen an einem kleinen Konverter beträgt der Wärmeübergang vom Metallbad an das Kühlwasser 67 kcal/m² in der Sekunde. Für einen Düsenboden von 1500 mm Durchmesser ergäbe sich bei 30° Temperaturerhöhung des Kühlwassers eine Kühlwassermenge von etwa 250 l/min. Im Zusammenhang hiermit sei darauf hingewiesen, daß bei den von Bansen durchgeführten Versuchen noch folgendes festgestellt wurde. Ein Boden von 900 mm Dicke bietet bei leerem Konverter dem Winde fast den gleichen Widerstand wie nach Einfüllung des Roheisens. Bei der allmählichen Abnahme der Bodendicke von 900 auf 80 mm ergab sich eine fortgesetzte Zunahme der Windlieferung von 430 auf 630 m³/min und infolgedessen eine Abnahme der Blasedauer von 18 auf 11 min oder von 0,84 auf 0,51 min/t Roheisen. Durch verlustlose Düsenböden wäre demnach die Leistung der Windfrischhütten erheblich zu steigern, wobei die Aufwendungen für die Windlieferung vermindert würden sowie ein entsprechender Aufwand für Dolomit und Teer entfiele.

c) Die Gebäude für die Konverter und die Nebenbetriebe.

Die Gebäude für die Konverter und die Nebenbetriebe werden in ihrem Aufbau und ihrer Lage zu einander maßgeblich beeinflußt durch die verwendeten Fördermittel und Hebezeuge. In den ersten Windfrischhütten waren zur Beförderung der Rohstoffe und der fertigen Stahlblöcke Schmalspurgeleise vorgesehen und als Hebezeuge dienten Drehkrane mit Druckwasserbetrieb. Auch für die Ortsveränderung der Stahlpfanne, der sog. *Gießpfanne,* wurden Drehkrane benutzt. Die Birnen wurden zu zwei oder drei Stück im Bereiche dieses Gießkranes angeordnet. Die Gießgrube mit den Blockformen mußte ebenfalls im Bereiche dieses Krans Platz finden und erhielt deshalb die Form eines Halbkreises. Besondere Drehkrane dienten zum Abziehen der Kokillen und Verladen der Blöcke. Bei Vergrößerung der Anlage war man gezwungen eine gleiche Gruppe durchzubilden, bis man, und zwar zuerst in Deutschland, die Birnen in einer Reihe nebeneinander anordnete. Diese Anordnung ermöglichte, alle waagerechten Verschiebungen der Fördermittel parallel zur Achse der Birnen durchzuführen und die Drehkrane durch Laufkrane oder Wagen zu ersetzen. Das wirkte sich besonders günstig aus, als das Niederschmelzen des Roheisens in Kupolöfen aufgegeben und das Roheisen von den verschiedenen Abstichen der Hochöfen in Mischern gesammelt und von diesen den Konvertern nach Bedarf zugeführt wurde.

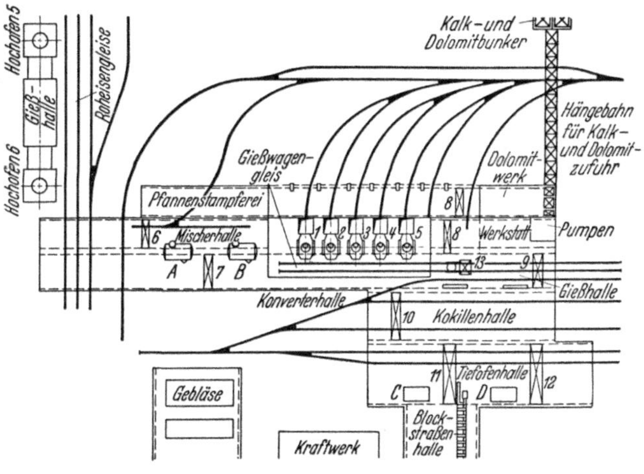

Bild 302. Lageplan des Thomasstahlwerkes „Esch“ der Vereinigten Hüttenwerke Burbach-Eich-Düdelingen. *A, B* Mischer von 1200 t, *C, D* Tieföfen, *1* bis *5* Konverter für 25 t, *6* u. *7* Laufkrane für Roheisenpfannen, *8* Laufkrane, *9* Gießkran, *10* Kokillenkran, *11* u. *12* Stripper, *13* Gießwagen.

Ein *neuzeitliches Thomasstahlwerk* umfaßt gewöhnlich folgende fünf Abteilungen: das Mischergebäude, die Konverterhalle, die Gießhalle, das Dolomitwerk und die Kokillenhalle. Letztere kann mit der Gießhalle vereinigt werden. Hierzu kommt gewöhnlich noch eine Halle für die Herrichtung der Pfannen, Stopfenstangen u. dgl. Die Ausbesserungswerkstatt und die Preßpumpenanlage sollen ebenfalls möglichst nahe dem Hauptbetrieb untergebracht werden. Als Beispiel für eine gute Lösung mögen die Bilder 302 bis 305 dienen[1]. Die Mischerhalle, die durch zwei parallel zueinander laufende Laufkrane beherrscht wird, beginnt über den Roheisengeleisen des Hochofenwerks und reicht bis zur

[1] Hoff, H.: Stahl u. Eisen 1922 S. 1041.

Konverterhalle. Die eine der beiden Kranbahnen ist durch die Konverterhalle und die daran anschließende Gießhalle durchgeführt. Der Laufkran *6* nimmt die Roheisenpfannen von den Wagen ab, durch die sie vom Hochofen herangebracht werden und entleert sie in die Mischer. Von den Mischern entnimmt Kran *7* das Roheisen und überführt es in die Konverter. Die Stahlschmelzen werden von einem Gießpfannenwagen aufgenommen und in die Gießhalle gebracht. Der Stahl wird in Kokillen abgegossen, die auf Kokillenwagen stehen (Bild 306). Jeder Kokillenwagen nimmt sechs Kokillen für eine ganze Schmelze auf. Nach dem Abgießen wird dieser Wagen in die Tiefofenhalle verfahren und nach Abziehen der Blockformen erfolgt das Einsetzen der Blöcke in die Ausgleichgruben oder Tieföfen. Zwischen den Stahlwerkshallen und der Tiefofenhalle liegt die sog. Kokillenhalle, in der die Kokillen gekühlt und für die neue Verwendung zugerichtet werden. Über den Konvertern ist in beträchtlicher Höhe eine Kranbahn angeordnet, auf der ein Kran von 6 m Spannweite läuft, der für Ausbesserungsarbeiten und für Schrottbeförderung zu den Konvertern dient. In der Verlängerung der Konverterhalle ist die Werkstatt und die Preßpumpenanlage untergebracht. Daneben liegt das Dolomitwerk. Die Kranbahn des Dolomitwerkes läuft hinter der Konverterhalle durch bis in die Pfannenstampferei. Der Kran *8* hat insbesondere die Beförderung der Konverterböden und der neu zugestellten Pfannen auszuführen. Der Kalk wird mittels einer Hängebahn in Kippkübeln zur Kalkbühne befördert und dort in Trichter gekippt, die den Bedarf für eine Schmelze aufnehmen. Die Schlacke wird in Hauben von 12 t Fassungsraum abgezogen, die auf Plattformwagen stehen. Der gebrannte Dolomit lagert in einer Tasche des Kalksilos, er wird mit der Kalkhängebahn bis über das Dolomitwerk gefördert und hier in einer Vorratstasche von 140 m³ Inhalt abgestürzt. Neben dieser Tasche für frischen Dolomit befindet sich eine zweite

Bild 303. Mischerhalle des Thomasstahlwerkes „Esch“.

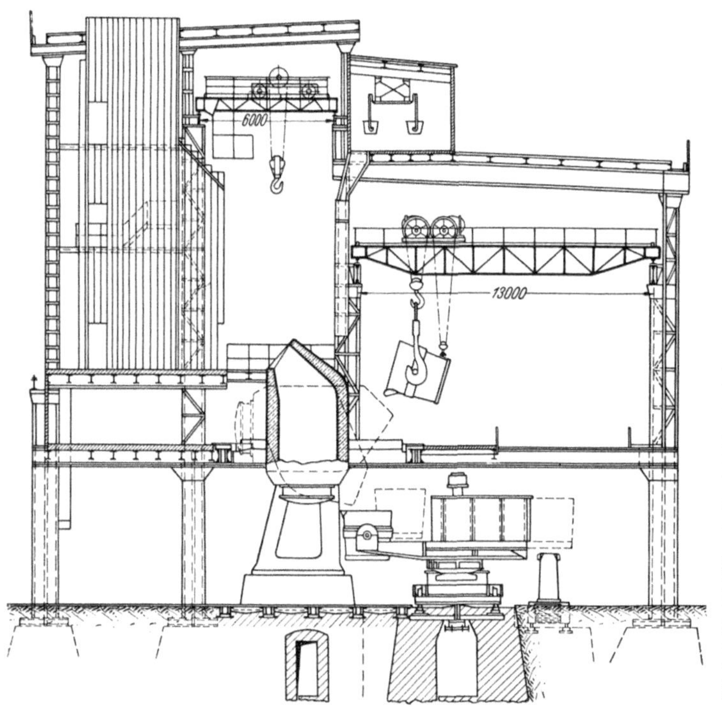

Bild 304. Querschnitt durch die Konverterhalle des Thomasstahlwerkes „Esch“.

für gebrauchten vom Ausbruch der Konverter herrührenden Dolomit. Die Entleerungsöffnungen der beiden Taschen liegen über einer Bühne, auf der ein Backenbrecher und zwei Glockenmühlen aufgestellt sind. Der frische Dolomit in faustdicken Stücken wird in den Glockenmühlen zerkleinert. Die großen Stücke vom Ausbruch der Konverter werden zunächst in Backenbrechern vorgebrochen. Der Auslauf der Glockenmühlen liegt über einem Zwischenbunker. Aus diesem gelangt das Dolomitmehl unter

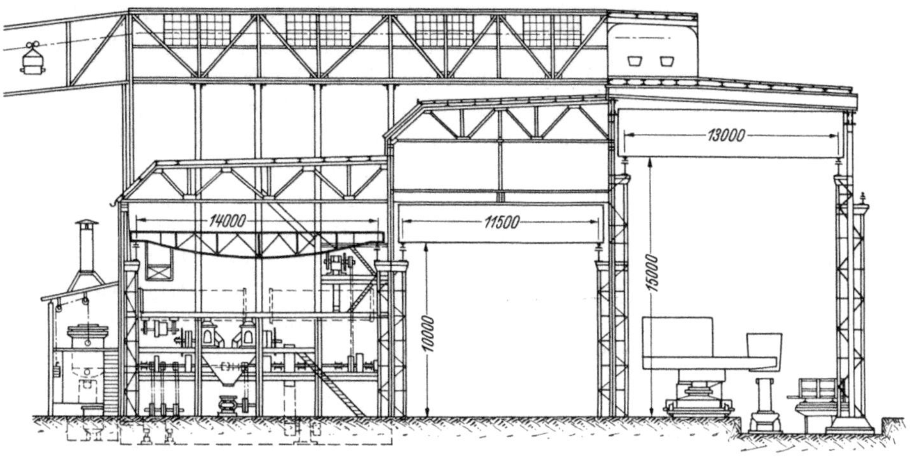

Bild 305. Querschnitt durch das Dolomitwerk, die Mittelhalle und die Gießhalle des Thomasstahlwerkes „Esch".

gleichzeitigem Zulauf von Teer in eine geheizte Mischmaschine und von hier auf einen Kollergang zur Fertigstellung des Gemenges. Der Dolomit wird also stufenweise von oben nach unten weitergeführt ohne Zwischenhebewerke zu benötigen. Der Steinkohlenteer trifft in Behälterwagen ein, wird in einen beim Geleise liegenden dampfgeheizten Vorbehälter entleert und von hier sofort in einen hochliegenden Vorratskessel gepumpt, der ebenfalls mit Dampf geheizt ist. Von hier fließt der Teer selbsttätig den Kochern zu, die

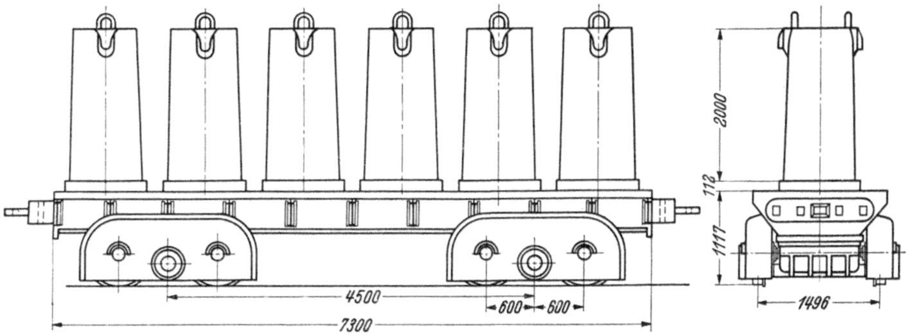

Bild 306. Kokillenwagen des Thomasstahlwerkes „Esch", Bauart Grotkamp.

so hoch aufgestellt sind, daß der selbsttätige Ausfluß des Teeres zu den Verwendungsstellen an der Mischmaschine und am Kollergang gesichert ist. Bild 307 ist der Lageplan des neuen Thomasstahlwerkes von Hoesch-Köln-Neuessen in Dortmund, das an Stelle des alten errichtet wird und zum Teil bereits im Betrieb ist. Bei dieser Anlage mußte besonders auf die örtlichen Verhältnisse und die gegebene Lage zwischen dem bestehenden Siemens-Martin-Stahlwerk und dem Walzwerk Rücksicht genommen werden. Die Birnen haben einen Fassungsraum von 45 t. Nach Fertigstellung der Anlage werden fünf Stück dieser großen Konverter vorhanden sein. Das Roheisen wird auf Pfannenwagen von der Mischeranlage bis in den Bereich der Laufkrane in der Konverterhalle gefahren und von diesen den Birnen zugeführt. Die Gießhalle liegt parallel zur Konverterhalle zwischen dieser und der Tiefofenhalle. Die Stripperkrane befinden sich in der Gießhalle. Die

Blöcke werden durch eine um eine Achse drehbare Blockübersetzvorrichtung in die Tiefofenhalle überführt. Das Dolomitwerk schließt sich unmittelbar an das Stahlwerk an, die Hauptachsen liegen aber senkrecht zueinander. Das Bild 308 zeigt den Querschnitt durch das Thomasstahlwerk der Mannesmann-Röhrenwerke in Huckingen. Diese neuzeitlichen Stahlwerke sind so eingerichtet, daß die Beförderung der Stoffe sich in mehreren Höhenlagen vollzieht: auf Hüttenflur, auf der Konverterbühne, die je nach der Größe der Birnen 5 bis 8 m über Hüttenflur liegt und zweckmäßig auf gleiche Höhe mit der Mischerbühne angeordnet wird. Etwa 2,5 bis 4 m über der Konverterbühne wird eine Bühne als Stützpunkt für die Konverterkamine eingerichtet. Für diese ist Hauptbedingung für gute Haltbarkeit, daß sie geräumig genug sind. Die Rückwand soll mindestens 9 m von der Mitte der Konverter abstehen und die lichte Breite soll 4 bis 6 m betragen. Die Innenwände müssen glatt sein, während die Aussteifungen nach außen vorstehen können. Gut bewährt haben sich Kamine, die aus [-Eisen bestehen. Eine weitere Bühne wird in ausreichender Höhe über der Konvertermündung angeordnet. Sie dient hauptsächlich für die Kalkanfuhr.

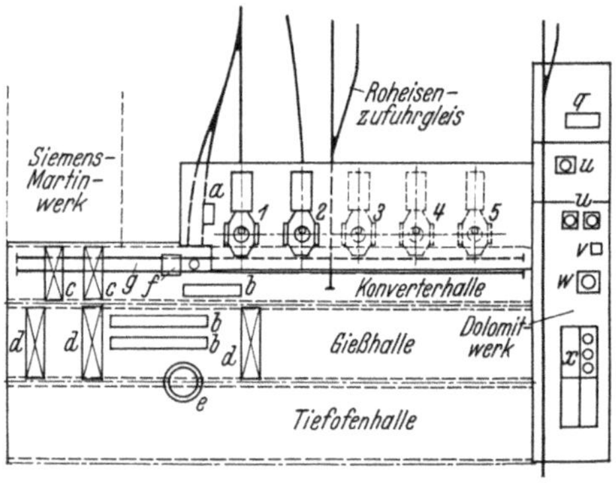

Bild 307. Lageplan des Thomasstahlwerkes Hösch in Dortmund. *1* u. *2* fertige Konverter, *3*, *4* u. *5* geplante Konverter, *a* Spiegeleisenofen, *b* Gießstände, *c* Gießkrane, *d* Stripperkrane, *e* Blockübersetzvorrichtung, *f* Gießwagen, *g* Gießwagengleis, *q* Teerkessel, *u* Kollergänge, *r* Dolomitsteinpresse, *w* Bodenrüttler, *x* Bodenbrennöfen.

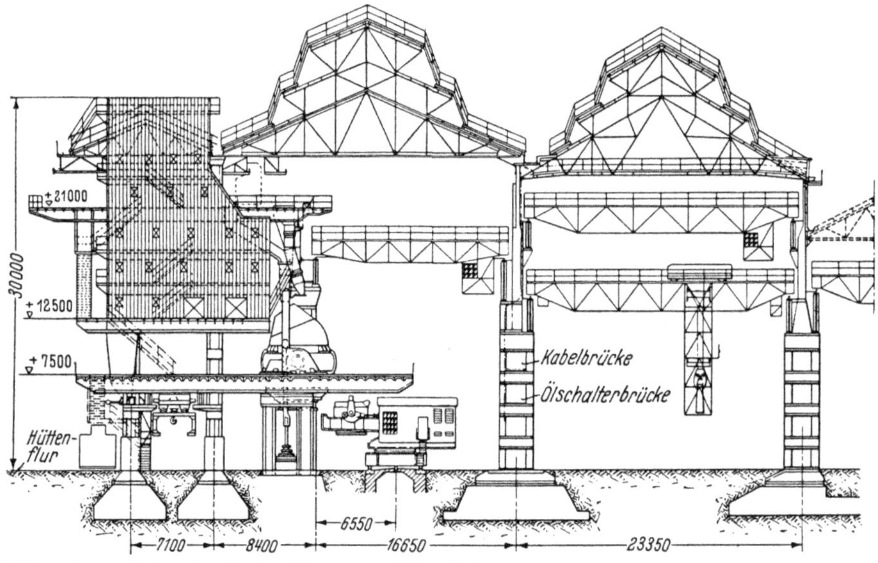

Bild 308. Querschnitt durch das Thomasstahlwerk der Mannesmann-Röhrenwerke in Huckingen. (Nach Stahl u. Eisen.)

d) Die Nebenbetriebe des Thomasstahlwerkes und ihre Einrichtungen.

1. Die Roheisenmischer. Sie haben die Aufgabe, die unterschiedliche Zusammensetzung und Temperatur der einzelnen Roheisenabstiche auszugleichen, eine Entschwefelung des Roheisens herbeizuführen und den Anfall an Sonntagen aufzuspeichern. Um diese Aufgabe möglichst vollkommen zu erfüllen, muß der Behälter so gestaltet werden, daß die Verluste an Wärme und Stoff gering bleiben. Die Wärmeverluste entstehen beim Eingießen und Ausgießen des Roheisens und während seines Aufenthaltes im Mischer selbst. Die Stoffverluste entstehen ebenfalls beim Ein- und Ausgießen, sie können aber auch durch Bildung von Ansätzen im Mischer entstehen. Die ursprüngliche Form war die einer Birne in schräg liegender Anordnung nach Bild 309, die bis etwa 1900 Verwendung fand und bis zu einem Fassungsvermögen von 250 t aufgeführt worden ist. Diese Mischerart hatte verhältnismäßig geringe Ausnutzung. Da bei ihr nur eine Stützlinie vorhanden war, mußten die Lager große Abmessungen erhalten. Sie hatte ein sehr großes Kippmoment und erforderte großen Querschnitt des Druckwasserzylinders und entsprechend hohen Druckwasserverbrauch. Die Kippmischer wurden bei weiterer Steigerung ihres Fassungsvermögens durch Rollenmischer nach Bild 310 ersetzt. Sie werden mit einer Heizvorrichtung ausgerüstet, die so bemessen sein muß, daß die Abstrahlungsverluste von der Badoberfläche durch die Wärmeübertragung von der Heizung ausgeglichen werden. Es kommen Brenner für Koksofengas und Hochofengas sowie Teerölbrenner zur Anwendung[1]. Als Gasbrenner haben sich die Wirbelstrombrenner besonders gut bewährt. Die Brenner werden teils auf einer der Stirnseiten, teils, und zwar bei Teerölbrennern, auf dem zylindrischen Teil des Mantels angeordnet. Die Größe der Mischer wird so bemessen, daß die Erzeugung an Roheisen während 24 h aufgenommen werden kann. Die Heizung ist besonders beim leeren Mischer und beim Füllen des Mischers scharf zu betreiben, damit das Roheisenbad weder Abstrahlungsverluste erleidet noch Speicherwärme an die Ausmauerung des Gefäßes in erheblichem Ausmaße abgibt. Die ausstrahlende Oberfläche des Mischers wäre am kleinsten, wenn die Länge ungefähr gleich dem Durchmesser wäre. Durch eingehende Untersuchungen hat sich jedoch nachweisen lassen, daß das Verhältnis vom Durchmesser zur Länge für den Temperaturverlust des Roheisens von geringem Belang ist[2]. Für eine befriedigende Durchmischung ist es vorteilhaft, Einguß- und Ausgußöffnung seitlich zu versetzen, dabei den Einguß im Scheitel anzuordnen. Die Zustellung der Rollenmischer wird so ausgeführt, daß am Blechmantel eine isolierende Schicht, z. B. Sterchamol, in lockerer Schichtung vorgesehen wird. Diese dient außerdem als nachgiebige Hinterfüllung für die Ausmauerung. Sie besteht aus einer äußeren Schicht Schamotte- oder Sterchamolsteinen von geringer Stärke und einer inneren Schicht aus Magnesitsteinen, die in Stärken bis zu 650 mm ausgeführt wird. Die früher vielfach zwischen Einguß und Ausguß angeordnete Zwischenwand hat sich als nicht notwendig erwiesen, wenn die Schlacke vor dem Eingießen in den Mischer aus der Pfanne abgezogen wird. Die Kippvorrichtungen der Rollenmischer werden jetzt nur noch mit elektrischem Antrieb versehen. Im Bilde 311 ist als Beispiel der Antrieb mit dreifachem

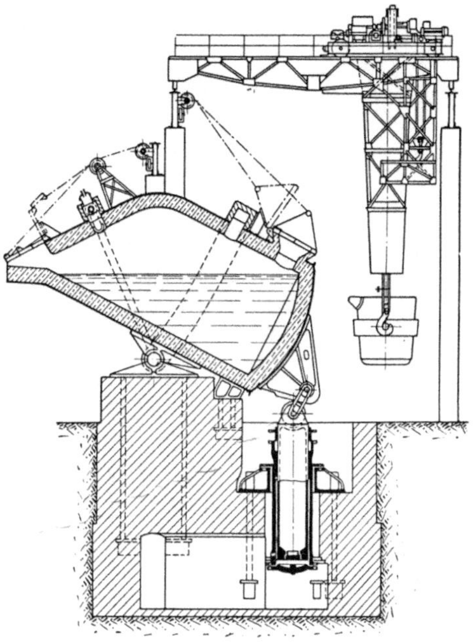

Bild 309. Roheisenmischer in Birnenform mit Antrieb durch Druckwasserzylinder.

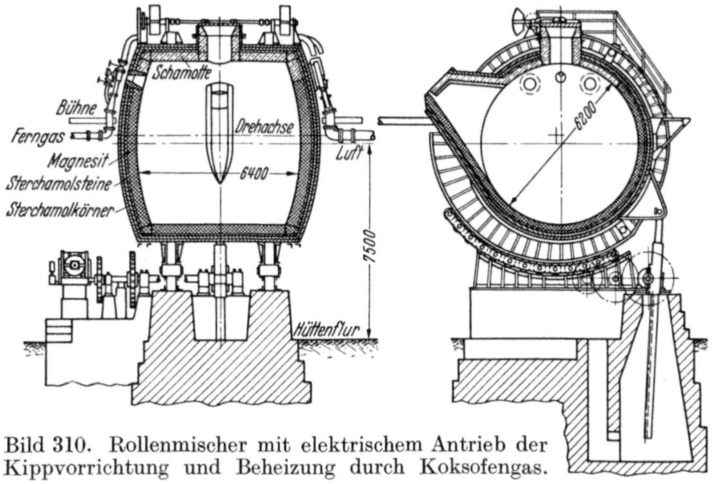

Bild 310. Rollenmischer mit elektrischem Antrieb der Kippvorrichtung und Beheizung durch Koksofengas.

[1] Im Stahlwerk der Gesellschaft Cogne in Aosta (Italien) sind die Mischer mit elektrischer Heizung ausgerüstet. [2] Stahl u. Eisen 1929 S. 1361 u. 1398.

Rädervorgelege und Zahnstangengetriebe dargestellt. Der Blechmantel der Mischer hat eine Wandstärke von 32 bis 35 mm, die gewölbten Böden eine solche von 35 bis 38 mm. Mantel und Böden werden durch Schrauben von etwa 50 mm Stärke miteinander verbunden. Eine ausgiebige Versteifung wird durch breite Laschen erreicht. Das Gefäß ruht je nach seiner Länge in 2 oder 4 Ringen aus Stahlguß, von denen gewöhnlich 2 Stück den Mantel vollständig umspannen. Die Ringe sind mit dem Mantel durch Schrauben fest verbunden. Hierdurch wird die zylindrische Form des Gefäßes bei allen Belastungen gesichert.

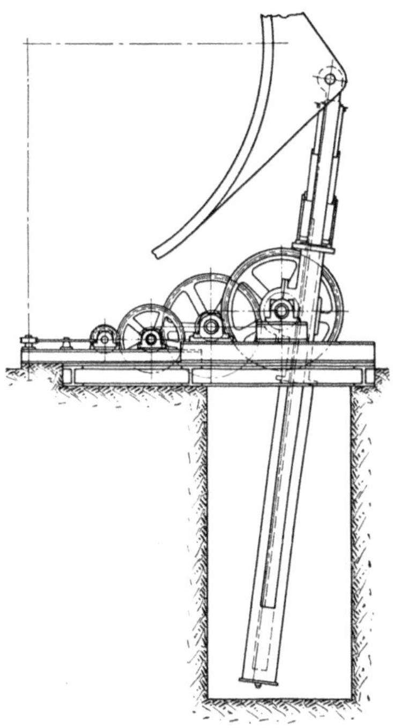

Bild 311. Kippvorrichtung für Rollenmischer mit elektrischem Antrieb.

Tabelle 49 enthält Anhaltszahlen für die Hauptabmessungen von Rollenmischern mit verschiedenem Fassungsvermögen.

2. Die Schmelzöfen für Spiegeleisen und Ferromangan. Die Zusätze von Spiegeleisen und vielfach auch Ferromangan im flüssigen Zustande bedingen die Aufstellung von Schmelzöfen. Für das Schmelzen von Spiegeleisen benutzt man Kupolöfen, für das Schmelzen von Ferromangan Herdöfen mit Gas-, Teer- oder elektrischer Heizung. Diese Öfen werden auf der Konverterbühne ungefähr in der Achse der Konverter aufgestellt. Die flüssigen Zusätze werden in kleinen Pfannenwagen zu den einzelnen Konvertern gebracht.

3. Die Gießeinrichtungen. In den meisten Thomasstahlwerken werden die Blockformen zum Abgießen in Gießgruben aufgestellt. Das ist besonders dann vorteilhaft, wenn in Gespannen gegossen wird und verschiedene Blockformen in Betracht zu ziehen sind. Wenn in einem Stahlwerk nur ein Einheitsblock vorkommt, ist das Gießen auf Wagen vorteilhaft. Wegen der Anordnung der Konverterbühne ist in Abweichung vom Siemens-Martin-Stahlwerk der Gießwagen zum Abgießen bevorzugt. Will man aus besonderen Gründen mit einem Laufkran abgießen, ist, wie schon weiter oben ausgeführt, ein Ausschnitt der Konverterbühne auszufahren und umzuklappen, damit die Stahlpfanne im Krangehänge an die Birne herangefahren werden kann. Eine Ausführung von Stahlgießpfannen mit dem üblichen Stopfenstangenverschluß ist im Bilde 312 dargestellt. Tabelle 50 enthält die Hauptabmessungen. Die Gießwagen haben abgesehen von ihrer vergrößerten Tragfähigkeit alle Wandlungen durchgemacht, die sich bei anderen Hebezeugen und Fördermitteln vollzogen haben. Die ersten Ausführungen hatten Antrieb durch Dampfmaschinen

Tabelle 49. Abmessungen von Rollenmischern.

Fassungsvermögen t		400	600	800	1000	1500	2000
Durchmesser im Futter	mm	4000	4600	5000	5400	6200	6800
Durchmesser des Mantels	mm	5200	5800	6200	6600	7800	8600
Länge des zylindrischen Mantels	mm	6900	7800	8400	9000	10000	11400
Höhe von Hüttenflur bis Mitte Mischergefäß	mm	5000	5500	5800	6000	6500	7000
Anzahl der Rollenkränze		2	2	4	4	4	4

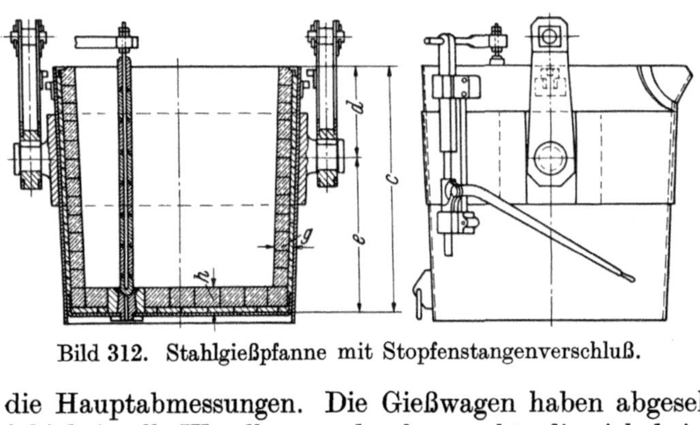

Bild 312. Stahlgießpfanne mit Stopfenstangenverschluß.

mit eigenem Dampfkessel. Das Hubwerk wurde durch einen Druckwasserzylinder betätigt und das erforderliche Druckwasser von Pumpen geliefert, die ebenfalls auf dem Kran Platz gefunden hatten. Der hydraulische Antrieb für das Hubwerk wurde auch noch beibehalten, als man zum elektrischen Antrieb übergegangen war. Diese Bauart hatte den Nachteil, daß mit der Pfanne eine große tote Last, nämlich der ganze Oberwagen mit dem Führerstand und allen Aufbauten gehoben werden mußte. Inzwischen sind gute Ausführungen entwickelt worden, bei denen auch das Hubwerk wie alle anderen Fahr- und Schwenkwerke elektrisch angetrieben werden. Bild 313 zeigt einen solchen von der Bamag-Meguin-Akt.-Ges. in Köln für das Thomasstahlwerk Hoesch gelieferten Gießwagen. Die Pfanne ist auf einem als Doppelhebel ausgebildeten Ausleger verschiebbar angeordnet.

Tabelle 50. Abmessungen von Stahlgießpfannen nach Bild 312.

Fassungsvermögen t	Abmessungen mm							
	a	b	c	d	e	f	g	h
20	1920	1800	1950	800	1150	2300	175	200
25	2000	1880	2160	800	1360	2400	175	200
30	2110	1970	2345	900	1470	2500	200	250
35	2220	2070	2580	1000	1580	2600	200	250
40	2300	2150	2650	1200	1450	2700	200	250
50	2530	2360	2780	1260	1520	2950	200	250
60	2760	2600	2900	1200	1700	3200	250	300
70	2900	2700	3070	1200	1800	3450	250	300
80	3000	2820	3160	1100	2060	3670	250	300

Bild 313. Gießwagen für Stahlwerke mit elektrischem Antrieb für alle Bewegungen. Bauart Bamag.

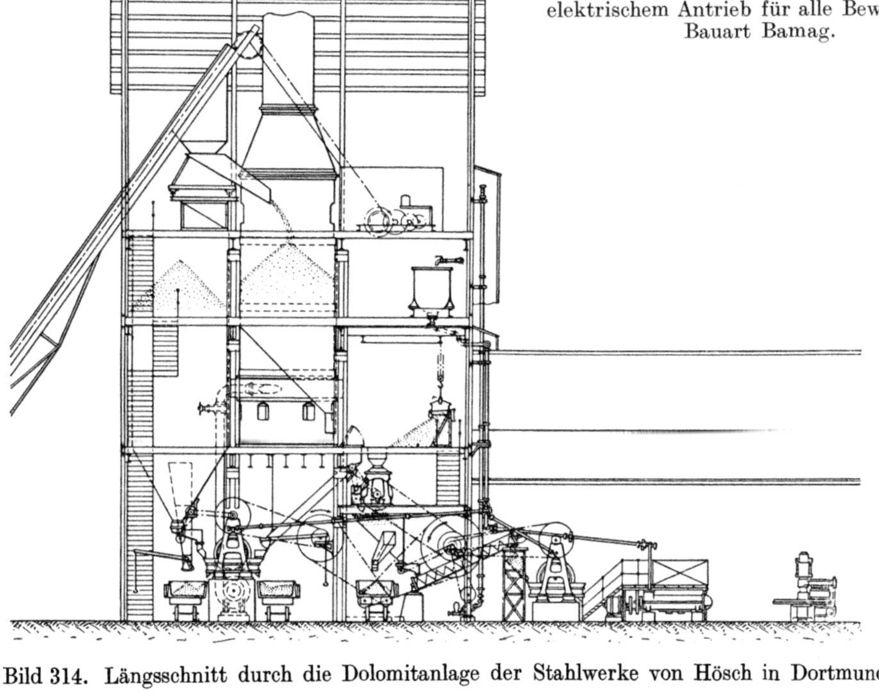

Bild 314. Längsschnitt durch die Dolomitanlage der Stahlwerke von Hösch in Dortmund.

Der Krafthebel ist kurz und der Lasthebel lang, so daß sich für die Pfanne eine beträchtliche Hubhöhe ergibt. Wo es angängig war, ist die gleitende Reibung durch rollende ersetzt. Der Wagen hat folgende Geschwindigkeiten: für die Fahrbewegung des Wagens 1,5 m/s, für die Hubbewegung 1,56 m/s, für das Verschieben der Pfanne 5,4 m/s, eine Schwenkung des Auslegers um 360° wird in 40 s durchgeführt.

4. Das Dolomitwerk wird, wie schon ausgeführt, in unmittelbarem Anschluß an das Stahlwerk errichtet, da der Verbrauch an Sinterdolomit erheblich ist. Er liegt im Mittel bei 10 kg je t Stahlerzeugung. Der Dolomitstein wird nach Zerkleinern auf Faustgröße in Schachtöfen von 8 bis 12 m Nutzhöhe, 1,5 bis 2,5 m Durchmesser bis zur Sinterung gebrannt. Der Koksverbrauch beträgt etwa 25 % vom Rohdolomit. Die Öfen werden mit einem Winddruck von 50 bis 300 m WS betrieben und haben eine Erzeugung von 8 bis 12 t Sinterdolomit je m² Ofenquerschnitt in 24 h. Die Blasformen werden 2 bis 2,5 m über der Sohle angeordnet. Das Ofenfutter besteht bis zur Blasformebene aus Schamottesteinen, darüber aus gepreßten Dolomitsteinen. In der letzten Zeit wird das Brennen des Dolomits meistens an der Fundstelle durchgeführt. Auf den Hüttenwerken sind in den Kalksilos besondere Taschen für Dolomit vorgesehen. Das Dolomitwerk ist so zu gestalten, daß das Gut nur einmal durch Aufzug oder Hängebahn gehoben und dann selbsttätig zu allen Arbeitsmaschinen gelangt. Bild 314 gibt einen Überblick über die Dolomitanlage der Stahlwerke von Hoesch in Dortmund. Ein Schrägaufzug hebt den Dolomit in einen Zwischenbunker, der im obersten Stockwerk des Gebäudes angeordnet ist. Von hier aus gelangt das Gut durch eine Drehrutsche in zwei Vorratsbunker oder auf die oberste Bühne. Der tief liegende Bunker von 150 t Fassungsvermögen enthält den Dolomit für die Siemens-Martinwerke, der hoch liegende von 100 t Inhalt den für das Thomaswerk. Aus diesem kommt der Dolomit zu den Glockenmühlen und über kleine Zwischenbunker mit Stoßaufgabegeräten in schräg liegende Mischschnecken und schließlich zu den Kollergängen. Die Teerkocher sind auf der zweiten Bühne angeordnet. Von hier fließt der Teer durch zwei mit Dampf beheizte Teerblasen zu den Kollergängen und den Mischmaschinen. Die Steinpresse arbeitet mit einem Gesamtdruck von 800 t. Das hierfür benötigte Druckwasser von 300 at wird durch einen Multiplikator mit einer Übersetzung von 1 : 6 erzeugt. Die Pumpenanlage liefert Druckwasser von 50 at. Die Konverterböden werden entweder mit der Stampfmaschine von VERSEN (Bild 315) oder mit der Rüttelformmaschine der Badischen Maschinenfabrik in Durlach (Bild 316) hergestellt. Bei der Stampfmaschine wird das Teer-Dolomit-Gemenge lagenweise aufgebracht und gestampft; zur Fertigstellung eines Bodens werden etwa 2 h benötigt. Bei der Rüttelformmaschine wird die gesamte Masse mit einem Male in die Schablone eingefüllt und der Boden in 6 bis 8 min fertig gerüttelt. Die Nadelplatte ist mit dem Rüttler fest verbunden. Nachdem noch ein Füllrahmen aufgesetzt ist, wird die Masse mittels eines Kübels eingefüllt. Nach Beendigung

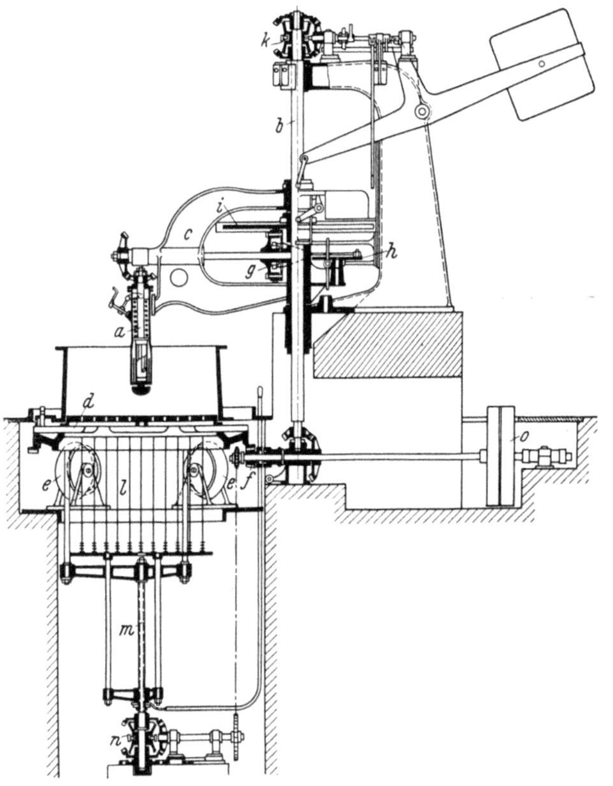

Bild 315. Konverterboden-Stampfmaschine von VERSEN. *a* Mechanischer Stampfer, *b* Antriebsachse für die Stampfvorrichtung, *c* schwenkbarer Ausleger, *d* Drehtisch, *e* Laufrollen, *f* Antriebsachse für den Drehtisch, *g* radial verstellbare Friktionswelle, *h* Kurbelgetriebe zum Verstellen der Friktionswelle, *i* Friktionsscheibe, *k* Kegelradvorgelege zum Heben und Senken des Auslegers *c*, *l* Stahlnadeln, *m* Schraubenspindel zum Heben und Senken der Nadelplatte, *n* Antrieb der Schraubenspindel *m*, *o* Fest- und Losscheibe.

des Rüttelns wird die obere Fläche des Bodens mit einem Preßluftstampfer geglättet. Jetzt kann der Boden mit Schablone und Bodenplatte hochgehoben und von den Nadeln abgestreift werden. Die Blaslöcher der gestampften oder gerüttelten Böden werden durch Holznadeln ausgefüllt. Hierauf werden die Böden in Bodenbrennöfen eingesetzt. Diese Öfen werden als Kanalöfen zur Aufnahme von 5 bis 6 Böden ausgeführt. Das Einbringen der Böden geschieht mittels Wagen, die einen Hebetisch mit Preßwasserzylinder besitzen. Das Heben des Tisches geschieht durch eine Handpumpe. Der Wagen wird mit gehobenem Tisch in den Ofen eingefahren. Bei Ablassen des Druckwassers senkt sich der Tisch mit dem Boden, der sich auf seitlich angeordnete Bänke absetzt. Die Beheizung der Öfen kann durch Rostfeuerungen oder mit Gasbrennern durchgeführt werden. Solche Öfen können satzweise beschickt werden. Dann erfolgt das Aufheizen allmählich in 12 bis 20 h. Anschließend läßt man sie bei 700 bis 800° 20 h stehen und dann 3 Tage abkühlen. Werden die Bodenbrennöfen als Durchstoßöfen gebaut, finden darin bis acht Böden Platz. Die Böden stehen auf einem Wagenzug wie bei den Kanalöfen, die in der keramischen Industrie Verwendung finden. Ein neu einzusetzender Wagen schiebt den Wagenzug um eine Wagenlänge vor, so daß der vorderste Wagen aus dem Ofen austritt. Die Brenner zum Beheizen des Ofens sind in der Mitte des Ofenkanals angeordnet. Bild 317 zeigt den Querschnitt durch einen Bodenbrennofen mit Rostfeuerung. Das Einsetzen der Böden in den Konverter wird mit einem

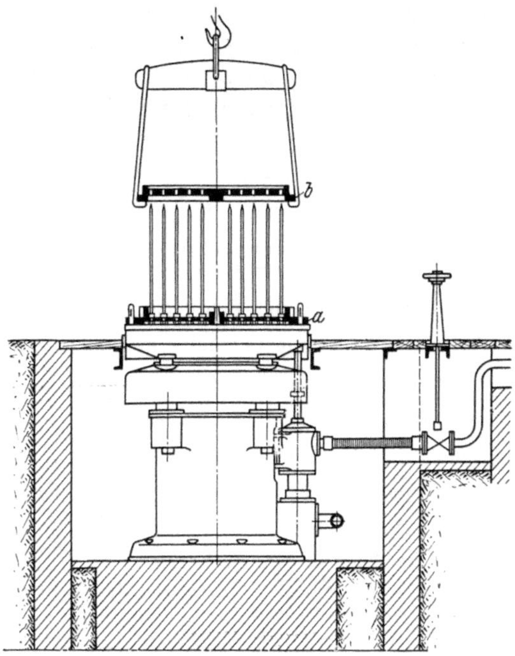

Bild 316. Rüttelformmaschine für Herstellung von Konverterböden von der Badischen Maschinenfabrik in Durlach. *a* Nadelplatte, *b* Bodenplatte.

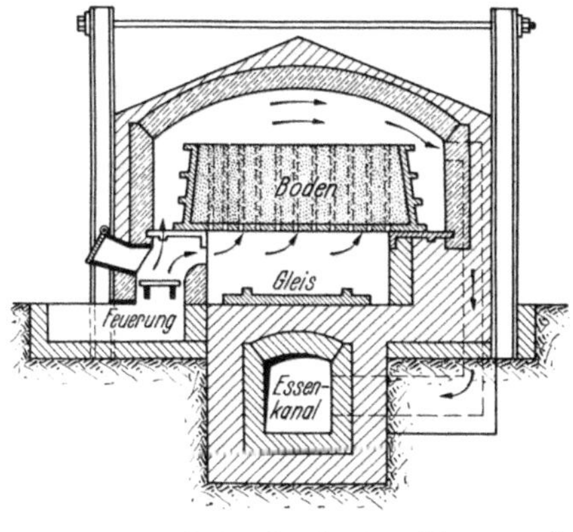

Bild 317. Querschnitt durch einen Konverterboden-Brennofen.

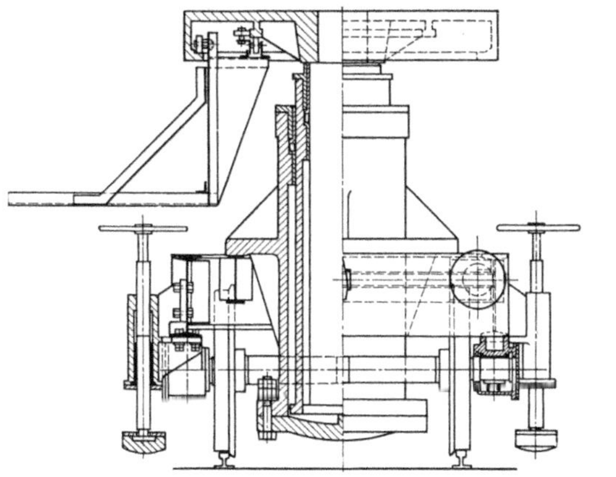

Bild 318. Konverterboden-Einsetzwagen.

Bodeneinsatzwagen (Bild 318) durchgeführt. Dieser Wagen wird auf dem Geleise, das bis unter die Konverter führt, bis senkrecht unter die Birne gefahren. Dann wird die hydraulische Hebevorrichtung eingeschaltet, die mit teleskopartig ineinander geschachtelten Kolben ausgestattet ist, um den erforderlichen großen Hub zu erreichen.

5. *Die Gebläsemaschinen* richten sich in ihrer Größe naturgemäß nach der Größe der Konverter und der verlangten Erzeugung. Die meisten Stahlwerke sind so eingerichtet,

daß gleich zwei Schmelzen erblasen werden können und ein dritter Konverter gleichzeitig warm geblasen werden kann. Die zur Durchführung des Frischverfahrens in der Thomas-Birne erforderliche Windmenge beträgt bei der üblichen Zusammensetzung des Roheisens 300 bis 350 m³ je t Roheisen. Der Windbedarf zum Warmblasen beläuft sich auf 100 bis 260 m³/min je nach Größe der Birne. Die Blasedauer je t Roheisen ist erfahrungsgemäß am geringsten bei den großen Konvertern, sie steigt mit abnehmender Konvertergröße von 30 bis 70 s je t Roheisen. Aus diesen Erfahrungszahlen läßt sich eine Überschlagsrechnung für den Windbedarf je min und die Gebläseleistung durchführen. Der erforderliche Winddruck ist für alle Größen der Birnen ungefähr gleich groß. Er beträgt im Windkasten 2 bis 2,4 atü und an der Maschine 2,4 bis 2,8 atü. Tabelle 51 gibt eine Übersicht über Windbedarf und Gebläseleistung bei Thomasstahlwerken.

Tabelle 51. Anhaltszahlen über Windbedarf und Gebläseleistung für Thomasstahlwerke.

Fassungsvermögen der Konverter t	10	12,5	15	17,5	20	25	30	45
Windbedarf für eine Schmelze m³	3500	4400	5300	6100	7000	8800	10500	16000
Übliche Blasezeit je t Einsatz s	70	60	50	45	40	35	30	26
Gesamtblasezeit für eine Schmelze min	12,0	12,5	12,5	13,0	13,5	15,0	15,0	20,0
Windbedarf für eine Schmelze m³/min	300	350	400	470	560	600	700	800
Windbedarf für Warmblasen von einem Konverter m³/min	100	120	140	160	190	200	230	260
Beim Frischen in 2 Konvertern und Warmblasen von 1 Konverter: Windbedarf m³/min	700	820	1000	1100	1300	1400	1650	1900
Beim Frischen in 2 Konvertern und Warmblasen von 1 Konverter: Leistung des Gebläses in PS_i	2500	2900	3500	3850	4500	5000	5800	6500

Als Konvertergebläse sind die Zylindergebläse bevorzugt, doch haben sich Turbogebläse ebenfalls bewährt. Da die Thomasstahlwerke in den meisten Fällen in unmittelbarem Anschluß an Hochofenwerke errichtet sind, werden die Zylindergebläse fast immer durch Gasmaschinen angetrieben und dann als Zwillingsmaschinen ausgeführt. Man kann dann mit einem mittleren Gasverbrauch von 125 Nm³ Hochofengas je t Stahl rechnen.

Die Preßwasserpumpen arbeiten mit einem Druck von 30 bis 50 at. Bei den neueren Anlagen mit großen Konvertern wird der höhere Druck bevorzugt, weil dann die Druckwasserzylinder insbesondere die von den Konverterkippvorrichtungen geringeren Durchmesser erhalten können. Außer Kolbenpumpen werden Turbopumpen angewendet. Erstere haben Antrieb durch Dampfmaschinen, durch Elektromotor und in vereinzelten Fällen durch Gasmaschinen. Die Turbopumpen werden durch Elektromotore oder Dampfturbinen angetrieben. Der Preßwasserbedarf beläuft sich im Mittel auf 0,8 m³ je t Stahl.

6. Die Thomas-Schlackenmühle. Beim Thomas-Verfahren entfallen etwa 240 kg Schlacke je t Stahl. Diese Schlacke enthält im Mittel 17,5 % Phosphorsäure und 49 % Kalk. Sie ist deshalb ein wertvolles Nebenerzeugnis, das fein gemahlen als Düngemittel zur Verwendung kommt. Die Schlacke wird in Hauben, die auf Wagen mit kippbarer Plattform stehen, aufgefangen. Auf dem Lagerplatz der Mühle wird die Haube durch einen Kran abgehoben und der Schlackenklotz durch Kippen der Plattform entladen. Hier lagert die Schlacke etwa 4 Wochen. Die atmosphärischen Einflüsse wirken sich günstig aus, indem die Schlackenklötze sich leichter zerkleinern lassen. Schwere Stücke werden zunächst unter einem Fallwerk zerkleinert, dann gehen die Brocken durch einen Backenbrecher oder Rundbrecher, in denen sich eine Stückgröße von 50 mm und kleiner ergibt. Dann erfolgt das Mahlen in Kugelmühlen und Abscheiden von Eisen in Magnetscheidern.

III. Siemens-Martin-Stahlwerke.

a) Die Abmessungen der Siemens-Martin-Öfen unter Berücksichtigung statistischer Unterlagen.

Für die *Leistung* des Siemens-Martin-Ofens ist in erster Linie sein Fassungsvermögen maßgebend. Deshalb ist es allgemein üblich, die Öfen nach der Einsatzmenge zu bezeichnen. Diese schwankt in weiten Grenzen zwischen 1,5 und 300 t. Die kleinen Öfen unter 20 t Fassungsvermögen kommen im allgemeinen nur für Stahlgießereien in Betracht. Öfen über 150 t Fassungsvermögen findet man in Europa nur für die Durchführung des TALBOT-Verfahrens. Es hat den Anschein, als ob man in Amerika auch von den Öfen über 200 t Einsatz wieder abginge. In zweiter Linie wird die Ofenleistung beeinflußt durch die Schmelzdauer. Diese nimmt mit der Größe des Ofens zu. Der *Wärmeverbrauch* je t Stahl ist weitgehend von der Herdflächenleistung abhängig, die zwischen 170 und 250 kg/m²h schwankt. Als mittlere Leistung kann 200 kg/m²h angenommen werden. *Erzeugung*, *Schmelzdauer* und Wärmeverbrauch hängen aber außerdem von der Art des Verfahrens (Roheisen-Schrott-, Roheisen-Erz-, TALBOT-, HOESCH-Verfahren usw.) sowie von der Art des Einsatzes (ob flüssig oder fest) und schließlich von der Art des erzeugten Stahls ab. Einen Überblick gibt die Tabelle 52. Die angeführten Zahlen sind Mittelwerte, die je nach den Umständen sich nach oben oder unten ändern. Der Wärmeverbrauch und die Schmelzdauer werden auch durch die Art des verwendeten Brennstoffes beeinflußt. Es können ferner auch die Form des Ofens, die Gestaltung und Bemessung seiner Einzelteile (des Ofenraumes, der Gas- und Luftwege und der Regenerativkammern bzw. des Gitterwerkes) die Ergebnisse beeinflussen. Hieraus ist ersichtlich, daß sich eine Vielzahl von Einflüssen auf die Betriebsergebnisse auswirken kann.

Tabelle 52. Anhaltszahlen über Erzeugung, Schmelzungsdauer und Wärmeverbrauch von Siemens-Martin-Öfen.

Fassungsvermögen t	5	10	15	20	30	40	60	80	100	150
Erzeugung t/24 h	30	60	75	88	120	160	190	220	250	360
Erzeugung t/h	1,25	2,50	3,13	3,66	5,0	6,66	7,92	9,16	10,4	15,0
Schmelzungsdauer h. . .	4	4	4,8	5,4	6	6	7,5	8,7	9,6	10
Wärmeverbrauch 10^6 kcal je t Stahl	3,5	2,2	2,0	1,7	1,5	1,4	1,3	1,2	1,2	1,2
Gesamtwärmeverbrauch 10^6 kcal/h	4,40	5,50	6,25	6,25	7,50	9,30	10,30	11,0	12,50	18,00

Untersuchungen an *einzelnen* Öfen können nach verschiedenen Richtungen Aufschluß über die Größe und Bedeutung dieser Einflüsse geben. Darüber hinaus hat sich die *statistische* Erfassung der Baueinzelheiten, der Abmessungen und Betriebsergebnisse einer möglichst großen Zahl von Öfen als wertvolles Mittel zur Aufklärung über die günstigste Gestaltung der Öfen für die verschiedenen Verhältnisse und die verschiedenen Verfahren ergeben. An Hand solcher Statistiken läßt sich der Fortschritt im Bau und Betrieb der Öfen am besten verfolgen. In einem Bericht von O. PETERSEN[1] vom Jahre 1910 über den damaligen Stand des Herdfrischverfahrens ist eine vergleichende Zusammenstellung von 47 Öfen enthalten, in der alle wichtigen Abmessungen wiedergegeben sind. Alle Öfen waren in der vorhergehenden Zeitspanne von 5 bis 8 Jahren errichtet worden, 26 Öfen standen auf dem Kontinent und 21 in den Vereinigten Staaten. Der Verfasser sagt, daß die Werte in weiten Grenzen schwanken und eine Gesetzmäßigkeit nicht zu erkennen sei. Er fügt hinzu, daß das nur natürlich sei, da jeder Betriebsleiter und jeder Konstrukteur nach Lage der örtlichen Verhältnisse, nach seinen Erfahrungen und auch nach seinen „Liebhabereien" vorgeht. Im Jahre 1911 erschien eine Broschüre von M. A. PAVLOFF in St. Petersburg[2], in der alle Hauptabmessungen wie Herdfläche, Badtiefe, die Maße der Brenner, Gas- und Luftkanäle, Wärmespeicher, Essenkanäle und Umsteuervorrichtungen in Abhängigkeit vom Einsatzgewicht angegeben werden. B. OSANN bringt in seinem bekannten Lehrbuch der Eisenhüttenkunde ebenfalls eine Tabelle über die Abmessungen von 47 Öfen, deren Fassungsvermögen zwischen 1,5 und 165 t schwankt. Die umfangreichsten statistischen Erhebungen sind infolge einer

---

[1] Stahl u. Eisen 1910 S. 1—39, 58—82.

[2] PAVLOFF: Die Abmessungen von Martin-Öfen nach Erfahrungswerten. Berlin: Julius Springer 1911. Vgl. Stahl u. Eisen 1911 S. 1183.

Umfrage des Stahlwerksausschusses des Vereins deutscher Eisenhüttenleute zustande gekommen. Hierüber berichtet H. Bansen und führt aus, daß die Zusammenstellung von 56 Siemens-Martin-Öfen alle wissenswerten Einzelheiten enthalte und einen Schlüssel für die Beziehung zwischen dem Aufbau des Ofens und seiner Leistung geben solle[1]. Es zeigte sich aber auch hier wieder, daß es nicht möglich war, für diese Beziehung Regeln aufzustellen. Bansen ging deshalb bei der Anordnung der Ergebnisse von der üblichen Anordnung nach dem Fassungsvermögen oder nach dem Einsatzgewicht ab und nahm die Leistung des Ofens in t/h zu seiner Kennzeichnung an. Aus nachstehender Gegenüberstellung geht hervor, daß die Stundenleistung für Öfen mit gleichem Einsatzgewicht in weiten Grenzen schwankt:

Einsatzgewicht t	30	40	60	80
Leistung t/h	2—5	3—7	6—8,8	7,5—10

Die Öfen mit vorwiegend flüssigem Einsatz (70 bis 80%) ergeben die höchsten Stundenleistungen. Schon der flüssige Zusatz des Stahleisens (20 bis 30%) beim Schrott-Roheisenverfahren bringt eine Verbesserung der Herdflächenleistung und des Brennstoffverbrauches.

Als praktisches Maß für die *Erzeugungsfähigkeit* der Öfen gilt die Wochenleistung, für die eine Betriebsstundenzahl von 144 bis 152 je Woche in Betracht kommt. Eine Übersicht über die Wochenleistung für verschiedene Einsatzgewichte bietet nachstehende Gegenüberstellung:

Wochenleistung t . . .	250—350	350—500	500—700	700—900	900—1000
Einsatzgewicht t	8—80	20—30	30—40	40—50	50—60
Wochenleistung t	1000—1100	1100—1200	1200—1300	1300—1500	
Einsatzgewicht t	60—70	70—90	90—100	100—120	

Einzelne Spitzenleistungen fallen aus diesem Rahmen heraus. Beim Hoesch-Verfahren und Talbot-Verfahren werden bei Einsatzgewichten von 60 bis 100 t Wochenleistungen von 1650 bis 1800 t erreicht.

Für die Beurteilung des Siemens-Martin-Ofens vom *wärmetechnischen* Standpunkte ist die Größe der Heizfläche maßgebend. Als *Heizfläche* ist die Badoberfläche anzusehen. Diese ist aber je nach der Bauart des Ofens und seiner Abnutzung nicht einwandfrei festzustellen. Es ist deshalb zweckmäßig, statt der Badoberfläche die Herdfläche in Höhe der Schaffplatte einzusetzen und als Herdlänge die Länge zwischen den Köpfen und als Herdbreite das Maß zwischen Vorder- und Rückwand in gleicher Höhenlage anzunehmen.

Tabelle 53 enthält Anhaltszahlen für die Abmessungen der Herdfläche und des Herdraumes.

Tabelle 53. Abmessungen des Herdraumes von Siemens-Martin-Öfen.

Fassungsvermögen t	Herdbreite m	Herdlänge m	Herdfläche m^2	Verhältnis von Herdbreite zu Herdlänge	Herdfläche je t Einsatz m^2	Höhe der Herdmulde bis Schaffplatte[2] mm	Höhe von Schaffplatte bis Gewölbe in der Mitte des Ofens mm	Inhalt des Herdraumes m^3
5	1,75	3,9	6,90	0,45	1,38	300	1250	9,5
10	2,40	5,3	12,80	0,45	1,28	300	1350	19,0
15	2,60	5,7	14,82	0,45	0,99	400	1400	24,0
20	2,70	6,0	16,20	0,45	0,81	500	1500	31,0
30	3,00	7,3	21,90	0,41	0,70	500	1600	44,0
40	3,20	8,6	27,50	0,37	0,69	500	1700	58,0
60	3,70	10,0	37,00	0,37	0,60	600	1900	86,0
80	4,00	11,3	45,20	0,35	0,55	650	2000	114,0
100	4,10	12,5	51,50	0,33	0,51	800	2100	140,0
150	4,50	15,0	67,50	0,30	0,45	800	2300	205,0

Die sog. *mittlere Badtiefe* ist aus den vorstehend dargelegten Gründen zweckmäßig rechnerisch zu ermitteln, indem man den Rauminhalt des Bades durch die rechnerisch ermittelte Herdfläche dividiert. Dann ergeben sich nachstehende Werte:

Einsatzgewicht t	10—30	30—50	50—100	100—150
Rechnerische Badtiefe mm .	140—180	160—270	160—320	250—350

[1] Stahl u. Eisen 1925 S. 489f. [2] In der Mitte des Ofens gemessen.

Die Badtiefen nehmen demnach im allgemeinen mit den Einsatzgewichten zu. Da die mittlere Schlackenhöhe bei gleicher Schlackenmenge je t Einsatz steigt und damit der Wärmedurchgang zum Metallbad verschlechtert wird, ist die Frage von Bedeutung, ob die größere Badtiefe einen ungünstigen Einfluß hat. Eine Beurteilung läßt der Vergleich zwischen *Herdflächenleistung* (Leistung in kg/m² Herdfläche je h) und der Badtiefe zu. Es ergibt sich, daß die Tiefe des Bades die Herdflächenleistung nicht beeinflußt. Das geht aus nachstehender Gegenüberstellung hervor:

Rechnerische Badtiefe mm .	150	200	300	420
Herdflächenleistung kg/m²h .	110—180	170—285	180—220	230

Auch die Höhe des Einsatzgewichtes hat auf die Herdflächenleistung keinen Einfluß. Die Herdflächenleistung schwankt zwischen 75 und 285 kg/m²h. Am häufigsten kommen Leistungen von 200 kg/m²h vor. Sie werden bei Öfen von 20 t Fassungsvermögen ebenso erreicht wie bei den Öfen von 100 t und höheren Fassungsvermögen.

Wichtig ist die Feststellung, daß der *Brennstoffverbrauch* je t Stahl um so niedriger ist, je größer die Herdflächenleistung ist. Einen Anhalt gibt nachstehende Gegenüberstellung, die sich für einen Ofen von 78 t Einsatzgewicht und einer Herdfläche von 45 m² ergab; der Wärmeverbrauch ist bezogen auf Gas am Ventil:

Herdflächenleistung kg/m²h	225	200	175	150	125
Wärmeverbrauch 10^6 kcal/t	1,1	1,25	1,5	1,8	2,2

Die *Abmessungen der Regeneratoren* zur Vorwärmung von Gas und Luft stehen naturgemäß in bestimmten Beziehungen zu der Ofenleistung. Für die in zwei Kammerpaaren angeordneten Gitter ist ein entsprechendes Steingewicht notwendig. Das Verhältnis Gitterraum/Kammerraum ist im Mittel 0,75. Für den Gesamtraum der beiden Gas- und Luftkammern ist die Beziehung zum Einsatzgewicht aus der nachstehenden Gegenüberstellung ersichtlich, die für die Durchbildung neuer Öfen einen ersten Anhalt geben kann:

Einsatzgewicht t	10	20	30	40	60	80	100
Gesamtraum von Gas- und Luftkammern m³ . .	75	150	225	300	450	600	700

In gleicher Weise werden auch Beziehungen zwischen Gittergewicht und Ofenleistung aufgestellt. Hierauf soll später noch eingegangen werden.

b) Die Aufgaben des Siemens-Martin-Ofens.

Beim *Einschmelzverfahren* hat der Siemens-Martin-Ofen zwei Aufgaben zu erfüllen.

1. Der Einsatz muß durch Zufuhr von Wärme auf Schmelztemperatur gebracht werden und außerdem ist dann noch die erforderliche Schmelzwärme zuzuführen.

2. Der Arbeitsraum muß auf der Temperatur gehalten werden, die zum schnellen Ablauf der chemischen Reaktionen erforderlich ist.

Beim *Roheisen-Erzverfahren* mit flüssigem Einsatz ist soviel Wärme zuzuführen, daß die Arbeitstemperatur erreicht und aufrechterhalten wird.

Die *Einschmelztemperatur* ist abhängig von der Zusammensetzung des Einsatzes. Sie geht bis 1529° C entsprechend der Schmelztemperatur des reinen Eisens. Nach dem Einschmelzen ist eine genügend hohe Reaktionstemperatur erforderlich, die zu einer Überhitzung des Bades führen muß. Der Stahl muß die Wärmeverluste auf dem Wege zur Blockform ertragen können und beim Vergießen noch die erforderliche Dünnflüssigkeit besitzen. Man kann eine Temperatur von 100 bis 150° über der Erstarrungstemperatur annehmen, so daß sich die erforderliche Badtemperatur je nach der chemischen Zusammensetzung des Stahls zu 1580 bis 1680° C ergibt. Hieraus ist dann weiter zu folgern, daß die Verbrennungsgase beim Verlassen des Herdraumes eine Temperatur von 1600 bis 1700° beim Einschmelzen und 1800 bis 1900° beim Fertigmachen haben müssen.

Die *rechnerische Anfangstemperatur* bei Verbrennung der Heizgase, die hierfür in Betracht kommen, ist bei 10% Luftüberschuß wie folgt:

bei Hochofengas je nach Beschaffenheit . . . . 1400—1500°
bei Generatorgas je nach Beschaffenheit . . . . 1550—1700°
bei Koksofengas je nach Beschaffenheit . . . . 1900—2000°

Die Abgabe von Nutzwärme bedingt demnach Luftvorwärmung bzw. Gas- und Luftvorwärmung um im Herdraum das erforderliche Temperaturgefälle zu erreichen. Bei Annahme einer Anfangstemperatur von 2400° C sind folgende Vorwärmtemperaturen erforderlich:

bei Hochofengas Vorwärmung von Gas und Luft auf . . . . . . 1100—1200°
bei Generatorgas Vorwärmung von Gas und Luft auf . . . . . . 900—1070°
bei Koksofengas Vorwärmung der Luft auf . . . . 700— 800°

Der Zutritt von Ballaststoffen (Feuchtigkeit, Rauchgas, Luft- oder Gasüberschuß) ist zu verhindern, da hierdurch eine Verminderung der Verbrennungstemperatur hervorgerufen wird.

Die *Vorwärmung* von Gas und Luft im Siemens-Martin-Ofen bezweckt also in erster Linie die Schaffung des erforderlichen Temperaturgefälles und erst in zweiter Linie die Ausnutzung der Abwärme zur Brennstoffersparnis.

Nach Bansen[1] ist als bestes Maß für die Wertigkeit eines Brennstoffes diejenige Wärmemenge anzusehen, die je kg Verbrennungserzeugnisse im Herdraum verfügbar ist. Für 10^6 kcal, die im Heizgas zugeführt werden, ergeben sich die in Tabelle 54 angegebenen Werte.

Tabelle 54. Abgas- und Temperaturverhältnisse für verschiedene Brennstoffe.

Gasart	Abgasmenge für 10^6 kcal kg	kcal je kg Abgas	Es fehlen für 1800° kcal/kg	Rechnerische Anfangstemperatur ° C	Theoretischer Luftbedarf kg/10^6 kcal
Gichtgas	2480	402	—120	1450	1030
Rohbraunkohlengas . .	2330	432	— 90	1550	1100
Mittleres Generatorgas	2170	458	— 64	1595	1130
Erstes Generatorgas .	2000	504	— 18	1730	1120
Koksofengas	1600	620	+ 98	1960	1340

Ein Heizgas ist demnach *pyrometrisch* um so wertvoller, je kleiner die Rauchgasmenge für eine bestimmte verfügbare Wärmemenge ist.

Für überschlägige Rechnungen kann man auf 1000 kcal am Gasventil mit 1 m³ Luft am Luftventil rechnen.

c) Der Wärmeübergang von den Verbrennungsgasen auf das Bad.

Der erste Siemens-Martin-Ofen in Sireuil hatte einen Brenner nach Bild 59, bei dem Gas und Luft ohne Führung nebeneinander in den Herdraum eintraten. Die Leistung dieses Ofens war im Vergleich mit der neuzeitlicher Öfen äußerst gering. Auch der nach diesem Vorbild in Firmeny errichtete Ofen von etwa 4 t Fassungsvermögen lieferte nur zwei Schmelzen in 24 h. Bei den später errichteten Öfen waren die Brenner umgestaltet. Man gab ihnen eine Neigung zum Bad nach Bild 60 und später finden wir eine Trennwand zwischen Gas- und Luftzug (die sog. Zunge) und verschiedene Neigung zwischen Gas- und Luftzug gemäß Bild 61. Diese Grundform der Brenner blieb auch bei allen später entstandenen Bauarten erhalten, wie aus den Bildern 62, 63, 64, 65 und 66 hervorgeht. Diese Entwicklung vollzog sich im Gegensatz zu den Anschauungen des Erfinders Fr. Siemens, die er in einer im Jahre 1885 erschienenen Schrift[2] nachdrücklich vertreten hat. Er machte geltend, daß der Wärmeübergang vorwiegend durch Strahlung erfolge und daß der Herdraum so gestaltet werden müsse, daß eine *freie Flammentfaltung* eintreten könne. Er schlug einen Brenner gemäß Bild 67 vor. Die Stahlwerker ließen sich hierdurch aber nicht von ihrer Meinung abbringen, daß beim Wärmeübergang auf das Bad die Berührung der Flamme mit der Badoberfläche eine ausschlaggebende Rolle

[1] Stahl u. Eisen 1925 S. 702.
[2] Siemens, Fr.: Ofen mit freier Flammentfaltung. Berlin: Julius Springer 1885.

spiele. Wie bereits ausgeführt, und durch die verschiedenen Brennerausführungen belegt, hielten sie darauf, daß eine straffe Flammenführung in der Richtung auf das Bad sicher gestellt war. Sie konnten sich auf die Beobachtung stützen, daß bei ausgebrannten Ofenköpfen und dadurch hervorgerufener schlechter Flammenführung die Ofenleistung zurückgeht. Sie stützten sich ferner auf die Erfahrung, daß die sich bildende Flamme nicht in der Richtung auf das Gewölbe oder die Seitenwände abgelenkt werden darf, weil hierdurch eine schnelle Zerstörung dieser Ofenteile herbeigeführt wird. Es erregte deshalb große Beachtung, als im Jahre 1923 zwei Arbeiten[1] veröffentlicht wurden, in denen rechnerisch nachgewiesen wurde, daß der Wärmeübergang überwiegend durch die *Eigenstrahlung der Gase* erfolge. Der Eindruck wurde verstärkt durch die Veröffentlichung von Schack über die Theorie der Gasstrahlung[2]. In dieser wird ausgeführt, daß die Eigenstrahlung der Kohlensäure und des Wasserdampfes schon bei Temperaturen oberhalb 800° den Wärmeübergang durch Konvektion übertreffe. Aus diesen Feststellungen wurden vereinzelt Folgerungen gezogen, wie bereits 1885 von Fr. Siemens geschehen. Es wurde eine Umgestaltung der Brenner zwecks Erzielung einer Verbrennung auf kleinstem Raum in kürzester Zeit und in Abweichung von der bisherigen Übung waagerechte Flammenführung parallel zum Bade vorgeschlagen. Bansen schlug einen Brenner gemäß Bild 68 vor. Das stand im Gegensatz zu den Beobachtungen im Betriebe, daß das Bad nur soweit „*arbeitet*", wie die Flamme reicht und daß an der Stelle, wo die Verbrennung beendet ist, wo also der Kohlensäure- und Wasserdampfgehalt am größten ist, demnach eine besonders starke Gasstrahlung eintreten muß, das Bad *ruht*. Auch der Anteil der *Gewölbestrahlung* am Wärmeübergang auf das Bad, der in Zusammenhang mit diesen Vorgängen erörtert wurde, war umstritten. Es wurde darauf hingewiesen, daß hohe Gewölbetemperatur keineswegs mit einer beschleunigten Aufheizung des Bades verbunden ist. Es wurde durch Messungen festgestellt, daß die Gewölbetemperatur unter der Temperatur der Badoberfläche liegen kann[3]. Hieraus muß die Schlußfolgerung gezogen werden, daß dem Wärmeaustausch im Siemens-Martin-Ofen über die Ofenwände nicht die Bedeutung zukommt, wie man von verschiedenen Seiten angenommen hatte. Das ist schon allein durch den Umstand zu erklären, daß die zwischen Bad und Ofenwänden liegende heiße Gasschicht einen Strahlungsaustausch zwischen Wand und Bad beeinträchtigt. *An die bevorzugte Beheizung der Badoberfläche durch unmittelbare Wärmeübertragung von den Verbrennungsgasen muß deshalb festgehalten werden.* Die schräge Anordnung von Gas und Luftzug ist also notwendig. Die Flamme muß auf das Bad gerichtet sein und die Verbrennungsgase müssen sich an die Badoberfläche anschmiegen und möglichst dicht darüber zum ausziehenden Ofenkopf fortbewegen, um höchsten Wärmeaustausch sicher zu stellen und die Bildung toter Gasschichten über dem Bade auszuschließen. Diese Schlußfolgerungen erhalten eine weitere Stütze bei Berücksichtigung der Verhältnisse im Herdraum in den verschiedenen Abschnitten des Verfahrens[4]. Beim Roheisen-Schrott-Verfahren stößt die sich bildende Flamme während des Einsetzens und Niederschmelzens auf die Schrotthaufen. Ihre Geschwindigkeit wird erheblich vermindert und der Verbrennungsvorgang infolge starker Wärmeentziehung verzögert. Die Bedingungen für den Wärmeübergang durch Strahlung sind demnach während dieser Zeit ungünstig, dagegen für konvektiven Wärmeübergang günstig. Besonders ungünstige Verhältnisse für den Wärmeübergang bestehen in der Zeit des „Loskochens". Der Temperaturunterschied zwischen Flamme und Bad ist gering und von der Badoberfläche nach der Herdsohle besteht ein starker Temperaturabfall. Ein guter Wärmeübergang ist also gerade in diesem Abschnitt besonders notwendig. Es kann nun beobachtet werden, daß die stärkste Heizwirkung an der Stelle vor sich geht, wo die Flamme auf das Bad stößt, daß also hier außer Strahlung auch starker konvektiver Wärmeübergang vor sich geht. An dieser Stelle beginnt nämlich das Kochen und überträgt sich von hier aus erst allmählich auf die übrigen Teile des Bades.

[1] Bansen: Stahl u. Eisen 1923 S. 1031. — Mitt. d. Wärmestelle d. Ver. d. Eisenhüttenl. Nr. 51.
[2] Mitt. d. Wärmestelle d. Ver. d. Eisenhüttenl. Nr. 55.
[3] Stahl u. Eisen 1925 S. 791. — Ber. Stahlwerkausschusses Ver. d. Eh. Nr. 93 u. Nr. 106.
[4] Herzog, E.: Stahl u. Eisen 1926 S. 1631.

Hieraus ergibt sich zwingend, daß für die schnelle Durchführung des Verfahrens und hohe Leistung des Ofens nicht nur die Strahlungseigenschaften der Flamme, sondern auch die *Gestalt und Führung der Flamme* bestimmend sind. Auf die Bedeutung der Flammenstrahlung (vgl. 2. Abschnitt VI, S. 87) wurde man im Stahlwerksbetriebe zuerst hingewiesen zu der Zeit, als die *Urteergewinnung* aus Generatorgas vorübergehend Bedeutung gewonnen hatte. Man konnte sich davon überzeugen, daß das entteerte Steinkohlen-Generatorgas mit nichtleuchtender Flamme verbrannte und der Wärmeübergang erheblich vermindert war. Eine verminderte Ofenleistung war die Folge. Durch die bereits angeführte Veröffentlichung von SCHACK, ferner durch Versuche von LENT und THOMAS[1] wurde festgestellt, daß eine Flamme durch mitgeführte Rußteilchen leuchtend wird und dann ein größeres Wärmestrahlungsvermögen hat als eine nichtleuchtende Flamme gleicher Gasmenge und gleichen Heizwertes. SCHACK veröffentlichte 1925 eine Theorie der Strahlung leuchtender Flammen[2]. Er führt aus, daß das Leuchten der Flamme durch das Glühen des durch Zerfall der Kohlenwasserstoffe frei gewordenen Kohlenstoffes entsteht. Die Kohlenstoffteilchen seien in den verschiedensten Flammen und auch im niedergeschlagenen Zustand von ungefähr gleicher Größe. Der Durchmesser eines Kohlenstoffteilchens scheine etwa 0,0003 mm zu betragen. Da sie für Strahlung weitgehend durchlässig seien, müßten viele Teilchen hintereinander stehen, um eine erhebliche Strahlungswirkung hervorzubringen. Die Strahlung einer Flamme ist demnach um so stärker, je größer ihre *Schichtstärke* ist und je größer die Zahl der Kohlenstoffteilchen in der Raumeinheit ist. Wie schon auf S. 88 ausgeführt, treten im Bereich der leuchtenden Flamme Gasstrahlung und Flammenstrahlung gemeinsam auf. Damit ist die Bedeutung der Flammenstrahlung im Siemens-Martin-Ofen offensichtlich und die Beobachtung erklärt, daß ein kohlenwasserstoffarmes Mischgas mit hohem Heizwert und hoher theoretischer Verbrennungstemperatur eine längere Schmelzungsdauer beanspruchen kann als wesentlich ärmeres Generatorgas. Nach POLAK[3] kommen während eines Zeitabschnittes noch Schlacken- und Metalloxyddämpfe als Strahler in Betracht. Die Rußabscheidung aus dem Teer des Steinkohlen-Generatorgases beginnt schon im Gaserzeuger und setzt sich in den Gaskammern fort. Die Reaktionstemperatur liegt bei 700 bis 800° C. Das Mischgas aus Koksofen- und Gichtgas enthält keinen Teer, aber schwere Kohlenwasserstoffe und Methan aus dem Koksofengas. Der Hauptteil des freien Kohlenstoffes muß das Methan liefern[4]. Die Reaktionstemperatur liegt über 1150°. Deshalb ist bei Verwendung von Mischgas aus Hochofengas und Koksofengas auf hohe Gasvorwärmung größter Wert gelegt worden. Da nun das Mischgas mit Raumtemperatur eintritt, erfordert es für gleiche Vorwärmtemperatur bereits mehr als die doppelte Wärmemenge. Dazu kommt noch die Spaltungswärme und der Mehraufwand zur Erzielung der höheren Reaktionstemperatur. Das ist nur durch eine entsprechende Verteilung der Abgase auf Gas- und Luftkammer zu erreichen. Die einfachste Lösung ist der Einbau eines Drosselschiebers in den Abgasweg von den Luftkammern. Damit die Frischluftzufuhr nicht auch eine Drosselung erfährt, ist der Schieber hinter den Lufteintritt zu verlegen. Während beim Generatorgas aus geeigneter Steinkohle sich stets eine gut leuchtende Flamme bildet, sind bei Generatorgas aus Braunkohlenbriketts vielfach Schwierigkeiten entstanden, die auf Umsetzungen des Teers in Gegenwart größerer Wasserdampfmengen innerhalb der Gaskammern zurückzuführen sind. Das wird von S. SCHLEICHER auf Grund von Untersuchungen[5] nachgewiesen. Über den Einfluß des Wasserdampfgehaltes im Heizgas und der Karburierungsmittel berichtet A. ZIEGLER[6]. Im Stahlwerk *Völklingen* wurde das Mischgas mit Teeröl karburiert. Bei Einführung des Teeröls in die Gaskammern oder in den aufsteigenden Gaskanal wird Ruß gebildet, der um so feiner verteilt und so wirkungsvoller ist, je kürzere Zeit das Öl mit dem heißen Gas in Verbindung bleibt. Die Wirkung nimmt mit steigendem Wasserdampfgehalt ab. HÜLSBRUCH hat gezeigt, daß die Zersetzung des Methans und der schweren Kohlenwasserstoffe um so höher ist,

[1] Mitt. d. Wärmestelle d. Ver. d. Eisenhüttenl. Nr. 65.
[2] Z. techn. Phys. 1925 S. 530. — Ber. Stahlwerkausschusses Ver. d. Eh. Nr. 113.
[3] Ber. Stahlwerkausschusses Ver. d. Eh. Nr. 103. [4] Stahl u. Eisen 1928 S. 1465.
[5] Mitt. K.-Wilh.-Inst. Eisenforschg. 1922. [6] Mitt. Stahlwerkausschusses Ver. d. Eh. Nr. 96.

je reicher die Gasmischung an Koksofengas ist. BANSEN zeigte durch Untersuchungen an einer Versuchsstrecke, daß das Mischungsverhältnis um so ärmer sein kann, je höher die Vorwärmtemperatur getrieben wird. Für niedrigen Wassergehalt des Gases ist niedrige Temperatur am Eintrittsventil Voraussetzung.

Als *Karburierungsmittel* wurde zunächst Generatorgas dem Mischgas zugesetzt. Das bedingt die Inbetriebhaltung von Gaserzeugern. Man ging dann zur Verwendung von Teer und Teeröl und vereinzelt von Braunkohlenstaub über.

Es hat sich in Abhängigkeit von den örtlichen Verhältnissen ergeben, daß das *Koksofengas* in verschiedener Weise für die Beheizung von Siemens-Martin-Öfen zur Anwendung kommen kann, nämlich zur Bildung von *Mischgas* und als *reines* Koksofengas. Die ersten Versuche, Siemens-Martin-Öfen mit reinem Koksofengas zu beheizen, wurden in Deutschland auf der *Friedrich-Wilhelm-Hütte* gemacht, und zwar mit vorgewärmtem und mit kaltem Gas. Im Jahre 1911 wurde die Inbetriebnahme von mehreren Öfen mit Kaltgasbetrieb in Aussicht gestellt. Im Mai 1913 wurde beim Eisen- und Stahlwerk *Hoesch* der erste mit kaltem Koksofengas beheizte Ofen in Betrieb genommen. Die Gestaltung des Ofens hat einige Wandlungen erfahren. Er besitzt in seiner endgültigen Ausführung einen freistehenden auswechselbaren Luftzug, in den zwei wassergekühlte Gasdüsen hineinragen. Nach dieser bewährten Ausführung sind auf verschiedenen Werken eine Anzahl von Öfen für 20 bis 150 t Einsatzgewicht ausgeführt und in Betrieb genommen worden.

Tabelle 55. Wärmetechnische Kennzahlen von Generatorgas, Mischgas und Koksofengas.

	Steinkohlen-Generatorgas	Mischgas 65% Hochofengas, 35% Koksofengas	Koksofengas
Gaszusammensetzung:			
CO . . . . . %	28,0	22,8	5,8
H_2 . . . . . %	12,0	20,6	55,0
CH_4 . . . . . %	2,8	8,6	24,5
N_2 . . . . . %	53,0	41,2	9,8
O_2 . . . . . %	—	—	0,5
Schwere Kohlenwasserstoffe . . . . %	0,2	0,8	2,2
CO_2 . . . . . %	4,0	6,0	2,2
Teergehalt . . . . . g/Nm³	20,0	—	—
Feuchtigkeitsgehalt . . . . . g/Nm³	40,0	12,0	12,0
Rauchgas CO_2 max . . . . . %	18,8	16,6	10,0
Luftbedarf ($\lambda = 1$) . . . . . Nm³/Nm³	1,45	1,97	4,06
Rauchgasmenge (feucht) ($\lambda = 1$) Nm³f/Nm³	2,32	2,87	4,78
Heizwert H_u . . . . . kcal/Nm³	1615	2100	4080
Kalorimetrische Verbrennungstemperatur:			
Ohne Vorwärmung . . . . . °C	1775	1923	2127
Mit Vorwärmung . . . . . °C	2657	2853	2900
Gastemperatur . . . . . °C	1000	1100	—
Lufttemperatur . . . . . °C	1200	1250	1300
Raumgewicht . . . . . kg/Nm³f	1,256	1,012	0,470

Über die *Wertigkeit* der Brennstoffe war schon weiter oben (S. 238) die Rede und die Überlegenheit des Koksofengases über Generatorgas gezeigt. In Tabelle 55 sind die wichtigsten wärmetechnischen Kennzahlen für Steinkohlen-Generatorgas, für ein Mischgas und für Koksofengas angegeben. Für das Koksofengas ist der hohe Wasserstoff- und Methangehalt kennzeichnend. Die Verbrennungsgase haben deshalb auch eine andere Zusammensetzung. Die Kohlensäure- und Wasserdampfgehalte sind aus nebenstehender Gegenüberstellung ersichtlich. Das ist für die Gasstrahlung von Bedeutung. Das an Ballaststoff arme Koksofengas hat erheblich größeren Luftbedarf, ergibt geringe Mengen an Verbrennungsgasen bezogen auf den Heizwert des Frischgases.

	Generatorgas	Mischgas	Koksofengas
Kohlensäure Nm³/Nm³f .	0,170	0,140	0,080
Wasserdampf Nm³/Nm³f .	0,115	0,155	0,277

Die nachfolgende Zusammenstellung zeigt, welche Vorwärmemengen in kcal/Nm³ Frischgas bei Verbrennung ohne Gas- und Luftüberschuß und ohne Gas- und Luftvorwärmung bei verschiedenen Abgastemperaturen verfügbar sein würden:

Abgas-temperatur °C	Verfügbare Wärmemenge		
	Generator-gas	Mischgas	Koksofen-gas
400	1293	1702	3425
600	1124	1489	3076
800	943	1265	2718
1000	764	1041	2354
1200	580	814	1977
1400	385	573	1585
1600	193	326	1169
1750	37	134	853

Hieraus ergibt sich die hohe thermische Überlegenheit des Koksofengases für hohe Arbeitstemperaturen. Wird mit kaltem Koksofengas geheizt, so ist die Bildung von Spaltungskohlenstoff nur in geringem Umfang möglich. Es muß gewöhnlich auch hierbei Karburierung vorgenommen werden, um ausreichende Flammenstrahlung zu bekommen. Da das Raumgewicht des Koksofengases sehr gering ist, ist auch die kinetische Energie des Gases beim Austritt aus der Gasdüse gering, wenn nicht sehr hohe Gasgeschwindigkeiten angewendet werden. Das ist aber für eine gute Flammenführung unbedingt erforderlich.

d) Die Gestaltung der Brenner.

Die *Austrittsgeschwindigkeit* und die *Richtung* von Gas und Luft vor dem Brenner sind maßgebend für den Ablauf der Verbrennung. Die Strömungsgeschwindigkeit ist abhängig vom Druckgefälle, also vom Überdruck auf der einziehenden Seite und vom Unterdruck (Zugstärke) auf der abziehenden Seite des Ofens. Der Brenner wird durch die Züge im Ofenkopf gebildet. Diese Züge bilden aber auch die Abzugkanäle für die Abgase. Sie sind also in der einen Periode maßgebend für den Ablauf der Verbrennung, in der anderen Periode für die Verteilung der Abgase auf die Gas- und Luftkammer und somit für deren Vorwärmleistung.

Aus den früheren Ausführungen hat sich ergeben, daß die Verhältnisse für die verschiedenen in Betracht kommenden Heizgase verschieden liegen. Am einfachsten liegen die Verhältnisse bei Heizung mit Koksofengas wegen des Fortfalles der Gaskammern.

Die *erreichbaren Geschwindigkeiten für die Abgase* ergeben sich aus der am Kopf verfügbaren Zugstärke, diese hängt von der Größe des Kamins ab. Bei 70 bis 80 m Höhe des Kamins, bei günstiger Kanalanordnung und unter Einwirkung des Gegenauftriebes in den heißen Kammern kann mit einer Zugstärke von 40 mm WS am Ofenkopf gerechnet werden. Höhere Zugstärke kann durch eine Saugzuganlage erreicht werden. Jedoch soll man mit Rücksicht auf die Durchlässigkeit des Mauerwerkes mit der Zugstärke nicht wesentlich höher gehen. Dabei wird eine Gasgeschwindigkeit von 7 bis 8 Nm/s erreicht.

Bei Generatorgasbetrieb beträgt der Gasdruck 40 bis 50 mm WS und die daraus sich ergebende *Geschwindigkeit des Frischgases* 7 bis 9 Nm/s. Bei Mischgasbetrieb soll man mit Rücksicht auf die Lässigkeitsverluste mit dem Gasdruck auch nicht über 50 mm WS gehen. Es ergeben sich hierfür also ebenfalls Geschwindigkeiten von 8 bis 9 Nm/s. Bei Beheizung durch Koksofengas ist eine hohe Gasgeschwindigkeit erforderlich für eine gute Flammenführung. Sie ist wegen Fortfall der Gaskammer zulässig und man geht hier bis zu 50 Nm/s hinauf. Der Herdraum (Höhe bis zum Gewölbe) soll so bemessen werden, daß die Gasgeschwindigkeit 4 bis 7 m wird, wobei die höhere Geschwindigkeit für die großen Öfen in Betracht kommt.

Die *Luftgeschwindigkeit im Brenner* wird durch den natürlichen Auftrieb der heißen Luftkammer hervorgerufen. Sie ergibt sich je nach den Kammerverhältnissen zu 1 bis 3 Nm/s. Zur Erreichung einer höheren Luftgeschwindigkeit ist ein Gebläse erforderlich. Jedoch ist hier wieder eine Grenze durch die entstehenden Lässigkeitsverluste gegeben. Diese bedingt eine höchste Luftgeschwindigkeit von 6 bis 7 Nm/s.

Man ist demnach in der Lage, die Einströmgeschwindigkeiten und Ausströmgeschwindigkeiten am Ofen miteinander in Einklang zu bringen.

Bezüglich der *Verteilung der Abgase* auf Gas- und Luftkammer können bei Mischgasbetrieb sich Schwierigkeiten ergeben, weil er hohe Gasvorwärmung mit Rücksicht auf hinreichende Rußbildung erfordert, und zwar dann, wenn die Zugstärke nicht groß genug ist. Die Gaskammer muß mit ungefähr 50 % der Gesamtabgasmenge beaufschlagt werden. Das ist nur durch Drosselung der Abgase in den Luftkanälen zu erreichen, wie schon weiter oben ausgeführt wurde. Wenn hierbei die Zugstärke nicht groß genug ist, bedeutet das eine Abdrosselung des ganzen Ofens.

Welche Bedeutung die *Richtung* und *Lage der Flamme* im Herdraum hat, ist oben schon eingehend dargelegt worden. Die Strömungsrichtung der Flamme ist von großem Einfluß auf die Leistung des Ofens (Bild 319). Der Gasstrom soll nicht zu steil auf das Bad auftreffen, da er sonst leicht zerflattert und durch Bildung von „Stichflammen" Pfeiler, Gewölbe oder Rückwand angreift. Die Neigungswinkel α des Gasstromes sollen zwischen 8 und 12° liegen, für kleine Öfen unter 6 m Herdlänge ist α zu etwa 12° anzunehmen, mit zunehmender Herdlänge wird α kleiner und erreicht bei den größten Öfen etwa 8°, bei großen Maerz-Öfen trifft man sogar Winkel zwischen 7 und 5°. Die Sohle des Gaszuges soll 200 bis 400 mm über der Badoberfläche liegen, und zwar nimmt die Entfernung mit der Ofengröße zu. Der Luftstrom leitet beim Zusammentreffen mit dem Gasstrom die Verbrennung ein. Das *Schnittfeld* von Gas- und Luftstrom soll dicht über der Badoberfläche liegen, damit Gas und Luft nicht nacheinander auf das Bad aufprallen. Es soll im allgemeinen bei der ersten Arbeitstür liegen, bei den großen Öfen etwas mehr zur Ofenmitte. Das kann durch geeignete Wahl des Winkels β (Neigung der Sohle des Luftzuges) erreicht werden, wobei auch die Stärke der „*Zunge*" zwischen Gas- und Luftzug Einfluß hat.

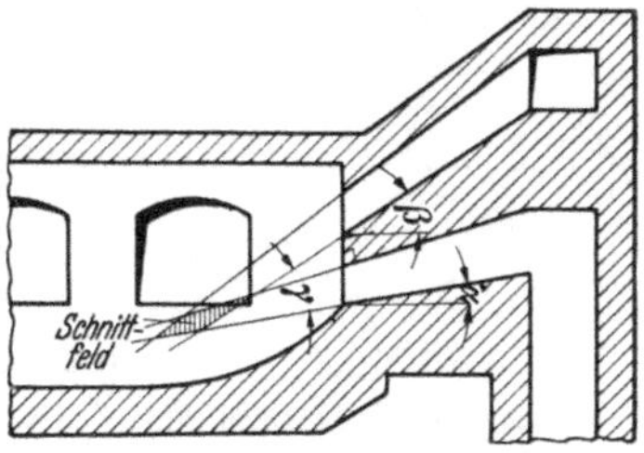

Bild 319. Anordnung der Brenner im Ofenkopf des Siemens-Martin-Ofens, Lage des Schnittfeldes von Gas und Luft.

Die Gasgeschwindigkeit betrage bei Öfen unter 6 m Herdlänge 3 bis 4,5 Nm/s, bei 6 bis 7 m Herdlänge 4,5 bis 5,5 Nm/s, bei 7 bis 9 m Herdlänge 5,5 bis 7 Nm/s, bei Herdlängen über 9 m 7 bis 8 Nm/s. Die Luftgeschwindigkeit beträgt bei den kleinen Öfen 1,2 bis 1,5 Nm/s und steigt mit der Größe des Ofens bis auf 4,0 Nm/s.

Bei Öfen, die mit kaltem Koksofengas beheizt werden, ist nach einigen Versuchsausführungen ein Ofenkopf nach Bild 320 entstanden, der für den Hoesch-Ofen kennzeichnend ist.

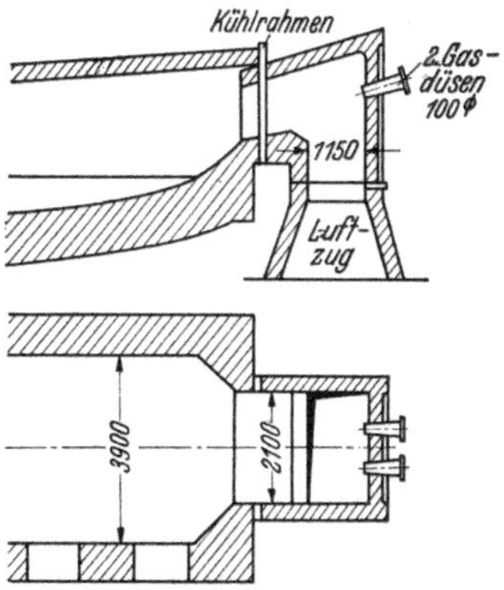

Bild 320. Ofenkopf des Siemens-Martin-Ofens mit Koksofengas-Beheizung.

e) Die Vorwärmung von Gas und Luft und die Gestaltung der Kammern.

Zur Erreichung des erforderlichen Temperaturgefälles im Herdraum müssen Gas und Luft, bei Kaltgasbeheizung nur die Luft vorgewärmt werden. Das soll unter Rückgewinnung eines möglichst großen Anteils der Abwärme des Herdraumes geschehen. Bild 321 zeigt den Temperaturverlauf in einer Kammer, wie er durch Meßgeräte angezeigt wird. Infolge der Trägheit der Meßgeräte wird der Beginn vom Speicherungs- und Entspeicherungsvorgang nicht deutlich angezeigt. Der wirkliche Temperaturverlauf wird etwa nach Bild 322a erfolgen. Die Linie a_1, b_1 kennzeichnet den Speicherungsvorgang, indem a_1 die Temperatur des heizenden Mittels bei Beginn und b_2 beim Ende der Heizperiode angibt. Die Linie a_2, b_2 kennzeichnet in gleicher Weise den Entspeicherungsvorgang, wobei a_2 die Temperatur des beheizten Mittels bei Beginn und b_2 beim Ende der Entspeicherungsperiode angibt. Der Temperatursprung von b_1 nach a_2 tritt ein, wenn das heizende Mittel abgestellt und das zu beheizende (kalte) Mittel eingelassen wird. Stellt man sich den Fall vor, daß die Umstellzeiten außerordentlich kurz werden, so würde ein Temperaturanstieg in der Heizperiode und ein Temperaturabfall in der Entheizperiode nicht mehr eintreten. Die beiden Mittel und jede Stelle des Speichers würden unveränderliche Temperaturen gemäß Bild 322b behalten. Mit dieser Annahme

Bild 321. Temperaturverlauf in der Kammer eines Siemens-Martin-Ofens gemäß Anzeige der Meßgeräte.

sind wir in der Lage, den Wärmeaustausch mit Speicherung und Entspeicherung auf den einfacheren Fall des Wärmeaustausches zurückzuführen, wie er sich beim Gegenstromrekuperator durch Wärmedurchgang abspielt. Die Temperaturschwankungen in Abhängigkeit von der Zeit können nun vorläufig außer Betracht bleiben und getrennt behandelt werden. Die Temperaturänderungen entlang dem Strömungsweg hängen vom Wasserwert des warmen und dem des kalten Mittels ab[1].

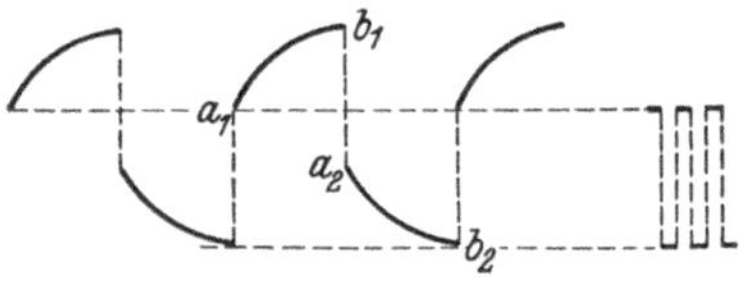

Bild 322a. Bild 322b.
Schematische Darstellung des wirklichen Temperaturverlaufs bei normalen und bei sehr kurzen Umstellzeiten.

Der Wasserwert ist $W = V\gamma c$,

hierin ist V = Gasvolumen m³/h,
γ = spezifisches Gewicht kg/m³,
c = spezifische Wärme des Gases kcal/kg °C.

Es bezeichne

W_1 den Wasserwert des warmen Mittels kcal/h °C,
W_2 den Wasserwert des kalten Mittels kcal/h °C,
ϑ_a die Anfangstemperatur des warmen Mittels °C,
ϑ_e die Endtemperatur des warmen Mittels °C,
ϑ'_a die Anfangstemperatur des kalten Mittels °C,
ϑ'_e die Endtemperatur des kalten Mittels °C.

Es ergeben sich nun drei verschiedene Fälle mit kennzeichnendem Verlauf der Temperaturen gemäß den Bildern 323a bis 323c.

Fall 1: $W_1 = W_2$; Fall 2: $W_1 > W_2$; Fall 3: $W_1 < W_2$.

Die Endtemperaturen ϑ_e und ϑ'_e sind abhängig von den Anfangstemperaturen ϑ_a und ϑ'_a, von den Wasserwerten W_1 und W_2 und von der Größe der Heizfläche sowie der Wärmedurchgangszahl. Bei gegebener Heizfläche und gegebener unveränderlicher Wärmedurchgangszahl ergeben sich für die Temperaturen folgende Gesetzmäßigkeiten:

1. Wird eine der beiden Anfangstemperaturen erhöht oder erniedrigt, so erhöhen oder erniedrigen sich auch die beiden Endtemperaturen.

2. Wird eine der beiden Anfangstemperaturen oder beide geändert, so ändern sich zwar die Endtemperaturen, aber das Verhältnis der Temperaturunterschiede $\frac{\vartheta_e - \vartheta'_a}{\vartheta_a - \vartheta'_e}$ bleibt unverändert.

Diese Annahme trifft für die Kammern des Siemens-Martin-Ofens zwar nicht uneingeschränkt zu, weil die Heizfläche entlang dem Strömungsweg sich ändert und die Wärmedurchgangszahl bzw. Wärmeübergangszahl infolgedessen und infolge Temperaturänderung andere Werte annimmt. Es kommt aber auch hier in erster Linie um die Lage der Endpunkte ϑ'_e (Temperatur von Heizgas und Luft am Brenner) und ϑ_e (Temperatur der Abgase beim Eintritt in den Essenkanal) an.

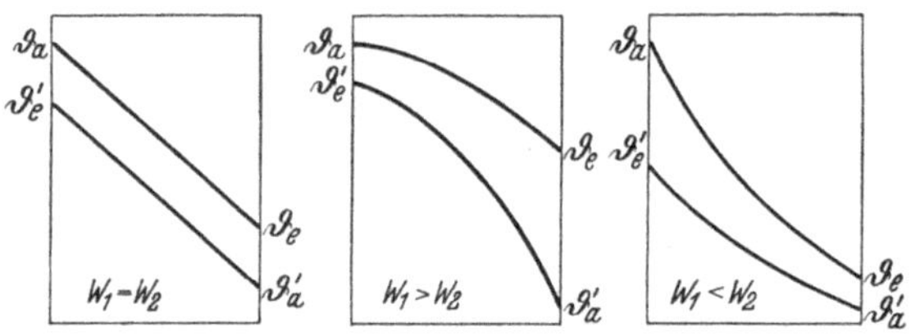

Bild 323a. Bild 323b. Bild 323c.
Temperaturverlauf bei verschiedenen Wasserwerten des warmen und kalten Mittels.

Wendet man nun die in den Bildern 322a bis 323c dargestellten Verhältnisse auf den Siemens-Martin-Ofen an, so ergibt sich folgendes:

In der *Luftkammer* ist bei der üblichen Betriebsweise das Abgasgewicht größer als das Luftgewicht und da auch die spezifische Wärme des Abgases oberhalb derjenigen der Luft liegt, so ist W_1 größer als W_2. Es gilt der Fall nach Bild 323b.

Für die *Gaskammer* gelten die Verhältnisse nach Bild 323c, denn das Abgasgewicht ist kleiner als das Gewicht des Frischgases und die spezifische Wärme des Abgases ist kleiner als die des Frischgases, mithin ist W_1 kleiner als W_2.

Dies wird bestätigt durch Temperaturmessungen in Gas- und Luftkammern, unter anderem gemäß Bericht des Stahlwerksausschusses Nr. 92 von Bansen[2].

Die aus diesen Feststellungen zu ziehende Nutzanwendung ist klar. Nimmt man nicht durch geeignete Maßnahmen Einfluß auf die Abgasverteilung, so wird die Gas-

[1] Gröber, H.: Die Grundgesetze der Wärmeleitung und des Wärmeüberganges. Berlin: Julius Springer 1921. — Herzog: Stahl u. Eisen 1926 S. 1778.

[2] Ber. Stahlwerksaussch. Ver. d. Eh.

kammer infolge des kleineren Gaszugquerschnittes durch das Abgas erheblich weniger beaufschlagt als die Luftkammer, es wird also für die Gaskammer W_1 kleiner als W_2. Bei Öfen, die mit heißem Generatorgas betrieben werden, wird die Gasvorwärmtemperatur nicht erheblich hinter der Luftvorwärmtemperatur zurückbleiben. Beim Betriebe mit kaltem Hochofen-Koksofen-Mischgas, bei dem hohe Gasvorwärmung geboten ist, wird die Gasvorwärmungstemperatur erheblich unter der Luftvorwärmungstemperatur liegen.

Nun darf bei diesen Betrachtungen nicht außer acht gelassen werden, daß erhöhte Endtemperatur des Frischgases ϑ_e' auch eine Erhöhung der Endtemperatur des Abgases zur Folge hat, was eine Verschlechterung der Abwärmeausnutzung bedeutet. Bei Mischgasbetrieb tritt das Heizgas kalt beim Ventil ein. Es kann also die Anfangstemperatur ϑ_a' für Gas und Luft gleichgesetzt werden. Ferner ist hierbei, wenn man von den Ausflammverlusten absieht, die Summe von Frischgas- und Luftgewicht gleich dem Abgasgewicht. Es läge demnach nahe, die Abgase so zu verteilen, daß in der Gaskammer und der Luftkammer das Gewicht des warmen gleich dem Gewicht des kalten Mittels ist. Allerdings wäre damit der für die günstigste Abwärmeausnutzung gegebene Fall nach Bild 320a mit $W_1 = W_2$ nur dann gegeben, wenn auch die spezifischen Wärmen die gleichen wären. Das ist aber nicht der Fall. Bei den in Betracht kommenden Temperaturen ist c_p für Luft $\sim 0{,}26$, für die Abgase $\sim 0{,}3$, für Steinkohlen-Generatorgas $\sim 0{,}34$ und für Mischgas $\sim 0{,}39$. Bei Generatorgasbetrieb ist der Unterschied in den spezifischen Wärmen zwischen Luft und Abgas sowie zwischen Abgas und Frischgas etwa 12%, so daß bei gleichem Gewicht des warmen und kalten Mittels die Abweichung von dem günstigsten Verhältnis nach Bild 323a nicht erheblich ist. Bei Mischgasbetrieb ist der Unterschied in den spezifischen Wärmen zwischen Abgas und Frischgas etwa 25%, so daß der Wasserwert des kalten Mittels bei gleichem Gewicht von Abgas und Frischgas in der Gaskammer erheblich größer wäre als das des warmen Mittels. Es läge der Fall nach Bild 323c vor.

Nach den Erfahrungen der Betriebe wird aber eine hinreichend gute Wärmeübertragung und entsprechende Ofenleistung bei Hochofen-, Koksofen-Mischgas nur erreicht, wenn die Gasvorwärmungstemperatur mindestens gleich der Vorwärmungstemperatur für Luft ist. Es muß also eine stärkere Beaufschlagung der Gaskammer erfolgen, um die erforderliche Vorwärmtemperatur des Gases zu erreichen. Das einfachste Mittel wäre, in den durch die Luftkammern führenden Abgasweg, etwa zwischen Gas- und Luftumsteuergerät einen Widerstand einzuschalten, was durch einen Schieber bewirkt werden kann. Voraussetzung für eine ausreichende Wirkung ist hinreichend großer Saugzug im Essenkanal. Eine andere, weniger einfache Möglichkeit, die Abgasverteilung wirksam zu beeinflussen, bietet die von W. Tafel vorgeschlagene Bauweise mit vollständig getrennten Wegen für die Abgase von den Luft- und Gaskammern, auch hinter den Umsteuergeräten und mit getrennten Kaminen oder Saugzuganlagen. Hierbei ist aber zu beachten, daß es für die Steigerung des Unterdruckes in den Abgaskanälen eine praktische Grenze gibt, die bei 50 bis 60 mm WS liegt. Bei weiterer Steigerung des Unterdruckes wird die Falschluftmenge so groß, daß deren Auswirkung eine Verschlechterung bringt.

Der theoretische Temperaturverlauf während der Heizperiode und Entheizperiode für irgendeinen Punkt des Wärmespeichers ist im Bilde 322a schematisch dargestellt. Die Temperaturzunahme a_1, b_1 und ebenso der Temperaturabfall a_2, b_2 hängt von folgenden Verhältnissen ab:

1. von der Dauer der Umschaltzeit,
2. von den Anfangstemperaturen und den Wasserwerten der strömenden Mittel,
3. von den Wärmeübergangszahlen der strömenden Mittel zur Wand,
4. von der Größe der Heizfläche.

Es mag zunächst festgestellt werden, daß der im Bild 323c dargestellte Fall eine Form gemäß Bild 324 annehmen muß. Die Anfangstemperaturen ϑ_a und ϑ_a' bleiben unverändert, da sie durch die Vorgänge im Wärmeaustauscher nicht beeinflußt werden. Die

Temperaturen der Wand und die Temperaturen der strömenden Mittel ändern sich, und zwar erhöhen sie sich während der Heizperiode, so daß sich die Endtemperatur ϑ_e vom Punkte 1 nach Punkt 2 verschiebt. Während der Entheizperiode werden die Temperaturen niedriger, so daß die Endtemperatur bis zum Ende der Periode bis zum Punkte 2 gesunken ist. Das hat für den Ofenbetrieb natürlich Bedeutung, denn mit dem Temperaturabfall der vorgewärmten Stoffe (Heizgas und Luft) ist eine Erniedrigung der Flammentemperatur verbunden. Sobald für diese die untere Grenze erreicht ist, muß umgeschaltet werden. Da mit dem Umschalten ein Wärme- und Brennstoffverlust verbunden ist, sind Maßnahmen notwendig, die die Umschaltdauer verlängern. Die Frage des Temperaturabfalles hat ihre besondere erhebliche Bedeutung bei Mischgasbetrieb. Wie dargelegt wurde, ist für die Kohlenstoffabscheidung aus Methan eine hohe Reaktionstemperatur gegeben. Wird sie nicht eingehalten, so treten die nachteiligen Folgen ein, die sich in schlechtem Wärmeübergang von der Flamme zum Bad und verminderter Ofenleistung auswirken. Deshalb wird bei Mischgasbetrieb nicht nach der Uhr, sondern nach dem Aussehen der Flamme umgeschaltet.

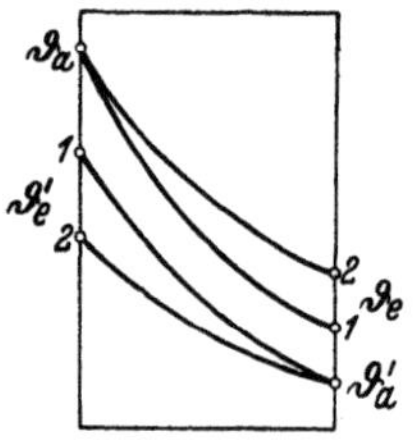

Bild 324. Temperaturanstieg im Heizabschnitt und Temperaturabfall im Entheizabschnitt.

Der Temperaturabfall wird, wie bei Besprechung der Winderhitzer (S. 198) dargelegt wurde, noch durch die Speicherverhältnisse stark beeinflußt. Die Temperaturabfallzahl $b = \frac{\varepsilon}{\eta_g \frac{\delta}{2} \gamma c}$ ist um so größer, je größer die Wärmeübergangszahlen α und α' sind, sie nimmt aber mit zunehmender Steinstärke ab.

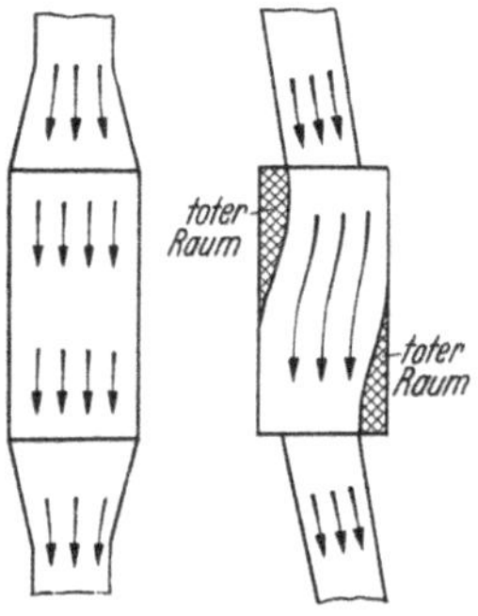

Bild 325. Schematische Darstellung von guter und schlechter Beaufschlagung von Kammern.

Bei den Kammern der Siemens-Martin-Öfen wird in Abweichung von den Winderhitzern die Rostpackung bevorzugt. Die Wärmeübergangszahl α_k hierfür wurde von KISTNER ermittelt (vgl. S. 88). Im übrigen sind alle Gesichtspunkte, die für die Wärmespeicherung in dem Gitterwerk der Winderhitzer dargelegt wurden, auch für die Regeneratoren maßgebend. Es sei deshalb auch an dieser Stelle auf die Tabelle für ε und b hingewiesen, die HEILIGENSTAEDT aufgestellt hat[1].

Die versetzte Rostpackung ist die wirksamste für den Wärmeübergang. Sie wird trotzdem vermieden insbesondere bei Generatorgasbetrieb, sie kann dagegen bei Mischgasbetrieb mit Vorteil Anwendung finden, wenn Schlackenkammern dem Speicher vorgeschaltet sind.

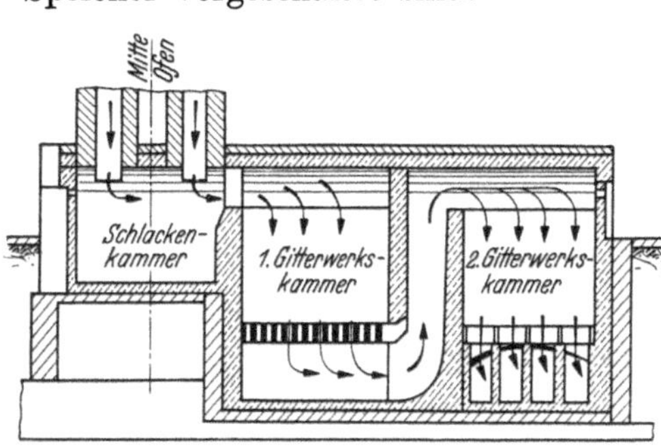

Bild 326. Hintereinanderschaltung zweier Gitterwerkskammern.

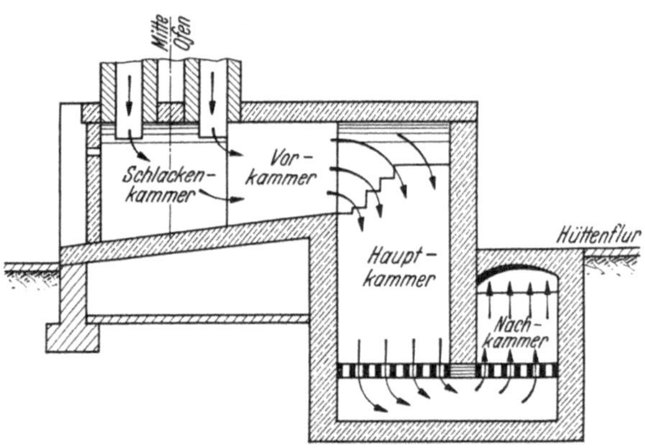

Bild 327. Kammeranordnung mit Vorkammer und Nachkammer, Bauart KÜHN.

Es bleibt nun noch der Einfluß der *Heizflächengröße* auf die Temperaturschwankungen zu erörtern. Je größer die Heizfläche und je größer das Gittergewicht ist, um so geringer werden die Temperaturschwankungen für eine bestimmte Umschaltzeit sein, weil das

[1] Zit. S. 96.

Gitterwerk in entsprechend geringerem Maße zum Wärmeaustausch herangezogen wird. Von großer Bedeutung ist ferner, daß alle Gitterwerksteile gleichmäßig von den strömenden Mitteln beaufschlagt werden. Um dieses zu erreichen, sind die Ein- und Austrittskanäle zu den Kammern so zu gestalten, daß möglichst kein Richtungswechsel eintritt

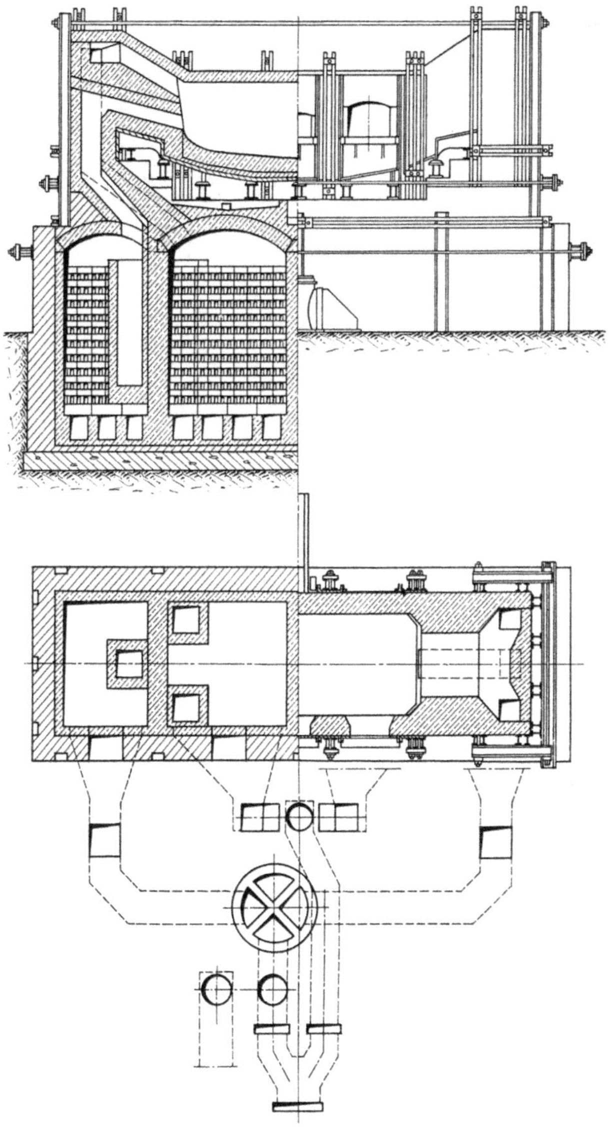

Bild 328. Siemens-Martin-Ofen mit in die Kammern eingebauten Schlackentaschen.

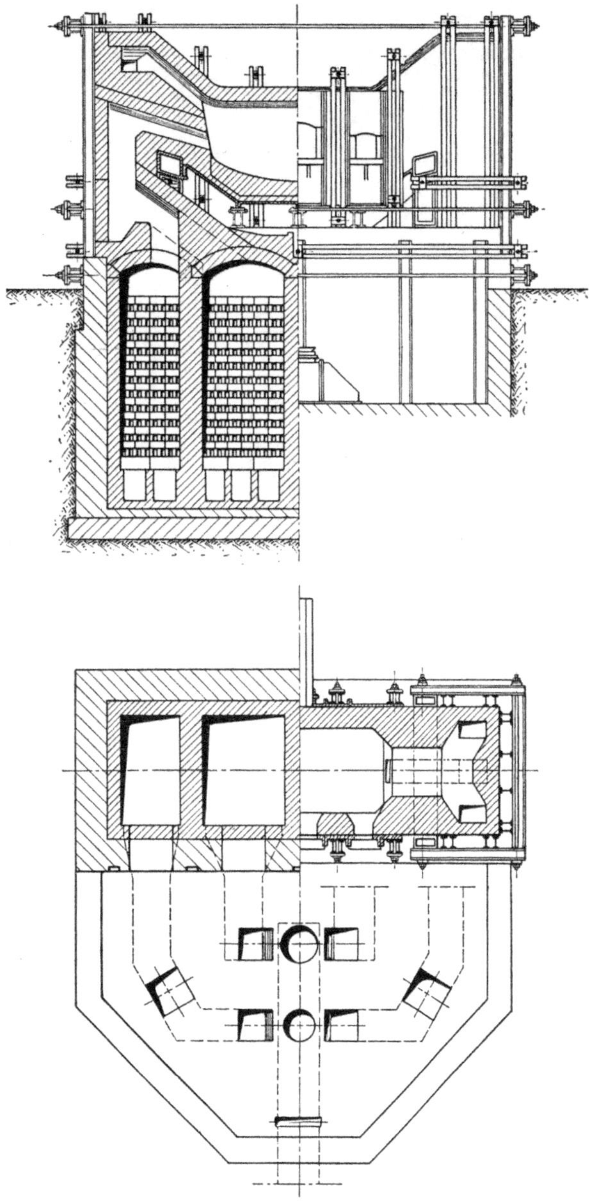

Bild 329. Siemens-Martin-Ofen mit in die Gas- und Luftzüge eingebauten Schlackentaschen.

und keine plötzliche Querschnittsänderung vorhanden ist, da sich sonst tote Räume bilden. Das ist durch Bild 325 für waagerecht liegende Kammern zur Darstellung gebracht. Man ist in den letzten Jahren auch bemüht, gute Speicherverhältnisse durch Verlängerung des Strömungsweges innerhalb des Gitters zu erreichen. Bild 326 zeigt als Beispiel die Ausführung als Doppelkammer, bei der zwei Kammern zwecks Verlängerung des Strömungsweges hintereinander geschaltet sind. Die Kammern nach Bauart Kühn gemäß Bild 327 bestehen aus der Vorkammer mit kräftigem Gitterwerk, der Hauptkammer mit eng gestelltem Gitterwerk und der Nachkammer, in der niedrige

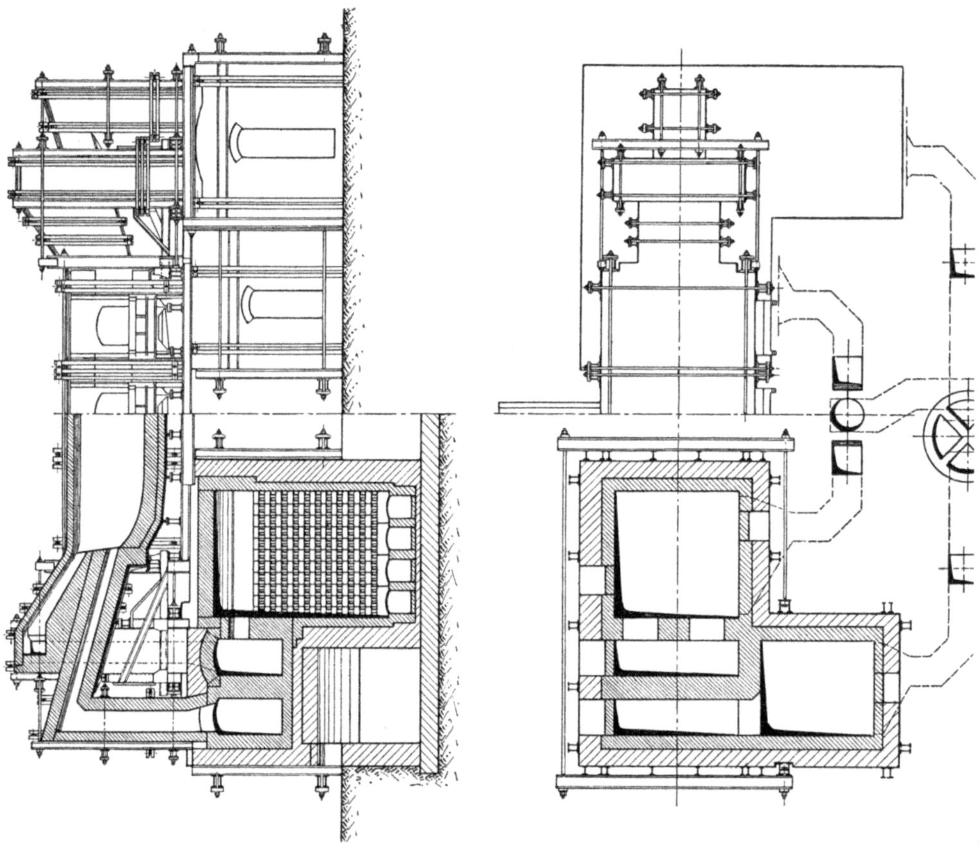

Bild 330. Siemens-Martin-Ofen mit vorgezogenen Gaskammern und besonderen Schlackenkanälen.

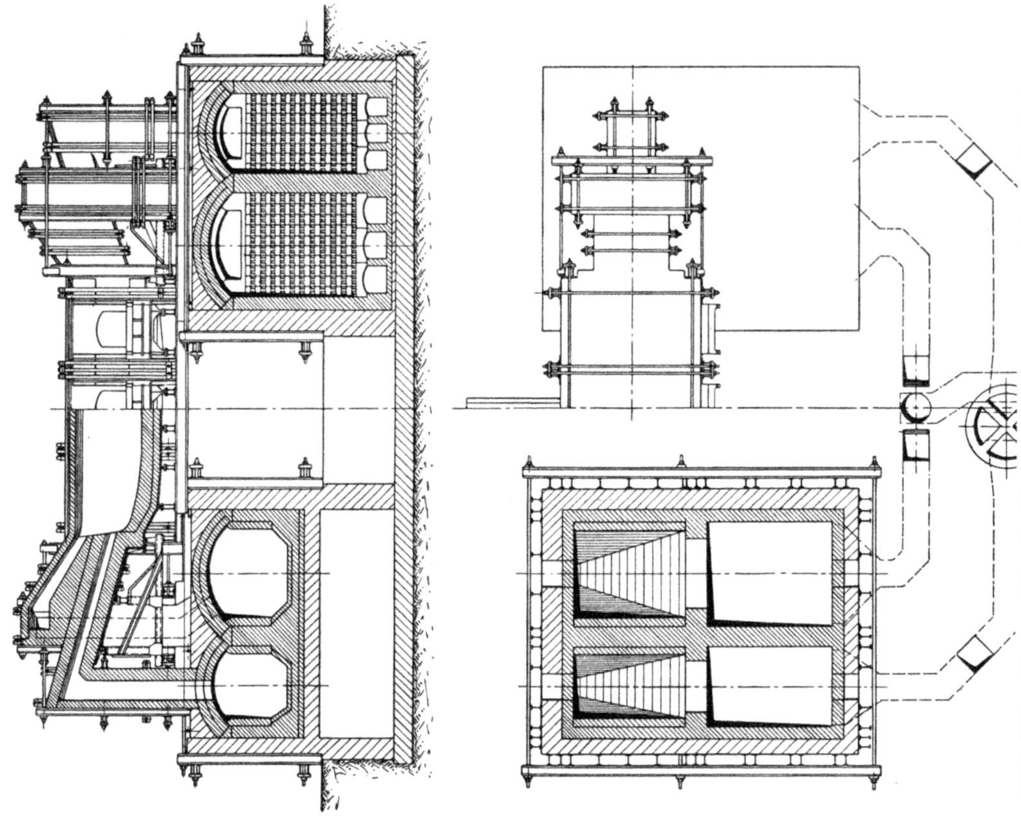

Bild 331. Siemens-Martin-Ofen mit vorgezogenen Luft- und Gaskammern und besonderen Schlackenkammern.

Temperaturen herrschen und geringe Anforderungen an die Besatzsteine gestellt werden. Wichtig für die Haltbarkeit der Gitter ist die Anordnung einer *Schlackenkammer* vor der Speicherkammer.

Die Kammern werden mit starken *Außenwänden* ausgeführt und vielfach noch mit einem Wärmeschutz versehen. Die Wärmeverluste nach außen sind deshalb gering. Anders liegen die Verhältnisse bei den freistehenden Gas- und Luftzügen. Die meist nur 250 mm starke Wand speichert Wärme und leitet gleichzeitig Wärme nach außen ab. SCHWARZ[1] hat durch Rechnung nachgewiesen, daß bei dünnen Wänden der Wärmeverlust nach außen so stark werden kann, daß auch noch von der vorgewärmten Luft bzw. dem vorgewärmten Gas Wärme nach außen abgeleitet wird, daß also ein Teil der

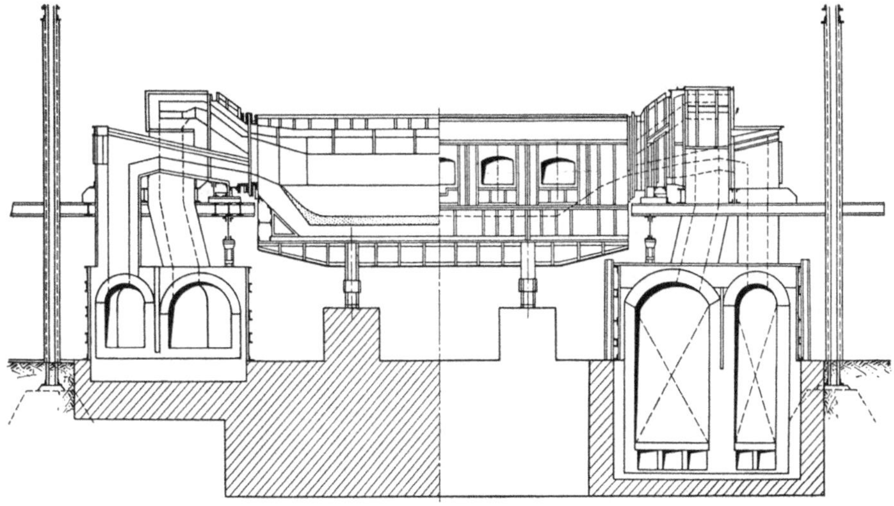

Bild 332. Siemens-Martin-Ofen mit auseinandergerückten Kammern und auf einer Eisenkonstruktion ruhendem Herd.

Speicherleistung verloren geht. Die Anordnung der Wärmespeicher ist sehr verschieden. Man kann vier Bauarten unterscheiden:

1. Anordnung der Kammern unter dem Herd, mit Schlackensäcken, die in die Kammern eingebaut sind nach dem Bilde 328 oder mit Schlackentaschen in den Luft- und Gaszügen nach dem Bilde 329.

2. Anordnung der Luftkammern unter dem Herd, die Gaskammern sind bis unter die Arbeitsbühne vorgezogen, besondere Schlackenkanäle befinden sich zwischen den senkrechten Gas- und Luftzügen und den Kammern. Die Anordnung ist aus dem Bilde 330 ersichtlich.

3. Anordnung von besonderen Schlackenkammern unter den Ofenköpfen, Gas- und Luftkammern sind gemäß Bild 331 bis unter die Arbeitsbühne vorgezogen.

4. Die Wärmespeicher und die Schlackenkammern sind soweit auseinandergerückt, daß der Herd auf einem Unterbau aus Eisenkonstruktion angeordnet werden kann. Eine solche Ausführung ist im Bilde 332 dargestellt. Diese Anordnung der Kammern ist auch geboten für die kippbaren Öfen gemäß Bild 333. Der Herd mit dem ganzen Oberofen ausschließlich der Brenner wird von einer Eisenkonstruktion korbartig umschlossen. Zwei Hauptquerträger sind so gestaltet, daß sie auf Rollenkränzen wie bei den Rollenmischern lagern. Die Rollenkränze sind in entsprechend gestalteten Ständern gebettet, die mit dem Fundament fest verbunden sind. In gleicher Weise werden die Flachherdmischer durchgebildet, die in Siemens-Martin-Stahlwerken als Sammler und Vorfrischöfen zur Anwendung kommen. Ein solcher Flachherdmischer ist im Bilde 334 dargestellt.

Es wurde weiter oben (S. 237) darauf hingewiesen, daß zwischen dem Einsatzgewicht und dem Gesamtkammerraum Beziehungen bestehen und es wurden Anhaltszahlen

[1] Ber. Stahlwerkaussch. Ver. d. Eh. Nr. 112.

mitgeteilt. Ferner wurden grundsätzliche Ausführungen über den Wärmeaustausch in den Kammern gemacht (S. 243f.), die gezeigt haben, daß eine rechnerische Ermittlung

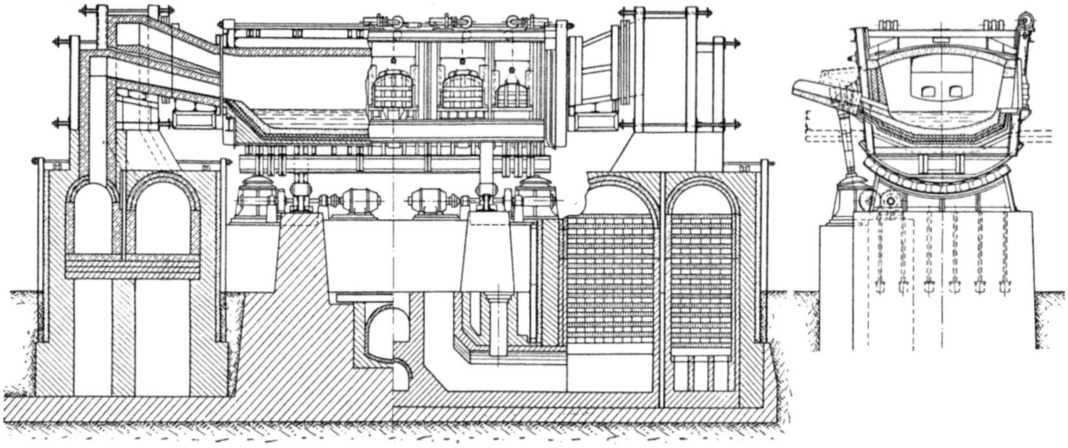

Bild 333. Kippbarer Siemens-Martin-Ofen.

der Heizfläche und des günstigsten Gitterwerkes erheblichen Aufwand und die Kenntnis einer großen Zahl von Versuchswerten erfordern. Maßgebend für die Höhe der

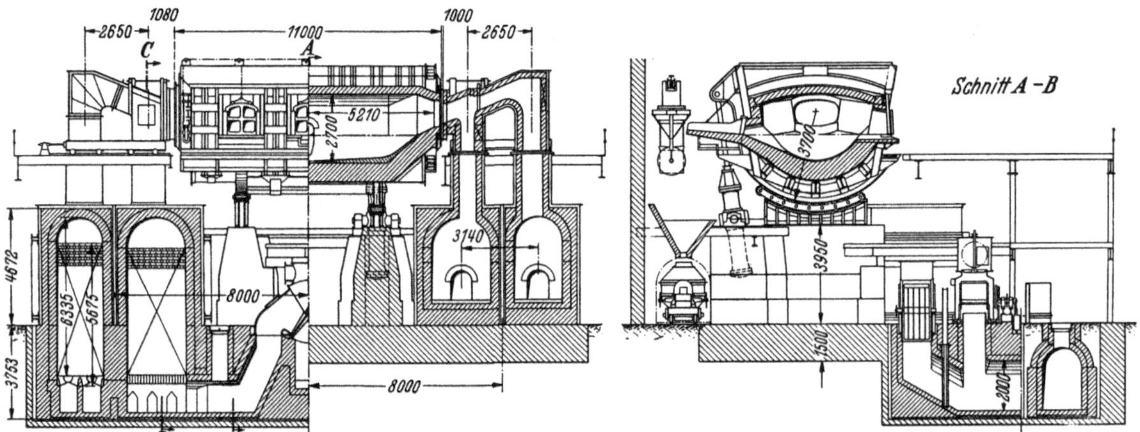

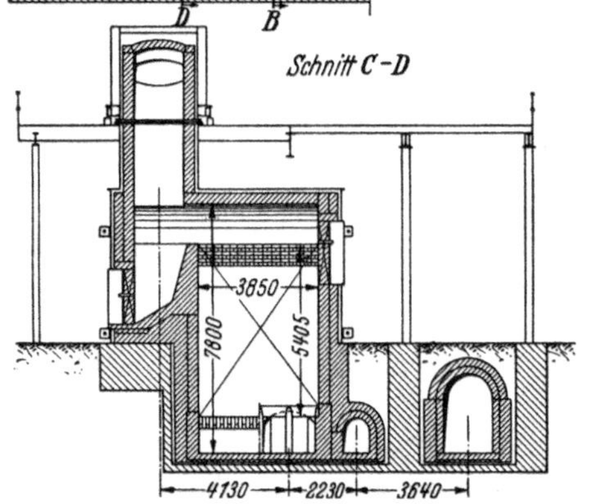

Bild 334. Flachherdmischer von 100 t Fassungsraum, mit Brenner von Moll, Erbauer Demag.

Vorwärmung ist bei den Verhältnissen der Siemens-Martin-Öfen in erster Linie die Gitterheizfläche und bei der üblichen Rostpackung der verfügbare Gitterraum. Es ist zweckmäßig, den Gitterraum auf die Wärmezufuhr in 10^6 kcal/h zu beziehen, da ja der Wärmeumsatz in den Kammern hiervon abhängig ist. Neuere Erhebungen[1] an gut gehenden Öfen haben gezeigt, daß bei Mischgasbeheizung 8 m³ Gasgitterraum 13 m³ Luftgitterraum, mithin 21 m³ Gesamtgitterraum für 10^6 kcal/h, bei Generatorgasbeheizung 7 m³ Gasgitterraum 9 m³ Luftgitterraum, mithin 16 m³ Gesamtgitterraum für 10^6 kcal/h angemessen sind. Bei der üblichen Gitterausführung (freizügige Rostpackung) ergibt sich je m³ Gitterraum 10 bis 12 m² Heizfläche. Zu den Heizflächen des Gitterwerkes kommen noch die Heizflächen, die von den Wänden der Kammern und Kanäle gebildet werden, die 40 bis 60% der Gitterheizfläche ergeben.

[1] Stahl u. Eisen 1936 S. 677.

Die *Querschnitte* der *Verbindungskanäle* zwischen den Kammern und dem Oberofen sowie zwischen den Kammern und den Umstellorganen können nach Tabelle 56 bemessen werden.

Der *Kamin* soll einen *Querschnitt* von 0,3 m² je 10^6 kcal Wärmeaufnahme des Ofens erhalten. Das bedingt folgende Durchmesser des Kamins an der Mündung:

Öfen von Fassungsvermögen t	10	20	30	40
Kamindurchmesser	1,6	1,7	1,9	2,0
Öfen von Fassungsvermögen t	60	80	100	150
Kamindurchmesser	2,1	2,1	2,3	2,8

Die *Höhe des Kamins* soll ungefähr 70 m betragen. Es ist kein Grund, bei den kleineren Öfen geringere Höhe zu nehmen, wie es vielfach geschieht, da die Zugstärke für alle Öfen in gleicher Höhe nötig ist, wenn Höchstleistungen erreicht werden sollen.

Bei Beheizung mit kaltem Koksofengas werden die Köpfe mit den Brennern nach dem Bilde 320 (S. 243) ausgeführt. Die Breite der Brennermündung soll ungefähr 0,5 der Herdbreite betragen. Der Querschnitt der Brennermündung soll zu etwa 1600 cm² für 10^6 kcal/h Wärmeaufnahme festgelegt werden. Es ergeben sich dann Brennerabmessungen und Querschnitte der senkrechten Luftzüge nach Tabelle 57.

Bei den Öfen mit Kaltgasbeheizung sind außerordentlich günstige Herdflächenleistungen bis 300 kg/m² erreicht worden.

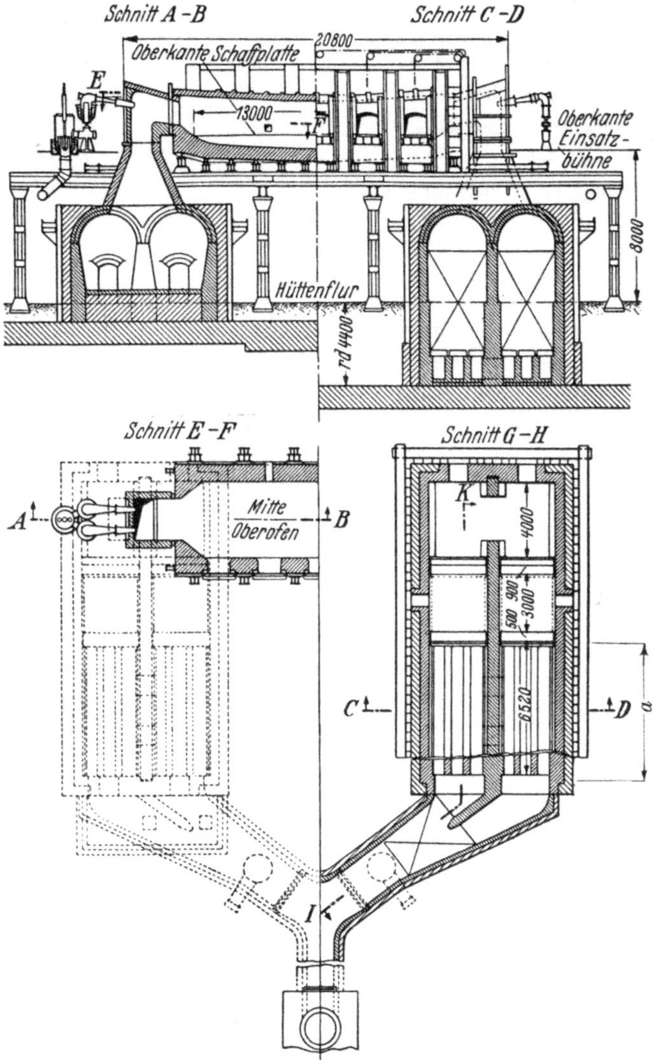

Bild 335. Siemens-Martin-Ofen für Beheizung mit kaltem Koksofengas, Bauart Hoesch.

Voraussetzung hierfür sind hohe Luftvorwärmung, günstige Strömungsverhältnisse in den Kammern und Kanälen, wie aus den Bildern 335, 336 ersichtlich ist. Besonders ist

Tabelle 56. Abmessungen der Verbindungskanäle.

Fassungsvermögen des Ofens t	Kanalquerschnitt in cm²					
	Gaswechselkanal	Luftwechselkanal	senkrechter Gaszug	senkrechter Luftzug	Brennermündung	
					Gas	Luft
10	3000	4500	3000	4000	800	2400
20	4000	6000	4000	5000	1000	3000
30	5500	7800	5000	7000	1200	3600
40	6500	9000	6000	8000	1500	4500
60	9000	12000	9000	11000	2000	6000
80	12000	15000	12000	14000	2500	7500
100	14000	17500	14000	16000	2900	8500
120	16000	20000	16000	18000	3300	9800
150	19000	24000	19000	21000	3900	11500

Tabelle 57. Abmessungen der Brenner und Luftzüge für Siemens-Martin-Öfen mit Beheizung durch kaltes Koksofengas.

Einsatzgewicht	t	10	20	30	40	60	80	100	120	150
Höhe des Brenners	m	1,2	1,35	1,5	1,6	1,85	2,0	2,1	2,2	2,25
Breite des Brenners	m	0,8	0,9	0,9	1,0	1,0	1,1	1,1	1,1	1,1
Brennerquerschnitt	m²	0,96	1,215	1,35	1,6	1,85	2,2	2,31	2,42	2,475
Querschnitt des senkrechten Luftzuges	m²	1,20	1,40	1,50	1,9	2,10	2,30	2,400	2,500	2,600
Anzahl und Durchmesser der Gasdüsen	mm	2 80	2 90	2 100	2 100	2 100	2 100	2 110	2 110	2 110

auf Vermeidung scharfer Richtungswechsel Wert zu legen (Bild 337[1]). Als Umstellorgane sind Schieber zu bevorzugen. Um die erforderliche Zugstärke sicherzustellen, sind ausreichende Abmessungen des Kamins Bedingung. Dann kann eine Saugzuganlage entbehrt werden.

Damit die *Hauptgitterkammern* dauernd in gutem Zustand bleiben, ist es wichtig, daß die von den

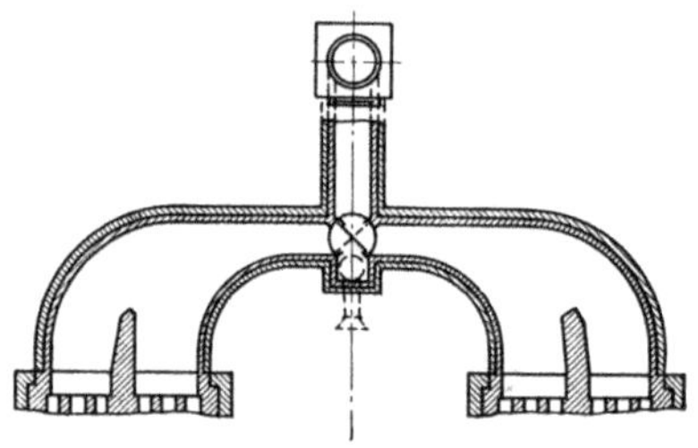

Bild 337. Wechselkanäle zum Siemens-Martin-Ofen, Bauart Hoesch.

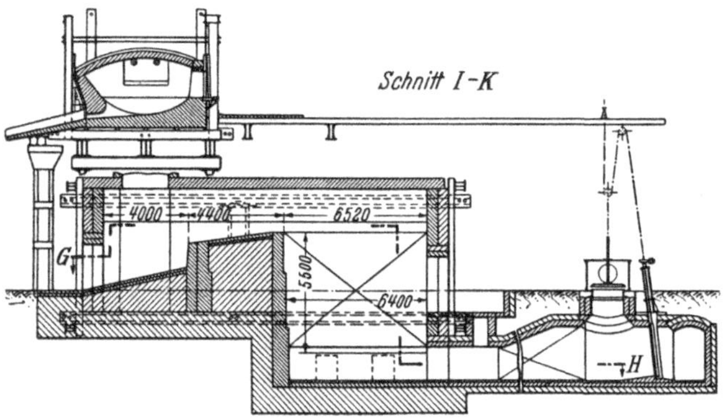

Bild 336. Schnitt *I—K* zum Bilde 335, Siemens-Martin-Ofen, Bauart Hoesch.

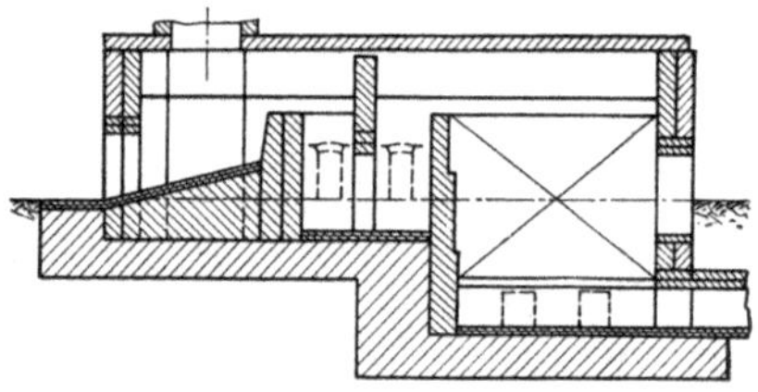

Bild 338. Schnitt durch Schlacken- und Gitterkammer des Siemens-Martin-Ofens, Bauart Hoesch.

Abgasen mitgeführten Schlackenteilchen vorher abgeschieden werden (Bild 338). Wesentlich ist hierfür auch, daß die Temperaturen im Gitterwerk nicht zu hoch steigen. Der Weg vom Ofenkopf zur Kammer soll so groß sein, und die Heizfläche von Wänden und Pfeilern so umfangreich, daß die oberen Lagen des Gitterwerkes nicht über 1000° erhitzt werden. Wie aus Bild 335 ersichtlich, sind bei den Öfen der Bauart Hoesch zwei Luftkammern an jeder Ofenseite nebeneinander angeordnet und durch einen gemeinsamen Luftzug mit dem Oberofen verbunden. Diese Bauart nach dem Patent Hoesch-Schweitzer hat den Vorteil, daß sich auch bei großen Kammern kleine Gewölbespannweiten ergeben und eine gute Verteilung der Abgase und Luft eintritt[2].

f) Die Baustoffe der Siemens-Martin-Öfen.

Die den Herd tragenden *Platten* werden aus Gußeisen oder Stahlguß hergestellt. Sie müssen untereinander verbunden sein, um ein Verschieben zu verhindern. Die Platten ruhen auf Trägern derart, daß Luftströmung zur Kühlung möglich ist. Die Träger ruhen, je nach der Bauart des Ofens, auf den Außenmauern der Kammern oder auf den Unterzügen der Tragkonstruktion. Eine Belastung der Kammergewölbe ist nicht zulässig. Die erste Schicht des *Herdes* über den Platten kann aus Schamottesteinen hergestellt

[1] Stahl u. Eisen 1934 S. 1—11, 29—36. [2] Stahl u. Eisen 1936 S. 321 u. 351.

werden, dann folgt eine etwa 300 mm starke Schicht aus Magnesitsteinen. Darüber kommt Dolomitstampfmasse oder Magnesitmasse. Die Dolomitlage ist am Stichloch mit 50 mm am dünnsten und wird nach der Vorderwand und den Ofenköpfen allmählich dicker, so daß eine flache Mulde entsteht. Die letzten Lagen bis zu 100 mm Dicke werden im aufgeheizten Ofen in dünnen Schichten aufgeschmolzen. Zur besseren Verschweißung der einzelnen Schichten miteinander wird Martin-Schlacke beigegeben. Die *Vorderwand* wird meist bis zur Höhe der Schlackenzone treppenförmig aus Magnesitsteinen aufgemauert. Die oberen Schichten können auch aus Silikasteinen hergestellt werden. Die Rückwand wird entweder ganz aus Magnesitsteinen ausgeführt oder es wird vor der hochgehenden Mauer aus Magnesitsteinen Dolomit- oder Magnesitstampfmasse vorgestampft. Zuweilen wird auch die Rückwand oberhalb der Schlackenzone aus Silikasteinen hergestellt und dann nach Inbetriebnahme des Ofens mit Dolomitmasse beworfen. Die Vorderwand erhält je nach der Größe des Ofens eine Stärke von 500 bis 750 mm unten und 380 bis 500 mm oben. Die Stärke der *Rückwand* beträgt unten 600 bis 900 mm, oben 380 bis 500 mm. Die Ofenköpfe werden, wenn nicht Sondersteine Verwendung finden, aus besten Silikasteinen hergestellt. Vielfach wird die *Sohle des Gaszuges* aus Magnesitsteinen ausgeführt. Für die *Spiegel* werden Chromerzsteine oder Chrommagnesitsteine benutzt. Das *Gewölbe* des Oberofens und die Kammern werden aus Silikasteinen errichtet. Die Gewölbestärke beträgt gewöhnlich 300 mm. Rippengewölbe haben Zwischenlagen von 400 mm Höhe. Die Stichhöhe des Ofengewölbes beträgt je nach Ofenbreite 250 bis 300 mm. Die Baustoffe bei einem Siemens-Martin-Ofen sind in dem Bild 339 kenntlich gemacht. Die Haltbarkeit des Oberofens ist maßgebend für die Leistung und Wirtschaftlichkeit des Stahlwerksbetriebes. Alle Maßnahmen durch Luftkühlung und wo angängig auch durch Wasserkühlung haben keine durchgreifende Besserung gebracht. Ebensowenig brachte eine Verstärkung der Verschleißstellen großen Nutzen. Die häufigen Flickarbeiten und Neuzustellungen drücken die Jahresbetriebswochen auf 40 herunter, so daß noch nicht 80% der Zeit ausgenutzt wird.

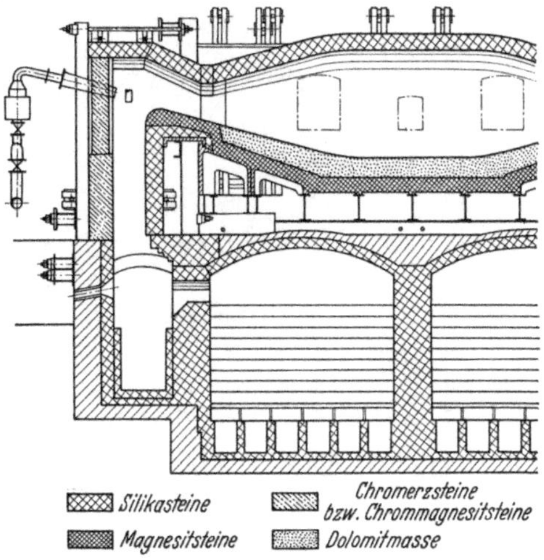

Bild 339.
Die Baustoffe bei einem Siemens-Martin-Ofen.

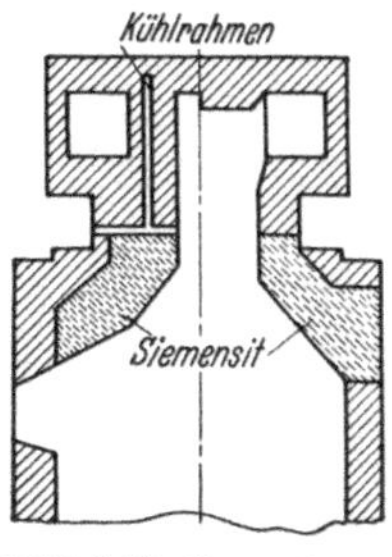

Bild 340. Zustellung der Stirnwände mit Siemensit.

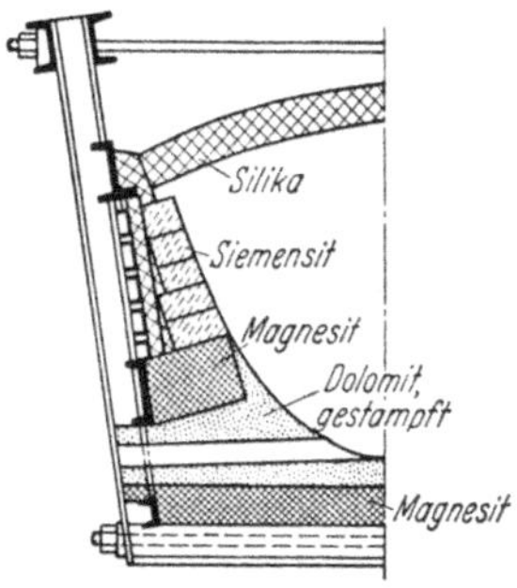

Bild 341. Zustellung der Rückwand mit Siemensit-Steinen.

Die Nachteile des Silikasteins sind seine große Ausdehnung unter Einfluß der Wärme bis 700°, seine geringe Temperaturwechselbeständigkeit von 0 bis 900°, der tiefliegende Erweichungspunkt (1630 bis 1660°) und dazu kommt bei Verwendung im basischen Ofen die zerstörende Wirkung des abtropfenden Stoffes auf die basisch zugestellten Ofenteile. Es sind in den letzten Jahren *neuartige feuerfeste Steine* entwickelt worden, die im zweiten Abschnitt in Tabelle 26 angeführt und mit ihren Eigenschaften als ein wesentlicher Fortschritt gekennzeichnet sind. Inzwischen liegen auch günstige Berichte über Betriebserfahrungen mit diesen

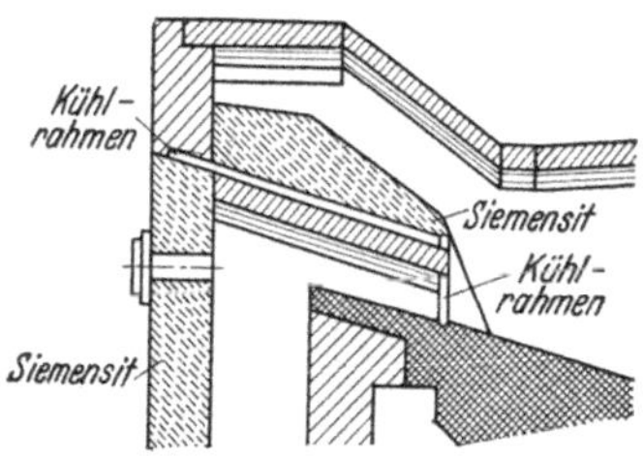

Bild 342. Brennerzunge mit Kühlrahmen, Abdeckung mit Siemensit, Ausführung des Gaszugspiegels mit Siemensit.

Sonderbaustoffen vor[1]. Die Bilder 340, 341 und 342 zeigen die Anwendung von *Siemensit* an den Stirnwänden, an der Rückwand und an der Brennerzunge des besonders scharf betriebenen 150-t-Ofens des Stahlwerkes *Brandenburg*. Die Wirtschaftlichkeit dieses neuen Baustoffes hat sich bei diesem Ofen nicht nur aus der längeren Haltbarkeit, sondern auch durch die bessere Ausnutzung der Betriebszeit durch Fortfall der Ausbesserungsarbeiten und der hierdurch hervorgerufenen zusätzlichen Anheizzeiten ergeben. Im Bild 343 ist die Verwendung von Sondersteinen an den Siemens-Martin-Öfen in *Völklingen* gezeigt. Es wird eine erheblich erhöhte Betriebszeit von dieser neuen Bauweise erwartet und es hat sich bereits ergeben, daß eine schärfere Führung des Ofens mit 20% Leistungssteigerung möglich ist. Obgleich die Vorteile bei Verwendung von Sondersteinen offensichtlich sind, fehlt es nicht an Hinweisen auf die erhebliche Erhöhung der Zustellungskosten, die hierdurch entstehen. Es wird die Ansicht vertreten, daß man durch geeignete Maßnahmen in der Lage ist, gleich gute Ergebnisse mit den bisher gebräuchlichen Baustoffen zu erreichen. J. SITTARD[2] berichtet über die Anwendung von Dolomitpreßsteinen für die Rückwand der Siemens-Martin-Öfen. Sie werden aus gebranntem Dolomit in einer Körnung von 1 bis 2 mm mit 4% Teerbeimischung hergestellt und auf einer Steinpresse bis zu 2000 at gepreßt. Die Abmessungen betragen $350 \times 150 \times 100\,mm^3$ bei einem Raumgewicht von 2,8. Um das Eindringen von Luftfeuchtigkeit zu verhindern, werden die Steine mit einer Teer-Goudronmischung bestrichen oder in ein solches Bad getaucht und dann in Papier dicht eingepackt. Der Einbau der Steine entspricht dem der Siemensitsteine gemäß Bild 341. Die Haltbarkeit betrug bei sehr heißgehenden Öfen 22000 bis 25000 t Stahl. Die Wirtschaftlichkeit übertrifft die von magnesit- oder chromoxydhaltigen Sondersteinen.

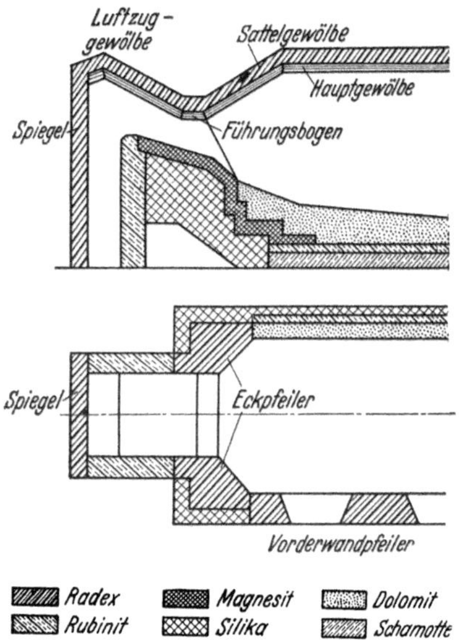

Bild 343. Verwendung von Sondersteinen an den Siemens-Martin-Öfen in Völklingen.

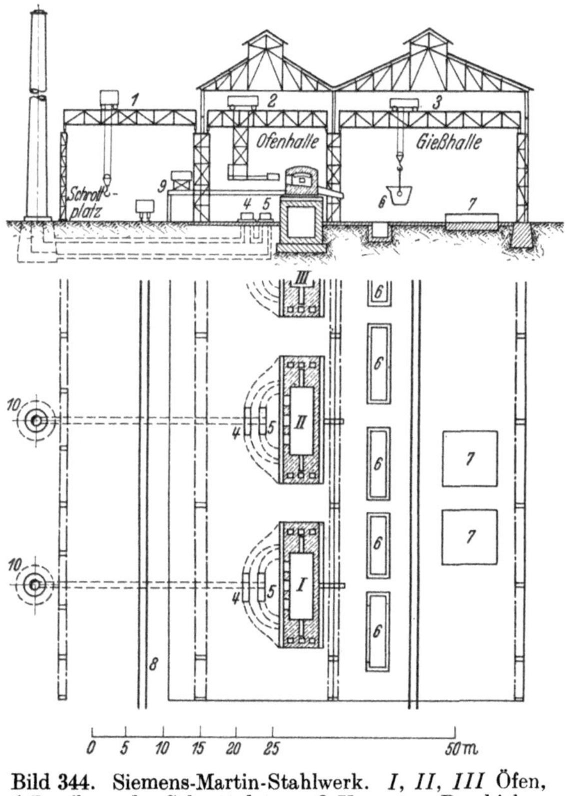

Bild 344. Siemens-Martin-Stahlwerk. *I, II, III* Öfen, *1* Laufkran des Schrottplatzes, *2* Kran zum Beschicken der Öfen, *3* Gießkran, *4* Gasumsteuerventil, *5* Luftumsteuerventil, *6* Gießgruben, *7* Kokillenrost, *8* Normalspurgleis, *9* Abstelltisch für Mulden, *10* Kamine.

g) Die Durchbildung der Siemens-Martin-Stahlwerke.

Die Siemens-Martin-Stahlwerke bestehen im allgemeinen aus zwei parallel zueinander liegenden Haupthallen. In der einen befinden sich die Öfen mit den Arbeitsbühnen und den Umsteuereinrichtungen, in der anderen die Gießeinrichtungen. Es ist zweckmäßig, den

[1] SITTARD, J.: Siemensit im Siemens-Martin-Ofen. Stahl u. Eisen 1932 S. 1014. — HEGER, SONNTAG u. LEINEWEBER: Erfahrungen mit neuartigen hochfeuerfesten Steinen für Siemens-Martin-Öfen. Stahl u. Eisen 1935 S. 265.

[2] SITTARD, J.: Stahl u. Eisen 1937 S. 1305.

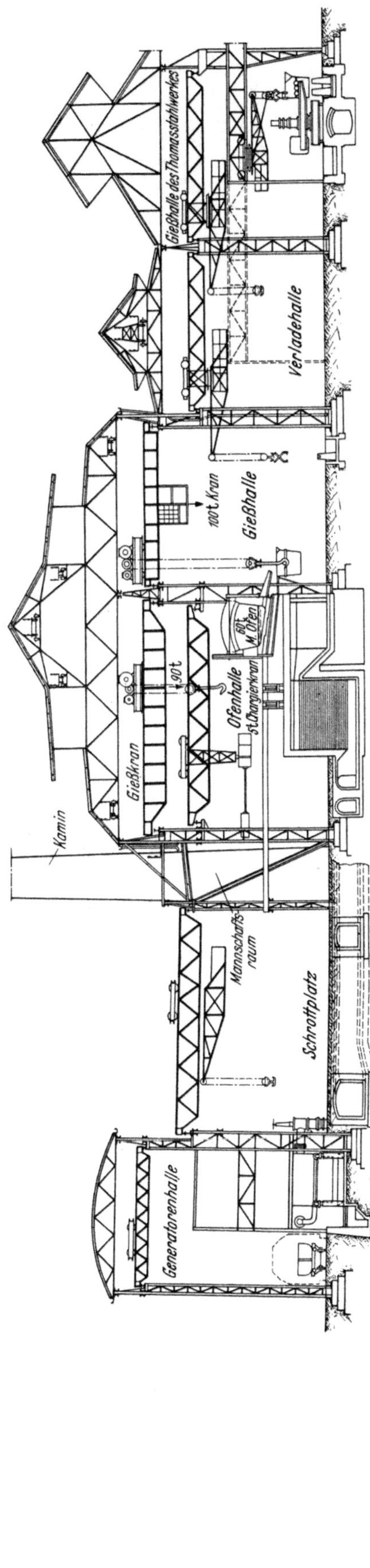

Bild 345. Querschnitt durch das Siemens-Martin-Stahlwerk Neu-Oberhausen, Gutehoffnungshütte Oberhausen.

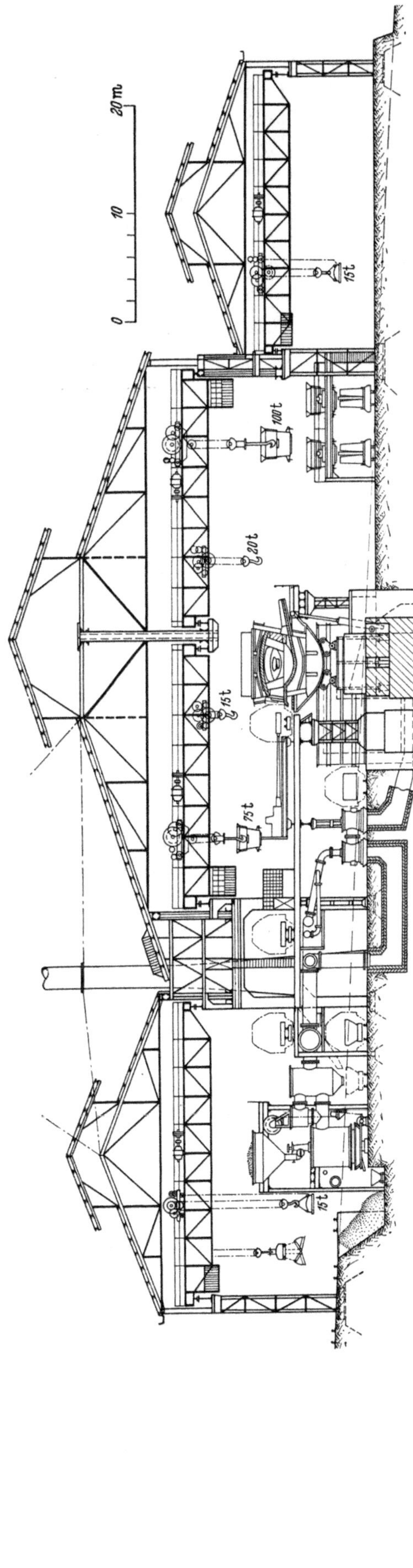

Bild 346. Querschnitt durch ein Stahlwerk mit kippbaren Siemens-Martin-Öfen, Beheizung mit Generatorgas, Einrichtung für flüssigen Roheiseneinsatz.

Lagerplatz für die Rohstoffe, insbesondere den Schrott ebenfalls parallel zur Ofenhalle und unmittelbar an diese anschließend anzuordnen, dann ist das Einfüllen der Rohstoffe in die Einsetzmulden und deren Übernahme durch die Ofenbeschickkrane am einfachsten durchzuführen. Bild 344 zeigt ein solches Stahlwerk. Wenn die Öfen mit Generatorgas beheizt werden, kann die Gaserzeugeranlage neben dem Schrottplatz liegen, wie in Bild 345 dargestellt ist. Beim Arbeiten

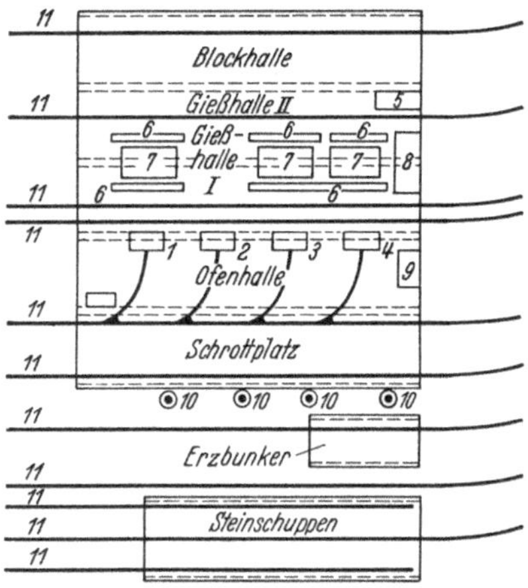

Bild 347. Lageplan des Siemens-Martin-Stahlwerkes des Bochumer Vereins in Höntrop. *1*, *2*, *3* u. *4* kippbare Siemens-Martin-Öfen, *5* Pfannenausbesserung, *6* Gießgruben, *7* Kokillenroste, *8* Schmiede und Schlosserei, *9* Laboratorium, *10* Kamine, *11* normalspurige Geleise.

mit flüssigem Einsatz ist es zweckmäßig, in der Ofenhalle einen Pfannenkran für die Beförderung und das Einsetzen des Roheisens anzuordnen. Die Gießhalle wird dadurch entlastet. Statt des Muldenkrans kann dann ein auf der Ofenbühne laufender Wagen vorgesehen werden, der in gleicher Weise mit einem drehbaren und schwenkbaren Ausleger ausgestattet ist. Bild 346 zeigt den Querschnitt eines solchen Stahlwerkes. Bei Stahlwerken mit großen Öfen und entsprechend großen Abstichen kann sich ergeben, daß eine Gießhalle für das Abgießen der Schmelzen nicht ausreicht, besonders wenn das Gewicht der einzelnen Blöcke gering ist oder wenn eine größere Zahl von verschiedenen Blockabmessungen in Betracht kommt. Eine Anlage mit zwei Gießhallen ist in den Bildern 347 und 348 dargestellt.

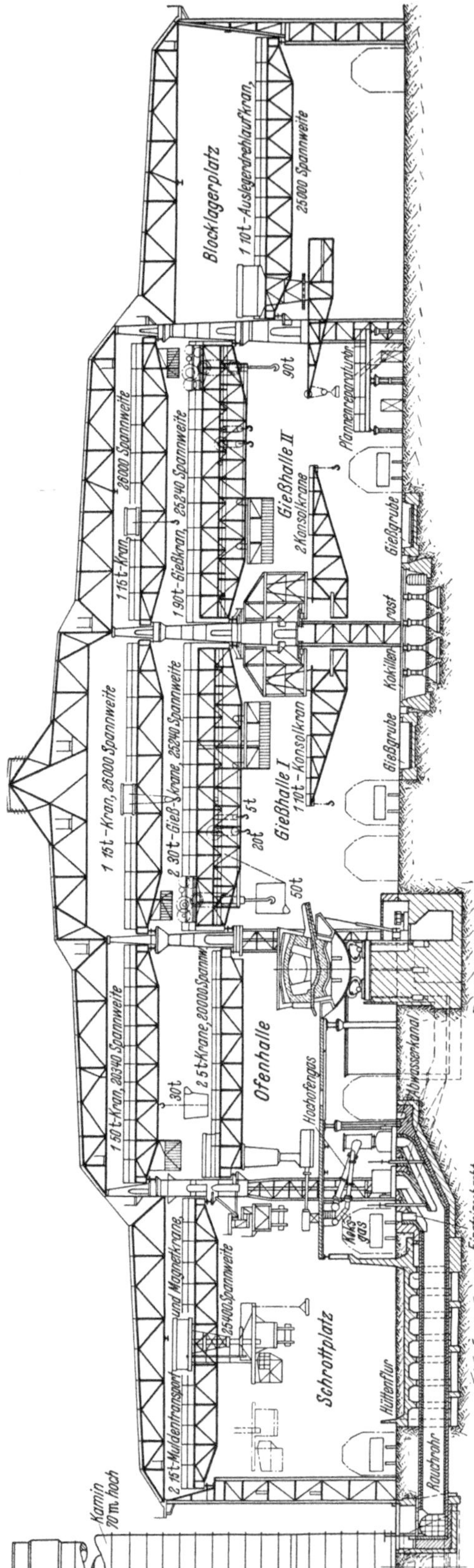

Bild 348. Querschnitt durch das Siemens-Martin-Stahlwerk des Bochumer Vereins in Höntrop.

IV. Elektrostahlwerke.

Als Wärmequelle dient hier der elektrische Strom und es ist leicht einzusehen, daß die Wirtschaftlichkeit ausschlaggebend durch die Höhe des Stromverbrauches und die Stromkosten beeinflußt wird. Möglichst reiner und am besten flüssiger Einsatz verbilligt die Kosten. Die Qualität des Elektrostahles ist vorzüglich. Hauptanwendungsgebiet sind die Edelstahlwerke, wo die besonderen Anforderungen an die Güte des Stahles den erhöhten Kostenaufwand rechtfertigen. Elektrostahlöfen werden auch zum Einschmelzen von Ferromangan und zur Herstellung von synthetischem Roheisen verwandt.

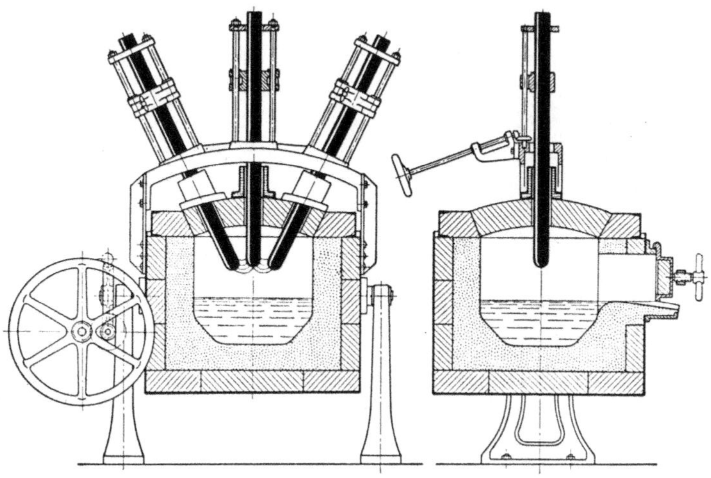
Bild 349. Mittelbar beheizter Lichtbogenofen.

Über die Ofenbauarten waren grundsätzliche Ausführungen bereits auf S. 35f. gemacht worden. Wir hatten gesehen, daß die *mittelbare Lichtbogenheizung* im Elektrostahlwerk seltener und nur zur Herstellung besonderer Stahllegierungen in kleinen Mengen und zur Herstellung von Stahlguß angewandt wird. Eine Ausführungsform eines mittelbar beheizten Lichtbogenofens, wie er auch vielfach in der Metallindustrie zu finden ist, zeigt Bild 349. Bei dem dargestellten Ofen führen drei durch den Deckel ragende Graphitelektroden den Strom zu. Die Anordnung ist so gewählt, daß sich die Lichtbogenstrahlung gleichmäßig über das Bad verteilen kann. Ofentemperatur 1800°, Ofeninhalt 50 bis 500 kg Stahl.

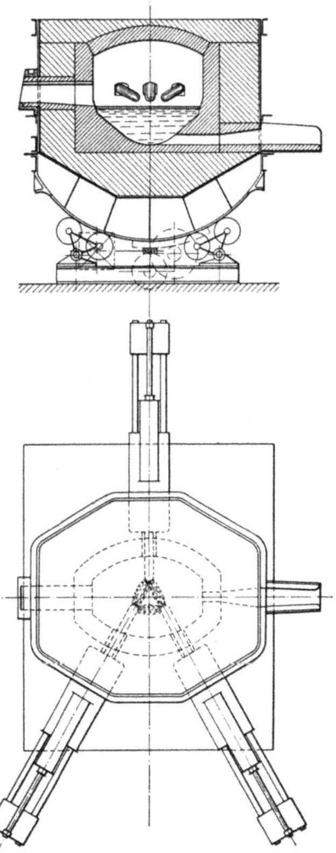
Bild 350. Bonner-Ofen (MÖNKEMÖLLER-Ofen).

Bei dem BONNER- oder MÖNKEMÖLLER-Ofen (Bild 350) sind die Elektroden in Form eines Sternes mit um 120° versetzten Armen angeordnet. Die Elektroden treten durch die Seitenwände in nach unten geneigter Lage in das Ofeninnere ein. Fassungsvermögen 0,2 bis 5 t.

Die größte Bedeutung haben im Edelstahlwerk die *unmittelbar beheizten Lichtbogenöfen.* Bild 351 gibt die Ausführung eines HÉROULT-Lichtbogenofens wieder. Die dazu gehörigen Betriebsdaten enthält Tabelle 58.

Der Energieverbrauch im Lichtbogenofen hängt von der Arbeitsweise und der Zusammensetzung des Einsatzmaterials sowie von dem gewünschten Endprodukt ab. Für die Beurteilung des Ofens ist in erster Linie der Energieverbrauch für die Einschmelzperiode maßgebend, während der Gesamtenergieverbrauch auch noch von der Raffinationsdauer abhängt, die bei den einzelnen Herstellungsverfahren verschieden ist. Der *Energieverbrauch* beträgt für das Einschmelzen 520 bis 620 kWh/t bei festem Einsatz. Für die Raffination sind 200 bis 500 kWh/t notwendig. Insgesamt kann man je t Einsatz rechnen bei

hochwertigem Stahl 900 kWh/t bei festem Einsatz,
450 kWh/t bei flüssigem Einsatz;

Normalgüte und Stahlformguß 700 kWh/t bei festem Einsatz,
250 kWh/t bei flüssigem Einsatz.

Bei Öfen unter 5 t sind die Werte rund 20 % höher, bei sehr großen Öfen etwa 10 % geringer.

Bild 352 zeigt die Gesamtanlage eines Lichtbogenofens für 10 t Fassungsvermögen von der Deutschen Maschinenfabrik Akt.-Ges. in Duisburg. Der Elektrodenverbrauch

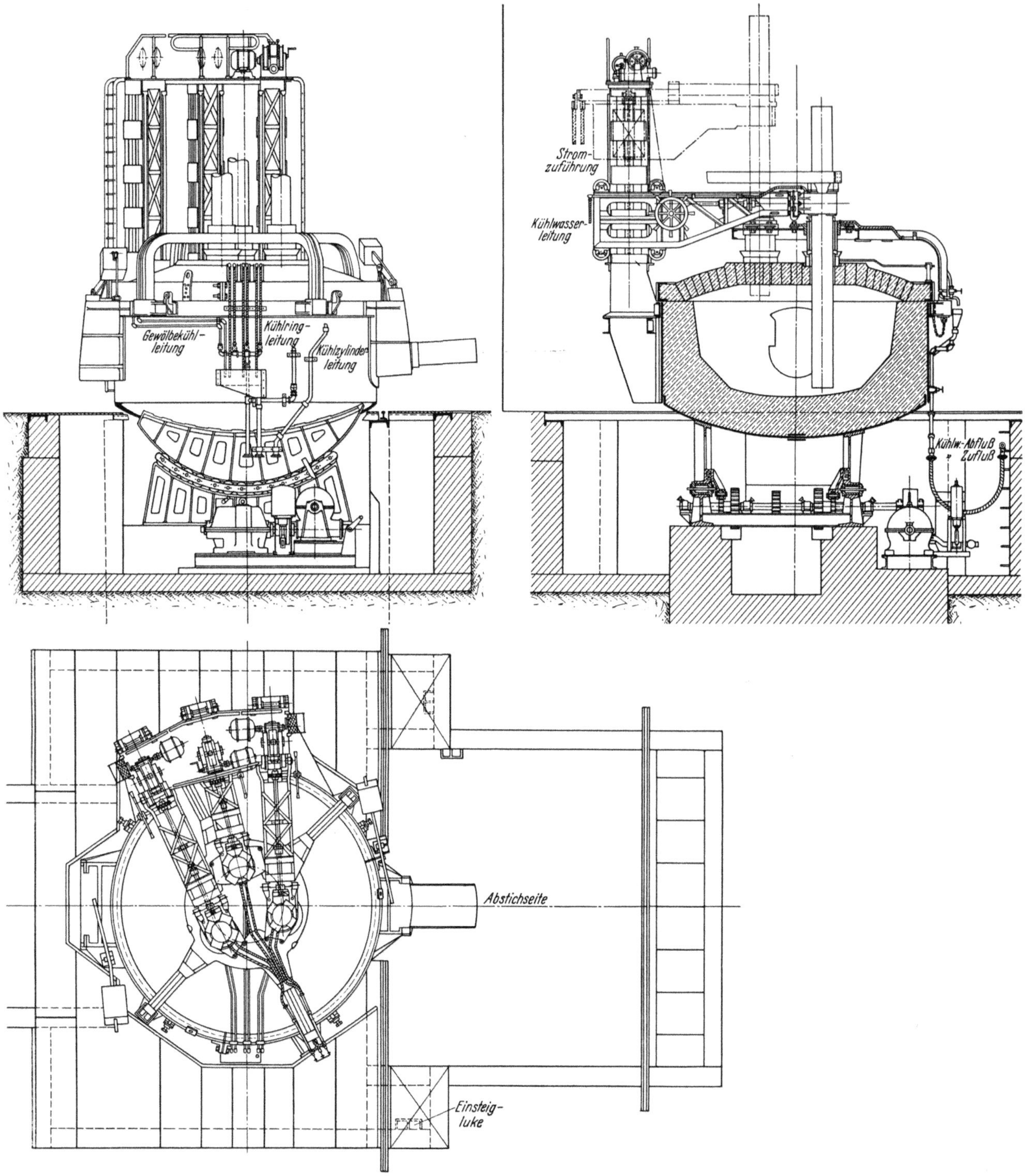

Bild 351. HÉROULT-Lichtbogenofen. Ausführung Siemens & Halske Akt.-Ges., Berlin-Siemensstadt.

beläuft sich bei kaltem Einsatz auf 4 bis 7 kg/t Einsatz bei Graphitelektroden und bei flüssigem Einsatz 2 bis 3 kg/t. Haltbarkeit des Gewölbes 75 bis 150 Schmelzen, der Seitenwände 200 bis 300 Schmelzen. Kühlwasserverbrauch 0,5 bis 2 m³/h. Belastung

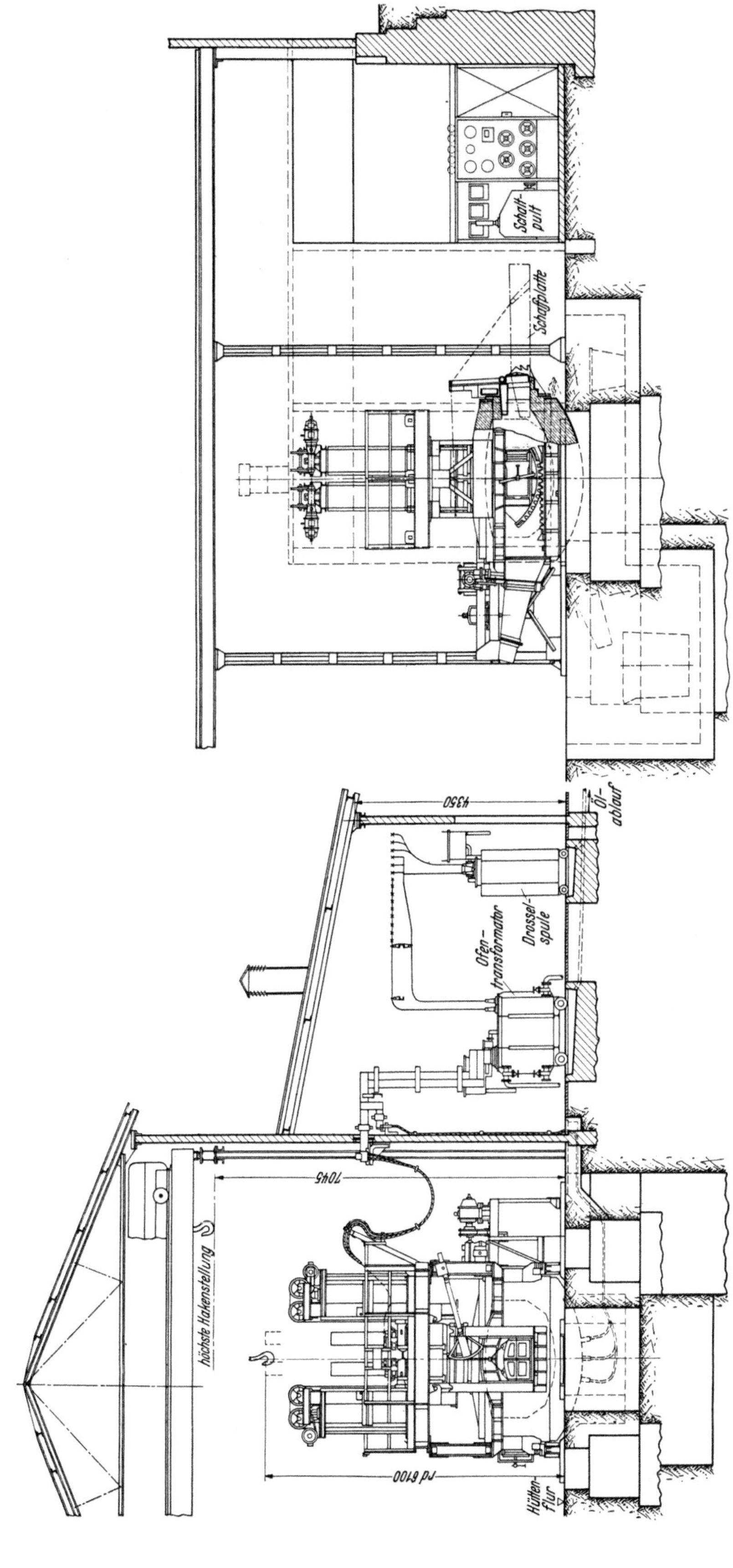

Bild 352. Elektrostahlofen-Anlage mit HÉROULT-Ofen von 70 t Fassungsraum, Ausführung Demag, Duisburg.

Tabelle 58. Leistungsangaben unmittelbar beheizter Lichtbogenöfen (Siemens).

Ofengröße in t Einsatzgewicht	0,3	0,5	1	1,5	2	4	5	8	10	12	15	25
Transformatorleistung in kVA für festen Einsatz	350	450	700	800	1000	1400	1800	2800	3500	4000	5000	7500
Transformatorleistung in kVA für flüssigen Einsatz	200	250	350	450	600	850	1000	1600	2000	2300	2800	4200
Leistungsfaktor $\cos \varphi =$	0,85 bis 0,95	0,85 bis 0,95	0,85 bis 0,95	0,85 bis 0,9	0,85 bis 0,9	0,85 bis 0,9	0,8 bis 0,9	0,8 bis 0,9	0,8 bis 0,9	0,8 bis 0,9	0,8 bis 0,9	0,8 bis 0,9
Zahl der Schmelzungen in 24 h bei gewöhnlichem Stahlguß	7—9	7—9	6—8	6—8	6—8	6—8	6—7	5—6	5—6	4—5	4—5	4—5
Einschmelzzeit in h	1,5—2	1,5—2	1,5—2	1,5—2	1,5—2	1,5—2	2	2	2	2	2	2,5
Stromverbrauch zum Einschmelzen bei Dauerbetrieb kWh/t Stahl	550	550	550	550	525	525	500	475	450	450	400 bis 450	400 bis 440

des Elektrodenquerschnittes bei Kohlenelektroden 4 bis 6 A/cm², bei Graphitelektroden 12 bis 20 A/cm².

Bei der Herstellung von Grauguß aus kaltem Einsatz sind die Zahlen günstiger. Gesamtenergieverbrauch 400 bis 600 kWh/t je nach Ofengröße. Bei durchgehendem Betrieb

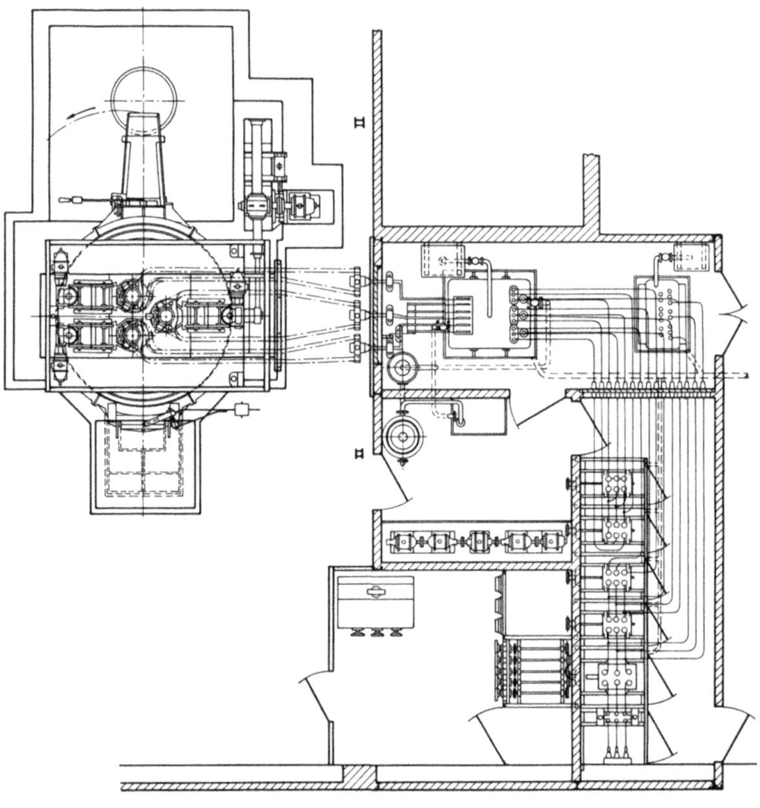

Bild 352a. Elektrostahlofen-Anlage, Grundriß zum Bilde 352.

sind 6 bis 10 Chargen bei kaltem Einsatz möglich; beim Duplex-Verfahren können in 8stündigem Betrieb 5 bis 6 Chargen verarbeitet werden, bei einem Energieaufwand von 150 bis 220 kWh/t und einem Elektrodenverbrauch von 2 kg/t.

Die *unmittelbar beheizten Lichtbogenöfen mit Bodenelektroden* haben in Edelstahlwerken weniger Eingang gefunden, da die Instandhaltung des Ofenherdes erschwert ist. Die neueren Lichtbogenöfen mit Bodenbeheizung werden aus diesem Grunde auch so ausgeführt, daß eine unmittelbare Berührung des Einsatzes mit der Bodenelektrode vermieden ist. Das ist auch nicht notwendig, da ff. Material ohnedies bei hohen Temperaturen elektrisch leitfähig wird. Auch geht bei den neueren Öfen nicht mehr der gesamte Strom, sondern nur ein Teil durch den Boden hindurch.

Von den in der Edelstahlindustrie gebrauchten *Induktionsöfen* haben die Öfen von Kjellin und Röchling Rodenhausen Anwendung gefunden (Bilder 116 u. 117). *Kernlose* Induktionsöfen sind neuerdings mit Erfolg eingeführt worden. Als Ausführungsbeispiel ist im Bilde 353 ein kernloser Induktionsofen für 4000 kg Fassung dargestellt. Das Ofengehäuse besteht aus einem äußeren Eisenrahmen und einer inneren auf starken Steinen gelagerten Spule. Das Gehäuse ist mit Öffnungen versehen, um die Spule auch während des Betriebes beobachten zu können. Die Spule selbst besteht aus viereckigen Kupferrohren und ist wassergekühlt, um eine übermäßige Erwärmung zu verhüten. Zum Kippen des Ofens ist eine Antriebsleistung von 10 kW notwendig. Der mittlere Stromverbrauch eines kernlosen Induktionsofens schwankt zwischen 850 bis 675 kWh/t für Ofengrößen von 600 bis 4000 kg[1]. Der Gesamtwirkungsgrad beträgt 62 bis 69%.

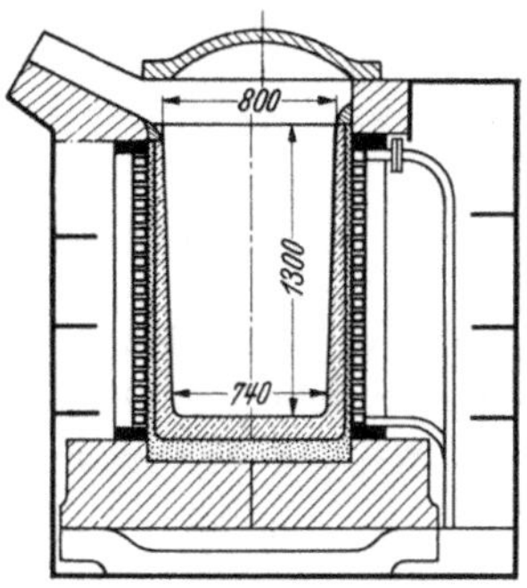

Bild 353. Kernloser Induktionsofen für 4000 kg Fassungsraum (Hochfrequenzofen).

Hinsichtlich der Betriebskosten stellen sich kernlose Induktionsöfen billiger als Lichtbogenöfen. Die Kostenverringerung ist bedingt durch den Wegfall der Elektroden, durch die Verringerung des Aufwandes für Schmelzerlöhne infolge der einfacheren Bedienung des Ofens und durch die geringeren Instandhaltungskosten. Zur Zeit befindet sich ein neuartiger Niederfrequenzofen, der sog. Wirbelstromofen in der Erprobung.

V. Neuere Anlagen zur unmittelbaren Erzeugung von Stahl aus Erzen.

Das *Höganäs-Verfahren* wird in Tiegeln durchgeführt. Erz (Schlich) und Kohle werden unter Kalkzusatz schichtenweise in die Tiegel gefüllt und auf Reaktionstemperatur erhitzt. Die Erwärmung geschieht in Ringöfen, wie sie in der keramischen Industrie

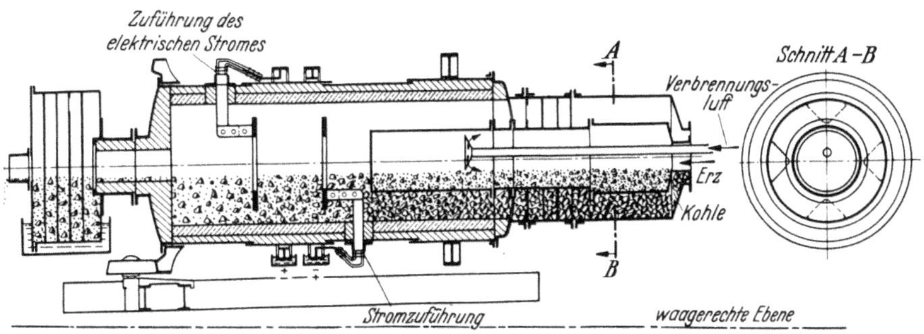

Bild 354. Reduktionsofen von Kalling.

üblich sind (Bild 37, S. 28). Das Verfahren wird in Höganäs bei Helsingborg industriell ausgeübt[2].

Der *Reduktionsofen von* Kalling nach Bild 354 dient dem gleichen Zweck. Das Erz wird als Schlich durch ein mittlings angeordnetes Rohr in den Trommelofen eingeführt, während die Kohle durch die ringförmige Öffnung eintritt. Die Erze werden durch die im Ofen entstehenden Gase bereits im Mittelrohr teilweise reduziert. Durch ein be-

[1] Wiss. Veröff. Siemens-Werk 1937 Heft 6. — Stahl u. Eisen 1931 S. 513. — Z. Elektrochem. 1932 S. 812. — Stahl u. Eisen 1935 S. 773.
[2] Stahl u. Eisen 1932 S. 1245.

sonderes Rohr wird Luft zur Verbrennung der Gase eingeführt. Da die hierdurch erzeugte Wärme nicht ausreicht, ist noch eine elektrische Widerstandsheizung vorgesehen. Die Arbeitstemperatur beträgt 900°. Das Erzeugnis ist Eisenschwamm. Um ein Zusammenbacken der Beschickung zu verhindern, wird mit 100% Kohlenüberschuß gearbeitet.

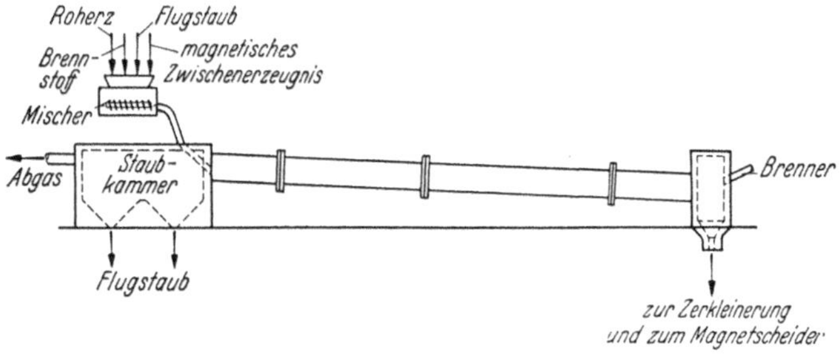

Bild 355. Rennofen von Krupp.

Der *Rennofen von Krupp*[1] ist ein Drehrohrofen, der mit schwacher Neigung aufgestellt ist (Bilder 355 u. 356). Das Erz wird auf 10 mm Korngröße zerkleinert mit dem Brennstoff in einen Mischer eingeführt. Von hier gelangt das Erz-Kohlegemisch durch ein Einlaufrohr in den Ofen, den es in 6 bis 8 h durchläuft. Der Austrag des Ofens besteht aus einer halbweichen Schlacke mit eingebetteten Luppen, die in einer Größe bis 200 mm anfallen. Als Reduktionsstoffe eignen sich wie beim STÜRZELBERGER Rohrofen Koksgrus,

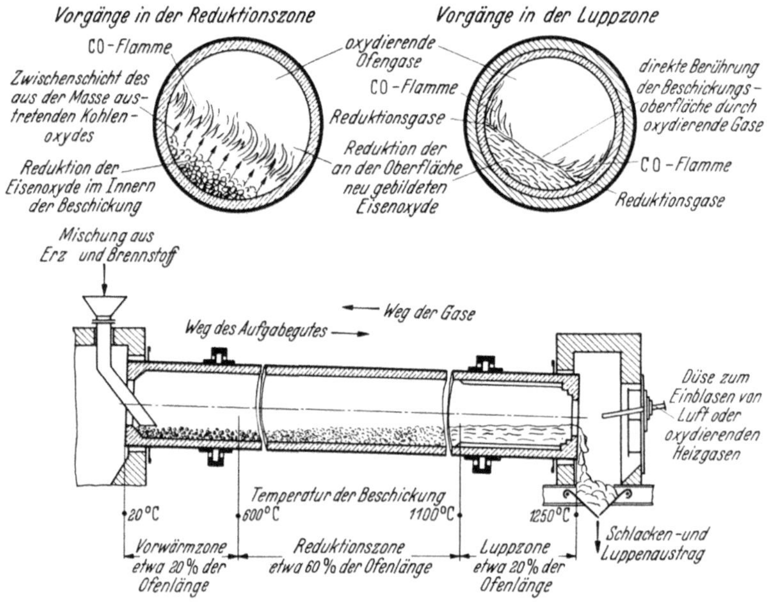

Bild 356. Vorgänge im Rennofen von Krupp.

Anthrazitstaub, Braunkohlenschwelkoks und Feinkohle. Bei einem Eisenerz mit 30 bis 40% Fe ist 240 bis 300 kg Feinkohle je t Trockenerz erforderlich. In der Regel werden 90% des Brennstoffes dem Erz beigemischt und 10% für die Kohlenstaubbeheizung am Auslaufende des Ofens verwendet. Statt des Kohlenstaubbrenners kann natürlich auch ein Gasbrenner angeordnet werden. Der abgekühlte Austrag wird in einer Zerkleinerungsanlage vermahlen. Die Luppen werden von der anhaftenden Schlacke befreit. Letztere wird auf 1 mm fein vermahlen und durch magnetische Scheidung eine Endschlacke und Konzentrat hergestellt. Das Eisenausbringen ist 90%. Das Erzeugnis wird in Siemens-Martin-Öfen oder Elektroöfen nachbehandelt.

[1] Stahl u. Eisen 1934 S. 969.

Siebenter Abschnitt.

Anlagen zur Gewinnung der Nichteisenmetalle.

I. Kupferhütten.

a) Allgemeines über die Verfahren zur Gewinnung des Kupfers.

Die *Kupfererze* haben im allgemeinen sehr niedrigen Metallgehalt. Die Grenze für die Wirtschaftlichkeit einer Verhüttung liegt bei etwa 1,4% Cu-Gehalt. Der Höchstgehalt liegt meistens bei etwa 8% und steigt nur in Ausnahmefällen bis 16%. Kupfererze, die nur aus einem Mineral bestehen, sind selten, meistens enthalten sie noch andere Metalle, die teils bei der Verhüttung gewonnen, teils verschlackt werden. Die wichtigsten Kupfererze sind die folgenden:

Kupferkies (Chalkopyrit), mit 34,5% Cu, 30,5% Fe und 35% S, mit den Gangarten: Bleiglanz, Zinkblende, Kupferschiefer und kristallinischem Schiefer.

Kupferglanz (Chalkosin), Cu_2S, mit 79,8% Cu.

Kupferindig (Covellin), CuS, mit 66,4% Cu.

Buntkupferkies (Bornit), Cu_5FeS_4, mit 55,5% Cu, 16,4% Fe und 28,1% S.

Malachit, $CuCO_3 \cdot Cu(OH)_2$, mit 57,4% Cu.

Kupferlasur (Azurit), $2\,CuCO_3 \cdot Cu(OH)_2$, mit 55,4% Cu.

Die angegebenen Kupfergehalte beziehen sich auf die reinen von Gangart freien Mineralien.

Die Mehrzahl von ihnen sind sulfidischer Natur.

Zur Gewinnung des Kupfers aus den Erzen werden zwei Verfahren, ein *trockenes* und ein *nasses*, angewandt. Wegen des geringen Metallgehaltes der Erze gehen beiden Verfahren Anreicherungsarbeiten voraus. Das trockene Verfahren wird bevorzugt, wenn der Kupfergehalt über 2% liegt und billige Brennstoffe zur Verfügung stehen, sowie wenn das Kupfer im Erz gediegen vorhanden ist. Das *nasse* Verfahren kommt bei armen und oxydischen Erzen zur Anwendung. Das Erzeugnis des trockenen Verfahrens nennt man *Schwarzkupfer,* das des nassen Verfahrens *Zementkupfer* bzw. *Elektrolytkupfer*. Schwarzkupfer und Zementkupfer werden durch Raffinieren zu *Reinkupfer* verarbeitet.

1. Das trockene Verfahren.

Beim *trockenen Verfahren* wird die Gangart verschlackt, die Nebenbestandteile der Metallverbindung werden vergast oder verschlackt. Enthalten die Erze noch wertvolle andere Metalle, so besteht die weitere Aufgabe, diese ebenfalls zu gewinnen und vor der Verschlackung zu bewahren.

Es hat sich als zweckmäßig erwiesen, bei der Verhüttung von Kupfererzen nicht sofort auf reines Kupfer zu arbeiten, weil dann keine wirtschaftliche Schlackenführung möglich ist, indem zu große Mengen Kupfer in die Schlacke gelangen. Man führt vielmehr zunächst eine *Konzentrationsschmelzung* durch, bei der der „*Kupferstein*" ein Doppelsulfid ($Cu_2S \cdot FeS$) und eine Schlacke mit höchstens 0,3% Cu fallen. Dieser Vorgang beruht auf der großen Affinität des Kupfers zum Schwefel.

Das *Erschmelzen des Kupfersteins* unter Abscheidung der Gangart als Schlacke kann im Schachtofen oder im Herdofen durchgeführt werden. Diese Arbeit wird nach erfolgter Abröstung in einem der im vierten Abschnitt beschriebenen Röstöfen durchgeführt, und zwar im *Schachtofen* bei reduzierender Atmosphäre oder im *Herdofen* in vorwiegend neutraler Atmosphäre. Es kann aber auch Abrösten und Verschmelzen in einem Ofen, und zwar im Schachtofen gleichzeitig durchgeführt werden. Dann nennt man das Verfahren *Pyritschmelzen.* Erfolgen Verschmelzen und Abrösten im gleichen Ofen nacheinander, so nennt man das Verfahren *halbpyritisches Schmelzen.* In Deutschland ist das *reduzierende Schmelzen* im Schachtofen üblich. Für amerikanische Verhältnisse mit großen Durchsatzmengen wird der Herdofen bevorzugt. Das Pyritschmelzen kommt nur für kupferhaltigen Pyrit mit wenig Gangart in Betracht. Beim Herdofen kann mit Kohlenfeuerung, Kohlenstaub- oder Gasfeuerung gearbeitet werden. Wo der elektrische Strom billig und Kohle teuer, wird der Herdofen auch mit elektrischer Heizung betrieben.

Der in Schmelzöfen gewonnene Kupferstein wird auf *Schwarzkupfer* weiter verarbeitet. Das kann auf drei Arten geschehen:

1. Durch das *Röstreaktionsverfahren.* Hierbei wird zunächst aus dem Stein möglichst reines Cu_2S erzeugt. Dann wird ein Teil von Cu_2S geröstet und zuletzt die beiden Zwischenerzeugnisse miteinander niedergeschmolzen (Reaktionsschmelzen), wobei hauptsächlich folgende Reaktionen erfolgen

$$2\,Cu_2O + Cu_2S = 6\,Cu + SO_2 - 38{,}6\ \text{cal} \quad \text{und}$$
$$2\,CuO + Cu_2S = 4\,Cu + SO_2 - 30{,}4\ \text{cal}.$$

2. Durch das *Röstreduktionsverfahren.* Hierbei wird auch zunächst reines Cu_2S erzeugt. Dieses wird dann totgeröstet. Das gewonnene Röstgut wird mit einem Reduktionsmittel niedergeschmolzen. Dieses Verfahren erfordert naturgemäß einen höheren Brennstoffverbrauch als das erstgenannte. Da es zudem Schwierigkeiten bereitet, hierbei reines Kupfer zu erhalten, wird es kaum noch ausgeübt.

3. Durch *Verblasen des flüssigen Kupfersteins im Konverter.* Für die Durchführung der beiden vorstehend gekennzeichneten Verfahren wurden die üblichen Schacht- oder Herdöfen benutzt. Im Jahre 1866 machte Kuppelwieser einen Versuch, die bis dahin in verschiedenen Öfen durchgeführten Arbeiten in einem einzigen Behälter zu vollenden. Er bediente sich dabei des von Bessemer zum Frischen von Roheisen eingeführten Birnenkonverters. Der Versuch mißlang, weil der Behälter zu klein gewählt war und der Wind am Boden eingeblasen wurde. Manhès wiederholte den Versuch im Jahre 1880 mit einem Konverter, bei dem die Düsen einseitig über dem Boden angeordnet waren. Dieser Versuch gelang. Durch den eingeblasenen Wind wird die Abröstung bewirkt. FeO wird durch zugesetztes SiO_2 verschlackt. Es ist dann nur noch Cu_2S (Spurstein) in der Schmelze. Nachdem die Schlacke abgegossen ist, wird weitergeblasen. Es beginnt alsbald Röstung von Cu_2S und die entstehenden Kupfer-Sauerstoffverbindungen treten ebenfalls mit Cu_2S in Reaktion bis zuletzt die Schmelze nur aus Kupfer besteht. Die Wirtschaftlichkeit dieses Verfahrens ist so groß, daß es in der Neuzeit allein noch zur Anwendung kommt. Das Erzeugnis ist ein unreines Rohkupfer, das als *Schwarzkupfer* bezeichnet wird.

2. Das nasse Verfahren.

Beim *nassen Verfahren* werden als Lösungsmittel Wasser, verdünnte Säuren, Lösungen von Schwefeldioxyd, Ferrisulfat, Eisenchlorür und andere Lösungsmittel verwendet. Der *Laugung* geht ein Aufschlußverfahren durch Zerkleinerung voraus. Zur Laugung dienen *säurefeste Behälter* mit durchlässigem Boden z. B. mit Lattenrost oder Kiesbelag. Die Behälter werden so gestaltet, daß das Lösungsmittel möglichst gleichmäßig einlaufen kann. Nach einer bestimmten Zeit wird die Lauge durch *Klärbecken* in die *Fällanlage* überführt. Die Ausfällung des Kupfers aus den Lösungen wird durch Eisen oder durch elektrolytische Abscheidung vorgenommen. Die Fällanlage enthält *Fällkästen,* die aus Holz oder Beton mit säurefestem Anstrich hergestellt sind. Das Erzeugnis ist ebenfalls unreines Rohkupfer, das als *Zementkupfer* bezeichnet wird.

3. Das Raffinieren des Rohkupfers.

Die Verarbeitung des Rohkupfers (Schwarzkupfer und Zementkupfer) zu *Reinkupfer* geschieht in einem *Raffinationsverfahren,* bei dem die im Rohkupfer enthaltenen Beimischungen aus anderen Metallen und Nichtmetallen (Blei, Wismut, Eisen, Kobalt,

Nickel, Zinn, Zink, Antimon, Arsen, Schwefel und Edelmetalle) ausgeschieden werden. Es sind zwei Verfahren in Anwendung, und zwar die *Raffination im Schmelzfluß* und die Raffination durch *Elektrolyse.* Letzteres wird besonders dann angewandt, wenn größere Mengen Edelmetalle oder Wismut im Rohkupfer sind.

Die *Raffination* im *Schmelzfluß* beruht darauf, daß die meisten Beimischungen eine größere Verwandtschaft zum Sauerstoff haben. Das geschmolzene Rohkupfer wird in einem Herdofen solange der Einwirkung der Luft ausgesetzt, bis alle Verunreinigungen oxydiert und verschlackt sind. Dieser Zeitpunkt ist erreicht, wenn ein Teil des Kupfers zu Kupferoxyd oxydiert ist, was an dem Aussehen einer Schöpfprobe erkannt wird. Der im Rohkupfer vorhanden gewesene Schwefel geht in Schwefeldioxyd über, das sich im Bade löst und durch das „*Dichtpolen*" (Umrühren mit einer grünen Holzstange) entfernt werden muß. Das entstandene Kupferoxyd wird durch das „*Zähpolen*" (Reduktion durch Phosphor und dgl.) entfernt.

Bei der *elektrolytischen Kupferraffination* wird das in Anodenplatten vergossene Rohkupfer in einer mit Schwefelsäure angesäuerten Kupfervitriollösung der Elektrolyse unterworfen. Der Anodenschlamm wird zur Gewinnung der Metallbestandteile weiter behandelt.

b) Die Schmelzöfen zur Erzeugung von Kupferstein.

Ursprünglich wurde der Schachtofen allgemein bevorzugt, weil in ihm am leichtesten ununterbrochener Betrieb durchgeführt werden kann und weil er hohe Wirtschaftlichkeit bei geringem Platzbedarf aufweist. Diesen Vorteilen stehen allerdings auch Nachteile gegenüber. Wie bereits erwähnt, kann als Brennstoff nur Koks oder Holzkohle verwendet werden, für feinkörnige Erze ist er ungeeignet. Um aber feinkörniges Schmelzgut, insbesondere die Erzeugnisse der Schwimmaufbereitung, verhütten zu können, wurde neben dem Schachtofen auch der Herdofen eingeführt. In Amerika ist besonders der Herdofen mit Kohlenstaubfeuerung entwickelt worden, dessen Abhitze zur Dampferzeugung nutzbar gemacht wird, so daß er wärmewirtschaftlich gegenüber dem Schachtofen nicht zurücksteht. Infolge seiner erheblichen Abmessungen verläuft auch der Betrieb ununterbrochen. Ein besonderer Vorteil des Herdofens hat sich dadurch ergeben, daß der Abröstungsgrad des Erzes zur Erzielung eines Steines von gleichem Cu-Gehalt geringer sein kann. Die Röstöfen können infolgedessen stärker belastet werden. Es kommt noch hinzu, daß das Röstgut warm aufgegeben und somit seine fühlbare Wärme nutzbar gemacht werden kann.

1. Der Schachtofen zur Erzeugung von Kupferstein.

Je nach der Zusammensetzung der Erze und der Beschaffenheit der Gangart wird das Verfahren verschieden durchgeführt. Wie bereits ausgeführt, unterscheidet man das Pyritschmelzen, das halbpyritische und das reduzierende Schmelzen.

Beim *Pyritschmelzen* wäre an sich kein Brennstoffzusatz erforderlich, da die Oxydation von Eisen und Schwefel genug Wärme liefert, um das Verfahren durchzuführen. Um die erforderliche Temperatur zu erzeugen, muß die Verbrennung in möglichst enger Zone vor sich gehen. Es ist aber nicht möglich, den gesamten Schwefelinhalt der Beschickung für die Wärmeerzeugung dienstbar zu machen, da bereits in den höheren Lagen des Ofens ungefähr die Hälfte des als Pyrit vorhandenen Schwefels abdestilliert wird. Es hat sich ein Zusatz von 0,5 bis 2,5% Koks als notwendig erwiesen, der bereits in höheren Schichten wahrscheinlich durch SO_2 oxydiert wird. Es ergeben sich im Ofen drei Zonen:

1. Die *Dissoziationszone.* Hier erfolgt zunächst Trocknung und dann bei neutraler Ofenatmosphäre Dissoziation von FeS_2 zu FeS und S.

2. Die *Seigerzone.* Auch hier ist die Atmosphäre neutral. Die Temperatur ist so hoch, daß FeS zum Teil zu Fe und S dissoziiert. FeS und Cu_2S seigern aus der Beschickung aus.

3. Die *Oxydationszone.* Die Hauptmenge von FeS wird oxydiert, es erfolgt Verbrennung zu FeO und SO_2 unter gleichzeitiger Verschlackung von SiO_2.

Das Pyritschmelzen setzt reine kupferarme Pyrite mit wenig Gangart außer Quarz voraus. Steigt die Menge der Gangart, so reicht die zur Verbrennung von Schwefel und

Eisen erzeugte Wärmemenge nicht aus, um die Beschickung zu schmelzen. Es muß deshalb eine größere Koksmenge gesetzt werden.

Das *halbpyritische Schmelzen* ist ein solches Verfahren mit erhöhtem Kokssatz. Sobald die Koksmenge so groß wird, daß sie nicht mehr vollständig durch SO_2 oxydiert wird und bis vor die Düsen gelangt, wird die Verbrennung von Schwefel in großem Ausmaß verhindert. Ein Teil davon wird schon im Schacht durch den Luftüberschuß abgeröstet. Vor den Düsen verbrennt nur ein geringer Teil des Schwefels. Das Verfahren wird dort angewandt, wo eine breite Schmelzbasis von Erzen gleichbleibender Zusammensetzung vorhanden ist.

Das *reduzierende Schmelzen* wird im Schachtofen bei stark reduzierender Atmosphäre durchgeführt. Die Beschickung enthält neben unveränderten Sulfiden Oxyde und Sulfate, Arsenide und Arsenate, Silikate und Ferrite des Kupfers und der übrigen vorhandenen Schwermetalle, Edelmetalle, Gangart, Zuschläge und Koks als Brennstoff. Vor den Düsen herrscht eine Temperatur von ungefähr 1600°, die durch Wärmeabgabe an die Beschickung und den Kühlmantel, sowie durch endotherme Reaktionen schnell abfällt, so daß die Gichtgase mit ungefähr 100° abziehen. Es bilden sich im Ofen drei Zonen, die naturgemäß nicht genau gegeneinander abgegrenzt sind.

1. Vorwärmezone. Hier findet Verdampfung der Feuchtigkeit und des Kristallwassers statt. Die Beschickung wird vorgewärmt, wodurch sie der Einwirkung des CO zugängig wird. Daneben erfolgt auch schon Dissoziation von Sulfiden, Sulfaten und Karbonaten.

2. Reduktionszone. Es erfolgt Reduktion der Oxyde teils zu niedrigeren Oxydationsstufen teils zu Metall. Es findet Schwefelung reduzierter Metalle durch SO_2 statt.

3. Schmelzzone. Es finden Reaktionen zwischen flüssigen sowie zwischen flüssigen und festen Körpern statt: Reduktion durch festen C, Schwefelung von Cu und Fe, es bilden sich Stein, Speise und Schlacke.

Der Kupferstein besteht vorwiegend aus den Sulfiden Cu_2S und FeS, in denen Metalle, Arsenide und Antimonide gelöst sind. Mit steigendem FeS-Gehalt nimmt die Dünnflüssigkeit zu. Cu-arme Steine vermögen in geschmolzenem Zustande in die feinsten Ritzen und Poren einzudringen und greifen deshalb das Ofenmauerwerk sehr stark an. Die anfallende Schlacke übt gleiche zerstörende Wirkung aus. Man hat deshalb schon frühzeitig den Unterofen aus wassergekühlten Kästen hergestellt. Allmählich hat man den früher verwendeten Schamottestein ganz ausgeschaltet und den Ofen bis zur Gicht aus wassergekühlten Kästen errichtet. Die Kästen werden aus Stahlblech geschweißt oder genietet, aus Stahlguß und in einzelnen Fällen auch aus Kupferblech hergestellt. Sie sind so unterteilt, daß eine Auswechselung beschädigter Stücke leicht durchführbar ist.

Bild 357. Außenansicht eines Kupferschachtofens.

2. Gestaltung des Schachtofens.

Der *Aufbau eines Kupferschachtofens* ist aus den Bildern 357 und 358 ersichtlich. Er ist als *Spurofen* ausgebildet. In einiger Höhe über dem Boden des Gestells (Tiegels) hat er eine Stichöffnung, die dem Schmelzgut den dauernden Austritt in einen *Vorherd* gestattet. Die *Scheidung von Stein* und *Schlacke* erfolgt im Vorherd. Hierdurch werden Eisenabscheidungen innerhalb des Ofens, die zur Bildung von Ofensauen führen würden, vermieden. Der Vorherd hatte ursprünglich die Form einer Grube, die aus *Gestübbe*, einer Mischung von gemagertem Ton und Holzkohlen- oder Kokspulver gebildet wurde. Jetzt werden eiserne Kästen oder Töpfe mit feuerfestem Futter verwendet, die in manchen Betrieben so groß ausgeführt werden, daß sie als Sammelbehälter dienen (Bild 359). Der aus dem Wassermantel gebildete *Schacht* ruht zur Entlastung des Tiegels auf einem Gerüst aus Eisenkonstruktion, das mit der Gichtbühne und anderen Gebäudeteilen zur Erhaltung freier Beweglichkeit nicht fest verbunden werden darf.

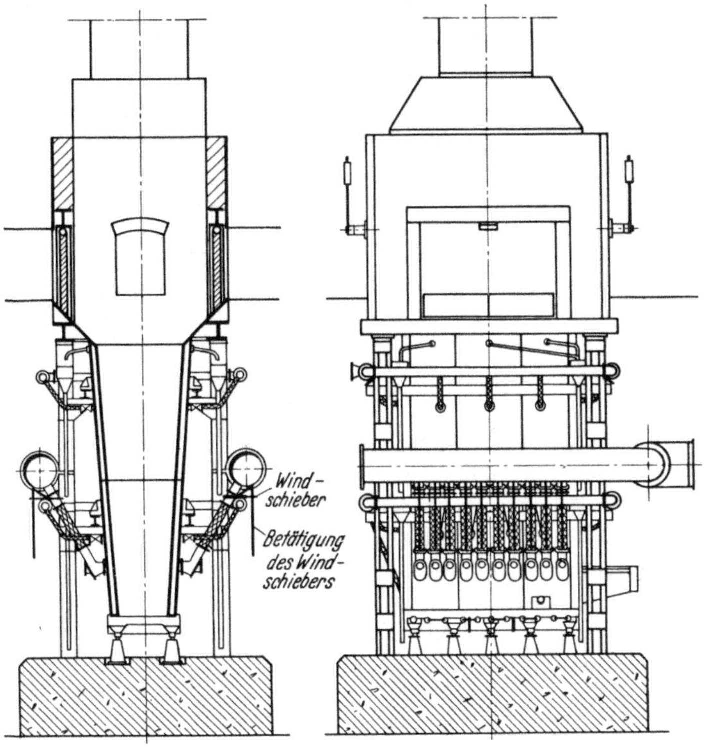

Bild 358. Kupfer-Schachtofen mit Wassermantel, Ausführung Humboldt-Deutzmotoren.

Die *Schachthöhe* von der Formebene bis zur Gicht beträgt gewöhnlich 4 bis 5 m, bei großen Öfen bis zu 7,5 m. Sie ist abhängig von der Zusammensetzung und der Stükkigkeit (Lagerungsdichte) der Beschickung. Je kleinstückiger das Erz ist, um so geringer muß die Bauhöhe sein[1]. Bei Feinerz kann die Beschickungshöhe kleiner sein, ohne befürchten zu müssen, daß der Wind durchbläst. Bei zunehmender Beschickungshöhe vergrößert sich die Oxydationszone, die Temperaturen werden niedriger, die Schlackenbildung wird erschwert. Die günstigste Höhe muß von Fall zu Fall ermittelt werden, indem man ohne Änderung der Zusammensetzung der Beschickung ihre Höhe in angemessenen Zwischenräumen allmählich vergrößert, bis keine Zunahme des Metallgehaltes des Steines mehr eintritt. Geht man nach Erreichung des höchsten Metallgehaltes weiter, kann man nur noch eine Erhöhung der Durchsatzmenge erzielen, die aber eine Erhöhung des Brennstoffsatzes erfordert. Das ist die Folge der Vergrößerung der Oxydationszone, die eine Verringerung der Wärmekonzentration zur Folge hat. Sie muß durch Erhöhen des Brennstoffsatzes wieder hergestellt werden. Die Erhöhung des Brennstoffsatzes verursacht unmittelbar die Gefahr der Bildung kleiner Ofensauen infolge örtlicher Reduktionen. Zu beachten ist ferner, daß bei zinkischen Erzen durch zu hohe Beschickungssäule hängende Gichten herbeigeführt werden. HENTZE gibt von fünf untersuchten Öfen (Tabelle 59) den günstigsten Ofen mit folgenden Abmessungen an: Querschnitt in der

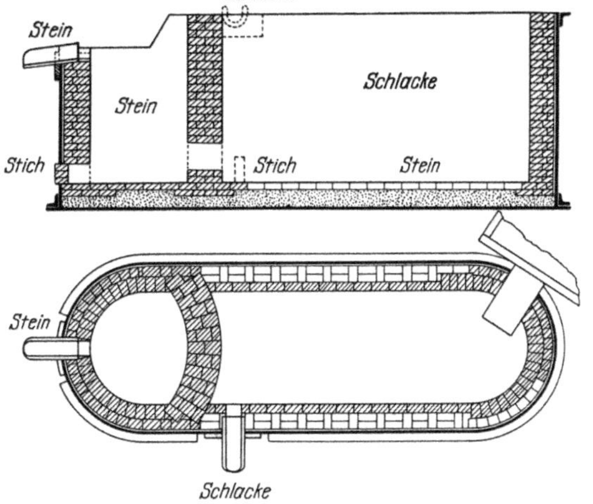

Bild 359. Vorherd zu einem Kupferschachtofen.

[1] HENTZE: Sintern, Schmelzen und Verblasen sulfidischer Erze, S. 172. Berlin: Julius Springer 1927. — CHURCH: The Development oft Blast-Furnace Construction at the Boston and Montana Smelter. Trans. Amer. Inst. min. metallurg. Engrs. 1914 S. 423.

Düsenebene 1118 · 4572 mm, oberer Schachtquerschnitt 1829 · 4572 mm, Höhe der Beschickungssäule 4000 mm (Bild 362).

Der *Ofenquerschnitt* war ursprünglich rund. Runde Öfen kommen jetzt nur noch für kleine Leistungen in Betracht. Größere Öfen haben heute allgemein rechteckigen Querschnitt. Die *Breite* beträgt in der Formenebene 1,0 bis 1,5 m. Dann wird bei beiderseitig angeordneten Blasformen und der üblichen Windpressung gleichmäßige Beaufschlagung durch den Wind über den ganzen Ofenquerschnitt erreicht. Die Länge des Ofens richtet sich nach der je Ofen angestrebten Leistung. Durch metallurgische Vorgänge wird die Länge nicht begrenzt. Es sind Öfen bis zu 35 m Länge ausgeführt worden, ohne daß die übrigen Abmessungen Änderungen erfuhren. Die beiden *Längsseiten* des Ofens werden mit Neigung ausgeführt, so daß sich der Schacht nach oben erweitert. Das Verhältnis oberer Schachtquerschnitt: Querschnitt in der Düsenebene beträgt 1,3 bis 1,75. Die *Stirnseiten* erhalten keine Neigung. Hierdurch wird eine Vereinfachung der Wasserkästen und einfache Verbindung zwischen Stirnwand und Längswand erreicht. Die Neigung der Längswände ist verschieden. Sie wird entweder gleichmäßig für die ganze Schachthöhe ausgeführt oder auf den unteren Teil des Schachtes beschränkt. So entstehen verschiedene *Ofenprofile*, von denen im Bild 362 Ausführungsbeispiele dargestellt sind. Die Versuchsergebnisse dieser Öfen sind in den Tabellen 60 und 61 enthalten.

Tabelle 59. Abmessungen der untersuchten Kupferschachtöfen der Boston & Montana Smelter.

Ofen Nr.	Querschnitt in der Blasformebene mm	Querschnitt an der Gicht mm	Bauhöhe von Mitte Blasform bis Gicht mm	Höhe der Beschickungssäule mm
1	914 · 3048	1066 · 3048	2464	2000
2	864 · 1016	1016 · 1016	2499	2000
3	1067 · 4572	1219 · 4572	7442	6400
4	1422 · 4572	1829 · 4572	5477	4000
5	1118 · 4572	1829 · 4572	5477	4000

Tabelle 60. Einfluß der Höhe der Beschickungssäule bei unveränderter Windmenge nach CHURCH[1].

Querschnitt in der Düsenebene: 1829 · 4572 mm.
Oberer Schachtquerschnitt: 1829 · 4572 mm.
Schachthöhe von der Formebene bis zur Gicht: 5477 mm.

Höhe der Beschickungssäule in mm	3830	4010	4270	4270
Anzahl der Betriebstage	14	31	$28^3/_4$	31
Durchsatz in t	5346,3	11103,6	12089,2	13781,0
Koks in t	449,2	992,1	1093,0	1283,3
Koks in % der koksfreien Beschickung	8,4	8,9	9,0	9,3
Windpressung in mm WS	1230	1550	1325	1580
Durchsatz in t/24 h	381,9	358,2	420,5	444,8
Durchsatz in kg/dm² Düsenebene	455,4	427,5	501,6	530,6
Cu-Gehalt des Steines %	48,6	48,4	51,1	48,8
Schlackenanalyse SiO_2	42,9	42,7	41,9	42,7
FeO	21,0	22,0	23,2	24,5
Al_2O_3	10,1	10,1	10,0	10,1
CaO	22,4	22,3	22,1	20,3

Die Öfen Nr. 4 und 5 haben die besten Ergebnisse. Deren Neigungswinkel betragen 5° bzw. 7°. Der Ofen Nr. 6 (Bild 362) wurde ebenfalls auf dem Werke der Boston und Montana Smelter aufgestellt. Er hat einen Neigungswinkel von 25°. Über die Ergebnisse dieses Ofens ist jedoch nichts bekannt geworden.

Die *Ofenleistung* wird auf den Ofenquerschnitt in der Blasformebene bezogen. Der Gesamtdurchsatz schwankt zwischen 150 und 1000 kg/dm² 24 h je nach den Verhältnissen. Er wird beeinflußt insbesondere vom Verlauf der Reaktionen, von der Wärmekonzentration, von der zugeführten Windmenge und der Schmelzbarkeit der Beschickung.

Der *Kokssatz* ist verschieden, je nachdem es sich um pyritisches, halbpyritisches oder reduzierendes Schmelzen handelt. Bei *pyritischem* Schmelzen beträgt der Kokssatz 0,5 bis 2,5% der Beschickung, bei *halbpyritischem* Schmelzen in Abhängigkeit von

[1] HENTZE S. 174, zit. auf S. 267.

Tabelle 61. Betriebsergebnisse der Öfen Nr. 1 bis 5 der Boston & Montana Smelter.

Nr.	Cu-Gehalt des Steines %	Kokssatz %	Tagesdurchsatz je dm^2 der Düsenebene kg	Winddruck mm WS	Zusammensetzung der Schlacke SiO_2 %	FeO %	Al_2O_3 %	CaO %
1	51,6	9,6	673,5	480	39,6	38,2	10,1	11,1
	55,1	9,7	656,3	560	41,5	31,3	9,5	13,4
2	53,9	9,7	608,0	760	42,2	30,6	9,4	13,1
	53,0	10,3	526,3	820	41,4	33,3	8,6	12,7
3	56,2	10,5	698,0	1450	40,7	28,1	10,0	17,9
	56,2	9,8	564,6	1525	42,7	25,5	9,8	18,8
	47,5	10,6	422,6	1550	40,2	30,4	12,5	13,2
	47,6	10,5	597,1	1800	39,5	25,3	—	20,0
4	48,6	8,4	455,4	1230	42,9	21,0	10,1	22,4
	53,0	10,6	301,8	1500	40,8	23,8	10,0	22,8
	48,4	8,9	427,5	1550	42,7	22,0	10,1	22,3
	48,8	9,3	530,6	1580	42,7	24,5	10,1	20,3
5	52,6	9,3	649,8	1300	40,8	22,9	9,7	22,3
	51,1	10,0	450,6	1470	41,4	27,7	9,8	17,7
	49,3	9,3	553,2	2500	42,2	21,7	9,9	20,9

dem Schwefelgehalt der Beschickung 4 bis 11% der Beschickung, bei *reduzierendem* Schmelzen 9 bis 22% (Mittelwerte 12 bis 15%). Hierbei hängt der Kokssatz hauptsächlich vom Schmelzpunkt des Erzeugnisses, dessen spezifischer Wärme und der Schmelzwärme ab.

Die *Windmenge* steht beim *reduzierenden* Schmelzen in unmittelbarer Beziehung zum Kokssatz. Sie muß ausreichen, den Koks zu verbrennen (Luftüberschußzahl $m = 1{,}5$). Es ist jedoch zweckmäßig, daß vor den Blasformen etwas unverbrannter Koks vorhanden ist, damit hier keine oxydierende Atmosphäre entsteht. Bei *halbpyritischem* Schmelzen ist die Windmenge abhängig von dem angestrebten Konzentrationsgrade des Steines. Je mehr Metall der Stein enthalten soll, um so weitgehender müssen die Oxydationsvorgänge getrieben werden, um so mehr Luft ist erforderlich. Hierbei ist zu berücksichtigen, daß es für die Intensität der Reaktionen im Ofen eine Grenze gibt[1]. Bei zu reichlicher Windmenge hält die Schlackenbildung mit der FeO-Bildung nicht Schritt.

Die *Windpressung* hängt von den Widerständen in der Leitung in den Düsen und in der Beschickungssäule des Ofens ab. Sie muß so groß sein, daß die Luft bis in die Ofenmitte vordringt und den ganzen Querschnitt möglichst gleichmäßig beaufschlagt. An der Gicht soll kein Überdruck mehr sein. Bei gegebenen Verhältnissen kann eine Erhöhung der Windmengen nur durch eine Erhöhung der Pressung erzielt werden. Es wird gelegentlich darauf hingewiesen, daß zu hohe Windpressungen ein Zerstäuben von flüssigem Stein und Schlacke bewirken, wobei die zerstäubten Teile gegen die Ofenwand geschleudert werden und Ansätze hervorrufen. Dieser Anschauung muß entgegengehalten werden, daß das Zerstäuben nur mittelbar durch den erhöhten Druck, unmittelbar jedoch durch zu hohe Windgeschwindigkeit vor den Formen, eintritt also auf zu geringen Blasquerschnitt in den Formen zurückzuführen ist. Es ist deshalb von größter Wichtigkeit, daß die Düsen nicht durch Ansätze verengt sind. Sie müssen auch alle dauernd offen gehalten werden, damit die gleichmäßige Beaufschlagung über den ganzen Ofenquerschnitt sichergestellt ist. Die Windpressung schwankt je nach Ofengröße, Beschaffenheit der Beschickung und der Art des Betriebes zwischen 25 und 160 cm WS.

Die *Zahl der Wasserkästen* soll möglichst beschränkt werden, damit wenig Fugen entstehen. Jedoch muß berücksichtigt werden, daß die Kästen nicht zu schwer werden und hierdurch beim Auswechseln Schwierigkeiten entstehen. Die Schachthöhe, von der Grundplatte bis zur Oberkante Wassermantel gerechnet, wird in 2 oder 3 Reihen unterteilt, wodurch sich die Höhe der Kästen ergibt. Die Breite der unteren Kästen richtet sich nach der Düsenentfernung. Bei 400 mm Düsenentfernung und Anordnung von zwei Düsen an einem Kasten ergibt sich eine Kastenbreite von 800 mm, die sich bewährt

[1] HENTZE: Zit. auf S. 267.

hat. Man trifft auch Kastenbreiten von 1200 mm, die schon als reichlich bezeichnet werden können. Beim Aufbau der Öfen ist darauf zu achten, daß der obere Kasten jeweils um 5 bis 10 mm nach innen über dem unteren vorsteht, damit beim Losstoßen von Ansätzen die tiefer liegenden Kästen nicht beschädigt werden. Als Baustoff hat sich Stahlblech am besten bewährt. Die Blechstärke beträgt auf der Innenseite 13 bis 16 mm, auf der Außenseite 11 bis 13 mm. Es hat sich als vorteilhaft erwiesen, die Innenwände und Seitenwände aus einem Stück zu pressen, und diese mit der Außenwand durch eine Schweiß- oder Nietnaht zu verbinden. Jeder Kasten erhält zweckmäßig am unteren Ende durch Deckel verschließbare Reinigungsöffnungen. Je breiter der Kasten ist, desto mehr ergibt sich die Notwendigkeit, Innen- und Außenwand gegeneinander zu versteifen, um eine Verformung zu verhindern. Das geschieht durch Stehbolzen oder Zwischenbleche. Bei Anwendung von Zwischenblechen können diese so angeordnet werden, daß der Wasserumlauf in gewünschter Weise erfolgt, z. B. daß das Wasser in der einen oberen Ecke ein- und in der anderen oberen Ecke austritt. Die Düsen werden in entsprechende Bohrungen der unteren Kästen eingewalzt. Zum Anschluß der Düsenstöcke sind seitlich ausschwenkbare Bolzen mit Muttern sehr zweckmäßig. Der Wasserkasten am Stich wird mit Rücksicht auf den durch den Stich fließenden Metallstein aus Bronze hergestellt. Er soll möglichst geringe Abmessungen haben (etwa 800 mm Breite und 650 mm Höhe), damit seine Auswechslung erleichtert wird. Diese Stichkühlkästen erhalten eine Wandstärke von mindestens 20 mm, die im Stichloch auf 30 mm erhöht wird. Ihre Wasserzuleitung soll unmittelbar an die Hauptkühlwasserleitung angeschlossen werden und einen reichlichen Querschnitt haben (Durchmesser wenigstens 50 mm). Gute Kühlung und regelmäßige Prüfung auf ihren fehlerfreien Zustand ist zu ihrer Erhaltung nötig.

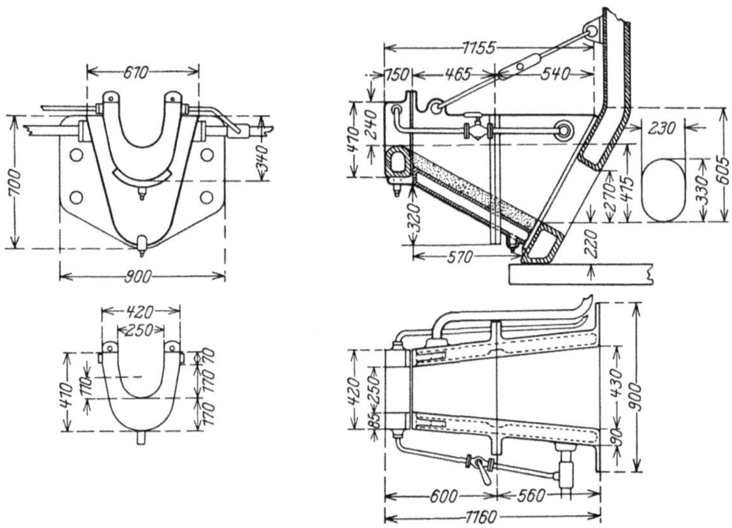

Bild 360. Ablaufrinne von Kupferschachtöfen.

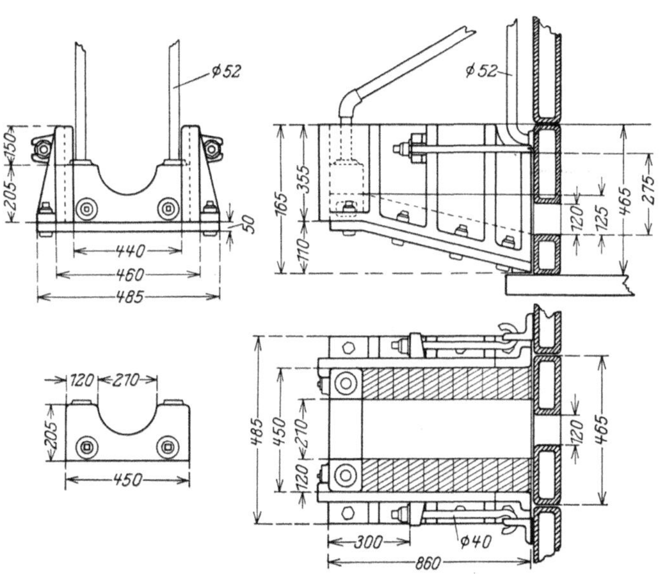

Bild 361. Wassergekühlte Ablaufrinne bei Kupferschachtöfen.

An jedem Kupferschachtofen sind zwei Stiche angeordnet, von denen der eine im Betrieb ist, der andere als Notstich dient. Bei Öfen bis zu 5 m Länge befinden sich die Stiche an den Stirnseiten, bei längeren gewöhnlich an den Längsseiten in der Nähe der Stirnseiten. Die Sohle wird so ausgestampft, daß eine Neigung nach dem Stich entsteht.

Es ist zweckmäßig die beiden Stiche abwechselnd zu benutzen, damit nicht an einem Ende Ansätze entstehen, die zu Schwierigkeiten Veranlassung geben können, wenn der Stich plötzlich gewechselt werden muß.

Die *Ablaufrinnen* (Abstichrinnen, Abstichschnauzen) werden mit und ohne Wasserkühlung ausgeführt. Die ungekühlten Rinnen erhalten einen wassergekühlten Überlauf aus Rotguß oder Bronze gemäß Bild 360. Eine vollständig gekühlte Rinne ist im Bilde 361 dargestellt. Sie ist mehrteilig ausgeführt, um

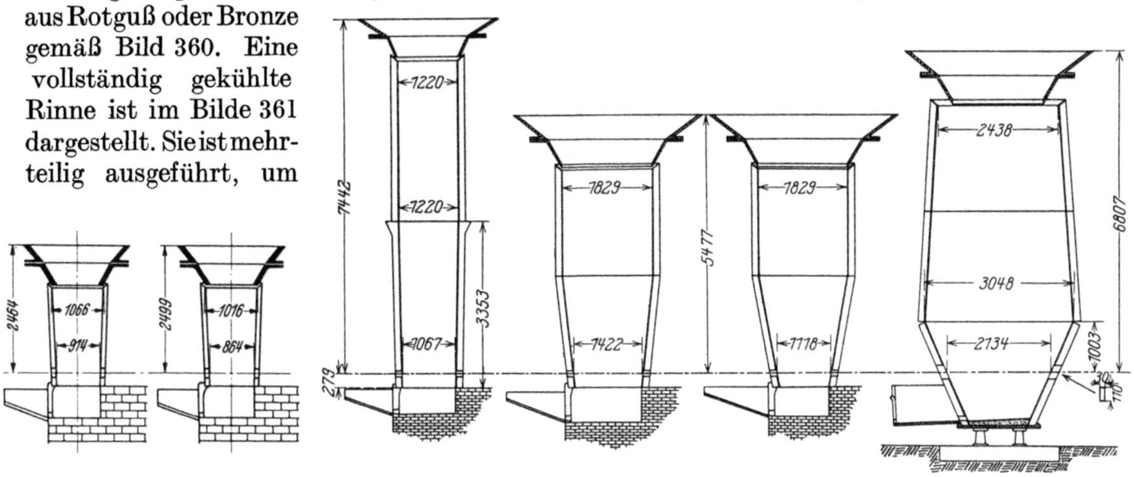

1 2 3 4 5 6

Bild 362. Profile der Kupferschachtöfen der Boston & Montana Smelter. (Nach HENTZE.)

einfache Gußstücke von geringem Gewicht zu erhalten. Die Rinne erhält eine nach außen ansteigende Sohle, um einen Abschluß gegen die Ofengase zu erhalten. Die Höhe des Überlaufes der Rinne soll mindestens 350 mm unter Düsenunterkante liegen, um für einige Zeit das Eintreten von Schlacke in die Düsen zu verhindern, wenn Verstopfungen am Stichloch eintreten. Die Steighöhe der Rinne ist von der Pressung im Ofen abhängig. Damit keine Ofengase am Stichloch austreten, ist bei einem spezifischen Gewicht des Steines von 5 und einer Windpressung von 1600 mm WS eine Steighöhe von 320 mm notwendig.

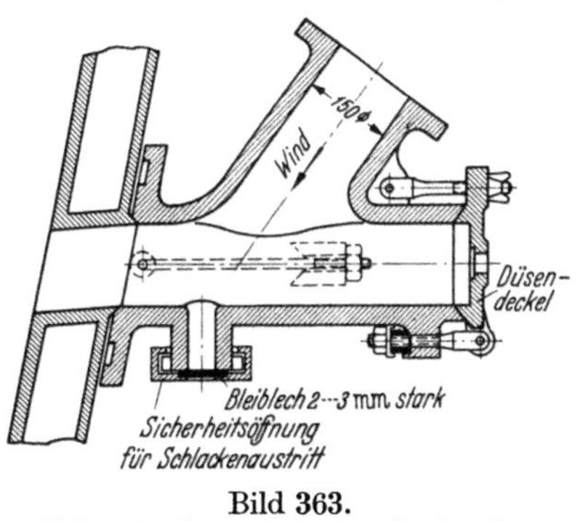

Bild 363.
Düsenstock für Kupferschachtöfen.

Die *Düsen* sollen nicht zu eng genommen werden, weil mit abnehmendem Düsendurchmesser die Gefahr der Verstopfung steigt. HENTZE[1] empfiehlt 100 bis 120 mm lichte Weite, für die eine Mittenentfernung von 330 bis 350 mm erreicht werden kann. Ein großer Gesamtdüsenquerschnitt ist für die gleichmäßige Beaufschlagung der Beschickung wichtig und ergibt keine zu hohe Windgeschwindigkeiten vor den Düsen. An den Stirnseiten sollen jedoch keine Düsen angeordnet werden, zumal wenn hier die Stiche angeordnet sind. Im allgemeinen werden kreisrunde Düsen bevorzugt, weil sie am besten in die Wasserkästen durch Einwalzen befestigt und abgedichtet werden können. Die Höhenlage der Düsen über der Grundplatte ergibt sich aus der Stärke der Sohle und der Steighöhe der Ablaufrinne, wozu ein Sicherheitszuschlag von 350 mm zu rechnen ist.

Die *Düsenstöcke* (Bild 363) müssen einen abnehmbaren Deckel und eine Sicherheitsöffnung für einen etwaigen Schlackenaustritt haben. Der Düsendeckel hat in der Mitte eine Öffnung, die zum Stochen dient, und die mit einer Klappe oder durch eine Brille mit Schauglas verschlossen werden kann. Wichtig ist einfache und leichte Durchbildung der Düsenstöcke, um sie gegebenenfalls schnell ausbauen zu können (z. B. beim Versagen der Windzufuhr). Die Düsenstöcke werden darum mit den Wasserkästen nicht verschraubt, sondern durch besondere leicht lösbare Klammern gehalten. Zweckmäßig

[1] HENTZE: Zit. auf S. 267.

sind auch Einrichtungen, die ein Ausschwenken der ganzen Düsenstöcke gestatten. Jeder Düsenstock muß einen besonderen Schieber zur Regelung der Windzufuhr haben. Die Verbindung zwischen Düsenstock und Windzuführung erfolgt durch Spiralschlauch, eine starre Verbindung ist wegen der dauernden Vibration des Ofens unzweckmäßig.

Tabelle 62. Anhaltszahlen für den Kühlwasserbedarf von Kupferschachtöfen nach PETERS. (Modern Copper Smeltung, 11. Aufl., S. 280. 1901.)

Düsenebene	Kühlwasserbedarf	
	bei Anheizen	bei normalem Betrieb
m^2	m^3/h	m^3/h
0,88	8,23	4,16
1,16	11,35	4,92
1,67	15,14	5,77
2,23	18,92	6,81
2,79	22,71	7,57
3,24	26,5	8,32

Die *Windleitung* wird zweckmäßig als Rundleitung um den Ofen herumgelegt, damit eine gleichmäßige Verteilung des Windes auf die einzelnen Düsen gesichert ist. Auf sanfte Übergänge an den Abzweigstellen zu den Düsenstöcken ist Wert zu legen, auch muß die Zufuhrleitung zur Ringleitung an einer Schmalseite des Ofens erfolgen, damit die beiden Längsseiten gleichmäßig beliefert werden. Der Durchmesser der Leitungen richtet sich nach dem mittleren Windbedarf des Ofens und wird berechnet aus:

$$F = \frac{V}{v} \quad m^2.$$

Hierin ist:

V = Windmenge m^3/s bezogen auf Betriebszustand.
v = Windgeschwindigkeit m/s.
F = Leitungsquerschnitt m^2.

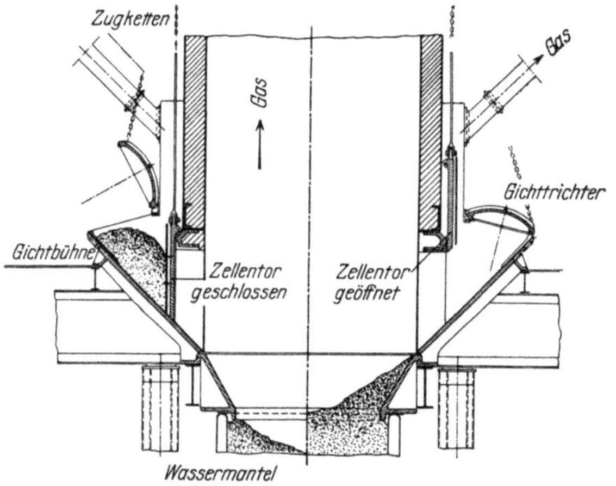

Bild 364. MÜNKERscher Gichtverschluß mit Zellentor.

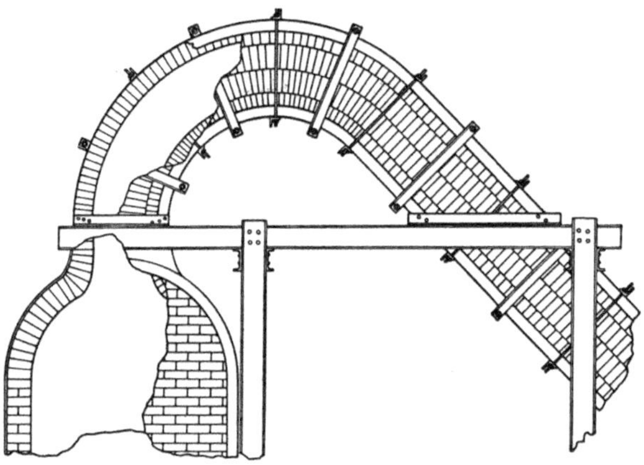
Bild 365.
Gemauerter Gasabzug für einen Kupferschachtofen.

Die *Kühlwasserleitung* wird ebenfalls zweckmäßig als Ringleitung um den Ofen herumgeführt. Ein in die Hauptleitung eingebautes Sieb hält dabei etwa mitgerissene Fremdkörper zurück. Von der Ringleitung zweigen die Zufuhrleitungen zu den einzelnen Wasserkästen ab, sie sind mit den Wasserkästen elastisch durch einen etwa 250 mm langen Gummischlauch verbunden. Das aus den Kühlkästen austretende heiße Wasser läuft in eine Sammelrinne und wird gegebenenfalls auf einen Kühlturm zwecks Rückkühlung gepumpt. Angaben über den Kühlwasserbedarf enthält Tabelle 62.

Gichtverschluß und *Beschickanlage.* Die Verbindung zwischen Ofenschacht und Gichtbühne bilden gußeiserne Platten, die jedoch den Ofenschacht selbst nicht belasten, sondern durch das Ofengerüst getragen werden. Hier befinden sich die Öffnungen zum Beschicken des Ofens, wobei zu beachten bleibt, daß jedes Ansaugen falscher Luft durch die Begichtungstüren eine Verdünnung der SO_2-haltigen Abgase bewirkt und die Weiterverarbeitung dieser Gase auf Schwefelsäure erschwert. Von den verschiedenen Konstruktionen sei hier der MÜNKERsche Gichtverschluß mit Zellentor genannt (Bild 364). Bei diesem wird das Gichtgas oberhalb der Bühne abgezogen und kann durch eine gemauerte Leitung, wie sie durch Bild 365 wiedergegeben ist, der Weiterverarbeitung zugeführt werden. Als Beispiel einer maschinellen Begichtung ist im Bilde 366 eine von der

Demag ausgeführte Verlade- und Ofenbeschickanlage für eine norddeutsche Metallhütte dargestellt[1]. Das Werk liegt an einem Kanal, auf dem die Rohstoffe zugeführt werden.

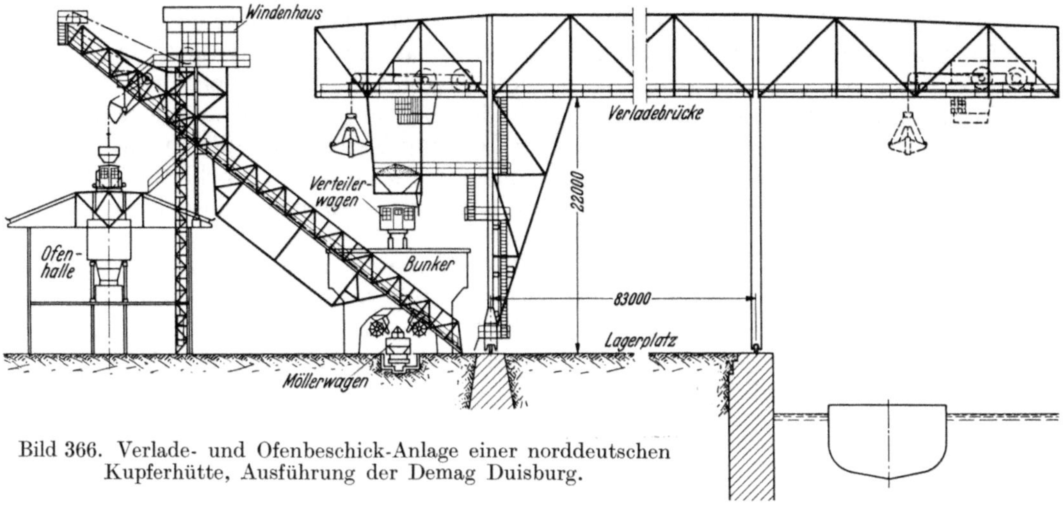

Bild 366. Verlade- und Ofenbeschick-Anlage einer norddeutschen Kupferhütte, Ausführung der Demag Duisburg.

Das Entladen der Kähne besorgen Verladebrücken, die die Rohstoffe entweder auf den Lagerplatz oder unmittelbar in die Bunkeranlage befördern. Durch einen Schrägaufzug werden die Rohstoffe in Trichterkübeln auf die Gicht befördert.

Der gesamte Ofen einschließlich der Gichtbühne ist an einem *Ofengerüst* aufgehängt. Wichtig ist, daß die Gerüstsäulen nicht dicht an den Ofen herangestellt werden, damit genügend Arbeitsraum bleibt und eine gute Verbindung jedes einzelnen Wasserkastens mit dem Gestell gesichert ist.

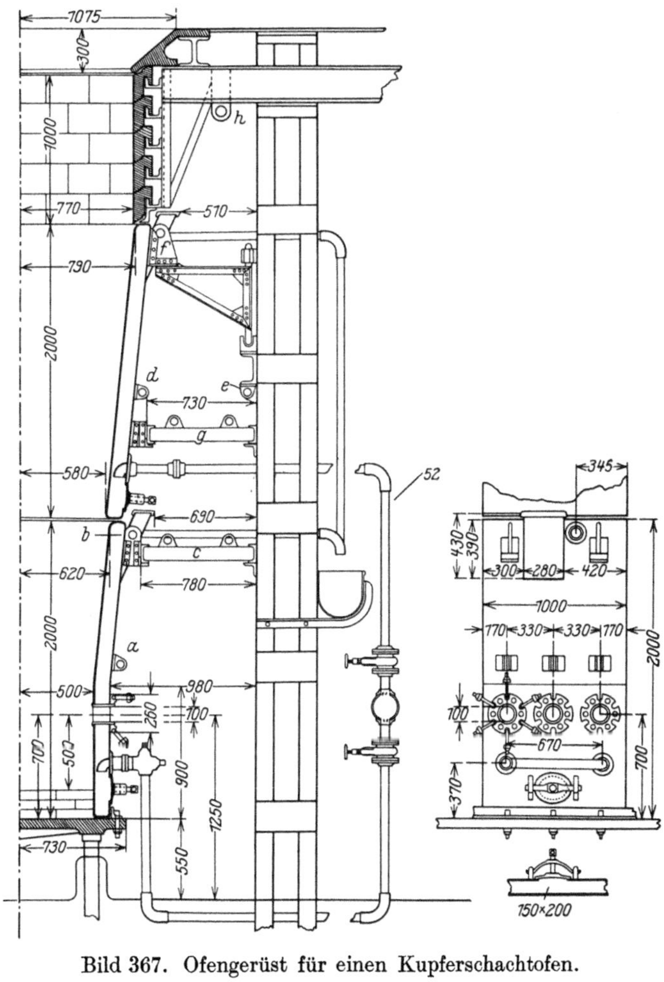

Bild 367. Ofengerüst für einen Kupferschachtofen.

Ein gutes Ofengerüst ist im Bilde 367 wiedergegeben, wobei die Aufhängung und die Versteifung der Wasserkästen besonders hervorgehoben sind. Die oberen Wasserkästen sind an seitwärts schwenkbaren Konsolen aufgehängt. Nach Lösung der Aufhängevorrichtung und nach Ausschwenken der Konsolen ist ein Einbau der Wasserkästen möglich. Die Wasserkästen sind durch Absteifungen *c* und *g* und Widerlager *b* seitlich gehalten. Zwischen *d* und *e* ist eine Kette eingehängt, damit der Wasserkasten beim Einhängen nicht infolge des leeren Ofens nach innen rutscht. Der Ring *h* dient zur

[1] Demag-Nachr. 1933.

Aufhängung der Flaschenzüge für den Aus- und Einbau der Wasserkästen; Ring *a* dient zur Aufhängung der Düsen.

Im *Vorherd* soll eine Trennung des geschmolzenen Produktes in Stein und Schlacke erfolgen. Eine „leichte" Schlacke begünstigt das Abstechen und ermöglicht ein wirtschaftliches Ausbringen an Metallstein. Daneben hat der Vorherd noch die Aufgabe, bei einer Weiterverarbeitung des Steines im Konverter als Sammelbehälter zu dienen. Die Größe des Vorherdes richtet sich nach der Leistung des Schachtofens und dem Schmelzpunkt der Produkte. Bei zu kleiner Leistung bleiben Metallstein und Schlacke im Vorherd nicht mehr flüssig. Um dem abzuhelfen, ist man zur Vorherdheizung übergegangen. Ein solcher Vorherd gleicht einem beheizten Flammofen, in den das aus dem Schachtofen abfließende Metallgemisch abläuft.

Während man früher mehrere kleine Vorherde hintereinander schaltete, ist man heute zu einem einzigen großen Vorherd übergegangen (bis 3,8 m Breite, 1,8 m Höhe und 9 m Länge). Eine Ausführungsform zeigt Bild 359. Brauchbare Abmessungen erhält man, wenn als Durchlaufgeschwindigkeit für die Stein- und Schlackenmischung $v = 1$ bis 2 m/h angenommen wird. Es ist dann:

$$F = \frac{V}{v} \quad \mathrm{m}^2.$$

Hierin ist:

V = Volumen des Stein-Schlackengemisches m^3/h,
F = Querschnitt m^2.

Zum Abstehen von Stein und Schlacke ist eine Aufenthaltsdauer der Schlacke im Vorherd von rund 3 h nötig.

Kleinere Vorherde sind fahrbar, größere ortsfest. Überlaufrinne und Abstichrinne sind leicht auswechselbar anzubringen.

3. Der Herdofen zur Erzeugung von Kupferstein.

Bei den *Herdöfen* erfolgt die Trennung von Stein und Schlacke im Ofen selbst. Er kann deshalb als Sammler für das anschließende Konverterverfahren dienen. Die Vorgänge im Herdofen weichen von denen im Schachtofen grundsätzlich ab. Der Brennstoff wird vollständig verbrannt. Es bildet sich eine neutrale oder schwach oxydierende Atmosphäre. Das Gut wird von der Oberfläche her erwärmt. Eine Reduktion von Oxyden und Sulfaten erfolgt nicht, da weder C noch CO vorhanden ist. Die Anreicherungen des Cu im Stein wird durch die Reaktionen zwischen den Kupferoxyden und Sulfiden hervorgerufen, wobei SO_2 entweicht. Metallisches Eisen oxydiert bei genügendem Luftüberschuß zu FeO, dieses bildet mit SiO_2, sobald die Temperatur hoch genug ist, Silikat. Die Beschickung muß im Herdofen möglichst schnell eingeschmolzen werden. Deshalb ist eine Temperatur von 1400 bis 1600° erforderlich, um die für wirtschaftlichen Betrieb erforderliche Schmelzgeschwindigkeit zu erreichen. Zu hohe Temperaturen, die zur Zerstörung des Mauerwerks führen, werden durch entsprechende Zufuhr frischer Beschickung vermieden. Da man gezwungen ist, auch am Fuchsende eine Temperatur von 1150 bis 1200° aufrechtzuerhalten, kann die Abgaswärme nur außerhalb des Ofens nutzbar gemacht werden (Dampfkessel). Um eine ausgiebige Wärmeabgabe an die Beschickung zu erreichen, wird der flache Herd möglichst groß gemacht und die Badtiefe gering gehalten. Da die Herdbreite mit Rücksicht auf Zugänglichkeit begrenzt ist, ergeben sich große Ofenlängen. Damit die Temperatur bis zum Fuchsende genügend hoch bleibt, wird die Feuerung auf unvollständige Verbrennung eingestellt und die zur vollständigen Verbrennung erforderliche Zweitluft durch das Gewölbe in den Ofen eingeführt. Das Gewölbe wird möglichst flach ausgeführt, um eine gleichmäßige Gasschicht über die ganze Ofenbreite zu erhalten, was für die gleichmäßige Gewölbe- und Gasstrahlung auf das Bad von Bedeutung ist. Der Ofen wird am Fußende soweit zusammengezogen, daß der für die Abführung der Gase erforderliche Querschnitt noch vorhanden ist. Die Ofenbreite soll mit Rücksicht auf die Ausbesserung von Hand 4,9 m nicht überschreiten. Bei Verwendung einer besonderen Einrichtung für Ausbesserungsarbeiten, ist man jedoch schon erheblich weiter gegangen. Die Länge ist nur begrenzt durch die Notwendigkeit auch am Fuchsende Schmelztemperatur aufrechtzuerhalten. Bei Anwendung von Rostfeuerungen geht man bis zu 30 m. Bei Kohlenstaubfeuerungen und Ölfeuerungen ist man nicht an eine Feuerungsstelle gebunden und hat deshalb schon Öfen bis zu 50 m Länge mit solchen Feuerungen ausgeführt. Generatorgasfeuerungen können nicht in Betracht gezogen werden, weil die hierfür erforderlichen Regeneratoren oder Rekuperatoren durch die großen Flugstaubmengen verstopft würden. Der Herd wird aus Quarz oder Sand hergestellt. Das Material wird sorgfältig mit einer Rundung zu den Seitenwänden eingestampft. Vor Inbetriebnahme des Ofens wird der Herd bei höchster Temperatur eingebrannt. Bei kleineren Herden brennt man das Material schichtenweise ein.

Die *Herdstärke* ist je nach den Abmessungen verschieden. Sie beträgt bei großen Öfen 65 cm. Die Seitenwände werden aus dem besten Schamottematerial oder Silikasteinen, die Gewölbe aus Silika- oder Dinassteinen hergestellt. Längswände und Gewölbe erhalten Ausdehnungsfugen. Die *Ziehöffnung* für die Schlacke liegt an der Stirnseite des Fußendes. Der Stein wird entweder durch Rinnen unmittelbar in die tiefer liegenden Konverter oder in die Gießpfannen abgestochen. Diese werden mit einem Kran zu den Konvertern befördert. Im Bild 368 ist eine Herdofenanlage der United States Metals Refg. Co. zu Carteret N. J. dargestellt, deren Abgase in Steilrohrkesseln zur Dampferzeugung ausgenutzt werden[1]. Das Röstgut wird in Wagen auf die über dem Ofen angeordnete Bühne gebracht und durch Bodenklappen auf ein Förderband abgezogen. Mit diesem gelangt es in die Füllrohre und von hier längs der Seitenwände in den Ofen. Der Durchsatz des Ofens beträgt 450 t/24 h. Tabelle 63 enthält einige Angaben über andere ausgeführte Herdöfen[2].

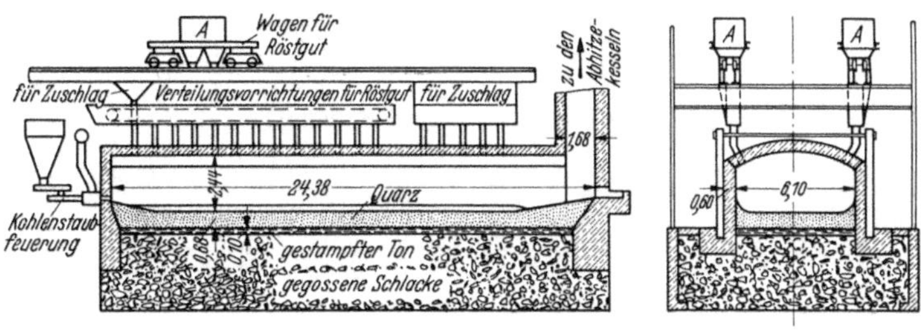

Bild 368. Herdofen zur Erzeugung von Kupferstein der United States Metals Refg. Co. zu Carteret N. J.

Tabelle 63.

Werk und Baujahr	Herd			Rostfläche	Durchsatz in 24 h		Brennstoffverbrauch % des Durchsatzes	Einsatz
	Breite m	Länge m	Herdfläche m²	m²	gesamt t	je m² Herdfläche t		
Argo Colorado 1887 . . .	3,86	6,46	18,41	2,3	21,8	1,182	37,5	kalt
Argo 1894	4,88	10,675	44,73	3,02	45,3	1,013	27,0	heiß
Montana 1903	6,10	15,25	78,12	5,12	101,25	1,296	32,3	Gemisch
Anaconda 1914	6,4	38,0	243,2	Kohlenstaubfeuerung	475	1,953	14,3	
Nevada Copper Co. 1921 .	8,235	40,87	336,56		707,5	2,102	15,3 (8,5)[3]	
Copper Cliff 1925	6,25	34,14	210,0		550	2,6	15,8	57 % heiß

Der *Brennstoffverbrauch* hat mit zunehmender Größe und Leistung der Öfen beträchtlich abgenommen, er beträgt bei Öfen mittlerer Größe etwa 14 % und bei den größten Öfen etwa 13 % des Durchsatzes. Unter Abrechnung der für Dampferzeugung nutzbar gemachten Wärme verbleibt für die Öfen ein Brennstoffaufwand von 8,5 bis 11 % des Durchsatzes, während die größten Schachtöfen 10 % Koks erfordern[4]. In Amerika sind infolgedessen die Schachtöfen fast ganz verdrängt. Die Herdöfen werden jetzt auch für grobstückiges Erz, das vorher zerkleinert werden muß, verwandt. Es darf allerdings nicht übersehen werden, daß mit dem Herdofenbetrieb gewisse Nachteile verbunden sind. Die Anlagen erfordern größeren Flächenraum und größeren Verbrauch an feuerfesten Baustoffen. Die Schlacke hat etwas höheren Cu-Gehalt. Außer dem Erz müssen

[1] Engng. Min. J. 1926.
[2] TAFEL: Lehrbuch der Metallhüttenkunde, Bd. 1, S. 279. Leipzig: S. Hirzel 1927.
[3] Unter Berücksichtigung der Abwärmeverwertung. [4] RÖNTGEN, Metall u. Erz 1925 S. 279.

auch die Zuschläge zerkleinert werden. Das feine Material bereitet bei seiner Förderung und Aufgabe in den Ofen Schwierigkeiten. Die Staubentwicklung ist erheblich und bedingt die Anordnung von Staubabscheidern und Nebeneinrichtungen zur Rückführung des abgeschiedenen Staubes.

Die Vorteile der *elektrisch beheizten Öfen* legten es nahe, sie auch zum Schmelzen von Kupfererzen zu verwenden. Die erheblich geringeren Gasmengen bedingen geringere Gasgeschwindigkeiten und geringere Flugstaubentwicklung. Die Erwärmung der Beschickung erfolgt von innen heraus; das Ofengewölbe wird geschont. Die Ofentemperaturen können höher gehalten werden, wodurch die Anwendung von Schlacken mit höherem Schmelzpunkt und somit Verminderung der Zuschläge und Ersparnis an Verschlackungsverlusten ermöglicht ist. Die Wirtschaftlichkeit des Verfahrens hängt von den Stromkosten ab. Sie ist gegeben, wo die Stromkosten niedrig und die Brennstoffpreise hoch sind. Für die Durchführung des Verfahrens eignet sich am besten die vereinigte Lichtbogen-Widerstandsheizung, bei der die Beschickung selbst den Widerstand bildet. Ein Beispiel ist der im Bild 369 dargestellte Ofen nach WESTLEY der Sulitjelma Copper Co. Der Stromverbrauch beträgt je nach der Zusammensetzung der Erze 500 bis 700 kWh/t Erz. Hierzu kommen noch die Kosten für Elektrodenverbrauch, der $2^1/_2$ bis 5 kg/t Erz beträgt[1]. Der Westley-Ofen hat 3 bis 6 Elektroden, die senkrecht durch das Gewölbe in den Ofen eingeführt sind. Der Ofen wird durch Öffnungen zu beiden Seiten des Gewölbes beschickt, so daß sich die Erze an den Seitenwänden häufen und diese gegen Bestrahlung schützen. Die Elektrodenenden dringen ein wenig in die Schlacke ein, so daß sich eine unmittelbare Lichtbogen-Widerstandsheizung im Schlackenbade ergibt. Der Herd besitzt auf etwa $^1/_3$ seiner Länge eine Vertiefung, in der sich der Stein ansammelt, und somit der unmittelbaren Berührung mit den Elektroden entzogen ist. Der Ofen wird mit Dreiphasenwechselstrom von 50 Perioden betrieben. Die Spannung beträgt je nach dem SiO_2-Gehalt der Schlacke und dem Elektrodenstand 112 bis 230 V.

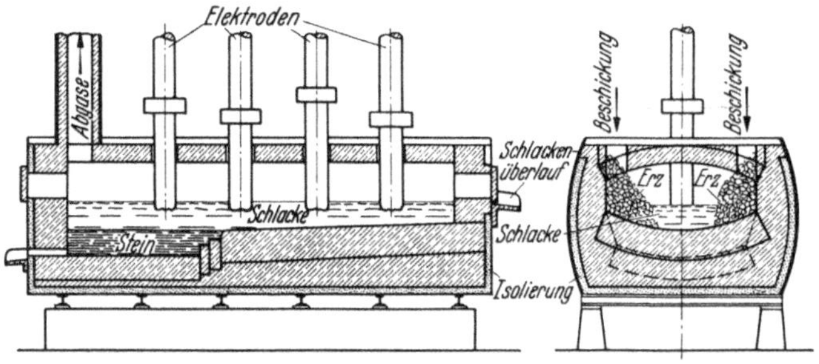

Bild 369. Elektrisch beheizter Herdofen zur Erzeugung von Kupferstein nach WESTLEY bei der Sulitjelma Copper Co.

c) Die Konverter zur Umwandlung von Kupferstein in Schwarzkupfer.

Beim *Konverterverfahren* entfällt die Notwendigkeit, den Stein zum Rösten zu zerkleinern und zum Schmelzen Brennstoff aufzuwenden. Der Kupferstein wird flüssig in den Konverter überführt. Durch die in die flüssige Masse eingeblasene Luft beginnt alsbald lebhafte Abröstung unter gleichzeitiger Verschlackung des gebildeten FeO mit SiO_2. Nach vollständiger Verschlackung des Eisens ist nur noch Cu_2S (Spurstein) und Schlacke vorhanden. Der erste Abschnitt des Verfahrens ist beendet. Der Wind wird abgestellt und die Schlacke abgegossen. Dann wird weiter geblasen. Es beginnt der zweite Abschnitt des Verfahrens: die Überführung des Spursteins in metallisches Kupfer gemäß den oben angegebenen Reaktionen beim Röstreaktionsverfahren. Nach Abgießen der Schlacke entstehen infolge der Einwirkung der Luft drei Schichten, und zwar:

1. Untere Schicht, bestehend aus metallischem Kupfer, die beständig zunimmt.
2. Mittlere Schicht, bestehend aus Spurstein, die beständig abnimmt.
3. Obere Schicht, die durch die dünne Schlackendecke gebildet wird.

Hierdurch ist der grundsätzliche Unterschied vom Roheisenfrischverfahren gekennzeichnet. Bei diesem ist der Brennstoff während des ganzen Verfahrens im Bade gleichmäßig verteilt. Beim Kupferkonverter ist das nur im Anfang der Fall. Nur der Spurstein enthält den Brennstoff. Die eingeblasene Luft muß deshalb so geführt werden, daß sie

[1] TAFEL (zit. auf S. 275): S. 265.

bis zum Schluß des Verfahrens nur auf diesen Brennstoffträger gelenkt wird. Durch Einblasen in das Kupferbad würde in diesem Oxydation und Abkühlung erfolgen. Die Lage der Winddüsen ist hierdurch gegeben.

Das *Verblasen des Kupfersteins im Konverter* verläuft, wie schon oben angeführt, in zwei Abschnitten. Im *ersten* Abschnitt entsteht ein *Wärmeüberschuß*, der um so größer ist, je weniger Kupfer der Stein enthält. Es wird FeS oxydiert, FeO verschlackt.

$$88 \text{ g } FeS + 48 \text{ g } O_2 = 72 \text{ g } FeO + 64 \text{ g } SO_2 + 111 \text{ cal.}$$

Im zweiten Abschnitt ergibt sich ein *Wärmeverlust*, der zum Teil durch die endotherme Reaktion zwischen Cu_2O und Cu_2S hervorgerufen wird.

$$286 \text{ g } Cu_2O + 159 \text{ g } Cu_2S = 382 \text{ g } Cu + 63 \text{ g } SO_2 - 38{,}6 \text{ cal.}$$

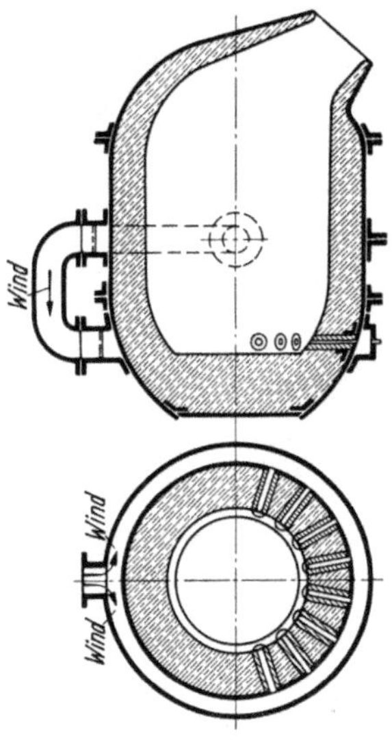

Bild 370. Konverter mit Anordnung der Düsen in der Seitenwand.

Hieraus ist zu folgern, daß die Durchführung des Verfahrens um so schwieriger wird, je größer die Leitungs- und Strahlungsverluste sind. Es ist also zweckmäßig, große Konverter zu verwenden, und ihnen eine Form zu geben, die im Verhältnis zum Inhalt eine kleine Oberfläche ergeben. Ferner ist anzustreben, das Verfahren in möglichst kurzer Zeit durchzuführen, da die Wärmeverluste durch Strahlung und Leitung während des Verfahrens unveränderlich sind. Sie werden mithin für die Wärmebilanz um so bedeutungsvoller, je länger das Verfahren dauert. Die Leistung des Konverters ist abhängig von der in der Zeiteinheit verbrannten Brennstoffmenge, die naturgemäß von der ins Bad eingeblasenen Windmenge bestimmt ist. Diese kann aber nicht beliebig vergrößert werden, weil die Windgeschwindigkeit vor den Düsen eine gewisse Größe nicht überschreiten darf, da sonst Auswurf entsteht, der Metallverluste herbeiführt. Unter Berücksichtigung dieses Umstandes soll die Windmenge je Zeiteinheit möglichst groß sein. Für die ersten Versuche wurden *Birnenkonverter* ohne jede Änderung verwendet. Die Konzentration des Kupfersteins gelang, aber sobald die Reaktionen zwischen Cu_2O, CuO und Cu_2S begannen, verstopften sich die Düsen mit metallischem Kupfer. Nachdem die Düsen in die Seitenwand verlegt und nur an einem Teile des Umfanges angeordnet waren (Bild 370), ließen sich diese Schwierigkeiten vermeiden. In dem Umfange, in dem sich metallisches Kupfer bildete, wird der Konverter geneigt, so daß die Winddüsen jeweils oberhalb des Kupferbades in den Stein münden. Bild 371 zeigt den Birnenkonverter in einer Ausführung der Anaconda-Werke. Der Windkasten ist in der Form eines halben Ringes am unteren Ende des Konvertermantels angeordnet. Die Düsen sitzen oberhalb des Windkastens zu je zweien in einem Gehäuse, das mit dem Windkasten durch einen Kanal verbunden ist. Vom Windkasten führt eine Verbindung zum hohlen Zapfen des Konvertertragringes. Die Verbindung zwischen dem beweglichen Zapfen und der festen Windleitung wird mittels Stopfbüchse hergestellt. Die Drehung des Konverters geschieht durch einen Preßwasserzylinder mit Zahnstangengetriebe. Die Abmessungen der Birnenkonverter sind aus den schon angeführten Gründen dauernd vergrößert worden. Während die ersten Ausführungen die Form des Bessemer-Konverters beibehalten hatten, entstand infolge der inzwischen gesammelten Erfahrungen und der fortlaufenden Vergrößerungen eine abweichende Form der Kupferkonverter nach Bild 372,

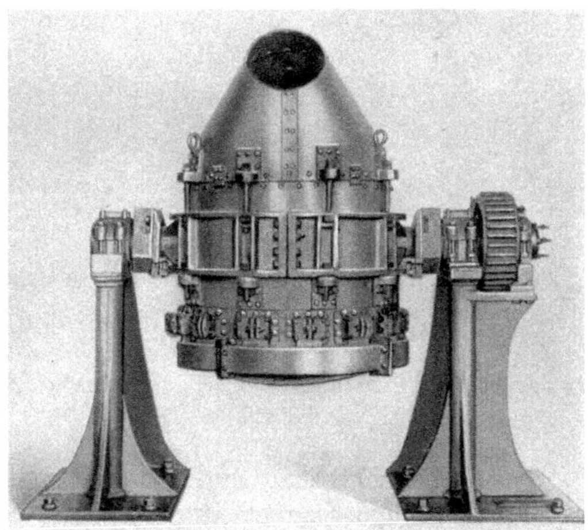

Bild 371. Birnenkonverter der Anaconda-Werke.

mit Durchmessern bis zu 6100 mm bei annähernd beibehaltenen Höhenmaßen. Damit dürfte auch die obere Grenze des Fassungsvermögens, auch für die größten Werke erreicht sein. Die metallurgischen Vorgänge an sich ziehen der Vergrößerung wohl kaum eine Grenze, für große Konverter spricht noch der Umstand, daß sie als Sammler für den Stein und für das fertiggeblasene Kupfer dienen können. Das Kupfer kann bei guter Abdeckung der Mündung längere Zeit flüssig gehalten werden. Es darf aber nicht außer acht gelassen werden, daß eine zu weit gehende Vergrößerung der Einheiten auch in den größten Werken zu Unbequemlichkeiten führen kann. Tatsächlich sind in später entstandenen Neuanlagen die Abmessungen verringert worden. Man hat sich in den Kupferwerken nun nicht mit den Birnenkonvertern als einzige Form abgefunden. MANHÈS hat mit seinem Mitarbeiter DAVID bereits einen liegenden Konverter von zylindrischer Form durchgebildet. DAVID erbaute auch für die Société des Cuivres de France einen Konverter von kugeliger Gestalt, der so eingerichtet war, daß die mit dem ersten Kupfer ausgeschiedenen Edelmetalle besonders abgestochen werden konnten[1]. Auch bei der Canamea Copper Company in Sonara (Mexiko) wurden Konverter mit kugeliger Ausmauerung verwendet, die sich durch gleichmäßige Abnutzung der Auskleidung auszeichneten. In der Folgezeit hat jedoch auf vielen Werken der Trommelkonverter wegen seiner einfachen Bauart, seiner günstigen Lagerung und der betriebstechnischen Vorteile den Vorzug erhalten.

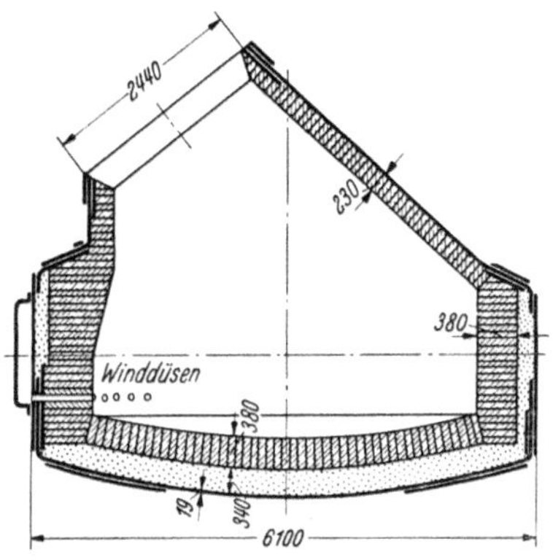

Bild 372. Großer Birnenkonverter, 6100 mm Dmr.

Der *Trommelkonverter* (Bild 373) besteht aus einem zylindrischen Mantel mit geraden oder gewölbten Böden. Der Mantel ruht in Tragringen von I-förmigem Querschnitt. Die Tragringe sind auf Rollen gelagert. An einem Ende des Mantels ist ein Zahnkranz angeordnet, indem das Ritzel der elektrisch getriebenen Drehvorrichtung eingreift. Die Düsen sitzen in einer Reihe am Mantel. Man kann ihnen demnach durch Drehung des Konverters jeweils die zum Bade günstigste Lage geben und somit die Durchführung des Verfahrens in einfachster Weise den sich ändernden Kupfergehalten des Steines anpassen.

Bild 373. Trommelkonverter, Mantel mit Düsen, Windzuführung und Drehvorrichtung.

Zum Entschlacken und zum Vergießen des Kupfers besitzt der Trommelkonverter einen konischen Stutzen, durch den auch die Beschickung eingeführt wird, und der auch als Abzug für die Gase dient. Der größte bis jetzt ausgeführte Trommelkonverter hat einen Durchmesser von 3,96 m und ist 9,15 m lang.

Das *Konverterfutter* der ersten Anlagen bestand aus saurem Material. Bei den geringen Abmessungen der ersten Konverter hätten die zur Verschlackung von Fe erforderlichen sauren Zuschläge nicht kalt zugesetzt werden können, weil der Wärmeinhalt des Bades nicht ausgereicht hätte. Der Bedarf an SiO_2 wurde dem vorher erwärmten Futter entnommen. Dieses wurde infolgedessen nach kurzer Zeit aufgezehrt. Auf zwei sauer zugestellte Konverter, die im Betrieb waren, war einer für die Neuzustellung erforderlich.

[1] BORCHERS: Kupfer S. 162. Halle: W. Knapp 1915—1924.

Der Übergang zum *basischen* Futter gelang erst, als man zu größeren Einheiten übergegangen war. Als solches dient Magnesit mit 80 bis 85% MgO. Es ist von fast unbegrenzter Haltbarkeit, wenn die Temperatur nicht zu hoch gesteigert wird. Zur Erhöhung der Futterhaltbarkeit versieht man die Auskleidung mit einem Überzug von Fe_3O_4, indem man nach Anheizen mit Koks flüssigen armen Stein einsetzt und ohne sauren Zuschlag auf Cu_2S verbläst. Durch Drehen des Konverters erhält man den gewünschten Überzug der Innenwände in ziemlich gleicher Stärke. Die basische Ausmauerung erhält oben und an den Seiten eine Stärke von etwa 25 cm, am Boden und bei den Düsen bis zu 45 cm (Bild 374).

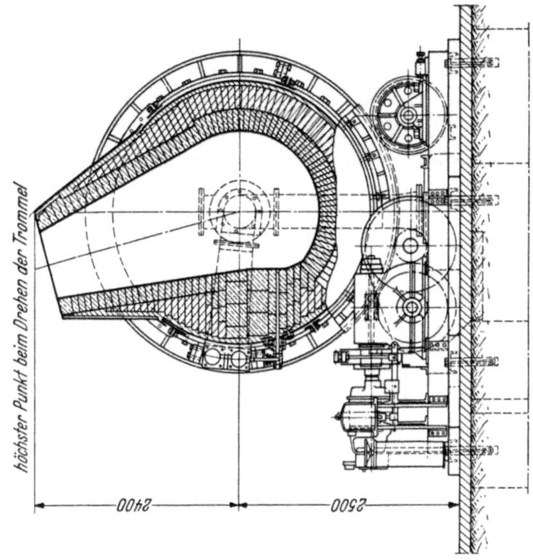

Die *Düsen* werden mit einer Masse aus Magnesitmehl umstampft, die mit Wasserglas angefeuchtet ist. Ihre lichten Durchmesser waren anfangs nach dem Vorbild der Bessemer-Konverter sehr gering, heute

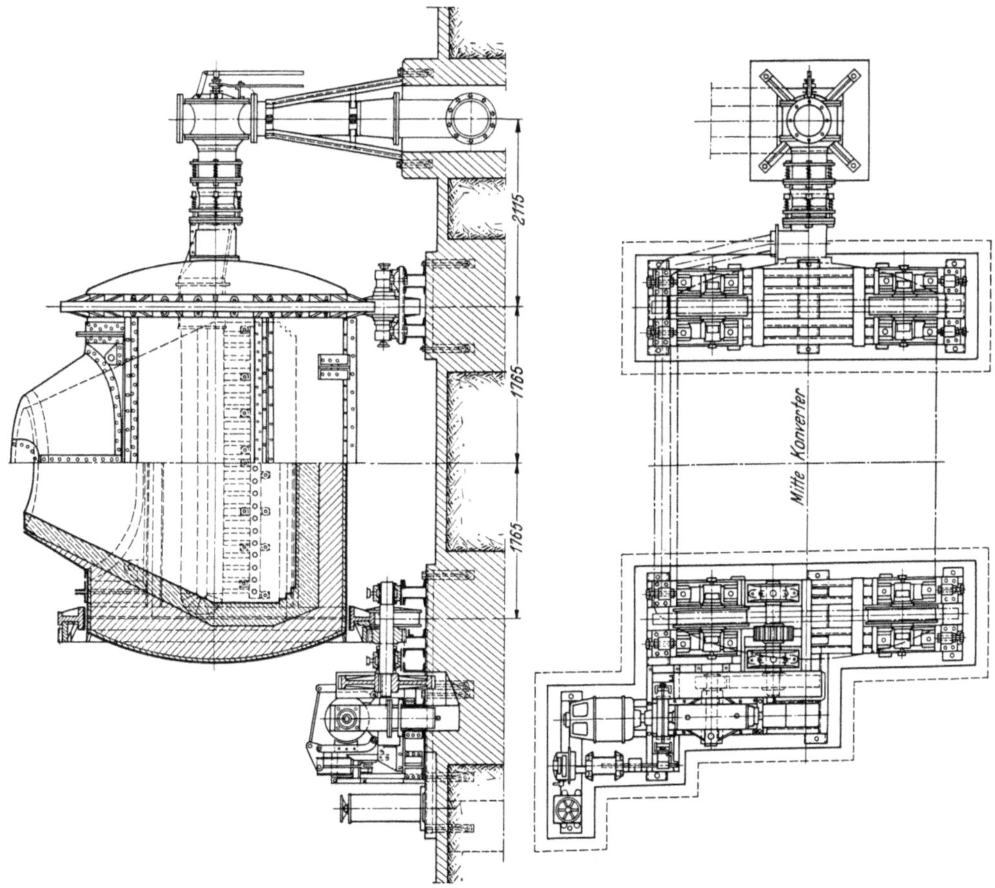

Bild 374. Konverteranlage, Trommelkonverter mit Ausmauerung. Ausführung: Humboldt-Deutz-Motoren.

betragen sie 25 bis 40 mm und bei den großen Apparaten bis zu 55 mm. Hierdurch ist es möglich, bei geringer Windgeschwindigkeit und geringen Reibungsverlusten größere Windmengen in der Zeiteinheit einzublasen. Sie werden mit selbsttätigem Kugelverschluß versehen, so daß sie in einfacher Weise zwecks Reinigung mit Stangen durchstoßen werden können.

Die *Windpressungen* schwanken je nach Größe der Konverter und Badhöhe zwischen 0,7 und 1,4 at.

Der *Windbedarf* ergibt sich aus dem Sauerstoffbedarf für die Oxydation des Schwefels und des Eisens. Für einen Ofen von 40% Cu beträgt der theoretische Luftbedarf 1240 m^3/t Stein, das ist 3260 m^3/t Cu. Die Windausnutzung ist infolge der Lässigkeitsverluste und der Verluste im Konverter selbst etwa 85%, so daß für die Gebläse mit Luftmengen von 4000 bis 4200 m^3 je t Kupfer zu rechnen ist. Die *Gebläse* und ihre Antriebe sind so zu bemessen, daß sie bezüglich Pressung und Liefermenge auch wechselnden Anforderungen des Konverterbetriebes genügen können.

Die Abzugshauben über den Konvertermündungen müssen guten Abschluß haben, damit nicht zuviel Luft mitgesaugt wird. Die Hauben sind an eine Leitung angeschlossen, die mit der Esse in Verbindung steht, oder sie werden zur Verarbeitung auf Schwefelsäure durch einen Exhaustor abgesaugt.

d) Die Kupferraffinieröfen.

Die *Raffinieröfen* werden als Herdöfen ausgeführt, die so zu gestalten sind, daß eine genaue Überwachung aller Vorgänge im Ofen möglich ist. Die Temperatur muß so hoch gehalten werden, daß das abgestochene Kupfer vergossen werden kann. Man verwendet Rostfeuerungen, Halbgasfeuerungen, Gasfeuerungen und Kohlenstaubfeuerungen. Die Wirkung des dem Ofen zugeführten Sauerstoffes wird unterstützt durch Cu_2O, das im geschmolzenen Kupfer löslich ist und den Sauerstoff auch an die Stellen der Schmelze trägt, die nicht unmittelbar von der Luft berührt werden. Es findet Rückbildung von Cu statt nach der Gleichung:

$$Cu_2O + Me = MeO + 2\,Cu.$$

Nach beendigter Oxydation ist das im Bade befindliche SO_2 durch *Dichtpolen* zu entfernen. Das geschieht durch Umrühren mit einer Stange grünen Holzes. Nach dem Dichtpolen erfolgt in gleicher Weise das *Zähpolen*, wobei durch H_2 und CO das Kupfer aus dem vorhandenen Cu_2O reduziert wird. Der Ofen muß zuerst mit einer stark oxydierenden Atmosphäre und danach mit einer reduzierenden Atmosphäre betrieben werden können. Da die Wärmeleitfähigkeit der Beschickung groß ist, kann mit einer *großen Badtiefe* gearbeitet werden, ohne Ansätze auf dem Herde befürchten zu müssen.

Es ist zweckmäßig, den *Herd* mit Metallplatten zu bewehren und diese der Luftkühlung zugängig zu machen. Wenn dann im Betrieb flüssiges Metall durchsickert, wird es an der kühlen Metallwand erstarren. Hierdurch werden Durchbrüche verhindert. Der Herd wird sowohl aus saurem als auch aus basischem Futter hergestellt. Wird der Ofen mit einer Gasfeuerung beheizt, ergibt sich die Möglichkeit den Herd aus Quarzsand herzustellen, der dann bei höchster erreichbarer Temperatur eingebrannt wird. Für seine dauernde Erhaltung ist allerdings sorgfältige Ausbesserung nach jeder Schmelzung erforderlich. Solche Herde sollen eine ebenso große Haltbarkeit besitzen wie Herde aus Magnesitsteinen[1]. Es sei hinzugefügt, daß das sachgemäße Einbrennen und Ausbessern eines Quarzherdes reines Material und eine gleichmäßig hohe Temperatur erfordert, die bei Halbgasfeuerungen nicht mit Sicherheit erreicht werden kann. Ist für den Quarzsand ein Bindemittel erforderlich, werden einige Hundertteile Schweißschlacke hinzugefügt. Bei Öfen mit Halbgasfeuerung wird der saure Herd aus Silikasteinen hergestellt. Vor Inbetriebnahme des Ofens wird der Herd bis zur Grenze der Aufnahmefähigkeit mit reinem Kupfer getränkt. Hierzu ist ungefähr 30% des Einsatzes erforderlich. Unreines Kupfer darf hierfür nicht verwandt werden, weil die Verunreinigungen in das Bad übertreten würden. Bei den Herden aus Silikasteinen werden die Seitenwände vielfach aus Magnesitsteinen hergestellt. Hierbei ist größte Sorgfalt erforderlich, die Wände werden senkrecht hochgeführt, so daß jede Möglichkeit der Lockerung einzelner Steine ausgeschlossen ist. Das könnte zu schwerer Beschädigung des Herdes und zur Not-

[1] Metall u. Erz 1927 S. 121.

wendigkeit vollständiger Erneuerung führen. Die Herstellung des Herdes aus Magnesitziegeln ist erheblich teurer, wird aber in vielen Fällen wegen der großen Widerstandsfähigkeit dieses Stoffes gegen chemische Einflüsse bevorzugt.

Das *Gewölbe* wird entweder aus Silikasteinen oder Magnesitziegeln hergestellt. In einigen Fällen ist auch mit Quarzschiefer ein guter Erfolg erzielt worden. Beim Einblasen der Luft wird Metall gegen das Gewölbe geschleudert, das nach Oxydation mit SiO_2 eine Schlacke bildet, die bei der vorherrschenden Temperatur schmilzt und abtropft. Bei Öfen mit Gasfeuerung hat man zur Vermeidung dieses Vorganges die Gewölbe erheblich höher gelegt und mit Erfolg Gewölbe aus Silikasteinen verwandt.

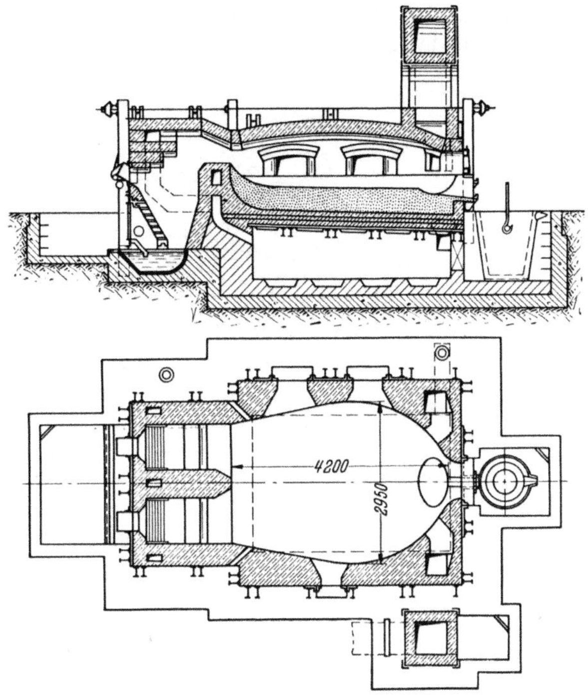

Bild 375. Kupferraffinierofen mit Halbgasfeuerung.

Bei der *Bewehrung* der Kupferraffinieröfen ist auf den Umstand Rücksicht zu nehmen, daß die Herde durch Metallaufnahme wachsen und zusätzliche Spannungen hervorrufen.

Das *Fassungsvermögen* wird unter Berücksichtigung der Gesamterzeugung des Werkes möglichst groß genommen, da die Öfen um so wirtschaftlicher arbeiten, je größer sie sind. Größere Öfen ergeben auch ein gleichmäßigeres Erzeugnis. Als kleinste Einheit wird ein Ofen von 12 t Fassungsvermögen angesehen. Der Durchschnitt eines Ofens beträgt 3 bis 4 t je m^2 Herdfläche in 24 h. Es sind Öfen bis 5 m Breite und 15 m Länge zur Ausführung gekommen, für die sich eine Durchsatzmenge bis zu 300 t/24 h ergeben hat. Die Badtiefe beträgt 0,4 bis 0,75 m. Bei Anwendung von Rostfeuerungen ist eine Rostfläche von $^1/_7$ bis $^1/_8$ der Herdfläche erforderlich. Die Gewölbehöhe über dem Herd beträgt 1,5 bis 2,4 m. Bei Halbgasfeuerungen wird das Gewölbe vor dem Fuchs etwas heruntergezogen. Im Bilde 375 ist ein solcher Ofen für 15 t Einsatz dargestellt. Bild 376 zeigt einen von der Firma Siemens in Berlin ausgeführten Raffinierofen mit angebauten Generatoren für 15 t Fassungsvermögen. Die Brenner sind an der einen Längsseite des Ofens angeordnet, so daß sich eine hufeisenförmige Flamme im Herdraum bildet. Da das Generatorgas die fühlbare Wärme auf dem kurzen Wege bis zum Brenner behält, ist nur Luftvorwärmung

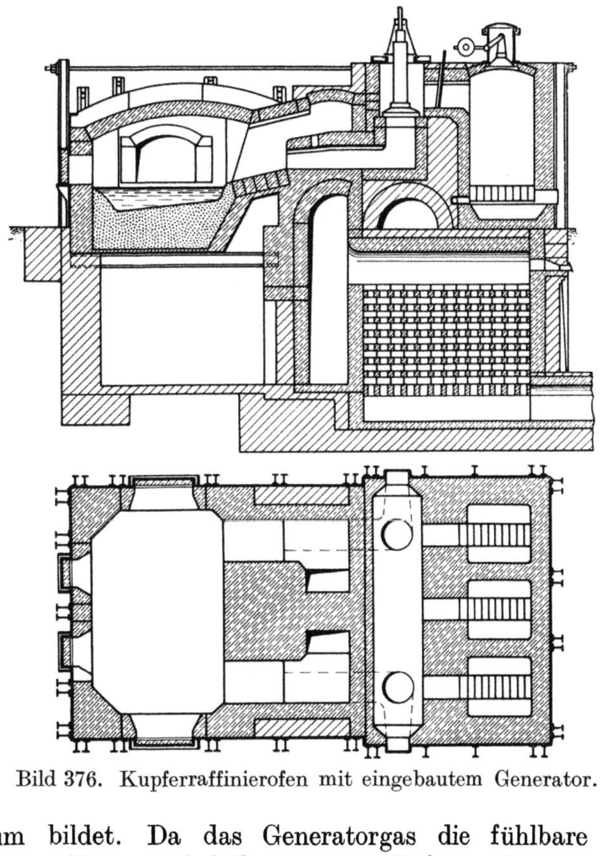

Bild 376. Kupferraffinierofen mit eingebautem Generator.

vorgesehen. Die Luft wird durch eine Siemens-Klappe umgestellt, die hinter den Kammern unter Hüttenflur angeordnet ist. Der Ofen wird schon während des Einsetzens mit oxydierenden Flammen betrieben. Das Material wird am einziehenden Kopf eingesetzt, damit die durch die Arbeitstür eintretende kalte Luft den Ofen nicht zu stark kühlt und das Niederschmelzen verzögert. Nachdem die Beschickung niedergeschmolzen

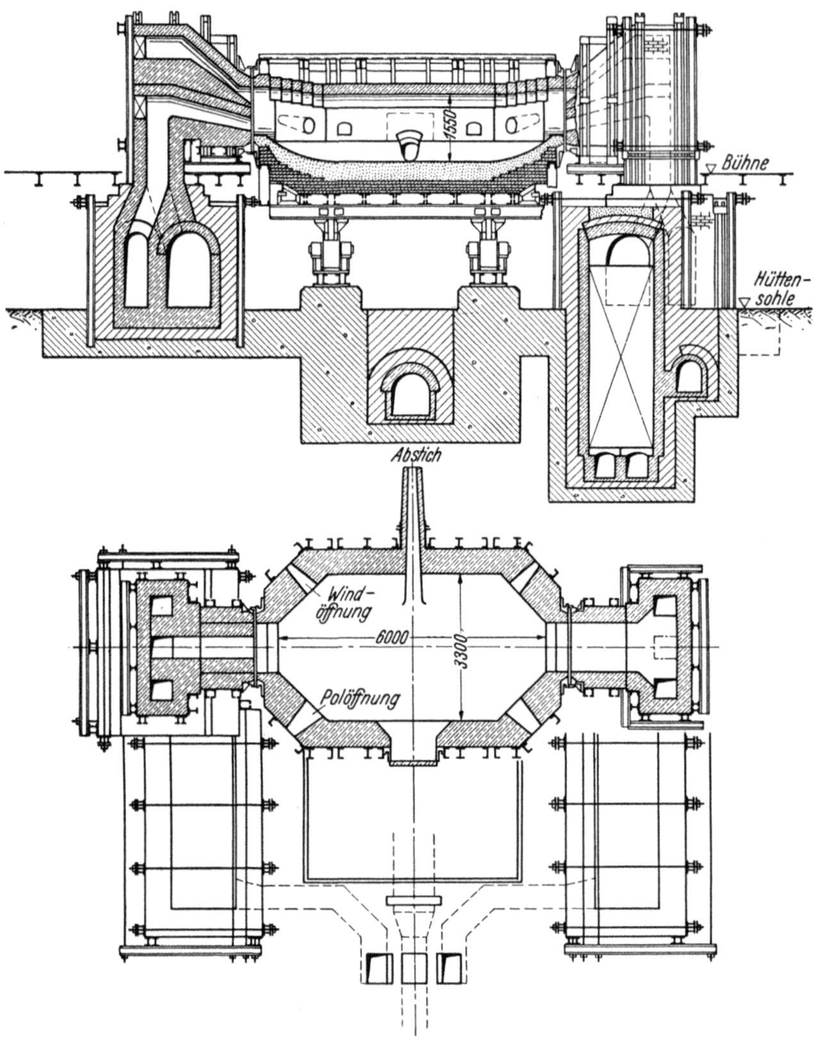

Bild 377. Kippbarer Kupferraffinierofen mit Regenerativgasfeuerung.

ist, beginnt man mit dem Einblasen der Luft in das Bad unter Beibehaltung der oxydierenden Flammen. Hierbei ist darauf zu achten, daß die Luft in der Flammenrichtung eingeblasen wird. Dadurch wird eine kreisende Bewegung im Metallbad und in der Schlacke hervorgerufen. Beim Umstellen des Ofens ändert sich naturgemäß die Flammenrichtung, es ist somit auch die Luft von der anderen Seite her einzublasen. Durch diese Arbeitsweise wird das Abziehen der Schlacke erleichtert, weil Luft und Flammenstrom die Schlacke zur Schlackenziehtür treiben. Nachdem die Blauprobe erreicht ist, wird die Luft abgedrosselt bis reduzierende Atmosphäre im Ofen vorhanden. Es beginnt das Polen. Beim Polen und Schöpfen ist aus den schon angeführten Gründen ebenfalls am abziehenden Kopf zu arbeiten.

Das Bild 377 zeigt einen kippbaren Kupferraffinierofen mit Regenerativgasfeuerung, der an eine Zentralgeneratorenanlage angeschlossen ist. Das Gas gelangt aus der

Gasleitung unmittelbar in den Ofenkopf, für seine Umschaltung dienen Schnellschlußschieber. Unter den senkrechten Gaszügen liegen die Schlackenkammern. Der Oberofen

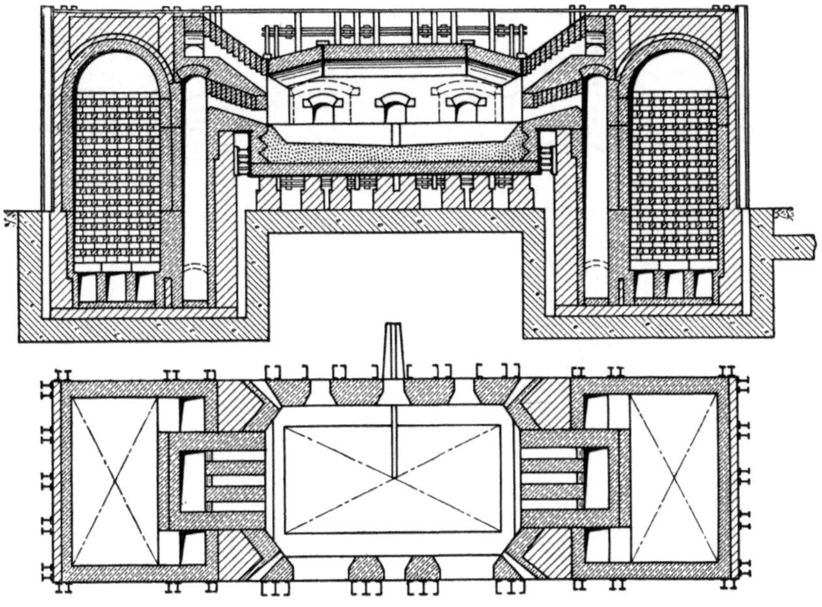

Bild 378. Kupferraffinierofen mit hochgezogenen Kammern.

ist mit Silikasteinen, der Herd mit Magnesitsteinen zugestellt. Die Einsatztüre liegt an der einen Ofenseite. Sie ist so bemessen, daß mit Einsetzmaschinen gearbeitet werden kann, wodurch eine Verkürzung der Einsatzdauer eintritt. Wo die Grundwasserverhältnisse nur eine geringe Bautiefe gestatten, müssen die Kammern hochgezogen und den Ofenköpfen vorgelagert werden, wie aus Bild 378 ersichtlich ist. Wird statt hochwertigen warmen Generatorgases minderwertiges Gas, z. B. Hochofengas, verwendet, so ist auch eine Vorwärmung des Gases erforderlich, d. h. es ist der Ofen mit 4 Kammern nach dem Bild 379 auszurüsten. Sollen stark verunreinigte Materialien raffiniert werden, bei deren Einsetzen mit großer Staubentwicklung zu rechnen ist, oder bei deren Verarbeitung große Mengen Metalloxyde, insbesondere Bleioxyde, entweichen, so sind die bisher besprochenen Ausführungsarten ungeeignet, da die Kammern verstopft und zerstört würden. In diesem Falle kommen Öfen nach dem Bild 380 in Betracht. Bei diesen sind die Brenner an der einen Kopfseite angeordnet, der Abzug befindet sich an der gegenüberliegenden Kopfseite. Der größte Teil der Verbrennungsgase zieht über den Herd zum Abzug. Der Rest dient zur Beheizung der Kammern, die mit Hilfe der üblichen Umstellorgane wechselweise aufgeheizt und entheizt werden, um dadurch die zur Erzielung der hohen Verbrennungstemperaturen erforderliche Luftvorwärmung herbeizuführen.

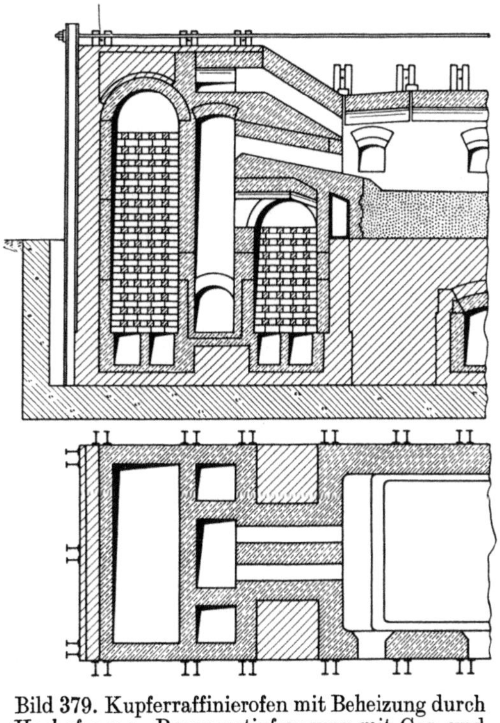

Bild 379. Kupferraffinierofen mit Beheizung durch Hochofengas. Regenerativfeuerung mit Gas- und Luftvorwärmung.

Der *Brennstoffverbrauch* ist je nach der Art des zu verarbeitenden Rohkupfers, der Art der Feuerung und der Größe des Ofens verschieden. Zum Raffinieren von unreinem

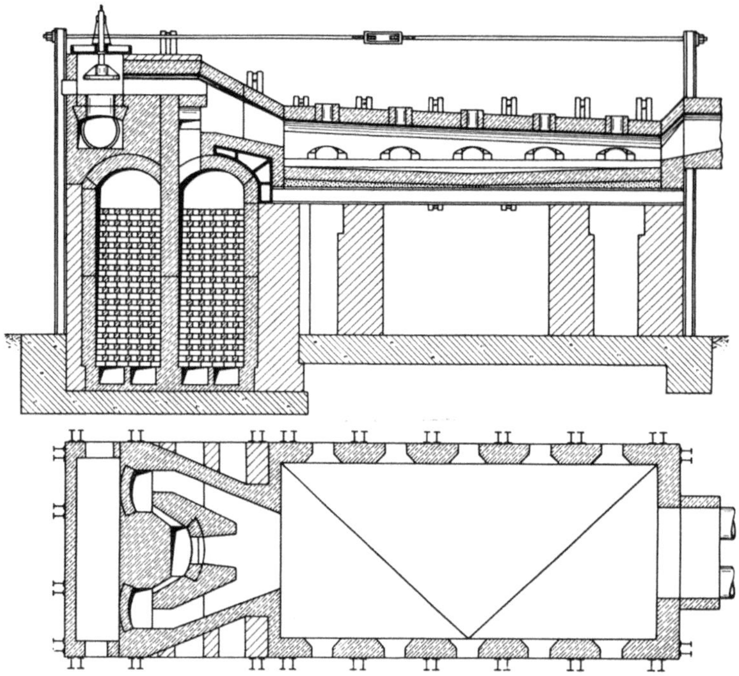

Bild 380. Kupferraffinierofen mit Regenerativgasfeuerung, Brenner an der einen Kopfseite und Flammenteilung.

Schwarzkupfer ergibt sich bei Öfen mit Halbgasfeuerung 16 bis 30% Kohlenverbrauch, ohne Berücksichtigung der Abhitzeverwertung. Bei Siemens-Öfen wurden die in Tabelle 64 angegebenen Betriebsergebnisse erzielt.

Tabelle 64. Betriebsergebnisse bei Kupferraffinieröfen mit Siemens-Regenerativfeuerung.

Fassungsvermögen des Ofens	15 t	25 t
Dauer des Einsetzens von Hand	4 h	6 h
Dauer des Schmelzens	3 h	4 h
Dauer des Oxydierens	3 h	5 h
Dauer des Reduzierens	3 h	5 h
Dauer des Vergießens und der Herdausbesserung	2 h	3 h
Kohlenverbrauch bezogen auf den Einsatz	20%	18%
Einsatz an Schwarzkupfer	15%	15%
Einsatz an Altkupfer, Feuerbüchsen, Walzensinter usw.	85%	85%
Schlacke	3 bis 3,75 t	
Ausbringen	80 bis 85%	

In neuester Zeit ist für die Kupferraffination auch mit Erfolg der *Trommelofen* eingeführt worden. L. KATTERBACH[1] berichtet über einen dreh- und kippbaren Ofen, der beim Osnabrücker Kupfer- und Drahtwerk betrieben wird. Die Trommel (Bild 381) hat eine Gesamtlänge von 6,8 m. Der Blechmantel hat im zylindrischen Teil einen lichten Durchmesser von 3 m. Er liegt mit zwei Laufringen auf einem Rollbett. Die Rollbewegung wird durch zwei der vier Lagerrollen mittels eines elektrischen Antriebes bewirkt. Das Rollbett ist seinerseits mit zwei an seinen Außenseiten angeordneten Wiegen auf vier Rollen gelagert. Hierdurch wird die Möglichkeit geschaffen, den Ofen in eine Schräglage zu überführen, die das Einfüllen des Rohkupfers und das Abfüllen der Schmelze sehr erleichtert. Der Kippmechanismus wird ebenfalls durch einen Elektromotor angetrieben. An dem Einfüllende des Ofens befindet sich ein kombinierter Öl-Kohlenstaubbrenner und zwei Verblaserohre. Am anderen Ende des Ofens ist das Abgasrohr angeschlossen, das beim Abschlacken und Gießen hochgezogen wird. Zum Abgießen kann die Pfanne unmittelbar unter die Gießöffnung gefahren werden. Der Ofen wird gekippt und die Pfanne mit einem dicken Strahl in kürzester Zeit gefüllt. Die Arbeitszeiten bei einer Schmelze von 25 t sind die folgenden:

[1] Mitt. Forsch.-Anst. Gutehoffn. Nürnberg. Bd. 5, Heft 7, S. 172.

Einsetzen 50 min, Einschmelzen 240 min, Verblasen 240 min, Polen 60 min, Gießen 90 min.

Die Zustellung des Ofens geschieht mit einer Stampfmasse von 93 bis 95% SiO_2.

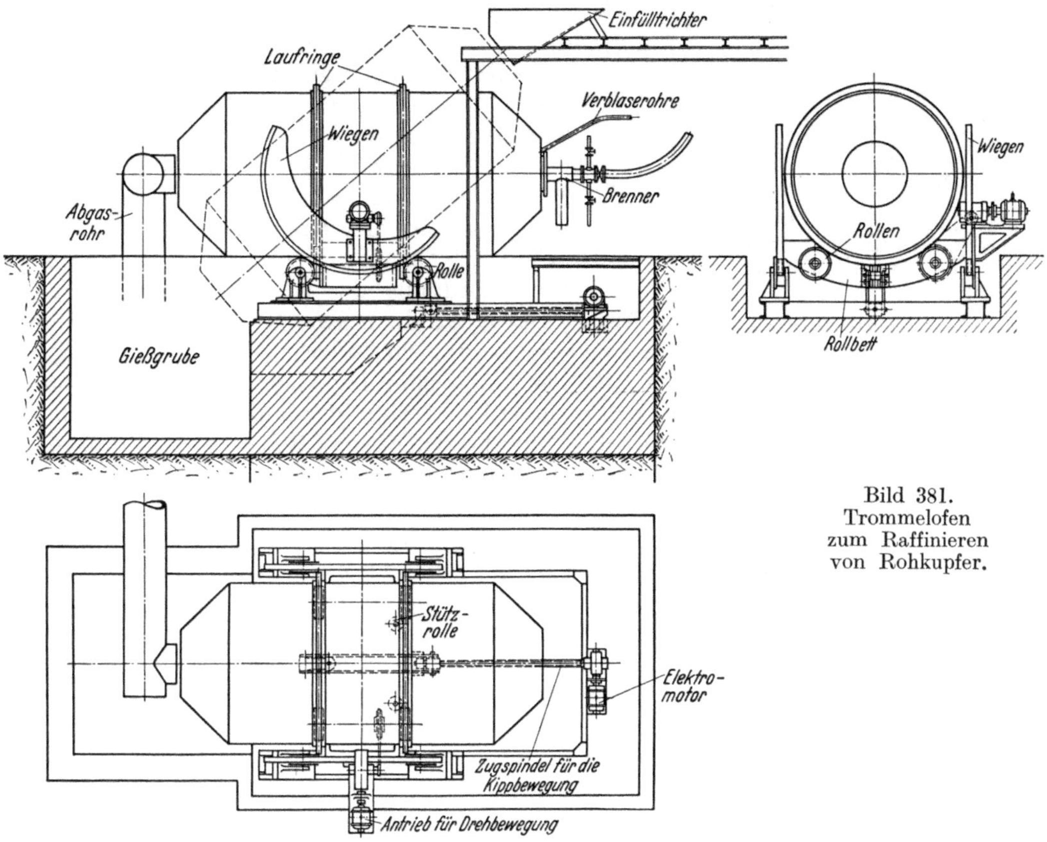

Bild 381. Trommelofen zum Raffinieren von Rohkupfer.

e) Anlagen für die elektrolytische Kupferraffination[1].

Durch die Elektrolyse wird reinstes Kupfer erzeugt, wie es besonders in der Elektrotechnik benötigt wird. Gleichzeitig werden die in vielen Kupfersorten enthaltenen Edelmetalle gewonnen. Dieses Verfahren konnte erst nach der Einführung der Dynamomaschine zur Anwendung kommen. Es gestattet die geringfügigsten Beimengungen verschiedener Fremdmetalle auszuscheiden und das Hauptmetall praktisch rein zu gewinnen. Das Rohkupfer wird zu Anoden vergossen. Diese werden in ein elektrolytisches Bad eingeführt, dessen Elektrolyt aus einer mit Schwefelsäure angesäuerten Kupfervitriollösung besteht. Als Kathode wird ein Blech aus reinstem Kupfer verwendet. Die Anode löst sich unter Einwirkung des elektrischen Stromes auf. An der Kathode scheidet sich ausschließlich Kupfer ab. Die Edelmetalle Gold, Silber und Platin werden nicht angegriffen und bleiben im Anodenschlamm zurück. Blei, Zinn und Wismut bleiben als unlösliche Verbindungen im Anodenschlamm zurück. Arsen und Nickel bleiben teils gelöst, teils ungelöst im Anodenschlamm zurück, Zink und Eisen werden gelöst aber nicht kathodisch niedergeschlagen. Es sind in der Praxis zwei Systeme der Elektrolyse in Anwendung, und zwar das Multiplesystem und das Seriensystem. Bei ersterem, das vorwiegend zur Anwendung kommt, sind die in einem Bade

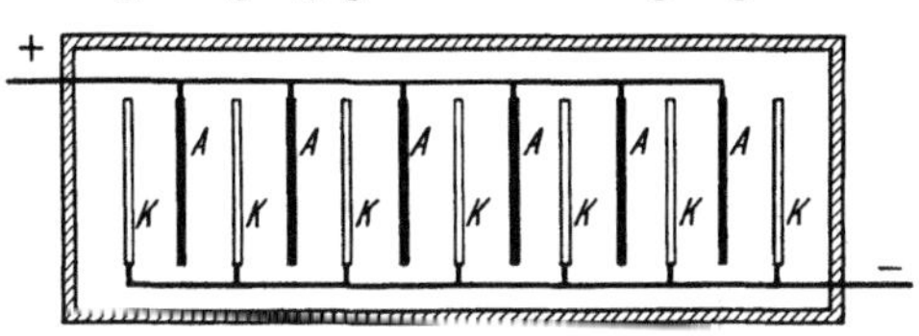

Bild 382a. Schema des Multiplesystems für die elektrolytische Kupferraffination. *A* Anoden, *K* Kathoden.

[1] TAFEL: Lehrbuch der Metallhüttenkunde, Bd. 1, S. 374. Leipzig: S. Hirzel 1927.

hängenden Anoden und Kathoden gemäß Bild 382a parallel geschaltet. Bei letztgenanntem befinden sich in einem Bade nur Rohkupferplatten, die auf einer Seite als Anode, auf der anderen als Kathode wirken. Aus dem Raffinierofen werden die Anoden in einer Stärke gegossen, die der gewählten Stromdichte und der Arbeitsdauer entspricht. Diese beträgt 20 bis 26 Tage. Die Anoden werden mit einem Wagen befördert, auf dem sie bereits im richtigen Abstand (9 bis 11 cm) und in der erforderlichen Anzahl (20 bis 35) aufgehängt sind. Mittels eines am Kran befindlichen Gehänges werden sie in das Bad eingesetzt. Dann wird mit den Kathoden in gleicher Weise verfahren. Die Anordnung der Bäder und Stromleitungen sowie die Zusammenfassung einer Anzahl Bäder zu einer Gruppe kann in verschiedener Weise geschehen. Bild 382b zeigt eine Gruppe von 20 Bädern. Bei dieser sind jeweils 2 Bäder mit ihren Längsseiten fest aneinander gebaut (1 und 2, 3 und 4 usw. bis 19 und 20). Wie aus Bild 383 ersichtlich, ruht das eine Ohr der Anode von Bad 1 auf der dreieckigen Stromleitungsschiene *a* rechts, das andere Ohr auf der isolierenden Zwischenwand. Der die Kathode tragende Kupferstab ruht links auf der Stromleitungsschiene *b* und rechts auf der Holzwand. Die Stromleitungsschiene *b* dient wieder als Auflage und Stromzuführung für die Anoden des daneben liegenden Bades 2. Bei dieser Anordnung wird am Leitungskupfer gespart, da nur die beiden Endbäder den vollen Leitungsquerschnitt benötigen. Allerdings muß beim Wechseln der Behänge die ganze Gruppe ausgeschaltet werden. Das Bild 384 zeigt einen Ausschnitt aus der Anlage der Norddeutschen Affinerie in Hamburg, die aus 8 Hallen besteht. Die lichten Maße der Bäder sind folgende: Länge 3,2 m, Breite 0,8 m, Tiefe 1,3 m. In jedem Bad hängen 24 Anoden von 65 cm Breite, 87 cm Höhe und 3 cm Stärke, 25 Kathoden 71 · 88 cm. Der Laugenumlauf wird durch Zentrifugalpumpen mit verbleitem Gehäuse bewirkt. Die Flügelräder

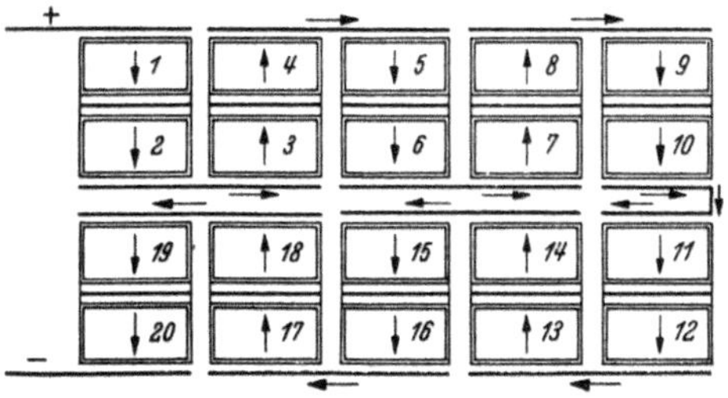

Bild 382b. Anordnung der Bäder und Leitungsschienen in einer Gruppe beim Multiplesystem. (Nach V. Tafel.)

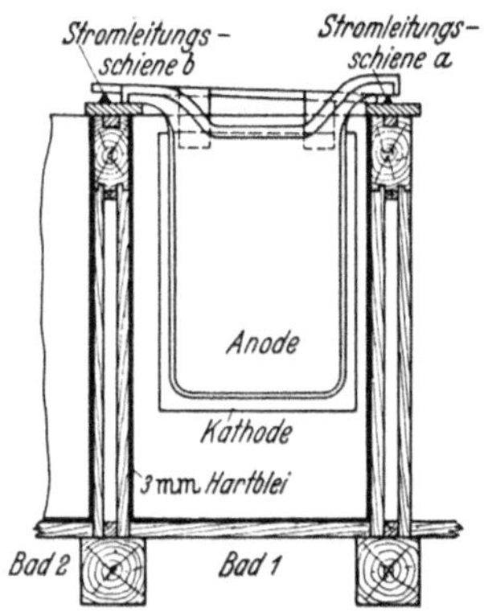

Bild 383. Elektrolysebäder für die Kupferraffination. (Nach V. Tafel.)

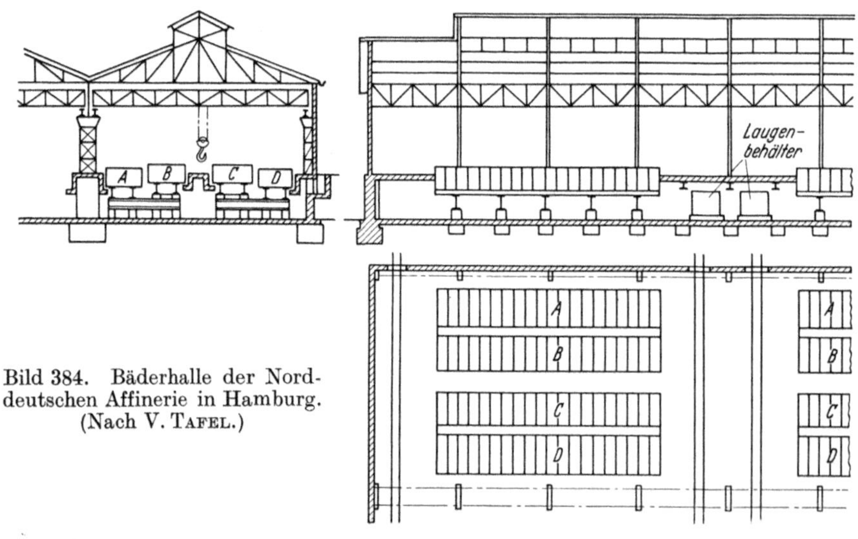

Bild 384. Bäderhalle der Norddeutschen Affinerie in Hamburg. (Nach V. Tafel.)

haben einen Überzug aus Hartgummi. Alle 2 bis 3 h wird der Laugeninhalt eines Bades erneuert. Der im Keller untergebrachte Laugenbehälter wird durch Heizschlangen aus Hartgummi mit Dampf geheizt. Der Zufluß zu den einzelnen Bädern erfolgt durch ein

Steinzeugrohr mit Regulierhahn. Die Bäder der Reihen *B* und *C* stehen um so viel höher als die Reihen *A* und *D*, daß die Lauge durch Steinzeugrinnen überläuft, und erst von den tiefliegenden Reihen zu den Laugenbehältern zurückfließt. Die Gleichstromdynamos arbeiten mit einer Höchstspannung von 150 V. Die Stromstärke beträgt 5000 A. Zu einer Stromgruppe gehören 40 Bäder. Zwei Stromgruppen bilden eine Laugengruppe. Die Anoden werden nach 26 Tagen, die Kathoden nach 13 Tagen gewechselt.

II. Bleihütten.

a) Allgemeines über Bleigewinnung.

Blei wird hauptsächlich aus dem Bleiglanz (PbS) gewonnen. Von geringerer Bedeutung sind Weißbleierz, Bleivitriol, Gelbbleierz, Mimetesit und Pyromorphit. Gediegenes Blei kommt in der Natur selten vor. Da der hauptsächlich in Betracht kommende Bleiglanz außer Blei noch Schwefelmineralien wie Zinkblende und Kupferkies und daneben auch noch etwas Silber und Gold enthält, ist die hüttenmännische Verarbeitung recht verwickelt.

Der Bleigehalt des Rohgesteins schwankt zwischen 2 und 20%, bei Aufbereitungserzeugnissen steigt er bis auf 84%. Neben den reinen Bleierzen und deren Aufbereitungserzeugnissen werden auch bleihaltige Zwischenerzeugnisse, Zinkmuffelrückstände, Flugstaub usw. verhüttet. Wie bei der Kupfergewinnung unterscheidet man zwei Gewinnungsverfahren, das trockene und das nasse Verfahren.

Die Bleierze werden vielfach in einem mechanischen *Röstofen* vorgeröstet und dann im Konverter oder auf dem Dwight-Lloyd-Apparat fertiggeröstet. Neuerdings wird das Erz sofort auf den Dwight-Lloyd-Apparat gebracht und fertig geröstet und danach in einem Schachtofen verschmolzen. Das Röstgut enthält das Blei hauptsächlich als Oxyd, Sulfat, Silikat und unverändertes Sulfid. Außerdem sind noch darin enthalten Zn, Fe, Cu als Oxyde, Sulfate, Sulfide oder Silikate, As und Sb als Pentoxyde, Arseniate und Antimoniate, Ag und Au, SiO_2, Al_2O_3 und CaO. Zur Durchführung des Reduktionsverfahrens dient der *Schachtofen*, als Reduktionsmittel das aus dem Brennstoff sich bildende CO und in geringem Umfang C. Das handelsübliche Weichblei soll mindestens 99 bis 98% Pb enthalten. Um dieses zu gewinnen, ist das im Schachtofen entfallende Werkblei noch einer ausgedehnten *Raffination* zu unterwerfen, die sich aus folgenden vier nacheinander auszuführenden Arbeiten zusammensetzt:

1. Entkupferung.
2. Entfernung von Zinn, Arsen und Antimon durch selektive Oxydation.
3. Entfernung der Edelmetalle.
4. Entzinkung.

Die *Entkupferung* erfolgt durch die Seiger- oder Schlickerarbeit. Cu ist wie Ni und Co in flüssigem Zustand nur beschränkt mit Blei legierbar. Der eutektische Punkt liegt nahe an 100% Pb. Beim Schmelzpunkt des Eutektikums muß also eine Ausscheidung dieser Verunreinigungen aus dem flüssigen Blei stattfinden. Sie schwimmen als leichtes Erzeugnis an der Oberfläche des Bades und können als „*Kupferschlicker*“ abgezogen werden.

Zinn, Arsen, Antimon haben eine größere Affinität zum Sauerstoff als Blei. Sie werden entfernt, indem man dem Bleibad bei höherer Temperatur Luft oder PbO zuführt. Es bildet sich festes Bleistannat, flüssiges Bleiarseniat und flüssiges Bleiantimoniat, die als Zinn-, Arsen- und Antimonabstrich abgezogen werden.

Die *Edelmetalle* werden durch die Zinkentsilberung gewonnen. Das Verfahren beruht auf dem Vorgang, daß metallisches Zink in edelmetallhaltigen Bleischmelzen eine feste Ag-Zn-Pb-Legierung bildet, die sich an der Oberfläche abscheidet und als „*Schaum*“ entfernt werden kann. Das Zink wird bei einer über seinem Schmelzpunkt liegenden Temperatur in das Bleibad eingerührt. Bei der nach dem Einschmelzen des Zinks herbeigeführten Abkühlung erscheint der Schaum auf der Schmelze. Der Schaum wird durch *Abdestillieren* des Zinks in treibwürdiges Reichblei verwandelt.

Die *Entzinkung*, die infolge des Entsilberungsverfahrens mit Zink notwendig wird, erfolgt durch ein Oxydationsverfahren, wie die Entfernung von Sn, As und Sb.

b) Die Schmelzöfen zur Erzeugung von Werkblei.

1. Der Schachtofen.

Das Röstgut wird dem Schachtofen unter Beigabe von Brennstoffen und Zuschlägen zum *reduzierenden Schmelzen* aufgegeben.

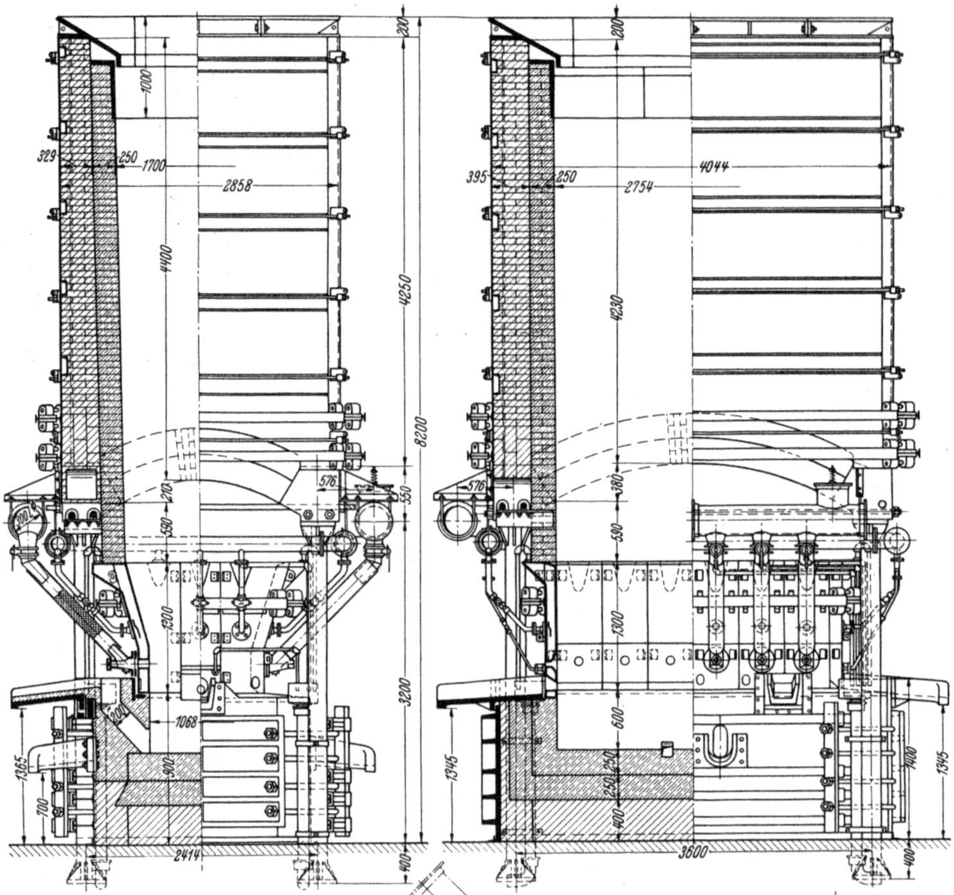

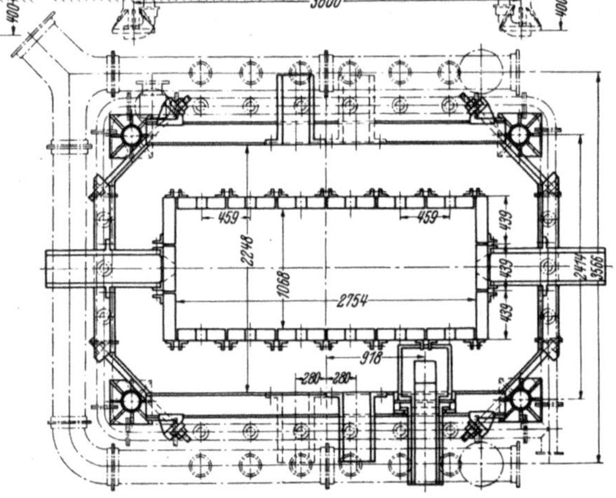

Bild 385. Bleischachtofen mit einer Herdfläche von 1068 × 2754 mm von Krupp-Grusonwerk in Magdeburg-Buckau.

Die *Erzeugnisse* sind Werkblei, Bleistein, Speise, Schlacke, Flugstaub und Gichtgase. Das *Werkblei* enthält außer Blei die Hauptmenge der Edelmetalle, Antimon, Zinn, Arsen, Wismut, Kupfer. Beim Abkühlen scheiden sich Cu, Ni und Co aus. Ihre Entfernung erfolgt oberflächlich durch Abziehen (Schlickern).

Der *Bleistein* enthält die Metallsulfide, insbesondere Cu_2S und FeS und PbS, er geht in die Röstung zurück. Die *Speise* besteht in der Hauptsache aus Fe-Arseniden und Antimoniden, kann aber auch Au und Pt enthalten. Der *Flugstaub* enthält edelmetallhaltige Oxyde, Sulfide und Sulfate und wird deshalb in elektrischen Abscheidern oder Sackfiltern abgeschieden, um wieder in den Arbeitsgang eingesetzt zu werden. Der Ofen wird als Tiegelofen gemäß Bild 385 zugestellt.

Der *Durchsatz* beträgt je m² Formebene bis 50 t/24 h. In Abweichung vom Kupferschachtofen ist gewöhnlich nur der obere Teil des Gestelles und die Rast mit einem Wassermantel umgeben. Der Querschnitt ist bei kleinen Öfen rund, bei größeren Öfen rechteckig. Der Durchmesser der runden Öfen beträgt in der Blasformebene 0,75 bis 2,25 m. Die rechteckigen Öfen haben in der Blasformebene eine Breite von 1,0 bis 1,5 m und eine Länge bis zu 9 m. Gebräuchliche Maße sind: 1,2 · 4,0 m. Die Höhe des Ofens von Mitte Blasformebene bis zur Gicht beträgt 4,0 bis 8,0 m. In den Bildern 386 und 387 sind ein Seitenkasten bzw. ein Stirnkasten des Wassermantels dargestellt.

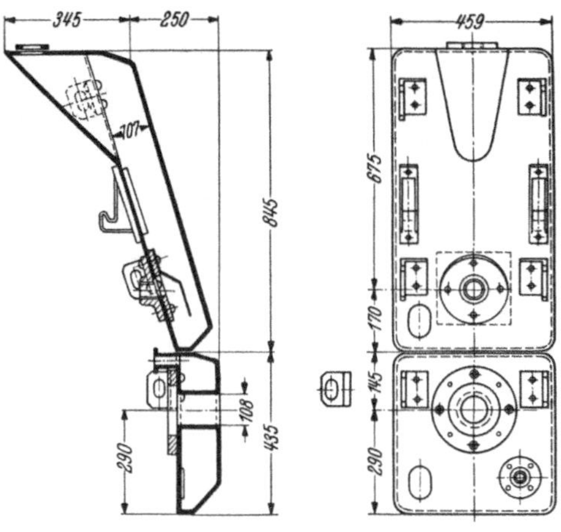

Bild 386. Seitenkasten des Wassermantels für den Bleischachtofen nach Bild 385.

Im *Wassermantelkühlwasser* werden 6 bis 8% der Kokswärme abgeführt. Der Wasserbedarf beträgt bei Öfen von 1 m² Formebene 60 l/min und bei Öfen von 3 m² 150 l/min. Die Erwärmung des Kühlwassers beträgt dann 20 bis 30°. Die *Windpressung* ist abhängig von den Ofenabmessungen und der Beschaffenheit des aufgegebenen Röstgutes. Sie beträgt bei stückigem Gut 40 bis 60 cm WS. Bei feinkörnigem und bleireichem Möller muß die Pressung bis zu 200 cm WS erhöht werden. Die *Windmenge* ist so zu regeln, daß die Gichttemperatur niedrig (100°) bleibt. Der *Kokssatz* beträgt 8 bis 9% der gesamten Beschickung, der Schlackenzuschlag 10 bis 30% bezogen auf Röstgut und Zwischenerzeugnisse. Als Eisenzuschlag werden Blechabfälle (2 bis 3%) wenn erforderlich aufgegeben.

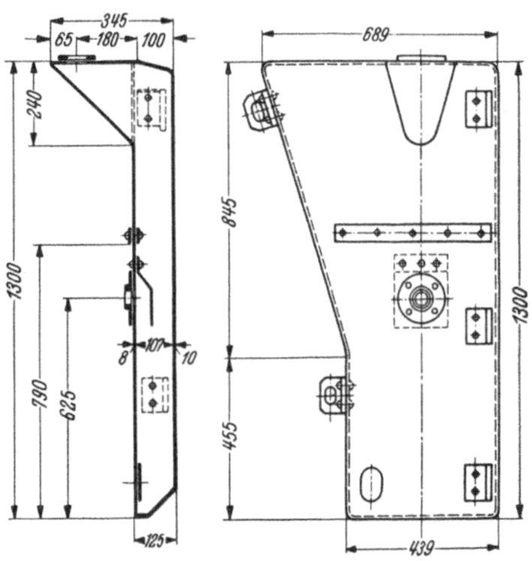

Bild 387. Stirnkasten des Wassermantels für den Bleischachtofen nach Bild 385.

Zur Abführung des Bleies dient der automatische Ahrentsche *Bleistich* (Bild 388). Er besteht aus einem nahe dem tiefsten Punkte des Tiegels beginnenden Kanal von etwa 12 · 12 cm Querschnitt, der schräg nach oben in eine Abflußrinne mündet. Das flüssige Blei steigt infolge des Flüssigkeitsdruckes und der auf seiner Oberfläche lastenden Beschickungssäule in dem Kanal hoch und fließt durch die Rinne in den vor dem Ofen angeordneten Vortiegel, einen gußeisernen Kessel oder aus Platten zusammengesetzten Kasten. Die Höhe des Bleispiegels im Ofen läßt sich durch die Höhenlage der Stichmündung regeln. In dem Vortiegel findet die Entfernung der ersten Schlicker durch Abziehen statt. Das Blei lauft durch eine Schnauze des Vortiegels in eine schwenkbare Rinne und von dort in die Gießformen. Der *Schlackenstich* liegt in ungefährer Höhe der Bleistichmündung, meistens einige mm tiefer.

Der *Notstich*, der beim Versagen des automatischen Stiches sowie zum vollständigen Entleeren des Ofens beim Ausblasen dient, beginnt einige cm über der Sohle, verläuft mit der üblichen Neigung von etwa 1 : 12 und mündet in eine kurze gußeiserne Rinne, die am Sockel des Ofens befestigt ist.

Die *Blasformebene* wird ungefähr 30 cm über der Schlackenform angeordnet. Die Düsenstöcke (Bild 389) sind in gleicher Weise ausgeführt wie bei den Kupferschachtöfen. Die *Düsenzahl* beträgt bei Öfen mit rechteckigem Querschnitt 12 bis 24 Stück, bei runden Öfen von 1 m Durchmesser 4 bis 8 Stück, bei runden Öfen von 2 m Durchmesser 12 bis 24 Stück. Der *Tiegel* wird so bemessen, daß eine schnelle Erneuerung seines

Inhaltes an flüssigem Blei erfolgt. Seine Tiefe ergibt sich je nach Ofengröße und Durchsatzmenge zu 0,5 bis 1,0 m, gemessen von Ofensohle bis Mitte Schlackenstich.

Abzugshauben sind über jedem Stich anzuordnen und mit einem Exhaustor zu verbinden, damit die austretenden giftigen Gase dauernd abgesaugt werden. Der Arbeitsplatz

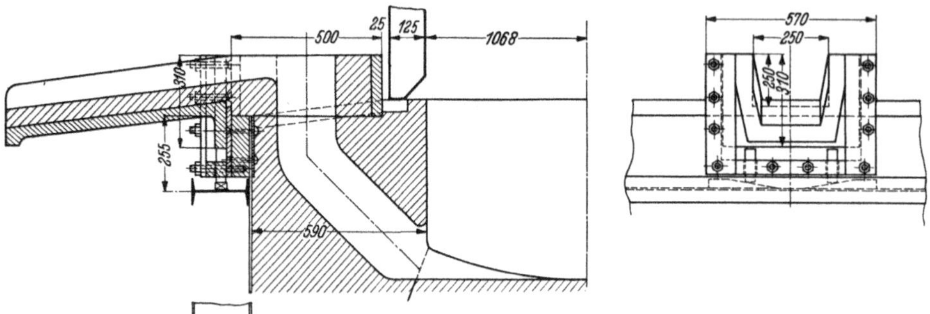

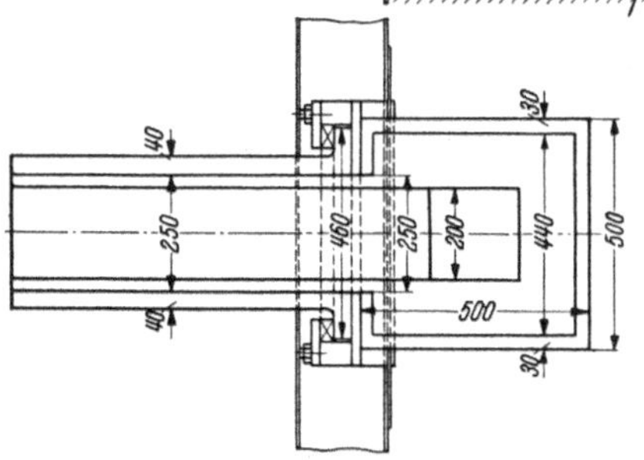

Bild 388. Anordnung des Bleistiches bei einem Schachtofen mit Wassermantel nach Bild 385.

vor dem Ofen erhält noch eine besondere große Haube mit Anschluß an eine Esse oder einen Exhaustor, damit die Ofenarbeiter dauernd in frischer Luft arbeiten können.

Die im *Bleischachtofen* herrschenden Temperaturen entsprechen denen im Kupferschachtofen. Sie betragen in der Verbrennungszone vor den Blasformen 1600° und an der Gicht 100°. PbO wird bereits von 160° an reduziert. Der Vorgang verläuft um so schneller, je größer die Berührungsfläche des Gutes für das Gas ist. Das Agglomerat vom Dwight-Lloyd-Apparat hat infolge seiner Porosität in dieser Beziehung sehr günstige Eigenschaften. Die Bleisilikate gelangen bis in die Schmelzzone, wo PbO frei und durch festen C reduziert wird. $PbSO_4$ reagiert von 550 bis 600° mit CO unter Bildung von PbS und mit Pb unter Bildung von PbO. Von 720° an erfolgt Zerlegung durch SiO_2, von 1100° an Dissoziation zu PbO und SO_3. PbS gibt seinen Schwefel an Cu und Fe ab, die einen Stein bilden. Mit dem dampfförmigen Zink reagiert es unter Bildung von ZnS, das sich mit ZnO als zinkischer Ansatz (Ofengalmei) an den Schachtwänden festsetzt. Diese Ansätze, die auch sublimiertes Pb enthalten, verengen den Schachtquerschnitt und vermindern den Durchsatz des Ofens. Um diese Ansätze entfernen zu können, müssen die Öfen nach einer gewissen Betriebszeit ausgeblasen werden. Die Edelmetalle gehen hauptsächlich ins Blei, zum Teil aber auch in den sich bildenden Stein. Pt und Au gehen zum Teil in die Speise, die Schlacke nimmt kleine Mengen Ag auf.

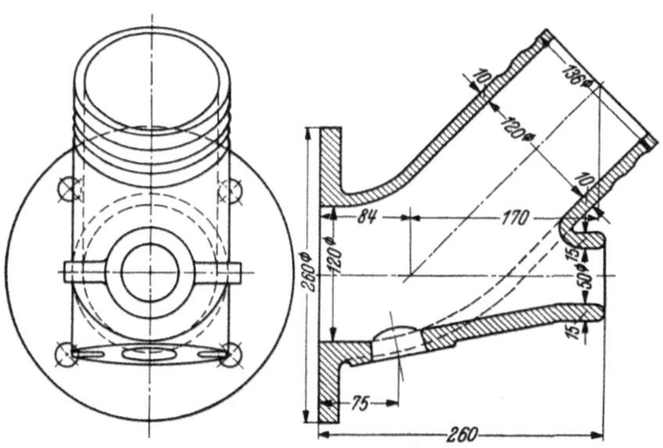

Bild 389. Düsenstock für den Bleischachtofen nach Bild 385.

ZnO geht hauptsächlich in die Schlacke, Sn geht vorwiegend ins Blei, zum Teil aber auch in die Schlacke und in den Stein.

2. Der Herdofen.

Herdöfen werden bei dem *Röstreaktionsverfahren*, das jedoch nur für reine und reiche Erze (über 60 % Bleigehalt) in Betracht kommt, angewandt. Nachteilig ist die starke

Bleiverdampfung und die Beschränkung in der Ofengröße, sowie die gesundheitsschädliche Arbeit bei Öfen ohne mechanische Rühreinrichtung. Das Verfahren geht so vor sich, daß Bleiglanz unter Luftzutritt bei einer Temperatur von 500 bis 600° geröstet und dann unter Luftabschluß und ständigem Umrühren geschmolzen wird. Im Ofen verlaufen diese Vorgänge gleichzeitig. Endprodukt ist reines Blei; Rückstände müssen in einem Schachtofen weiter verarbeitet werden. Es bildet sich viel Flugstaub, so daß sorgfältige Gasreinigung notwendig ist.

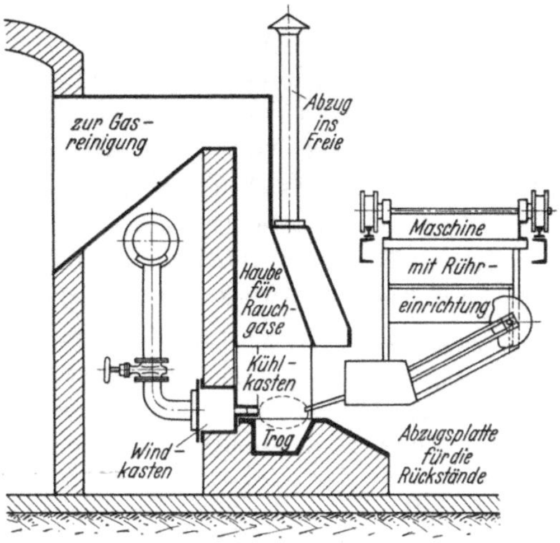

Bild 390. NEWNAM-Herd. Trogmaße: 250 mm tief, 500 mm breit, 2400 mm lang.

In Gebrauch ist der NEWNAM-*Herd*, der aus einem gußeisernen Trog von rund 2,4 × 0,4 × 0,25 m besteht (Bild 390). Aufgegeben wird ein Erz von 2 bis 20 mm Stückgröße, sowie Feinkohle und kurz vor der Beendigung des Prozesses gegebenenfalls gemahlener Kalkstein. Regelmäßiges und häufiges Umrühren, das heute maschinell durchgeführt wird, ist für die Durchführung des Verfahrens sehr wichtig. Durchsatz der Öfen 12 bis 25 t/24 h. Brennstoffbedarf 10 bis 14%. Windmenge 20 bis 25 m³/min. Windpressung 150 bis 180 mm WS. Windzuführung an der Rückseite des Herdes durch 20 bis 36 Düsen von 25 bis 45 mm Durchmesser.

c) Anlagen zum Raffinieren des Werkbleies.

Beim Raffinieren des Werkbleies handelt es sich im wesentlichen um ein Oxydationsverfahren, zu dessen Durchführung sich der Herdofen am besten eignet. Bild 391 zeigt ein Ausführungsbeispiel mit Planrostfeuerung.

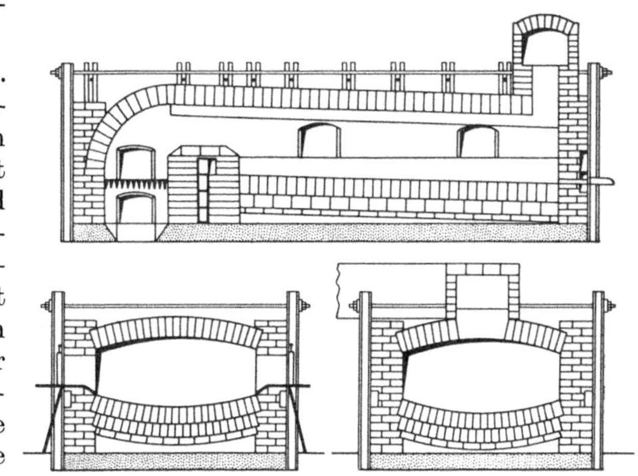
Bild 391. Herdofen zum Raffinieren von Werkblei.

Die *Badtiefe* beträgt 30 bis 60 cm. Große Badtiefe gestattet die Anordnung eines Sumpfes, in dem nach Fertigstellung einer Schmelze ein Rest flüssigen Bleies zurückbehalten wird in der Absicht, den Herd beim Einsetzen gegen mechanische Beschädigungen zu schützen und eine zu weit gehende Abkühlung des Ofens nach dem Abstechen zu verhindern. Der Erfolg ist ein Zeitgewinn beim Einschmelzen. Für geringe Badtiefe spricht die hierdurch bedingte größere Badoberfläche, die einen schnelleren Verlauf des Verfahrens ergibt und die beim Einschmelzen verlorene Zeit wieder einspart. Der Brennstoffverbrauch dürfte bei den Öfen mit größerer Badtiefe etwas günstiger sein, weshalb man sie wohl in Deutschland im allgemeinen bevorzugt. Öfen mit verhältnismäßig großem Metallinhalt sind auch dann zweckmäßig, wenn sie zur Entkupferung benutzt werden. Es ist bei ihnen leichter, eine große Schmelze auf gleicher Temperatur zu halten und Überhitzung zu vermeiden. In Amerika wird vorwiegend entkupfertes Blei im Raffinierofen behandelt und deshalb findet man Öfen mit geringer Badtiefe.

Das *Fassungsvermögen* wird zweckmäßig den Apparaten angepaßt, in denen das nachfolgende Entsilberungsverfahren durchgeführt wird. Es sind gewöhnlich zwei

Entsilberungskessel im Betrieb, die den Inhalt des Raffinierofens aufnehmen sollen. So ergibt sich in kleineren Werken ein Fassungsvermögen von 40 bis 50 t, in größeren bis zu 120 t.

Der *Herd* hat rechteckige Grundfläche, seine Sohle ist nach dem Stichloch zu schwach geneigt. Die Herdbreite beträgt 2,5 bis 4 m, die Herdlänge wird 1,25- bis 2mal Herdbreite gewählt. Ein 40-t-Ofen mit 0,5 m Badtiefe erfordert 8 m² Herdfläche, so daß bei 2,5 m Breite eine Länge von 3,2 m erforderlich ist. Bei einer Herdfläche von $5 \cdot 4 = 20\,m^2$ und 0,6 m Badtiefe ergibt sich ein Fassungsvermögen von 120 t.

Die *Bewehrung* des Ofens besteht aus Stahlblechen und einer kräftigen Verankerung in der bei Herdöfen üblichen Ausführung, wobei auf den Umstand Rücksicht zu nehmen ist, daß das Mauerwerk durch Bleiaufnahme stark wächst.

Als *Ofenbaustoff* wird für die Seitenwände hochwertiger Schamottestein oder Magnesitstein verwendet. Der gleiche Baustoff dient auch zur Herstellung des Gewölbes, Silikasteine und Dinassteine werden auch beim Gewölbe vermieden, weil die Bleidämpfe in oxydierender Atmosphäre auf sie eine stark korrodierende Wirkung ausüben. Auch die Sohle des Herdes wird aus besten Schamottesteinen hergestellt. Das Hochgehen, hervorgerufen durch das dünnflüssige Blei beim Eintritt in die Fugen, wird durch Ausführung als umgekehrtes Gewölbe verhindert.

Die *Feuerung* wird gewöhnlich als Planrostfeuerung ausgeführt. Unterwind ist nur bei Verwendung minderwertiger Brennstoffe erforderlich. Bei Verwendung von Gasfeuerungen ist die Luftvorwärmung zu entbehren, da ja eine verhältnismäßig geringe Temperatur für die Durchführung des Verfahrens ausreicht. Der *Kohlenverbrauch* beträgt rund 2 kg/t h. Zu beiden Seiten der Feuerbrücke werden Luftzuführungsöffnungen angeordnet, die mit einem Verschluß zu versehen sind. Die *Arbeitstüren* sind so anzuordnen, daß der Ofen in allen Teilen zugängig ist. Sie dienen auch zur Luftzuführung und Temperaturregelung. Ein oder zwei Türen, die im höchsten Temperaturgebiet, im allgemeinen in der Nähe der Feuerung liegen, werden so angeordnet, daß die Türschwelle (Schaffplatte) tiefer als die Oberfläche des vorraffinierten Bleibades liegt. Auf der Türschwelle wird ein Damm aus Ton und Schamotte aufgestampft, dessen Oberkante mit dem Metallspiegel abschneidet.

Für die sich bildende Schlacke wird durch eine in den Damm eingeschnittene flache Rinne ein Ablauf geschaffen. Entsprechend der Abnahme der Badtiefe wird die Dammrinne nachgearbeitet. Es wird so erreicht, daß der Abstrich, aber kein metallisches Blei abläuft.

Die *Arbeitsweise* ist folgende: Das in Blöcken vergossene Werkblei wird in den heißen Ofen mit flacher Schaufel oder mechanischer Vorrichtung so schnell wie möglich durch die günstig liegenden Arbeitstüren eingeführt. Hierbei ist auf Schonung des Herdes Rücksicht zu nehmen; die Blöcke müssen also in den Ofen gleiten und nicht fallen. Bei den Öfen mit flüssigem Sumpf wird hierdurch verhindert, daß an das Gewölbe und die Seitenwände Bleispritzer gelangen. Dieses Blei würde nach dem Oxydieren korrodierende Wirkung auf den Ofenbaustoff ausüben. Der Ofen wird bis zum Herdrande gefüllt, damit ein bequemes Abziehen der Schlicker möglich ist. Das Einschmelzen geschieht bei einer Temperatur von 370 bis 380°, wozu bei einem 120-t-Ofen 4 bis 5 h erforderlich sind. Das Abziehen geschieht mit einer Lochkelle. Gebildete Krusten werden mit einer eisernen Raffel zur Abziehtür geschoben. Dann beginnt die eigentliche Raffination durch Abziehen des Zinn-, Arsen- und Antimonabstriches. Die Entfernung des Zinnabstriches geschieht in gleicher Weise wie des Kupferschlickers. Bei einer Temperatur von 700 bis 800° ist der Arsenabstrich und der dann folgende Antimonabstrich dünnflüssig. Beide werden mit dem „Streichholz“ über die offene Brust abgezogen. Nach dem Antimonabstrich bildet sich reine schuppenförmig erstarrende Glätte, die anzeigt, daß das Verfahren beendet ist. Nun wird das Feuer abgestellt, die Türen werden geöffnet. Der Ofeninhalt fließt in die Entsilberungskessel. Das ganze Verfahren erfordert je nach der Größe des Ofens und den Verlauf der Oxydation 14 bis 72 h.

d) Anlagen zur Gewinnung der Edelmetalle aus dem Werkblei.

Silber ist in den Erzen und Zwischenerzeugnissen nur in geringen Mengen vorhanden. Es ist deshalb zunächst eine Anreicherung erforderlich. Als „Sammler“ dient in erster Linie das Blei. Infolge des ähnlichen Verhaltens von Gold und Platin führen Silbergewinnungsverfahren auch zur Gewinnung dieser Edelmetalle, die durch ein Scheideverfahren getrennt werden. Der Weg geht im allgemeinen über die „Verbleiung“ (Eintränkarbeit), das ist Verschmelzen in Anwesenheit bleihaltigen Materials zur Gewinnung eines silberhaltigen *Werkbleies* oder *Reichbleies*. Das verbleiende Schmelzen unterscheidet sich nicht von dem vorstehend beschriebenen Verfahren zur Gewinnung von Werkblei. Enthalten die Erze nicht genug Blei, wird bleihaltiges Material zugeschlagen.

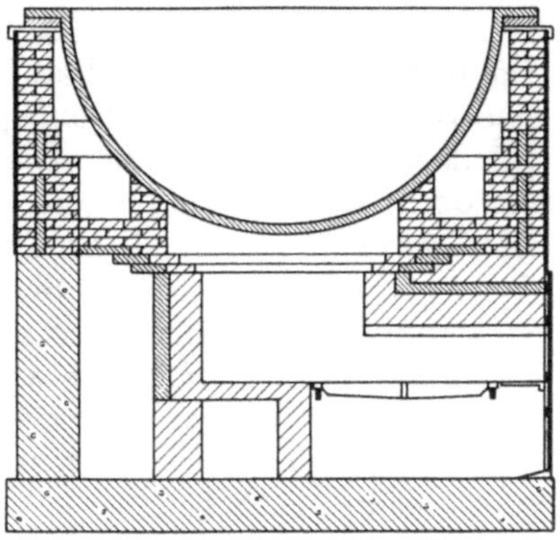

Bild 392. Entsilberungskessel.

Reichblei geht unmittelbar in die *Treibarbeit*, bei der das Blei nur die Rolle als Träger der Edelmetalle hat. Es wird in Glätte (PbO) übergeführt und abgezogen.

Werkblei wird zunächst dem *Entsilberungsverfahren* unterworfen, wobei die Edelmetalle im „Schaum“ ausgeschieden werden, der, wie schon oben ausgeführt, durch Abdestillieren des Zinks in Reichblei übergeführt wird.

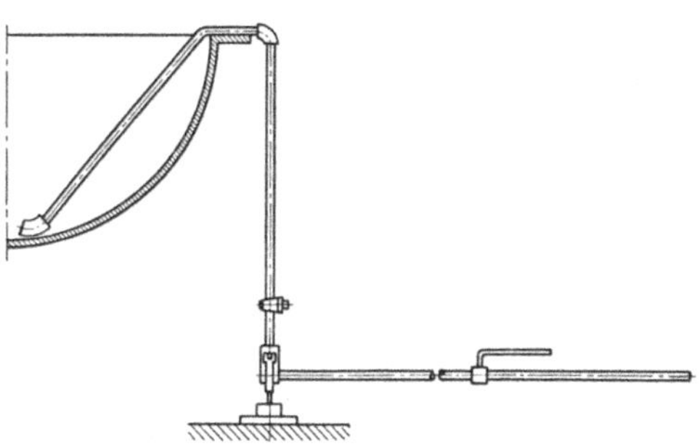

Bild 393.
Bleiheber an einem Entsilberungskessel.

Entsilberungskessel. Die Entsilberung des Werkbleies wird in offenen Kesseln durchgeführt. Die Kessel nach Bild 392 wurden früher aus Gußeisen, dann aus Stahlguß hergestellt, in letzter Zeit aber meistens aus Stahlblech. Während die Kessel aus Gußeisen oder Stahlguß eine Stärke von 60 bis 90 mm hatten, werden die aus Flußstahl mit einer Wandstärke von 20 bis 30 mm geliefert. Ihre Haltbarkeit ist erheblich größer und die Schmelzzeit wird verkürzt, so daß ihre Anwendung sich wirtschaftlich günstig auswirkt. Flanschen und Stutzen werden nach besonderen Verfahren geschweißt.

Das *Fassungsvermögen* beträgt 12 bis 60 t. Es wird so bemessen, daß ein oder zwei Kessel den Inhalt eines Raffinierofens aufnehmen können. Die *Feuerung* kann als Rostfeuerung für festen Brennstoff, als Öl- oder Gasfeuerung ausgeführt werden. Die Feuergase bestreichen zunächst den unteren Teil des Kessels, ziehen dann durch einen Schlitz nach oben und ziehen ringförmig um den oberen Teil des Kessels zum Abzug. Der *Brennstoffverbrauch* beträgt bei geringwertiger Kohle ungefähr 5% des Einsatzes. Die *Entleerung* des Kessels geschieht mittels des Bleihebers (Bild 393) oder durch einen an der tiefsten Stelle angeordneten Auslauf und heizbaren Absperrhahn in eine Rinne, die zum Entzinkungsapparat führt. Die *Durchführung des Verfahrens* geschieht wie folgt: Nachdem der Kessel mit flüssigem Blei aus dem Raffinierofen gefüllt ist, oder das kalt eingesetzte Blei geschmolzen ist, wird zunächst das Bad abgeschlickert, bis es eine glatte Oberfläche

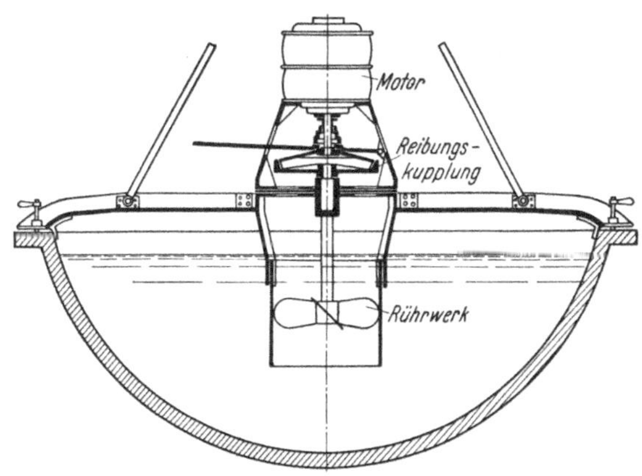

Bild 394. Mechanischer Rührer von HOWARD.

hat. Nach Abkühlung bis auf 440° wird mit dem Einrühren von Zink begonnen. Die erforderliche Zinkmenge wird durch Versuch festgestellt, da sie nach dem Raffinationsgrad schwankt. Zum Einrühren des Zinks verwendet man einen mechanischen *Rührer*, gewöhnlich den im Bild 394 dargestellten Rührer von Howard. Er besteht aus einem propellerartigen Rührer in einem zylindrischen Gehäuse aus Gußeisen, das auf einer senkrechten Achse angeordnet ist. Der Antrieb erfolgt durch einen Elektromotor über eine Reibungskupplung. Der Apparat ruht auf einem Rahmen, der sich an drei Stellen auf den Kesselrand stützt. Die Höhenlage wird durch Stellschrauben so geregelt, daß der obere Rand des Zylinders etwas unterhalb des Metallspiegels liegt. Das Einrühren erfordert etwa 15 min. Dann läßt man den Kessel langsam abkühlen. Der sich dann auf der Oberfläche absetzende Schaum wird mit gelochten Kellen abgeschöpft. Da das Zink in mehreren Teilmengen zugesetzt wird, muß der Kessel jeweils nach Abziehen des Schaumes wieder aufgeheizt werden. Ist der Gehalt an Gold ausreichend, so wird der „Goldschaum" zuerst abgezogen und dann erst der „Reichschaum", der die Hauptmenge des Silbers enthält. Die Entsilberung ist beendet, wenn das Blei nur noch 8 g je t Silber oder weniger enthält.

Seigerkessel und Seigeröfen.

Die *Weiterverarbeitung* der Schäume, die aus Zn-Ag-Mischkristallen und gelöstem oder mechanisch anhaftendem Blei bestehen, hat zum Ziele, ein Reichblei zu erreichen, das das Edelmetall enthält. Das Blei wird ausgeseigert und das Zink abdestilliert. Das Ausscheiden eines Teiles des Bleies durch das Seigerverfahren besteht in einem Erhitzen der Schäume bis über den Schmelzpunkt des Bleies in Kesseln oder in Seigeröfen, die mit reduzierender Flamme betrieben werden. Das hierbei entstehende Reichblei hat 5 bis 8 % Silber.

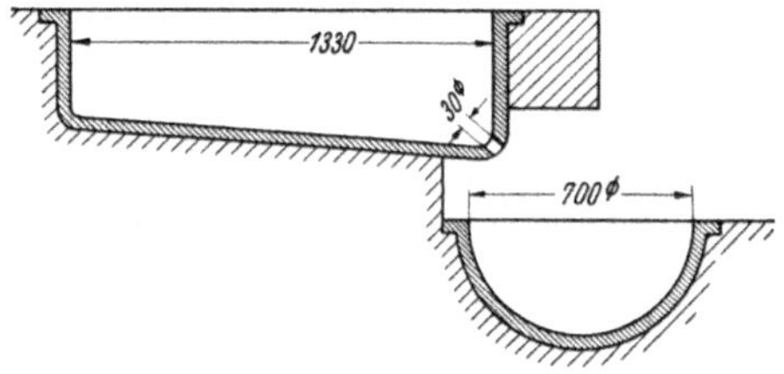

Bild 395. Anordnung von Seigerkesseln. (Nach Schnabel.)

Seigerkessel werden mit und ohne Scheidewand ausgeführt. Bei der erstgenannten Ausführungsart trennt die Scheidewand, die bis in die Nähe des Bodens reicht, den Kessel in einen größeren und einen kleineren Raum. Die Schäume werden in den großen Raum eingetragen. Das entstehende Reichblei tritt unterhalb der Scheidewand in den kleineren Raum über, wo es ausgekellt wird. Bei den Seigerkessel ohne Scheidewand wird das Reichblei in einen tiefer liegenden Stechkessel abgestochen (Bild 395). Zur Verhinderung von Oxydation sind die Kessel mit gut dichtenden Deckeln gegen die Außenluft abgeschlossen.

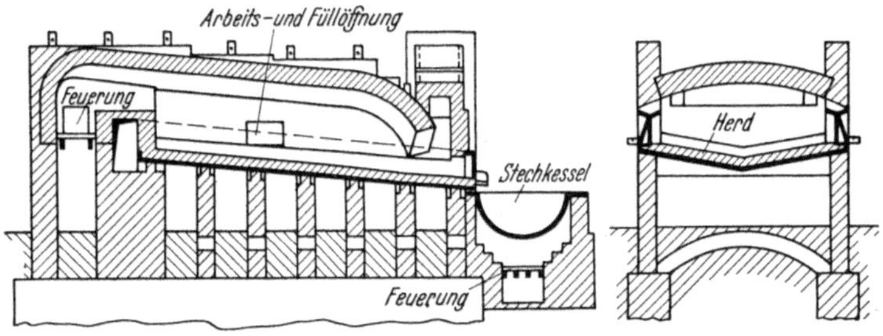

Bild 396. Seigerofen mit Stechkessel. (Nach Schnabel.) Länge 3 m, Breite 1,5 m.

Seigeröfen nach Bild 396 haben einen zur Mitte und nach dem Abstich zu geneigten Herd, der bei etwa 1,5 m Breite eine Länge von rund 3 m erhält. Es wird in einen heizbaren Kessel abgestochen. Der Kohlenverbrauch beträgt ungefähr 0,1 % des Einsatzes.

Öfen zur Reichschaumdestillation.

Öfen zur Reichschaumdestillation werden nach Bild 397 als Kippöfen ausgeführt. Die flaschenförmige Graphitretorte mit einem Fassungsvermögen von 500 bis 600 kg wird in schräger Lage eingebaut. Die Beheizung erfolgt durch Koks- oder seltener Ölfeuerung. Bei Koksheizung wird nach vorsichtigem Anwärmen der Retorte der ganze Ofenraum mit Koks gefülllt. Die Retorte wird durch ein nach außen geneigtes Graphitrohr mit der

Vorlage verbunden. Die Temperatur im Ofen soll auf 1000 bis 1300° getrieben, aber Luftüberschuß vermieden werden, der ein Ausbrennen des Graphits der Retorte hervorruft. Als Vorlage dienen gewöhnliche mit einem Gemisch aus Ton und Lehm gefütterte Rohre, an deren Ende eine kleine Öffnung zum Entweichen der Gase vorzusehen ist.

Treiböfen. In den Treiböfen werden die Edelmetalle vom Blei getrennt. Ihre Anwendung ist uralt. Früher mußte die Gesamtmenge des Werkbleies abgetrieben werden,

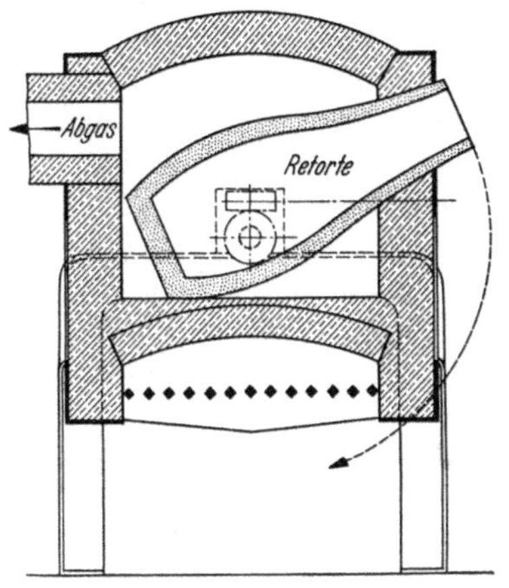

Bild 397. Kippofen zur Reichschaumdestillation. (Nach FABER DU FAUR.)

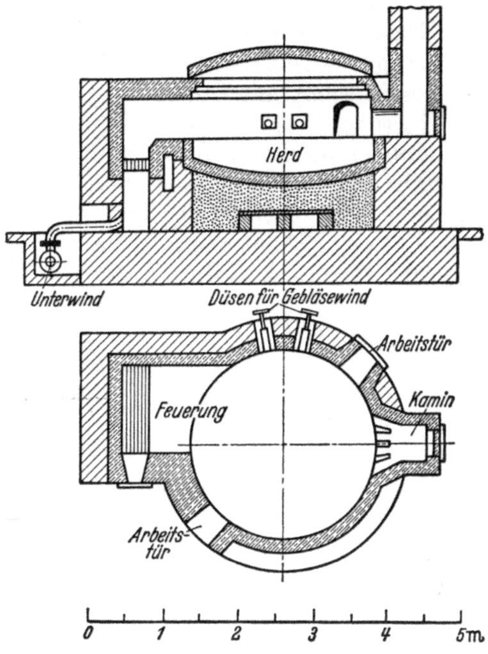

Bild 398. Deutscher Treibofen.

wollte man die darin enthaltenen Edelmetalle gewinnen. Nach Einführung des Zinkentsilberungsverfahrens wird diese Arbeit auf das dabei gewonnene Reichblei beschränkt. Es beruht auf folgendem Vorgang. Wird auf das hocherhitzte Bleibad Luft geleitet, so oxydiert das Blei zur Bleiglätte (PbO), das flüssig abgezogen werden kann, während die Edelmetalle fast unverändert zurückbleiben. Der Treibofen wird als Flammofen durchgebildet und mit einer Einrichtung zur Einführung von Gebläseluft versehen. Er hat einen runden oder rechteckigen Herd mit einer Tür zum Nachsetzen der Reichbleiblöcke. Gegenüber dieser ist eine zweite Tür, zum Abziehen der Zwischenerzeugnisse angeordnet, die mit Herdmaterial ausgestampft wird. Die Türschwelle wird auf ungefähr gleicher Höhe mit der Badoberfläche gehalten, damit die Abzüge und die Glätte durch eine Rinne, die sog. *Glättgasse* ablaufen können ohne Metall mitzureißen. Die Herdmasse darf auf PbO nicht reduzierend und nicht verschlackend wirken. Sie darf in der Hitze nicht zu stark schwinden, damit sich keine Risse bilden, in die das Blei eindringen kann. Das würde zum Hochgehen des Herdes führen. Andererseits muß der Herd porös sein, damit er Verunreinigungen aufsaugt und dadurch das Verfahren beschleunigt.

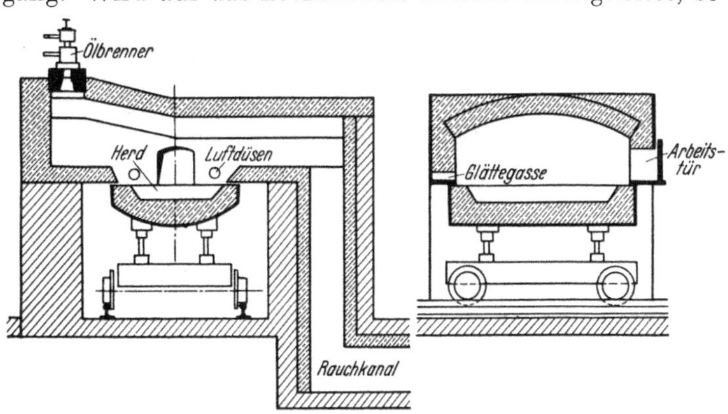

Bild 399. Englischer Treibofen mit ausfahrbarem Herd und Ölfeuerung.

V. TAFEL macht über verschiedene Mischungen für die Herdmasse folgende Angaben[1]:

1. Mischung von 75% Dolomit und 25% Ton,

[1] TAFEL, V.: Lehrbuch für Metallhüttenkunde Bd. 1, S. 102. Leipzig: S. Hirzel 1927.

2. Mischung von 70% getrocknetem Mergel, 15% gemahlenem Kalk, 10% Ton und 5% Magnesit.

3. Mischung von 65% gemahlenem Kalk, 2% Magnesit, 7% Tonerde, 26% Sand.

Es wird empfohlen, gebrauchtes Herdmaterial zu verwenden und einzumischen. Die Bestandteile werden fein gemahlen, gesiebt und dann gemischt. Die Mischung wird in schwach angefeuchtetem Zustand eingestampft. Die *Feuerung* wird gewöhnlich als Planrostfeuerung mit Unterwind zur Verwertung minderwertiger Brennstoffe ausgebildet. Als Rostfläche ist $^1/_{10}$ bis $^1/_{12}$ der Herdfläche erforderlich. Der *Brennstoffverbrauch* an Steinkohlen beträgt rund 20% des Einsatzes. Die *Luft* wird mit einer Pressung von ungefähr 30 cm WS in den Ofen eingeblasen. Windmenge 4 bis 8 m³/min. Die Ofentemperatur ist während des Treibens auf 900 bis 1000° zu halten, damit die sich bildende Glätte flüssig bleibt (Schmelzpunkt der Glätte 879°). Nach Beendigung des Treibens wird die Temperatur auf 1050 bis 1100° gesteigert, damit das Silber flüssig wird (Schmelzpunkt des Silbers 960°). Die Bilder 398 und 399 zeigen Ausführungen eines deutschen und eines englischen Treibofens.

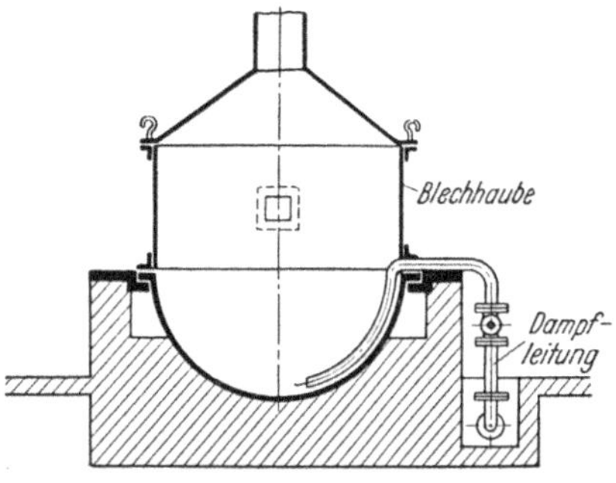

Bild 400. Entzinkungskessel.

Entzinkungskessel für entsilbertes Blei. Das entsilberte Blei muß einem weiteren Raffinationsverfahren unterworfen werden, da es mit Zn gesättigt ist und auch noch Sb enthält. Es handelt sich um ein Verfahren wie es zur Entfernung von Sn, As und Sb angewendet wird. Zn geht beim Erhitzen des zinkhaltigen Bleies bei Berührung mit Luft in ZnO über. Man arbeitet entweder ohne Zusatz bei erhöhter Temperatur oder mit Alkalizusatz (Harris-Verfahren) oder mit Chlorgas (Betterton-Verfahren). Die Entzinkungskessel sind genau so eingerichtet wie die Entsilberungskessel. Sie sind mit Haube aus Stahlblech abgedeckt, die an den Essenkanal angeschlossen ist. Dieser ist mit Explosionsklappen auszurüsten, um die während des Polens entstehenden Knallgasexplosionen unschädlich zu machen. In das Innere des Kessels wird bis zur tiefsten Stelle ein Dampf- oder Wasserrohr eingeleitet (Bild 400). Sobald der Kessel gefüllt ist, wird die Haube aufgesetzt, deren Türen geschlossen und bis zur hellen Rotglut erhitzt. Dann werden die Türen geöffnet und Dampf oder Wasser eingeleitet, so daß ein heftiges Wallen des Bades einsetzt. Dieses als ,,Polen" bezeichnete Verfahren dient zur Beschleunigung des Oxydationsvorganges. Hierbei wird H_2O unter Bildung von ZnO und H_2 zersetzt. Letzteres entweicht und verbrennt an der Luft. Nach einem Patent von Savelsberg wird statt Dampf, Wasser in genau geregelten Mengen zugeführt, wobei die Vorgänge sich ruhiger abspielen und Knallgasexplosionen vermieden werden.

III. Aluminiumhütten.

a) Allgemeines über die Verfahren zur Aluminiumgewinnung.

Die Leichtmetalle wurden erst im vergangenen Jahrhundert aus ihren Verbindungen in metallischer Form gewonnen. Von diesen Leichtmetallen (Metalle, deren spezifisches Gewicht unter 3,5 liegt) ist das Aluminium (spezifisches Gewicht 2,7 im festen Zustande) am wichtigsten. P. Héroult stellte es 1847 zuerst betriebsmäßig her.

Die Aluminiumgewinnung wird dadurch erschwert, daß nicht wie z. B. bei der Gewinnung von Eisen ein einfacher reduzierender Schmelzvorgang genügt, sondern vielmehr ein doppelter Vorgang notwendig ist. Ein reduzierender Schmelzvorgang wäre nur unter Anwendung sehr erheblicher Energiemengen möglich; außerdem stört die leichte Neigung des Aluminiums zur Karbidbildung und die hierdurch bedingte geringere Ausbeute an Rohaluminium dieses an sich nahe liegende Verfahren.

Für die Herstellung von Hüttenaluminium sind, wie bereits durch die grundlegenden Arbeiten von Hall und Héroult festgelegt wurde, zwei Vorgänge zu unterscheiden:

Gewinnung von Tonerde aus Aluminiumerzen und

Reduktion der in Kryolith gelösten Tonerde zu metallischem Aluminium.

Von den Aluminiumerzen sind Bauxit und Laterit die wichtigsten, da sie die für die Gewinnung der Tonerde notwendigen Stoffe in ausreichender Menge besitzen. Fundorte von Bauxit und Laterit sind Frankreich (Beaux), Dalmatien, Istrien, Ungarn, Rußland, Britisch-Indien, Arkansas, Guayana, Irland u. a. Die Verarbeitung dieser Mineralien geschieht nach folgenden drei Verfahrengruppen:

Alkalische Verfahren.
Saure Verfahren.
Elektrothermische Verfahren.

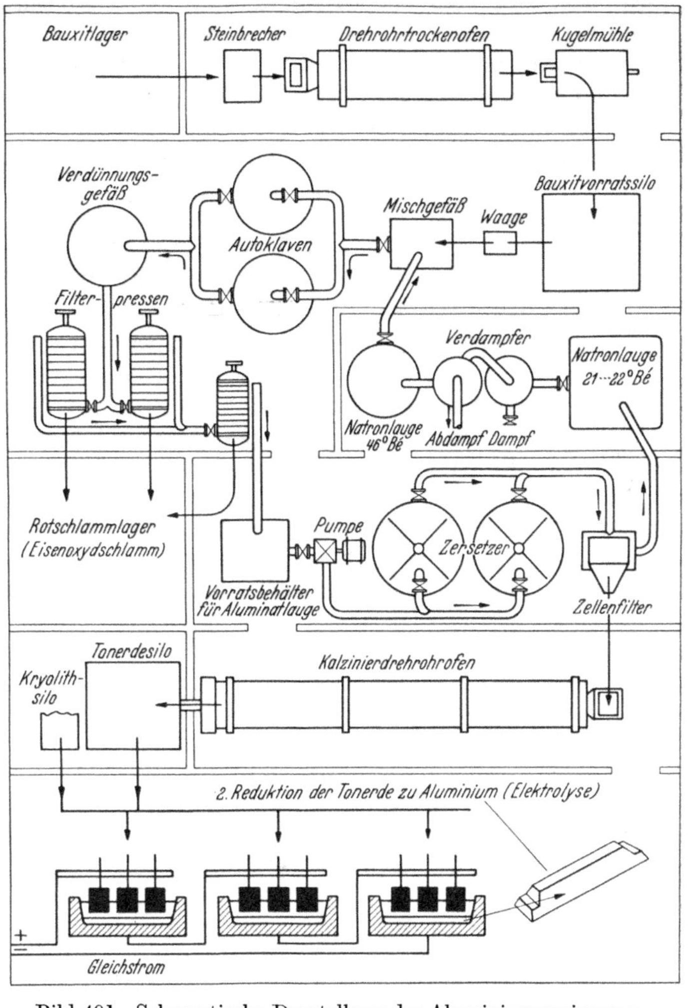

Bild 401. Schematische Darstellung der Aluminiumgewinnung (BAYER-Verfahren). Nach Aluminium-Taschenbuch 8. Aufl.

Die Entscheidung, welches Verfahren zur Anwendung kommt, ist mehr oder weniger von der chemischen Zusammensetzung der Erze abhängig, wobei der Eisen- und Siliziumgehalt die Hauptrolle spielt. Die alkalischen Verfahren sind die wichtigsten und von diesen das BAYER-Verfahren, nach dem 90 % der Welterzeugung an Tonerde hergestellt werden. Dieses Verfahren ist in dem schematischen Bild 401 dargestellt[1]. Der Bauxit mit etwa 60 % Tonerde und 25 % Eisenoxyd wird in Stücken von Kopfgröße angeliefert. Er wird zunächst in einem Steinbrecher vorgebrochen und dann in einem Drehrohrofen erhitzt. Hierbei wird dem Bauxit eine gewisse Menge Wasser, das die Aufschlußlauge unnötig verdünnen würde, entzogen; der Bauxit wird so nach dem Glühen für die Feinmahlung besser geeignet, auch werden aus dem Rohstoff organische Bestandteile entfernt. Vom Drehrohrofen wird der geglühte Bauxit mittels Förderschnecken und Becherwerken zur Kugelmühle befördert. In dieser findet die Feinmahlung statt, die für eine gute Ausbeute an Aluminat wichtig ist. Der weitere Weg geht durch ein Bauxitvorratssilo. Aus diesem werden berechnete und gewogene Mengen entnommen und in einem Mischgefäß mit der auf 46° Bé konzentrierten Aufschlußlauge (Natronlauge) verrührt und dann den tiefer liegenden Autoklaven zugeführt. Hier erfolgt der Aufschluß bei 7 at Druck und erhöhter Temperatur. Die anfallende Natriumaluminatlauge wird unter dem Druck von 5 bis 6 m WS ohne Zwischenschaltung einer Pumpe in zwei hintereinander geschaltete Gruppen von Filterpressen von dem unlöslichen Rückstand (Rotschlamm) getrennt. Die der letzten Filterpresse entströmende Aluminatlauge ist vollständig geklärt. Sie fließt zu einem Sammelgefäß, aus dem sie durch eine Schleuderpumpe in die Zersetzungsbehälter (Ausrührer) befördert wird. In diesen Behältern wird

[1] Aluminium-Taschenbuch, 8. Aufl. Berlin: Verlag Aluminium-Zentrale 1937.

die Aluminatlauge unter der Einwirkung suspendierten Tonerdehydrats und unter starkem Rühren in Tonerdehydrat und freies Ätznatron zerlegt. Durch das Ausrühren werden 60 % der Tonerde ausgeschieden, während 40 % in Lösung bleiben. Das Tonerdehydrat wird in ununterbrochen arbeitenden Zellenfiltern von der Lauge getrennt. Es ist blendend weiß und enthält nur etwa 0,02 % Kieselsäure. Die Kalzination des Tonerdehydrats wird in Drehrohröfen von etwa 70 m Länge durchgeführt, in denen die Tonerde bei 1200 bis 1300° totgebrannt wird. Der Durchsatz eines Ofens beträgt etwa 90 t/24 h. Da hiervon etwa 10 % als Staub mit den Abgasen fortgeführt werden, ist ein Elektrofilter angeschlossen, in dem die erheblichen Staubmengen gewonnen und in den Fabrikationsgang zurückgeführt werden. Die Natronlauge hat nach Verlassen der Zellenfilter eine Konzentration von 21 bis 22° Bé. Um zum Aufschließen von Bauxit erneut verwendet werden zu können, muß sie in einer Mehrkörper-Verdampferanlage wieder auf 46° Bé gebracht werden. Die Reduktion der Tonerde wird elektrolytisch durchgeführt. Der Elektrolyt besteht aus einem Gemisch von Natrium-Aluminium-Fluorid (Kryolith oder Chiolith) und Tonerde, das bei 900 bis 950° schmilzt. Tonerde allein hat einen Schmelzpunkt von etwa 2010°. Zur Herstellung von 1 t Aluminium sind 2 t Tonerde (Al_2O_3) erforderlich, die aus 4 t Bauxit gewonnen werden.

Die zur Aluminiumgewinnung allgemein verwendeten ausländischen Bauxite sind zu geringen Preisen erhältlich. Für deutsche Verhältnisse beträgt der Anteil an den Gestehungskosten des Metalls etwa 7 %. Ein wirtschaftlicher Anreiz, an Stelle der hochwertigen Erze minderwertige einheimische Rohstoffe zu verhütten, liegt also zunächst nicht vor. Es ist aber damit zu rechnen, daß mit weiterer Steigerung der Aluminiumwelterzeugung in näherer oder fernerer Zukunft eine Verknappung und damit eine Verteuerung der bisher verarbeiteten Rohstoffe eintritt, auch können Einsparungen an devisenbelasteten Rohstoffen zu Umstellungen führen. Damit wird aber die Aufgabe, Aluminium aus eigenen Rohstoffen, d. h. vorwiegend aus Kaolin und Ton herzustellen, eine vordringliche. Hierbei handelt es sich darum, große Mengen Kieselsäure und Eisen auf wirtschaftliche Weise zu entfernen. Aussicht auf Erfolg sollen die kombiniert sauren basischen Aufschlüsse bieten. Bei dem *Lautawerk* wird nach diesem Verfahren eine Hütteneinheit erbaut. Große Erwartungen knüpft man auch an die Zukunft der Thermo-Metallurgie. Diese wird besonders von der *Aluminium-Company of America* angewendet. Beim Verfahren von ROHN-HERAEUS werden die Roherze unter Vakuum reduzierend geschmolzen, das Aluminium wird verdampft und in Kondensationsanlagen niedergeschlagen. Eine Schwierigkeit ergibt sich hierbei dadurch, daß die Siedepunkte von Silizium, Kieselsäure und Aluminium nahe zusammen liegen.

b) Die Schmelzöfen zur Reduktion der Tonerde.

Bei der Elektrolyse wird das Metall an der mit dem negativen Pol verbundenen Kathode aus den Verbindungen abgeschieden. Der hierfür verwendete Ofen ist sehr einfach. Er besteht aus einer Wanne von Stahlplatten, die mit gut leitender Elektrodenkohle ausgekleidet ist. Der Boden besteht aus einer dicken Gußeisenplatte mit Rippen, die in die Auskleidung hineinragen. Die Elektrodenkohle wird gewöhnlich ungebrannt in erwärmtem Zustande eingestampft. Statt zu stampfen kann man die Masse auch durch Rütteln einbringen. Das Brennen erfolgt dann im Ofen selbst. Um hierbei eine Beschädigung zu vermeiden, wird die Herdsohle mit Kohlepulver abgedeckt. Die Wanne hat gewöhnlich folgende Hauptabmessungen: Länge 2,5 m, Breite 1 m, Höhe 0,5 m. Das Bild 402 zeigt einen solchen Ofen.

Zum Schutze der Wandungen, die durch den Schmelzfluß leicht angegriffen werden, muß der Ofen so geräumig sein, daß die Wandungen nicht mit der flüssigen Schmelze in Berührung kommen, d. h. die Elektroden müssen wenigstens einen solchen Abstand vom Mantel haben, daß selbst bei heißgehendem Ofen ein Schmelzen in unmittelbarer Nähe der Wandung vermieden wird. Der Pluspol besteht aus Elektroden, die an einem Traggerüst aufgehängt sind. Dieses Traggerüst muß vom Ofen selbst elektrisch isoliert aufgestellt sein. Die Elektroden (6 bis 12 Stück von 40 cm Länge und 600 bis 800 cm^2

Querschnitt) tauchen in das Bad und werden von Hand nach dem jeweiligen Abbrand eingestellt. Die Stromzuführung geschieht durch bewegliche Kabel oder durch Bänder. Die Stromstärke beträgt 10000 bis 20000 A, die Spannung 5 bis 7 V. Häufig ist mit dem Spannungsmesser eine Glühlampe verbunden, die bei der normalen Spannung nicht oder nur sehr schwach aufleuchtet, dagegen hell erstrahlt, wenn die richtige Spannung überschritten wird. Dieses Steigen der Spannung ist ein Beweis, daß dem Bade Tonerde fehlt, es muß dann soviel nachgegeben werden, daß die Lampe wieder normal leuchtet. Der Stromverbrauch beträgt rund 25 kWh/kg Al. Billige elektrische Kraft ist daher Voraussetzung einer wirtschaftlichen Aluminiumerzeugung. Die bedeutendsten deutschen Werke sind Bitterfeld, Erftwerk bei Grevenbroich, Lautawerk bei Hoyerswerda und das Innwerk bei Mühldorf.

Der *Wirkungsgrad* des Ofens läßt sich aus dem Verhältnis des wirklichen Stromverbrauches zum theoretisch erforderlichen Strombedarf berechnen. Da nach dem Gesetz von Faraday von 1 A in der Sekunde 0,0932 mg Al abgeschieden werden, würden bei einer mittleren Spannung von 6 V zur Abscheidung von 1 kg Al theoretisch notwendig sein:

$$N = 1000000 \frac{6}{0{,}0932 \cdot 1000 \cdot 3600} = 17{,}9 \text{ kWh/kg}.$$

Bei einem wirklichen Stromverbrauch von $N_w = 25$ kWh/kg Al beträgt dann der Wirkungsgrad

$$\eta = \frac{17{,}9}{25} = 0{,}716.$$

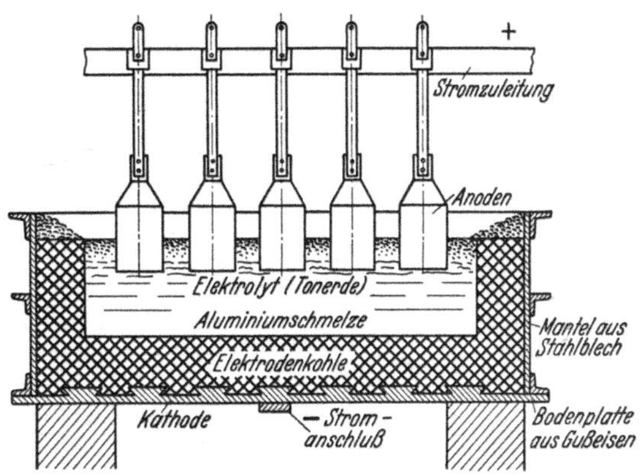

Bild 402. Ofen zur Reduktion der Tonerde zu Aluminium durch Elektrolyse.

Die *Abmessungen* des einzelnen Bades richten sich nach der Stromstärke, die zweckmäßig zu 0,7 bis 1,0 A/cm² gewählt wird, wobei man jedoch eine Badoberfläche von 2 m² nicht gerne überschreitet. Die Badtiefe beträgt 300 bis 400 mm; der Rand soll höchstens 10 cm höher sein, damit die in das Bad ragenden Elektroden von der umgebenden Luft gut gekühlt werden können. Andernfalls tritt hier leicht ein Verbrennen der Kohle an der Luft ein und der Elektrodenschaft wird zu dünn. Die Belastung der Elektroden beträgt 3 bis 4 A/cm², der Abstand der Elektroden untereinander 100 bis 150 mm und vom Rand 200 mm. Bei zu geringem Elektrodenabstand verbrennen diese zu leicht, bei zu großem Abstand kann durch die große Wärmeabstrahlung leicht ein Einfrieren des Bades entstehen.

Beispiel 25. Wieviel Bäder sind notwendig um stündlich 200 kg Aluminium zu erzeugen, wenn das einzelne Bad während der Elektrolyse mit 20000 A belastet wird?

Lös.: Die Leistung eines Bades beträgt

$$S = \frac{20000 \cdot 0{,}0932 \cdot 3600}{1000000} = 6{,}7 \text{ kg/h}.$$

Die Anzahl der Bäder wird damit:

$$n = \frac{200}{6{,}7} = 30.$$

Mit einem mittleren Strombedarf von 25 kWh/kg Al folgt ein Gesamtstrombedarf zur Erzeugung von 200 kg Al von

$$200 \cdot 25 = 5000 \text{ kWh}.$$

Die Elektrodenzahl sei mit 12 Stück je Bad angenommen, die Elektrodenbelastung mit 24 A/cm². Der Querschnitt einer Elektrode folgt dann aus

$$F = \frac{20000}{12 \cdot 4} = 417 \text{ cm}^2.$$

Bei quadratischem Querschnitt ergibt sich eine Kantenlänge von rund

$$d = 20{,}5 \text{ cm}.$$

Die Elektroden werden in zwei Reihen angeordnet, mit 200 mm Randabstand und 100 mm Eigenabstand. Die Gesamtbadfläche beträgt dann

$$B = (6 \cdot 20{,}5 + 5 \cdot 10 + 2{,}20)\,(2 \cdot 20 + 10 + 2 \cdot 20) = 19400\ \text{cm}^2$$
$$= 1{,}94\ \text{m}^2.$$

Die bei der Erzeugung von Karbid und Eisenlegierungen bewährte *Söderberg-Elektrode* ist auch auf einigen Werken bei der Aluminiumerzeugung zur Anwendung gekommen. Das Bild 403 zeigt einen solchen Ofen. Er hat nur eine Elektrode, die entsprechend dem

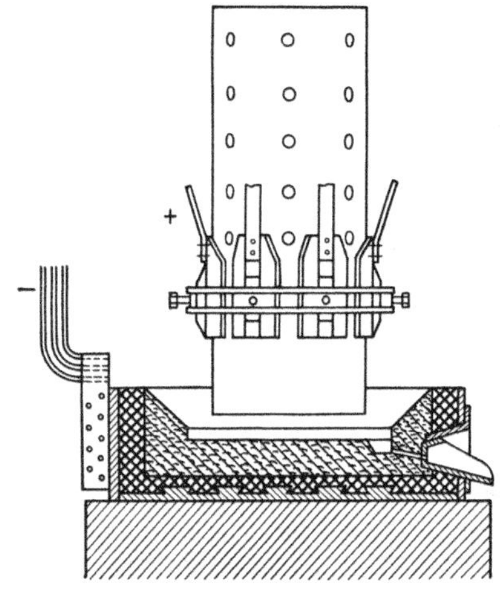

Bild 403. Aluminiumofen mit Söderberg-Elektrode.

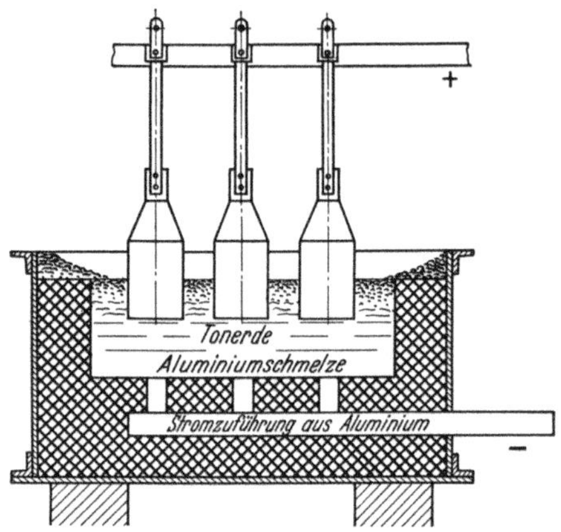

Bild 404. Ofen zur Aluminiumerzeugung der Norsk Aluminium Comp.

Abbrand oben regelmäßig verlängert wird, so daß keine Elektrodenreste entstehen. Eine Schwierigkeit ergab sich bei der Stromübertragung vom Mantel der Elektrode auf die Elektrodenmasse, da die vom Mantel radial nach innen vorstehenden Eisenteile in das Aluminium übergehen. Diese wie den Mantel aus Aluminium zu machen, ist nicht angängig, da sie dann zu früh wegschmelzen. Da aber die Vorteile durch Fortfall der Elektrodenpresserei und der zugehörigen Brennerei erheblich sind, ist man an vielen Stellen bemüht, bei Neuanlagen mit dieser Elektrode zu arbeiten.

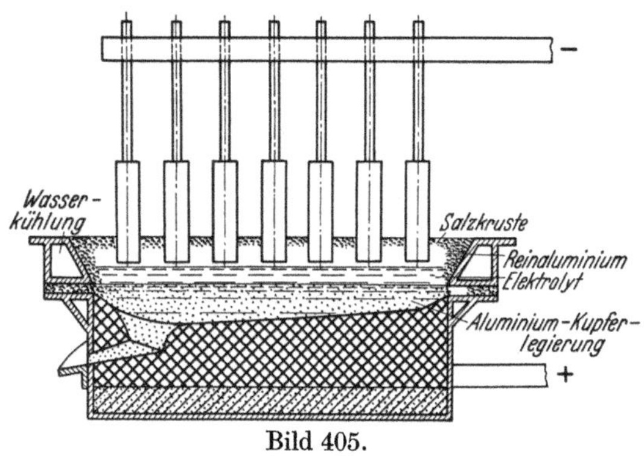

Bild 405.
Ofen zur elektrolytischen Aluminiumraffination der Aluminium Comp. of America nach HOOPES.

Durch die Elektrolyse wird Anodenkohle verbraucht nach der Gleichung

$$Al_2O_3 + 3\,C = 2\,Al + 3\,CO.$$

Auf 1 kg Aluminium kommt theoretisch $^2/_3$ kg Anodenkohle, in Wirklichkeit stellt sich der Verbrauch auf 0,8 kg.

Der *Betrieb wird so geführt*, daß das abgeschiedene Aluminium täglich einmal ausgeschöpft wird. Jedoch muß stündlich Tonerde nachgegeben werden, wobei es erforderlich ist, in die an der Oberfläche entstandene harte Kruste Löcher zu stoßen. Wird nicht rechtzeitig nachgefüllt, so tritt der gefürchtete „*Anodeneffekt*" ein: die Spannung im Bade schnellt empor, die Anoden werden an Stelle von Kohlenoxydflämmchen von einem Kranz winziger Lichtbögen umgeben, das Bad überhitzt sich und wallt auf, flüssiges Metall spritzt auf und geht verloren[1]. Eine andere Quelle von Störungen ist der Kohleboden des Ofens. Er wird allmählich angegriffen, es bilden sich Adern von Aluminiumkarbid, die den elektrischen Widerstand erhöhen und örtliche Überhitzungen verursachen. Die *Norwegische Aluminiumgesellschaft* hat deshalb einen Ofen nach Bild 404 ausgeführt. Bei diesem ist die untere Stromzuführung ganz aus Aluminium hergestellt, die Störungen durch den Kohleboden sollen hierdurch ausgeschaltet werden.

[1] ARNDT, K.: Metall u. Erz 1926 S. 302.

Das durch Elektrolyse gewonnene Erzeugnis hat im günstigsten Falle 99,6% Aluminium, weil aus den Anoden, aus der Tonerde und auch aus dem Kryolith etwas Silizium und etwas Eisen in das Bad übergeht. Die *Amerikanische Aluminiumgesellschaft* reinigt das gewöhnliche Erzeugnis elektrolytisch. Es wird zu Anoden vergossen. Die Elektrolyse wird in einem Ofen nach dem Bilde 405 durchgeführt. Das Aluminium der Anode geht in Lösung und schlägt sich als reines Metall an der Kathode nieder. Die Schmelze besteht aus drei Schichten. Am Boden befindet sich eine geschmolzene Legierung aus Kupfer und Aluminium. Über dieser schwimmt eine Kryolith-Tonerdeschmelze, der zur Erhöhung des spezifischen Gewichts Bariumfluorid beigesetzt ist. Das in höchster Reinheit ausscheidende Aluminium schwimmt infolgedessen auf dem spezifisch schwereren Tonerdebad. Der *Betrieb* wird wie folgt durchgeführt. Sobald die Kupferlegierung an Aluminium verarmt ist, wird eine bestimmte Menge unten abgestochen, mit Aluminium angereichert und durch einen seitlich angeordneten Kanal wieder in den Ofen eingeführt. Das gereinigte Aluminium wird durch einen in entsprechender Höhe angeordneten Stich in gleicher Menge abgezogen. Das Bad muß dauernd mit einer erstarrten Kruste Salz bedeckt sein, da sonst durch elektromagnetische Wirkung senkrechte Strömungen entstehen, die zwischen oberer und unterer Metallschicht Kurzschluß hervorrufen. Durch Anordnung einer Wasserkühlung wird verhindert, daß sich an der senkrechten Wand Metall abscheidet, das Kurzschluß hervorrufen würde.

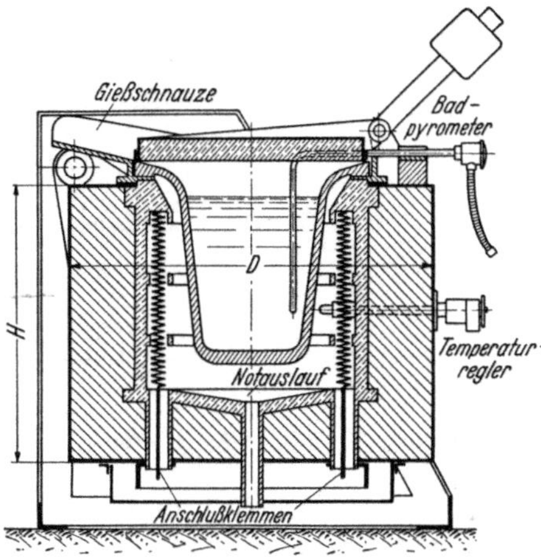

Bild 406. Elektrisch beheizter Tiegelschmelzofen für Leichtmetalle, kippbar um die Gießschnauze. (Elino Düren.)

D	*H*	Tiegelinhalt l	Anschlußwert kW	Gewicht kg
900	900	30	20	975
900	1000	48	30	1000
1000	1000	96	35	1250
1000	1100	120	40	1300

c) Öfen zum Umschmelzen des Aluminiums.

Zum Umschmelzen des elektrolytisch gewonnenen Aluminiums sind Tiegel-, Trommel- und Herdöfen in Gebrauch, letztere bei Mengen über 500 kg täglich. Ursprünglich wurden die Öfen mit Koks beheizt, wodurch jedoch die Möglichkeit einer Verunreinigung des Schmelzbades leicht gegeben war. Diese Verunreinigungen äußern sich später in harten Einschlüssen, die bei der Weiterverarbeitung sehr störend wirken. Neuerdings wendet man daher vorzugsweise Gas-, Öl- oder elektrische Beheizung an, wenngleich ein großer Vorzug der Koksbeheizung, der billige Betrieb, nicht zu leugnen ist. Die Öfen werden für durchlaufenden und für unterbrochenen Betrieb gebaut. Für unterbrochenen Betrieb eignen sich am besten Öfen, die nicht zuviel Wärme aufspeichern.

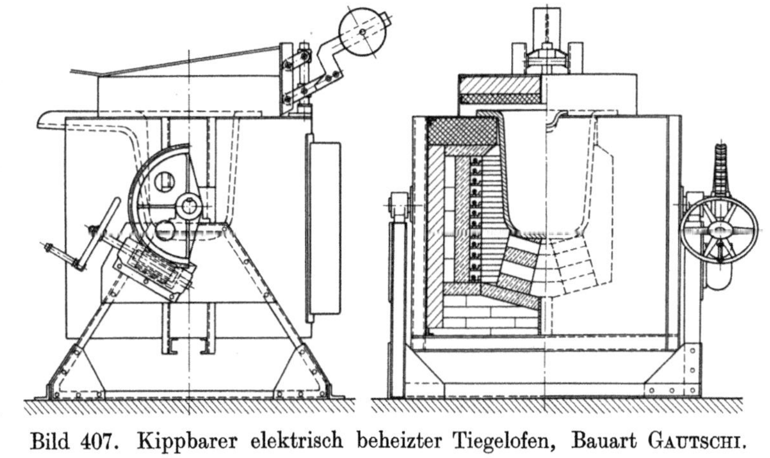

Bild 407. Kippbarer elektrisch beheizter Tiegelofen, Bauart GAUTSCHI.

Tiegelöfen. Mit Koks beheizte Tiegelöfen sind zweckmäßig kippbar einzurichten, so daß während des Ausgießens die Windzuführung nicht abgestellt zu werden braucht und eine gleichmäßige Schmelztemperatur erhalten bleibt.

Die für Aluminiumgießereien wichtige Forderung nach größter Sauberkeit wird jedoch am besten durch elektrisch beheizte Tiegelöfen erfüllt. Die Heizwiderstände

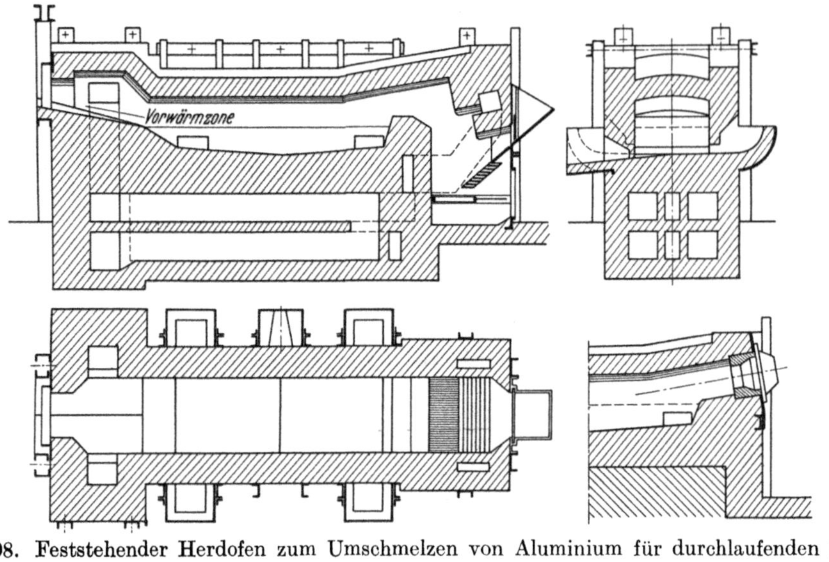

Bild 408. Feststehender Herdofen zum Umschmelzen von Aluminium für durchlaufenden Betrieb.

bestehen aus Nickel-Chromlegierungen, die bis auf 900 bis 1000° erhitzt werden können. Die Ofentemperatur liegt dann bei etwa 700 bis 800°. Guter Schutz der Heizwiderstände

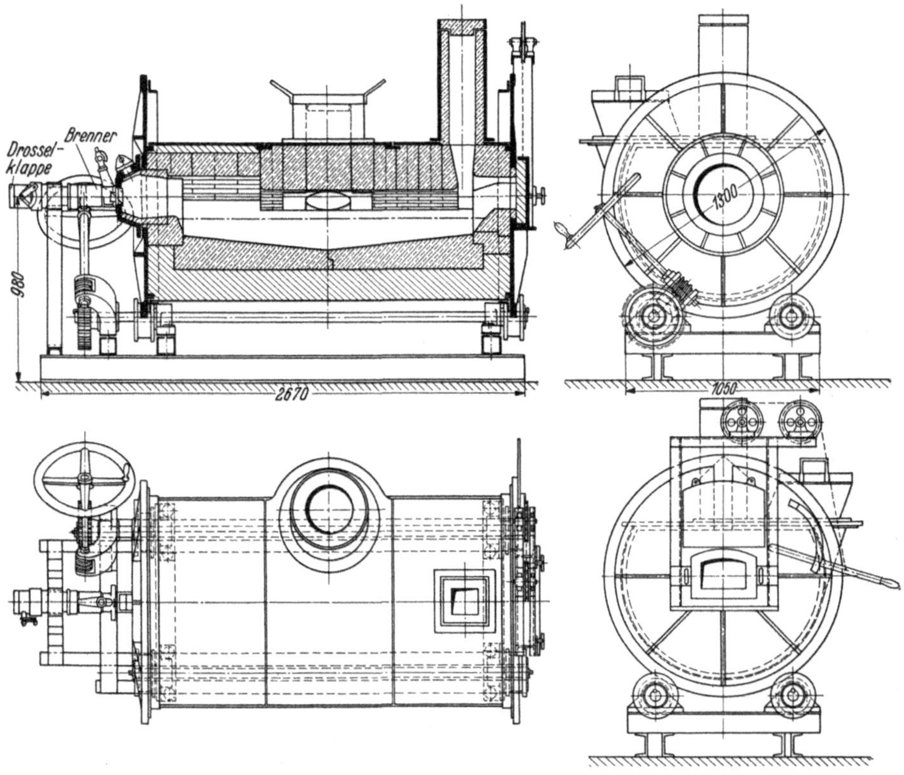

Bild 409. Kleiner Herdofen zum Schmelzen von Aluminium mit Ölfeuerung, 350 kg Inhalt, von Huber & Autenrieth in Stuttgart.

gegen Aluminiumspritzer ist wichtig, da eine Verbindung beider Metalle eine tief schmelzende Legierung ergibt. Eine Zerstörung der Heizwiderstände wäre dann unvermeidlich. Verschiedene Ausführungsformen elektrisch geheizter Tiegelöfen sind in den Bildern 406 und 407 dargestellt.

Herdöfen werden bei größeren Schmelzleistungen und Dauerbetrieb angewandt. Sie werden basisch zugestellt, um eine Verschlackung durch Kieselsäure und die Aufnahme von Silizium durch das Bad zu vermeiden. Die Badtiefe nimmt man im Vergleich zur Oberfläche groß, um die Oxydation zu beschränken; es erübrigt sich dann das Aufbringen einer besonderen Schutzschlacke. Zwei Bauarten sind zu unterscheiden: durchlaufend betriebene und satzweise betriebene Öfen. Bei den durchlaufend betriebenen Öfen wird das Bad nie vollständig entleert. Neues Metall wird von Zeit zu Zeit auf die Schmelzbrücke gebracht und füllt so langsam abschmelzend den Ofen immer wieder nach. Bei den Öfen mit unterbrochenem Betrieb wird das Schmelzgut unmittelbar nach der Entleerung des Ofens auf den Schmelzherd gebracht, eine Vorwärmzone fehlt hier. Die Beheizung der Öfen erfolgt durch Koks, Kohle, Öl, Gas oder elektrisch. Im Bild 408 ist

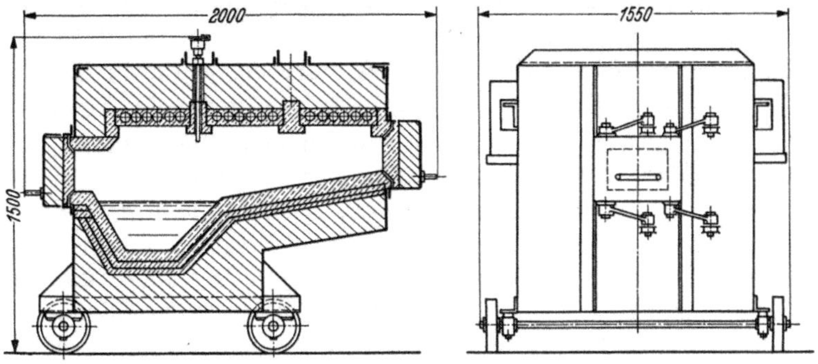

Bild 410. Fahrbarer Aluminium-Schöpfofen mit Widerstandsheizung, 100 kg Inhalt. (Elino, Elektro-Industrieofenbau Düren.)

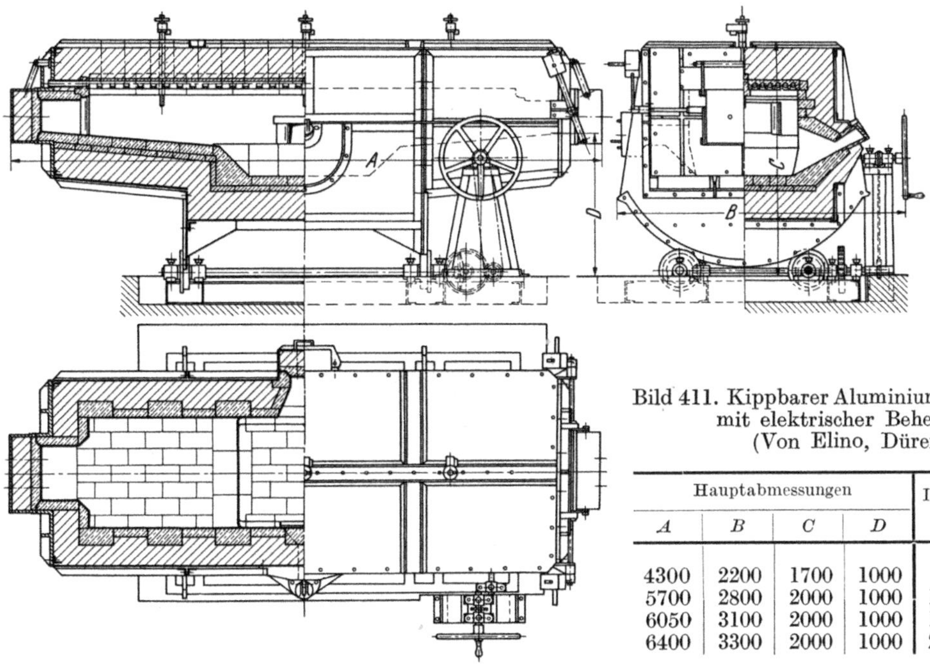

Bild 411. Kippbarer Aluminium-Schmelzofen mit elektrischer Beheizung. (Von Elino, Düren.)

Hauptabmessungen				Inhalt	Anschlußwert
A	*B*	*C*	*D*	kg	kW
4300	2200	1700	1000	300	80
5700	2800	2000	1000	1000	160
6050	3100	2000	1000	1500	200
6400	3300	2000	1000	2500	300

ein feststehender Herdofen für Dauerbetrieb wiedergegeben. Die Entnahme des Metalls geschieht durch Ausschöpfen mittels gußeiserner Löffel oder auch durch Abstechen. Der dargestellte Ofen hat vier Schöpfstellen.

Weit verbreitet sind auch, besonders bei elektrischer Beheizung, kippbare Herdöfen, bei denen für Ausschöpfen und Umgießen des Metalles keine Zeit verloren geht, auch bleibt das Bad beim Ausguß reiner. Im Bild 409 ist ein tiegelloser Schmelzofen für unterbrochenen Betrieb mit Ölfeuerung dargestellt. Das Anwärmen eines solchen Ofens für etwa 350 kg Aluminiuminhalt erfordert 25 bis 30 min bei 20 kg Ölverbrauch. Die nachfolgende Schmelzung dauert 30 bis 35 min, bei einem Ölverbrauch von etwa 8 % des Einsatzes.

Die ersten elektrisch beheizten Herdöfen zum Einschmelzen von Aluminium arbeiteten mit mittelbarer Lichtbogenheizung. Der Abstand zwischen Lichtbogen und Metallbad betrug rund 20 cm. Der Nachteil dieser Öfen war ein verhältnismäßig starker Abbrand und eine schädliche Aluminiumnitritbildung. Seit etwa 1918 sind an Stelle dieser Öfen die von Baily erstmalig angewandten Rinnenöfen eingeführt worden. Bei diesen befinden sich bis 20 mm große Graphit- oder Petrolkokskörner in einer feuerfesten Rinne aus Karborundum. Durch diese Körner wird der Strom geschickt, wodurch zwischen den einzelnen Körnern kleine Lichtbogen entstehen, so daß die Rinne weißglühend wird. Die Wärme wird auf das Metallbad vorwiegend durch Strahlung übertragen.

Öfen mit Heizwiderständen sind in den Bildern 410 und 411 wiedergegeben. Wichtig ist, wie auch weiter oben schon erwähnt, eine Schutzummantelung der Heizwiderstände, ferner geringe Oberflächenbelastung der Elemente und gute Auswechselbarkeit. Der Stromverbrauch zum Einschmelzen ist sehr von den Betriebsbedingungen abhängig. Praktisch sind nach Zeerleder Werte zwischen 450 bis 550 kWh/t Al notwendig, doch sind auch Werte bis 420 kWh/t bei einem Gesamtwirkungsgrad von 82 % möglich bei Badtemperaturen von 780°. Gebräuchliche Ofengröße 15 t/24 h Schmelzleistung, Anschlußwert 300 kW. Ein Herdofen mit einem Fassungsvermögen von z. B. 2500 kg hat häufig einen Anschlußwert von 250 kW und verbraucht etwa 450 kWh/t Al bei einer Tagesleistung von 12 t. Ein Tiegelofen mit einer Schmelzleistung von 100 kg hat einen Stromverbrauch von etwa 550 kWh/t Al bei einer Tagesleistung von 1000 kg.

d) Aluminium-Wärm- und Glühöfen.

Hier werden vorzugsweise öl- oder elektrisch beheizte Öfen angewandt (Bilder 412 bis 424). Hinsichtlich der Bauart kann man solche mit unmittelbarer und solche mit

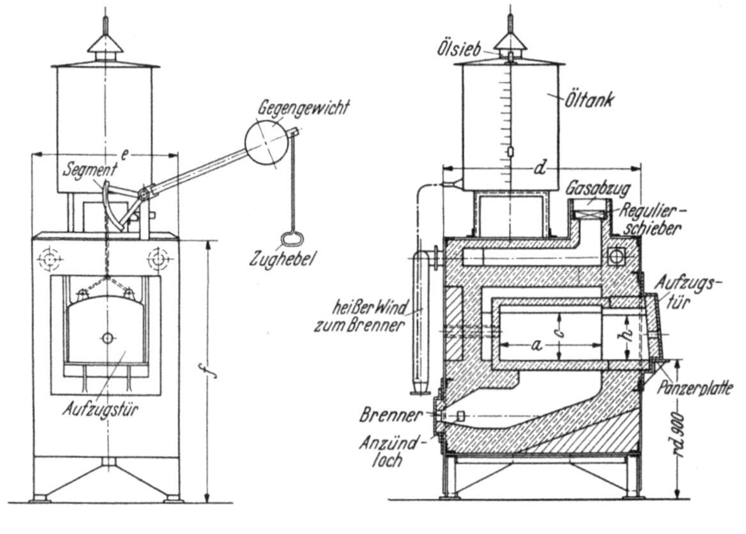

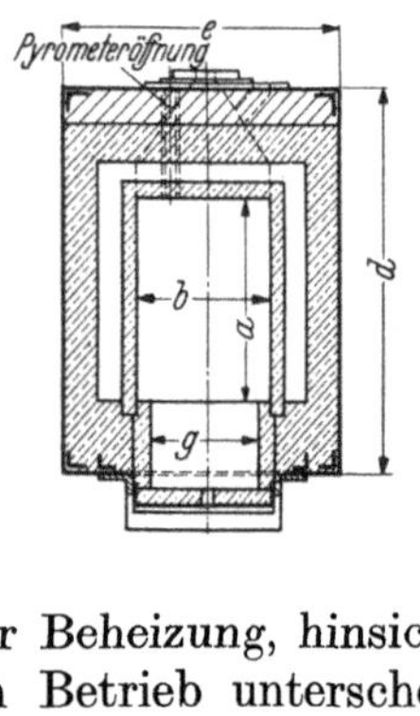

Bild 412. Muffelofen mit Ölheizung von Fulmina.

Größe	Hauptabmessungen							
	a	*b*	*c*	*d*	*e*	*f*	*g*	*h*
1	400	300	250	950	800	1600	300	200
2	500	400	350	1050	900	1720	400	250
3	600	400	300	1200	900	1700	400	300
5	800	500	350	1400	1000	1700	500	320
6	1000	600	400	1720	1200	1700	600	400

mittelbarer Beheizung, hinsichtlich der Betriebsweise zwischen Dauerbetrieb und unterbrochenem Betrieb unterscheiden. Bei den Öfen für Dauerbetrieb wird das Glühgut mittels einer Fördereinrichtung durch den Ofen hindurchgezogen. Neben diesen „Luftbadöfen" findet man auch vielfach Salzbad- und Ölbadöfen, die eine kürzere Anheizzeit und gleichmäßigere Herdtemperatur ermöglichen. Nachteilig ist die leichtere Verunreinigung des Metalles.

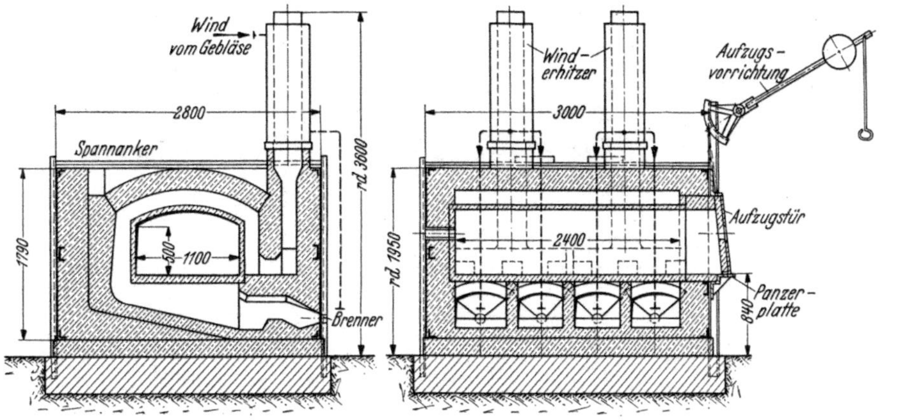

Bild 413. Muffelglühofen mit Ölheizung für Temperaturen bis 500° (Fulmina, Mannheim).

Glühöfen werden als Barrenglühöfen, Weichglüh- und Vergüteöfen, Härte- und Anlaßöfen ausgeführt.

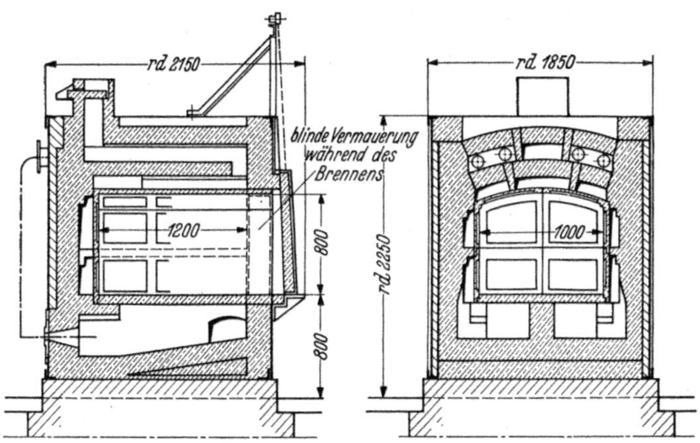

Bild 414. Glühofen für Aluminiumbleche, Beheizung durch Ölfeuerung.

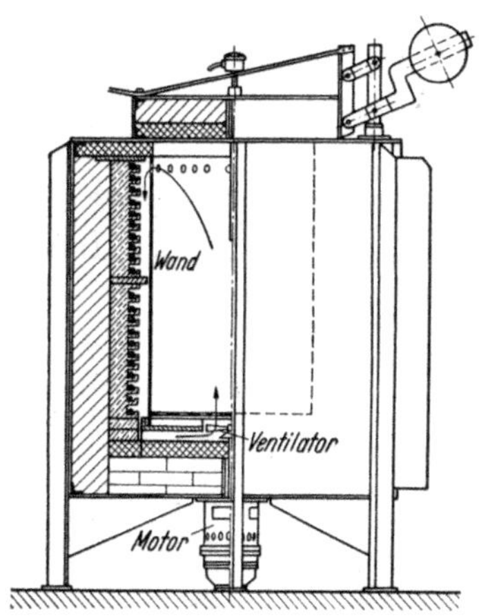

Bild 416. Elektrischer Glühofen mit Luftumwälzung.

Die Temperatur in den *Barrenöfen* muß rund 400 bis 500° betragen. Bei dieser Temperatur ist aber der Aluminiumblock so weich, daß er mit einem Blockdrücker nicht weiter

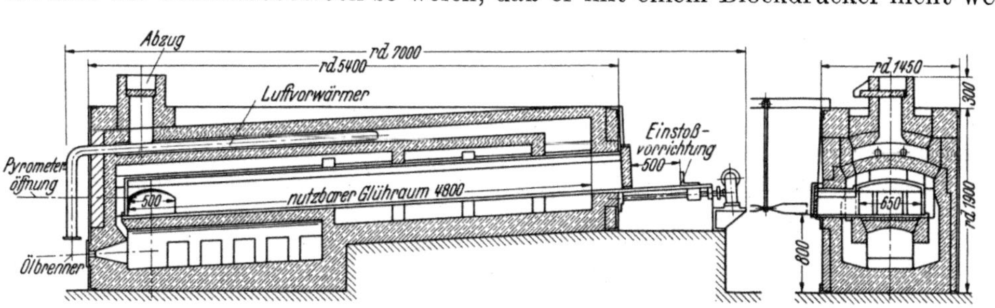

Bild 415. Wärmofen für Aluminiumblöcke.

geschoben werden kann. Infolgedessen werden besondere Fördereinrichtungen notwendig, falls der Block nicht vorgerollt werden kann. Bild 415 zeigt eine Ausführungsform mit einer Herdneigung von wenigstens 5°. Bei anderen Öfen wandern die Blöcke auf Kettenrost oder auf Ketten, die auf Rollen laufen, durch den Ofen hindurch. Da die

Ofentemperatur nicht über 550° steigt, können gußeiserne Rollen und Stahlwellen angewandt werden (Graphitschmierung).

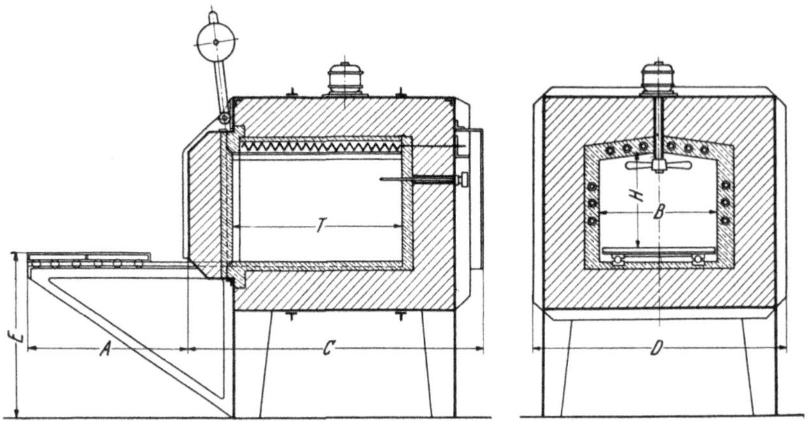

Bild 417. Elektrischer Muffelglühofen mit ausfahrbarem Tisch, für Temperaturen bis 600°.

Muffelmaße			Außenmaße				Anschlußwert
H	*B*	*T*	*A*	*C*	*D*	*E*	kW
500	600	800	800	1450	1250	800	10
600	700	1000	1000	1650	1350	800	15
700	800	1200	1200	1850	1450	800	18

Die *Weichglüh-* und *Vergüteöfen* sind ähnlich den Barrenöfen, jedoch sind die an die Gleichmäßigkeit der Temperatur gestellten Anforderungen erheblich höher. Dies läßt

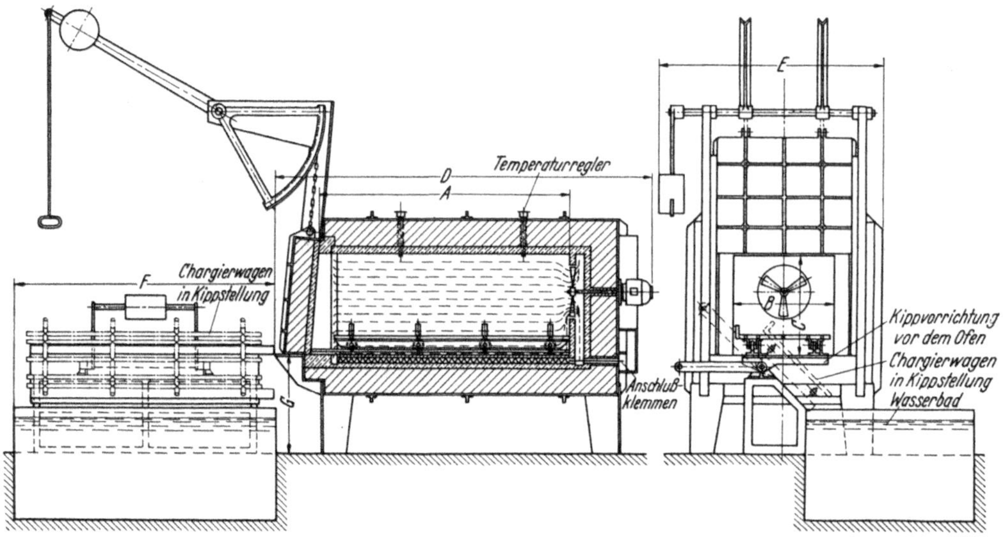

Bild 418. Glühofen mit ausfahrbarem Tisch, dreiseitige Beheizung und Luftumwälzung.

Größe	Maße						
	A	*B*	*C*	*D*	*E*	*F*	*G*
1	2000	800	800	3000	1800	2100	800
2	2000	1500	800	3000	2500	2100	800
3	2000	1000	800	3000	2000	8100	800
4	2500	1500	800	3500	2500	8600	800

sich am besten mit *Muffelöfen* erreichen, wobei durch eine Luftumwälzung innerhalb des Ofens diese Gleichmäßigkeit sehr gefördert werden kann. Bei größeren Öfen werden zur Erreichung dieses Zieles mehrere regelbare Heizstellen erforderlich. Wegen der niedrigeren Ofentemperaturen (450 bis 500°) ist nur eine Umkleidung mit einer Isoliermasse notwendig.

Für besondere Wärmebehandlungszwecke sind Sonderbauarten geschaffen worden. Ausführungsbeispiele sind in den Bildern 423 bis 424 wiedergegeben. Zum durchlaufenden Glühen von Massenartikeln

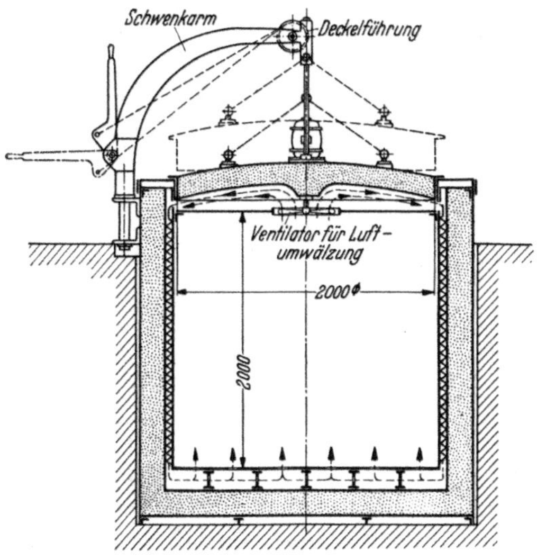

Bild 419. Aluminiumglühofen mit Luftumwälzung, für Temperaturen bis 600° (Elino).

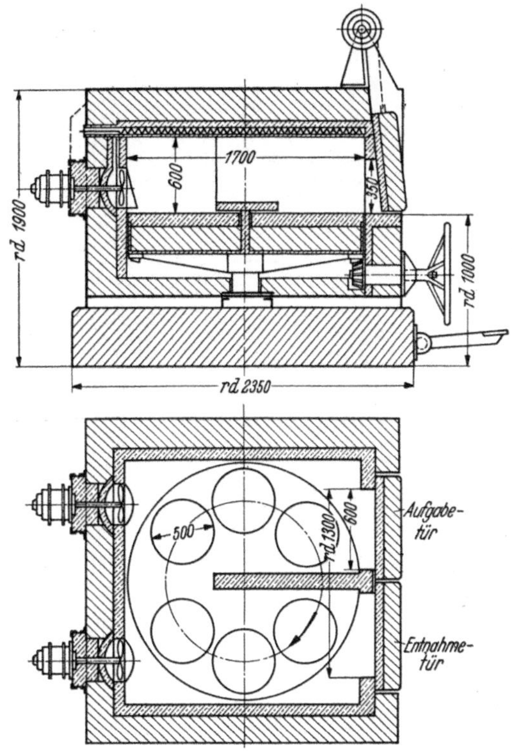

Bild 420. Glühofen mit drehbarem Herd (Elino).

werden vielfach Öfen mit Kettenrosten benutzt. Eine teilweise Wiedergewinnung der Wärme ist möglich, wenn man ein zweites Band in entgegengesetzter Richtung durch

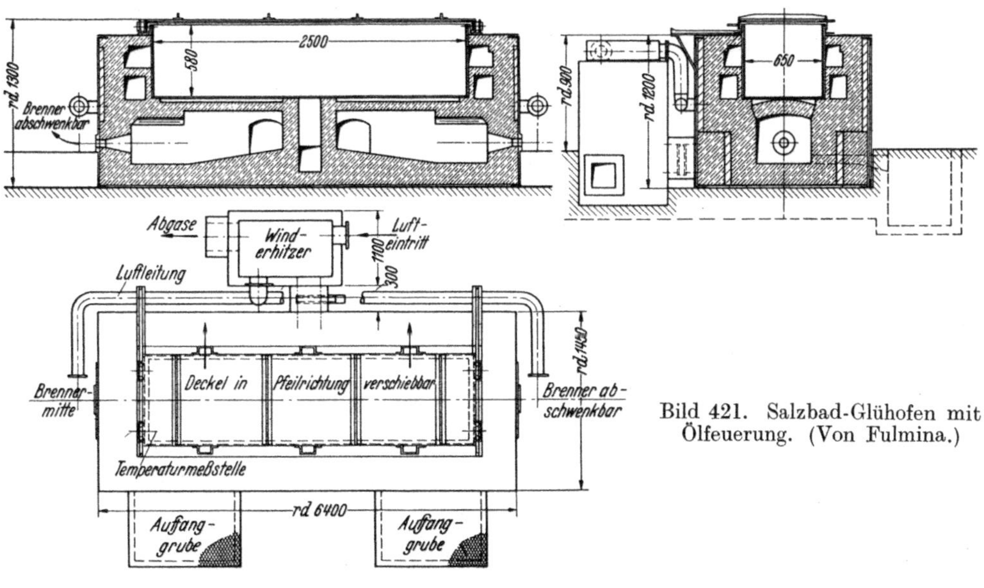

Bild 421. Salzbad-Glühofen mit Ölfeuerung. (Von Fulmina.)

den Ofen hindurchzieht. Derartige Öfen, wie überhaupt Öfen, bei denen nach der Glühung nicht sofort eine plötzliche Abkühlung folgt, bezeichnet man als *Weichglühöfen.*

Bei den *Salzbadöfen* wird in eisernen Behältern Salpeter flüssig gehalten und die zu vergütenden Gegenstände dort hinein gebracht. Die Behälter müssen von außen gut isoliert werden. Eine Rührvorrichtung zum Temperaturausgleich ist zweckmäßig.

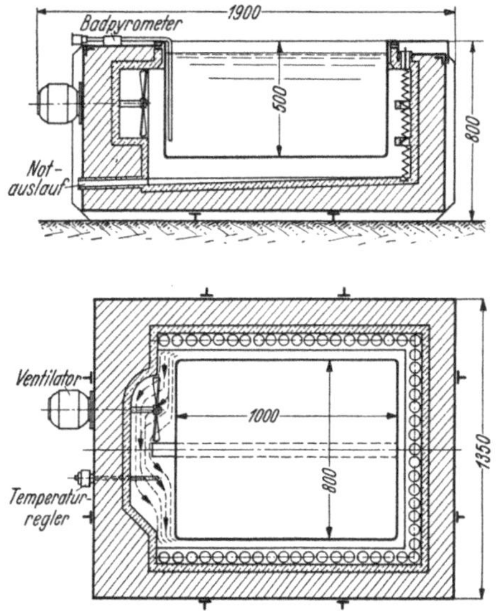

Bild 422. Elektrisch beheizter Salzbadofen. (Von Elino, Düren.)

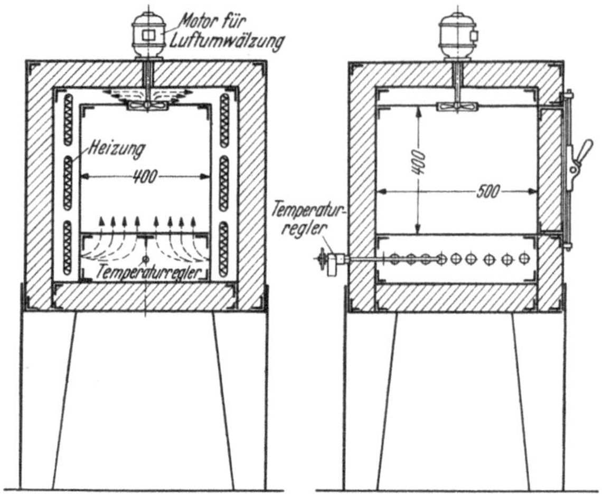

Bild 423. Elektrisch beheizter Anlaßofen für Temperaturen bis 300°, mit Luftumwälzung.

Bei den *Warmhärteöfen* soll die Festigkeit während des Vorganges steigen, bei den *Anlaßöfen* dagegen fallen. Die Ofenbauarten sind für beide Vorgänge gleich. Die in Frage kommenden Temperaturen bewegen sich zwischen 140 und 160°, so daß kein Mauerwerk erforderlich ist. Die Heizwiderstände liegen auf Isolatoren an den Innenwänden des Glühraumes.

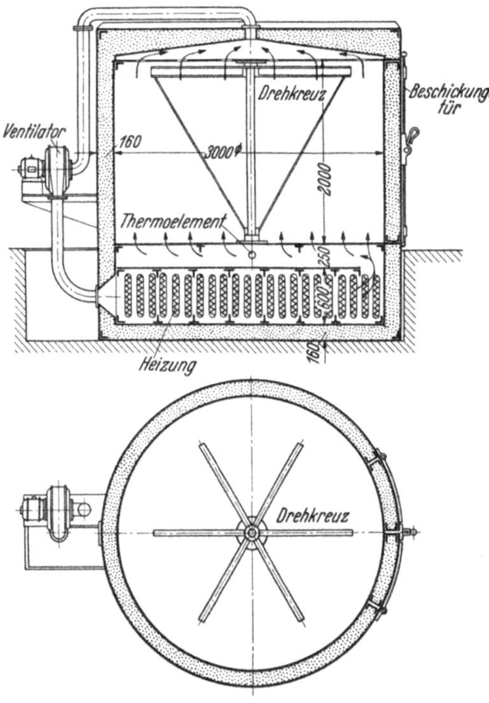

Bild 424. Anlaßofen mit elektrischer Beheizung und Luftumwälzung für Temperaturen bis 200°.

IV. Zinkhütten.

a) Über die Verfahren zur Zinkgewinnung.

Das wichtigste Zinkmineral ist die Zinkblende (ZnS). Das Erz ist hauptsächlich durch FeS und die Sulfide von Pb, Cd, Mn und Cu verunreinigt. Daneben haben noch Bedeutung: *Galmei* oder Zinkspat ($ZnCO_3$), das durch FeO, MnO, PbO, CdO, CuO, CaO, MgO, SiO_2, Fe_2O_3 und Al_2O_3 verunreinigt ist sowie *Kieselgalmei* oder Kieselzinkerz ($Zn_2SiO_4 \cdot H_2O$). Die Blende läßt sich wie alle Schwefelmineralien durch Aufbereitung leicht anreichern, während eine Anreicherung der Oxyderze nur in geringem Umfang gelingt. Auch zur Zinkgewinnung wird das trockne und das nasse Verfahren angewandt. Der *trockene* Weg wird für die Erze, die das Zink ganz oder vorwiegend als Blende enthalten sowie für reiche Oxyderze bevorzugt. Der *nasse* Weg kommt für arme Oxyderze in Betracht. Da das trockene Verfahren trotz der Vervollkommnung der Einrichtungen noch verlustreich und kostspielig ist, hat das nasse, insbesondere das elektrolytische Verfahren aber auch bei der Verarbeitung reicher Erze und Konzentrate eine zunehmende Anwendung gefunden.

Beim *trockenen* Verfahren sind zu unterscheiden die vorbereitenden Arbeiten, die Reduktion und die Raffination. Die vorbereitenden Arbeiten bestehen bei der Verarbeitung von Blende aus dem oxydierenden Rösten bis zur vollständigen Entfernung des Schwefels bei einer Temperatur von 800°. Die Röstgase werden zur Unschädlichmachung des Schwefeldioxyds auf Schwefelsäure verarbeitet. Da hierzu eine Mindestkonzentration an Schwefeldioxyd erforderlich ist, muß eine Vermischung von Röstgasen und Feuerungsgasen verhindert werden. Es sind also *gemuffelte Röstöfen* erforderlich, deren Beheizung mittelbar erfolgt. Zur Anwendung kommen die im vierten Abschnitt behandelten verschiedenen Bauarten von Krählöfen und die Sinterröstapparate nach Dwight-Lloyd. Galmei wird durch Brennen (Kalzinieren) von Wasser und Kohlensäure befreit, was sowohl in Schachtöfen und Herdöfen als auch in Drehrohröfen geschehen kann. Die Reduktion des Zinkoxyds verläuft bei einer Temperatur von 1000 bis 1100° nach den Formeln:

$$ZnO + C = Zn + CO \text{ und } ZnO + CO = Zn + CO_2.$$

Das *Reduktionsverfahren* kann in Muffeln (Retorten), in Öfen mit Gasfeuerung oder in elektrisch beheizten Öfen durchgeführt werden. Das elektrothermische Verfahren ist bis jetzt nur dort eingeführt worden, wo elektrische Energie billig und Brennstoffe teuer sind, wie z. B. in Skandinavien.

Das nach diesen Verfahren gewonnene *Rohzink* kann für viele Zwecke noch keine Verwendung finden, da es erhebliche Verunreinigungen, insbesondere durch Blei und Eisen, enthält. Die Raffination des Rohzinks kann durch Umschmelzen und Umdestillieren geschehen. Das *Umschmelzen* wird in Herdöfen bei reduzierender Flamme durchgeführt. Beim Abstehen der Schmelze bei niedriger Temperatur scheidet sich am Boden zinkhaltiges Blei, darüber eine Eisenzinklegierung (Hartzink) und darüber das raffinierte Zink ab, das aber noch 1 bis 1,3% Blei enthält. Es führt die Bezeichnung *Raffinadzink*. Durch *Umdestillieren* kann man das *Feinzink* mit einem Gehalt von 99,7 bis 99,9 Zink gewinnen. Dieses Feinzink steht im Wettbewerb mit dem *Elektrolytzink*, das bei gleicher Güte in den meisten Fällen billiger hergestellt werden kann.

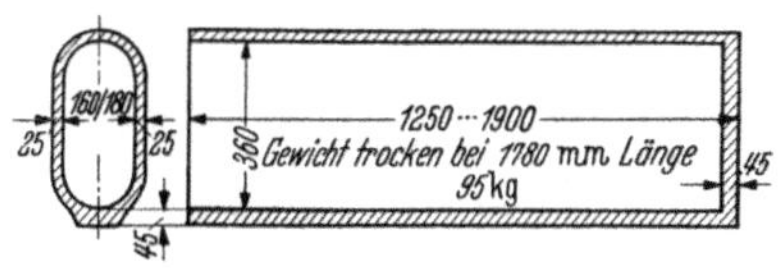

Bild 425. Rheinische Muffel.

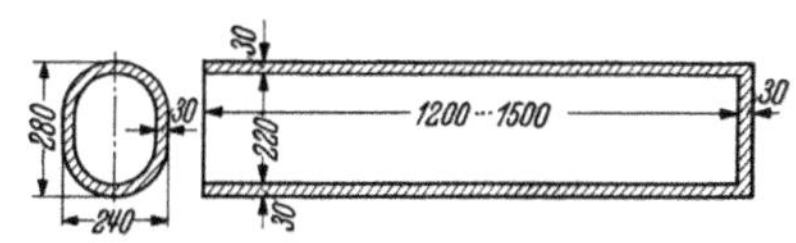

Bild 426. Belgische Muffel.

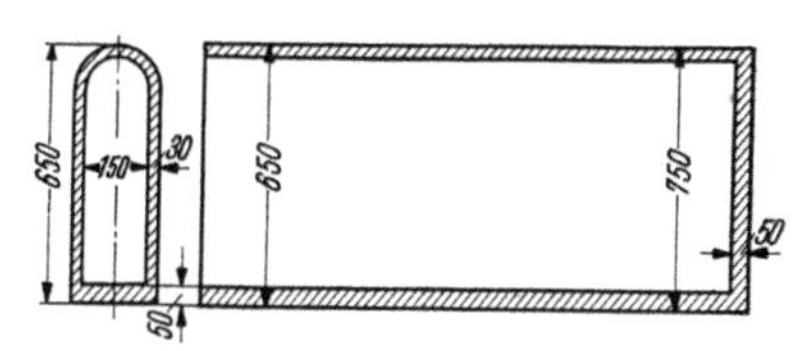
Bild 427. Schlesische Muffel.

Das *nasse Verfahren* besteht in einer Laugung des in oxydischer Form vorliegenden Gutes mit verdünnter Schwefelsäure und anschließender Ausfällung des Zinks durch Elektrolyse. Die Vorteile gegenüber dem trockenen Verfahren bestehen darin, daß die Erhitzung großer Mengen tauben Gesteins auf Reduktionstemperatur fortfällt, das Ausbringen höher und das erzeugte Zink reiner ist, so daß eine Raffination fortfällt.

b) Zinkdestillieröfen für das Muffelverfahren.

Das zu reduzierende Gut wird mit Kohle gemischt in die Muffel eingeführt. Beim Erhitzen tritt zunächst Verbrennung von C mit der in den Zwischenräumen der Beschickung vorhandenen Luft ein. Bei Erreichung einer Temperatur über 500° entwickelt sich neben CO_2 in steigender Menge CO, das auf ZnO einwirkt nach der Gleichung:

$$ZnO + CO \rightleftharpoons Zn + CO_2 - 17680 \text{ cal.}$$

Von etwa 1000° ab wird CO_2 durch C reduziert nach der Gleichung

$$CO_2 + C \rightleftharpoons 2\,CO - 38720 \text{ cal.}$$

Wenn man die beiden Reaktionen zusammenfaßt, ergibt sich als Effekt

$$ZnO + C \rightleftharpoons Zn + CO - 56400 \text{ cal.}$$

Die Reduktion von CO_2 verläuft erst bei einer Temperatur von 1300° sehr schnell, also ist auch die Reduktionsgeschwindigkeit von ZnO von der Temperatur in der Muffel abhängig. Die Reduktion verläuft um so schneller und vollständiger und somit wirtschaftlicher, je höher die Temperatur ist. Es muß ferner in der Muffel ein Überschuß an C vorhanden sein, damit entstehendes CO_2 in CO umgewandelt wird. Da die Temperatur wesentlich oberhalb des Siedepunktes des Zn (907°) liegt, entfällt das Metall dampfförmig und muß erst in einer Vorlage niedergeschlagen werden. Zur Erreichung einer vollständigen Kondensation des Zinkdampfes zu flüssigem Zink ist es notwendig, die Abkühlung auf eine Temperatur vorzunehmen, die nur wenig über dem Schmelzpunkt liegt, sie muß auf einem möglichst langen Wege erfolgen, damit die Dämpfe mit einer möglichst großen Kühlfläche in Berührung kommen. Die Dämpfe dürfen auch keine oxydierenden Bestandteile wie CO_2 oder H_2O enthalten. Um eine möglichst weitgehende Konzentration der Zinkdämpfe zu bekommen, dürfen keine Feuergase hinzutreten. Die Reduktion muß also in geschlossenen, von außen geheizten Gefäßen erfolgen. Als solche werden meistens Muffeln verwendet, wie sie in den Bildern 425 bis 427 dargestellt sind. Sie werden reihenweise in einen Ofen so eingebaut, daß sie gleichmäßig erhitzt werden können. Zum Auffangen und Kondensieren der Zinkdämpfe dienen Vorlagen, die so beschaffen sein müssen, daß eine gute Temperaturregelung und Temperaturüberwachung stattfinden kann. Ihre Größe wird so bemessen, daß die Temperatur der Dämpfe bis nahe dem Schmelzpunkt, also bis etwa 450° abfällt und die Dampfgeschwindigkeit nicht über 8,5 m/s steigt. Man rechnet mit einem Entfall an Kondensat von etwa 0,4 g Zn/h je cm^2 Vorlagenoberfläche. Im Bild 428 ist die Gestalt und Anordnung der abnehmbaren Vorlage zu der Muffel bei einem Regenerativofen dargestellt. Die Verbindung zwischen Muffel und Vorlage muß vollständig luftdicht hergestellt sein. An die Vorlagen schließen sich noch Verlängerungen aus Stahlblech (Bild 429) an, in denen nicht zur Kondensation gelangte Zinkdämpfe infolge der starken Abkühlung als Staub niederschlagen. Das Kohlenoxydgas tritt durch eine kleine Öffnung

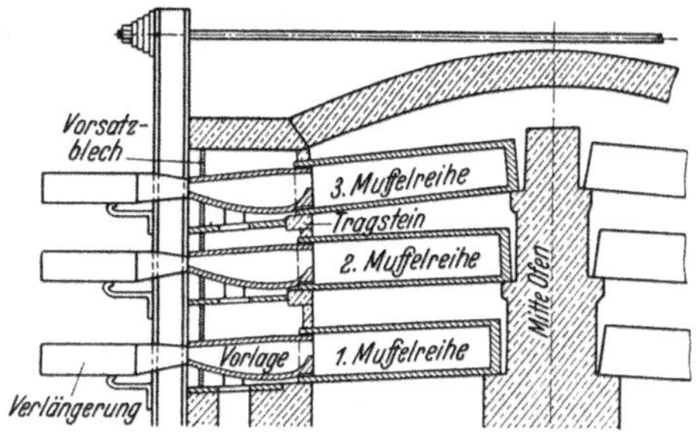

Bild 428. Lagerung der Muffeln, Vorlagen und Verlängerungen bei einem Zinkdestillierofen mit Regenerativ-Gasfeuerung.

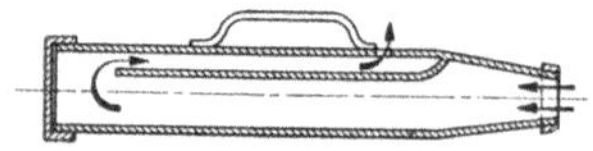

Bild 429. Verlängerung der Vorlage.

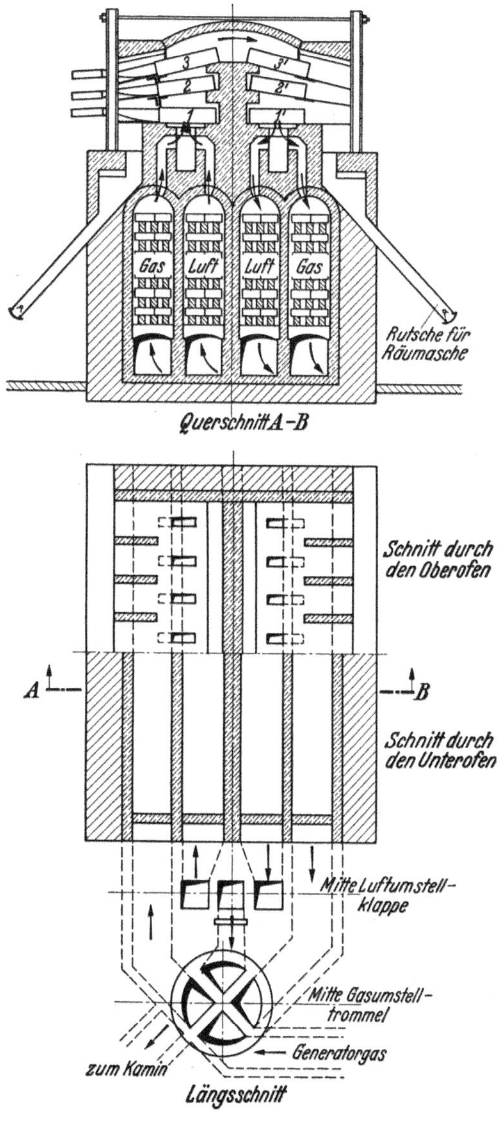

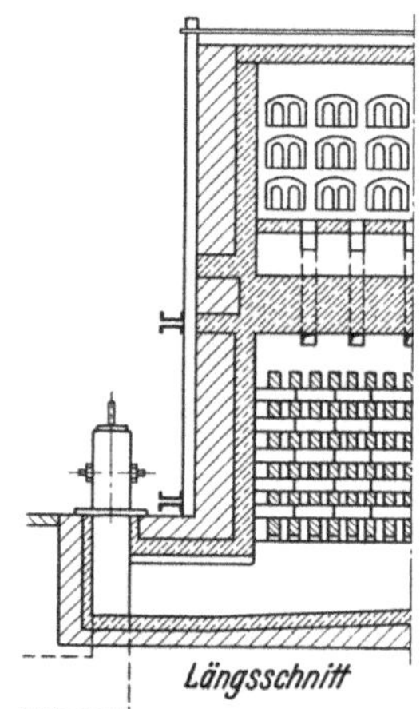

Bild 430. Zinkdestillierofen mit Regenerativgasfeuerung (Birkengang-Typ).

aus und verbrennt. Die Muffeln werden aus bestem feuerfestem Ton hergestellt. Dem rohen Ton wird Schamotte und aschenarmer Koks als Magerungsmittel zugesetzt. Die Vorlagen werden aus geringwertigem Ton mit gemahlenen Muffelscherben als Magerungsmittel verfertigt.

Die *Zinkdestillieröfen* sind so einzurichten, daß sie eine größere Zahl von Muffeln aufnehmen und auf eine Temperatur von 1300 bis 1500° erhitzen können. Wichtig ist, daß alle Muffeln und alle Muffelteile gleiche Temperatur erhalten und Überhitzung einzelner Stellen vermieden wird. Diese Aufgabe wird am besten durch eine Gasheizung erfüllt. Es werden Öfen mit Regenerativ- und Rekuperativfeuerung angewandt.

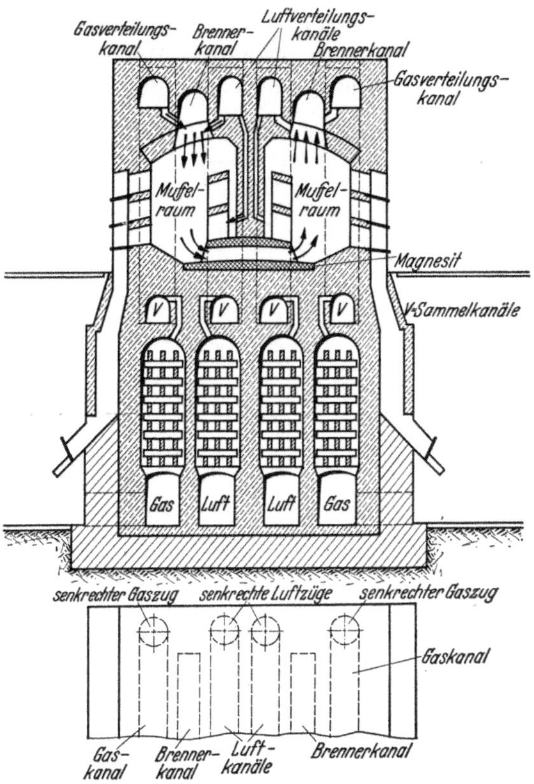

Bild 431. Zinkdestillierofen mit Regenerativ-Gasfeuerung, Bauart „Dor".

Die *Regenerativöfen* haben den Vorteil, daß sie mit geringwertigen Gasen betrieben werden können. Die Öfen sind einfach in ihrem Aufbau und die Instandhaltungsarbeiten an den Kammern leicht ausführbar. Der früher in Deutschland übliche *Birkengang-Typ* (Bild 430) hat aber den Nachteil, daß die unter den Muffeln liegenden Brenner leicht verschlacken. Das wird bei der *Bauart Dor* vermieden. Wie im Bilde 431 ersichtlich ist, sind bei diesem Ofen die Brenner oberhalb der Muffeln angeordnet. Infolgedessen müssen Gas und Luft durch Sammelkanäle und an beiden Enden des Ofens angeordnete senkrechte Gas- und Luftzüge an dem Muffelraum vorbeigeleitet werden. Aus den senkrechten Zügen treten die beiden Mittel in Verteilungskanäle über, die sich oberhalb der Muffelräume über die ganze Länge des Ofens erstrecken. Aus den Verteilungskanälen gelangen Gas und Luft in die Brenner. Die besonders gefährdeten Teile des Oberofens werden mit Magnesit oder Chromerz zugestellt.

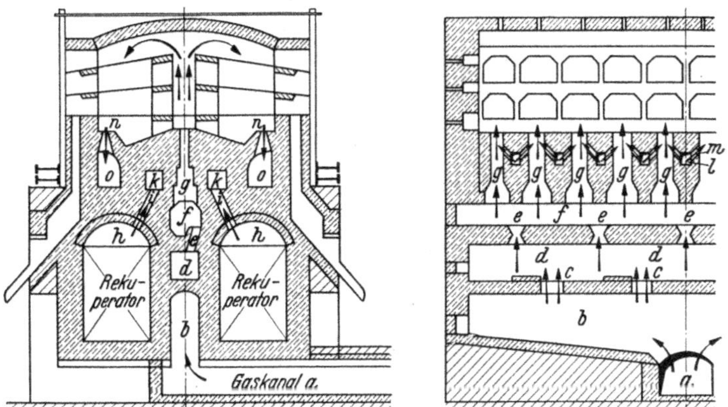

Bild 432. Zinkdestillierofen mit Rekuperativ-Gasfeuerung, Bauart: Bender & Främbs, Hagen i. W. *Weg des Heizgases:* Vom Zuführungskanal *a* durch Längskanal *b*, regelbare Öffnungen *c*, Verteilungskanäle *d* und *f* zu den Brennern *g*. *Weg der Verbrennungsluft:* Von den Rekuperatoren durch die Sammelräume *h*, Verbindungskanäle *i*, Verteilungskanäle *k*, Querkanäle *l*, Schlitze *m* zu den Brennern *g*. *Weg der Abgase:* Aus dem Oberofen durch Schlitze *n*, Sammelkanäle *o* zu den Rekuperatoren und von dort zur Esse.

Die *Rekuperativöfen* (Bild 432) sind so gestaltet, daß die Brenner in einem besonderen Brennerraum liegen. Da sie von den abziehenden Verbrennungsgasen nicht durchströmt werden, kann eine Verschlackung nicht eintreten, zumal die Verbrennung erst hinter dem Brenner vollendet und dann erst die Höchsttemperatur erreicht wird. Als Nachteil muß angesehen werden, daß die Rekuperatoren sehr schwer dicht gehalten werden können und dadurch die im zweiten Abschnitt (S. 33) besprochenen Übelstände auftreten. Der Rekuperativofen ist in seinem Aufbau verwickelter und seine Instandhaltung schwieriger.

Die *Brenner* der Zinkdestillieröfen sind für die Erreichung gleichmäßiger Temperatur im Muffelraum von besonderer Wichtigkeit. Es bestehen verschiedene Ausführungsformen wie bei den Glasschmelzöfen. Bei der rheinischen Bauart nach Bild 430 sind die Brenner so angeordnet, daß die Schlitze für Gas- und Lufteintritt einander gegenüberliegen. Gas und Luft stoßen schon im Brenner aufeinander. Die Verbrennung kann also auch schon innerhalb des Brenners beginnen. Bei der Ausführung nach Bild 433 sind die Schlitze für Gas- und Lufteintritt gegeneinander versetzt. Gas und Luft sind in der Brennermündung noch durch eine Scheidewand voneinander getrennt. Sie strömen nebeneinander senkrecht in den Muffelraum ein. Erst hier kann die Verbrennung beginnen und wird deshalb später vollendet sein als bei der Ausführung nach Bild 430. Zwei Ausführungen von Brennern für Rekuperativöfen sind in den Bildern 434 und 435 dargestellt. Bei der Bauart *Dor* tritt zuerst das Gas und dann ein Teil der Verbrennungsluft in den Brenner. Der Rest der Verbrennungsluft strömt durch besondere Kanäle in den unteren Muffelraum ein. Erst hier wird das Gas vollständig verbrannt.

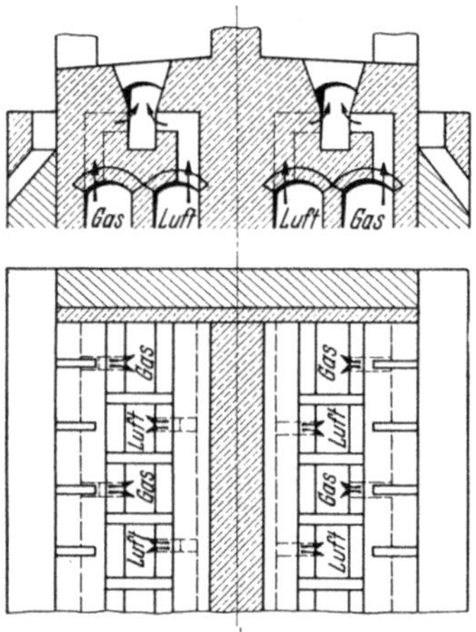

Bild 433. Brenner für Zinkdestillieröfen mit Regenerativgasfeuerung mit gegeneinander versetzten Gas- und Luftschlitzen.

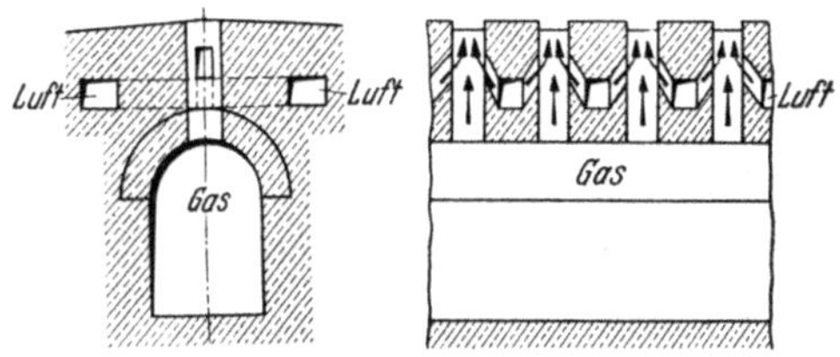

Bild 434. Schachtbrenner für Rekuperativfeuerungen bei Zinkdestillieröfen.

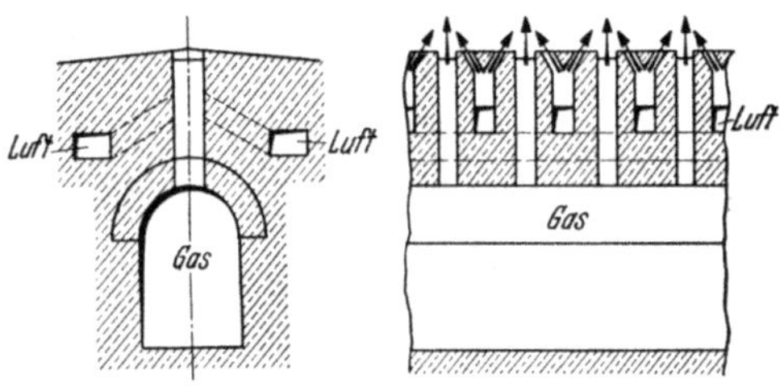

Bild 435. Schlitzbrenner für Rekuperativfeuerungen.

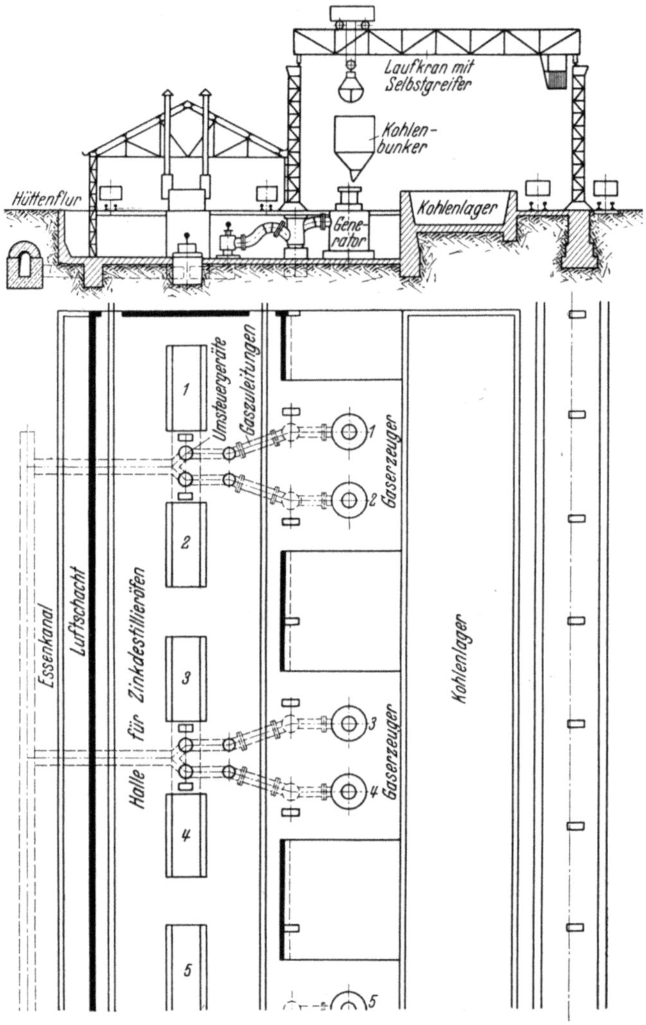

Bild 436. Zinkdestillier-Ofenanlage mit unter Hüttenflur liegenden Unteröfen.

Die *Gaserzeuger* wurden ursprünglich möglichst nahe an die Destillieröfen herangerückt, um die fühlbare Wärme des Gases nutzbar zu machen. In der Folgezeit ging man dazu über, die Gaserzeuger in einer Anlage zusammenzufassen, weil hierdurch die Brennstoffzufuhr und Lagerung vereinfacht wird. Man glaubte auch hierbei die Erzeugung gleichmäßig guten Gases leichter erreichen zu können. Es ergab sich aber als Nachteil, daß die Generatorleute die Verbindung mit den Ofenleuten verloren und sich für den guten Gang der Öfen nicht mehr in dem Maße verantwortlich fühlten wie das früher der Fall

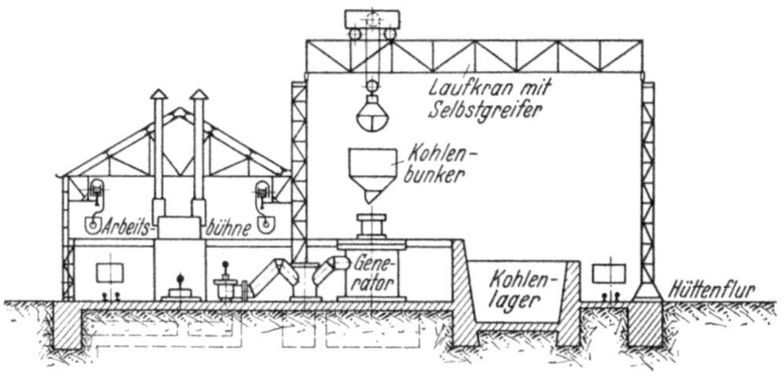

Bild 437. Zinkdestillier-Ofenanlage mit über Hüttenflur liegenden Unteröfen.

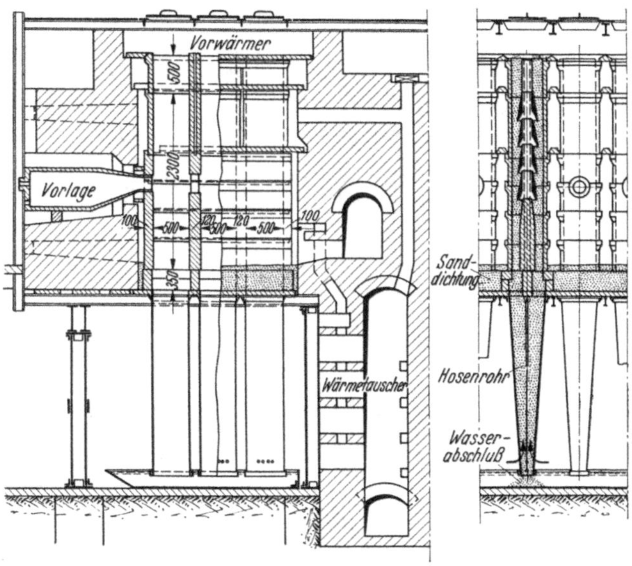

Bild 438. Zinkdestillierofen mit stehender Muffel von Roitzheim.

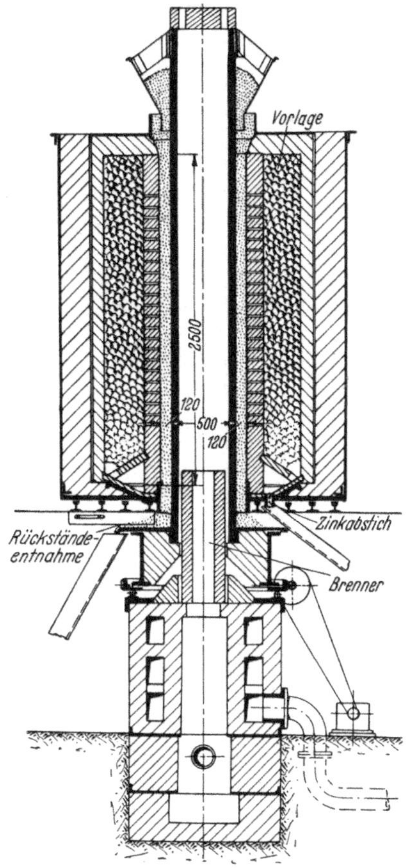

Bild 439. Schnelle-Ofen mit drehender Retorte und Innenbeheizung.

war. Hierdurch und durch die unvermeidlichen Verluste an Gaswärme ergab es sich, daß der Brennstoffverbrauch stieg und die sonst erreichten Vorteile durch Ersparnis an Löhnen und Beförderungskosten ausglichen. Die heute bevorzugte Anordnung der Gaserzeuger ist aus Bild 436 zu ersehen. Sie vereinigt die Vorteile einer Zentral-Generatorenanlage mit denen der alten Anordnung. Die Generatorenleute sind so nahe beim Ofen, daß sie ihn beobachten können und fühlen sich für dessen guten Gang wieder persönlich verantwortlich. Von der fühlbaren Wärme des Generatorgases geht nur wenig verloren.

Je nach den Boden- und Wasserverhältnissen sowie nach den Förderwegen und Fördermitteln können die Öfen und Gaserzeuger unter Hüttenflur nach Bild 436 oder über Hüttenflur nach Bild 437 errichtet werden.

In den letzten 25 Jahren ist man vielfach bemüht gewesen, die Zinkdestillation in Muffeln zu verbessern und die Destillieröfen so zu gestalten, daß das Verfahren *ununterbrochen* durchgeführt werden kann und die Handarbeit nach Möglichkeit eingeschränkt wird. Zu diesem Zwecke wurden Muffeln von größerem Fassungsraum durchgebildet und *stehend* im Ofen angeordnet. Die stehende Muffel hat gegenüber der liegenden den Vorteil, daß die Beschickung durch die eigene Schwere niedergehen und somit ermüdende und zeitraubende Arbeit fortfallen kann. Für das Einfüllen der Rohstoffe trifft das in allen Fällen zu. Die Beschickung ändert aber in der Muffel ihr Verhalten infolge der Versinterung; ihre Beweglichkeit nimmt ab, und die Reibungswiderstände werden größer. Bei unterbrochenem Betrieb kommen die Vorteile der stehenden Muffel überhaupt nicht zur Geltung, weil hierbei die Beschickung mehrere Stunden in der Muffel bleibt und sich festsetzt. Zum Entleeren ist dann eine Nachhilfe mit besonderen Geräten erforderlich.

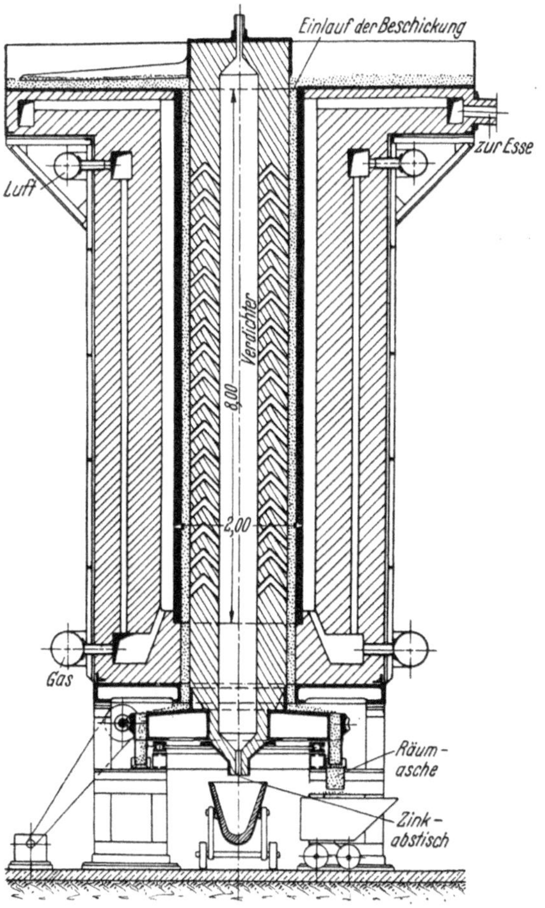

Bild 440. SCHNELLE-Ofen mit drehender Retorte und Außenbeheizung.

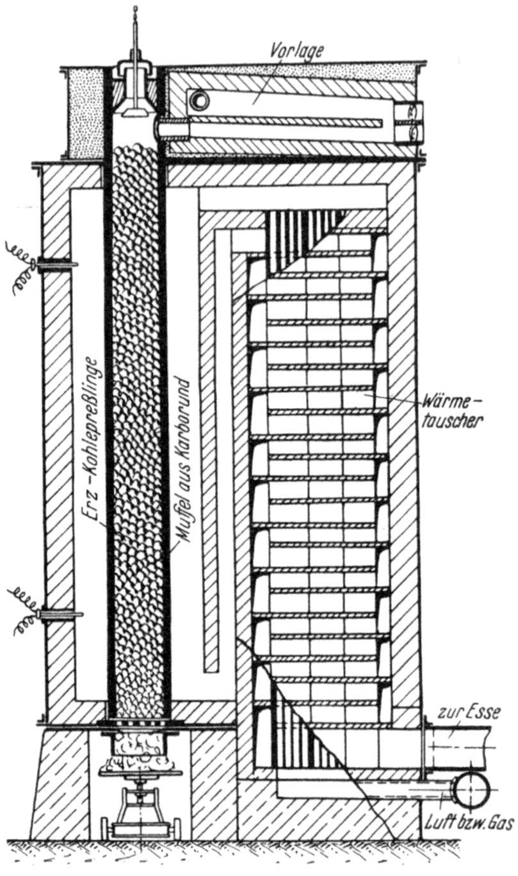

Bild 441. New Jersey-Muffel (nach den Patentschriften).

Es sind drei verschiedene Öfen mit stehenden Muffeln für Fließarbeit durchgebildet worden, die auch im Großbetrieb Anwendung gefunden haben[1].

Der Ofen von ROITZHEIM nach Bild 438 wurde auf Anregung der Zinkindustrie Wilhelm Grillo in Hamborn durchgebildet. Der Fließvorgang muß hierbei durch Handarbeit unterstützt werden. Das Erz wird statt mit feinkörniger Kohle mit Brechkoks aufgegeben. Hierdurch wird die Handarbeit auch bei stark sinternden Erzen erleichtert. Die Koksstücke bewirken gleichzeitig die notwendige Gasdurchlässigkeit. Die Beschickungssäule hat die Form eines Bandes von etwa 500 mm Breite und 100 mm Dicke. Die aus mehreren Teilen bestehende Muffel hat sechs solcher Bänder. Zwischen je zweien befindet sich ein Sammelraum für die sich bildenden Zinkdämpfe. Die drei Sammelräume stehen miteinander und mit der Vorlage in Verbindung. Nach unten schließen sich Blechrohre an, die am unteren Ende in einen Wasserverschluß tauchen, um die Räumasche bei Luftabschluß abziehen zu können. Das geschieht alle 4 Stunden. Im Anschluß daran wird

[1] Metall u. Erz 1936 S. 285—293.

die in der Muffel lose und locker hängende Beschickung mit einer eisernen Stange in Bewegung gebracht. Ein Ofen mit 22 Muffeln erzeugt 4000 kg Zink in 24 h. Der Koks wird aus den Muffelrückständen abgesiebt und wieder verwendet. Die Beheizung geschieht durch eine Rekuperativ-Gasfeuerung. Die Temperatur der Muffeln wird niedriger gehalten als bei den liegenden und dadurch eine Haltbarkeit bis zu 6 Monaten erreicht.

Der Destillierofen von SCHNELLE hat stehende Muffeln mit kreisringförmigem Querschnitt. Die Bewegung der Beschickung nach unten wird durch eine Drehbewegung der inneren oder äußeren Muffelwand herbeigeführt und hierdurch erreicht, daß das Eintragen der Beschickung und das Austragen der Rückstände ununterbrochen verlaufen. Es genügt eine Umdrehung in $1^1/_2$ bis 3 h, um eine Auflockerung der Beschickung und ihre gleichmäßige Abwärtsbewegung zu erreichen. Das Bild 439 zeigt einen Schnelle-Ofen mit Innenbeheizung der Muffel, das Bild 440 einen solchen mit Außenbeheizung. Während bei ersterem die Vorlage die Muffel konzentrisch umschließt, hat letzterer einen im Innern der Muffel angeordneten Verdichter. Die beheizte Wand der aus Karborundsteinen aufgebauten Muffel hat eine Dicke von etwa 100 mm. Das Beschickungsband ist 100 bis 150 mm dick.

Die stehende Muffel der *New Jersey Zinc Comp.* nach Bild 441 ist bisher nur durch die Patentschriften bekannt geworden. Die Bewegung der Beschickung wird lediglich durch deren Eigengewicht hervorgerufen. Die Muffel aus Karborund hat die Gestalt eines Hohlzylinders. Sie wird von außen beheizt. Die Beschickung besteht aus Preßlingen von Rösterz mit einem Zusatz von 67 % Fettkohle, die 18 % flüchtige Bestandteile hat. Diese Preßlinge werden bei 700° vorgeglüht, ehe sie in die Muffel gelangen. Bei einer Muffel von 380 mm innerem Durchmesser und 50 mm Wandstärke und 7,5 m Höhe wird die Erzeugung mit 690 bis 1000 kg Zink je 24 h angegeben. Eine Übersicht über die Leistungssteigerung beim Muffelverfahren ergibt nachstehende Aufstellung.

Art der Muffel	Zinkerzeugung je Muffel kg/24 h	Zinkerzeugung kg/m² 24 h
Liegende Muffel	15—25	15
Roitzheim-Muffel	180—220	36
Schnelle-Muffel	1200	27
New Jersey-Muffel	690—1000	62—90

c) Elektrisch beheizte Zinkdestillieröfen.

Da bei elektrischer Beheizung keine Verbrennungsgase auftreten, kann man die Wärmequelle in den Destillierraum hineinlegen. Der Ofen bildet selbst die Muffel und kann deshalb eine sehr einfache Form erhalten. Die in Wärme umgesetzte Energie wird auf das günstigste ausgenutzt. Die Verdampfungsverluste an Zink sind infolge Fortfall von Abdichtungsstellen erheblich geringer. Es wird die kombinierte Lichtbogen- und Widerstandsheizung bevorzugt, wobei die Beschickung selbst als Heizwiderstand in den Stromkreis eingeschaltet wird. Da man die Temperaturhöhe nur mit Rücksicht auf die Ofenbaustoffe zu begrenzen braucht, kann man diese so regeln, daß man mit schmelzflüssiger Beschickung arbeitet. Es ist infolgedessen ununterbrochener Betrieb möglich. Die entzinkten Rückstände können flüssig abgestochen werden. Die Handarbeit ist erheblich eingeschränkt und beträgt nur etwa $^1/_3$ derjenigen beim Betrieb mit kleinen Muffeln. Zur Verwendung kommt Einphasen-Wechselstrom mit einer Spannung von 40 bis 160 V. Wichtig ist, daß die Außenluft nicht in den Ofenraum eintreten kann und daß die dort sich bildenden Dämpfe nicht aus dem Ofen austreten können. Die Elektroden müssen an der Einführungsstelle im Gewölbe in einer gut dichtenden Stopfbüchse geführt werden. Das Erz wird auf 2 bis 3 mm zerkleinert, mit der Reduktionskohle gemischt und mittels einer Förderschnecke unterhalb der Schlackenschicht in den Ofen eingeführt. Zur Niederschlagung der Zinkdämpfe verwendet man gemauerte Kammern, die mit besonderer elektrischer Heizung ausgestattet sind, um die Temperatur in der erforderlichen Höhe einregeln zu können.

d) Öfen zum Raffinieren von Rohzink.

Das *Raffinieren durch Umschmelzen* wird meistens in Herdöfen, seltener in geheizten Kesseln durchgeführt. Das Verfahren beruht darauf, daß Blei in flüssigem Zink nur beschränkt löslich ist. Beim Schmelzpunkt des Zinks (419°) wird etwa 0,5 bis 1 % Blei gelöst. Wird nun eine Blei-Zink-Legierung eingeschmolzen und längere Zeit auf einer Temperatur knapp über dem Schmelzpunkt des Zinks gehalten, so trennt sich die Schmelze infolge der verschiedenen spezifischen Gewichte ihrer Bestandteile in zwei Schichten. Die obere Schicht enthält das Zink mit einem Bleigehalt von höchstens 1 %. Es führt die Bezeichnung *Raffinadzink*. Die untere Schicht besteht aus Blei mit einem geringen Zinkgehalt. Die Zinkschicht wird durch Abschöpfen oder Abstechen über eine gußeiserne Rinne entnommen. Bei hohen Temperaturen wird Eisen im Zink gelöst, beim Abkühlen der Schmelze scheidet es sich jedoch als $FeZn_3$ und $FeZn_7$ wieder aus. Diese Kristalle sammeln sich nach ihrem spezifischen Gewicht als Grenzschicht zwischen dem Blei- und Zinkbad. Das eisenhaltige Zink führt die Bezeichnung *Hartzink*. Die an der Badoberfläche sich abscheidenden Verunreinigungen mit dem sich bildenden Zinkoxyd, die sog. *Krätzen* oder *Traß* werden beim Entleeren des Ofens abgezogen. Bis dahin schützen sie das Bad gegen weitere Oxydation.

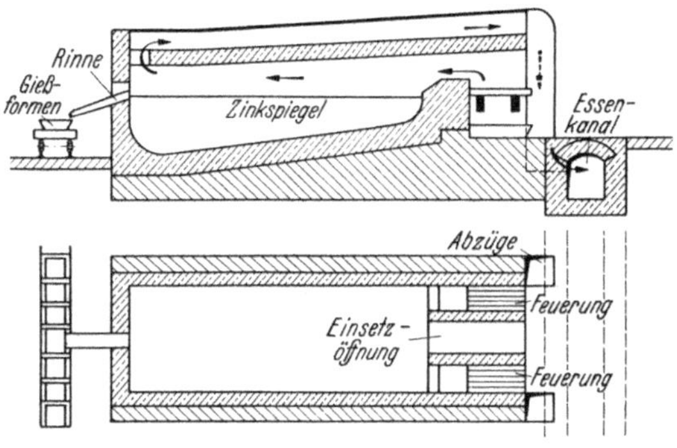

Bild 442. Herdofen zum Raffinieren von Rohzink.

Im Bild 442 ist ein Herdofen zum Raffinieren von Rohzink dargestellt. An der einen Stirnseite befinden sich zwei Rostfeuerungen und zwischen diesen eine Einsetzöffnung für die Rohzinkplatten. An diese schließt sich eine nach innen geneigte Rutsche aus Gußeisen an, über die die Zinkplatten in das Bad geschoben werden. Die Herdsohle fällt nach dem anderen Ende des Ofens ab. Hier wird das Raffinad abgeschöpft oder durch eine Rinne abgelassen. Im letzteren Falle wird vielfach ein Gießtisch aufgestellt, der die Formen für die zu gießenden Zinkplatten trägt und entweder in gerade Linie oder im Kreise an der Rinne vorbeiführt. Oberhalb des Gewölbes befindet sich eine Abdeckung durch Platten, damit die Abgase nach Verlassen des Ofens noch das Gewölbe heizen, bevor sie an der Feuerungsseite durch Blechrohre zum Essenkanal abziehen.

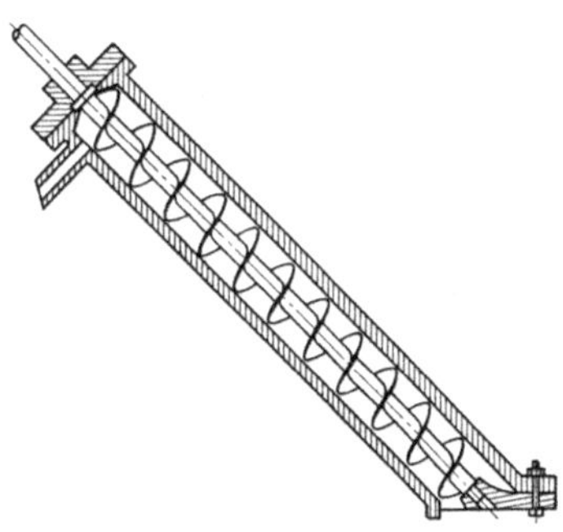
Bild 443. Schneckenpumpe zum Ausheben von bleiischem Bodenzink.

Das Blei (bleiische Bodenzink) wird von Zeit zu Zeit durch Schneckenpumpe nach Bild 443 ausgehoben. Zu diesem Zwecke wird die Pumpe bis auf den tiefsten Punkt des Herdes in den Ofen eingeführt. Der Antrieb einer solchen Pumpe erfolgt zweckmäßig durch einen mit der Welle gekuppelten Elektromotor.

Die Entfernung des Hartzinks aus dem Ofen wird gelegentlich, wenn sich eine größere Menge angesammelt hat, durch Lochkellen vorgenommen. Es dient als Ausgangsstoff für die Herstellung von eisenhaltigem Messing (Deltametall). Der Zinkraffinierofen wird mit stark reduzierender Flamme betrieben, um Oxydation nach Möglichkeit zu verhindern. Der Ofen soll auf eine Temperatur von etwa 440° gehalten werden.

Das Raffinieren in *Kesseln* wird gewöhnlich nur bei unregelmäßigem Betrieb und wenn es sich um kleine Mengen handelt, angewendet. Es ist hierbei eine Feuerung vorzusehen, die örtliche Überhitzung ausschließt, da sonst Eisen aus der Kesselwand in das Bad übergeht.

Um große Durchsatzleistung zu erzielen, werden zwei Herdöfen zu einem Doppelofen vereinigt. Bei diesen erfolgt das Einsetzen in den einen Ofen und das Abziehen des Raffinads aus dem anderen, es ist demnach ein ununterbrochener Betrieb möglich. Beim Raffinieren in Kesseln werden zweckmäßig ebenfalls deren zwei im Betriebe gehalten. Aus dem einen wird geschöpft, während der Inhalt des anderen ausseigert. Die Leistung eines Ofens von 50 t Fassungsraum beträgt 20 t/24 h. Der Kohlenverbrauch beläuft sich auf 8 bis 10% des Einsatzes. Die Kessel haben meistens einen Fassungsraum von 5 t. Beim Arbeiten mit zwei Kesseln werden dann 10 t/24 h durchgesetzt. Der Brennstoffverbrauch ist etwas günstiger als bei Herdöfen. Aus 100 kg Rohzink gewinnt man 94 bis 96 kg Raffinad, 1 bis 2 kg bleiisches Bodenzink, bis 1,5 kg Hartzink und 3 bis 4 kg Traß.

Das *Raffinieren* durch *Umdestillieren* wird durchgeführt, um Blei und Kadmium vollständig zu entfernen und das höchsten Anforderungen entsprechende *Feinzink* zu gewinnen. Beim Erhitzen von Rohzink destilliert zuerst Cd ab. Die ersten Fraktionen werden getrennt aufgefangen. Erst wenn das Zink vollständig verdampft ist, beginnt Bleiverdampfung in geringem Ausmaße. Die Edelmetalle bleiben im Blei zurück. Das Bild 444 zeigt den Querschnitt durch einen Feinzinkofen von Roitzheim. Die Destillation wird in starkwandigen flachen Muffeln ($^1/_2$ Graphit, $^1/_2$ Ton) durchgeführt. Sie werden mit geringer Neigung im Ofen gelagert. Das Beschicken mit flüssigem Zink geschieht durch Einlaufrinnen am hinteren Ende der Muffel. Das Feinzink wird durch ein Stichloch aus der Vorlage entnommen. Die zum Destillieren von Reichschaum verwendeten Kippöfen nach Bild 397 (S. 295) werden ebenfalls für diesen Zweck verwendet. Wo das Zink in elektrischen Öfen gewonnen wird, findet auch das Raffinieren in elektrisch geheizten Öfen statt. Bild 445 zeigt einen Ofen von de Laval, der als Lichtbogenofen durchgebildet ist. Die Erhitzung darf, um ein Verdampfen von Blei zu vermeiden, den Siedepunkt des Zinks nicht wesentlich übersteigen.

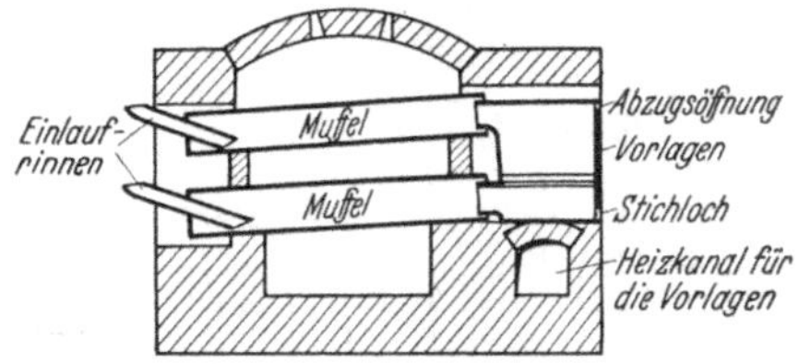

Bild 444. Querschnitt durch einen Ofen zum Umdestilllieren von Zink nach A. Roitzheim.

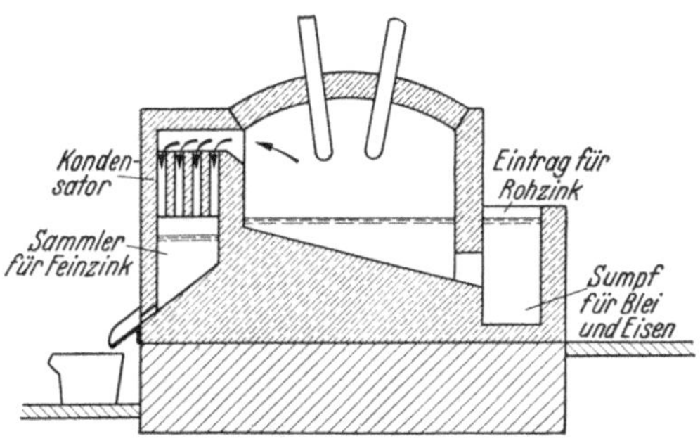

Bild 445. Schematische Darstellung eines Lichtbogenofens zum Umdestillieren von Rohzink, Bauart de Laval.

Die *Zinkdestillieranlage der New Jersey Zinc Comp.* dient zur Herstellung von *Feinzink höchster Reinheit*, wie es beispielsweise für Zinklegierungen zur Herstellung von Spritzguß benötigt wird. Hierfür wird in vielen Fällen ein Zink von nicht mehr als 0,005% Kadmium verlangt. In dieser Anlage wird ein Verfahren angewendet, bei dem die mit Kadmium verunreinigten Zinkdämpfe einer fraktionierten Kondensation in einer Rektifiziersäule unterworfen werden. Hierbei stützt man sich auf folgende Feststellung: Zinkkadmiumlegierungen in der Zusammensetzung des Handelszinks haben weder einen Höchstwert noch einen Niedrigstwert für den Siedepunkt; der nach dem Niederschmelzen aufsteigende Metalldampf hat stets mehr Kadmium als das geschmolzene Metallbad, andererseits hat das aus dem Metalldampf abgeschiedene flüssige Metall stets weniger Kadmium als dieser. Es wurde weiter gefolgert, daß es bei geeigneter Gestaltung einer Rektifiziersäule möglich sein müsse, schrittweise mehr und mehr Kadmium auszuscheiden, bis das entfallende Zink praktisch frei von dieser Verunreinigung ist. Das Verfahren wird so durchgeführt, daß Metalldampf und flüssiges Metall im Gegenstrom durch die Säule geleitet werden, wobei der Dampf bei fortschreitend abnehmender Temperatur in Berührung mit flüssigem Metall kommt, das sich in entgegengesetzter Richtung bewegt, also fortschreitend in den Bereich höherer Temperatur gelangt. Es scheidet sich hierbei ein großer Teil des Kadmiums mit einer verhältnismäßig sehr kleinen Zinkmenge von der Hauptmenge des Zinks ab.

Im Bilde 446 ist eine solche Zinkdestillieranlage gemäß der deutschen Patentschrift Nr. 579776 dargestellt. Die Säule ist aus flachen Schüsseln von Siliziumkarbid zusammengefügt. Die Schüsseln haben an einer Schmalseite einen Schlitz, durch den die Verbindung mit der darunter liegenden Schüssel hergestellt wird. Sie sind so aufeinander gesetzt, daß die Schlitze abwechselnd auf der einen und anderen Seite liegen. Infolgedessen durchströmen Zink und Zinkdampf im Gegenstrom und Zickzackweg die ganze Säule. Der untere Teil der Säule ist von einer Heizkammer umgeben, der obere Teil durch eine Isolierung gegen Wärmeverluste geschützt. Das geschmolzene Zink wird dem unteren Teil der Säule ununterbrochen oder in kleinen Abständen zugeführt. Am Fuße der Säule ist durch eine Leitung eine Verbindung mit einem Sumpf hergestellt, in dem sich das gereinigte Zink sammelt und gelegentlich abgestochen wird. Die oberste Schüssel ist durch eine Platte abgedeckt. Auf dieser befindet sich eine Niederschlagsäule (englisch dephlegmator), die durch eine Rohrleitung mit einem Behälter zur Aufnahme des Kadmiums verbunden ist.

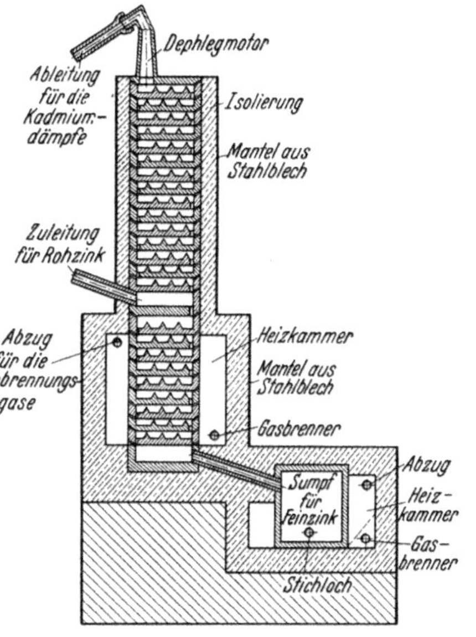

Bild 446. Zinkdestillieranlage der New Jersey Zinc Comp. zur Entfernung des Kadmiums (DRP. 579776).

Beim Betrieb der Anlage fließt das eingeleitete Rohzink unter ständiger Änderung seiner Zusammensetzung nach unten durch den beheizten Teil der Säule, der als Verdampfer wirkt. Die aufsteigenden Dämpfe werden in dem oberen Teil der Säule, der als Rückflußkondensator wirkt, geschieden. Die bei der Kondensation frei werdende Wärme dient zur Wiederverdampfung von Metall in den betreffenden Zonen. Das wiederverdampfte Metall enthält jeweils mehr Kadmium als das flüssige Metall, aus dem es hervorging. Dieser sich wiederholende Vorgang wirkt sich als Endergebnis so aus, daß die Kondensationswärme der Zinkdämpfe zum Verdampfen von Kadmium nutzbar gemacht wird. Die aufsteigenden Metalldämpfe werden fortschreitend reicher an Kadmium, während das herabfließende flüssige Metall in gleichem Maße kadmiumärmer wird. Bei genügender Höhe der Rektifiziersäule wird das im Sumpf sich ansammelnde Metall praktisch kadmiumfrei sein bzw. von einer Reinheit sein, daß es höchsten Anforderungen genügt.

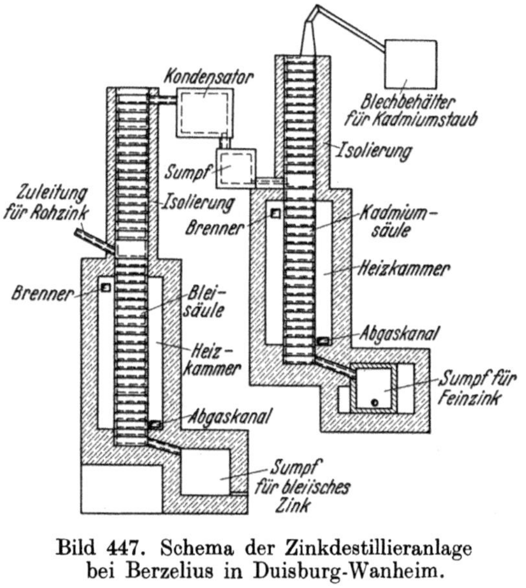

Bild 447. Schema der Zinkdestillieranlage bei Berzelius in Duisburg-Wanheim.

Das Verfahren ist auch für die gleichzeitige Abscheidung der Verunreinigungen entwickelt worden, deren Verdampfungstemperatur oberhalb der des Zinks liegt, also von Blei, Eisen, Zinn, Kupfer und Antimon. Dann wird das Verfahren zweckmäßig in zwei verschiedenen Rektifiziersäulen durchgeführt. In der einen werden Kadmium und andere bei niedriger Temperatur siedende Verunreinigungen ausgeschieden. Diese soll als *Kadmiumsäule* bezeichnet werden. In der anderen werden die Verunreinigungen ausgeschieden, die oberhalb des Verdampfungspunktes vom Zink sieden. Diese soll mit Rücksicht auf die in erster Linie in Betracht kommenden Verunreinigungen als *Bleisäule* bezeichnet werden.

In der Zinkhütte von *Berzelius* in Duisburg-Wanheim ist eine derartige Anlage aufgestellt worden, die im laufenden Betrieb *Feinzink* von 99,99% *Zink* herstellt[1]. Für die Kadmiumaustreibung ist eine geringere Temperatur ausreichend als für die Blei-, Eisen- usw. Austreibung. Eine Kadmiumsäule kann auch mehr Metall mit dem erstrebten Effekt durchsetzen als eine Bleisäule. Die Anlage hat daher zwei „Bleisäulen" und eine „Kadmiumsäule". Jede Säule besteht aus 38 Schüsseln, von denen 20 beheizt werden (Bild 447). Die Heizkammer ist für die 3 Säulen in gleicher Weise gestaltet. Geheizt wird mit Generatorgas; die Verbrennungsluft wird in einem Rekuperator auf 900° vorgewärmt. Die Verbrennungsgase durchströmen die Heizkammer von oben nach unten. Die Arbeitstemperatur beträgt bei den Bleisäulen 1200 bis 1220°, bei der Kadmiumsäule oben 1120 unten 1150°. Das zu reinigende Rohzink wird flüssig in die erste Schüssel der Bleisäule, die außerhalb der Heizkammer liegt, eingeführt. Die aufsteigenden, von Blei, Eisen usw. befreiten Zinkdämpfe gelangen aus der obersten Schüssel in einen Kondensator und von diesem in einen darunter liegenden Sumpf. Von diesem werden sie der Kadmiumsäule zugeleitet, und zwar wie bei der Bleisäule an der ersten Schüssel, die außerhalb der Heizkammer liegt. Die Verunreinigungen sammeln sich am Boden der Säule und fließen durch eine Rinne in den Sumpf für bleiisches Zink, wo sie abgezogen werden. In der Kadmiumsäule gehen die Verunreinigungen dampfförmig nach oben, gelangen in einen Blechkasten, in dem sie abgeschreckt staubförmig niedergeschlagen werden. Das Zink durchfließt die ganze Säule nach unten und wird in einen Sumpf für Feinzink abgeleitet.

e) Anlagen für die Zinkgewinnung durch Elektrolyse.

Die Zinkgewinnung durch Elektrolyse nimmt in neuerer Zeit an Umfang zu, sie umfaßt bereits ein Drittel der Gesamterzeugung der Welt. Bei diesem Verfahren wird das Zinkerz zunächst einer sulfatisierenden Röstung unterworfen, um das Zink in eine lösliche Form überzuführen. Dann wird es mit verdünnter Schwefelsäure ausgelaugt. Eine elektrolytische Raffination ist wegen der elektronegativen Eigenschaft des Zinks nicht möglich. Deshalb müssen die in der Lauge enthaltenen Verunreinigungen (Eisen, Arsen, Antimon, Kupfer, Kadmium) vor der Elektrolyse chemisch abgeschieden werden. Diese Abscheidung geschieht durch Zusetzen von Oxydationsmitteln, Fällen mit Kalk und Zinkstaub sowie durch Abfiltrieren der Niederschläge. Die reine neutrale Zinksulfatlauge wird dann der Elektrolyse unterworfen. Die *Bädereinrichtung* hat viel Ähnlichkeit mit der der Kupferelektrolyse nach dem Multiplesystem. Da unlösliche Bleianoden angewendet werden, ist jedoch die Badspannung wesentlich höher. Es werden deshalb keine mit Blei ausgekleideten Holzkästen, sondern Betonbehälter mit einem 10 mm starken Schmelzüberzug verwendet. Der Überzug wird aus einer Mischung von Schwefel, Sand und Asphalt hergestellt. Ein anderer Schutz für die Betonbehälter wird durch eine Auskleidung von säurefesten Platten gebildet, die in Asphaltkitt zu verlegen sind.

Die Bäderkästen sind je nach der Elektrodenzahl 2 bis 3 m lang, 0,75 bis 1 m breit und 1,2 bis 1,4 m tief. Die Kästen stehen auf Betonpfeilern, die am Kopfe einen Glasisolator tragen, damit etwa durch die Kastenwand geleiteter Strom nicht Verbindung mit Erde bekommt. Die Betonpfeiler sind mit einer säurefesten Schutzschicht versehen. Die Entfernung von Mitte Anode bis Mitte Kathode beträgt 50 mm. In einem Bade von 3 m Länge befinden sich 29 Anoden und 28 Kathoden. Die *Schaltung* wird gemäß Bild 379 durchgeführt, damit die Kontakte zwischen Elektroden und Stromschienen zugängig sind und sauber gehalten werden können, denn bei der starken Sauerstoffentwicklung an den Anoden kann leicht eine Verschmutzung dieser Stellen eintreten. Die *Anoden* bestehen aus reinem Weichblei. Sie haben eine Stärke von 6 bis 8 mm und können gewalzt oder gegossen werden. Gewalzte Platten hängen an einem Kupferstab, der vollständig vom Blei umschlossen und verlötet ist, bis auf das Ende, das auf der Stromschiene aufliegt. Gegossene Platten haben ein eingegossenes Gerippe aus Kupferstangen, damit ihre Haltbarkeit und Leitfähigkeit erhöht wird. Als *Kathoden* dienen

[1] Metall u. Erz 1936.

Aluminiumbleche von 2 bis 3 mm Dicke. Sie sind oben an einen Querträger aus Aluminium mit kupferplattierten Enden angeschweißt. Der Abstand von den Seitenwänden soll 40 mm, vom Boden 300 mm betragen. Der Energiebedarf ist etwa 4 kWh/kg Elektrolytzink[1].

V. Zinnhütten.

a) Über die Verfahren zur Zinngewinnung.

Das wichtigste Zinnmineral ist der *Zinnstein* SnO_2 (Kassiterit) mit theoretisch 78,6% Sn. Die Hauptverunreinigungen sind Fe_2O_3, MnO_2 und SiO_2. Dagegen ist der *Zinnkies*, $FeCu_2$ (SnS_3) (Stannin) mit 25 bis 28% Sn, von geringer Bedeutung. Wegen seines hohen spezifischen Gewichtes und der Unangreifbarkeit durch atmosphärische Einflüsse kommt der Zinnstein auch in natürlichen Aufbereitungserzeugnissen, den „*Zinnseifen*" vor. Neben den Zinnerzen werden auch Zwischenerzeugnisse und zinnhaltige Abfälle für die Zinngewinnung nutzbar gemacht. Im Gegensatz zu anderen Metallen müssen beim Zinn die im Erz enthaltenen erdigen und metallischen Begleiter vor dem Verschmelzen durch Aufbereitung soweit als möglich abgeschieden werden, bis der Zinngehalt auf etwa 60% angereichert ist, da sonst beim Verschmelzen andere Metalle das Zinn verunreinigen und außerdem viel Zinn verschlackt wird. Im allgemeinen wird das *trockene Verfahren* durchgeführt. Hierbei handelt es sich um die Reduktion des Zinnsteins zu Metall und anschließendes Raffinieren. Das *nasse Verfahren* wird nur angewendet, wo eine Aufbereitung nicht die erforderliche Abscheidung der erdigen und metallischen Verunreinigungen herbeiführen kann.

Da reines Handelszinn aus unreinem Rohzinn nur durch die kostspielige elektrolytische Raffination herzustellen ist, sind die *vorbereitenden Arbeiten*, die der Reduktion vorausgehen, von großer Wichtigkeit. Wolfram wird, soweit es in Form des magnetischen Wolframits vorliegt, durch Magnetseparation abgeschieden. Im anderen Falle wird das Erz mit einer entsprechenden Menge Soda fein vermahlen bis zum Sintern erhitzt. Das Röstgut wird gemahlen und mit Wasser ausgelaugt, dann Wolfram aus der Lösung durch Kalkstein als unlösliches $CaWO_4$ gefällt und durch Soda regeneriert: $N_2WO_4 + CaCO_3 = CaWO_4 + Na_2CO_3$. Die übrigen Verunreinigungen werden durch oxydierende Röstung bei 600 bis 700° teils in flüchtige Verbindungen überführt (S, As und Sb in SO_2, As_2O_3, Sb_3O_3), teils in solche, die sich in verdünnten Säuren leicht lösen (Cu, Pb und Zn). Zur Entfernung von Fe und Bi ist HCl als Lösungsmittel erforderlich.

Zur Durchführung der *Reduktion* kommen Schachtöfen und Herdöfen in Betracht. Die Erzeugnisse des Erzschmelzens sind *Rohzinn* und Schlacke, daneben erhebliche Mengen Flugstaub. Die Schlacke, etwa 25% des Erzgewichtes enthält 10 bis 25% Sn und wird zur Gewinnung des Metallgehaltes einem besonderen Verfahren unterworfen. Das auf trockenem Wege erzeugte Rohzinn kann erst als *Handelszinn* an die Verbraucher geliefert werden, wenn die vorhandenen Verunreinigungen entfernt sind. Das geschieht durch *Seigern* und *Polen*, also Trennen der Metalle nach den verschiedenen Schmelzpunkten und nach den verschiedenen spezifischen Gewichten.

Die bei der Verarbeitung von Zinn und Zinnlegierungen fallenden Abfälle (Zinnrückstände) enthalten außer Zinn erhebliche Mengen anderer Metalle, insbesondere Pb, Sb, Zn und Cu, deren Gewinnung von großer wirtschaftlicher Bedeutung ist.

b) Die Öfen zum reduzierenden Verschmelzen von Zinnerzen.

Der *Schachtofen* zum reduzierenden Verschmelzen von Zinnerzen erfordert reinen, möglichst schwefelfreien Brennstoff, also am besten Holzkohle und nicht zu feinkörnige Erze. Er wird in den wichtigen Erzeugungsländern des fernen Ostens (China, Malayenstaaten, Niederländisch-Indien) fast allgemein benutzt. Infolge der stark reduzierenden Wirkung des Schachtofens ist das in ihm erzeugte Zinn etwas unreiner als das im Flammofen erschmolzene. Wird der Schacht niedriger gehalten, um die Reduktionswirkung

[1] Die neu errichtete Anlage von Giesches Erben, Magdeburg ist in „Metall u. Erz" 1936 eingehend beschrieben.

zu vermindern, so geht die Gicht heißer und der Metallverlust durch Verdampfung wird größer. Da die Aufbereitungserzeugnisse in feinkörnigem Zustande anfallen, bedürfen sie für den Schachtofenbetrieb einer Vorbehandlung durch Brikettieren oder Sintern. Der *Herdofen* kann mit beliebigen auch minderwertigen und schwefelhaltigen Brennstoffen beheizt werden, da das Metallbad durch eine Schlackendecke gegen die Einwirkung der Verbrennungsgase geschützt werden kann. Bei ihm ist es möglich, in einer Hitze eine verhältnismäßig Sn-arme Schlacke zu erreichen. In England wird der Herdofen seit dem 18. Jahrhundert allgemein angewandt.

Die *Schachtöfen* der chinesischen Hütten befinden sich meistens noch in dem einfachen Zustande vergangener Jahrhunderte. Die Zugöfen, die mit natürlichem Zug arbeiten, werden aus Ton aufgestampft und durch Holzpfähle bewehrt. Sie erzeugen bis 700 kg/24 h bei einem Holzkohlenverbrauch von 100% der Beschickung. Die Schlacke hat bis zu 30% Sn, das Metallerzeugnis ist aber von besonderer Reinheit. Es werden aber auch Öfen mit einfachen Kastengebläsen betrieben, die günstigere Brennstoffausnutzung haben.

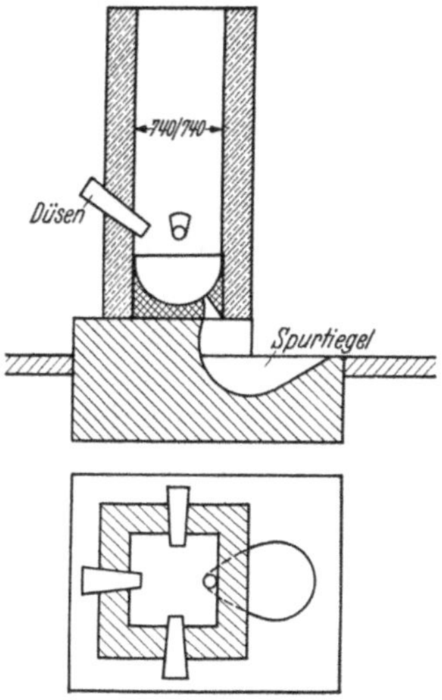

Abb. 448. Vlaanderen-Ofen zum reduzierenden Verschmelzen von Zinnerzen.

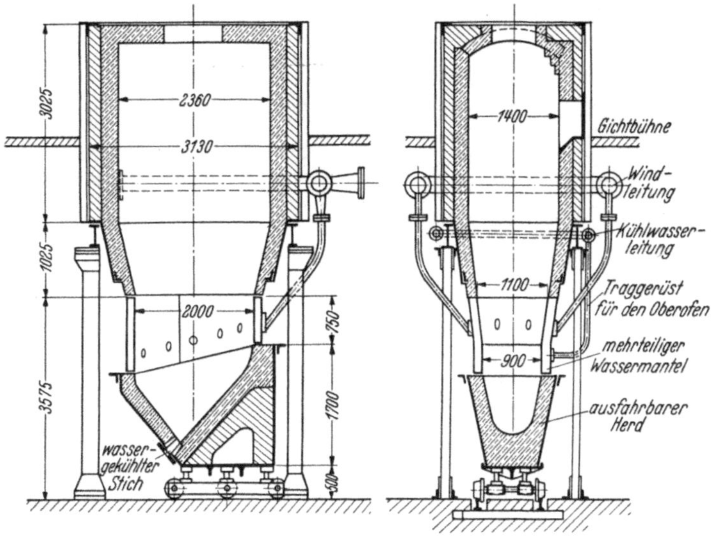

Bild 449. Wassermantelofen zum reduzierenden Verschmelzen von Zinnerzen (Bauart Humboldt-Deutzmotoren).

In Niederländisch-Indien wurde zuerst ein Blasofen, der *Vlaanderen-Ofen*, nach Bild 448 eingeführt, der eine größere Leistung, aber weniger reines Zinn ergab. Er hat einen Schacht von quadratischem Querschnitt 740 × 740 mm und drei schräg nach unten gerichtete Winddüsen. Die nach dem offenen Stich stark geneigte Sohle ist aus Ton gestampft. Die geschmolzenen Massen fließen dauernd in den Spurtiegel. Der Durchsatz des Ofens ist etwa 6 t Erz in 24 h. Bei 85% Ausbringen ist der Verbrauch an Holzkohle etwa 50% vom Einsatz. Ein *neuzeitlicher Schachtofen* ist im Bilde 449 dargestellt. Die Schachthöhe ist geringer als bei Bleischachtöfen, um die Reduktion von Eisen zu vermeiden. Der Schachtquerschnitt verjüngt sich nach unten, um mit geringer Windpressung auszukommen. Infolgedessen ist die Gichttemperatur niedrig und sind die Verdampfungsverluste gering. Um die Bildung von schwer schmelzbaren Härtlingen (Eisen-Zinn-Legierung) zu verhindern, ist der Ofen als Spurofen durchgebildet. Um die Sohle möglichst heiß zu halten, sitzen die Windformen tief und parallel zu der geneigten Sohle. Hierdurch wird verhindert, daß etwa sich bildende Härtlinge im Ofen erstarren. Das geschmolzene Erzeugnis soll dauernd in den Vorherd abfließen, um es der oxydierenden Wirkung des Gebläsewindes zu entziehen. Der Einsatz einschließlich Brennstoff wird möglichst kleinstückig aufgegeben, um die Reduktionswirkung zu erhöhen.

Die *Herdöfen zum reduzierenden Verschmelzen von Zinnerzen* werden je nach der Höhe der Gesamterzeugung der Hütte mit einem Fassungsvermögen von 1,5 bis 15,0 t ausgeführt. In Einzelfällen sind auch Öfen mit größerem Fassungsraum ausgeführt worden.

Die in Tabelle 65 angegebenen Zahlen können als Anhaltszahlen dienen. Der *Herd* erhält rechteckige oder elliptische Gestalt. Er wird aus Schamottesteinen ausgeführt oder aus Quarzsand schichtenweise aufgetragen und eingebrannt. Auch Herde aus Magnesit haben sich bewährt. Wegen der Dünnflüssigkeit geschmolzenen Zinns ist es nicht möglich, den Herd so auszuführen, daß er undurchlässig wird. Es hat deshalb auch keinen Zweck, ihn als umgekehrtes Gewölbe auszuführen. Er wird vielmehr mit Neigung zum Stichloch auf einen engen Eisenrost verlegt, damit durchgesickertes Metall ungehindert abfließen kann. Unter dem Herd wird ein Hohlraum wie ein Keller durchgebildet, der über eine schräge Sohle durchgedrungenes Metall zu einem von außen zugängigen Sammelraum leitet. Sowohl die Seitenwände als auch das Gewölbe werden aus besten Schamottesteinen hergestellt. Silikasteine kommen für das Gewölbe nicht in Betracht, sobald die Beschickung mit Soda eingesetzt wird. Anzahl und Lage der Arbeitstüren sind so zu bestimmen, daß ein bequemes Umrühren der Beschickung möglich ist. Der Herdofen kann mit Plan- und Treppenrost ausgestattet werden, auch ist die Beheizung durch Kohlenstaub-, Gas- oder Ölfeuerung möglich. Es ist eine Ofentemperatur von 1200 bis 1300° erforderlich. Bei Plan- und Treppenrosten ist eine Rostfläche von $^1/_6$ der Herdfläche vorzusehen und die Feuerung mit Unterwind auszustatten, um angemessene Leistung zu erzielen. Der Brennstoffverbrauch beträgt 45 bis 55% der Gesamtbeschickung. Bei Anwendung von Gasfeuerungen mit Luftvorwärmung kann der Brennstoffverbrauch auf 30 bis 35% gesenkt und die Schmelzdauer erheblich vermindert werden. Das Bild 450 zeigt einen Herdofen von etwa 12 m² Herdfläche und einer Rostfläche von etwa 2,5 m². Der Ofenkeller wird unter Wasser gesetzt. Der sich entwickelnde Wasserdampf wird durch zwei Rohre von 450 mm Durchmesser abgeführt.

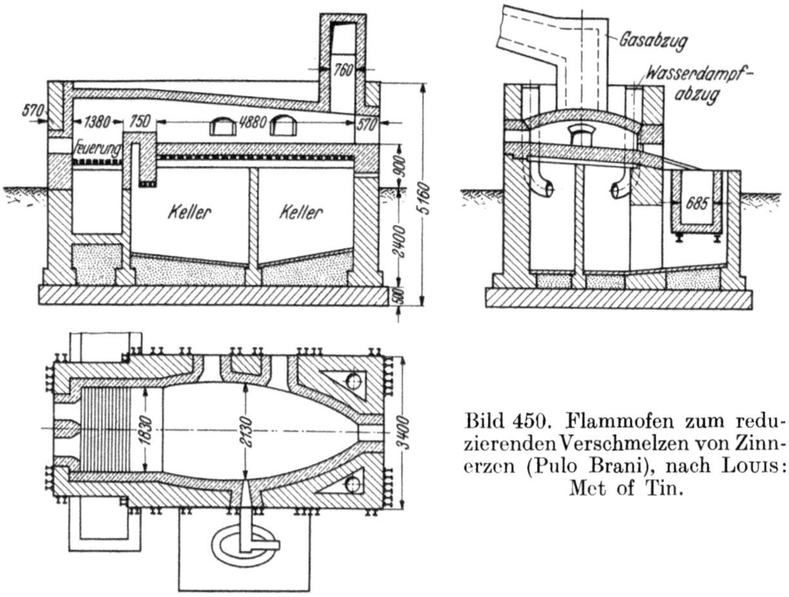

Bild 450. Flammofen zum reduzierenden Verschmelzen von Zinnerzen (Pulo Brani), nach Louis: Met of Tin.

Tabelle 65. Anhaltszahlen für die Abmessungen von Herdöfen zum reduzierenden Verschmelzen von Zinnerzen.

Fassungsvermögen t	Erforderliche Herdfläche m²	Herdabmessungen Breite m	Herdabmessungen Länge m	Durchsatz t/24 h
1,5	3,5	1,4	2,5	3,0— 4,0
3,0	6,8	1,7	4,0	6,0— 8,0
6,0	11,0	2,2	5,0	12,0—18,0
9,0	17,0	3,1	5,5	18,0—24,0
12,0	23,0	3,84	6,0	25,0—40,0
15,0	29,0	4,20	6,9	32,0—50,0

c) Anlagen zum Verarbeiten des Rohzinns auf Handelszinn.

Es hängt von dem Reinheitsgrad des Roherzes ab, ob man durch das trockene Verfahren ein gangbares *Handelszinn* erschmelzen kann. Es ist nicht möglich, ein Erzeugnis zu gewinnen, das dem Elektrolytzinn gleichwertig ist. Zunächst werden schon die Erzsorten nach der Art ihrer Verunreinigungen getrennt verarbeitet. Dann werden die einzelnen Schmelzen von Rohzinn wieder getrennt gehalten, um sie nach der Art ihrer Verunreinigungen getrennt nachzubehandeln. Die Nachbehandlung besteht, wie schon gesagt, in Seigern und Polen.

Wird Fe-haltiges Zinn vorsichtig bis knapp über den Schmelzpunkt des Zinns (232°) erhitzt, so erfolgt Trennung in Fe-freies Zinn und eine feste Fe-Sn-Legierung. Mit Fe wird noch ein Teil von Cu, As und Sb abgeschieden. Die Arbeit wird in kleinen Flammöfen, den *Seigeröfen*, mit einem oder mehreren geneigten Herden durchgeführt. Die Herde können hintereinander oder nebeneinander angeordnet sein. Sie haben gewöhnlich gemeinsame Feuerung. Der kältere Herd ist mit Eisenplatten belegt, während der wärmere aus Schamottesteinen hergestellt ist. Die Rohzinnbarren werden auf den Eisenplatten aufgeschichtet und dann vorsichtig bei einer Temperatur knapp über dem Schmelzpunkt des Zinns geseigert. Das zunächst ablaufende reinste Zinn fließt in einen außerhalb des Ofens stehenden Kessel ab. Dann werden die Rückstände (Seigerdörner) auf den wärmeren Herd geschoben, wo das noch anhaftende Zinn getrennt abfließt, da es mehr Verunreinigungen hat. Bei Durchbildung der Öfen mit drei nebeneinander liegenden Herden und gemeinsamer Feuerung wird so verfahren, daß das Rohzinn je nach dem Grade der Verunreinigungen nur über den ersten kältesten oder über zwei oder über drei Herde geschickt wird. Die Größe der Herdflächen ist etwa 1,5 × 0,5 m. Blei und Zinn bilden ein Eutektikum mit 64% Sn. Wird nun eine zinnreichere Legierung langsam erhitzt, so schmilzt bei 181° das Eutektikum, während Zinn zurückbleibt. Bei der praktischen Durchführung des hierauf beruhenden Verfahrens erfolgt die Trennung von Zinn und Eutektikum nicht auf einmal. Mit zunehmender Temperatur ergeben sich verschiedene Fraktionen mit steigendem Zinngehalt. Diese müssen nun getrennt für sich geseigert werden. Wenn die Temperatur allmählich auf den Schmelzpunkt des Zinns gestiegen ist, ergibt sich als letztes Schmelzerzeugnis ein Handelszinn, mit 90% Sn. Das Eutektikum mit 20% Pb ist als solches verwendbar und verkäuflich. Das *Polen* besteht in einem mechanischen Aufwirbeln des Metallbades durch Einführung von feuchtem Holz oder Wasserdampf. Die hierbei einsetzende lebhafte Badbewegung bewirkt ein Zusammenballen und Hochsteigen der Bestandteile geringeren spezifischen Gewichtes, also eine mechanische Reinigung des Metallbades.

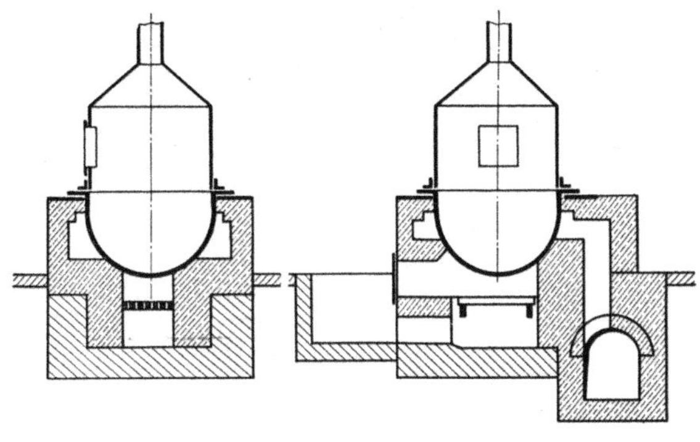

Bild 451. Kessel zum Polen von Rohzinn.

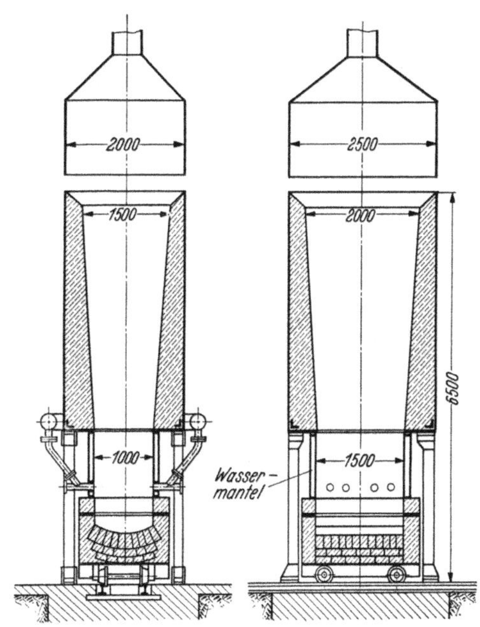

Bild 452. Schachtofen für die Verarbeitung von Zinnaschen mit ausfahrbarem Herd.

d) Anlagen zur Verarbeitung zinnhaltiger Abfallerzeugnisse auf trockenem Wege.

Metallische *Abfälle* und *Drehspäne* können in einem heizbaren Kessel nach Bild 451 umgeschmolzen werden. Das gewonnene Metall wird so wie es entfällt oder nach Auflegieren verkauft. Ist keine Verwendung dafür, so muß es wie das aus oxydischen Stoffen gewonnene Rohmetall weiterverarbeitet werden. *Oxydische Abfälle* und *Rückstände* bestehen aus Zinnaschen, anderen Metallaschen und zinnhaltigen Schlacken. Aschen werden meistens im Herdofen unter Zusatz von Koksabrieb reduziert. Schlacken werden in einem Schachtofen nach Bild 452 verschmolzen. Aus kupferhaltigen Sn-, Sb-, Pb-

Legierungen wird *Mischzinn* gewonnen, wofür sich der Herdofen nach Bild 453 bewährt hat. Das Verfahren wird durchgeführt, indem die geschmolzene Legierung allmählich abgekühlt wird. Wenn die Temperatur auf nahezu 182° gesunken ist, bleibt das Eutektikum mit 55% Sn, 3,5% Sb, 0,2% Cu, Rest Pb flüssig zurück. Die sich abscheidende Kruste enthält fast das gesamte Cu und Sb. Das Mischzinn wird abgestochen oder ausgeschöpft. Dann kann durch Erhöhung der Ofentemperatur die Cu-Legierung in Fraktionen verschiedener Zusammensetzung, mit steigendem Cu- und Sb-Gehalt und sinkendem Pb-Gehalt geschieden werden. Als Enderzeugnis fällt das sog. *Glanzmetall* mit 20 bis 40% Cu und höchstens 3% Pb. Die geschmolzenen Erzeugnisse werden in einen als Vorherd dienenden geheizten Kessel abgestochen. In diesem kann die weitere Behandlung durch Polen, Seigern oder Legieren durchgeführt werden.

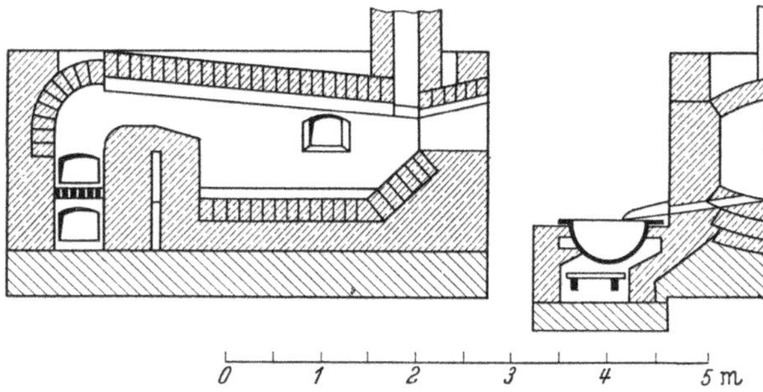

Bild 453. Mischzinnofen.

VI. Anlagen zur Gewinnung von Wismut.

Für die Gewinnung von *Wismut* kommen folgende Mineralien in Betracht: *Wismutglanz*, Bi_2S_3 (Bismutin), *Gediegen Wismut*, *Wismutocker*, Bi_2O_3 (Bismit, Wismutblüte), Verwitterungserzeugnis von Wismutglanz, *Wismutspat* ($n\,Bi_2O_3 \cdot m\,CO_2 \cdot H_2O$), außerdem Zwischenerzeugnisse, die bei der Verarbeitung anderer Erze entfallen. Die eigentlichen Wismuterze werden auf trockenem Wege gewonnen. Schwefelerze werden nach vorhergehender Abröstung reduzierend verschmolzen oder durch ein anderes Metall zerlegt (Niederschlagsarbeit). Am gebräuchlichsten ist die Reduktion nach Abröstung. Unbedingtes Erfordernis ist eine gute Kondensationseinrichtung für die Ofengase, da auch bei vorsichtigstem Betrieb Verdampfungsverluste auftreten. Die Flüchtigkeit von Bi_2O_3 setzt schon unterhalb des Siedepunktes ein. Der Schachtofen ist deshalb ungeeignet. Bei Verwendung des Herdofens arbeitet man mit einer Alkalisilikatschlacke durch Zusetzen von Soda und Flußspat. An der Oberfläche der schmelzenden Beschickung bildet sich alsbald eine geschmolzene Schlackenschicht, die Zerstäubung und Verdampfung verhindert. Für die Verarbeitung kleinerer Mengen ist der Tiegelofen geeignet, der zwar höheren Brennstoffverbrauch bedingt, bei dem aber die Verdampfungsverluste infolge der kleineren Oberfläche geringer sind. Das feinkörnige Röstgut wird mit den gemahlenen Zuschlägen und 3 bis 6% Reduktionskohle gemischt eingetragen. Bild 454 zeigt

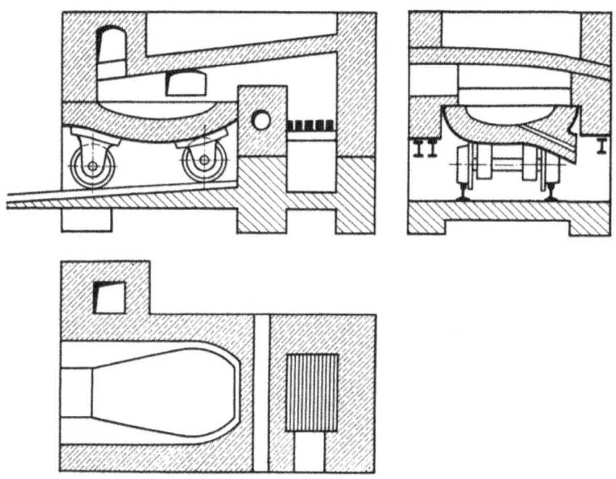
Bild 454. Herdofen zum reduzierenden Verschmelzen von Wismuterzen nach Tafel.

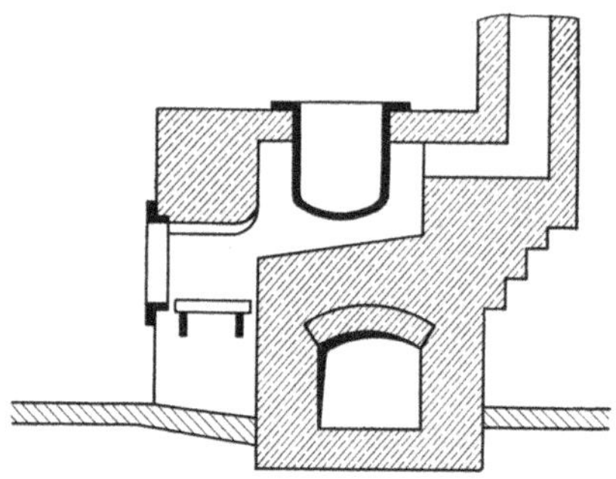
Bild 455. Kessel zum Raffinieren von Rohwismut, nach Borchers.

einen Herdofen zum reduzierenden Verschmelzen von Wismuterzen mit ausfahrbarem Herd. Der Herd ist aus möglichst dichten Steinen aufzumauern, damit möglichst wenig Metall aufgesaugt wird. Die Feuerbrücke muß durch einen Wasserkasten gekühlt werden, damit das sehr dünnflüssige Metall hier nicht durchsickern kann. Das Rohwismut enthält Verunreinigungen von Arsen, Antimon und Blei. Es wird durch oxydierendes Schmelzen unter Zusatz von Kochsalz, Kaliumchlorid, Ätznatron oder Natronsalpeter auf Reinwismut verarbeitet. Es kann auch Raffinieren durch Elektrolyse aus Salzsäure- oder Salpetersäurelösung stattfinden. Das Bild 455 zeigt einen Schmelzkessel zum Raffinieren von Rohwismut nach dem Vorschlage von BORCHERS.

VII. Anlagen zur Gewinnung von Antimon.

Das wichtigste Antimonmineral ist *Antimonglanz*, Sb_2S_3 (Antimonit, Stibnit, Grauspießglanz). Es kommt für die hüttenmännische Gewinnung fast allein in Betracht. Bei den verschiedenen Arbeiten ist stets Rücksicht auf die große Flüchtigkeit des sich bildenden Antimontrioxyds zu nehmen. Für die Ofenabgase sind deshalb wirksame Niederschlagseinrichtungen für die darin suspendierten Stäube vorzusehen.

Für die Herstellung von *Rohantimon* sind drei Verfahren in Betracht zu ziehen: das Röstreduktionsverfahren, das Niederschlagsverfahren und das unmittelbare Gewinnungsverfahren im Schachtofen. Das *Röstreduktionsverfahren* setzt sich zusammen aus der Röstarbeit und der Reduktionsarbeit. Die *Röstung* kann auf zwei Arten durchgeführt werden, nämlich als verflüchtigende und nichtverflüchtigende Röstung. Die *verflüchtigende* Röstung ergibt die Trennung des Antimons von der Gangart und seine Überführung in flüchtiges Sb_2O_3. Das geschieht bei niedriger Temperatur und beschränkter Luftzufuhr. Hierfür hat sich ein einfacher Schachtröstofen nach Bild 456 gut bewährt. Die Bauhöhe beträgt 3 bis 4 m, der Querschnitt schwankt zwischen 1500 × 1500 mm und 3500 × 3500 mm je nach dem Sb-Gehalt der Erze. Je ärmer die Erze, um so größer wählt man den Querschnitt. Der untere Abschluß wird durch einen korbartigen Knüppelrost gebildet, der die Entfernung der Rückstände ermöglicht. Wegen der meist sauren Gangart bewährt sich am besten die Zustellung mit Silika- oder Dinassteinen. Zur Beschickung kommt nur Stückerz oder brikettiertes Feinerz mit höchstens 10% Zugabe an Feinerz in Betracht. Der Durchsatz beträgt 4,5 bis 10 t Erz je 24 h. Die Temperaturregelung geschieht einerseits durch Änderung des Kokssatzes andererseits durch Regelung der Luftzufuhr mittels Schieber im Abzugkanal. Die Luftförderung wird durch ein innen verbleites Schleudergebläse bewirkt. Dieses Gebläse wird hinter der Niederschlagsanlage aufgestellt. Zur Abscheidung der Oxyde werden Sackfilter oder Elektrofilter verwendet. Die *nichtverflüchtigende* Röstung ergibt keine Trennung des Antimons von der Gangart, es bildet sich nichtflüchtiges Tetroxyd. Es handelt sich also um ein Röstverfahren, wie es beim Rösten von Bleiglanz durchgeführt wird. Es wird hauptsächlich für Feinerze angewendet und dann, wenn es sich um reiche Erze handelt, die aber arm an Edelmetallen sind, da diese nicht getrennt gewonnen werden können. Für die Durchführung des Verfahrens werden Herdöfen verwendet, die als von Hand bediente Fortschaufler ausgeführt werden. Neuerdings werden auch Drehrohröfen verwendet, deren besonderer Vorteil darin besteht, daß beständig eine Trennung des Oxyds vom unveränderten Erz stattfindet. Ein in Krupanj (Serbien) betriebener Drehrohrofen hatte 12 m Länge und 0,8 m lichten Durchmesser. Die Temperatur betrug am Eintragsende 350° und am Austragsende 500°. Der Ofen hatte einen Durchsatz von 2,0 bis 2,5 t/24 h[1].

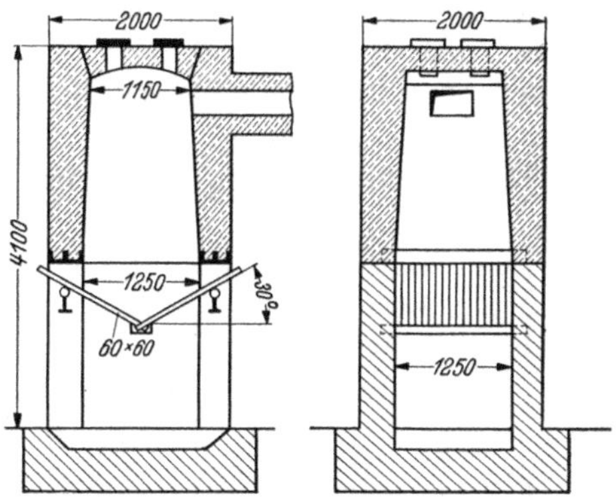

Bild 456.
Schachtofen für verflüchtigende Röstung von Antimonerz. (Nach HERRENSCHMIDT.)

[1] Metall u. Erz 1922 S. 381.

Das *Reduktionsverfahren* wird so durchgeführt, daß nur Antimon und die noch leichter reduzierbaren Metalle gewonnen, die anderen in die Schlacke überführt werden. Es wird zu diesem Zwecke bei niedriger Temperatur mit einer beschränkten Menge von Reduktionsmitteln gearbeitet und durch Zuschlag von Soda und Kochsalz eine Schlacke hergestellt, die niedrigen Schmelzpunkt und hohes Verschlackungsvermögen für die Verunreinigungen hat. Röstgut von reichen Erzen und Oxyden wird im Tiegelofen oder Herdofen reduziert, armes Erz und antimonhaltige Schlacken im Schachtofen auf ein Erzeugnis von geringerer Reinheit verarbeitet und anschließend raffiniert. Die Arbeit im Tiegelofen kann nur in geringem Umfang in Betracht kommen, da sie durch hohen Brennstoffverbrauch, viel Handarbeit und großen Tiegelverbrauch teuer wird. Der Herdofen hat einen Herd von rechteckiger oder elliptischer Form mit reichlich bemessener Tiefe und entsprechend kleiner Oberfläche. Bild 457 zeigt einen solchen Ofen für 400 kg Einsatzgewicht. Der Schachtofen wird nach Art der Bleischachtöfen durchgebildet. Er erhält eine Höhe von 6 bis 8 m mit einem Querschnitt von 0,8 bis 1,3 m² in der Düsenebene. Der Schacht kann nach oben schwach erweitert werden. Der Durchsatz beträgt etwa 30 t/m².

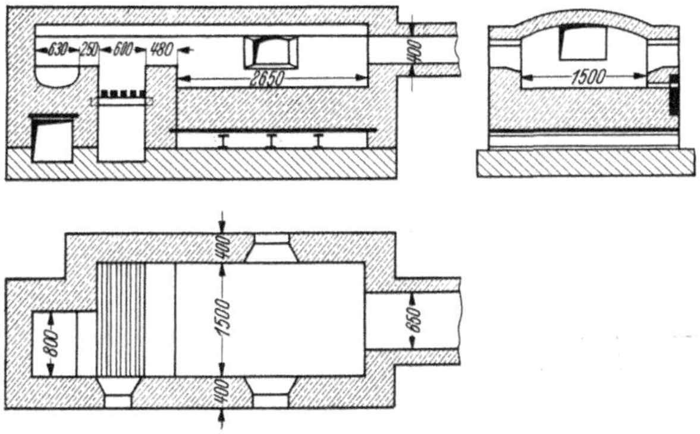

Bild 457. Herdofen zum Reduzieren von Antimonoxyd.

Das *Niederschlagsverfahren* wird ebenfalls entweder im Tiegel- oder Herdofen durchgeführt.

Das *unmittelbare* Gewinnungsverfahren im Schachtofen wird bei armen Schwefelerzen angewandt, wobei es gelungen ist, ohne Vorröstung Antimonglanz auf metallisches Antimon zu verarbeiten.

VIII. Anlagen zur Gewinnung von Nickel.

Die technisch wichtigsten Erze sind Garnierit-NiMg (H_2SiO_4), der in Neukaledonien vorkommt, die Schwefelnickel enthaltenden Magnetkiese von Sudbury in Kanada, Rotnickelkies (NiAs), Weißnickelkies — $(NiCoFe)As_2$, Antimonkies (NiSbS) und Haarkies (NiS). Die Gewinnung ist je nach der Zusammensetzung der Erze verschieden. *Sulfidische* Erze werden unter Zusatz von kieseligen Zuschlägen mehrmals oxydierend geschmolzen. Hierbei wird das Eisen verschlackt, während das Nickel sich als Sulfid (Nickelstein) anreichert. *Schwefelfreie Erze* werden mit Schwefelverbindungen (Gips und Kohle) zusammengeschmolzen und dann wie sulfidische Erze behandelt. Der *Nickelstein* wird in Herdöfen totgeröstet. Es bildet sich *Nickeloxydul* (NiO), das mit Holzkohlenpulver und etwas Mehl verknetet wird. Diese Masse wird in 1 cm³ große Würfel zerschnitten und diese in Muffeln unterhalb der Schmelztemperatur reduziert. *Arsenreiche* Erze werden gleichfalls mehrmals oxydierend geschmolzen, wobei sich eine aus Arsennickel (NiAs) bestehende *Nickelspeise* bildet. Diese wird durch Rösten in *Nickeloxydul* (NiO) überführt.

Die Verarbeitung *nickelkupferhaltiger Schwefelerze* unterscheidet sich kaum von der eines entsprechenden Kupfererzes (S. 263). Ni kann mit Cu fast restlos in einem Stein gesammelt und eine Verschlackung verhindert werden, wenn die Konzentration des Steines an Ni und Cu so gewählt wird, daß beide Metalle als Sulfide vorliegen bzw. noch einen Überschuß an Fe in geschwefelter Form im Stein vorhanden ist. Zunächst wird ein verhältnismäßig armer Stein erzeugt, wobei sich die gesamte Gangart und der größte Teil des Eisens in einer sehr armen Schlacke absetzt. Dann wird das Verfahren wiederholt. Der gewonnene *Rohstein* wird durch Entfernen von FeS zu *Feinstein* konzentriert, der nur noch aus Ni_3S_2 und Cu_2S neben metallischem Ni und Cu besteht. Durch

Totrösten und anschließendes Reduzieren wird eine Ni-Cu-Legierung, das *Monelmetall* gewonnen. Sollen Cu und Ni getrennt gewonnen werden, so kann das nach zwei verschiedenen Verfahren geschehen.

Beim ORFORD-*Verfahren* wird der Feinstein mit Natriumsulfid (Na_2S) verschmolzen, wobei er sich in reinen Nickelstein und Natriumkupfersulfid scheidet. Beim LANGER-MOND-*Verfahren* wird zunächst flüchtiges Nickelkarbonyl, $Ni(CO)_4$ hergestellt, das abdestilliert und auf 200° erhitzt wieder in metallisches Nickel und Kohlenoxyd zerfällt.

Für das *Erschmelzen des Rohsteins* werden wie bei der Kupfergewinnung Schachtöfen und Herdöfen benutzt, die sich in ihrem Aufbau und ihren Abmessungen nicht wesentlich unterscheiden. Die *Schachtöfen* erhalten etwas größere Höhe: 6 bis 8 m von der Tiegelsohle bis zur Gicht. Das geschieht, weil Ni schwerer reduzierbar ist als Cu. Die Öfen werden als Spuröfen zugestellt. Sie erhalten große Vorherde. Der arme nickelhaltige Stein wirkt sehr stark korrodierend auf die Baustoffe des Tiegels und des Vorherdes. Am besten haben sich Magnesit und Chromit bewährt. Die Wasserkästen sollen bis zur Grundplatte reichen. Die *Herdöfen* der Internat. Nickel Comp. zu Copper Cliff haben einen Herd von 32,2 m Länge und 5,8 m Breite. Die Öfen sind auf gegossener Schlacke errichtet und stehen 3,40 m über Hüttenflur. Hierdurch wird die Abführung der Schlacke erleichtert.

Die *Umwandlung des Rohsteins in Feinstein* wird im *Konverter* durchgeführt, dessen Ausführung der von Bild 373 (S. 278) entspricht. Die Auskleidung wird aus basischen Baustoffen hergestellt. Da das Verblasen von nickelhaltigem Stein schwierig ist und nicht nach der Flammenfärbung durchgeführt werden kann, besteht die Gefahr des Kaltblasens. Um für diesen Fall gerüstet zu sein, werden die Konverter mit einer Ölfeuerung ausgestattet, die nötigenfalls schnell in Betrieb genommen werden kann. Die Konverter der Internat. Nickel Comp. haben etwa 9 m Länge und 4 m Durchmesser. Sie werden mit 0,84 at Windpressung geblasen. Die Düsen haben 30 mm Durchmesser und sitzen in Abständen von 175 mm. Die Mond Nickel Comp. zu Coniston betreibt Konverter von 7,6 m Länge und 3 m Durchmesser. Es wird mit 0,7 at Windpressung bei einer Windmenge von 140 bis 200 m^3/min geblasen.

Die *Weiterverarbeitung des Feinsteins auf Monelmetall* geschieht durch oxydierende Röstung bis zur vollständigen Entfernung des Schwefels. Anschließend erfolgt die Reduktion im Herdofen bei reduzierender Flamme. In Copper Cliff werden Herdöfen von 18 t Einsatz verwendet, die mit Naturgas oder Öl beheizt werden. Als Baustoff wird ein hochwertiger Silikastein verwendet. Die Abhitze der Öfen wird zur Dampferzeugung nutzbar gemacht.

Das ORFORD-*Verfahren* beruht auf der Tatsache, daß Cu_2S und FeS, nicht aber Ni_3S_2 mit Schwefelnatrium (Na_2S) leicht schmelzbare Doppelsulfide bilden. Diese zerfallen beim Behandeln mit Wasser wieder. Von dem unveränderten Ni_3S_2 unterscheiden sie sich durch ihr niedriges spezifisches Gewicht. Wird Stein mit Schwefelnatrium geschmolzen, so scheidet sich die Schmelze beim Stehen in zwei getrennte Schichten: einen „*Boden*" aus Ni_3S_2 und einen „*Kopf*" aus Na_2S-Stein mit dem Kupfer und Eisen. Wenn man ein reines Erzeugnis haben will, wird das Verfahren wiederholt. Die angereicherten Böden werden oxydierend totgeröstet und dann in einem Herdofen reduziert. Das Metall wird zu Anoden für die Elektrolyse vergossen.

Das LANGER-MOND-*Verfahren* beruht auf der Erscheinung, daß beim Überleiten von Kohlenoxydgas über Nickelschlamm bei Temperaturen unter 150° flüchtiges Nickelkarbonyl entsteht. Nickelschlamm wird durch Reduktion von NiO in festem Zustand durch Wassergas hergestellt. Das Verfahren wird nur in den Werken der Mond Nickel Comp. zu Clydach bei Swansea in Wales durchgeführt. Als Ausgangsstoff dient Feinstein mit etwa 40% Ni, 40% Cu, 15% S und 1% Fe. Er wird auf Kugelmühlen gemahlen und in zweiherdigen Röstöfen totgeröstet. Dann wird das Röstgut zum Ausscheiden eines Teiles des Kupfers mit verdünnter Schwefelsäure bei 85° gelaugt. Hierfür werden mit Blei ausgekleidete Rührbottiche verwendet. Da etwa 80% des Kupfers in Lösung gehen, enthält der Rückstand 60% Ni neben 15% Cu. Die Trübe wird durch ein rotierendes Vakuumfilter in Rührbottische geleitet, wo die Hauptmenge des Kupfers als Kupfervitriol auskristallisiert. Die abfiltrierte Mutterlauge wird wieder zum Behandeln frischen Röstgutes benutzt.

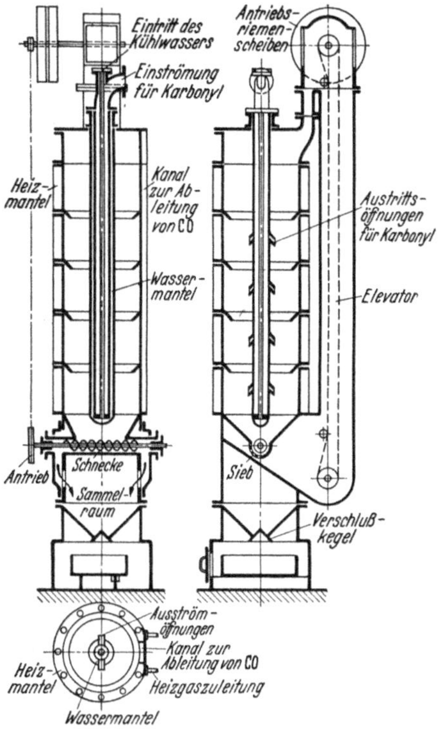

Bild 458. Turm zum Zersetzen von Nickelkarbonyl beim LANGER-MOND-Verfahren.

Die Weiterverarbeitung des getrockneten Ni-haltigen Laugerückstandes auf metallisches Nickel wird in drei Stufen durchgeführt.

In der *ersten Stufe findet die Reduktionsarbeit* statt. Sie wird in einem etwa 12 m hohen zylindrischen Behälter durchgeführt, der nach Art der Mehretagen-Tellerröstofen mit 24 Herden ausgestattet ist. Die getrockneten Oxyde werden oben eingeführt und durch Krähle vom obersten nach und nach bis zum untersten Herd befördert. Dem Oxydstrom entgegen strömt Wassergas, das etwa 56% H_2 und 25% CO enthält.

In der *zweiten Stufe* wird *Nickelkarbonyl* erzeugt. Das geschieht ebenfalls in einem stehenden zylindrischen Behälter mit Herden wie der für die Reduktionsarbeit bestimmte. Zur Durchführung der Reaktion genügt die Wärme, die das Gut aus dem Reduktionsturm mitbringt. Das erforderliche CO-Gas wird in einem besonderen Generator erzeugt. Die Umsetzungen gehen in dieser Stufe sehr langsam und unvollkommen vor sich. Der Austrag wird zu wiederholten Malen bis zu einer Zeitdauer von 2 Wochen in den Reduktionsraum zurückbefördert. Dann ist etwa 80% des Nickels in Karbonyl überführt. Der Rückstand wird wie schwefelfreies Erz weiter behandelt.

In der *dritten Stufe* wird das *Nickelkarbonyl wieder zersetzt*. Das geschieht in einem Turm nach Bild 458, der aus einzelnen Zylindern von geringer Höhe zusammengesetzt ist. Er ist mit Nickelkörnern gefüllt. Das Karbonyl tritt am oberen Ende des Turmes in ein zentral angeordnetes Rohr ein und wird durch kleine Austrittsöffnungen in den Innenraum des Turmes geleitet. Das ausgeschiedene Nickel setzt sich in Schalen an die Nickelkörner an. Das Erzeugnis entfällt somit in einer für den Versand und die weitere Verwendung handlichen Form. Am Boden des Turmes befindet sich eine Förderschnecke, die den Inhalt dauernd in Bewegung hält. Man verhindert hierdurch ein Zusammenkleben der Körner, ferner eine Beförderung der Körner nach beiden Enden der links- und rechtsgängigen Schnecke, sobald sie die angestrebte Dicke erlangt haben. Diese gelangen in den Sammelraum. Die Körner, die noch nicht die volle Größe haben, gehen in einen seitlich angeordneten Raum, aus dem sie von einem Elevator nach oben befördert und in den Turm zurückgeführt werden. Der Turm ist konzentrisch von Heizmänteln umgeben, denen Feuerungsgase zur Aufrechterhaltung einer Temperatur von 150 bis 200° im Reaktionsraum des Turmes zugeleitet werden. Damit sich an dem Einführungsrohr für Karbonyl

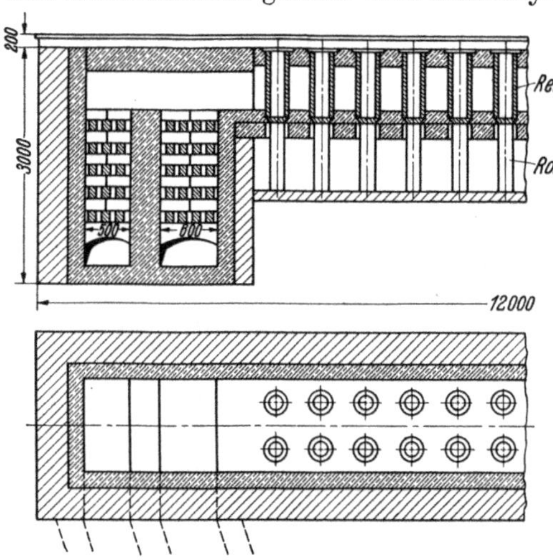

Bild 459. Reduktionsofen für Würfelnickel mit Siemens-Regenerativfeuerung.

keine Nickelansätze bilden können, wird es durch Wasser gekühlt, das durch ein zentrisch angeordnetes Rohr zugeführt wird. Das Anwachsen der Nickelkugeln geht langsam voran. Kugeln von 9 mm Durchmesser erfordern zu ihrer Bildung etwa 6 Monate.

Das bei der Verarbeitung von *kupferfreien Nickelerzen* über Rohstein und Feinstein erlangte Nickeloxydul wird nochmals sehr fein gemahlen mit organischen Bindemitteln und Kohlepulver unter Wasserzusatz zu einem steifen Teig angerührt. Dieser Teig wird auf einer Nickelwürfelmaschine zu Würfeln von 1 cm Kantenlänge gepreßt. Die Würfel werden auf heißen Blechplatten scharf getrocknet, bis sie zu einer porösen Masse einschrumpft sind. Dann werden sie in einem Muffelofen nach Bild 459 der Reduktion unterworfen. Die Muffeln sind stehende Retorten aus Schamotte von 200 mm lichter Weite und 610 bis 800 mm Länge bei 20 bis 40 mm Wandstärke. Die Retorten können oben durch einen Deckel, unten durch einen Schieber geschlossen werden. Nach unten schließt sich ein Stahlrohr von 1,2 bis 1,5 m Länge an.

Das Verfahren wird so durchgeführt, daß zunächst die Retorten mit reiner Kohle oder Holzkohle beschickt auf etwa 800° erhitzt werden. Dann erst werden die Würfel mit 20 bis 30 % Holzkohle eingesetzt und die Temperatur auf etwa 1260° gesteigert. Die Reduktionsdauer beträgt 4 bis 8 h. Ein Ofen mit 20 Muffeln setzt 1500 bis 2000 kg/24 h durch. Der Brennstoffverbrauch beträgt etwa 1500 kg.

IX. Anlagen zur Gewinnung von Quecksilber.

Quecksilber kommt bisweilen gediegen in Tropfenform im Gestein vor. Dann genügt zur Gewinnung des reinen Metalles Erhitzen bis über den Siedepunkt (357°) und Niederschlagen der entwickelten Quecksilberdämpfe. In den meisten Fällen wird Quecksilber aus *Zinnober*, HgS (Quecksilbersulfid) gewonnen. Im ersten Teil des üblichen Verfahrens wird der Zinnober zerlegt und das frei gewordene Quecksilber verdampft. Beim Erhitzen von Zinnober unter Luftzutritt wird es zerlegt:

$$HgS + O_2 = Hg + SO_2.$$

Bereits bei 350° verläuft diese Reaktion lebhaft. Damit Hg gleichzeitig vollständig abdestilliert wird, arbeitet man mit Temperaturen, die oberhalb seines Siedepunktes liegen. Im zweiten Teil des Verfahrens wird der Quecksilberdampf niedergeschlagen. Sobald Quecksilber aus der Dampfphase in den tropfbar flüssigen Zustand übergegangen ist, scheidet es sich infolge seines hohen spezifischen Gewichtes leicht ab. Der Partialdruck und die Konzentration des Hg-Dampfes sind um so geringer, je niedriger die Temperatur ist. Die Verluste durch nicht kondensierten Quecksilberdampf sind demnach um so kleiner, je niedriger die Austrittstemperatur der abziehenden Gase ist. Durch entsprechend große wirksame Kühlflächen der Kondensationsanlage erreicht man eine Austrittstemperatur von etwa 35 bis 40°. Dann sind die Verluste durch den Hg-Gehalt der abziehenden Gase gering im Vergleich zu den Lässigkeitsverlusten.

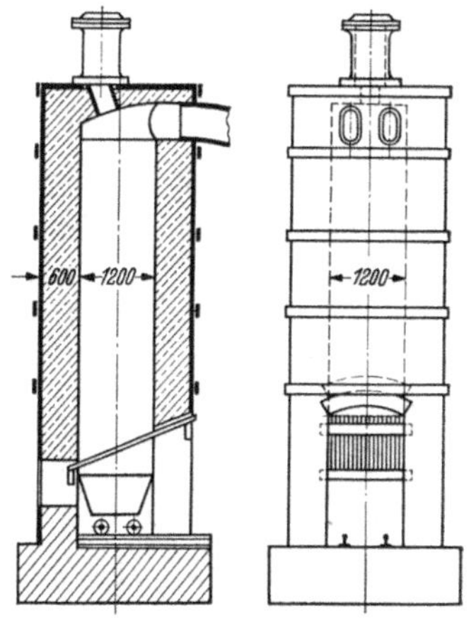

Bild 460. Schachtofen zum Rösten von Quecksilbererzen (Bauart SPIREK). (Nach SCHNABEL: Handbuch der Metallhüttenkunde.)

Die *Röstanlagen* können als Schachtöfen oder als Drehrohröfen ausgeführt werden. Das Bild 460 zeigt den *Spirek-Ofen*, der in Europa für grobstückige Erze bevorzugt wird. Der aus Knüppeln gebildete Rost hat eine Neigung von 20° gegen die Horizontale. Der Schacht hat einen Durchmesser von 1 bis 1,2 m und eine Höhe von 5 bis 7 m. Er ist mit einem Mantel aus Stahlblech umgeben. Der Gichtverschluß ist so auszuführen, daß er vollständig abdichtet. Als Abzugrohr für die Dämpfe wird ein gußeisernes Rohr verwendet. Der Durchsatz beträgt 6 bis 15 t Erz in 24 h, der Brennstoffverbrauch 1,5 bis 2,5 %. Der *Ofen von* SCOTT nach Abb. 461 hat paarweise angeordnete enge Schächte. In diese sind um 45° geneigte Schamotteplatten derart eingebaut, daß das Erz den Schacht im Zickzackweg durchrieselt. Die Plattenentfernung und die Durchgangsöffnung richten sich nach der Stückgröße der Beschickung. Es beträgt die Schlitzbreite bei grobstückigem Erz 170 bis 200 mm, bei Feinerz 80 bis 120 mm. Auf der Schmalseite dieser Schächte befinden sich Kammern, die nacheinander von der Verbrennungsluft und den Verbrennungsgasen durchströmt werden. Die Kammern stehen durch die Schächte miteinander derart in Verbindung, daß die Gase ebenfalls einen Zickzackweg durch die Beschickung gehen müssen. Die Verbrennungsluft tritt zunächst in die Kammer *1* ein, durchströmt sich vorwärmend den untersten Teil der Beschickung, gelangt in die Kammer *2* und aus dieser durch Schlitze im Gewölbe in die Kammer *3*, die den Feuerungsraum bildet. Die Verbrennungsgase treten durch Öffnungen in der Zwischenwand in die Schächte ein, durchströmen diese in horizontaler Richtung und erreichen die Kammer *4*, ändern wieder ihre Richtung, durchströmen zum zweiten Male die Schächte und gelangen in die Kammer *5*, aus der sie nach wiederholtem Richtungswechsel noch einmal die Schächte durchströmen und zuletzt aus Kammer *6* in den Abzug gehen. Die Beschickung übt eine Filterwirkung aus und hält einen Teil des Flugstaubes zurück. Die *Aufgabevorrichtung* besteht aus zwei übereinander liegenden Trichtern mit engen Austrittsschlitzen, so daß die Beschickung selbst den Verschluß bildet. Das *Austragen* der Rückstände wird von Hand oder mechanisch durch eine Rüttelplatte bewirkt. Das *Fassungsvermögen* des dargestellten Ofens von 21 m³ Inhalt beträgt etwa 29 t. Es ist vorteilhaft, feuchte Erze vor Aufgabe in den Röstofen zu trocknen, damit in diesem keine Zusammenballungen vorkommen. Die *Trockenvorrichtung* kann in gleicher Weise durchgebildet werden wie der Röstofen und auf dessen Gicht errichtet werden. Die Feuerung kann für Kohle, Holz, Öl oder Gas eingerichtet werden. Es sind etwa 25000 kcal/t Erz erforderlich. Der *Ofen von* CERMAK und SPIREK ist als Kammerofen ausgebildet. Durch den Feuerungsraum und die anschließenden Gaszüge ist der Ofen in zwei Kammern unterteilt. In den beiden Kammern sind 6 bis 10 Reihen dachförmige Platten gemäß Bild 462 angeordnet. Sie bewirken, daß das Erz über die schiefen Ebenen langsam von oben nach unten durch die Kammer rutscht. Die Verbrennungsgase strömen durch die durch die Platten gebildeten Hohlräume und die sich entwickelnden Quecksilberdämpfe nehmen den gleichen Weg. Die Entfernung der Platten voneinander muß wie beim Scott-Ofen nach der Korngröße des Erzes bestimmt werden. Die Schlitzbreite schwankt infolgedessen zwischen 35 und 100 mm. Die oberen Platten werden nicht unmittelbar beheizt, hier befindet sich die Trockenzone. Darunter befindet sich die Röstzone, hier werden die Platten beheizt. Im untersten Teil jeder Kammer befindet sich eine Kühlzone. Hier wird das Röstgut durch die durch Rohre geleitete Röst- und Verbrennungsluft abgekühlt. Die Erze werden durch einen über dem Ofen angeordneten Rost aufgegeben. Wegen ungenügenden Auftriebs in dem niedrigen Ofen ist die Einschaltung eines Exhaustors erforderlich.

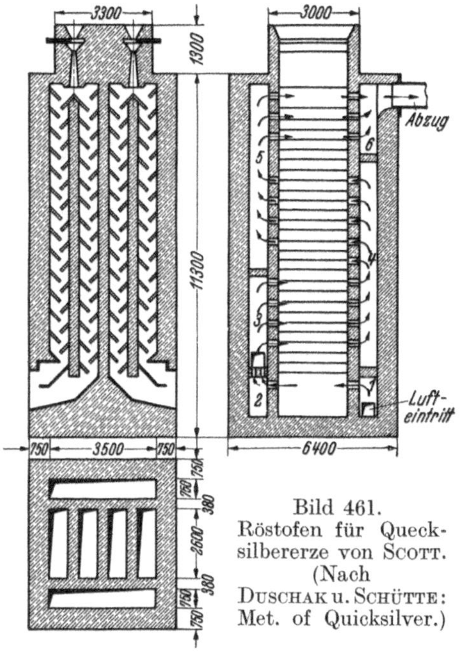

Bild 461. Röstofen für Quecksilbererze von SCOTT. (Nach DUSCHAK u. SCHÜTTE: Met. of Quicksilver.)

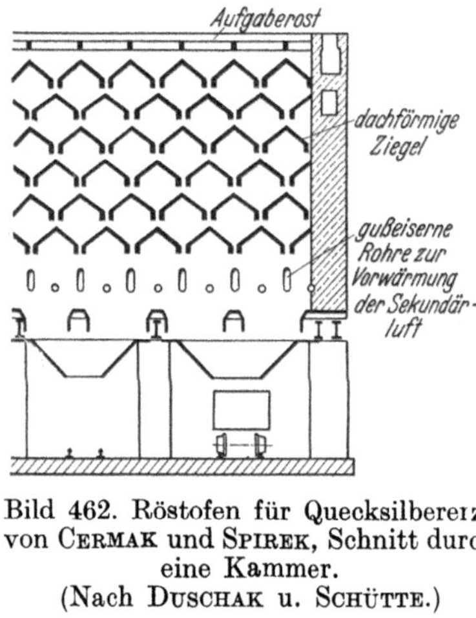

Bild 462. Röstofen für Quecksilbererze von CERMAK und SPIREK, Schnitt durch eine Kammer. (Nach DUSCHAK u. SCHÜTTE.)

Der *Drehrohrofen* hat in den Vereinigten Staaten von Amerika die anderen Röstöfen fast vollständig verdrängt. Der Brennstoffverbrauch soll sich etwas ungünstiger als bei Schachtöfen stellen und die Staubentwicklung größer sein.

Die *Kondensationseinrichtungen* sind sehr verschieden durchgebildet. Auf der Quecksilberhütte in Almadén (Spanien) werden noch die aus der Vorzeit übernommenen *Alludeln* verwendet. Das sind aus unglasiertem Ton hergestellte Rohrstücke von 450 mm Länge, die an den Enden 75 mm Durchmesser haben, aber in der Mitte auf 250 mm ausgebaucht sind. Sie werden zu auf- und absteigenden Rohrleitungen (Zickzackleitungen) zusammengefügt und münden in eine Flugstaubkammer. Das Quecksilber kann sich bei jeder Alludel der absteigenden Leitung in der Ausbauchung sammeln und durch eine Öffnung austreten. Es wird in Rinnen aufgefangen und zu einem Sammelbehälter geleitet.

In Italien wird vorwiegend der Röhrenkondensator von CERMAK nach Bild 463 verwendet. Die Rohre von ovalem Querschnitt werden aus glasiertem Steinzeug oder Gußeisen mit Zementfutter hergestellt. Die unteren Verbindungsstücke sind offen und tauchen 50 cm tief in Wasserkästen, in denen sich der „*Stupp*" absetzt. Auch diese Kästen müssen mit einem Zementschutz ausgestattet werden. Hinter diesem Kondensator werden noch geteerte Holzkästen angeordnet, in denen auch noch eine Abscheidung stattfindet.

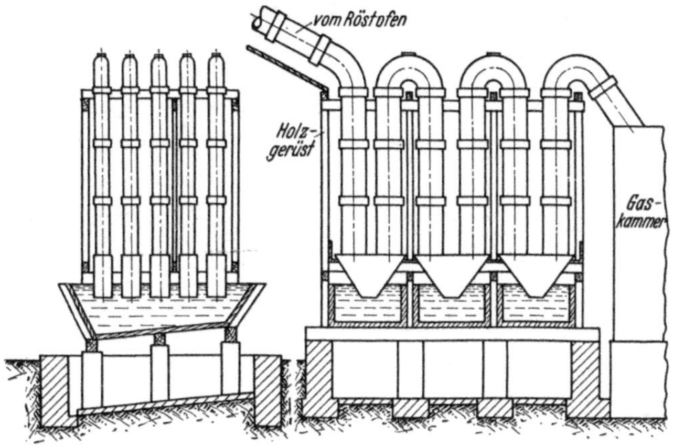

Bild 463. Röhrenkondensator für Quecksilberdämpfe, Bauart CERMAK. (Nach ULLMANN: Techn. Chemie.)

In Kalifornien ist auf der Quecksilberhütte zu Napa County im Anschluß an einen Scott-Ofen eine Anlage erbaut worden, bei der die durch umfangreiche Untersuchungen des „Bureau of Mines" gewonnenen Erkenntnisse nutzbar gemacht wurden. Die Anlage ist an einem Bergabhange in Ausnutzung der Höhenunterschiede stufenweise aufgebaut. Wie aus dem Bilde 464 ersichtlich ist, besteht sie aus den Vorkammern, dem eigentlichen Kondensator und den Nachkammern. Die beiden Vorkammern haben einen Querschnitt von 1020×1500 mm und eine Höhe von 5500 mm. Der Kondensator wird aus vier Rohrleitungssträngen gebildet, die überall mit Steigung verlegt zickzackförmig bis zu den Nachreinigungskammern ansteigen. Die Rohre aus Steingut haben 305 mm Durchmesser. Jeder der vier Stränge hat eine Länge von 46 m, so daß sich für den Kondensator eine Kühlfläche von 220 m^2 ergibt. Diese wird mit regelbaren Mengen Wasser berieselt. Die ganze Anlage hat einen Rauminhalt von 127 m^3 und eine innere Oberfläche von 720 m^2. Die Temperatur der Dämpfe ergibt sich wie folgt: beim Eintritt in die erste Kammer im Mittel 160°, beim Austritt im Mittel 25°. Die Austrittstemperatur aus der Esse liegt nahe der Außentemperatur. Die Abgase enthalten 0,02 bis 0,04 g Hg/Nm^3.

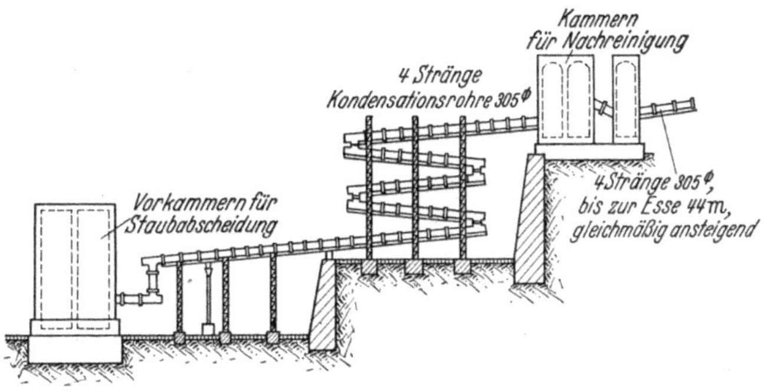

Bild 464. Kondensationsanlage für Quecksilberdämpfe zu Napa County, Kalifornien, 723 m^2 Oberfläche. (Nach DUSCHAK u. SCHÜTTE: Met. of Quicksilver.)

Außer flüssigem Quecksilber scheidet sich in der Kondensationsanlage noch Flugstaub ab, der von sehr verschiedener Zusammensetzung sein kann. Er enthält mechanisch mitgerissene Beschickungsbestandteile, aus dem Dampf entstandenes $HgSO_4$, Ruß, Teer, Wasser und als wichtigsten Bestandteil Quecksilber in Form von Kügelchen. Diesen mit Quecksilber durchsetzten Flugstaub nennt man die „*Stupp*". Sie enthält im Mittel 25 bis 45% Hg. Es ergeben sich somit zwei wichtige Aufgaben. Die erste umfaßt die Maßnahmen zur Verhinderung der Stuppbildung, die zweite die Entfernung des Quecksilbers aus der Stupp. Die Maßnahmen zur Verhinderung der Stuppbildung sind je nach der Beschaffenheit der Erze und der Röstanlagen verschieden. In einem Falle müssen die Erze befeuchtet, im anderen Falle getrocknet werden, die Luftzufuhr beim Rösten darf nie zu knapp bemessen sein, sehr feinkörnige Erze müssen mit grobkörnigem gleichmäßig gemischt werden, die Gas- und Dampfgeschwindigkeiten dürfen an keiner Stelle zu hoch werden. Abfiltrieren des Staubes aus den Ofengasen in der Beschickungssäule wie beim Scott-Ofen sind sehr nützlich. Zur Rückgewinnung des Hg und anderer wertvoller Bestandteile aus dem Stupp werden verschiedene Verfahren angewendet. Die mechanische Verarbeitung wird in einer Stupp-Presse nach Bild 465 durchgeführt. Ist der Rückstand dann auch noch reich etwa durch chemisch gebundenes Hg, wird er in den Ofen zurückgegeben. Wenn die Stupp naß oder ölhaltig ist, wird sie vorher mit gebranntem Kalk gemischt, der die Feuchtigkeit aufnimmt, die Fette verseift, Säuren neutralisiert. Beim Vorhandensein erheblicher Mengen von chemisch gebundenem Hg ist die Verarbeitung unter Kalkzusatz im Retortenofen nach Bild 466 angezeigt. Die Zersetzung von HgS durch CaO verläuft nach der Gleichung:

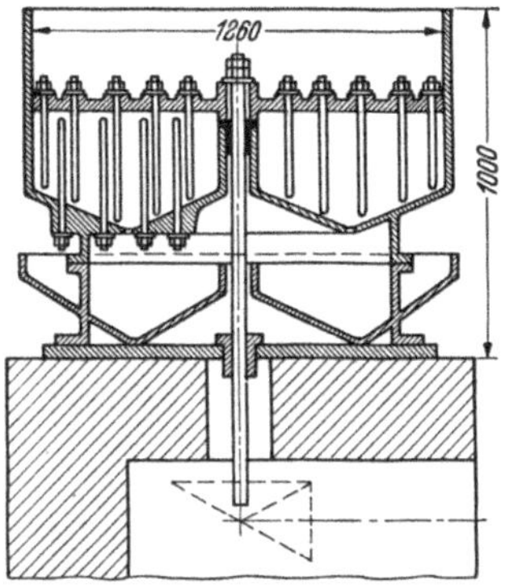

Bild 465. Presse zur Verarbeitung von Stupp, Bauart EXELI. (Nach TAFEL.)

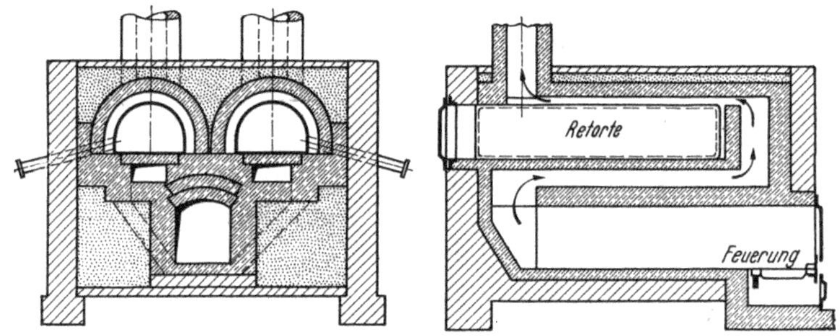

Bild 466. Retortenofen zur Verarbeitung von Stupp und reichen Erzen. (Nach DUSCHAK und SCHÜTTE.)

$$4\,HgS + 4\,CaO = 4\,Hg + 3\,CaS + CaSO_4\,.$$

Die Retorten werden aus Ton oder Gußeisen hergestellt. Die gußeisernen Retorten sind haltbarer als die aus Ton hergestellten. Aber auch die Gußeisengefäße werden in etwa 6 bis 8 Monaten zerstört, da sie auf der einen Seite vom S-Gehalt der Feuergase, auf der anderen Seite von HgS angegriffen werden. Es bildet sich FeS, das das Eisen brüchig macht.

Im Retortenofen werden in Ausnahmefällen auch reiche Erze verarbeitet. Das Verfahren kommt wegen des hohen Brennstoffverbrauches und der hohen Retortenkosten für den Großbetrieb außer für die Verarbeitung von Stupp nicht in Betracht.

X. Anlagen zur Gewinnung von Magnesium.

Magnesium ist besonders in den deutschen Kalisalzlagerstätten reichlich vorhanden. Für seine Gewinnung ist das Carnallit (das Doppelsalz $KCl \cdot MgCl_2 \cdot 6\,H_2O$), ein Nebenerzeugnis der Kaliindustrie, besonders geeignet. Bei der Weiterverarbeitung der chlormagnesiumhaltigen Kalisalze auf Kali fällt das Chlormagnesium in der sog. Endlauge an. Durch Verdampfen wird aus ihr Chlormagnesium gewonnen, das als kristallwasserhaltiges Salz anfällt. Nach Entfernung des Kristallwassers wird dieses durch die Schmelzflußelektrolyse in metallisches Magnesium und gasförmiges Chlor zerlegt. Damit Metall und Elektrolyt sich voneinander trennen, müssen ihre spezifischen Gewichte verschieden sein. Da es nicht möglich ist, ein Elektrolytengemisch zusammenzustellen, das leichter ist als Magnesium, macht man es durch Zusatz von anderen Alkalichloriden schwerer als das Metall, so daß dieses nach der Ausscheidung auf der Schmelze schwimmt und abgeschöpft werden kann. Man begibt sich hierdurch des Vorteils, die Elektrolyse ununterbrochen fortführen zu können. Da nun das Chlormagnesium immer in kristallwasserhaltiger Form anfällt, und sich nur schwer vom Kristallwasser befreien läßt, geht man bei der Magnesiumgewinnung nicht mehr vom Chlormagnesium, sondern von dem Doppelsalz Carnallit aus, dessen Entwässerung leichter durchführbar ist. In der Elektrolyse ergibt sich nun eine dauernde Anreicherung an Chlorkalium. Beim Erreichen eines Mindestgehaltes an Chlormagnesium muß demnach eine Erneuerung des Elektrolyten vorgenommen werden. Das restliche Salzgemisch enthält hauptsächlich Chlorkalium, das als Düngemittel Verwendung findet. Ein anderes Verfahren besteht darin, aus der Endlauge das Magnesium durch Kalkzusatz als Hydroxyd auszufällen und dieses in Magnesiumoxyd überzuführen. Aber auch hierbei bleibt man bei der Chlorid-Elektrolyse, was dadurch erreicht wird, das man mittels des in der Elektrolyse anfallenden Chlorgases das Magnesiumoxyd in Magnesiumchlorid umwandelt und in den elektrolytischen Vorgang einführt. Der Elektrolysechlor bleibt somit im Kreislauf.

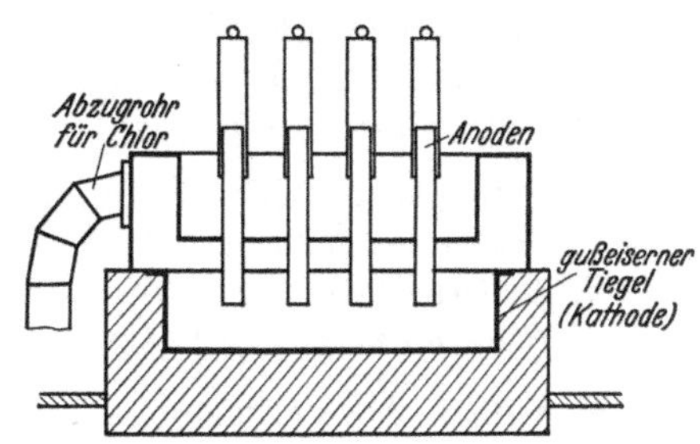

Bild 467. Schema eines Carnallitbades der Magnesium-Elektrolyse.

Günstig für die Elektrolyse ist, daß das Doppelsalz Magnesium-Kaliumchlorid schon unterhalb Rotglut bei 650° schmilzt, so daß Metallverluste leicht vermieden werden können. Die Temperatur des Bades wird durch die richtige Wahl der Abmessungen, der Stromstärke und der Spannung bei etwa 700° gehalten. Da das geschmolzene Magnesium etwas leichter als die Salzschmelze ist, haftet es zunächst an der Wand des Eisentiegels, der gleichzeitig als Kathode dient. Allmählich steigt es zur Oberfläche. Im Anodenraum der Kohlenanode bilden sich große Blasen von Chlorgas. Zuerst hielt man es für nötig, den Kathodenraum und den Anodenraum durch ein Diaphragma zu trennen. Diese Bauart sucht man jedoch zu umgehen, weil eine solche Scheidewand den elektrischen Widerstand erheblich erhöht und durch Verunreinigungen allmählich verstopft wird. Das Bild 467 zeigt das Schema eines Carnallitbades der Magnesium-Elektrolyse. Bei einer amerikanischen Bauart nach dem Bilde 467a hat der Tiegel eine Außenheizung, durch die es möglich ist, die Temperatur unabhängig von der zugeführten elektrischen Energie so zu regeln, daß sich an der Kesselwand keine Krusten bilden und die Badtemperatur nicht zu hoch steigt. Das an der Oberfläche sich sammelnde Magnesium wird mit einem Sieblöffel ausgeschöpft. Das Chlor wird durch ein seitlich angeordnetes Steinzeugrohr abgesaugt. Die Anode muß entsprechend der Abnahme von Magnesiumchlorid von Zeit zu Zeit tiefer gestellt werden. Sobald die Schmelze nur noch etwa 10% Magnesiumchlorid enthält, wird sie erneuert. Bei 2200 A und 6 bis 9 V liefert das Bad täglich 18 kg Magnesium bei einem Aufwande von 22 kWh. Die amerikanische Magnesiumgesellschaft am Niagarafall ist zu einem der Aluminiumgewinnung nachgebildeten Verfahren übergegangen. Der Elektrolyt besteht aus gleichen Mengen Magnesiumfluorid und Bariumfluorid mit soviel Natriumfluorid, daß er bei 950° fließt. Er wird mit Magnesiumoxyd gesättigt gehalten, von dem er 0,1% löst. Bild 468 zeigt den Ofen. Die aus Gußeisenplatten bestehenden Kathoden sind von unten in das Bad eingeführt. Ihre Oberkante bleibt etwa 150 mm unter der Oberfläche der Schmelze.

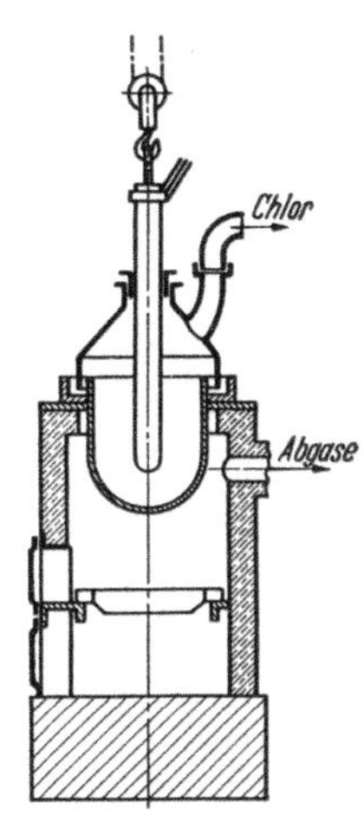

Bild 467a. Amerikanische Bauart eines Ofens für Magnesium-Elektrolyse.

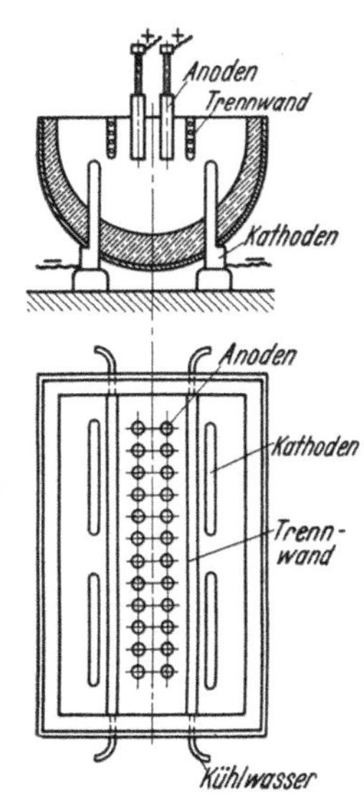

Bild 468. Ofen der Magnesiumgesellschaft am Niagarafall.

Parallel mit den Kathoden tauchen von oben zwei Gitter in das Bad ein, die von wasserdurchflossenen Rohren gebildet werden. Die an diesen Gittern erstarrte Salzwand teilt den Ofen in einen Innenraum und einen Außenraum. Im Innenraum befinden sich die Graphitanoden in zwei Reihen. Das Metall sammelt sich im Außenraum. Die Badspannung beträgt 9 bis 16 V.

XI. Anlagen zur Gewinnung von Silber.

Als *Ausgangsstoffe* für die Silbergewinnung kommen die eigentlichen Silbererze und andere silberhaltige Erze in Betracht.

Die wichtigsten Silbererze sind die nachstehend verzeichneten:

1. *Silberglanz*, Ag_2S (Argentit).
2. *Dunkles Rotgültigerz*, Ag_3SbS_3 bzw. $Sb_2S_3 \cdot 3\,Ag_2S$ (Pyrargyrit, Antimonsilberblende).
3. *Lichtes Rotgültigerz*, Ag_3AsS_3 bzw. $As_2S_3 \cdot 3\,Ag_2S$ (Proustit, Arsensilberblende).
4. *Silberhornerz*, AgCl (Chlorsilber).

Für deutsche Verhältnisse kommen vornehmlich silberhaltige Blei- und Kupfererze in Betracht. Blei- und Kupferverhüttung sind also mit der Silbergewinnung verknüpft. Die Aufbereitung der Erze erfolgt durch Amalgamation oder durch Laugung, sowie durch Verbleiung oder Verkupferung. Silberarme Rohstoffe werden mit Bleierzen verschmolzen, silberreiche werden unmittelbar in Blei verschmolzen.

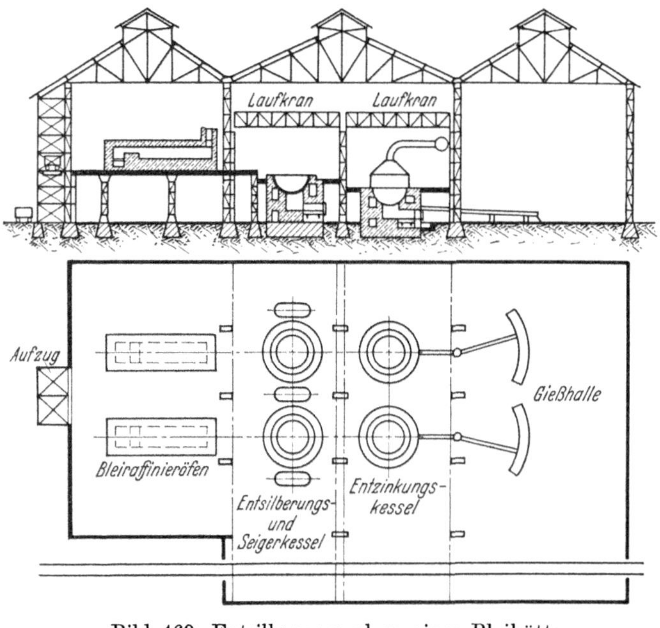

Bild 469. Entsilberungsanlage einer Bleihütte.

Unter *Verbleiung* oder der *Eintränkarbeit* versteht man das Verschmelzen in Gegenwart bleihaltiger Stoffe. Es entfällt ein silberhaltiges *Werkblei* oder *Reichblei*.

Die Anreicherung des Silbers kann nach verschiedenen Verfahren durchgeführt werden. Am meisten wird das Zinkentsilberungsverfahren angewendet. Es beruht auf folgender Tatsache: Wird metallisches Zink in edelmetallhaltiges geschmolzenes Blei bei einer über dem Schmelzpunkt des Zinks liegenden Temperatur eingerührt, und dann die Schmelze abgekühlt, so scheidet sich an der Oberfläche des Bades eine feste Silber-Zink-Bleilegierung ab, die unter gewissen Voraussetzungen das gesamte Silber und auch etwa vorhandenes Gold enthält. Diese Legierung wird „*Schaum*" genannt und läßt sich leicht entfernen. Das Einrühren des Zinks wird in offenen Kesseln nach Bild 392 (S. 293) durchgeführt. Die abgehobenen Schäume werden weiterverarbeitet mit dem Ziele ein treibwürdiges Reichblei zu erhalten, in dem das Edelmetall enthalten ist. Es muß ein Teil des Bleies und möglichst alles Zink entfernt werden. Das Zink wird abdestilliert nachdem das Blei durch Seigern zum Teil ausgeschieden ist. Die erforderlichen Einrichtungen sind bereits bei der Beschreibung der Bleihütten behandelt worden. Eine *Zinkentsilberungsanlage* wird so durchgebildet, daß die Beförderung des Metalles und der Zwischenerzeugnisse selbsttätig verläuft. Die einzelnen Öfen und Einrichtungen werden zu diesem Zwecke in verschiedenen Höhenlagen aufgestellt, wie im Bilde 469 gezeigt ist. Die Öfen zum Raffinieren des Werkbleies stehen auf einer Bühne in einer Höhenlage, die es gestattet, sie in die Entsilberungskessel abzustechen. Diese liegen also tiefer und müssen so aufgestellt werden, daß man mit jedem Raffinierofen auf jeden Entsilberungskessel arbeiten kann. Neben den Entsilberungskesseln sind die Seigerkessel oder die Seigeröfen anzuordnen. Wieder eine Stufe tiefer befinden sich die Entzinkungskessel bzw. die Entzinkungsöfen. Auf dem untersten Flur, also noch eine Stufe tiefer befinden sich die Formen zum Vergießen des fertigen Weichbleies. Die Gesamtanlage besteht zweckmäßig aus drei parallel zueinander liegenden Hallen. Die Halle für die Kessel ist mit Laufkranen ausgerüstet, die zum Ein- und Ausbauen und zum Verladen der Kessel nötig sind.

Der *Arbeitsgang* ist folgender. Nachdem der Entsilberungskessel aus dem Raffinierofen mit flüssigem Blei gefüllt ist, wird das Bad *geschlickert.* Es werden die an der Oberfläche schwimmenden Verunreinigungen (Schlicker) mit einer Lochkelle abgenommen. Die Schlicker werden auf dem gußeisernen Plattenbelag der Arbeitsbühne ausgebreitet und nach Erkalten wieder in den Raffinierofen eingesetzt. Nach Abkühlen des Bades auf etwa 440° wird das Zink eingerührt. Die erforderliche Zinkmenge wird durch Versuche festgestellt, sie beträgt etwa 1,2% der Bleimenge und 150% des Silbergehaltes. Die Zinkplatten werden gleichmäßig am Umfang des Kessels verteilt in das Bad geschoben. Dann wird zur Verhinderung starker Abkühlung eine Blechhaube über den Kessel gedeckt. Nachdem das Zink geschmolzen, wird es mittels des HOWARDschen Rührers (Bild 392) eingerührt. Das hierbei unten aus dem Rührwerkszylinder austretende Zink wird von Hand ständig nach dessen oberen Rand geschoben. Nach 10 bis 15 min ist das Einrühren beendet. Jetzt wird das Feuer unter dem Kessel abgestellt. Während des Abkühlens sondert sich auf dem Bade der *Schaum* ab. Er wird mit gelochten Kellen abgeschöpft, bis das Bad so stark abgekühlt ist, daß sich am Rande Blei in Krusten absetzt. Nun wird das Feuer wieder in Betrieb genommen und das Bad aufgeheizt. Dann wird das Einrühren von Zink wiederholt. Die Entsilberung ist beendet, wenn der Silbergehalt des Bleies unter 8 g/t gesunken ist.

Die *Schäume* bestehen im wesentlichen aus Zink-Silber-Mischkristallen, in denen geringe Bleimengen gelöst sind und aus mechanisch anhaftendem Blei mit geringem Zinkgehalt. Beim *Seigerverfahren* soll eine Konzentration der Edelmetalle und eine Ausscheidung des Bleies erreicht werden. Das geschieht durch Erhitzen der Schäume bis über den Schmelzpunkt des Bleies, damit dieses abfließt. Wichtig ist, daß Oxydation von Blei und Zink vermieden wird. Das erreicht man durch Zusatz von etwas Reduktionskohle und luftdichtes Abschließen des Seigerkessels. Beim Seigerofen muß mit reduzierender Ofenatmosphäre gearbeitet werden. Die geseigerten Reichschäume enthalten das Zink, soweit es nicht oxydiert ist in Form von Mischkristallen. Durch das *Destillationsverfahren* wird es unter Erhitzen abgeschieden. Das muß in einer geschlossenen Muffel nach Bild 395 geschehen. Die Muffel des Kippofens wird aus gleichen Teilen Ton und Graphit hergestellt. Sie hat die Form einer Flasche, die in schräger Lage in den Ofen eingebaut wird. Das Fassungsvermögen beträgt 500 bis 680 kg. Geheizt wird mit einer Koks- oder Ölfeuerung. Als Vorlage hat sich ein mit Lehm ausgestampftes starkwandiges Stahlrohr am besten bewährt. Die Erzeugnisse des Verfahrens sind: *Reichblei* mit 3 bis 12% Silber und Gold und 0,75 bis 1% Zink, *Metallisches Zink*, *Zinkstaub* und die Rückstände. Das metallische Zink wird in der Zinkentsilberung wieder verwendet. Das Reichblei wird durch die Treibarbeit weiter behandelt. Das *Abtreiben des Reichbleies* beruht auf der Tatsache, daß beim Überleiten von Luft über das erhitzte Bad von edelmetallhaltigem Blei dieses oxydiert wird. Das Bleioxyd (PbO), die sog. Glätte wird in flüssiger Form abgezogen. Die Edelmetalle bleiben fast unverändert zurück. Ein deutscher Treibofen ist im Bilde 396, ein englischer im Bilde 397 dargestellt.

Die *Anreicherung des Silbers* kann auch nach anderen Verfahren erfolgen. Beim PATTINSON-Verfahren wird durch Abkühlen der Schmelze reines Blei ausgeseigert. In der verbleibenden Schmelze ist das Silber auf 1,5 bis 2% angereichert. Wo die Silbergewinnung mit der Kupferverhüttung verbunden ist, wie im Mansfelder Gebiet, wird silberhaltiger Kupferstein nach dem ZIERVOGEL-Verfahren entsilbert. Hierbei wird das Silber in Silbersulfat, das Kupfer in Kupferoxydul überführt. Das Silber wird ausgelaugt und gefällt. Bei Erzen, die die Edelmetalle frei und in Sulfiden oder Chloriden enthalten und aus denen nur die Edelmetalle gewonnen werden sollen, kommt das *Amalgamations*verfahren zur Anwendung. Hierbei wird das Silber in Quecksilber aufgelöst, es entsteht eine Ag-Hg-Legierung (Silberamalgam). Das Amalgam wird in der Hitze in dampfförmiges Quecksilber und Silber zerlegt. Letzteres wird umgeschmolzen und raffiniert. Das Quecksilber wird wieder kondensiert. Die Amalgamation wird nach dem älteren PATIO-Verfahren oder nach dem KRÖHNKE-Verfahren durchgeführt. Bei dem PATIO-Verfahren wird das Erz mit Kochsalz, Quecksilber und Kupfersulfat vermischt. Hierdurch wird das Silber amalgamiert. Das Amalgam wird durch Vorwaschen von Rückständen getrennt, dann filtriert, gepreßt und ausgeglüht. Beim KRÖHNKE-Verfahren wird das Erz in sich drehenden Fässern mit einer heißen Lösung von Kupferchlorür, Kochsalz, Quecksilber und Zink- oder Bleiamalgam behandelt. Das Silberamalgam wird unter Zusatz von frischem Quecksilber verflüssigt und einem mechanischen Waschverfahren unterworfen. Das geschieht in eisernen Pfannen mit Rührwerk, in Kugel- oder Trommelmühlen. Die ausgewaschenen Verunreinigungen, die leichter als Amalgam sind, fließen mit dem Wasser ab. Ein Teil des Quecksilbers wird in Filterpressen abgeschieden. Der Rest des Quecksilbers wird in gußeisernen Tiegeln oder Retorten abdestilliert, indem man auf eine Temperatur von etwas über 360° erhitzt. Bild 470 zeigt einen Muffelofen von Krupp-Grusonwerk, der für diesen Zweck verwendet wird. Die *Gold- und Silberscheidung* wird durchgeführt, um Gold und Platin aus den gewonnenen Edelmetallegierungen zu trennen. Damit ist eine Entfernung der Verunreinigungen (Cu, Pb, Bi, As, Sn und Sb) verbunden. Die Scheidung geschieht durch Affination oder Elektrolyse.

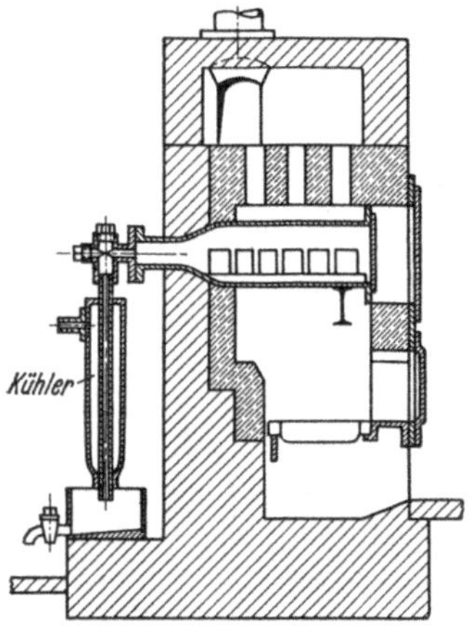

Bild 470. Muffelofen zum Abdestillieren von Quecksilber aus Amalgam.

Die *Affination* oder Schwefelsäurescheidung beruht darauf, daß Silber von heißer konzentrierter Schwefelsäure gelöst wird, während Gold nicht angegriffen wird. Der Kupfergehalt darf 10% nicht überschreiten, sonst muß er durch Zulegieren kupferarmer Stoffe gesenkt werden. Das Lösen geschieht in Kesseln aus Gußeisen, die in einem Ofen eingebaut sind. Nach Absitzen des Rückstandes wird die Lösung abgehebert. Die Silberlauge wird in die Fällgefäße, mit Blei ausgeschlagene Holzgefäße, überführt. Hier wird sie in Gegenwart von Kupfer mit kaltem Wasser verdünnt. Das Silber schlägt sich in feinkristallinem Zustand nieder. Der Niederschlag wird ausgewaschen und zu flachen Kuchen gepreßt, dann in einer Muffel geglüht und in einem Graphittiegel eingeschmolzen. Das Enderzeugnis hat einen Feingehalt von $^{995}/_{1000}$ bis $^{999}/_{1000}$ Silber. Der Rückstand wird zur Gewinnung von Gold und Platin weiterverarbeitet.

Die *elektrolytische* Silberscheidung wird mit einem Elektrolyt durchgeführt, der aus einer Lösung von Silbernitrat mit 10 bis 20 g Silber im Liter besteht und einen geringfügigen Überschuß an freier Salpetersäure hat. Die Anode besteht aus dem goldhaltigen Silber. Das Silber wird unter Einwirkung des elektrischen Stromes aufgelöst, während das Gold ungelöst zurückbleibt. An der Kathode scheidet sich reinstes Silber ab. Der Energieverbrauch je kg Elektrolytsilber beträgt 0,5 bis 0,6 kWh.

XII. Anlagen zur Gewinnung von Gold.

Bei der Goldgewinnung kommen wie beim Silber eigentliche Golderze und goldhaltige Erze anderer Metalle als Ausgangsstoffe in Betracht. Außerdem werden goldhaltige Abfälle, aber gewöhnlich nur in den Scheideanstalten auf Gold verarbeitet. Der Goldgehalt der eigentlichen Golderze ist im Durchschnitt 10 g/t (0,001%). Goldhaltige Schichten mit 100 g/t (0,01%) gelten als sehr reich. Erze mit 0,08 g/t können noch abbauwürdig sein. In den meisten Fällen liegt das Gold gediegen vor, und zwar als sog. *Freigold* oder *Berggold* oder vererzt mit anderen Mineralien. Freigold ist stets mit Silber legiert, häufig noch mit Kupfer und Eisen, seltener mit Quecksilber und Platin. Vererzt findet es sich als Begleiter von Pyrit, Bleiglanz, Kupferkies und anderen Erzen.

Die goldhaltigen Erze werden meistens zuerst ohne Rücksicht auf den Goldgehalt auf die Gewinnung der Hauptbestandteile verarbeitet. Hierbei findet eine Konzentration in den Zwischenerzeugnissen statt, die als Sammler für das Gold wirken wie z. B. Blei, Kupfer, Silber, Stein und Speise.

Die Gewinnung des Goldes aus den eigentlichen Golderzen geht immer mit Hilfe eines Lösungsmittels vor sich. Das *gebräuchliche Verfahren* ist das der *Plattenamalgamation* mit nachfolgender Zyanlaugung. Das Erz wird zerkleinert unter Wasserzusatz in eine Erztrübe übergeführt. Die Trübe fließt über Metallplatten, die mit einer dünnen Schicht Quecksilber bedeckt sind. Die Goldkörner sinken infolge ihrer Schwere auf den Boden und vereinigen sich mit dem Quecksilber zu Goldamalgam. Aus diesem wird das Gold durch Abdestillation des Quecksilbers gewonnen in gleicher Weise, wie bei dem Amalgamationsverfahren zur Silbergewinnung beschrieben wurde. Das gewonnene Rohgold (Reinheitsgrad $^{600}/_{1000}$ bis $^{850}/_{1000}$ wird mit Salpeter, Soda und Borax geschmolzen. Die weitere Raffination wird mit Chlorgas durchgeführt oder durch Elektrolyse bewirkt.

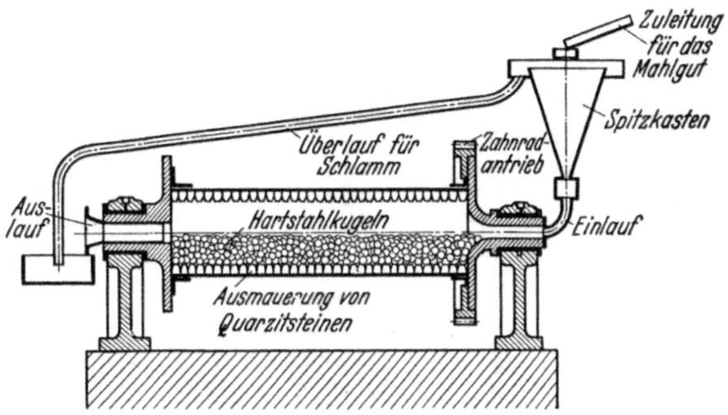

Bild 471. Rohrkugelmühle.

Ein *zweites Verfahren ist die Zyanlaugerei*. Das Erz wird mehlfein gemahlen und dann mit einer verdünnten Lösung von Zyankalium behandelt. Aus der Lösung wird das Gold mit metallischem Zink gefällt. Die Rückstände der Amalgamation werden ebenfalls der Zyanlaugerei unterworfen, da diese noch beachtliche Goldmengen enthalten, die auf diesem Wege gewonnen werden.

Die *Auflösung von metallischem Gold* durch Cyankalium erfolgt nach der Gleichung

$$4\,Au + 8\,KCN + 2\,H_2O + O_2 = 4\,KAu\,(CN)_2 + 4\,KOH\,.$$

Die Anwesenheit von Sauerstoff ist Grundbedingung.

Statt Zyankalium (KCN) kann auch Zyannatrium (NaCN)) als Laugemittel in Betracht kommen, da mit ihm bei gleichem Preise eine höhere Leistung erzielt wird. Die Betriebslaugen werden aus konzentrierten Vorratslaugen hergestellt, die nach Bedarf mit Wasser oder entgoldeten Laugen verdünnt werden.

Die Erze werden nach dem Brechen einer Vorzerkleinerung, meist in Pochwerken unterzogen. Dann folgt die *Feinzerkleinerung* nach Abscheidung des Schlammes. Hierzu werden fast ausschließlich Kugelmühlen verwendet, von denen Bild 471 ein Ausführungsbeispiel zeigt. Sie sind mit behauenen Quarzitsteinen oder Feuersteinbrocken in Portlandzement verlegt ausgefüttert. Die Kugelfüllung besteht gewöhnlich aus Hartstahlkugeln. Durch den vorgebauten Spitzkasten wird nur das Überkorn zur Mühle geführt, der Schlamm wird unter Umgehung der Mühle in die Sammelrinne geleitet. Vor, zwischen und hinter den Feinzerkleinerungsmaschinen befinden sich Klassiergeräte, die die Sande vom Schlamm und erstere wieder nach Korngröße scheiden. Das Überkorn wird jeweils wieder der Weitervermahlung zugeleitet.

Die *Laugung* wird nach verschiedenen Verfahren durchgeführt, die sich nach der Beschaffenheit des Mahlgutes richten. Bei feinen Sanden (Korngröße 0,1 bis 0,8 mm) wird die Sickerlaugung angewendet, die in niedrigen runden Behältern ohne Rühreinrichtung durchgeführt wird. Schlämme (Korngröße unter 0,1 mm) werden der Rührlaugung unterworfen, wobei der Schlamm fortgesetzt aufgerührt wird. Das kann durch mechanische Einrichtungen mit bewegten Rührarmen oder durch eingeführte Preßluft geschehen.

Die *Trennung der Lauge* von den Rückständen geschieht durch Aussüßen (Absitzenlassen des Schlammes) und durch Filtrieren in Filterpressen. Diese bestehen aus einer Anzahl flacher Kammern, die mit Filtertüchern bespannt sind.

Die Ausfällung des Goldes geschieht mittels Zinkstaub meistens nach dem MERILL-Verfahren (Bild 472). Der Schlamm wird in der Filterpresse selbst ausgewaschen und anschließend getrocknet.

Die *elektrolytische* Fällung wird unter Anwendung von Anoden aus Stahlblech und Kathoden aus Blei durchgeführt. Der geringe Goldgehalt der Lösungen zwingt zur Anwendung geringer Stromdichten von 0,3 bis 0,5 A/m², die Badspannung beträgt 1,75 bis 2 V.

Der auf die eine oder andere Weise gewonnene Goldniederschlag enthält noch Ag, Cu, Pb, An, As und Zn. Das Verschmelzen wird in Tiegel- oder Muffelöfen durchgeführt. Die Verunreinigungen werden hierbei verflüchtigt oder oxydiert, so daß sie leicht verschlackt werden können. Häufig wird der unreine Schlamm durch verbleiendes Verschmelzen weiterverarbeitet.

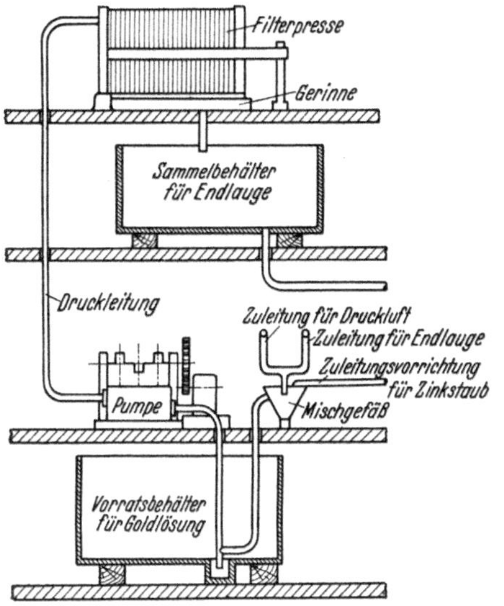

Bild 472.
Anlage zur Fällung des Goldes mittels Zinkstaub nach dem MERRILL-Verfahren.

Das gewonnene Rohgold wird noch *raffiniert.* Das elektrolytische Verfahren wird heute bevorzugt. Es beruht auf der Erscheinung, das Gold sich anodisch in einer heißen, stark salzsauren Lösung von Goldchlorid auflöst. Mit dem Gold gehen alle unedlen Begleitmetalle in Lösung oder in Form unslöslicher Chloride in den Schlamm, Platin und Palladium gehen ebenfalls in Lösung. An der Kathode wird nur Gold abgeschieden, das vollständig rein gewonnen wird. Ein anderes Verfahren wird mit Chlorgas durchgeführt. Bei Einleiten von diesem Gas in das geschmolzene Metall verbindet es sich zuerst mit den Verunreinigungen zu Chloriden, die entweder flüchtig sind und entweichen oder wie AgCl an der Oberfläche des Bades schwimmen und entfernt werden können.

XIII. Anlagen zur Gewinnung von Platin.

Platin kommt wie das Gold meist in gediegenem Zustand vor. Man findet es sowohl für sich allein als auch in Begleitung anderer Edelmetalle, besonders des Silbers. Die wichtigsten Lagerstätten sind die „*Seifen*". Man kann heute Seifen bis herab zu 1 g Metall je t mit Gewinn verarbeiten. Aus ihnen wird die unmittelbare Gewinnung fast ausschließlich durchgeführt. Als Nebenerzeugnis wird es bei der Gold- und Silbergewinnung dargestellt. Bei der Zinkentsilberung platinhaltigen Werkbleies geht es mit Gold und Kupfer in den ersten Schaum. Aus dem daraus gewonnenen Güldischsilber kann es abgeschieden werden. Die Verarbeitung der Platinerze besteht aus der Herstellung eines Konzentrationserzeugnisses durch Verwaschen und Aufbereiten und der hüttenmännischen Gewinnung auf nassem Wege. Hierbei wird Platin mit den anderen Metallen in Königswasser aufgelöst. Auf 1 kg Rohmetall kommen 4 l Säure. Wegen der starken Entwicklung von Stickoxyden müssen die Lösungsgefäße durch Rohre aus Steinzeug an einen gut ziehenden Abzug angeschlossen werden. Als Auflösungsgefäße benutzt man Porzellanzylinder von etwa 30 l Inhalt mit eingeschliffenem Deckel, in dem die Öffnungen zum Einfüllen und zum Abziehen der Gase anzuordnen sind. Das Auflösen nimmt bis zu 24 h in Anspruch. Die Lösung enthält fast das ganze Platin und die anderen Metalle der Platingruppe. Nachdem die Hauptmenge des Iridiums entfernt ist, wird das Platin mit konzentrierter Salmiaklösung gefällt. Der gewonnene Platinsalmiak wird in Saugfiltern aus Steingut ausgewaschen und dann in Quarzgefäßen langsam auf 700 bis 800° erhitzt. Man erhält Platinschwamm, der durch Kochen mit 20% HCl von Eisenbeimengungen befreit und nötigenfalls einer weiteren Behandlung mit verdünntem Königswasser zur Entfernung eines Restes von Iridium unterworfen wird. Der Platinschwamm wird in einem Schamottetiegel erhitzt. Der zusammengesinterte Platinblock wird durch Pressen oder Schmieden in die endgültige Form gebracht.

Die Gewinnung des Platins aus den Gold-Silberlegierungen geschieht derart, daß zunächst Gold und Silber elektrolytisch oder durch Affination getrennt wird. Die Platinmetalle gehen mit dem Gold zusammen. Die Goldplatinlegierung wird der Goldelektrolyse unterworfen. Hierbei scheidet sich das Gold kathodisch ab, Platin und Palladium gehen anodisch in Lösung. Aus dem an Platin und Palladium angereicherten Elektrolyten wird Platin durch Salmiak gefällt.

XIV. Der Drehrohrofen zur Durchführung des Wälzverfahrens.

Unter der Bezeichnung *Wälzverfahren* werden eine Reihe von Arbeiten verstanden, die den Zweck haben aus Erzen, Schlacken, Zwischenerzeugnissen und Rückständen verflüchtigungsfähige Metalle zu gewinnen. Vornehmlich handelt es sich dabei um Zink, Blei und Zinn. Aber auch Kadmium, Wismut, Quecksilber, Arsen und Antimon werden in Betracht gezogen[1].

Kennzeichnend für das Verfahren ist die Anwendung des *Drehrohrofens,* der, wie bereits gezeigt wurde, für verschiedene hüttenmännische Verfahren benutzt wird. Die zu verarbeitenden Stoffe werden gleichmäßig ohne zu schmelzen durchgearbeitet und langsam durch den Ofen von einem Ende bis zum anderen durchgewälzt. Es können auch Stoffe mit sehr geringen Gehalten an Zink, Blei und Zinn da noch wirtschaftlich verarbeitet werden, wo andere Verfahren versagen.

Das Wälzverfahren läßt sich zurückführen auf Arbeiten von Delolph (DRP. Nr. 252195 vom 23. 7. 1910) sowie der Metallbank und Metallurgischen Gesellschaft, Frankfurt a. M. (DRP. Nr. 290013 vom 8. 11. 1913). Unabhängig hiervon waren es die Arbeiten von Johannsen und Matzel vom Krupp-Grusonwerk in Magdeburg, die das Verfahren zu einem brauchbaren Betriebsverfahren entwickelt haben. Im Jahre 1925 kam die erste Anlage bei C. W. Kayser in Lünen in Betrieb. Ende 1929 arbeiteten bereits 31 Öfen und inzwischen sind weitere gebaut worden.

Im Jahre 1930 wurden ungefähr 5% der Weltzinkerzeugung über das Wälzverfahren gewonnen, und zwar aus Rohstoffen, die vorher zum größten Teil nicht zu verarbeiten waren. Im Drehrohrofen werden Zink-, Blei- und Zinnoxyd mit 60 bis 80% Metall gewonnen, die dann auf Metall weiterverarbeitet werden. Das wurde vorher bei armen Zinkerzen auch schon in anderer Weise gemacht, indem die armen Rohstoffe auf Rosten in kleinen Schachtöfen verblasen wurden. Das Wälzverfahren hat aber den Vorteil, daß die metallhaltigen Rohstoffe nicht geschmolzen werden und mit einem billigen Brennstoff verarbeitet werden können. Die Vorwärtsbewegung der Beschickung wird beim Drehrohrofen durch seine Schrägstellung und die Drehbewegung erreicht. Die zur Verbrennung und Reaktion notwendige Luft zieht im Gegenstrom durch den Ofen, sie erwärmt sich an der den Ofen verlassenden entzinkten Schlacke, bewirkt in der Mitte des Ofens die Zinkverflüchtigung und Verbrennung. Die Gase geben auf dem weiteren Wege ihre Wärme an die frische Beschickung ab und verlassen mit Zinkoxyd beladen den Ofen. Hinter dem Ofen befinden sich Staubkammern, in denen sich der Flugstaub und mitgerissene Teilchen der Beschickung absetzen. Sie werden durch Schnecken ausgetragen und mit einem Fördergerät wieder den Rohstoffen zugefügt. Die Ofengase werden durch Schleudergebläse abgesaugt und gelangen nach genügender Kühlung in einen Trockenstaubabscheider, in dem das Verflüchtigungserzeugnis (Zinkoxyd) abgefiltert wird. Es kommen hierfür Sackfilter oder Elektrofilter zur Anwendung. Der Ofen ist mit einer Kohlenstaubfeuerung oder Ölfeuerung versehen, die aber nur zum Anheizen und zum Temperaturausgleich benötigt wird. Infolge der ständigen Bewegung des Ofens und der Beschickung ist die Wärmeübertragung gut. In der Hauptreaktionszone herrschen Temperaturen bis zu 1300°, die Abgase haben Temperaturen, die zwischen 300 und 600° liegen, sie enthalten nur Spuren von freiem Sauerstoff und Kohlenoxyd. Vom wärmetechnischen Standpunkt ist der Hauptunterschied zwischen dem Wälzverfahren und dem Schacht-

[1] Metall u. Erz 1927 Heft 17, 1929 Heft 1 u. 22; Z. angew. Chem. 1930 S. 246.

ofenverfahren der, daß beim Schachtofenverfahren das Zink innerhalb der Beschickungssäule reduziert (endothermer Vorgang) und an der Oberfläche der Beschickungssäule oxydiert wird (exothermer Vorgang). Beim Wälzverfahren liegen diese beiden Vorgänge zeitlich und räumlich so nahe zusammen, daß die Reaktionswärme weitgehend zum Vorwärmen der Beschickung ausgenutzt wird.

Für den Verlauf der *metallurgischen* Vorgänge der Zinkverflüchtigung sei die Verarbeitung armen *Haldengalmeis* betrachtet. Dieser wird mit Brennstoff, z. B. Koksabrieb, vermischt in den Drehrohrofen eingeführt. Das Erz wird durch die Gase zunächst getrocknet, dann vorgewärmt. Bei Temperaturen von 600° aufwärts werden die Karbonate zersetzt. Die Oxyde treten mit einer Temperatur von etwa 1000° in die eigentliche Reaktionszone ein. Hier gehen folgende Umsetzungen vor sich:

1. $ZnO + C = Zn\ (Dampf) + CO - 55640\ cal.$
2. $Zn\ (Dampf) + CO + O_2 = ZnO + CO_2 + 152840\ cal.$

Die Reduktion des Oxydes zu Metall geht innerhalb der Beschickung vor sich. Durch die Drehbewegung des Ofens gelangen die Metalldämpfe an die Oberfläche, wo das Zink zu Zinkoxyd verbrennt. Es wird mit den Ofengasen fortgeführt. Man kann demnach sagen, daß die Reduktion der Oxydes und die Wiederoxydation des Metalles zeitlich und räumlich praktisch zusammenfallen. Durch Addition der beiden Gleichungen ergibt sich

$$C + O_2 = CO_2 + 97200\ cal,$$

das ist die vollkommene Verbrennung des Kohlenstoffs zu Kohlensäure. Der *metallurgische Vorgang der Zinkverflüchtigung erfordert keinen besonderen Wärmeaufwand.* Ist das Verfahren einmal eingeleitet, so läuft es ohne äußere Wärmezufuhr selbsttätig weiter.

Dem Rohstoff wird etwas Koks im Überschuß zugegeben, um leichtschmelzende Beschickung anzusteifen und am Schmelzen zu verhindern, sodann um die Wandverluste des Ofens auszugleichen. Wie bereits beim Muffelverfahren besprochen, ist die Intensität der *Zinkverflüchtigung* von der Höhe der Temperatur abhängig. Man hat aber beim Drehrohrofen die *Arbeitstemperatur* vollständig in der Hand, und zwar durch Änderung der Drehzahl des Ofens und durch Änderung der durch den Ofen gesaugten Luftmenge. Man kann eine Beschleunigung und eine Verzögerung der Verbrennung auf diese Weise herbeiführen und die Lage der *Reaktionszone* im Ofen bestimmen. Diese liegt gewöhnlich in der Mitte des Ofens; sie ist gekennzeichnet durch *grüngefärbte* rauchende Zinkflammen. Je mehr sich die Beschickung dem Ofenaustrag nähert, um so schwächer werden die Zinkflammen. Zuletzt verschwinden sie ganz und an ihrer Stelle erscheinen rein gelbe Flämmchen, die vom Koks herrühren. Dann ist das Gut praktisch vollkommen entzinkt. Die Schlacke verläßt mit 0,5 bis 1% Zn in krümeligem Zustande den Ofen.

Sulfidische Zinkerze (blendehaltige Stoffe) lassen sich im Drehrohrofen ohne Vorröstung bei Zugabe von Kalk verarbeiten, wobei folgende Reaktionen verlaufen

$$ZnS + CaO + C = Zn\ (Dampf) + CaS + CO,$$
$$Zn\ (Dampf) + CO + O_2 = ZnO + CO_2.$$

Bei diesem Verfahren tritt also eine vollkommene Bindung des Schwefels ein. Die Abgase können ohne Schädigungen zu verursachen in die Atmosphäre entweichen.

Zinkhaltige Schlacken enthalten meist noch Eisen, das bei den Vorgängen im Ofen auch eine Rolle spielt. Das Zink ist teils als ZnO, teils als ZnS vorhanden. Soweit das ZnO nicht durch C reduziert und verflüchtigt wird, setzt sich Eisen mit ZnS nach der folgenden Gleichung um:

$$ZnS + Fe = FeS + Zn\ (Dampf),$$
$$Zn\ (Dampf) + O = ZnO.$$

Es findet also auch hierbei eine Bindung des Schwefels statt.

Bei der *Verarbeitung von bleihaltigen Stoffen* tritt als Kennzeichnung der Vorgänge die *gelb gefärbte Bleiflamme* auf. Die in Bleierzen am meisten vorkommenden Verbindungen PbS und $PbCO_3$ neigen an und für sich zur Verflüchtigung. Der Dampfdruck von PbS und PbO ist gering, aber durch die ständige Bewegung der Beschickung und infolge des ununterbrochenen Abführens der Gase wird eine weitgehende Verdampfung erzielt. PbS wird als solches verflüchtigt, aber beim Austritt aus dem Ofen verbrennt es nach

Zusatz von Frischluft zu basischem Bleisulfat. $PbCO_3$ wird nach Zerlegung in PbO teils als solches verflüchtigt, teils durch Kohle reduziert.

Bleisilikate verlangen eine *höhere* Temperatur zur Zerlegung und Verflüssigung.

Die Tatsache, daß Zink in reduzierender, Blei dagegen in oxydierender Atmosphäre verflüchtigt werden kann, weist der Blei-Zink-Trennung neue Wege.

Das *Zinn* verhält sich ähnlich wie Zink. Die Verflüchtigung von Kadmium, Wismut, Arsen und Antimon tritt als Nebenreaktion auf, da fast alle Blei- und Zinkerze Spuren von diesen Metallen enthalten. Kadmiumhaltiges Zinkoxyd kann auf Kadmium verarbeitet werden, da Kadmium und Arsen in Gegenwart von Chlor die Neigung haben als Chloride zu verdampfen.

Für die *Durchführung des Wälzverfahrens* werden die Rohstoffe, soweit sie nicht schon in feiner Form vorliegen auf 1 bis 5 mm Korngröße zerkleinert und dann mit Koksgrus oder Kohleabrieb gemischt. Das Gemisch wird durch ein schräggestelltes Aufgaberohr oder eine Aufgaberinne in den Ofen eingeführt. Da dieses Aufgabegerät, soweit es in das Innere des Ofens hineinragt, dauernd höheren Temperaturen ausgesetzt ist, wird es zweckmäßig mit einer Wasserkühlung ausgestattet.

Der Aufgabevorrichtung sind vielfach Zuführungsbänder vorgeschaltet. Diese können so angelegt werden, daß das richtige Verhältnis von Erz und Brennstoff sich selbsttätig einstellt. Die gründliche Durchmischung findet dann erst im Ofen statt. Es kann auch ein besonderer Aufgabebunker vorgesehen werden, in den die Stoffe abgewogen satzweise eingeführt werden. Aus dem Bunker werden sie in bestimmten Zeitabständen abgezogen und durch die Aufgabevorrichtung dem Ofen zugeleitet.

Der *Drehrohrofen* wird mit einer Neigung von 3 bis 4° aufgestellt. Je nach seiner Länge liegt er in drei oder vier Lagern, die durch Rollen gebildet werden. Der Antrieb wird zweckmäßig durch einen Gleichstrommotor bewirkt, damit die Umdrehungsgeschwindigkeit in einfacher Weise geregelt werden kann. In der Regel macht der Ofen eine Umdrehung in 55 bis 60 s. In der Tabelle 66 sind Anhaltszahlen über die Hauptabmessungen und Durchsätze der Drehrohröfen angegeben. Die *Ausmauerung* wird mit Radialsteinen von 150 bis 250 Stärke ausgeführt. Meist nimmt man Schamottesteine mit 38 bis 42% Al_2O_3. Entstehen bei den Reaktionen flüssige Phasen, z. B. bei Schwefeleisen, die Schamottesteine stark angreifen, so werden in der Hauptreaktionszone auch Magnesitsteine verwendet.

Tabelle 66. Anhaltszahlen für die Hauptabmessungen und Durchsätze von Drehrohröfen beim Wälzverfahren.

Durchmesser des Blechmantels m	Innerer Durchmesser der Ausmauerung m	Länge des Ofens m	Durchsatz des Ofens t/24 h
1,1	0,90	12	6— 8
1,4	1,10	14	10— 12
1,6	1,30	16	13— 15
1,8	1,40	18	20— 24
2,0	1,60	20	30— 35
2,25	1,85	25	50— 60
2,50	2,00	35	80—100
2,75	2,25	40	120—140
3,00	2,50	45	160—180
3,30	2,80	50	220—250
3,60	3,10	60	300—350

Die Öfen besitzen zum Anheizen und zum Ausgleichen eine kleine *Zusatzheizung,* meist eine Kohlenstaubfeuerung. Die *Verflüchtigungserzeugnisse* werden mit den Ofengasen abgeführt und in Sackfiltern oder elektrischen Filtern abgeschieden.

Bei der Durchführung des Verfahrens ist auf gleichmäßige Mischung der Stoffe, gleichmäßige Aufgabe, sowie auf Einhaltung der günstigsten Zug- und Temperaturverhältnisse zu achten, da sonst Ansätze an der Ofenwand entstehen.

Das Verfahren hat bis jetzt auf nachstehend verzeichneten Gebieten Anwendung gefunden:

1. für die Verarbeitung von Messingaschen und Krätzen, von Muffelrückständen der Zinkdestillation.
2. für Verarbeitung armer Zinkerze, von Haldengalmei, Blende, Schlämme u. dgl.
3. für Verarbeitung zinkhaltiger Schlacken von Bleischachtöfen.
4. für Verarbeitung zinkhaltiger Kiesabbrände.

5. für Verarbeitung von Zinnerzen.
6. für Verarbeitung reiner Bleierze.
7. für die Blei-Zink-Trennung.
8. für die Verarbeitung von bleihaltigem Zinkoxyd.

Als Ausführungsbeispiel soll nachstehend die Wälzanlage der *Mansfeld Akt.-Ges.* beschrieben werden. Sie ist den Bildern 473 und 474 dargestellt. Wie aus dem Bild 473 ersichtlich ist, sind die Bunker für die Rohstoffe mit Zerkleinerungsanlage und die Kühler

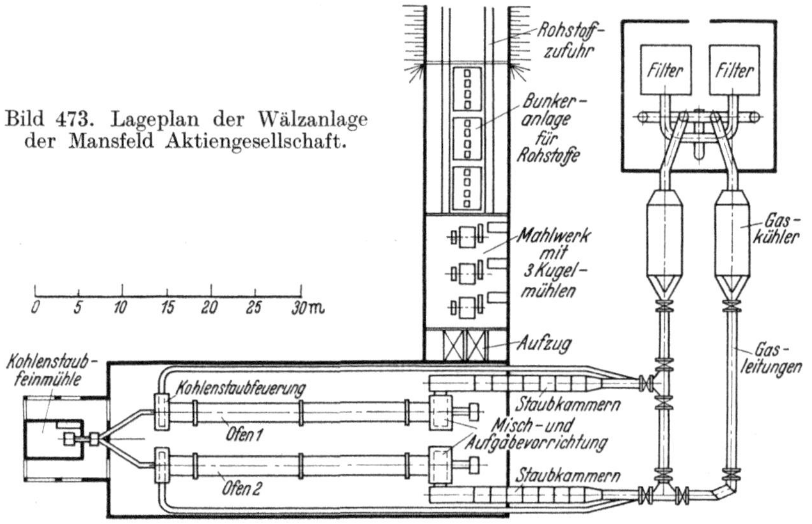

Bild 473. Lageplan der Wälzanlage der Mansfeld Aktiengesellschaft.

mit anschließender Filteranlage rechtwinklig zu der Ofenhalle angeordnet. Die Halle des Mahlwerks ist bis vor die Drehrohröfen durchgeführt. Hier befinden sich die Misch- und Aufgabevorrichtungen für die Öfen. Die Öfen sind 30 m lang, haben im Blechmantel 2 m, in der Ausmauerung 1,6 m Durchmesser. Sie sind an drei Stellen gelagert. Der

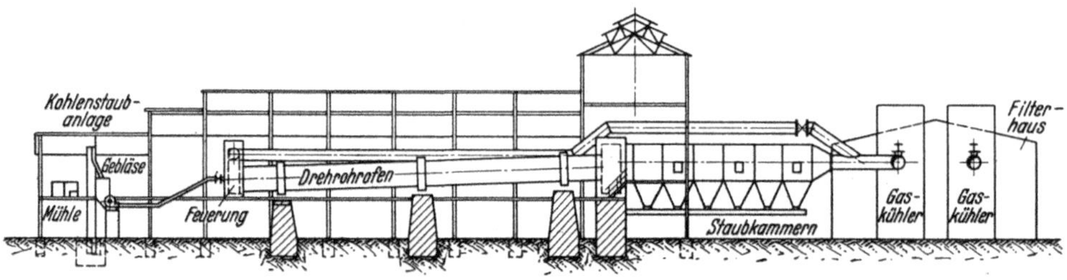

Bild 474. Wälzanlage der Mansfeld Aktiengesellschaft, Längsschnitt durch die Ofenhalle.

Antriebszahnkranz liegt in der Mitte. Der Antrieb geschieht mit Zwischenschaltung eines Reibradgetriebes. Wenn der elektrische Antrieb versagt, kann der Ofen nach Auflegen einer Gallschen Kette von Hand gedreht werden. Der Ofen macht gewöhnlich 1 Umdrehung in 55 s, jedoch kann die Umdrehungszeit zwischen 36 und 70 s mit 6 Zwischenstufen geregelt werden.

Die *Ofenbeschickung* wird so vorbereitet, daß abgewogene Mengen von Schlacke und Koksgrus über einen Mischkegel abwechselnd in die beiden Teile eines Doppelbunkers gestürzt werden. Während die eine Hälfte des Bunkers gefüllt wird, wird der Inhalt der anderen Hälfte durch *Stoß-Schuh-Speiser* und *Markus-Rinne* in den Ofen eingeführt.

Verarbeitet wird zinkhaltige *Bleischachtofenschlacke*. Sie enthält 16—22% Zn, 1—2% Pb, 1—2% Cu, 16—18% SiO_2, 34—40% FeO_2, 4—6% CaO, 2—4% Al_2O_3 und 6—8% S. Von dieser Schlacke entfallen jährlich 18000 t. Sie wird an den Schachtöfen mit Wasser granuliert. Außerdem wird von einer Schlackenhalde eine ungefähr ebenso große Menge nach Zerkleinerung in Steinbrechern und Kugelmühlen in der Wälzanlage mit verarbeitet.

Die ganze Anlage einschließlich aller Nebenbetriebe verbraucht je t durchgesetzter Schlacke 18 kWh Drehstrom und 12 kWh Gleichstrom.

Der Schmelzpunkt der Schlacke liegt unter 1100°, weshalb zur Verhinderung von Schmelzen und Fließen ein Überschuß an Koks zugesetzt wird. Der Koksverbrauch beträgt 35%.

Beim Durchgang durch den Ofen spielen sich folgende Vorgänge ab. Das in der Schlacke enthaltene Zinkoxyd wird nach folgender Gleichung reduziert:

$$ZnO + C = Zn + CO.$$

Das Kohlenoxyd verbrennt zu Kohlensäure und der Zinkdampf wiederum zu Zinkoxyd. Diese Verbrennungen bringen den größten Teil der für das Verfahren erforderlichen Wärme. Aus dem Eisenoxyd der Schlacke wird ein Teil des Eisens reduziert und dieses Eisen zersetzt noch vorhandenes Zinkoxyd sowie Zinksulfid nach folgenden Gleichungen:

$$ZnO + Fe = FeO + Zn$$

und

$$ZnS + Fe = FeS + Zn.$$

In beiden Fällen verbrennt Zinkdampf sofort zu ZnO. Diese *drei Vorgänge,* nämlich die Reduktion des Oxydes durch Kohle und Eisen sowie die Reduktion des Sulfides durch Eisen, *bedingen die Zinkverflüchtigung.* Die Temperatursteigerung, die mit der erstgenannten Reaktion verbunden ist, bewirkt die mechanische Ausseigerung des in geringen Mengen vorhandenen Blei-Kupfersteins. Hierzu kommt das gebildete Schwefeleisen, es bildet sich kupferhaltiges Schwefeleisen, das beträchtliche Mengen Eisen löst. Da es leichtflüssig und spezifisch schwerer als die Schlacke ist, sammelt es sich zwischen Mauerwerk und Beschickung und wirkt wie ein Schmiermittel. Die Beschickung wird nicht mehr gewälzt sondern überschlägt sich, weil sie nicht mehr an Mauerwerk haftet. Letzteres würde dann schnell zerstört. Um das zu verhindern, wird, wie schon gesagt, Koks im Überschuß zugesetzt.

Die verarbeitete Schlacke enthält im Mittel je t etwa 183 kg Zink, davon wurden im Oxyd 85% ausgebracht. Das gewonnene Zinkoxyd hat 65—68% Zn, 7—9% Pb, 1% S, 0,12% Cl.

Später, wenn die Haldenbestände an Schlacke verarbeitet sind, soll Flugstaub verarbeitet werden, der 21% Pb, 23% Zn, 16% S enthält. Es soll ohne Kokszusatz lediglich durch Beheizung der Trommel also bei oxydierender Atmosphäre gewälzt werden. Das Blei wird dann in Form eines angereicherten Bleistaubes gewonnen, während das Zink in der Hauptmenge im Ofenaustrag vorhanden ist. Die zinkhaltigen Klinker werden gemahlen und unter Zusatz von Kalk und Koks in einem zweiten Drehrohrofen verarbeitet.

Achter Abschnitt.

Anlagen zur Entstaubung von Gasen.
(Gasreinigung.)

Die feinsten Teilchen von festen Körpern, die sich in einem Gas schwebend erhalten können, nennt man *Staub*. Die Flugfähigkeit ist um so größer, je feiner der Staub ist. Vulkanischer Staub hat sich jahrelang bis zu 80 km Höhe erhalten. Die Flugfähigkeit wird auch beeinflußt durch die Gasgeschwindigkeit. Verhältnismäßig grober Staub wird vom Wind tausende Kilometer weit fortgetragen. Staub hat infolge seiner feinen Zerteilung Eigenschaften, die sonst nur einer anderen Zustandsform entsprechen, er fliegt nicht nur in Gasen, er fließt unter gewissen Umständen auch wie eine Flüssigkeit durch Leitungen und enge Fugen. Hieraus ergibt sich schon, daß die Erfassung des Staubes und seine Ausscheidung aus Gasen nicht einfach ist. Der in der atmosphärischen Luft befindliche Staub wird auf zweierlei Weise ausgeschieden: bei Nachlassen der Luftbewegung durch Ablagerung und bei eintretendem Regen durch Auswaschen. Bei der Ausscheidung von Industriestaub aus Gasen sind diese beiden Möglichkeiten zuerst angewendet worden.

Industriestaub bildet sich bei verschiedenen physikalischen und chemischen Vorgängen. Ist der Ausgangsstoff ein fester Körper, so entsteht er durch Formzertrümmerung. Eine andere Art von Staub entsteht durch Kondensation bei chemischen Umsetzungen aus Gasen. Führen die Abgabe von Feuerungen feine Teilchen von festen Körpern etwa von Kohlenstoff (Ruß) oder Asche mit, so nennen wir sie *Rauch*. Sind Flüssigkeitsteilchen von ähnlicher Größenordnung im Trägergas enthalten, so sprechen wir von *Nebel*. Ein Gemisch von Rauch, Dampf und Nebel, wie es bei der Braunkohlentrocknung entsteht, heißt *Wrasen*. Bei sehr schwacher Verteilung heißt ein solches Gemisch *Dunst*. Zieht Dunst in flachen Schichten dahin, so nennt man ihn *Schwaden*, ballt er sich zusammen, so heißt er *Qualm*.

Die *Ausscheidung des Industriestaubes* aus Gasen wird entweder wegen der erheblichen Werte des Staubes selbst vorgenommen oder sie geschieht, um das Gas für den Verwendungszweck geeigneter zu machen. Letzteres ist der Fall bei der Staubausscheidung von Heizgas, man spricht dann sinngemäß von einer *Gasreinigung*.

Die *Werte im Industriestaub* sind oft sehr erheblich und ihre Rückgewinnung in manchen Fällen ausschlaggebend für die Wirtschaftlichkeit eines Verfahrens. In der Braunkohlenindustrie wird der Staubgehalt vom Abraum bis zum fertigen Brikett zu 6% angegeben. In der amerikanischen Anthrazitaufbereitung ist der Verlust durch Staub auf 2% der Förderung ermittelt worden (1,5 Mill. t jährlich). Bei einem Kupferschachtofen wurde im Abgas 1,5 g/m^3 Staub mit 40% Zinkgehalt ermittelt. Bei allen trockenen Verfahren der Zinkoxydgewinnung ist die restlose Niederschlagung des Zinkoxyds aus dem Gasstrom ausschlaggebend für die Wirtschaftlichkeit des Verfahrens.

Der Staubgehalt des *Hochofengichtgases* beträgt je nach der Art des Möllers, der Betriebsweise und der mehr oder weniger richtigen Gestaltung der Gasabzüge (Gichtverschlüsse) der Öfen 4 bis 20 g/Nm^3 Gichtgas. Für den Gasmaschinenbetrieb soll der Staubgehalt 1 bis 2 mg betragen. Auch für die Verwendung des Gichtgases für Heizzwecke insbesondere bei den Winderhitzern wird ein ähnlicher Reinheitsgrad gewünscht. Die Reinigung des Gichtgases ist somit ebenfalls geboten.

Grober Staub kann aus einem Gasstrom durch dessen Geschwindigkeitsverminderung leicht ausgeschieden werden. Zu diesem Zwecke werden an geeigneter Stelle gemauerte

Kammern oder Behälter aus Stahl sog. *Staubsäcke* in die Leitung eingeschaltet. Die Staubabscheidung ist hierin um so vollkommener, je geringer die Gasgeschwindigkeit des aufsteigenden Gasstromes ist. Sie beruht nämlich auf Strömungs- und Geschwindigkeitsänderungen des staubführenden Gasstromes sowie auf der Wirkung der Schwerkraft der Staubteilchen. Zur Bestimmung der Staubausscheidung benutzt W. BARTH[1] die folgenden Bewegungsgleichungen für Staubteilchen:

$$g\,(v_x - c_x) = W_f \frac{d c_x}{d t} \tag{1}$$

$$g\,(v_y - c_y) = W_f \frac{d c_y}{d t} \tag{2}$$

$$g\,(v_z - c_z) + g\,W_f = W_f \frac{d c_z}{d t}\,. \tag{3}$$

Hierin bedeuten:

g = Erdbeschleunigung m/s²,
v = Geschwindigkeit des Gases m/s,
c = Geschwindigkeit der Staubteilchen in m/s in ruhendem Gas im Beharrungszustand,
t = Zeit s,
die Kennzeichen x, y, z bezeichnen die Komponenten der Geschwindigkeiten nach den Koordinatenrichtungen x, y, z.
z = Koordinate in der Schwerkraftrichtung.

Statt der Korngröße wurde der Einfachheit halber die Fallgeschwindigkeit W_f eingeführt, da zwischen Korngröße und Fallgeschwindigkeit bestimmte Zusammenhänge bestehen[2]. Im Bilde 475 ist die Abhängigkeit der Fallgeschwindigkeit von der Korngröße für Gichtstaub von $\gamma_s = 3{,}6$ kg/dm³ als Beispiel angegeben. Wenn die Strömungsvorgänge genau bekannt sind, so sind durch die Gleichungen (1) bis (3) die Bahnen der Staubteilchen festgelegt und können manchmal analytisch, fast immer aber zeichnerisch ermittelt werden[3]. Aber nur in den seltensten Fällen können über die Strömungsverhältnisse genaue Angaben gemacht werden, da fast jede Strömung mit Wirbeln und Zweitströmungen durchsetzt ist.

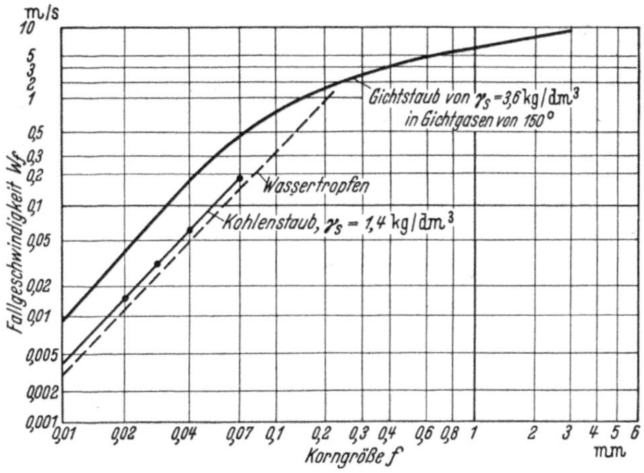

Bild 475. Abhängigkeit der Fallgeschwindigkeit von der Korngröße.

Bei der Lösung strömungstechnischer Aufgaben hat sich der *Modellversuch* gut bewährt.

Damit Ähnlichkeit zwischen der Staubbewegung im Modell und in der Ausführung besteht, müssen außer der Ähnlichkeit des Strömungsvorganges und der geometrischen Abmessungen die folgenden Beziehungen bestehen.

$$\frac{Q_a}{Q_m} = \left(\frac{s_a}{s_m}\right)^{\frac{5}{2}} \tag{4}$$

$$\frac{W_{fa}}{W_{fm}} = \left(\frac{s_a}{s_m}\right)^{\frac{1}{2}}. \tag{5}$$

Hierin bedeuten:

s = kennzeichnende geometrische Abmessung m,
Q = Gasmenge in der Zeiteinheit m³/h.
Mit dem Kennzeichen m sind die Größen des Modells mit dem Kennzeichen a die Größen des Betriebsgerätes bezeichnet.

[1] BARTH, W.: Rauch u. Staub Bd. 22 (1932) S. 93/98; Arch. Wärmew. Bd. 14 (1933) S. 267/269; Stahl u. Eisen Bd. 55 (1935) S. 1129.

[2] SELL, W.: Rauch u. Staub 1930 S. 101. MELDAU: Der Industriestaub. Berlin: VDI-Verlag 1926.

[3] SELL, W.: Forsch. Ing.-Wes. Heft 347, VDI-Verlag 1931.

Wenn die Bedingungen nach den Gleichungen (4) und (5) erfüllt sind, verläuft der Entstaubungsvorgang im *Modell* und in der *Betriebsausführung* ähnlich, es ergeben sich die gleichen *Abscheidegrade* η. Nach der Strömungslehre[1] verlaufen Strömungen von *Gasen* und *Flüssigkeiten* ähnlich, wenn die Strömung bei gleichen REYNOLDSschen Kennzahlen erfolgt. Die Staubabscheideversuche können deshalb auch mit Flüssigkeiten durchgeführt werden, wenn an Stelle des Staubes ein Stoff aufgegeben wird, der die Bewegungsgesetze nach den Gleichungen (1) bis (3) befolgt. Diese Forderung ist annähernd unter einigen vereinfachenden Bedingungen für Quarzsand erfüllt. Es wurden Versuche mit Wasser und Sand von 0,2 bis 0,8 mm Korngröße durchgeführt und hierbei Abscheider von 50 und 70 mm Durchmesser benutzt. Der Abscheidegrad eines Abscheiders wurde dadurch bestimmt, daß der aufgegebene und abgeschiedene Sand ausgewogen wurde. Auf diese Weise wurden verschiedene Abscheiderbauarten in Abhängigkeit von den geometrischen Abmessungen, der Korngröße und der Belastung untersucht.

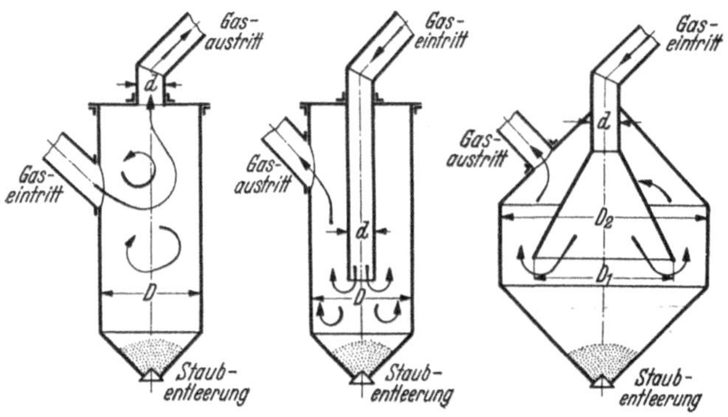

Bild 476a. Bild 476b. Bild 476c.
Bild 476a bis c. Staubsäcke verschiedener Bauart.

Bei der *Vorreinigung in Staubsäcken* wird die Gasgeschwindigkeit soweit vermindert, daß ein Teil des Staubes ausfällt. Die Bilder 476a, 476b und 476c zeigen Ausführungsformen von Staubsäcken. Wenn sich die Geschwindigkeit des Gases gleichmäßig über den ganzen Querschnitt des aufsteigenden Gasstromes verteilte, würde aller Staub ausgeschieden, dessen Fallgeschwindigkeit größer ist als die des aufsteigenden Gasstromes. Dann ergäben sich folgende Abscheidegrade:

$$\eta = 100\,\% \text{ für } \frac{Q}{F} < W_f \tag{6}$$

$$\eta = 0\,\% \text{ für } \frac{Q}{F} > W_f \tag{7}$$

F = Querschnitt des aufsteigenden Gasstromes.

Es ist beim Bild 476a $F = \frac{D^2\pi}{4}$

" " 476b $F = \frac{D^2\pi}{4} - \frac{d^2\pi}{4}$

" " 476c $F = \frac{D_2^2\pi}{4} - \frac{D_1^2\pi}{4}$.

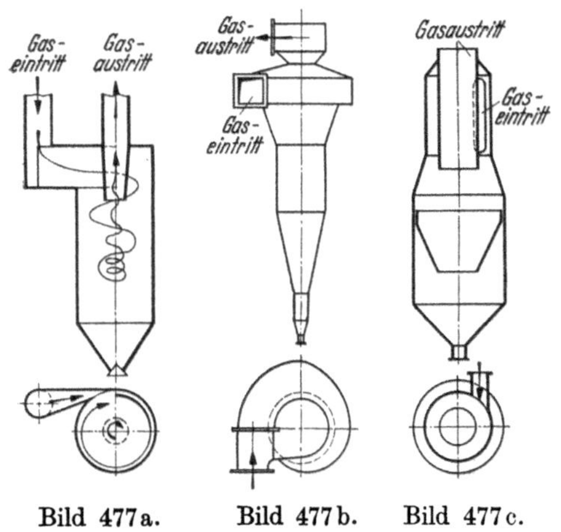

Bild 477a. Bild 477b. Bild 477c.
Bild 477a bis c. Ausführungsformen von Wirblern zur Staubabscheidung.

Da sich aber keineswegs gleichmäßige Geschwindigkeitsverteilung ergibt, sind die Abscheidegrade ungünstig. Es werden also Staubteilchen, die der Bedingung nach Formel (6) entsprechen zum Teil wieder mitgerissen. Ein Nachteil der Ausführung nach Bild 476a besteht darin, daß die Gasbewegung von unten nach oben der Staubabscheidung entgegenwirkt und daß sich durch die plötzliche Querschnittsänderung Wirbel bilden, die der Staubabscheidung abträglich sind. Der Staubsack nach Bild 476b ist bezüglich der Richtung der Gasbewegung eine Verbesserung. Das Bild 476c zeigt die von A. GROTKAMP vorgeschlagene Bauart, die sehr gute Ergebnisse im Hochofenbetrieb des Werkes Esch der Arbed ergeben hat. Hierbei wird die Geschwindigkeit des abfallenden Gasstromes allmählich vermindert, so daß sie an der Umkehrstelle einen Kleinstwert hat. Auf diese Weise werden schädliche Wirbel vermieden.

[1] Handbuch der Physik von H. GEIGER und K. SCHEEL, Bd. 7, S. 98. Berlin: Julius Springer 1929.

In neuester Zeit finden in Hüttenwerken auch die *Fliehkraftentstauber* zunehmende Anwendung, die unter der Bezeichnung *Wirbler* oder *Zyklone* in verschiedenen Industrien schon einige Jahrzehnte zur Staubausscheidung mit Erfolg verwendet werden. Bei diesen wird neben der Schwerkraft auch die Fliehkraftbeschleunigung nutzbar gemacht. Das Gas wird einen zylindrischen Behälter tangential zugeführt und durch ein in der Mitte des Behälters angeordnetes Tauchrohr abgezogen. In den Bildern 477a, 477b, 477c sind Ausführungsformen dargestellt.

Barth hat für die Vorgänge in Wirblern eine Beziehung abgeleitet, die gestattet, den Einfluß baulicher Änderungen abzuschätzen. Gemäß dem Bilde 478 möge eine ringförmige Gasmenge von der Stärke dr und dem mittleren Durchmesser $2r$ mit der Geschwindigkeit u umlaufen. In dieser Gasmenge befindet sich ein Staubteilchen mit der Fallgeschwindigkeit W_f. Diese Fallgeschwindigkeit sei so klein, daß die Staubgeschwindigkeit praktisch gleich der Gasgeschwindigkeit gesetzt werden kann. Dann wirkt auf das Staubteilchen eine Schleuderkraft, die es mit der Ausscheidegeschwindigkeit W_r radial nach außen bewegt. W_r errechnet sich angenähert wie folgt:

$$W_r = W_f \left(\frac{u^2}{g\,r}\right).$$

Für den Druckabfall radial nach innen kann folgende Beziehung aufgestellt werden:

$$\frac{dp}{dr} = \frac{u^2 \gamma_g}{g}$$

und hieraus

$$W_r = W_f \frac{dp}{dr} \frac{1}{\gamma_g}$$

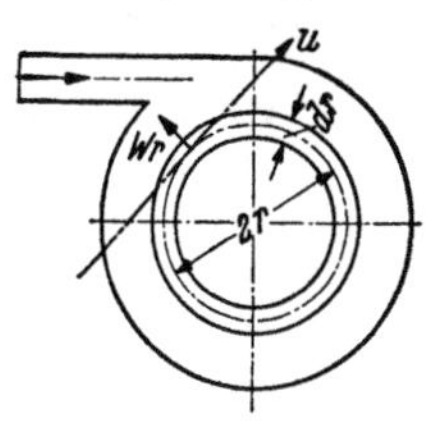

Bild 478. Staubbewegung im Wirbler.

hierin bedeutet:

p = Druck kg/m²,
γ_g = Raumgewicht des Gases kg/m³.

Während im Staubsack die Fallgeschwindigkeit W_f zur Ausscheidung der Staubteilchen wirksam ist, tritt im Wirbler an deren Stelle die Ausscheidegeschwindigkeit W_r. Im Wirbler scheiden alle Staubteilchen aus, deren Geschwindigkeit W_r größer ist als die Radialgeschwindigkeit der Strömung nach der Mitte zu. Die Ausscheidegeschwindigkeit kann um ein Vielfaches größer gemacht werden als die Fallgeschwindigkeit W_f. Dazu kommt noch, daß die Radialgeschwindigkeit im Wirbler in der Regel kleiner ist als die mittlere Geschwindigkeit in einem Staubsack. *Deshalb können in einem Wirbler höhere Abscheideleistungen erzielt werden als in einem Staubsack.* Die Größe der Geschwindigkeit W_r hängt vom Druckgefälle im Wirbler ab. Will man nur geringen Druckverlust zulassen, kann man mehrere Wirbler mit entsprechend geringerem Durchmesser parallel schalten.

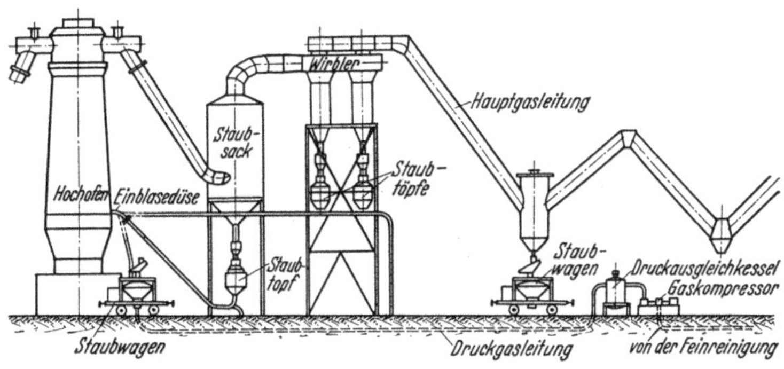

Bild 479. Anlage zum Abscheiden und Wiedereinblasen des Gichtstaubes in den Hochofen.

Gewöhnlich werden die Wirbler hinter die Staubsäcke geschaltet, nur in Einzelfällen hat man Staubsäcke durch Wirbler ersetzt oder Staubsäcke in Wirbler umgebaut. Es sind Ausführungen bis zu 100000 Nm³/h Hochofengichtgas im Betriebe. Auf Hochofenwerken finden die Wirbler in den letzten Jahren zunehmende Anwendung, um den feinkörnigen eisenhaltigen Staub zu gewinnen, der in den Staubsäcken nicht ausfällt. Dieser Staub wird auf einigen Werken unmittelbar nach dem Verfahren von Heskamp wieder in den Hochofen eingeblasen[1]. Im Bilde 479 ist eine Anlage zum Abscheiden des Gichtstaubes in einem Staubsack in Wirblern und in der Zickzackleitung dargestellt. Die

[1] Stahl u. Eisen 1938 S. 276, 1934 S. 1253, 1931 S. 1133.

Anlage ist mit Einrichtungen ausgestattet, die ermöglichen, den an den verschiedenen Stellen ausgeschiedenen Staub wieder in den Hochofen einzublasen. Durch Einschalten eines Staubwagens wird die Anlage langer Leitungen vermieden.

Im Jahre 1935 wurde auf der Henrichshütte in Hattingen ein Wirbler für eine Gasmenge von 55000 Nm³/h gebaut[1], der allen Erwartungen entsprochen hat. Die Belastung wurde inzwischen auf 140000 Nm³/h gesteigert. Die Betriebsergebnisse sind in der Tabelle 67 angegeben. Sie sind deshalb von besonderer Bedeutung, weil der Staubgehalt

Tabelle 67. Betriebsergebnisse der Gichtgasreinigung der Henrichshütte.

	Einheit	6. 2. 36	21. 12. 36	1. 10. bis 31. 12. 36	1. 1. bis 30. 6. 37	1. 6. bis 31. 7. 37
Gichtgasmenge	Nm³/h	76000	110000	110000	100000	100000
Staubgehalt						
vor den Staubsäcken	g/Nm³	13,55	5,7	17,8	19,3	36,5
vor dem Wirbler	g/Nm³	4,66	3,69	6,9	—	18,4
hinter dem Wirbler	g/Nm³	2,41	1,43	2,7	4,0	5,8
Staubentfall						
in den Staubsäcken	g/Nm³	8,9	2,01	10,9	15,3 (Staubsäcken und Wirbler)	18,1
im Wirbler	g/Nm³	2,25	2,26	4,2		12,6
in der Trockenreinigung	g/Nm³	2,41	1,43	2,7	4,0	5,8
Abgeschiedene Staubmenge						
in den Staubsäcken	t/24 h	16,4	5,3	29,0	36,7 (Staubsäcken und Wirbler)	43,5
im Wirbler	t/24 h	3,7	6,0	11,2		30,3
in der Trockenreinigung	t/24 h	3,9	3,7	7,2	9,6	13,9
insgesamt	t/24 h	24,0	15,0	47,4	46,3	87,7
Entstaubungsgrad des Wirblers	%	50	61,2	61,0	—	68,5

infolge Änderung des Möllers erheblich schwankte. Er stieg in der Berichtszeit von 15 g/Nm³ auf über 36 g/Nm³. Bemerkenswert ist, daß sich der Wirkungsgrad des Wirblers bei wesentlich erhöhtem Staubgehalt des Gases noch verbesserte. Das wurde auch auf einem anderen Hochofenwerk des Ruhrbezirks festgestellt.

In den Bildern 477a, b, c sind Wirbler dargestellt, die eine schlitzförmige tangentiale Gaseinführung und eine zentrale Gasabführung haben. Es ist noch eine andere Art von Wirblern entwickelt worden, bei denen Leitschaufeln eingebaut sind, um den Staub zu lenken. Die letzte Entwicklung geht anscheinend dahin, den bereits abgeschiedenen Staub örtlich von dem Raume zu trennen, in dem sich der Gasstrom bewegt.

Für die Ausscheidung des *feinen Staubes* sind besondere Maßnahmen erforderlich. Es sind hier folgende Verfahren entwickelt worden:

1. *Naßreinigung mit Wasser.*
2. *Trockenreinigung mit Filterstoffen.*
3. *Trockenreinigung mit Elektrizität.*

Bei der *Naßreinigung* besteht die Aufgabe dem Gasstrom Wasser in feinst verteiltem Zustand zuzuführen, damit jedes Staubteilchen mit Feuchtigkeit belastet wird, um seine Abscheidung durch Gravitation zu erreichen. Bei den ersten Anlagen dieser Art schaltete man einen einfachen Behälter in die Gasleitung ein, in den oben Wasser eingespritzt wurde. War die Wirkung nicht ausreichend, wurde ein zweiter Behälter gleicher Art zwischengeschaltet und schließlich in einen oder beide Behälter Koks oder Kies, als Filtermasse eingefüllt. Die hierdurch eintretende Erhöhung des Leitungswiderstandes gab Veranlassung, in die Leitung ein Kreiselgebläse einzubauen. Es stellte sich als vorteilhaft heraus, diese Kreiselgebläse ebenfalls mit Wassereinspritzung zu versehen, da sie geeignet sind, das eingespritzte Wasser zu zerstäuben und die Staubabscheidung zu unterstützen. Um die Berieselung im Kühler wirksamer zu machen, wurden sie mit Horden ausgestattet, die aus kreuzweise übereinander angeordneten Brettchen gebildet werden. Die einzelnen Brettchen haben an der Unterkante winkelige Ausschnitte, damit die sich bildenden Tropfen gleichmäßig über den Querschnitt verteilt werden. Das Kühlwasser wird am

[1] Stahl u. Eisen 1938 S. 224/235.

oberen Ende des Turmes durch Rinnen auf die Horden gleichmäßig verteilt, so daß deren Oberfläche möglichst vollständig benetzt wird. Es ergibt sich eine große kühlende Oberfläche für die im Gegenstrom mit dem Wasser durch den Turm ziehenden Gase. Die sich absetzenden Staubteilchen werden mit dem Wasser nach unten geführt und das sich bildende Schlammwasser wird durch syphonartige Überläufe am Fuße des Turmes abgeführt.

In der weiteren Ausgestaltung der Naßreinigungen wurden die Kreiselgebläse mit umlaufenden Wasserzerstäubern versehen, die einen Wasserschleier vor den Gaseintrittsstutzen legen und auf diese Weise eine innige Durchmischung von Gas und Wasser bewirken. In dem Wasserabscheider wird das staubhaltige Wasser abgeschieden. Derartige Anlagen vermindern den Staubgehalt des Gases auf 0,1 bis 0,5 g/m³. Um eine noch weitgehendere Staubabscheidung zu erreichen, wurde ein zweites Kreiselgebläse mit den gleichen Einrichtungen eingeschaltet und der Staubgehalt auf 0,01 bis 0,03 g/m³ gedrückt. Der Wasserbedarf bei derartigen Anlagen beträgt 1 bis 2 m³ für 1000 Nm³ Gas. Der Arbeitsbedarf beläuft sich auf etwa 10 PSh für 1000 Nm³ Gas.

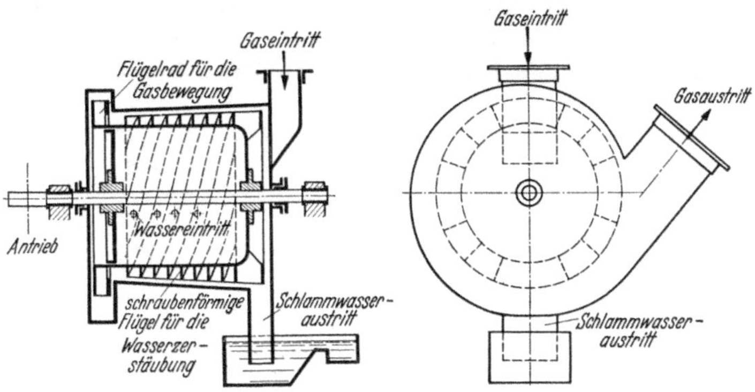

Bild 480. Gaswascher von THEISEN.

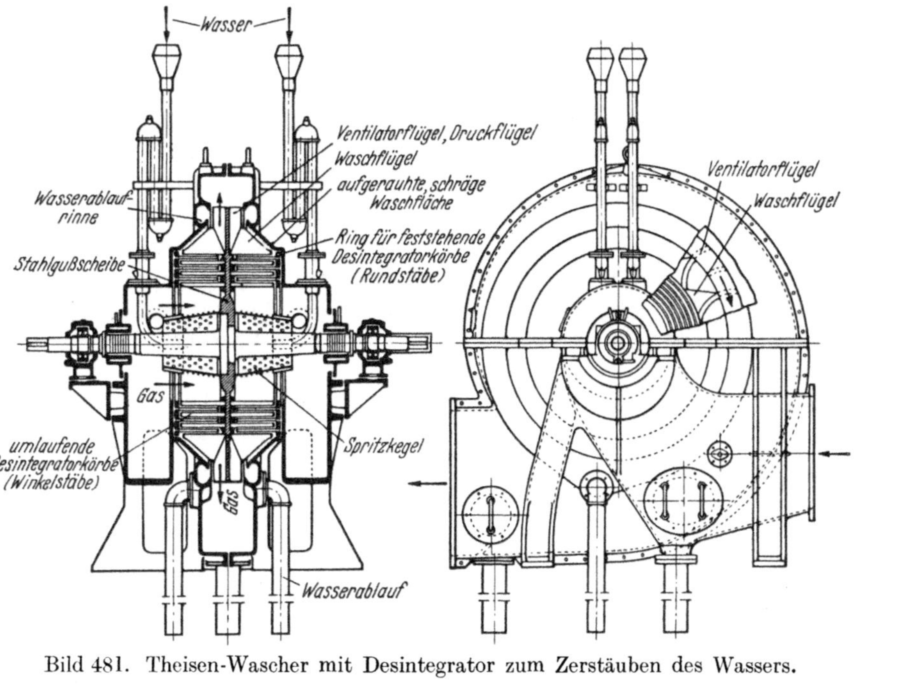

Bild 481. Theisen-Wascher mit Desintegrator zum Zerstäuben des Wassers.

Die Hordenwascher sind bei den meisten Gasreinigungsanlagen als Kühler und Vorreiniger erhalten geblieben. Die sog. Zentrifugal-Gaswascher haben eine erhebliche Umgestaltung erfahren. Die erste grundlegende Änderung brachte der Gaswascher von THEISEN[1]. In der Erkenntnis, daß bei einem gewöhnlichen Kreiselgebläse Zeit und Raum nicht ausreichen, um die erforderliche Feinverteilung des Waschwassers zu erreichen, baute er einen Naßreiniger, bei dem für die Zerstäubung des Wassers und die Mischung

[1] THEISEN: Stahl u. Eisen 1900 S. 1037, 1904 S. 285.

mit dem Gas ein erheblich größerer Raum zur Verfügung steht. Der *Theisen-Wascher* besteht aus einem zylindrischen Mantel, in dem eine Trommel mit Flügeln umläuft. Am Ende der Trommel befindet sich ein Flügelrad, das die Bewegung des Gases durch den kreisringförmigen Zwischenraum zwischen Trommel und Gehäuse bewirkt. Auf der ganzen Länge der Trommel befinden sich schraubenförmige Flügel, die das Gas gegen die durch ein Drahtgewebe gerauhte Innenwand des Gehäuses schleudern (Bild 480). Das in den Gasstrom eingespritzte Waschwasser wird weitgehend zerstäubt und infolgedessen eine weitgehende Benetzung der Staubteilchen erreicht. Der Wasser- und Arbeitsbedarf ist bei dieser Einrichtung erheblich geringer als bei den gewöhnlichen Fördergebläsen mit Wassereinspritzung. Das Gas wird in einem Durchgang auf 0,01 bis 0,02 g/m^3 Staubgehalt gereinigt. Kennzeichnend für diesen Gaswascher ist die Anwendung von einem Flügelrad für die Gasförderung (Druckerhöhung des Gases) und von besonderen schraubenförmigen Waschflügeln.

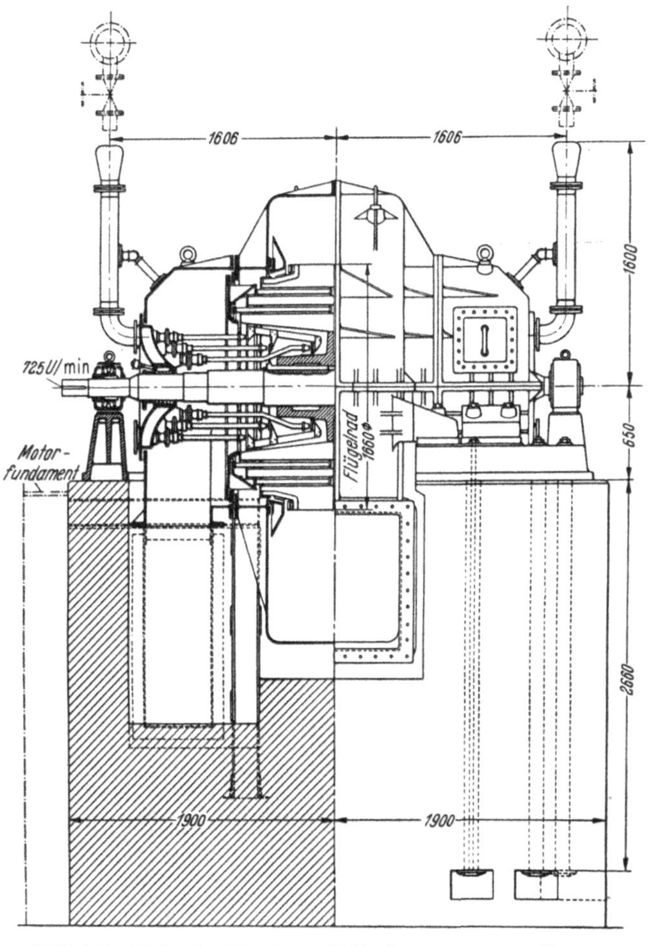

Bild 482. Zschocke-Wascher mit Desintegrator zum Zerstäuben des Wassers.

Im Jahre 1909 brachte THEISEN einen neuen Wascher heraus, bei dem die Einrichtung des *Desintegrators* zum Zerstäuben des Wassers angewandt wird (Bild 481). Der Desintegrator ist eine Schlag- und Schleudermaschine, die zum Feinschroten mittelharter Stoffe (Mergel, Ton, Steinsalz) Verwendung findet. Sie besteht aus zwei in entgegengesetzter Richtung umlaufenen Trommeln, die mit konzentrisch angeordneten runden Stahlstäben besetzt sind. Beim Theisen-Wascher ist eine Gruppe von Stahlstäben auf der umlaufenden Scheibe befestigt, die auch die Ventilatorflügel trägt. Die andere Gruppe von Stahlstäben ist auf Scheiben angeordnet, die im Gehäuse feststehen. Das bedeutet für die Durchbildung der Maschine eine Vereinfachung, die jedoch auf die Wirksamkeit keinen Einfluß hat, da es nur auf die relative Geschwindigkeit der beiden Gruppen von Stäben ankommt. Das Waschwasser wird durch Rohre mit Siphonabschluß in das Innere eines gelochten Verteilerkegels (Spritzkegel) eingeführt. Es tritt durch die Löcher des Kegels radial nach allen Richtungen in den Wascher ein und gelangt in den Bereich der Desintegratorstäbe, durch die es zerstäubt wird. Das Gas tritt von beiden Seiten in das Innere des Gehäuses ein. Das Gas-Wassergemisch wird durch Waschflügel gegen die schräge aufgerauhte Waschfläche geschleudert, wo das Schlammwasser sich vom Gas trennt. Das Gas wird von den Ventilatorflügeln abgesaugt und über den Diffusor zum Druckstutzen weiterbefördert. Das Schlammwasser gelangt in seitlich angeordnete Rinnen und von dort zum Wasserablauf. Die neuen Theisen-Wascher haben gegenüber den alten den Vorteil geringeren Raumbedarfs. Einen ähnlichen Gaswascher mit eingebautem Desintegrator bauen die *Zschocke-Werke* in Kaiserslautern. Er ist in dem Bilde 482 dargestellt. Der Gaswascher der *Dingler*schen Maschinenfabrik unterscheidet sich von den beiden vorgenannten dadurch, daß das Gas von außen nach innen durch den Desintegrator strömt und dadurch in einen Gegenstrom zum Waschwasser gelangt. In diesem Reiniger

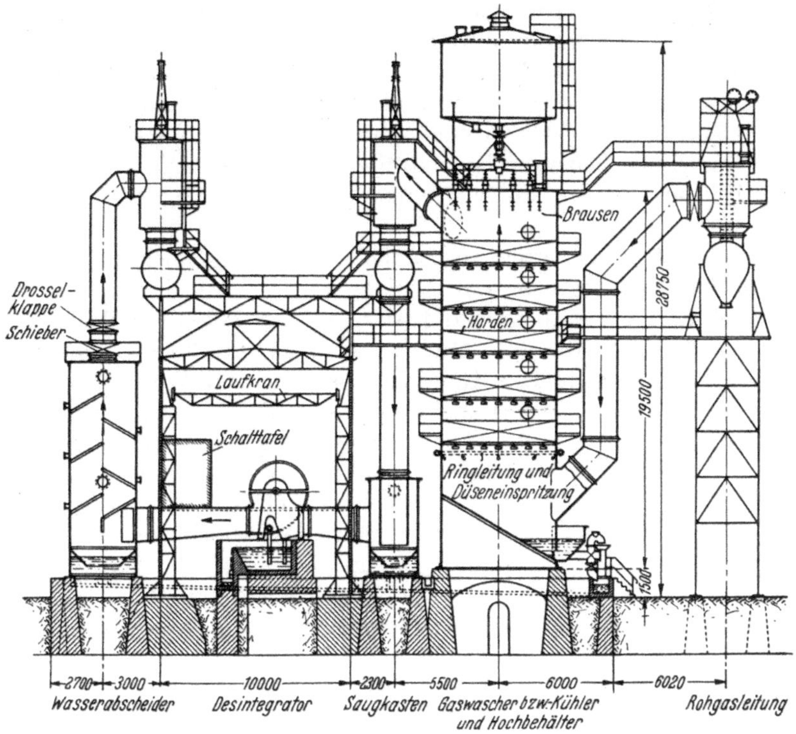

Bild 483. Naßreinigungsanlage auf dem Hochofenwerk der Vereinigten Stahlwerke in Hörde.

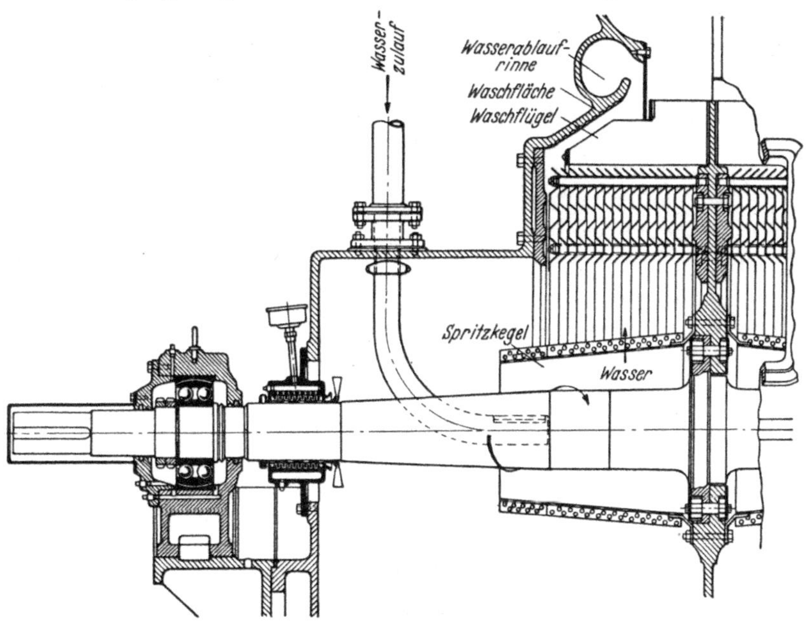

Bild 484. Theisen-Wascher mit Desintegrator aus gewellten Blechscheiben.

befindet sich auf der Achse in der Mitte das Flügelrad des Kreiselgebläses in einem besonderen Raum, zu beiden Seiten hiervon sind die eigentlichen Waschräume mit Desintegratoren angeordnet.

Eine neuzeitliche Naßreinigungsanlage ist im Bilde 483 dargestellt. Sie dient zur Reinigung des Hochofengases auf dem Werke *Hörde* der Vereinigten Stahlwerke. Die

Anlage hat vier Theisen-Wascher für je 50000 Nm^3/h Gas. Sie ergeben eine Drucksteigerung um 500 mm WS. Das Rohgas tritt mit einer Temperatur von 102 bis 105° und einem Überdruck von 130 mm WS in den Vorkühler ein. Es enthält etwa 70 g Feuchtigkeit je m^3 und 13,5 g/Nm^3 Staub. Hinter den Gaswaschern hat das Gas eine Temperatur von etwa 23°, einen Druck von 280 mm WS und einen Staubgehalt von 0,013 g/Nm^3 trocken. Der Stromverbrauch beträgt bei Vollast 6,1 kWh/1000 Nm^3, hiervon entfallen 0,7 kWh auf den Antrieb der Wasserpumpe des Vorkühlers. Der Wasserverbrauch des Gaswaschers beläuft sich auf 0,5 m^3/1000 Nm^3 Gas (trocken) während für den Vorkühler 7,6 m^3/1000 Nm^3 verbraucht werden. Bemerkenswert ist, daß die für 50000 Nm^3/h gebauten Wascher bis zu 80000 Nm^3 belastet werden können ohne Verschlechterung der Staubabscheidung herbeizuführen.

Theisen hat seine Wascher durch eine bauliche Maßnahme noch wesentlich verbessern können. Er hat den Desintegrator mit Schlagbolzen ersetzt durch einen solchen, der aus gewellten Blechscheiben besteht (Bild 484). Alle diese gewellten Teller laufen mit der auf der Achse sitzenden Scheibe um. Die feststehenden Prallflächen des Bolzendesintegrators sind also fortgelassen. Das Gemisch aus Gas und Waschwasser tritt in die Zwischenräume der Teller ein und wird dadurch in eine Anzahl Einzelströme unterteilt. Die Teller wirken infolge der hohen Umlaufgeschwindigkeit als Zentrifugen. Es bilden sich an den schrägen Flächen der Teller ringförmige Wasserschleier, durch die das Gas hindurchgesaugt wird. Nach Verlassen der Tellerzwischenräume wird das Gas-Wassergemisch von den schrägen Waschflügeln gegen die gerauhte Waschfläche geschleudert, das Schlammwasser tritt in die Ablaufrinne und das Gas wird durch den Diffusor zum Gasaustrittsstutzen gedrückt. Der Stromverbrauch ist um 20 bis 25% geringer als beim Schlagstabdesintegrator. Der Wasserverbrauch ist allerdings erheblich höher, ein Umstand, der Theisen veranlaßt haben mag, jetzt schnellaufende Wascher mit 1000 Umdr/min zu bauen, bei denen der Schlagstabdesintegrator nur aus umlaufenden Stäben zusammengesetzt ist. Bei diesen soll der Arbeitsbedarf noch günstiger sein als bei Waschern mit Tellereinbau.

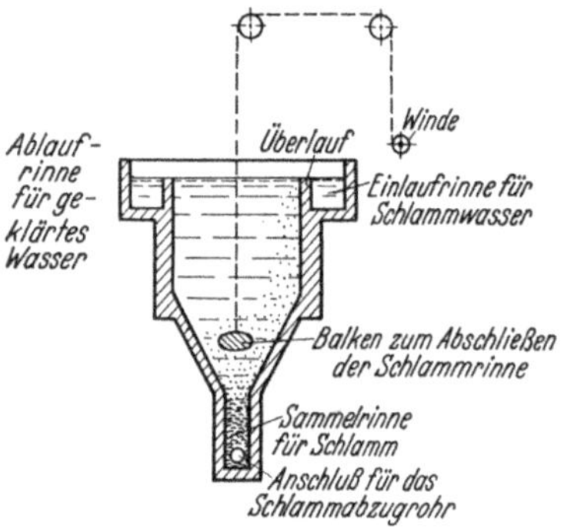

Bild 485.
Klärbecken. Neustädter Bauart.

Der in Naßgasreinigungen abgeschiedene Staub wird als Schlamm abgeführt. Dieser wird in Klärteiche geleitet, um die festen Bestandteile (Staub) wieder vom Wasser zu trennen. Dieses geschieht vielfach um das Wasser wieder für Kühlzwecke zurückzugewinnen, in anderen Fällen, wie bei der Niederschlagung von Zinkoxyd und anderen Erzeugnissen der Metallhütten, zur endgültigen Erfassung des Gutes. Bei der Reinigung des Hochofengases entfällt ein Schlamm, der bis 32% Fe bei 33% Wassergehalt enthält und zur Wiederverhüttung in Betracht kommt[1].

Die Kläranlagen werden als Becken mit trichterförmigem Boden gemäß Bild 485 ausgeführt. Bei der Durchbildung dieser Klärbecken ist auf die zweckentsprechende Gestaltung der Einlauf- und Ablaufrinnen besondere Sorgfalt zu verwenden. Die Überlaufkante muß genau waagerecht liegen und sich auf die ganze Länge des rechteckigen Beckens erstrecken. Je geringer die Einlauf- und Ablaufgeschwindigkeit ist, um so ruhiger bleibt der flüssige Inhalt der Becken und um so ungestörter kann das Absetzen des Schlammes vor sich gehen. Die sehr feinen Staubpartikelchen sinken nur langsam nieder, bis sie schließlich in der Sammelrinne am Boden des Beckens angelangt sind. Ist die Rinne mit dickem Schlamm gefüllt, kann dieser abgezogen werden. Zu diesem Zwecke wird der Balken zum Abschließen der Schlammrinne gesenkt, damit Rinne und Becken voneinander getrennt sind.

Die Entfernung des Schlammes aus dem Becken und die Weiterbeförderung zur Halde geschieht am einfachsten pneumatisch. Das geht wie folgt vor sich. Ein Behälter

[1] Stahl u. Eisen 1932 S. 630.

aus Stahlblech wird durch eine Luftpumpe luftleer gepumpt und durch Öffnen eines Schiebers mit der Schlammrinne in Verbindung gebracht. Der Schlamm fließt in den Behälter. Dann wird der Saugschieber geschlossen und der Inhalt des Behälters mittels Preßluft durch die Druckleitung zur Halde gefördert. Im Bilde 486 ist die Schlammwasser-Kläranlage Bauart KREMER beim Hochofenwerk Hörde der Vereinigten Stahlwerke dargestellt.

Die *trockenen Verfahren* zur Staubabscheidung werden fast immer bevorzugt, wenn es sich um die Abscheidung von wertvollen Stoffen handelt, deren Gewinnung notwendig ist. Der als Schlamm abgeschiedene Staub enthält bis zu 70% Wasser, dessen vollständige Trennung erhebliche Aufwendungen für Anlagen und Betrieb erfordert. Aus diesem Grunde begegnen alle Neuerungen und Verbesserungen auf dem Gebiete der Trockenfilterung in der Metallindustrie größtem Interesse.

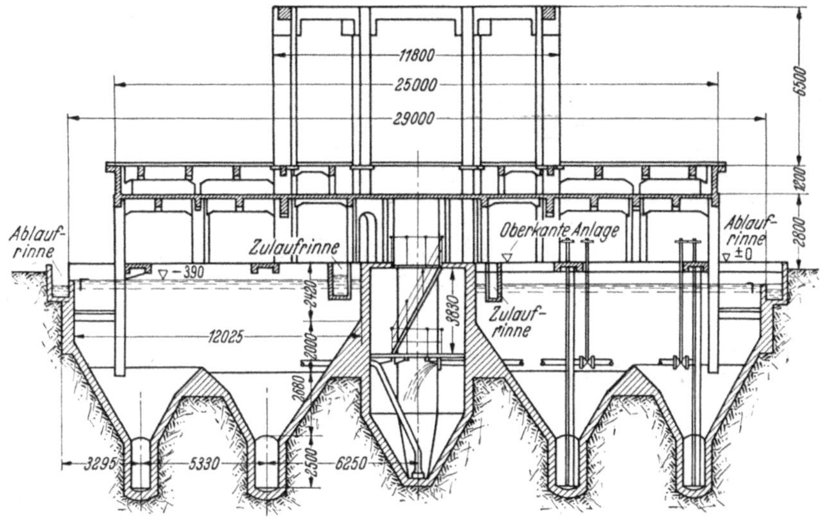

Bild 486. Schlammwasser-Kläranlage, Bauart KREMER, auf dem Hörder Verein. (Nach Stahl u. Eisen.)

Die Staubabscheidung mit *Filterstoffen* ist auf verschiedene Weise versucht worden. Die einfachste Ausführung ergibt sich durch Einbau von Filtertüchern in eine Abscheidekammer senkrecht zum Gasstrom. Die Filtertücher werden auf Rahmen gespannt und zu mehreren hintereinander eingebaut. Zwischen den Filtern befinden sich trichterförmige Vertiefungen zur Aufnahme des abgeschiedenen Staubes. Derartige Staubfilteranlagen hatten Nachteile, die sich zum Teil durch ungeeignete Filterstoffe zum Teil aus der unvollkommenen Ablösung des Staubes von den Filtertüchern ergaben. Ein durchschlagender Erfolg wurde zuerst von der Maschinenfabrik Beth A.-G. in Lübeck in der Müllereiindustrie erzielt. Die Firma führte den *Sackfilter* aus einem für Filterzwecke besonders geeigneten Flanell ein. Der Filterstoff wiedersteht Temperaturen bis 100°. Bei der Einführung in die Hüttenindustrie waren also Maßnahmen erforderlich, die eine Überschreitung dieser Temperatur verhindern. Heiße Gase müssen vor Eintritt in die Filterkästen entsprechend gekühlt werden. Um eine Verschlammung der Filterschläuche und dadurch bedingte Verstopfung der Poren zu verhindern, muß Sorge getragen werden, daß der Taupunkt nicht erreicht wird. Gegebenenfalls müssen die bis in die Nähe des Taupunktes abgekühlten Gase unmittelbar vor Eintritt in die Filterkästen um etwa 20° überhitzt werden. Der an den Schläuchen haftende Staub muß von Zeit zu Zeit abgeschüttelt werden.

Im Bilde 487 ist eine Schlauchfilteranlage zum Abscheiden von Zinkoxyd dargestellt. Die Filtersäcke sind in drei durch Scheidewände voneinander getrennten Abteilungen aufgehängt. Jede Abteilung endet unten in Trichtern, die abgeschiedenen Staub aufnehmen. Die Trichter können durch Öffnen der Entleerungsklappen mit dem Sammelraum für Staub in Verbindung gebracht werden, so daß der Staub aus den Trichtern in den

Sammelraum gelangt. Von hier wird er durch eine Förderschnecke aus dem Bereich der Filteranlage abbefördert. Die Gase werden durch ein Kreiselgebläse aus der Filteranlage abgesaugt. Das mit Zinkoxyd beladene Gasdampfgemisch tritt seitlich an den Filterkästen in einen Verteilungskasten ein, gelangt in die Trichterräume und durchströmt von hier aus die Säcke von innen nach außen, ladet den Staub an den Innenflächen der Säcke ab und verläßt die Filteranlage durch den Anschlußkanal zum Gebläse, um schließlich durch dessen Austrittsstutzen in die Atmosphäre ausgestoßen zu werden. Die Filtersäcke sind am unteren Ende durch Winkelringe am Boden des Filterkastens eingespannt. Die oberen Enden sind durch eine Kappe geschlossen und durch Bügel mit dem Rüttelmechanismus verbunden.

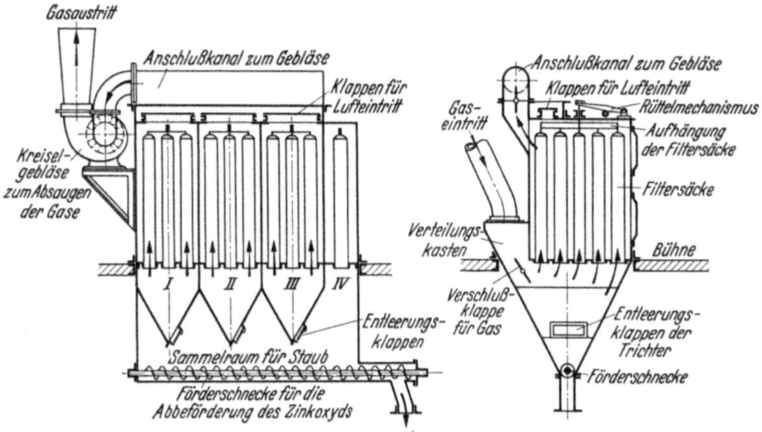

Bild 487. Sackfilteranlage zur Ausscheidung von Zinkoxyd. Ausführung der Maschinenfabrik Beth A.-G. Lübeck.

Durch diesen Mechanismus werden die Säcke in regelmäßigen Zwischenräumen selbsttätig gerüttelt, so daß der anhaftende Zinkstaub abfällt. Gleichzeitig werden die am Deckel des Filterkastens befindlichen Luftklappen geöffnet, dagegen die am Verteilungskasten sitzenden Verschlußkappen geschlossen. Die oben eintretende Luft nimmt den Weg in umgekehrter Richtung durch die Säcke und vollendet die Loslösung des Staubes von den Säcken. Der Mechanismus der die Säcke rüttelt, betätigt selbsttätig Öffnen bzw. Schließen der genannten Klappen und ist so durchgebildet, daß jeweils nur eine Abteilung der Filtersäcke gerüttelt und vom Staub befreit wird, während die anderen Abteilungen sich im ordnungsmäßigen Filterbetriebe befinden. Die Abteilung IV dient lediglich dazu, den beim Abfallen in den Sammelraum aufgewirbelten Staub gesondert abzuscheiden. Die Leistung der Anlage beträgt 7800 m³/h bei einem Gehalt an Zinkoxyd von 10 bis 20 g/m³. Der Arbeitsbedarf für Gebläse und Rüttelmechanismus beträgt 12 PS.

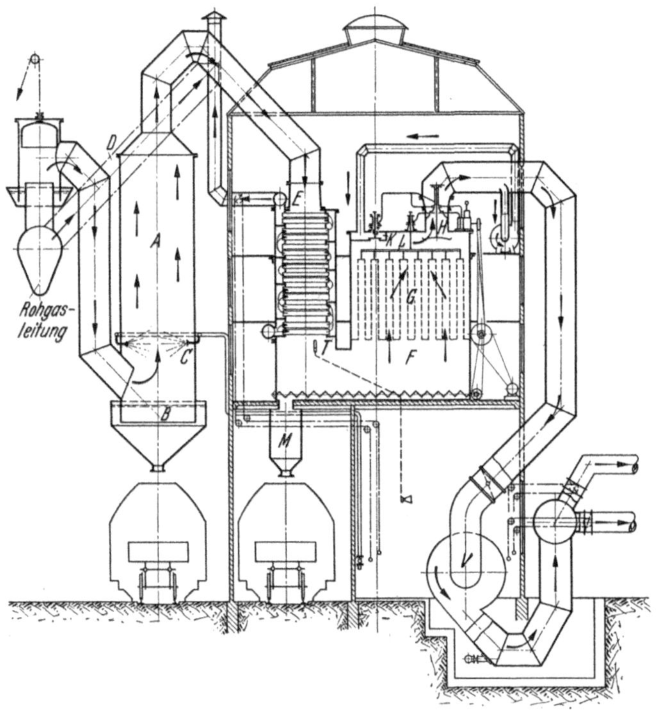

Bild 488. Trockengasreinigung, Bauart HALBERG-BETH, erbaut von der Trockengasreinigung G. m. b. H. Zweibrücken. *A* Vorkühler, *B* Wasserverschluß, *C* Wassereinspritzung, *D* Verbindungsleitung, *E* Überhitzer, *F* Sammelraum für Staub, *G* Filterraum, *H* Absperrventil, *K* Einlaßventil für Spülgas, *V* Kreiselgebläse, *M* Staubabzugkasten, *T* Thermometer.

In dem Bilde 488 ist eine Sackfilteranlage Bauart HALBERG-BETH zum Reinigen von Hochofengas dargestellt. Das Gas gelangt aus der Rohgasleitung in einen Raumkühler mit Wassereinspritzung, wird bis annähernd auf den Taupunkt gekühlt und durchströmt dann einen Überhitzer, wo seine Temperatur um etwa 20° erhöht wird, bevor es in den Filterkasten eintritt. Die Vorgänge im Filterkasten entsprechen denen in der vorstehend behandelten Anlage. Zum Reinigen der Schläuche von anhaftendem Staub wird der gleiche Rüttelmechanismus verwendet, wobei naturgemäß nicht Luft sondern gereinigtes Gas aus der Druckleitung durch die Schläuche geleitet wird. Für den Überhitzer kann Dampf oder heißes Abgas zum Heizen verwendet werden.

Die *Gasreinigung durch Elektrizität* wurde erst in den beiden letzten Jahrzehnten zu einem technisch brauchbaren Verfahren entwickelt. Die Vorgänge, die sich beim elektrischen Staubfilter abspielen, sind schon lange bekannt. Schon vor mehr als 100 Jahren — 1819 — wurde beobachtet, daß eine durch Reibung elektrisch gemachte Siegellackstange Staubteilchen anzieht. Im Jahre 1824 entdeckte der Mathematiker HOHLFELD an der Thomasschule in Leipzig, daß Rauchteilchen durch Elektrizität aus der Luft niedergeschlagen werden. Dieselbe Erscheinung beobachtete LODGE in Liverpool im Jahre 1884. Das veranlaßte den Bleihüttenbesitzer Walker in die Abgaskanäle seiner Hütte isoliert aufgehängte, mit Spitzen versehene Drahtleiter aufzuhängen, um durch Elektrizität Bleioxyddämpfe niederzuschlagen. Im Jahre 1906 griff der Amerikaner COTTREL den Gedanken von LODGE wieder auf. Seine Erfolge verdankte er den neuzeitlichen Einrichtungen, deren er zur Erzeugung der Hochspannung bedurfte, nämlich dem Transformator und dem Gleichrichter, wie sie unter anderem in der Röntgentechnik verwandt werden. COTTREL arbeitete mit Spannungen von 20000 bis 30000 V, die er durch einen rotierenden Gleichrichter in Gleichstrom umwandelte. Er hatte festgestellt, daß Gleichstrom für die Staubabscheidung vorteilhaft ist. Das Wesen des von COTTREL entwickelten Verfahrens besteht darin, daß pulsierender durch Gleichrichtung aus Wechselstrom gewonnener Gleichstrom mittels besonderer sprühender Elekrode durch das strömende Gas zu einer glatten Elektrode geführt wird. Der Staub geht zur glatten Elektrode, die demnach als Abscheideelektrode wirkt. Inzwischen hatte sich in Deutschland E. MÖLLER-Brackwede mit dem gleichen Problem befaßt. MÖLLER erzielte die gleichmäßige Verteilung des elektrischen Stromes nicht wie COTTREL durch Vorsprünge an der Sprühelektrode sondern durch den sog. Koronaeffekt mittels dünner Drähte. Im Jahre 1910 wurde zwischen COTTREL und MÖLLER ein Vertrag abgeschlossen, der die Zusammenarbeit regelte. Die Generallizenz für die Patente hat die Lurgi-Apparatebau-Gesellschaft in Frankfurt a. M. Inzwischen haben auch mehrere andere Firmen, so die Oski A.-G., Hannover, die Elga, G. m. b. H., in Kaiserslautern und die Siemens-Schuckert-Werke den Bau von Elektrofiltern aufgenommen.

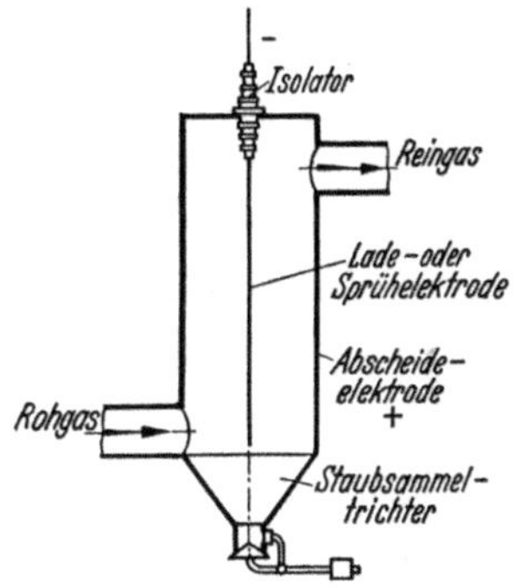

Bild 489. Rohr-Elektrofilter.

Ein *Elektrofilter* einfachster Form ist im Bild 489 dargestellt. Er hat einen dünnen Draht, der isoliert eingeführt und zentral aufgehängt ist, als *Lade- oder Sprühelektrode*. Aus dieser strömt die hochgespannte Elektrizität aus (Koronaeffekt) und ladet die in dem Gas enthaltenen Schwebeteilchen mit Elektrizität auf. Gleichzeitig wird der elektrische Wind erzeugt, der die Staubteilchen bis zur *Abscheideelektrode* mitführt. Die Abscheideelektrode kann eine glatte Wand oder Platte, aber auch ein Drahtgewebe sein. Bei dem Rohrelektrofilter ist die Rohrwand die Abscheideelektrode. Mit Rücksicht auf die Spannung ist der Rohrdurchmesser auf 300 bis 400 mm beschränkt. Für kleine und mittlere Leistungen sind Rohrfilter mit Erfolg ausgeführt worden. Das Bild 490 stellt eine Ausführungsform dar, die von der Lurgi-Apparatebau-Gesellschaft vielfach gebaut wurde. Zur Erhöhung der Wirkung sind zwei Rohrgruppen hintereinander geschaltet. Das Rohgas tritt an der oberen Sammelkammer der einen Gruppe ein, durchströmt sie von oben nach unten, gelangt nach Umkehrung der Bewegungsrichtung in den unteren Kammern in die zweite Rohrgruppe und verläßt die Reinigungsanlage aus der oberen Sammelkammer der zweiten Gruppe. In ähnlicher Weise ist die Gasreinigungsanlage beim Hochofenwerk Lübeck im Jahre 1921 errichtet worden[1]. Hier sind zur Erzielung eines hohen Reinheitsgrades drei Rohrfilter hintereinander geschaltet worden.

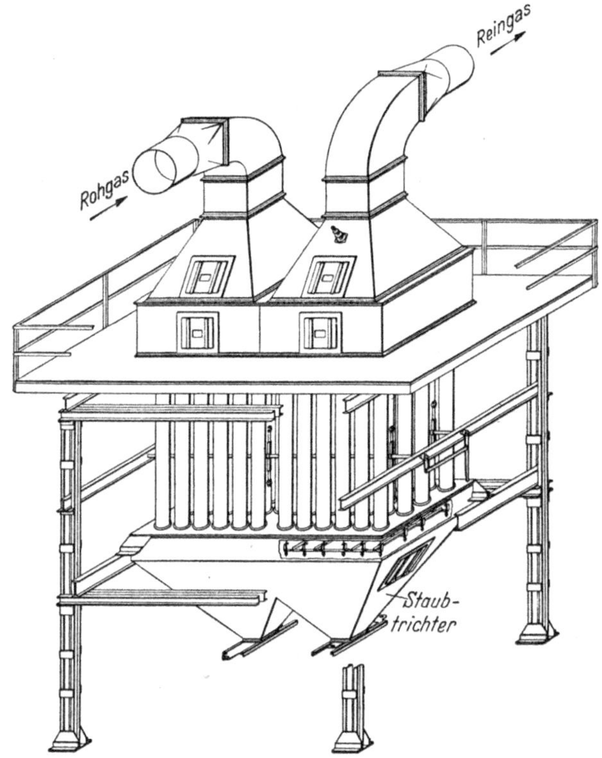

Bild 490. Elektrischer Röhrenfilter der Lurgi-Apparatebau-Gesellschaft.

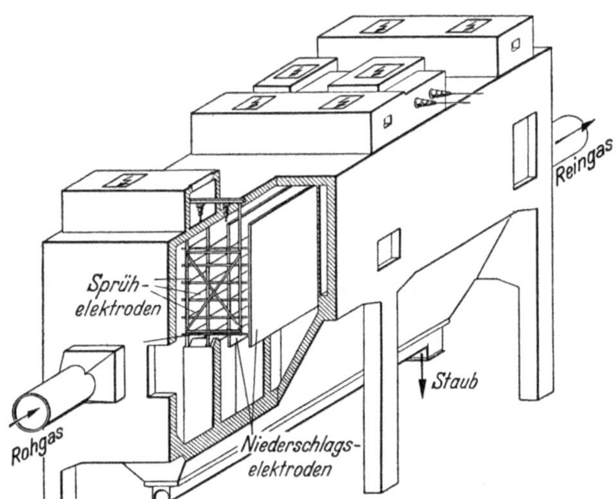

Bild 491. Filterkammer mit Sprühelektroden aus Drahtgeflecht und Niederschlagselektroden aus Platten.

Für größere Gasmengen eignet sich der Rohrfilter nicht, weil die Zahl der Rohre zu groß und die Anlage offenbar zu teuer und unübersichtlich wird. Man hat deshalb Filter entwickelt, die als Kammern ausgebildet sind (Bild 491). Die Elektroden sind ebene Gebilde aus Platten, Drahtgeflecht oder Streckmetall[2]. Ursprünglich wurden, wie schon oben erwähnt, die *Sprühelektroden* mit Spitzen und scharfen Kanten ausgestattet. Diese haben jedoch den Nachteil gehabt, daß sie sich mit Staub bedeckten, wodurch ihre Wirkung beeinträchtigt war. Man benutzt deshalb jetzt nur noch glatte Drähte, Stäbe oder Netze, da, wie schon E. Möller erkannt hat, deren Sprühwirkung vollkommen ausreichend ist. Die Drahtnetze werden aus schwach gewellten Drähten hergestellt, die ausgezeichnete Sprühwirkung geben. Als Baustoff kommt Stahldraht zur Verwendung, der bei feuchten Gasen verzinkt und bei sauren Gasen mit einem Bleiüberzug versehen wird. Natürlich kann auch rostsicherer Stahl, Kupfer oder Bronze genommen werden. Die *Abscheideelektroden* sollen den geladenen Staubteilchen eine mit Elektrizität entgegengesetzten Vorzeichens geladene Fläche darbieten, von der eine Anziehungskraft auf sie ausgeübt wird und somit die Abscheidung vor sich geht. *Isolatoren* kommen an den Filterkästen als Träger für die Sprühelektroden zur Anwendung. Es ist vorteilhaft, sie in Nischen unterzubringen, damit sich kein Staub an ihnen absetzen kann. Als Baustoff wird Hartporzellan benutzt, in besonderen Fällen, z. B. bei starken Temperaturschwankungen und sauren Gasen, auch Quarz. Bei manchen Staubarten, z. B. von sandartigem Charakter und runder Teilchenform fällt der Staub von selbst ab. Das trifft auch zu, wenn es sich um die Abscheidung von Teer, Schwefelsäure und anderen flüssigen Stoffen handelt. Vielfach ist jedoch eine *Entfernung des Staubes von den Elektroden* erforderlich. Gut bewährt hat sich ein Verfahren, bei dem eine Erschütterung der Elektroden vorgenommen wird.

[1] Stahl u. Eisen 1924 S. 873. — [2] Siemens-Z. Januar 1924; Gas- u. Wasserfach 1928 S. 269.

Die Filterkammern können aus Stahlblech oder aus Beton hergestellt werden. Bild 491 zeigt eine aus Beton hergestellte Kammer, bei der auch die Anordnung der Elektroden zu erkennen ist. Bild 492 stellt eine Anlage dar, die zur Reinigung von Hochofengasen bestimmt ist[1] und bei der zwei Kammern aus Stahlblech hintereinander geschaltet sind.

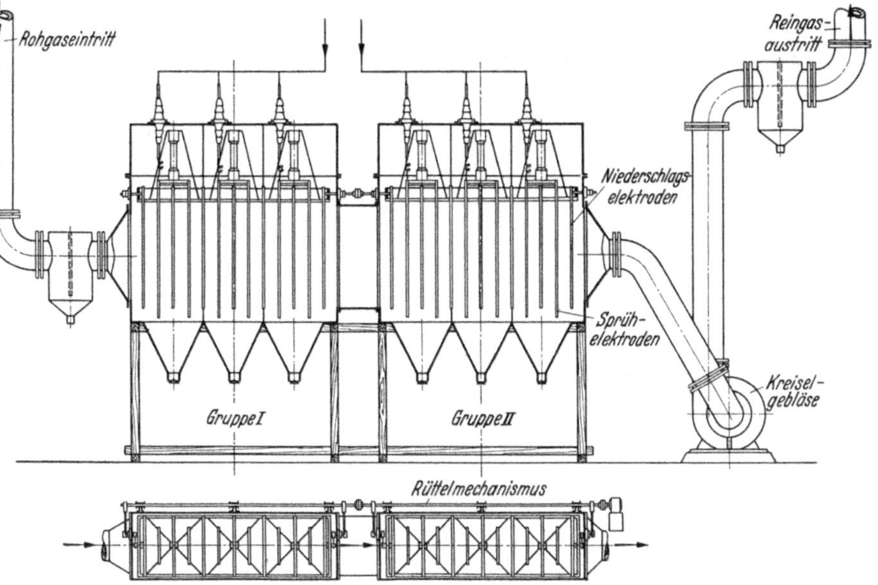

Bild 492. Elektrofilter zur Reinigung von Hochofengas, erbaut von Siemens-Schuckert.

Diese von den Siemens-Schuckert-Werken bei der Dortmunder Union errichtete Anlage hatte nur geringe Abmessungen, da sie in erster Linie zu Versuchszwecken dienen sollte. Die hierbei gemachten Erfahrungen führten vom Waagerechtfilter zum Senkrechtfilter nach Bild 493. Jeder Filter besteht aus zwei flachen Kästen, die nebeneinander aufgestellt und unten durch eine trichterförmige Kammer miteinander verbunden sind. In jedem Kasten ist eine Sprühelektrode aus Streckmetall aufgehängt. Der eine Kasten ist an die Rohgasleitung, der andere an die Reingasleitung angeschlossen. Das Gas durchströmt also den ersten Kasten von oben nach unten, den zweiten von unten nach oben, so daß der eine als Vorreiniger, der andere als Feinreiniger wirkt. Die Kästen haben eine Breite von 2000 mm, eine Tiefe von 300 mm und eine Höhe von 5000 mm. Ihre Wandungen bilden die Niederschlagselektroden. Durch Parallelschaltung solcher Filter kann eine Reinigungsanlage beliebiger Leistung geschaffen werden. Für die Dortmunder Union wurde eine Anlage von 170000 Nm^3 Stundenleistung gebaut, für die die Anordnung nach Bild 494 gewählt wurde. Die Sprühelektrode wird zur Reinigung von angesetztem Gichtstaub von Zeit zu Zeit durch ein Fallgewicht erschüttert. Der sich an den Blechwänden ansetzende Staub fällt größtenteils von selbst ab. Die Abscheidung kann aber durch Klopfen unterstützt werden. Bei Gasgeschwindigkeiten von 3,3 bis 3,4 m/s wurde ein Reingas von 0,01 g/Nm^3 erreicht. Der Staubgehalt des Reingases ist von dem des Rohgases unabhängig. Wichtig ist, daß die Gastemperatur nicht unter den Taupunkt sinkt, da dann Schlammbildung eintreten würde. Der Stromverbrauch stellt sich zu etwa 0,26 kWh/1000 Nm^3.

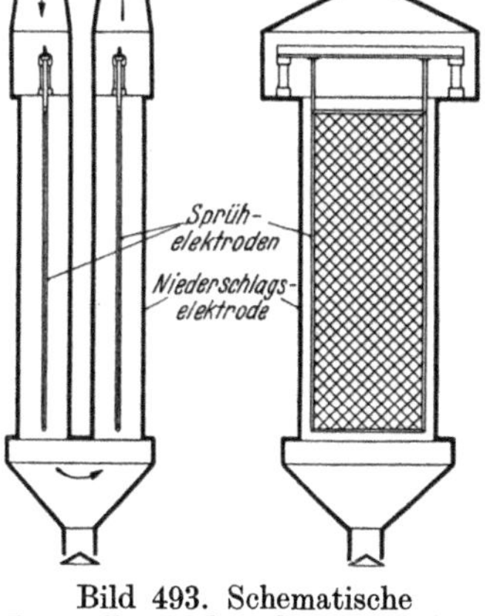

Bild 493. Schematische Darstellung der Senkrechtfilter der Siemens-Schuckert-Werke.

[1] Stahl u. Eisen 1923 S. 1467, 1926 S. 941.

Das *Schaltungsschema* einer elektrischen Filteranlage ist im Bilde 495 dargestellt. Für die Erzeugung des *hochgespannten Gleichstroms* wird der auf den meisten Werken vorhandene Wechselstrom durch einen Transformator in seiner Spannung auf 50000 bis 100000 V erhöht und dieser hochgespannte Wechselstrom durch einen Gleichrichter in pulsierenden Gleichstrom verwandelt. Der Gleichrichter besteht aus zwei voneinander getrennten unter 90° versetzten Armen, die auf einer isolierenden Welle umlaufen. Die Arme bewegen sich mit ihren Enden in der horizontalen Stellung an Kontaktsegmenten vorbei und zwar jeweils in dem Augenblick, in dem die Wechselstromspannungskurve ihren Höchstwert erreicht. Es werden auf diese Weise die Höchstwerte übertragen, die nun einen pulsierenden gleichgerichteten Strom bilden. Der Gleichrichter wird durch einen Synchronmotor angetrieben. Wenn auf einem Werke nur Gleichstrom vorhanden ist, muß der erforderliche Wechselstrom durch einen besonderen Motorgenerator erzeugt werden, der mit dem Gleichrichter gekuppelt werden kann.

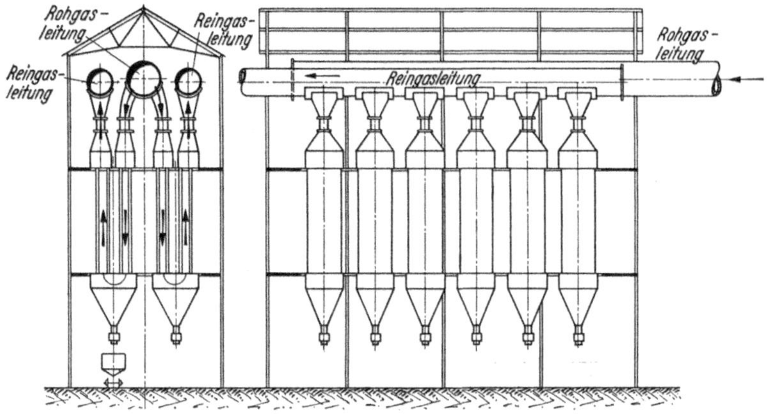

Bild 494. Elektrische Gasreinigung mit Senkrechtfiltern, für 170 000 Nm³/h, von Siemens-Schuckert.

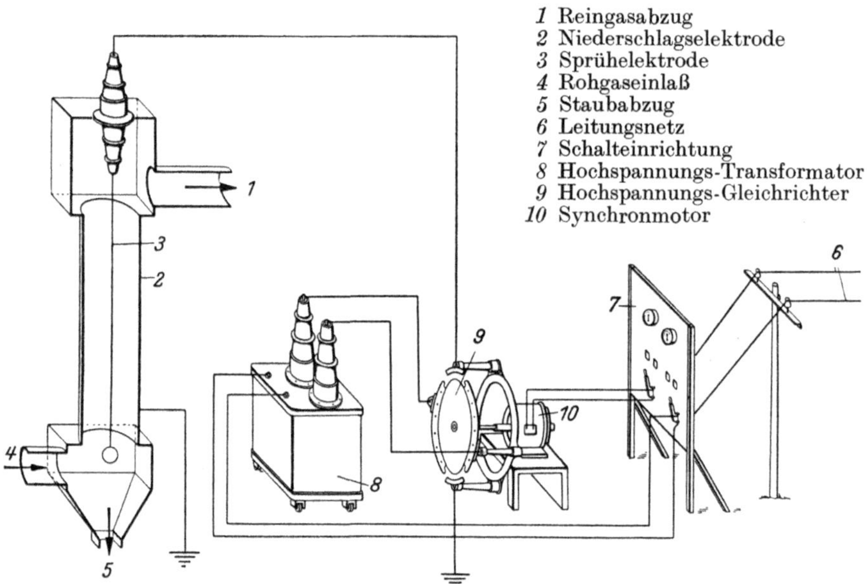

Bild 495. Schaltungsschema einer elektrischen Filteranlage.

Von den Elektrofiltern wird in der Hüttenindustrie wie in der chemischen Industrie und bei der Kohlenaufbereitung bereits umfangreicher Gebrauch gemacht, unter anderem auf Metallhütten zur Niederschlagung und Wiedergewinnung des mit den Abgasen entweichenden Metallstaubes bei Röstanlagen, Schachtöfen, Konvertoren und Treiböfen, bei Entarsenierungsanlagen, zur Entteerung von Braunkohlengeneratorgas, zur Niederschlagung von Kohlenstaub und Flugasche bei Kesselanlagen, zur Rückgewinnung des Kohlenstaubes aus den Brüden bei Braunkohlenbrikettfabriken.

Neunter Abschnitt.

Anlagen der Eisen-, Stahl- und Metallgießereien.

I. Allgemeines und Geschichtliches über das Gießereiwesen.

In der Vorgeschichte bezeichnet man den auf die Jungsteinzeit folgenden Zeitabschnitt als Bronzezeitalter. Zu dieser Zeit wurde Bronze zu Waffen, Geräten und Kunstgegenständen verwendet, und zwar nicht nur in Europa und den mit ihm in Verbindung stehenden Teilen Asiens und Afrikas, sondern auch in China, Indien und Sibirien, in Peru und Mexiko. Als Ursprungsgebiet kommt eine Gegend im östlichen Mittelmeergebiet in Betracht, in der Kupfer und Zinn, die Bestandteile dieser Legierung nebeneinander gewonnen wurden. In Ägypten wurden bereits im 3. und 2. Jahrtausend v. Chr. Bronzestatuetten gegossen. In China wurden im 1. Jahrtausend v. Chr. Glocken, Opfergefäße und Gongs aus Bronze hergestellt. Griechenland erlebte ein hohe Blüte der Bronzezeit seit dem 6. Jahrhundert v. Chr. Eine neue Blütezeit der Bronzekunst entstand im Mittelalter im Dienste der Kirche. Die bedeutendste *Bronzegießerei* Deutschlands war damals die von PETER VISCHER in Nürnberg. Im 19. Jahrhundert hat die Bronzegießerei vorwiegend im Dienste der Denkmalplastik gestanden. *Messingguß* (auch Gelbguß genannt) war vermutlich auch schon im Altertum im Kulturkreis des Mittelmeerbeckens bekannt. In der römischen Provinz Germanien, namentlich im Gebiet zwischen Maaß und Rhein bestanden Messingwerke. In diesem Gebiete hat sich neben dem Bronzeguß (Erzguß) der Messingguß in der romanischen und gotischen Zeit weiterentwickelt. Seit der Mitte des 13. Jahrhunderts war Dinant, vom 15. Jahrhundert ab Aachen und seit dem 18. Jahrhundert Stolberg (Rheinland) Sitz einer bedeutenden Messingindustrie. Die *Eisengießerei* wurde mit den Fortschritten in der Eisenerzeugung entwickelt. Erst als es durch die im 1. Abschnitt besprochenen Änderungen am Eisenschachtofen gelang, höher gekohltes Eisen — das Roheisen — zu erzeugen, war es möglich geworden, Eisengußwaren herzustellen. Die ersten gegossenen Gegenstände waren Geschützkugeln, die 1383 in Memmingen hergestellt wurden. Im Jahre 1412 begann man in Frankreich mit dem Gießen kleiner Geschütze aus Eisen. Im Jahre 1445 wurden auch in Siegen eine Anzahl gußeiserner Kanonen hergestellt. Das Eisen wurde unmittelbar dem Hochofen entnommen. Etwas später begann man mit der Herstellung von gußeisernen Rohren und Ofenplatten. Die letztgenannten Stücke wurden mit Bildschmuck versehen. Bis zu Beginn des 19. Jahrhunderts waren die Anforderungen an Eisengußwaren gering. Das änderte sich erst durch die um diese Zeit beginnende Entwicklung der Gewerbe, insbesondere hervorgerufen durch die Erfindung und schnelle Einführung der Dampfmaschine. Die Maschinenbauer verlangten gute Festigkeitseigenschaften, gute Bearbeitbarkeit und Porenfreiheit der von ihnen verwendeten Gußstücke. Bald entstand auch Nachfrage nach hitzebeständigem und säurebeständigem Guß, was schließlich dazu führte, genaues Einhalten bestimmter chemischer Zusammensetzung zu fordern. Diesen Ansprüchen konnte der Hochofen nicht genügen. Die Eisengießereien entwickelten sich zu selbständigen Betrieben, die das Gußeisen je nach dem Verwendungszweck durch Gattieren aus verschiedenen Roheisensorten, Gußbruch und Schrott verschmelzen. Als *Gußeisen* bezeichnet man allgemein Eisen zweiter Schmelzung, das zu Formstücken irgendwelcher Art vergossen wird. Um das Jahr 1851 gelang es dem Gründer und ersten technischen Leiter des Bochumer Vereins auch Stahl in Formen beliebiger Gestalt zu gießen und damit *Stahlformguß* herzustellen. Die Herstellung von Gußstücken mit Eigenschaften, die denen des Stahls ähnlich sind, ist durch das *Temperverfahren* möglich geworden. Das Erzeugnis, der *Temperguß* dient insbesondere als Ersatz für kleine Schmiedestücke bis 25 mm Wandstärke. Er stellt sich billiger als Stahlformguß. Beim Temperverfahren werden Gußstücke aus weißem Roheisen in gußeisernen Töpfen oder gemauerten Kästen, mit gekörntem oder gepulvertem Eisenoxyd (Hammerschlag, Roteisenstein) verpackt, während mehrerer Tage geglüht. Bei heller Rotglut wirkt das „Tempererz" oxydierend auf den Kohlenstoff des Gußstückes; dieser nimmt allmählich über den ganzen Querschnitt soweit ab, daß das Gußstück eine ähnliche Zusammensetzung und ähnliche Eigenschaften wie Stahl hat.

II. Eisengießereien.

a) Die Zusammensetzung und die Eigenschaften von Eisenguß.

Wie bereits ausgeführt, hat die Zusammensetzung des Gußeisens großen Einfluß auf seine Eigenschaften. Phosphor macht das Eisen dünnflüssig, weshalb es für Gegenstände mit geringer Wandstärke wie Ofenguß und Röhrenguß in begrenzten Mengen im Eisen vorhanden sein muß. Anderseits macht Phosphor das Eisen spröde, er darf bei Gußstücken mit hohen Festigkeitsansprüchen deshalb nur in möglichst kleinen Mengen vorhanden sein. Mangan erhöht die Festigkeit und die Härte; überschreitet der Mangangehalt jedoch eine bestimmte Höhe, so nimmt die Festigkeit wieder ab. Der gebundene Kohlenstoff macht das Eisen hart, so daß das Eisen um so weicher wird, je mehr von seinem Gesamtkohlenstoffgehalt als Graphit vorhanden ist. Schwefel macht das Eisen dickflüssig und wirkt der Graphitbildung entgegen. Silizium wirkt in gewissen Grenzen der Aufnahme von Kohlenstoff entgegen, begünstigt aber die Graphitausscheidung. Nickel und Chrom werden beim Gußeisen wie beim Stahl als wichtige Legierungselemente verwendet. Nickel allein verbessert das Gefüge und macht das Gußstück widerstandsfähiger gegen Laugen. Nickel und Chrom zusammen verbessern die Festigkeiteigenschaften und die Korrosionsbeständigkeit.

Man unterscheidet folgende Hauptgattungen von Gußwaren:

1. *Geschirr- und Ofenguß* mit etwa 3% Si, 0,4 bis 0,8 Mn, 1% P und weniger als 0,1% S.
2. *Gewöhnlicher Handelsguß*, je nach Wanddicke 1 bis 2% Si, 0,4% Mn, bis 1% P, bis 0,17% S.
3. *Röhrenguß* mit 2 bis 3% Si je nach Wanddicke, unter 1% Mn, 1% P und darüber, unter 0,12% S.
4. *Maschinenguß* mit 2,9 bis 3,5% Si, 0,8 bis 1,5% C, 0,3% Mn, 0,2 bis 0,6% P, unter 0,12% S. Lokomotivzylinder erhalten 0,6 bis 0,9% Mn.
5. *Kokillen* (Gußformen für Stahlblöcke) mit etwa 3,5% C, 1,6 bis 2,5% Si, 0,8 bis 1% Mn, unter 0,1% P, unter 0,1% S.
6. *Walzenguß* mit 2,9 bis 3,4% C, 0,5 bis 0,8% Si, 0,6 bis 1,2% Mn, weniger als 0,5% P, weniger als 0,1% S.
7. *Hartguß* mit 3,5 bis 3,8% C, 0,5 bis 0,9% Si, 0,3 bis 0,5% Mn, 0,2 bis 0,5% P, 0,08 bis 0,15 S.
8. *Säurebeständiger Guß* mit 3,2% C, 1,7% Si, 0,8% Mn, 0,15% P, 0,03 bis 0,04% S.

Hochsäurefestes Gußeisen wird mit 14 bis 18% Si hergestellt. Dieser Werkstoff ist sehr spröde und kann nur durch Schleifen oder Sonderhartmetall bearbeitet werden.

Feuerbeständigen Guß erhält man durch Zusatz von Chrom bei einem P-Gehalt unter 0,1%.

Durch Erhöhen der *Abkühlungsgeschwindigkeit* wird das Perlitgefüge gefördert, die Graphitausbildung wird feiner und die Festigkeitseigenschaften besser. Durch *Schmelzüberhitzung* wird die Graphitausbildung feiner und die Festigkeitseigenschaft gebessert.

b) Die Schmelzöfen der Eisengießereien.

In den Eisengießereien werden als Schmelzöfen Schachtöfen, Herdöfen, Trommelöfen und elektrische Öfen verwendet. In besonderen Fällen kommt auch der Tiegelofen zur Anwendung.

1. Der Kuppelofen.

Der *Schachtofen* der Eisengießereien, gewöhnlich *Kuppelofen* oder *Kupolofen* genannt, hat in seiner einfachsten Gestaltung die Form eines Zylinders gemäß dem Bilde 496. Er wird auch mit Vorherd nach dem Bilde 496a ausgeführt. Die Öfen ohne Vorherd liefern heißeres Eisen, bei den Öfen mit Vorherd findet eine gute Durchmischung des geschmolzenen Metalls statt, sie liefern deshalb eine Schmelze von gleichmäßiger Zusammensetzung. Um beide Vorteile zu erreichen, kann der Vorherd mit einer besonderen Heizvorrichtung ausgestattet werden.

Die Schmelzleistung, der Koksverbrauch, die eingeblasene Luftmenge und der thermische Wirkungsgrad des Kuppelofens stehen miteinander in enger Wechselbeziehung.

Die *Schmelzleistung* wird in kg/h je m² Ofenquerschnitt in der Schmelzzone bemessen. Sie ist abhängig von der Wärmemenge, die vom glühenden Koks und von den Verbrennungsgasen auf das Schmelzgut übertragen wird, mithin verhältnisgleich der verbrannten Brennstoffmenge und der Vollständigkeit der Verbrennung. Vollständige Verbrennung zu CO_2 ist unter den im Kuppelofen bestehenden Verhältnissen nicht erreichbar; im Gichtgas befindet sich immer eine erhebliche Menge CO. Das Verhältnis CO_2/CO ist kennzeichnend für den thermischen Wirkungsgrad. Bei den ersten Kuppelöfen war die Wärmeausnutzung hauptsächlich deshalb sehr schlecht, weil sie unter falschen Voraussetzungen den Hochöfen nachgebildet waren. Sie hatten einen zu geringen Querschnitt in den Winddüsen; die Öfen bekamen trotz hoher Windpressung zu wenig Luft.

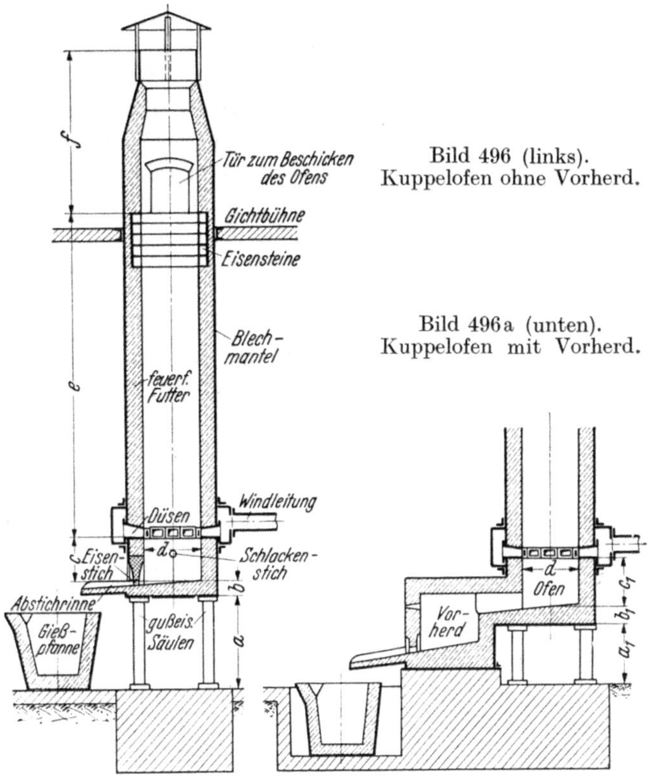

Bild 496 (links). Kuppelofen ohne Vorherd.

Bild 496a (unten). Kuppelofen mit Vorherd.

A. Ledebur[1] hat schon nachdrücklich auf diesen Fehler hingewiesen. Er stellte zur Begünstigung der CO_2-Bildung folgende Bedingungen auf:

1. Verwendung festen, dichten und großstückigen Brennstoffes.

2. Reichliche Bemessung der dem Ofen zugeführten Windmenge aber geringe Windpressung und Windgeschwindigkeit.

3. Gleichmäßige Beaufschlagung des niedergehenden Brennstoffes über den ganzen Ofenquerschnitt.

Bezüglich der *Beschaffenheit des Brennstoffes* liegen die Verhältnisse entgegengesetzt wie beim Gaserzeuger. Bei diesem wird kleinstückiger Brennstoff verwendet, um die CO-Bildung zu fördern. Auch weicher poröser Brennstoff ist hier geeignet, sogar mit Holzkohle werden gute Ergebnisse erreicht. Beim Kuppelofen muß die dem Sauerstoff zugängige Oberfläche im Verhältnis zur vorhandenen Sauerstoffmenge klein sein. Bezüglich der Windführung liegen beim Kuppelofen die Verhältnisse anders als beim Hochofen. Bei diesem konnte man zur Erhöhung der Ofenleistung mit der Windpressung dauernd höher gehen, da die dadurch begünstigte CO-Bildung erwünscht ist. Um beim Kuppelofen mit geringer *Windpressung* auszukommen, muß der Gesamt-

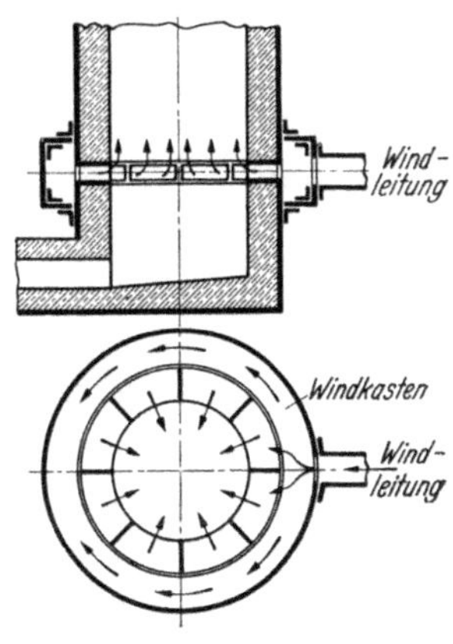

Bild 497. Ringsumlaufende Schlitzdüse.

[1] Ledebur, A.: Handbuch der Eisenhüttenkunde, 4. Aufl., 2. Abt., S. 677. Leipzig: Arthur Felix 1902.

querschnitt der Winddüsen (Blasquerschnitt) groß sein, in der Ofenhöhe muß man sich beschränken und gegegebenenfalls die hierdurch bedingte höhere Gichtgastemperatur in Kauf nehmen. Die *Winddüsen* müssen gleichmäßig auf den Ofenumfang verteilt werden, was am vollkommensten durch eine ringsum laufende Schlitzdüse (Bild 497) erreicht wird. *Gleichmäßige Beaufschlagung* der Beschickung über den ganzen Ofenquerschnitt ist um so schwerer zu erreichen, je größer der Ofendurchmesser ist. Bei großen Öfen, die mit zu geringer Windpressung betrieben werden, kann sich in der Ofenmitte ein Kern bilden, der an den Reaktionen nur unvollkommen teilnimmt. Man muß also mit zunehmendem Ofendurchmesser die Windpressung erhöhen, was nicht im Einklang mit der unter 2 gestellten Bedingung steht. Deshalb geben verschiedene Ofenbauer dem Ofen im unteren Teil kleineren Durchmesser als im oberen (Bild 498). Andere haben in der Ofenmitte noch eine besondere Windzuführung angeordnet. Im Bilde 499 ist die Bodenmitteldüse von THOMAS D. WEST dargestellt.

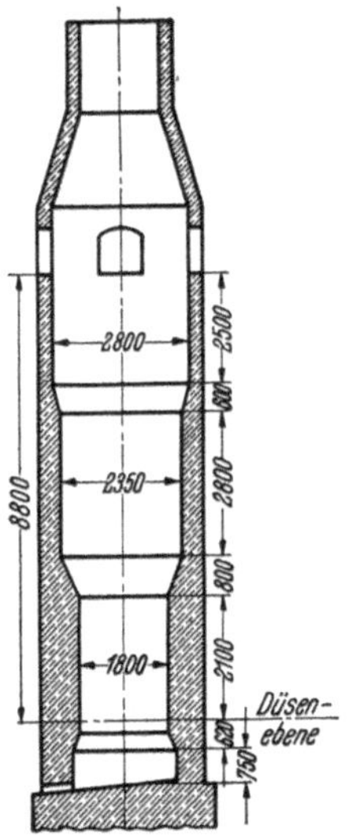

Bild 498. Stahlwerks-Kuppelofen mit einer Schmelzleistung von 36 t/24 h.

Die dem Ofen zugeführte *Windmenge* kann durch Messung mittels Stauscheibe festgestellt oder durch Rechnung aus der Zusammensetzung der Gichtgase bestimmt werden. Aus mittleren Abgasanalysen ergibt sich die zugeführte Luftmenge zu 8,25 bis 8,5 m³ für 1 kg C. Natürlich kann die Leistung eines Kuppelofens wie die jedes anderen Schachtofens durch erhöhte Windzufuhr gesteigert werden, da dann auch entsprechend mehr C verbrannt wird. Es hat sich aber ergeben, daß für den *thermischen Wirkungsgrad ein Bestwert bei einer bestimmten Betriebsweise erreicht wird,* die durch die Brennstoffmenge und Windmenge betimmt wird.

Das *Arbeitsverfahren* beim Kuppelofenbetrieb ist folgendes. Nachdem der Schacht und der Herd vorgerichtet worden sind, entzündet man auf dem Boden des Herdes ein Feuer aus Holz und gibt allmählich Koks zu. Wenn dieser in Glut ist, setzt man den „*Füllkoks*" bis zu einer Höhe bzw. in einer Menge ein, die durch Versuche festgestellt wird. Bereits diesem Füllkoks setzt man zur Verschlackung seiner kieseligen Asche Kalkstein zu (auf 1 Gewichtsteil Asche $1^1/_2$ bis 2 Gewichtsteile Kalkstein). Hierdurch wird auch Schwefel aus dem Brennstoffe gebunden. Die Verbrennungsluft läßt man zunächst durch das Stichloch und die Schauöffnungen eintreten. Sobald der Koks bis vor den Düsen in voller Glut ist, wird der Ofen abwechselnd mit Roheisen- und Koksgichten (sog. Satzkoks) unter Zusatz von Kalkstein gefüllt. Dann wird das Gebläse angestellt.

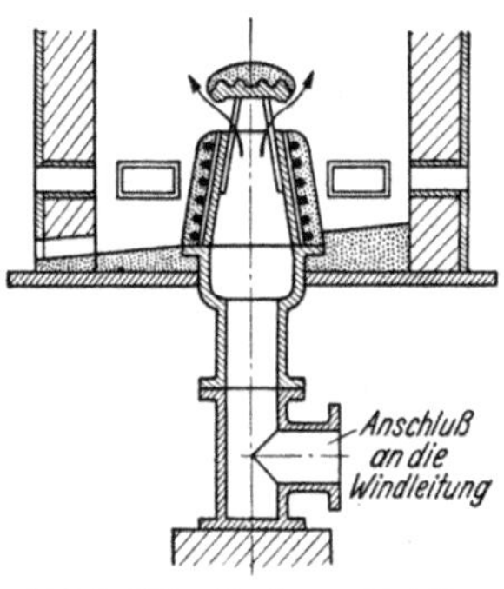

Bild 499. Bodenmitteldüse von THOMAS A. WEST.

Die Zusammenhänge zwischen Schmelzleistung, Kokssatz, Windmenge und thermischem Wirkungsgrad wurden unter anderen von E. PIWOWARSKY und F. MEYER untersucht[1]. Über die Ergebnisse wird nachstehend berichtet.

Der Ofen hatte einen Durchmesser von 700 mm in der Schmelzzone und von 1000 mm oberhalb der Schmelzzone, zwei Düsenreihen in einem Abstand von 400 mm mit einem Gesamtquerschnitt von 1066 cm². Die Meßstellen waren nach dem Bilde 500 angeordnet. Es sollte die Bedeutung des Kokssatzes und der eingeblasenen Luftmenge für sämtliche Betriebszahlen festgelegt werden. Bei der ersten Versuchsreihe (Versuche 1 bis 5) blieb der Kokssatz unverändert, während die Luftmenge geändert wurde. Bei der zweiten Versuchsreihe (Versuche 6 bis 10) blieb die Luftmenge unverändert und der Satzkoks wurde von 6,5 bis 12,5 % geändert. Im Laufe jeder Schmelzung wurde die Gattierung viermal geändert. Es enthielt

Gattierung	I	1,3 % Si;	1,26 % Mn
„	II	1,82 % Si;	1,11 % Mn
„	III	3,29 % Si;	0,93 % Mn
„	IV	2,97 % Si;	0,84 % Mn

[1] Stahl u. Eisen 1925 S. 1017.

Die durchschnittliche Gaszusammensetzung an den einzelnen Meßstellen ist aus Tabelle 68 ersichtlich. Tabelle 69 enthält die Ofentemperaturen, die an der Schachtwand gemessen wurden. Die aus den Betriebszahlen und Wärmebilanzen abgeleiteten Ergebnisse sind in Tabelle 70 zusammengestellt.

Der thermische Wirkungsgrad wurde aus dem Quotienten Wärmeinhalt des erschmolzenen Eisens/gebundene Wärme im verbrannten Koks berechnet.

Zur Erleichterung der Übersicht sind nachstehend einige Grenzwerte besonders aufgeführt.

		Höchster Wert	Niedrigster Wert
Schmelzleistung	$t/m^2 h$	13,00	8,30
Koksverbrennung	$kg/m^2 h$	1040,00	690,00
Windmenge	m^3/m^2 min	194,00	93,50
Verhältnis	CO_2/CO	7,33	1,50
Thermischer Wirkungsgrad		0,513	0,268
Abstichtemperatur des Eisens		1452°	1370°

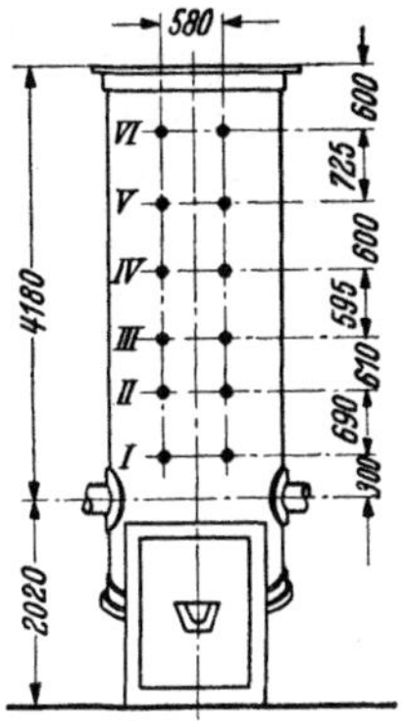

Bild 500. Versuchsofen mit Anordnung der Meßstellen.

Durch Änderung der Windmenge wird der Ofenbetrieb nicht nur beschleunigt oder verlangsamt sondern es ergeben sich auch erhebliche Änderungen in den Verbrennungsvorgängen und Wärmeübergangsverhältnissen. Bei einer bestimmten Betriebsweise (Satzkoks und Windmenge) ergibt sich ein Bestwert des thermischen Wirkungsgrades. Allerdings ist die hierbei erzielte Eisentemperatur nicht für alle Fälle ausreichend. Beim Gießen dünnwandiger Stücke und zur Gütesteigerung des Gußeisens sind erhöhte Eisentemperaturen erforderlich, die nur mit einem verhältnismäßig hohen Mehraufwand an Brennstoff erreicht werden können.

Tabelle 68. Durchschnittliche Gaszusammensetzung bei Versuchen an einem Kuppelofen (nach E. Piwowarsky und F. Meyer).

Versuchsreihe	Versuch Nummer	Meßstelle II			III			IV			V			VI		
		CO_2%	O_2%	CO%	CO_2%	O_2%	CO%	CO_2%	O_2%	CO%	CO_2%	O_2%	CO%	CO_2%	O_2%	CO%
I	1	—	18,0	1,0	14,3	0,8	5,9	16,6	2,7	0,8	16,9	0,4	2,2	16,7	—	5,38
	2	—	15,1	0,1	17,3	0,5	0,13	18,2	1,5	0,6	17,7	0,2	1,1	16,9	0,1	6,0
	3	0,5	18,7	0,4	17,1	1,8	1,6	16,9	1,8	1,4	17,9	0,6	0,8	17,6	0,1	2,8
	4	7,9	11,3	0,4	18,5	0,5	1,6	—	—	—	17,4	3,9	1,0	16,7	0,1	5,9
	5	—	18,9	0,5	18,3	0,3	0,5	—	—	—	15,8	3,5	0,7	17,5	0,2	4,8
II	6	—	19,2	0,3	17,1	1,2	1,6	17,8	1,5	0,6	17,3	0,5	0,8	18,1	—	2,4
	7	—	16,3	—	15,7	3,7	0,05	11,7	6,9	1,7	18,3	0,1	3,0	16,5	0,1	6,1
	8	—	17,8	0,1	16,9	0,07	1,6	16,9	0,4	1,8	15,9	0,04	5,8	15,3	—	7,8
	9	—	17,0	0,5	17,7	0,15	1,3	17,2	0,8	1,8	17,2	—	2,8	14,8	—	9,2
	10	—	18,4	0,4	16,3	0,20	2,7	16,8	—	3,0	15,8	—	3,5	14,5	—	9,7

Tabelle 69. Durchschnittliche Ofentemperaturen bei einem Kuppelofen von 700 mm l. W. (nach E. Piwowarsky und F. Meyer).

Versuchsreihe	Versuch Nummer	Temperaturen an den Meßstellen °C II	III	IV	V	VI	Bemerkungen
I	1	1447	1210	863	743	198	Gleichbleibende Koksmenge
	2	1327	1183	961	614	145	
	3	1350	1117	783	704	171	
	4	1410	1085	751	464	141	
	5	1310	1078	775	750	207	
II	6	1330	1277	902	675	180	Gleichbleibende Windmenge
	7	1360	1260	862	768	175	
	8	1370	1258	954	749	196	
	9	1380	1355	1235	778	297	
	10	1484	1331	931	796	283	

Tabelle 70. Zusammenstellung von Versuchsergebnissen an einem Kuppelofen von 700 mm l.W. (nach E. Piwowarsky und F. Meyer).

Versuch		Eingesetztes Eisen kg	Schmelzdauer min	Füllkoks kg	Satzkoks kg	Satzkoks %	Gesamtkoks %	Winddruck mm WS	Windmenge m^3/min	Verhältnis CO_2/CO	Gewichtsverluste % fühlbare	latente	Summe	Thermischer Wirkungsgrad	Schmelzleistung t/m^2h	Abstichtemperatur des Eisens °C	Koksverbrennung kg/m^2h
I	1	19210	376	450	1470	7,65	9,25	250	36	76:24	7,21	16,45	23,66	0,420	8,45	1370	690
	2	22630	372	450	1720	7,60	9,08	310	45	74:26	6,61	19,70	26,31	0,438	9,32	1433	710
	3	20438	265	450	1490	7,42	8,96	400	60	86:14	7,39	9,48	16,87	0,467	11,82	1436	880
	4	21130	280	450	1530	7,24	8,99	460	64	74:26	7,68	22,34	30,02	0,444	11,44	1440	850
	5	21320	275	450	1590	7,46	9,24	580	75	78:22	7,64	20,70	31,34	0,432	12,00	1452	900
II	6	20970	245	450	1320	6,29	7,88	400	60	88:12	7,05	8,64	15,69	0,513	13,00	1411	820
	7	19220	270	450	1690	8,79	9,74	400	60	73:27	7,74	21,06	28,80	0,407	11,82	1445	1040
	8	20160	310	450	2010	9,36	10,51	400	60	66:34	7,71	26,60	34,31	0,351	10,00	1438	936
	9	18720	322	450	2085	11,12	12,08	400	60	62:38	9,23	33,26	42,49	0,329	8,95	1420	1000
	10	20010	370	450	2480	12,38	13,79	400	60	60:40	12,23	32,44	44,67	0,268	8,30	1435	1030

Tabelle 71. Gaszusammensetzung und Wärmeübertragung in einem Schachtofen nach Versuchen von Belden.

1		2			3		4	5	6	
Meßstelle im Ofen nach dem Bilde 501		Gaszusammensetzung, Raumteile %			Von 100 Raumteilen Sauerstoff im Gas sind		Von 1 Nm^3 eingeblasenem Sauerstoff sind bei Ankunft an der Meßstelle erzeugt worden kcal	Vollständigkeitsgrad der Verbrennung ϱ %	In 1 min an wassergekühltes Kupferrohr abgegebene Wärmemenge	
Waagerechte Ebene	Punkt Nr.	CO_2	O_2	CO	in CO_2 enthalten x Raumteile	in CO enthalten y Raumteile			zwischen den Punkten	τ
A	1	12,0	0,2	14,2	62,2	36,8	3643	84	1 und 2	146
	2	10,3	2,1	14,0	53,2	36,0	3232	75	1 „ 3	163
	3	4,5	15,8	0,2	22,0	0,5	966	22	3 „ Schacht	25
B	1	13,1	0,1	12,4	67,4	32,0	3744	87	1 und 2	205
	2	12,5	0,3	12,9	64,8	33,4	3668	78	2 „ 3	209
	3	11,5	8,9	0,5	55,4	1,2	2430	56	3 „ Schacht	140
C	1	11,9	0,1	14,4	62,0	37,4	3650	84	1 und 2	157
	2	12,8	0,1	13,2	65,6	33,8	3713	86	2 „ 3	244
	3	15,0	4,9	1,0	73,6	2,5	3251	75	3 „ Schacht	187
D	1	9,8	0,0	18,1	51,8	48,0	3481	80	1 und 2	159
	2	11,5	0,0	15,4	59,9	40,0	3626	84	2 „ 3	170
	3	16,9	0,4	4,8	85,7	12,2	4026	93	3 „ Schacht	283
E	1	8,6	0,0	19,9	46,2	53,6	3383	78	1 und 2	189
	2	10,1	0,0	17,1	54,0	45,9	3522	81	2 „ 3	165
	3	15,2	0,1	6,8	81,2	18,2	3986	92	3 „ Schacht	238

Genaue Messungen in der ganzen Höhe und über den ganzen Querschnitt eines Kuppelofens sind sehr erschwert und deshalb bisher wohl an keiner Stelle zur Ausführung gekommen. A. W. Belden hat an einem Kuppelofen Untersuchungen durchgeführt, der nur mit Koks beschickt war[1]. Unter diesen Umständen ist es gelungen, in allen Teilen der Beschickung Messungen vorzunehmen. Nachstehend wird auch über diese Arbeit berichtet.

Der Versuchsofen hatte einen Durchmesser von 684 mm, eine Höhe von 2420 mm. Er war mit vier rechteckigen Düsen von 76 × 204 mm Querschnitt ausgestattet. Die Windpressung betrug 233 mm WS, die Windmenge 28 m^3/min. Die Kupferrohre wurden in den Ebenen A bis E gemäß Bild 501 verschieden weit in den Ofen eingeführt. Der Wärmebetrag τ, der von dem Kühlwasser der Kupferrohre aufgenommen wurde, ist in einer willkürlichen Einheit errechnet worden. Die Werte sind in der linken Hälfte des Bildes eingetragen. Da die Gasgeschwindigkeiten und die Wärmeübergangsbedingungen in den verschiedenen Teilen der Beschickung als annähernd gleich angenommen werden können, sind auch die Temperaturen an den betreffenden Stellen den Werten von τ ungefähr proportional.

[1] Trans. Amer. Foundrym. Ass. Bd. 22 (1913) S. 1/40; Stahl u. Eisen 1914 S. 360; Hütte, Taschenbuch für Eisenhüttenleute, 4. Aufl. S. 571.

In der Tabelle 71 ist die Gaszusammensetzung an den Meßstellen in der Spalte 2 angegeben. Die Angaben in den Spalten 3, 4 und 5 sind aus den Versuchsergebnissen berechnet worden. Da 1 Nm³ Sauerstoff bei vollständiger Verbrennung zu CO_2 4330, bei Verbrennung zu CO nur 2580 kcal liefert, so ergibt sich die von 1 Nm³ Sauerstoff bei Verbrennung zu einem Gasgemisch von der in Spalte 2 und 3 angegebenen Zusammensetzung erzeugte Wärmemenge zu

$$w = 43{,}30\,x + 25{,}80\,y \text{ kcal}.$$

Die Werte von w sind in der Spalte 4 angegeben.

Der Vollständigkeitsgrad der Verbrennung ist

$$\varrho = \frac{w\,100}{4330}.$$

Die so errechneten Werte von ϱ sind im Bilde 501 in der rechten Hälfte für die verschiedenen Meßstellen angegeben. In der Tabelle 71 sind sie in der Spalte 5 aufgeführt. Wo ϱ einen Höchstwert erreicht, ist auch ein Höchstwert für die Temperatur zu erwarten. Aus der schaubildlichen Darstellung im Bilde 501 ist ersichtlich, daß das auf der Linie $m-m$ eintreten muß. Es sind dort auch noch zwei Linien für $\varrho = 84\%$ eingezeichnet, die eine heiße Zone einschließen. Innerhalb dieser Zone fällt die Temperatur von dem Höchstwerte längs der Linie $m-m$ zu den beiden Grenzlinien. Die Höchstwerte von τ liegen ebenfalls längs einer Linie $m-m$ (linke Hälfte des Bildes 501). Dort sind noch zwei Linien für $\tau = 185$ eingezeichnet. Sie können auch als Linien von angenähert gleicher Temperatur angesehen werden. Jedenfalls können die Linien für $\varrho = 84$ und $\tau = 185$ als ungefähre Grenzlinien für die Schmelzzone des Ofens angenommen werden.

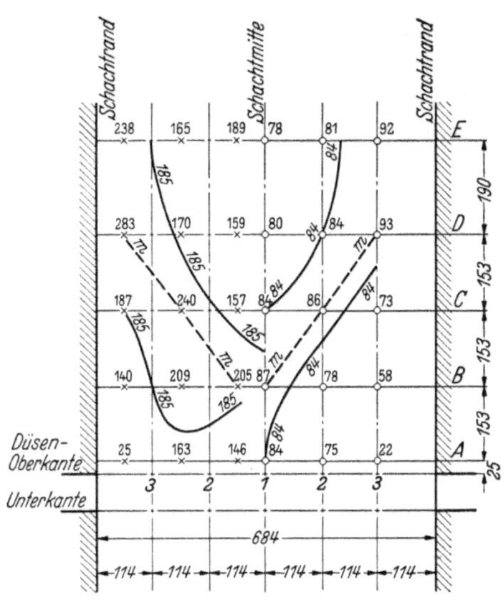

Bild 501. Werte für den Vollständigkeitsgrad der Verbrennung ϱ (rechts) und die übertragene Wärmemenge τ (links) in einem Schachtofen. (Nach BELDEN.)

Die Schmelzzone bildet demnach keine waagerechte Schicht, sie ist vielmehr trichterförmig in der Ofenmitte eingesenkt. Die Verbrennung beginnt unmittelbar beim Austritt der Luft aus den Düsen; der Vollständigkeitsgrad nimmt mit dem Eindringen in das Ofeninnere nach allen Richtungen zu, und zwar in waagerechter Richtung zuerst schneller als in senkrechter aber der höchste Grad der Vollständigkeit wird in einer Höhe von 484 mm über Düsenoberkante ($\varrho + 93\%$) in der Nähe des Schachtrandes erreicht.

Die schaubildliche Darstellung nach dem Bilde 502 erleichtert die Übersicht, wie die Änderungen in der Zusammensetzung der Ofengase vor sich gehen. An die Oxydationszone schließt sich eine Reduktionszone an, in der CO_2 durch C reduziert wird. Die höchste Temperatur herrscht in der Ebene D an der Grenze zwischen Oxydations- und Reduktionszone etwa 450 mm über Düsenoberkante. Es ist also zweckmäßig, den Ofengang so zu beeinflussen, daß die Schmelzung in dieser Höhe vor sich geht. Es muß aus den Versuchsergebnissen weiter gefolgert werden, daß es nicht zweckmäßig ist, zwei Düsenreihen übereinander anzuordnen, denn diese Maßnahme bewirkt nur, daß die Oxydationszone in der Randzone weiter nach oben steigt. Dagegen würde die Anordnung einer Bodendüse die Gestaltung der Schmelzzone günstig beeinflussen und auch geeignet sein, die Schmelzleistung ohne Erhöhung des Winddruckes zu steigern.

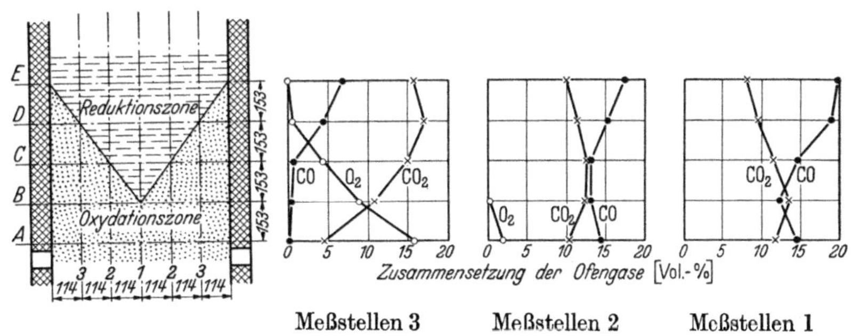

Bild 502. Darstellung der Versuchsergebnisse an einem Schachtofen. (Nach BELDEN.)

Die Lage der Schmelzzone fällt mit der Zone der höchsten Temperaturen zusammen, deshalb ist sie bei jedem Ofen nach Beendigung der Schmelzung an der ausgefressenen

Stelle im Schachtfutter zu erkennen, sie erstreckt sich über eine Ofenhöhe von 150 bis 200 mm. In dieser Zone wird die größte Wärmemenge übertragen, denn oberhalb und unterhalb fällt die Temperatur ab. Die Wärmeübertragung in dieser Zone ist deshalb auch maßgebend für die Temperatur des geschmolzenen Eisens. Wenn man hohe Abstichtemperatur erreichen will, muß man den Satzkoks erhöhen. Aus der Tabelle 69 geht hervor, daß geringe Temperaturerhöhung des Eisens eine erhebliche Erhöhung vom Satzkoks erfordert. Beim Versuch 6 wurde mit 6,29% Satzkoks eine Abstichtemperatur von 1411° erreicht. Um beim Versuch 5 die Abstichtemperatur von 1452° zu erzielen, mußte der Satzkoks auf 7,46% erhöht werden. Die Schmelzleistung ging von 13 auf 12 t/m²h herunter, der thermische Wirkungsgrad fiel von 0,513 auf 0,432. Diesen Verhältnissen trägt man in der Praxis Rechnung: um hohe Überhitzungstemperaturen des Eisens zu erreichen wird der Satzkoks bis zu 12% gesteigert. Hierbei sinkt der thermische Wirkungsgrad des Ofens naturgemäß erheblich. Es ist aber wichtiger, den Abbrand niedrig zu halten als den Kokssatz, denn die Kosten des Roheisens sind etwa dreimal so hoch als die des Kokses.

In vielen Fällen sind die Ergebnisse unbefriedigend, wenn erhöhten Kokssätzen nicht die

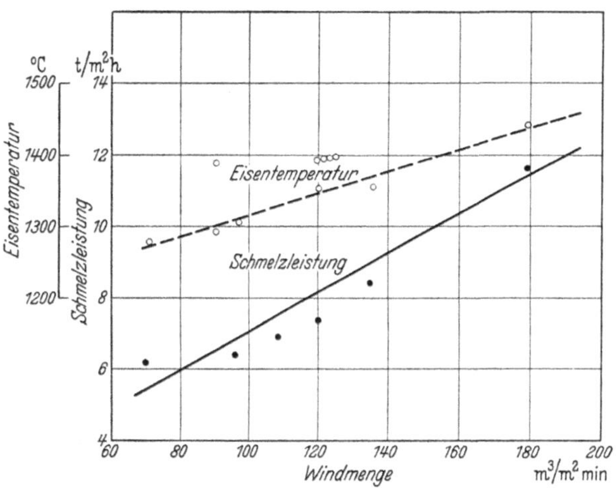

Bild 503. Einfluß der bezogenen Windmenge auf die Eisentemperatur und die Schmelzleistung der Kuppelöfen. (Nach PIWOWARSKY.)

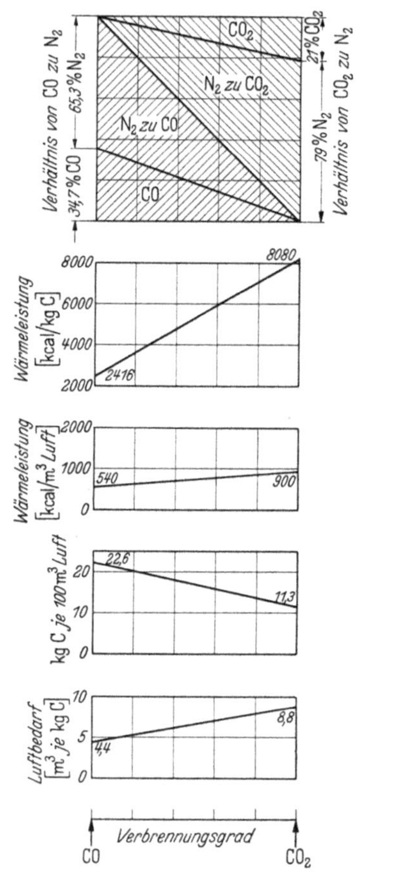

Bild 504. Gaszusammensetzung, Wärmeleistung und Luftbedarf in Abhängigkeit vom Verbrennungsgrad.

zugeführten Windmengen entsprechen. Aus Tabelle 69 ist ersichtlich, daß bei unverändertem Satzkoksgewicht mit Abnahme der zugeführten Windmenge die Schmelzleistung, der thermische Wirkungsgrad und die Abstichtemperatur des Eisens heruntergehen. PIWOWARSKY[1] stellte aus den Betriebszahlen verschiedener Gießereien fest, daß nicht nur die Schmelzleistung sondern auch die Eisentemperatur von der bezogenen Windmenge abhängig ist. Diese Abhängigkeit ist aus dem Bilde 503 ersichtlich. Hierdurch wird die selbstverständliche Forderung veranschaulicht, daß bei Erhöhung des Satzkoksgewichtes eine entsprechend größere Windmenge in den Ofen eingeblasen werden muß. Die Lage der Schmelzzone ist abhängig von der eingeblasenen Windmenge: große Windmengen bewirken hohe Lage, kleine Windmengen niedrige Lage. Je höher die Schmelzzone über der Düsenebene liegt, um so länger ist das Eisen mit der glühenden Koksschicht in Berührung, um so höher wird das Eisen über die Schmelztemperatur erhitzt.

[1] PIWOWARSKY, E.: Hochwertiger Grauguß. Berlin: Julius Springer 1929.

Um eine anschauliche Übersicht zu geben, welche Verhältnisse in den Kuppelofengasen obwalten können, hat MATHESIUS[1] das Bild 504 zusammengestellt. Derartige Betrachtungen haben mehrfach zu Sonderbauarten und Betriebsmaßnahmen geführt, die den Zweck haben, den thermischen Wirkungsgrad des Kuppelofens zu verbessern. Gewöhnlich war damit noch beabsichtigt, die Abstichtemperatur des Eisens zu erhöhen. Einige dieser Vorschläge, die grundsätzliche Bedeutung haben, sollen nachstehend besprochen werden.

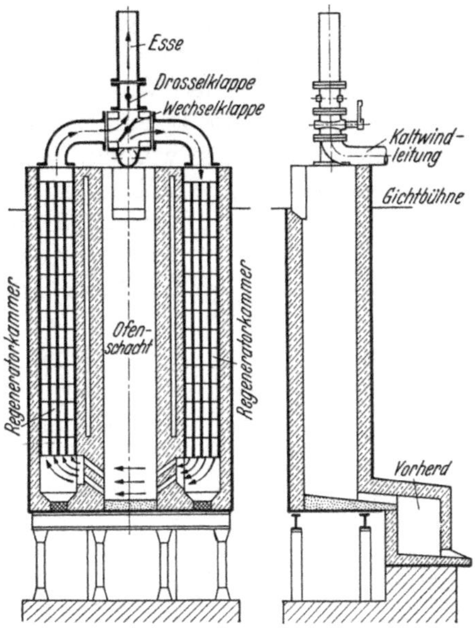

Bild 505. Schürmann-Ofen mit Windvorwärmung in Regeneratorkammern.

Die *Zuführung von Luft in den Ofenraum oberhalb der Schmelzzone* ist von verschiedenen Ofenbauern vorgeschlagen worden. Es sollte das Kohlenoxydgas im Oberofen verbrannt und höhere Vorwärmung der Beschickung erreicht werden. Der bekannteste Ofen dieser Art ist der von GREINER und ERPF[2]. Außer den Hauptdüsen hatte der Ofen kleinere Nebendüsen, die auf einer Schraubenlinie bis etwa 1 m unter der Gichtöffnung angeordnet waren. Sie erhielten den Wind durch besondere senkrechte Rohre von einem Windverteiler aus. Die Oberdüsen wurden in Tätigkeit gesetzt, sobald probeweise zugeführter Wind an der Gicht ein blaues Flämmchen ergab. Sie wurden abgestellt sobald der Koks zu glühen begann. Die Zuführung von Luft vor Erreichung der Zündtemperatur wäre zwecklos und hätte den Ofen abgekühlt. Weiterblasen bei glühendem Koks würde zur Reduktion der im Gasstrom vorhandenen Kohlensäure führen. Der Ofen erforderte zur Regelung der Windzufuhr einen eigens dazu bestellten Mann. Der Ofen ist wieder verschwunden. In jüngster Zeit ist ein ähnlicher Ofen von POUMAY[3] vorgeschlagen und erprobt worden. Der Ofen lieferte bei günstigem Koksverbrauch zu kaltes Eisen, ist also für Herstellung dünnwandiger Gußstücke ungeeignet.

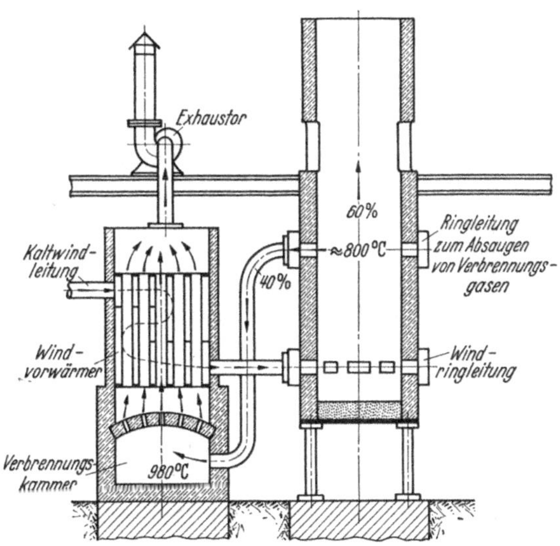

Bild 506. Griffin-Kuppelofen mit Windvorwärmung.

Die *Anreicherung der Luft mit Sauerstoff* ist an verschiedenen Stellen versucht worden, so auch auf der Gutehoffnungshütte[3]. Hier wurde durch eine Sauerstoffanreicherung um 2 % eine Erhöhung der Leistung um 30 % und eine Verminderung des Koksverbrauches um 25 % erreicht. Bei einer höheren Anreicherung um 3 bis 5 % wurden keine besseren Ergebnisse erzielt, offenbar infolge der erhöhten Gichttemperatur. Nach der gleichen Quelle ist eine Wirtschaftlichkeit des Verfahrens nur dann gegeben, wenn die Kosten des Sauerstoffes unter 3 Pfg/m³ betragen. PIWOWARSKY[4] berichtet, daß eine große Gießerei des Auslandes ihren Ofen mit 3 % Sauerstoffanreicherung

[1] Stahl u. Eisen 1927 S. 1229/1241.
[2] GEIGER, C.: Handbuch der Eisen- und Stahlgießerei, 2. Aufl., 3. Bd., S. 69. Berlin: Julius Springer 1928.
[3] Stahl u. Eisen 1925 S. 747; 1927 S. 1239.
[4] Hochwertiger Grauguß. Berlin: Julius Springer 1929, S. 253.

betreibt und dadurch ein sehr heißes Eisen erzielt, allerdings mit Mehrkosten von etwa 4.— M je Tonne flüssigen Eisens.

Die *Windvorwärmung* ist vielfach vorgeschlagen und in verschiedener Weise durchgeführt worden. Ihr Nutzen ist jedoch nicht erwiesen. Durch Erhöhung der Lufttemperatur wird jedenfalls die Geschwindigkeit der Sauerstoffreaktion erhöht, so daß die Oxydationszone verkleinert wird und eine konzentriertere Schmelzzone entsteht. Fraglich ist aber, ob dadurch die Eisentemperatur erhöht und der Eisenabbrand vermindert wird. Es kann nicht übersehen werden, daß die Wärme bindende Reduktion der Kohlensäure um so früher beginnt, je früher der Sauerstoff der Luft aufgezehrt ist. Geht man mit der Luftvorwärmung zu weit, treten Verhältnisse wie beim Hochofen ein, der Kohlenstoff verbrennt hauptsächlich zu Kohlenoxyd und das führt zwangläufig zu einer Erhöhung des Koksverbrauches.

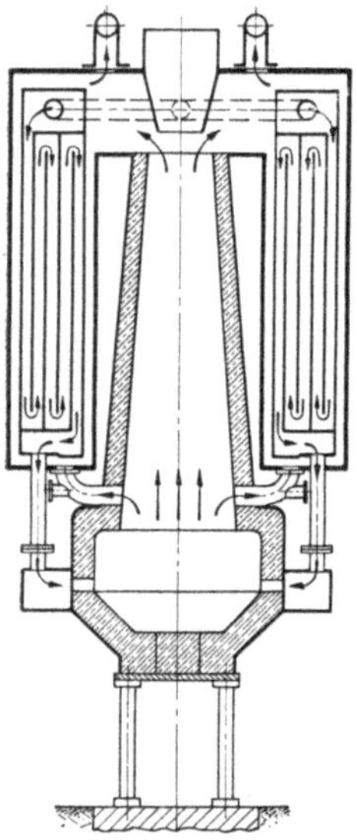
Bild 507. Kuppelofen von Toussaint-Levoz mit Windvorwärmung.

Von den mit Windvorwärmung arbeitenden Kuppelöfen sollen nachstehend einige Beispiele besprochen werden.

1. Der *Schürmann-Ofen* der Schürmann-Ofen G.m.b.H. Düsseldorf ist mit Regeneratorkammern ausgestattet und muß infolgedessen als Umschaltofen betrieben werden. Im Bilde 505 ist er schematisch dargestellt. Der Wind tritt durch eine Wechselklappe in die aufgeheizte Regeneratorkammer, erwärmt sich in deren Gitterwerk und gelangt durch die Düsen in den Verbrennungsraum des Kuppelofens. Der größte Teil der Verbrennungsgase wird durch die gegenüberliegenden Düsen zur zweiten Kammer abgezogen, um diese aufzuheizen, der Rest geht durch die Beschickung zur Gicht. Der leitende Gedanke bei der Durchbildung dieses Ofens wird als richtig anerkannt, der praktische Nutzen ist umstritten. Eine große Zahl von Arbeiten hat sich mit der Klarstellung dieser Frage befaßt[1], ohne eine Entscheidung herbeizuführen.

2. Der *Griffin-Ofen* der Griffin Wheel Co. in Chicago zieht einen Teil der Verbrennungsgase in etwa halber Schachthöhe ab, leitet ihn in die Verbrennungskammer eines Röhrenwinderhitzers, wo er mit Zweitluft verbrannt wird (Bild 506).

3. Der Ofen von *Toussaint-Levoz* in Heer-Namur (Belgien), hat ebenfalls Röhrenwinderhitzer, die mit einem Teil der Verbrennungsgase des Ofens geheizt werden. Der Ofen ist gekennzeichnet durch den weiten Verbrennungs- und Schmelzraum mit anschließendem engen Schacht (Bild 507).

Wassereinspritzung in die Düsenzone hat einen günstigen Einfluß auf den Betrieb des Kuppelofens, die Eisentemperatur wird bis zu 50° erhöht, der thermische Wirkungsgrad verbessert und der Schwefelzubrand verringert[2].

Die *Kohlenstaubzusatzfeuerung* nach dem Verfahren der Vulkan-Feuerung A. G. in Köln hat nach den Versuchen von A. Kaiser und P. Bardenheuer[3] erhebliche Vorteile für den Kuppelofenbetrieb. Die Schmelzleistung wird erhöht, der thermische Wirkungsgrad verbessert, der Schwefelgehalt des Roheisens vermindert.

Die *Ölzusatzfeuerung* wirkt sich in gleicher Weise wie die Kohlenstaubzusatzfeuerung aus.

Die Hauptabmessungen des Kuppelofens.

Wie beim Hochofen ist der lichte Durchmesser des Kuppelofens in der Düsenebene maßgebend für die Schmelzleistung. Ledebur[4] hält für eine Schmelzleistung von 1000 kg/h einen Schachtquerschnitt von 700 bis 800 cm² angemessen. Das entspricht einer Schmelzleistung von 12,5 bis 14,3 t/m² h, die auch bei Spitzenleistungen in neuzeitlichen Anlagen

[1] Gießerei 1922 S. 146; Stahl u. Eisen 1922 S. 857; Gießerei 1922 S. 246; Gießereiztg. 1923 S. 297 u. 301; 1923 S. 259; Gießerei 1924 S. 326 u. 425; Gießereiztg. 1924 S. 525; 1925 S. 97, 277, 505, 521, 547; 1926 S. 173, 220 u. 243.

[2] Stahl u. Eisen 1909 S. 70; Gießerei 1924 S. 413; Stahl u. Eisen 1926 S. 1311.

[3] Stahl u. Eisen 1927 S. 1389.

[4] Handbuch der Eisen- und Stahlgießerei, 3. Aufl. Leipzig: A. Felix 1901.

nicht wesentlich übertroffen wird. Wie bereits ausgeführt, muß zur Erreichung höherer Eisentemperaturen die Satzkoksmenge erheblich (bis zu 12%) gesteigert werden. Da aber bei der für Kuppelöfen gebotenen Windführung die je m² Ofenquerschnitt verbrennbare Kohlenstoffmenge begrenzt ist, ergibt sich auch der Einfluß der Satzkoksmenge und der in den Ofen eingeblasenen bezogenen Windmenge.

Die im Schrifttum gemachten Angaben über die erforderliche Windmenge gehen noch weit auseinander. IRRESBERGER[1] hält eine Windmenge von 100 m³/m² min (110 bis 120 m³ im Gebläse) für ausreichend. G. BUZEK[2] gibt bei 8% Satzkoks eine Windmenge von 80 bis 100 m³/m² min an. In den „*Anhaltszahlen für den Energieverbrauch in Eisenhüttenwerken*“[3] werden die Windmengen für Kuppelöfen mit 100 bis 140 m³/m² min angegeben. E. PIWOWARSKY[4] gibt Betriebszahlen von Kuppelöfen an, bei denen die Windmenge bis 200 m³/m² min beträgt. Er hält es für notwendig, die Windmenge noch weiter zu steigern und veranschaulicht die günstige Auswirkung einer solchen Maßnahme durch das Bild 503.

Nimmt man eine *Schmelzleistung* von 13 t/m² h bei 6,5% Satzkoks an, so ergibt sich die verbrannte *Koksmenge* zu 845 kg/m² h und der Windbedarf zu etwa 141 m³/m² min. Hiernach errechnen sich die Schmelzleistungen von Kuppelöfen verschiedener Durchmesser bei verschiedenen Satzkoksmengen gemäß Tabelle 72, die als Anhaltszahlen dienen können. Tabelle 73 enthält Angaben über Windbedarf und Windpressung.

Die *Höhe der Grundplatte* über der Hüttensohle (das Maß *a* des Bildes 496) wird so gewählt, daß das Abstechen des Eisens in die Gießpfannen erleichtert wird. Zu diesem Zweck wird der Ofen auf gußeiserne Säulen oder auf einen Mauersockel gesetzt. Wird aus irgendeinem Grunde hiervon abgesehen, so ist die Anordnung einer Pfannengrube (Bild 496a) erforderlich.

Die *Stärke der Herdsohle* in der Mitte des Ofens beträgt etwa 125 bis 150 mm (Maß *b*, Bild 496).

Tabelle 72. Schmelzleistung von Kuppelöfen.

Lichter Durchmesser in der Düsenebene mm	Ofenquerschnitt in der Düsenebene m²	Schmelzleistung t/h bei einem Satzkoks von						
		6%	7%	8%	9%	10%	11%	12%
500	0,1963	2,75	2,63	2,07	1,88	1,65	1,50	1,37
600	0,2827	4,00	3,40	3,00	2,70	2,40	2,20	1,95
700	0,3848	5,40	4,65	4,10	3,70	3,25	2,95	2,70
800	0,5026	7,00	6,05	5,30	4,80	4,25	3,85	3,50
900	0,6362	8,90	7,70	6,75	6,10	5,40	4,90	4,40
1000	0,7854	11,00	9,50	8,30	7,50	6,60	6,00	5,50
1100	0,9503	13,40	11,50	10,00	9,10	8,00	7,30	6,65
1200	1,1309	17,00	13,70	12,00	10,85	9,55	8,70	7,90
1300	1,3273	18,60	16,00	14,10	12,70	11,25	10,25	9,30
1400	1,5393	21,60	18,65	16,30	14,80	13,00	11,85	10,75
1500	1,7671	24,80	21,50	18,75	17,00	15,00	13,60	12,40

Tabelle 73. Erforderliche Windmenge und Windpressung bei Kuppelöfen.

Lichter Durchmesser in der Düsenebene mm	500	600	700	800	900	1000	1100	1200	1300	1400	1500
Ofenquerschnitt m²	0,1963	0,2827	0,3848	0,5026	0,6362	0,7854	0,9503	1,1309	1,3273	1,5393	1,7671
Windmenge m³/min	28 bis 30	40 bis 45	55 bis 60	70 bis 80	90 bis 100	110 bis 120	130 bis 140	160 bis 175	185 bis 200	215 bis 230	250 bis 270
Windpressung mm WS	350	430	500	570	640	700	750	850	900	970	1050

[1] GEIGER, C.: Handbuch, zit. S. 367. [2] Stahl u. Eisen 1910 S. 353 u. 694.
[3] Verlag Stahleisen m.b.H. Düsseldorf. [4] Hochwertiger Grauguß, zit. S. 366.

Die *Höhe des Herdes* von der Herdsohle bis zur Unterkante der Winddüsen (Maß *c*, Bild 496) wird so gewählt, daß der Herd die für jeden Abstich benötigte Eisenmenge und eine gewisse Schlackenmenge zu fassen vermag. Da der Herdraum etwa zur Hälfte mit Koks gefüllt ist, erfordern 100 kg Eisen und etwa 5% Schlacke 0,033 m³. Tabelle 74 enthält Mittelwerte für die Herdhöhe und das Fassungsvermögen des Herdraumes. Bei den Öfen mit Vorherd soll die Höhe bis Unterkante Düsen nicht unter 300 mm, bei größeren

Tabelle 74. Hauptabmessungen für Kuppelöfen

Lichter Durchmesser in der Düsenebene	Höhe des Herdes	Fassungsvermögen des Herdes	Wirksame Schachthöhe = Höhe von Unterkante Düsen bis zur Gichtöffnung mm			
			bei einem Satzkoks von			
mm	mm	kg	6%	8%	10%	12%
500	550	300	2500	2700	2900	3100
600	600	500	3000	3250	3500	3750
700	700	800	3500	3800	4100	4300
800	800	1200	4000	4300	4650	5000
900	850	1600	4500	4850	5200	5600
1000	850	2000	5000	5400	5800	6200
1100	875	2500	5500	5900	6400	6800
1200	900	3000	6000	6500	7000	7400
1300	925	3750	6500	7000	7500	8000
1400	950	4500	7000	7500	8100	8700
1500	1000	5000	7500	8100	8700	9300

Öfen nicht unter 400 mm betragen (Maß c_1 des Bildes 496a), damit der zum Vorherd durchdringende Wind in der Koksschicht genügend vorgewärmt und eine Kühlwirkung auf das Eisen im Vorherd verhindert wird.

Die *wirksame Schachthöhe,* die Höhe von Unterkante Winddüsen bis zur Gichtöffnung (Maß *e,* Bild 496) muß so groß sein, daß die physikalische Wärme der Ofengase möglichst vollständig an das Wärmgut abgegeben wird, ohne den Ofenwiderstand unnötig zu erhöhen. Die Höhe *e* ist abhängig vom Schachtdurchmesser und der Satzkoksmenge[1]. Nach den Erfahrungen an im Betriebe befindlichen Öfen, ist die Bedingung erfüllt, wenn

$$e = 5 \text{ bis } 6{,}2\, d$$

gewählt wird. Der kleinste Wert gilt für 6% Satzkoks, der mit Erhöhung der Satzkoksmenge bis zum größten Wert bei 12% Satzkoks gesteigert werden muß. Dann ergeben sich die in der Tabelle 74 angegebenen Werte.

Die *Höhe des Oberteiles des Schachtes* (der Esse) kann ungefähr mit $e/2$ angesetzt werden. Dieses Maß ändert sich bei Durchbildung besonderer Rauch- und Funkenkammern oberhalb der Gicht.

Der *Blechmantel* wird bei Öfen mit kleinen Durchmessern aus einzelnen Schüssen zusammengesetzt, damit sie bei Neuzustellung des Ofens abgenommen werden können. Die Stärke des Blechmantels beträgt bei Öfen mit 500 bis 700 mm lichte Weite 8 mm, bei 700 bis 1000 mm 9 bis 10 mm, bei 1000 bis 1500 mm 11 bis 12 mm. Sie wird bei Öfen über 1500 mm l. W. bis zu 15 mm genommen.

Die *Stärke des Ofenfutters* wird ebenfalls mit zunehmendem Ofendurchmesser erhöht. Übliche Maße sind in der Tabelle 75 angegeben.

Tabelle 75. Die Stärke des Futters bei Kuppelöfen.

Lichte Weite mm	500—700	700—1000	1000—1500	1500—2000	über 2000
Stärke des Futters	150—200	200—250	250—275	275—300	bis 325

Versuche, die Futterstärke zwecks Verminderung der Wandverluste zu erhöhen, haben sich als zwecklos erwiesen. Es hat sich ergeben, daß die Wärmeverluste durch

[1] BUZEK: Stahl u. Eisen 1910 S. 695; MATHESIUS: Stahl u. Eisen 1927 S. 1929; GEIGER, C.: Handbuch Eisen- und Stahlgießerei, Bd. 3, S. 91. Berlin: Julius Springer 1928.

Strahlung und Konvektion durch diese Maßnahme nicht nennenswert vermindert wurden, daß aber das Futter schneller abschmolz (vgl. S. 94). Als Baustoff dienen Schamottesteine oder eine feuerbeständige Masse, die mit Hilfe von Schablonen aufgestampft wird. Als Stampfmassen werden Klebsand, feuerfeste Tone, Schamottemehl und Sand in verschiedenem Mischungsverhältnis sowie Gemenge von Kaolin mit grobkörnigem (kalk- und tonfreiem) Flußsand verwendet. Damit beim Trocknen der Masse keine Risse entstehen, wird nur soviel Wasser zugegeben, daß die Masse eben bildsam wird. Schamottesteine werden meistens als Radial- oder Keilsteine (Bilder 508 und 509) verwendet. Wie bei anderen Schachtöfen wird zwischen Blechmantel und Mauerwerk ein Zwischenraum von 20 bis 50 mm gelassen, der mit Schlackensand oder Flußsand ausgefüllt wird. Es ist zweckmäßig, das Mauerwerk durch Winkel in Abständen von 600 bis 1000 mm abzustützen (Bild 510). Dadurch wird die Ausbesserung schadhafter Stellen im unteren Schacht erleichtert; die Teile im oberen Schacht halten nämlich erheblich länger, da sie weder den hohen Temperaturen noch dem zerstörenden Einfluß der Schlacke ausgesetzt sind. Deshalb werden im unteren Schacht bis 2500 mm über Düsenoberkante Steine bester Qualität verwendet, während von hier ab Steine mittlerer Güte genügen.

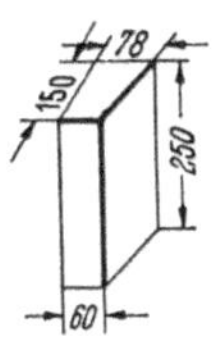

Bild 508. Radialstein.

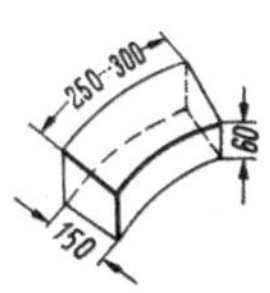

Bild 509. Keilstein für Öfen von 1 m l. Durchmesser.

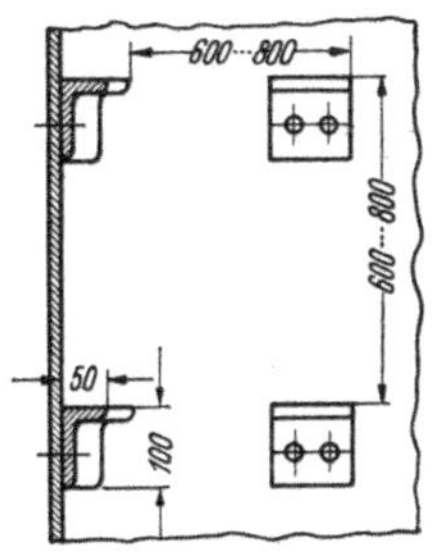

Bild 510. Stützwinkel für das Ofenmauerwerk eines Kuppelofens.

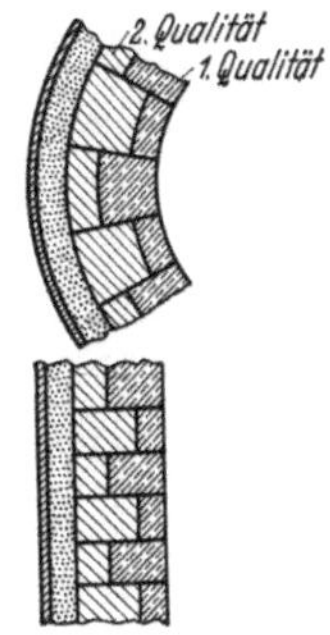

Bild 511. Zweischichtiges Ofenmauerwerk bei Kuppelöfen.

Eine gewisse Ersparnis wird durch Ausbildung des Schachtes als zweischichtiges Mauerwerk nach dem Bilde 511 erzielt. Die innere Schicht aus hochwertigem Baustoff ist mit der äußeren aus geringwertigem Baustoff verzahnt. Sobald die innere Schicht zum größten Teil weggeschmolzen ist, wird sie erneuert. Von den kurzen Steinen ist dann nicht viel mehr vorhanden, während von den langen Steinen noch reichlich die Hälfte unbeschädigt ist. Diese können also wieder als kurze Steine verarbeitet werden. In der Höhe der Gichtöffnung und etwa 1 m darunter ist die Temperatur niedrig, hier wird die Wand nur durch die niederstürzenden Masseln angegriffen, und zwar so stark, daß auch härteste Steine schnell zerstört werden. Deshalb ist es zweckmäßig, hier die *„eisernen Steine“* zu verwenden. Das sind gußeiserne Hohlkörper in der Form von Radialsteinen, die mit Formsand ausgestampft werden. Damit sie nicht mit ihrem erheblichen Gewicht auf dem Mauerwerk lasten, sind sie auf einem Winkelring nach dem Bilde 512 abgestützt. Die oberste Reihe wird durch einen Deckel abgeschlossen. Den unteren Abschluß des Ofens bildet eine gußeiserne Grundplatte, mit der der Blechmantel durch einen Winkelring verbunden ist. Die Grundplatte ist mit einer nach unten sich öffnenden Klapptüre versehen, die bei kleinen Öfen einteilig, bei großen zweiteilig ausgeführt wird. Zum Feststellen der Klapptür dienen möglichst einfache Vorrichtungen wie Keile oder Riegel. Die *feuerfesten Steine* für den Schacht werden zweckmäßig schon außerhalb des Ofens zu Ringen zusammengesetzt und für den Einbau durch Beseitigen von Unebenheiten und Abschleifen schiefer Flächen vorbereitet. Als *Mörtel* hat sich eine Mischung von $^1/_3$ Schamottemehl und $^2/_3$ feinem scharfen Sand mit etwas feuerfestem Ton bewährt. Er ist möglichst dünn anzumachen, damit enge Fugen entstehen; denn je enger die Fugen sind, um so besser ist die Haltbarkeit der Steine. Für den Eisen- und Schlackenstich sowie für die Blasdüsen werden Öffnungen ausgespart. Die *Blasdüsen* sind gußeiserne Kästen von rechteckigem, ovalem oder kreisrundem Querschnitt. Die rechteckigen Düsen sind 50 bis 150 mm hoch und 150 bis 400 mm breit. Diesen entsprechen die Maße der ovalen Düsen. Runde Düsen haben selten mehr als 200 mm Durchmesser. Ringsum laufende Schlitzdüsen (Bild 497) können als Ring aus einem Stück hergestellt werden. Nach Fertigstellung der Ausmauerung werden die *Fugen* im Schachtinnern mit einem dicken Mörtel, dem Graphit und Ton zugesetzt ist, sorgfältig verschmiert. Die *Herdsohle* (Bild 513) wird in einer mittleren Stärke von 125 bis 150 mm aus Formsand aufgestampft. Man benutzt hierzu eine Mischung von gleichen Teilen alten und neuen Formsandes. Er wird in Schichten von 50 mm Stärke aufgetragen.

Die Neigung der Herdsohle und Abstichrinne soll 5% betragen; dann fließt das Eisen glatt aber ohne zu große Geschwindigkeit ab. Die *Abstichöffnung* wird verschieden gestaltet. Um sie bequem herrichten zu können, ist es vorteilhaft, am Blechmantel eine mit Scharnieren ausschwenkbare Tür vorzusehen. Wenn das geschmolzene Eisen dauernd

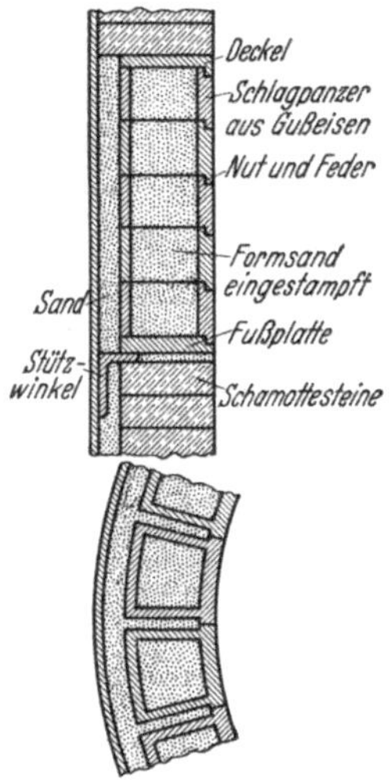

Bild 512. Schlagpanzer unter der Gicht eines Kuppelofens.

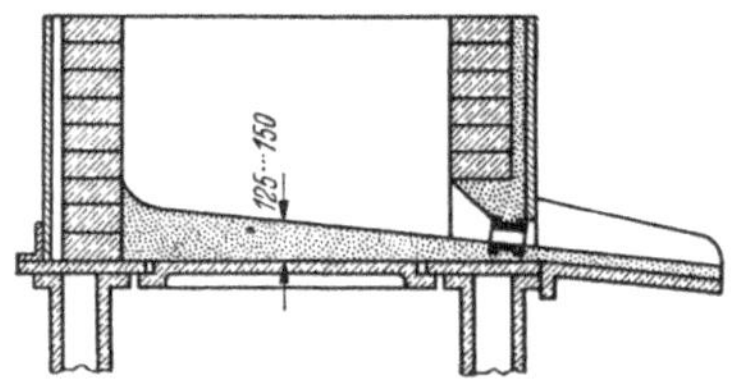

Bild 513. Herdsohle eines Kuppelofens mit Abstichrinne.

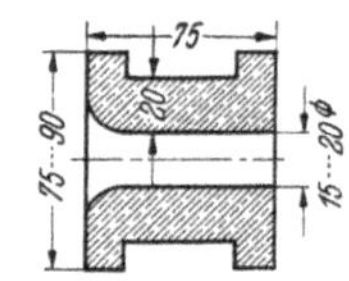

Bild 514. Einsatzbüchse für den Eisenstich.

ablaufen soll, empfiehlt sich die Verwendung einer Einsatzbüchse aus Graphit oder bester Schamotte, die in der richtigen Lage eingestampft wird (Bild 514). Statt einer Büchse wird auch ein Einsatzstein nach dem Bilde 515 verwendet. In vielen älteren Betrieben ist es üblich, das Stichloch aus fettem Formsand aufzustampfen. Hierbei wird im Inneren des Ofens ein Schalbrett aufgestellt und

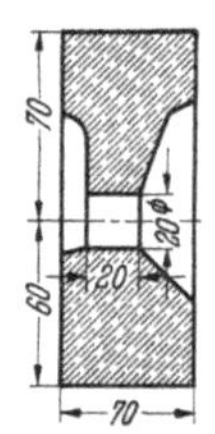

Bild 515. Einsatzstein für den Eisenstich.

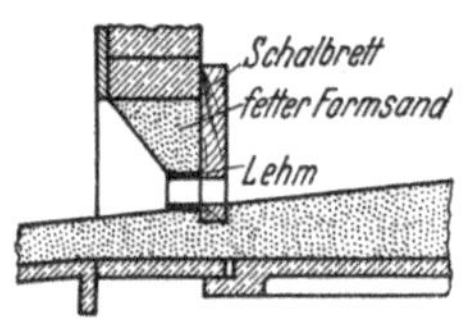

Bild 516. Stichloch aus feuerfestem Ton gestampft.

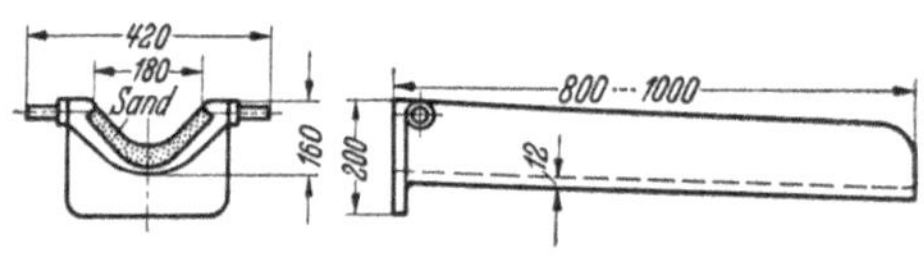

Bild 517. Eisenabstichrinne für Kuppelöfen.

abgestützt. Dieses Brett besitzt einen runden Ausschnitt in der Größe des Stichlochs, in den ein konischer runder Holzstab gelegt wird (Bild 516). Das so gebildete Loch wird noch mit fettem Lehm ausgeschmiert. Die Abstichrinne nach dem Bilde 517 hat zu beiden Seiten Zapfen zum Einhängen in zwei Haken, die am Mantel oder an

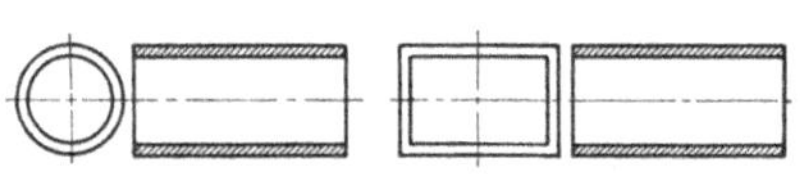

Bild 518. Gleichmäßig gerade Düsen.

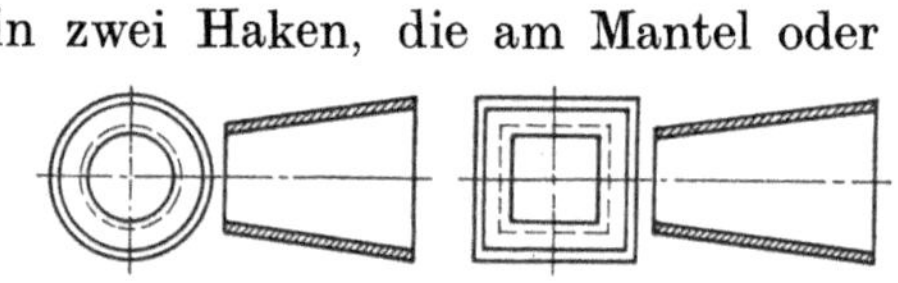

Bild 519. Nach innen verengte Düsen.

der Stichlochtür angebracht sind. Die *Winddüsen* werden sehr verschieden gestaltet. Es wurde bereits oben ausgeführt, daß sie so gestaltet und angeordnet sein müssen, daß die Beschickung über den ganzen Ofenquerschnitt gleichmäßig beaufschlagt wird. Das wird offenbar durch die ringsum laufende Schlitzdüse (Bild 497) am besten erreicht. Man findet außerdem mannigfaltige Ausführungsformen: gleichmäßig gerade (Bild 518), nach innen verengte (Bild 519), nach innen verbreiterte (Bild 520), waagerecht radial, schräg nach unten (Bild 521) und schräg nach oben gerichtete Düsen

(WESTsche Bodendüse Bild 499). Das in der Form und Anordnung zum Ausdruck kommende Bestreben, dem Wind eine bestimmte Richtung aufzuzwingen, hat jedoch nur geringe Wirkung. Der Wind stößt nach Eintreten in den Schacht auf Koksstücke, die eine Verteilung nach allen Richtungen bewirken. Nach Zurücklegen einer kurzen Strecke überwiegt der Auftrieb nach oben. Die nach abwärts geneigten Düsen haben allerdings einen Vorteil: sie verhüten das Eindringen von Schlacke und Eisen.

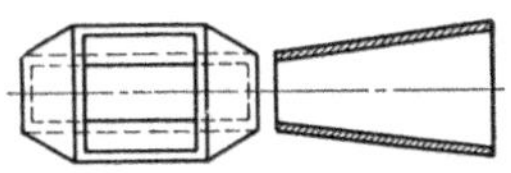

Bild 520. Nach innen verbreiterte Düsen.

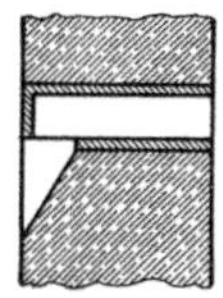

Bild 521. Schräg nach unten gerichtete Düsen.

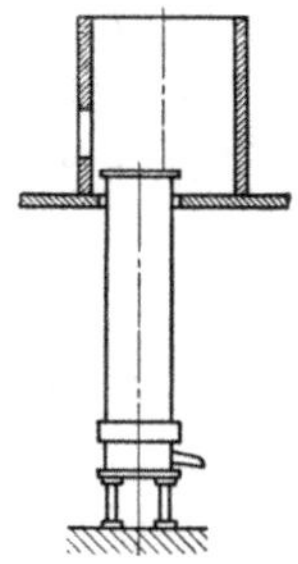

Bild 522. Offene Funkenkammer bei Kuppelöfen.

Die Einrichtungen zur Beseitigung von Rauch und Funken sind ebenfalls sehr verschieden gestaltet. Ein einfaches Mittel ist die Erhöhung der Esse nach dem Bilde 496. Die Höhe schwankt je nach den Anforderungen zwischen 4 und 15 m. Die Ausmauerung ist nur bis 4 m über der Gichtöffnung erforderlich, sie kann mit geringwertigen Schamottesteinen ausgeführt werden. Wirksamer als die Essen sind die sog. Funkenkammern. Sie werden als offene (Bild 522) und geschlossene Kammern (Bild 523) ausgeführt. Erhält eine offene Funkenkammer den fünffachen Querschnitt des Schachtes, so genügt eine Höhe von 5 bis 6 m, um jeden Auswurf zu verhindern. Zur Niederschlagung der Funken und des Gichtstaubes werden die Funkenkammern oder Essen auch mit Wasserberieselung versehen.

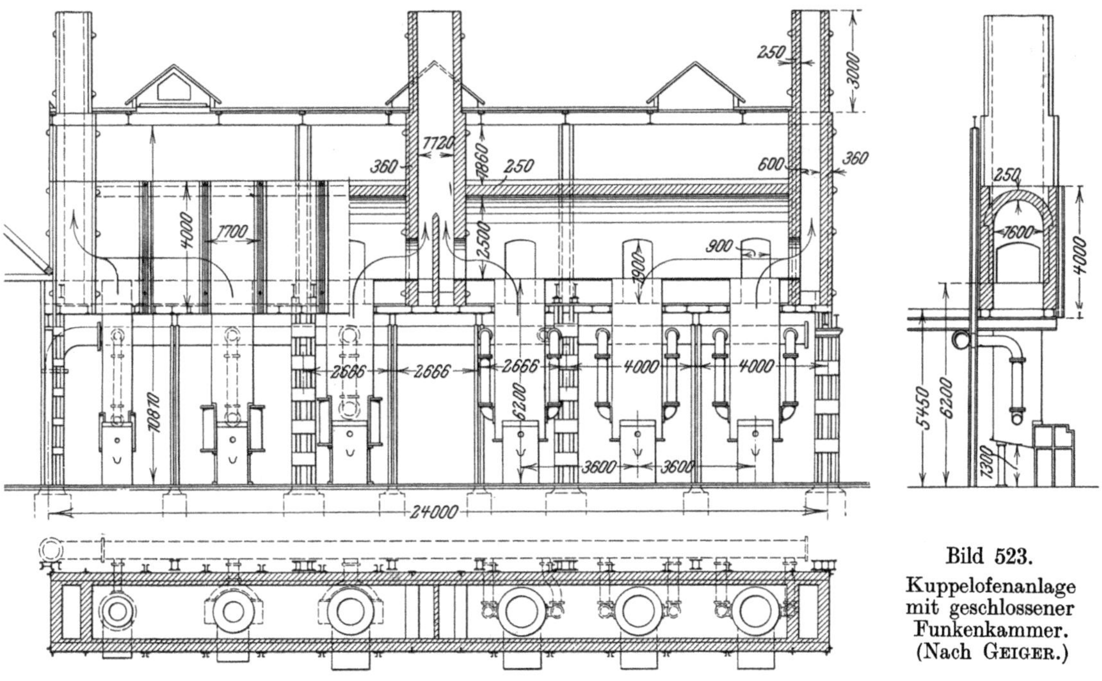

Bild 523. Kuppelofenanlage mit geschlossener Funkenkammer. (Nach GEIGER.)

Die *Beschickanlagen der Kuppelöfen* werden in ihrer Gestaltung vorwiegend durch die Größe und Leistung der einzelnen Öfen und der Gesamtanlage beeinflußt. Bei kleinen und mittleren Anlagen werden die Öfen vielfach ohne mechanische Hilfsmittel *von Hand* beschickt. Die Schmelz- und Brennstoffe werden dann durch einen Senkrecht-Aufzug auf die Höhe der Gichtbühne gehoben. Größere Anlagen dieser Art erhalten zweckmäßig zwei Aufzüge. Der eine fördert das Schmelzgut bis zur Höhe der Gichtbühne, der andere den Koks 2 bis 3 m höher, damit dieser ohne Handarbeit auf der Bühne in einem Haufen aufgestapelt wird. Das Eisen kann auf dem Lagerplatz oder auf der Gichtbühne zerkleinert werden. Im letzteren Falle muß der Masselbrecher auf die Gichtbühne gesetzt und diese entsprechend kräftiger ausgebildet werden. Die *mechanischen Beschickanlagen* befördern Schmelzgut und Brennstoff unmittelbar vom Lagerplatz in den Ofen. Die Satzbildung kann also auf Hüttenflur durchgeführt und leichter beaufsichtigt werden. Das Einführen der Stoffe geschieht hierbei entweder von der Seite

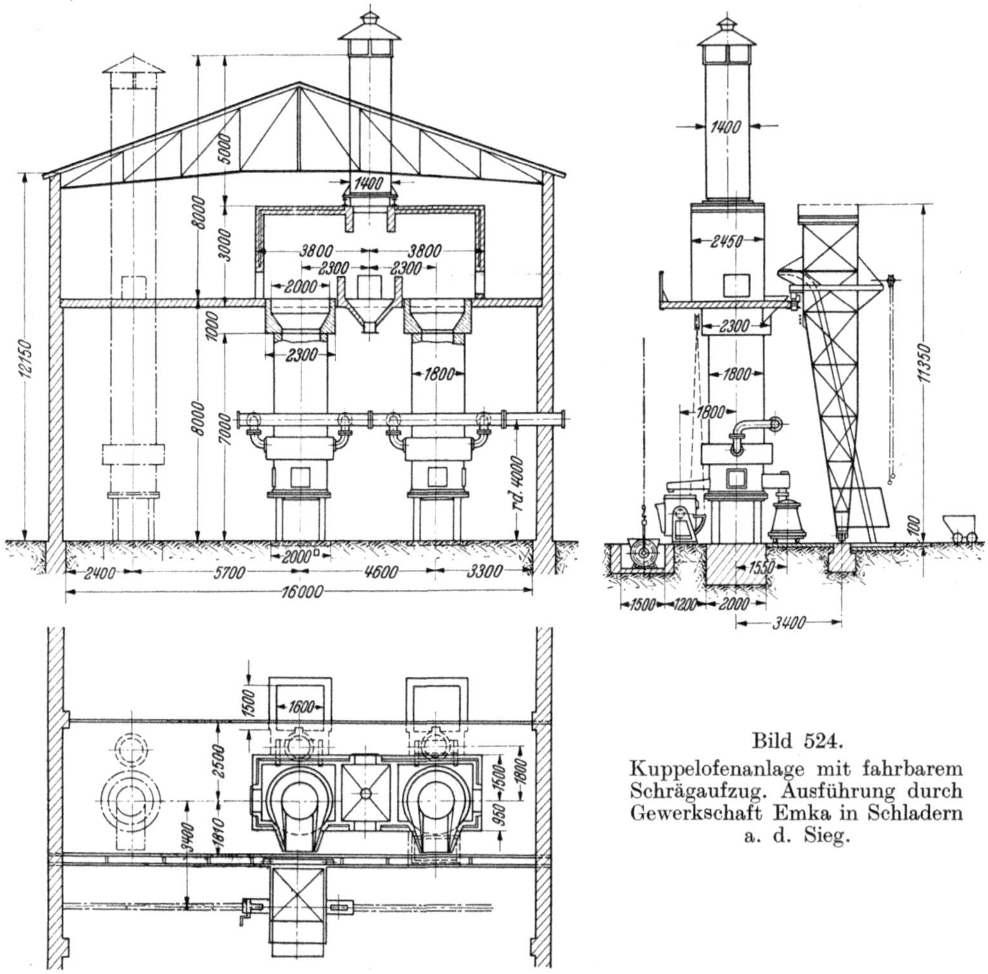

Bild 524. Kuppelofenanlage mit fahrbarem Schrägaufzug. Ausführung durch Gewerkschaft Emka in Schladern a. d. Sieg.

durch die Beschicktüren oder zentral durch entsprechend ausgebildete Kübel. Als Hebezeuge dienen Schrägaufzüge, Hängebahnen, Drehkrane, Auslegerkrane und Laufkrane. Bild 524 zeigt eine Kuppelofenanlage mit einem fahrbarem Schrägaufzug zum Beschicken mehrerer Öfen. Soll jeder Ofen einen eigenen Schrägaufzug erhalten, so werden feststehende Aufzüge angewendet. Man kann dann auch für zwei Öfen mit einem Aufzug auskommen. Die Beschickungsstoffe werden dann über Schurren von der Seite her in die Öfen eingeführt. Im Bilde 525 ist eine Beschickanlage mit einem Drehlaufkran dargestellt. Der Kran ist mit einem Selbstgreifer ausgestattet, der den Inhalt zentral in den Ofen einführt. Die Beschickanlage von Shepard gemäß dem Bilde 526 besteht aus einem Laufkran mit einer Auslegerkatze, die nach der Ofenseite soweit auslädt, daß sie das Fördergefäß bis zur Mitte des Ofens verschieben und in dieser Lage entleeren kann. Gewöhnliche Laufkrane können ebenfalls zum Beschicken von Kuppelöfen verwendet werden. Die eine Kranlaufbahn muß dann möglichst nahe an den Ofen herangerückt werden. Das Fördergefäß wird in eine Schurre entleert, über die das Gut in den Ofen rutscht.

Die Vorherde der Kuppelöfen werden unmittelbar neben dem Schacht angeordnet. Sie sichern das gleichmäßige Niedergehen der Beschickungssäule im Ofen, weil im Unterofen dauernd gleiche Verhältnisse bestehen. Die Lage der Verbrennungs- und Schmelzzone bleibt unverändert, das geschmolzene Eisen läuft ununterbrochen mit gleicher Temperatur in den Vorherd. Ein besonderer Vorteil ergibt sich durch die Mischung der Schmelze, wenn die Gattierung aus Bestandteilen verschiedener Schmelzbarkeit besteht. Der Verbindungskanal zwischen Ofen und Vorherd soll mindestens 200 mm hoch und 100 mm breit sein. Der Abstand zwischen Ofensohle und Vorherdsohle soll etwa 0,7 d betragen (d = Ofendurchmesser, vgl. Bild 496a). Der Querschnitt des Vorherdes kann rechteckig oder rund ausgeführt werden, er wird gewöhnlich gleich dem des Ofens gewählt. Bei Öfen über 1 m Durchmesser kann man den Querschnitt des Vorherdes größer machen, ohne befürchten zu müssen, daß das Eisen zu stark abkühlt. Bei großen Öfen findet man Vorherde, deren Querschnitt gleich dem $1^1/_2$fachen des Ofenquerschnittes ist. Runde Vorherde erhalten einen Mantel aus Stahlblech, rechteckige einen solchen aus zusammengeschraubten gußeisernen Platten. Der obere Abschluß wird durch ein Gewölbe gebildet.

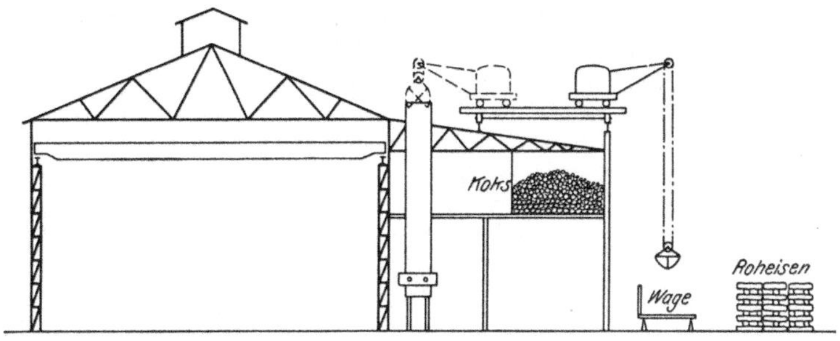

Bild 525. Beschickanlage für Kuppelöfen mit Drehlaufkran. (Nach GEIGER.)

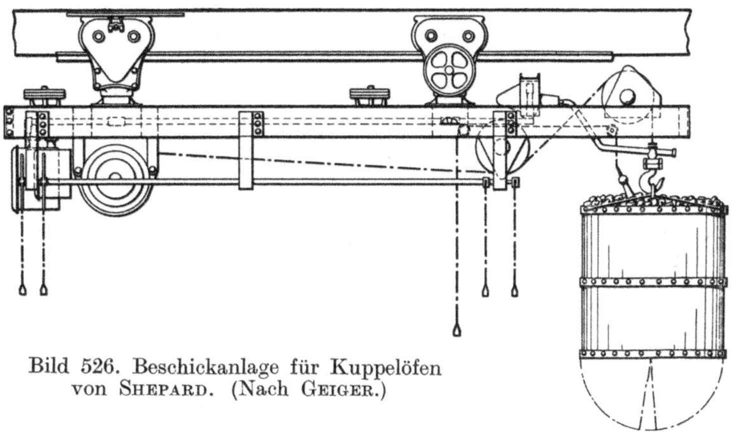

Bild 526. Beschickanlage für Kuppelöfen von SHEPARD. (Nach GEIGER.)

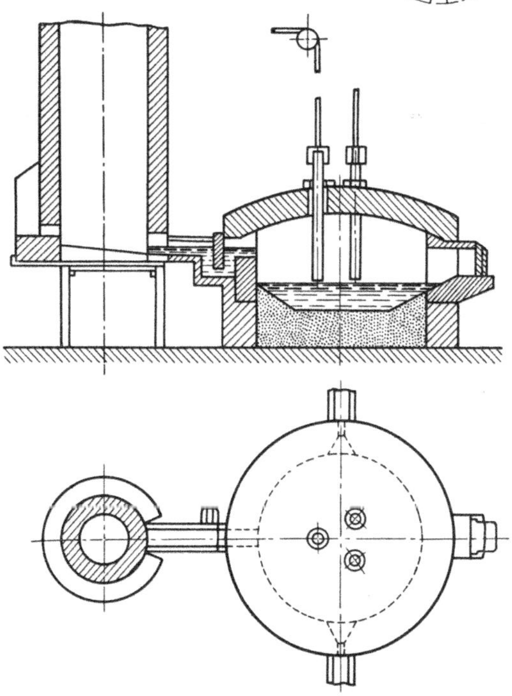

Bild 527. Kuppelofen mit elektrisch beheiztem Vorherd. (Nach PIWOWARSKY.)

Die Vorherde werden mitunter kippbar oder fahrbar eingerichtet. An einigen Stellen sind sie so gestaltet, daß sie in den Gießkran gehängt und zum Gießen benutzt werden.

Wo hoch überhitztes Eisen benötigt wird, werden die Vorherde mit einer eigenen Heizvorrichtung ausgestattet. Im Bilde 527 ist ein elektrisch geheizter Vorherd dargestellt. Auch Ölbrenner sind für diesen Zweck sehr geeignet. Bild 528 zeigt einen Ofen mit Vorherd, bei dem der Eisenstich wie der ARENTsche Bleistich durchgebildet ist. Das Eisen fließt erst nach Erreichen einer bestimmten Höhe im Ofenherd zum Vorherd über. Die Schlacke wird im Ofen zurückgehalten und fließt durch den höherliegenden Schlackenstich zu einem

Schlackensammler. Diese Einrichtung wird besonders dann mit Vorteil angewendet, wenn zur Entschwefelung des Eisens mit erhöhter Schlackenmenge gearbeitet wird.

Als *Gebläse für Kuppelöfen* kommen *Zylindergebläse* nicht mehr in Betracht. Ihre Nachteile sind hohe Anlagekosten und großer Raumbedarf, die sich um so stärker auswirken, je geringer die erforderliche Druckerhöhung ist. Sie bedürfen zudem sorgfältiger

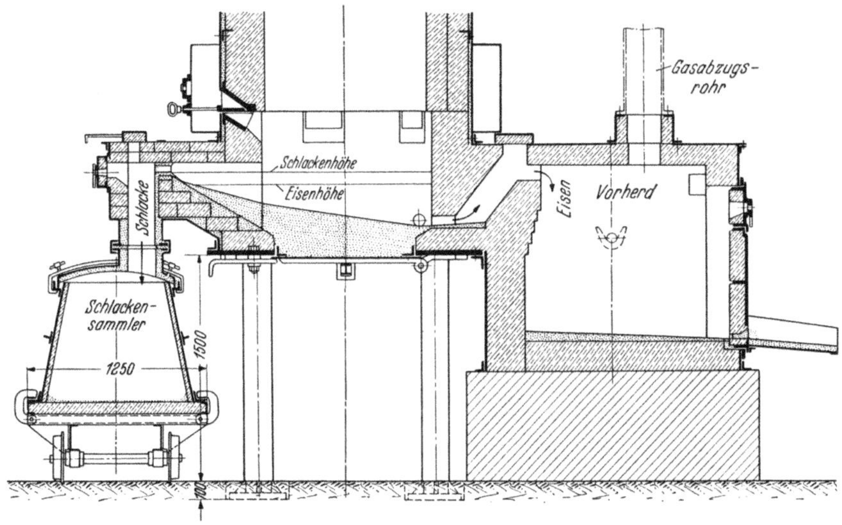

Bild 528. Kuppelofen mit Vorherd und Schlackensammler, Bauart der Gewerkschaft Emka, Schladern.

Wartung. Die *Kapselgebläse* waren eine Zeitlang im Gießereibetrieb sehr beliebt. Aber trotz der erheblichen Verbesserungen, wie sie unter anderen beim Kapselgebläse von Jäger (Bild 529) zu verzeichnen sind, werden sie in den letzten Jahren durch die *Kreiselgebläse* verdrängt. Diese zeichnen sich aus durch einfachen Aufbau und stoßfreien Gang,

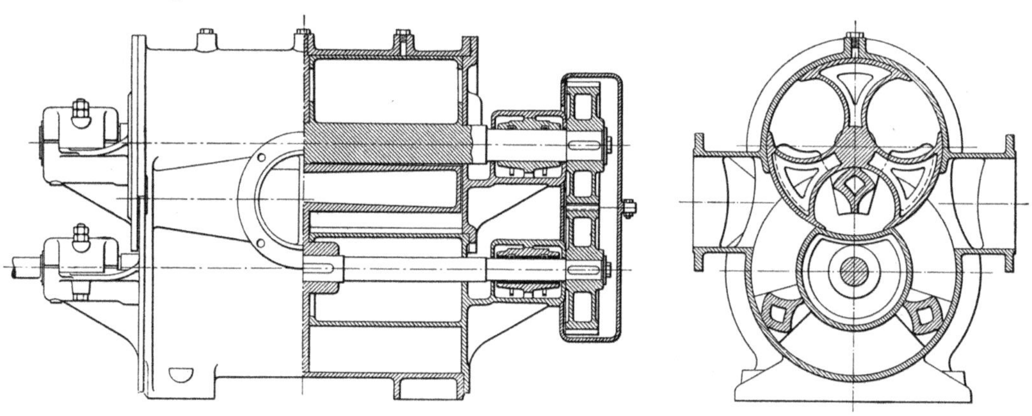

Bild 529. Kapselgebläse von Jäger in Leipzig.

Fortfall von Steuerorganen und reibenden Teilen im Inneren, durch geringen Raumbedarf und leichte Fundamente. Infolge der hohen Drehzahl sind alle wirkenden Kräfte klein. Kreiselgebläse können unmittelbar mit dem Antriebsmotor gekuppelt werden. Die Wirkungsweise eines Kreiselgebläses (Bild 530) ist folgende: die am Saugstutzen eingetretene Luft wird vom Flügelrad erfaßt und durch Zentrifugalwirkung auf hohe Geschwindigkeit gebracht. In dem an das Flügelrad anschließenden Diffusor wird durch entsprechende Querschnittsänderung die Geschwindigkeit in Druck umgesetzt. Die verdichtete Luft strömt vom Diffusor durch den Druckstutzen zur Druckleitung. Im Bilde 531 sind einige Kennlinien eines Kreiselgebläses wiedergegeben. Die geförderten Luftmengen sind den Drehzahlen verhältnisgleich, die Druckerhöhung steigt verhältnisgleich dem Quadrate der Drehzahlen. Der mechanische Wirkungsgrad steigt mit zunehmender Drehzahl zuerst schnell, dann langsam bis zu einem Höchstwert und nimmt dann mit weiter steigender Fördermenge langsam wieder ab. Die Leistung des Kreiselgebläses kann ohne wesentliche Verschlechterung des mechanischen Wirkungsgrades innerhalb eines bestimmten Bereiches geändert werden, indem die Drehzahl geändert wird. Um die zur Regelung eines Kreiselgebläses erforderlichen Maßnahmen zu übersehen, muß man den Zusammenhang zwischen Drehzahl, angesaugter Luftmenge und Förderdruck vor Augen haben. Dieser Zusammenhang ergibt sich durch die Druckvolumenkurve, der sog. Charakteristik des Kreiselverdichters nach dem Bilde 532. Diese

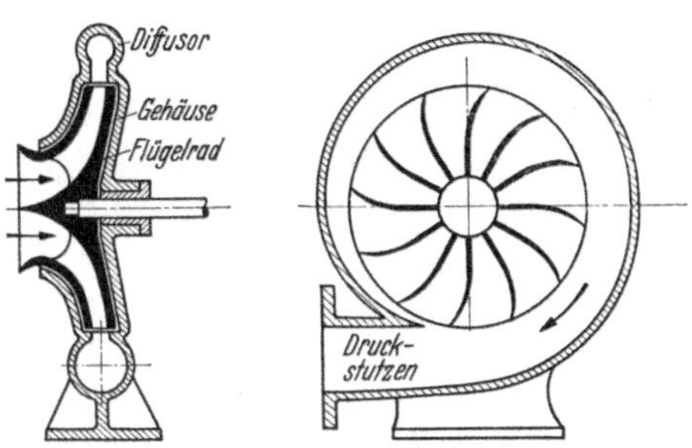

Bild 530. Kreiselgebläse.

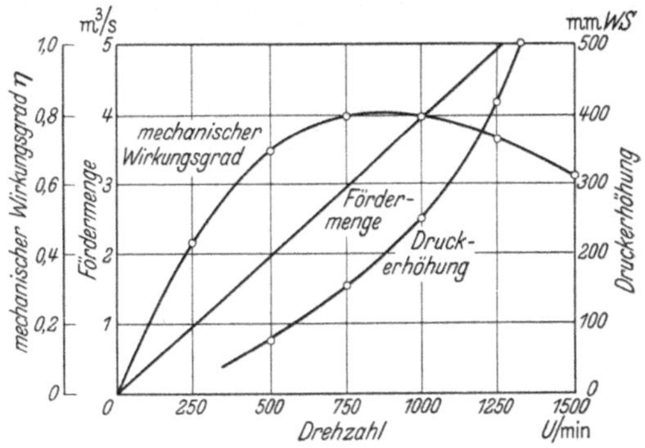

Bild 531. Kennlinien eines Kreiselgebläses.

Kurve CD entsteht, wenn für eine bestimmte Drehzahl zu jeder angesaugten Luftmenge V der zugehörige Enddruck aufgetragen wird. Die Druckvolumenkurve eines verlustlosen Kreiselgebläses ist die Gerade $A-B$. Bei einem wirklichen Gebläse treten Reibungsverluste und Stoßverluste auf. Die Druckvolumenkurve verläuft nach $C-D$. Ein Kreiselgebläse ist deshalb so zu bauen, daß beim normalen Betriebszustand diese Verluste einen Kleinstwert haben. Dieser Betriebspunkt P_n wird Normalpunkt des Gebläses genannt.

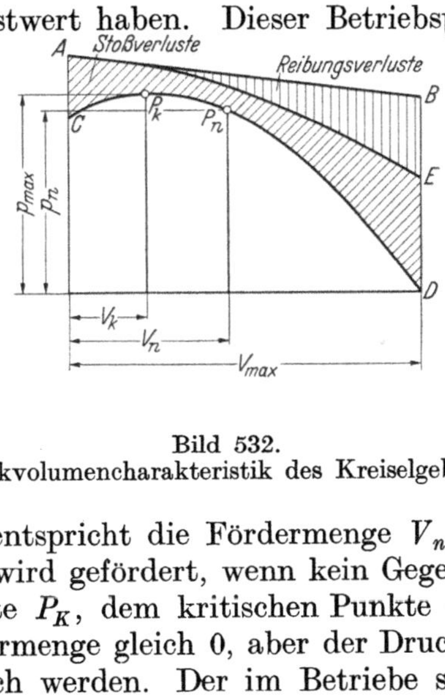

Bild 532.
Druckvolumencharakteristik des Kreiselgebläses.

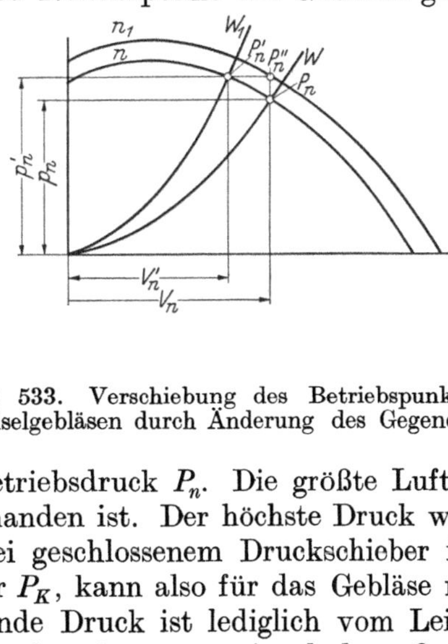

Bild 533. Verschiebung des Betriebspunktes bei Kreiselgebläsen durch Änderung des Gegendruckes.

Ihm entspricht die Fördermenge V_n und der Betriebsdruck P_n. Die größte Luftmenge $V_{\max}$ wird gefördert, wenn kein Gegendruck vorhanden ist. Der höchste Druck wird im Punkte P_K, dem kritischen Punkte erreicht. Bei geschlossenem Druckschieber ist die Fördermenge gleich 0, aber der Druck liegt unter P_K, kann also für das Gebläse nie gefährlich werden. Der im Betriebe sich einstellende Druck ist lediglich vom Leitungs- und Ofenwiderstand abhängig. Dieser Widerstand steigt proportional dem Quadrate der Fördermenge und die Widerstandskurve hat die Form einer Parabel (Kurve W im Bilde 533). Der normale Betriebspunkt P_n ergibt sich als Schnittpunkt der Kurve W und der Druckvolumenkurve. Steigt der Widerstand W, etwa durch Änderung der Ofenbeschickung, nach W_1, so verschiebt sich der Betriebspunkt von P_n nach P_n'. Es wird aber hierdurch die Förderleistung von V_n auf V_n' vermindert. Es muß, um bei erhöhtem Widerstand die gleiche Luftmenge zu fördern, die Drehzahl erhöht werden, und zwar von n auf n_1. Es ergibt sich der neue Betriebspunkt P_n''. Das Gebläse hat eine entsprechend größere Arbeit zu leisten.

Hieraus erkennt man, wie wichtig es ist, die Gebläse mit regelbarem Antrieb auszustatten. Diese Regelung ist am einfachsten bei Gleichstrommotoren. Bei Drehstrommotoren ist die Regelung mit einem Energieverlust verbunden.

2. Der Herdofen.

Der Herdofen (Gießereiflammofen) ist wärmewirtschaftlich dem Kuppelofen unterlegen, er arbeitet auch langsamer als dieser. Im allgemeinen kann im Herdofen mit einer Schmelzung nur eine durch die Ofengröße begrenzte Menge Eisen von einer bestimmten Zusammensetzung erzeugt werden. Trotzdem findet der Herdofen wegen seiner metallurgischen Vorteile noch ausgedehnte Anwendung in den Gießereien. Das Schmelzgut erfährt keine oder eine nur geringe Schwefelanreicherung, die Schmelze enthält weniger gelöste Gase und ergibt deshalb dichtere Güsse; man hat es in der Hand, jede gewünschte chemische Zusammensetzung zu erreichen. Der Schmelzverlauf ist durch Probenahme leicht zu überwachen. Im Herdofen können außerdem schwere Gußstücke (Walzen u. dgl.) unzerkleinert eingeschmolzen werden. Als Brennstoff kann an Stelle des Kokses rohe Steinkohle oder Kohlenstaub verwendet werden. Meistens werden die Herdschmelzöfen mit einer Rostfeuerung ausgestattet, jedoch sind auch Öfen mit Kohlenstaub-, Gas- und Ölfeuerung in Anwendung. Tabelle 76 enthält Anhaltszahlen für die Hauptabmessungen von Öfen mit Rostfeuerungen.

Tabelle 76. Hauptabmessungen von Herdschmelzöfen mit Rostfeuerungen.

Einsatz t. . . .	5	10	20	30	40	50
Herdbreite m. .	1,25	1,3	1,4	1,6	1,8	2,0
Herdlänge m . .	4,0	4,6	5	5	5	5
Herdfläche m² .	5,0	6,0	7,0	8,0	9,0	10,0
Rostfläche m² .	1,0	1,25	1,5	2,0	3,0	3,5

Im Bilde 534 ist der Siegerländer Herdofen dargestellt. Der Herd, gewöhnlich aus Sand mit geringem Tongehalt aufgestampft, erhält eine Neigung von etwa 1:60 zum Fuchs, wo das Stichloch angeordnet ist. Das Gewölbe ist vor dem Fuchs niedergezogen, damit die Flamme am Ofenende auf den Herd gelenkt wird.

Bei amerikanischen Herdöfen ist das Stichloch gewöhnlich vor der Feuerbrücke angeordnet, dann hat der Herd Neigung zur Feuerbrücke hin. Der englische Gießereiherdofen (Staffordshire- oder Sumpfofen) hat einen Herd, der vor der Feuerbrücke muldenförmig vertieft ist. Das Gewölbe ist über der Mulde tief niedergezogen, um den Wärmeübergang an dieser Stelle zu erhöhen.

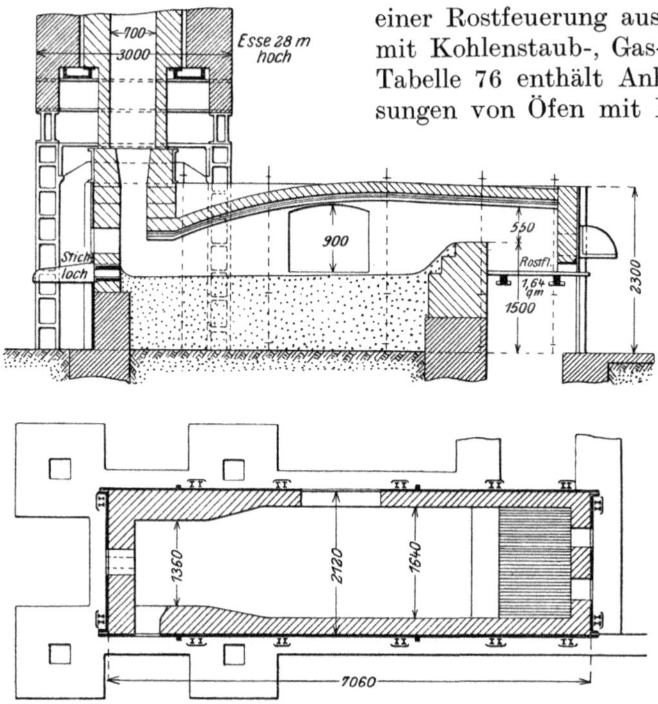

Bild 534. Siegerländer Herdofen, Gießereiflammofen. (Nach Geiger.)

Die Herdschmelzöfen der Gießereien werden an einigen Stellen auch mit Gas-, Öl- oder Kohlenstaub beheizt. Für die Verwendung im Dauerbetriebe, besonders in Tempergießereien sind solche Öfen auch mit Umschaltfeuerungen nach dem Regenerativsystem ausgeführt worden.

Um die Vorteile des Herdofens mit denen des Kuppelofens zu verbinden, baut die Eßlinger Maschinenfabrik nach dem Vorschlag von F. Wüst einen kombinierten Ofen nach dem Bilde 535. Er wird mit Teeröl geheizt. Die Verbrennungsluft wird in einem Rekuperator auf 400 bis 600° vorgewärmt. Bei einem Ölverbrauch von 8 bis 10% vom Roheiseneinsatz werden Eisentemperaturen von 1500 bis 1600° erreicht. Auch der mit Kohlenstaub geheizte *Trommelofen* hat sich für die Herstellung hochwertigen Gußeisens eingeführt.

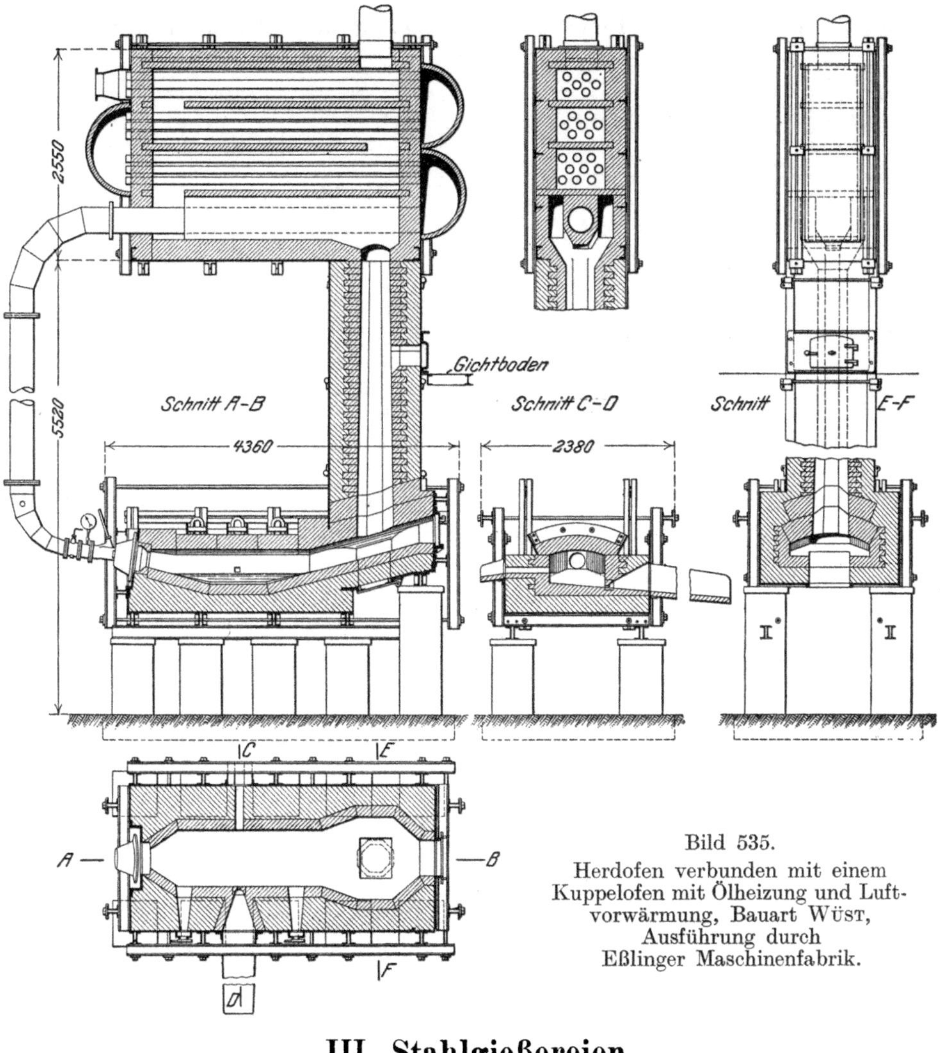

Bild 535.
Herdofen verbunden mit einem Kuppelofen mit Ölheizung und Luftvorwärmung, Bauart Wüst, Ausführung durch Eßlinger Maschinenfabrik.

III. Stahlgießereien.

In den Stahlgießereien werden als Schmelzeinrichtungen Tiegelofen, Siemens-Martin-Öfen, Elektroöfen und Kleinkonverter verwendet, also Anlagen, die bei den Stahlwerken bereits grundsätzlich behandelt wurden. Der in den Stahlgießereien gebrauchte Kleinkonverter hat geringere Abmessungen als der in den Windfrischhütten übliche und weicht auch in der Windführung von diesem ab. Die beim Großkonverter üblichen Bodendüsen haben sich in den Stahlgießereien nicht bewährt; sie ergaben einen zu kalten Stahl, der zum Gießen von Gußstücken ungeeignet war. Die heute verwendeten Kleinkonverter haben für die Lufteinführung Seitendüsen.

Im Bilde 536 ist ein Konverter von 2 t Fassungsraum in der Ausführung von Escher dargestellt. Der etwa 100 mm dicke Bodenstein wird nach Beendigung des Blasens herausgestoßen. Die Luft kann nun frei durchströmen und den Behälter soweit abkühlen, daß am nächsten Tage das Mauerwerk ausgebessert werden kann. Die 7 Düsenrohre von etwa 30 mm Durchmesser bestehen aus gebranntem Silikamaterial.

Konverter mit größerem Fassungsraum bis zu 5 t werden im Gießereibetriebe selten verwendet. Kleinere Konverter für Schmelzen von $^1/_2$ bis 1 t ergeben teueren Betrieb und die Schwierigkeiten, ausreichende Stahltemperatur zu erhalten, nehmen zu.

Das Blechgefäß ist gegenüber dem des Großkonverters in der Form vereinfacht, es besteht aus dem zylindrischen Mittelteil, dem Boden und dem kegeligen, schräg angeordneten Oberteil. Alle Teile bestehen aus Stahlblech von 12 bis 15 mm Dicke. Die Schildzapfen sind mit dem zylindrischen Mantel durch Nietung verbunden. Der Oberteil des Gefäßes ist durch eine Flanschverbindung mit dem Mittelteil verbunden, damit

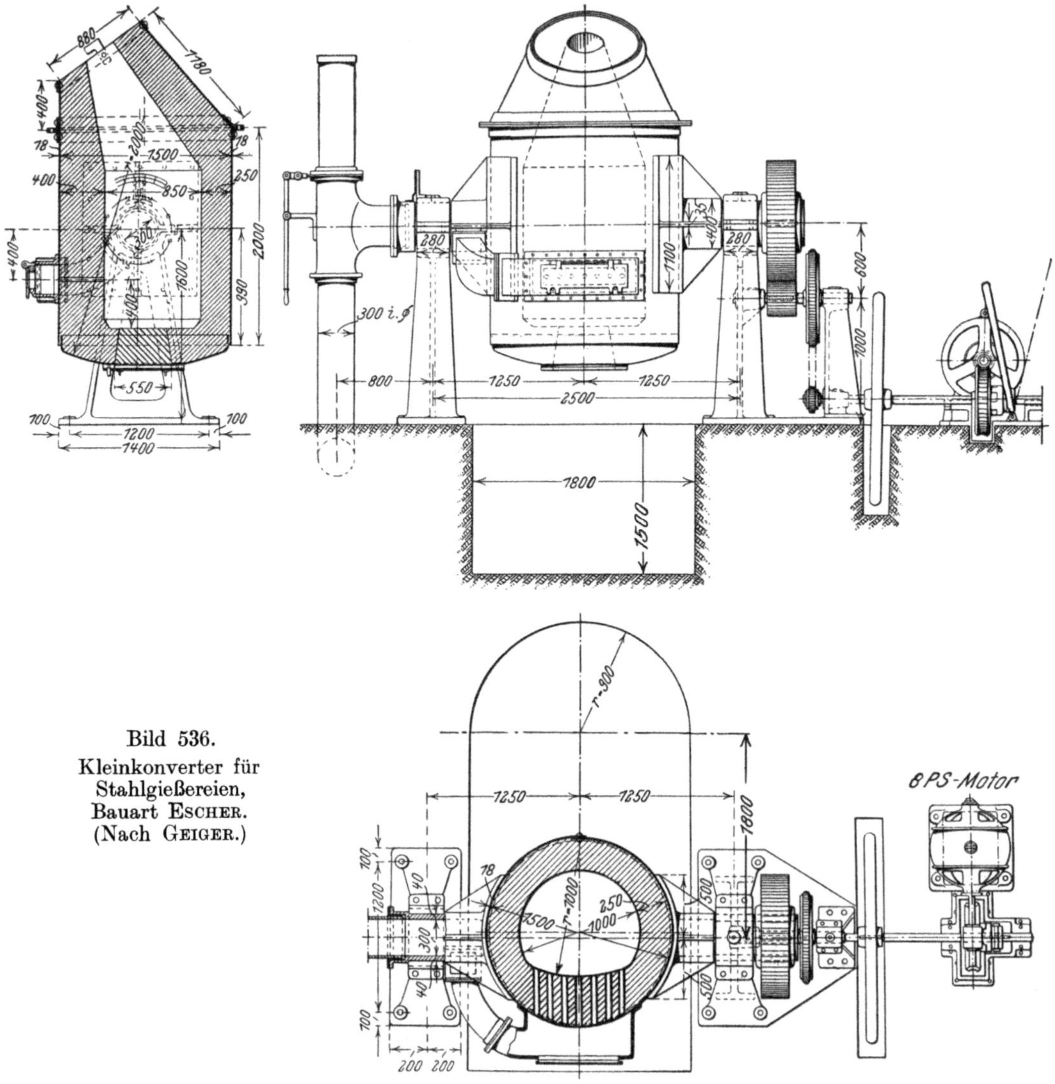

Bild 536. Kleinkonverter für Stahlgießereien, Bauart ESCHER. (Nach GEIGER.)

das Abheben bei der Zustellung des Futters schnell vonstatten geht. Die Kippvorrichtung des Konverters besteht aus einem Elektromotor mit doppeltem Zahnrädervorgelege. Das Futter hat bei Konvertern von $1^1/_2$ bis $2^1/_2$ t Fassungsraum eine Stärke von 200 bis 300 mm. Es kann durch Ausmauern mit Steinen oder durch Stampfen hergestellt werden. Zum Stampfen benutzt man eine Masse wie die beim Kuppelofen gebräuchliche. An der Mündung wird ein Ring aus Silikasteinen angeordnet.

Als Gebläse kommen heute nur noch Schleudergebläse in Betracht. Der erforderliche Winddruck beträgt 0,2 bis 0,3 atü. Die Betriebsweise der Kleinkonverter, d. h. das Einblasen der Luft dicht unter der Badoberfläche bedingt einen erheblichen Luftüberschuß. OSANN[1] schlägt 1000 m³ je t Einsatz vor. Die Blasezeit kann mit 18 bis 20 min angesetzt werden, so daß ein Gebläse für mindestens 100 m³/min vorzusehen ist. Es ist zu empfehlen, für Verluste und gelegentliche Erzeugungssteigerung 25 bis 30 % zuzuschlagen.

[1] OSANN: Moderne Stahlgießerei. Berlin: Julius Springer 1936.

IV. Tempergießereien.

In den Tempergießereien werden als *Schmelzöfen* Tiegelöfen, Kuppelöfen, Herdöfen mit Rost-, Kohlenstaub-, Öl- und Gasfeuerung und vereinzelt auch elektrische Öfen verwendet. Tiegelöfen haben sich trotz ihres hohen Brennstoffverbrauchs und der geringen Leistung in einzelnen Betrieben erhalten, weil sie geeignet sind, hochwertigen Guß zu erzeugen. Dazu kommt ihre stete Betriebsbereitschaft und die geringen Anlagekosten. Am meisten trifft man Kuppelöfen, und zwar in der gleichen Ausführung wie in den Graugießereien. Sie haben gewöhnlich einen Durchmesser von 600 bis 700 mm und sind fast immer mit einem Vorherd ausgestattet, der zur Erzielung genügend heißen Eisens geheizt wird. Da in den Tempergießereien verhältnismäßig viel Stahlschrott gesetzt wird, ist die Ofenleistung etwas geringer als in Eisengießereien. Der einzige Nachteil des Kuppelofens entsteht durch die Aufnahme von Schwefel und Kohlenstoff aus dem Brennstoff. Die Ungleichmäßigkeit des geschmolzenen Eisens kann zu Schwierigkeiten insbesondere bei dickeren Gußstücken führen. Herdöfen werden in verschiedener Ausführung verwendet. In Amerika trifft man solche mit Rost- und Kohlenstaubfeuerung. Neuerdings hat auch der Herdofen mit Siemens-Regenerativfeuerung Eingang gefunden. Sie sind nur zweckmäßig bei einem Fassungsraum von mindestens 5 t und dort, wo die Erzeugung so groß ist, daß täglich wenigstens drei Schmelzen in Betracht kommen, sonst wird der Brennstoffverbrauch zu groß. Auch der Trommelofen von BRACKELSBERG hat sich eingeführt. Er wird für 3 bis 5 t Einsatz ausgeführt. Zwecks guter Durchmischung und zur Entgasung des Bades läuft dieser Ofen während des Betriebes mit 1 Umdrehung in der Minute um, und zwar 5mal in der einen und 5mal in der anderen Richtung. Es werden Badtemperaturen bis 1500° bei 0,5 bis 0,75% Abbrand erreicht. Die Abhitze wird zur Vorwärmung der Verbrennungsluft verwendet, wozu ein Röhrenrekuperator verwendet wird. Der Kohlenverbrauch beträgt etwa 18% des Einsatzes. Das Futter des Ofens besteht aus einer sauren Ausstampfung. In den Tempergießereien werden zur Erhöhung der Erzeugung und Verbesserung der Güte auch verbundene Verfahren verwendet. So gibt es die Verbindung Kuppelofen-Kleinkonverter und ein amerikanisches Werk hat zur Durchführung eines Triplexverfahrens die Verbindung Kuppelofen-Konverter-Elektroofen gewählt. Es wird im Kuppelofen geschmolzen, im Konverter der Kohlenstoff vermindert und im Elektroofen der Schwefelgehalt erniedrigt.

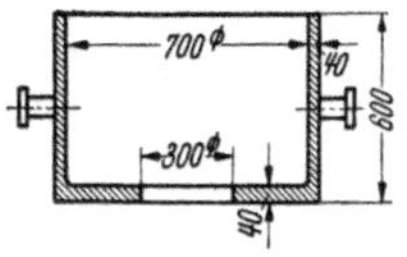

Bild 537. Normaltempertopf nach dem Vorschlage von R. STOTZ.

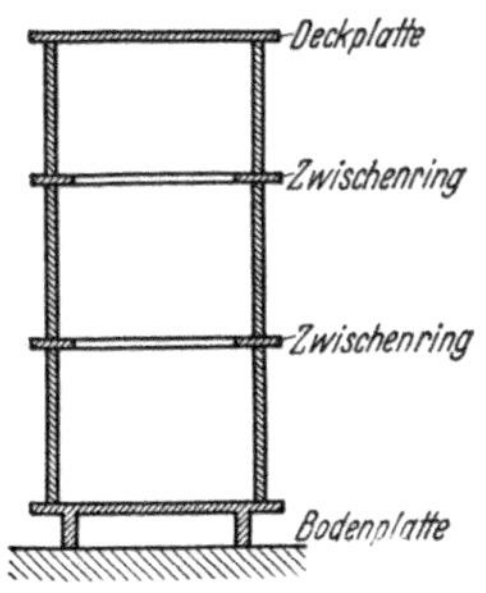

Bild 538. Stapel von 3 Tempertöpfen.

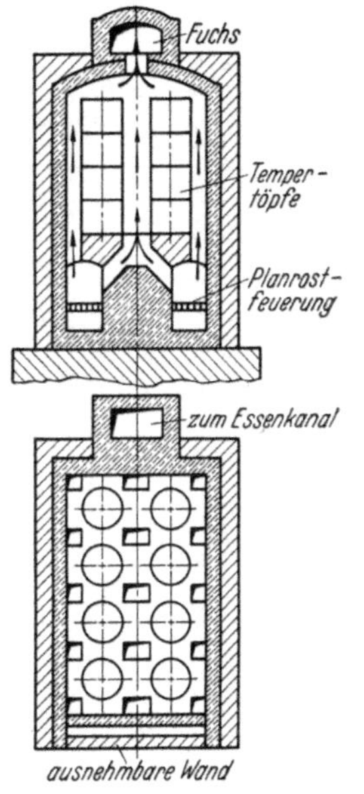

Bild 539. Kammerglühofen für 8 Stapel Tempertöpfe, mit Rostfeuerung.

Als *Glühöfen* kommen Kammeröfen oder bei großen Leistungen Tunnelöfen in Betracht. Die Durchbildung des Arbeitsraumes muß nach der Form und Größe der Gefäße (Glühtöpfe, Tempertöpfe), in die das Gut mit dem Glühmittel eingepackt wird, vorgenommen werden. Diese Glühtöpfe dürfen mit Rücksicht auf bequemes und zweckentsprechendes Einpacken der Gußstücke sowie auf ihre leichte Beförderung nicht zu groß sein. Das Maß von 1200 mm sollte nach keiner Richtung überschritten werden. Runde oder ovale Töpfe, die gleiche Wandstärke erhalten, neigen am wenigsten zur Rißbildung, füllen aber den Ofenraum nicht so günstig aus wie rechteckige Töpfe. Rechteckige Töpfe mit stark abgerundeten Ecken haben sich gut bewährt. Je größer der Querschnitt der Töpfe ist, desto länger muß die Glühzeit bemessen werden, um vollständiges Durchglühen sicherzustellen. Bevorzugt werden Töpfe von etwa 700 mm Höhe, die bis zu 4 Stück aufeinandergesetzt werden. Die Töpfe werden mit und ohne Boden ausgeführt, die ersteren haben im Boden eine Öffnung von etwa 300 mm Durchmesser, die letzteren werden auf eine Bodenplatte gesetzt, zwischen den einzelnen Töpfen liegt ein Ring. Der oberste Kasten wird durch einen Deckel abgeschlossen. Vielfach werden die Töpfe mit Nasen versehen, um sie mittels Krangehängen bequem befördern zu können. Diese Nasen sind aber am stärksten der Verzunderung ausgesetzt, deshalb sollte man sie fortlassen und die glatten Töpfe mittels einer Zange fassen, wie es in den Stahlwerken mit den Blöcken geschieht (Bilder 537 und 538).

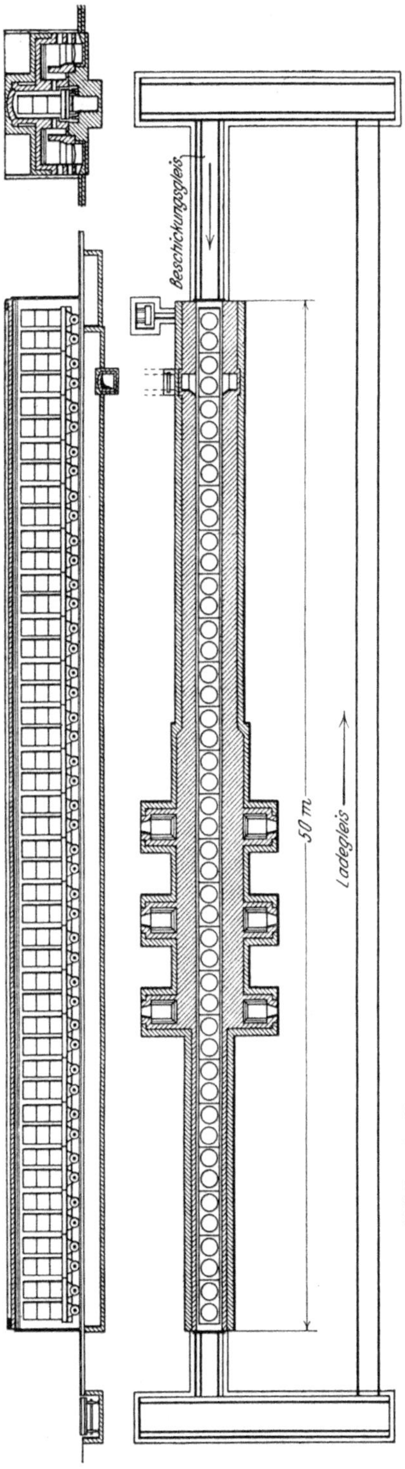

Bild 540. Tunnelglühofen für Tempergießereien, für 6—8 t Tagesleistung. (Nach GEIGER.)

Die Glühtöpfe werden aus Stahlguß oder Grauguß hergestellt. Das richtet sich nach den Einrichtungen der Tempergießerei. Stahltöpfe können um 5 bis 10 mm geringere Wandstärke erhalten.

Empfohlen[1] werden die nachstehenden Zusammensetzungen:

für Gußeisen:
0,8—1,2% Si, 2,6—2,8% C, 0,4—0,6% Mn, 0,1—0,15% Mn, 0,12—0,14% S.

für Stahlguß:
0,3% Si, 0,2—0,4% C, 0,5% Mn, 0,1% P, 0,08% S.

In letzter Zeit werden auch zunderbeständige Glühtöpfe mit hohem Chromgehalt verwendet, die trotz ihres hohen Preises wirtschaftlich sind, da sie bis 100 und mehr Glühungen aushalten. Bei Glühtemperaturen von 950 bis 1000° halten Gußeisentöpfe 5 bis 20 Glühungen, Stahlgußtöpfe 10 bis 25 Glühungen. Bei geringeren Glühtemperaturen, wie sie für Schwarzguß in Betracht kommen, halten die Töpfe etwa 50 Ofenreisen.

Die *Glühöfen* sollen im ganzen Arbeitsraum eine möglichst gleichmäßige Temperatur einhalten und so eingerichtet sein und betrieben werden, daß die Höchsttemperatur nicht überschritten wird. Die Abkühlung muß langsam erfolgen. Bei Kammeröfen muß jede Kammer durch einen Schieber oder ein Ventil vom Essenzug abgeschlossen werden können. Im Glühraum darf keine Stichflamme entstehen können, durch die die Glühtöpfe vorzeitig zerstört würden. Es müssen Schaulöcher angebracht werden, um den Glühraum und die Glühtöpfe beobachten zu können.

Das Bild 539 zeigt einen einfachen Glühofen mit Rostfeuerung für 8 Stapel Glühtöpfe. Der Kohlenverbrauch derartiger Öfen beträgt 120 bis 160% des Glühgutes.

Vielfach werden diese Öfen in Blöcken von 3 bis 4 Stück zusammengebaut und an eine gemeinsame Esse angeschlossen. Die Betriebsweise der Glühöfen bedingt eine hohe Abgastemperatur von 900 bis 1000°, wodurch der hohe Brennstoffverbrauch verursacht wird. Durch Beheizung mit Gasfeuerung und Vorwärmung der Verbrennungsluft und des Gases

[1] GEIGER: Handbuch der Eisen- und Stahlgießerei zit. S. 367.

kann der Brennstoffverbrauch erheblich gesenkt werden. Außerdem wird die Anheizzeit hierbei vermindert und die Jahresofenleistung entsprechend erhöht. In Amerika werden auch Glühofen mit Kohlenstaub geheizt.

Der Betrieb der Kammeröfen bedingt große Speicherverluste. Deshalb ist besonders für größere Anlagen mit Erfolg der Kanalofen eingeführt worden. Im Bilde 540 ist die Anordnung eines Tunnelofens für einen Durchsatz von 6 bis 8 t/24 h wiedergegeben. Der Ofen bietet Raum für 23 Wagen mit je 2 Stapeln Tempertöpfe, er wird durch 6 paarweise angeordnete Halbgasfeuerungen beheizt. Der Brennstoffverbrauch beträgt 35% des Glühgutgewichtes beim Glühen von weißem Temperguß und 25% bei schwarzem Temperguß. Parallel zum Ofen befindet sich ein Aufstellgeleise für die Wagen mit fertig geglühtem und mit ungeglühtem Guß.

V. Metallgießereien (Gießereien für Nichteisenmetalle).

In den Metallgießereien werden zum Schmelzen Tiegel-, Herd- und Trommelöfen verwandt. Tiegelöfen sind mit Koks-, Öl- und elektrischer Beheizung im Gebrauch. Herdöfen findet man mit Kohlenfeuerung wie die in Eisengießereien üblichen für größere Schmelzleistungen oder mit elektrischer Beheizung und diese mit Widerstands-, Lichtbogen- und Induktionsheizung. Trommelöfen werden mit Kohlenstaub- oder Gasheizung ausgestattet.

Die wichtigsten Metalle und Metallegierungen, ihre Zusammensetzung und Gießtemperaturen sind in der Tabelle 77 angegeben. Hieraus erklärt sich die Vielartigkeit der Schmelzeinrichtungen, die für Nichteisenmetalle in Betracht gezogen werden.

Im Bilde 541 ist ein kippbarar Tiegelofen mit Koksfeuerung dargestellt. Am Boden des zylindrischen Mantels ist ein Windkasten befestigt, der gleichzeitig als Aschenfänger dient. Er ist durch einen Metallschlauch an die Windleitung angeschlossen, so daß während des Ausgießens die Windzuführung nicht unterbrochen zu werden braucht und eine gleichmäßige Badtemperatur erhalten bleibt. Zwischen Tiegel und Ofenmantel befindet sich der Koks, der durch die im Deckel

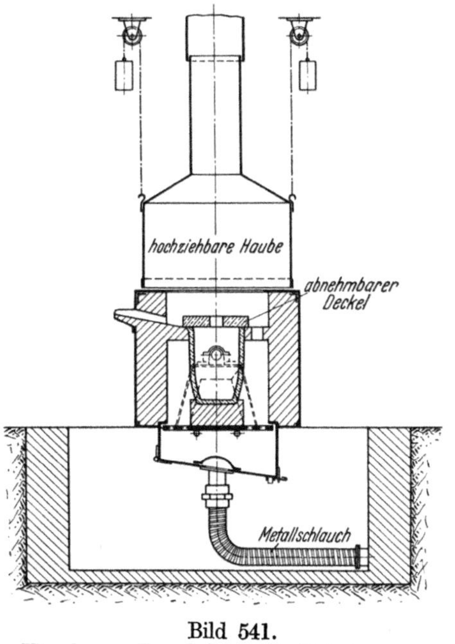

Bild 541.
Kippbarer Tiegelofen mit Koksfeuerung.

Tabelle 77. Gießtemperaturen von Metallen und Metallegierungen.

Werkstoff	Chemische Zusammensetzung	Gießtemperatur °C
Reinnickel	Ni 99,00%, Mn 0,30%, Mg 0,10%	1530
Kupfernickel	Cu 79,70%, Ni 20,00%, Mn 0,25%	1250
Kupfer	Cu 99,95%, P 0,05%	1170
Phosphor-Bronze 90/10	Cu 90,00%, Sn 9,75%, P 0,25%	1150
Walzenlager-Bronze	Cu 75,00%, Sn 11,00%, Pb 13,00%, Zn 1,00%	1120
Zink-Rotguß	Cu 87,00%, Sn 8,60%, Zn 4,30%	1120
Neusilber	Cu 62,00%, Ni 12,00%, Zn 25,62%, Mn 0,25%, P 0,03%	1120
Aluminium-Bronze	Cu 90,00%, Al 9,93%	1070
Tombak 90/10	Cu 90,00%, Zn 9,93%, P 0,01%	1060
Messing 62/38	Cu 62,00%, Zn 37,84%, P 0,01%	1050
Durana-Metall (Sondermessing)	Cu 59,00%, Zn 40,39%, Fe 0,40%	1050
Messing 58/42	Cu 58,00%, Zn 39,20%, Pb 2,5%	1010
Aluminium	Al 99,30%, Fe 0,40%, Si 0,30%	660
Aluminiumlegierung für Formguß	Al 91,65%, Zn 7,20%, Cu 0,60%	650
Feinzink	Zn 99,80%, Pb 0,1%, Cd 0,05%, Fe 0,05%	470
Blei	Pb 99,90%	370

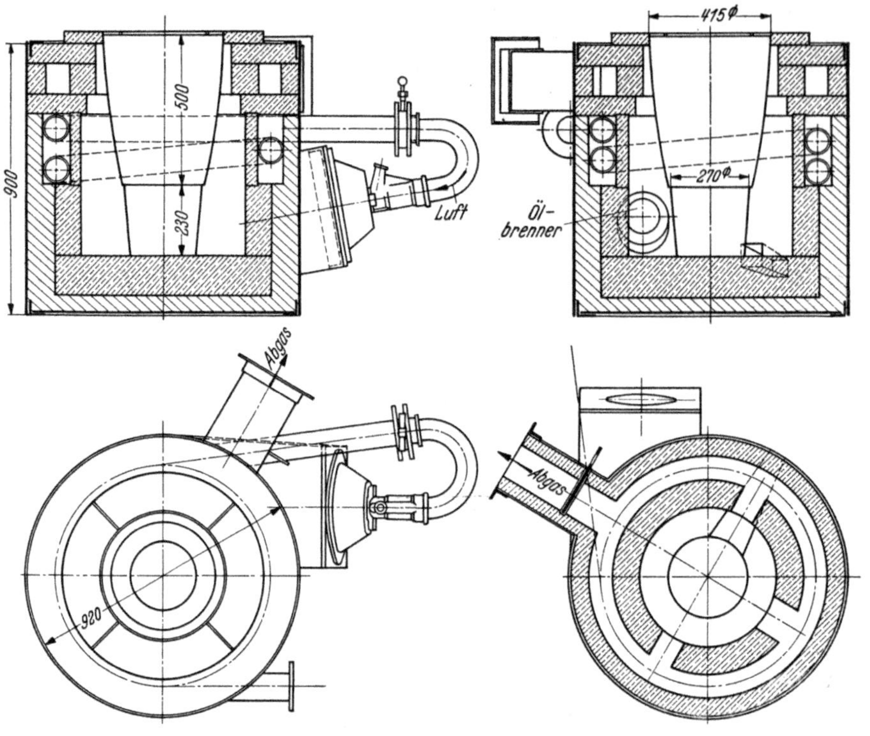

Bild 542. Feststehender Tiegelofen mit Ölfeuerung.

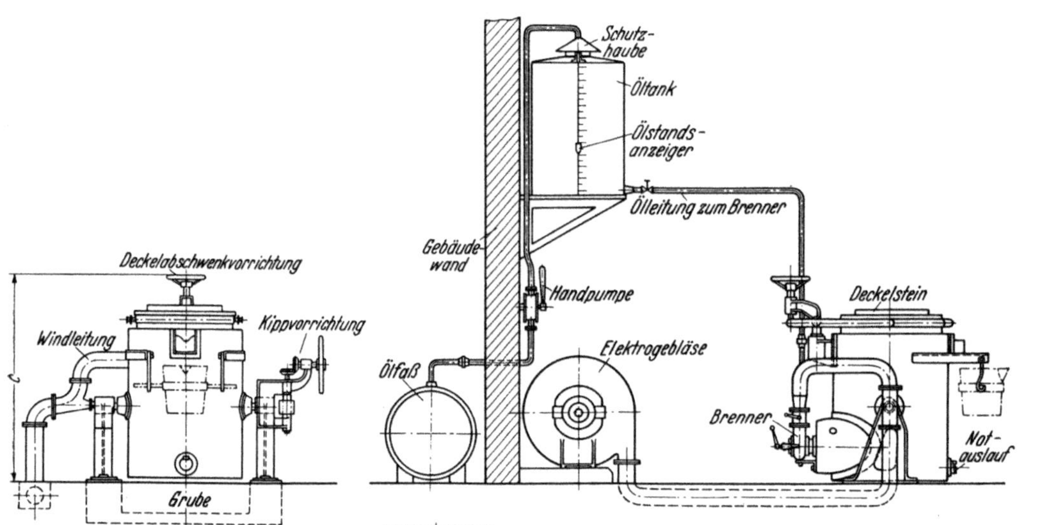

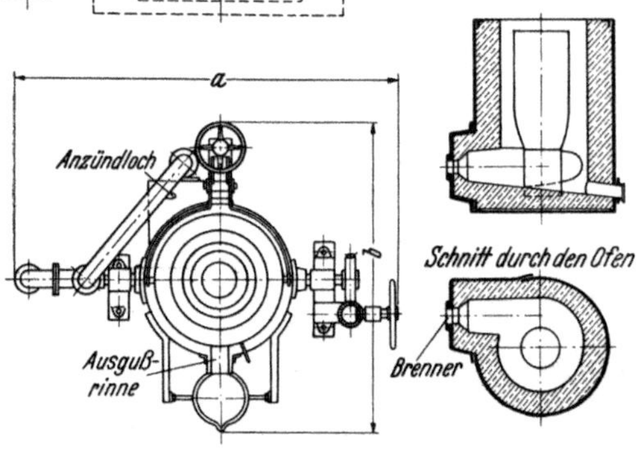

Tiegelinhalt bei Kupfer kg	Hauptabmessungen		
	a	*b*	*c*
30	1100	1000	900
50	1200	1100	950
100	1600	1400	1150
200	2100	1700	1400
300	2200	1800	1500
400	2300	1900	1500
500	2400	2000	1500
600	2500	2100	1550

Bild 543. Anlage für kippbare Tiegelschmelzöfen mit Ölfeuerung von Fulmina G.m.b.H. Edingen-Mannheim.

angeordneten Öffnungen aufgegeben wird. Der für den Betrieb des Ofens erforderliche Winddruck beträgt 20 bis 50 mm WS.

Einen feststehenden Tiegelofen mit Ölfeuerung für Kokillen- und Spritzguß zeigt das Bild 542. Beim Einschmelzen des Metalls ist die obere Schamottesteinschicht etwas vom Tiegel abgerückt, so daß eine kreisringförmige Öffnung für den Abzug der Verbrennungsgase entsteht. Der Ölbrenner ist so angeordnet, daß die Flamme tangential in den Ofen eintritt und den Tiegel schraubenlinienförmig umspült. Sobald das Metall niedergeschmolzen ist, rückt man die obere Steinschicht wieder an den Tiegel heran. Die Gase ziehen nun durch einen oberen seitlich liegenden Kanal ab, so daß der Schmelzer durch sie nicht belästigt wird. Die Verbrennungsluft wird zwecks Vorwärmung durch eine in der Ofenwand liegende Rohrschlange geleitet.

Das Bild 543 veranschaulicht eine Anlage für kippbare Tiegelschmelzöfen mit Ölfeuerung, wie sie in Kupfer- und Messinggießereien verwandt wird.

Elektrisch beheizte Tiegelöfen haben sich besonders zum Schmelzen von Leichtmetallen und niedrig schmelzenden Legierungen eingeführt. Ausführungsbeispiele sind die Bilder 407, 408 und 411.

Herdöfen mit mittelbarer Lichtbogenbeheizung sind außer in Eisen- und Stahlgießereien auch in Bronze- und Messinggießereien im Gebrauch. Tabelle 56 enthält diesbezügliche Betriebsdaten.

Schließlich sei darauf hingewiesen, daß in der letzten Zeit auch der Hochfrequenztiegelofen in den Metallgießereien Eingang findet.

VI. Formmaschinen.

Die neuzeitlichen *Formereieinrichtungen* sind gekennzeichnet durch weitgehende Mechanisierung des Betriebes. Die ermüdende Arbeit des Aufstampfens der Form von Hand nahm die Hälfte der gesamten Formarbeit ein. Man ging deshalb nach Einführung der Preßluftwerkzeuge dazu über, diese Arbeit mit Preßluftstampfern auszuführen. Doch befriedigte auch dieses Verfahren nicht restlos, da der Hauptnachteil des Handstampfens, die ungleichmäßige Sanddichte, nicht beseitigt war. Die Folge war ein Nachgeben der Form an den weniger verdichteten Stellen und damit Ungleichmäßigkeit des Gußstückes. Um eine Form mit Hand- oder Preßluftstampfern richtig herzustellen, ist eine lange Lehrzeit notwendig.

Man ist deshalb neuerdings zu einer mechanischen *Sandverdichtung* übergegangen, um von der Geschicklichkeit und Zuverlässigkeit des Arbeiters unabhängig zu sein. Es sind drei Verfahren zur Anwendung gekommen, und zwar Sandverdichtung durch *Pressen, Rütteln* und *Schleudern.*

Die Sandverdichtung durch *Pressen* ist nur in bestimmten Fällen anwendbar, und zwar aus folgendem Grunde. Bei der Pressung liegt der Sand an der Preßplatte am dichtesten und nimmt zum Modell hin, bzw. nach unten, allmählich an Dichte ab. Durch Vor- und Nachpressen, sowie durch Eindrücken des Modells in den Sand, konnte dieser Nachteil nur bedingt, für kleinere Modelle, vermieden werden. Den gießtechnischen Anforderungen aber entspricht am besten eine Form, die an der Oberfläche des Modells fest und zur Innenfläche des Formkastens lockerer wird, da hierdurch eine gute Gasdurchlässigkeit gewährleistet ist.

Der Nachteil des Pressens wird durch *Rütteln* der Form vermieden. Bei diesem Verfahren wird die Modellplatte mit dem Formkasten fest verbunden und mit Sand gefüllt. Zur Verdichtung der Sandmasse wird der Formkasten mehrere Male um ein Stück gehoben und dann frei fallen gelassen, wobei der Kasten auf Stoßflächen aufschlägt. Durch diese Stöße verdichtet sich der Sand in kürzester Zeit. Notwendig ist nur noch ein Nachstampfen oder Pressen der oberen Sandschicht. Das geräuschvolle Arbeiten läßt sich durch *stoßfreie Rüttelformmaschinen* vermeiden (Bild 544). Der Rütteltisch sitzt auf einem Preßluftkolben, dem sog. Rüttelkolben, der in einem auf Schraubenfedern ruhenden Amboß geführt wird. Dieser Amboß bildet auch den Preßluftzylinder und ist in einem mit dem Fundament verbundenen Gehäuse geführt. Um die Rüttelbewegung einzuleiten, wird durch einen zwangläufig gesteuerten Kolbenschieber Druckluft unter den Kolben geleitet. Der Amboß senkt sich und der Rüttelkolben wird gehoben. Kolben und Amboß führen entgegengesetzt gerichtete Bewegungen aus. Nach Luftumsteuerung tritt eine Entlastung der Federn und Hochschnellen des Ambosses ein. Er fängt dabei den herabfallenden Rütteltisch auf. Der Stoß gelangt also nicht in das Fundament, sondern wird restlos zur Sandverdichtung nutzbar gemacht. Damit dieses Auffangen des Stoßes möglich ist, muß der Amboß schwer genug sein. Es sind Maschinen bis zu 25 t Formgewicht in Gebrauch.

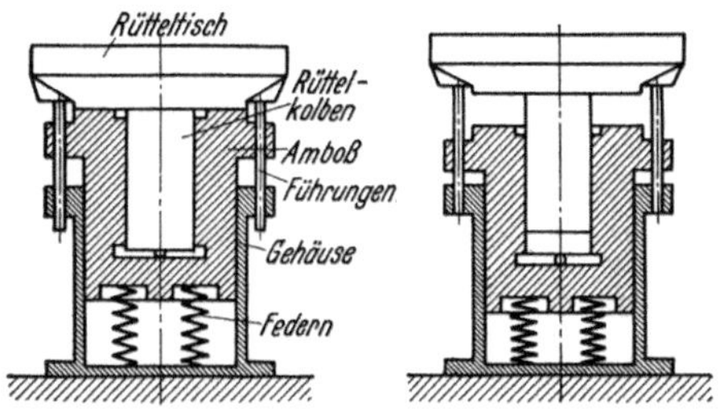

Bild 544. Stoßfreie Rüttelformmaschine.

Eine andere Lösung ist im Bilde 545 dargestellt, ausgeführt von Leber und Bröse in Koblenz. Hierbei steht die Rüttelformmaschine auf einer Unterlagplatte, die, mit einem Druckluftkissen und Federn ausgerüstet, elastisch den Stoß aufnimmt. Die Maschine wird für Belastungen des Rütteltisches von über 1500 kg ausgeführt. Die Arbeitsweise ist folgende. Die Wendeplattentragkolben dienen als Führung. Die Tragkolben-Führungszylinder sind auf einer Spannplatte verstellbar verschraubt, um ihre Lage größeren und kleineren Wendeplatten anpassen zu können. Der Rüttelzylinder bildet gleichzeitig den Amboß für die Aufnahme der Rüttelstöße. Er ist nach unten glockenartig erweitert. Die Glocke sitzt über einem mit der Grundplatte aus einem Stück bestehenden Kolben mit Doppelboden. Der Hohlraum des Doppelbodens steht durch Bohrungen mit dem Raum zwischen Kolben und Zylinderboden in Verbindung. Wird Druckluft unter den Boden des Rüttelzylinders gelassen, so bilden sich demnach zwei Luftkissen.

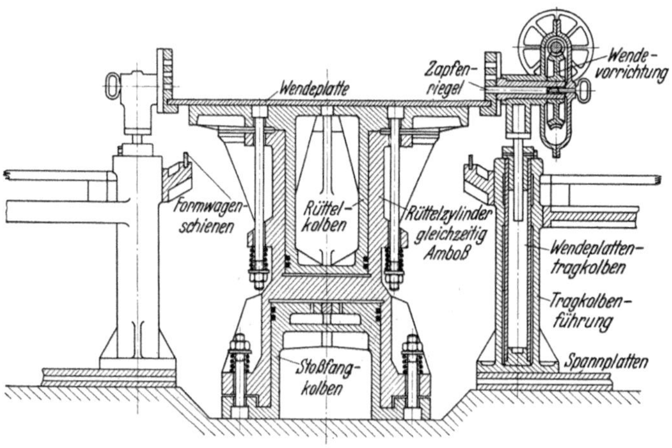

Bild 545.
Rüttelformmaschine mit Stoßfangvorrichtung in der Grundplatte.

Der Rüttler wird entsprechend der Spannung der Federverschraubungen, die Rüttelzylinder und Grundplatte verbinden, etwas angehoben und ruht nun ausschließlich auf dem doppelten Luftkissen. Jetzt erst wird Druckluft unter den Rüttelkolben gelassen und die Sandverdichtung bewirkt. Eine besondere Luftsteuerung ist nicht vorhanden, da die Luft im gewünschten Zeitpunkt durch Öffnungen in der Wand des Rüttelzylinders entweicht. Diese Öffnungen werden bei Hubende von der Unterkante des Kolbens überdeckt.

Die Wendeplattenkolben tragen die Wendeplatten, dienen aber nur als Führung. Alle Hub- und Senkarbeiten werden durch den großen Mittelkolben bewirkt. Nach beendigtem Rütteln wird die Wendeplatte in die höchste Lage gehoben, dort festgehalten und um 180° gedreht, so daß die Form darunter hängt. Nun wird ein Wagen für die Form über den Rütteltisch gefahren und durch erneutes Heben des Tisches mit seiner Platte gegen den Formrücken gedrückt. Nach Lösen der Verbindungskeile steht die Form auf der Wagenplatte und wird durch Senken des Rütteltisches vom Modell getrennt.

Sandverdichtung durch *Schleudern* wird von den Formern schon beim Handformen geübt. In die Stellen der Form, die mit Stampfern nicht zu erreichen sind, schleudern die Former einen Klumpen Formsand mit aller Kraft hinein. Die Mechanisierung dieses Verfahrens führte zu der Sandschleuderformmaschine, die in einer Ausführungsform im Bilde 546 dargestellt ist. Die eigentliche Schleudervorrichtung befindet sich in dem rechts in dem Bilde dargestellten Schleuderkopf. Dieser ist im Bilde 547 im Schnitt wiedergegeben. Die Wirkungsweise ist folgende. Der von einem Förderband in den Schleuderkopf getragene Formsand wird von dem rasch umlaufenden Schleuderrad, an dem eine

Bild 546. Sandschleuderformmaschine von Graue G.m.b.H., Hannover.

Wurfschaufel befestigt ist, in einzelnen Klumpen mit einer Geschwindigkeit von 13 bis 19 m/s in den Formkasten hineingeschleudert. Die Umfangsgeschwindigkeit ist entsprechend der Sandbeschaffenheit regelbar. Je Minute können auf diese Weise 0,33 m³ Sand verdichtet werden. Je schneller der Sandschleuderkopf über die Formfläche geführt wird, um so lockerer lagert sich der Sand; bei langsamer Bewegung wird der Sand fest. Man kann also die Dichte der einzelnen Formteile nach Belieben und dem Zweck entsprechend gestalten. Nachstampfen ist unnötig. Die Modelle werden weit mehr als beim Handstampfen geschont. Je nach Verwendungszweck werden diese Maschinen ortsfest oder beweglich gebaut.

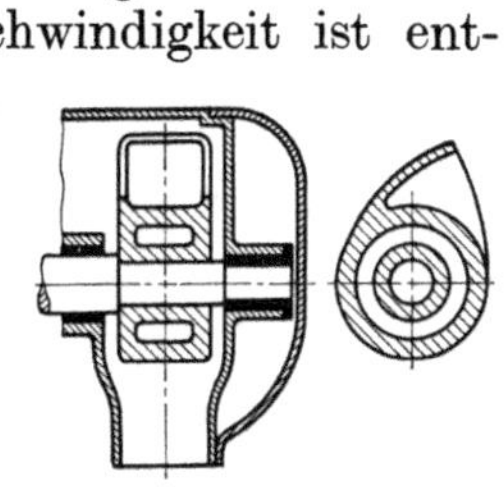

Bild 547. Schleuderrad mit Wurfschaufel zur Sandschleuderformmaschine von Graue.

Derartige Maschinen kommen in Betracht, wenn eine große Zahl gleicher oder ähnlicher Stücke hintereinander geformt werden können, da sonst die Anschaffungskosten zu hoch sind. Billiger, wenn auch nicht so vollkommen, sind die Maschinen, bei denen der Formsand durch *Preßluft* verdichtet wird.

Versuche zur Verdichtung des Formsandes mittels Preßluft sind schon früh gemacht worden, haben aber kein Ergebnis gehabt, da die den Sand befördernde Preßluft beim Aufprallen des Sandes als Puffer wirkte und eine Verdichtung verhinderte. Die *Badische Maschinenfabrik* in Durlach hat nun eine Maschine entwickelt, bei der der Sand in einer besonderen Düse von der Preßluft getrennt wird, so daß nur der Sandstrom auf die Form auftrifft.

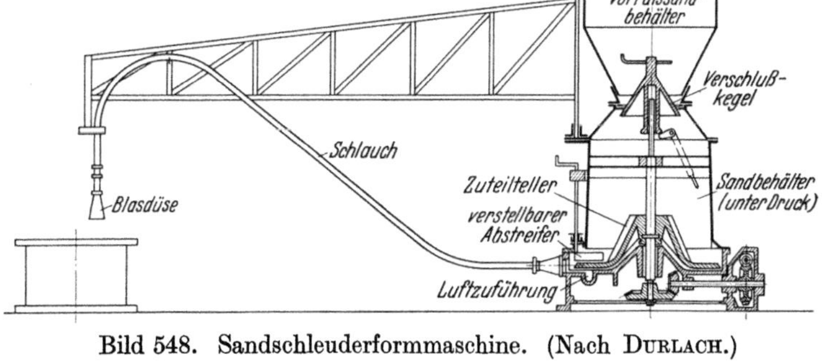

Bild 548. Sandschleuderformmaschine. (Nach DURLACH.)

Die Maschine, Bild 548, besteht aus einem unter Druck stehenden Sandbehälter von 1,5 m³ Inhalt und darüber angeordnetem Vorratsbehälter, der durch einen Verschlußkegel abgesperrt werden kann. In dem unteren unter Druck stehenden Behälter dreht sich ein Zuteilteller. Durch den verstellbaren Abstreifer wird eine veränderliche Sandmenge von dem Zuteilerteller abgestrichen und gelangt in einen unter dem Teller mündenden Luftstrom, der den Sand durch einen Schlauch hindurch in die Blasdüse befördert. Die Leistung der Maschine beträgt bis 300 l/min Sand. Die Verdichtung hängt von der Sandmenge ab. Je kleiner das Verhältnis Sandmenge zur beschleunigenden Luftmenge ist, um so stärker ist die Verdichtung. Luftpressung 1,5 bis 2,5 atü, Luftverbrauch 5 bis 8 m³/min.

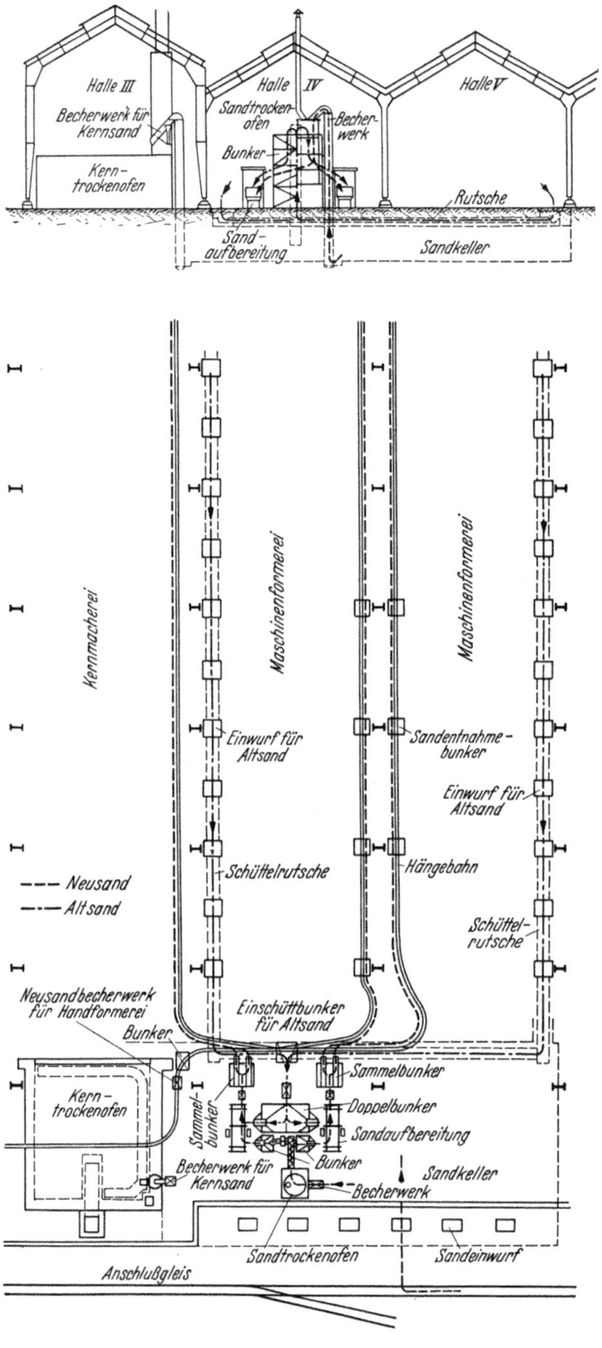

Bild 549. Sandaufbereitungsanlage. (Nach Stahl und Eisen.)

VII. Formsandaufbereitung.

Im neuzeitlichen Gießereibetriebe ist die *Aufbereitung* des Formsandes von ausschlaggebender Bedeutung. Die Aufbereitung des frischen Sandes erstreckt sich auf Trocknung in besonderen Öfen zur Entfernung der überschüssigen Feuchtigkeit und gegebenenfalls auf Brennen bei zu fettem Rohsand, Zerkleinerung im Kollergang, Siebung zur Erreichung des gewünschten Feinheitsgrades, Anfeuchtung und Schleudern in Schleudermaschinen zur Lockerung und Mischung des angefeuchteten Sandes. In der Formerei bereits benutzter und nur aufzubereitender Sand durchläuft zwecks Zerkleinerung ein Walzwerk, dann eine Siebvorrichtung, sowie einen Eisenabscheider, um etwa im alten Sand befindliche Formerstifte und Eisenstücke zu entfernen. Danach kommt der Sand in eine Anfeucht- und Schleudermaschine.

Die Wahl einer Sandaufbereitungsmaschine richtet sich im wesentlichen nach der Größe der Gießerei. In kleineren Gießereien werden im allgemeinen Einzelmaschinen genügen. Die Trocknung kann dabei auf einer *Darre* oder auf der mit Eisenplatten abgedeckten *Trockenkammer* erfolgen. Zum Mahlen und Absieben des Neusandes dient ein Kollergang, zum Absieben des Altsandes eine Siebmaschine und zum Mischen der verschiedenen Sande eine Schleudermühle. Zur Aufbereitung an der Gebrauchsstelle sind besondere *fahrbare Sandschleuder-Siebmaschinen* entwickelt worden.

Für Gießereien mit großem Tagessandbedarf ist *zentrale Aufbereitung* angezeigt. Der Altsand wird von der Gebrauchsstelle durch Förderinnen, Schüttelrutschen oder Transportbänder der Aufbereitung zugeführt. Eine Ausführungsform einer neuzeitlichen

Sandaufbereitungsanlage ist im Bilde 549 dargestellt. Der Weg des Sandes ist folgender. Die Formkästen der Maschinenformerei werden über Abdeckroste entleert, so daß der Sand auf die darunter befindliche Fördereinrichtung fällt. Von der Sandaufbereitung aus wird er durch die höher liegende Hängebahn in die Sandbunker befördert. Wichtig ist bei derartigen Anlagen möglichste Beschränkung der Transportwege, um den Sand zu schonen und die Anlage wirtschaftlich zu gestalten.

Bei derartigen Sandaufbereitungen muß die Sandtrocknung in besonderen Öfen vorgenommen werden. Hierzu dienen Trommelöfen in liegender oder stehender Form. Die letztere Bauart ist ähnlich den in der Metallindustrie gebräuchlichen Etagen-Röst-Öfen mit drehbaren Krählerarmen ausgestattet. Stehende Öfen sind bei beschränkten Platzverhältnissen zweckmäßig. Ein Sandtrockenofen in liegender Ausführung mit Gleichstrombeheizung ist im Bilde 550 dargestellt.

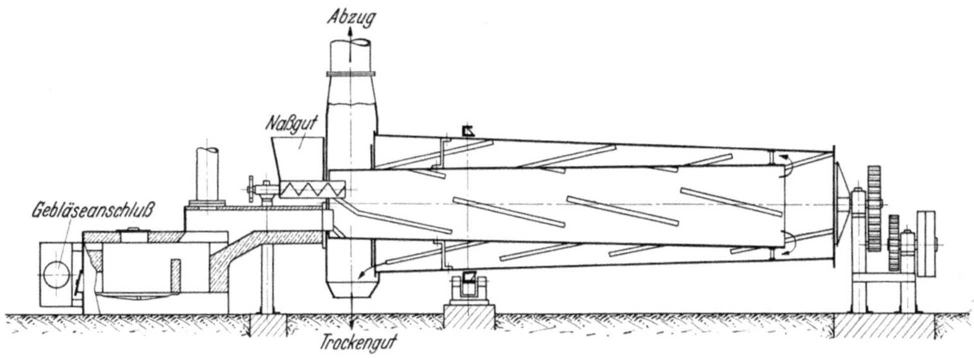

Bild 550. Sandtrockenofen.

VIII. Trockenkammern und Trockenöfen.

Die aus Masse und Lehm hergestellten Formen und Kerne müssen getrocknet werden, damit sie fest und porös werden. Die Porösität ist wichtig, um den beim Gießen entstehenden Gasen bessere Abzugsmöglichkeit zu geben. Kerne trocknet man in besonderen *Kerntrockenschränken*, die durch Abhitze oder durch eine kleine Rostfeuerung beheizt werden. Auch elektrische Heizung ist mit Erfolg bei derartigen Öfen eingeführt worden. Größere Formen müssen in *Kammern*, die häufig über 100 m³ Fassungsraum haben, getrocknet werden. Formen, die in der Gießgrube aufgebaut werden, trocknet man an Ort und Stelle durch *tragbare Trockenöfen*. Hierbei wird an den Ofen eine Windleitung angeschlossen. Der Ofen arbeitet also mit Unterwind und die heißen Verbrennungsgase werden, zur Einhaltung der richtigen Trocknungstemperatur, mit kalter Luft gemischt in die Form geleitet.

Die großen *Trockenkammern* haben entweder unmittelbare oder mittelbare Beheizung. Unmittelbare Beheizung durch Rost-, Gas- und (seltener) Ölfeuerung, mittelbare durch heiße Luft oder Heißwasser. Diese letztere Ausführung ist, wenn auch vereinzelt, so doch mit Erfolg angewandt worden[1].

Ein Nachteil der unmittelbaren Beheizung ist, daß sich auf der Oberfläche der Formen Ruß und Schwefelbestandteile festsetzen. Diese wirken als schlechte Wärmeleiter und verstopfen die Poren, so daß die Verdunstung des Wassers verzögert wird. Bei der mittelbaren Beheizung durch heiße Luft fällt dieser Nachteil fort.

Am meisten verbreitet sind Trockenkammern mit Koksbeheizung. Die Feuerung liegt an der Rückwand der Kammer. Die vordere Tür hängt in Ketten und wird zwecks Beschickung des Ofens hochgezogen. Dreh- oder Schiebetüren sind infolge größeren Platzbedarfs ungünstiger. Die Heizgase durchziehen die Kammer, trocknen dabei die eingesetzten Formen und werden mit Wasserdampf gesättigt durch Kanäle in der Nähe der Einsatztür abgeleitet. Die Formen werden auf entsprechenden Wagen in den Ofen gefahren, Lehmformen auch häufig auf den Wagen innerhalb der Kammer aufgemauert. Bei einer

[1] Stahl u. Eisen 1911 S. 501.

Grundfläche von 15 bis 80 m² haben die Kammern wenigstens eine Höhe von 2 m, damit ein Mann darin stehen und gegebenenfalls arbeiten kann.

Im Bilde 551 ist ein Kammertrockenofen mit Koksfeuerung, Bauart *Indugas*, dargestellt. Oberhalb der Feuerung wird ein feuerfestes Gitterwerk eingebaut und durch dieses Luft geblasen um mit hohem Luftüberschuß (bis 500 %) arbeiten zu können.

Die Verschiedenartigkeit der Formen hat zur Folge, daß der Ausnutzungsgrad der Kammer meist schlecht ist. In einer Arbeit von OSANN [1] wird auf Grund von Versuchen der nutzbar gemachte Kammerinhalt mit rund 7 % angegeben. Wenn auch diese Angabe nicht verallgemeinert werden darf, so folgt doch, daß bei den meisten Gießereitrockenkammern die Wärmeausnutzung nicht besonders gut ist. Sie liegt zwischen 35 und 80 %.

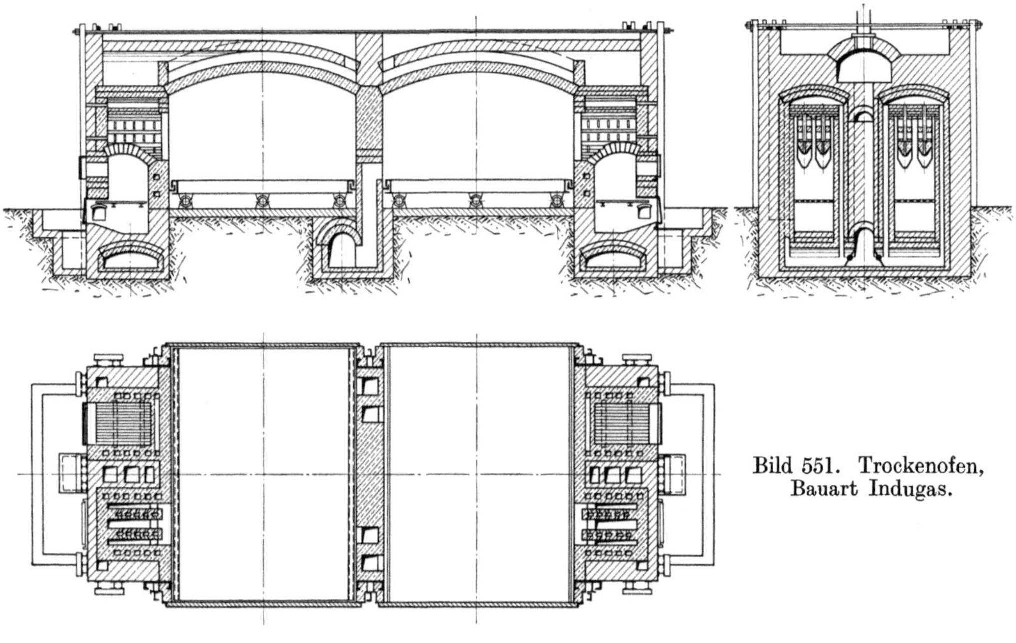

Bild 551. Trockenofen, Bauart Indugas.

Zweckmäßig sind folgende Kammertemperaturen: Stahlgußformen 450 bis 600°, starkwandige Formen 250 bis 350°, dünnwandige Formen 150 bis 200°, Ölsandkerne und ähnliche noch weniger. Um diese günstigen Temperaturen nicht zu überschreiten, werden die Feuerungen unmittelbar beheizter Kammern mit einem Luftüberschuß von 80 bis 500 % betrieben. Das ist wärmetechnisch ein Nachteil, da unnötig viel Luft erwärmt werden muß. Geringere Kammertemperaturen lassen sich auch durch Beimischen kälterer Gase erreichen. So kann z. B. die Feuerung mit kleinstem Luftüberschuß betrieben und durch Rückführung kälterer Abgase eine Mischung unmittelbar beim Eintritt der Feuergase in die Kammer erreicht werden. Durch eine solche künstliche Durchwirbelung der Feuergase würde gleichzeitig auch eine konstante Kammertemperatur erzielt, was für die Gleichmäßigkeit des Trockenvorganges sehr wertvoll wäre. Bei einfachen Trockenkammern beträgt der Temperaturunterschied innerhalb der Kammer rund 200°. In der Nähe der Feuerung ist die Temperatur höher als am Abzug. Der Former gleicht hier aus, indem er die höher hitzebeständigen Formen in die Nähe der Feuerung bringt und die übrigen Formen dahinter aufstellt. Zur Einhaltung der richtigen Kammertemperatur ist die Überwachung der Temperatur durch Meßgeräte zweckmäßig. OSANN hat zur Prüfung des Trockenvorgangs vorgeschlagen, Probekörper durch Schubladen in die Kammer einzubringen und von Zeit zu Zeit die Schubladen herauszuziehen, um den Fortgang der Trocknung zu beobachten.

Die für den Trocknungsvorgang günstigste Wärmeausnutzung ist dann gegeben, wenn die Feuergase mit möglichst hoher Temperatur in die Kammer eintreten und diese

[1] Stahl u. Eisen 1927 S. 1597.

mit hohem Sättigungsgrad verlassen. Der Trocknungsvorgang spielt sich dabei stets in Temperaturen ab, die über 100° liegen. Daraus folgt, daß im Gegensatz zu Trockeneinrichtungen mit Temperaturen unter 100°, das Problem der Trocknung im wesentlichen eine Frage des günstigsten Wärmeüberganges ist. Je schneller die Wärme auf die Formen übergeht, desto schneller kann das in den Formen befindliche Wasser verdampfen. Da nun nach den Gesetzen der Wärmeübertragung der konvektive Wärmeübergang durch Erhöhung der Gasgeschwindigkeit steigt, folgt, daß eine Durchwirbelung der heißen Gase innerhalb der Kammer wesentlich zur Beschleunigung des Trockenvorganges beitragen wird. Die infolge der Wirbelung erzielte Gleichmäßigkeit der Kammertemperatur wurde oben schon erwähnt.

Nach diesen Gesichtspunkten ist die Trockenkammer von MANN (Bild 552) gebaut, bei der die Gase durch einen Ventilator in lebhafte Kreislaufbewegung innerhalb der Kammer gebracht werden [1].

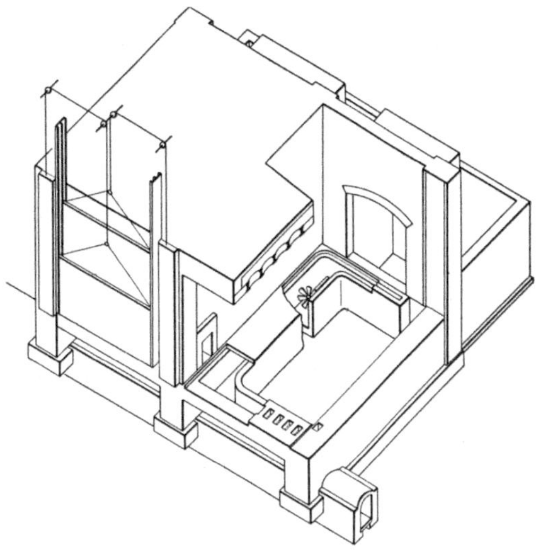

Bild 552. Trockenkammer, Bauart MANN.

Die Vorgänge innerhalb der Trocknungsanlagen lassen sich recht gut an Hand eines Schaubildes von MOLLIER [2] verfolgen. Diese MOLLIERschen $I\,x$-Tafeln beruhen auf der Grundlage, daß praktisch das Gewicht des Trockengases und der Wärmeinhalt vor und nach dem Trockenapparat derselbe ist. Innerhalb des Apparates verändert sich lediglich das je Kilogramm Trockengas mitgetragene Wassergewicht und die Temperatur. Das Wassergewicht vergrößert sich und die Temperatur nimmt ab. Hierbei kann man mit hinreichender Genauigkeit die Zustandsänderung innerhalb der Trockenanlage als eine Zustandsänderung bei konstantem Wärmeinhalt ansehen. GRUBENMANN [3] und HILLIGER [4] bringen weitere Angaben zur Aufstellung von Schaubildern von Luft- und Feuergastrocknern. Das Schaubild von GRUBENMANN (Bild 553) ist für feuchte, hochtemperierte Luft aufgestellt, kann jedoch auch für Feuergastrockner zur Anwendung kommen, da der Wärmeinhalt der wasserdampffreien Feuergase nur wenig von dem Wärmeinhalt trockener Luft abweicht. Für einfache Trockenkammern rechne man wie folgt.

Man bestimmt aus Brennstoff und Verbrennungsluft die Zusammensetzung der Feuergase. Ist der Gewichtsanteil der trockenen Gase G_t und der Gewichtsanteil der feuchten Gase (Wasserdampf) G_w, so folgt das auf 1 kg Trockengas entfallende Wasserdampfgewicht zu

$$x_1 = \frac{G_w}{G_t} \text{ kg}.$$

Um den Anfangspunkt des Diagramms festzulegen, muß weiter die Temperatur oder der Wärmeinhalt der Feuergase (trocken + feucht) beim Eintritt in den Trockner bekannt sein. Beides kann nach Abschnitt 2, S. 49, berechnet werden. Verfolgt man nun die Linie konstanten Wärmeinhaltes bis zur Temperatur, die dem Austritt der Gase aus der Kammer entspricht, so ist der Wasserdampfgehalt x_2 bekannt. Bezeichnet b das zur Erzeugung von 1 kg trockener Feuergase notwendige Brennstoffgewicht, so ist das zur Verdampfung von 1 kg Wasser notwendige *Brennstoffgewicht*

$$B = \frac{b}{x_2 - x_1} \text{ kg}.$$

Die Vorgänge in Mehrstufentrocknern lassen sich ebenfalls auf Grund der $I\,x$-Tafeln sehr gut verfolgen. An dieser Stelle kann jedoch darauf nicht näher eingegangen werden [5].

[1] Gießerei 1930 Heft 15. [2] Z. VDI 1923 S. 869.

[3] GRUBENMANN: *I x*-Tafeln feuchter Luft. Berlin: Julius Springer 1926.

[4] HILLIGER: Die Trocknung und Schwelung der Braunkohle durch Spülgase. Berlin: Julius Springer 1926. [5] Vgl. auch HIRSCH: Die Trockentechnik, 2. Aufl. Berlin: Julius Springer 1932.

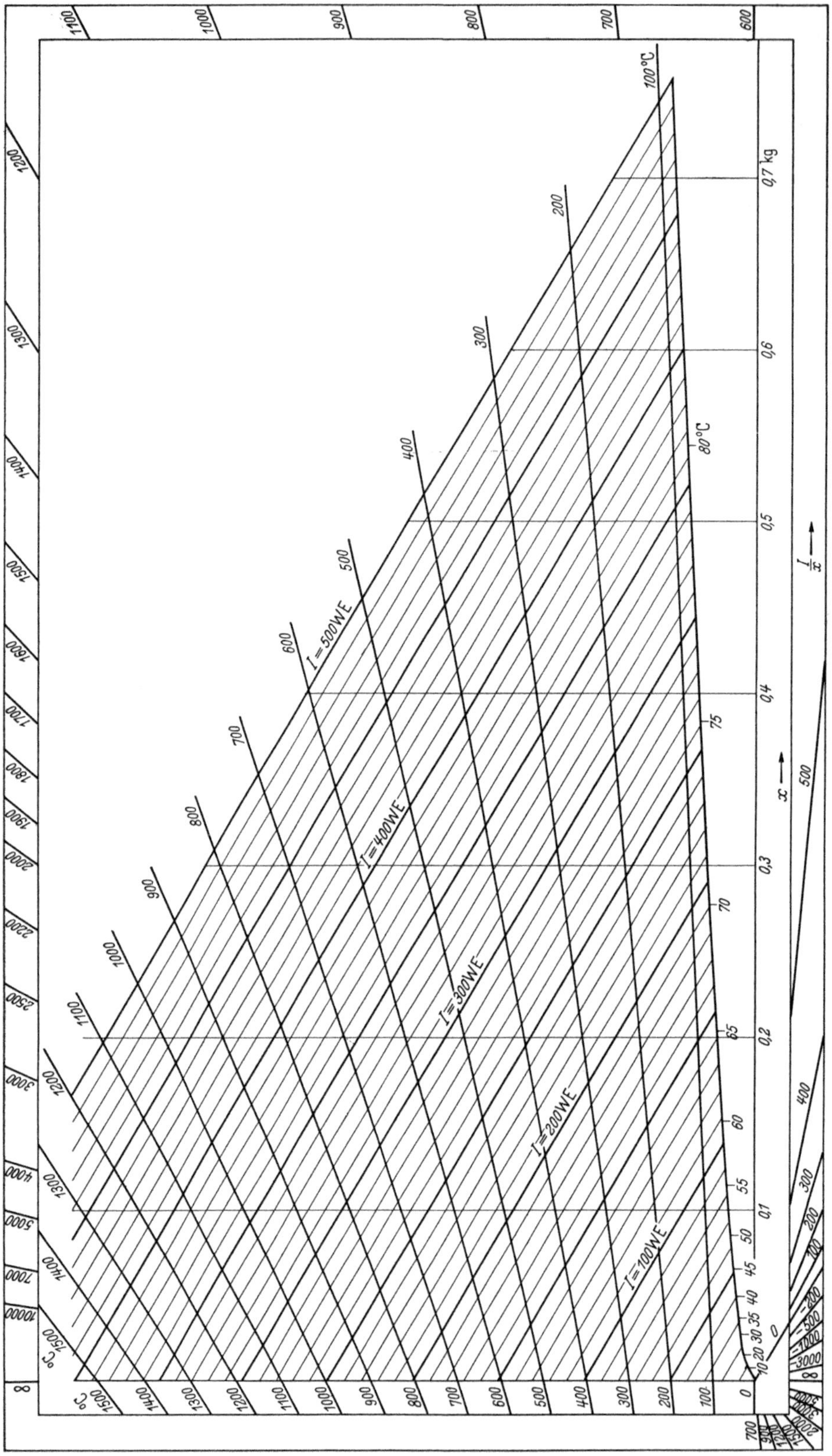

Bild 553. *I x*-Tafel feuchter hochtemperierter Luft. *I* = Wärmeinhalt von 1 kg trockener Luft und *x* kg Wasserdampf in kcal (WE).

IX. Einrichtungen zum Putzen der Gußstücke.

Nach erfolgtem Abguß müssen die Gußstücke geputzt werden. Dieses *Putzen* umfaßt die Entfernung des am Eisen haftenden Sandes, der Kerne, Gußnähte und Gießtrichter. Bei größeren Stücken geschieht das Putzen von Hand zum Teil auf besonderen *Putztischen* mit durchlöcherter Platte. Der Sand fällt durch die Löcher hindurch und wird abgesaugt, um die Putzerei möglichst staubfrei zu halten. Zum Abklopfen des Sandes dienen Preßluftklopfer, zur Bearbeitung der Gußnähte Preßluftmeißel und Schleifmaschinen. Kleinere Gußteile werden auch unter Beigabe von scharfem Sand als Putzmittel in *Rollfässern* oder *Putztrommeln* (Schleudertrommeln) mehrere Stunden lang gedreht und auf diese Weise gesäubert. Selbst Stücke bis 100 kg Gewicht können in Putztrommeln geputzt werden.

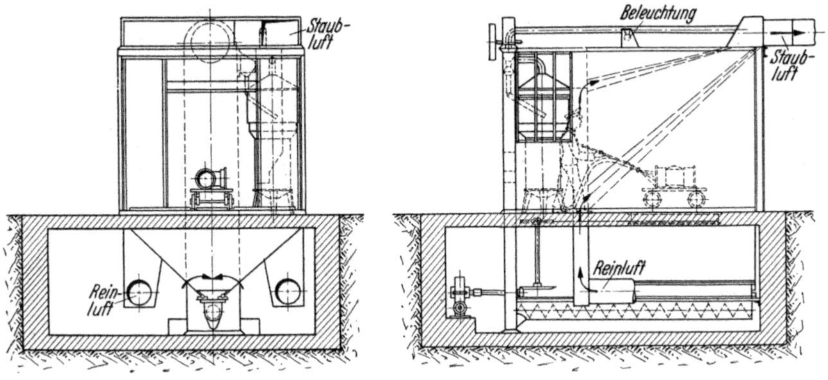

Bild 554. Putzhaus mit Sandstrahlgebläse.

Eine ausgedehnte Anwendung haben für den gleichen Zweck *Sandstrahlgebläse* gefunden. Derartige Sandstrahlgebläse schleudern einen kräftigen Strahl scharfkantigen Quarzsandes gegen das zu putzende Stück, das vollständig von anhaftendem Sande befreit wird. Der Arbeitsdruck des Gebläses beträgt 0,5 bis 2 at. Die Anwendung eines Drucksandstrahlgebläses für Freistrahl, bei welchem der Sandstrahlschlauch durch den Arbeiter gehalten und geführt wird, ist an das Vorhandensein eines besonderen *Putzhauses* gebunden, da sonst zuviel Staub aufgewirbelt wird. Zum Schutze des Arbeiters sind innerhalb des Putzhauses besondere Sicherheitsvorkehrungen getroffen, dergestalt, daß in der Tür der Trennungswand schmale Luftschlitze angebracht sind, durch die Frischluft hindurch geblasen wird. Die Frischluft reißt den Staub mit, bevor er von dem Arbeiter eingeatmet wird. Zum Absaugen des Staubes ist bei jeder Sandstrahlputzeinrichtung eine Exhaustoranlage mit Einrichtung zum Abscheiden des Staubes aus der abgesaugten Luft notwendig (Bild 554).

Die Mechanisierung des Putzens führte zu *Trommelsandstrahlgebläsen*, bei denen die Gußstücke in eine sich drehende Trommel gegeben werden. Während der Drehung werden sie dabei von einem hin und her pendelnden Sandstrahl bestrichen. Für kleinere und mittlere Gußstücke sind *Sandstrahlgebläse mit Drehtisch* in Gebrauch. Die zu putzenden Stücke werden auf den durchlöcherten sich langsam drehenden Tisch gebracht. Die eine Hälfte des Tisches durchläuft dabei eine mit einem Vorhang verschlossene Kammer, in der die Sandstrahldüsen arbeiten. Bei langgestreckten Gußstücken ist die Anwendung eines Drehtisches nicht möglich. In diesem Falle kommen *Sprossentische* in Betracht, bei denen der Tisch eine hin- und hergehende Bewegung ausführt.

X. Einrichtungen zur Herstellung von Schleuderguß und Spritzguß.

Beim *Schleudergießverfahren* (Zentrifugalgießverfahren) wird das flüssige Metall in eine sich mit großer Geschwindigkeit drehende Form geleitet. Durch die Zentrifugalkraft wird das Metall gegen die innere Wand der Form geschleudert und nimmt deren Gestalt an. Das Verfahren eignet sich besonders zur Herstellung von zylindrischen Hohlkörpern. Das Bild 555 zeigt schematisch eine Gießmaschine zur Herstellung von gußeisernen

Muffenrohren. Das flüssige Eisen wird aus der Gießpfanne in gleichmäßigem Strahl in eine Gießrinne gegossen, die in einem bestimmten Abstand vom Ende der Form mündet. Die Form mit der Antriebsvorrichtung befindet sich auf einem Wagen, der mit einer bestimmten Geschwindigkeit in Richtung der Rohrachse verfahren wird. Wagengeschwindigkeit, Drehzahl der Form, Einlaufgeschwindigkeit und Temperatur des Eisens müssen so aufeinander abgestimmt sein, daß das Gußstück die vorgeschriebene Wandstärke erhält. Die Abkühlungsgeschwindigkeit des Gußstückes wird durch Kühlung der Form so beeinflußt, daß es alsbald nach Beendigung des Gusses aus der Form entfernt werden und ein neuer Guß beginnen kann.

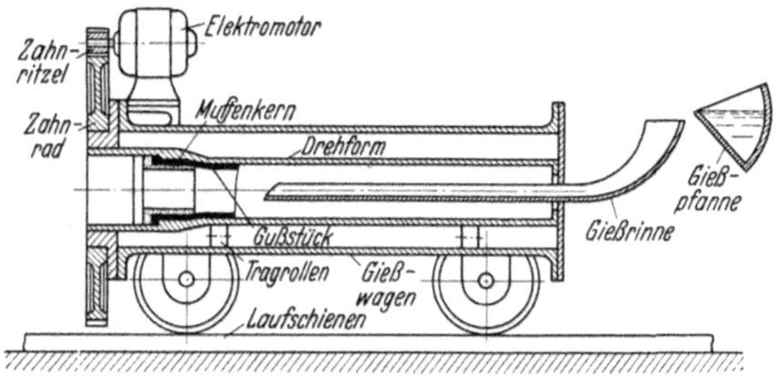

Bild 555. Schematische Darstellung einer Schleudergießmaschine für Muffenrohre.

Beim *Spritzgußverfahren* wird flüssiges Metall derart in eine genaue Dauerform gepreßt, daß ein sauberes maßhaltiges Gußstück entsteht, das ohne Nacharbeit verwendet werden kann. Das Verfahren ist besonders geeignet, kleine Gußstücke mit geringer Wandstärke als Massenerzeugnis schnell und billig herzustellen. Es liegt in der Art des Verfahrens begründet, daß nicht alle Metalle dafür in Betracht kommen. Die beim Spritzguß bis jetzt gebräuchlichen Legierungen sind in der Tabelle 78 angegeben[1]. Die Gewichte und Maße

Tabelle 78. Gebräuchliche Spritzgußlegierungen.

Art der Legierung	Zusammensetzung %						Spez. Gewicht	Gieß-temperatur °C	Betriebs-druck kg/cm²	Stück-gewicht g
Bleilegierungen	Sn	Sb	Pb							
	0—15	5—18	Rest				10—10,5	260—300	20—70	1—5000
Zinnlegierungen	Pb	Sb	Cu	Sn						
	0—56	13—16	4—5	Rest			7,3 —9,0	280—330	20—70	5—1000
Zinklegierungen	Sn	Al	Cu	Mg	Ni	Zn				
	6—25	0—0,4	3—4	—	0—0,2	Rest	7,07—7,2	430—490	20—70	1—5000
	—	3,5—5,0	0—3	0—0,1	0—0,02	Rest	6,73—6,77	400—480	20—70	1—5000
Aluminium-legierungen	Cu	Si	Ni	Mn	Al					
	4—8	0—3	0—3,7	—	Rest		2,9 —3,0	650—750	25—40	5—2500
	0—4	3—13	—	0—2	Rest		2,67—2,75	620—700	100—150	5—2500
Magnesiumlegierung (Elektron)	Al	Mn	Mg							
	10	0,3	89,7				1,83	650—700	50	5—1200
Messing	Zn	Pb	Cu				— 8,5	850—950	300—1000	5—2000
	40	0—0,2	Rest							
Tombasil	Cu	Si	Cu							
	82	4—5	Rest				— 8,0	— 960	300—1000	5—2000

für das einzelne Gußstück sind nach oben begrenzt. Die Hauptabmessungen liegen im allgemeinen zwischen 5 × 5 mm und 600 × 400 mm. Das Ausbringen aus einer Gießform liegt zwischen 30 und 600 Stück je Form je nach Art des Gußstückes und der verwendeten Maschine.

Im Bilde 556 ist eine *Spritzgußmaschine* für Handbetätigung dargestellt. Das flüssige Metall befindet sich in einem mittels Gasbrenner beheizten Tiegel. Innerhalb des Metallbades befindet sich eine Druckkammer mit einer zylindrischen Büchse, durch die geführt ein Druckkolben in die Kammer eintaucht. Bei der Höchststellung des Kolbens dringt flüssiges Metall durch die in der Büchse vorgesehenen Verbindungskanäle in die Druckkammer ein. Wird der Kolben heruntergedrückt, werden die Verbindungskanäle geschlossen. Der Kolbendruck überträgt sich auf das in der Druckkammer befindliche Metall,

[1] Frommer, L.: Handbuch der Spritztechnik. Berlin: Julius Springer 1933.

so daß dieses in einer Menge, die dem Hubvolumen des Kolbens entspricht, durch den Steigkanal und das Spritzmundstück in die Form eintritt. Nach der Formauffüllung wird der Kolbendruck noch so lange aufrecht erhalten, bis das Metall am Einguß der Form erstarrt ist. Hierauf wird der Druckkolben in die obere Stellung zurückbewegt, es dringt wieder Metall in die Druckkammer ein. Gleichzeitig wird der untere Formträgerrahmen *C* durch einen Kurbelmechanismus bis zum Anschlag *A* zurückgezogen und damit die Form vom Spritzmundstück um ein entsprechendes Stück entfernt. Unmittelbar anschließend wird durch denselben Mechanismus der Formträgerschlitten *D* mit der hinteren Formhälfte auf dem Formträgerrahmen *C* bis zum Anschlag *B* verschoben, so daß sich die Form öffnet. Beim Anstoßen des Auswerfers an den Anschlag *B*, wird die Feder zusammengedrückt, die Auswerferstifte drücken gegen das inzwischen erstarrte Gußstück und schieben es aus der hinteren Formhälfte heraus.

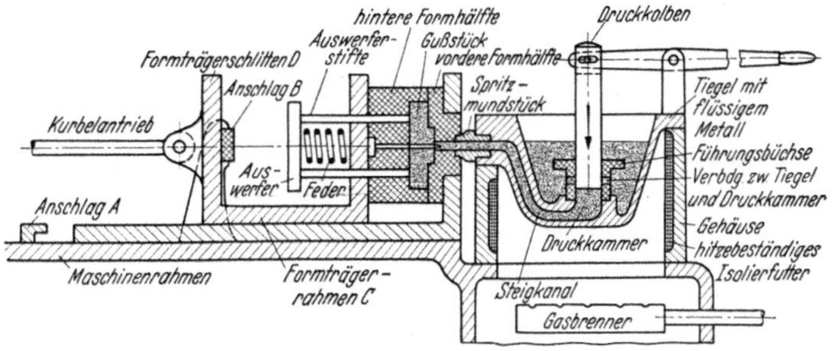

Bild 556. Kolbenspritzgußmaschine für Handbetätigung.

Nach Säubern der Form werden alle Teile in die Anfangsstellung zurückgeführt. Das Arbeitsspiel kann von neuem beginnen.

Der Aufbau, die konstruktive Durchbildung und die Wirkungsweise der Spritzgußmaschinen werden bestimmt: 1. durch die Art der Druck-Erzeugung, 2. durch die Anordnung des Spritzmundstückes, 3. durch die Spritzrichtung, 4. durch die Art des Antriebes und Gestaltung der Getriebe, 5. durch die Art der Luftabführung aus der Form.

Die *Druck-Erzeugung* kann durch einen Kolben oder durch Druckluft bewirkt werden. Die Kolben und die Druckluft können unmittelbar oder mittelbar mit Zwischenschaltung einer Druckflüssigkeit (gewöhnlich ein anderes flüssiges Metall) auf das Gießmetall wirken.

Das *Spritzmundstück* kann hoch verlegt werden wie bei der im Bilde 553 dargestellten Maschine, dann ist ein Steigkanal für das Gießmetall erforderlich. Es kann auch nach unten unter die Druckkammer verlegt werden, dann ist zwischen Kammer und Form ein besonderes Ausströmventil anzuordnen. Dieses Ventil wird so gesteuert, daß es den Auslauf des Metalls für jedes Arbeitsspiel für die Dauer der Formauffüllung und des Nachdruckes öffnet, während der übrigen Zeit absperrt.

Nach der *Spritzrichtung* unterscheidet man Horizontalspritzmaschinen und Vertikalspritzmaschinen. Bei der ersteren (Bild 556) befindet sich die Form seitlich vom Metallbad. Bei der letzteren befindet sich die Form über dem Metallbad.

Nach der *Art des Antriebes* unterscheidet man Spritzmaschinen mit vollständiger Handbetätigung und die mit motorischem Antrieb. Daneben findet man Maschinen, die mit teilweiser Handbetätigung arbeiten. Der Antrieb kann durch eine umlaufende Welle oder durch eine Druckflüssigkeit (Druckluft, Druckwasser oder Drucköl) erfolgen. Das Arbeitsspiel kann vollständig selbsttätig ablaufen oder es müssen einzelne Vorgänge von Hand eingeleitet werden.

Die *Luftabführung aus der Form* geschieht auf drei Arten: 1. Verdrängung der gesamten Luft durch das Gießmetall während der Formfüllung, 2. durch vollständige Luftabsaugung mittels Luftpumpe, 3. durch teilweise Luftabsaugung mittels Luftpumpe.

Wie die Spritzgußmaschinen für bestimmte Fälle durchzubilden sind, hängt von dem zu verarbeitenden Metall, von Stückgewicht, von der Gestalt des Gußstückes und von der Zahl der auszuführenden Stücke ab. Aus der Tabelle 78 ist ersichtlich, daß die erforderlichen Betriebsdrücke in weiten Grenzen zwischen 20 und 1000 kg/cm^2 schwanken, je nachdem welche Metalle verarbeitet werden. Die Anlagekosten können um so höher sein, je größer die Zahl der herzustellenden Stücke ist, ohne das Verfahren unwirtschaftlich zu machen.

Zehnter Abschnitt.

Anlagen von Kalk-, Dolomit- und Zementwerken.

I. Allgemeines über Kalk, Dolomit und Zement.

a) Kalk.

Der im Bauwesen zur Mörtelbereitung und in der Eisen- und Metallindustrie zur Schlackenbildung verwendete *Kalk* besteht im wesentlichen aus Kalziumoxyd (CaO). Er wird durch Glühen (Brennen) von *Kalkstein* gewonnen. Der Reinheitsgrad des Kalkes ist demnach von der Zusammensetzung des Kalksteins, aus dem er hergestellt wird, abhängig. Dessen Hauptbestandteil ist kohlensaurer Kalk (Kalziumkarbonat — $CaCO_3$). Bei einer Temperatur von 856° wird die Kohlensäure ausgetrieben. Der Vorgang ist endotherm; er verläuft nach der Gleichung

$$CaCO_3 = CaO + CO_2 - 425{,}2\ \text{kcal}.$$

Der *gebrannte Kalk* besteht zum Teil aus festen Stücken (Stückkalk), zum Teil aus kleinen Körnern und Staub. Die Körner und der Staub entstehen beim Brechen im Steinbruch, beim Beschicken der Öfen, durch Abrieb im Ofen selbst und beim Ausziehen aus dem Ofen.

Gebrannter Kalk nimmt aus der Umgebung begierig Wasser auf, wodurch der Stückkalk zerfällt. Deshalb muß er, besonders wenn er für metallurgische Zwecke verwendet werden soll, vor Regen, Luft- und Bodenfeuchtigkeit geschützt werden. Er wird in gedeckten Wagen befördert und auf den Hüttenwerken in überdachten Bunkern gelagert.

Für die *Mörtelbereitung* muß der gebrannte Kalk gelöscht werden. Das Löschen geschieht durch Übergießen mit Wasser. Es entsteht Kalziumhydroxyd gemäß folgender Gleichung

$$CaO + H_2O = Ca(OH)_2 + 152\ \text{kcal}.$$

Das *Kalklöschen* kann nach dem *trockenen* und dem *nassen* Verfahren durchgeführt werden. Beim Trockenlöschen werden beschränkte Wassermengen verwendet. Der gebrannte Kalk wird nur mit Wasser benetzt auf Haufen geschüttet und mit Sand abgedeckt. Der Kalk zerfällt dabei zu einem feinen Pulver, das in Säcke gefüllt zum Versand kommt (Sackkalk). Beim Naßlöschen, das nur für Weiß- und Graukalke anwendbar ist, wird mit Wasserüberschuß gelöscht. Es entsteht dünnflüssige Kalkmilch, die in eine Grube geleitet wird, wo sie nach einigen Stunden zu einem Brei und später zu einer teigartigen Masse erstarrt.

Bei Baukalk[1] werden folgende Arten unterschieden:

1. Weißkalk, aus besonders reinem Kalkstein gebrannt, enthält mindestens 90 % CaO, hat nach dem Löschen eine weiße Farbe.

2. Graukalk (auch Dolomitkalk, Magnesiakalk oder Schwarzkalk genannt), aus dolomitischem Kalk gebrannt, besteht zu 90 % aus Kalziumoxyd und Magnesiumoxyd, hat nach dem Löschen eine hellgraue bis dunkelgraue Farbe.

3. Wasserkalk, enthält mindestens 10 % Silikatbildner (Kieselsäure, Tonerde und Eisenoxyd), erhärtet nach vorangehendem Abbinden an der Luft unter Wasser.

4. Zementkalk wird aus einem an Silikatbildnern reichen Kalkstein gebrannt oder durch inniges Mischen von Silikatbildnern und Kalk hergestellt. Erhärtet unter Wasser und erreicht höhere Festigkeit als Wasserkalk.

---

[1] Leitsätze für einheitliche Lieferung und Prüfung von Baukalk. Berlin: Verein deutscher Kalkwerke e. V. 1927.

5. Romankalk wird aus silikatreichem Kalkstein gebrannt. Er zerfällt nicht beim Zusatz von Wasser und muß deshalb vor der Verwendung zu Pulver vermahlen werden.

Es werden noch *Luftkalke* und *hydraulische Kalke* unterschieden. Luftkalke erhärten im Mörtel durch Aufnahme von Kohlensäure aus der Luft; es sind die Weiß- und Graukalke. Hydraulische Kalke erhärten im Mörtel unter Wasser; zu ihnen zählen die Wasserkalke, Zementkalke und Romankalke.

b) Dolomit.

Dolomit, das Doppelkarbonat von Kalzium und Magnesium, wird wie Kalkstein gebrannt, um den feuerfesten Baustoff zu gewinnen, der als basisches Futter für Öfen verwandt wird. Die Analyse eines geeigneten Dolomits vor und nach dem Brennen ist aus Tabelle 79 zu ersehen.

Tabelle 79. Zusammensetzung von Dolomit.

	CaO %	MgO %	SiO_2 %	Fe + Al %	Glühverlust (CO_2) %
Vor dem Brennen	30	20	1—1,5	1—2	47—48
Nach dem Brennen	58	38	2	2	2—4

c) Zement.

Die alten Römer kannten „Puzzolanzement", den sie zur Herstellung von hydraulischem Mörtel bei Wasserbauten verwandten. Dieser Zement bestand aus einer Mischung von Santorinerde und Traß mit einem Zusatz von Kalkhydrat. SMEATON stellte im 18. Jahrhundert fest, daß der aus tonhaltigem Kalkstein gewonnene Kalk dem Mörtel besondere Eigenschaften verleiht. VICAT stellte aus Kreide und Ton Zement her. Als der eigentliche Erfinder der Zementfabrikation gilt der Engländer ASPIDIN. Er bereitete aus einer Mischung von Kalk und Ton einen Brei, der gebrannt und zu Pulver vermahlen wurde. Er nannte das Erzeugnis *Portlandzement,* weil es nach der Erhärtung dem Portlandstein in der Farbe ähnlich ist.

Man unterscheidet heute folgende Zementarten:

1. Portlandzement, wird aus Kalkstein, Ton und Tonmergel hergestellt. Er besteht nach den Normen für Lieferung und Prüfung von Zement aus mindestens 1,7 Gewichtsteilen Kalk (CaO) auf 1 Gewichtsteil lösliche Kieselsäure (SiO_2) + Tonerde (Al_2O_3) + Eisenoxyd (Fe_2O_3). Der Kalk ist der eigentliche Mörtelbildner, während die Zuschläge (Tonerde, Kieselsäure und Eisenoxyd) die „Hydraulefaktoren" dem Kalk die Fähigkeit verleihen, unter Wasser zu erhärten. Die Rohstoffe, werden bis zur Mehlfeinheit gemahlen, innig gemischt und dann bis zur Sinterung (etwa 1450° C) erhitzt. Die sich hierbei bildenden harten Stücke (Klinker) werden in Steinbrechern zerkleinert und in Kugel- oder Rohrmühlen zu feinem Pulver vermahlen. Spezialportlandzemente erhalten zur Erreichung bestimmter Eigenschaften besondere Zusätze.

2. Natürliche Zemente werden aus bestimmten Mergelarten hergestellt, die ohne Aufbereitung durch Brennen und nachfolgendes Vermahlen einen brauchbaren Zement ergeben. Er ist infolge des schwankenden Kalkgehaltes in seinen Eigenschaften nicht immer gleich.

3. Eisenportlandzement ist ein Mischzement. Er besteht aus mindestens 70% Portlandzement und höchstens 30% gekörnter Hochofenschlacke. Der benötigte Portlandzement wird aus einer Rohmischung von Kalkstein und gekörnter Hochofenschlacke im Verhältnis 1:1 hergestellt. Dem hierbei gewonnenen Portlandzementklinker darf noch die zugelassene Menge Hochofenschlacke vor dem Vermahlen zugesetzt werden.

4. Hochofenzement besteht aus 20 bis 30% Portlandzement und 80 bis 70% Hochofenschlacke. Der Portlandzementklinker wird hierbei mit besonders hohem Kalkgehalt hergestellt. Hochofenzement hat die gleichen Eigenschaften wie Portlandzement.

II. Kalkwerke.

Zuerst wurde der Kalk in Meilern gebrannt. Die Chinesen sind wahrscheinlich am längsten mit der Herstellung von Kalk vertraut. Die Chinesische Mauer, die 200 v. Chr. vollendet wurde, besteht zum Teil aus Mauerwerk mit Kalkmörtel. Die Chinesen brennen auch heute noch den Kalk hauptsächlich in Meilern. Die alten Römer kannten neben Meilern bereits Kalköfen, die sog. Tichteröfen, aus denen der Schachtofen hervorging. Heute werden außer Ringöfen vorwiegend Schachtöfen zum Kalkbrennen benutzt. Im Jahre 1930 bestanden in Deutschland etwa 700 Kalkwerke mit rund 500 Ringöfen, 1700 Schachtöfen und 175 Öfen anderer Bauart. In Zukunft wird sich voraussichtlich das Verhältnis noch zugunsten der Schachtöfen ändern, da die Schachtöfen den Ringöfen wärmewirtschaftlich überlegen sind. Dazu kommt, daß neuzeitliche Schachtöfen mit selbsttätigen Beschickanlagen auch geringere Aufwendungen für Löhne beanspruchen als Ringöfen.

Die *Ringöfen* werden wie die in der keramischen Industrie gebräuchlichen nach dem Bilde 37 (S. 28) durchgebildet. Sie sind mit Brennkanallängen bis zu 360 m ausgeführt worden. Die größeren Ausführungen haben 2 bis 3 Feuer und erreichen dann eine Leistung bis zu 120 t gebrannten Kalk in 24 h. Der Brennstoffverbrauch beträgt 160 bis 200 kg Steinkohle je Tonne gebrannten Kalk. Als ein Vorteil des Ringofens wird besonders der Umstand angesehen, daß er mit minderwertiger Kohle betrieben werden kann. Ferner wird seine große Regelfähigkeit angenehm empfunden, besonders dann, wenn mit stark schwankender Kalkabnahme zu rechnen ist. Nachteile des Ringofens sind sein großer Platzbedarf, die höheren Anlagekosten und höheren Instandhaltungskosten. Das Stapeln des Kalksteins im Brennkanal und das Herausschaffen des staubenden Ätzkalkes sind schwierige und anstrengende Arbeiten.

Die *Vorgänge im Kalk-Schachtofen* sind zum Teil bedingt durch die Betriebsweise. Der Kalkstein wird an der Gicht mit Lufttemperatur aufgegeben, der gebrannte Kalk wird am Fuße des Ofens mit Lufttemperatur abgezogen. Man kann nach den wichtigsten Vorgängen im Ofen drei Zonen unterscheiden.

1. *Vorwärmezone,* in der der Kalkstein beim Niedergehen bis auf 856° vorgewärmt wird. Die Erwärmung wird durch die aufsteigenden Verbrennungsgase bewirkt.

2. *Brennzone,* in der der Brennstoff verbrennt und die zum Austreiben der Kohlensäure erforderliche Wärme auf den Kalkstein übertragen wird.

3. *Kühlzone,* in der sich der gebrannte Kalk befindet und beim Niedergehen durch die aufsteigende Verbrennungsluft gekühlt wird. Hieraus ergibt sich, daß an der Gicht neuer Rohstoff nur in dem Umfang aufgegeben werden kann, wie am Fuße Fertigerzeugnis abgezogen wird. Das Abziehen des gebrannten Kalkes darf naturgemäß nur in dem Umfang geschehen, wie der Fortgang der Kohlensäureaustreibung es gestattet. Zum Austreiben von 1 kg CO_2 muß dem Kalkstein eine Wärmemenge von rund 1025 kcal zugeführt werden. Entsprechend den beim Brennen des Ätzkalkes entstehenden Zerfallsmengen, nämlich 56 Gewichtsteile Ätzkalk und 44 Gewichtsteile Kohlensäure, sind demnach zum Austreiben der Kohlensäure

$$1025 \cdot 0{,}44 = 450 \text{ kcal/kg Stein}$$

notwendig. Enthält der Kalkstein Beimengungen, so ist der Gehalt an kohlensaurem Kalk und die aus dem Stein auszutreibende Kohlensäure geringer, der Brennstoffbedarf niedriger. Infolge der Strahlungs-, Leitungs- und Abgasverluste ist der wirkliche Wärmebedarf größer. Der Wirkungsgrad eines Kalkofens beträgt im Mittel 0,85, es sind also praktisch etwa 530 kcal/kg Stein erforderlich.

Zum vollständigen Austreiben der Kohlensäure ist eine bestimmte Durchsatzzeit erforderlich. Sie ist abhängig von der Stückgröße des Kalksteins und von der Brenntemperatur. Erhöhung der Brenntemperatur erfordert eine Erhöhung des Brennstoffverbrauchs. Über diese Beziehungen hat B. Block Untersuchungen durchgeführt[1]. Er

[1] Das Kalkbrennen im Schachtofen mit Mischfeuerung. Leipzig: Otto Spamer 1917.

ermittelte rechnerisch die erforderlichen Aufenthaltszeiten zum Vorwärmen, zum Brennen und zum Kühlen bei verschiedenem Steindurchmesser und verschiedener Brenntemperatur. Die Ergebnisse sind im Bilde 557 veranschaulicht. Das Bild 558 gibt einen Anhalt über den Temperaturverlauf im Kalkofen.

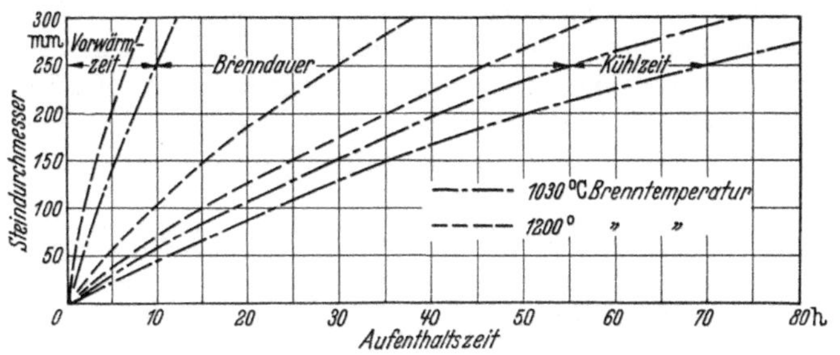

Bild 557. Aufenthaltszeit des Kalkes im Kalkofen in Abhängigkeit vom Steindurchmesser und von der Brenntemperatur. (Nach BLOCK.)

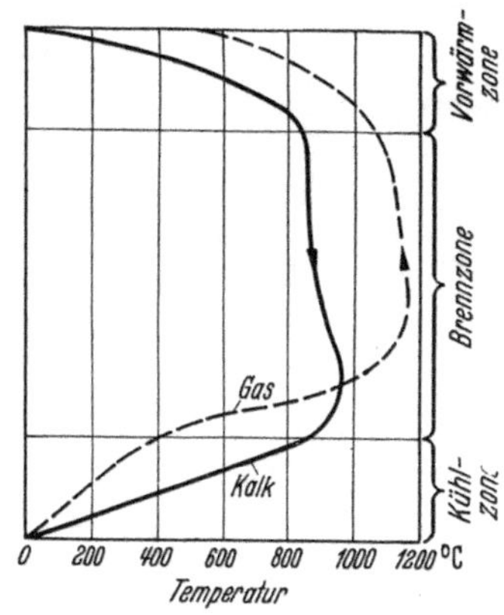

Bild 558. Temperaturverlauf von Kalk und Gas im Kalkofen. (Nach BLOCK.)

Als *Feuerung* findet man bei Kalkschachtöfen Außenfeuerung für feste Brennstoffe, Gasfeuerung und Mischfeuerung für Koks oder Anthrazit. Außenfeuerungen und Gasfeuerungen werden im allgemeinen nur dort verwendet, wo Koks wegen zu hohen Preises den Betrieb unwirtschaftlich machen würde.

Das *Profil* des Ofens hat verschiedene Wandlungen durchgemacht. Der kreisförmige Querschnitt wurde schon frühzeitig, wie bei den meisten Schachtöfen als der beste erkannt. Andere Querschnitte, die vorgeschlagen oder ausgeführt wurden, haben sich nicht durchgesetzt. Die ersten Öfen wurden als *Trichteröfen,* etwa nach dem Bilde 559, ausgeführt. Sie hatten eine Höhe von 4 bis 5 m und einen oberen Durchmesser bis zu 6 m. In abgelegenen Gebirgsgegenden sind solche Öfen noch heute im Betriebe. Der als *„Rüdersdorfer Ofen"* bekanntgewordene zylindrische Ofen (Bild 560) hatte eine Außenfeuerung, die mit Steinkohle betrieben wurde. Der Kohlenverbrauch betrug im günstigsten Fall 14 kg für 100 kg Kalkstein. Die zylindrischen Öfen kamen

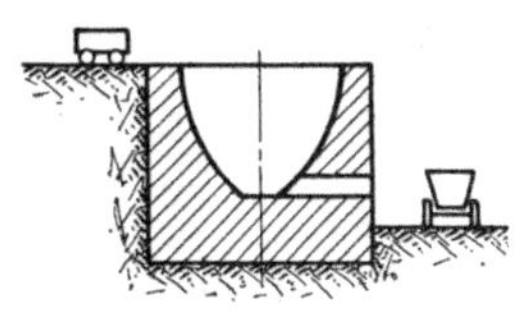

Bild 559. Trichterofen zum Kalkbrennen mit Mischfeuerung.

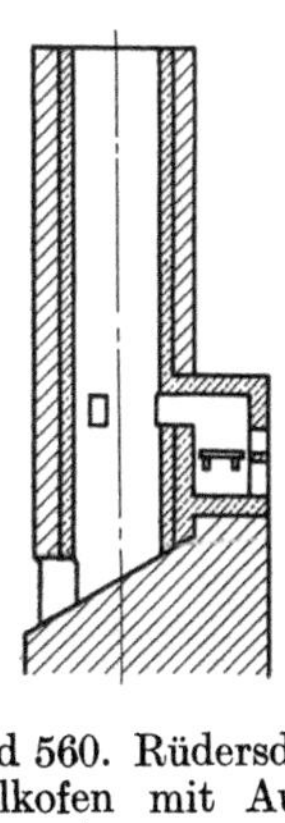

Bild 560. Rüdersdorfer Kalkofen mit Außenfeuerung.

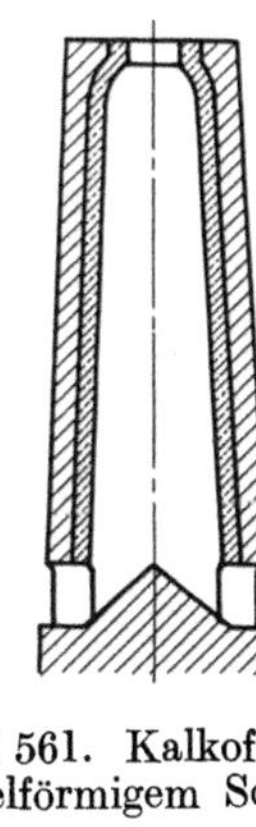

Bild 561. Kalkofen mit kegelförmigem Schacht.

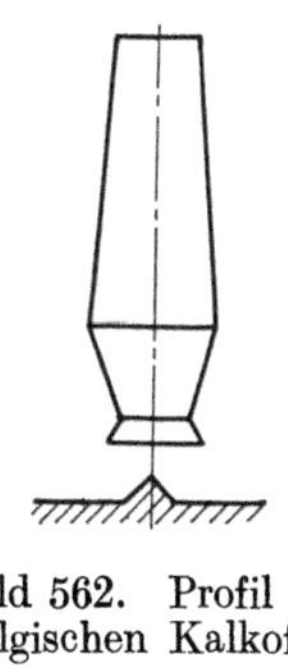

Bild 562. Profil des belgischen Kalkofens.

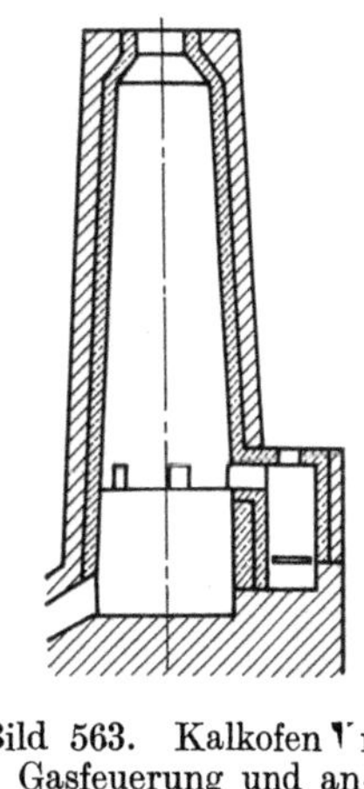

Bild 563. Kalkofen mit Gasfeuerung und angebautem Generator.

um die Mitte des vorigen Jahrhunderts an vielen Stellen in Aufnahme. Sie wurden meistens mit Mischfeuerung betrieben, wobei Koks oder Magerkohle als Brennstoff diente. In Dinglers polytechn. J. 1866, S. 147, wird ein zylindrischer Schachtofen von 1300 mm Dmr. und 5500 mm Höhe beschrieben. Dessen Koksverbrauch wird zu

12,5 kg je 100 kg Kalkstein angegeben. Die zylindrischen Öfen mit kleinen Durchmessern zeigten Neigung zum Hängen. Es entstanden infolgedessen Öfen in der Form eines abgestumpften Kegels nach dem Bilde 561, die gute Ergebnisse hatten. Als man aber die Durchmesser vergrößerte, ergaben sich Schwierigkeiten für das gleichmäßige Abziehen des Kalkes. Das war die Veranlassung, Öfen nach dem Bilde 562 zu gestalten. Sie wurden zuerst in Belgien gebaut und deshalb vielfach als belgische Öfen bezeichnet. Daneben entstanden auch Öfen mit Gasfeuerung, von denen Bild 563 ein Beispiel zeigt. Der Generator ist unmittelbar an den Ofen angebaut. In der letzten Zeit werden große Öfen wieder mit zylindrischem Schacht gebaut, die anstandslos betrieben werden.

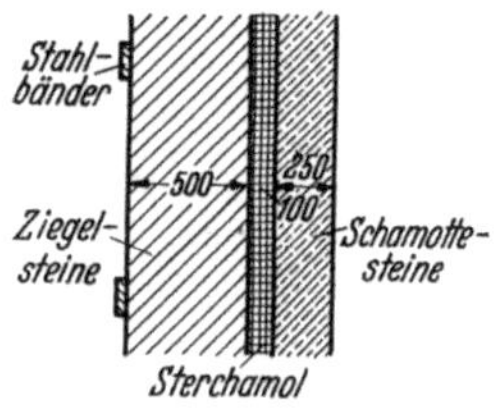

Bild 564. Ausführung des Schachtmauerwerks bei Kalkschachtöfen.

Das *Schachtmauerwerk* besteht aus dem äußeren Mantelmauerwerk und dem inneren feuerfesten Futter. Die Außenmauer nimmt die Belastung des Ofens auf, schützt gegen atmosphärische Einflüsse und Wärmeverluste nach außen. Für das feuerfeste Futter wurden früher vielfach natürliche Baustoffe, z. B. Quarzschiefer, verwendet. Heute werden Schamottesteine bevorzugt. In der Vorwärmezone genügt ein Stein mit SK 33, der aber gute Festigkeitseigenschaften haben

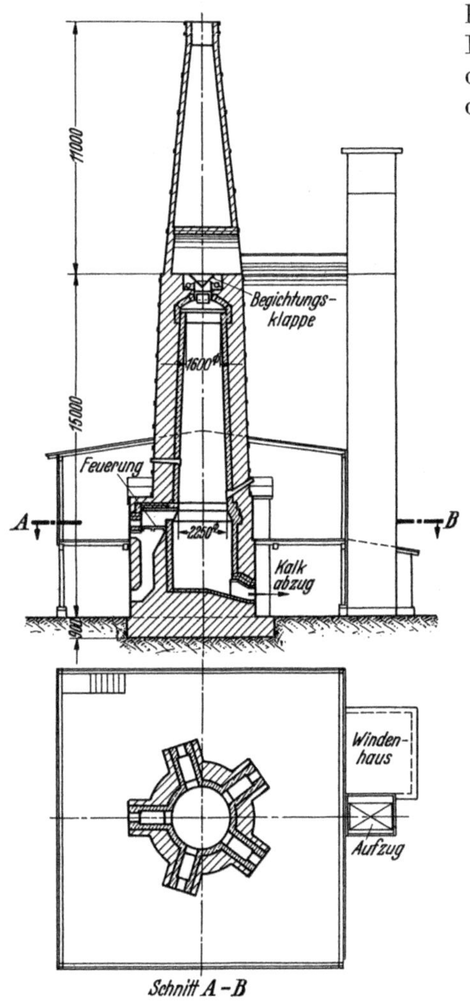

Bild 565. Kalkschachtofen mit Außenfeuerung (Ausführung: Eckardt & Hotop G. m. b. H., Köln-Berlin).

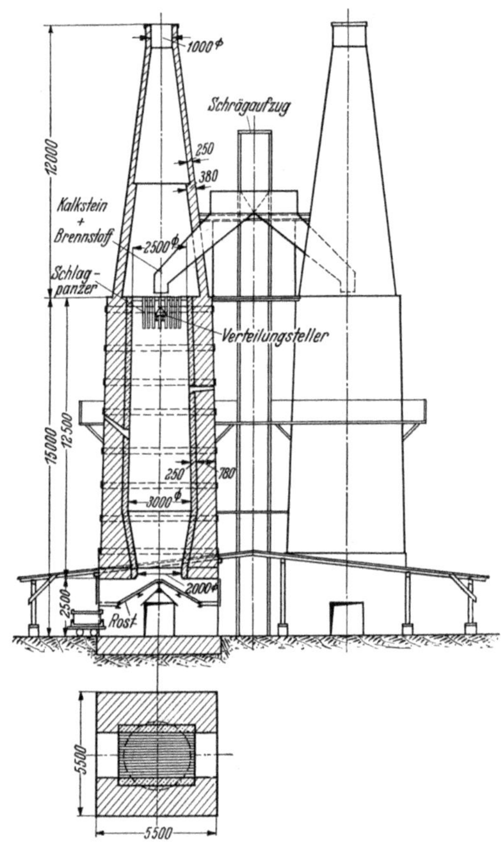

Bild 566. Kalkschachtofenanlage mit Mischfeuerung von Eckardt & Hotop in Köln-Berlin.

muß, da er durch die niedergehende Beschickung stark beansprucht wird. In der Brennzone muß ein Stein mit SK 35/36 vorgesehen werden. In der Kühlzone genügt im oberen Teil SK 33 und im unteren Teil SK 32. Für das Mantelmauerwerk hat man früher Kalkstein verwendet, heute wird ein guter hartgebrannter Ziegelstein bevorzugt, weil er einen dichteren Mantel ergibt, der den Anforderungen besser genügt. Allerdings genügt das Ziegelsteinmauerwerk nicht den heutigen Anforderungen nach einem wirksamen Wärmeschutz. Hierfür wird zwischen dem feuerfesten Futter und dem Außenmauerwerk eine Isolierschicht eingefügt. Das Bild 564 zeigt ein Ausführungsbeispiel. Um Verschiebungen der Steinschichten zu verhindern wird der Schacht mit einem Blechmantel oder mit Stahlbändern bewehrt.

Zur *Abführung der Gichtgase* dienen gemauerte Kamine oder solche aus Stahlblech. Sie sind gewöhnlich zentral über der Gicht angeordnet. Falls die Beschickanlage das erfordert, können Blechkamine auch seitlich aufgestellt werden.

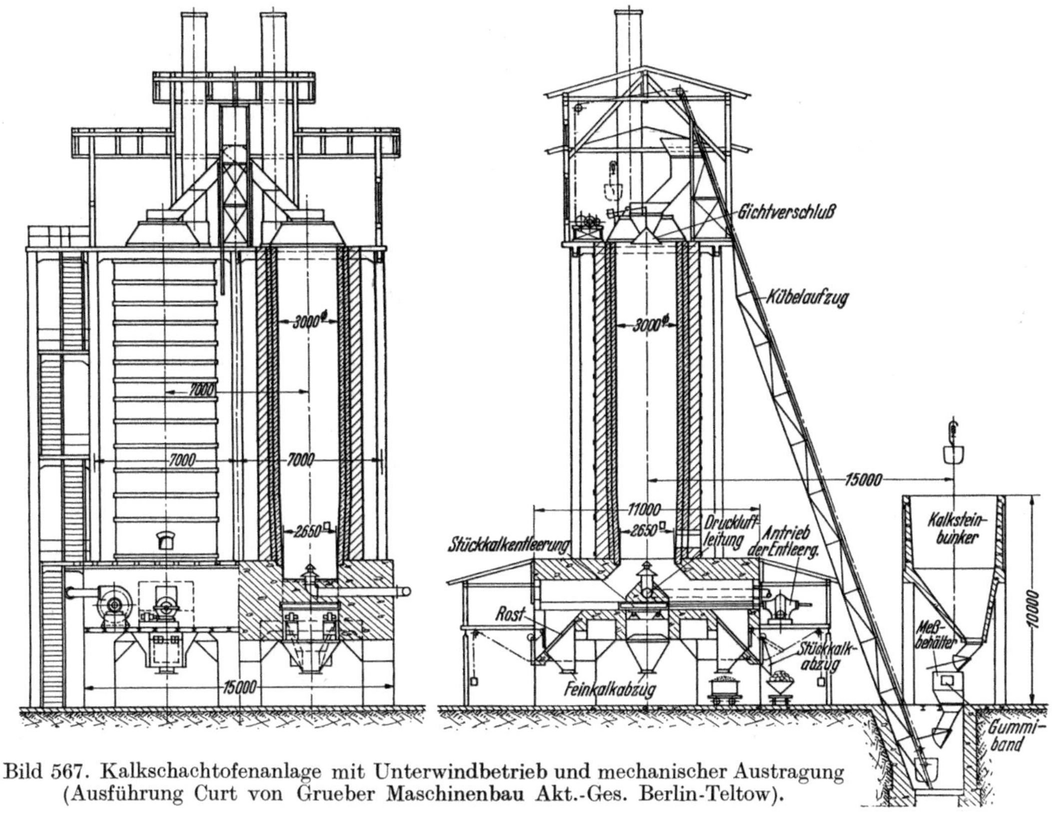

Bild 567. Kalkschachtofenanlage mit Unterwindbetrieb und mechanischer Austragung (Ausführung Curt von Grueber Maschinenbau Akt.-Ges. Berlin-Teltow).

Das *Austragen des Kalkes* geschieht entweder von Hand über schiefe Ebenen und zwecks Trennung von Stückkalk und Feinkalk über schräg liegende Roste oder mechanisch durch Drehroste oder Walzenroste.

Das *Beschicken der Kalköfen* geschieht von Hand mit Karren oder mechanisch bei Anwendung von Schrägaufzügen mit Kippkübeln.

Sowohl die Beschickeinrichtung als auch die Austragvorrichtung müssen so gestaltet werden, daß der Auftrieb im Ofen nicht beeinträchtigt wird. Zur Erhöhung der Leistung können die Kalköfen mit Saugzug oder mit Unterwind betrieben werden.

Im Bilde 565 ist ein Ofen mit Außenfeuerung dargestellt. Die 5 Planrostfeuer sind gleichmäßig auf den Ofenumfang verteilt. Soll statt Steinkohle Braunkohle oder Holz verfeuert werden, sind statt der Planroste Treppen- oder Muldenroste einzubauen.

Das Bild 566 zeigt eine Kalkschachtofenanlage mit Mischfeuerung. In der Gichtöffnung befindet sich ein kegelförmiger Einbau zur gleichmäßigen Verteilung von

Kalkstein und Brennstoff und ein Schlagpanzer aus Stahlbalken zwecks Schonung des Schachtmauerwerks.

Die Anlage nach dem Bilde 567 hat Öfen mit zylindrischem Schacht, der in der Kühlzone in eine schwach konische Form übergeht. Zur Erhöhung des Durchsatzes wird Gebläsewind in den Ofen eingeführt. Die Windleitung wird bis zur Mitte des Ofens eingeführt und durch eine Haube abgedeckt. Die Austragung des Kalkes wird durch einen Schubrost bewirkt. Stückkalk und Feinkalk werden getrennt abgezogen.

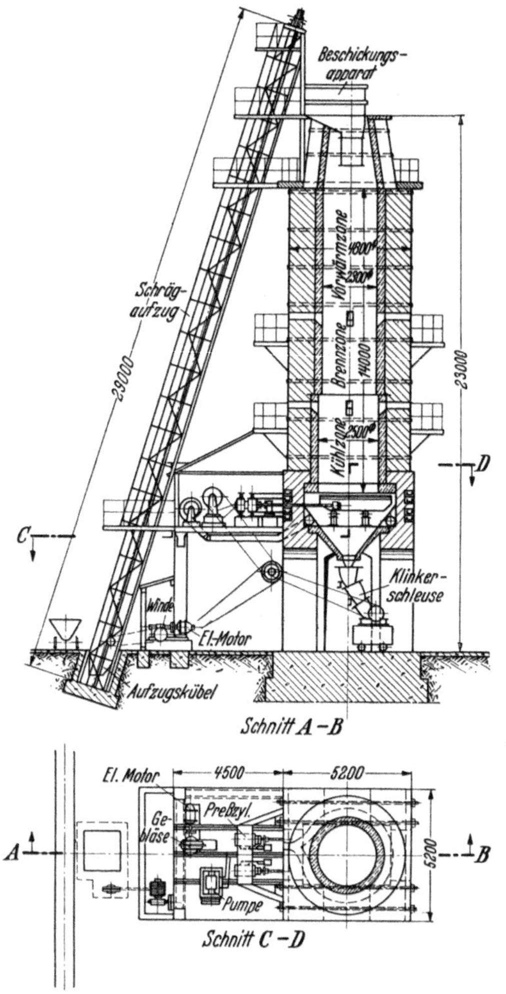

Bild 568. Schachtofen zum Brennen von Kalk und Dolomit, Hochleistungs-Thieleofen von Gebr. Pfeiffer in Kaiserslautern.

Ein Hochleistungs-Thieleofen der Barbarossawerke in Kaiserslautern ist im Bilde 568 dargestellt. Die Austragung wird durch einen Schubwagen bewirkt, der durch einen Druckwasserkolben angetrieben wird. Die Abdichtung des Unterofens erfolgt durch die sog. Klinkerschleuse (vgl. S. 409). Anhaltszahlen über die Leistungen von Kalkschachtöfen enthält Tabelle 80.

Eine *Sackkalkanlage* für Brannt- und Löschkalk ist in ihren wesentlichen Teilen in dem Bilde 569 gezeigt. Der vom Steinbruch kommende Kalkstein wird, wenn erforderlich, in Backenbrechern zerkleinert, so daß nur Steine von gewünschter Stückgröße in den Ofen gelangen. Der gebrannte Kalk wird in Hammerbrechern zerkleinert und dann in Löschbehältern gelöscht. Beim Ablöschen zerfällt der größte Teil zu Staub. Der Rest muß gemahlen werden. Je nach dem Grade der Ablöschung erhält man verschieden abgestufte hydraulische Eigenschaften des Kalkes. Das beim Löschen entfallende Feinmehl wird durch einen Windsichter abgezogen und gleich abgesackt oder in einem Silo gespeichert. Die stükkigen Teile des gelöschten Kalkes werden in Kalkmühlen gemahlen und dann dem Feinmehlsilo zugeführt. Über Leistung und Kraftbedarf solcher Anlagen gibt Tabelle 81 Auskunft.

Tabelle 80. Leistungen und Kraftbedarf von Kalkschachtöfen mit mechanischer Beschickanlage und Unterwindbetrieb.

Mittlerer Ofendurchmesser m	2	2,5	3,0	3,5
Höhe des Schachtes m	12	14	15	17
Schachtquerschnitt in der Brennzone m²	3,14	4,9	7,1	9,6
Rauminhalt des Schachtes m³	36—38	65—68	100—105	140—150
Rohsteingröße cm		5 bis 20		
Durchsatzzeit h		20 bis 24		
Winddruck mm WS	220	250	270	300
Gebläseleistung m³/min	90	180	350	600
Leistung an gebranntem Kalk t/24 h	15—20	40—50	70—80	120—150
Elektromotor zum Antrieb des Gebläses PS	10	18	35	60
Elektromotor zum Antrieb des Aufzuges PS	6	10	15	30

Tabelle 81. Leistungen und Kraftbedarf von Kalksteinbrech- und Mahlanlagen.

Mahlgut	Einwurföffnung mm	Einschwingenbrecher Spaltweite 30 mm			Hammerbrecher Spaltweite 20 mm		Hammermühle Spaltweite $3^1/_2$ mm		Federrollenmühle mit Siebsichtung	Federrollenmühle mit Windsichtung
		400/250	600/350	800/400	600/250	750/300	650/250	750/300	Kraftbedarf einschl. Sichter und Becherwerk PS	
Kalkstein	Leistung t/h	5—8	10—15	12—18			1,7—3	3,5—5,5	2—4	2—4
	Kraftbedarf PS	8—10	10—14	12—18			21—30	32—45	50—60	50—60
gebrannter Kalk	Leistung t/h				10—18	24—34			4—10	5—8
	Kraftbedarf PS				15—20	20—25			50—60	50—60
Löschkalk	Leistung t/h									8—15
	Kraftbedarf PS									50—60

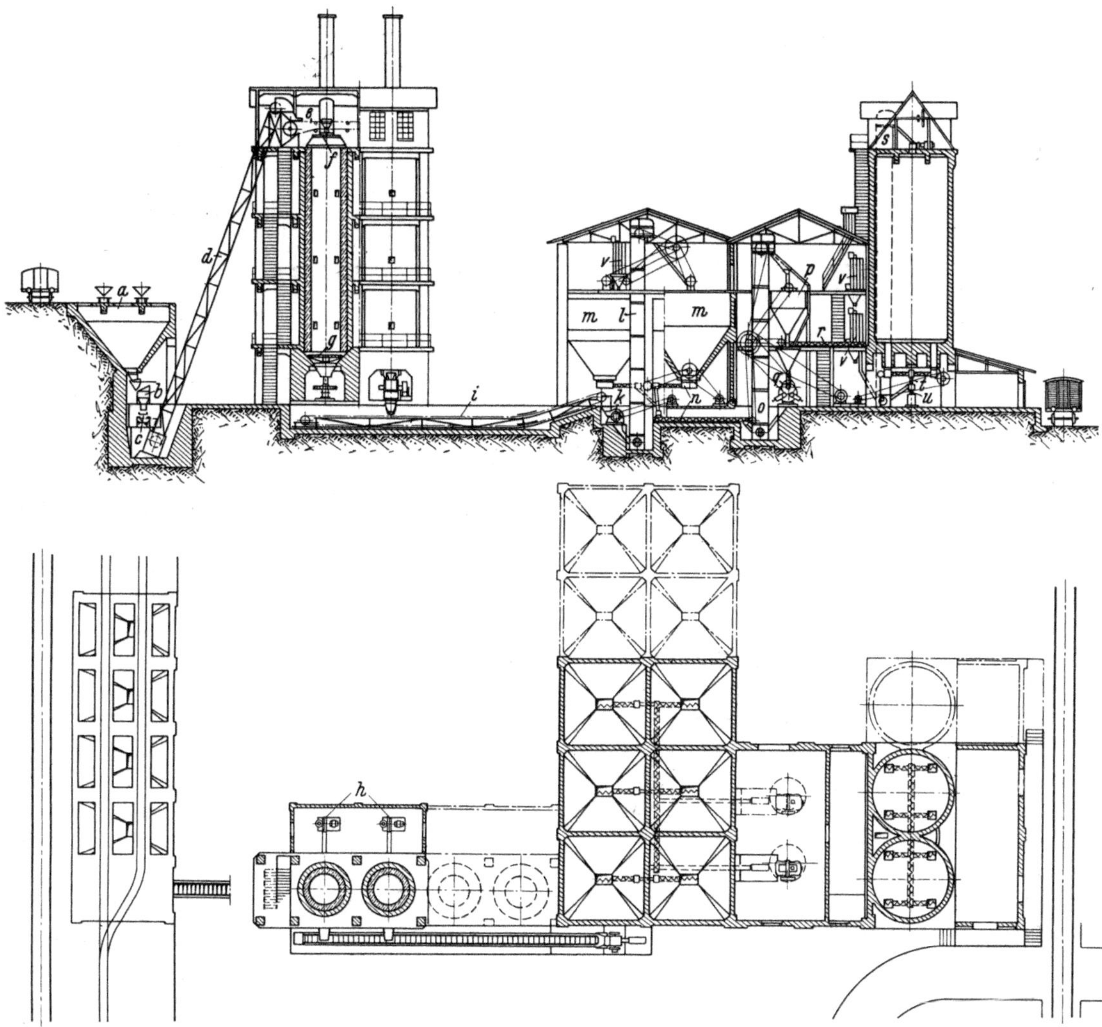

Bild 569. Sackkalkanlage für Brannt- und Löschkalk (Ausführung C. v. Grueber Maschinenbau Akt.-Ges. Berlin-Teltow). *a* Bunker für Kalkstein und Brennstoff, *b* Zuteilbunker, *c* Förderkübel, *d* Schrägaufzug, *e* Förderband, *f* Trichterverschluß, *g* Drehrost, *h* Gebläse, *i* Kastenförderer, *k* Brecher, *l* Becherwerk, *m* Löschsilos, *n* Siloentleerung, *o* Becherwerk, *p* Windsichter, *q* Mühle, *r* Förderschnecke, *s* Becherwerk, *t* Packschnecken. *u* Absackwagen, *v* Entstaubungsanlagen.

III. Dolomitwerke.

Dolomitbrennöfen können nach den gleichen Gesichtspunkten durchgebildet werden wie Kalköfen. Es ist zweckmäßig, daß Futter in der Brennzone aus Dolomitpreßsteinen herzustellen. Wenn auf den Hüttenwerken Dolomitbrennöfen betrieben werden, verwendet man einen Hochleistungsofen nach dem Bilde 570. Er wird mit einem Winddruck von 50 bis 150 mm WS betrieben und erreicht eine Leistung von 20 bis 50 t gebrannten Dolomit in 24 h. Die Windzuleitung ist wie bei Kuppelöfen durchgebildet. Aus dem mit dem Blechmantel verbundenen Windkasten tritt der Wind durch 8 bis 10 Düsen in den Ofen ein. Etwa 500 mm über Hüttenflur befinden sich 5 bis 7 Ziehöffnungen.

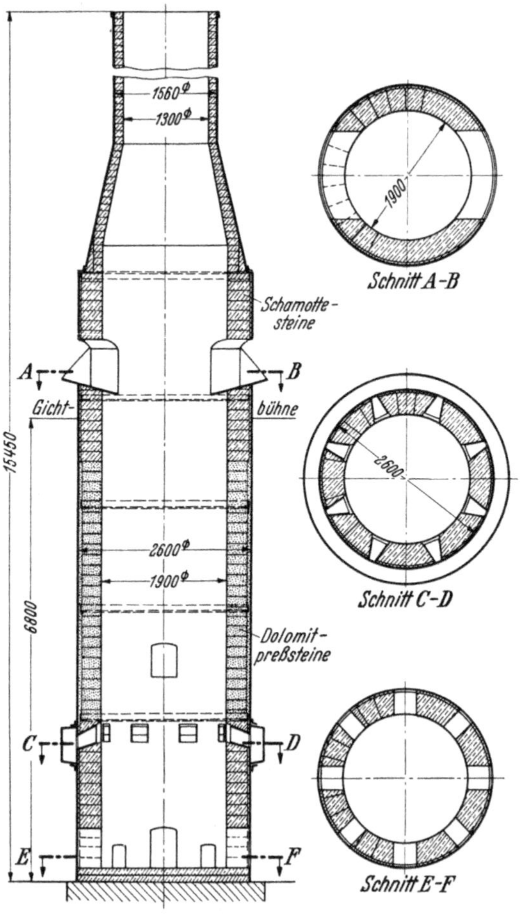

Bild 570. Dolomitbrennofen.

Die Anlagen zur Weiterverarbeitung des gebrannten Dolomits, die Herrichtung von Dolomitstampfmasse, das Pressen von Dolomitsteinen und Konverterböden wurden bereits im 6. Abschnitt (S. 232ff.) behandelt.

IV. Zementwerke.

a) Die Herstellungsverfahren und Hauptarbeitsvorgänge.

Bei der *Herstellung des Portlandzementes* unterscheidet man folgende Hauptarbeitsvorgänge:

Aufbereitung der Rohstoffe,
Brennen der Rohstoffe zu Zementklinkern,
Mahlen der Zementklinker zu Zement.

Für die Aufbereitung der Rohstoffe kommt ein *Trockenverfahren* und ein *Naßverfahren* in Betracht. Die Entscheidung für das eine oder andere hängt im allgemeinen von den physikalischen Eigenschaften des verwendeten Kalkes ab, da dieser den größten Teil der Rohmischung ausmacht. Ist der Feuchtigkeitsgehalt des Kalkes groß, wie z. B. bei Kreide, Wiesenkalk und einigen Mergelarten, so wird das Naßverfahren vorgezogen. Bei einem von Natur trockenen Kalkstein wird das Trockenverfahren gewählt.

Bei dem *Trockenverfahren* werden die Rohstoffe zu feinem Pulver vermahlen, etwas angefeuchtet und dann zu Klinkern gebrannt. Beim *Naßverfahren* werden die Rohstoffe unter Zugabe von 30 bis 35% Wasser zu Schlamm verarbeitet und dann zu Klinkern gebrannt. Zum Brennen kommen beim Trockenverfahren Schachtöfen und Drehrohröfen in Betracht. Beim Naßverfahren eignen sich zum Brennen nur Drehrohröfen. Eine nach dem Trockenverfahren arbeitende Anlage mit Schachtbrennöfen ist im Bilde 571 schematisch dargestellt, während das Bild 572 eine Anlage für das Naßverfahren (Dickschlammverfahren) zeigt.

Beim *Trockenverfahren* ist der Arbeitsgang folgender: Der vom Bruch kommende Kalkstein wird auf Backen- oder Rundbrechern, der Ton auf Walzenmühlen vorzerkleinert und darauf in einer Trockentrommel getrocknet. Die aus der Trommel kommenden, mit Wasserdampf und Staub durchsetzten Abgase werden durch einen Lüfter in eine Staubabscheidekammer geleitet, wo der mitgeführte Staub sich absetzt. Das getrocknete Gut wird in besonderen Behältern, Kühltrommeln oder auf Transportrinnen

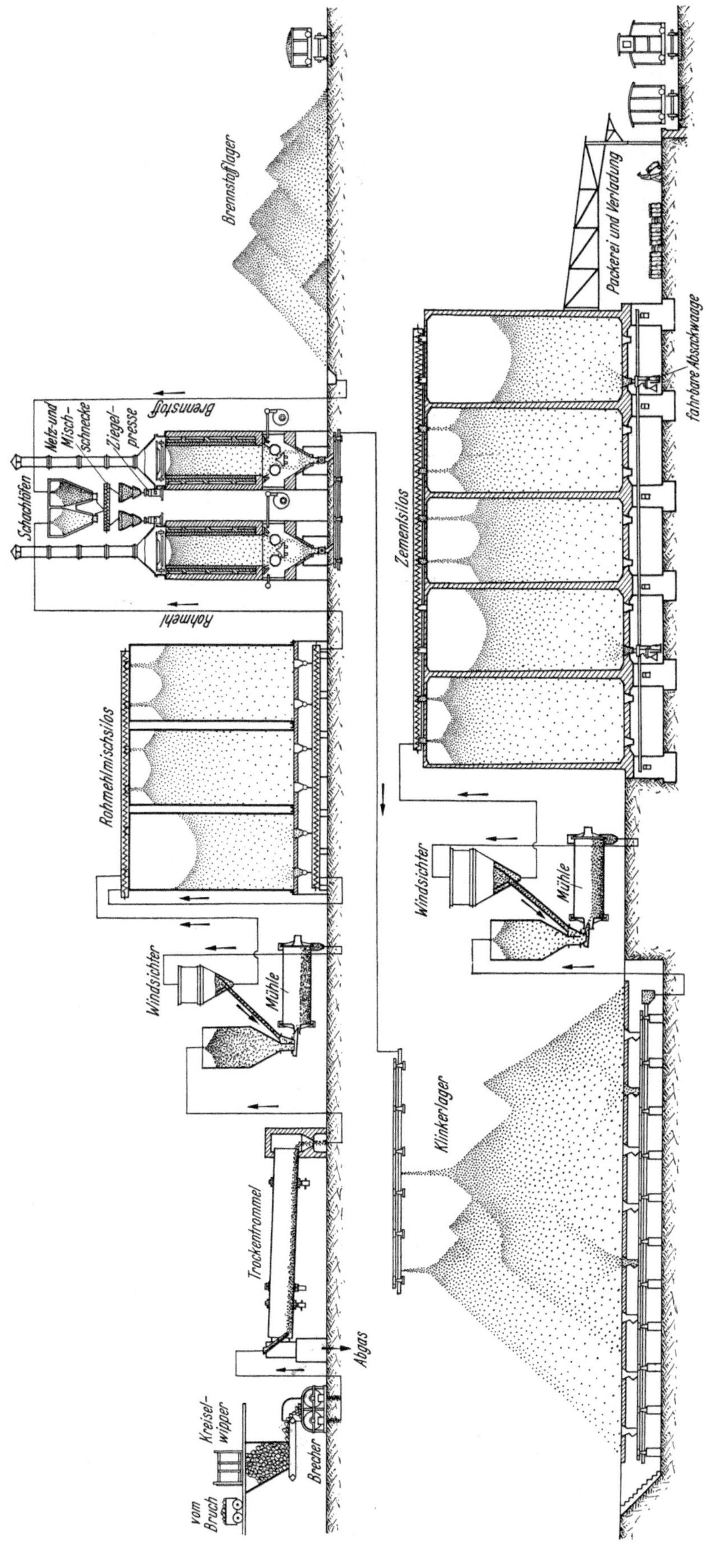

Bild 571. Schematische Darstellung der Zementherstellung nach dem Trockenverfahren.

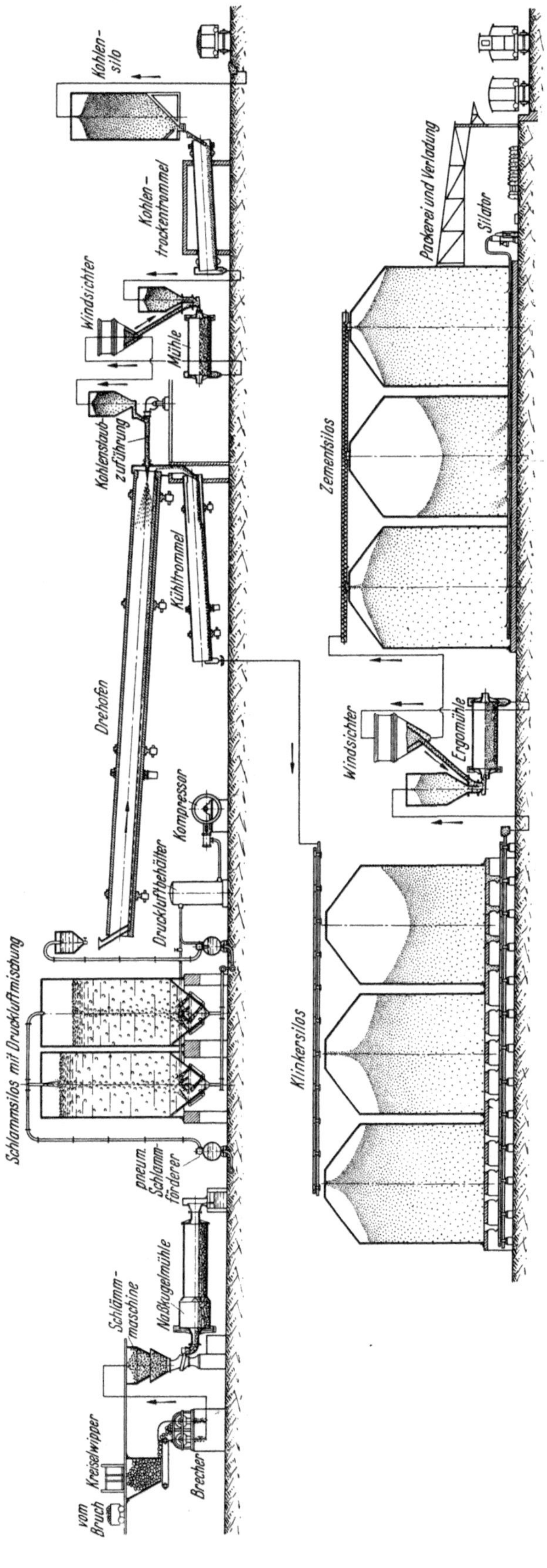

Bild 572. Schematische Darstellung der Zementherstellung nach dem Naßverfahren.

gekühlt. Die Vermahlung wird entweder in Kugelmühlen (Vormahlen) und anschließend in Rohrmühlen (Feinmahlen) oder in Verbundrohrmühlen durchgeführt. Das Rohmehl wird nun in den Rohmehlmischsilos gespeichert. Die auf diese Weise trocken aufbereiteten Rohstoffe werden meistens in Schachtöfen gebrannt. Die aus dem Ofen kommenden Klinker werden nach Abkühlung gemahlen und in Silos befördert. Unter diesen Silos befindet sich eine Absackvorrichtung und in unmittelbarer Nähe davon die Verladerampe.

Beim *Naßverfahren* werden die weichen schlämmbaren Rohstoffe nach Vorzerkleinern in einem Brecher in eine Schlämmaschine geleitet und unter Zusatz von 35 bis 40 % Wasser zu einem dicken Schlamm aufgelöst. Die Schlämmmaschinen sind Behälter von 5 bis 9 m Durchmesser, in denen ein Rührwerk umläuft. Der Dickschlamm fließt ständig durch ein grobes Sieb ab, während sich Steine auf dem Boden ansammeln und von Zeit zu Zeit entfernt werden müssen. Der aus der Schlämmmaschine kommende Dickschlamm wird nochmals in einer Naßrohrmühle gemahlen. Der Kalkstein wird auf Steinbrechern gebrochen, in Naßkugelmühlen vorgemahlen und in Naßrohrmühlen feingemahlen. Der Mergel wird in Walzenbrechern vorzerkleinert und in Rohrmühlen feingemahlen. Der Dickschlamm wird in große Schlammsilos gehoben und in diesen durch Pumpen oder eingeleitete Druckluft gemischt. Es folgt das Brennen im Drehrohrofen und die Weiterverarbeitung in gleicher Weise wie beim Trockenverfahren.

Bei der *Verarbeitung natürlicher Zemente* ist eine Aufbereitung der Rohstoffe nicht notwendig, so daß nur das Brennen des Rohstoffes zu Klinkern und das Mahlen der Klinker durchzuführen ist. Es ist jedoch zu beachten, daß dieses vereinfachte Verfahren nur dann dauernd ein gleichbleibend gutes Fertigerzeugnis ergibt, wenn der Kalkgehalt der Rohstoffe nicht mehr als 5% schwankt.

Bei der *Herstellung der Hüttenzemente* (Eisenportland- und Hochofenzement) kommt bei der Aufbereitung der Rohstoffe noch das Körnen der Hochofenschlacke hinzu. Mit Wasser gekörnte Schlacke muß vor dem Zerkleinern getrocknet werden, wie das bei feuchtem Kalkstein ebenfalls notwendig ist. Kalkstein wird auf Steinbrechern, Schlacke wenn erforderlich auf Brechschnecken, vorzerkleinert. Kalkstein und Schlacke werden gemischt und in Verbundrohrmühlen feingemahlen. Das Brennen geschieht in gleicher Weise, wie bei der Herstellung von Portlandzement. Die Klinker und gekörnte Hochofenschlacke werden nach Zuteilung von etwas Gips vorzerkleinert und dann in Verbundrohrmühlen fein gemahlen.

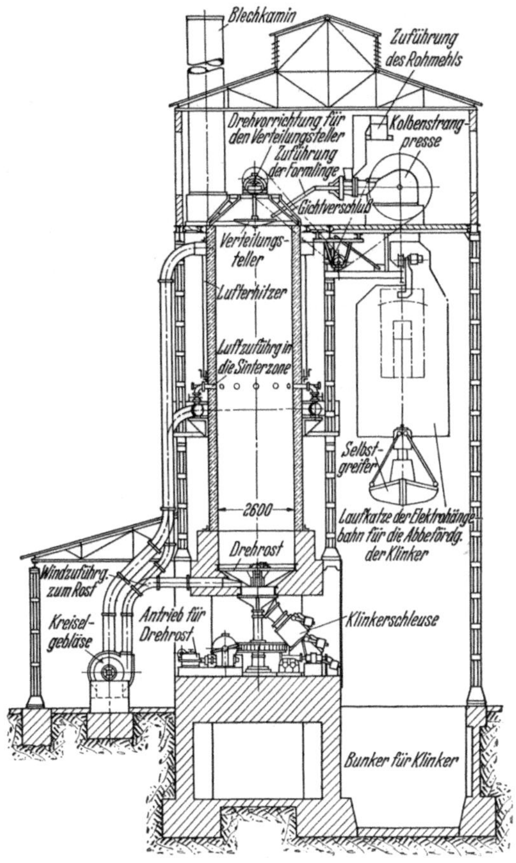

Bild 573. Schachtofen zum Brennen von Zementklinkern (Ausführung C. v. Grueber, Berlin).

b) Die Zementbrennöfen.

Neuzeitliche Zementbrennöfen müssen folgenden Bedingungen genügen: Vermeidung von Handarbeit, Beschränkung der Brennzeit und hohe Leistung, geringer Brennstoffverbrauch und gleichmäßig gute Beschaffenheit des Klinkers. Das hat zu einer weitgehenden Mechanisierung der Beschick- und Austrageinrichtung geführt.

1. Die Schachtöfen zum Brennen von Zement.

Der *lichte Durchmesser* der Zementschachtöfen schwankt zwischen 2 und 3,5 m. Die älteren Öfen halten eine nutzbare Schachthöhe von 7,5 bis 8 m. Bei neuzeitlichen Öfen beträgt die *Schachthöhe* das 4- bis 5-fache des Schachtdurchmessers. Das Schachtmauerwerk wird in einer Stärke von 250 mm aus Schamottesteinen hergestellt, meistens unter Verzicht auf eine äußere Schutzwand mit einem luftdichten Blechmantel umgeben. Zwischen Blechmantel und Mauerwerk wird ein Zwischenraum von 40 bis 50 mm gelassen, der mit Sand ausgefüllt wird, um die durch die Temperaturerhöhung entstehenden Spannungen im Mauerwerk vom Blechmantel fernzuhalten.

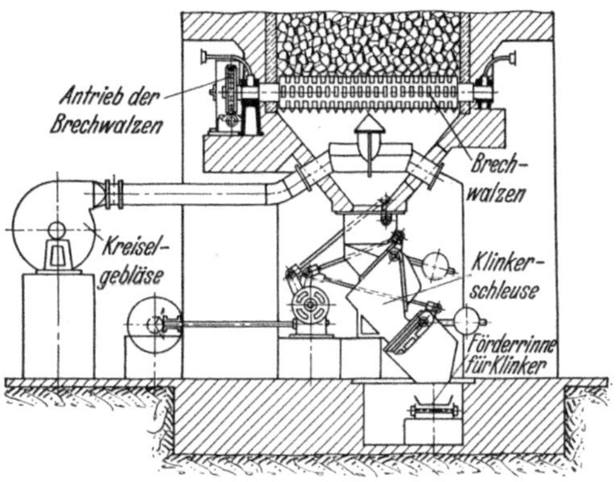

Bild 574. Rost mit Brechwalzen für einen Zementschachtofen (Bauart der Klöckner-Werke Troisdorf).

Versuche, den Schachtofen mit dem Rohmehl zu beschicken, wie es bei Drehrohröfen geschieht, haben zu keinem Erfolg geführt. Diese Erfahrung mit feinkörnigem und staubförmigem Rohgut mußte man auch bei anderen Schachtöfen machen, worauf an gegebener Stelle bereits gebührend hingewiesen wurde (Röstöfen und Hochöfen). Das Rohmehl muß zu *Formlingen* gepreßt werden, um zum Brennen im Schachtofen geeignet zu sein. Hierfür benutzt man Fallhammer-, Drehtisch-, Kolbenstrang- und Schneckenstrangpressen. Als *Brennstoff* wird Koks- und Anthrazitgrieß verwendet, der mit dem Rohmehl gut vermischt unter Zusatz von 10 bis 15% Wasser zu Stücken von etwa 20 mm Durchmesser und 40 bis 200 mm Länge geformt durch eine *Aufgabevorrichtung* an der Gicht in den Ofen eingeführt wird. Bei dem Zementschachtofen nach dem Bilde 573 befindet sich die Kolbenstrangpresse auf der Gichtbühne. Die Formlinge werden auf

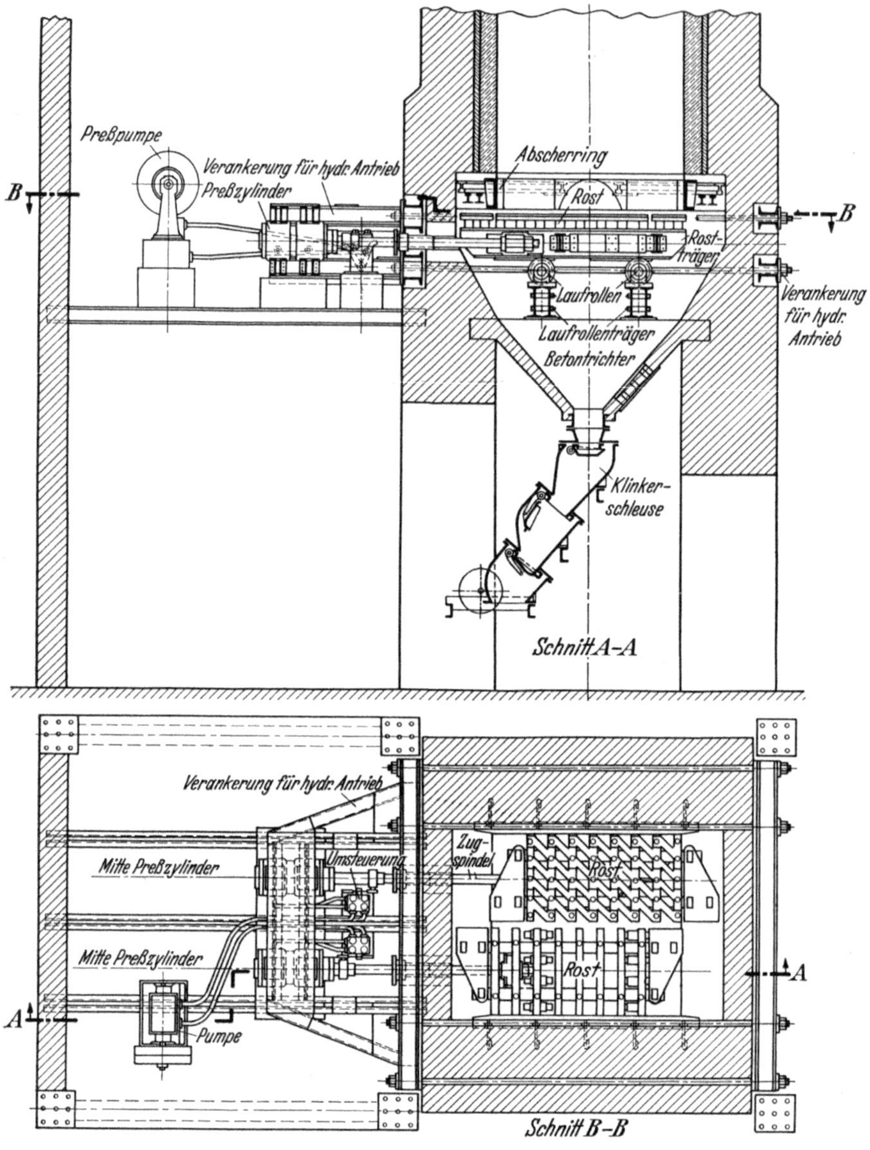

(Bild 575. Scherrost, Bauart THIELE Ausführung Gebr. Pfeiffer, Kaiserslautern).

einen umlaufenden Verteilungsteller geleitet und von diesem gleichmäßig über den Schachtquerschnitt verteilt.

Für das *Austragen des gebrannten Gutes* aus dem Ofen sind besondere Einrichtungen notwendig, da es in der Sinterzone zu dicken Klumpen zusammenbackt. Es werden bewegliche Roste am Fuße des Ofens eingebaut, die eine Zerkleinerung der dicken Stücke und das Austragen bewirken. Es werden Dreh- oder Scherroste, Brechwalzen und Brechkegel angewandt. Bei dem Ofen nach dem Bilde 573 ist ein Drehrost eingebaut. Es ist ein Gitterrost mit Exzenterkrone, der durch einen regel- und umsteuerbaren Elektromotor angetrieben wird. Im Bilde 574 ist ein Rost mit Brechwalzen dargestellt; es werden bis zu 5 solcher Brechwalzen vorgesehen. Das Bild 575 gibt einen Scherrost mit Preßwasserantrieb wieder. Bei den heute üblichen hohen Windpressungen müssen die

Entleerungsvorrichtungen so durchgebildet werden, daß Staubbelästigungen und Windverluste ausgeschlossen sind. Das wird durch die in den Bildern 573 und 574 dargestellten Klinkerschleusen erreicht. Diese bestehen aus drei übereinander angeordneten Gehäusen mit nach unten sich öffnenden Verschlußklappen. Diese Klappen, mit Gewichtsausgleich durch Gegengewichte versehen, werden durch einen Antriebsmechanismus in gleichmäßigen Zeitabständen nacheinander geöffnet. Die Klinker treten aus, ohne den Unterofen mit der Außenluft zu verbinden.

Zur Beschleunigung des Brennvorganges und damit zur Erhöhung der Ofenleistung ist die *Gebläseleistung und der Winddruck* dauernd erhöht worden. Alte Öfen wurden mit einem Winddruck von 100 bis 150 mm WS betrieben. Neuzeitliche Öfen haben Gebläse mit Drücken bis zu 800 mm WS.

POLLERT hat nachgewiesen, daß es wirtschaftlich ist, nur einen Teil des Windes dem Rost zuzuführen und den Rest in halber Ofenhöhe unmittelbar in die Sinterzone einzublasen, wie es im Bilde 573 ersichtlich ist (Protokoll der Verhandlungen des Vereins deutscher Portlandzementfabrikanten vom Jahre 1928). Die beim Brennen von Zementklinkern erforderliche *Brennstoffmenge* beträgt theoretisch etwa 900 kcal/kg, praktisch ergeben sich je nach der Zusammensetzung des Rohstoffes 1050 bis 1200 kcal/kg Klinker. Die erforderliche *Windmenge* ergibt sich zu 10 bis 11 Nm^3/kg Brennstoff. Vorteilhaft ist die Verwendung eines hochwertigen Brennstoffes, da stark aschehaltige Brennstoffe die Qualität des Zementes herabsetzen. Man geht in neuerer Zeit zu Anthrazit mit einem Heizwert von 7000 bis 7600 kcal/kg und einem Aschegehalt von 7 bis 10% über. Koksgrieß hat bis zu 20% Asche bei einem Heizwert von 5000 bis 5500 kcal/kg. Zweckmäßig wird der Anthrazitgrieß vor der Verwendung getrocknet, dann auf 1 bis 2 mm Korngröße gemahlen und vor der Weiterverarbeitung mit dem Rohmehl unter ständiger Gewichtskontrolle in einem großen Silo gemischt. Tabelle 82 enthält Anhaltszahlen über Leistungen und Kraftbedarf von Zementschachtöfen.

Tabelle 82. Leistungen und Kraftbedarf von Zementschachtöfen mit Drehrost.

Ofendurchmesser in der Sinterzone m	2,3	2,6	2,9	3,2	3,5
Durchmesser der Rostscheibe m	2,3	2,6	2,9	3,2	3,5
Schachthöhe über dem Rost m	11,0	12,0	13,5	15,0	17,0
Leistung im Mittel t/24 h	37	65	85	110	145
Wärmeverbrauch bezogen auf Klinker rd. kcal/kg	1150	1100	1050	1050	1050
Elektromotor zum Antrieb des Rostes PS	4	5	6	8	10
Elektromotore zum Antrieb der Gebläse PS	20	30	45	65	90

2. Die Drehrohröfen zum Brennen von Zement.

Der Rohstoff wird dem Drehrohrofen als leicht angefeuchtetes Mehl zugeführt und allmählich durch das schwach geneigte Rohr bis zum Austragende vorgewälzt. Die

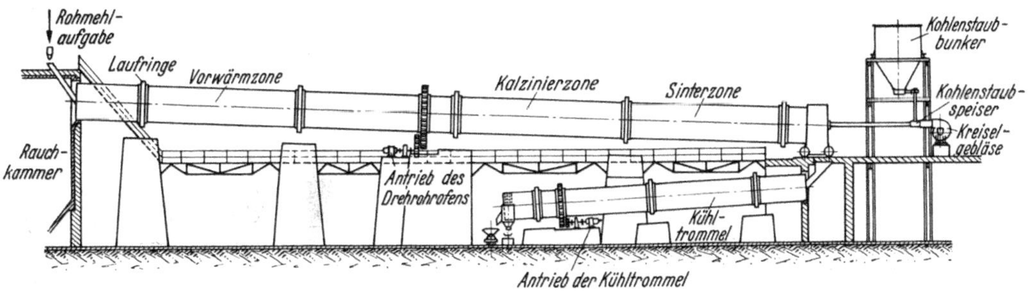

Bild 576. Anordnung eines Drehrohrofens zum Brennen von Zementklinkern und der Kühltrommel.

Verbrennungsgase der Feuerung ziehen im Gegenstrom mit dem Brenngut durch das Rohr. Es ergeben sich im Ofen drei Zonen. In der Vorwärmzone erfolgt Trocknung und Vorwärmung. In der Kalzinierzone erreicht das Gut eine Temperatur von etwa 900°, die Kohlensäure entweicht aus dem Klinker. In der Sinterzone steigt die

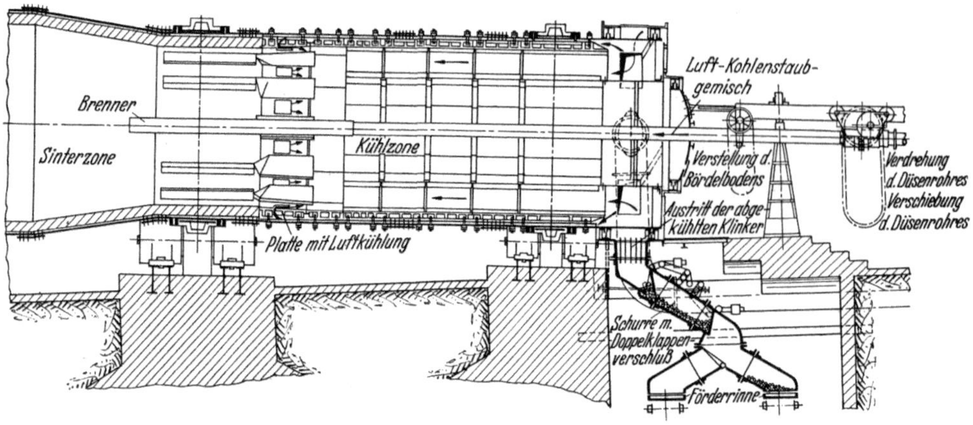

Bild 577. Kühlzone des Solo-Ofens von Polysius, Dessau.

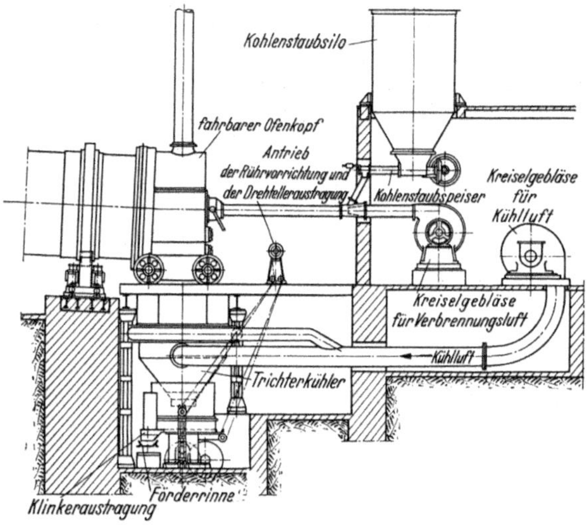

Bild 578. Trichterkühlung bei Drehrohröfen (Bauart der Klöckner-Werke A. G., Troisdorf).

Temperatur auf 1200 bis 1400°, das Brenngut nimmt kugelige Gestalt in Erbsen- bis Faustgröße an.

Es ist wesentlich für die Güte des Zementes, daß die Klinker beim Verlassen des Ofens schnell abgekühlt werden. Bei der im Bilde 576 dargestellten Anordnung gelangt das Gut aus dem Drehrohrofen unmittelbar in eine *Kühltrommel.*

Um die Kühltrommel zu vermeiden und die Anlage einfacher und billiger zu gestalten, verbindet die Firma Polysius in Dessau die Kühltrommel mit dem Ofen, so daß sich sofort eine Kühlzone an die Sinterzone anschließt. Dieser als *Solo-Ofen* bezeichnete Drehrohrofen ist im Bilde 577 dargestellt. Die Kühlluft wird von einem Kreiselgebläse durch den Kühlraum durchgesaugt.

Bild 579. Drehrohrofen mit konzentrisch angeordneten Kühlzellen (Ausführung von Fried. Krupp Grusonwerk Akt.-Ges. in Magdeburg-Buckau).

Die Klöckner-Werke in Troisdorf wenden *Trichterkühlung* nach dem Bilde 578 an.

Krupp-Gruson-Werk hat *Zellenkühler* durchgebildet, die gemäß Bild 579 konzentrisch zum Ofenmantel angeordnet sind. Die Klinker treten beim Verlassen des Ofens in kleinen abgeteilten Mengen in die Zellen ein und werden durch einen Luftstrom von großer Geschwindigkeit abgekühlt.

Der *Mantel* des Drehrohrofens wird aus Rohrschüssen von etwa 2,5 m Länge zusammengesetzt. Er wird mit einer Neigung von 4 bis 5 % auf Rollenböcken gelagert. Die Entfernung der Lagerböcke voneinander beträgt je nach der Länge des Ofens 7 bis 15 m. Für jede Lagerstelle erhält das Rohr einen Laufring aus Bandagenstahl, der entweder unmittelbar oder durch Zwischenstücke

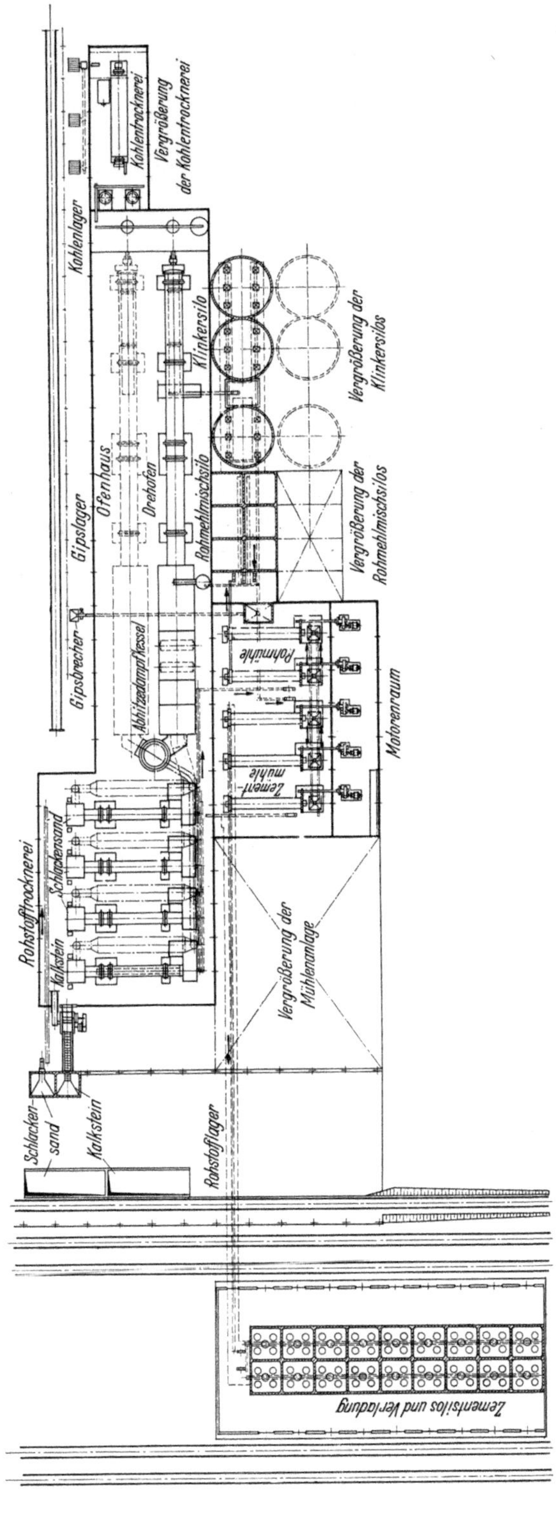

Bild 580. Lageplan einer Eisen-Portlandzementfabrik für eine tägliche Leistung von 300 t. Entwurf der Miag, Braunschweig. Hierzu die Bilder 581 und 582.

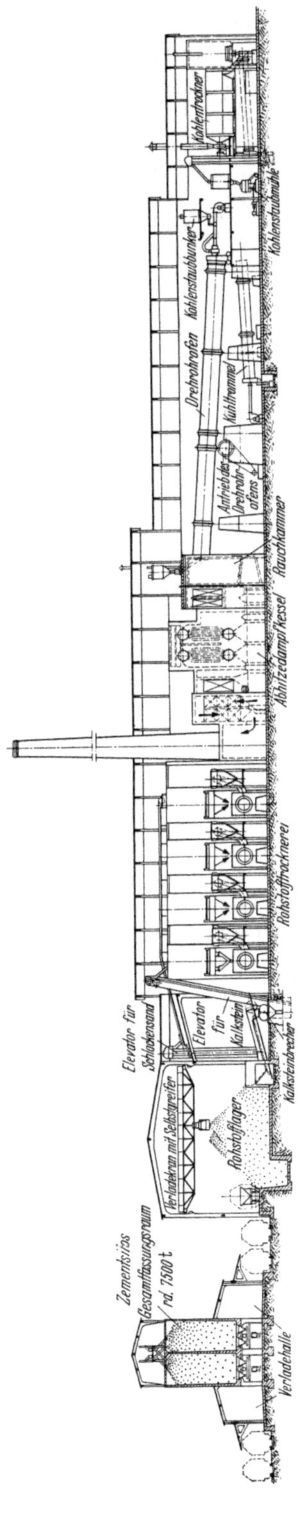

Bild 581. Eisen-Portlandzementfabrik nach dem Lageplan Abb. 580. Längsschnitt durch Zementsilo, Rohstofflager, Trocknerei, Dampfkessel und Ofenhalle.

mit dem Mantel verbunden ist. Die Lagerung mit den Rollen wird durch ein Blech mit Asbestbekleidung gegen die Wärmeeinwirkung vom Ofen geschützt. Der Antrieb wird ungefähr in der Ofenmitte angeordnet. Er muß regelbar sein. Der Kraftbedarf beträgt 10 bis 20 PS je nach der Größe des Ofens. Der Ofendurchmesser beträgt 2 bis 3,5 m, die Länge 35 bis 100 m. Bei Öfen mit erweiterter Kalzinierzone wird für diesen Teil des Ofens der Durchmesser bis auf 5 m erhöht. Die Drehzahl schwankt zwischen 0,25 und 0,65 je min.

Die Kühltrommeln werden in gleicher Weise durchgebildet; der Durchmesser beträgt bis 2,5 m, die Länge 15 bis 25 m, die Drehzahl 1 bis 1,6 je min.

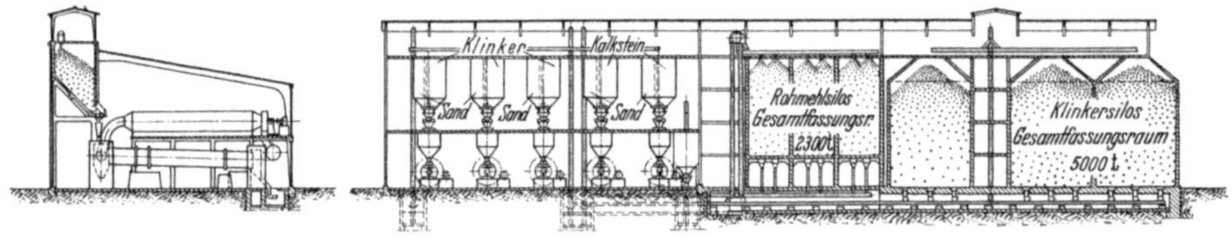

a b

Bild 582. Eisen-Portlandzementfabrik nach dem Lageplan Abb. 580.

a Querschnitt durch die Rohstofftrocknerei; b Längsschnitt durch Mühle und Silos.

Die *Leistung* eines Drehrohrofens ergibt sich je nach Größe zu 100 bis 300 t Zementklinker in 24 h.

Als *Feuerung* war bei den Drehrohröfen von Anfang an die Kohlenstaubfeuerung in Anwendung, neuerdings wird an manchen Stellen Gas- oder Ölfeuerung bevorzugt, weil die Asche der Kohle den Zement verunreinigt. Für die Kohlenstaubfeuerung ist ein Winddruck von 200 bis 400 mm WS erforderlich. Ölfeuerungen erfordern Preßluft von 8 bis 10 at.

Die Abgastemperaturen liegen zwischen 650 und 800° bei Trockenaufbereitung der Rohstoffe, bei Naßaufbereitung betragen sie 300 bis 500°.

Die Abwärme wird zur Vortrocknung des Brenngutes oder zur Dampferzeugung in Abhitzekesseln nutzbar gemacht. Bei Abgastemperaturen von 650 bis 800° können 12 bis 13 kW je 100 kg Klinker aus der Abwärme gewonnen werden.

Der Wärmeverbrauch für das Brennen von Zementklinkern beträgt durchschnittlich 1300 kcal/kg Klinker beim Trockenverfahren, 1650 kcal/kg Klinker beim Naßverfahren.

Im Bilde 580 ist der Lageplan einer Eisenportlandzement-Fabrik für 300 t täglicher Erzeugung wiedergegeben. Die Bilder 581 und 582 zeigen Schnittzeichnungen durch die wichtigsten Teile der Anlage.

Elfter Abschnitt.

Die Anlagen der keramischen Industrie.

I. Allgemeines über Entwicklung und Umfang der keramischen Industrie.

Die *Keramik* umfaßt die Erzeugnisse, die hauptsächlich aus Ton und tonhaltigen Rohstoffen hergestellt werden. Gegenstände aus *gebranntem Ton* zählen zu den ältesten Arbeiten des Kunsthandwerkes. Sie wurden zuerst aus freier Hand geformt. Die Erfindung der *Töpferscheibe* führte zur Herstellung regelmäßig geformter Gefäße von großer Mannigfaltigkeit, die zum Teil als Gebrauchsgegenstände, zum Teil als Zierstücke dienten. Die weiteren Fortschritte der Keramik beruhen hauptsächlich auf Verbesserung und Veredelung der Masse und der Herstellung der Glasuren. Die Chinesen stellten schon im 2. Jahrhundert v. Chr. Tongefäße mit grüner Glasur her. Im 9. Jahrhundert n. Chr. gelang ihnen die Erfindung des weißen durchscheinenden Porzellans. Die Ägypter im alten und mittleren Reich sind im Besitz einer keramischen Kunstindustrie gewesen. Die Babylonier und Assyrer pflegten besonders die Baukeramik. Die Griechen verstanden es, Tongefäße mit einem Überzug aus Natronsilikat zu versehen. Die Etrusker entwickelten in Italien eine besondere Gefäßkunst. Während des Mittelalters pflegte der europäische Norden eine einfache Töpferkunst; die Irdengeschirre wurden mit farbigen Bleiglasuren bedeckt. Im Laufe der mittelalterlichen Entwicklung bildeten sich Sondergruppen der keramischen Industrie heraus. Die Herstellung von *Steinzeug* wurde besonders in der Rheingegend gepflegt. Es besteht aus einem verglasten dichten Scherben von grauer oder bräunlicher Farbe mit Salzglasur. *Faijence* oder *Majolika* wird aus einem Ton hergestellt, der erheblichen Kalk- und Kieselsäuregehalt hat. Der nach dem Brand wasserdurchlässige Scherben wird mit einer wasserundurchlässigen und undurchsichtigen Glasur bedeckt. Auf diese werden Wasserfarben aufgetragen und dann ein zweiter Brand durchgeführt. *Porzellan,* für Europa im Jahre 1709 durch BÖTTGER in Dresden entdeckt, wird aus Kaolin, Quarz und Feldspat hergestellt. Das Kaolin gibt der Masse die Bildsamkeit, Quarz und Feldspat sind Magerungsmittel. Feldspat dient beim Brennen als Flußmittel. *Steingut* wurde zuerst in England, heute auch in anderen Ländern, als Ersatz für Porzellan hergestellt. Die Rohstoffe sind Ton, Quarz und Feldspat. Es besteht aus einem nicht verglasten undurchscheinenden Scherben. Die Glasur wird bei Rotglut aufgebrannt.

Bei den Erzeugnissen der keramischen Industrie unterscheidet man heute zwei Gruppen, und zwar die Grobkeramik und die Feinkeramik.

Zur *Grobkeramik* gehören die Ziegelsteine, und zwar die gewöhnlichen Mauerziegel, Hohlziegel, Formziegelsteine, Dachziegel, Klinker, Steinzeugrohre, ferner Kacheln und schließlich die feuer- und säurebeständigen Erzeugnisse. Die *Feinkeramik* umfaßt Porzellan sowohl für Gebrauchs- und Luxusgegenstände als auch für technische Zwecke, wie Isolatoren, Zündkerzen u. dgl., Steingut für Gebrauchsgegenstände, sanitäre Einrichtungen, Wandbekleidungen und Fußbodenplatten und Majolika.

In Deutschland sind etwa 310000 Personen in der keramischen Industrie beschäftigt, davon 160000 in Ziegeleien, 30000 in Fabriken für feuerfeste und säurefeste Erzeugnisse sowie in der Steinzeugindustrie und 120000 in den Werken für Feinkeramik.

II. Die Anlagen zur Gewinnung, Aufbereitung und Verarbeitung der Rohstoffe.

Der Ton wird entweder im Tagebau oder in bergmännischem Betriebe gewonnen. Der *Tagebau* geschieht von Hand oder maschinell. Zur maschinellen Gewinnung dienen Löffel-, Eimerketten- und Greifbagger. Die *bergmännischen Verfahren* ähneln den bei der

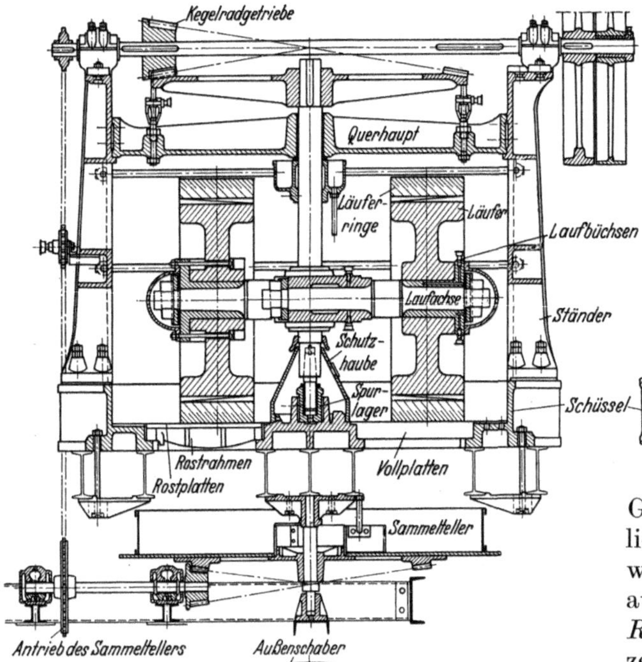

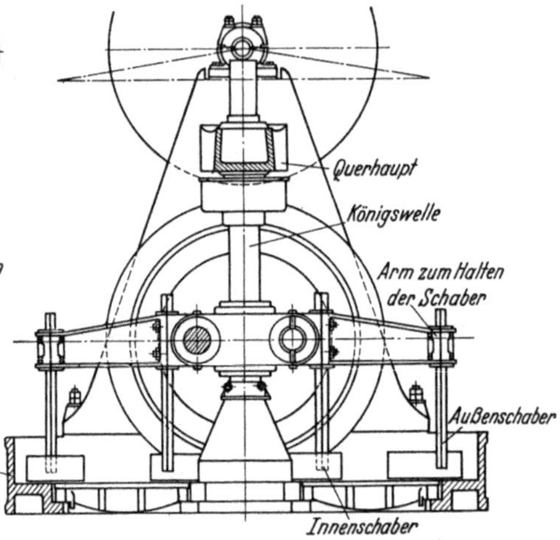

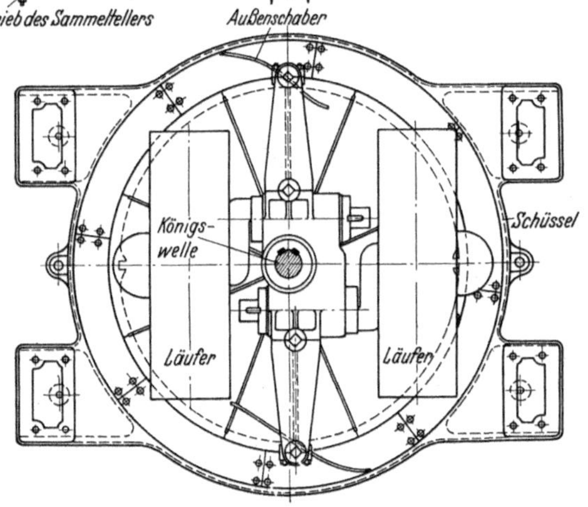

Bild 583. Kollergang.

Gewinnung der Steinkohle gebräuchlichen. Bei kleinen unterirdisch zu gewinnenden Mengen bedient man sich auch einfacherer Verfahren, die als *Reifenschachtbetrieb* und *Kammerbau* bezeichnet werden. Hierbei werden senkrechte Schächte bis zur Höhe der Tonschicht getrieben. Man baut den Ton unter notdürftiger Verzimmerung soweit wie möglich ab. Nach Gewinnung des Tones nimmt man die Zimmerung wieder fort und läßt die taube Masse nachstürzen. Zur Fortsetzung des Verfahrens treibt man einen neuen Schacht und verfährt wieder so.

Die so gewonnenen Tone sind meist stark verunreinigt und müssen vor der Verformung einem *Aufbereitungsprozeß* unterworfen werden. Häufig geht diesem Aufbereitungsprozeß noch ein Auflockerungsprozeß durch Auswintern oder Aussommern voraus. Bei der Auswinterung wird der gewonnene Ton in dünnen Lagen übereinandergeschichtet und die einzelnen Schichten reichlich mit Wasser begossen. Beim Einfrieren vergrößert sich das Volumen des wassergetränkten Tones, so daß er später nach dem Auftauen zerfällt. Ähnliche Wirkungen erreicht man, wenn auch in erheblich geringerem Maße (da die aufschließende Kristallbildung des Eises fehlt) durch Aussommern.

Die *Aufbereitung* selbst, d. h. die Entfernung der Verunreinigungen, erfolgt entweder in Form einer Naßaufbereitung durch Schlämmen, oder falls die verunreinigenden Stoffe auf die fertige Ware keinen Einfluß haben, auch bei trockenen und halbtrockenen Verfahren durch Zerkleinern auf Steinbrechern, Desintegratoren, Kollergängen (Bild 583), Walzwerken (Bilder 584 u. 585) oder Mahlanlagen. Den aufbereiteten Rohstoffen werden in Mischmaschinen nach Bedarf besondere Magerungs- oder Flußmittel und auch Farbstoffe zugesetzt. Diese Mischmaschinen werden verschiedenartig gebaut. Verbreitet sind Bauformen, bei denen die Tonmasse durch die an einer waagerechten Welle befestigten Messer durchknetet und gemischt werden. Die Messer werden so gestellt, daß bei der Drehung der Welle nicht nur eine Durchmischung, sondern auch ein allmähliches Vortreiben erfolgt, wodurch die Masse am entgegengesetzten Ende durch ein besonderes Mundstück herausgetrieben wird (Bild 586).

Ist ein Vermischen der Masse nicht notwendig, so muß trotzdem, z. B. in der Porzellan- und Steingutfabrikation, zum Ausgleich der im Ton enthaltenen Feuchtigkeit ein Durchkneten erfolgen. Hierfür dienen Maschinen, die in der Art der Kollergänge gebaut sind.

Die Tonwaren werden aus feuchter oder trockener Masse geformt. Hierzu bedient man sich folgender Einrichtungen:

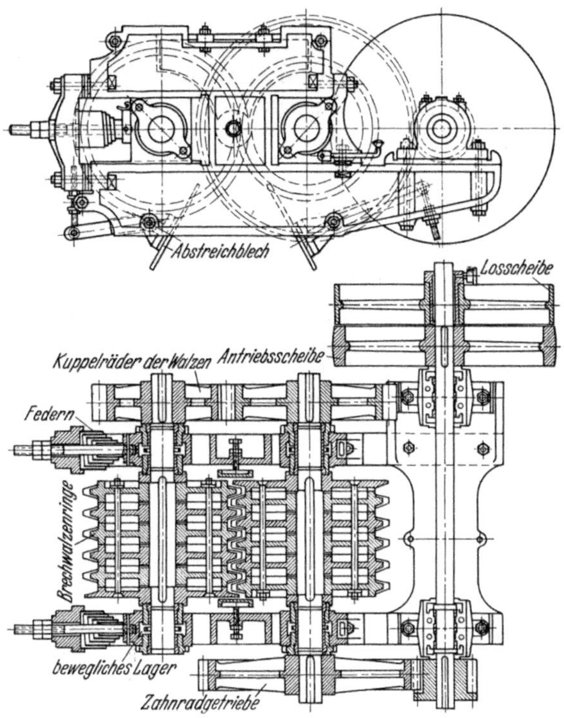

Bild 584. Brechwalzwerk.

Bei feuchter Masse.

1. Einfüllen oder Einschlagen von Hand (Handstreichen) oder maschinell (Streichmaschinen) in kastenähnliche Formen.

2. Formung auf Strangpressen, z. B. bei der Ziegelsteinherstellung. Ein fortlaufend austretender Strang wird maschinell in einzelne Formlinge abgeteilt (Bild 586).

3. Herstellung der Tonwaren auf Quetschpressen aus einem vorgeformten Kuchen (Ofenkacheln, Falzziegeln, Isolatoren usw.).

4. Formung auf der Töpferscheibe ($n = 200$ bis 250 U/min).

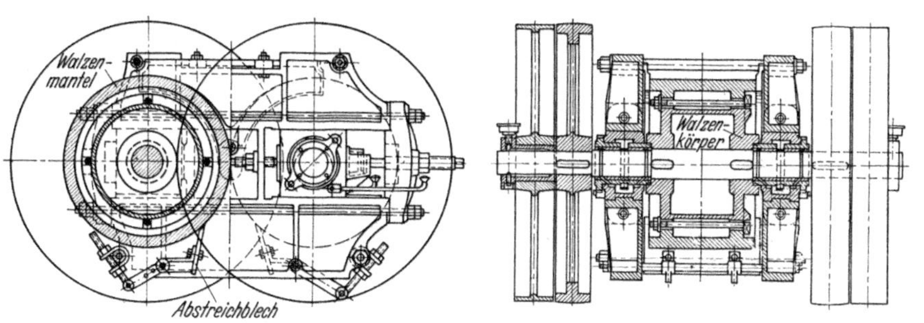

Bild 585. Feinwalzwerk.

5. Eingießen in besondere Formen. Hierzu muß der Tonbrei Syrupdicke haben und durch besondere Zusätze als Gießmasse geeignet gemacht werden.

Bei trockener Masse.

1. Zusammenpressen pulverförmiger Stoffe durch den freien Fall eines schweren Stempels auf Schlagpressen. Die Masse kann trocken oder wenig feucht verarbeitet werden.

2. Pressen der wenig feuchten Massen auf Friktionspressen (z. B. Wandplatten).

3. Formung auf hydraulischen Pressen. Üblich bei der Herstellung von Fußbodenplatten. Die Verformung erfolgt in mehreren Gängen. Die Masse wird zuerst nur wenig

zusammengedrückt, dann entlastet, damit die eingedrungene Luft entweichen kann und darauf durch einen Druck von 200 bis 350 at vollständig gepreßt.

4. Stanzen auf Stahlmatrizen. Trockene pulverförmige Porzellanmasse wird durch Hebel oder Spindeldruck oder auch auf Schlagpressen verarbeitet.

Nach der Formung müssen die Tonwaren vor dem eigentlichen Ofenbrand *getrocknet* werden. Die Art (langsames oder schnelles Trocknen) richtet sich nach der Beschaffenheit des Rohstoffes. Zu schnelle Erwärmung verursacht Risse und Sprünge. Manchmal müssen die Waren, um eine zu schnelle Trocknung an der Oberfläche zu vermeiden, mit feuchten Tüchern belegt oder in feuchtwarmer Luft getrocknet werden, damit die Trocknung von innen nach außen vor sich geht. Die Trocknung erfolgt im Luftstrom, wobei

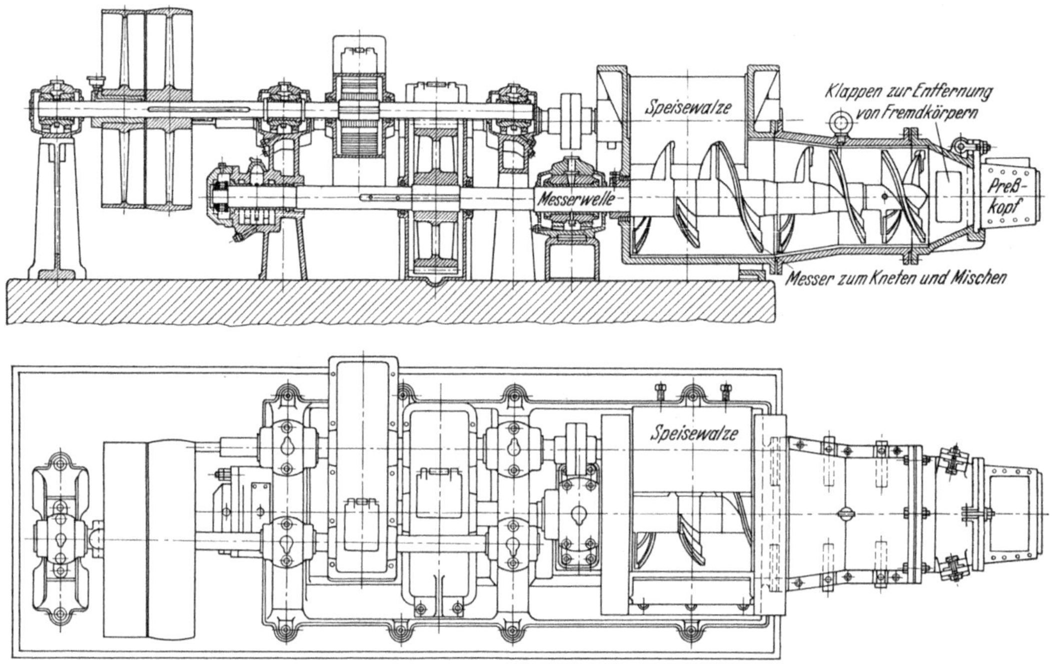

Bild 586. Ziegelmaschine (Strangpresse). Bauart Hofmann & Zinkeisen, Zwickau i. Sa.

die warme Luft die aus dem Trockengut entweichenden Wasserdampfnebel aufnimmt. Da Luft nur in ganz bestimmtem Maße Feuchtigkeit aufnehmen kann, ist gute Luftführung zur Erreichung einer wirtschaftlichen Trocknung wichtig. Die Trockenvorgänge verfolgt man zweckmäßig an Hand eines $J-x$-Diagramms[1].

Das Trocknen der feuchten Tonwaren geschieht an der freien Luft (Ziegelsteine) oder in geschlossenen geheizten Räumen mit regelbarer Luftführung. Beim Trocknen in Trockenanlagen arbeitet man meist in Temperaturen, die unter 100° liegen. Das hygroskopische Wasser wird erst durch den Schmauchprozeß im Vorfeuer bei Temperaturen von rund 120° entfernt. Das chemisch gebundene Wasser entweicht sogar erst bei noch höherer Temperatur. Bei der Trocknung in Trockenkammern wird die „Abluft" durch Schornstein (oberhalb 40°) oder durch Ventilatoren (unterhalb 40°) abgesaugt.

Beispiel 26. Die aus 1000 Ziegelsteinen vom Gewichte $G = 3500$ kg abzuführende Wassermenge beträgt rund 788 kg. Wieviel Kilogramm Luft sind zur Trocknung notwendig, wenn die Luft mit 80° C und $\varphi = 30\%$ Sättigung in den Trockenraum eintritt und mit 40° C und $\varphi = 80\%$ Sättigung den Trockenraum verläßt? Barometerstand 735,5 mm QS.

Lösung. Aus dem Bilde 587 folgt die Wassermenge zu

$$x_1 - x_2 = 0{,}105 - 0{,}04 = 0{,}065 \text{ kg/kg trockene Luft.}$$

Notwendig ist daher eine Luftmenge von

$$L = \frac{G}{x_1 - x_2} = \frac{788}{0{,}065} = 12100 \text{ kg}.$$

[1] Hirsch, M.: Die Trockentechnik. 2. Aufl. Berlin: Julius Springer 1932.

Da die Luft mit einer Temperatur von 80° C und einem Feuchtigkeitsgehalt $\varphi = 0{,}3$ eintritt und dabei $x = 0{,}105$ kg/kg Wasser enthält, folgt die wirkliche Luftmenge aus

$$L_w = 12100 + 12100 \cdot 0{,}105 = 12100 + 1270 = 13370 \text{ kg}.$$

Ob man *natürliche Trocknung* an der freien Luft anwenden kann, oder ob man zu einer künstlichen Trocknung übergehen muß, richtet sich nach dem Wert der Ware und nach der mehr oder minder vollkommenen Einrichtung des gesamten Betriebes. Am billigsten sind Trockenanlagen, die im Freien oder unter Schuppen eingerichtet sind und die aus einfachen Gestellen bestehen, auf die die zu trocknende Ware gelegt und dem Luftstrom ausgesetzt wird. Fast stets ist jedoch wenigstens ein Schuppen notwendig zum Schutz gegen Sonnenbestrahlung und Regen. Der Luftzutritt und die Luftbewegung lassen sich dabei in gewissen Grenzen durch herausnehmbare jalousieartig angeordnete Wandverkleidungen regeln. Die Trockentemperaturen sind niedrig; eine gute Luftzirkulation ist darum besonders wichtig. Die Anlage ist billig, doch hebt die Abhängigkeit von der Jahreszeit und vom Witterungswechsel sowie die Gefahr ungleichmäßiger Trocknung und der dadurch bedingte vergrößerte Ausschuß den in der billigen Anlage liegenden Gewinn vielfach wieder auf. Derartige Einrichtungen eignen sich daher meist nur zum Trocknen von Mauersteinen, Dachpfannen, Drainageröhren und anderen grobkeramischen Erzeugnissen.

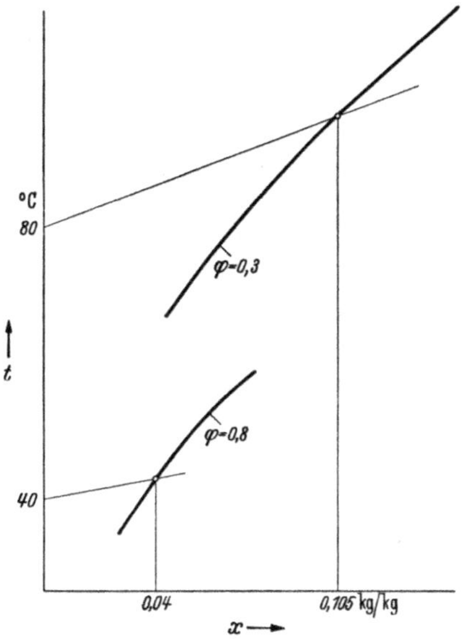

Bild 587.

Unabhängig vom Wechsel der Jahreszeit und den hierdurch bedingten geänderten Trockenverhältnissen, sind Anlagen mit *künstlicher Trocknung*. Naheliegend ist dabei eine Ausnutzung der Strahlungswärme des Brennofens zur Trocknung der Formlinge (Bild 597). In der Ziegelindustrie wird vielfach auch die Außenluft über die eben gebrannten Ziegel geleitet und die so vorgewärmte Luft den Trockenräumen zugeführt. Das Trocknen mit den Ofenabgasen selbst ist meist nicht zu empfehlen, da hierdurch die Farbe des Brenngutes beeinträchtigt wird. Eine Verwendung der Ofenabgase selbst ist nur mittelbar durch Lufterhitzung und Verwendung dieser Luft zu Trocknungszwecken möglich.

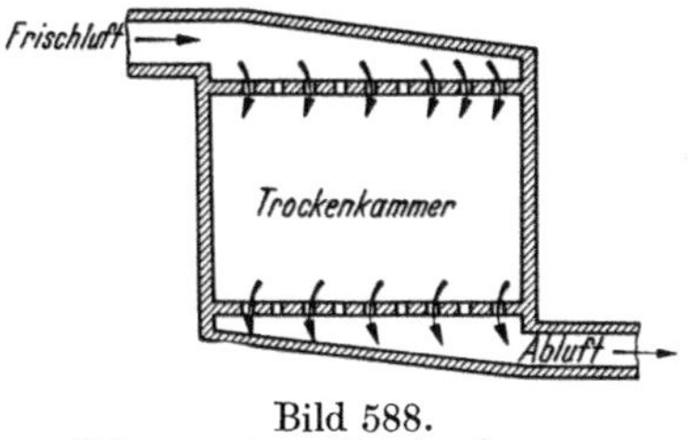

Bild 588.
Schema einer Trockenkammer.

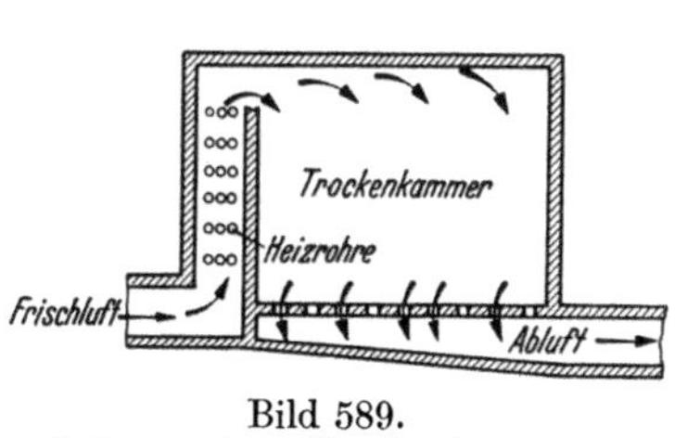

Bild 589.
Schema einer Trockenkammer.

Im allgemeinen muß man vor dem eigentlichen Brennvorgang 15 bis 30 Gewichtsteile Wasser, bezogen auf ausgetrocknete Ware, durch Trocknung entfernen. Bei Verwendung von Dampf als Heizmittel sind dann je Kilogramm Ware ungefähr 0,3 bis 0,5 kg Heizdampf erforderlich, wozu ein entsprechender Brennstoffaufwand notwendig ist. Die weitgehende Ausnutzung der Ofenabwärme ist darum von großer Wichtigkeit.

Für besonders empfindliche Waren werden zweckmäßig *Kammertrockner* und *Kanaltrockner* angewandt, da in diesen eine vollkommene Beherrschung des Trockenvorganges möglich ist. Bei Einzelöfen sind Kammertrockner, bei Kanalöfen Kanaltrockner angebracht. Die Schnelligkeit der Trocknung wird vor allem durch die Scherbendicke bestimmt. Hohe Trockengeschwindigkeit ist nur bei dünnen Formlingen möglich.

Bei Kammertrocknern faßt eine Kammer rund 1000 bis 1200 Normalziegelsteine. Sie sind im Durchschnitt 2,2 m breit, 2,4 m hoch und 6,5 m lang. Wichtig ist bei allen Kammertrocknern die Führung der Luft. Will man die natürliche Strömung der Luft ausnutzen, so beachte man die Veränderung des spezifischen Gewichtes der Luft bei Durchgang durch den Trockenraum. Da sich sowohl die Temperatur als auch der Feuchtigkeitsgehalt innerhalb der Kammer ändern, kann eine Nichtberücksichtigung dieser Einflüsse zu unvollkommenen Bauarten führen. Ist aus praktischen Gründen eine Abweichung von dieser natürlichen Strömung notwendig, so ist der Einbau von Ventilatoren nicht zu umgehen. Im allgemeinen wird die Luft durch die Aufnahme von Feuchtigkeit schwerer, während sie bei der Erwärmung leichter wird. Zum Anwärmen der Luft wird man diese also zweckmäßig von unten nach oben führen, innerhalb des Trockenraumes dagegen von oben nach unten. Schematisch ist dieser Vorgang in den Bildern 588 und 589 wiedergegeben. Bei beiden Ausführungen wird die Abluft an der Trockenkammersohle abgeführt. Man kann jedoch auch die Abluftöffnungen oben anbringen ohne den natürlichen Strom zu stören, wenn man die Luft innerhalb des Trockenraumes ständig erhitzt, so daß trotz der höheren Wasseraufnahme die Temperatur und daher auch das spezifische Gewicht nicht sinken. Schematisch ist dieser Vorgang im Bilde 590 wiedergegeben. Die Beheizung der Kaloriferen erfolgt mit Heißwasser, Dampf oder auch mit heißer Luft bzw. heißen Abgasen.

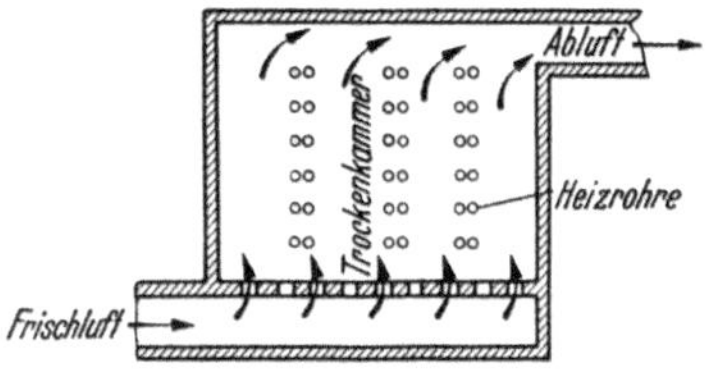

Bild 590. Trockenkammer mit Innenheizung und Anordnung des Abluftkanals oben.

Bei den Kammertrocknern erfolgt die Beschickung satzweise. Das Trockengut verbleibt solange in der Kammer, bis der gewünschte Grad der Trocknung erreicht ist. Die Kammer wird dann entleert und neu beschickt. Zweckmäßig werden mehrere Kammern nebeneinandergesetzt, wodurch auch eine stufenweise Trocknung erleichtert wird. Eine solche stufenweise Trocknung ermöglicht eine gut regelbare Trocknung bei geringstem Wärmeverbrauch: sie ist allerdings nur möglich, wenn die Luft innerhalb des Trockenraumes gleichzeitig umgewälzt wird. Schematisch ist der Vorgang in den Bildern 591a bis c dargestellt. Die Trockenkammer A wird mit nassem Trockengut gefüllt, gleichzeitig wird in der mittleren Kammer die Luftklappe geöffnet. Der Luftstrom wird entsprechend der Darstellung zuerst durch die mittlere Kammer, dann durch die rechte Kammer und anschließend durch die linke Kammer geführt. Von dort aus wird die Abluft unmittelbar ins Freie geblasen. Maßgebend für die Stufentrocknung ist also die fortschreitende Luftbewegung durch alle Trockenkammern und durch die zugehörigen Heizkammern hindurch. Gleichzeitig erfolgt auch noch eine kreisende Luftbewegung innerhalb der Kammern, wodurch die Trocknung beschleunigt wird. Nachdem die mittlere Kammer inzwischen entleert und wieder neu gefüllt worden ist, erfolgt nach einer bestimmten Zeit (die von dem Fortschreiten des Trockenvorganges in der linken Kammer abhängig ist) die Umstellung des Luftstromes (Bild 591b). Der nächste Arbeitsgang ist dann durch das Bild 591c gegeben und nach dem oben Gesagten ohne weiteres verständlich.

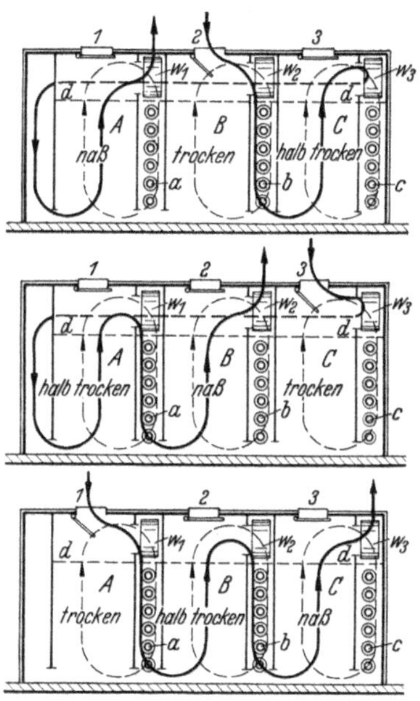

Bilder 591a bis c. Kammertrockner mit stufenweiser Trocknung, Bauart HAAS.

Ist eine stufenweise Trocknung nicht notwendig oder mit Rücksicht auf die Betriebsweise nicht vorteilhaft, so kann man dennoch mit Erfolg eine Leistungsteigerung durch Umwälzung der Luft durchführen, wie z. B. im Bilde 592 schematisch dargestellt.

Im Gegensatz zu den Kammertrocknern, bei denen das Trockengut stehen bleibt und die Luft bewegt wird, erfolgt in den Kanaltrocknern eine Bewegung des Trockengutes und auch des Luftstromes. Es kann dabei im Gegenstrom oder Gleichstrom getrocknet werden. Bei der Gleichstromtrocknung kommt die heiße Trockenluft mit der kalten, allerdings auch feuchtesten Ware zusammen, bei der Gegenstromtrocknung ist es umgekehrt. In der keramischen Industrie ist die Gegenstromtrocknung am zweckmäßigsten, weil hierdurch ein langsames und gelindes Vortrocknen und ein scharfes Nachtrocknen möglich wird. Bei der Gleichstromtrocknung kann leicht eine Trocknung der Oberfläche eingetreten sein, ehe die Ware in der Mitte genügend aufgetrocknet ist. Die Folgen sind Risse und Sprünge sowie vermehrter Ausschuß. Auch bei den Kanaltrocknern ist eine stufenweise Trocknung möglich und erwünscht.

Von einer neuzeitlichen Trockeneinrichtung muß man verlangen, daß Feuchtigkeit und Temperatur in jeder gewünschten Höhe einstellbar sind. Zuweilen werden deshalb auch in die Trockenapparate noch besondere Luftbefeuchtungseinrichtungen eingebaut. Erst durch den Ausbau dieser Einrichtungen sind in Verbindung mit den entsprechenden Regeleinrichtungen die heutigen Höchstleistungen moderner Trockeneinrichtungen möglich geworden. Eine solche mit weitgehender Regelfähigkeit ausgestattete Anlage ist als Beispiel im Bilde 593 wiedergegeben.

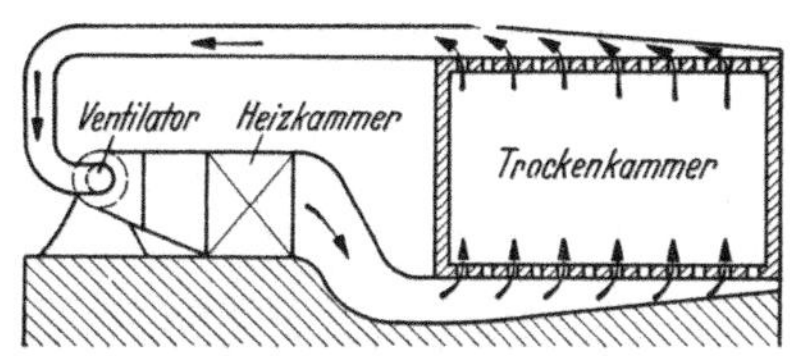

Bild 592. Trockenkammer mit Luftumwälzung.

Die Notwendigkeit einer teilweisen Luftbefeuchtung ergibt sich aus folgender Überlegung. Hat der zu trocknende Körper noch nicht die Siedetemperatur des Wassers erreicht, so verdampft nur das Wasser an seiner Oberfläche. Die Diffusion des Wassers aus dem Innern des Körpers an die Oberfläche geht verhältnismäßig langsam vor sich, so daß der Körper an der Oberfläche schon vollkommen getrocknet und hart, also für Wasser undurchlässig sein kann, ehe das Wasser aus dem Innern restlos an die Oberfläche gekommen und dort verdampft ist. Die Trockengeschwindigkeit darf deshalb nicht höher als die Diffusionsgeschwindigkeit sein. Die Diffusionsgeschwindigkeit wird aber mit steigender Temperatur größer, weshalb es vorteilhaft ist, den Körper möglichst schnell auf eine hohe Temperatur zu bringen. Dabei darf jedoch noch kein Wasser verdampft werden, um die Erhärtung der Oberfläche zu vermeiden. Man erreicht dies

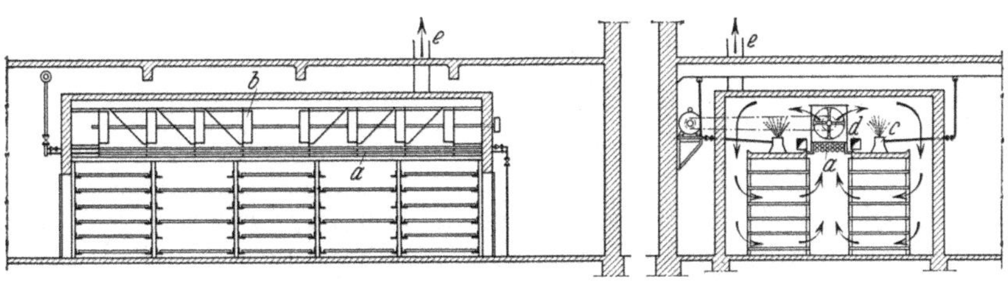

Bild 593. Neuzeitliche Trockeneinrichtung.

dadurch, daß man während dieses Vorganges den Wasserdampfgehalt der Trockenluft (unter Zugabe von Wasser) hoch hält, so daß die Luft nicht imstande ist, weitere Feuchtigkeit aus dem Körper aufzunehmen. Erst nach Erreichung der Trockentemperatur beginnt der eigentliche Trockenprozeß, wobei eine Verminderung des Feuchtigkeitsgehaltes der Trockenluft notwendig wird.

III. Die Brennöfen der keramischen Industrie.

Um die aus der bildsamen Masse geformten Gegenstände zu erhärten, werden sie erhitzt (gebrannt). Hierbei wird das chemisch gebundene Wasser ausgetrieben, ein Vorgang der bei etwa 1000° C abgeschlossen ist. Wird die Temperatur weiter gesteigert auf 1250 bis 1300°, so findet Sinterung statt. Die Gegenstände werden hierdurch undurchlässig für Gase und Flüssigkeiten und ihre Festigkeit wird erhöht.

Ziegel und Töpfergeschirr sind poröse Tonwaren. Auch Steingut hat einen porösen Scherben. Steinzeug und Porzellan werden beim Brennen bis auf Sinterungstemperatur erhitzt und haben infolgedessen einen dichten Scherben. Die Steigerung der Temperatur beim Brennen und die Abkühlung nach dem Brennen müssen um so langsamer erfolgen, je dicker der Scherben des Tonkörpers ist. Zu schnelle Abkühlung verursacht Sprödigkeit des Stückes und innere Spannungen, die zum Zerspringen führen können. Mit

Rücksicht hierauf und um geringen Brennstoffverbrauch zu erzielen, sind verschiedene Ofenbauarten entwickelt worden.

Unter diesen befinden sich Öfen für zeitweiligen (unterbrochenen) und solche für fortlaufenden (ununterbrochenen) Betrieb.

Für die meisten Erzeugnisse genügt ein Brand. Auch bei glasiertem Steinzeug genügt ein Brand; die die Glasur bewirkenden Salze werden gegen Ende des Brennvorganges in den Ofen eingeführt. Bei glasiertem Steingut und Porzellan sind zwei Brände erforderlich, die nacheinander ausgeführt werden müssen. Wenn das Brenngut nicht mit den Feuergasen in Berührung kommen darf, wie z. B. bei den feinkeramischen Erzeugnissen der Porzellanindustrie, sind Muffelöfen erforderlich oder das Brenngut wird in geschlossenen Kapseln in den Ofen eingesetzt.

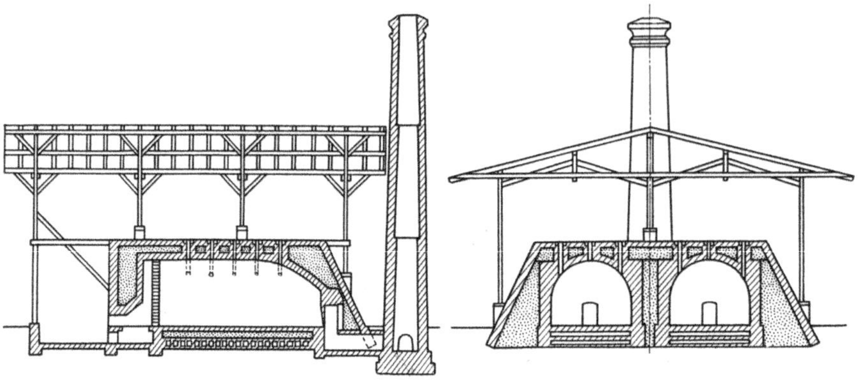

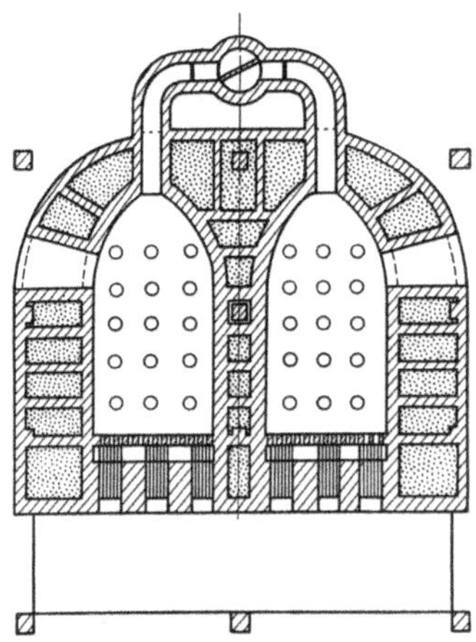

Bild 594. Kasseler Ofen.

a) Die Öfen für zeitweiligen Betrieb.

Die Feldbrandöfen und die Meileröfen zum Brennen von Ziegelsteinen sind heute fast ganz verschwunden (vgl. 2. Abschnitt, S. 20 u. f.). Mauerziegel und Dachziegel werden heute im allgemeinen nur noch in Ringöfen gebrannt. In kleinen Ziegeleien und in Töpfereien wird noch der aus dem Meilerofen entwickelte *deutsche Ofen* oder *Kasseler Ofen* nach dem Bilde 594 verwendet, und zwar meistens als Doppelofen. Die Abgase des einen Ofens werden dann zum Vorwärmen des im anderen Ofen liegendes Gutes nutzbar gemacht. Eine Verbesserung des Kasseler Ofens war der *Meißener* Töpferofen nach dem Bilde 32 (S. 27).

Diese Öfen haben vorwiegend waagerechte (streichende) Führung der Flammengase. Neben diesen werden Öfen mit aufsteigender und solche mit auf- und absteigender Flamme gebaut.

Im Bilde 33 (S. 27) ist ein *Rundofen mit aufsteigender Flamme* dargestellt. Der Ofen hat einen unteren Scharfbrandraum und einen oberen Glühraum. Über den Umfang verteilt sind 5 bis 9 Feuerungen angeordnet. Die Flamme steigt durch Öffnungen im Gewölbe in den Glühraum. Im unteren Raume erfolgt der Glattbrand von Steinzeug oder Porzellan, im oberen Raume werden Kapseln bei niedriger Temperatur geglüht.

Im Bilde 34 (S. 27) ist ein Steinzeugofen mit *auf- und absteigender* Flamme dargestellt. Das Bild 35 (S. 28) zeigt einen zweistöckigen Steingutofen mit auf- und absteigender Flamme. An der gleichen Stelle befindet sich das Bild 36 von einem dreistöckigen Porzellanbrennofen. Bei einem solchen Ofen in der Ausführung von SCHULZE (Bild 595) bewegen sich die Feuergase im unteren Ofen in auf- und absteigender, im Mittel- und

Oberofen in aufsteigender Richtung. Das Rohgut wird im Mittelofen eingesetzt und bis zur Rotglut erhitzt, dann kommt es in den Unterofen, wo Scharfbrand bzw. Glattbrand erfolgt. Im oberen Raum werden die Schamottekapseln geglüht.

Die Schornsteine können, wie in den Bildern 33, 35 und 36 gezeigt, unmittelbar auf den Ofen gesetzt werden. Sie können natürlich auch neben die Öfen gesetzt werden oder es kann einer gemeinsam für mehrere Öfen ausgeführt werden.

Bei größeren Anlagen, besonders wenn mit langsamem Temperaturanstieg gebrannt werden muß, sind die Gaskanäle so durchgebildet, daß die Abgase des im Vollfeuer stehenden Ofens für den Vorbrand im nächsten Ofen benutzt werden können. Die Abhitze des Ofens mit gebranntem Gut dient zum „Schmauchen" eines frisch beschickten Ofens. Dieses Schmauchen ist immer dann erforderlich, wenn die reine Farbe keramischer Waren erhalten bleiben soll. Hierbei muß verhindert werden, daß sich die in den Rauchgasen enthaltenen Wasserdämpfe und schwefligen Säuren auf dem Brenngut niederschlagen. Zu diesem Zweck wird durch Abwärme erhitzte Luft (von etwa 100° C) durch besondere Schmauchkanäle in die entsprechende Ofenkammer eingeleitet. Dadurch wird Kondensation und ein Niederschlagen der Dämpfe vermieden.

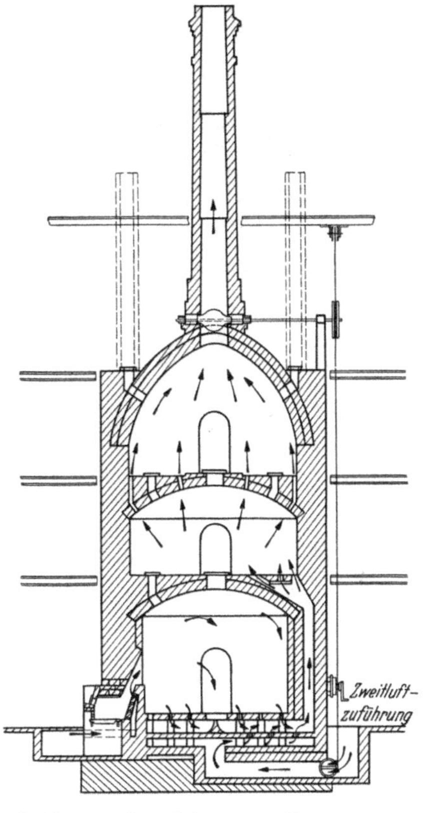

Bild 595. Rundofen zum Brennen von Porzellan (Bauart A. F. Schulze, Dresden).

Die Öfen für zeitweiligen Betrieb haben schlechte Wärmeausnutzung, weil sie mit hohen Abgastemperaturen arbeiten und hohe Speicherverluste haben. Nach jedem Brand muß das Mauerwerk abgekühlt werden. Auch der Aufwand für Arbeitslöhne ist hoch. Trotzdem haben sich diese Öfen in kleinen und mittleren Betrieben erhalten, weil die Anlage billig ist und geringen Raumbedarf hat. Die Wartung der Öfen ist einfach und der Brand kann zu beliebiger Zeit je nach der vorbereiteten Warenmenge beginnen. Eine Verbesserung in der Wärmewirtschaft ist durch die Verbindung mehrerer Öfen, möglichst von 4 Öfen erreicht worden. Die Abgase werden zum Trocknen und Vorwärmen des Gutes benutzt. Die Feuerung des zweiten Ofens wird in Betrieb genommen, wenn das Gut im ersten Ofen gargebrannt ist.

Eine Verbesserung in wärmewirtschaftlicher Beziehung weist ein in der feuerfesten Industrie gebräuchlicher Ofen mit Halbgasfeuerung und Vorwärmung der Zweitluft in einem Rekuperator auf. Dieser von MENDHEIM durchgebildete Ofen ist im Bilde 596 dargestellt.

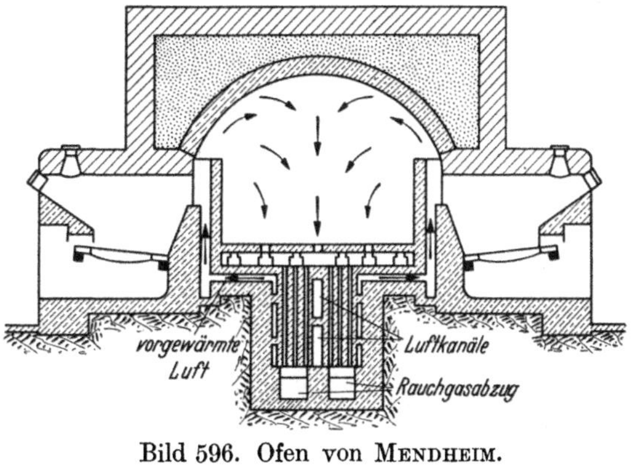

Bild 596. Ofen von MENDHEIM.

b) Öfen für fortlaufenden Betrieb.

Die Öfen für fortlaufenden (ununterbrochenen) Betrieb sind die *Ringöfen* und die *Kanalöfen*, über deren Aufbau und Betrieb das wesentliche bereits im 2. Abschnitt (S. 28 bis 30) ausgeführt wurde.

1. Ringöfen.

Zwecks guter Ausnutzung der vom Ofen abgestrahlten Wärme empfiehlt sich die Anordnung von Trockenhorden über dem Ofen nach dem Bilde 597 oder zwischen Ofen und Pressenhaus zu ebener Erde nach dem Bilde 598. Letztere Ausführungsart hat den Vorteil eines einfachen Förderweges für das Gut.

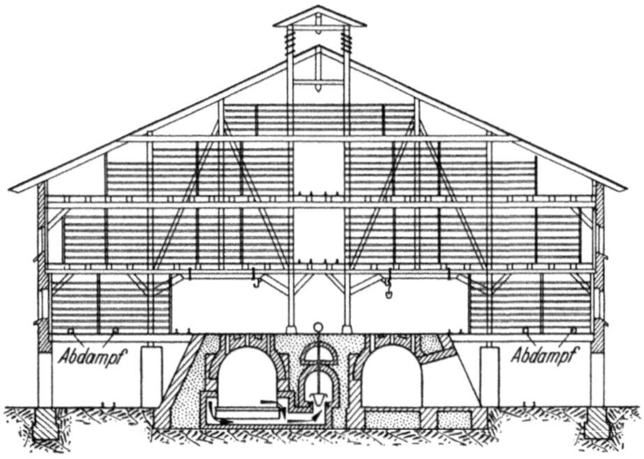

Bild 597. Ringofen mit Anordnung des Trockenraumes oberhalb des Ofens.

Eine Abart des Ringofens ist der *Zickzackofen*, dessen Grundriß aus dem Bilde 599 ersichtlich ist. Das Feuer rückt nicht im Kreise oder im Oval vor, wie beim Kanal-Ringofen, sondern wird durch die nebeneinanderliegenden Kammern zickzackartig geführt. Der Vorteil dieses Ofens ist der schnelle Brand; auch kann man den auf Kühlung eingestellten Kammern zu Trokkenzwecken mehr Wärme entnehmen. Der Ofen ist hauptsächlich für kleine Leistungen bestimmt, und zwar für Kanalbreiten unter 2 m. Er beansprucht kleine Baufläche und ist billig in der Anlage. Wichtig ist sorgfältigste Ausführung des Ofenmauerwerkes, da infolge der Stauung des Feuers an den Übergängen der Kammern die Ecken und auch die Gewölbe stark beansprucht werden. Ringöfen haben eine gute Wärmeausnutzung, Abgas- und Wandverluste sind gering, jedoch sind die Speicherverluste erheblich. Ihre besonderen Nachteile sind der große Raumbedarf, die erheblichen Baukosten, die große Zeitspanne zwischen Einsetzen und Ausfahren und die schwierige Arbeit in dem heißen Kanal.

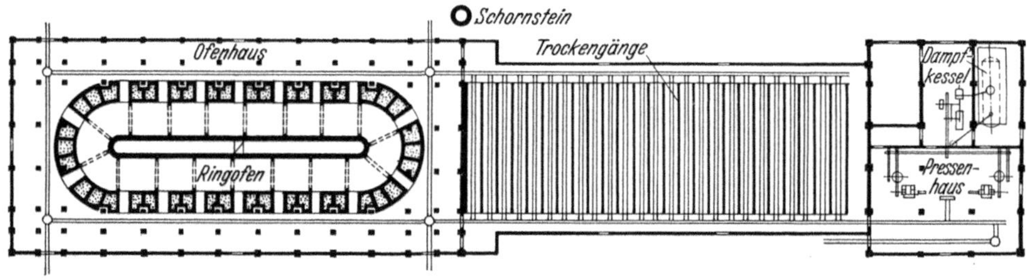

Bild 598. Ringofenanlage mit Trockenanlage in Flurhöhe zwischen Pressenhaus und Ofen.

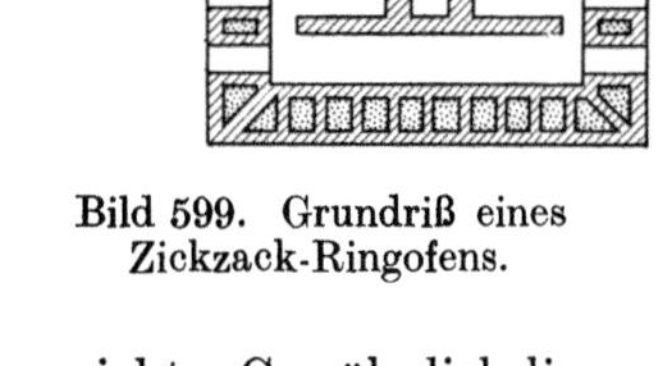

Bild 599. Grundriß eines Zickzack-Ringofens.

In manchen Fällen muß es vermieden werden, daß der Brennstoff mit dem Brenngut in Verbindung kommt, wie es beim Kanal-Ringofen geschieht. In diesem Falle ist der *Kammerringofen* am Platze. Er besitzt wie der gewöhnliche Ringofen einen endlosen Kanal. Dieser ist aber durch Querwände in einzelne Kammern aufgeteilt. Jede Kammer kann durch eine Rostfeuerung, wie im Bilde 600 dargestellt, oder durch eine Gasfeuerung beheizt werden. Da die Verbrennungsgase in auf- und absteigender Richtung durch die Kammer strömen, wird ein guter Temperaturausgleich erreicht. Gewöhnlich liegen die Kammern (12 bis 24 Stück) in zwei parallelen Reihen zu einem Block zusammengebaut. Das Bild 601 ist der Grundriß eines *mit Gas beheizten Kammer-Ringofens*. Von den an der Schmalseite des Ofens angeordneten Gaserzeugern führen zwei Gaskanäle parallel zum Ofen an den beiden Längsseiten bis zur letzten Kammer. Der Essenkanal liegt unter der mittleren Längswand. Jede Kammer ist für sich abstellbar und mit den benachbarten Kammern durch Kanäle verbunden.

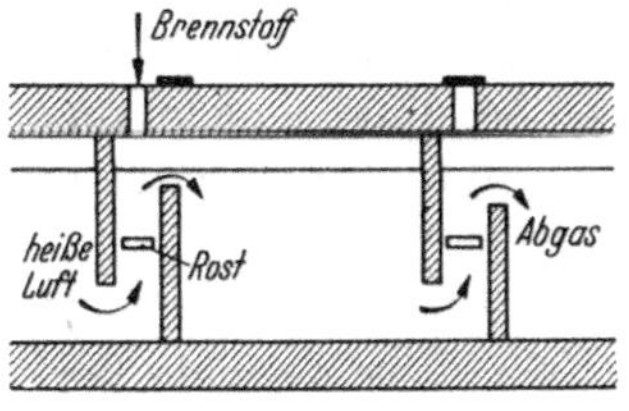

Bild 600. Schema eines Kammer-Ringofens mit Rostfeuerung.

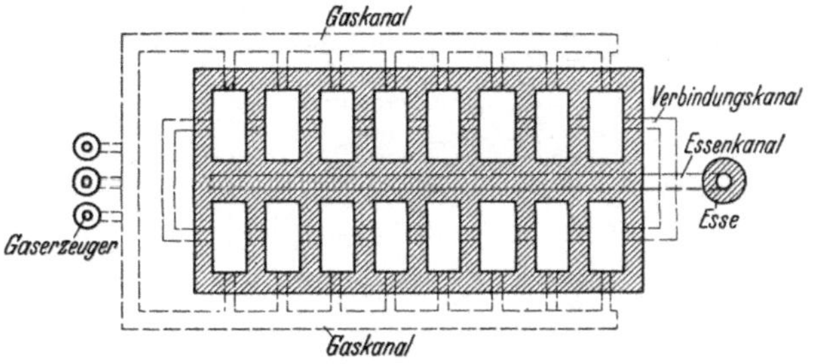

Bild 601. Schematische Darstellung eines Kammer-Ringofens mit Gasheizung.

Die Vorwärmung der Verbrennungsluft und die Ausnutzung der Abhitze geschieht in gleicher Weise wie beim Kanal-Ringofen.

Diese Kammer-Ringöfen ermöglichen die Erreichung hoher Temperaturen, weshalb sie insbesondere zum Brennen von feuerfesten Steinen verwandt werden.

Sie werden mit Sohlenfeuer und mit überschlagender Flamme ausgeführt. Beim *Sohlenfeuer* tritt das Frischgas durch im Kammerboden angeordnete Öffnungen ein, bei Öfen mit *überschlagender Flamme* tritt das Frischgas seitlich in die Kammer ein.

2. Kanal- oder Tunnelöfen.

Die Kanal- oder Tunnelöfen mit feststehender Brennzone werden in den Werken für die Herstellung feuerfester Erzeugnisse und der Feinkeramik verwendet. Die Beheizung kann durch Rostfeuerungen mit festen Brennstoffen oder mit Gasfeuerungen durchgeführt

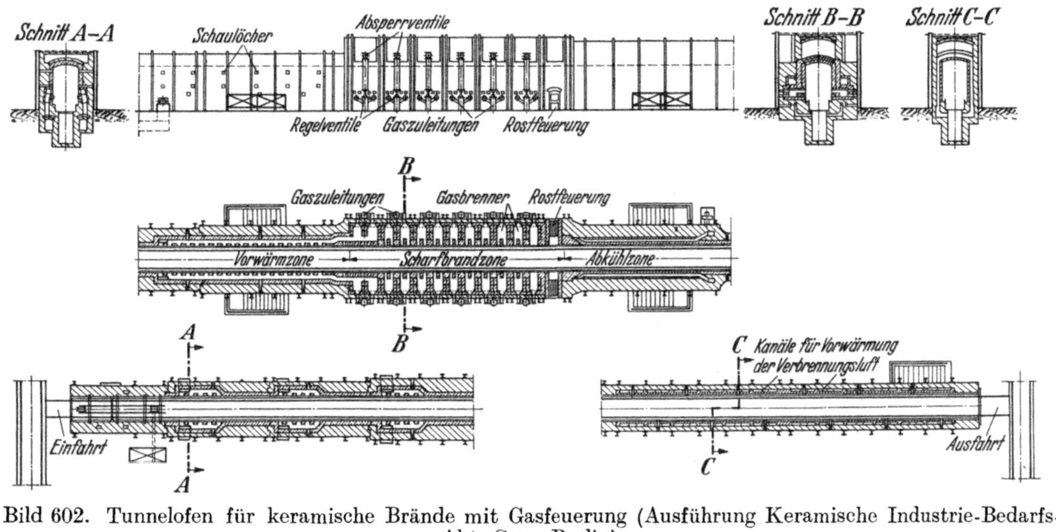

Bild 602. Tunnelofen für keramische Brände mit Gasfeuerung (Ausführung Keramische Industrie-Bedarfs-Akt.-Ges., Berlin).

werden. Selten wird Ölfeuerung verwendet. Die Vorteile dieser Öfen sind leichte Temperaturregelung, einfache Einstellung der Brennzone und gute Brennstoffausnutzung. Die Abgastemperatur beträgt 120 bis 150°, die im Brenngut aufgespeicherte Wärme wird zur Luftvorwärmung nutzbar gemacht. Die Bedienungskosten sind sehr gering. Die hohen Anlagekosten ergeben aber eine Wirtschaftlichkeit nur bei hoher gleichmäßiger Erzeugung. Das Bild 602 stellt einen Tunnelofen mit Gasheizung dar. Der fertig besetzte Brennwagen wird durch eine Doppelschleuse in den Ofen gezogen. Hierdurch wird der Eintritt von Luft in den Ofen verhindert. Die Wagen durchlaufen zuerst die Vorwärmzone und werden hier langsam aufgeheizt, wobei die Temperatur der Feuergase auf 100 bis 150°

absinkt. Das gleichmäßige Abziehen der Gase und damit der Temperaturverlauf wird durch Einstellen der Essenschieber erreicht. In der Vorwärmezone kann durch Einleiten heißer Luft noch eine besondere Schmauchzone angeordnet werden. Die Verbrennungsluft wird durch Kanäle in den Seitenwänden der Abkühlzone geleitet und hierdurch vorgewärmt. Diese Luftkanäle sind als Kammern so durchgebildet, daß jeder Kammer regelbare Luftmengen zugeführt werden können, so daß in einzelnen Teilen der Abkühlzone bestimmte Temperaturen aufrechterhalten werden können. Das ist wichtig für solche Waren, die in einzelnen Temperaturgebieten sehr empfindlich sind.

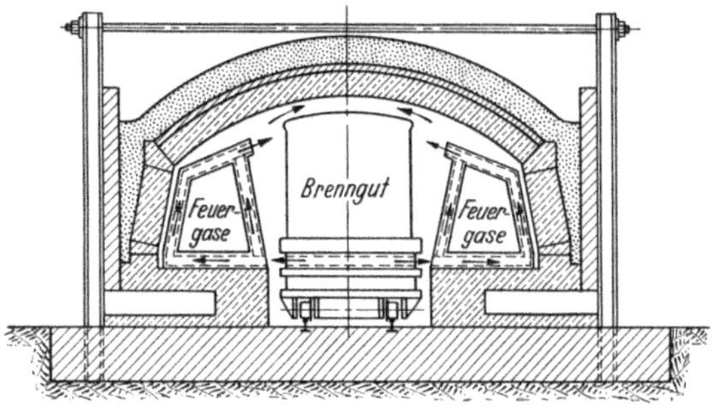

Bild 603. Querschnitt eines DRESSLER-Ofens. (Die Pfeile deuten die Zirkulation der Ofenatmosphäre an.)

Um hochempfindliche glasierte Waren der Feinkeramik ohne Einkapselung im Tunnelofen brennen zu können, wird dieser mittelbar beheizt. Die Feuergase werden durch Kammern geleitet, die nach dem Bilde 603 zu beiden Seiten des Ofens entlang dem Wagenzug angeordnet sind. Diese Kammern sind beim DRESSLER-Ofen aus Hohlkörpern zusammengestellt, so daß eine Zirkulation der Ofenatmosphäre durch die Kanäle dieser Hohlkörper eintritt und sich über den ganzen Ofenquerschnitt ausdehnt.

IV. Hauptabmessungen und Leistungen keramischer Öfen.

Die Kammern des einfachen *Kasseler Ofens* erhalten eine Breite von 4 bis 9 m, eine Höhe von etwa 4 m und eine Länge bis zu 12 m. Die Leistung ist gering.

Porzellanrundöfen. Einfache Öfen haben 5 m Durchmesser und etwa 3,5 m Höhe, Zweistöckige Öfen im Unterofen 5 m Durchmesser, etwa 3,5 m Scheitelhöhe, im Oberofen 5,5 m Durchmesser und etwa 3,5 m Scheitelhöhe. Die Dauer eines Brandes beträgt 18 bis 22 Stunden, die Temperatur entspricht dem Segerkegel 14 bis 15. Der Wärmeverbrauch für einen Brand beträgt etwa 54 Millionen kcal.

Gaskammeröfen erhalten 12 bis 22 Kammern, von denen jede einen Inhalt von etwa 55 m³ hat.

Kanalringöfen werden bis zu 360 m Kanallänge ausgeführt. Ihre Leistung beläuft sich auf etwa 300 Steine je Kubikmeter Brennkanal. Der Fortgang des Brandes beträgt täglich etwa 6 m. Eine Näherungsformel für die Ofenleistung lautet:

$$L = 30 F l \text{ Stück Normalziegel},$$

hierin: F = Ofenquerschnitt m²,
l = Länge des Brennkanals m.

Tunnelöfen. Die Leistung des Ofens steigt mit seiner Länge, ist aber abhängig von der Art des Brenngutes. Je schneller das Gut angewärmt werden darf, um so kürzer kann der Ofen gebaut werden. Die Art des Brenngutes bestimmt auch die Fördergeschwindigkeit, die zwischen 0,5 und 2 m/h schwankt. Schamottesteine werden bei SK 9 bis 12 gebrannt (1280 bis 1350° C), langsame Erwärmung auf 900° C, aber schnelles Abkühlen ist erforderlich. Silikatsteine werden bei SK 17 bis 18 (1500 bis 1510° C) gebrannt, sie sollen schnell in das Scharffeuer kommen, aber langsam abgekühlt werden. Tunnelöfen für grobkeramische Erzeugnisse sind in Längen von 60 bis 110 m ausgeführt worden, solche für feinkeramische Waren haben Längen, die zwischen 50 und 140 m schwanken.

V. Wärmewirtschaft keramischer Öfen.

Der Brennstoffverbrauch keramischer Öfen schwankt in weiten Grenzen. Das liegt zunächst an den verschiedenen Anforderungen, die an diese Öfen gestellt werden, dann aber auch vielfach an fehlerhafter Bemessung und Gestaltung sowie an unsachgemäßer Führung.

Tabelle 83. Wärmeverbrauch zum Brennen von keramischen Rohstoffen und Massen von 20° auf t° C in kcal/kg (nach W. Cohn).

	Brenntemperatur °C													
	100	200	300	400	500	600	700	800	900	1000	1100	1200	1300	1400
Zettlitzer Kaolin, geschlämmt (reine Tonsubstanz)	16,1	36,7	59,6	85,7	119,4	240,5	292,5	332,6	385,9	420,0	454,8	488,8	524,6	560,3
Norwegischer Quarz	15,2	37,1	60,9	86,5	114,9	148,3	174,7	202,7	231,3	262,0	—	488,8	—	—
Sand von Hohenbocka	15,2	36,8	60,1	84,5	118,0	145,2	173,2	201,1	230,5	261,5	292,0	322,0	355,0	390,0
Norwegischer Kalifeldspat	12,9	29,1	47,1	67,8	91,7	116,7	143,4	172,1	201,9	240,5	281,2	309,7	345,0	380,0
Amorphe Tonerde	15,9	36,3	60,4	86,1	115,1	144,8	175,5	209,3	244,3	248,9	—	—	—	—
Porzellanmasse, roh[1]	14,8	33,6	55,2	80,9	109,9	192,8	220,1	248,4	285,6	330,8	379,5	428,4	477,5	527,7
Steingutmasse, roh[2]	14,5	33,0	53,8	76,1	103,3	168,5	196,0	218,4	247,0	283,8	335,4	387,6	440,7	—
Saarauer Ton, roh[3]	15,3	34,9	56,2	80,0	111,8	201,4	225,6	242,8	283,3	336,1	394,1	452,6	512,9	571,7
„ „ gebr.	15,8	36,4	59,5	83,6	110,6	138,2	166,2	195,6	228,3	270,7	311,3	352,0	—	—
Hallescher Ton, roh[4]	15,1	35,2	59,0	84,9	118,2	202,7	234,3	258,3	284,1	337,5	387,4	436,4	—	—

Tabelle 84. Brennstoffverbrauch keramischer Öfen (Anhaltszahlen für normale Betriebsverhältnisse). Nach einer Zusammenstellung von Steger: Wärmewirtschaft in der keramischen Industrie. Dresden-Leipzig: Theodor Steinkopff 1927.

Brenngut	Ofenart	Brenntemperatur		Brennstoffbedarf (Steinkohle) in kg[5]	
		SK	°C	für 100 kg Ware	für 1 m³ Ofenraum
Gewöhnliche Ziegelsteine	Ringofen	010a—1a	900—1100	5—7	40—60
Dachziegel	Ringofen	010a—1a	900—1100	6	
	Einzelofen			25	
Steinzeugrohre	Gaskammerofen	8—10	1250—1300	30	70—80
Fußbodenplatten	Gaskammerofen	7—9	1230—1280	14	103
Schamottesteine	Rundofen:				
	aufsteigende Flamme	13	1380	35—45	
	überschlagende Flamme	13	1380	25	
	Gaskammerofen	13	1380	10—18	
	Tunnelofen	9—12	1280—1350	8—9	
Steingutgeschirr	Rundofen mit überschlagender Flamme: Rohbrand	3a—4a	1140—1160	50—90	50—85
	Glattbrand	03a—02a	1040—1060	90—100	50—90
	Tunnelofen	7—9	1230—1280	—	30
Sanitätssteingut	Rundofen mit überschlagender Flamme: Rohbrand	8—9	1250—1280	120—210	80—115
	Glattbrand	8—9	1250—1280	240—300	
	Tunnelofen: Rohbrand	9	1280		10,4
	Glattbrand	7—8	1230—1250		32
Porzellan	Rundofen mit überschlagender Flamme mit Glüh- und Gutbrandraum (60—80 m³)				
	Gebrauchsporzellan	13—14	1380—1410	280—350	
	Elektrisches Porzellan	14—15	1410—1435	150—250	
	Feines Gebrauchsporzellan	13—14	1380—1410	500	
	„ elektrisches Porzellan	14—15	1410—1435	300	
	Tunnelöfen für elektrisches Porzellan	15—16	1435—1460	90	

[1] 50% Ton, 22,5% Quarz, 22,5% Feldspat. — [2] 50% Ton, 45% Quarz, 5% Feldspat. — [3] 87% Ton, 9% Quarz, 3% Feldspat. — [4] 65% Ton, 34% Quarz, 1% Feldspat.

[5] Die kleinen Zahlen gelten für große Öfen. Ausführliche Quellenangaben in Steger: Wärmewirtchaft in der keramischen Industrie.

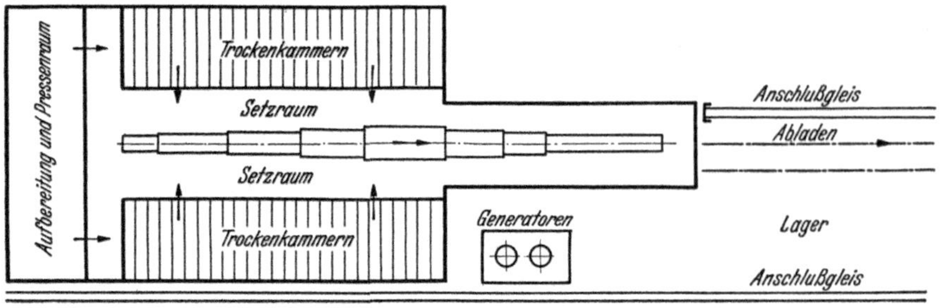

Bild 604. Lageplan einer Fabrik für grobkeramische Erzeugnisse mit Tunnelofen für Gasfeuerung. (Nach Kerabedarf.)

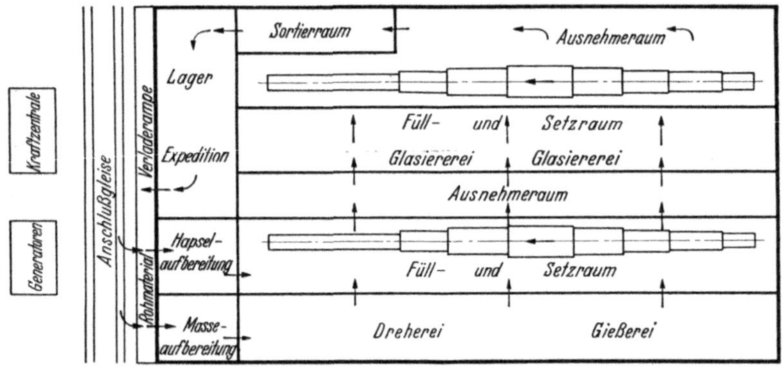

Bild 605. Lageplan einer Fabrik für feinkeramische Erzeugnisse mit Tunnelöfen. (Nach Kerabedarf.)

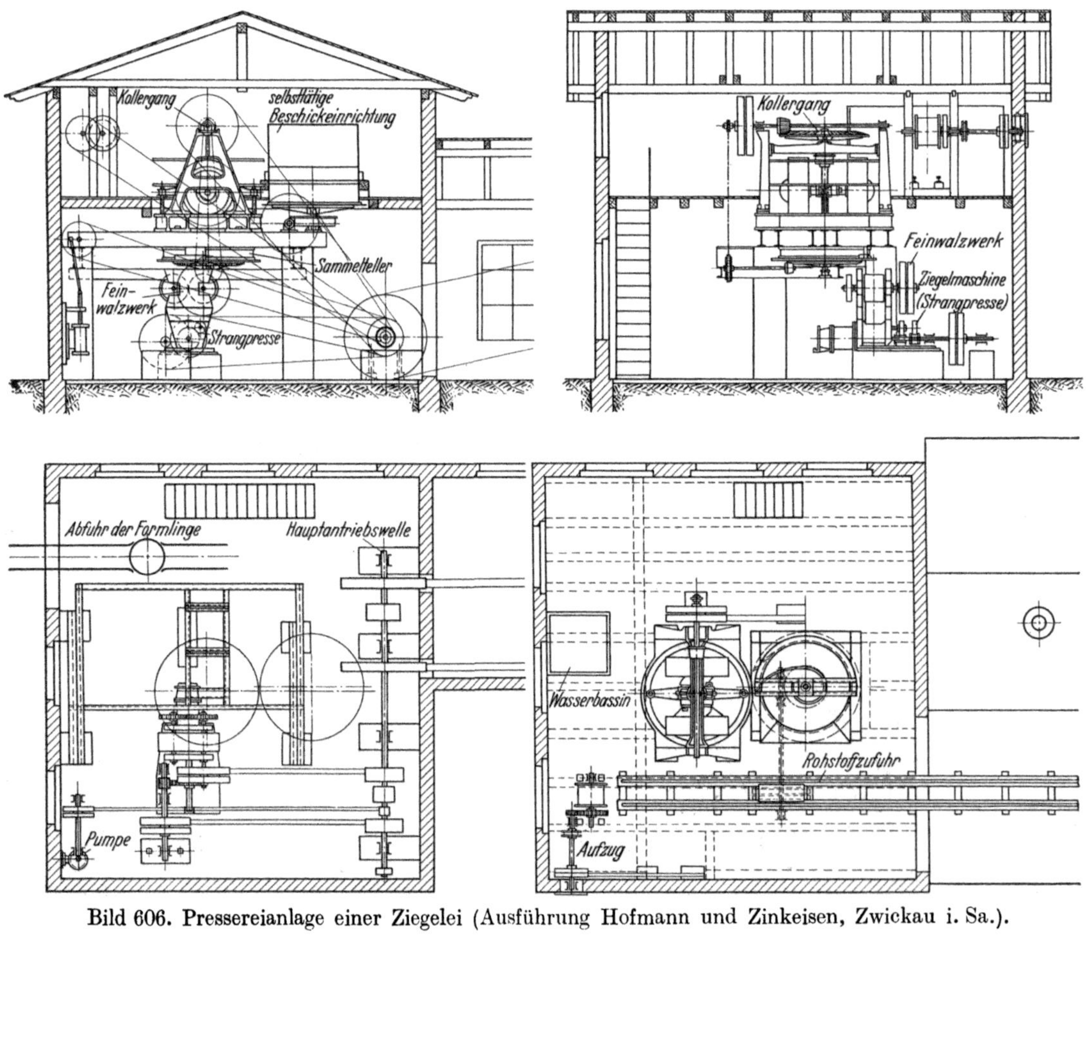

Bild 606. Pressereianlage einer Ziegelei (Ausführung Hofmann und Zinkeisen, Zwickau i. Sa.).

Der Gesamtwärmeverbrauch ergibt sich aus der Nutzwärme und den Wärmeverlusten.

Die Nutzwärme, das ist die vom Wärmgut aufgenommene Wärme, wird verbraucht

1. zur Verdampfung des im Brenngut enthaltenen Wassers (soweit es bei der Trocknung nicht ausgeschieden wurde),

2. zur Erhitzung des Brenngutes auf die Brenntemperatur,

3. zur Herbeiführung physikalischer und chemischer Umwandlungen, die beim Brennen vor sich gehen.

Das vorliegende Zahlenmaterial ist noch unvollständig und ungenau. Immerhin ist es mit Hilfe der von Cohn[1] aufgestellten Versuchsergebnisse möglich, den Wärmeverbrauch für das Brennen der wichtigsten keramischen Rohstoffe und Massen zu bestimmen. Die Zahlen sind in Tabelle 83 zusammengestellt.

Beispiel 27. Es ist die Nutzwärme zum Brennen von 1000 kg Steingut zu berechnen. Das Gut besteht aus 47% Ton, 48% Quarz und 5% Feldspat. Die Brenntemperatur beträgt 1100° C. Zum Einsatz sind 3500 kg Kapseln notwendig, die aus Saarauer Ton hergestellt sind.

Lösung. Unter Benutzung der Werte der Tabelle 83 berechnet sich der Wärmebedarf wie folgt:

Ton	470 · 454,8 =	213756 kcal
Quarz	480 · 292 =	140160 kcal
Feldspat	50 · 281,2 =	14060 kcal
Kapseln	3500 · 311,3 =	1089550 kcal
	insgesamt	1457526 kcal

Zur Ermittlung des wirklichen Brennstoffverbrauches muß der Wirkungsgrad des Ofens bekannt sein. Die vorliegenden Zahlenangaben hierüber können bei der Verschiedenartigkeit der Anlagen und der Betriebsweise nur einen Anhalt bieten. Der Wirkungsgrad[2] einiger Ofenarten wird wie folgt angegeben:

Rundöfen	0,07 bis 0,30
Gaskammeröfen . . .	0,20 bis 0,40
Tunnelöfen	0,30 bis 0,50

Tabelle 85. Brenn- und Abkühlzeiten (einschließlich Ein- und Ausfahren) von keramischen Öfen (nach Katalogangaben der „Kerabedarf", Dresden).

	Tunnelöfen h	Einzelöfen h
Porzellanbrand	30— 45	96—120
Steingutbrand	18— 50	48— 96
Wandplatten, Schrühbrand . .	60—120	160—220
Wandplatten Glattbrand	20— 30	96—120
Fußbodenplatten	80—130	200—260
Ofenkacheln	20— 40	80—110
Feuerfeste Baustoffe	50—120	180—260
Ziegelsteine	40— 60	144—290

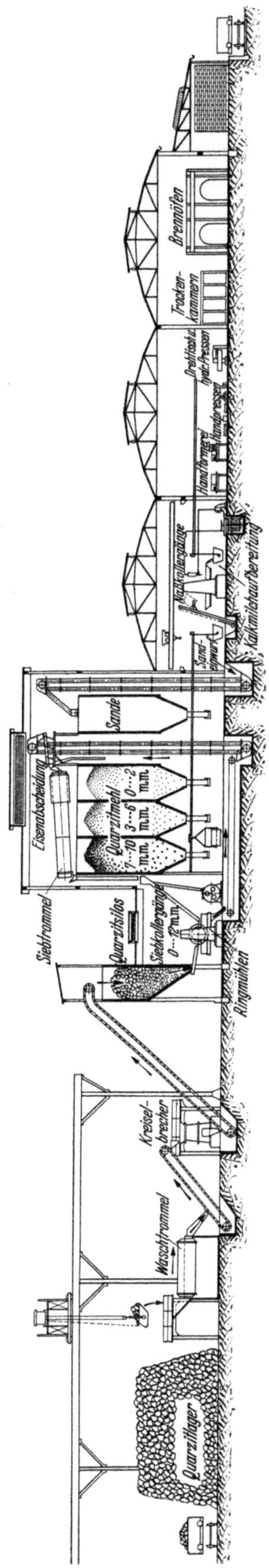

Bild 607. Die Fabrikation von Silikasteinen in schematischer Anordnung.

[1] Ber. dtsch. keram. Ges. Bd. 4 (1923).

[2] Steger: Wärmewirtschaft in der keramischen Industrie. Dresden-Leipzig: Theodor Steinkopff 1927.

Zur Einschränkung der Ofenverluste sei auf folgende Möglichkeiten verwiesen:
Richtige Wahl und Bemessung der Feuerung,
Ermittlung des günstigsten Temperaturverlaufes für den Brennvorgang,
gute Ausnutzung des Ofenraumes und genaue Setzweise des Brenngutes,
weitgehende Abwärmeverwertung,
Verminderung der Wandverluste durch sachgemäßes Isolieren (Wärmeschutz),
ständige Wärmeüberwachung der Anlage.

In Tabelle 84 sind Anhaltszahlen über den Brennstoffverbrauch keramischer Öfen für normale Verhältnisse angegeben. Tabelle 85 enthält Angaben über Brenn- und Abkühlzeiten von keramischen Öfen für verschiedene Erzeugnisse.

VI. Anordnung keramischer Anlagen.

In den Bildern 597 und 598 ist gezeigt, wie die Trockenräume bei Ringofenanlagen zweckdienlich angeordnet werden können. Bild 604 zeigt die Anordnung einer Anlage mit Tunnelofen für grobkeramische Erzeugnisse, Bild 605 den Lageplan einer Fabrik für feinkeramische Waren. Im Bilde 606 ist die Pressereianlage für eine Ziegelei dargestellt. Der Gang der Fabrikation von Silikasteinen kann aus der schematischen Darstellung nach dem Bilde 607 ersehen werden.

Zwölfter Abschnitt.

Die Anlagen der Glashüttenwerke.

I. Die Glasherstellung und die Rohstoffe des Glases.

Glas wird in Schmelzöfen erzeugt und zwar entsteht bei Temperaturen von 1200 bis 1500° eine dünnflüssige Masse, die bei Erniedrigung der Temperatur allmählich zähflüssig und schließlich fest wird. In einem für die Weiterverarbeitung geeigneten Zustande wird das Glas in einer dem herzustellenden Gegenstande entsprechenden Menge dem Schmelzofen entnommen.

Glas ist ein aus dem *Schmelzfluß amorph* (nicht kristallisch) *erstarrter anorganischer* Stoff. Die Glasbildung wird hauptsächlich durch *Kieselsäure* daneben auch durch Borsäure, Phosphorsäure und einigen anderen verursacht. Mit ihnen können die Oxyde der meisten Elemente an der Glasbildung teilnehmen. Im allgemeinen besteht das Glas aus einer der angeführten Säuren und zwei Basen, von denen die eine ein Alkali (Natron, Kali), die andere ein Metalloxyd (Tonerde, Bleioxyd, Zinkoxyd) ist. Die Glaserzeugung hat mit der Tonwaren- und Zementherstellung bezüglich der Rohstoffe und der Anwendung hoher Temperaturen manches Gemeinsame. Es besteht jedoch ein grundsätzlicher Unterschied: Bei der Tonwarenherstellung werden die Rohmaterialien zur „Masse" gemischt, in kaltem Zustande geformt und durch Erhitzen gefestigt. Bei der Glasherstellung dagegen wird aus den Rohmaterialien ein „Gemenge" hergestellt, dieses geschmolzen und im glühenden, plastischen Zustande geformt; die Festigung erfolgt beim Abkühlen (Erstarren).

Kieselsäure bildet den Hauptbestandteil der meisten technischen Glasarten, die hiervon bis zu 80% enthalten. Sie wird meistens in der Form von Sand verwendet. Maßgebend für dessen Verwendung ist die Korngröße und der Eisengehalt. Weißes Glas, insbesondere optisches Glas und Kristallglas, bedingen Sand von nicht mehr als 0,02% Eisenoxyd. Sand von nicht mehr als 0,5 mm Korngröße ist ohne Feinmahlung für die Glasschmelze verwendbar. Für gewöhnliches Glas kann die Kieselsäure durch kieselsäurereiche Gesteine ersetzt werden.

Borsäure macht das Glas leicht schmelzbar, erhöht seinen Glanz, sowie die chemische und thermische Widerstandsfähigkeit. Sie findet Anwendung bei der Herstellung von Kristallglas, optischen Gläsern, Farbgläsern und Gläsern für chemische und physikalische Geräte.

Kalk wird gewöhnlich als natürlicher kohlensaurer Kalk (Kalkspat, Marmor, Kreide, Kalkstein) verwendet. Die beim Schmelzen entweichende Kohlensäure begünstigt einen Vorgang, der als Blankschmelzen (Läuterung der Schmelze) bezeichnet wird. Auch dieser Rohstoff muß bei Herstellung weißen Glases möglichst eisenarm sein.

Bleioxyd wird in der Form von Mennige zugegeben. Das Glas wird hierdurch leicht schmelzbar, hochglänzend und stark lichtbrechend. Mennige wird für Bleikristallglas, optisches Glas, einige Farbgläser und Straßglas (Nachahmung von Edelsteinen) angewandt. Voraussetzung für seine Verwendung ist Freiheit von störenden Bestandteilen, wie Eisen- und Kupferoxyd, Nickel- und Kobaltverbindungen.

Zinkoxyd wird seltener verwandt und zwar vorwiegend bei Gläsern für chemische Geräte.

Die *Alkalien* werden in Form von kalzinierter Soda, als schwefelsaures Natron oder Pottasche zugesetzt.

Trübungsmittel werden beigemengt zur Herstellung von Opalglas, Milchglas, Alabasterglas u. dgl. Als solche dienen Phosphate besonders Knochenasche, fluorhaltige Stoffe, Zinnoxyd und für bleihaltige Gläser Arsenik. *Färbungsmittel* sind erforderlich zur Herstellung farbiger Gläser. Es werden angewandt: Eisenverbindungen für blaugrün bis gelbgrün; Manganverbindungen für violett; Chromverbindungen für grün; Kobaltverbindungen für blau; Nickelverbindungen für violett, braun und grau; Kupferverbindungen für blaugrün und rot; Silberverbindungen für gelb; Goldverbindungen für rot (goldrubin); Holzkohle und Graphit für gelb.

Entfärbungs- und Läuterungsmittel dienen zur Erzielung farblosen Glases. Sie wirken entweder physikalisch durch optische Konglimentierung der Mißfärbung wie z. B. Braunstein, Nickel- und Kobaltoxyd oder chemisch wie z. B. Arsenik, Antimon, Antimonoxyd und Salpeter, indem sie durch Abspaltung von Sauerstoff Eisenoxydul zu Eisenoxyd umwandeln. Das Blaugrün des ersteren wird durch das weniger sichtbare Gelb des letzteren ersetzt.

Das *Gemenge* entsteht durch Mischung der nach genauen Vorschriften festgelegten Bestandteile des „*Glassatzes*“. Das Mischen geschieht von Hand durch Umschaufeln oder bei größeren Anlagen in Mischmachinen. Das Zusammenbringen der Gemengebestandteile kann sowohl nach Gewicht als nach Volumen erfolgen. Als Mischmaschinen kommen Rührwerke und Trommelmischer in Betracht. Letztere mit eingebauten Prell- und Zerteilflächen mischen schnell und erfordern geringeren Kraftverbrauch. Sie haben geringeren Verschleiß als Rührwerke, weil die innere Reibung des Gemenges fortfällt.

II. Die Glasschmelzöfen.

Die Galsschmelzöfen werden nach der Art der Schmelzgefäße in *Hafenöfen* und *Wannenöfen* unterschieden. Bei den Hafenöfen wird das Gemenge in einer Anzahl beweglicher Gefäße, den *Häfen* niedergeschmolzen. Diese werden auf dem flachen Herd in Reihen oder bei runden Öfen in Ringform aufgestellt. Bei den Wannenöfen erfolgt das Schmelzen in einem einzigen Gefäß, das sich über die ganze Herdsohle erstreckt. Die Hafenöfen werden in unterbrochenem Betrieb geführt, während die Wannenöfen in fortlaufendem oder unterbrochenem Betrieb geführt werden können. Im ersteren Fall bezeichnet man sie als *Dauerwanne* im letzteren als *Tageswanne*.

Zur Beheizung der Glasschmelzöfen verwendet man nur noch selten Rostfeuerungen, vereinzelt Halbgasfeuerungen, meistens jedoch Gasfeuerungen. Von letzteren wird die Regenerativfeuerung häufiger als die Rekuperativfeuerung angewandt. Ölfeuerungen sind in Ländern zur Anwendung gekommen, die flüssigen Brennstoff zu niedrigen Preisen zur Verfügung haben. Die Kohlenstaubfeuerung hat sich bis jetzt nicht bewährt. Die elektrische Beheizung ist in Sonderfällen für Sondergläser benutzt worden.

a) Hafenöfen.

1. Die Vorgänge in den Hafenöfen.

Das Gemenge wird in die Häfen eingeführt, nachdem der Ofen auf Schmelztemperatur aufgeheizt ist. Erst nach mehrmaligem Einsetzen von Gemenge haben die Häfen den ganzen Inhalt aufgenommen. Nach dem Niederschmelzen des letzten Einsatzes sind die Häfen hinreichend mit Glas gefüllt. Dann wird die Ofentemperatur erhöht, wobei sich der Inhalt der Häfen durchmischt. Bei weiterer Temperaturerhöhung wird das Glas *geläutert* und *blank* geschmolzen. Sobald die Glasmasse vollständig blasenfrei ist, ist die Läuterung beendet, die Feuerung wird abgestellt. Man läßt nun die Temperatur soweit sinken, bis die für die Weiterverarbeitung erforderliche Zähflüssigkeit erreicht ist. Von diesem Zeitpunkt ab wird das fertige Glas zur Ausarbeitung entnommen. Das geschieht mit der Glasmacherpfeife oder mit der Kelle. Soll das Glas vergossen werden, wird jeder Hafen mit dem Inhalt aus dem Ofen geholt. Gewöhnlich wird in 24 bis 36 h eine

Schmelze fertiggestellt und ausgearbeitet. Eine solche Arbeitsperiode zerfällt in mehrere charakteristische Zeitabschnitte, die schon vorstehend kurz gekennzeichnet sind. Das Bild 608 zeigt die Vorgänge beim Schmelzen von Spiegelglas und den Temperaturverlauf einer Arbeitsperiode von 24 h. Bei Tafelglas erfordert eine Arbeitsperiode meistens 36 h, unter Umständen bis 42 h. Bei Herstellung gegossenen Spiegelglases in kleinen Öfen kann die Dauer eines Arbeitsganges auf 12 h verringert werden.

Das *Aufheizen* (Aufschüren) des Ofens beginnt, sobald das Glas aus den Häfen ausgearbeitet ist. Der Zeitaufwand hierfür ist verschieden. Er ist abhängig von der Temperatursenkung, die während des Ausarbeitens eingetreten ist und vom Gang der Ofenfeuerung. *Hohlglas* wird mit einer Temperatur von 1150 bis 1250° ausgearbeitet, zum Aufheizen auf 1350° genügen gewöhnlich 60 bis 90 min. *Tafelglas* hat eine Arbeitstemperatur von 1020 bis 1100°; zum Aufheizen auf 1350° sind 3,5 bis 4 h erforderlich. *Geblasenes Spiegelglas* hat eine Arbeitstemperatur von 1050 bis 1100°; auf dieser Temperatur wird der Ofen längere Zeit gehalten, deshalb werden zum Aufheizen auf 1350° 4 bis 5 h benötigt. *Gegossenes Spiegelglas* hat eine Arbeitstemperatur von etwa 1100°. Das Vergießen wird schnell abgewickelt, deshalb ist zum Aufheizen nur etwa 1 h erforderlich.

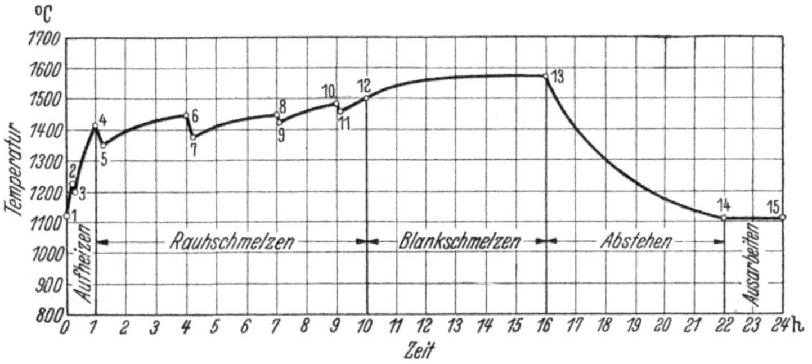

Bild 608. Vorgänge in einem Hafenofen beim Schmelzen von Spiegelglas und Temperaturverlauf während einer Arbeitsperiode von 24 h. Aufheizen 1—4 (2—3 Einlegen von Scherben), Rauhschmelzen 4—12 (4—5 erstes Einlegen, 6—7 zweites, 8—9 drittes Einlegen, 10—12 Gallebrennen, Blankschmelzen 12—13, Abstehen 13—14), Ausarbeiten 14—1.

Das *Rauhschmelzen* (Niederschmelzen, Vorschmelzen) dauert je nach dem Erzeugnis und der Ofengröße 5 bis 16 h: bei Hohlglas 8 bis 10 h; bei Tafelglas 13 bis 16 h; bei Spiegelglas 9 bis 11 h; bei kleinen Öfen, aus denen zweimal täglich gegossen wird, genügen 5 bis 6 h. Um die Abkühlungsverluste beim Einlegen gering zu halten, muß dieses so schnell wie möglich geschehen. Bei kleinen Öfen kann es mit der Kelle durchgeführt werden, bei großen Öfen mit Oberflamme sind mechanische Einrichtungen erforderlich. Im allgemeinen kann man das Einlegen in 15 bis 25 min durchführen, wobei die Häfen gehäuft gefüllt werden. Das Niederschmelzen nimmt je nach der Einstellung des Gemenges und der Temperatur des Ofens 2 bis 5 h in Anspruch. Während der Rauhschmelze gehen die Reaktionen zwischen den Gemengteilen vor sich, die zur Glasbildung führen. Wenn als Flußmittel Natriumsulfat (Glaubersalz) zugegeben wird, ist Abbrennen unzersetzten Natriumsulfats der sog. Glasgalle erforderlich, um Gallblasen und Glasflecken zu vermeiden. Das geschieht durch Einführen von Holzstäbchen oder Koksgrus oder durch Einstellen der Feuerung auf reduzierende Flamme. Hierbei wird eine Temperatur von etwa 1450° eingehalten. Bei Tafelglas und gegossenem Spiegelglas erfordert der Vorgang ungefähr 30 min.

Das *Blankschmelzen* (die Läuterung) bezweckt, die in der Glasmasse vorhandenen Glasblasen zu entfernen. Hierfür wird die Temperatur weiter gesteigert, um eine bestimmte Dünnflüssigkeit zu erreichen, jedoch sind unnötig hohe Temperaturen zu vermeiden, da sie eine Schädigung des Ofenmauerwerks und der Häfen herbeiführen und die Gefahr einer Verflüchtigung von Glasbestandteilen und somit einer Änderung der Glaszusammensetzung entsteht. Während dieses Abschnittes ist der Wärmebedarf auf den Ausgleich der Wandverluste beschränkt, es ist also möglich, die erforderliche Temperaturerhöhung bei wesentlicher Einschränkung der Feuerung und entsprechender Verminderung der Brennstoffzufuhr zu erreichen. Das Austreiben der Gasblasen wird durch Einführen eines Stückes frischen Hartholzes gefördert, indem die hierbei auftretende Verdampfung der Holzfeuchtigkeit die Schmelze in Wallung bringt. Je nach der Art des erzeugten Glases und dem hierfür verlangten Reinheitsgrad erfordert das Blankschmelzen verschiedene Dauer und verschiedene Temperaturen:

Hohlglas	2,5 bis 3,5 h	bei 1420 bis 1480°
Tafelglas	5,5 bis 10 h	bei 1450 bis 1500°
Geblasenes Spiegelglas	6 bis 7 h	bei 1500 bis 1550°
Gegossenes Spiegelglas	6 bis 7 h	bei 1500 bis 1550°

Das *Abstehen* erfolgt zwecks Abkühlen bis zur Arbeitstemperatur. Die Dauer dieses Abschnittes ist abhängig von der Endtemperatur beim Blankschmelzen und der für das Ausarbeiten erforderlichen Temperatur. Sie schwankt zwischen 1 und 9 h.

Hohlglas:	Abkühlen von 1480 auf 1150 bis 1250°;	Dauer 1 bis 3 h
Tafelglas:	Abkühlen von 1500 auf 1000 bis 1100°;	Dauer 6 bis 7 h
Spiegelglas:	Abkühlen von 1550 auf 1100 bis 1200°;	Dauer 6 bis 9 h

Das *Ausarbeiten* geschieht bei der Arbeitstemperatur, die der für die Weiterverarbeitung des Glases erforderlichen Zähflüssigkeit entspricht. Dem Ofen ist während dieses Zeitabschnittes soviel Wärme zuzuführen, daß diese Temperatur erhalten bleibt. Um Temperaturschwankungen zu vermeiden ist bei Regenerativfeuerungen in Zeitabständen von etwa 15 min umzuschalten. Der Zeitaufwand für das Ausarbeiten ist für die verschiedenen Erzeugnisse und Arbeitsverfahren verschieden. Es sind erforderlich:

bei Hohlglas und Tafelglas	8 bis 12 h
bei geblasenem Spiegelglas	12 bis 14 h
bei gegossenem Spiegelglas	etwa 2 h (für jeden Hafen etwa 7 min)

2. Bauarten und Abmessungen von Hafenöfen.

Hafenöfen werden mit Horizontalbrennern als *Oberflammöfen* nach dem Bilde 609 und mit Vertikalbrennern als *Büttenöfen* oder *Schlitzöfen* nach dem Bilde 610 ausgeführt. Die Oberflammöfen werden meist zur Erzeugung von gegossenem Spiegelglas angewandt. Bei ihnen findet die Wärmeübertragung vorwiegend von der Flamme und dem Gewölbe auf den Glasspiegel statt. Es fehlt die „*Grundhitze*“ die von der Seite aus auf die Hafenwände einwirkt und die sich bei Öfen mit Vertikalbrennern beim Warmhalten während des Arbeitens günstig auswirkt. In diesem Arbeitsabschnitt ist nur wenig Wärme erforderlich. Es kommt nur eine geringe Gasmenge zur Verbrennung, die mit kurzer Flamme vor sich geht und daher eine gleichmäßige Beheizung aller Häfen erschwert. Wenn für das Ausarbeiten nur kurze Zeit erforderlich ist, macht sich dieser Mangel nicht so stark bemerkbar. Wenn erforderlich, arbeitet man während dieses Arbeitsabschnittes mit Gasüberschuß, um alle Häfen mit Flamme zu überdecken. Ist für das Ausarbeiten längere Zeit erforderlich, so wird der Ofen mit Vertikalbrennern bevorzugt, da bei diesem trotz schwacher Beheizung während dieses Arbeitsabschnittes eine gleichmäßige Erwärmung möglich ist. Allerdings ist damit ein Nachteil verbunden, der sich aus der einseitigen Beeinflussung der Häfen durch die Flamme ergibt. Die Lebensdauer der Häfen ist daher bei Öfen mit Vertikalbrennern kürzer. Hinzu kommt, daß das Gewölbe bei Öfen mit Vertikalbrennern stärker beansprucht wird und die Brenner schneller verschleißen, zumal diese auch durch „Herdglas“ chemisch beansprucht werden.

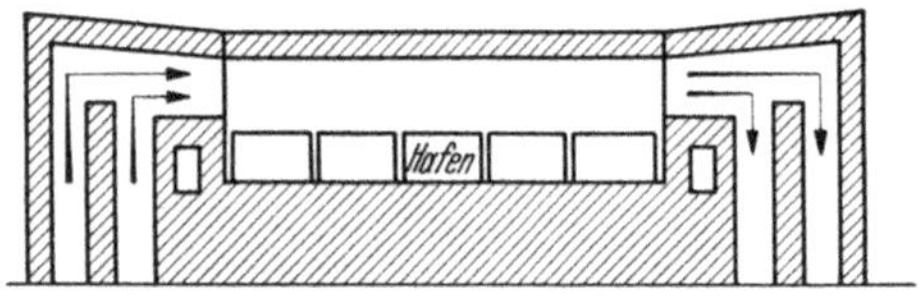

Bild 609. Hafenofen mit Horizontalbrennern (Oberflammofen).

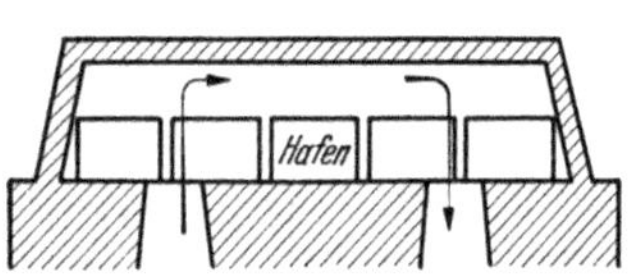

Bild 610. Hafenofen mit Vertikalbrennern (Büttenofen).

Bei den Büttenbrennern [Bild 79 (S. 69)] findet die Mischung von Gas und Luft im Brennerschacht statt, es tritt eine mehr oder weniger ausgebildete Flamme in den Herdraum ein. Bei den Schlitzbrennern [Bild 80 (S. 69)] erfolgt Mischung und Verbrennung erst im Herdraum. Deshalb sind Schlitzbrenner für größere Herdflächen besser geeignet, während für kleinere Herdflächen der Büttenbrenner zu bevorzugen ist. Öfen mit Büttenbrennern werden für Hohlglaserzeugung mit Herdflächen von 5 bis 20 m² fast ausschließlich verwandt. Die Öfen mit Schlitzbrennern von 10 bis 30 m² Herdfläche finden für Herstellung von Tafelglas, geblasenem Spiegelglas und Hohlglas Verwendung.

Sehr wichtig ist bei Hafenöfen eine *gleichmäßige Wärmeverteilung* über den ganzen Herdraum, damit alle Vorgänge in sämtlichen Häfen mit gleicher Geschwindigkeit verlaufen. Zurückbleiben einzelner Häfen bedeutet in seiner Auswirkung eine Verzögerung für den ganzen Arbeitsgang, bedingt also Verminderung der Erzeugung und Erhöhung des Brennstoffverbrauchs und birgt die Gefahr örtlicher Überhitzung von Häfen und vorzeitigen Hafenbruches. Ungleichmäßigkeiten kommen in der Längsrichtung und Querrichtung vor. Unsymmetrischer Temperaturverlauf in der Längsrichtung mit ungleichen Temperaturen an den Ofenköpfen kann durch unsymmetrische Anordnung der Umsteuerorgane in den Verbindungskanälen zwischen Kammern und Brennern hervorgerufen werden. Infolge der verschiedenen Länge der Kanäle zwischen Kammern und Umsteuerorganen treten Gas und Luft mit verschiedenen Temperaturen in den Ofen ein, so daß sich auch an den beiden Ofenköpfen verschiedene Verbrennungstemperaturen ergeben. An dem Ofenkopf mit der niedrigen Verbrennungstemperatur bleiben die Häfen natürlich zurück. Eine Änderung dieses Zustandes kann nur durch bauliche Änderungen erreicht werden. Unsymmetrischer Temperaturverlauf in der Längsrichtung kann auch durch schlechten baulichen Zustand von Kammern und Umsteuerorganen hervorgerufen werden. Bei Oberflammöfen kommt es vor, daß die Verbrennung verzögert wird durch schlechte Mischung oder durch zu geringe Zündgeschwindigkeit. Vor den Ofenköpfen ist dann die Temperatur zu niedrig, was ein Zurückbleiben der dort stehenden Häfen zur Folge hat.

3. Häfen.

Die *Häfen* werden meistens als offene Gefäße ausgeführt. Geschlossene Häfen mit Abdeckung durch eine Haube mit röhrenförmiger Schnauze finden nur beim Schmelzen von Bleiglas, feinen Farbengläsern und Kristallglas zum Schutz gegen Rauch, Flugasche und Schwefel Verwendung. Häfen mit ovalem Querschnitt sind bei der Herstellung von gegossenem Spiegelglas in Gebrauch, da sie eine günstigere Ausnutzung der großen Herdfläche ermöglichen und sich für das Erfassen mit der Zange besser eignen. Bei Rundöfen mit Rekuperativgasfeuerung also dauernd gleicher Flammenwirkung, werden Wannen mit eiförmigem Querschnitt verwendet, die eine sehr günstige Herdflächenausnutzung ergeben. Der Mantel der Häfen steht außen fast senkrecht zum Boden, während er innen schwach konisch mit zunehmender Stärke nach unten gestaltet wird. Die Stärke des Mantels beträgt bei Hohlglashäfen 5 bis 7 cm, bei Tafelglashäfen 9 bis 12 cm, bei Spiegelglashäfen 10 bis 13,5 cm. Die Bodenstärke schwankt je nach der Größe der Häfen zwischen 8 und 18 cm. Der Hafeninhalt entspricht nicht ganz dem theoretischen Fassungsvermögen, einerseits weil es nicht angängig ist, sie bis zum Rande mit flüssigem Glase zu füllen wegen der Mängel beim Einsetzen und mit Rücksicht auf das Überlaufen beim Blasen und die Schrägstellung bei geneigten Gesäßflächen, andererseits weil die geschmolzene Glasmenge nicht immer ganz aufgearbeitet werden kann, wenn das Glas am Boden durch Aufnahme von Tonerde aus der Hafenwand unbrauchbar geworden ist. Der Ausnutzungsfaktor des Hafeninhalts schwankt zwischen 30 und 70%, was beim Entwurf einer Ofenanlage zu berücksichtigen ist. Runde Häfen erhalten je nach der Größe der Öfen einen lichten Durchmesser von 50 bis 100 cm, bei einer inneren Höhe von 50 bis 80 cm. Die ovalen Häfen haben in der Längsrichtung einen Durchmesser von 110 bis 168 cm, in der Querrichtung einen solchen von 80 bis 100 cm und eine innere Höhe von 60 bis 80 cm. Die Hafengröße richtet sich vorwiegend nach den herzustellenden Gegenständen. Sie soll so gewählt werden, daß sie in einer Schicht ausgearbeitet werden können. Bei Spiegelglas ist man bemüht, große Platten herzustellen, man wählt hierfür möglichst große Häfen. Die Grenze ist gegeben durch die Notwendigkeit, ihre Festigkeit sicher zu stellen, was mit der Größe erhöhte Schwierigkeiten verursacht. Die Zahl der Häfen für einen Ofen schwankt zwischen 4 und 20. Hohlglasöfen haben meistens 8, 10 oder 12 Häfen. Tafelglasöfen haben meistens 8 Häfen von 112 bis 142 cm Innendurchmesser und 63 bis 74 cm Höhe. Spiegelglasöfen sind gewöhnlich für 16 Häfen eingerichtet.

4. Ofenherd der Hafenöfen.

Die Gestaltung der *Herdfläche* ist verschieden. Oberflammöfen haben einen Herd von rechteckiger Form. Die gleiche Form haben die Schlitzöfen für Tafelglas. Bei Büttenöfen für Hohlglas ist eine Form mit nach außen gewölbten Längswänden bevorzugt. Die kreisrunde Form wird für Öfen mit Rekuperativfeuerung für Herstellung von Hohlgas und Tafelglas verwendet. Die Größe der Herdfläche von ausgeführten Hafenöfen schwankt zwischen 5 und 50 m^2, hierbei ergeben sich als Grenzwerte für die Längen des Herdes 2,5 und 11,5 m, für die Breite 2,0 und 4,8 m.

Die *Länge und Breite des Herdes* ergeben sich aus den Abmessungen und der Zahl der Häfen, wobei zu beachten ist, daß die Zwischenräume zwischen den einzelnen Häfen so knapp wie möglich festzulegen sind. Bei Bütten- und Schlitzöfen soll der Abstand der Häfen von den Brennern mindestens 150 mm, höchstens 300 mm betragen. Bei Oberflammöfen können die beiden Hafenreihen dicht nebeneinander stehen.

Die *Höhe des Herdraumes* wird nach der Höhe der Häfen bestimmt. Der freie Raum oberhalb der Häfen wird bei Bütten- und Schlitzöfen gleich der Höhe der Häfen, bei Oberflammöfen ungefähr gleich der doppelten Hafenhöhe gewählt. Die Erfahrung hat ergeben, daß bei dem sich hierbei ergebenden Durchflußquerschnitt für die Flamme eine günstige Haltbarkeit für Gewölbe und Häfen erreicht wird, ohne eine Verschlechterung des Wärmeübergangs auf das Schmelzgut nachweisen zu können. Die Gasstrahlung nimmt mit zunehmender Stärke der strahlenden Gasschicht zu, die Anordnung der Brenner bedingt eine lebhafte Durchwirbelung der Feuergase, so daß die geringere Strömungsgeschwindigkeit den Wärmeübergang durch Konvektion kaum beeinflussen dürfte. Eine Verbesserung der Mischung ist durch Änderung der Brenner zu erreichen. Eine Erhöhung der Zündgeschwindigkeit wird bewirkt durch erhöhte Vorwärmtemperatur, Verminderung der Gasfeuchtigkeit, Erhöhung des Wasserstoffgehaltes im Gas und gegebenenfalls durch mäßige Erhöhung des Luftüberschusses. Ungleichmäßige Verbrennung und ungleichmäßige Temperaturen in der Querrichtung sind immer auf unsachgemäße Brennerbauart zurückzuführen und durch entsprechende bauliche Änderungen zu beseitigen.

Die gleichmäßige Wärmeverteilung macht um so größere Schwierigkeiten, je größer die Öfen sind, also je größer die Gas- und Luftmengen sind. Im allgemeinen haben Hafenöfen nur ein Brennerpaar. Das ergibt eine einfache Ofenbauart, die auch bei den großen Siemens-Martin-Öfen bevorzugt wird. Um die vorstehend gekennzeichneten Schwierigkeiten zu beheben, ist man vereinzelt dazu übergegangen, bei größeren Hafenöfen zwei Brennerpaare vorzusehen, so daß sich über jeder Hafenreihe eine Flamme entwickelt. Die gleichmäßige Einstellung der beiden Flammen wird durch Regelung von Gas und Luft durch Änderung der Kanalquerschnitte mittels Schamotteplatten vorgenommen. Beim Vielflammofen von KNOBLAUCH werden die Flammen quer zur Längsachse des Ofens geführt, um eine gleichmäßige Beheizung großer Herdflächen zu ermöglichen.

5. Die Brenner der Hafenöfen.

Bei den *Büttenbrennern* (vgl. 2. Abschn. S. 69) stoßen Gas und Luft im vertikalen Brennerschacht senkrecht aufeinander, ohne jedoch hier eine vollständige Mischung zu erfahren. Die aus der Bütte austretende Flamme ist an der Gasseite gasreicher als auf der gegenüberliegenden Luftseite. Diese Unvollkommenheit der Mischung und Verbrennung kann sich durch den Herdraum bis zur abziehenden Bütte fortsetzen. Eine Verbesserung kann durch Verjüngung des Querschnittes der Bütte bis zur Mündung oder dadurch erreicht werden, daß man den Gas- und Luftstrom unterteilt in die Bütte eintreten läßt.

Bei den *Schlitzbrennern* ist auf den senkrechten Brennerschacht verzichtet. Gas- und Luftströme treten nebeneinander aus Schlitzen in der Herdsohle in den Herdraum ein und mischen sich hier.

Die gebräuchlichen Brenner für Oberflammöfen sind im 2. Abschnitt behandelt. Es sei hier nur darauf hingewiesen, daß man bei Glasschmelzöfen neuerdings die Brenner ohne Zunge bevorzugt.

Kleine *Brennerquerschnitte* ergeben infolge größerer Gasgeschwindigkeit eine straffe geschlossene Flamme von größerer Länge, was bei langen Oberflammöfen erwünscht ist, da hierdurch der Temperaturabfall zum abziehenden Kopf vermindert wird. Es ist

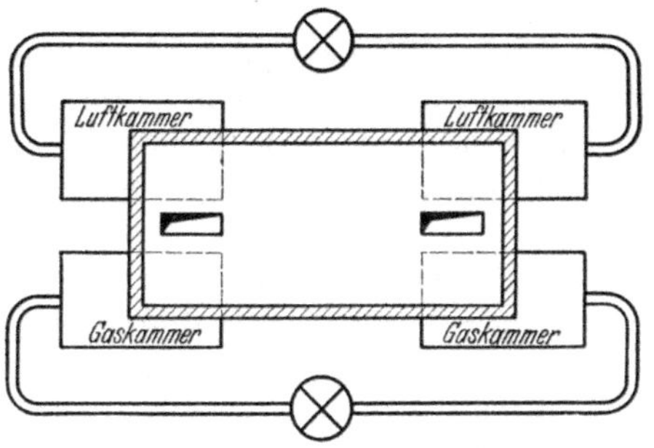

Bild 611. Hafenofen mit Vertikalbrennern, mit parallel zur Längsachse liegenden Kammern.

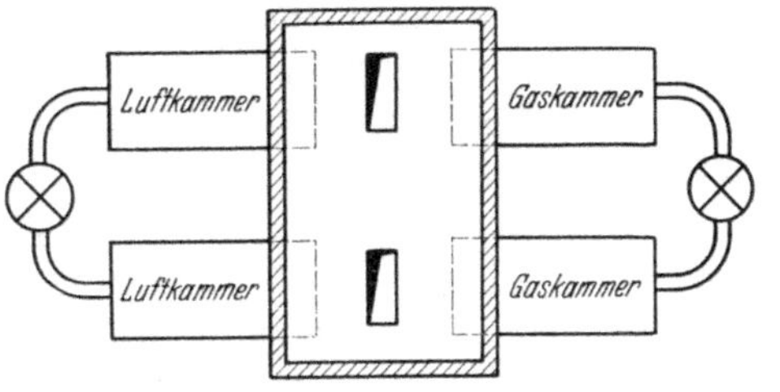

Bild 612. Hafenofen mit Vertikalbrennern und rechtwinklig zur Längsachse liegenden Kammern.

jedoch zu berücksichtigen, daß höhere Gasgeschwindigkeiten höheres Druckgefälle erfordern. Bei Vertikalbrennern ist zu große Eintrittsgeschwindigkeit in den Herdraum nicht erwünscht, weil die Flamme zu stark auf das Gewölbe aufprallt und dieses übermäßig angreift. Bei zu großen Brennerquerschnitten beginnt die Verbrennung bereits im Brenner, die sich bildende Flamme hat zwar großen Querschnitt, aber geringe Länge, die Temperatur fällt schnell ab und die Wärmeverteilung im Herdraum wird ungleichmäßig. Da der Wärmebedarf eines Ofens vorwiegend von der Größe der Herdfläche abhängig ist, muß auch Gas- und Luftmenge und somit, gleiche Strömungsgeschwindigkeit vorausgesetzt, der Brennerquerschnitt in einem bestimmten Verhältnis zur Herdfläche stehen. Aus einer Statistik der Wärmetechnischen Beratungsstelle der deutschen Glasindustrie in Frankfurt a. M. ergibt sich, daß bei den meisten Öfen der Brennerquerschnitt 1,5 bis 2,5% der Herdfläche beträgt.

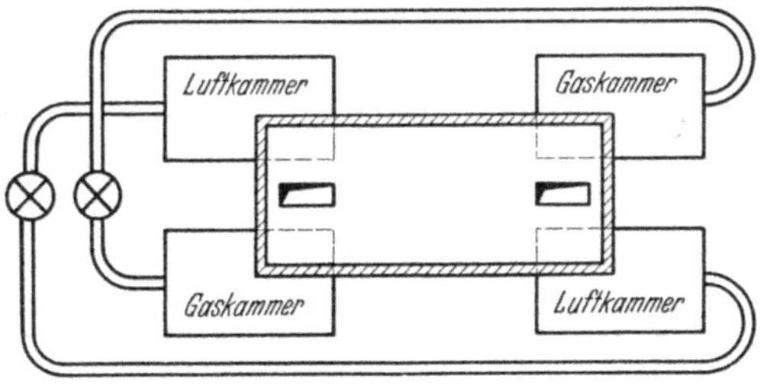

Bild 613. Büttenofen mit unsymmetrischer Anordnung der Kammern und Umstellorgane.

6. Die Kammern der Hafenöfen.

Die Kammern (Regeneratoren) werden sowohl parallel, als auch quer zur Längsachse des Oberofens angeordnet. Das Bild 611 zeigt eine Ausführungsform mit paralleler

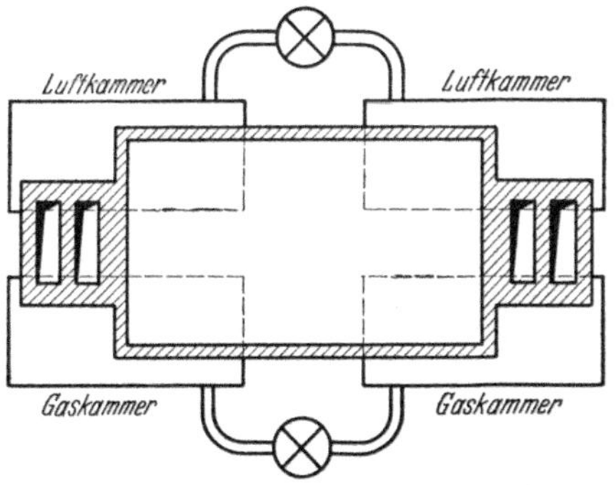

Bild 614. Oberflammofen mit parallel zur Längsachse liegenden Kammern.

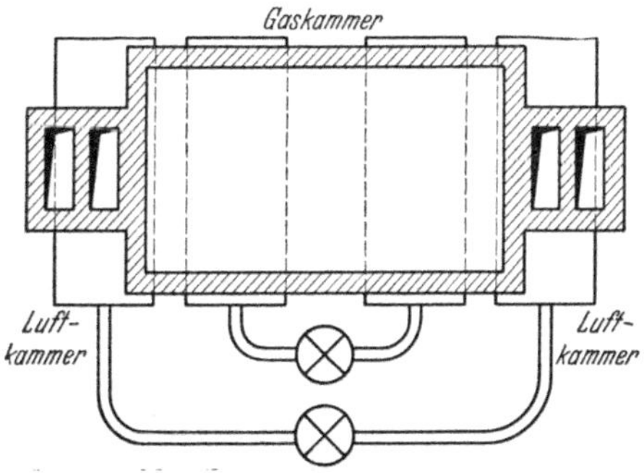

Bild 615. Oberflammofen mit rechtwinklig zur Längsachse liegenden Kammern.

Anordnung, das Bild 612 eine solche mit querliegenden Kammern. Bei letzterer Anordnung ergeben sich kürzere Verbindungskanäle und günstigere Strömungsverhältnisse in den Kammern. Die Kanäle wirken als ein Teil der Wärmespeicher, sie haben aber sehr große wärmeleitende Oberfläche und ungünstige Speicherwirkung, deshalb einen schlechten Wirkungsgrad; sie verursachen auch Verluste durch unvermeidliche Undichtigkeiten. Sie sollten so kurz wie möglich gehalten werden, wenn die örtlichen Verhältnisse es zulassen.

Man findet auch Kammeranordnungen nach dem Bilde 613, bei denen die Kammern gleicher Art diagonal zueinander angeordnet sind. Hierdurch wird eine unsymmetrische Anordnung der Umstellorgane hervorgerufen, die Verbindungskanäle haben ungleiche Länge, was sich ungünstig auf den Ofengang auswirkt und die Ursache ungleicher Wärmeverteilung sein kann.

Bei Oberflammöfen sind die Anordnungen nach den Bildern 614 und 615 am meisten im Gebrauch. Die letztere Anordnung ist zu bevorzugen, besonders bei langen Öfen, da hierbei eine gleichmäßige Flammenverteilung auf den Ofenquerschnitt gesichert ist.

7. Leistungen und Wärmeverbrauch der Hafenöfen [1].

Bei zu entwerfenden Neuanlagen ist von der angestrebten Erzeugungsmenge auszugehen. Mit Rücksicht auf eine günstige Wärmewirtschaft und niedrigste Anlagekosten sind möglichst große Einheiten zu nehmen, da die Glasausbeute je m² Herdfläche mit der Größe des Ofens wächst und der Wärmeaufwand je kg Erzeugung abnimmt.

Tabelle 86 enthält Angaben über die mittlere Schmelzleistung, die bei voller Belastung der Öfen erreicht wird. Tabelle 87 gibt den mittleren Gesamtwärmeverbrauch je kg Glas in Abhängigkeit von der Größe der Herdfläche an. Auch für diese Zahlen ist volle Belastung des Ofens Voraussetzung. Diese Zahlen können bei günstigster Gestaltung des Ofens und sorgfältigster Betriebsführung unterschritten werden. Der Wärmeverbrauch steigt erheblich, wenn der Ofen nicht voll ausgenutzt wird. Tabelle 88 zeigt die Abhängigkeit des bezogenen Wärmeverbrauchs von der Schmelzleistung je m² Herdfläche, wobei unter Berücksichtigung der Tabelle 86 zu beachten ist, daß die größten

Tabelle 86. Mittlere Schmelzleistung von Hafenöfen kg/h.

Größe der Herdfläche m²		6	7	8	9	10	11	12	13	14	15	20	25	30	35	40	45	50
Hohlglas	Gesamtleistung	40	50	60	70	85	100	115	130	150	170	275	—	—	—	—	—	—
	je m² Herdfläche	6,7	7,1	7,5	7,8	8,5	9,0	9,7	10	10,7	11,3	13,8	—	—	—	—	—	—
Tafelglas	Gesamtleistung	—	—	—	—	—	—	—	75	85	105	170	250	—	—	—	—	—
	je m² Herdfläche	—	—	—	—	—	—	—	5,8	6,1	7,0	8,5	10,0	—	—	—	—	—
Spiegelglas	Gesamtleistung	—	—	—	—	—	—	—	—	—	—	174	235	325	410	520	680	850
	je m² Herdfläche	—	—	—	—	—	—	—	—	—	—	8,7	9,4	10,1	10,2	13,0	15,0	17,0

Tabelle 87. Mittlerer Gesamtwärmeverbrauch je kg Glas in 1000 kcal in Abhängigkeit von der Größe der Herdfläche.

Größe der Herdfläche m²	6	7	8	9	10	11	12	13	14	15	20	25	30	35	40	45	50
Hohlglas	18	17	16	15	14,2	13,5	12,9	12,3	11,8	11,2	9,5	—	—	—	—	—	—
Tafelglas	—	—	—	—	—	—	—	—	20,0	19,1	15,1	12,5	11,0	10,0	—	—	—
Spiegelglas	—	—	—	—	—	—	—	—	—	—	15,0	13,5	12,1	10,9	9,5	8,2	7,5

[1] Wärmetechnische Beratungsstelle der Deutschen Glasindustrie: Glasschmelzhafenöfen mit Regenerativfeuerung. Frankfurt a. M.: Selbstverlag 1926.

Herdbeanspruchungen bei den größten Öfen erreicht werden. Je geringer die Glasausbeute eines Ofens ist, um so geringer ist die Nutzwärme und um so größer ist der Anteil am Gesamtwärmeverbrauch, der für Wand- und Abgasverluste aufgewendet werden muß. Eine Ergänzung zu Tabelle 88 geben die Wärmeverbrauchszahlen in Abhängigkeit vom Ausnutzungsfaktor der Häfen nach Tabelle 89. Als volle Belastung der Glasschmelzöfen ist diejenige anzusehen, bei der mit günstigstem Wirkungsgrad also höchster

Tabelle 88. Mittlerer Gesamtwärmeverbrauch in Abhängigkeit von der bezogenen Schmelzleistung.

Schmelzleistung je m² Herdfläche kg/h	4	5	6	7	8	9	10	11	12	13	14	15	16	18
Wärmeverbrauch 1000 kcal/kg	30	24,5	20,5	18,0	15,9	14,0	12,2	11,6	10,2	9,2	8,4	7,9	7,5	7,2

Tabelle 89. Mittlerer Gesamtwärmeverbrauch in Abhängigkeit vom Ausnutzungsfaktor der Häfen.

Ausnutzungsfaktor %		25	30	35	40	45	50	55	60	70
Verbrauch in 1000 kcal/kg	Hohlglas	28	24	21	17,5	16,5	14,5	13,0	11,0	9,0
	Tafelglas	20	18	16,5	15,5	14,0	12,9	11,8	11,0	9,0
	Geblasenes Spiegelglas.	28	26	23,5	22,0	20,0	19	17,8	16,2	15,0
	Gegossenes Spiegelglas	18	16,0	14,0	12,0	10,7	9,5	8,5	8,0	7,5

Wärmeausnutzung eine einwandfreie Glasqualität erzeugt wird, ohne daß eine übermäßige Abnutzung des Ofenmauerwerks und der Häfen eintritt. Es kann allerdings nicht verkannt werden, daß mit der Höhe des Herdraumes und der Seitenwände die Wandverluste steigen.

Die Wärmebelastung der Hafenöfen während des Schmelzens liegt zwischen 100000 und 160000 kcal/m² Herdfläche, beträgt also im Mittel ungefähr 130000 kcal/m² Herdfläche.

Der Gesamtwärmeverbrauch umfaßt den Brennstoffaufwand für eine ganze Arbeitsperiode, wird also benötigt zum Aufheizen, Schmelzen und Warmhalten bis zur Beendigung des Ausarbeitens. Der Zeitaufwand für das Ausarbeiten hat naturgemäß auch einen Einfluß auf den Gesamtwärmeverbrauch. Das kommt zum Teil in den günstigen Zahlen bei gegossenem Spiegelglas zum Ausdruck.

Wie schon oben ausgeführt und durch die vorstehenden Zahlenangaben nachgewiesen wurde, ist es vorteilhaft, große Einheiten zu betreiben. Es ergibt sich jedoch, daß das nur dann den erwarteten Vorteil bringt, wenn die Öfen voll ausgenutzt werden. Der Gesamtwärmeverbrauch eines Ofens nimmt kaum merklich ab, wenn die Erzeugung vermindert wird. Wird er mit der Hälfte der normalen Erzeugung betrieben, so steigt der spezifische Wärmeverbrauch nahezu auf das Doppelte. Es ist dann im allgemeinen günstiger, einen Ofen von halber Leistungsfähigkeit mit voller Belastung zu betreiben. Jedenfalls arbeitet von einer gewissen Grenze ab der vollbelastete kleine Ofen wirtschaftlicher als der teilbelastete große Ofen. Eine Unterteilung der Erzeugung auf mehrere Öfen hat auch den Vorteil, daß Betriebsstörungen am Ofen sich nicht so stark auf den ganzen übrigen Betrieb auswirken und der gewöhnlich vorgesehene Reserveofen hat einen nicht so großen Anteil an den gesamten Anlagekosten.

Im Bilde 616 ist die Ausführungszeichnung für einen Schmelzofen für 16 Häfen wiedergegeben.

b) Wannenöfen.

Die Vorgänge in den Wannenöfen.

Bei den *Tageswannen* entspricht die Betriebsweise derjenigen der Hafenöfen. Die Vorgänge verlaufen in der gleichen Reihenfolge mit der gleichen Temperatursteigerung oder Temperatursenkung. Nach dem Aufheizen erfolgt Rauhschmelzen mit mehrmaligem Einlegen, Blankschmelzen und Abstehen. Dann beginnt das Ausarbeiten. Diese Arbeitsabschnitte werden so gelegt, daß das Ausarbeiten auf der Tagschicht durchgeführt werden kann. Hierdurch erklärt sich ihre Bezeichnung. *Dauerwannen* müssen also so beheizt werden, daß die Temperatur in allen Teilen der Wanne möglichst gleich ist und den Erfordernissen der verschiedenen Arbeitsabschnitte entsprechend erhöht und gesenkt werden kann. Bei den *Dauerwannen* spielen sich die verschiedenen Vorgänge nicht an der gleichen Stelle zeitlich nacheinander, sondern gleichzeitig an verschiedenen Stellen der Wanne ab. Das Gemenge wird an einem Ende der Wanne eingelegt, während das auf Arbeitstemperatur abgekühlte Glas am anderen Ende entnommen wird. Sie müssen

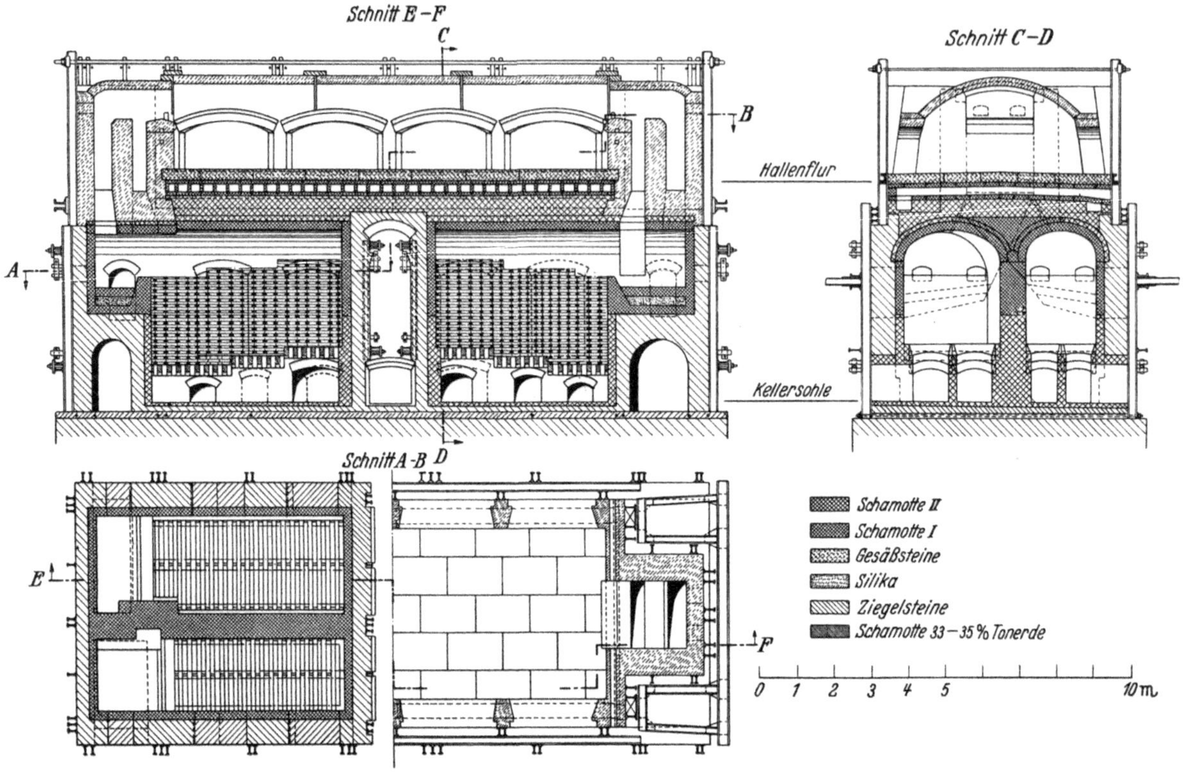

Bild 616. Glasschmelzofen für 16 Häfen.

also so beheizt werden, daß die für die verschiedenen Vorgänge erforderlichen Temperaturen an bestimmten Stellen des Ofens dauernd aufrecht erhalten werden. Das Glas durchfließt die Wanne in ununterbrochenem Strome und gelangt nacheinander in Zonen, in denen Rauhschmelzen, Blankschmelzen (Läutern), Abstehen (Abkühlen) und Entnahme erfolgt. Bei größeren Öfen werden die Zonen durch schwimmende Brücken aus Schamotte oder andere Vorkehrungen gegeneinander abgegrenzt, so daß sie als getrennte Räume in Erscheinung treten.

Eine *Verbindung von Tageswannen- und Dauerwannenbetrieb* kommt in einzelnen Fällen zur Anwendung, wenn die Schmelzleistung der Wanne über die normale gesteigert werden soll, oder wenn die Wanne nicht lang genug ist, um das im Schmelzraum erzeugte und im Läuterraum blank geschmolzene Glas bis zur Entnahmestelle hinreichend abzukühlen oder wenn die Fließgeschwindigkeit so groß wird, daß das Glas in nicht vollständig geläutertem Zustand in den Abstehraum gelangt. Bei diesem Verfahren wird das Ausarbeiten unterbrochen, sobald sich einer der gekennzeichneten Mängel einstellt.

Stiefelwannen sind kurze Wannen, bei denen das Glas mit einer für die Verarbeitung zu hohen Temperatur bis zur Entnahmestellen gelangt. Vor den Arbeitsöffnungen werden dann Hohlkörper aus Schamotte angeordnet, die in das Glasbad eintauchen. Das Glas der Entnahmestellen wird durch diese „Stiefel" von dem übrigen Wanneninhalt getrennt. Durch Öffnungen am unteren Ende der Stiefel kann Glasmasse nachfließen. Durch die Eintauchtiefe des Stiefels wird die Temperatur seines Glasinhalts geregelt, da in Abhängigkeit hiervon das Glas aus höheren oder tieferen Schichten, also wärmer oder kälter entnommen wird.

2. Bauarten und Abmessungen von Wannenöfen.

Der *Herdraum der Wannenöfen* wird nur zum Teil beheizt. Der beheizte Raum umfaßt den Schmelzraum und den Läuterraum, die durch eine schwimmende Brücke aus Schamotte voneinander getrennt sind. Zwischen Läuterraum und Abstehraum ist gewöhnlich noch eine zweite Brücke angeordnet. Die Unterteilung einer Wanne für Tafelglas ist aus

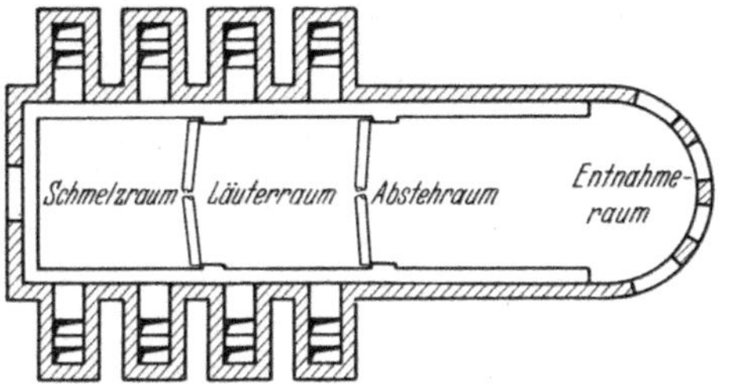

Bild 617. Unterteilung einer Wanne für Tafelglas.

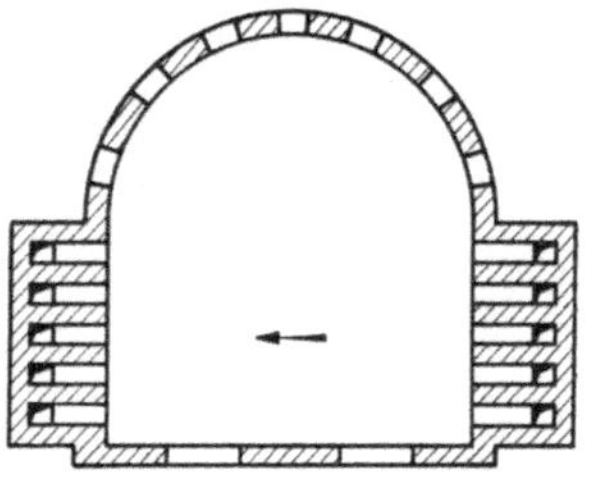

Bild 618. Kurze Wanne mit Querflamme.

dem Bilde 617 ersichtlich. Der unbeheizte Raum umfaßt den Abstehraum und den Entnahmeraum. Zwischen Abstehraum und Entnahmeraum ist im allgemeinen keine bauliche Einrichtung zur Trennung vorgesehen, nur bei Öfen, aus denen das Glas maschinell entnommen wird, ist der Entnahmeraum von dem übrigen Teil der Wanne durch eine

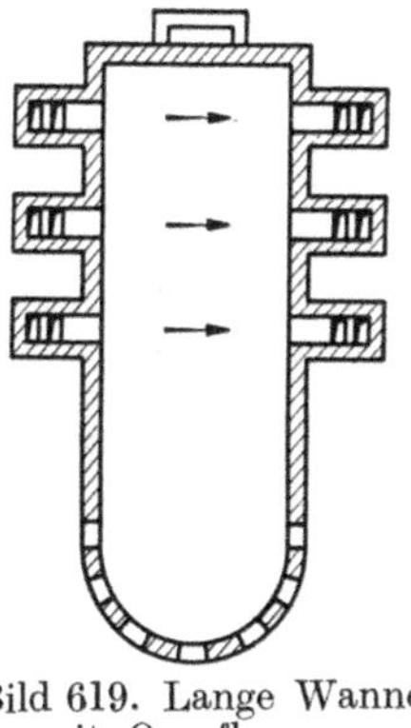

Bild 619. Lange Wanne mit Querflamme.

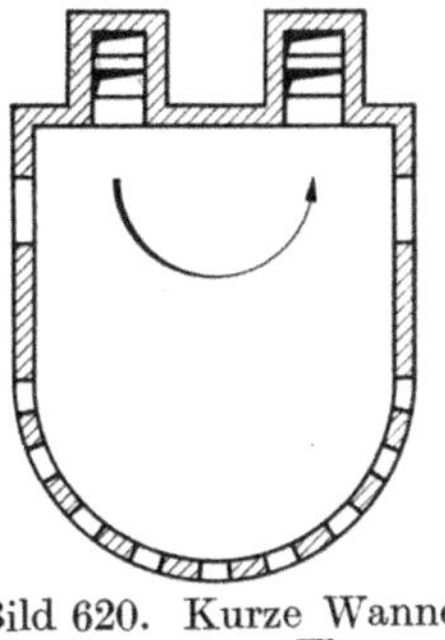

Bild 620. Kurze Wanne mit U-förmiger Flamme.

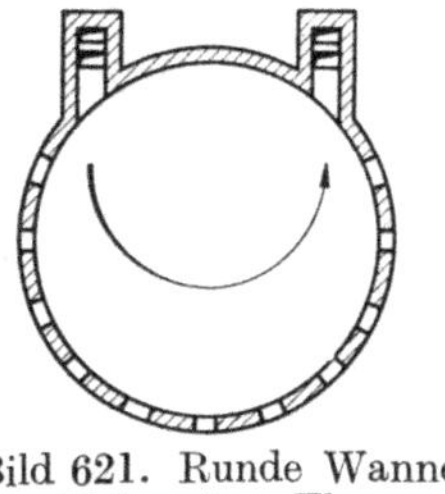

Bild 621. Runde Wanne mit U-förmiger Flamme.

Einschnürung oder durch Einbauten getrennt. Bei Wannen, in denen Glas minderer Qualität verschmolzen wird, sowie dann, wenn zwischen Läuterungs- und Entnahmezone kein großer Temperaturunterschied aufrecht erhalten werden muß, wird die Herdlänge gering gehalten und auf jede Trennung von Schmelz-, Läuter-, Absteh- und Entnahmeraum verzichtet.

Die *Wannen* mit Regenerativfeuerung unterscheiden sich nach Form des Flammenweges in solche mit Querflamme und solche mit U-förmiger Flamme. In den Bildern 618 bis 621 sind gebräuchliche Formen von Dauerwannen mit Regenerativfeuerung abgebildet. Die U-Flammenwannen sind überwiegend bis 60 m² Herdfläche zur Herstellung von Hohlgas, Flaschenglas und Gußglas in Anwendung. Die Wannen zur Tafelglasherstellung mit meist über 60 m² Herdfläche sind fast ausschließlich als Querflammenwannen gebaut.

Bei letzteren wird die Größe der zu beheizenden Fläche, durch die Zahl und Anordnung der Brenner bestimmt. Bei den U-Flammenwannen sitzen die Brenner nebeneinander in der Stirnwand, hierbei ist es schwierig, die verlangte Temperatur für bestimmte Herdflächen dauernd einzuhalten, da jede Änderung der Brennstoffeigenschaften, des Verhältnisses von Gas und Luft und der Form der Brenner sich auf Größe und Form der Flamme und dadurch auf die Größe der beheizten Fläche auswirkt.

Die *Wannen mit Rekuperativfeuerung* haben geringere Verbreitung gefunden, offenbar infolge der häufigen Mißerfolge mit unsachgemäß ausgeführten und daher undichten Rekuperatoren. Ihre Anwendung beschränkt sich im allgemeinen auf kleinere Öfen, bei denen die bauliche Instandhaltung der Rekuperatoren leichter ist. Da bei Rekuperativöfen die Flammenrichtung immer die gleiche ist, muß die Flamme symmetrisch zur Längsachse geführt werden. Der Flammenweg muß so gelegt werden, daß die heiße Flamme an die Stelle des höchsten Wärmebedarfs gelangt. In den Bildern 622 bis 625 sind gebräuchliche Ausführungsformen von Rekuperativwannen dargestellt. Im allgemeinen beträgt die *Größe der beheizten Herdfläche* 55 bis 60% der Gesamtherdfläche, unabhängig von der zu erzeugenden Glasart.

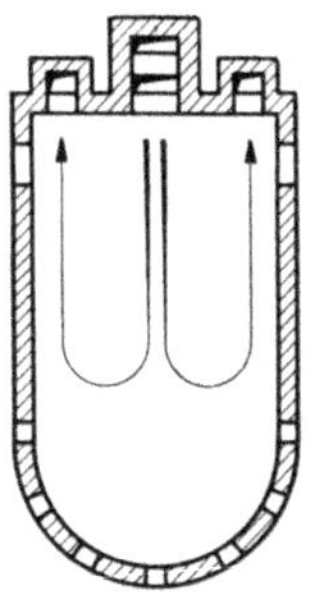

Bild 622. Rekuperativwanne mit nach außen umgelenkter Flamme.

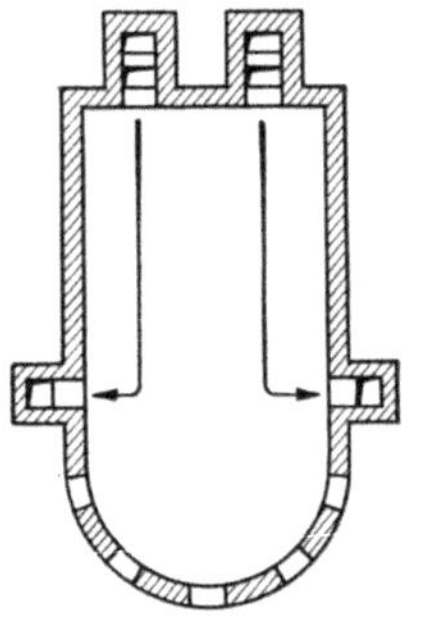

Bild 623. Rekuperativwanne mit seitlichen Abzügen.

Die *Breite* der beheizten Herdfläche beträgt bei Wannen mit Seitenbrennern 3 bis 6 m, meistens 4 bis 5,5 m, bei Wannen mit Stirnbrennern 2 bis 5,5 m, selten bis 7 m.

Die *Länge* der beheizten Herdfläche beträgt bei Wannen mit Seitenbrennern 8 bis 16 m, meistens 10 bis 12 m, bei Wannen mit Stirnbrennern 3 bis 5 m.

Breite Wannen gestatten die Unterbringung von mehr Arbeitsplätzen und werden deshalb für Hohlglas- und Flaschenglasöfen bevorzugt, während für Tafelglas schmale Öfen geeignet sind. Bei breiten Wannen wird mehr Wärme aus den mit Verbrennungsgasen gefüllten Herdraum zum Arbeitsraum abgestrahlt, weshalb hier höhere Temperaturen über dem Glasspiegel bestehen.

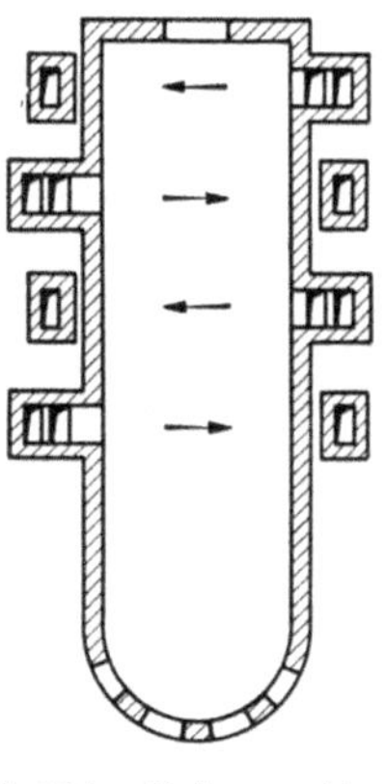

Bild 624. Rekuperativwanne mit verschieden gerichteten Querflammen.

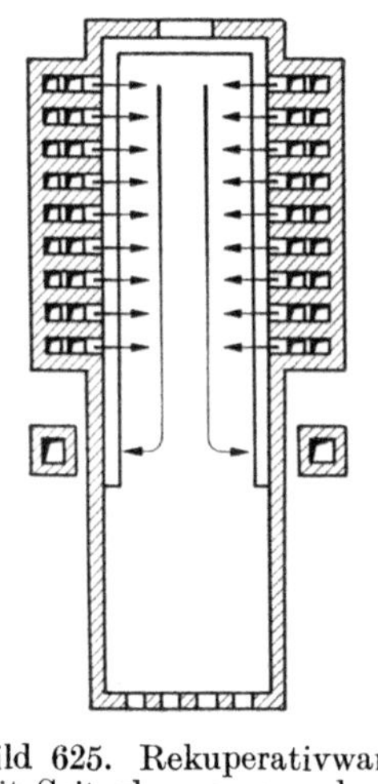

Bild 625. Rekuperativwanne mit Seitenbrennern und seitlichen Abzügen.

Der *Glasstand* schwankt je nach der Größe des Ofens und der erzeugten Glasart zwischen 0,65 und 1,5 m. Übliche Masse sind bei Hohlglaswannen 0,75 bis 1,0 m, bei Flaschenglaswannen 1,0 bis 1,2, bei Tafelglas und Gußglas 1,2 bis 1,4 m.

Ein hoher Glasstand ist günstig, weil mit ihm die Höhe der fließenden Glasschicht zunimmt. Die Temperatur die für die Fließfähigkeit des Glases erforderlich ist, wird um so tiefer eindringen, je höher der Glasstand ist, da man annehmen kann, daß die Glastemperatur vom Spiegel bis zum gekühlten Wannenboden gleichmäßig abnimmt. Bei hohem Glasstand ergeben sich allerdings höhere Bodendrücke und deshalb auch höhere Baukosten.

Die *Höhe des Gewölbes* über dem Glasspiegel wird vorwiegend mit Rücksicht auf die Durchbildung der Brenner bestimmt, allerdings kann man durch Anordnung der Brenneröffnungen oder eines Teiles derselben im Gewölbe die Bauhöhe vermindern. Ob sich durch geringe Gewölbehöhe wärmewirtschaftliche Vorteile ergeben, hat bis jetzt nicht nachgewiesen werden können.

Immerhin ist nicht zu verkennen, daß durch Verminderung der Bauhöhe die Wandverluste verringert werden. Das mag auch zum Teil für die Anordnung der Brenner im Gewölbe von Einfluß gewesen sein. Mitbestimmend war aber offenbar die Absicht, die Flammen stark auf den Glasspiegel zu lenken. Auf derartige Maßnahmen wird aber neuerdings weniger Wert gelegt, da ja, worauf auch oben schon hingewiesen, die Gasstrahlung den größten Teil des Wärmeübergangs ausmacht, und diese mit der Stärke der strahlenden Gasschicht zunimmt. Im ungeheizten Herdraum liegen die Verhältnisse anders. Der Glasspiegel strahlt Wärme an das Gewölbe ab. Damit die Abkühlung des Glases nicht verzögert wird, kann es zweckmäßig sein, das Gewölbe niedrig zu legen. Das hätte noch den Vorteil, daß weniger Wärme aus dem beheizten Raum in den Arbeitsraum abstrahlt. Eine Grenze ist hierfür durch die Notwendigkeit gegeben, die Arbeitsöffnungen unterzubringen.

Bei ausgeführten Anlagen beträgt die Höhe des Gewölbes über dem Glasspiegel 0,70 bis 1,85 m, bei Hohlglasöfen 0,8 bis 1,1 m, bei Flaschenglasöfen 1,2 bis 1,5 m, bei Tafelglas- und Gußglasöfen 1,5 bis 1,75 m.

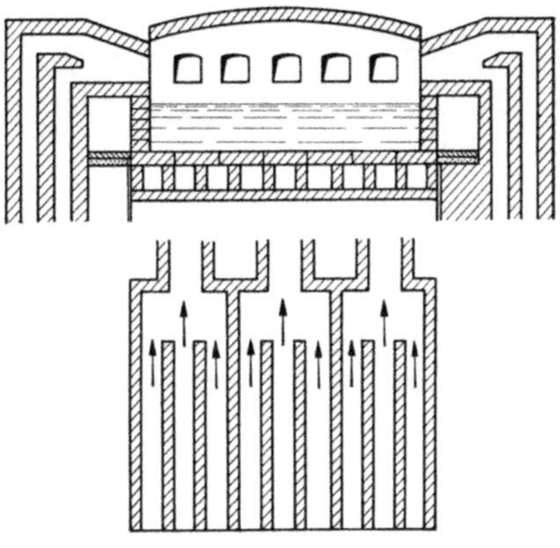

Bild 626. Anordnung der Kühlkanäle unter einer Tageswanne.

3. Der Boden der Wannen.

Der *Boden der Wannen* muß durch Luft gekühlt werden, um das Auslaufen der Wanne durch die Fugen, und ein Heben der Bodensteine zu verhindern. Das ist besonders wichtig bei den Tageswannen, bei denen das Glas nicht ständig fließt, sondern an derselben Stelle die Temperatursteigerung beim Blankschmelzen erfährt. Infolge des niedrigen Glasstandes dringt die Temperatur tiefer in das Bad ein, so daß es bis zum Boden der Wanne dünnflüssig werden kann. Die erforderliche Kühlwirkung kann nur durch bewegte Luft erreicht werden. Die Luftbewegung ergibt sich aus dem Auftrieb infolge der Wärmeaufnahme am Boden. Gewöhnlich genügt bei der Dauerwanne der freie Auftrieb, in besonderen Fällen wird er durch Anschluß der zu bewegenden Luft an eine Esse gesteigert.

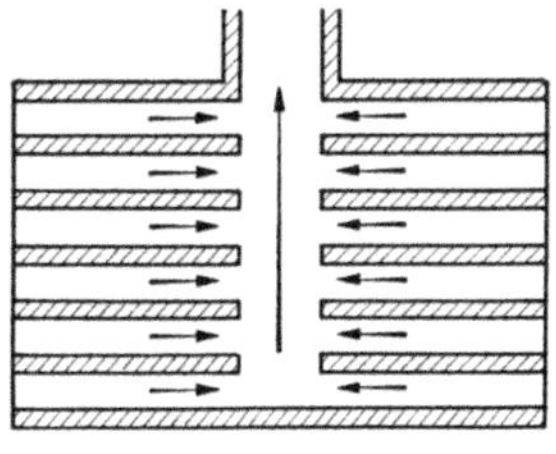

Bild 627. Anordnung der Kühlkanäle unter einer Tageswanne, mit mittlerem Sammelkanal.

Bei Tageswannen ist der Anschluß an eine Esse geboten. Man benutzt hierzu zweckmäßig eine besondere Kühlesse aus Blechrohr. Anschluß an die Ofenesse bewirkt durch die eintretende kühle Luft erhebliche Zugverminderung und kann zu Schwierigkeiten im Ofengang führen. Der Essenzug für die Bodenkühlung muß durch Schieber oder Klappe geregelt und den Ofenverhältnissen abgepaßt werden können.

Bei *Tageswannen* wird meistens keine Unterkellerung vorgesehen, die Wanne ruht auf einem Unterbau von Kanälen, durch die Kühlluft hindurchgesaugt wird. Die Bilder 626 und 627 zeigen Ausführungsbeispiele. Damit durch alle Kanäle gleiche Luftmengen strömen, und alle Teile der Wanne gleichmäßig gekühlt werden, ist es zweckmäßig, die der Esse zu nächst liegenden Kanäle zu drosseln.

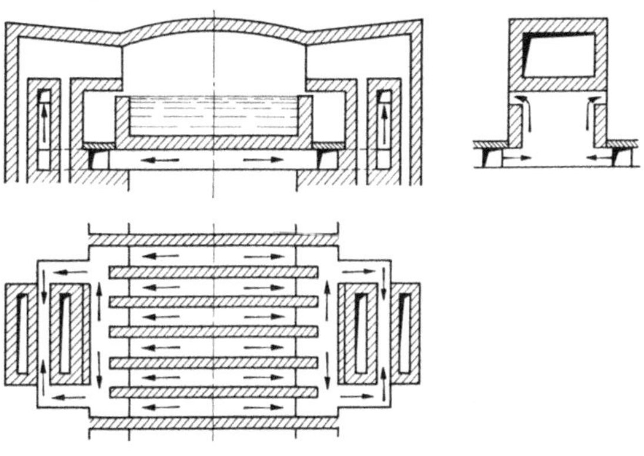

Bild 628. Kühlung von Wannenboden und Brennerschacht bei einer Dauerwanne mit Seitenbrennern.

Die *Bodenplatten* der Wanne haben eine Stärke von 20 bis 40 cm, meistens von 25 bis 35 cm. Die Höhe der Kühlkanäle beträgt 25 bis 30 cm. Die Kühlung der Dauerwannen wird bei der größeren Höhe des Glasstandes nicht so scharf betrieben, man verzichtet meistens auf Anschluß an eine Esse und begnügt sich mit dem freien Auftrieb, der hierfür genügend Luftbewegung hervorruft. Der Wannenboden liegt auf Quermauern, die ihrerseits auf T-Trägern ruhen. Die Kühlluft strömt seitlich an der Wanne hoch und kann so geführt werden, wie im Bilde 628 dargestellt ist, so daß auch die Brennstoffschächte gekühlt werden. Das erhöht die Haltbarkeit der Brennerschächte und verhindert deren schnelle Querschnittsänderung, die vielfach ungünstig auf die Flammenführung einwirkt.

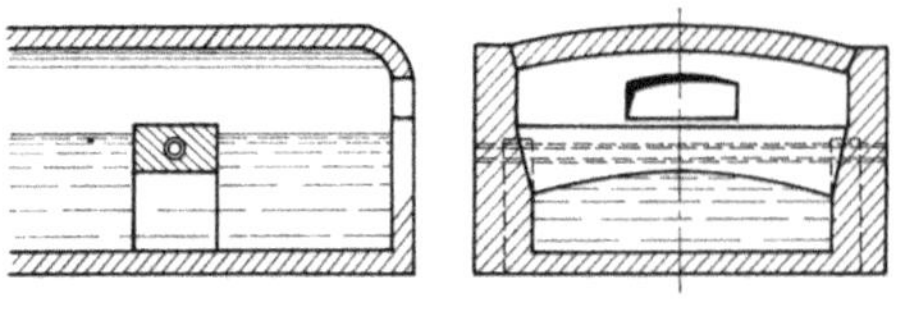

Bild 629. Brücke mit eingelegtem Kühlrohr.

4. Die Vorrichtungen zur Trennung der Wannenabschnitte.

Die Vorrichtungen zur Trennung der Wannenabschnitte werden in der Glasmasse oder oberhalb von ihr angeordnet. Die alten Dauerwannen waren durch feste Querwände, die bis über den Glasspiegel hinausreichten, in 3 Teile geteilt. Das Glas strömte durch Öffnungen in diesen Querwänden. Da diese Wände ungekühlt waren, hatten sie nur eine geringe Haltbarkeit, deshalb werden sie jetzt als gewölbeartig angeordnete Brücke miteingelegtem Kühlrohr nach dem Bilde 629 ausgeführt.

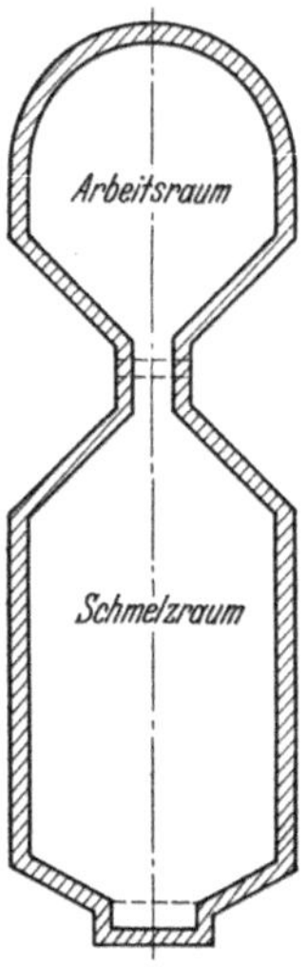

Bild 630. Amerikanische Wanne mit starker Einschnürung zwischen Schmelz- und Arbeitsraum.

Meistens werden schwimmende Brücken angewendet, die aus zwei oder drei Teilen bestehen und sich gegeneinander und gegen die beiden Längswände der Wanne abstützen. Sie haben vor festen Zwischenwänden den Vorteil, daß sie bei Beschädigungen leicht ausgewechselt werden können. Bei amerikanischen Wannen wird zwischen beheiztem und unbeheiztem Teil der Wanne eine sehr starke Einschnürung gemäß dem Bilde 630 vorgenommen, so daß sich eine scharfe Trennung zwischen Schmelz- und Arbeitsraum ergibt und die Brücke zwischen diesen beiden Räumen nur geringe Länge erhält. Bei amerikanischen Öfen findet man auch wassergekühlte Stahlbrücken nach dem Bilde 631 im Gebrauch, die infolge der starken Kühlwirkung alsbald mit einer erstarrten Glasmasse überzogen werden. Neuerdings geht man überhaupt mehr dazu über, den geheizten Teil der Wanne von dem unbeheizten vollständiger zu trennen. Dadurch wird erreicht, daß der Temperaturverlauf im Arbeitsraum von den Temperaturschwankungen im Schmelzraum unabhängig wird. Die im Schmelzraum entwickelte Wärme wird vollkommen zum Schmelzen und Läutern ausgenutzt und somit der Brennstoffverbrauch vermindert, oder bei gleichem Brennstoffverbrauch die Leistung der Wanne gesteigert, ohne zu hohe Temperaturen an den Entnahmestellen zu bekommen. Gegebenenfalls ist es möglich, die Entfernung vom letzten Brenner bis zu den Entnahmestellen zu verkürzen. Bei der im Bilde 632 dargestellten Ausführung ist eine hohle Zwischenwand in den Herdraum eingehängt, die auf einem doppelten Gewölbe von Formsteinen ruht. Das scheitrechte Gewölbe wird bis dicht an den Glasspiegel heruntergeführt. Es ist durch Dehnungsfugen von dem Wannengewölbe getrennt. Die im Bilde 633 dargestellte doppelte Trennwand ruht auf zwei Stützen. In dem Spalt befinden sich Schamotteschieber, die bis nahe an den Glasspiegel heranreichen. Die von den ungekühlten Schiebern abfallenden Tropfen werden in der darunter schwimmenden hohlen Brücke aufgefangen.

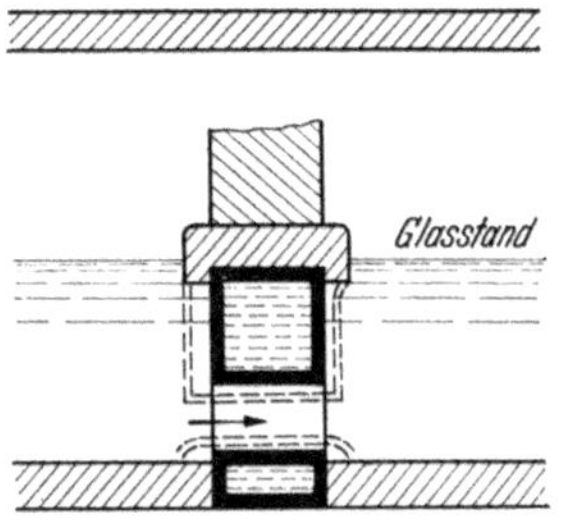

Bild 631. Wassergekühlte Stahlbrücke.

Eine teilweise Abschirmung der Arbeitswanne gegen Wärmeübertragung aus dem Schmelzraum wird durch Tieferlegen des Gewölbes erreicht, wie im Bilde 634 dargestellt ist.

5. Die Kammern der Wannenöfen.

Bei den Tageswannen sind für die Anordnung der Kammern zum Oberofen die gleichen Gesichtspunkte maßgebend, wie bei Hafenöfen mit Horizontalbrennern. Bei den Dauerwannen mit Seitenbrennern (Querflammen) werden die Kammern parallel zur Wannenachse gemäß den Bildern 635 und 636 derart angeordnet, daß der Raum unter den Wannenböden zugängig und für die Bodenkühlung frei bleibt. Es ist zu empfehlen, daß das eine Ende der Kammer mit den Brennern abschneidet, wie die Ausführung nach dem

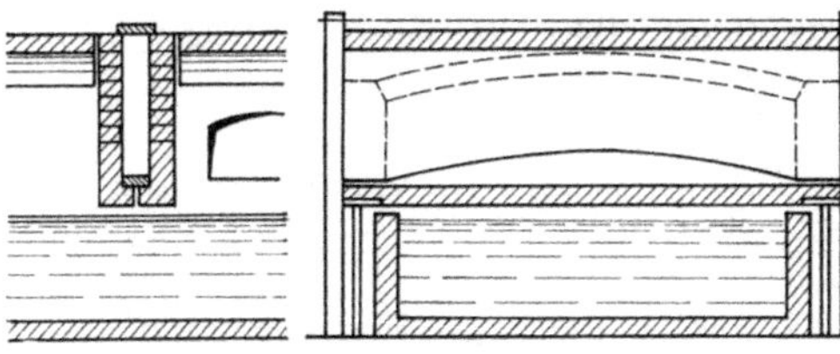

Bild 632. Hohle Wand zwischen Schmelz- und Arbeitsraum.

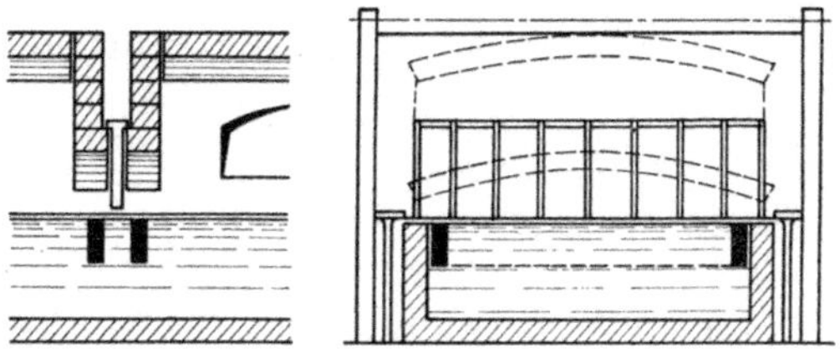

Bild 633. Doppelte Zwischenwand mit verstellbaren Schiebern und darunter schwimmender Brücke.

Bilde 636 zeigt. Die Anordnung nach dem Bilde 637 mit symmetrisch zu den Kammern liegenden Brennern ist unzweckmäßig, weil sich hierdurch eine ungünstige Kammerausnützung ergibt. Bei den Dauerwannen mit Stirnbrennern (U-Flammen) empfiehlt sich die Anordnung der Kammern rechtwinklig zur Längsachse der Wannen gemäß dem Bild 638. Die Lage der Züge und Brenner für Querflammenöfen ist aus den Bildern 639 und 640 ersichtlich, von denen erstere einzügige, letztere zweizügige Kammern mit Rostpackung aufweist. Die Verlängerung des Strömungsweges wird vorteilhaft, durch Unterteilung der Kammern, mittels senkrecht angeordneter Trennungswände gemäß dem Bilde 641 vorgenommen (vgl. Siemens-Martin-Öfen S. 246 u. f.). Hierbei lassen sich günstig gelegene Vorkammern zur Staubabscheidung einrichten, die bequeme Reinigungsmöglichkeiten bieten.

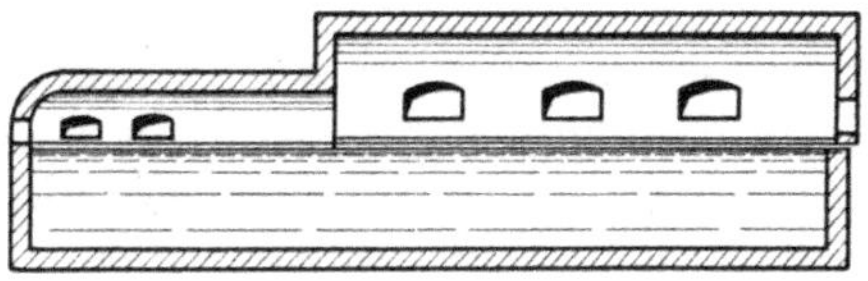

Bild 634. Tiefliegendes Gewölbe über dem Arbeitsraum.

6. Die Brenner der Wannenöfen.

Die *Brenner* der Wannenöfen haben alle Stufen der Entwicklung wie die der Siemens-Martin-Öfen durchlaufen (vgl. 2. Abschnitt S. 68). Siemens ging vom ersten Horizontalbrenner zum Steilbrenner über und kehrte infolge seiner Erkenntnis über die Bedeutung der Gasstrahlung zum Horizontalbrenner zurück. Die von Siemens in das Gewölbe eingebauten Brenner wurden von Gobbe und Klatenhoff weiter entwickelt (vgl. die Bilder 75 und 76 S. 68). Die ersten Brenner von Gobbe hatten eine sehr steile Flammenführung, außer dem oberen Luftzug hatten sie noch einen solchen unterhalb des Gaszuges. Der letztere ist aber nach einiger Zeit wieder in Fortfall gekommen.

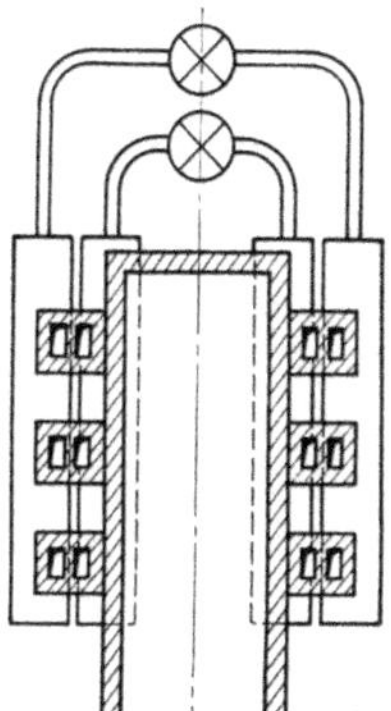

Bild 635. Kammeranordnung bei einer langen Dauerwanne mit Seitenbrennern.

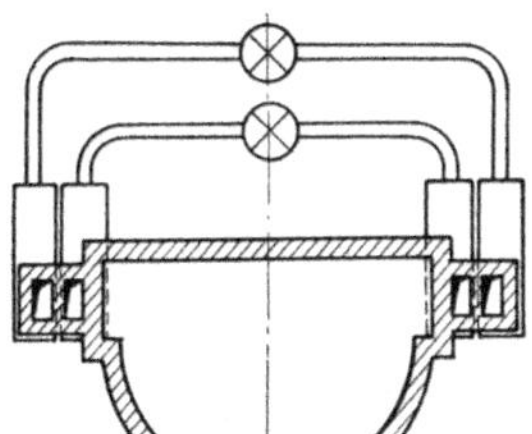

Bild 636. Kammeranordnung bei einer kurzen Dauerwanne mit Seitenbrennern.

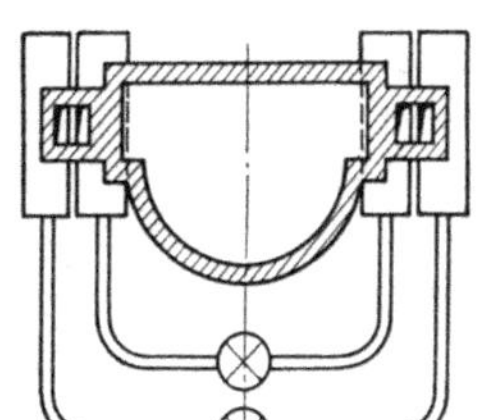

Bild 637. Ungünstige Kammeranordnung bei einer Dauerwanne mit Seitenbrennern.

Es hat sich ergeben, daß viele steile Brenner eine ungleichmäßige Wärmeübertragung herbeiführen, worüber im 6. Abschnitt S. 242 bei den Brennern für Siemens-Martin-Öfen eingehend berichtet wurde. Die Steilbrenner eignen sich auch aus baulichen Gründen schlecht für Wannenöfen insbesondere für große Einheiten[1], weil sie in das Gewölbe eingebaut werden müssen und somit dessen Ausdehnung behindern. Solche Öfen müssen mit großer Vorsicht angewärmt werden. Bei den heute bevorzugten Seitenbrennern (vgl. Bild 77 S. 68) wurden für jeden Brenner besondere von unten aufsteigende Gas- und Luftkanäle vorgesehen, wie im Bilde 642 gezeigt ist.

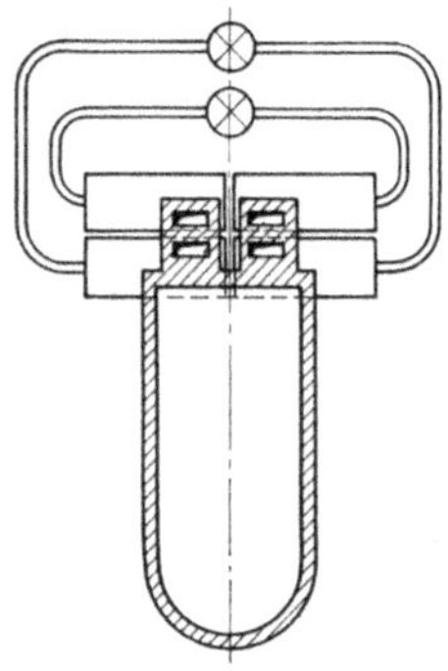

Bild 638. Kammeranordnung bei einer Dauerwanne mit Stirnbrennern.

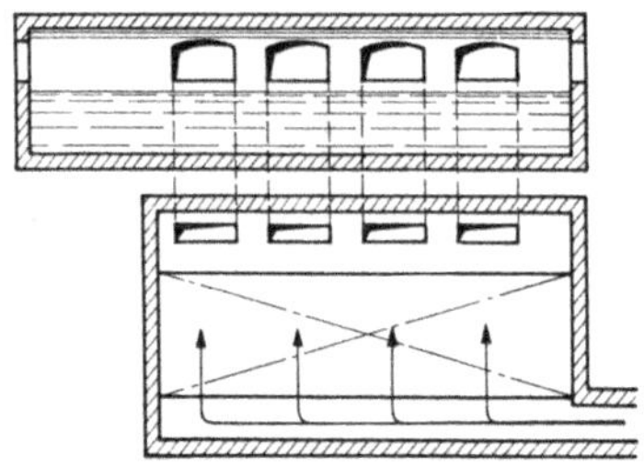

Bild 639. Anordnung der Züge und Brenner für Querflammenöfen mit einzügiger Kammer.

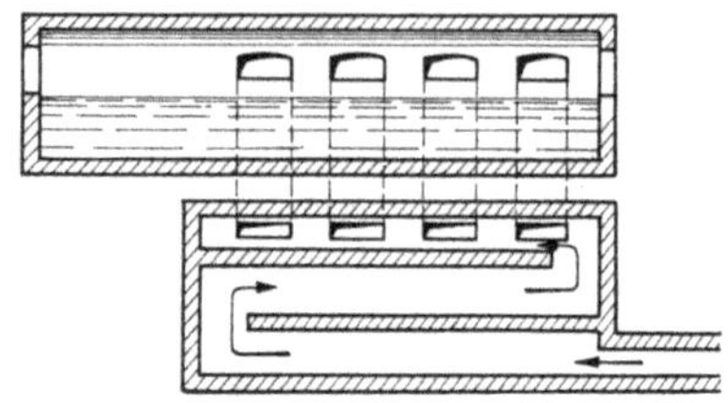

Bild 640. Anordnung der Züge und Brenner für Querflammenöfen mit zweizügiger Kammer.

Die Sohle des Gaszuges liegt horizontal, dagegen hat die Decke in einem Teil, kurz vor der Mündung des Brenners eine Neigung nach unten. Die horizontal angeordnete Zunge wird je nach der erstrebten Vormischung von Gas und Luft in verschiedener Länge ausgeführt. Die Neigung der Brennerdecke soll 5 bis 15° betragen. Bei geringwertigem Gas ist eine starke Vormischung günstig. Im übrigen sollen Gas und Luft um so früher gemischt werden, je größer der Brenner, je größer die Geschwindigkeit, je geringer die Vorwärmung und je langflammiger das Gas ist.

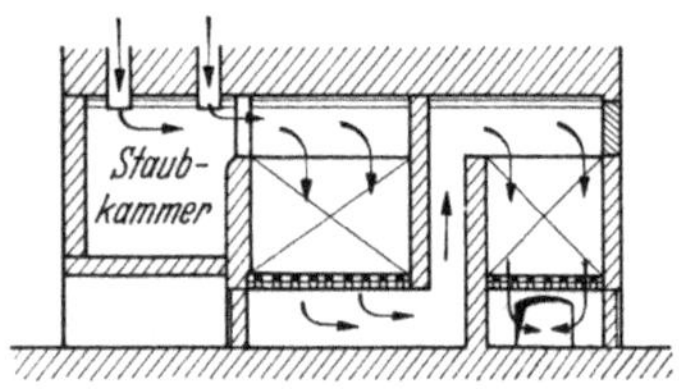

Bild 641. Zweizügige Kammer mit senkrechten Trennungswänden mit Abscheidekammer.

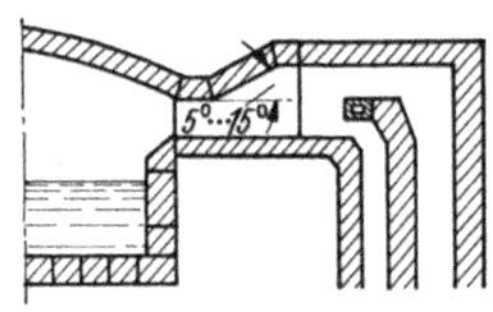

Bild 642. Brenner des Dixon-Wannenofens.

7. Leistungen und Wärmeverbrauch der Wannenöfen.

Die *Schmelzleistungen* einer Wanne sind bei gleicher Wärmeaufnahme in gewissen Grenzen verschieden, je nach der Zusammensetzung des Gemenges und dem Anteil der Scherben an der Beschickung. Es ist jedoch nicht leicht, diesen Einfluß zahlenmäßig zu erfassen. Die nachfolgenden Zahlenangaben sind deshalb nur als mittlere Werte aufzufassen. Die Leistung wird aus Zweckmäßigkeitsgründen auf die beheizte Herdfläche, die gleich der Größe des beheizten Glasspiegels ist, bezogen. Bei den Dauerwannen fällt dieser Teil des Herdes mit dem Schmelz- und Läuterungsraum zusammen. Die Ermittlung der Größe der beheizten Herdfläche ist bei Öfen mit Seitenbrennern durch deren Lage gegeben, bei Öfen mit U-förmiger Flamme ist es schwierig, weil die beheizte Fläche von der Flammenbildung, von der Gasmenge, von dem Gas-Luftverhältnis und anderen Faktoren abhängig ist.

Auch bei Wannenöfen kann man eine Erhöhung der bezogenen Schmelzleistung mit der Größe der beheizten Herdfläche erkennen. Die Verschiedenheit der Ofenbauart, des Glassatzes und des verwendeten Brennstoffes erschweren es, bei den vorliegenden Betriebsergebnissen so eindeutige Beziehungen festzustellen, wie es bei den Hafenöfen möglich ist.

Die *Abhängigkeit der Schmelzleistung* von der Wärmebelastung der beheizten Herdfläche geht aus Untersuchungen der Wärmetechnischen Beratungsstelle[2] hervor. Sie beziehen sich auf deutsche Öfen, die mit 85000 bis 125000 kcal je Quadratmeter Herd-

[1] Lamort, J.: Gasschmelzöfen, S. 151. Leipzig: Otto Spamer 1932.

[2] Wärmetechnische Beratungsstelle der Deutschen Glasindustrie: Glasschmelzwannenöfen. Frankfurt a. M.: Selbstverlag 1927.

fläche belastet sind. J. LAMORT[1] hat die Betrachtungen auf Halswannen einschließlich englischer und amerikanischer Öfen ausgedehnt. Die Ergebnisse sind in den Tabellen 90 und 91 zusammengestellt. Es darf aber nicht außer Betracht gelassen werden, daß mit

Tabelle 90. Mittlere Schmelzleistung von Wannenöfen in Abhängigkeit von der Wärmebelastung der beheizten Herdfläche.

Wärmebelastung der beheizten Herdfläche in 1000 kcal/m²h		75	100	150	200	250
Schmelzleistung kg/m²h	Hohlglas . . .	14	22	40	57	75
	Flaschenglas. .	11	18	33	47	62

Tabelle 91. Mittlerer Wärmeverbrauch von Wannenöfen in Abhängigkeit von der Wärmebelastung der beheizten Herdfläche.

Wärmebelastung der beheizten Herdfläche in 1000 kcal/m²h		75	100	150	200	250
Wärmeverbrauch kcal/kg Glas	Hohlglas . . .	5400	4500	3750	3500	3350
	Flaschenglas. .	6800	5400	4500	4200	4000

zunehmender Anstrengung des Ofens die Haltbarkeit der Ofenbaustoffe abnimmt. Die Wirtschaftlichkeit der Anlage hängt von der insgesamt erzeugten Glasmenge ab. C. T. MOORSHEAD hat hierüber Untersuchungen angestellt[2]. Er kommt zu folgenden Ergebnissen: Bei einer Schmelzleistung des Ofens von 36 kg/m²h sind die Verhältnisse günstig; bis 44 kg/m²h ist die Lebensdauer der Öfen kaum merklich kleiner; bei 54 kg/m²h ist die Lebensdauer des Ofens um 25%, bei 75 kg/m²h um 50% verkürzt.

8. Das Glasbad im Wannenofen.

Bei *Tageswannen* ist der Glasstand im allgemeinen 0,65 bis 0,85 m, wenn bei Farbglas der Ton häufig gewechselt werden muß und bei Opalglas beträgt die Tiefe nur etwa 0,50 m. Bei den Dauerwannen für weißes Glas ist der Glasstand 1,15 bis 1,25 m. Bei kleineren Wannen für Hohlglas trifft man gelegentlich eine Tiefe von 0,8 m an. Bei Fensterglaswannen und heißgehenden Gußglaswannen kommen Höhen des Glasbades bis zu 1,5 m vor.

Der Wannenboden wird am besten auf einem Rost von Schienen gelagert. Dieser Rost ruht auf Längswänden oder besser auf Pfeilern, wodurch die Zugänglichkeit der Kammern erhöht wird. Unter der Wanne wird ein Behälter aus Beton angeordnet, der mit Wasser gefüllt gehalten wird, um jederzeit das Glas gefahrlos ablassen zu können. Ein solcher Behälter bietet auch große Sicherheit bei Glasdurchbrüchen. Die feuerfesten Steine für den Boden und die Wände werden als möglichst große Blöcke ausgeführt. Die Bodenblöcke sind 1000 mm lang, 400 mm breit und 300 mm dick. Die Randblöcke von 500×400×300 mm werden mit 400 mm Wandstärke reihenweise verlegt, ausnahmsweise werden Wandstärken von 300 mm angewendet.

9. Die Einlegevorrichtungen der Wannenöfen.

Früher wurde das Gemenge allgemein mittels großer aufgehängter Schaufeln durch Türen in die Wanne eingeführt. Dieses Verfahren bedingt Staubentwicklung und Wärmeverluste. Man ist infolgedessen allgemein zur Anordnung eines Einlegevorbaues übergegangen. Das Gemisch kommt nicht mehr im Inneren des Ofens, sondern auf der Glasfläche des kleinen Vorbaues zur Ablage. Es wird mit Krücken durch eine kleine Tür in die Wanne geschoben. Bei amerikanischen Öfen findet man Einlegevorrichtungen, bei denen das Gemenge durch eine Schnecke in die Wanne gedrückt wird, hierbei ist ein

[1] Zit. S. 444. [2] MOORSHEAD, C. T.: Glas-Ind. 1927 S. 279.

wassergekühlter Rahmen in die Ofenwand eingebaut. Die Osram-Maschinenglaswerke verwenden eine Einrichtung, bei der über jeder Einlegeöffnung eine Gemengebunker

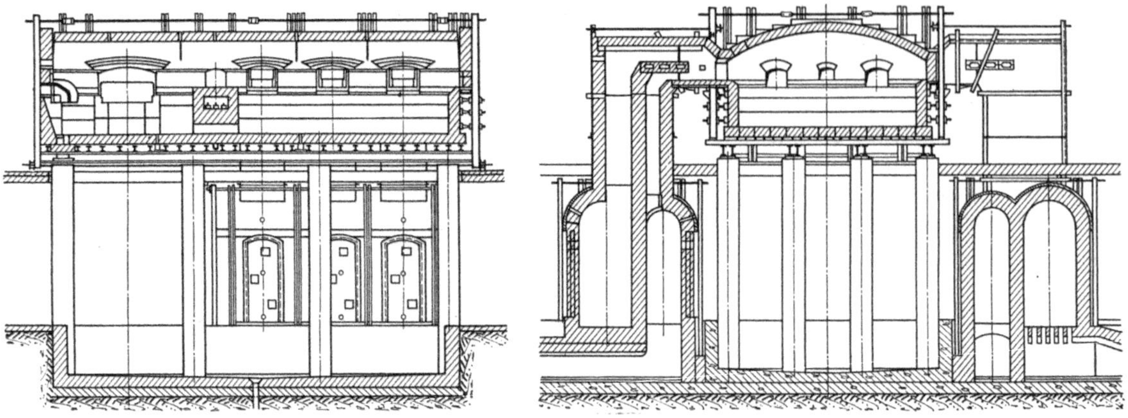

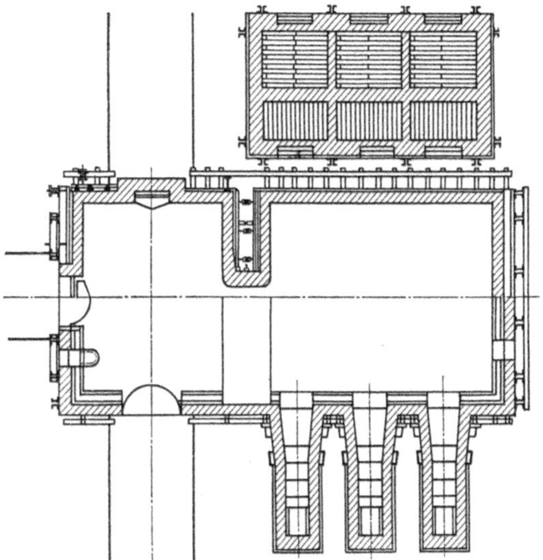

Bild 643. Halswanne der Osramwerke in Berlin-Siemensstadt.

angeordnet ist, aus dem durch eine umlaufende Trommel dauernd kleine Mengen in den Ofen gelangen. Diese selbsttätigen Einrichtungen haben den Nachteil, daß Glasscherben vor dem Einlegen zerkleinert werden müssen.

Als Ausführungsbeispiel ist im Bilde 643 ein Wannenofen dargestellt. Es handelt sich um die sog. Halswanne der Osramwerke in Berlin-Siemensstadt. Jeder der sechs Brenner hat eigene Regenerativkammern. Die Schmelzwanne ist 6 m lang und 5 m breit, die Arbeitswanne ist bei gleicher Breite 3,75 m lang.

c) Glasschmelzöfen mit Koksofengasbeheizung.

Bei der Verwendung von Koksofengas zur Beheizung der Glasschmelzöfen müssen die Brenner eine den veränderten Verhältnissen entsprechende Umgestaltung erfahren (vgl. S. 242 und 243, Beheizung der Siemens-Martin-Öfen mit kaltem Koksofengas). Das Bild 644 zeigt die Ausführung eines Brenners für Koksofengas an einem kleinen schlesischen Wannenofen nach einem Bericht von Engels[1]. Die Flamme wird bei dieser Anordnung etwas auf das Glasbad gedrückt. Um dem Koksofengas die nötige kinetische Energie zu verleihen, muß die Gasaustrittsgeschwindigkeit mindestens 4mal so groß sein wie bei Generatorgas. Das Bild 645 zeigt die Gestaltung des Brenners für Koksofengas bei einem Hafenofen. Die Ofenanlage wird bei der Beheizung mit Koksofengas wesentlich vereinfacht, die Gaskammern fallen fort. Die Ausnutzung der Abgaswärme wird durch die Vorwärmung der Luft allein ermöglicht. Bei einer Glasfabrik im Ruhrbezirk wird eine Flaschenwanne mit Koksofengas beheizt. Dort wurde im Mittel eine Schmelzleistung von 60 kg/m²h erreicht und hierbei ein Wärmeverbrauch von 3340 kcal/kg Glas festgestellt. Eine andere Glashütte des Ruhrbezirks betreibt einen Wannenofen von 2 m Breite mit Koksofengas unter Verwendung von Düsenbrennern ohne Gas- und Luftvorwärmung.

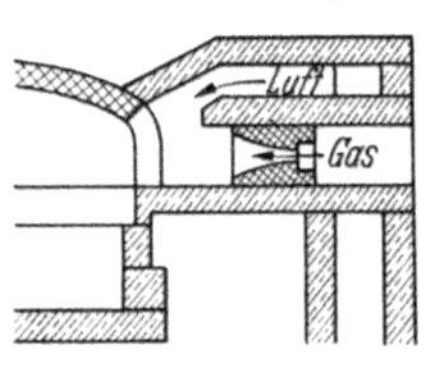

Bild 644. Brenner für Koksofengas bei einem Wannenofen. (Nach Engels.)

[1] Engels: Ber. dtsch. glastechn. Ges. Nr. 13 S. 12.

d) Verwendungsbereich der verschiedenen Gasschmelzöfen.

Nach einer Statistik der Wärmetechnischen Beratungsstelle der deutschen Glasindustrie in Frankfurt a. M. sind von 121 im Betriebe befindlichen Glasöfen 64 Hafenöfen, 8 Tageswannen und 49 Dauerwannen, die sich gemäß Tabelle 92 auf die verschiedenen Glasarten verteilen. Hieraus ergibt sich, daß die Hafenöfen zahlenmäßig vorherrschen.

Die Tageswannen treten erheblich zurück. Die Dauerwannen erreichen zwar noch nicht die Zahl der Hafenöfen, ihre Erzeugung beträgt aber ein Vielfaches der Hafenöfen. Nach dem heutigen Stand der Technik kommen Hafenöfen bei Neuanlagen nur noch in Betracht zur Herstellung von geschliffenem Kristallglas, Korbgläsern, optischen Gläsern, Spezialgläsern, Spiegelgläsern mit großen Tafelabmessungen und überall dort, wo verschiedene Glasarten in einem Ofen geschmolzen werden müssen. Die Glasherstellung ist in der letzten Zeit mehr und mehr auf Massenerzeugung umgestellt worden. Hierfür ergibt sich eine große Überlegenheit des Wannenofens im Dauerbetrieb, die sich besonders bei der maschinellen Ausarbeitung von Flaschen- und Tafelglas auswirkt, die einen ununterbrochenen Betrieb bedingt. Diese Betriebsart ergibt eine große wärmetechnische Überlegenheit. Während bei Hafenöfen eine gleichmäßige Beheizung des ganzen Raumes erforderlich ist, ergibt sich bei Wannenöfen ein Temperaturausgleich durch die Anordnung von Schmelzraum, Läuterraum und Arbeitsraum, die gestattet, mit geringen Abgastemperaturen zu arbeiten. Die Dauerwannen können für erheblich größere Leistungen als die Hafenöfen erbaut werden. Bei letzteren geht man bei Erzeugung von Hohlglas und Tafelglas nicht über 25 m², bei Spiegelglas nicht über 50 m², während Wannenöfen bis zu 300 m² erbaut worden sind. Bei den größten Hafenöfen wird eine Tagesleistung von 19000 kg erreicht, während die in Europa betriebenen großen Wannenöfen 50000 kg Glas täglich erzeugen. Der Betrieb des Hafenofens ist erheblich schwieriger als der einer Wanne. Die Herstellung der Häfen erfordert große Erfahrung und Sorgfalt, sowie besondere Wärmeöfen zum Auftempern und Einrichtungen zum Einsetzen. Im Betriebe entstehen Verluste durch Hafenbruch und Überschäumen. Die Dauerwanne ist der Tageswanne überlegen infolge der unveränderlichen Abwicklung aller Vorgänge und der dauernd gleichen Temperaturverhältnisse. Der ununterbrochene Betrieb ist in jeder Beziehung einfacher und wirtschaftlicher als der unterbrochene. Natürlich bedingt die Dauerwanne für einen störungsfreien Betrieb eine zweckentsprechende Gestaltung der Anlage und die nötigen Meßinstrumente zur dauernden Beobachtung aller Vorgänge. Die Überwachung gestaltet sich aber wesentlich einfacher als bei Tageswannen und Hafenöfen.

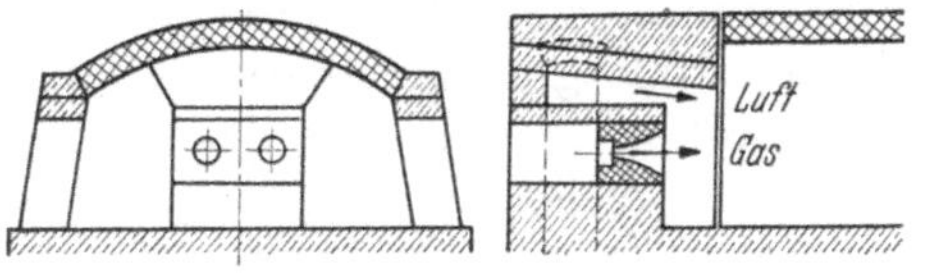

Bild 645. Brenner für Koksofengas bei einem Hafenofen. (Nach ENGELS.)

Tabelle 92.

Glasart	Bauart des Ofens			Summe
	Hafenöfen	Tageswannen	Dauerwannen	
Hohlglas	38	7	8	53
Flaschenglas . . .	—	1	14	15
Tafelglas	10	—	20	30
Gußglas	1	—	4	5
Spiegelglas . . .	15	—	3	18
	64	8	49	121

Der *Wärmeverbrauch* je kg Fertigerzeugnis ist bei Wannenöfen um 25 bis 50% niedriger, als beim Hafenofen. Das ist zum Teil begründet durch die höhere Leistung je m² Herdfläche. Bei Hafenöfen beträgt die Glasspiegelfläche gewöhnlich weniger als die Hälfte der Herdfläche. Das wirkt sich infolge der unmittelbaren Wärmeübertragung auf den Glasspiegel ungünstig auf den bezogenen Wärmeverbrauch aus. Dazu kommt noch, daß die Schmelzleistung je m² Herdfläche mit der Größe der Ofeneinheit steigt.

Auch dieser Umstand hat günstigeren spezifischen Wärmeverbrauch der größeren Wärmeöfen zur Folge. Das trifft für die Tageswannen und Dauerwannen zu. Die Dauerwanne ist jedoch der Tageswanne wärmewirtschaftlich überlegen, weil die für das

Aufheizen nach jeweiligem Ausarbeiten erforderliche Wärmemenge bei der ersteren erspart wird. Die hierfür aufgewandte Wärmemenge ist erforderlich zur Temperaturerhöhung des Glases und des gesamten Ofenmauerwerks. Der Anteil der Mauerwerkswärme ist um so größer, je kleiner der Ofeninhalt ist. Ein Umstand spricht für die Beibehaltung der Hafenöfen bei hochwertigen Gläsern, und zwar ist das die Sicherung dauernd gleicher Glasgüte. Unterschiede in den physikalischen Eigenschaften und in der chemischen Zusammensetzung des Glases lassen sich bei Hafenöfen leichter ausschalten, als bei den Wannen mit großem Fassungsvermögen. Bei diesem nimmt das Glas in der Nähe der Schamottewand abgeschmolzenes Steinmaterial auf, es wird strengflüssiger und mischt sich nicht mehr hinreichend mit dem anderen Wanneninhalt. In den Häfen wird eine gründliche Durchschmelzung während des Schmelzens, Blasens und Läuterns erreicht und die Gleichmäßigkeit der Schmelze gesichert. Der Inhalt der Häfen wird bei jedem Arbeitsgang ganz oder doch zum größten Teil ausgearbeitet. Ein verhältnismäßig kleiner Glasrest minderer Qualität kann die Güte der nächsten Schmelze kaum merklich verschlechtern. Aus der Wanne wird täglich nur ein kleiner Bruchteil $^1/_8$ bis $^1/_{12}$ des Wanneninhalts verarbeitet. Die in Fluß befindliche Glasschicht ist an der Oberfläche in einer Stärke von 25 bis 35 cm, während der übrige Wanneninhalt sich zum Teil in teigigem Zustand befindet, und in den untersten Schichten bereits völlig erstarrt ist. Das längere Zeit in der Wanne verbleibende Glas erfährt eine Anreicherung an Eisenverbindungen aus dem Gemenge, es wird grünstichig und durch Entglasung undurchsichtig. Diese Schichten können bei Erhöhung der Ofentemperatur in den Glasfluß gelangen, und damit das Erzeugnis minderwertig machen oder verderben.

Diesem Mangel kann durch Verwendung reinster Rohstoffe und gleichmäßige Mischung des Gemenges entgegen gewirkt werden, ferner muß die Glasentnahme der Leistungsfähigkeit der Wanne angepaßt werden. Bedingungen für gleichmäßige Glasgüte in der Wanne ist besonders auch, daß die Fläche des Läuterraums und des Abkühlraums im richtigen Verhältnis zur Leistung des Schmelzraums stehen, damit eine vollkommene Läuterung und hinreichende Abkühlung auf Arbeitstemperatur bis zur Entnahmestelle gesichert ist. Was beim Hafenöfen und auch bei der Tageswanne durch richtige Abstimmung der Zeit für die Einzelabschnitte erreicht wird, muß bei der Dauerwanne durch richtige Bemessung der Zonen für die Einzelvorgänge von vornherein sichergestellt werden. Für die Auswahl der Baustoffe zur Wanne sind die gleich hohen Anforderungen zu stellen wie bei den Häfen.

III. Glaskühlöfen.

Bei einer schnellen Abkühlung von warmgeformtem Glas können die sich bildenden inneren Spannungen bei einem geringfügigen Anlaß zum Bruch führen. Um dies zu vermeiden, muß man das Glas nach der Warmverformung eine gewisse Zeit hindurch auf einer gleichmäßigen Temperatur halten und zwar solange bis sich die Temperaturunterschiede innerhalb der einzelnen Stücke ausgeglichen haben. Die Kühlung muß sich dabei zwischen zwei Temperaturgrenzen abspielen, die von der Glasart abhängen, im wesentlichen aber nach Erfahrung bestimmt werden. Die Ausgangstemperatur beträgt meist 650°.

Die älteren Kühlöfen sind einfache meist rechteckige *Kammeröfen*, die vor der Beschickung auf die Kühltemperatur gebracht werden und in denen sich das eingesetzte Glas langsam abkühlt. Die Kühlung von Flaschen dauert z. B. 4 bis 5 Tage, so daß stets mehrere Öfen vorhanden sein müssen, die zu einem Block vereinigt nebeneinander stehen. In diesen Kammeröfen ist eine Temperaturregelung nur bedingt möglich und lediglich auf die Anfangstemperatur beschränkt, so daß eine derartige Kühlung nur in bestimmten Fällen Zweck hat. Die Öfen werden mit festen oder gasförmigen Brennstoffen beheizt.

Wesentlich günstigere Ergebnisse zeitigt der *Kanalofen*, bei dem das fertige Erzeugnis auf Wagen oder Transportbändern oder Rollen durch einen geheizten Kanal gefahren wird und allmählich die gewünschte Temperatur durchläuft. Heizung und Transportgeschwindigkeit sind in weiten Grenzen regelbar einzurichten, um eine einwandfreie Kühlung zu erreichen. Die Öfen werden mit Gas oder elektrisch, seltener mit festen

Brennstoffen beheizt. Die elektrische Heizung bietet den Vorteil einer völlig reinen Ofenatmosphäre.

Der Kanalkühlofen mit Rollen für Spiegelglas hat sich besonders gut bewährt. Die Rollen dienen außer zum Fördern auch zum Strecken. Das Strecken bzw. Richten beruht auf dem Hin- und Herbiegen der Glasplatte beim Übergang über die Rollen.

IV. Die Weiterverarbeitung des Glases.

Die Weiterverarbeitung des Glases kann durch Blasen, Pressen, Gießen, Walzen und Ziehen geschehen. Welches dieser Verfahren zur Anwendung kommt, wird nach Art und Größe der herzustellenden Stücke und nach deren Menge entschieden. Die Erzeugnisse der Glasindustrie werden in folgende Hauptgruppen unterteilt:

1. *Hohlglas* (Hohlgefäße, Flaschen, Beleuchtungsglas und Röhren).
2. *Flachglas* (Spiegelglas, Fensterglas, Rohglas und Drahtglas).
3. Glas für *wissenschaftliche* und *technische* Zwecke.

Die beiden ersten Gruppen umfassen hauptsächlich *Handelsgläser*, die regelmäßig und in großen Mengen hergestellt werden. Flaschenglas wird häufig unter Zusatz von Basalt, Mergel, Hochofenschlacke u. dgl. erschmolzen, es ist meistens grün oder braun gefärbt. Hohlglas für Gebrauchsgläser kann durch Zusatz von Entfärbungsmitteln fast farblos gehalten werden, es wird durch Schleifen zu Luxusgläsern verarbeitet. Hochwertiges Hohlglas wird erzeugt, indem an Stelle von Kalk erhebliche Mengen Bleioxyd zugegeben werden, es führt die Bezeichnung Bleikristall. Spiegelglas zeichnet sich durch besondere Reinheit aus; Fensterglas ist meistens schwach grün gefärbt, es wird auch als getrübtes (Milchglas), geripptes oder mit Ziermustern versehenes Glas ausgeführt. Gefärbtes Glas wird unter der Bezeichnung Kathedralglas verwendet. Drahtglas erhält Metalleinlagen, es wird hauptsächlich für Oberlichter verwendet.

Gläser für *wissenschaftliche* und *technische* Zwecke werden durch sorgfältige Auswahl des Gemenges und Überwachung des Schmelz- und Kühlvorganges mit den verlangten Eigenschaften (Bruch-, Druck-, Zerreißfestigkeit, Elastizität, Härte, Widerstandsfähigkeit gegen chemische Angriffe) hergestellt.

a) Das Verarbeiten von Glas mit der Glasbläserpfeife.

Es ist das älteste Verfahren und von großer Anpassungsfähigkeit. Der Größe des anzufertigenden Gegenstandes ist jedoch eine Grenze gesetzt, die bei einem Stückgewicht von etwa 20 kg liegt. Die Glasbläserpfeife besteht aus einem am unteren Ende stark verdickten, oben mit einem Mundstück und einem Holzgriff versehenen Stahlrohr. Mit dem unteren Ende wird eine bestimmte Menge Glas aus dem Hafen genommen und durch Drehen und Wälzen auf einer Holz- oder Steinplatte und gleichzeitigem Blasen in das Rohr in Kugelform gebracht. Die Größe des sog. *Külbels* muß dem herzustellenden Gegenstand angepaßt werden. Durch Blasen, Schwenken und Anwendung verschiedener Werkzeuge (Zangen, Scheren u. dgl.) können aus dem Külbel Gegenstände der verschiedensten Form hergestellt werden. Nimmt die Arbeit längere Zeit in Anspruch, so muß das Stück einmal oder mehrmals ganz oder teilweise wieder erwärmt werden. Der fertig geblasene Gegenstand wird in einen Kühlofen eingesetzt.

Soll *durch Blasen Flachglas* hergestellt werden, so wird der Külbel zu einem Zylinder ausgeblasen. Das Ende des Zylinders wird geöffnet und ausgeweitet und die an der Pfeife sitzende Kappe abgesprengt. Das so gebildete zylindrische Rohr wird durch ein heißes Eisen der Länge nach aufgeschnitten und in den *Streckofen* eingesetzt. Im Ofen wird dann das *Glätten* bei 650 bis 700° mit dem *Bügelholz* durchgeführt. Die auf diese Weise entstandene Glasscheibe kommt in den Kühlofen. Diese Art der Fensterglasherstellung ist heute durch maschinelle Verfahren fast ganz verdrängt worden.

Die Mundbläserei wird heute hauptsächlich für die Herstellung von kleinen Gegenständen sowie von Röhren und Beleuchtungskörpern angewendet, die in geringer Stückzahl benötigt werden.

b) Das Verarbeiten des Glases durch Blasen in Blasemaschinen.

Die *Blasemaschinen* werden insbesondere zur Herstellung von Hohlglas und Flaschen angewandt. Sie wurden für die Durchführung von zwei verschiedenen Verfahren durchgebildet. Bei dem einen werden die verschiedenen Stufen des Mundblasens möglichst genau nachgeahmt, bei dem anderen von SIEVERT erfundenen Verfahren, wird ein Glasposten auf eine angefeuchtete Asbestplatte, die auf einer festen Unterlage ruht, aufgebracht dann ausgebreitet und nun eine feste Form darüber gestülpt. Durch die Wärmeeinwirkung der heißen Glasmasse wird Wasser verdampft und der sich entwickelnde Wasserdampf treibt die Glasmasse in die Form.

Für die Durchführung des zuerst genannten Verfahrens ist eine Anzahl von Blasemaschinen entstanden, von denen die wichtigsten, nachstehend in ihrer Wirkungsweise kurz beschrieben werden.

1. Blasemaschinen ohne Kopfform.

Bei diesen wird die Glasmasse mit einer gewöhnlichen Glasbläserpfeife aufgenommen, wie üblich durch Vorblasen und Schwenken zu einem Glaskülbel gestaltet und dann in die Maschine eingehängt. Das obere Ende wird mit der Preßluftleitung verbunden und das herabhängende Külbel in eine geteilte Fertigform eingeschlossen. Durch Einlassen der Preßluft wird der Hohlkörper fertiggeblasen. Die ersten einfachen Maschinen wurden von dem Amerikaner OWENS zu einer leistungsfähigen Maschine entwickelt. Eine Anzahl Preßluftdüsen sind hierbei an dem oberen Rahmen eines Drehgestells angebracht, am unteren Rahmen des Drehgestells sind die Blasformen in einer den Blasdüsen entsprechenden Lage angeordnet. Der die Maschine bedienende Arbeiter hat nur die Aufgabe, die ihm von den Glasbläsern zugereichten Pfeifen mit vorbereiteten Külbeln mit der gerade gegenüberstehenden Luftdüse zu verbinden. Alle anderen Vorgänge, das Schließen der Formen, das Einblasen der Preßluft, das Öffnen der Formen und schließlich das Eintauchen der Formen in einen Wasserbehälter zwecks Kühlung werden durch den Mechanismus der Maschine im richtigen Zeitpunkt durchgeführt.

2. Preßblasemaschinen.

Diese Maschinen wurden zuerst von dem Amerikaner ARBOGAST in zweckmäßiger Form durchgebildet. Die Bildung des Hohlkörpers geschieht in zwei Stufen. In der ersten Stufe wird das Külbel in eine Form gebracht und durch einen Stempel vorgepreßt (Bild 646). Nach Entfernen des Stempels wird das Külbel mit der Halsform aus der Preßform ausgehoben und in die zweiteilige Fertigform mit Boden eingesetzt. Jetzt wird die Form durch Aufsetzen der Preßluftdüse geschlossen und durch Einlassen von Preßluft der Hohlglaskörper fertig geblasen (Bild 647). Es sind verschiedene Bauarten von Preßblasemaschinen herausgekommen, an dem Grundsatz der zweistufigen Formgebung wurde dadurch jedoch nichts geändert.

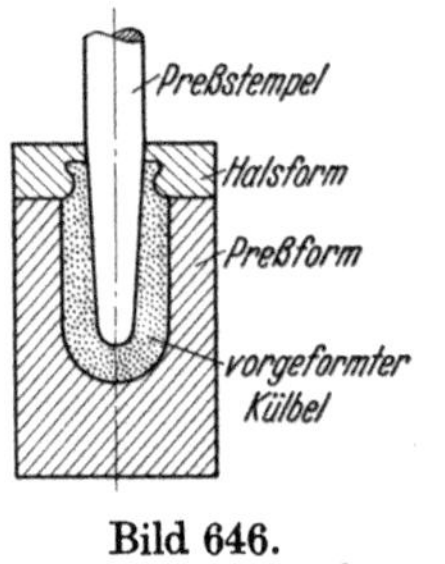

Bild 646.
Form und Stempel für die erste Stufe der Formbildung bei der Preßblasemaschine von ARBOGAST.

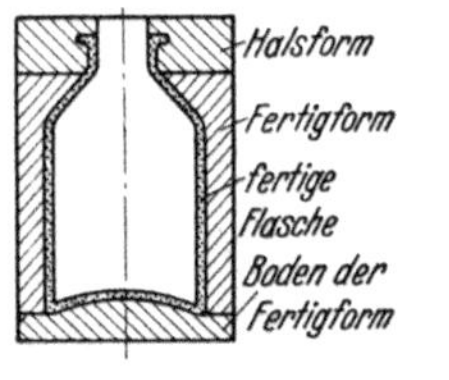

Bild 647.
Mehrteilige Form für die zweite Stufe der Formbildung bei der Preßblasemaschine von ARBOGAST.

3. Kippblasemaschinen.

Bei der Preßblasemaschine ist der Stempel zum Vorformen ein unentbehrliches Werkzeug. Dadurch ist sie aber auf die Herstellung weithalsiger Flaschen beschränkt. Die Lösung der Aufgabe, enghalsige Flaschen auf Blasemaschinen herzustellen, brachte die Kippblasemaschine des Engländers ASHLEY, dessen wesentlichen Teile in den Bildern 648a und 648b dargestellt sind. Die Formen sind an einem Gehäuse angebracht, das an einer drehbaren Scheibe sitzt. Der Glasposten wird bei der Stellung nach dem Bilde 468a in die Vorform eingeleitet. Dann wird der hohle Dorn nach oben geschoben, bis er in das

Külbel eingedrungen ist und in diesem einen Hohlraum bildet. In diesen Hohlraum wird Druckluft eingeblasen, anschließend die Scheibe um 180° gedreht und die Vorformhälften auseinander geschoben. In das nun freihängende Külbel wird vorsichtig weitere Luft eingeblasen, so daß es sich unter Einwirkung des eigenen Gewichts in der Länge streckt,

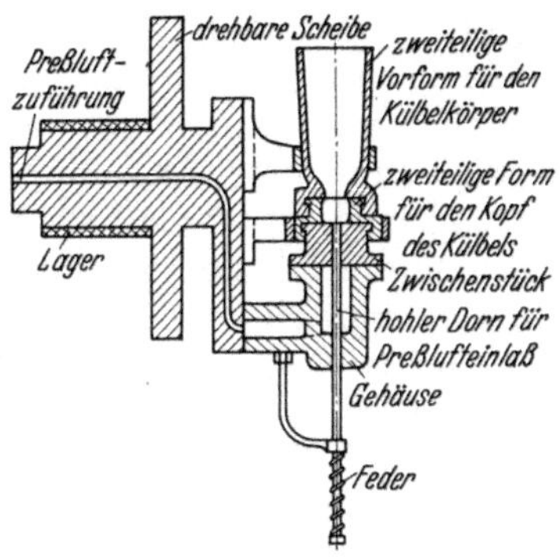

Bild 648a. Blasemaschine von ASHLEY mit der Vorform (Kippmaschine).

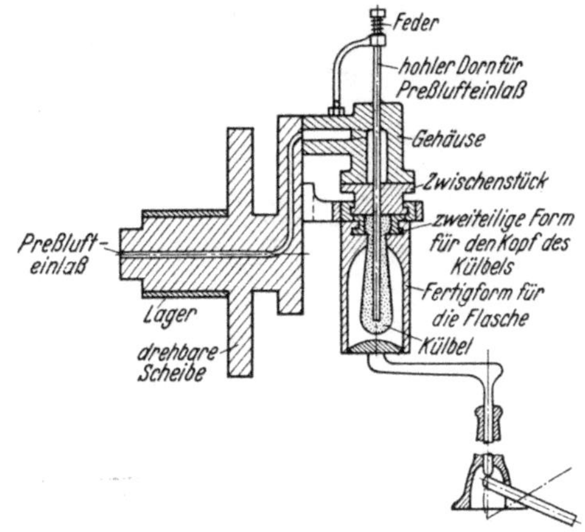

Bild 648b. Blasemaschine von ASHLEY mit der Fertigform.

bis es die im Bilde 648b gezeigte Form angenommen hat. Jetzt wird die Fertigform in die endgültige Lage gebracht, so daß nach Einblasen weiterer Luft das Külbel die endgültige Gestalt der Flasche annimmt. Nach verschiedenen Verbesserungen durch BOUCHER und SEVERIN wurde die Maschine von OWENS zu einer in allen Stufen selbsttätig arbeitenden Karusselmaschine ausgebildet.

Zum Blasen von Glühlampenkolben wurde die WESTLAKE-Maschine entwickelt. SCHILLER führte in Deutschland eine vereinfachte und billige Kippblasemaschine mit Handluftpumpe ein.

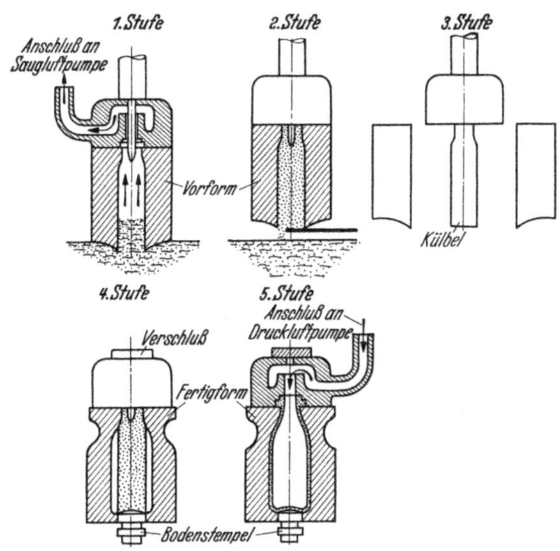

Bild 649. Die Stufen des Arbeitsganges bei der OWENS-Maschine.

4. Die Saugformmaschine von Owens[1].

Nachdem ASHLEY die Lösung der Aufgabe des mechanischen Flaschenblasens gelungen war, tauchte bald der Gedanke auf, Glasblasemaschinen mit einer Vielzahl von Arbeitseinheiten zu bauen, bei denen der Glasposten in eine Form gebracht selbsttätig zur fertigen Flasche geblasen wird. Eine solche automatische Maschine konnte jedoch eine große Arbeitsgeschwindigkeit nicht erzielen, wenn der Glasposten wie üblich von Hand aus dem Ofen in die Maschine übertragen werden mußte. Ein mechanisches Schöpfwerk, das aus Metall bestehen müßte, konnte die Lösung nicht bringen, weil es dem Glasposten zu viel Wärme entzogen hätte. Der bereits genannte und später bei dem Tafelziehverfahren wieder führend auftretende Amerikaner OWENS löste das Problem in denkbar einfachster Weise, indem er die Vorform als Schöpfgefäß für flüssiges Glas benutzt. Die unten offene Vorform wird in ein Glasbad eingetaucht, die Luft aus dem Hohlraum abgesaugt, so daß der Glasposten nachströmt und die Form füllt. Der Arbeitsgang der OWENS-Maschine verläuft in 5 Stufen, die an dem Bilde 649 verfolgt werden können. In der ersten Stufe

[1] WENDLER, A.: Maschinelle Glasverarbeitung. Leipzig: Akademische Verlagsgesellschaft m. b. H. 1929.

ist der Formkopf an eine Saugluftpumpe angeschlossen, die Luft wird aus der Form abgesaugt, das Glas strömt ein und füllt die Form bis in den Raum, der durch den Formkopf und den in den Hals hineinragenden Dorn begrenzt ist. In der zweiten Stufe wird die Form aus dem Glasbade herausgehoben und ein Messer schneidet den Glasstrang an der Unterkante der Form ab. In der dritten Stufe werden die beiden Vorformhälften seitlich ausgeschwenkt, das Külbel hängt frei in dem Formkopf. In der vierten Stufe wird das Külbel von der Fertigform eingeschlossen, der Dorn aus dem Formkopf herausgezogen, die Dornöffnung verschlossen. In der fünften Stufe wird der Formkopf mit einer Druckluftpumpe verbunden, die einströmende Luft bläst die Flasche fertig. Die Maschine wird heute mit 15 Armen ausgeführt. Sie wird von einem Ofen mit drehbarem Vorherd gespeist. Wie aus dem Bilde 650 ersichtlich, läuft das Glas durch einen Schamotteschieber geregelt in die sich drehende Pfanne, die von einer Kammer umgeben ist. Die Maschine ragt mit dem Formkopf durch einen Ausschnitt in der Kammerwand in die Kammer hinein. Um das Glas in der Drehpfanne auf die erforderliche Temperatur zu erhalten, wird die Kammer durch Gasbrenner geheizt. Die am Maschinengestell kreisenden Formen tauchen während ihrer Bewegung in die mit gleicher Geschwindigkeit und in gleicher Richtung sich bewegende Pfanne ein. Die Owens-Maschine mit 15 Armen liefert 60000 Bierflaschen oder bis 100000 weithalsige Flaschen in 24 h.

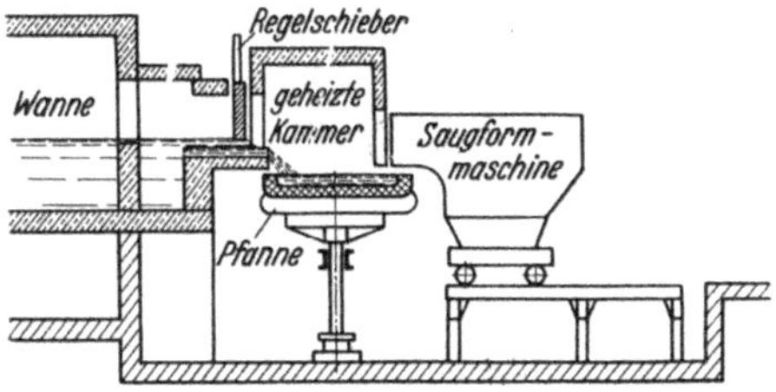

Bild 650. Owens-Maschine mit Drehpfanne bei einem Wannenofen.

Das Verfahren von Sievert hat sich besonders für die Herstellung von Schalen und Bottichen bewährt, es ist aber auch für die Herstellung von Fensterglaswalzen verwandt worden.

Die Leistung der Preßblasemaschinen und der Kippblasemaschinen wurde noch durch Vorschaltung selbsttätiger *Speiser* erhöht. Diese Einrichtungen führen den Blasemaschinen die Glasposten in genau abgemessener Größe selbsttätig zu. Das geschieht, indem in gleichen Zwischenräumen eine Ausflußöffnung freigegeben wird oder indem durch schwingende Schaufeln in Verbindung mit einem Abschermechanismus das Glas der Maschine zugeteilt wird.

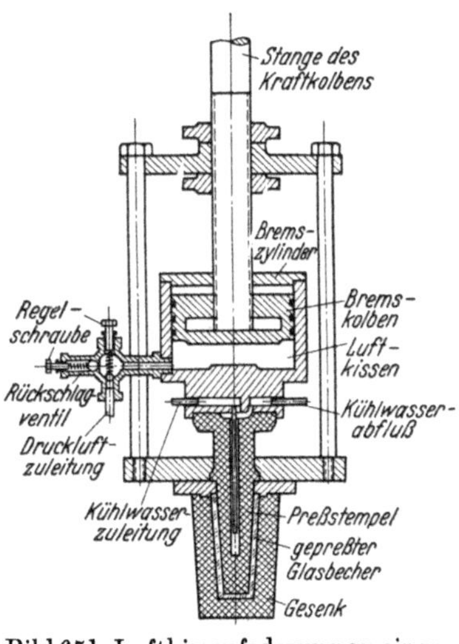

Bild 651. Luftkissenfederung an einer Presse zur Herstellung von Glasgefäßen.

c) Das Verarbeiten von Glas durch Pressen in Gesenken und durch Stanzen.

Einfache Schalen, Näpfe, Becher u. dgl. können durch Pressen in einem Gesenk hergestellt werden, wie es im Bilde 651 veranschaulicht ist. Der Arbeitsgang vollzieht sich in dem Hohlraum des Gesenkes, in den der Preßstempel eindringt. Von entscheidender Wichtigkeit ist hierbei, daß der Preßdruck der Größe und Zeitdauer nach richtig abgestuft wird. Der Preßstempel muß das Glas bis zur völligen Ausfüllung der Form verdrängen, der Druck darf aber nicht so groß sein, daß das Formstück bricht. Nach Beendigung der Formgebung muß der Druck langsam nachlassen und der Stempel sich vorsichtig abheben, damit er den Glasgegenstand nicht durch Saugung mitnimmt. In der Zeit muß der Vorgang so ablaufen, daß am Schlusse das Gebilde formbeständig aber andererseits noch nicht so weit abgekühlt ist, daß Risse oder Sprünge in ihm entstehen, bevor es im Kühlofen geborgen ist. Bei Maschinen, die von Hand bedient werden und bei denen der Glasposten durch einen Arbeiter in das Gesenk gebracht wird, hängt das Gelingen von der Geschicklichkeit und der Erfahrung der Bedienungsmannschaft ab. Die Arbeitsgeschwindigkeit der Glaspressen erheblich zu steigern, wurde erst möglich, nachdem die bereits erwähnten

Speiser eingeführt waren. Diese Einrichtungen bringen das Glas in Posten genau gleichen und nach Bedarf regelbaren Gewichtes in rascher Folge unmittelbar aus dem Schmelzofen in die Form. Als Beispiel wird nachstehend eine gesteuerte und selbsttätig arbeitende Presse beschrieben. Die Formen (mehrteilige Gesenke) befinden sich auf einem elektrisch angetriebenen Drehtisch, mit dem eine senkrechte Welle verbunden ist, auf der sich die nötigen Steuerdaumen befinden. Der Preßstempel wird durch den Kolben eines Druckluftzylinders betätigt. Die Drehung des Tisches wird durch einen Maltheserradantrieb bewirkt, so daß die Bewegung langsam eingeleitet und stoßfrei beendigt wird. An der Preßstelle ist der Drehtisch durch einen besonderen Widerlagebock abgestützt. Auf dem Formendrehtisch stehen die geteilten Formen, die durch eine an der Mittelwelle angeordnete Daumenscheibe geöffnet und geschlossen werden. Nach dem Öffnen der Form wird der gepreßte Gegenstand durch eine Hebevorrichtung ausgehoben. Der Luftdruck für den Preßzylinder beträgt etwa 2,5 atü. Je nach der Größe der zu pressenden Stücke beträgt der Zylinderdurchmesser 250 bis 400 mm. Damit der Arbeitsdruck nicht zu groß werden kann, wird zwischen Druckstempel und Kolbenstange ein Federkissen oder ein Luftkissen nach dem Bilde 651 eingeschaltet. In den Bremszylinder mündet links eine Abzweigung der Druckluftleitung. Wird der Widerstand des Preßstempels beim Niedergehen im Glase größer als gewöhnlich, so geht der Bremskolben im Bremszylinder herunter, wodurch der Druck des Antriebskolbens um den Widerstand im Bremszylinder vermindert wird. Dieser Widerstand kann durch das federbelastete Rückschlagventil geregelt werden.

Das *Stanzen* von Glaswaren geschieht hauptsächlich zum Ausschneiden von Gegenständen bestimmter Form, z. B. von Buchstaben aus erhitzten Glasplatten. Hierbei werden Werkzeuge mit schneidenden Kanten wie bei der Metallbearbeitung verwandt. Nach diesem Verfahren können Verzierungsstücke beliebiger Form hergestellt werden. Die zu bearbeitende Glasplatte liegt auf einer festen Unterlage. Die Stanzwerkzeuge müssen nicht bis auf die Unterlage durchgehen, wobei sie beschädigt werden könnten. Man begnügt sich gewöhnlich mit einer tiefen Einkerbung. Hierbei wird die obere Glashaut gestrafft, wodurch die Stücke eine schöne glatte Oberfläche erhalten. Die verbindende untere Glashaut wird abgeschliffen.

d) Die Anlagen zum Gießen und Walzen von großen Glasscheiben.

Bereits im Jahre 1638 hat Lucas de Nehous große Glasscheiben durch Gießen und Walzen hergestellt. Er goß die flüssige Glasmasse unmittelbar aus dem Hafen auf eine ebene Platte, die durch Flacheisenleisten von der Stärke der herzustellenden Glasscheibe eingefaßt war. Über diese Leisten wurde eine schwere Walze gerollt, so daß die Glasmasse zu einer Scheibe ausgestreckt wurde. In der Weiterentwicklung dieses Verfahrens wurde zunächst nichts grundsätzliches geändert. Die Platte wurde später auf einen Wagen gelegt, damit das Gießen und Walzen jeweils vor demjenigen Kühlofen durchgeführt werden konnte, in den die Scheibe nach Fertigstellung eingesetzt werden mußte. Als an die Stelle mehrerer Kammerkühlöfen ein Kanalkühlofen trat, konnten die gewalzten Scheiben alle an der gleichen Stelle in den Kühlofen geschoben werden. An die Stelle des fahrbaren Gießtisches wurde ein ortsfester aufgestellt, der nun größeres Gewicht erhielt und deshalb widerstandsfähiger gegen die Hitzeeinwirkung wurde. Man konnte nun auch zu einer weiteren Vergrößerung der Glastafeln gehen. Im Jahre 1900 wurden bereits Spiegelglasscheiben von 32 m^2 Flächengröße hergestellt. Für so große Flächen konnte der Walztisch nicht mehr aus einem Stück hergestellt werden. Ein Walztisch von 9 m Länge und 5 m Breite war aus 10 gußeisernen Balken zusammengesetzt, die durch Queranker zusammengehalten wurden und auf zwei Fundamentplatten so gelagert waren, daß sich jeder Balken entsprechend seiner Temperaturerhöhung unabhängig ausdehnen konnte. Trotz dieses Aufbaues behielt der Walztisch keine ebene Fläche. Bei einer großen Spiegelscheibe ergab sich durch Schleifen ein Verlust von etwa 50%, bevor eine ebene Scheibe erreicht war. Dann ging man dazu über, den Tisch mit Wasser zu kühlen. Jeder einzelne Balken erhielt zwei Kühlkanäle, durch die das Kühlwasser geleitet wurde. Der Schleifverlust wurde durch diese Maßnahme auf etwa 30% verringert. Auch die

Walze erhielt eine Kühleinrichtung oder sie wurde nach einigen Walzungen durch eine andere kalte Walze ersetzt. Die ausgewalzte Glasscheibe wurde vom Walztisch unmittelbar in den gegenüberliegenden Kühlofen geschoben. Bei diesem Verfahren ergab sich, daß die mit der Walze in Berührung gewesene Oberfläche der Glasscheibe die glattere war. Diese Tatsache führte zu neuen Verfahren, bei denen die Tafel zwischen Walzen

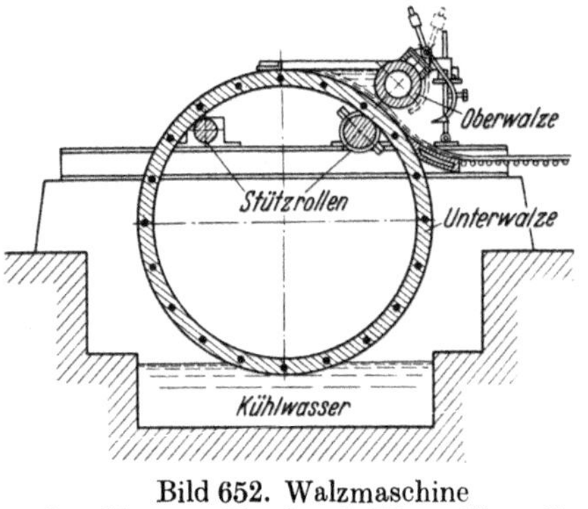

Bild 652. Walzmaschine der Showers Pittsburgh Plate Glass Co.

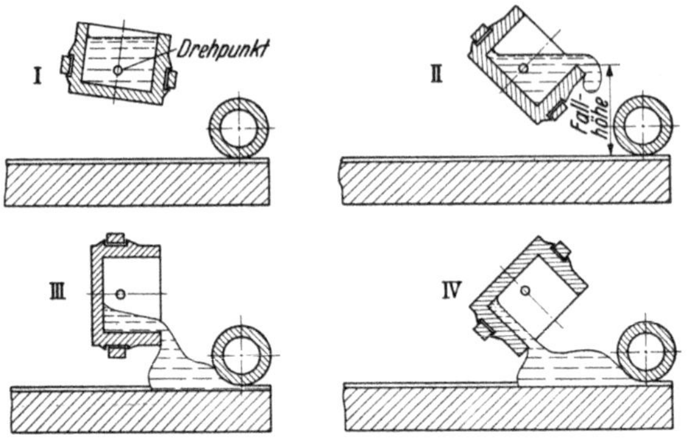

Bild 653. Ausschütten des Hafens beim Tischwalzverfahren.

fertig gebildet wird und der Walztisch ganz in Fortfall kommt. Hierbei entstehen Glastafeln die mit erheblich geringerem Schleifverlust ebengeschliffen werden können. Ein weiterer Vorteil dieser Verfahren ergibt sich dadurch, daß Rohglastafeln bis herunter zu 5 mm Stärke gewalzt werden können, während beim Tischwalzverfahren

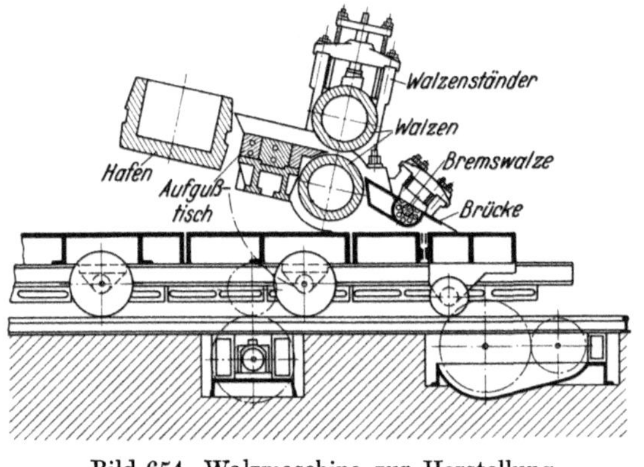

Bild 654. Walzmaschine zur Herstellung von Glastafeln von Bicheroux.

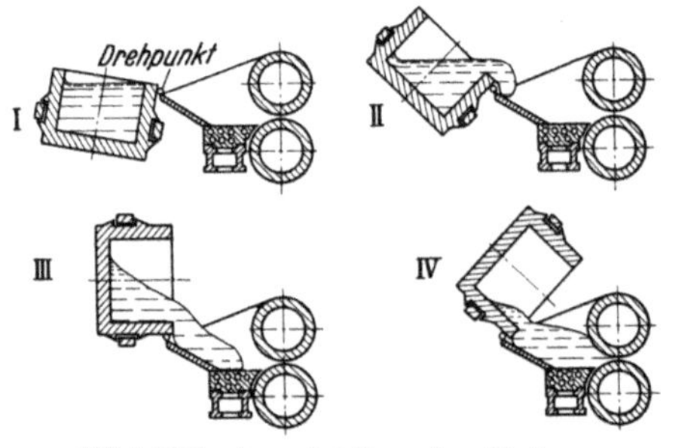

Bild 655. Ausschütten des Hafens beim Bicheroux-Verfahren.

Stärken unter $11^1/_2$ mm nicht erreicht werden konnten. Um Spiegelscheiben von 6 mm herzustellen, mußten demnach $5^1/_2$ mm abgeschliffen werden. Dünne Spiegelscheiben waren deshalb teurer als dicke.

Das Walzverfahren von Showers steht dem Tischverfahren nahe (Bild 652). Statt des ebenen Tisches ist eine ringförmige Schale als Empfänger für die aus dem Hafen entleerte Glasmasse verwendet. Zum Entleeren wird der Hafen um seine Schwerpunktsachse gedreht und zur Verteilung der Glasmasse auf der Schale seitlich verfahren. Hierdurch ergibt sich eine große Fallhöhe für das Glas und die Neigung zu Verunreinigungen. Der Schalenring hat etwa 3,5 m Durchmesser und ist infolge des großen Krümmungsradius leicht der Wärmeverwerfung unterworfen. Die Plattenbildung geht zwischen der Schale und der kleinen Oberwalze vor sich.

Das Verfahren von Bicheroux bedeutet eine völlige Abkehr von dem Tischverfahren. Beim Tischverfahren wird wie auch beim Verfahren von Showers das Entleeren des Hafens durch Kippen um die Mittelachse herbeigeführt (Bild 653), wobei die freie Fallhöhe etwa 1 m beträgt. Bei der Walzmaschine von Bicheroux (Bild 654) wird der Hafen durch Drehen um die obere Kante entleert (Bild 655). Das Glas erhält keine schädliche Fallhöhe sondern gleitet aus dem Hafen unmittelbar auf den Empfänger

(Aufgußtisch) und von diesem zwischen die Walzen. Auch das seitliche Verfahren des Hafens ist nicht mehr notwendig. Die beiden Walzen haben gleichen Durchmesser. Die Glasmasse ist nur wenige Sekunden mit der formenden Walzenoberfläche in Berührung, während beim Tischverfahren diese Berührung ungefähr 1 Minute dauerte. Infolgedessen hat die Glastafel eine gleichmäßigere Dicke und eine glattere Oberfläche. Schrecksprünge an der Oberfläche der Tafel entstehen nicht mehr und man kann mit der Dicke der Tafel bis auf 4 mm heruntergehen. Dünnes Spiegelglas kann somit wesentlich wirtschaftlicher hergestellt werden. Die Hälfte der Welterzeugung an Spiegelglas wird bereits nach diesem Verfahren hergestellt. Es werden Tafeln bis zu 80 qm ausgewalzt.

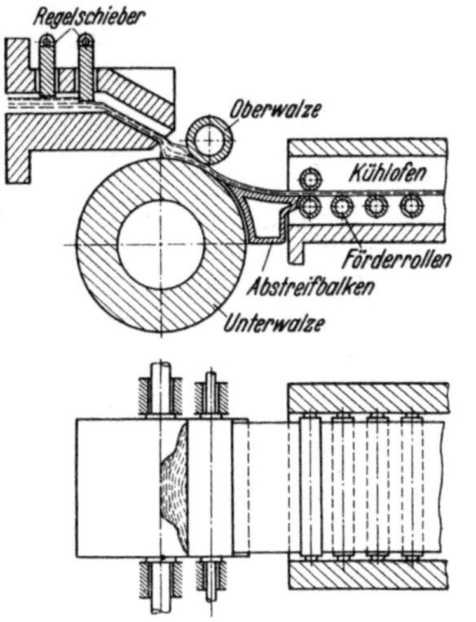

Bild 656. Stetiges Wannen-Walzverfahren der Henry Ford Motor Co.

Das Verfahren der *Henry Ford Motor Co.* ist ebenfalls ein reines Walzverfahren, das jedoch in unmittelbarem Anschluß an eine Wanne ein ununterbrochenes Band erzeugt. Die Glasmasse strömt durch regelbare Schlitze auf eine Walze von etwa 1,10 m Durchmesser (Bild 656) und wird dann zwischen der dicken Unterwalze und der dünnen Oberwalze auf die erforderliche Breite und Dicke gestreckt. Ein schräger, schwach gekrümmter Balken streift das Band von der Unterwalze ab und führt es auf den Rollgang des Kühlofens. Es wird ein endloses Glasband erzeugt, das erst nach Austritt aus dem Kühlofen durch Schneiden geteilt wird.

Ein anderes Walzverfahren, das in den *Bayrischen Spiegelglaswerken* ausgeübt wird, geht auf das von Chance zuerst in England eingeführte Verfahren zur Herstellung von Glas mit Reliefmuster zurück. Es wird hier zum Walzen von Rohglas in einzelnen Tafeln aus einer Wanne benutzt. Ein Schema der Walzmaschine von Chance zeigt das Bild 657. Das aus der Kelle ausfließende Glas gelangt über den Aufgießtisch zwischen die großen Walzen. Das hier gebildete Band gleitet über eine Brücke zwischen ein zweites Walzenpaar von geringerem Durchmesser, aber größerer Umfangsgeschwindigkeit, die neben weiterer Streckung eine Glättung der Oberfläche herbeiführen. Schließlich gelangt die Tafel über eine weitere Brücke auf den Ablegetisch, der sich in der Walzrichtung vorwärts bewegt. Vom Ablegetisch wird die Tafel in den Kühlofen geschoben.

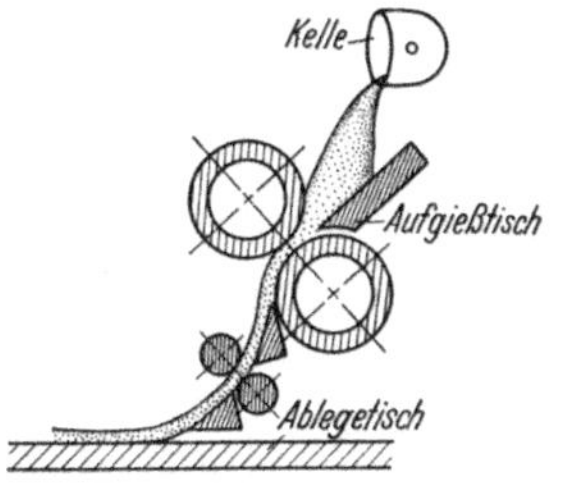

Bild 657. Schema der Walzmaschine von Chance. (Nach Wendler.)

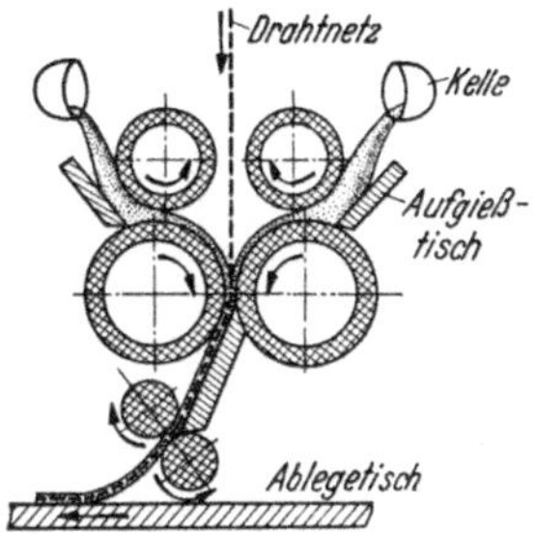

Bild 658. Schema einer Walzmaschine für Spiegeldrahtglas. (Nach Wendler.)

Die Herstellung von *Drahtglastafeln* erfolgt ebenfalls durch Walzen. Das Bild 658 zeigt das Schema einer Walzmaschine für Spiegeldrahtglas. Die beiden Glasposten werden gleichzeitig auf die beiden Aufgußtische gegossen. Es bilden sich zwei Glastafeln zwischen die das Drahtgewebe eingeleitet wird. Zwischen den beiden unteren Walzen werden die Teile zu einer Tafel verbunden.

e) Die Anlagen zum Ziehen von Glas.

1. Das Ziehen von Fensterglaswalzen nach Lubbers und Chambers.

Das Glas wird mit einem *Fangstück* nach dem Bilde 659 aus einer kleinen geheizten Wanne entnommen, die die für eine „Walze“ benötigte Glasmenge enthält. Das Fangstück ist die Mündung einer „Pfeife“ mit stark erweiterter massiger Ausbildung. Es hat die Form eines umgekehrten Trichters mit nach innen eingezogenem Rande. Beim

Eintauchen dieses Trichters in das Glasbad tritt die Schmelze innen über den Rand und erstarrt dort zu einem Ringe, welcher lose auf dem Rande liegen bleibt, wenn die übrige Glasmasse durch Einleiten von Preßluft herausgedrängt wird. Nun wird die Pfeife unter ständiger Zufuhr von Preßluft gehoben, es bildet sich ein Glaszylinder von dem gewünschten Durchmesser. Die Wanne hat einen Durchmesser von etwa 1 m und 0,15 m Tiefe, der Glasinhalt beträgt etwa 250 kg. Der sich bildende Glaszylinder, die sog. Walze, wird mit dem Fangstück durch eine Winde mit einer Geschwindigkeit von 0,35 m/min hochgezogen. Das Einblasen der Luft wird durch ein Kreiselgebläse mit einem Druck von etwa 125 mm WS bewirkt. Auf diese Weise werden Glaszylinder bis 1,3 m Durchmesser und 13 m Länge hergestellt. Die Wurzel wird dicht über der Wanne mit einem angefeuchteten Eisen abgesprengt. Die Glaswalze wird umgelegt, in Stücke von 1 bis 1,8 m Länge geteilt, was durch Umlegen eines elektrisch erhitzten Drahtes geschieht. Die einzelnen Stücke werden in zwei Hälften gespalten und zuletzt in der üblichen Weise gestreckt. Nach diesem Verfahren werden auch Glasrohre von geringem Durchmesser gezogen.

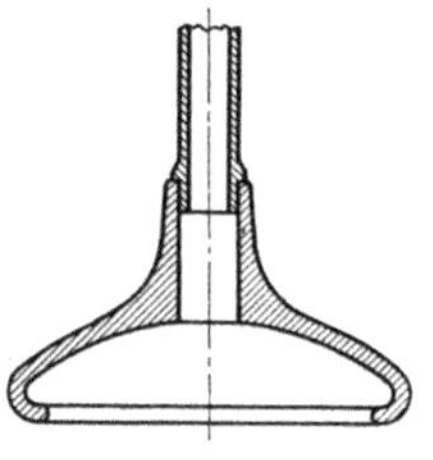
Bild 659. Fangstück zum Walzenziehen nach Lubbers und Chambers.

2. Die Tafelziehmaschine nach Fourcault.

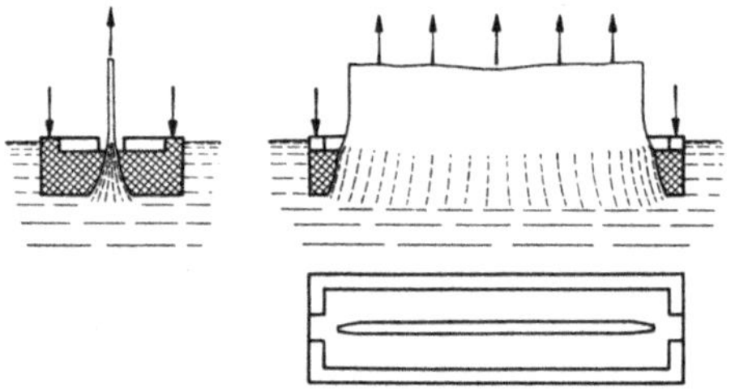
Bild 660. Schwimmdüse für die Tafelziehmaschine nach Fourcault.

Beim *„Ziehen“* einer Glastafel aus dem Glasbade ist zunächst zu verhindern, daß das sich bildende Band durch die Oberflächenspannung schmäler wird. Das wird erreicht, indem nicht „gezogen“, sondern „gedrückt“ wird. Die praktische Lösung fand Fourcault durch seine Schwimmdüse aus Schamotte nach dem Bilde 660. Der Schwimmer wird in die Schmelze eingedrückt, so daß eine Glasschicht durch den Schlitz nach oben tritt. Diese tafelförmige Glasschicht würde sich alsbald infolge seiner Weichheit zu einer Seite umlegen. Wird aber am Ende ein Fangstück angebracht und mittels einer Zugvorrichtung senkrecht hochgezogen, so wird ein endloses Glasband senkrecht hochsteigen. Bei der Tafelziehmaschine von Fourcault wird das Hochziehen der Glastafel durch etwa 18 Paar Förderwalzen aus Asbest von 15 cm Durchmesser mit Stahlachse bewirkt (Bild 661). Die Tafelbildung geht in einem, an die Wanne anschließenden Kanal vor sich. In diesem ist ein Raum für die Schwimmdüse durch zwei dicke Wände abgetrennt. Der außerhalb des Düsenraumes liegende Teil des Kanals ist durch Gasbrenner beheizt. In der Höhe des Düsenschlitzes ist die Temperatur des Glases etwa 600°, die bis zum spaltförmigen Ausgang der Ziehkammer auf 500° abfällt, was durch wassergekühlte Rohre erreicht wird. Nach oben schließt sich an die Ziehkammer unmittelbar der gußeiserne Kühlschacht an, der innen mit einer Asbestkleidung versehen ist. Von jedem Walzenpaar ist die eine Walze an der Schachtwand fest gelagert und durch Rädergetriebe in Drehung versetzt. Die zweite Walze hängt in Winkelhebeln und wird durch Gegengewichte gegen das Glasband gepreßt. Hierdurch werden zwischen der Glasoberfläche und der Oberfläche der getriebenen Walzen die Reibungskräfte erzeugt, die erforderlich sind, das Glasband hoch zu führen. Die Ziehgeschwindigkeit richtet sich nach der Stärke der Glastafel. Sie beträgt bei 2,2 mm dickem Glas 0,7 bis 0,8 m/min. Der Kühlschacht ist durch geneigte Querwände in Kammern unterteilt. Durch Lüftungs-

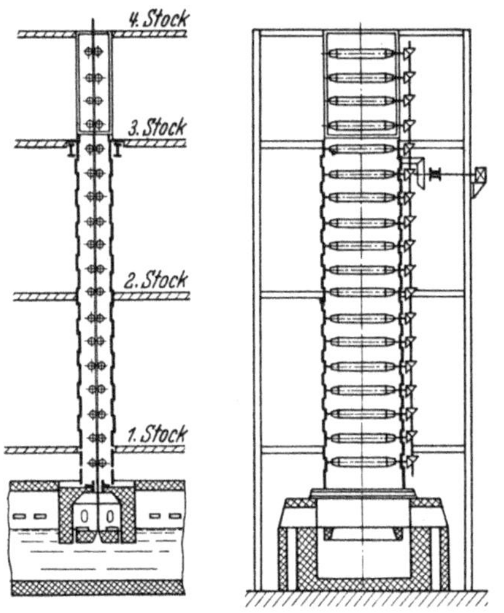

Bild 661. Tafelglasziehmaschine von Fourcault.

klappen kann der Luftzutritt und damit die Kammertemperatur geregelt werden. Die Glastafel verläßt den etwa 6 m hohen Schacht am Kopfende soweit abgekühlt, daß die Abtrennung der Scheiben vom Glasband sofort durchgeführt werden kann. Das Absprengen geschieht durch Anritzen mit einem Stahlrädchen. Die abgetrennte Scheibe wird mittels einer Klemmvorrichtung an eine Laufkatze gehängt und zu den Schneidetischen befördert. Eine FOURCAULT-Maschine leistet 800 bis 1200 m² Glas in 24 h. An einer Wanne können bis zu 10 Maschinen angeordnet werden.

3. Die Walzenziehmaschine der Libbey-Owens Sheet Glass Co.

Bei der Maschine von FOURCAULT wird die Glastafel durch den Druck des Glasbades durch eine Düse gepreßt. Bei der Maschine von LIBBEY-OWENS wird das von COLBURN erfundene Verfahren angewendet. Bei diesem wird das Zusammenziehen des aus dem Bade gehobenen Bandes dadurch verhindert, daß es unmittelbar über dem Glasspiegel an beiden Rändern durch umlaufende Walzen erfaßt wird. Das eigenartige ist hierbei, daß die Umfangsgeschwindigkeit dieser Walzen nur etwa $^1/_4$ der Bandgeschwindigkeit beträgt. Die Randwalzen wirken also nicht fördernd, sondern bremsend auf die Tafelränder. Diese werden dabei so gestrafft, daß sie einmal gebildet nicht mehr nach innen zurückweichen. Die nach diesem Verfahren gezogenen Glastafeln hatten zuerst eine wellige Oberfläche. Um diesen Mangel zu beseitigen, wurden die Bänder in einen allseitig geschlossenen Raum oberhalb der Ziehwalzen eingeleitet, um ungleichmäßiges Abkühlen zu verhindern und als diese Maßnahme nicht genügte, wurde das Band über eine Walze geleitet und aus der senkrechten in die waagerechte Bewegungsrichtung umgelenkt. Damit war die Aufgabe gelöst und die Maschine vollendet, wie sie bei der Libbey-Owens Sheet Glas Co. zuerst in Betrieb genommen wurde. Wie aus dem Bilde 662 ersichtlich, ist der Ziehherd von der Wanne durch einen luftgekühlten Schamotteblock getrennt. Der Ziehherd ist eine beckenförmige Schamotteplatte von etwa 15 cm Tiefe und einer Breite, die etwas größer ist als die des Glasbandes. Der Ziehherd wird von unten durch eine Heizkammer und von oben durch Gasbrenner geheizt. Der mittlere Raum über dem Ziehherd, wo sich das Glasband bildet, ist gegen die Einwirkung der oberen Gasbrenner durch Schamotteschilder und wassergekühlte Metallplatten abgeschirmt. Das sich bildende Glasband kühlt sich durch Wärmeabstrahlung an die Metallplatten und durch die Einwirkung der wassergekühlten Walzen schnell ab. Etwa 63 cm über dem Glasspiegel liegt die angetriebene Biegewalze, über die das Glasband rechtwinklig abgelenkt und nach Gleiten über eine Stützwalze auf das Förderband gelangt, durch das es in den Kühlkanal getragen wird. Damit bei der Umlenkung durch die Biegewalze im Glasband keine Querwellen entstehen, wird es an der Umlenkstelle auf eine kurze Strecke noch einmal durch Brenner erwärmt. Der Kühlkanal hat eine Länge von etwa 60 m. In seine Sohle sind etwa 200 asbestbekleidete Walzen eingebaut. Der Kühlkanal, der die Aufgabe des Kühlofens hat, wird zunächst durch die Abgase des Ziehherdes geheizt, dann aber noch durch besondere Gasbrenner, die in allmählich größer werdenden Abständen längs des Kanals aufeinander folgen. Am Ende des Kühlkanals schiebt sich das Glasband auf einen anschließenden offenen Fördertisch. Hier wird das Band in handliche Längen zerlegt. Die Stücke werden von Hand abgetragen.

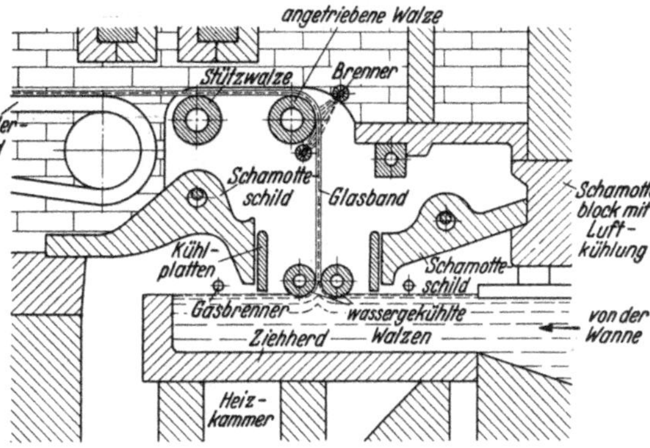

Bild 662. Die Walzziehmaschine der Libbey-Owens Sheet Glass Co.

Die Temperatur der Glasmasse im Ziehherd wird auf etwa 900° C gehalten. Die Ziehgeschwindigkeit beträgt bei Glas von 2,3 mm Stärke mindestens 1,5 m/min; sie wird bei dickerem Glas vermindert und zwar bis auf 0,9 m/min für Glas von 6,3 mm Stärke. Eine Wanne mit zwei Ziehherden lieferte 5000 m² Fensterglas einfacher Stärke in 24 h.

Das Glas zeichnet sich, wie das nach FOURCAULT hergestellte, durch vollkommene Ebenheit der Tafeln und gute Oberflächenbeschaffenheit aus. Die erste und größte Anlage in Charleston USA. hat 12 Wannen mit 18 Maschinen. Auch in Europa hat das Verfahren Eingang gefunden. In Gelsenkirchen-Rotthausen hat die Deutsche Libbey-Owens-Gesellschaft zusammen mit der Bergwerksgesellschaft Dahlbusch eine Anlage errichtet. In Amerika wird ein Teil des nach diesem Verfahren erzeugten Glases durch Schleifen und Polieren veredelt.

f) Einrichtungen zum Fertigmachen der Glaserzeugnisse auf der Hütte.

Nach allgemeinem Brauch müssen insbesondere folgende Arbeiten auf der Hütte durchgeführt werden, soweit es sich um laufende Bestellungen handelt:

1. Schneiden und Absprengen,
2. Verschmelzen,
3. Schleifen und Polieren.

Das *Schneiden* von Glas ist in Wirklichkeit meistens ein Brechen oder Sprengen. Es wird durchgeführt, indem an der Bruchstelle eine die Festigkeitsgrenze übersteigende Spannung erzeugt wird. Das kann erreicht werden durch

Schlag und Stoß mit einer Schneide,
schroffen Temperaturwechsel und
Biegungsbeanspruchung.

Diese Mittel können einzeln und in Verbindung miteinander verwendet werden.

Das Schlagen und Stoßen wird besonders zum Zerlegen von Glasrohren benutzt. Beim Absprengen der Blaskappen von Hohlglasgegenständen benutzt man meist ein verbundenes Verfahren. Es wird z. B. die Stelle, an der die Trennung erfolgen soll, durch Stichflammen unter Drehung des Gegenstandes erhitzt und dann mit einem kalten oder feuchten Stahlstäbchen dagegen gestoßen. Bei dickeren Gegenständen wird die Sprengstelle durch einen Diamanten eingeritzt, dann genügt meistens schon das Erhitzen an dieser Stelle. Beim Abbrechen durch Biegen wird das im Glaskörper bestehende Gleichgewicht zuerst durch Substanzwegnahme aufgehoben. Das geschieht durch Ritzen mit einem Diamanten oder hartem Stahlrädchen oder durch Einkerben mit einer Schleifscheibe. Es kann auch in Betracht gezogen werden, den Gegenstand zu zerlegen, indem man mit der Schleifscheibe durchschleift. Auch eigentliches Durchschneiden ist vorgeschlagen worden. Hierbei wird ein endloser Draht verwendet, der mit einer Geschwindigkeit von 350 m/min über den Glaskörper bewegt wird. Soll das Schneiden und Absprengen mit Maschinen durchgeführt werden, so benutzt man in der Regel Karusselmaschinen, bei denen die zu bearbeitenden Stücke auf Drehtellern stehen. Sie werden zuerst an der Sprengstelle durch einen Diamanten eingeritzt, dann vor einem bogenförmigen Brenner erhitzt. Glastafeln können zerlegt werden, indem man über die Trennstelle einen Draht legt, der durch elektrischen Strom erhitzt wird.

Das *Verschmelzen* ist notwendig, um bei Hohlglasgegenständen die scharfen Kanten der Sprengränder zu beseitigen. Zu diesem Zwecke werden diese Ränder bis zur Wiedererweichung erhitzt, wobei sich die Kanten abrunden. Beim Pressen von Hohlglas bekommt die Oberfläche durch Berührung mit den kalten Metallflächen ein „gehämmertes" Aussehen. Durch Wiedererhitzen der Glasoberfläche bis zum beginnenden Fließen, erhalten die Gegenstände wieder den schönen Glanz einer unberührt erstarrten Glasoberfläche. Die Maschinen für diese Arbeiten werden ebenfalls als Karusselmaschinen durchgebildet. Die Verschmelzflamme wird hierbei zweckmäßig aus einer Anzahl von Einzelflammen gebildet.

Schleifen und Polieren ist insbesondere zur Herstellung von „Spiegelglas" erforderlich. Durch das Schleifen werden die rauhen undurchsichtigen Außenschichten auf beiden Seiten der Rohglastafeln beseitigt. Durch das Polieren werden die beiden parallel liegenden Außenflächen vollkommen glatt. Die Glasscheibe wird infolge dieser Bearbeitung vollkommen durchsichtig, da die Lichtstrahlen ungebeugt und ohne Zerstreuung durchgelassen werden.

Das *Schleifen* wird mit Sand oder Schmirgel durchgeführt, indem man die Körner zwischen eisernen Leisten oder Platten und der Glastafel zerreibt. Dabei ziehen die Körner kreuz und quer Risse in die Glashaut, wodurch eine große Zahl kleinster Ausbrüche und Vertiefungen entstehen, während die Körner selbst zermalmt werden, da sie weicher sind als das Glas. Beim ersten Teil des Schleifens beträgt die Korngröße $^3/_4$ bis $1^1/_4$ mm, er wird als Grobschleifen bezeichnet. In weiteren 2 bis 6 Stufen des Schleifens wird fortschreitend kleinere Korngröße verwendet, so daß die Glasscheibe entsprechend glattere Oberfläche bekommt. Zuletzt wird der Feinschliff mit allerfeinstem Staubschmirgel durchgeführt. Aber auch dann ist die Scheibe noch nicht durchsichtig, weil sie mit einer Unzahl winzig kleiner Vertiefungen bedeckt ist. Es befinden sich im Schleifmittel winzig kleine Glassplitterchen, kleine Körnchen sind in die Glasfläche eingepreßt. Nachdem die Glastafel und das ganze Schleifgerät gründlich mit Wasser abgespült und gesäubert ist, erfolgt noch einmal ein Feinschliff. Das Schleifen einer Seite beansprucht 1 bis $1^3/_4$ h.

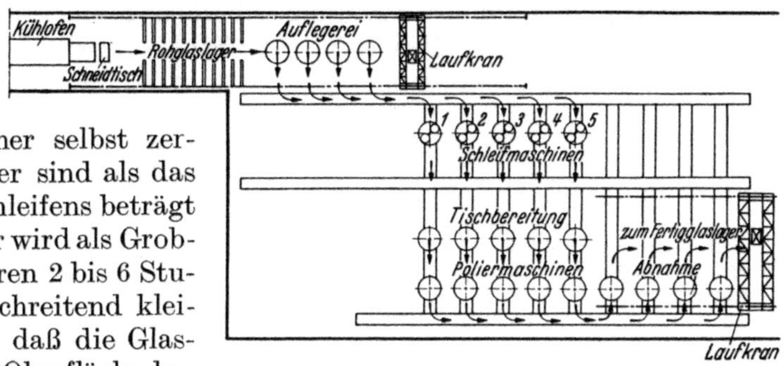

Bild 663. Lageplan einer Spiegelglasschleiferei mit runden Schleif- und Poliertischen.

Das *Polieren* wird mit Poliertellern aus Filz durchgeführt. Als Poliermittel wird Eisenoxyd (Polierrot) verwendet. Das Polieren einer Seite dauert 1 bis $1^1/_2$ h; es ist offenbar eine Fortsetzung des Schleifens und unterscheidet sich von diesem nur durch das Schleifmittel, das hierbei aus feinsten Staubteilchen besteht. Ein Beweis für diese Auffassung, die nicht überall geteilt wird, ist das Vorhandensein von abgeschliffenem Glas in dem verbrauchten Poliermittel.

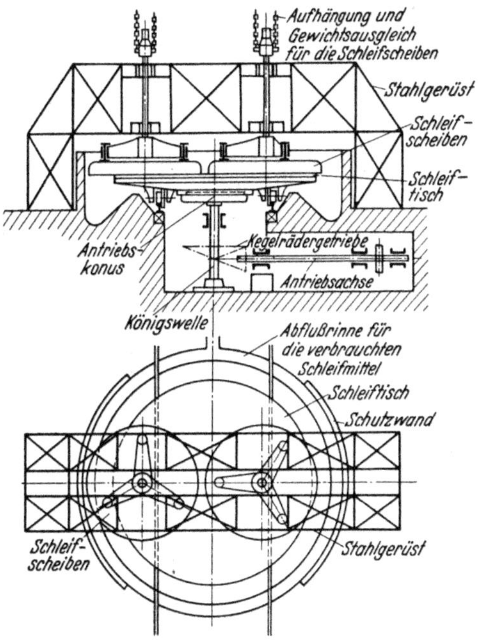

Bild 664. Schleifmaschine mit umlaufendem runden Schleiftisch.

Man unterscheidet beim *Schleifen und Polieren* zwei Arbeitsverfahren: Das *unterbrochene* auf runden Tischen und das *fortlaufende* auf Bandschleifern, die sich aus einzelnen rechteckigen Tischen zusammensetzen. In beiden Fällen schließt sich die Schleiferei unmittelbar an das Rohglaslager an. Das Bild 663 zeigt den Lageplan einer *Schleiferei mit runden Schleif- und Poliertischen.* Die Rohglasscheiben werden mit gut gefederten Wagen oder besser mit Laufkranen zur Auflegerei befördert. Hier werden sie mit Gips auf einem Schleiftisch festgekittet. Die Schleiftische sind kreisrunde, in Geleisen fahrbare eiserne Platten von 8 bis 12 m Durchmesser. Nachdem ein Schleiftisch mit Glasplatten voll belegt ist, wird er zu einer freien Schleifmaschine in der Schleiferei gefahren. Da das Geleise in die Maschine hineinführt, kann ohne besondere Hilfsmittel der Schleiftisch so weit vorgeschoben werden, daß die Mitte des Schleiftisches über der Mitte des Antriebes (Bild 664) steht. Nun wird der Tisch gesenkt oder der Antrieb gehoben, so daß der Antriebskonus der Schleifmaschine mit dem Schleiftisch gekuppelt wird. Das geschieht durch eine ringförmige Feder an dem Antriebskonus, die genau in eine Nute am Schleiftisch paßt. Eine *Schleifmaschine* hat zwei Schleifscheiben, die an einem Stahlgerüst an senkrechten Achsen hängen und zwar sind die Schleifscheiben so aufgehängt, daß ihr Eigengewicht zum Teil oder ganz durch Gegengewichte ausgeglichen werden kann. Beim Schleifen werden die Schleifscheiben durch die Verbindung mit dem Schleiftisch über die zu schleifenden Glastafeln in Drehung versetzt. Sie sollen im gleichen Sinne umlaufen wie der angetriebene Schleiftisch. Das Schleifmittel wird mit Wasser auf den Schleiftisch geleitet. Der beim Schleifen verbrauchte und mehr oder weniger zerriebene Sand tritt über die Kante des Schleiftisches, wird in einer ringsum laufenden Rinne aufgefangen und zu einer Aufbereitungsanlage geleitet. Die Aufbereitung besteht in einem Schlämmen mit Wasser und einem Klassieren nach Korngröße. Der Stoff wird dann wieder nach der Korngröße in den verschiedenen Schleifstufen verwendet. Nachdem die Glastafeln auf der einen Seite fertig geschliffen und poliert sind, werden sie vom Schleiftisch gelöst und zur Bearbeitung der zweiten Seite gewendet wieder aufgelegt. Die Tafel wird nun nicht mehr auf Gips, sondern zur Schonung der Politur auf Flanelltücher gelegt; nur die Fugen werden mit Gips ausgefüllt. Die Drehzahl der Schleiftische

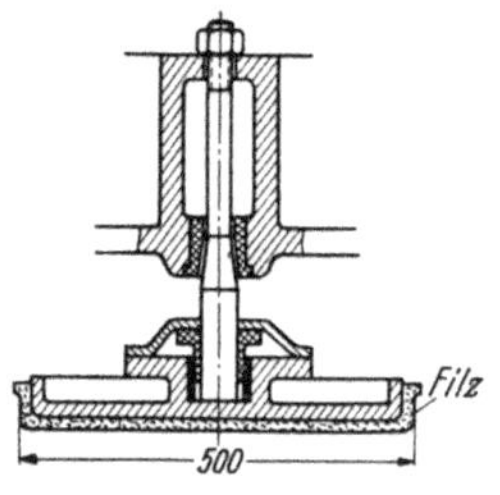

Bild 665. Polierpflock für eine Poliermaschine mit angetriebenem Tisch.

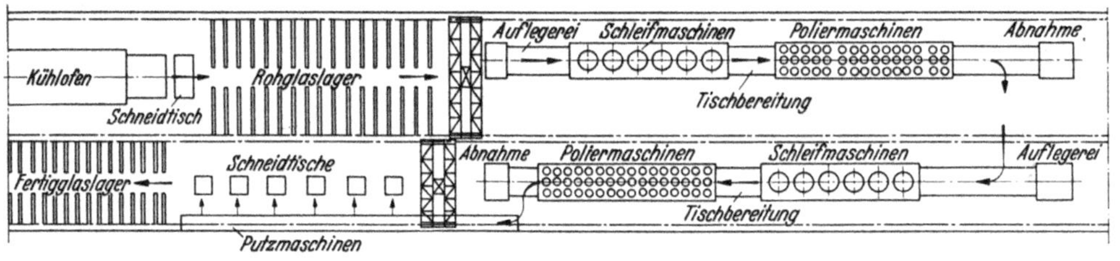

Bild 666. Lageplan einer Spiegelglasschleiferei mit Bandschleifanlage.

beträgt etwa 27/min. Die *Poliermaschinen* können wie die Schleifmaschine nach dem Bilde 664 durchgebildet werden; mit der Königswelle wird der Tisch angetrieben. Statt der zwei Schleifscheiben sind dann gewöhnlich vier Polierscheiben vorgesehen. An diesen Scheiben hängen Polierpflöcke nach dem Bilde 665, die in senkrechter Richtung Spiel haben. Sie lasten mit vollem Gewicht auf der Glastafel. Die Aufhängebolzen dienen während des Polierens für die Pflöcke nur als Mitnehmer und Führer. An einer Scheibe hängen bis zu 30 Pflöcke. Nachdem der Tisch in Bewegung gesetzt ist, kommen auch die Scheiben und die Pflöcke in eine Drehbewegung.

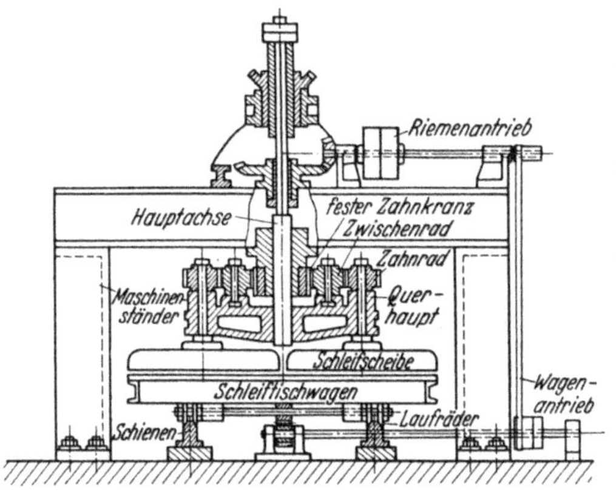

Bild 667. Schleifmaschine für Bandschleiferei.

Im Bilde 666 ist der Lageplan einer *Bandschleiferei* wiedergegeben. Es sind zwei parallel zu einander liegende Schleif- und Polierbahnen vorgesehen. Auf der einen Bahn werden die aus dem Rohglaslager kommenden Tafeln auf der einen Seite fertiggestellt, dann werden sie zur anderen Bahn gebracht, auf der die zweite Seite geschliffen und poliert wird. Von hier kommen die Scheiben über Putzmaschinen zu den Schneidtischen und von dort zum Fertiglager. Bei den Bandschleifereien müssen die Schleif- und Poliermaschinen so durchgebildet werden, daß die Scheiben mit den Schleifleisten bzw. Poliertellern angetrieben werden. Eine derartige Maschine, amerikanischer Bauart, ist in dem Bilde 667 dargestellt. Der Antrieb für die Hauptachse befindet sich auf dem Maschinenständer. Durch diese Achse wird ein Querhaupt mit den beiden Schleifscheiben in Umdrehung versetzt. Auf den Achsen der Polierscheiben befinden sich Zahnräder fest aufgekeilt. Daß die Hauptachse lose umgebende Zahnrad ist fest mit dem Maschinenständer verbunden. Durch zwei Zwischenzahnräder entsteht ein Planetengetriebe, das bewirkt, daß die Schleifscheiben außer ihrer Umlaufbewegung um die Hauptachse noch eine Drehung um ihre eigene Achse ausführen. Durch diese Doppelbewegung wird eine gleichmäßige Bearbeitung der ganzen Glasfläche erreicht.

Die erste Bandschleiferei Europas wurde bei den Herzogenrather Glaswerken in Betrieb genommen. Das Schleifen und Polieren wird in einem ununterbrochenen Arbeitsgang durchgeführt. Die Anlage hat eine Länge von etwa 70 m bei etwas über 3 m Tischbreite. Das Rohglas wird am Anfang der Bahn aufgegipst und gleitet anschließend unter den ersten Schleifapparat, durch den das Grobschleifen durchgeführt wird. Nach dem Feinschleifen läuft das Band in einen Abnahmeraum, in dem die Glasfläche gereinigt und auf Fehlerfreiheit geprüft wird. Dann werden die Fugen zwischen den einzelnen Scheiben für das Polieren vorbereitet. Es sind 8 Schleif- und 13 Polierelemente vorhanden.

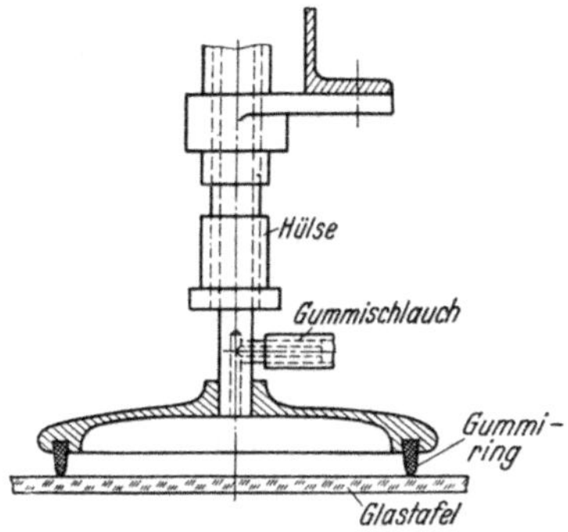

Bild 668. Saugnapf für Saugkran.

Da Spiegelglasscheiben nur in rechteckiger Form hergestellt werden, bietet der rechteckige Tisch beim Belegen große Vorteile gegenüber dem runden Tisch, da es nicht mehr nötig ist, kleine Scheiben und solche von dreieckiger Form zum völligen Belegen des runden Tisches zu verarbeiten. Diese Stücke waren zum Teil unverkäuflich. Ein weiterer Vorteil besteht darin, daß die umständlichen Beförderungen von einer Maschine zur anderen fortfallen. Schließlich ist zu sagen, daß der Platzbedarf bei Bandanlagen geringer ist. Es bestehen Anlagen, die bei 4,5 m Tischbreite eine Länge von 325 m haben. Die Bandgeschwindigkeit liegt zwischen 0,5 und 1,7 m/min. Die erreichbare Jahresleistung dieser Anlagen beträgt 200000 bis 2000000 m² Spiegelglas.

Die zur Beförderung großer Glastafeln verwendeten Hebezeuge sind entweder mit Zangen oder mit Saugnäpfen versehen. Die Zangen haben Greifbacken mit Holzfütterung und darüber Filz- oder Gummibelag. Die in einem Kranhaken hängende Zange schließt sich selbsttätig durch die Kniehebelwirkung zweier Verbindungslaschen, sie löst sich nach dem Absetzen der Tafel wieder durch das Eigengewicht der Laschen. Krane mit Saugnäpfen, sog. Saugkrane, tragen 40 bis 48 Saugnäpfe an einem Rahmen. Die Saugnäpfe nach dem Bilde 668 sind mit einem Gummimundstück versehen, so daß sie luftdicht auf die Glasoberfläche aufgedrückt werden können. Sie sind durch Gummischläuche und Rohre an einen Behälter angeschlossen, der von einer selbsttätig sich an- und abstellenden elektrisch angetriebenen Pumpe luftverdünnt gehalten wird. Diese Saugkräne haben für die Bewegung großer Glastafeln, insbesondere in der Schleiferei und Poliererei, durch Ersparnis an Arbeitskräften und Zeit große Vorteile gebracht.

Literaturverzeichnis.

Brennstoffe, Verbrennung, Feuerungen, Industrieöfen.

AUFHÄUSER: Brennstoffe und Verbrennung, 2 Bände. Berlin: Julius Springer 1926.
BANSEN: Wärmewertigkeit, Wärme- und Gasfluß. Düsseldorf: Verlag Stahleisen G. m. b. H. 1930.
BLEIBTREU: Kohlenstaubfeuerungen. Berlin: Julius Springer 1930.
BILLITER: Technische Elektrochemie. Halle: Wilhelm Knapp 1928.
BORCHERS: Die elektrischen Öfen, 4. Aufl. Halle: Wilhelm Knapp 1923.
BÖRNSTEIN: Einführung in die Chemie und Technologie der Brennstoffe. Halle: Wilhelm Knapp 1926.
BRONN: Der elektrische Ofen im Dienste der keramischen Gewerbe, der Glas- und Quarzerzeugung, 2. Aufl. Halle: Wilhelm Knapp 1934.
CAMMERER: Der Wärme- und Kälteschutz in der Industrie. Berlin: Julius Springer 1928.
DE GRAHL: Wirtschaftliche Verwertung der Brennstoffe. München u. Berlin: Oldenbourg 1927.
DONAHT: Unterscheidung, Einteilung und Charakteristik der Mineralkohlen. Halle: Wilhelm Knapp 1924.
FUCHS: Die Chemie der Kohle. Berlin: Julius Springer 1931.
ERDMANN u. DOLCH: Die Chemie der Braunkohle. Halle: Wilhelm Knapp 1927.
GRAEFE: Einführung in die chemische Technologie der Brennstoffe. Dresden u. Leipzig: Theodor Steinkopff 1927.
GRÖBER-ECK: Die Grundgesetze der Wärmeübertragung, 2. Aufl. Berlin: Julius Springer 1933.
GUMZ: Feuerungstechnisches Rechnen. Leipzig: Otto Spamer 1931.
HENNING: Wärmetechnische Richtwerte. Berlin: VDI-Verlag 1938.
JUSTI: Spezifische Wärme, Enthalpie, Entropie und Dissoziation technischer Gase. Berlin: Julius Springer 1938.
KEPPLER: Die Brennstoffe und ihre Verbrennung. München: R. Oldenbourg 1922.
KOPPERS: Handbuch der Brennstofftechnik. Essen: Girardet 1929.
KOTHNY: Die Brennstoffe. Berlin: Julius Springer 1927.
LEW: Die Feuerungen für flüssige Brennstoffe, 2. Aufl. Leipzig: J. Kröner 1925.
LINDNER: Entzündung und Verbrennung von Gas- und Brennstoffdampfgemischen. Berlin: VDI-Verlag 1931.
MENZEL: Die Theorie der Verbrennung. Dresden u. Leipzig: Theodor Steinkopff 1924.
MERKEL: Die Grundlagen der Wärmeübertragung. Dresden u. Leipzig: Theodor Steinkopff 1927.
NETZ: Messungen und Untersuchungen an wärmetechnischen Anlagen und Maschinen. Berlin: Julius Springer 1933.
PASCHKIS: Elektrische Industrieöfen für Weiterverarbeitung. Berlin: Julius Springer 1932.
PIRANI: Elektrothermie. Berlin: Julius Springer 1930.
REMENOWSKY: Bewertung der Brennstoffe auf Grund moderner Kohlenforschung. Berlin u. Wien: Urban & Schwarzenberg 1926.
ROSIN u. FEHLING: Das I—t-Diagramm der Verbrennung. Berlin: VDI-Verlag 1931.
Ruhrkohlenhandbuch, 2. Aufl. Essen: Rhein.-Westf. Kohlensyndikat 1932.
RUHS: Die Elektrostahlöfen. München u. Berlin: Oldenbourg 1924.
RUHS: Die elektrische Warmbehandlung in der Industrie. München u. Berlin: Oldenbourg 1933.
RUHS: Die Elektrometallöfen. München u. Berlin: Oldenbourg 1925.
SCHWACKHÖFER: Die Kohlen, 4. Aufl. Wien: Universitätsbuchhandlung 1928.
SCHACK: Der industrielle Wärmeübergang. Düsseldorf: Stahleisen 1929.
STRACHE-LANT: Kohlenchemie. Leipzig: Akademische Verlagsgesellschaft 1924.
STRACHE-ULLMANN: Leitfaden der Technologie der Brennstoffe. Leipzig: Deuticke 1927.
TAUSSIG: Elektrische Schmelzöfen. Wien: Julius Springer 1933.
THIERBACH: Elektrowärmewirtschaft in der Industrie. Leipzig: S. Hirzel 1926.
TRENKER: Feuerungstechnik. Berlin: VDI-Verlag 1925.
TRENKLER: Die Chemie der Brennstoffe, 2. Aufl. Leipzig: Otto Spamer 1921.
TRINKS: Industrieöfen, 2 Bände. Berlin: VDI-Verlag 1928 u. 1931.
WOTSCHKE: Die Leistung des Drehstromofens. Berlin: Julius Springer 1925.
Mitteilungen der Wärmestelle des Vereins deutscher Eisenhüttenleute, Düsseldorf.
Mitteilungen des Forschungsheims für Wärmeschutz, München.
Jahrbuch der Brennkrafttechnischen Gesellschaft. Halle: Wilhelm Knapp.
Zeitschrift: Brennstoff- und Wärmewirtschaft.

Umwandlung und Veredelung von Brennstoffen.

GLUND: Handbuch der Kokerei, 2 Bände. Halle: Wilhelm Knapp 1927—1928.
HERMANNS: Gasgeneratoren und Gasfeuerungen, 2. Aufl. Halle: Wilhelm Knapp 1924.
HOCK: Kokereiwesen. Leipzig u. Dresden: Theodor Steinkopff 1930.
LIMBERG: Die Praxis des wirtschaftlichen Verschwelens und Vergasens. Halle: Wilhelm Knapp 1925.
LITINSKY: Kokerei- und Gaswerksöfen. Halle: Wilhelm Knapp 1928.
THAU: Die Schwelung von Braun- und Steinkohle. Halle: Wilhelm Knapp 1927.
TRENKLER: Die Gaserzeuger. Berlin: Julius Springer 1923.
WINTER: Taschenbuch für Gaswerke, Kokereien, Schwelereien und Teerdestillation, 6. Aufl. Halle: Wilhelm Knapp 1936.
Berichte des Kokereiausschusses des Vereins deutscher Eisenhüttenleute, Düsseldorf.

Aufbereitung von Erzen.

PETERSEN: Schwimmaufbereitung. Dresden u. Leipzig: Theodor Steinkopff 1936.
SCHENNEN u. BLÜMEL: Lehrbuch der Erz- und Steinkohlenaufbereitung, 2. Aufl. Stuttgart: Ferdinand Enke 1930.
WENDEBORN: Über das Saugzugsintern und Rösten. Berlin: VDI-Verlag 1934.

Eisenhüttenwesen.

COTEL, E.: Der Siemens-Martin-Ofen. Leipzig: Otto Spamer 1927.
DIEPSCHLAG, E.: Der Hochofen. Leipzig: Otto Spamer 1932.
DURRER, ROB.: Erzeugung von Eisen und Stahl. Dresden u. Leipzig: Theodor Steinkopff 1936.
LEDEBUR, A.: Handbuch der Eisenhüttenkunde. Leipzig: Artur Felix 1902.
MATHESIUS, W.: Die physikalischen und chemischen Grundlagen des Eisenhüttenwesens. Leipzig: Otto Spamer 1927.
OSANN, B.: Lehrbuch der Eisenhüttenkunde, 2 Bände. Leipzig: Wilhelm Engelmann 1923.
PAVLOFF, M.: Abmessungen von Hoch- und Martinöfen. Leipzig: Otto Spamer 1928.
SISCO u. KRIZ: Elektrostahlverfahren. Berlin: Julius Springer 1929.
WOTSCHKE: Grundlagen des elektrischen Schmelzofens. Halle: Wilhelm Knapp 1933.
Gemeinfaßliche Darstellung des Eisenhüttenwesens, 14. Aufl. Düsseldorf: Verlag Stahleisen G. m. b. H. 1937.
Stahl und Eisen, Zeitschrift des Vereins deutscher Eisenhüttenleute. Düsseldorf: Verlag Stahleisen G. m. b. H.

Metallhüttenwesen.

BORCHERS, W.: Metallhüttenbetriebe, 4 Bände. Halle: Wilhelm Knapp 1915—1924.
DAMMER-PETERS: Chemische Technologie der Neuzeit, Band 9. Stuttgart: Ferdinand Enke 1921.
DUSCHAK and SCHÜTTE: The Metallurgy of Quicksilver. Washington: Bur. of Mines, Bull. 222, 1925.
HENTZE, E.: Sintern, Schmelzen und Verblasen sulfidischer Erze und Hüttenprodukte. Berlin: Julius Springer 1929.
HOLTMANN, W.: Der Zinkdestillationsprozeß. Halle: Wilhelm Knapp 1927.
LIEBIG, M.: Zink und Cadmium. Leipzig: Otto Spamer 1913.
PETERS, E. D.: Modern Copper Smelting. New York: Hill Publishing Co.
PETERS, E. D.: Practice of Copper Smelting. New York: McGraw-Hill Book Co.
TAFEL, V.: Lehrbuch der Metallhüttenkunde, 2 Bände. Leipzig: S. Hirzel 1927 u. 1929.
ULLMANN: Enzyklopädie der technischen Chemie, Band 7. Berlin u. Wien: Urban & Schwarzenberg. 1931.
Zeitschrift: Metall und Erz. Halle: Wilhelm Knapp.

Gießereiwesen.

FROMMER, L.: Handbuch der Spritztechnik. Berlin: Julius Springer 1933.
GEIGER, C.: Handbuch der Eisen- und Stahlgießerei, 2. Aufl., 3 Bände. Berlin: Julius Springer 1928.
HIRSCH: Die Trockentechnik, 2. Aufl. Berlin: Julius Springer 1932.
OSANN, B.: Moderne Stahlgießerei. Berlin: Julius Springer 1936.
PIWOWARSKY, E.: Hochwertiger Grauguß. Berlin: Julius Springer 1929.

Kalk- und Zementherstellung.

BLOCK: Kalkbrennen mit besonderer Berücksichtigung des Schachtofens mit Mischfeuerung, 2. Aufl. Leipzig: Otto Spamer 1924.
BUSSMEYER: Wärmewirtschaft in der Zementindustrie. Dresden u. Leipzig: Theodor Steinkopff 1931.
DOLCH: Der Drehrohrofen. Halle: Wilhelm Knapp 1926.
GRÜN: Der Zement, 2. Aufl. Berlin: Julius Springer 1934.
KERTESZ: Rechnerische Betrachtungen über Verbrennungsvorgänge und Abgasverluste bei Kalk- und Zementöfen. Halle: Wilhelm Knapp 1934.

NASKE: Die Portlandzementfabrikation, 4. Aufl. Leipzig: Otto Spamer 1922.
RIEPERT: Die deutsche Zementindustrie. Berlin-Charlottenburg: Zementverlag 1927.
WECKE: Handbuch der Zementliteratur. Berlin-Charlottenburg: Zementverlag 1927.
WECKE: Zement. Dresden u. Leipzig: Theodor Steinkopff 1930.

Keramik.

BAUER: Keramik. Dresden u. Leipzig: Theodor Steinkopff 1923.
BENFEY: Der Tunnelofen und seine Anwendung in der Ziegelindustrie. Leipzig: Jänecke 1927.
BENFEY: Ziegelerzeugung. Leipzig: Jänecke 1926.
DÜMMLER-HOFFMANN: Das Brennen der Ziegelsteine. Halle: Wilhelm Knapp 1919.
DÜMMLER-LOESER: Handbuch der Ziegelfabrikation und gesamten Baukeramik, 3. Aufl. Halle: Wilhelm Knapp 1926.
HECHT: Lehrbuch der Keramik, 2. Aufl. Berlin: Urban & Schwarzenberg 1930.
RAULS: Die Ziegelfabrikation. Leipzig: Franz Voigt 1926.
SCHOCH: Die Aufbereitung der Mörtelmaterialien, 4. Aufl. Berin: Tonindustriezeitung 1927.
STEGER: Wärmewirtschaft in der keramischen Industrie. Dresden u. Leipzig: Theodor Steinkopff 1927.
WEBER: Handbuch der Ziegeleitechnik, 2. Aufl. Berlin: H. Meuser 1923.
Ziegelwelt, Deutsche Töpfer- und Ziegelzeitung. Halle: Wilhelm Knapp.

Glashüttenwesen.

DRALLE-KEPPLER: Die Glasfabrikation, 2. Aufl., 2 Bände. München u. Berlin: Oldenbourg 1926—1931.
GEHLHOFF u. QUASEBART: Das Glas in Einzeldarstellungen. Leipzig: Akademische Verlagsgesellschaft 1928ff.
KÖNIG, REISS, SIMON: Flachglas. Leipzig: Akademische Verlagsgesellschaft 1934.
LAMORT: Glasschmelzöfen. Leipzig: Otto Spamer 1932.
WENDLER, A.: Maschinelle Glasverarbeitung. Leipzig: Akademische Verlagsgesellschaft 1929.
Wärmetechnische Beratungsstelle der deutschen Glasindustrie: Glasschmelzhafenöfen mit Regenerativfeuerung. Frankfurt a. M.: Selbstverlag 1926.
Wärmetechnische Beratungsstelle der deutschen Glasindustrie: Glasschmelzwannenöfen 1927.

Sachverzeichnis.

GPSR Compliance

The European Union's (EU) General Product Safety Regulation (GPSR) is a set of rules that requires consumer products to be safe and our obligations to ensure this.

If you have any concerns about our products, you can contact us on ProductSafety@springernature.com

In case Publisher is established outside the EU, the EU authorized representative is:

Springer Nature Customer Service Center GmbH
Europaplatz 3
69115 Heidelberg, Germany

Batch number: 10684806

Printed by Printforce, the Netherlands